AF294255

DIE GRUNDLEHREN DER
MATHEMATISCHEN
WISSENSCHAFTEN

IN EINZELDARSTELLUNGEN MIT BESONDERER
BERÜCKSICHTIGUNG DER ANWENDUNGSGEBIETE

HERAUSGEGEBEN VON

R. GRAMMEL · E. HOPF · H. HOPF · F. RELLICH
F. K. SCHMIDT · B. L. VAN DER WAERDEN

BAND LXX

DIE GRUNDLAGEN
DER QUANTENMECHANIK

VON

GÜNTHER LUDWIG

Springer-Verlag Berlin Heidelberg GmbH

1954

DIE GRUNDLAGEN DER QUANTENMECHANIK

VON

DR. RER. NAT. GÜNTHER LUDWIG

O PROFESSOR AN DER FREIEN UNIVERSITÄT BERLIN

MIT 52 ABBILDUNGEN

Springer-Verlag Berlin Heidelberg GmbH

1954

ISBN 978-3-662-11921-1   ISBN 978-3-662-11920-4 (eBook)
DOI 10.1007/978-3-662-11920-4

Meiner Frau

gewidmet

Vorwort.

Mehrere Gründe bewogen mich, den Plan zu einem Buch über Quantenmechanik zu entwerfen, obwohl es in der Literatur schon manche Darstellung dieses Gebietes gibt.

Einmal traf man bei den Lernenden immer wieder auf die Auffassung, daß die Quantentheorie nur ein Provisorium der theoretischen Physik sei, aber zumindest noch einer genaueren Begründung bedürfe, da sowohl der mathematische Formalismus nicht exakt fundiert sei als auch die physikalische Interpretion sehr „nach Gefühl" in jedem Einzelfall durchgeführt würde. Nachdem das Buch von J. v. NEUMANN, Mathematische Grundlagen der Quantenmechanik, vergriffen war, konnte man kaum ein entsprechendes Werk empfehlen, das im physikalischen Zusammenhang die mathematischen Grundlagen klarlegt. In dem vorliegenden Buche ist die eigentliche Quantenmechanik (also ohne Feldtheorie) in der Weise dargestellt, daß man sie als ein mathematisch wohlbegründetes und in sich genauso widerspruchsfreies und abgeschlossenes System erkennt, wie die klassische Punktmechanik. So wie die Kräfte, d. h. so wie die HAMILTON-Funktion, in der klassischen Mechanik gegeben sein müssen, so in der Quantenmechanik der HAMILTON-Operator. Die Herleitung eines Ansatzes für den HAMILTON-Operator eines Problems aus anderen Gebieten der Physik wird deshalb hier nicht näher begründet.

Neben dem Wunsch, die Quantenmechanik als ein in sich geschlossenes Gebiet darzustellen, bestand ein zweiter Grund für die Abfassung des Buches in der inneren Harmonie zwischen mathematischer und physikalischer Struktur. Je größer die abstrakte Schönheit einer Theorie, desto größer auch ihr Wahrheitsgehalt. Die innere Harmonie in der Struktur der Materie zu erkennen, d. h. für uns Menschen im Gewande mathematischer Schönheit zu erfassen, ist wohl die Hauptantriebskraft, sich mit so viel Mühe auf diesen schweren Weg der Erkenntnis zu begeben. So will ich in diesem Buche Berichterstatter über das Erlebnis eines Kunstwerkes sein, was allerdings eine sehr schwierige Aufgabe ist, denn ich kann nicht wie ein Musiker das Kunstwerk „Natur" vorführen, sondern ich kann nur die Noten zeigen, auf

Zusammenhänge hinweisen und jeden einzelnen auffordern, selbst durch mühevolle Arbeit einzudringen, um dann am Ende des Weges mit eigener Kraft die Schönheiten erfassen zu können. Wenn dieses Buch sich als nützlicher Begleiter auf diesem Weg erweisen sollte, so wäre meine Absicht erfüllt.

Auf Grund der Aufgabenstellung des Buches ist es klar, daß die mathematischen Methoden wesentlich mit zur Darstellung gehören und nicht ein notwendiges Übel sind, um zu physikalischen Ergebnissen zu gelangen. Andererseits aber würde eine mathematisch korrekte Beweisführung aller auftretenden Einzelheiten die Darstellung so unübersichtlich machen, daß keine größeren Zusammenhänge mehr zu erkennen wären. Daher sind nur alle grundlegenden mathematischen Ableitungen ausführlicher dargestellt und einzelne Gebiete (HILBERT-Raum, Gruppentheorie) als Anhang aus dem fortlaufenden Text herausgezogen worden.

Die mathematischen Voraussetzungen zur Lektüre des Buches umfassen die für die klassische Physik notwendigen Gebiete, auch die übliche elementare Matrizenrechnung. Hergeleitet wird die Theorie des HILBERT-Raumes, der Gruppen — und ihrer Darstellungen, wie die Theorie des Maßes und LEBESGUEschen Integrales, soweit diese benutzt werden. An physikalischen Voraussetzungen sind die klassische Mechanik, die Grundlagen der Thermodynamik und Elektrodynamik erforderlich. Eine vorhergehende Kenntnis der grundlegenden experimentellen Ergebnisse der Atomphysik würde das Durcharbeiten des Buches vereinfachen, da es sonst notwendig wäre, in grundlegenden Lehrbüchern während des Lesens nachzuschlagen.

Für den Anfänger, der noch sehr wenig über Quantentheorie weiß, wird es sich empfehlen, bei der ersten Lektüre einige Kapitel des Buches zu überschlagen und vom Anhang I und II nur die Teile zu lesen, die für das Verständnis unbedingt notwendig sind. Man könnte etwa folgende Teile zuerst lesen: Kapitel I und II; von Kapitel II nur § 1, § 8, § 11; Kapitel IV; von Kapitel VII nur § 1 bis 4, § 6 und 7; Kapitel IX. Hierbei muß man allerdings an einigen Stellen bei Verweisen auf andere Kapitel auf genauere Erklärung erst einmal verzichten.

Die Numerierung der Formeln ist so durchgeführt, daß die erste Zahl den Paragraphen und die zweite die Formel kennzeichnet. Also bedeutet z. B. (5.7) Formel Nummer 7 aus § 5. Wird auf eine Formel zurückverwiesen, die nicht im selben Kapitel vorkommt, so wird die lateinische Nummer des Kapitels noch vorangestellt; z. B. ist (II, 5.7) der Rückverweis auf die Formel Nummer 7 aus § 5 des Kapitels II. Am Schluß des Buches ist noch eine kurze Übersicht über die verwendeten Bezeichnungen angefügt mit Verweisen, wo diese Zeichen erklärt sind.

Dem Herausgeber, Herrn Professor Dr. F. K. Schmidt, sowie dem Springer-Verlag bin ich für ihr großes Entgegenkommen bei allen Wünschen zu großem Dank verpflichtet.

Während der Abfassung des Manuskriptes wie beim Lesen der Korrektur wurde ich in vorzüglicher Weise durch Herrn Dipl.-Phys. J. Petzold unterstützt, der immer wieder kritisch und unermüdlich die verschiedenen Ausführungen gelesen und kontrolliert hat. Ihm gebührt mein besonderer Dank. Den Herren Dr. H. Kümmel, Dipl.-Phys. H. Rollnik und Dipl.-Phys. G. Grawert möchte ich ebenfalls für ihre Hilfe beim Lesen der Korrekturen und für das kritische Studium einiger Kapitel des Buches danken, ebenso Herrn Weidlich für die Herstellung des Sachverzeichnisses.

Berlin-Zehlendorf, Januar 1954

G. Ludwig.

Inhaltsverzeichnis.

I. Induktives Auffinden quantentheoretischer Gesetze.

§ 1. Die Methode theoretischer Beschreibung.

Die experimentellen Ergebnisse, die durch die Quantentheorie zu erklären sind, sind unübersehbar. Angefangen von den Spektren der Atome und Moleküle bis hin zu dem ganzen Erfahrungsmaterial der Chemie, von der Struktur der festen Körper mit allen ihren Eigenschaften, einschließlich der Merkwürdigkeiten von Supraleitung und Ferromagnetismus bis zu den vielen Erscheinungen beim Durchgang von Korpuskeln durch Materie, wie Streuung und Beugung von Elektronen und Röntgenstrahlen, alle diese Vielfachheit meint die Quantentheorie in einem geschlossenen Bilde darstellen zu können.

Unsere erste Aufgabe wird es daher sein, aus den Erfahrungen heraus induktiv die Theorie zu erraten, um erst anschließend eine deduktive Theorie aufzubauen.

Bevor wir dieses erste Problem in Angriff nehmen, ist eine Besinnung über das Wesen einer physikalischen Theorie sehr wertvoll, um sich nicht durch unbegründete Vorurteile den Weg für fruchtbare Ansätze zu verbauen. Durch die großen Erfolge der klassischen Mechanik und Elektrodynamik war man verleitet, die theoretischen *Vorstellungen* als mit der *Wirklichkeit absolut übereinstimmend*, ja fast als mit ihr identisch anzusehen, woraus man auf die strenge Gültigkeit gewisser in der Theorie vorhandener Prinzipien auch in der Wirklichkeit zu schließen wagte. Die erwähnten klassischen Theorien zeigen z. B. hinsichtlich des Zeitablaufes der Vorgänge eine starre Struktur, in der durch die physikalischen Größen (z. B. Ort und Geschwindigkeit in der Mechanik) zu einer Zeit der gesamte Zeitablauf eindeutig bestimmt ist. Diesen „Determinismus" meinte man als Grundprinzip der Natur erkannt zu haben. Wir werden sehen, wie leicht man durch solche Verallgemeinerungen zu Fehlurteilen gelangt. Daher ist es wichtig, sich noch einmal auf den Zusammenhang zwischen Theorie und Erfahrung zu besinnen.

Es scheint die Eigenart des Menschen zu sein, in Bildern und Vergleichen zu verstehen. Die unmittelbar gegebene Erfahrung erscheint so komplex und unserem Verstande in ihren Zusammenhängen so undurchsichtig, daß wir zur Erkenntnis uns vereinfachende Bilder, Modelle (meistens gedachte, d. h. Denkmodelle) konstruieren, die die

Erfahrung abbilden, aber unserem Verstande klarer vor Augen liegen, denn sie sind ja sein eigenes Werk. Wir bilden also einen Ausschnitt der Erfahrungen ab auf ein Bild, das mit Begriffen und den Beziehungen dieser Begriffe untereinander gemalt ist. Die Struktur des Bildes ist also ein *Abbild* der Struktur eines Teiles der Wirklichkeit. Das älteste Beispiel für dieses Vorgehen des menschlichen Geistes bildet die Geometrie, dem Ursprung des Wortes nach zu allererst die Kunde des Erdvermessens. Das Vermessen des Landes ist eine rein experimentelle physikalische Aufgabe. Um sich aber über die möglichen Messungen und Lagebeziehungen ein „Bild" zu machen, prägt der Mensch Begriffe, auf die er bestimmte Erfahrungen „abbildet", wie z. B. Punkt, Gerade, Abstand usw. Zwischen diesen stellt er begriffliche Beziehungen auf, wie z. B. die, daß sich zwei Geraden in einem Punkte schneiden oder parallel sind. Die Strukturuntersuchung eines solchen Gedankenbildes, das durch Begriffe und Beziehungen aufgebaut ist, ist die Aufgabe der Mathematik. Es stört hier nun bei dem Verhältnis von Erfahrung und Theorie in keiner Weise, daß es unmöglich ist, den „gedachten" Punkt zu realisieren, denn im Rahmen der „Meßgenauigkeiten" fällt der Vergleich mit Hilfe der Abbildungsvorschrift von der Erfahrung auf die Theorie und umgekehrt zur vollen Zufriedenheit aus. Wie an diesem Beispiel kurz skizziert, so handelt es sich in der theoretischen Physik immer darum, für einen Erfahrungsbereich ein geeignetes Bild aus Begriffen und Beziehungen, d. h. ein mathematisches Bild, zu finden mit einer passenden Abbildungsvorschrift zwischen Bild und Experiment. Dies möge die folgende Abbildung veranschaulichen:

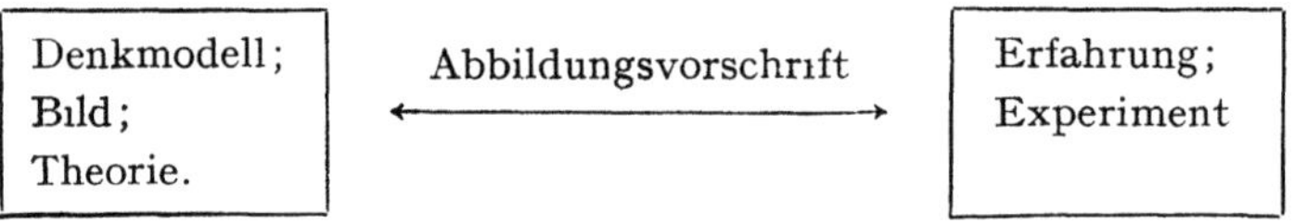

Die klassische Mechanik kennt in der Theorie die Begriffe: Masse, Kraft, Ort, Zeit, Massenpunkt usw. und beschreibt die zeitliche Bewegung durch mathematisch idealisierte Raumkurven (Bahnen) der Massenpunkte. Im Experiment werden Größen (wie z. B. Ort oder Energie) gemessen, und die Abbildungsvorschrift besteht aus einer Zuordnung von gewissen im Modell eingeführten Begriffen, den sogenannten Observablen, zu experimentellen Meßvorschriften; z. B. ist der Observablen „Ort" (im Modell die mathematisch exakt punktartig fixierte Lage des Massenpunktes, z. B. seine drei rechtwinkligen Koordinaten) die bekannte, durch Maßstäbe bestimmte Meßvorschrift zugeordnet. Übereinstimmung kann wieder nur im Rahmen der Meßgenauigkeiten verlangt werden. Eine andere Theorie ist das Bild der chemischen Valenzstriche mit der Vorschrift ihrer „Absättigung" bei chemischen Verbindungen. Die zugehörige Mathematik fällt in das Gebiet der Kombinatorik. Wir werden später sehen, wie sich dieses Bild als Teilausschnitt aus dem Bilde der Quantentheorie ergibt.

Jede bisher bekannte physikalische Theorie hat ihre Gültigkeitsgrenze, wobei diese niemals absolut scharf festliegt, da auch die Abbildungsvorschrift keine mathematisch absolut scharfe sein kann. Das Versagen der Theorie kann, wie man aus der obigen Abbildung sieht, zwei Gründe haben: *Erstens*, die *Struktur* des Bildes kann zwar durch die Abbildungsvorschrift mit der Erfahrung verglichen werden, stimmt aber *nicht* immer *mit der Erfahrung überein*. Als typisches Beispiel: das Ungültigwerden der NEWTONschen Mechanik für den Fall von Geschwindigkeiten in der Größenordnung der Lichtgeschwindigkeit. Das Bild der NEWTONschen Mechanik ist also richtig bis zur Grenze von $v \ll c$ (v Geschwindigkeit der Massenpunkte, c Lichtgeschwindigkeit). *Zweitens* kann die *Abbildungsvorschrift* in Grenzfällen *versagen*, die geforderten, d. h. ideell in Gedanken konstruierten Meßvorschriften sind unmöglich zu realisieren, da bei ihrer gedanklichen Konstruktion Voraussetzungen und Vorstellungen benutzt wurden, die im Widerspruch zur Erfahrung stehen. Auf diesen zweiten Fall werden wir bei dem Übergang zur Quantenmechanik stoßen. Seine ausführliche Diskussion wird deshalb auf später (I, § 6, 7 und V und VI) verschoben werden.

Neben dieser Besinnung über die Aufgabe einer physikalischen Theorie müssen wir bei der Herleitung oder besser beim Erraten einer Theorie aus der Erfahrung noch darauf achten, daß wir nicht *alle* Erfahrungen ohne Unterschied heranziehen, sondern diejenigen auswählen, die am übersichtlichsten und am charakteristischsten erscheinen. Es ist für uns, rückschauend, einfach, geeignete typische Experimente auszuwählen und gedanklich zu analysieren. Bei der Auffindung einer wirklich neuen Theorie ist dies der Punkt, wo an den Spürsinn des Physikers und an seine intuitive Schau die größten Anforderungen gestellt werden; und nur wenigen gelingt es, in einer noch undurchsichtigen Lage den entscheidenden Begriff zu formulieren.

Wir wollen in diesem Buche zwei Gebiete der Erfahrung herausgreifen: die Elektronen- oder Kathodenstrahlen und das Licht. Da nach experimenteller Erfahrung die Atome aus einem Atomkern, der wegen seiner weitaus überwiegenden Masse als festes Kraftzentrum angesehen werden darf, und Elektronen bestehen, so schließen wir also diese Erfahrungen in unsere Analyse mit ein. Wir setzen hier die Kenntnis der wesentlichen Experimente voraus, die z. B. übersichtlich in FLÜGGE-KREBS, ,,Experimentelle Grundlagen der Wellenmechanik'' (Dresden, Leipzig), zusammengefaßt sind. So können wir uns an Stelle einer Beschreibung der Experimente jeweils mit ein paar Stichworten begnügen und gleich an die Analyse und theoretische Beschreibung gehen.

Sowohl für die Elektronen wie für das Licht gibt es zwei große experimentelle Bereiche, die sich in einem Teilchenbild nach Art der klassischen Punktmechanik bzw. in einem Wellenbild darstellen lassen.

§ 2. Elektronen im Teilchenbild.

Die Experimente an Kathodenstrahlen, die sich durch das Bild der klassischen Mechanik von Massenpunkten beschreiben lassen, sind die Ablenkungsversuche in elektrischen und magnetischen Feldern und die Messungen der Elementarladung. Zählrohr und WILSON-Kammer lassen die Beobachtung einzelner Teilchen zu, wobei die WILSON-Kammer die Bahnen eines einzigen Teilchens uns anschaulich vorweist. Durch Millikanversuche oder Schroteffekt läßt sich die Ladung der Elektronen messen. Die Bahnen in elektrischen und magnetischen Feldern (unzählige Male technisch ausgenutzt im BRAUNschen Rohr, beim Fernsehen und Elektronenmikroskop) gestatten die Bestimmung des Verhältnisses von Masse und Ladung und somit (bei bekannter Ladung) der Masse. Diese ganze Fülle von Erfahrungen läßt sich einheitlich darstellen durch das Bild von bewegten Massenpunkten der Ladung e und Masse m, deren Bahnen sich aus dem LAGRANGEschen Extremalprinzip ergeben:

$$W = \int_{t_1}^{t_2} L \, dt \tag{2.1}$$

ist zu einem Extremwert (stationär) zu machen. Für L ist der Ausdruck

$$L = \sum_{k=1}^{n} \sum_{\nu=1}^{3} \left[\frac{m}{2} \dot{x}_\nu^{(k)} \dot{x}_\nu^{(k)} + \frac{e}{c} x_\nu A_\nu(x^{(k)}, t) - e \, \varphi(x^{(k)}, t) \right] - \frac{1}{2} \sum_{\substack{k \, l \\ (k \neq l)}}' \frac{e^2}{r_{(k,l)}} \tag{2.2}$$

einzusetzen, wobei $x_\nu^{(k)}(t)$ ($\nu = 1, 2, 3$) ($k = 1, 2, \ldots, n$) die drei rechtwinkligen Bahnkoordinaten des k-ten Elektrons sind, die bei festen Endpunkten des Integrals (2.1) so zu variieren sind, daß bei Ersetzen von $x_\nu^{(k)}(t)$ durch $x_\nu^{(k)}(t) + \varepsilon \xi_\nu^{(k)}(t)$ das Integral W für $\varepsilon = 0$ stationär wird, d. h. daß $\left(\frac{dW}{d\varepsilon} \right)_{\varepsilon=0} = 0$ ist.

r_{kl} ist der Abstand zwischen dem l-ten und k-ten Elektron:

$$r_{(k,l)}^2 = \sum_{\nu=1}^{3} (x_\nu^{(k)} - x_\nu^{(l)})^2.$$

$\varphi(x, t) = \varphi(x_1, x_2, x_3, t)$ als skalares und $A_\nu(x, t)$ als Vektorpotential bestimmen das *äußere*, also nicht von den Elektronen selber herrührende elektromagnetische Feld nach den Gleichungen:

$$E_\nu^{(a)} = - \varphi_{|\nu} - \frac{1}{c} \dot{A}_\nu{}^1; \qquad B_{\nu\mu}^{(a)} = A_{\mu|\nu} - A_{\nu|\mu},$$

---

[1] $\varphi_{|\nu} = \dfrac{\partial \varphi}{\partial x_\nu}$ usw.

wobei E_ν die elektrische Feldstärke und $B_{\nu\mu}$ das Magnetfeld darstellt mit z. B. B_{12} gleich der 3-ten Komponente des Magnetfeld*vektors*. Das gesamte Feld ist

$$E_\nu = E_\nu^{(a)} - \left(\sum_k \frac{e}{r_{(k)}} \right)_{|\nu} \quad \text{mit} \quad r_{(k)}^2 = \sum_{\nu=1}^{3} (x_\nu - x_\nu^{(k)})^2.$$
$$B_{\nu\mu} = B_{\nu\mu}^{(a)}.$$

Der Einfluß des von den bewegten Elektronen erzeugten Magnetfeldes haben wir der Einfachheit halber vernachlässigt, so wie wir auch nur den nichtrelativistischen Fall (gegenüber der Lichtgeschwindigkeit kleiner Teilchengeschwindigkeit) betrachten wollen.

Aus (2.1) und (2.2) folgen als EULERsche Gleichungen

$$m \ddot{x}_\nu^{(k)} = e E_\nu + \sum_{\mu=1}^{3} \frac{e}{c} B_{\nu\mu} \dot{x}_\mu^{(k)},$$

wobei rechts der bekannte Ausdruck für die LORENTZ-Kraft steht. Damit haben wir ein in sich geschlossenes mathematisches Bild der Bewegung der Elektronen aufgestellt, das sich durch einen Vergleich mit den oben erwähnten Experimenten bestens bestätigt; man denke etwa nur an die WILSON-Kammer. Aber auch das Wechselwirkungsglied $\frac{1}{2} \sum_{k,l} \frac{e^2}{r_{(kl)}}$ in dem Ausdruck für L ist z. B. durch die Abhängigkeit von Strom und Spannung in Elektronenröhren sichergestellt[1]. Und doch werden wir festzustellen haben, daß auch dieses Bild seine Grenze hat und es Experimente gibt, die nicht hineinpassen.

Vorher ist es aber nötig, sich noch einen klareren Überblick über die Struktur dieser klassischen Mechanik zu verschaffen, um den Übergang zur Quantenmechanik besser zu verstehen. Die $x_\nu^{(k)}$ wollen wir uns laufend durchnumeriert und mit q_i bezeichnet denken, oder die q_i können irgendwelche anderen Koordinaten sein, die statt der $x_\nu^{(k)}$ benutzt werden: $q_i = f_i(x_\nu^{(k)})$ $(i = 1, 2, \ldots, N = 3n)$, so daß dann $L = L(q_i, \dot{q}_i)$ wird. Die EULERschen Gleichungen zum Variationsproblem (2.1) haben also die allgemeine Gestalt

$$\frac{\partial L}{\partial q_i} - \frac{d}{dt} \frac{\partial L}{\partial \dot{q}_i} = 0.$$

Die durchsichtigste Form nehmen diese Bewegungsgleichungen in der kanonischen Gestalt an. Man kann hierzu gelangen, indem man $y_i = \dot{q}_i$ als neue Variablen neben q_i einführt und statt (2.1) das Problem $\int_{t_1}^{t_2} L(q_i, y_i)\, dt = $ Extremwert mit der Nebenbedingung $y_i - \dot{q}_i = 0$

---

[1] BECKER, R.: Theorie der Elektrizität, Band II, S. 182.

stellt. Durch Einführung LAGRANGEscher Parameter $\lambda_i(t)$ geht dies über in

$$\int_{t_1}^{t_2} [L(q_i, v_i) - \sum_i \lambda_i(y_i - q_i)]\, dt = \text{Extremwert}, \qquad (2.3)$$

wobei neben den q_i, y_i auch die λ_i zu variieren sind. Hieraus ergeben sich als eine Teilgruppe der EULERschen Gleichungen bei Variation der y_i in (2.3):

$$\frac{\partial L}{\partial y_i} - \lambda_i = 0.$$

Setzt man diesen „richtigen" Wert für λ_i in (2.3) ein, so erhält man das äquivalente Problem

$$\int_{t_1}^{t_2} \left[L - \sum_i \frac{\partial L}{\partial y_i}(y_i - \dot q_i) \right] dt = \text{Extremwert}.$$

Führt man nun statt der y_i die Variablen

$$p_i = \frac{\partial L(q_i, y_i)}{\partial y_i} \quad {}^1$$

ein, so erhält man mit der HAMILTON-Funktion H

$$H(p_i, q_i) = \sum_i p_i y_i - L \qquad (2.4)$$

die kanonische Form des Variationsproblems:

$$\int_{t_1}^{t_2} \left[-H + \sum_i p_i q_i \right] dt = \text{Extremwert}, \qquad (2.5)$$

woraus sich als EULERsche Gleichungen die *Hamiltonschen-kanonischen Bewegungsgleichungen*

$$\dot p_i = -\frac{\partial H}{\partial q_i}; \qquad q_i = \frac{\partial H}{\partial p_i} \qquad (2.6)$$

ergeben.

Stellt man die Bewegung (graphisch) in einem Raum mit den Koordinaten $p_1, p_2, \ldots, q_1, q_2 \ldots$, dem „Phasenraum", dar, so geht durch jeden Punkt dieses Phasenraumes genau eine Bahn. Hat man die p_i, q_i zu einer Zeit gemessen, so liegen sie für alle Zeiten fest.

Jede beobachtbare Größe (Observable) ist eine Funktion der p_i, q_i, sei es die Energie, der Impuls des ganzen Systems oder eines seiner Teile. Die zeitliche Änderung einer solchen Observablen $F(p_i, q_i, t)$ erhält man durch Einsetzen der Lösungen von (2.6) für die p_i und q_i. Somit ist

$$\frac{dF}{dt} = \frac{\partial F}{\partial t} + \sum_i \left(\frac{\partial F}{\partial p_i} \dot p_i + \frac{\partial F}{\partial q_i} \dot q_i \right) = \frac{\partial F}{\partial t} + \sum_i \left(\frac{\partial H}{\partial p_i} \frac{\partial F}{\partial q_i} - \frac{\partial H}{\partial q_i} \frac{\partial F}{\partial p_i} \right)$$

$$= \frac{\partial F}{\partial t} + (H, F), \qquad (2.7)$$

---

^{1} Determinante $\left| \dfrac{\partial^2 L}{\partial y_i \partial y_k} \right| \neq 0$ wird vorausgesetzt.

wobei die *Poisson-Klammer* (H, F) als Abkürzung eingeführt wird. Es gilt $(H, F) = - (F, H)$.

Als HAMILTON-Funktion ergibt sich speziell aus (2.2) mit (2.4)

$$H(p_\nu^{(k)}, x_\nu^{(k)}) = \sum_{k=1}^{n} \left[\sum_{\nu=1}^{3} \frac{1}{2m} \left(p_\nu^{(k)} - \frac{e}{c} A_\nu(x^{(k)}, t) \right)^2 + e\, \varphi(x^{(k)}, t) \right] \\ + \frac{1}{2} \sum_{\substack{k,\,l \\ (k \neq l)}} \frac{e^2}{r_{(k,\,l)}}. \tag{2.8}$$

Hierbei sind die q_i speziell gleich $x_\nu^{(k)}$ gesetzt und die dazugehörigen Impulskoordinaten entsprechend mit $p_\nu^{(k)}$ (statt p_i) bezeichnet worden. Sind die äußeren Felder zeitunabhängig, d. h. statisch, so wird H als Energie des Systems bezeichnet. Es folgt dann sofort wegen $\frac{\partial H}{\partial t} = 0$

$$\frac{dH}{dt} = (H, H) = 0, \quad \text{der Energiesatz.}$$

Der Gesamtimpuls ist gegeben durch

$$I_\nu = \sum_{k=1}^{n} p_\nu^{(k)}, \tag{2.9a}$$

der Drehimpuls in bezug auf den Koordinatenursprungspunkt durch

$$D_{\nu\mu} = \sum_{k=1}^{n} (x_\nu^{(k)} p_\mu^{(k)} - x_\mu^{(k)} p_\nu^{(k)}). \tag{2.9b}$$

D_{12} stellt z. B. die 3-te Komponente des wie üblich definierten Drehimpulsvektors dar. Auf die Gültigkeit des Impuls- und Drehimpulssatzes kommen wir unten zurück.

Um die kanonischen Gl. (2.6) zu lösen, ist es oft geschickt, statt der p_i, q_i andere Variable p_i', q_i' einzuführen, wobei aber die Form der Gl. (2.6) erhalten bleibt. Zu diesen „kanonischen" Variablentransformationen gelangt man am schnellsten, wenn man bedenkt, daß die kanonische Form des Variationsproblems (2.5) wieder in dieselbe Form

$$\int_{t_1}^{t_2} [-H' + \sum_i p_i' q_i'] \, dt = \text{Extremwert}$$

übergehen muß. Da bei der Variation der p_i, q_i bzw. p_i', q_i' die Endpunktwerte des Integrals fest bleiben, dürfen sich die Integranden nur um ein vollständiges Differential unterscheiden:

$$-H\, dt + \sum_i p_i \, dq_i + H'\, dt - \sum_i p_i' \, dq_i' = dW. \tag{2.10a}$$

Addiert man auf beiden Seiten $d(\sum_i p_i' q_i')$, so folgt als gleichwertig hiermit:

$$(H' - H)\, dt + \sum_i p_i \, dq_i + \sum_i q_i' \, dp_i' = dS. \tag{2.10b}$$

Wählen wir für S eine beliebige Funktion von q_i und p_i': $S(p_i', q_i, t)$, so erhält man mit

$$dS = \sum_i \frac{\partial S}{\partial q_i} dq_i + \sum_i \frac{\partial S}{\partial p_i'} dp_i' + \frac{\partial S}{\partial t} dt$$

die Transformationsgleichungen:

$$p_i = \frac{\partial S}{\partial q_i}; \quad q_i' = \frac{\partial S}{\partial p_i'}; \quad H' = H + \frac{\partial S}{\partial t}, \qquad (2.11)$$

aus denen die neuen Variablen p_i', q_i' sich als Funktionen der alten p_i, q_i und umgekehrt ergeben. Besonders einfach wird die Lösung der neuen Gleichungen

$$p_i' = -\frac{\partial H'}{\partial q_i'}; \quad q_i' = \frac{\partial H'}{\partial p_i'}, \qquad (2.12)$$

wenn es gelingt, eine solche Transformation zu finden, daß $H' \equiv 0$ ist. In diesem Falle gilt also für S nach (2.11) die Gleichung:

$$H\left(\frac{\partial S}{\partial q_i}, q_i, t\right) + \frac{\partial S}{\partial t} = 0. \qquad (2.13)$$

Hat man umgekehrt eine Lösung $S(p_i', q_i, t)$ der *Hamilton-Jakobischen partiellen Differentialgleichung* (2.13) gefunden, die noch von N willkürlichen und unabhängigen Parametern p_i' abhängt, so kann man dieses S nach (2.11) als Erzeugende der gewünschten kanonischen Transformation benutzen, und die p_i', q_i' sind dann nach (2.12) konstant, womit auch die ursprünglichen Gl. (2.6) gelöst sind.

Für eine infinitesimale kanonische Transformation, d. h. für eine solche, die sich nur wenig von der Identität unterscheidet, können wir in (2.10b) $S = \sum_i p_i' q_i + \delta\varepsilon T$ ($\delta\varepsilon$ klein) setzen.

Wir wollen weiter T als unabhängig von der Zeit ansetzen. Dann ist $H' = H$ und

$$p_i' - p_i = -\delta\varepsilon \frac{\partial T}{\partial q_i}; \quad q_i' - q_i = \delta\varepsilon \frac{\partial T}{\partial p_i},$$

wobei wir in der rechten Formel auf der rechten Seite $\frac{\partial T(p_i', q_i)}{\partial p_i'}$ durch $\frac{\partial T(p_i, q_i)}{\partial p_i}$ ersetzt haben, da $\delta\varepsilon$ als klein angesehen werden soll. Mit $\delta p_i = p_i' - p_i$ und $\delta q_i = q_i' - q_i$ folgt also

$$\delta p_i = -\delta\varepsilon \frac{\partial T}{\partial q_i}; \quad \delta q_i = \delta\varepsilon \frac{\partial T}{\partial p_i}. \qquad (2.14)$$

Die kanonischen Gl. (2.6) stellen also mit $\delta\varepsilon = \delta t$ und $T = H$ eine infinitesimale kanonische Transformation dar; also ist auch der Übergang von $p_i(0)$, $q_i(0)$ zu $p_i(t)$, $q_i(t)$ (t fest) eine kanonische Transformation. Aus (2.14) folgt für eine Funktion $F(p_i, q_i)$ mit $\delta F = \sum_i \left(\frac{\partial F}{\partial p_i} \delta p_i + \frac{\partial F}{\partial q_i} \delta q_i\right)$:

$$\delta F = \delta\varepsilon (T, F). \qquad (2.15)$$

Benutzt man für T speziell I_1 nach (2.9a), so folgt für

$$F = p_\nu^{(k)} \quad \text{bzw.} \quad F = x_\nu^{(k)},$$
$$\delta p_\nu^{(k)} = 0 \quad \text{und} \quad \delta x_\nu^{(k)} = \delta\varepsilon\,\delta_{\nu 1}.$$

Dies stellt also eine infinitesimale *Translation* in der 1-Richtung um $\delta\varepsilon$ dar. Existieren keine äußeren Felder, so muß hierbei

$$\delta H = \delta\varepsilon\,(I_1, H) = 0$$

sein. Daraus folgt aber

$$I_1 = (H, I_1) = 0.$$

Die Invarianz von H gegenüber Translationen ist also die Voraussetzung für die Gültigkeit des Impulssatzes.

Ebenso folgt mit $T = D_{\nu\mu}$ nach (2.9b):

$$\delta p_\varrho^{(k)} = \delta\varepsilon\,(\delta_{\varrho\mu}\,p_\nu^{(k)} - \delta_{\nu\varrho}\,p_\mu^{(k)}),$$
$$\delta q_\varrho^{(k)} = \delta\varepsilon\,(\delta_{\varrho\mu}\,q_\nu^{(k)} - \delta_{\nu\varrho}\,q_\nu^{(k)}).$$

Dies stellt eine infinitesimale Drehung in der $(\nu\mu)$-Ebene um den Winkel $\delta\varepsilon$ dar. Ist H (z. B. ohne äußere Felder als Skalar) invariant gegenüber Drehungen, so folgt

$$\delta H = \delta\varepsilon\,(D_{\nu\mu}, H) = 0$$

und daraus

$$D_{\nu\mu} = (H, D_{\nu\mu}) = 0,$$

d. h. der Drehimpulssatz. Dies gilt z. B. auch, wenn die äußeren Felder kugelsymmetrisch um den Koordinatenursprungspunkt sind.

Da alle physikalischen Größen Funktionen von p_i, q_i sind, kann man sagen, daß jeder solchen Größe $T(p_i, q_i)$ eindeutig eine infinitesimale kanonische Transformation zugeordnet ist. Das Umgekehrte ist nicht der Fall: Alle und nur die T, die sich um eine Konstante unterscheiden, erzeugen dieselbe infinitesimale Transformation. Die Konstante ist äquivalent der Null.

Sind nun durch T_1 und T_2 zwei infinitesimale Transformationen gegeben:

$$\frac{\delta^1 F}{\delta\varepsilon_1} = (T_1, F); \quad \frac{\delta^2 F}{\delta\varepsilon_2} = (T_2, F),$$

so folgt

$$\frac{\delta^2}{\delta\varepsilon_2}\left(\frac{\delta^1 F}{\delta\varepsilon_1}\right) = (T_2, (T_1, F)); \quad \frac{\delta^1}{\delta\varepsilon_1}\left(\frac{\delta^2 F}{\delta\varepsilon_2}\right) = (T_1, (T_2, F))$$

und damit

$$\frac{\delta^1}{\delta\varepsilon_1}\left(\frac{\delta^2 F}{\delta\varepsilon_2}\right) - \frac{\delta^2}{\delta\varepsilon_2}\left(\frac{\delta^1 F}{\delta\varepsilon_1}\right) = (T_1, (T_2, F)) - (T_2, (T_1, F)) \tag{2.16}$$
$$= ((T_1, T_2), F),$$

wobei die letzte Beziehung aus der JAKOBIschen Identität

$$(T_1, (T_2, F)) + (F, (T_1, T_2)) + (T_2, (F, T_1)) = 0 \qquad (2.17)$$

folgt, die man durch Ausrechnen leicht bestätigt. Aus (2.16) ergibt sich als „Vertauschungsrelation" der beiden durch T_1 und T_2 erzeugten infinitesimalen Transformationen wieder eine kanonische infinitesimale Transformation mit der Erzeugenden (T_1, T_2). Ist (T_1, T_2) eine Konstante, so sind die beiden infinitesimalen Transformationen vertauschbar. Zum Beispiel ist

$$(p_i, q_j) = \delta_{ij}; \qquad (p_i, p_j) = 0; \qquad (q_i, q_j) = 0$$

und damit die durch die p_i, q_j erzeugten infinitesimalen Transformationen vertauschbar.

Die Bedingung (2.10a) für kanonische Transformation führt im Falle eines von t nicht explizit abhängigen $W(p_i, q_i)$ zu der Forderung:

$$\sum_i \left(p_i - \sum_j p_j' \frac{\partial q_j'}{\partial q_i} \right) d q_i - \sum_k \left(\sum_j p_j' \frac{\partial q_j'}{\partial p_k} \right) d p_k = dW$$

und damit zu den Integrabilitätsbedingungen: $\dfrac{\partial^2 W}{\partial p_k \partial q_i} = \dfrac{\partial^2 W}{\partial q_i \partial p_k}$, d. h.

$$\delta_{ik} - \sum_j \frac{\partial p_j'}{\partial p_k} \frac{\partial q_j'}{\partial q_i} - \sum_j p_j' \frac{\partial^2 q_j'}{\partial q_i \partial p_k} = - \sum_j \frac{\partial p_j'}{\partial q_i} \frac{\partial q_j'}{\partial p_k} - \sum_j p_j' \frac{\partial^2 q_j'}{\partial p_k \partial q_i},$$

die sich auf

$$\sum_j \left(- \frac{\partial p_j'}{\partial q_i} \frac{\partial q_j'}{\partial p_k} + \frac{\partial p_j'}{\partial p_k} \frac{\partial q_j'}{\partial q_i} \right) = \delta_{ik}$$

reduzieren. Multiplikation der beiden Matrizen

$$A = \begin{pmatrix} \dfrac{\partial p_j'}{\partial q_i} & \dfrac{\partial p_j'}{\partial p_k} \\[2ex] \dfrac{\partial q_j'}{\partial q_i} & \dfrac{\partial q_j'}{\partial p_k} \end{pmatrix}, \qquad B = \begin{pmatrix} - \dfrac{\partial q_j'}{\partial p_k} & \dfrac{\partial p_j'}{\partial p_k} \\[2ex] \dfrac{\partial q_j'}{\partial q_i} & - \dfrac{\partial p_j'}{\partial q_i} \end{pmatrix}$$

ergibt deshalb

$$AB = 1,$$

so daß auch

$$BA = 1$$

und damit

$$(p_i', q_j') = \delta_{ij}; \qquad (p_i', p_j') = 0; \qquad (q_i', q_j') = 0 \qquad (2.18)$$

sein müssen. Diese Bedingungen sind also äquivalent der ursprünglichen (2.10).

Da die Determinante von B gleich der von A ist, muß die Determinante von A gleich ± 1 sein.

Definieren wir im HILBERT-Raum $\mathfrak{H}^1$ der im Phasenraum quadratisch integrierbaren Funktionen $F(p_i, q_i)$ eine Transformation U durch

---

[1] Anhang I, § 1 ff.

$UF = F'$ mit $F'(p_i', q_i') = F(p_i, q_i)$, so ist U unitär, da die Determinante von $A = \pm 1$ ist. Gehen die p_i', q_i' in die p_i'', q_i'' durch eine weitere kanonische Transformation über, so ist $F''(p_i'', q_i'') = F'(p_i', q_i') = F(p_i, q_i)$ und $F'' = VF' = VUF$. Damit bilden die kanonischen Transformationen eine Gruppe unitärer Transformationen im HILBERT-Raum $\mathfrak{H}$. Einer infinitesimalen Transformation entspricht $U = 1 + i\,\delta\,\varepsilon\,B$, wobei dann B hermitesch ist. Aus (2.15) folgt dann

$$\delta F = i\,\delta\varepsilon\,BF = \delta\varepsilon\,(T, F).$$

Somit stellt

$$BF = \frac{1}{i}\,(T, F)$$

einen HERMITESCHEN Operator B dar. Einer infinitesimalen Zeitverschiebung δt entspricht also der HERMITEsche Operator:

$$\underline{H}\,f = \frac{1}{i}\,(H, f), \qquad f = f(p_i, q_i).$$

Bezeichnen wir die unitäre Transformation, die F zur Zeit t aus F zur Zeit 0 herstellt, mit U_t (also $F_t = U_t F_0$), so ist also $U_{\delta t} = 1 + i\,\delta t\,\underline{H}$. U_t läßt sich, wenn H nicht explizit von der Zeit abhängt, spektral darstellen als[1]

$$U_t = \int\limits_{-\infty}^{+\infty} e^{i\,\omega\,t}\,dE_\omega$$

mit

$$\underline{H} = \int\limits_{-\infty}^{+\infty} \omega\,dE_\omega.$$

Das Auffinden der Spektralschar E_ω ist identisch mit der Lösung der kanonischen Bewegungsgleichungen, da dann von jedem F (also auch von p_i und q_i) die zeitliche Entwicklung bekannt ist nach:

$$p_i(t) = \int\limits_{-\infty}^{+\infty} e^{i\,\omega\,t}\,dE_\omega\,p_i(0);$$

$$q_i(t) = \int\limits_{-\infty}^{+\infty} e^{i\,\omega\,t}\,dE_\omega\,q_i(0); \qquad F(p_i(t), q_i(t)) = \int\limits_{-\infty}^{+\infty} e^{i\,\omega\,t}\,dE_\omega\,F(p_i(0)\,q_i(0)).$$

Diese Gleichungen geben die Lösungen nach FOURIER zerlegt an.

Als Beispiel zum Korpuskelbild betrachten wir die eindimensionale Bewegung eines Teilchens im Potentialfeld $\varphi(q)$, so daß die HAMILTON-Funktion lautet:

$$H(p, q) = \frac{1}{2m}\,p^2 + \varphi(q).$$

---

[1] Denn es ist dann $U_{t_1} U_{t_2} = U_{t_1 + t_2}$, so daß man die Ableitungen aus Anhang II, § 18, benutzen kann.

Um die Bewegung dieses „anharmonischen Oszillators" zu finden, lösen wir die HAMILTON-JAKOBISche Gl. (2.13) durch den Ansatz $S = -Et + W$, so daß

$$H\left(\frac{dW}{dq}, q\right) = \frac{1}{2m}\left(\frac{dW}{dq}\right)^2 + \varphi(q) = E$$

gelten muß. Schreiben wir für E den Buchstaben p', so ist also

$$W(p', q) = \int \sqrt{2m}\, \sqrt{p' - \varphi(q)}\; dq.$$

Statt mit S führen wir mit W als Erzeugende eine *zeitunabhängige* kanonische Transformation durch:

$$p = \frac{\partial W}{\partial q}\;; \quad q' = \frac{\partial W}{\partial p'}\;.$$

Dann folgen wegen $H'(p', q') = H(p, q) = p'$ als kanonische Gleichungen für p', q'.

$$\dot{p}' = 0\;; \quad \dot{q}' = 1\;.$$

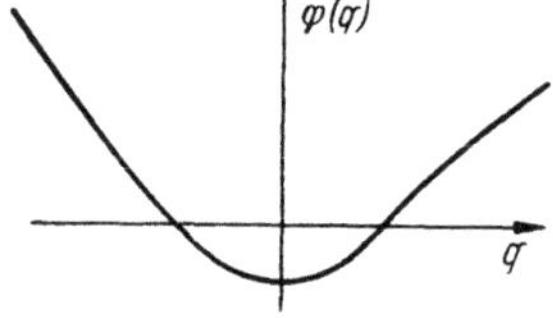

Abb 1.
Verlauf der potentiellen Energie $\varphi(q)$

Hieraus ergibt sich sofort die Lösung mit $p' = \text{const}$ und $q' = t' - \tau$. Die Bewegung besteht aus einem Schwingen zwischen den beiden Lagen q, für die $\varphi(q) = p' = E$ ist. Dies folgt schon aus dem Energiesatz, wenn $\varphi(q)$ einen Verlauf hat, wie ihn etwa Abb. 1 zeigt. Übersichtlicher wird die Darstellung, wenn man statt p' die Größe

$$\begin{aligned}
I(p') &= \frac{1}{2\pi} \oint \sqrt{2m}\, \sqrt{p' - \varphi(q)}\; dq \\
&= \frac{1}{2\pi} \oint \frac{\partial W}{\partial q}\, dq = \frac{1}{2\pi} \oint p\, dq
\end{aligned} \tag{2.19}$$

einführt, wobei das Integral über eine volle Periode der Bewegung zu erstrecken ist. Mit $W^*(I, q) = W(p', q)$ kann man zu den kanonischen Variablen I, w durch die Transformation

$$p = \frac{\partial W^*}{\partial q}\;; \quad w = \frac{\partial W^*}{\partial I}\;; \quad H'(I) = p'(I) = E(I) \tag{2.20}$$

übergehen. I wird als Wirkungs- und w als Winkelvariable bezeichnet. Als kanonische Gleichungen folgen:

$$\dot{I} = 0\;; \quad \dot{w} = \frac{dH'}{dI}$$

und damit $I = \text{const}$ und $w = \frac{dH'}{dI}(t - \tau)$. Um die Bedeutung von

$\dfrac{dH'}{dI}$ zu erkennen, bilden wir nach (2.19)

$$2\pi = \frac{d}{dI} \oint p\,dq = \frac{d}{dI} \oint \frac{\partial W^*}{\partial q}\,dq = \oint \frac{\partial^2 W^*}{\partial q\,\partial I}\,dq = \oint \frac{\partial w}{\partial q}\,dq = \oint dw$$

$$= \oint \dot{w}\,dt = \oint \frac{dH'}{dI}\,dt = \frac{dH'}{dI}\,T$$

mit T als Schwingungsdauer. $\dfrac{2\pi}{T}$ ist also die Kreisfrequenz ω der Bewegung, so daß

$$\frac{dH'}{dI} = \frac{dE(I)}{dI} = \omega; \qquad w = \omega\,(t-\tau). \tag{2.21}$$

Speziell für den harmonischen Oszillator mit $\varphi(q) = \dfrac{a}{2}\,q^2$ lassen sich alle Größen explizit berechnen. Man erhält in (2.20):

$$E(I) = \sqrt{\frac{a}{m}}\,I = \omega I; \qquad w = \arcsin \sqrt{\frac{a}{2\omega I}}\,q;$$

$$p = \sqrt{2m\omega I - m^2\omega^2 q^2}.$$

Der harmonische Oszillator schwingt also mit der von der Energie unabhängigen Frequenz $\omega = \sqrt{\dfrac{a}{m}}$.

Ausgedrückt durch die Winkel- und Wirkungsvariablen lautet der Operator $\underline{H}$:

$$\underline{H}F = \frac{1}{\iota}\,(H, F) = \frac{1}{\iota}\,\frac{\partial H}{\partial I}\,\frac{\partial F}{\partial w} = \frac{1}{\iota}\,\omega(I)\,\frac{\partial F}{\partial w}.$$

Da F periodisch in w ist, so kann man es entwickeln

$$F(I, w) = \sum_{n=-\infty}^{+\infty} F_n(I)\,e^{\iota n w}.$$

Damit ist

$$E_{\iota}F = \sum_{\substack{n\ \text{mit} \\ n\,\omega(I)\,\leqq\,\lambda}} F_n(I)\,e^{\iota n w}.$$

Das Spektrum von $\underline{H}$ besteht also aus den Frequenzen $n\,\omega(I)$ der Bewegung.

Auch allgemeinere Probleme periodischer räumlicher Bewegungen laufen im Prinzip auf eine mehrfache Anwendung des anharmonischen Oszillators hinaus (SOMMERFELD, Atombau und Spektrallinien, Bd. 1).

§ 3. Elektronen als Wellen.

Eine *andere Gruppe* von Experimenten an Kathodenstrahlen läßt sich ebenfalls durch ein gemeinsames Bild darstellen. Es sind dies die schon oben beschriebenen *Ablenkungsversuche* in elektrischen und magnetischen Feldern und die *Beugungsversuche* z. B. an Kristallen. Diese letzten Versuche legen es nahe, eine Wellengleichung aufzustellen, die neben den Beugungsexperimenten auch die geforderte Ablenkung der Wellen durch elektromagnetische Felder beschreiben kann.

Bezeichnen wir mit $\mathfrak{k}$ einen Vektor in Richtung der Wellenfortpflanzung und vom Betrage $\frac{2\pi}{\lambda}$ ($\lambda =$ gemessene Wellenlänge), so zeigt das Experiment eine Proportionalität der Gruppengeschwindigkeit[1] der Welle mit $\mathfrak{k}$. Ist ω die Frequenz als Funktion von $\mathfrak{k}$, so gilt also:

$$\frac{\partial \omega}{\partial k_i} = \eta\, k_i \tag{3.1}$$

$\left(\frac{1}{c}\, \eta = 3{,}85 \cdot 10^{-11} \text{ cm}; \; \frac{2\pi}{c}\, \eta = \right.$ sogenannte COMPTON-Wellenlänge des Elektrons mit c als Lichtgeschwindigkeit.)

Aus (3.1) folgt sofort die Beziehung:

$$\omega = \tfrac{1}{2}\,\eta\,\mathfrak{k}^2 + \omega_0, \tag{3.2}$$

wobei ω_0 eine Konstante ist. Um eine Wellengleichung zu finden, die (3.2) zur Folge hat, bedenke man, daß $-\dfrac{1}{i}\,\dfrac{\partial}{\partial t}$ nach einer FOURIER-

---

[1] Zur Gruppengeschwindigkeit gelangt man auf folgendem Wege: Ist $\psi(\mathfrak{r}, t) = \dfrac{1}{(2\pi)^{3/2}} \displaystyle\int \varphi(\mathfrak{k})\, e^{i(\mathfrak{k}\mathfrak{r} - \omega t)}\, d\mathfrak{k}$ (mit $d\mathfrak{k} = dk_1\, dk_2\, dk_3$ und ebenso $d\mathfrak{r} = dx_1\, dx_2\, dx_3$) eine Überlagerung mehrerer ebener Wellen $e^{i(\mathfrak{k}\mathfrak{r} - \omega t)}$, d. h. eine Wellengruppe, so gilt (mit $\omega = \omega(\mathfrak{k})$)

$$\chi(\mathfrak{k}, t) = \varphi(\mathfrak{k})\, e^{-i\omega t} = \frac{1}{(2\pi)^{3/2}} \int \psi(\mathfrak{r}, t)\, e^{-i\mathfrak{k}\mathfrak{r}}\, d\mathfrak{r}.$$

Für die Koordinaten des „Schwerpunktes" der Welle

$$X_\nu = \frac{\int \overline{\psi}\, x_\nu\, \psi\, d\mathfrak{r}}{\int \overline{\psi}\, \psi\, d\mathfrak{r}}$$

folgt wegen

$$\frac{d}{dt} \int \overline{\psi}\, \psi\, d\mathfrak{r} = \frac{d}{dt} \int \overline{\chi}\, \chi\, d\mathfrak{k} = \frac{d}{dt} \int \overline{\varphi}\, \varphi\, d\mathfrak{k} = 0:$$

$$\dot{X}_\nu \int \overline{\psi}\, \psi\, d\mathfrak{r} = \dot{X}_\nu \int \overline{\chi}\, \chi\, d\mathfrak{k} = \int (\dot{\overline{\psi}}\, x_\nu\, \psi + \overline{\psi}\, x_\nu\, \dot{\psi})\, d\mathfrak{r}.$$

Nun gilt

$$\dot{\psi} = \frac{1}{(2\pi)^{3/2}} \int -i\,\omega\,\chi\, e^{i\mathfrak{k}\mathfrak{r}}\, d\mathfrak{k},$$

$$x_\nu\, \dot{\psi} = \frac{1}{(2\pi)^{3/2}} \int \frac{\partial(\omega\,\chi)}{\partial k_\nu}\, e^{i\mathfrak{k}\mathfrak{r}}\, d\mathfrak{k}$$

und damit

$$\int \overline{\psi}\, x_\nu\, \dot{\psi}\, d\mathfrak{r} = \int \overline{\chi}\, \frac{\partial(\omega\,\chi)}{\partial k_\nu}\, d\mathfrak{k}.$$

Als konjugiert komplexe Gleichung gilt

$$\int \psi\, x_\nu\, \dot{\overline{\psi}}\, d\mathfrak{r} = \int \frac{\partial(\omega\,\overline{\chi})}{\partial k_\nu}\, \chi\, d\mathfrak{k}.$$

Somit schließlich.

$$\dot{X}_\nu = \frac{\displaystyle\int \overline{\chi}\, \frac{\partial \omega}{\partial k_\nu}\, \chi\, d\mathfrak{k}}{\displaystyle\int \overline{\chi}\, \chi\, d\mathfrak{k}} = \overline{\frac{\partial \omega}{\partial k_\nu}} \quad \text{(Mittelwert)}.$$

$\dfrac{\partial \omega}{\partial k_\nu} = v_\nu$ heißt deshalb die Gruppengeschwindigkeit.

Transformation $\psi(\mathfrak{r}, t) = \dfrac{1}{(2\pi)^{3/2}} \int e^{i(\mathfrak{k}\,\mathfrak{r} - \omega t)}\, \varphi(\mathfrak{k})\, d\mathfrak{k}$ die Multiplikation mit ω und $\dfrac{1}{i}\dfrac{\partial}{\partial x_i}$ der mit k_i unter dem Integral entspricht. So errät man als einfachste Form eine lineare Wellengleichung:

$$-\frac{1}{i}\psi = \omega_0\,\psi + \frac{1}{2}\eta\left(\frac{1}{i}\operatorname{grad}\right)^2\psi = \omega_0\,\psi - \frac{1}{2}\eta\,\varDelta\,\psi. \qquad (3.3)$$

(3.3) stellt die Elektronenwellenbewegung ohne äußere elektromagnetische Felder dar. Statt von den Beugungsversuchen, deren Ergebnisse (3.3) kurz angibt, kann man auch erst von den Ablenkungsversuchen der Kathodenwellen in elektromagnetischen Feldern ausgehen. Von der Tatsache der Beugungsversuche wollen wir das Superpositions- oder Interferenzprinzip benutzen. Dies erfordert, daß man für die Wellenfunktion ψ eine homogene lineare Wellengleichung ansetzt, damit mit zwei Lösungen ψ_1 und ψ_2 auch die superponierte $\psi_1 + \psi_2$ eine Lösung ist. Versucht man, erst einmal mit einer einzigen Wellenfunktion auszukommen, so wird man folglich als Wellengleichung

$$W\left(\frac{1}{i}\frac{\partial}{\partial x_i}, x_i, t, -\frac{1}{i}\frac{\partial}{\partial t}\right)\psi = 0 \qquad (3.4)$$

ansetzen, wobei W ein Ausdruck ist, der von den x_i, t abhängt und aus den Differentialsymbolen gebildet ist, die auf ψ anzuwenden sind. Statt $\dfrac{\partial}{\partial x_i}$ ist der Ausdruck $\dfrac{1}{i}\dfrac{\partial}{\partial x_i}$ benutzt worden, weil dann speziell für eine ebene Welle $e^{i(\mathfrak{k}\,\mathfrak{r} - \omega t)}$ gilt

$$\frac{1}{i}\frac{\partial}{\partial x_i}\,e^{i(\mathfrak{k}\,\mathfrak{r} - \omega t)} = k_i\,e^{i(\mathfrak{k}\,\mathfrak{r} - \omega t)}.$$

Um die Ablenkungsversuche in langsam veränderlichen Feldern zu beschreiben, setzen wir als Lösung von (3.4) eine „fast ebene Welle"

$$\psi = e^{i\,S(\mathfrak{r},\,t)} \qquad (3.5)$$

an, wobei also mit

$$k_i = S_{|i} \quad \text{und} \quad \omega = -\frac{\partial S}{\partial t}$$

der Wellenvektor $\mathfrak{k}$ und die Frequenz ω nicht mehr konstant, aber doch nur schwach veränderlich sein sollen. Daher können wir alle Ableitungen von k_i und ω, d. h. alle zweiten Ableitungen von S vernachlässigen. Unter diesen Bedingungen erhält man näherungsweise mit (3.5) aus (3.4):

$$W\left(S_{|i}, x_i, t, -\frac{\partial S}{\partial t}\right) = W(k_i, x_i, t, \omega) = 0. \qquad (3.6)$$

Betrachtet man eine Wellengruppe mit der grob definierten Lage x_i (etwa die des Schwerpunktes) zur Zeit t, so gilt für ihre Gruppengeschwindigkeit $x_i = \dfrac{\partial \omega}{\partial k_i}$. Löst man daher (3.6) nach ω auf:

$$\omega = H(k_i, x_i, t) \quad \text{oder} \quad -\frac{\partial S}{\partial t} = H(S_{|i}, x_i, t), \tag{3.7}$$

so folgt also

$$\dot{x}_i = \frac{\partial H}{\partial k_i}. \tag{3.8}$$

Dann folgt weiter:

$$\dot{k}_i = \frac{d}{dt} S_{|i} = \frac{\partial}{\partial t} S_{|i} + \sum_{j=1}^{3} S_{|i|j} \dot{x}_j = \frac{\partial}{\partial t} S_{|i} + \sum_{j=1}^{3} S_{|i|j} \frac{\partial H}{\partial k_j}.$$

Nach (3.7) ist

$$-\frac{\partial}{\partial t} S_{|i} = \sum_{j=1}^{3} \frac{\partial H}{\partial k_j} S_{|j|i} + \frac{\partial H}{\partial x_i}$$

und damit schließlich

$$\dot{k}_i = -\frac{\partial H}{\partial x_i}. \tag{3.9}$$

(3.8) und (3.9) zeigen also, daß für die Bewegung eines Wellenpaketes (näherungsweise) die HAMILTONschen Gleichungen der Mechanik mit k_i statt p_i und x_i statt q_i gelten, wobei die Phasenfunktion S die zugehörige HAMILTON-JAKOBIsche Gl. (3.7) erfüllt. (3.8), (3.9) müssen also dieselben Lösungen für x_i besitzen wie die in der Partikeltheorie auftretenden, von der Erfahrung der Ablenkungsversuche bestätigten Bahnen. Die x_i haben experimentell als Koordinaten der Lage des Wellenpaketes dieselbe Bedeutung wie die Koordinaten x_i der Teilchen. Da für den feldfreien Fall nach (3.2)

$$H(k_i, x_i, t) = \frac{1}{2}\eta \sum_{i=1}^{3} k_i^2 + \omega_0$$

zu fordern ist, zeigt ein Vergleich mit (2.8)[1], daß allgemein

$$H = \frac{\eta}{2} \sum_{i=1}^{3} \left(k_i - \frac{\varepsilon}{c} A_i\right)^2 + \varepsilon \varphi$$

zu setzen ist mit $\varepsilon \eta = \dfrac{e}{m}$. Rückwärts über (3.7), wenn man einfach

$$W(k_i, x_i, t, \omega) = H(k_i, x_i, t) - \omega$$

setzt, gelangt man zu der Wellengleichung:

$$-\frac{1}{i}\psi = \frac{\eta}{2} \sum_{i=1}^{3} \left(\frac{1}{i}\frac{\partial}{\partial x_i} - \frac{\varepsilon}{c} A_i\right)^2 \psi + \varepsilon \varphi \psi \;^2. \tag{3.10}$$

---

[1] Für ein Elektron: $H = \dfrac{1}{2m} \sum_{i=1}^{3} \left(p_i - \dfrac{e}{c} A_i\right)^2 + e\varphi.$

[2] Hier ist $\left(\dfrac{1}{i}\dfrac{\partial}{\partial x_i} - \dfrac{\varepsilon}{c} A_i\right)^2 \psi$ so auszumultiplizieren, daß $\dfrac{\partial}{\partial x_i}$ auch auf A_i angewandt wird. Dies kann aus der obigen Ableitung nicht streng gefolgert werden, da die Ableitungen von A_i neben denen von S zu vernachlässigen sind, weil die Felder nur langsam veränderlich sein dürfen, damit man die Bewegung eines Wellenpaketes als Ganzes betrachten darf. (3.10) ist keine strenge Folge, gibt aber gerade so die Erfahrung am besten wieder.

$\varepsilon \eta = \dfrac{e}{m}$ ist allein durch die Ablenkungsversuche bestimmbar. Erst durch weitere Messungen z. B. der Elementarladung im *Teilchenbild* erhält man e und m getrennt. Im *Wellenbild* dagegen gibt es kein e und m, sondern nur die weitere Konstante η, aus Beugungsversuchen bestimmt.

Die Wellengleichung (die „SCHRODINGER-Gleichung") (3.10) ist als klassische Feldgleichung aufzufassen, die die Fortpflanzung der *Kathodenwellen* beschreibt. Allerdings brauchen wir noch einen Ausdruck für die Ladungs- und Stromdichte wie für Impuls- und Energiedichte dieser Wellen, da diese selber ein elektromagnetisches Feld erzeugen und Impuls und Energie auf andere Materie übertragen können.

Die physikalische Bedeutung von ψ selbst ist nach (3.10) noch unklar, nur weiß man, daß ψ in irgendeiner Form für die Intensität der Welle maßgebend ist.

Multipliziert man (3.10) mit dem konjugierten komplexen $\bar{\psi}$ von ψ, so folgt:

$$-\frac{1}{i}\,\bar{\psi}\,\psi = \frac{\eta}{2}\,\bar{\psi}\,\sum_{i=1}^{3}\left(\frac{1}{i}\,\frac{\partial}{\partial x_i} - \frac{\varepsilon}{c}\,A_i\right)^2 \psi + \varepsilon\,\varphi\,\bar{\psi}\,\psi .$$

Der Imaginärteil hiervon ergibt:

$$-\frac{\partial}{\partial t}(\bar{\psi}\,\psi) = \frac{i\eta}{2}\left[\bar{\psi}\sum_{i=1}^{3}\left(\frac{1}{i}\,\frac{\partial}{\partial x_i} - \frac{\varepsilon}{c}\,A_i\right)^2 \psi - \psi\sum_{i=1}^{3}\left(-\frac{1}{i}\,\frac{\partial}{\partial x_i} - \frac{\varepsilon}{c}\,A_i\right)^2 \bar{\psi}\right]$$

$$= \sum_{i=1}^{3}\frac{\partial}{\partial x_i}\frac{\eta}{2}\left[\bar{\psi}\left(\frac{1}{i}\,\frac{\partial}{\partial x_i} - \frac{\varepsilon}{c}\,A_i\right)\psi + \psi\left(-\frac{1}{i}\,\frac{\partial}{\partial x_i} - \frac{\varepsilon}{c}\,A_i\right)\bar{\psi}\right].$$

Für den Skalar $\varrho' = \bar{\psi}\,\psi$ und den Vektor

$$\mathfrak{i}' = \frac{\eta}{2}\left[\bar{\psi}\left(\frac{1}{i}\,\mathrm{grad} - \frac{\varepsilon}{c}\,\mathfrak{A}\right)\psi + \psi\left(-\frac{1}{i}\,\mathrm{grad} - \frac{\varepsilon}{c}\,\mathfrak{A}\right)\bar{\psi}\right]$$

gilt also eine „Kontinuitätsgleichung" $\mathrm{div}\,\mathfrak{i}' + \dot{\varrho}' = 0$. Es liegt daher nahe, ϱ' und $\mathfrak{i}'$ als proportional zur elektrischen Ladungs- und Stromdichte anzunehmen: Da ψ nach (3.10) nur bis auf einen Zahlenfaktor bestimmt ist, bekommt ψ gerade dadurch seine physikalische Bedeutung, daß wir den Proportionalitätsfaktor zwischen der Ladung ϱ und der Größe ϱ' per Definition festsetzen. Die Ladungsdichte der Kathodenwellen ist nach Konvention negativ. Deshalb setzen wir fest:

$$\varrho = \varepsilon\,\bar{\psi}\,\psi;$$

$$\mathfrak{i} = \frac{\varepsilon\,\eta}{2}\left[\bar{\psi}\left(\frac{1}{i}\,\mathrm{grad} - \frac{\varepsilon}{c}\,\mathfrak{A}\right)\psi + \psi\left(-\frac{1}{i}\,\mathrm{grad} - \frac{\varepsilon}{c}\,\mathfrak{A}\right)\bar{\psi}\right]. \tag{3.11}$$

Da die Gesamtladung $\varepsilon\int|\psi|^2\,d\mathfrak{r}$ nach [(3.11)] existieren soll, so kommen als Wellenfunktionen nur Elemente des HILBERT-Raumes $\mathfrak{H}$, d. h. alle quadratisch integrierbaren Ortsfunktionen in Frage. Dann ist $\frac{1}{i}\frac{\partial}{\partial x_k}$ ein HERMITEScher Operator und damit ebenso

$$H = \frac{\eta}{2} \sum_{k=1}^{3} \left(\frac{1}{i} \frac{\partial}{\partial x_i} - \frac{\varepsilon}{c} A_k \right)^2 + \varepsilon \varphi,$$

so daß (3.10) kurz

$$-\frac{1}{i}\dot{\psi} = H\psi$$

geschrieben werden kann.

Die Gesamtladung $\varepsilon \int \bar{\psi}\psi\, d\mathfrak{r}$ können wir in der Schreibweise des HILBERT-Raumes einfach $\varepsilon\,\|\psi\|^2$ schreiben.

Ist ψ eine fast ebene Welle $(\sim e^{i\mathfrak{k}\mathfrak{r}})$, so daß näherungsweise $\frac{1}{i}\operatorname{grad}\psi \sim \mathfrak{k}\psi$ gilt, so wird für $\mathfrak{A} = 0$

$$\mathfrak{i} \sim \eta\,\mathfrak{k}\,\varrho = \varrho\,\mathfrak{v}_g,$$

d. h. gleich dem Produkt von Ladungsdichte mal Gruppengeschwindigkeit, was anschaulich zu erwarten war.

Die Definition von ϱ und $\mathfrak{i}$ bewährt sich in der Erfahrung und auch bei den folgenden Betrachtungen, wie der Ableitung des Energiesatzes. Wir denken uns φ zerlegt $\varphi = \varphi_0 + \varphi_1$, so daß, wie in vielen Anwendungen, φ_0 ein zeitlich konstantes Feld (Feld von Atomkernen, feste äußere Felder) darstellt und φ_1 zusammen mit $\mathfrak{A}$ ein äußeres Wellenfeld beschreibt. Von der Wechselwirkung des Elektronenwellenfeldes mit sich selbst sehen wir erst einmal ab (siehe S. 20). Hierzu berechnet man $\mathfrak{i}\,\mathfrak{E}$ (wobei $\mathfrak{E}$ nur das sich aus $\mathfrak{A}$, φ_1 ergebende Feld sei), die Leistungsdichte des elektromagnetischen Feldes an den Kathodenwellen. Man erhält mit dem HERMITEschen Operator

$$\mathfrak{G} = \left(\frac{1}{i}\operatorname{grad} - \frac{\varepsilon}{c}\mathfrak{A} \right)$$

und mit (3.10), (3.11):

$$\mathfrak{i}\,\mathfrak{E} = \frac{\partial}{\partial t}\frac{\eta}{2}(\overline{\mathfrak{G}\,\bar{\psi}})(\mathfrak{G}\,\psi) + \operatorname{div}\frac{\eta^2}{4}\left[(\overline{\mathfrak{G}^2\,\bar{\psi}})(\mathfrak{G}\,\psi) + (\mathfrak{G}^2\,\psi)(\mathfrak{G}\,\bar{\psi})\right].$$

Setzt man also als Energiedichte

$$G = \frac{\eta}{2}\left[\left(-\frac{1}{i}\operatorname{grad} - \frac{\varepsilon}{c}\mathfrak{A} \right)\bar{\psi} \right]\left[\left(\frac{1}{i}\operatorname{grad} - \frac{\varepsilon}{c}\mathfrak{A} \right)\psi \right] + \varepsilon\,\varphi_0\,\bar{\psi}\,\psi$$

und als Energiestromdichte

$$\mathfrak{z} = \frac{\eta^2}{4}\Big\{ \left[\left(-\frac{1}{i}\operatorname{grad} - \frac{\varepsilon}{c}\mathfrak{A} \right)^2 \bar{\psi} \right]\left[\left(\frac{1}{i}\operatorname{grad} - \frac{\varepsilon}{c}\mathfrak{A} \right)\psi \right]$$

$$+ \left[\left(\frac{1}{i}\operatorname{grad} - \frac{\varepsilon}{c}\mathfrak{A} \right)^2 \psi \right]\left[\left(-\frac{1}{i}\operatorname{grad} - \frac{\varepsilon}{c}\mathfrak{A} \right)\bar{\psi} \right] \Big\},$$

so ergibt sich der Energiesatz in der Form

$$\frac{\partial}{\partial t}\int_V G\, d\mathfrak{r} = \int_V \mathfrak{i}\,\mathfrak{E}\, d\mathfrak{r} - \int_F \mathfrak{z}\, d\mathfrak{f}.$$

Für die Gesamtenergie $E = \int \mathfrak{E}\, d\mathfrak{r}$, integriert über den ganzen Raum, folgt also $\dot{E} = \int \mathfrak{j}\mathfrak{E}\, d\mathfrak{r}$. Die Energie bleibt also bei Abwesenheit äußerer elektromagnetischer Felder zeitlich konstant. Nach partieller Integration kann man für E auch schreiben:

$$E = \int \left[\frac{\eta}{2}\, \bar{\psi} \left(\frac{1}{\imath}\, \mathrm{grad} - \frac{\varepsilon}{c}\, \mathfrak{A} \right)^2 \psi + \varepsilon\, \varphi_0\, \bar{\psi}\, \psi \right] d\mathfrak{r} = (\psi, \boldsymbol{H}\,\psi) \qquad (3.12)$$

mit

$$\boldsymbol{H} = \frac{\eta}{2} \left(\frac{1}{\imath}\, \mathrm{grad} - \frac{\varepsilon}{c}\, \mathfrak{A} \right)^2 + \varepsilon\, \varphi_0 = \frac{\eta}{2}\, \mathfrak{G}^2 + \varepsilon\, \varphi_0. \qquad (3.13)$$

Ebenso läßt sich der Impulssatz ableiten, indem man von der bekannten Kraftdichte $\mathfrak{k} = \varrho\, \mathfrak{E} + \frac{1}{c}\, \mathfrak{j} \times \mathfrak{B}$ ausgeht. Mit

$$\mathfrak{P} = \frac{1}{2} \left[\bar{\psi} \left(\frac{1}{\imath}\, \mathrm{grad} - \frac{\varepsilon}{c}\, \mathfrak{A} \right) \psi + \psi \left(-\frac{1}{\imath}\, \mathrm{grad} - \frac{\varepsilon}{c}\, \mathfrak{A} \right) \bar{\psi} \right]$$

als Impulsdichte und $T_{\imath k} = T_{k\imath}$

$$\begin{aligned}
\frac{2}{\eta}\, T_{ik} = {}& \left[\left(\frac{1}{\imath}\, \frac{\partial}{\partial x_\imath} - \frac{\varepsilon}{c}\, A_i \right) \psi \right] \left[\left(-\frac{1}{\imath}\, \frac{\partial}{\partial x_k} - \frac{\varepsilon}{c}\, A_k \right) \bar{\psi} \right] \\
& + \left[\left(\frac{1}{\imath}\, \frac{\partial}{\partial x_k} - \frac{\varepsilon}{c}\, A_k \right) \psi \right] \left[\left(-\frac{1}{\imath}\, \frac{\partial}{\partial x_\imath} - \frac{\varepsilon}{c}\, A_i \right) \bar{\psi} \right] \\
& + \sum_{l=1}^{3} \left[\left(-\frac{1}{\imath}\, \frac{\partial}{\partial x_l} - \frac{\varepsilon}{c}\, A_l \right) \bar{\psi} \right] \left[\left(\frac{1}{\imath}\, \frac{\partial}{\partial x_l} - \frac{\varepsilon}{c}\, A_l \right) \psi \right] \delta_{\imath k} \\
& - \left\{ \sum_{l=1}^{3} \left[\psi \left(-\frac{1}{\imath}\, \frac{\partial}{\partial x_l} - \frac{\varepsilon}{c}\, A_l \right)^2 \bar{\psi} + \bar{\psi} \left(\frac{1}{\imath}\, \frac{\partial}{\partial x_l} - \frac{\varepsilon}{c}\, A_l \right)^2 \psi \right] \right\} \delta_{ik}
\end{aligned}$$

als Spannungsdichte folgt:

$$\dot{P}_i = k_i - \sum_{k=1}^{3} T_{\imath k \mid k}$$

und hieraus die Integralbeziehung:

$$\frac{\partial}{\partial t} \int_V P_i\, d\mathfrak{r} = \int_V k_i\, d\mathfrak{r} - \int_F \sum_{k=1}^{3} T_{\imath k}\, n_k\, df. \qquad (3.14)$$

Integriert man über den ganzen Raum, so fällt in (3.14) das Integral über F fort. Für den *Gesamt*impuls $\mathfrak{Q}$ folgt nach partieller Integration

$$\mathfrak{Q} = \int \bar{\psi} \left(\frac{1}{\imath}\, \mathrm{grad} - \frac{\varepsilon}{c}\, \mathfrak{A} \right) \psi\, d\mathfrak{r} = (\psi, \mathfrak{G}\, \psi).$$

Man erkennt einen engen Zusammenhang zwischen E nach (3.12) und $\mathfrak{Q}$: Im Integral für $\mathfrak{Q}$ tritt der Operator $\mathfrak{G}$ auf, im Integral für E der Operator $\boldsymbol{H}$ nach (3.13), der formal als Ausdruck in $\mathfrak{G}$ und φ_0 eine der HAMILTON-Funktion des Partikelbildes $H = \frac{1}{2m}\, \mathfrak{P}^2 + \varepsilon\, \varphi_0$ ähnliche Struktur zeigt.

Eine Wechselwirkung der Kathodenwellen mit sich selbst steckt in der Grundgleichung (3.10) (wovon wir aber gerade bei der Ableitung des Energiesatzes abgesehen hatten, da wir die $\mathfrak{A}$, φ als Potentiale nur des äußeren Feldes betrachteten), da φ und $\mathfrak{A}$ den Gleichungen

$$\Delta\varphi - \frac{1}{c^2}\ddot{\varphi} = -4\pi\varrho \quad \text{und} \quad \Delta\mathfrak{A} - \frac{1}{c^2}\dot{\mathfrak{A}} = -\frac{4\pi}{c}\mathfrak{j}$$

genügen, wobei ϱ und $\mathfrak{j}$ neben eventuell vorhandenen „äußeren" Ladungen und Strömen auch die durch (3.11) gegebenen Bestandteile enthalten. Ist die Stromdichte $\mathfrak{j}$ (wie z. B. in Elektronenröhren) gering und kein äußeres Magnetfeld, sondern nur ein äußeres elektrisches Feld vorhanden, so ist $\mathfrak{A} = 0$ zu setzen und es tritt zu dem Potential φ_a des äußeren Feldes das Glied

$$\varphi_e = \varepsilon \int \frac{\bar{\psi}\psi}{r}\,d\mathfrak{r} \tag{3.15}$$

hinzu, was in (3.10) eingesetzt unter Benutzung der Näherungslösungsmethode (3.5) bis (3.9) zu denselben Ergebnissen der Raumladungserscheinungen in Elektronenröhren führt wie das Teilchenbild. Auch die Rechnung ist auf Grund von (3.8), (3.9) und der Definition (3.11) für die Stromdichte praktisch identisch mit der im Teilchenbild, so daß also auch das Wechselwirkungsglied (3.15) experimentell bestätigt ist.

Bei Berücksichtigung des Gliedes φ_e nach (3.15), also mit $\varphi = \varphi_0 + \varphi_e + \varphi_1$ erhält man statt (3.12) als Energie:

$$E = \int\left[\frac{\eta}{2}\,\bar{\psi}(\mathfrak{r})\,\mathfrak{G}^2\,\boldsymbol{\psi}(\mathfrak{r}) + \varepsilon\,\varphi_0(\mathfrak{r})\,\bar{\psi}(\mathfrak{r})\,\boldsymbol{\psi}(\mathfrak{r}) + \frac{\varepsilon^2}{2}\,\bar{\psi}(\mathfrak{r})\int\frac{\bar{\psi}(\mathfrak{r}')\,\boldsymbol{\psi}(\mathfrak{r}')}{|\mathfrak{r}'-\mathfrak{r}|}\,d\mathfrak{r}'\,\boldsymbol{\psi}(\mathfrak{r})\right]d\mathfrak{r}.$$

Dieses kurz skizzierte Wellenbild der Kathodenstrahlen ist in sich ebenso geschlossen wie das Teilchenbild und in bester Übereinstimmung mit der Erfahrung, solange man *nur* die Gruppe der Ablenkungs- und Beugungsversuche heranzieht. Als Beispiel betrachten wir die eindimensionalen Schwingungen der Wellen in einem festen äußeren Potential $\varphi(x)$ (oben mit φ_0 bezeichnet). Bei *schwacher* Intensität können wir das von den ψ-Wellen selbst erzeugte Feld vernachlässigen. Dann nimmt (3.10) die einfache Gestalt

$$-\frac{1}{i}\,\dot{\psi} = -\frac{\eta}{2}\,\frac{\partial^2}{\partial x^2}\,\psi + \varepsilon\,\varphi\,\psi = \boldsymbol{H}\,\psi \tag{3.16}$$

an. Als Lösung versuchen wir den Ansatz einer *Eigenschwingung* der Form $\psi(x, t) = u(x)\,e^{-i\omega t}$:

$$\boldsymbol{H}\,u = -\frac{\eta}{2}\,u''(x) + \varepsilon\,\varphi(x)\,u(x) = \omega\,u(x). \tag{3.17}$$

Ist $\varphi(x)$ wieder eine Funktion nach Art der Abb. 1, S. 12, so ist das Spektrum von H diskret[1], d. h. H hat bestimmte *Eigenwerte* ω_n und zugehörige Eigenfunktion $u_n(x)$ von (3.17) mit $(u_n, u_m) = \delta_{nm}$. Die allgemeine Lösung $\psi(x, t)$ von (3.16) kann man in eine Reihe nach den $u_n(x)$ entwickeln:

$$\psi(x, t) = \sum_{n=1}^{\infty} g_n(t)\, u_n(x).$$

In (3.17) eingesetzt, erhält man die Bedingung $i g_n' = \omega_n g_n$, d. h.:

$$g_n(t) = a_n\, e^{-i\,\omega_n t},$$

so daß die Lösungen von (3,16)

$$\psi(x, t) = \sum_{n=1}^{\infty} a_n\, e^{-i\,\omega_n t}\, u_n(x) \tag{3.18}$$

mit willkürlichen Konstanten a_n lauten. Die a_n sind z. B. durch $\psi(x, 0)$ bestimmt.

Für den speziellen Fall $\varphi(x) = \frac{b}{2}\, x^2$ hat (3.16) die Lösungen[2]

$$u_n(x) = \frac{1}{(2^n!\,\sqrt{\pi})^{1/2}}\, e^{-\frac{1}{2}\sqrt{\frac{\varepsilon b}{\eta}}\, x^2}\, H_n\left(\left(\frac{\varepsilon}{\eta}\, b\right)^{1/4} x\right) \left(\frac{\varepsilon b}{\eta}\right)^{1/8} \tag{3.19}$$

mit

$$\omega_n = (n + \tfrac{1}{2})\, \sqrt{\eta\,\varepsilon\, b},$$

wobei die $H_n(y)$ die HERMITEschen Polynome von y sind.

Die Energie nach (3.12) nimmt mit (3.18) die Gestalt an:

$$E = (\psi, H\psi) = \sum_{n=1}^{\infty} |a_n^2|\, \omega_n. \tag{3.20}$$

§ 4. Licht als Welle.

Auf die Vielfalt der Experimente, in denen das Licht als eine Wellenbewegung erscheint, die sich durch die MAXWELLschen Gleichungen

$$\operatorname{rot}\mathfrak{H} = \frac{1}{c}\,\dot{\mathfrak{D}} + \frac{4\pi}{c}\,\mathfrak{j}, \qquad \operatorname{div}\mathfrak{D} = 4\pi\varrho \qquad (\mathfrak{D} = \varepsilon\,\mathfrak{E})$$

$$\operatorname{rot}\mathfrak{E} + \frac{1}{c}\,\dot{\mathfrak{B}} = 0, \qquad \operatorname{div}\mathfrak{B} = 0 \qquad (\mathfrak{B} = \mu\,\mathfrak{H}) \tag{4.1}$$

beschreiben läßt, sei nur kurz hingewiesen. Der Versuch aber, diese Theorie mit der Korpuskeltheorie der Elektronen zusammenzubringen,

---

[1] Zum Problem des Spektrums von Eigenwertgleichungen, vgl. z. B. COURANT-HILBERT: Methoden der mathematischen Physik II, Kap. VII, und die dort angegebenen Originalarbeiten von FRIEDRICHS.

[2] Kapitel III, § 8, und COURANT-HILBERT: Methoden der mathematischen Physik I, S. 283, 323, 440 (Grundlehren der mathematischen Wissenschaften Bd 12) 2 Aufl., Berlin: Springer 1931, oder SOMMERFELD: Atombau und Spektrallinien, Teil II (Braunschweig).

mißlang, denn entweder führten punktförmige Elektronen zu unendlichen Ausdrücken für Energie und Impuls des elektromagnetischen Feldes, oder es war unmöglich, ohne Zusatzhypothesen den Zusammenhalt einer ausgedehnten kleinen kugelförmigen Ladungsverteilung zu erklären. Anders ist das aber, sobald wir das kontinuierliche Wellenbild der Elektronen benutzen. Die Inhomogenitäten $\mathfrak{j}$ und ϱ in (4.1) sind dann nach (3.11) einzusetzen; und die in (4.1) auftretenden Felder $\mathfrak{E}$ und $\mathfrak{B}$ bzw. deren Potentiale $\mathfrak{A}$, φ nach § 2 sind aus (4.1) zu entnehmen. Das Wellenbild der Elektronen mit dem Wellenbild des Lichtes stellt eine in sich geschlossene Theorie dar. Für den Fall kleiner Wellenlängen gegenüber den Dimensionen der Versuchsobjekte und bei Abwesenheit von Ladungen und Strömen kann man (4.1) näherungsweise durch fast ebene Wellen

$$\mathfrak{E} = \mathfrak{E}_0 \, e^{i\,\Phi(\mathfrak{r},t)}; \qquad \mathfrak{H} = \mathfrak{H}_0 \, e^{i\,\Phi(\mathfrak{r},t)} \tag{4.2}$$

lösen, wobei $\mathfrak{E}_0$ und $\mathfrak{H}_0$ nur sehr langsam mit $\mathfrak{r}, t$ veränderlich sind, so daß ihre Ableitungen vernachlässigt werden können und wobei $\Phi(\mathfrak{r}, t)$ praktisch linear in $\mathfrak{r}, t$ ist, d. h. nur sehr kleine zweite Ableitungen besitzt. Aus (4.1) folgt dann für $\mathfrak{j} = 0$, $\varrho = 0$:

$$(\operatorname{grad}\Phi) \times \mathfrak{H}_0 = \frac{1}{c}\,\dot{\Phi}\,\varepsilon\,\mathfrak{E}_0; \qquad \varepsilon\,\mathfrak{E}_0\operatorname{grad}\Phi = 0,$$
$$(\operatorname{grad}\Phi) \times \mathfrak{E}_0 = -\frac{1}{c}\,\dot{\Phi}\,\mu\,\mathfrak{H}_0; \qquad \mu\,\mathfrak{H}_0\operatorname{grad}\Phi = 0. \tag{4.3}$$

$\mathfrak{E}$ und $\mathfrak{H}$ stehen senkrecht auf $\operatorname{grad}\Phi$, d. h. auf der jeweiligen Ausbreitungsrichtung der Welle. Aus (4.3) folgt:

$$(\operatorname{grad}\Phi) \times [(\operatorname{grad}\Phi) \times \mathfrak{H}_0] = -\frac{1}{c^2}\,\dot{\Phi}^2\,\varepsilon\,\mu\,\mathfrak{H}_0$$

und somit

$$|\operatorname{grad}\Phi|^2 = \frac{\varepsilon\,\mu}{c^2}\,\dot{\Phi}^2$$

die *Eikonalgleichung* der geometrischen Optik. Betrachtet man (falls ε, μ zeitunabhängig sind) speziell eine Welle bestimmter Frequenz ω, so daß $-\dot{\Phi} = \omega$ ist, so erhält man die zeitunabhängige Form

$$|\operatorname{grad}\chi|^2 = \varepsilon\,\mu =: n^2 \quad \text{mit} \quad \Phi = \omega\left(\frac{\chi(\mathfrak{r})}{c} - t\right), \tag{4.4}$$

wobei n als Brechungsindex bezeichnet wird.

Ein Wellenzug nach (4.4) bewegt sich mit der Geschwindigkeit $\frac{c}{|\operatorname{grad}\chi|} = \frac{c}{n}$ in Richtung von $\operatorname{grad}\chi$, so daß also für die Koordinate x_i der mittleren Lage des Wellenzuges gilt:

$$\dot{x}_i = \frac{c}{n^2}\,\chi_{|i} = \frac{\partial H}{\partial k_i} \tag{4.5}$$

mit

$$H(k_i, x_i) = \frac{c}{n^2}\sum_{i=1}^{3}\frac{k_i^2}{2}; \qquad k_i = \chi_{|i}. \tag{4.6}$$

Hiermit lautet (4.4) einfach $H(k_i, x_i) = \frac{c}{2}$. Dann folgt genau wie in (3.5) bis (3.9):

$$\dot{k}_i = \frac{d}{dt}\chi_{|i} = \sum_{j=1}^{3}\chi_{|i|j}\,\dot{x}_j = \sum_{j=1}^{3}\chi_{|i|j}\frac{\partial H}{\partial k_i}.$$

Aus $H = \frac{c}{2}$ folgt durch totale Differentiation nach x_i:

$$\sum_{j=1}^{3}\frac{\partial H}{\partial k_j}\chi_{|j|i} + \frac{\partial H}{\partial x_i} = 0,$$

so daß also:

$$\dot{k}_i = -\frac{\partial H}{\partial x_i}. \tag{4.7}$$

Die Bewegung eines Wellenzuges erfolgt also ähnlich der eines Teilchens mit der HAMILTON-Funktion (4.6) mit der Nebenbedingung $H = \frac{c}{2}$. Aus (4.5) und (4.7) folgt, daß man die Bahnen auch aus dem Variationsprinzip

$$\int_{t_1}^{t_2}(-H + \sum_i k_i\,\dot{x}_i)\,dt = \text{Extremwert}$$

erhält. Mit $\dot{x}_i = \frac{c}{n^2}k_i$ folgt hieraus:

$$\int_{t_1}^{t_2}H(k_i, x_i)\,dt = \tfrac{1}{2}\int_{t_1}^{t_2}c\,dt = \tfrac{1}{2}\int_{s_1}^{s_2}n\,ds = \text{Extr.} \tag{4.8}$$

wobei ds das Bogenelement des Weges mit $\frac{ds}{dt} = \frac{c}{n}$ ist. (4.8) ist das FERMATsche Prinzip der geometrischen Optik.

Die Wellentheorie des Lichtes gestattet also, ähnlich wie die Wellentheorie der Elektronen, alle Beugungserscheinungen und die geometrische Optik zu beschreiben.

§ 5. Lichtelektrischer Effekt. Zählrohre für Lichtquanten.

Auch beim Licht gibt es einige Experimente, die nicht in das obige Bild passen, von denen der lichtelektrische Effekt das Wesentlichste zeigt. Ihn kann man benutzen, um in Zählrohren einzelne Lichtteilchen zu zählen, ebenso wie Elektronen oder andere Korpuskeln. Der Teilchencharakter des Lichtes ist damit genau so anschaulich gesichert wie der der Elektronen, Protonen oder Atomkerne.

Nach der MAXWELLschen Theorie sollte man beim lichtelektrischen Effekt erwarten, daß die Energie der einzelnen austretenden Elektronen wesentlich von der Intensität der einfallenden Strahlung abhängt, was experimentell in keiner Weise der Fall ist. Es ist leicht möglich, die Intensität so herabzusetzen, daß es nach dem Wellenbild des Lichtes Stunden dauern müßte, ehe ein Elektron genügend Energie der Strahlung entzogen hat, um das Metall gegen die *Austrittsarbeit* verlassen zu können. Das Experiment dagegen zeigt unverzögerten Eintritt des Effektes. Alles dies läßt sich sofort erklären, wenn man das Licht als Teilchen von bestimmter Energie $\mathfrak{E}$ (die für verschiedene Lichtteilchen durchaus verschieden sein kann) annimmt. (Von einer Frequenz- bzw. Wellenlängenmessung des benutzten Lichtes sehen wir an dieser Stelle ab, da sie getrennt erfolgen muß und somit nichts mit dem eigentlichen Experiment zu tun hat. Siehe S. 33.) Nach dem Energiesatz müssen dann die austretenden Elektronen die Energie $\mathfrak{E} - A$ (wobei A die Austrittsarbeit bedeutet) haben, unabhängig von der Zahl der einfallenden Teilchen. Da sich diese Lichtteilchen (im Vakuum) mit Lichtgeschwindigkeit bewegen, muß man ihnen einen Impuls $\frac{\mathfrak{E}}{c}$ zuschreiben[1], der in Übereinstimmung mit der Größe des Lichtdruckes steht.

In diesem Teilchenbilde kommen die Begriffe Frequenz und Wellenlänge nicht vor. Sie sind in keiner Weise zur Deutung des lichtelektrischen Effektes notwendig, solange man ihn für sich allein, d. h. ohne Verbindung mit einer Frequenzmessung des Lichtes betrachtet. Dieses Photonenbild läßt sich mit dem Teilchenbild der Elektronen widerspruchsfrei koppeln, wenn man den Zusammenstoß von Elektronen mit Lichtquanten (ähnlich wie in der statistischen Gastheorie der Zusammenstoß der Molekülen) durch Wahrscheinlichkeiten für die verschiedenen Streurichtungen beschreibt, mit Einbeziehung des Energie- und Impulssatzes. Diese beiden Sätze allein gestatten z. B. sehr einfach den COMPTON-Effekt zu berechnen: Es werden das Elektron durch den Index 2, das Lichtkorpuskel durch 1, die Größen nach dem Stoß durch einen Strich charakterisiert. Das Elektron werde vor dem Stoß als ruhend angenommen. Es gelten dann

der Energiesatz: $E_2' + \mathfrak{E}_1' = \mathfrak{E}_1 + m c^2;$ $m =$ Ruhemasse des Elektrons;

der Impulssatz: $\mathfrak{G}_2' + \mathfrak{G}_1' = \mathfrak{G}_1$ mit $|\mathfrak{G}_1| = \frac{\mathfrak{E}_1}{c}.$

Hieraus folgt:

$$E_2' = \mathfrak{E}_1 - \mathfrak{E}_1' + m c^2:$$

$$\mathfrak{G}_2'^{\,2} = \left(\frac{\mathfrak{E}_1}{c}\right)^2 + \left(\frac{\mathfrak{E}_1'}{c}\right)^2 - \frac{2\mathfrak{E}_1\mathfrak{E}_1'}{c^2}\cos\Theta \quad \text{mit} \quad \cos\Theta = \cos(\mathfrak{G}_1, \mathfrak{G}_1').$$

---

[1] Nach der speziellen Relativitätstheorie bilden die Komponenten p des Impulses und $\frac{\mathfrak{E}}{c}$ einen Vierervektor, so daß $\beta = \sum_{i=1}^{3} p_i^2 - \frac{\mathfrak{E}^2}{c^2}$ eine LORENTZ-Invariante ist. Für $\beta < 0$ kann man immer ein solches Koordinatensystem einführen, in dem die $p_i = 0$ sind, so daß in diesem das Teilchen keine Geschwindigkeit hat. Da die Lichtteilchen aber in jedem System die LORENTZ-invariante Geschwindigkeit c haben, muß also $\beta = 0$ sein.

Weiterhin gilt nach der speziellen Relativitätstheorie

$$\left(\frac{E_2'}{c}\right)^2 - \mathfrak{G}_2'^2 = m^2 c^2$$

und somit

$$\mathfrak{E}_1^2 + \mathfrak{E}_1'^2 - 2\mathfrak{E}_1\mathfrak{E}_1' + 2m c^2(\mathfrak{E}_1 - \mathfrak{E}_1') - \mathfrak{E}_1^2 - \mathfrak{E}_1'^2 + 2\mathfrak{E}_1\mathfrak{E}_1'\cos\Theta = 0.$$

Daraus folgt schließlich:

$$\frac{\mathfrak{E}_1 - \mathfrak{E}_1'}{\mathfrak{E}_1\mathfrak{E}_1'} = \frac{1}{m c^2}(1 - \cos\Theta) = \frac{2}{m c^2}\sin^2\frac{\Theta}{2}. \tag{5.1}$$

Auch hier wird vom gestreuten Licht (nicht die Wellenlänge, wie meist üblich, sondern) die Energie der Lichtquanten gemessen, die sich nach der Formel (5.1) je nach dem Streuwinkel Θ verringert hat, ganz in Übereinstimmung mit der Erfahrung.

Auch das Korpuskelbild des Lichtes gestattet in sich eine widerspruchsfreie Beschreibung.

§ 6. Strukturvergleich des Teilchen- und Wellenbildes.

Wir haben zwei theoretische Bilder kennengelernt, das Korpuskelbild und das Wellenbild. Beide gestatten die Beschreibung eines jeweiligen Teilausschnittes der Erfahrungen. Andererseits widersprechen sie sich geradezu: auf der einen Seite z. B. die Ladung in irgendeinem Raumgebiet nur als ganzes Vielfaches der Elemtarladung (je nach der Zahl der dort vorhandenen Elektronen), auf der anderen eine kontinuierliche Ladungsdichte, so daß in einem Gebiet jede Menge von Ladung vorhanden sein kann; auf der einen Bahnen bestimmter Teilchen, auf der anderen eine Welle, die sich durch Überlagerung auch auslöschen kann. Dies möge an einem gedanklich vereinfachten Experiment erläutert werden (Abbildung 2).

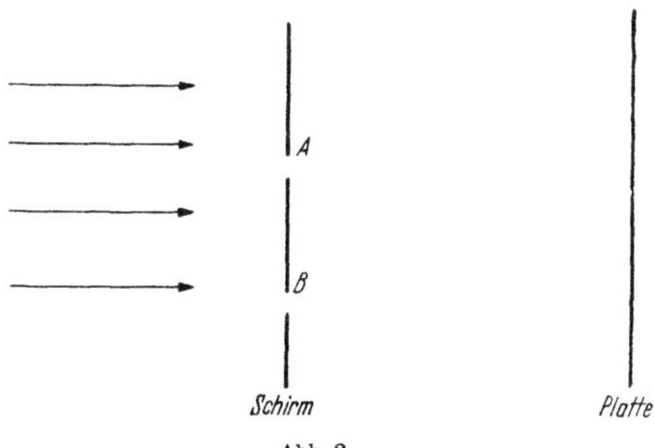

Abb 2

Auf einen Schirm mit zwei Öffnungen fallen Kathodenstrahlen. Man macht hinter dem Schirm auf einer Photoplatte zwei Aufnahmen: 1. beide Öffnungen eine Zeit T geöffnet, 2. erst nur die Öffnung A die Zeit T und danach B die Zeit T geöffnet (mit ein und derselben Photoplatte). Das Ergebnis fällt bei 2. *anders* als bei 1. aus, wie es dem Wellenbild entspricht, da im Falle 1. eine Überlagerung der beiden Wellenzüge, die durch A und B hindurchtreten, möglich ist. Man erhält im Falle 1. auf der Photoplatte ein System von Interferenzstreifen.

Das Partikelbild dagegen würde voraussagen, daß beide Versuche gleich ausfallen, denn sowohl im ersten wie im zweiten Versuch geht jedes einzelne Teilchen *entweder* nur durch die Öffnung A *oder* nur durch B hindurch. So scheint dieser Versuch das Wellenbild als allein richtig zu erweisen.

Abgesehen davon, daß man in anderen Experimenten jede Ladung in einem Raumgebiet als ganzes Vielfaches der Elektronenladung messen kann, was dem Wellenbild widerspricht, so läßt sich das in Abb. 2 geschilderte Experiment leicht so abändern, daß auch das Wellenbild versagt: Statt der Photoplatte stelle man eine Reihe von Zählrohren auf. Man kann die Intensität der einfallenden Elektronen so herabmindern, daß man sie nacheinander in den Zählrohren zählen kann. Nach dem Wellenbild erreicht eine ausgedehnte Welle die Zählrohre, trotzdem aber spricht immer nur jeweils ein *einziges* Zählrohr an. In dem Augenblick, wo die interferierende Welle die Zählrohre passiert, wird an immer nur einem von ihnen ein Effekt ausgelöst, der im Widerspruch zur ausgedehnten Welle, aber in Einklang ,mit der Teilchenvorstellung steht. Erst nachdem viele Elektronen die Beugungsanordnung passiert haben, gibt die Häufigkeit, mit der die einzelnen Zählrohre angesprochen haben, ein Abbild der Schwärzung auf der Photoplatte.

Um den geschilderten Versuch zu erklären, braucht man also abwechselnd beide Bilder: das Wellenbild, um die Interferenzen zu beschreiben; das Teilchenbild, um das Ansprechen der Zählrohre zu verstehen.

Das interessanteste Objekt für den Vergleich der theoretischen Bilder mit der Erfahrung sind die Atome. In einem Atom bewegen sich die Elektronen nach der Entdeckung von RUTHERFORD im Felde eines positiv geladenen Kernes. Die Atome unterscheiden sich durch die Kernladungszahl Z, die das Vielfache der Ladung des Kerns gegenüber der Elementarladung angibt. Im Wasserstoffatom ist das elektrostatische Potential des Kerns $\frac{e}{r}$. Nach dem Korpuskelbild würden die Elektronen Kegelschnittbahnen um den Kern beschreiben. Wegen der Strahlungsemission müßten die Bahnen sich immer näher an den Kern schmiegen, wobei ein *Kontinuum* von Frequenzen ausgesandt würde, im Widerspruch zum Linienspektrum der Atome. Das Wellenbild würde für das Wasserstoffatom (siehe Kapitel VII) gerade die richtigen Frequenzen für die Schwingungen von Strom und Ladung liefern, wenn man das elektromagnetische Feld der Elektronenwellen selbst *nicht* berücksichtigt. Da die Atome sich nur durch die Stärke des Kernfeldes unterscheiden, müßten aber nach der Wellentheorie alle Atome eine ähnliche Struktur der Frequenzen zeigen, denn die Wellentheorie kennt *keine* Zahl von Elektronen, sondern nur *eine* Wellenbewegung. Im Gegensatz hierzu aber zeigen die Atome eine teilweise ganz verschiedene und ungeheuer komplizierte Struktur des Spektrums, die darauf hindeutet, daß die Atome mit höherer Kernladungszahl auch von mehreren Elektronen (nämlich Z, da dann das Atom als Ganzes elektrisch neutral ist, was sich auch direkt experimentell nachweisen läßt) umgeben sind, so daß die Zahl der Freiheitsgrade im Sinne der Korpuskelmechanik und daher die Zahl der möglichen Frequenzen stark ansteigt.

Die Atome nehmen also eine Zwischenstellung ein, da sie weder durch die Wellentheorie noch durch die Korpuskeltheorie erfaßt werden können. Sie zeigen, daß die Wellentheorie nicht für „mehrere" Elektronen mit Wechselwirkung anwendbar ist, oder in der Sprache der Wellentheorie: nur für schwache Intensität die Erfahrungen richtig beschreibt; ganz im Einklang damit, daß die Beugungsversuche unabhängig von der Intensität der Kathodenstrahlen sind, solange die Raumladungsdichte des Kathodenstrahles auf diesen selbst noch keinen merklichen Einfluß hat. Die Korpuskeltheorie dagegen scheint gerade die Wechselwirkung der Elektronen untereinander besser zu erfassen, versagt aber, sobald Beugung an kleinen Hindernissen (als welche man auch den Atomkern ansehen kann) wesentlich wird.

Beide Bilder sind also unzureichend, um alle Erfahrungen zu beschreiben. Sie stehen teilweise sogar im Widerspruch zueinander, obwohl jedes einen Ausschnitt aus den experimentellen Vorgängen darzustellen gestattet. Dies kann nur darauf beruhen, daß in beiden Bildern gewisse Einzelheiten (Strukturen) zwar mit der Erfahrung im Einklang sind, aber weitere Strukturen vorkommen, die für die Beschreibung des jeweiligen Ausschnittes nicht *unbedingt notwendig* sind. Nur diese „überflüssigen" Strukturen können zu dem Widerspruch beider Bilder führen, denn Erfahrungen als solche können nie widersprechend sein. Wir wollen deshalb solche Bilder überstrukturiert nennen, da sie Strukturen enthalten, die über das in der Erfahrung zu Erklärende so weit hinausgehen, daß sie *prinzipiell* experimentell nicht festzustellen sind. Unsere Aufgabe muß daher sein, die beiden Bildern gemeinsamen Strukturelemente aufzudecken, um so die überflüssigen Strukturen zu eliminieren. Dazu müssen wir uns als erstes von den expliziten Zahlenwerten der physikalisch beobachtbaren Größen lösen, denn gerade diese sind in beiden Bildern wesentlich verschieden voneinander: in einem Bilde punktförmige Werte des Ortes, im anderen nur ausgedehnte Dichten; in einem Energie der Teilchen, im anderen Energiedichten. Das Ablösen von den eigentlichen Zahlenwerten ist der schwierigste Schritt, da wir gerade von dem *Anschau-*

lichen der beiden Bilder absehen müssen, da das Anschauliche sich widerspricht, und da wir uns auf die *formalen* Strukureigenschaften beschränken müssen, wenn wir überhaupt Ähnlichkeiten finden wollen. Wegen des Versagens der Wellentheorie für das „Mehrteilchenproblem" müssen wir uns auf der Seite der Teilchenmechanik auf „ein" Elektron beschränken. In der folgenden Tabelle sind einige Größen gegenübergestellt:

Tabelle 1.

Teilchenbild	Wellenbild	
Teilchenort $q_i(i=1,2,3)$	Schwerpunkt $\dfrac{\int \overline{\psi}\, x_i\, \psi\, d\mathfrak{r}}{\int \overline{\psi}\, \psi\, d\mathfrak{r}}$	$\int \overline{\Psi}\, x_i\, \Psi\, d\mathfrak{r}$
Impuls $p_i(i=1,2,3)$	Gesamtimpuls $\int \overline{\psi}\, \dfrac{1}{i}\, \dfrac{\partial}{\partial x_i}\, \psi\, d\mathfrak{r}$	$\int \overline{\Psi}\, \dfrac{\hbar}{i}\, \dfrac{\partial}{\partial x_i}\, \Psi\, d\mathfrak{r}$
Energie $\dfrac{1}{2m}\sum_i p_i^2 + e\,\varphi$	Gesamtenergie $\int \overline{\psi}\left[\dfrac{\mu}{2}\sum_k\left(\dfrac{1}{i}\dfrac{\partial}{\partial x_k}\right)^2 + \varepsilon\,\varphi_0\right]\psi\, d\mathfrak{r}$	$\int \overline{\Psi}\left[\dfrac{1}{2m}\sum_k\left(\dfrac{\hbar}{i}\dfrac{\partial}{\partial x_k}\right)^2 + e\,\varphi_0\right]\Psi\, d\mathfrak{r}$
Ladung e	Gesamtladung $\varepsilon \int \overline{\psi}\, \psi\, d\mathfrak{r}$	e

(Die Vektorpotentiale sind gleich Null gesetzt worden.)

Damit für die Gesamtladung auf der rechten wie auf der linken Seite derselbe Wert steht, muß $\int \overline{\psi}\psi\, d\mathfrak{r} = \dfrac{e}{\varepsilon}$ werden. Setzen wir $\Psi = \sqrt{\dfrac{\varepsilon}{e}}\,\psi$, so ist $\int \overline{\Psi}\Psi\, d\mathfrak{r} = 1$, und man erhält mit

$$\hbar = \frac{e}{\varepsilon} = \frac{1}{2\pi}\cdot 6{,}523 \cdot 10^{-27} \text{ erg sec} \tag{6.1}$$

dann für die Spalte des Wellenbildes die dritte Spalte in der Tab. 1, aus der man (wenn man von den Zahlenwerten der p_i, q_i für das Teilchenbild und von den Zahlenwerten der Ausdrücke $\int \overline{\Psi} x_i \Psi\, d\mathfrak{r}$ usw. für das Wellenbild abstrahiert) folgende Korrespondenzen abliest:

Tabelle 2.

Teilchenbild	q_i	p_i	$H(p_i, q_i)$
Wellenbild	x_i	$\dfrac{\hbar}{i}\dfrac{\partial}{\partial x_i}$	$H\left(\dfrac{\hbar}{i}\dfrac{\partial}{\partial x_i}, x_i\right)$

Während im Korpuskelbild die p_i, q_i selber Zahlenwerte (ihre beobachtbaren Meßwerte) annehmen, sind im Wellenbild diese in der Art $\int \overline{\Psi} x_i \Psi\, d\mathfrak{r}$ usw. zu berechnen. Aber die Art, in der die beobachtbaren Werte festgelegt werden, ist gerade das Unterschiedliche der beiden Bilder. Tab. 2 enthält demgegenüber die Darstellung einer Strukturähnlichkeit, einer Korrespondenz, die zwar auch die Tatsache zur

Folge hat, daß Teilchen- wie Wellenbild die gleichen Ergebnisse für die Ablenkung der Kathodenstrahlen in äußeren Feldern liefert (so hatten wir es ja gerade auf S. 16 eingerichtet), aber doch darüber hinausgeht, da Tab. 2 unabhängig von den einzelnen gerade gewählten Experimenten ist, weil sie *keine* Zahlenbedeutung der Größen p_ι, q_ι, $\dfrac{\hbar}{\iota}\dfrac{\partial}{\partial x_\iota}$, x_i usw. enthält.

Um in dieser formalen Richtung die Korrespondenzen aus Tab. 2 weiterzuverfolgen, wollen wir die klassische Mechanik in ihrer algebraischen Struktur zusammenstellen, d. h. soweit sie unabhängig ist von der Bedeutung der p_ι, q_ι usw. als Zahlenwerte. Wir fassen deshalb die p_ι, q_ι rein algebraisch als Größen auf, die man mit bestimmten komplexen Zahlen multiplizieren, die man addieren, subtrahieren und miteinander multiplizieren kann, d. h. kurz als Erzeugende eines Ringes, dessen Elemente also Polynome in den p_i, q_ι sind. Sehen wir die Kraftfelder als durch Polynome approximiert an, so ist also $H(p_i, q_\iota)$ (die HAMILTON-Funktion) ein Element des Ringes. Die Bewegungsgleichung läßt sich für irgendein Ringelement $F(p_\iota, q_\iota)$ in die allgemeine Formel (2.7) kleiden:

$$\frac{dF}{dt} = (H, F),\tag{6.2}$$

wobei (H, F) die POISSON-Klammer ist. (6.2) stellt eine durch H erzeugte infinitesimale kanonische Transformation dar (2.15). Eine Transformation p_i, $q_\iota \to P_\iota$, Q_ι ist dadurch als kanonische charakterisiert, daß für die $P_\iota(p_k, q_k)$, $Q_\iota(p_k, q_k)$ die POISSON-Klammern die Werte (2.18)

$$(P_\iota, P_k) = 0; \quad (Q_\iota, Q_k) = 0; \quad (P_\iota, Q_k) = \delta_{\iota k}$$

annehmen. Es zeigt sich nun, daß die kanonischen Tranformationen tatsächlich im Polynomring der p_ι, q_ι rein formal eingeführt werden können. Dies gelingt durch folgende Definitionen für das Klammersymbol (F, G) mit den Ringelementen F und G.

$$\left.\begin{aligned}(F, G) &= -(G, F); \quad (F, \alpha G) = \alpha(F, G) \quad (\alpha \text{ eine Zahl});\\(F, G_1 + G_2) &= (F, G_1) + (F, G_2); \quad (F, G_1 G_2) = (F, G_1) G_2 + G_1 (F, G_2)\\(p_\iota, p_k) &= 0; \quad (q_\iota, q_k) = 0; \quad (p_\iota, q_k) = \delta_{\iota k}.\end{aligned}\right\}\tag{6.3}$$

Denn hieraus folgt, wie man leicht durch Induktion nachweisen kann, für ein Polynom $F(p_\iota, q_\iota)$:

$$(p_i, F) = \frac{\partial F}{\partial q_\iota},\tag{6.4}$$

wobei $\dfrac{\partial F}{\partial q_\iota}$ die übliche Differentiation eines Polynoms ist. Man kann so den Differentialquotienten $\dfrac{\partial F}{\partial q_\iota}$ durch (6.4) definieren. Ebenso folgt

$$(q_i, F) = -\frac{\partial F}{\partial p}\tag{6.5}$$

und dann schließlich:

$$(F,G) = \sum_\iota \left(\frac{\partial F}{\partial p_\iota} \frac{\partial G}{\partial q_\iota} - \frac{\partial F}{\partial q_\iota} \frac{\partial G}{\partial p_\iota} \right). \tag{6.6}$$

Die Gl. (6.3) genügen also zur Definition der POISSON-Klammern. Damit sind die kanonischen Transformationen und die Bewegungsgleichung algebraisch eingeführt.

Die korrespondierenden Größen $\frac{\hbar}{\imath} \frac{\partial}{\partial x_\iota}$; x_ι (aufgefaßt als HERMITEsche Operatoren im HILBERT-Raum der quadratisch integrierbaren Funktionen $f(x_i)$) erzeugen einen Ring, in dem sich ebenfalls durch die Definitionen (6.3) POISSON-Klammern einführen lassen. Wir setzen deshalb einfach $p_\iota = \frac{\hbar}{\imath} \frac{\partial}{\partial x_i}$; $q_i = x_\iota$, wobei jetzt zu beachten ist, daß bei der Multiplikation die p_ι nicht mit den q_ι vertauschbar sind, da $p_k q_k - q_k p_k = \frac{\hbar}{\imath}$ gilt. In dem von diesen p_i, q_ι erzeugten (nicht kommutativen) Ring bestimmen die Definitionen (6.3) wieder *eindeutig* die Bedeutung der POISSON-Klammern. (6.4) und (6.5) gelten weiterhin, wobei bei der Differentiation die Reihenfolge der Faktoren in den einzelnen Potenzprodukten zu beachten ist. Deshalb kann man (6.6) nicht mehr allgemein in dieser Form schreiben. Man sieht aber leicht, daß mit

$$(F,G) = \frac{\imath}{\hbar} \{FG - GF\} \tag{6.7}$$

alle Bedingungen (6.3) erfüllt sind. Wegen der durch (6.3) bedingten Eindeutigkeit ist also (6.7) die Folge von (6.3). Bildet man die zeitliche Ableitung von

$$X_\iota = \frac{\int \bar\psi\, x_\iota\, \psi\, d\mathfrak{r}}{\int \bar\psi\, \psi\, d\mathfrak{r}} = \int \bar\Psi\, x_i\, \Psi\, d\mathfrak{r} = (\Psi, x_i \Psi)$$

unter Benutzung der SCHRODINGER-Gleichung (3.10) (mit $\mathfrak{A} = 0$ und $\varphi = \varphi_0$), so folgt

$$\frac{d}{dt} X_i = \frac{\imath}{\hbar} \int \left\{ \mathbf{H}\left(\frac{\hbar}{\imath} \frac{\partial}{\partial x_\iota}, x_\iota \right) \Psi \right\} x_i \Psi\, d\mathfrak{r} - \frac{\imath}{\hbar} \int \bar\Psi x_i \left\{ \mathbf{H}\left(\frac{\hbar}{\imath} \frac{\partial}{\partial x_\iota}, x_i \right) \Psi \right\} d\mathfrak{r}$$

oder nach partieller Integration im ersten Summanden:

$$\frac{d}{dt} X_i = \frac{i}{\hbar} \int \bar\Psi\, (\mathbf{H} x_\iota - x_\iota \mathbf{H})\, \Psi\, d\mathfrak{r}.$$

Ebenso folgt als zeitlicher Differentialquotient von $\int \bar\Psi \frac{\hbar}{\imath} \frac{\partial}{\partial x_\iota} \Psi\, d\mathfrak{r}$

$$\frac{\imath}{\hbar} \int \bar\Psi \left(\mathbf{H} \frac{\hbar}{\imath} \frac{\partial}{\partial x_\iota} - \frac{\hbar}{\imath} \frac{\partial}{\partial x_\iota} \mathbf{H} \right) \Psi\, d\mathfrak{r}.$$

Wir können also die Tab. 2 fortsetzen durch:

$$q_i \longleftrightarrow \frac{i}{\hbar}\left(H\,x_i - x_i\,H\right),$$

$$p_i \longleftrightarrow \frac{i}{\hbar}\left(H\,\frac{\hbar}{i}\,\frac{\partial}{\partial x_i} - \frac{\hbar}{i}\,\frac{\partial}{\partial x_i}\,H\right),$$

so daß formal die Gl. (6.2) ebenfalls im Falle des Ringes der $q_i = x_i,\; p_i = \frac{\hbar}{i}\,\frac{\partial}{\partial x_i}$ gilt:

$$\frac{d}{dt}F(p_i, q_i) = (H, F) = \frac{i}{\hbar}\left(H F - F H\right).$$

Wenn wir also aus unbestimmten $p_i,\, q_i$ einen Polynomring aufbauen, in ihm durch (6.3) POISSON-Klammern definieren und den „Zeitablauf" durch (6.2) einführen, haben wir damit eine sowohl dem Teilchen- wie dem Wellenbild gemeinsame Struktur festgestellt. Oben wurde schon darauf hingewiesen, daß die Atomspektren es nahelegen, „mehrere" Elektronen *nicht* durch eine stärkere *Intensität* der Welle, sondern durch neue Freiheitsgrade zu beschreiben, so daß man vermuten wird, daß die formale Struktur des (p_i, q_i)-Ringes auch für mehrere Elektronen beizubehalten ist, wo die $p_i,\, q_i$ die $6n$ „Koordinaten" der n Teilchen sind. Wir haben damit eigentlich schon die Quantentheorie in der Hand.

§ 7. Korrespondenzprinzip.

Die im vorigen Abschnitt aufgedeckte Tatsache, daß sich trotz der Widersprüche des Teilchen- wie des Wellenbildes gemeinsame Strukturen feststellen lassen, ist die Grundlage des Korrespondenzprinzips[1]. Es behauptet, daß sich die Strukturen des Teilchenbildes auch bis hinein in die ihm widersprechenden Tatsachen, wie z. B. der Beugungserscheinungen und Atomspektren zwar nicht korrekt, aber doch in Ähnlichkeiten verfolgen lassen, d. h. daß die Aussagen des Teilchenbildes zwar als solche falsch, aber nicht ganz bedeutungslos werden, da ihnen korrekte Aussagen der noch zu findenden Quantentheorie entsprechen, d. h. korrespondieren. Und dies in gleicher Weise, falls man umgekehrt vom Wellenbilde ausgeht.

Im Gegensatz zum vorigen Kapitel, wo wir ganz abstrakt die ähnlichen Strukturen in beiden Bildern zu finden uns bemühten, wollen wir hier an Hand von Beispielen die allgemeinen Überlegungen bestätigen und uns zu genaueren Aussagen über die zu findende Quantentheorie leiten lassen.

---

[1] Dieses wurde von N. BOHR entdeckt. Seine konsequente Verfolgung führte W. HEISENBERG zur Entdeckung der Quantentheorie.

Geht man von den $\Psi(x, t)$ (wir wollen in diesem Abschnitt nur eindimensionale Vorgänge betrachten) durch eine FOURIER-Transformation

$$\Psi(x, t) = \frac{1}{\sqrt{2\pi}} \int \chi(k, t)\, e^{i k x}\, dk$$

zu den $\chi(k, t)$ über, so wird:

$$\int\limits_{-\infty}^{+\infty} \overline{\Psi} \frac{\hbar}{i} \frac{\partial}{\partial x} \Psi\, dx = \int\limits_{-\infty}^{+\infty} \overline{\chi(k, t)}\, \hbar\, k\, \chi(k, t)\, dk.$$

Daher kann man in der Korrespondenztabelle 2 statt $\frac{\hbar}{i} \frac{\partial}{\partial x}$ auch $\hbar\, k$ schreiben: Dem Teilchenimpuls entspricht das $\hbar$-fache der Wellenzahl.

Schreibt man $\Psi(x, t)$ ähnlich (3.18) in einer Reihe, so folgt:

$$\int\limits_{-\infty}^{+\infty} \overline{\Psi}\, \mathbf{H}\left(\frac{\hbar}{i} \frac{\partial}{\partial x_i}, x_i\right) \Psi\, dx = \sum_n \bar{a}_n\, \hbar\, \omega_n\, a_n.$$

Der Energie entspricht also (bei Benutzung der a_n an Stelle von $\Psi(x, t)$) die mit $\hbar$ multiplizierte Frequenz der Wellenschwingungen. Somit können wir die beiden letzten Spalten der Tab. 2 ersetzen durch das folgende Korrespondenzschema:

Tabelle 2 a.

	p_i	$E = H(p_i, q_i)$
Teilchenbild		
Wellenbild	$\hbar\, k_i$	$\hbar\, \omega$

Diese Tabelle erweist sich nach den Experimenten aber als mehr als ein nur formales Entsprechen von p_i mit $\hbar\, k_i$ und E mit $\hbar\omega$, was z. B. die Beugungserscheinungen zeigen. Diese sind bekanntlich nur dann korrekt beobachtbar, wenn nur eine Wellenlänge, d. h. ein bestimmtes $\mathfrak{k}$ in der benutzten Welle, vorkommt. Derartige „monochromatische" Elektronen stellt man her, indem man sie von der Geschwindigkeit Null (wie sie etwa aus einer Glühkathode austreten) durch ein angelegtes Feld auf eine bestimmte Geschwindigkeit $\mathfrak{v}$ beschleunigt, die mit der Gruppengeschwindigkeit $\mathfrak{v}_g = \eta\, \mathfrak{k} = \frac{\hbar}{m}\mathfrak{k}$ übereinstimmen muß. Statt der Korrespondenz $p_i \leftrightarrow \hbar\, k_i$ können wir deshalb eine Gleichung schreiben:

$$\mathfrak{v} = \frac{\hbar}{m}\mathfrak{k}, \quad \text{d.h.} \quad p_i = \hbar\, k_i. \tag{7.1}$$

Die entsprechende Gleichung

$$E = \hbar\, \omega, \tag{7.2}$$

die im Falle des Lichtes eine Folge der ersten Gleichung ist (da $E = c\, p$), bestätigt sich experimentell am augenfälligsten am lichtelektrischen

Effekt, bei dem nach § 5 und (7.2) die Energie der emittierten Elektronen $\hbar\omega - A$ sein muß, eine Abhängigkeit von der Frequenz ω des einfallenden Lichtes, die aufs beste bestätigt ist. Benutzt man dieselbe Beziehung in der Gl. (5.1) für den COMPTON-Effekt, so erhält man als Wellenlängenänderung:

$$\Delta\frac{1}{\omega} = \frac{1}{2\pi}\,\Delta\lambda = \frac{2\hbar}{m\,c^2}\sin^2\frac{\Theta}{2}\,,$$

was wiederum in vollkommener Übereinstimmung mit der Erfahrung steht.

Mit Recht kann man die beiden Formeln (7.1), (7.2) als den Schlüssel zur Quantenmechanik ansehen, da sie eine Verknüpfung von Teilchen- und Wellenbild mit Hilfe der PLANCKschen Konstanten angeben. Sie sind für das erste sehr merkwürdig, da sie durch eine Gleichsetzung zwei Größen verknüpfen, die aus zwei verschiedenen, sich sogar widersprechenden Bildern stammen.

Verhält sich das Licht der Frequenz ω bei der Wechselwirkung mit Materie (z. B. beim lichtelektrischen Effekt) wie Teilchen der Energie $\hbar\omega$, d. h. wird es von Atomen auch nur in diesen Bruchstücken emittiert und absorbiert, so liegt es wegen des Linienspektrums der Elemente nahe, daß die Atome nur ganz bestimmte Energiewerte E_n annehmen können und die ausgestrahlte Energie deshalb nur die Größe der Differenzen $E_n - E_m$ haben kann. Wird diese als ein einziges Lichtquant emittiert, so muß für dessen Frequenz die BOHRsche Frequenzbedingung

$$\hbar\,\omega = E_n - E_m$$

gelten.

Die Existenz diskreter Energiewerte der Atome wird am deutlichsten durch die *Franck-Hertzschen Stoßversuche* nachgewiesen. Sie zeigen aber noch mehr: Reicht die Energie des stoßenden Teilchens nur aus, um den zweittiefsten Energiezustand anzuregen (Abb. 3), so tritt als emittiertes Licht *nur* solches der Frequenz ω_{21} mit $\hbar\omega_{21} = E_2 - E_1$ aus, was die Tatsache beweist, daß die Energie $E_2 - E_1$ als ein Lichtquant $\hbar\omega_{21}$ wieder emittiert wird. Reicht die Energie des stoßenden Teilchens aus, um auch E_3 anzuregen, so tritt auch ω_{32} und ω_{31} (mit $\hbar\omega_{nm} = E_n - E_m$) auf. Daß sich die Frequenzen ω_{nm} des emittierten Lichtes aus den Energiewerten nach der BOHRschen Frequenzbedingung ableiten, ist die unmittelbare Erklärung für das

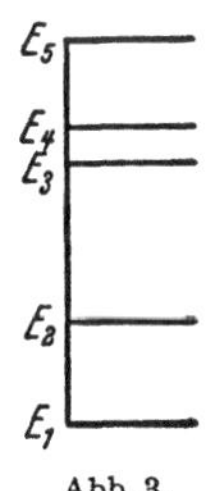

Abb. 3.

aus der Spektroskopie bekannte und experimentell gefundene *Ritzsche Kombinationsprinzip*, nach dem sich die Frequenzen als „Term"-Differenzen $\omega_{nm} = T_n - T_m$ darstellen lassen.

Die gewonnenen Vorstellungen erlauben auch ein Verständnis des PLANCKschen Strahlungsgesetzes. Wie KIRCHHOFF zeigte, ist die Energie pro Volumeneinheit des elektromagnetischen Strahlungsfeldes $U(\omega, T)\, d\omega$, die in das Frequenzintervall $d\omega$ fällt, nur von der Temperatur T und nicht vom Material des Hohlraumes abhängig, in dem sich die Strahlung im thermodynamischen Gleichgewicht mit der Materie befindet. Um die gesuchte Funktion $U(\omega, T)$ zu finden, können wir also z. B. Oszillatoren mit den verschiedensten Frequenzen ω nehmen, die Strahlung absorbieren und emittieren können.

Die Energie $\mathcal{E}$, die ein Oszillator pro Zeiteinheit emittiert, wird durch die Ausstrahlung eines HERTZschen Dipols gegeben:

$$\mathcal{E}_{em} = \frac{2}{3\,c^3}\,\overline{|\ddot{\mathfrak{p}}|^3} = \frac{2\omega^2\,e^2}{3\,c^3\,m}\,E$$

mit E als Energie und $\mathfrak{p}$ als Dipolmoment des Oszillators.

Die pro Zeiteinheit absorbierte Energie[1] beträgt:

$$\mathcal{E}_{ab} = \frac{2\pi^2}{3}\,\frac{e^2}{m}\,U(\omega)\,.$$

Damit im Gleichgewicht beide Beträge übereinstimmen, muß also zwischen der Energiedichte $U(\omega)$ und der mittleren Oszillatorenenergie E die Beziehung:

$$U(\omega) = \frac{\omega^2}{\pi^2\,c^3}\,E$$

______

[1] Die Bewegungsgleichung des Oszillators im elektrischen Feld $E(t)$ is

$$\ddot{q} = -\omega^2\,q + \frac{e}{m}\,E(t)$$

mit der Lösung

$$q(t) = a\cos(\omega\,t + \alpha) + \frac{e}{m\,\omega}\int_{t_0}^{t}\sin(\omega(t - t'))\,E(t')\,dt'\,.$$

Da die absorbierte Energie = Arbeit des Feldes ist, folgt

$$E_{ab} = e\int_{t_0}^{t_1}\dot{q}(t)\,E(t)\,dt$$

$$= -\omega\,e\,a\int_{t_0}^{t_1}\sin(\omega\,t + \alpha)\,E(t)\,dt + \frac{e^2}{m}\int_{t=t_0}^{t_1}E(t)\int_{t'=t_0}^{t}\cos(\omega(t-t'))\,E(t')\,dt'\,dt$$

$$= -\omega\,e\,a\int_{t_0}^{t_1}\sin(\omega\,t + \alpha)\,E(t)\,dt + \frac{1}{2}\,\frac{e^2}{m}\int_{t_0}^{t_1}\!\!\int_{t_0}^{t_1}E(t')\,E(t)\cos(\omega(t-t'))\,dt'\,dt\,.$$

Mit

$$A(\omega) = \int_{t_0}^{t_1}E(t)\sin\omega\,t\,dt \quad \text{und} \quad B(\omega) = \int_{t_0}^{t_1}E(t)\cos\omega\,t\,dt$$

wird also:

$$\mathcal{E}_{ab} = \frac{1}{t_1 - t_0}\,E_{ab}$$

$$= \frac{1}{t_1 - t_0}\left\{-\omega\,e\,a\left[A(\omega)\cos\alpha + B(\omega)\sin\alpha\right] + \frac{e^2}{2m}\left[A^2(\omega) + B^2(\omega)\right]\right\}\,.$$

Bei vielen Oszillatoren ist im Mittel $\overline{\cos\alpha} = \overline{\sin\alpha} = 0$, so daß im Mittel gelten. Da nach dem klassischen Gleichverteilungssatz für den Oszillator $E = k T$ ist, würde

$$U(\omega) = \frac{\omega^2}{\pi^2 c^3}\, k T \qquad (7.3)$$

folgen, was für kleine ω recht gut erfüllt ist, aber für große ω im krassesten Widerspruch zur Erfahrung steht, da nach (7.3) die Energiedichte mit der Frequenz beliebig wachsen müßte, wogegen hohe Frequenzen nur bei hohen Temperaturen merklich vorhanden sind.

Das Korrespondenzprinzip und das Lichtquantenbild lassen aber leicht erraten, wie die oben geschilderten Vorgänge richtig, d. h. quantentheoretisch, zu beschreiben sind. Mit EINSTEIN werden wir dazu geführt, für die Emission und Absorption eines Lichtquants $\hbar\omega$ unter gleichzeitigem Übergang des Atoms von der Energie E_n zu E_m die Wahrscheinlichkeit pro Zeiteinheit

$$\text{für Absorption:} \qquad B_{nm} U(\omega) \qquad (m > n)$$
$$\text{und für Emission:} \qquad B_{nm} U(\omega) + A_{nm} \qquad (m < n)$$

anzusetzen. Die beiden Beiträge mit dem Faktor B ergeben die vom äußeren Felde hervorgerufenen („induzierten") Absorptions- und

$$G_{ab} = \frac{1}{t_1 - t_0}\, \frac{e^2}{2m}\, (A^2 + B^2) = \frac{1}{t_1 - t_0}\, \frac{e^2}{2m}\, |C(\omega)|^2 \qquad (1)$$

mit

$$C(\omega) = B(\omega) + i\, A(\omega) = \int_{t_0}^{t_1} E(t)\, e^{i\omega t}\, dt = \overline{C(-\omega)}$$

wird. Wenn man $E(t) = 0$ für $t < t_0$ und $t < t_1$ setzt, wird

$$E(t) = \frac{1}{2\pi} \int_{-\infty}^{+\infty} C(\omega)\, e^{-i\omega t}\, d\omega$$

und man erhält

$$\int_{-\infty}^{+\infty} |C(\omega)|^2\, d\omega = 2\pi \int_{t_0}^{t_1} E^2(t)\, dt = 2\pi(t_1 - t_0)\, \overline{E^2} = 2 \int_{0}^{\infty} |C(\omega)|^2\, d\omega. \qquad (2)$$

Die Energie des elektromagnetischen Feldes ist

$$\overline{G} = \frac{1}{8\pi}\, (\overline{\mathfrak{E}^2} + \overline{\mathfrak{B}^2}) = \frac{1}{4\pi}\, (\overline{\mathfrak{E}^2}) = \frac{3}{4\pi}\, \overline{\mathfrak{E}_x^2} = \int_{0}^{\infty} U(\omega)\, d\omega = \frac{3}{4\pi}\, \overline{E^2}. \qquad (3)$$

Vergleich von (3) mit (2) ergibt

$$2 \int_{0}^{\infty} |C(\omega)|^2\, d\omega = 2\pi(t_1 - t_0)\, \frac{4\pi}{3}\, \overline{G} = 2\pi(t_1 - t_0)\, \frac{4\pi}{3} \int_{0}^{\infty} U(\omega)\, d\omega.$$

Somit wird aus (1):

$$G_{ab} = \frac{2\pi^2}{3}\, \frac{e^2}{m}\, U(\omega).$$

Emissionsprozesse der Beitrag A_{nm} die „spontanen" Emissionsprozesse.

Im Gleichgewichtszustand müssen also ebenso viele Prozesse $n \to m$ wie $m \to n$ stattfinden $(m = n - 1)$:

$$Z_n \{B_{nm} U(\omega) + A_{nm}\} = Z_m B_{mn} U(\omega),$$

d. h.:

$$U(\omega) = \frac{Z_n A_{nm}}{Z_m B_{mn} - Z_n B_{nm}},$$

wobei Z_n die mittlere Zahl der Atome mit der Energie E_n ist. Nach BOLTZMANN ist

$$\frac{Z_n}{Z_m} = e^{-(E_n - E_m)/kT} = e^{-(E_n - E_{n-1})/kT} = e^{-\frac{\hbar\omega}{kT}},$$

also

$$U(\omega, T) = \frac{e^{-\frac{\hbar\omega}{kT}} A_{n,n-1}}{B_{n-1,n} - e^{-\frac{\hbar\omega}{kT}} B_{n,n-1}}.$$

Für sehr hohe Temperaturen muß $U(\omega, T)$ unendlich werden, was nur der Fall ist, falls $B_{n-1,n} = B_{n,n-1}$:

$$U(\omega, T) = \frac{A_{n,n-1}}{B_{n,n-1}} \frac{e^{-\frac{\hbar\omega}{kT}}}{1 - e^{-\frac{\hbar\omega}{kT}}}.$$

Damit dies für kleine ω in (7.3) übergeht, muß

$$\frac{A_{n,n-1}}{B_{n,n-1}} = \frac{\hbar\omega^3}{\pi^2 c^3}$$

sein, womit man das PLANCKsche Strahlungsgesetz

$$U(\omega, T) = \frac{\hbar\omega^3}{\pi^2 c^3} \frac{1}{e^{\frac{\hbar\omega}{kT}} - 1}$$

erhält, das in bester Übereinstimmung mit der Erfahrung steht.

Zu einer neuen wichtigen Aussage wurden wir durch die Betrachtung der Emissions- und Absorptionsprozesse im Lichtquantenbilde geführt:

Die Beschreibung von Emission und Absorption durch Übergangswahrscheinlichkeiten.

Am Beispiel des (anharmonischen) Oszillators wollen wir versuchen, weitere Folgerungen aus den eingeführten Vorstellungen über Emission und Absorption zu ziehen. Nach dem Teilchenbild (S. 11 bis 13) ist $q(t)$ eine periodische Funktion mit der Grundfrequenz $\omega = \frac{dE}{dI}$, so daß es sich in eine FOURIER-Reihe

$$q = \sum_{n=-\infty}^{+\infty} q_n(I) e^{in\omega(t-\tau)} = \sum_{n=-\infty}^{+\infty} q_n(I) e^{inw}$$

entwickeln läßt. Ebenso auch p

$$p = \sum_{n=-\infty}^{+\infty} p_n(I)\, e^{inw},$$

wobei wegen $p = m\, q$

$$p_n(I) = i\, n\, \omega\, m\, q_n(I)$$

gilt. Ebenso läßt sich jede andere Funktion $F(p, q)$ entwickeln:

$$F = \sum_{n=-\infty}^{+\infty} F_n\, e^{inw}.$$

Speziell für $H(p, q) = \dfrac{1}{2m}\, p^2 + \varphi(q)$ bleibt von der Reihe nur das Glied mit $n = 0$ übrig:

$$H(p, q) = E(I).$$

Die ausgestrahlte Energie ergibt sich nach der HERTzschen Beziehung zu

$$\mathfrak{E} = \frac{2e^2}{3c^3}\, \overline{|\ddot{q}|^2} = \frac{4e^2}{3c^3} \sum_{n=1}^{\infty} |q_n(I)|^2 (n\,\omega)^4.$$

Sie setzt sich also additiv zusammen aus den Beträgen für die einzelnen Frequenzen $n\,\omega$:

$$\mathfrak{E}_{n\omega} = \frac{4e^2}{3c^3}\, |q_n(I)|^2 (n\,\omega)^4. \tag{7.4}$$

Statt der Oberfrequenzen $n\,\omega$ treten nach der Erfahrung die dem RITZschen Kombinationsprinzip genügenden *Übergangsfrequenzen* $\omega_{rs} = \dfrac{1}{\hbar}(E_r - E_s)$ auf. Nach dem Korrespondenzprinzip werden aber die ω_{rs} doch in irgendeiner Weise den $n\,\omega$ entsprechen. Man vermutet der BOHRschen Frequenzbedingung wegen, daß die niedrigste Frequenz ω mit der kleinsten Übergangsfrequenz ω_{rs} mit $r - s = 1$ korrespondiert. Die Frequenz ω hängt von der Energie und damit von I ab: $\omega = \omega(I)$. Näherungsweise wird daher $E(I)$ mit einem Wert in der Nähe von E_r und E_s übereinstimmen. Wir haben also die Korrespondenz

$$\omega(I'') \longleftrightarrow \omega_{r,r-1} = \frac{1}{\hbar}(E_r - E_{r-1}) = \frac{1}{\hbar}[E(I_r) - E(I_{r-1})]$$

$$= \frac{1}{\hbar}\left(\frac{dE}{dI}\right)_{I'} (I_r - I_{r-1}) = \omega(I')\frac{I_r - I_{r-1}}{\hbar},$$

wobei I' ein Zwischenwert zwischen I_r und I_{r-1} und I'' ein Wert aus der Umgebung von I' ist. Hieraus folgt die Korrespondenz

$$I_r - I_{r-1} \longleftrightarrow \hbar$$

und damit für eine beliebige Differenz von I-Werten, die den Energiewerten E_r und E_s entsprechen:

$$I_r - I_s \longleftrightarrow (r - s)\,\hbar.$$

Dann wird aber

$$\omega_{rs} = \frac{1}{\hbar}(E_r - E_s) = \frac{1}{\hbar}[E(I_r) - E(I_s)] = \frac{1}{\hbar}\frac{dE}{dI}(I_r - I_s) = \omega\,\frac{I_r - I_s}{\hbar}$$

$$\longleftrightarrow \omega(I'')\,(r - s),$$

wobei I'' ein Wert in der Nähe von I_r und I_s ist. Setzt man statt der Korrespondenz $I_r - I_s \longleftrightarrow (r - s)\hbar$ eine Gleichung

$$I_r = r\,\hbar + I_0 \tag{7.5}$$

als Zusatzbedingung für die „erlaubten" Bahnen des Partikelbildes an, so hat man die BOHRsche Theorie[1] als erste Annäherung der gesuchten Quantentheorie gefunden.

Mit $E_r = E(I_r)$ erhält man diskrete Energiewerte (Näherungswerte für die exakte Quantentheorie), aus denen sich nach der BOHRschen Frequenzbedingung die Übergangsfrequenzen berechnen. Um die Intensität einer emittierten Linie ω_{rs} abzuschätzen, geht man wieder von den Gleichungen des Partikelbildes aus. Wegen $\omega_{rs} \longleftrightarrow \omega(r-s)$ werden also z. B. die Glieder $q_n\,e^{in\omega(t-\tau)}$ der FOURIER-Reihe für q bestimmten Übergangsamplituden korrespondieren:

$$q_{r-s}(I'')\,e^{i(r-s)\,\omega(I'')(t-\tau)} \longleftrightarrow q_{rs}\,e^{i\omega_{rs}(t-\tau)}. \tag{7.6}$$

Dadurch, daß man in dieser Beziehung die linke Seite auch als quantitative Näherung der rechten ansieht, gelingt es, näherungsweise Aussagen über die Intensität von Spektrallinien unter Benutzung von (7.4) zu machen. Exakt mit den noch unbekannten q_{rs} erwarten wir als mittlere pro Zeiteinheit emittierte Energie:

$$\mathcal{E}_{rs} = \frac{4e^2}{3c^3}\,|q_{rs}|^2\,\omega_{rs}^4.$$

Da diese Emission nach unserer Vorstellung spontan statistisch mit der Übergangswahrscheinlichkeit A_{rs} erfolgt, muß also $A_{rs}\hbar\omega_{rs} = \mathcal{E}_{rs}$ sein, d. h. es gilt für die EINSTEINsche Übergangswahrscheinlichkeit:

$$A_{rs} = \frac{4e^2}{3c^3\hbar}\,|q_{rs}|^2\,\omega_{rs}^3. \tag{7.7}$$

Es wird somit nahegelegt, daß der Teilchenort durch eine *Matrix*

$$Q_{rs} = q_{rs}\,e^{i\omega_{rs}(t-\tau)}$$

in der gesuchten Quantentheorie zu beschreiben ist, wobei noch zu erraten bleibt, wie mit diesen Matrizen umzugehen ist.

Wegen der Realität von q gilt $q_n = \overline{q_{-n}}$, deshalb vermuten wir nach (7.6):

$$q_{rs} = \overline{q_{sr}} \quad \text{und damit} \quad Q_{rs} = \overline{Q_{sr}}.$$

---

[1] Die BOHRsche Theorie ist als Vorläuferin der Quantentheorie wichtig gewesen.

Solche Matrizen heißen Hermitesch[1]. Wie den q_n wird man auch den p_n Matrizen p_{rs} zuordnen. Wegen $p_n = i n \omega m q_n$ wird jetzt

$$p_{rs} = i\,\omega_{rs}\,m\,q_{rs},$$

d. h.

$$P_{rs} = p_{rs}\,e^{i\,\omega_{rs}(t-\tau)} = m\,Q_{rs}$$

gelten. Für irgendein $F(p, q)$ werden wir eine Matrix F_{rs} einzuführen haben, die wegen der Realität von $F(p, q)$ Hermitesch anzusetzen ist.

Etwas schwieriger ist es, zu raten, was dem Produkt zweier Größen, z. B. pq, korrespondieren mag. Im Partikelbild erhält man die FOURIER-Reihe

$$p\,q = \sum_{n,\,m} p_n\,q_m\,e^{i(n+m)\,\omega(t-\tau)} = \sum_{l}\Big(\sum_{n+m=l} p_n\,q_m\Big)\,e^{i\,l\,\omega(t-\tau)}.$$

Im Exponenten erscheint eine Frequenz des Systems $l\,\omega = (n+m)\,\omega$, d. h. als *Summe* zweier Frequenzen $n\,\omega$ und $m\,\omega$ des Systems. In der Quantentheorie mit den Frequenzen ω_{rs} ist nicht jede Summe $\omega_{rs} + \omega_{lv}$ wieder eine Frequenz $\omega_{r's'} = \dfrac{1}{\hbar}(E_{r'} - E_{s'})$ des Systems. Der Frequenz $l\,\omega$ muß eine Summenfrequenz $\omega_{r's'}$ mit $r' - s' = l = n + m$ entsprechen. Beide Bedingungen sind erfüllt, wenn wir die Korrespondenz

$$l\,\omega = (n+m)\,\omega \longleftrightarrow \omega_{rs} + \omega_{sv} = \omega_{rv}$$

mit $r - s = n$ und $s - v = m$ ansetzen. Dann ist also vermutlich entsprechend

$$\sum_{n+m=l} e^{i(m+n)\,\omega(t-\tau)}\,p_n\,q_m = \sum_{s} p_{r-s}\,q_{s-v}\,e^{i(r-v)\,\omega(t-\tau)} \longleftrightarrow \sum_{s} P_{rs}Q_{sv}$$

anzusetzen. Dabei korrespondiert also dem Produkt pq das Produkt der beiden Matrizen P_{rs} und Q_{sv}:

$$(PQ)_{rv} = \sum_{s} P_{rs}Q_{sv}.$$

Da die Energie $H(p, q)$ als FOURIER-Reihe nur den Summanden mit $n = 0 : H_0 = E(I)$ hat, wird der Energie die Matrix

$$H_{r-s} = \delta_{rs}E(I) \longleftrightarrow H_{rs} = E_r\,\delta_{rs} = \hbar\,\omega_r\,\delta_{rs}$$

korrespondieren, wobei wir noch $\omega_r = \dfrac{1}{\hbar}E_r$ definiert haben. Es gilt nun für irgendeine Matrix F_{rs} wegen des in ihr enthaltenen Faktors $e^{i\,\omega_{rs}(t-\tau)}$:

$$\dot{F}_{rs} = i\,\omega_{rs}F_{rs} = i\,(\omega_r - \omega_s)\,F_{rs} = \frac{i}{\hbar}(E_r - E_s)\,F_{rs}$$

$$= \frac{i}{\hbar}\sum_{t}(H_{rt}F_{ts} - F_{rt}H_{ts})$$

---

[1] Anhang I, § 3.

oder, wenn wir die Matrizen symbolisch kurz durch dieselben Buchstaben F, H, P, Q usw. bezeichnen:

$$\dot{F} = \frac{i}{\hbar}\,(HF - FH).$$

Andererseits gilt im Partikelbild:

$$\frac{d}{dt}\,F(p,q) = (H, F),$$

wobei (H, F) die POISSON-Klammer ist. Somit vermuten wir die Korrespondenz

$$(F, G) \longleftrightarrow \frac{i}{\hbar}\,(FG - GF),$$

also insbesondere:

$$(p, q) = 1 \longleftrightarrow \frac{i}{\hbar}\,(PQ - QP) = 1.$$

Dies sind aber Relationen, auf die wir bei der abstrakten Analyse des vorigen Paragraphen schon gestoßen sind.

Daß wir wirklich dieselbe Korrespondenz wie dort vor uns haben, wird deutlich durch folgende Gegenüberstellung: Die Entwicklung von q in eine FOURIER-Reihe ist eine Zerlegung von q nach Eigenlösungen der Gleichung

$$\frac{1}{i}\,(H, F) = \lambda F; \tag{7.8}$$

denn es gilt für einen festen Wert I:

$$\frac{1}{i}\,(H, q_n e^{inw}) = n\,\omega\,q_n\,e^{inw}.$$

Die möglichen λ geben die Schwingungsfrequenzen des Systems. Der Gl. (7.8) korrespondiert nun

$$\frac{1}{\hbar}\,(HF - FH) = \lambda F.$$

Für den Oszillator hat H nach S. 21 ein reines Punktspektrum. Das v. n. O.[1] der Eigenvektoren von H sei φ_ν $(\nu = 1, 2, \ldots)$ $(H\varphi_\nu = \varepsilon_\nu\,\varphi_\nu)$. Beschreiben wir H, F usw. als Matrizen in bezug auf das Basissystem der φ_ν, so folgt:

$$\frac{1}{\hbar}\,(\varepsilon_\nu - \varepsilon_\mu)\,F_{\nu\mu} = \lambda F_{\nu\mu}. \tag{7.9}$$

Diese Gleichungen sind nur lösbar, wenn λ gleich einer bestimmten Differenz $\frac{1}{\hbar}(\varepsilon_\varrho - \varepsilon_\sigma)$ ist. Eine Lösung für (7.9) ist dann

$$F_{\nu\mu} = \delta_{\nu\varrho}\,\delta_{\mu\sigma}.$$

---

[1] v. n. O. = vollständiges normiertes Orthogonalsystem. Siehe Anhang I, § 2.

Der dieser Matrix zugeordnete Operator soll kurz mit $\varepsilon_{\varrho\sigma}$ bezeichnet werden. Dann ist z. B. für den Operator x (Multiplikation mit x), der dem q korrespondiert:

$$x = \sum_{\varrho\sigma} x_{\varrho\sigma}\,\varepsilon_{\varrho\sigma} \quad \text{mit} \quad x_{\varrho\sigma} = (\varphi_\varrho,\, x\,\varphi_\sigma).$$

Diese Reihe entspricht also der obigen FOURIER-Reihe von q. Die möglichen Frequenzen $\lambda = \omega_{\varrho\sigma} = \dfrac{1}{\hbar}(\varepsilon_\varrho - \varepsilon_\sigma)$ sind also genau die experimentell geforderten.

Als Beispiel wollen wir versuchen, die quantentheoretische Beschreibung des harmonischen Oszillators durch Korrespondenzbetrachtungen aus dem Korpuskelbild zu erraten. Nach (S. 13) gilt jetzt mit $\omega = \sqrt{\dfrac{a}{m}}$ für die Energie $E = \omega\,I$. Mit Hilfe von (7.5) raten wir $I_n = I_0 + n\hbar$ und damit $E_n = E_0 + n\hbar\omega\,(n = 0, 1, \ldots)$ als die diskreten Energiewerte des Oszillators.

Die FOURIER-Reihe für q hat die einfache Gestalt

$$q = q_1 e^{i\omega t} + \overline{q_1} e^{-i\omega t}.$$

Daher vermuten wir nach (7.6), daß für die Matrix Q_{rs} nur die Glieder $Q_{r,r+1}$ und $Q_{r,r-1}$ von Null verschieden sind. Mit $p = m\dot{q}$ und q_1 reell folgt

$$E = 2m\,\omega^2\,q_1^2 = \omega\,I$$

also

$$q_1 = \sqrt{\frac{I}{2m\,\omega}}.$$

Hieraus raten wir wegen $I_r = I_0 + r\hbar$:

$$Q_{r,r-1} = \sqrt{\frac{(r+\sigma)\,\hbar}{2m\,\omega}}\; e^{i\,\omega\,(t-\tau)}$$

mit einem noch unbekannten σ. Da Q_{rs} Hermitesch ist, folgt sofort

$$Q_{r,r+1} = \overline{Q_{r+1,r}} = \sqrt{\frac{(r+1+\sigma)\,\hbar}{2m\,\omega}}\; e^{-i\,\omega\,(t-\tau)}.$$

Mit $P_{rs} = i\omega_{rs}m\,Q_{rs}$ ergibt sich die Matrix

$$P_{r,r-1} = i\sqrt{\frac{(r+\sigma)\,\hbar\,m\,\omega}{2}}\; e^{i\,\omega\,(t-\tau)}\,;$$

$$P_{r,r+1} = -i\sqrt{\frac{(r+1+\sigma)\,\hbar\,m\,\omega}{2}}\; e^{-i\,\omega\,(t-\tau)}.$$

Da wir den tiefsten Energiewert mit dem Index Null bezeichnet haben $(H_{rs} = E_r\delta_{rs};\, r = 0, 1, \ldots)$, sind auch die Q_{rs} usw. nur für $r, s = 0, 1, 2\ldots$ definiert. Man rechnet nun leicht nach, daß die Vertauschungsrelation $\dfrac{i}{\hbar}(PQ - QP) = 1$ für diese Matrizen erfüllt ist, wenn $\sigma = 0$ ist

$\left(\text{man beachte besonders das Glied } (PQ - QP)_{00} = \dfrac{\hbar}{\imath}\right).$ Für die Energiematrix $H = \dfrac{1}{2m} P^2 + \dfrac{m\,\omega^2}{2} Q^2$ folgt dann:

$$H_{rs} = \delta_{rs}\, \hbar\, \omega\, (r + \tfrac{1}{2}). \tag{7.10}$$

Der Oszillator kann also nur die Energiewerte $E_n = \hbar\,\omega\,(n + \tfrac{1}{2})$ annehmen. Die EINSTEINsche Übergangswahrscheinlichkeit ergibt sich nach (7.7) zu

$$A_{n,\,n-1} = \frac{4e^2}{3\,c^3\,\hbar}\, \omega_{n,\,n-1}^3 \,|Q_{n,\,n-1}|^2 = \frac{2\,e^2\,\omega^2}{3\,c^3\,m}\, n\,. \tag{7.11}$$

Damit haben wir das richtige quantentheoretische Bild des harmonischen Oszillators erraten.

Die Matrizen q_{rs} mit $Q_{rs} = q_{rs}\,e^{i\,\omega_{rs}(t-\tau)}$ und p_{rs} mit $P_{rs} = p_{rs}\,e^{i\,\omega_{rs}(t-\tau)}$ sind aber, wie es sein muß, gerade die Matrizen der Operatoren x und $\dfrac{\hbar}{\imath}\,\dfrac{\partial}{\partial x}$ in bezug auf das Basissystem der Eigenfunktionen (S. 21, und III, § 8 und A I § 3) von H.

Das Wellenbild allein kann ebensowenig wie das Teilchenbild die Erfahrungen an Atomen wiedergeben. Zwar erhält man für das Dipolmoment mit (3.18):

$$e\,(\psi, x\,\psi) = e \sum_{n,\,m} \bar{a}_n\, a_m\, e^{i\,\omega_{nm}t}\, q_{nm}\,,$$

d. h. die richtigen Übergangsfrequenzen ω_{nm}, aber die Intensität der Strahlung würde abhängig von den Amplituden a_n der Wellenfunktion werden, während das Experiment (7.7) bestätigt. Die Energie (3.20)

$$E = \sum_n |a_n|^2\,\hbar\,\omega_n$$

des Wellenbildes kann kontinuierlich alle Werte annehmen je nach den Amplituden a_n. Also auch hier erweisen sich die Wellenfunktion bzw. ihre Amplituden a_n im Experiment als nicht so real, wie sie das Wellenbild ursprünglich nimmt.

Wenn wir somit die Wellenfunktion ψ des Wellenbildes nicht in der Auffassung des Wellenbildes übernehmen dürfen, so bleibt ihr doch auch in der Quantentheorie eine wichtige Bedeutung:

Sind $E_n = \hbar\,\omega_n$ die möglichen Energiewerte, so liegt es nach (3.20) $E = \sum_n |a_n|^2\,\hbar\,\omega_n$ wegen $(\Psi, \Psi) = \sum_n |a_n|^2 = 1$ (nach S. 28) nahe, $|a_n|^2 = |(\varphi_n, \Psi)|^2$ als Wahrscheinlichkeit für das Auftreten des Energiewertes E_n bei einer Messung zu deuten. Dann wäre $\sum_n |a_n|^2\,\hbar\,\omega_n = \sum_n |a_n|^2\,E_n$ nicht mehr der Wert der Energie wie im Wellenbilde, sondern als Erwartungswert[1] der Energie anzusehen. Aus dem Ausdruck für die Ladungsdichte $\varrho = e\overline{\varPsi}\varPsi$ vermuten wir $\overline{\varPsi}\varPsi\, dx_1\, dx_2\, dx_3$ als Wahrscheinlichkeit, das Teilchen im Raumelement $dx_1\, dx_2\, dx_3$ bei einer Ortsmessung festzustellen. Durch eine FOURIER-Transformation

$$\varPsi = \frac{1}{(2\pi)^{3/2}}\int \chi(\mathfrak{k}, t)\, e^{i\mathfrak{r}\mathfrak{k}}\, d\mathfrak{k}$$

erhalten wir für den Impuls

$$\int \overline{\varPsi}\,\frac{\hbar}{i}\,\frac{\partial}{\partial x_j}\,\varPsi\, d\mathfrak{r} = \int \chi\,\hbar\, k_j\,\chi\, d\mathfrak{k},$$

woraus wir (wieder wegen $\int \bar\chi\chi\, d\mathfrak{k} = 1$) $\bar\chi\chi\, d\mathfrak{k}$ als Wahrscheinlichkeit für die Annahme eines Impulswertes $\hbar\mathfrak{k}$ mit $\mathfrak{k}$ aus dem Intervall $d\mathfrak{k} = dk_1\, dk_2\, dk_3$ vermuten.

Alle diese Aussagen lassen sich in der Formel

$$\text{Erwartungswert von } A: \quad M(A) = (\varPsi, A\varPsi)$$

zusammenfassen; denn

$$\left.\begin{aligned}
M(x) &= \int \overline{\varPsi}\, x\,\varPsi\, d\mathfrak{r} \\
M\!\left(\frac{\hbar}{i}\,\frac{\partial}{\partial x_j}\right) &= \int \overline{\varPsi}\,\frac{\hbar}{i}\,\frac{\partial}{\partial x_j}\,\varPsi\, d\mathfrak{r} = \int \chi\,\hbar\, k_j\,\chi\, d\mathfrak{k}, \\
M(H) &= \int \overline{\varPsi}\, H\,\varPsi\, d\mathfrak{r} = \sum_n |a_n|^2\,\hbar\,\omega_n.
\end{aligned}\right\} \quad (7.12)$$

$\varPsi$ selbst gibt also die Statistik möglicher Messungen an. Am Beispiel der Beugung eines Elektrons in der Anordnung von S. 25 ff. können wir sehen, daß die statistische Deutung der Wellenfunktion auch hier eine widerspruchsfreie Beschreibung gestattet. Das Elektron ist vor dem Schirm durch eine Wellenfunktion bestimmter Wellenlänge zu charakterisieren, die durch die Öffnungen zur Interferenz gebracht wird. Die Intensität $|\varPsi|^2$ der Wellenfunktion hat aber nur die Bedeutung der Wahrscheinlichkeit, das Elektron anzutreffen. Auf diese Weise besteht also kein Widerspruch, trotz Interferenz auch hinter dem Schirm ein Elektron als Teilchen beobachten zu *können*.

Unklar ist noch geblieben, welches $\varPsi$ in der Quantentheorie in jedem Einzelfalle zu wählen ist, da $\varPsi$ selber nicht real wie im Wellen-

---

[1] Der Erwartungswert ist allgemein definiert durch $\sum\limits_n x_n\, w_n$, wo w_n die Wahrscheinlichkeit für den Wert x_n ist. Sind x_n mögliche Meßwerte und führt man eine Reihe von N Versuchen aus, so ist für großes N die Wahrscheinlichkeit $w_n \sim \dfrac{N_n}{N}$, wo N_n die Zahl der Messungen mit dem Ergebnis x_n ist; so wird also $\sum\limits_n x_n\, w_n \sim \dfrac{1}{N}\sum\limits_n N_n\, x_n$, d. h. gleich dem Mittelwert der Messungen.

bilde, d. h. nicht der Messung zugänglich ist. Doch muß aber Ψ ein Ausdruck für das sein, was man vorher an dem physikalischen System festgestellt hat. Die Festlegung von Ψ gelingt unter Berücksichtigung der experimentellen Tatsache, daß jede unmittelbare Wiederholung einer Messung zu demselben Resultat führt. Denn betrachten wir den Erwartungswert von $[A - M(A)]^2$, den man Streuung nennt, so folgt

$$\text{Str. } (A) = M\{[A - M(A)]^2\} = M(A^2) - [M(A)]^2. \tag{7.13}$$

Nach der physikalischen Bedeutung ist Str. (A) nur dann gleich Null, wenn A mit *Sicherheit* den Wert $\alpha = M(A)$ annimmt. Die mathematische Bedingung dafür ist also

$$(\Psi, A^2 \Psi) - (\Psi, A\Psi)^2 = 0,$$

d. h.:
$$\|A\Psi\| = |(\Psi, A\Psi)|.$$

In der SCHWARZschen Ungleichung $\|A\Psi\|\,\|\Psi\| \geq |(\Psi, A\Psi)|$ gilt das Gleichheitszeichen nur für $A\Psi = \lambda\Psi$[1], so daß Str. $(A) = 0$ nur sein kann, wenn Ψ ein Eigenvektor von A ist.

Hat man nun die Observable A gemessen mit dem Meßergebnis α, so ist unmittelbar nach der Messung Ψ so zu wählen, daß eine Wiederholung der Messung von A mit Sicherheit den Wert α ergibt. Dazu muß aber Ψ Eigenvektor von A sein, und zwar zum Eigenwert α, denn wegen $A\Psi = \lambda\Psi$ ist $M(A) = (\Psi, A\Psi) = \lambda$ und andererseits $M(A) = \alpha$.

Die möglichen Meßwerte von A sind also die Eigenwerte von A. Nach einer Messung von A mit dem Ergebnis α ist in dem Ausdruck $(\Psi, B\Psi)$ für den Erwartungswert von B das Ψ gleich dem Eigenvektor von A zum Eigenwert α zu wählen. Hieraus folgt, daß zwei nichtvertauschbare Größe A, B sich nicht zusammen messen lassen. Denn würde A den Meßwert α und B den Meßwert β ergeben, so müßte nachher Ψ einerseits gleich dem Eigenvektor von A zum Eigenwert α und andererseits von β zum Eigenwert B gewählt werden, was im allgemeinen unmöglich ist, sobald A und B nicht vertauschbar sind[2].

Mißt man die beiden Observablen A und B hintereinander, so kann man nach der Wahrscheinlichkeit fragen, für B einen Wert β zu erhalten, nachdem die Messung von A den Wert α ergeben hatte. Der einzige Eigenvektor von A zum Eigenwert α sei Ψ_α. Nach der Messung von A ist also $\Psi = \Psi_\alpha$ zu setzen. Die Wahrscheinlichkeit für den Wert β von B (mit $B\varphi_\beta = \beta\varphi_\beta$) wird dann $|(\varphi_\beta, \Psi_\alpha)|^2$ zu setzen sein analog zu dem obigen Ausdruck $|a_n|^2 = |(\varphi_n, \Psi)|^2$ als Wahrscheinlichkeit für den Energiewert E_n (mit $H\varphi_n = E_n\varphi_n$).

---

[1] Siehe Anhang I., § 1
[2] Anhang I.

Hat man eine Messung von A an vielen Einzelsystemen durchgeführt, aber nachher die Systeme mit den Meßwerten α_i im Verhältnis w_i (mit $\sum_i w_i = 1$) gemischt, so daß man nachher nicht mehr weiß, welches der Systeme den Wert α_1 oder α_2 usw. hatte, so erhält man für dieses „statistische Gemisch" den Erwartungswert irgendeiner Größe B als

$$M(B) = \sum_i w_i (\boldsymbol{\psi}_i, B\,\boldsymbol{\psi}_i) = \mathrm{Sp}\,(B\,W)\ ^{[1]} \tag{7.14}$$

mit $W = \sum_i w_i P_{\psi_i}$, wobei $\boldsymbol{\psi}_i$ die Eigenvektoren von A zu den Eigenwerten α_i sind. Diesen Ausdruck vermuten wir als den allgemeinsten Fall der statistischen Aussage der Quantenmechanik.

Zur Verdeutlichung dieser Überlegungen betrachten wir den eindimensionalen harmonischen Oszillator, ohne jeden Schritt mathematisch genau zu begründen (siehe dazu III, § 8). Der der Energie korrespondierende Operator ist in diesem Falle also $H = \frac{1}{2m} P^2 + \frac{m\omega^2}{2} Q^2$, wobei die HERMITEschen Operatoren P und Q der Vertauschungsrelation $PQ - QP = \frac{\hbar}{i}\mathbf{1}$ genügen sollen. Statt P und Q führen wir den Operator A und den dazu Hermitesch konjugierten A^* ein:

$$A = \frac{1}{\sqrt{2}} \left(\sqrt{\frac{m\omega}{\hbar}}\, Q + \frac{i}{\sqrt{m\omega\hbar}}\, P \right);$$
$$A^* = \frac{1}{\sqrt{2}} \left(\sqrt{\frac{m\omega}{\hbar}}\, Q - \frac{i}{\sqrt{m\omega\hbar}}\, P \right). \tag{7.15}$$

Wegen

$$A^*A = \frac{m\omega}{2\hbar} Q^2 + \frac{1}{2m\omega\hbar} P^2 - \frac{i}{2\hbar}(PQ - QP) = \frac{1}{\hbar\omega} H - \frac{1}{2}\mathbf{1}$$

und

$$A A^* = \frac{1}{\hbar\omega} H + \frac{1}{2}\mathbf{1}$$

folgt

$$A A^* - A^*A = \mathbf{1} \quad \text{und} \quad H = \hbar\omega A^*A + \frac{\hbar\omega}{2}\mathbf{1}. \tag{7.16}$$

Um die Eigenwerte und Eigenvektoren von H zu finden, genügt es, den Operator $N = A^*A$ zu untersuchen. Es sei φ_λ ein Eigenvektor zum Eigenwert λ von N: $N\varphi_\lambda = \lambda\varphi_\lambda$. Dann gilt $A N \varphi_\lambda = A A^*A \varphi_\lambda = (A^*A + 1) A \varphi_\lambda = \lambda A \varphi_\lambda$, d. h.: $N(A \varphi_\lambda) = (\lambda - 1)(A \varphi_\lambda)$. Ebenso folgt $N A^* \varphi_\lambda = (\lambda + 1)(A^* \varphi_\lambda)$. Also ist entweder $A \varphi_\lambda$ Eigenvektor

---

[1] Anhang I, § 16.
$$\mathrm{Sp}\,(B\,P_\varphi) = \mathrm{Sp}\,(B\,P_\varphi^2) = \mathrm{Sp}\,(P_\varphi B\,P_\varphi) = \sum_\nu (P_\varphi \varphi_\nu, B\,P_\varphi \varphi_\nu)$$
und mit $\varphi_1 = \varphi$
$$\mathrm{Sp}\,(B\,P_\varphi) = (\varphi, B\,\varphi).$$

von N zum Eigenwert $\lambda - 1$ oder aber $A \varphi_\lambda = 0$. Da $A^* \varphi_\lambda \neq 0$ sein muß (denn $||A^* \varphi_\lambda||^2 = (\varphi_\lambda, A A^* \varphi_\lambda) = (\varphi_\lambda, A^* A \varphi_\lambda) + ||\varphi_\lambda||^2 = ||A \varphi_\lambda||^2 + ||\varphi_\lambda||^2)$, ist also $A^* \varphi_\lambda$ immer Eigenvektor zum Eigenwert $\lambda + 1$. Die Eigenwerte von N können nicht negativ sein, denn $\lambda ||\varphi_\lambda||^2 = (\varphi_\lambda, N \varphi_\lambda) = ||A \varphi_\lambda||^2$. Da man durch mehrfaches Anwenden des Operators A auf φ_λ zu negativen Eigenwerten käme, wenn nicht einmal die Anwendung von A zum Nullvektor führen würde, muß es also einen Vektor Φ_0 geben mit $A \Phi_0 = 0$.

Es folgt dann $N \Phi_0 = A^* A \Phi_0 = A^* 0 = 0$. Φ_0 ist also Eigenvektor von N zum Eigenwert 0. Alle Eigenwerte von N müssen ganze Zahlen sein, da man durch mehrfaches Anwenden von A auf die Eigenvektoren zum Eigenwert 0 kommt. Die Vektoren $\Phi_n = a_n A^{*n} \Phi_0$ sind Eigenvektoren von N zum Eigenwert n. Die Zahlenfaktoren a_n können wir so wählen, daß $||\Phi_n|| = 1$ ist. Es sei $||\Phi_0|| = 1$. Dann ist

$$||\Phi_n||^2 = \left|\frac{a_n}{a_{n-1}}\right|^2 (A^* \Phi_{n-1}, A^* \Phi_{n-1})$$

$$= \left|\frac{a_n}{a_{n-1}}\right|^2 (\Phi_{n-1}, A A^* \Phi_{n-1}) = 1 ;$$

also $n |a_n|^2 = |a_{n-1}|^2$. Wegen $a_0 = 1$ ist also $a_n = \dfrac{1}{\sqrt{n!}}$ eine mögliche Lösung:

$$\Phi_n = \frac{1}{\sqrt{n!}} A^{*n} \Phi_0 . \tag{7.17}$$

Die Φ_n bilden dann ein n. o. S. (normiertes Orthogonalsystem). Aus $A^* \Phi_n = \sqrt{n+1}\, \Phi_{n+1}$ folgt für den Hermitesch konjugierten Operator A : $A \Phi_n = \sqrt{n}\, \Phi_{n-1}$. Damit sind die Operatoren A, A^*, N in der ganzen durch die Φ_n aufgespannten Linearmannigfaltigkeit definiert; ebenso wegen

$$P = \frac{i}{\sqrt{2}} \sqrt{m \omega \hbar}\, (A^* - A) ; \quad Q = \sqrt{\frac{\hbar}{2 m \omega}}\, (A + A^*) \tag{7.18}$$

auch P und Q.

Für die zeitliche Änderung folgt: $\dfrac{\hbar}{i} \dot{A} = (H A - A H) = -\hbar \omega A$, d. h. $A(t) = A(0)\, e^{-i \omega t}$. In den obigen Formeln (7.15) bis (7.18) soll A gleich $A(0)$ gewählt sein.

Falls die Φ_n kein vollständiges o. S. bilden, so kann man den Teilraum $\mathfrak{R}$ aller Vektoren betrachten, die auf allen Φ_n orthogonal sind. P, Q und damit A, A^*, N führen jeden Vektor aus $\mathfrak{R}$ in einen ebensolchen über, da z. B. aus $(\chi, \Phi_n) = 0$ für alle n folgt

$$(P\chi, \Phi_n) = (\chi, P\Phi_n) = (\chi, \sum_m \Phi_m P_{nm}) = 0 .$$

In $\mathfrak{R}$ kann man also dasselbe Spiel wie oben wiederholen, woraus man erkennt, daß $\mathfrak{H}$ in eine Summe lauter isomorpher, zueinander orthogonaler Teilräume zerfällt. Es scheint überflüssig, diese alle zu betrachten, so daß wir fordern wollen, daß die Φ_n ein v. n. o. S. bilden (exaktere Formulierung des Irreduzibilitätspostulats III, § 8). Die möglichen Meßwerte der Energie sind also die Eigenwerte $E_n = \hbar\,\omega\,(n + \frac{1}{2})$ von H. Haben wir z. B. einen dieser Werte E_l gemessen, so ist der Zustand des Systems gleich Φ_l. Der Erwartungswert des Ortes wird dann:

$$M(Q) = (\Phi_l, Q\,\Phi_l) = 0,$$

ebenso $M(P) = 0$. Dagegen ist

$$M(Q^2) = \|Q\,\Phi_l\|^2 = \frac{\hbar}{2\,m\,\omega}\,\|(A + A^*)\,\Phi_l\|^2$$

$$= \frac{\hbar}{2\,m\,\omega}\,(l + l + 1) = \frac{\hbar}{m\,\omega}\left(l + \frac{1}{2}\right)$$

und ebenso $M(P^2) = m\,\hbar\,\omega\,(l + \frac{1}{2})$. Es gilt also im „Zustand" Φ_l.

$$\sqrt{\mathrm{Str.}(P)\,\mathrm{Str.}(Q)} = (l + \tfrac{1}{2})\,\hbar. \tag{7.19}$$

Bei bekannter Energie sind also die Werte von P und Q unbekannt. Die Streuung ist um so größer, je größer die Energie ist.

Wirkt auf den Oszillator noch eine äußere Kraft $K(t)$ ein, so ist der HAMILTON-Operator (in Korrespondenz zum Partikelbild) gleich

$$H = \frac{1}{2\,m}\,P^2 + \frac{m\,\omega^2}{2}\,Q^2 - Q\,K(t) = \underset{0}{H} - Q\,K(t) \tag{7.20}$$

zu setzen. Hier ist also H nicht gleich der Energie! Benutzt man wieder A und A^*, so folgt

$$H = \hbar\,\omega\left(A^*A + \frac{1}{2}\right) - \sqrt{\frac{\hbar}{2\,m\,\omega}}\,(A + A^*)\,K(t). \tag{7.21}$$

Als Bewegungsgleichung folgt jetzt

$$\frac{\hbar}{i}\,\dot{A} = -\hbar\,\omega\,A + \sqrt{\frac{\hbar}{2\,m\,\omega}}\,K(t)\,\mathbf{1}. \tag{7.22}$$

Die Lösung, die auch $A\,A^* - A^*A = \mathbf{1}$ erfüllt, lautet:

$$A(t) = e^{-i\,\omega\,t}\big(A(0) + F(t)\,\mathbf{1}\big) \tag{7.23}$$

mit

$$F(t) = \frac{i}{\sqrt{2\,m\,\hbar\,\omega}}\int_0^t K(\tau)\,e^{i\,\omega\,\tau}\,d\tau. \tag{7.24}$$

Hierbei haben wir zur besseren Veranschaulichung angenommen, daß $K(t)$ für $t < 0$ gleich Null ist. $A(0)$ ist der schon in (7.15) bis (7.18) benutzte Operator. Zu bemerken ist aber, daß jetzt die Energie mit dem Operator $\underset{0}{H} = \frac{1}{2\,m}\,P^2 + \frac{m\,\omega^2}{2}\,Q^2$ von der Zeit abhängt: $\underset{0}{H} = \underset{0}{H}(t)$, so daß die oben definierten Φ_n nur Eigenfunktionen von $\underset{0}{H}(0)$ sind.

Wir wollen z. B. annehmen, daß wir für $\underset{0}{H}(0)$ den tiefsten Wert $\frac{\hbar\,\omega}{2}$ gemessen hätten, so daß der Zustand gleich Φ_0 ist. Welche Werte können wir für die Energie zur Zeit t (d. h. für $\underset{0}{H}(t)$) messen und wie wahrscheinlich sind die einzelnen Meßwerte?

Da $\underset{0}{H}(t) = \hbar\,\omega\big(A^*(t)\,A(t) + \tfrac{1}{2}\,1\big)$ ist und $A^*(t)$, $A(t)$ dieselben Vertauschungsrelationen erfüllen wie $A^*(0)$ und $A(0)$, so können wir genau wie oben schließen, daß es einen Vektor Ψ_0 mit $A(t)\,\Psi_0 = 0$ gibt, und daß die $\Psi_n = \dfrac{1}{\sqrt{n!}}\,A^*(t)^n\,\Psi_0$ die Eigenvektoren von $\underset{0}{H}(t)$ zu den Eigenwerten $\hbar\,\omega\,(n + \tfrac{1}{2})$ sind. Die möglichen Energiewerte sind also zur Zeit t dieselben wie zur Zeit 0. Für die Wahrscheinlichkeit w_n, den Wert $\hbar\,\omega\,(u + \tfrac{1}{2})$ zur Zeit t zu messen, folgt aber dann nach S. 44:

$$w_n = |(\Psi_n, \Phi_0)|^2. \tag{7.25}$$

Nun ist aber

$$(\Psi_n, \Phi_0) = \frac{1}{\sqrt{n!}}\,\big(A^*(t)^n\,\Psi_0, \Phi_0\big) = \frac{1}{\sqrt{n!}}\,\big(\Psi_0, A(t)^n\,\Phi_0\big).$$

Da $A(0)\,\Phi_0 = 0$ ist, folgt mit (7.23), daß

$$(\Psi_n, \Phi_0) = \frac{e^{-i n \omega t}}{\sqrt{n!}}\,(F(t))^n\,(\Psi_0, \Phi_0)$$

ist. Wegen $\displaystyle\sum_{n=0}^{\infty} w_n = 1$ ist also

$$w_n = \frac{|F(t)|^{2n}}{n!}\,e^{-|F(t)|^2}. \tag{7.26}$$

Will man im Zustand Φ_0 zur Zeit t nicht die Energie, sondern den Ort Q messen, so erhält man für den Erwartungswert von Q:

$$M(Q) = (\Phi_0, Q(t)\,\Phi_0) = \frac{1}{m\,\omega}\int_0^t K(\tau)\,\sin\omega\,(t - \tau)\,d\tau, \tag{7.27}$$

also gerade den klassischen Wert des Partikelbildes zu den Anfangswerten für $t = 0$: $q = 0$ und $p = 0$.

II. Deduktiver Aufbau der Quantentheorie.

§ 1. Axiomatische Grundlegung.

Die Überlegungen des ersten Abschnittes fassen wir in folgenden Axiomen zusammen:

I. Die Observablen $\mathfrak{A}$ eines physikalischen Systems lassen sich eindeutig und eindeutig umkehrbar abbilden auf die HERMITEschen Operatoren A eines HILBERT-Raumes, so daß einer Funktion $f(\mathfrak{A})$ die Funktion $f(A)$ entspricht.

Unter einer Observablen verstehen wir hierbei eine wohldefinierte Meßanordnung, wobei zwei Meßanordnungen als gleich gelten, wenn ihre Anwendung auf das betrachtete System immer zu denselben Meßergebnissen führt. In diesem Begriff der Meßanordnung fassen wir zusammen: 1. eine Vorschrift für den Aufbau der Meßapparatur, 2. eine Vorschrift für den Zeitpunkt ihrer Anwendung und 3. ein bestimmtes physikalisches System, auf das sie anzuwenden ist. Eine Observable $\mathfrak{A}$ heißt von der Zeit abhängig bzw. unabhängig, je nachdem, ob die Vorschrift für den Aufbau der Meßapparatur zeitlich variiert wird oder nicht. Die Veränderung von $\mathfrak{A}$ auf Grund verschiedener Zeitpunkte der Durchführung der Messung soll implizite Abhängigkeit von der Zeit genannt werden.

$f(\mathfrak{A})$, wobei $f(x)$ eine reelle stetige Funktion in x ist, soll hierbei die Observable sein, die den Meßwert $f(x)$ annimmt, wenn $\mathfrak{A}$ den Meßwert x ergibt.

Dieses erste Axiom ist am wenigsten unmittelbar evident, sondern ein Ergebnis, zu dem wir auf dem oben geschilderten induktiven Wege, geleitet durch die experimentellen Tatsachen, nach vielen Einzelschritten geführt wurden. In III, § 12, werden wir versuchen, dieses Axiom tiefer zu erfassen und zu begründen.

Das Analogon zu Axiom I im Teilchenbild würde lauten: Die Observablen $\mathfrak{A}$ eines physikalischen Systems lassen sich eindeutig und eindeutig umkehrbar abbilden auf die reellen meßbaren Funktionen im Phasenraum.

Auf Grund des Axioms I werden wir die Observablen $\mathfrak{A}$ mit den HERMITEschen Operatoren A identifizieren und nur den einen Buchstaben A benutzen.

II. Die Ortskoordinaten Q_i und Impulskomponenten P_i erfüllen zu jeder Zeit die Vertauschungsrelationen

$$P_i(t)\,Q_k(t) - Q_k(t)\,P_i(t) = \frac{\hbar}{i}\,\delta_{ik}\,\mathbf{1}; \qquad P_i(t)\,P_k(t) - P_k(t)\,P_i(t) = 0;$$
$$Q_i(t)\,Q_k(t) - Q_k(t)\,Q_i(t) = 0.$$

Eine exakte Formulierung von II wird in Kapitel III, § 8, gegeben werden.

III. Die zeitliche Entwicklung einer Observablen wird gegeben durch

$$\frac{dA}{dt} = \frac{i}{\hbar}\,(H\,A - A\,H) + \frac{\partial A}{\partial t} = \frac{i}{\hbar}\,[H, A] + \frac{\partial A}{\partial t}$$

(mit der Abkürzung $A\,B - B\,A = [A, B]$ für beliebige Operatoren A, B) mit einem HERMITEschen Operator H, dem HAMILTON-Operator. $\frac{\partial A}{\partial t}$ ist die Ableitung von A in bezug auf seine explizite Abhängigkeit von der Zeit, $\frac{i}{\hbar}\,(H\,A - A\,H)$ gibt die Veränderung in bezug auf die implizite Abhängigkeit.

Im Partikelbild kann man II, III ersetzen durch die Forderungen, daß es eine POISSON-Klammer mit den Eigenschaften (I. 6.3) gibt und daß die zeitliche Entwicklung durch $\dfrac{dF}{dt} = (H, F) + \dfrac{\partial F}{\partial t}$ festgelegt wird.

Die nächsten Axiome sollen den Zusammenhang zwischen den Meßwerten und der durch die Axiome I bzw. III festgelegten, mehr symbolischen Beschreibung aufstellen und damit die eigentliche Deutung der Quantenmechanik geben. Die am Ende des ersten Kapitels erratene Deutung läßt sich auf allgemeine Eigenschaften des Erwartungswertes zurückführen. Wir wollen daher den Begriff des Erwartungswertes durch Axiome einführen, die auch in allen bisherigen klassischen Theorien erfüllt sind.

IV. $M(A^2) \geqq 0$; $\quad M(B) = 0$ für alle B ist unmöglich.

V. $M(\sum_i \alpha_i A_i) = \sum_i \alpha_i M(A_i)$ (α_i reelle Zahlen).

Aus den Axiomen I, IV und V ergibt sich, daß

$$M(A) = \mathrm{Sp}(A\,W) \tag{1.1}$$

gilt, wobei W ein HERMITEScher Operator $\geqq 0$ ist[1].

Zum Beweis beachten wir, daß jeder (beschränkte) HERMITEsche Operator A sich darstellen läßt als[2]

$$A = \sum_i \alpha_{ii} S_i + \sum_{i>j} R\,t(\alpha_{ij})\,Q_{ij} + \sum_{i>j} I\,t(\alpha_{ij})\,R_{ij},$$

wobei mit einem v. n. O. φ_i gilt:

$$\alpha_{ik} = (\varphi_i, A\,\varphi_k),$$

$$S_i\varphi_k = \delta_{ik}\varphi_i; \quad Q_{ij}\varphi_k = \delta_{jk}\varphi_i + \delta_{ik}\varphi_j; \quad R_{ij}\varphi_k = i\,S_{jk}\varphi_i - i\,\delta_{ik}\varphi_j.$$

Die S_i, Q_{ij}, R_{ij} sind also HERMITEsche Operatoren. Nach Axiom V ist also

$$M(A) = \sum_i \alpha_{ii} M(S_i) + \sum_{i>j} R\,t(\alpha_{ij})\,M(Q_{ij}) + \sum_{i>j} I\,t(\alpha_{ij})\,M(R_{ij}).$$

Durch die Matrix w_{ik} mit

$$w_{ii} = M(S_i); \quad w_{ji} = \frac{1}{2}\left[M(Q_{ij}) - i\,M(R_{ij})\right] \quad \text{für } i > j$$

und

$$w_{ij} = \overline{w_{ij}} \quad \text{für } i > j$$

ist ein HERMITEscher Operator W nach

$$W\varphi_k = \sum_i \varphi_i w_{ik}$$

definiert. Damit wird

$$M(A) = \sum_{i,j} \alpha_{ij} w_{ji} = \mathrm{Sp}(A\,W).$$

---

[1] $W \geqq 0$: siehe Anhang I, § 5.
[2] Mit $z = x + i\,y$, $R\,t(z) = $ Realteil von $z = x$, $I\,t(z) = y$.

Benutzt man in Axiom IV für A speziell den Projektionsoperator P_φ auf den Vektor φ, so ist wegen $P_\varphi^2 = P_\varphi$

$$0 \leq M(P_\varphi) = \mathrm{Sp}(P_\varphi W) = (\varphi, W\,\varphi)$$

und damit $W \geq 0$. $W = 0$ ist wegen Axiom IV zweiter Teil ausgeschlossen. Und umgekehrt, wählt man für W irgendeinen HERMITEschen Operator ≥ 0, so erfüllt $\mathrm{Sp}\,(A\,W)$ die Axiome IV, V: Da $W \geq 0$ ist, so ist $M(A^2) = \mathrm{Sp}\,(A^2 W) = \mathrm{Sp}\,(A\,W\,A) = \sum_\nu (A\,\varphi_\nu,\, W\,A\,\varphi_\nu) \geq 0$. Axiom V ist unmittelbar klar auf Grund der Ableitungen über die Spur aus Anhang I, § 16. Ist $\mathrm{Sp}\,(A\,W_1) = \mathrm{Sp}\,(A\,W_2)$ für alle A, so ist $W_1 = W_2$, denn $\mathrm{Sp}\big(A\,(W_1 - W_2)\big) = 0$ hat mit $A = P_\varphi$ $\;(\varphi, (W_1 - W_2)\,\varphi) = 0$ für alle φ zur Folge, d. h. nach (A I, §5) $W_1 - W_2 = 0$. $M(B) = 0$ für alle B ist also nur für $W = 0$ möglich. In (1.1) haben wir die am Ende des ersten Kapitels erratene Deutung erhalten.

Für den Fall der klassischen Theorien (z. B. für das Partikelbild) ist das Axiom V sehr einleuchtend, denn die Messung von $\sum \alpha_i A_i$ bedeutet (da z. B. im Partikelbild die A_i Funktionen der p_i, q_i sind) nichts anderes als eine Messung aller A_i und Addition der Meßresultate nach $\sum_i \alpha_i A_i$. In der Quantentheorie lassen sich aber nichtvertauschbare A_i nicht zusammen messen, so daß die Messung von $\sum_i \alpha_i A_i$ eine ganz andere Apparatur erfordert als die Messungen der einzelnen A_i. Axiom V ist also nur durch Korrespondenz einzusehen und stellt somit für die Quantentheorie eine tiefergehende Forderung als für die klassischen Theorien dar.

Man zeige, daß im Partikelbild die Axiome IV, V zur Theorie des Maßes und des Integrals im Phasenraum mit $M(F(p_i, q_i)) = \int F(p_i, q_i)\,dm$ führen, wobei $m(t)$ eine Maßfunktion der meßbaren Teilmengen t des Phasenraumes darstellt.

Durch den Erwartungswert ist auch die Wahrscheinlichkeit gegeben. Denn der Erwartungswert einer Observablen E, die nur die Meßwerte 1 oder 0 annehmen kann, ist das, was man allgemein mit Wahrscheinlichkeit für das Auftreten des Wertes 1 (d. h. des positiven Ausganges des Versuchs) bezeichnet. Wir definieren daher für alle E, die nur Meßwerte 1 oder 0 annehmen können:

$$\text{Wahrscheinlichkeit für } E = M(E).$$

Da für E nur die Meßwerte 1 oder 0 möglich sind, ist nach Axiom I: $E^2 = E$ und damit E Projektionsoperator.

Ist $M(1) \neq \infty$, so können wir durch

$$M'(A) = \frac{M(A)}{M(1)}$$

eine neue Erwartungswertfunktion M' einführen, die wir normiert nennen wollen. Dann ist $M'(1) = 1$ und $M'(E)$ ein Maß für die Wahrscheinlichkeit von E, das zwischen 0 und 1 liegt, denn

$$M'(1) = M'(E) + M'(1 - E) \quad \text{und} \quad M'(E) \geq 0; \quad M'(1 - E) \geq 0.$$

Dies ist die übliche Normierung der Wahrscheinlichkeit. Die ursprüngliche Funktion $M(A)$ beschreibt also dieselbe Statistik nur mit anderer Normierung. Deshalb bezeichnen wir zwei Erwartungswertfunktionen M_1 und M_2 als äquivalent, wenn $M_1 = \lambda M_2$ ist.

Ist $M(1) = \infty$, so läßt sich M nicht normieren. Dann haben nur die relativen Wahrscheinlichkeiten $\dfrac{M(E_1)}{M(E_2)}$ für zwei Größen E_1 und E_2 einen Sinn. Wir wollen diesen Fall nicht ausschließen, da er in der Physik öfter benutzt wird, wie es z. B. die Definition des Wirkungsquerschnittes zeigt. Dieser ist das Verhältnis der Wahrscheinlichkeit für das Eintreten einer bestimmten Reaktion (wie z. B. Streuung in einen bestimmten Raumwinkel) zwischen gestoßenem und stoßendem Teilchen zu der Wahrscheinlichkeit, daß das stoßende Teilchen vor dem Stoß ein bestimmtes Flächenstück von der Größe der Flächeneinheit senkrecht zu seiner Geschwindigkeit passiert. Hierbei ist also die Wahrscheinlichkeit für 1, nämlich dafür, daß das stoßende Teilchen vor dem Stoß die ganze Fläche irgendwo passiert, gleich der Wahrscheinlichkeit für die Flächeneinheit mal Gesamtgröße der Fläche $= \infty$, da die Gesamtgröße $= \infty$ ist[1].

Die nächste Frage, die sich aufdrängt, ist: Gibt es Erwartungswertfunktionen, durch die die Meßwerte aller Observablen mit *Sicherheit* festgelegt werden? Dafür müßte speziell die Wahrscheinlichkeit aller Projektionsoperatoren E gleich 0 oder gleich 1 sein, d. h.:

$$\text{entweder} \quad M(E) = 0 \quad \text{oder} \quad M(1 - E) = 0. \tag{1.2}$$

Wäre nun $M(1) \neq 0$, so müßte es einen Vektor φ mit $\|\varphi\| = 1$ geben, so daß $M(P_\varphi) \neq 0$ ist. Denn für ein v. n. O. φ_ν gilt $1 = \sum_\nu P_{\varphi_\nu}$ und damit $M(1) = \sum_\nu M(P_{\varphi_\nu}) \neq 0$ und alle $M(P_{\varphi_\nu}) \geq 0$, so daß für mindestens eins der φ_ν $M(P_{\varphi_\nu}) \neq 0$ ist. Ist aber $M(P_\varphi) \neq 0$, so muß nach (1.2) also $M(1 - P_\varphi) = 0$ sein. Für jeden Vektor χ orthogonal zu φ gilt also $M(P_\chi) = 0$, da $1 - P_\varphi = P_\chi + Q$, wobei Q der Projektionsoperator $1 - P_\varphi - P_\chi$ ist. Wegen $M(P_\chi) = \mathrm{Sp}(P_\chi W) = (\chi, W\chi)$ ist $(\chi, W\chi) = 0$ für alle χ orthogonal zu φ. Für den Vektor ψ mit $\|\psi\| = 1$ und $\psi = \cos\alpha\, \chi + \sin\alpha\, \varphi$ gilt $M(P_\psi) = (\psi, W\psi) = \cos\alpha \sin\alpha[(\chi, W\varphi) + (\varphi, W\chi)] + \sin^2\alpha\,(\varphi, W\varphi)$. Da dieser Ausdruck für $\alpha = 0$ gleich Null und für $\alpha = \dfrac{\pi}{2}$ gleich $(\varphi, W\varphi) = M(1)$ ist, so gibt es also einen Vektor ψ, für den $0 < M(P_\psi) < M(1)$ und damit sowohl $M(P_\psi) \neq 0$ wie $M(1 - P_\psi) \neq 0$ ist im Widerspruch zu (1.2). Daher muß $M(1) = 0$ sein und damit $M(P_\varphi) = 0$ für alle φ, so daß $(\varphi, W\varphi) = 0$ für alle φ, d. h. $W = 0$ ist. Dies ist nach Axiom IV ausgeschlossen.

---

[1] Siehe Kapitel XI, § 1.

Es gibt also keine Erwartungswertfunktion, die mit Sicherheit alle möglichen Messungen vorauszusagen gestattet. Die Bedeutung dieser Tatsache wird sich in ihrer Tiefe erst im Laufe der weiteren Betrachtungen an Hand von Beispielen ergeben.

Sie bedeutet einen Verzicht der Quantenmechanik auf jede eindeutig determierte Beschreibung der physikalischen Vorgänge, im Gegensatz zu allen klassischen Theorien.

Für den Fall des Partikelbildes mit $M(F(p_i, q_i)) = \int F(p_i, q_i)\, dm$ legen diejenigen m die Meßwerte mit Sicherheit fest, für die $m(t) = 1$ oder 0 ist, je nachdem, ob t einen bestimmten Punkt P des Phasenraumes enthält oder nicht.

Wenn es in der Quantentheorie keine eindeutig determinierenden Erwartungswertfunktionen gibt, so könnte man als Grund vermuten, daß nicht genügend genaue Messungen durchgeführt wurden, um verschiedene Systeme als solche zu erkennen. Um hierfür eine mathematische Formulierung zu finden, gehen wir auf den anschaulichen Tatbestand zurück, daß der Erwartungswert experimentell als Mittelwert über sehr viele gleiche Versuche approximiert werden kann[1]. Hat man also N Systeme, an denen die Observable A gemessen wird, so ist der Erwartungswert approximierbar durch den N-ten Teil der Summe aller N Meßwerte an den N Systemen. Die N Systeme sind nur dann als im gleichen Zustand anzusehen, wenn es nicht möglich ist, sie (auch nur in Gedanken) in zwei Gruppen von N_1 bzw. N_2 (mit $N_1 + N_2 = N$) Systemen einzuteilen, so daß die Statistik innerhalb der beiden Gruppen verschieden ist. Entsprechen der Gesamtheit aller N Systeme die Erwartungswertfunktion M, der Gesamtheit der Gruppen N_1 bzw. N_2 die Funktionen M_1 bzw. M_2, so ist also

$$M = \frac{N_1}{N} M_1 + \frac{N_2}{N} M_2.$$

Da wir auch nicht normierte Verteilungsfunktionen betrachten und M als äquivalent mit αM ansehen, können wir als Bedingung dafür, daß die N Systeme einander gleich sind, aufstellen, daß

$$M = M_1 + M_2 \tag{1.3}$$

mit M_1 nicht äquivalent M_2 unmöglich ist. Wir wollen M in diesem Falle irreduzibel nennen, andernfalls reduzibel.

Gibt es irreduzible Erwartungsfunktionen in der Quantentheorie? Aus (1.3) folgt mit der oben abgeleiteten Beziehung ($\mathrm{Sp}(A\,W) = 0$ für alle A nur, falls $W = 0$ ist), daß $W = W_1 + W_2$ ist, wobei W_1, W_2 die den Erwartungswertfunktionen M_1 und M_2 zugeordneten Operatoren sind. Wenn M irreduzibel ist, so hat das die Beziehung $W_2 = \lambda W_1$

---

[1] Siehe Anmerkung 1, S. 43.

zur Folge. Für welche W ist dies der Fall? Da $W \neq 0$, gibt es ein $\varphi(\|\varphi\| = 1)$ mit $(\varphi, W\varphi) \neq 0$. Wir setzen

$$W_1 = \frac{\|W\varphi\|^2}{(\varphi, W\varphi)} P_{W\varphi} \quad \text{und} \quad W_2 = W - W_1 . \tag{1.4}$$

W_1 und W_2 sind HERMITEsche Operatoren. $W_1 \geqq 0$ ist sofort ersichtlich. Für $(\psi, W_2\psi)$ ergibt sich:

$$(\psi, W_2\psi) = (\psi, W\psi) - \frac{|(\psi, W\varphi)|^2}{(\varphi, W\varphi)} \geqq 0 . \; {}^1$$

Damit ist also auch $W_2 \geqq 0$ bewiesen. Aus $W_1 = \lambda W_2$ folgt $W = (1 + \lambda) W_1$ und damit nach (1.4) W ein Vielfaches von $P_{W\varphi}$. Bis auf Äquivalenz können also nur die Erwartungswertfunktionen $M(A) = \mathrm{Sp}(A P_\chi) = (\chi, A\chi)$ irreduzibel sein. Sie sind es auch, denn aus

$$P_\chi = W_1 + W_2$$

folgt für alle ψ orthogonal zu χ: $0 = (\psi, P_\chi\psi) = (\psi, W_1\psi) + (\psi, W_2\psi)$ und damit wegen $W_1 \geqq 0$; $W_2 \geqq 0$: $(\psi, W_1\psi) = 0$; $(\psi, W_2\psi) = 0$. Hieraus wiederum folgt $W_1\psi = 0$, denn mit $\sqrt{W}$ nach A I, § 7, ist $(\psi, W_1\psi) = \|\sqrt{W_1}\psi\|^2$ und damit $\sqrt{W_1}\psi = 0$, d. h. auch $W_1\psi = (\sqrt{W_1})^2\psi = 0$. Jedes f läßt sich schreiben $f = P_\chi f + \psi$ und damit $W_1 f = W_1 P_\chi f = W_1\chi(\chi, f)$. $W_1\chi$ muß aber ein Vielfaches von χ sein, denn $W_1\chi$ ist orthogonal zu allen ψ: $(\psi, W_1\chi) = (W_1\psi, \chi) = 0$. Damit ist W_1 als Vielfaches von P_χ gezeigt. $M(A) = (\chi, A\chi)$ ist also irreduzibel. Für $W = P_\varphi$ sagt man, daß das System im „Zustand" φ ist.

Es gibt also irreduzible Erwartungswertfunktionen in der Quantentheorie, die aber trotzdem nicht eindeutig determinierte Aussagen über Meßergebnisse machen. Die Statistik ist in der Quantentheorie eine prinzipiell nicht eliminierbare Angelegenheit: auch Systeme im „gleichen Zustand" (so wie oben definiert) führen nicht zu identischen Meßergebnissen.

Im Partikelbild führt die Forderung der Irreduzibilität wieder auf die $m(t)$ mit $m(t) = 1$ oder 0, je nachdem, ob ein bestimmter Punkt P innerhalb t liegt oder nicht. Hier ist also, wie in allen klassischen Theorien Irreduzibilität und eindeutige Determinierung der Meßergebnisse dasselbe.

Die noch offene Frage, wie das W im Einzelfalle zu wählen ist, wird in § 3 gelöst werden.

§ 2. Quantenmechanische Aussagenlogik.

Im vorigen Abschnitt sahen wir, daß den Eigenschaften eines physikalischen Systems (d. h. den Observablen mit den Meßwerten 1

---

^{1} Aus $\psi = \varphi \dfrac{(\varphi, W\psi)}{(\varphi, W\varphi)} + p$ folgt $(\varphi, Wp) = 0$ und damit

$$(\psi, W\psi) = \frac{|(\varphi, W\psi)|^2}{(\varphi, W\varphi)} + (p, Wp) .$$

Da $W \geqq 0$ ist $(p, Wp) \geqq 0$.

für das positive Eintreten und 0 bei negativem Ausgang) die Projektionsoperatoren entsprechen. Die Spektralschar E_λ einer beliebigen Observablen A gewinnt dabei auch eine sehr anschauliche Bedeutung: E_λ ist die Eigenschaft, daß der Meßwert von A kleiner oder gleich λ ist. Dies folgt unmittelbar aus Axiom I, denn E_λ ist diejenige Funktion $f(A)$ für die $f(x) = 1$ für $x \leq \lambda$ und $f(x) = 0$ für $x > \lambda$[1] ist. Aus

$$A = \int_{-\infty}^{+\infty} \lambda \, dE_\lambda$$ folgt dann für den Erwartungswert:

$$M(A) = \int_{-\infty}^{+\infty} \lambda \, d\, M(E_\lambda) = \int_{-\infty}^{+\infty} \lambda \, d\, w_\lambda, \qquad (2.1)$$

wobei $w_\lambda = M(E_\lambda)$, eine monoton wachsende Funktion von λ, die Wahrscheinlichkeit darstellt, daß der Meßwert von A kleiner oder gleich λ ist. Alle Observablen lassen sich somit zurückführen auf Eigenschaften. Die Logik der quantenmechanischen Eigenschaften ist aber in ungewöhnlicher Weise von allen klassischen Theorien unterschieden, so daß es wichtig ist, diese ausführlicher zu betrachten.

Den Projektionsoperatoren sind die Teilräume des HILBERT-Raumes zugeordnet, auf die sie projizieren. *Wir können daher die Eigenschaften eines physikalischen Systems mit den Teilräumen des Hilbert-Raumes identifizieren.*

Ist P_t der Projektionsoperator auf den Teilraum t, so entspricht der Verneinung von P_t die Funktion $f(P_t)$ mit $f(x) = 1 - x$, da $1 - x = 0$ für $x = 1$ und $1 - x = 1$ für $x = 0$ ist. Somit ist also die Verneinung von P_t gleich $1 - P_t = P_{t'}$, d. h. der Projektion auf den Teilraum $t' = \mathfrak{H} \ominus t$ aller zu t orthogonalen Elemente von $\mathfrak{H}$.

Ist $\mathfrak{s}$ ein anderer Teilraum und damit eine andere Eigenschaft, so sagen wir: ,,t hat $\mathfrak{s}$ zur Folge'' oder ,,aus t folgt $\mathfrak{s}$'', wenn aus $M(P_t) = M(1)$, d. h. $M(1 - P_t) = 0$, immer $M(\mathfrak{s}) = M(1)$, d. h. $M(1 - P_{\mathfrak{s}}) = 0$, folgt, was anschaulich besagt, daß, wenn t vorliegt, auch $\mathfrak{s}$ mit Sicherheit durch Messung bestätigt wird.

$$M(1 - P_t) = \mathrm{Sp}((1 - P_t)W) = \mathrm{Sp}((1 - P_t)W(1 - P_t)) = 0.$$

Da $V = (1 - P_t)W(1 - P_t)$ ein HERMITEscher Operator ≥ 0 ist, so

---

[1] Für diese unstetige Funktion $f(x)$ ist $f(A)$ nach Anhang I, § 8, nicht definiert. Man kann aber $f(x) = \lim_{\varepsilon \to 0} f_\varepsilon(x)$ mit

$$f_\varepsilon(x) = \begin{cases} 1 & \text{für } x \geq \lambda \\ \dfrac{1}{\lambda}(\lambda - x) + 1 & \text{fur } \lambda \leq x \leq \lambda + \varepsilon \\ 0 & \text{fur } x \leq \lambda + \varepsilon \end{cases}$$

setzen und entsprechend $f(A) = \lim_{\varepsilon \to 0} f_\varepsilon(A)$. Allgemeinere Definition von $f(A)$ in Kapitel III, § 6.

folgt $(1 - P_t) W (1 - P_t) = 0$[1]. Dies ist der Fall z. B. für $W = P_t$. Es soll dann aber auch $(1 - P_{\mathfrak{s}}) P_t (1 - P_{\mathfrak{s}}) = 0$ sein. Mit $B = P_t (1 - P_t)$ ist also $B^* B = 0$ und damit $B = 0$, denn aus $0 = (\varphi, B^* B \varphi) = (B \varphi, B \varphi)$ folgt $B \varphi = 0$ für alle φ. $P_t (1 - P_{\mathfrak{s}}) = 0$ hat nach A I, § 4, zur Folge, daß $t \subseteq \mathfrak{s}$, d. h. t ein Teilraum von $\mathfrak{s}$ ist. Und ist umgekehrt $t \subseteq \mathfrak{s}$, so ist wegen $(1 - P_{\mathfrak{s}}) P_t = 0$: $(1 - P_{\mathfrak{s}}) (1 - P_t) = 1 - d_{\mathfrak{s}}$ und damit, falls $(1 - P_t) W (1 - P_t) = 0$ ist, auch

$$(1 - P_{\mathfrak{s}}) W (1 - P_{\mathfrak{s}}) = (1 - P_{\mathfrak{s}}) (1 - P_t) W (1 - P_t) (1 - P_{\mathfrak{s}}) = 0,$$

d. h. aus $M (1 - P_t) = 0$ folgt $M (1 - P_{\mathfrak{s}}) = 0$.

Die Eigenschaft $\mathfrak{s} = $ „t_1 und t_2" definieren wir dadurch, daß aus $\mathfrak{s}$ sowohl t_1 wie t_2 folgt und daß aus jeder Eigenschaft r, aus der sowohl t_1 wie t_2 folgen, auch $\mathfrak{s}$ folgt. Somit ist $\mathfrak{s}$ der größte in t_1 und t_2 enthaltene Teilraum, d. h. $\mathfrak{s} = t_1 \cap t_2$.

„t_1 oder t_2" können wir definieren durch $\mathfrak{H} \ominus [(\mathfrak{H} \ominus t_1) \cap (\mathfrak{H} \ominus t_2)]$. Dies ist aber gleich dem von t_1 und t_2 aufgespannten Teilraum $t_1 \cup t_2$. $\mathfrak{H} = t \cup (\mathfrak{H} \ominus t)$ ist die identisch wahre Eigenschaft, die keine spezielle Aussage darstellt. $t \cap (\mathfrak{H} \ominus t) = 0$ ist die identisch falsche Eigenschaft. Nur um Sonderfälle zu vermeiden, nehmen wir $\mathfrak{H}$ und 0 als Eigenschaften des physikalischen Systems hinzu, obwohl sie keine Aussagen über das System darstellen.

Im Partikelbild entsprechen den Eigenschaften Funktionen $F(p_i, q_i)$, die nur die Werte 1 oder 0 annehmen, und damit (meßbare) Teilmengen des Phasenraumes (nämlich die, wo $F = 1$ ist). Die Verneinung t' ist die zu t komplementäre Menge, die Implikation $t_1 \subset t_2$ bedeutet, t_1 ist Teilmenge von t_2, t_1 „und" t_2 bedeutet, daß $t_1 \cap t_2$ der Durchschnitt von t_1 und t_2, t_1 „oder" t_2, daß $t_1 \cup t_2$ die Vereinigungsmenge von t_1 und t_2 ist.

Ähnlich würden im Wellenbild die Eigenschaften durch solche meßbaren Teilmengen des HILBERT-Raumes $\mathfrak{H} (|\psi|^2)$ aller quadratisch integrierbaren Funktionen gegeben sein, die mit dem Punkt ψ auch $e^{i\alpha} \psi$ (α reelle Zahl) enthalten. Wieder wäre die Verneinung t' die Komplementärmenge zu t, $t_1 \subset t_2$ würde bedeuten, daß t_1 Teilmengevon t_2, $t_1 \cap t_2$ der Durchschnitt und $t_1 \cup t_2$ die Vereinigungsmenge ist.

Beide klassischen Bilder haben eine äquivalente Logik, in der z. B $r = (r \cap \mathfrak{s}) \cup (r \cap \mathfrak{s}')$ gilt, was besagt, daß unter der Bedingung, daß r vorliegt, entweder auch $\mathfrak{s}$ oder $\mathfrak{s}'$ der Fall ist, was nach der üblichen Logik trivial erscheint. Dies ist aber gerade in der Quantentheorie nicht erfüllt. (Vgl. den nächsten Paragraphen).

§ 3. Idealmessung einer Eigenschaft.

Bevor wir in einem späteren Kapitel den Meßprozeß genauer untersuchen werden, soll hier festgelegt werden, wie der „statistische Operator" W in der Erwartungswertfunktion $M(A) = \mathrm{Sp}(A W)$ gewählt werden muß, wenn man durch das Experiment eine Eigenschaft P_r

---

[1] $\mathrm{Sp}(A) = 0$ für $A \geqq 0$ hat $A = 0$ zur Folge, da für ein v. n. O. φ_ν alle $(\varphi_\nu, A \varphi_\nu) = 0$ sein müssen, d. h $A \varphi_\nu = 0$.

festgestellt hat. Den Begriff der (Ideal-) Messung von $P_{\mathfrak{r}}$ legen wir durch folgende Axiome fest, wobei M_1 die Erwartungswertfunktion vor der Messung von $P_{\mathfrak{r}}$ und M_2 nach der Messung sei:

VI a. $$M_2(1 - P_{\mathfrak{r}}) = 0.$$

Dies besagt, daß M_2 mit Sicherheit das Vorliegen von $P_{\mathfrak{r}}$ angibt, denn die Wahrscheinlichkeit der Verneinung von $P_{\mathfrak{r}}$ ist Null. Dies soll die experimentelle Tatsache ausdrücken, daß jede unmittelbare Wiederholung einer Messung dasselbe Resultat wie die erste Messung liefert.

VI b. Für jedes $\mathfrak{s} \subseteq \mathfrak{r}$ ist

$$M_2(P_{\mathfrak{s}}) = M_1(P_{\mathfrak{s}}).$$

Um die Forderung VI b zu verstehen, wollen wir die Wahrscheinlichkeit einer Eigenschaft $\mathfrak{s} \subseteq \mathfrak{r}$ betrachten. Würde man vor der Messung von $\mathfrak{r}$ nach $\mathfrak{s}$ fragen, so wäre die Wahrscheinlichkeit $M_1(P_{\mathfrak{s}})$. Hätte man $\mathfrak{s}$ (statt $\mathfrak{r}$) gemessen, so wäre damit $\mathfrak{r}$ automatisch mitgemessen, da, wenn $\mathfrak{s}$ festgestellt, auch $\mathfrak{r}$ vorliegt. Wir wollen nun zum Ausdruck bringen, daß *nur* $\mathfrak{r}$ und keine „genauere" Eigenschaft $\mathfrak{s}$ gemessen wurde. Wir werden deshalb versuchen, für je zwei $\mathfrak{s}_1 \subseteq \mathfrak{r}$, $\mathfrak{s}_2 \subseteq \mathfrak{r}$ zu verlangen:

$$M_2(\mathfrak{s}_1) : M_2(\mathfrak{s}_2) = M_1(\mathfrak{s}_1) : M_1(\mathfrak{s}_2).$$

Da es auf einen Normierungsfaktor nicht ankommt (denn M und λM sind äquivalent), ist das gerade die Forderung VI b. Sie besagt also, daß die Relativwahrscheinlichkeiten aller „genaueren" Eigenschaften $\mathfrak{s}$ als $\mathfrak{r}$ (d. h. aller $\mathfrak{s}$, aus denen $\mathfrak{r}$ folgt) dieselben bleiben wie vor der Messung.

Um sich die Bedeutung von VI a, b klarer zu machen, betrachte man das Partikelbild. Ist M_1 durch eine Maßfunktion $m_1(\mathfrak{t})$ gegeben, so folgt aus VI a, b $m_2(\mathfrak{t}) = m_1(\mathfrak{t} \cap \mathfrak{r})$.

Mit $M_i(A) = \mathrm{Sp}(A W_i)$ folgt aus VI a: $\mathrm{Sp}((1 - P_{\mathfrak{r}}) W_2) = 0$ und damit wie oben $(1 - P_{\mathfrak{r}}) W_2 (1 - P_{\mathfrak{r}}) = 0$. Da $W_2 \geqq 0$, gibt es den HERMITEschen Operator $W_2^{1/2}$, so daß mit $B = W_2^{1/2}(1 - P_{\mathfrak{r}})$ gilt $B^* B = 0$ und damit $B = 0$. Aus $W_2^{1/2} B = 0$ folgt $W_2(1 - P_{\mathfrak{r}}) = 0$. Aus dem Hermitesch konjugierten dieser Gleichung folgt $(1 - P_{\mathfrak{r}}) W_2 = 0$. W_2 ist mit $P_{\mathfrak{r}}$ vertauschbar und $W_2 = P_{\mathfrak{r}} W_2 = W_2 P_{\mathfrak{r}} = P_{\mathfrak{r}} W_2 P_{\mathfrak{r}}$.

Aus VI b folgt $\mathrm{Sp}((W_2 - W_1) P_{\mathfrak{s}}) = 0$. Da $\mathfrak{s} \subseteq \mathfrak{r}$, so gilt $P_{\mathfrak{s}} = P_{\mathfrak{r}} P_{\mathfrak{s}} = P_{\mathfrak{s}} P_{\mathfrak{r}} = P_{\mathfrak{r}} P_{\mathfrak{s}} P_{\mathfrak{r}}$ und damit

$$0 = \mathrm{Sp}((W_2 - W_1) P_{\mathfrak{r}} P_{\mathfrak{s}} P_{\mathfrak{r}}) = \mathrm{Sp}(P_{\mathfrak{r}}(W_2 - W_1) P_{\mathfrak{r}} P_{\mathfrak{s}}).$$

Wegen $W_2 = P_{\mathfrak{r}} W_2 P_{\mathfrak{r}}$ also: $0 = \mathrm{Sp}((W_2 - P_{\mathfrak{r}} W_1 P_{\mathfrak{r}}) P_{\mathfrak{s}})$. Der HERMITEsche Operator $V = W_2 - P_{\mathfrak{r}} W_1 P_{\mathfrak{r}} = P_{\mathfrak{r}}(W_2 - W_1) P_{\mathfrak{r}}$ gibt auf jeden Vektor aus $\mathfrak{H} \ominus \mathfrak{r}$ angewandt Null. Ist φ ein Vektor aus $\mathfrak{r}$, so folgt aus $\mathrm{Sp}(V P_{\mathfrak{s}}) = 0$ mit $P_{\mathfrak{s}} = P_{\varphi}$: $(\varphi, V \varphi) = 0$. Da V aus einem

Vektor aus $\mathfrak{r}$ wieder einen solchen macht, ist also $V\varphi = 0$ für φ aus $\mathfrak{r}$. Wegen $f = P_{\mathfrak{r}}f + (1 - P_{\mathfrak{r}})f$ ist dann auch $Vf = 0$ für jedes f, d. h. $V = 0$. Damit ist

$$W_2 = P_{\mathfrak{r}} W_1 P_{\mathfrak{r}}. \tag{3.1}$$

Als Beispiel möge der Harmonische Oszillator dienen, wie er auf S. 45 bis 48 skizziert wurde. Haben wir z. B. zur Zeit $t = 0$ die Energie $\dfrac{\hbar\omega}{2}$ gemessen, so ist nach dieser Messung $W_1 = P_{\Phi_0}$.

Die Eigenschaft, daß die Energie zur Zeit t kleiner oder höchstens gleich $\hbar\omega(m + \tfrac{1}{2})$ ist, wird durch den Operator $E = \sum\limits_{n=0}^{m} P_{\Psi_n}$ charakterisiert. Nach einer Messung von E mit positivem Ergebnis, die mit der Wahrscheinlichkeit $\sum\limits_{n=0}^{m} w_n$ erfolgt, ist dann der statistische Operator $W_2 = E W_1 E = \sum\limits_{n=0}^{m} \sum\limits_{n'=0}^{m} P_{\Psi_n} P_{\Phi_0} P_{\Psi_{n'}}$. Für ein einzelnes Glied der Doppelsumme ist

$$P_{\Psi_n} P_{\Phi_0} P_{\Psi_{n'}} f = \Psi_n(\Psi_n, \Phi_0)(\Phi_0, \Psi_{n'})(\Psi_{n'}, f).$$

Mit (Ψ_n, Φ_0) nach S. 48 erhält man also für W_2 den Operator

$$W_2 f = \sum_{n, n'=0}^{m} \Psi_n(\Psi_{n'}, f)\, e^{i(n'-n)\omega t}\, \frac{1}{\sqrt{n!\, n'!}}\, (F)^n (\overline{F})^{n'}\, e^{-|F|^2}$$

speziell

$$W_2 \Psi_{n'} = \sum_{n=0}^{m} \Psi_n\, e^{i(n'-n)\omega t}\, \frac{1}{\sqrt{n!\, n'!}}\, (F)^n (\overline{F})^{n'}\, e^{-|F|^2}$$

für $n' \leqq m$, sonst Null. Für eine sofort anschließende Messung (d. h. die Zeitveränderlichkeit der Operatoren nach Axiom III soll zwischen den beiden Messungen wegen des geringen Zeitunterschiedes ohne Bedeutung sein) des Ortes erhält man als Erwartungswert:

$$M\big(Q(t)\big) = \mathrm{Sp}(Q W_2) = \sum_{n=0}^{\infty}(\Psi_n, Q W_2 \Psi_n) = \sum_{n=0}^{m}(Q\Psi_n, W_2 \Psi_n).$$

Wegen

$$Q(t)\,\Psi_n = \sqrt{\frac{\hbar}{2m\omega}}\,\big(\sqrt{n}\,\Psi_{n+1} + \sqrt{n+1}\,\Psi_{n+1}\big)$$

folgt:

$$M\big(Q(t)\big)$$
$$= \sqrt{\frac{\hbar}{2m\omega}}\, e^{-|F|^2}\left\{ \sum_{n=1}^{m} \sqrt{n}\left(\Psi_{n-1},\ \sum_{n'=0}^{m} \Psi_{n'}\, e^{i(n-n')\omega t}\, \frac{1}{\sqrt{n!\, n'!}}\, (F)^{n'} (\overline{F})^{n}\right)\right.$$
$$\left. + \sum_{n=0}^{m} \sqrt{n+1}\left(\Psi_{n+1},\ \sum_{n'=0}^{m} \Psi_{n'}\, e^{i(n-n')\omega t}\, \frac{1}{\sqrt{n!\, n'!}}\, (F)^{n'} (\overline{F})^{n}\right)\right\}$$
$$= \sqrt{\frac{\hbar}{2m\omega}}\, e^{-|F|^2} \sum_{n=0}^{m} \frac{|F|^{2n}}{n!}\,\{e^{i\omega t}\overline{F} + e^{-i\omega t}F\}$$
$$= \left(\sum_{n=0}^{m-1} w_n\right)\left(\sqrt{\frac{\hbar}{2m\omega}}\,(e^{i\omega t}\overline{F} + e^{-i\omega t}F)\right)$$
$$= \left(\sum_{n=0}^{m-1} w_n\right)\frac{1}{m\omega}\int_{0}^{t} K(\tau)\sin\omega(t-\tau)\, d\tau.$$

Die Bewegung des Erwartungswertes ist also gerade um den Faktor $\sum\limits_{n=0}^{m-1} w_n$ vermindert gegenüber dem Wert, den man erhielte, wenn man die Messung der Eigenschaft E nicht durchgeführt hätte, d. h. gegenüber dem klassischen Wert des Ortes mit der Anfangsbedingung $q = 0$, $\dot q = 0$.

Führt man (allgemein, nicht nur am Beispiel des Oszillators) nach der Messung von $P_\mathfrak{r}$ eine Messung von $P_\mathfrak{t}$ aus, so ist nach dieser weiteren Messung der statistische Operator gleich $W_3 = P_\mathfrak{t} W_2 P_\mathfrak{t}$, falls die Messung den Wert 1 oder $W_3 = (1 - P_\mathfrak{t}) W_2 (1 - P_\mathfrak{t})$, falls die Messung den Wert 0 ergeben hat. Die Wahrscheinlichkeit für $1 - P_\mathfrak{r}$ wird dann nach der Messung von $P_\mathfrak{t}$ im ersten Falle gleich $M_3 (1 - P_\mathfrak{r})$ $= \mathrm{Sp}\,((1 - P_\mathfrak{r}) P_\mathfrak{t} P_\mathfrak{r} W_1 P_\mathfrak{r} P_\mathfrak{t})$. Dies ist im allgemeinen nicht mehr gleich Null! Zum Beispiel erhält man für $W_1 = P_\mathfrak{r}$ und $P_\mathfrak{r} = P_\varphi$ und $P_\mathfrak{t} = P_\psi$: $M_3 (1 - P_\varphi) = \mathrm{Sp}\,(P_\varphi P_\psi) - \mathrm{Sp}\,(P_\varphi P_\psi P_\varphi P_\psi) = |(\varphi, \psi)|^2$ $- |(\varphi, \psi)|^4 \neq 0$, falls $|(\varphi, \psi)| \neq 1$ oder 0, d. h. falls nicht $\varphi = \alpha \psi$ mit $|\alpha| = 1$ oder φ orthogonal ψ ist. Die Messung von $P_\mathfrak{t}$ hat das Vorhandensein von $P_\mathfrak{r}$ aus der vorhergehenden Messung zerstört. Dies ist ein typisch quantenmechanisches Phänomen, mit dem wir uns ausführlich in Kapitel V und III, § 2, 7, 8, beschäftigen werden.

Zwei Eigenschaften $\mathfrak{t}$ und $\mathfrak{r}$ sollen *kommensurabel* heißen, wenn die Messung der einen nicht das Vorhandensein der anderen zerstört. Dazu muß also nach oben (mit $W_1 = P_\mathfrak{r}$) $\mathrm{Sp}\,((1 - P_\mathfrak{r}) P_\mathfrak{t} P_\mathfrak{r} P_\mathfrak{t})$ $= \mathrm{Sp}\,((1 - P_\mathfrak{r}) P_\mathfrak{t} P_\mathfrak{r} P_\mathfrak{r} P_\mathfrak{t} (1 - P_\mathfrak{r})) = 0$ sein, woraus $(1 - P_\mathfrak{r}) P_\mathfrak{t} P_\mathfrak{r}$ $= 0$ folgt, d. h. $P_\mathfrak{t} P_\mathfrak{r} = P_\mathfrak{r} P_\mathfrak{t} P_\mathfrak{r}$. Das Hermitesch konjugierte hiervon ergibt $P_\mathfrak{r} P_\mathfrak{t} = P_\mathfrak{r} P_\mathfrak{t} P_\mathfrak{r} = P_\mathfrak{t} P_\mathfrak{r}$. $P_\mathfrak{t}$ und $P_\mathfrak{r}$ müssen also miteinander *vertauschbar* sein. Ist dies aber der Fall, so ist auch allgemein $(1 - P_\mathfrak{r}) P_\mathfrak{t} P_\mathfrak{r} = P_\mathfrak{t} (1 - P_\mathfrak{r}) P_\mathfrak{r} = 0$, so daß $M_3 (1 - P_\mathfrak{r}) = 0$ bleibt, ebenso auch im Falle $W_3 = (1 - P_\mathfrak{t}) W_2 (1 - P_\mathfrak{t})$.

Eine andere Definition für kommensurable Eigenschaften ist mit der obigen äquivalent. Man gelangt zu ihr ausgehend von der Logik der Eigenschaften. Stellt man die beiden Eigenschaften $\mathfrak{r} \cap \mathfrak{s}$ und $\mathfrak{r} \cap (\mathfrak{H} \ominus \mathfrak{s})$ gegenüber, so ist man versucht, $\mathfrak{r} = (\mathfrak{r} \cap \mathfrak{s}) \cup (\mathfrak{r} \cup (\mathfrak{H} \ominus \mathfrak{s}))$ zu vermuten, wobei man wie folgt überlegt: Wenn $\mathfrak{r}$ wirklich ist, so muß entweder $\mathfrak{s}$ oder $\mathfrak{H} \ominus \mathfrak{s}$ wirklich sein, so daß „($\mathfrak{r}$ und $\mathfrak{s}$) oder ($\mathfrak{r}$ und $\mathfrak{H} \ominus \mathfrak{s}$)" identisch mit $\mathfrak{r}$ wäre. Nach § 2 ist dies zwar richtig im Korpuskelbild und überhaupt für alle klassischen Theorien. In der Quantentheorie ist im allgemeinen *nicht* $\mathfrak{r} = (\mathfrak{r} \cap \mathfrak{s}) \cup (\mathfrak{r} \cap (\mathfrak{H} \ominus \mathfrak{s}))$. Als Gegenbeispiel: φ_i $(i = 1, 2, \ldots)$ sei ein v. o. S., $\mathfrak{r}$ sei der durch $\varphi_1 + \varphi_2$ und $\mathfrak{s}$ der durch φ_1 aufgespannte Teilraum. Dann wird $\mathfrak{H} \ominus \mathfrak{s}$ durch $\varphi_2, \varphi_3, \ldots$ aufgespannt und $\mathfrak{r} \cap \mathfrak{s} = 0$ und $\mathfrak{r} \cap (\mathfrak{H} \ominus \mathfrak{s}) = 0$, also $(\mathfrak{r} \cap \mathfrak{s}) \cup (\mathfrak{r} \cap (\mathfrak{H} \ominus \mathfrak{s}))$ $= 0 \neq \mathfrak{r}$.

Zwei Eigenschaften $\mathfrak{r}$ und $\mathfrak{s}$, für die ausnahmsweise $\mathfrak{r} = (\mathfrak{r} \cap \mathfrak{s}) \cup$ $\cup (\mathfrak{r} \cap (\mathfrak{H} \ominus \mathfrak{s}))$ erfüllt ist, sollen wieder als *kommensurabel* definiert werden. Daß diese Definition mit der obigen identisch ist, ergibt sich durch folgende Überlegung: Da die Teilräume $(\mathfrak{r} \cap \mathfrak{s})$ und $\left(\mathfrak{r} \cap (\mathfrak{H} \ominus \mathfrak{s})\right)$ orthogonal zueinander sind und $\mathfrak{r} = (\mathfrak{r} \cap \mathfrak{s}) \cup \left(\mathfrak{r} \cap (\mathfrak{H} \ominus \mathfrak{s})\right)$, so läßt sich jedes Element aus $\mathfrak{r}$ eindeutig als Summe des Elements aus $(\mathfrak{r} \cap \mathfrak{s}) \subset \mathfrak{s}$ und $\left(\mathfrak{r} \cap (\mathfrak{H} \ominus \mathfrak{s})\right) \subset \mathfrak{H} \ominus \mathfrak{s}$ schreiben: $P_{\mathfrak{r}} f = P_{\mathfrak{s}}(P_{\mathfrak{r}} f) + (1 - P_{\mathfrak{s}}) P_{\mathfrak{r}} f$, wobei $P_{\mathfrak{s}} P_{\mathfrak{r}} f$ auch Element aus $\mathfrak{r}$ ist, d. h. $P_{\mathfrak{s}} P_{\mathfrak{r}} f = P_{\mathfrak{r}} P_{\mathfrak{s}} (P_{\mathfrak{r}} f)$ und damit $P_{\mathfrak{s}} P_{\mathfrak{r}} = P_{\mathfrak{r}} P_{\mathfrak{s}} P_{\mathfrak{r}}$, woraus, wie mehrfach oben geschlossen, $P_{\mathfrak{s}} P_{\mathfrak{r}} = P_{\mathfrak{r}} P_{\mathfrak{s}}$, d. h. die Vertauschbarkeit von $P_{\mathfrak{s}}$ mit $P_{\mathfrak{r}}$ folgt. Und sind umgekehrt $P_{\mathfrak{s}}$, $P_{\mathfrak{r}}$ vertauschbar, so folgt $\mathfrak{r} = (\mathfrak{r} \cap \mathfrak{s}) \cup \left(\mathfrak{r} \cap (\mathfrak{H} \ominus \mathfrak{s})\right)$ aus $P_{\mathfrak{r}} = P_{\mathfrak{s}} P_{\mathfrak{r}} + (1 - P_{\mathfrak{s}}) P_{\mathfrak{r}}$. Ebenso folgt daher aus Symmetriegründen:

$$\mathfrak{s} = (\mathfrak{s} \cap \mathfrak{r}) \cup \left(\mathfrak{s} \cap (\mathfrak{H} \ominus \mathfrak{r})\right).$$

Die Tatsache, daß in der Quantentheorie im allgemeinen $\mathfrak{r} \neq (\mathfrak{r} \cap \mathfrak{s}) \cup \cup \left(\mathfrak{r} \cap (\mathfrak{H} \ominus \mathfrak{s})\right)$ ist, können wir anschaulich so interpretieren: Die Eigenschaften $\mathfrak{s}$ bilden keine zweiwertige Logik in dem Sinne, daß immer entweder $\mathfrak{s}$ oder $\mathfrak{H} \ominus \mathfrak{s}$ wirklich sein müssen, d. h. sich im Experiment als wirklich, d. h. wirkend zeigen müssen. Es gibt nämlich Eigenschaften $\mathfrak{r}$, deren Wirklichsein mit der Annahme, $\mathfrak{s}$ oder $\mathfrak{H} \ominus \mathfrak{s}$ sei wirklich, in Widerspruch steht, da sonst $(\mathfrak{r} \cap \mathfrak{s}) \cup \left(\mathfrak{r} \cap (\mathfrak{H} \ominus \mathfrak{s})\right) = \mathfrak{r}$ sein müßte. Es ist daher unmöglich, so wie in der klassischen Physik, die physikalischen (d. h. die sich experimentell zeigenden; siehe Kapitel V und VI) Eigenschaften als einem absolut existierenden System zukommende Eigenschaften anzusehen, die im Experiment und der Messung nur festgestellt werden. Nach der Quantentheorie müssen wir vielmehr bei dem unmittelbaren Sachverhalt bleiben, daß die Eigenschaften nur *mögliche* Eigenschaften sind, möglich insofern, als sie in einem Experiment wirklich werden und damit gemessen und festgestellt werden können.

Es gibt also zwei verschiedene Negationen der Aussage: $\mathfrak{s}$ ist wirklich, nämlich 1. $\mathfrak{H} \ominus \mathfrak{s}$ ist wirklich und 2. $\mathfrak{s}$ ist *nicht wirklich*. Im zweiten Falle können wir also *nicht* folgern, daß dann $\mathfrak{H} \ominus \mathfrak{s}$ wirklich wäre. Beispiel: $\mathfrak{s} = $ „das Elektron befindet sich in einem bestimmten Raumgebiet V", $\mathfrak{H} \ominus \mathfrak{s} = $ „das Elektron befindet sich außerhalb des Raumgebietes V". Es ist also nicht notwendig, daß entweder $\mathfrak{s}$ oder $\mathfrak{H} \ominus \mathfrak{s}$ wirklich ist, z. B. kann das Elektron im Augenblick als Welle wirklich sein, d. h. weder $\mathfrak{s}$ noch $\mathfrak{H} \ominus \mathfrak{s}$ ist wirklich, es hat im Augenblick überhaupt keinen Ort (siehe Kapitel III, § 8 und Kapitel V, VI). Nur wenn $\mathfrak{r} = (\mathfrak{r} \cap \mathfrak{s}) \cup \left(\mathfrak{r} \cap (\mathfrak{H} \ominus \mathfrak{s})\right)$ ist, ist es möglich, über $\mathfrak{r}$ wie $\mathfrak{s}$ zusammen zu entscheiden, sie zusammen zu messen.

Ist im Gegensatz dazu für $\mathfrak{r} \neq 0$: $\mathfrak{r} \cap \mathfrak{s} = 0$; $(\mathfrak{H} \ominus \mathfrak{r}) \cap \mathfrak{s} = 0$, $(\mathfrak{H} \ominus \mathfrak{r}) \cap (\mathfrak{H} \ominus \mathfrak{s}) = 0$ und $\mathfrak{r} \cap (\mathfrak{H} \ominus \mathfrak{s}) = 0$, so sollen $\mathfrak{r}$ und $\mathfrak{s}$ *komplementär* zueinander heißen. In diesem Falle schließt also die Verwirklichung von $\mathfrak{r}$ oder $\mathfrak{H} \ominus \mathfrak{r}$ jede Aussage über $\mathfrak{s}$ und $\mathfrak{H} \ominus \mathfrak{s}$ aus. Wenn $\mathfrak{r}$ oder

$\mathfrak{H} \ominus \mathfrak{r}$ wirklich sind, können $\mathfrak{s}$ und $\mathfrak{H} \ominus \mathfrak{s}$ nur potentiell, nur als Möglichkeit für spätere Experimente vorhanden sein.

Die Projektionsoperatoren im HILBERT-Raum der quadratisch integrierbaren Funktionen $f(x)$:

$$E f(x) = \begin{cases} f(x) & \text{für} \quad a \leqq x \leqq b \\ 0 & \text{sonst} \end{cases}$$

und

$$F f(x) = \frac{1}{2\pi} \int\limits_{\alpha}^{\beta} \left(\int\limits_{-\infty}^{+\infty} f(y)\, e^{-iky}\, dy \right) e^{ikx}\, dk$$

bestimmen komplementäre Eigenschaften. (E ist, wie später, Kapitel III, § 6, 7 und insbesondere 8, ausführlicher gezeigt wird, die Eigenschaft, daß der Ort in das Intervall $a \leqq \cdots \leqq b$, F die, daß der Impuls in das Intervall $\hbar\alpha \leqq \cdots \leqq \hbar\beta$ fällt.) Die durch E und F bestimmten Teilräume haben den Durchschnitt Null, da es nach den Sätzen über FOURIER-Integrale keine Funktion $g(x)$ gibt, die in einem Intervall gleich Null ist und deren FOURIER-Koeffizienten ebenfalls in einem Intervall gleich Null sind. Aus demselben Grunde haben auch die durch $1 - E$ und F usw. bestimmten Teilräume den Durchschnitt Null.

Sind durch eine Messung im Experiment mehrere kommensurable Eigenschaften $E_1, E_2, E_3, \ldots$ wirklich geworden, so ist dies identisch mit der Eigenschaft $E = \prod_i E_i$, so daß nach der Messung $W_2 = \prod_i E_i W_1 \prod_k E_k$ ist.

Ist die gemessene Eigenschaft $P_{\mathfrak{r}}$ speziell gleich P_φ, so wird $W_2 = P_\varphi W_1 P_\varphi = (\varphi, W_1 \varphi) P_\varphi$, d. h. W_2 ist äquivalent zu P_φ. Nach der Messung muß der Zustand φ vorliegen.

Die beiden Axiome VI a, b gestatten also, die statistischen Operatoren W Schritt für Schritt nach jeder Messung festzulegen. Es bleibt noch offen, welchen statistischen Operator man vor jeder Messung anzusetzen hat. In der Praxis hängt das sehr davon ab, welches die Vorgeschichte des zu untersuchenden physikalischen Systems war. Werden aber die physikalischen Systeme, mit deren Hilfe man eine statistische Untersuchung durchführen will, vollkommen willkürlich, d. h. unabhängig von ihrer Vorgeschichte, ausgewählt, so wird man ein W_0 anzusetzen haben, für das die Wahrscheinlichkeiten der verschiedenen Eigenschaften P_φ unabhängig von φ sind: $(\varphi, W_0 \varphi) = c$. Daraus folgt $(\varphi, (W_0 - c\,1)\, \varphi) = 0$ für alle φ und damit $W_0 = c\,1$. Da ein Faktor beliebig ist, fordern wir:

VI b. Bei willkürlicher Auswahl der Systeme sind die „apriori"-Wahrscheinlichkeiten auf Grund des statistischen Operators $W = 1$ bestimmt.

III. Transformationstheorie.

§ 1. Koordinatensysteme im Hilbert-Raum.

Ist A eine Observable mit reinem Punktspektrum und sind die
Eigenwerte α nicht entartet, so bilden die bis auf einen Faktor eindeutig
bestimmten Eigenvektoren φ_α ein v. n. O. Die Eigenwerte α stellen
eine abzählbare Menge dar. Wir können dieses v. n. O. benutzen, um
jeden Vektor f durch „Koordinaten" darzustellen:

$$f = \sum_\alpha \varphi_\alpha\, a_\alpha \text{ mit } a_\alpha = (\varphi_\alpha, f). \text{ Wir wollen im folgenden statt } a_\alpha \text{ die}$$

Bezeichnungsweise $(\alpha\,|\,f)$ einführen:

$$f = \sum_\alpha \varphi_\alpha(\alpha\,|\,f); \qquad (\alpha\,|\,f) = (\varphi_\alpha\,|\,f). \tag{1.1}$$

Die Eigenwerte α auf der Zahlengeraden bilden eine Punktmenge σ.
Jeden Vektor f können wir jetzt angeben durch eine Funktion $(\alpha\,|\,f)$
auf σ. Für das innere Produkt zweier Vektoren folgt mit der Definition
$\overline{(\alpha\,|\,f)} = (f\,|\,\alpha)$:

$$(f,g) = \sum_\alpha (f\,|\,\alpha)(\alpha\,|\,g).$$

Insbesondere ist also $\sum_\alpha (f\,|\,\alpha)\,(\alpha\,|\,f) = \sum_\alpha |(\alpha\,|\,f)|^2 = \|f\|^2$ konvergent.
Und umgekehrt stellt jede Funktion $(\alpha\,|\,f)$ mit konvergenter Summe der
Absolutquadrate einen Vektor dar[1]. Der abstrakte Hilbert-Raum $\mathfrak{H}$
ist also durch (1.1) auf den Hilbert-Raum $\mathfrak{F}$ der quadratisch summierbaren Funktion auf dem Spektrum σ von A abgebildet. $\mathfrak{F}$ nennen wir
dann die A-Darstellung.

Auch die Wirkungsweise der Operatoren D in $\mathfrak{H}$ überträgt sich auf
das Bild $\mathfrak{F}$ durch die Definition $D(\alpha\,|\,f) = (\alpha\,|\,Df)$.

Einigen Observablen, zumindest den beschränkten, läßt sich hierbei
eine Matrix $(\alpha\,|\,D\,|\,\alpha') = (\varphi_\alpha,\, D\varphi_{\alpha'})$ zuordnen[2], mit

$$D(\alpha\,|\,f) = \sum_\alpha (\alpha\,|\,D\,|\,\alpha')\,(\alpha'\,|\,f).$$

Besonders einfach ist die Anwendung des Operators A in seiner eigenen
Darstellung, wie sich leicht durch Anwendung von A auf (1.1) ergibt:

$$A\,(\alpha\,|\,f) = \alpha\,(\alpha\,|\,f).$$

A bedeutet also einfach Multiplikation der Funktion $(\alpha\,|\,f)$ mit α, so
daß man die neue Funktion $\alpha\,(\alpha\,|\,f)$ von α erhält. Der Definitionsbereich A
besteht also aus allen Vektoren, für die $\sum_\alpha \alpha^2\,|(\alpha\,|\,f)|^2$ konvergent ist.

Diese Methode läßt sich leider nicht ohne weiteres auf den Fall
des kontinuierlichen Spektrums übertragen, weil es zu den Werten des
kontinuierlichen Spektrums keine Eigenvektoren gibt. Es scheint

---

[1] Anhang I, § 1.
[2] Anhang I, § 3.

nahezuliegen, daß aber auch in diesem Falle sich f durch eine Funktion $(\alpha|f)$ auf dem Spektrum σ darstellen läßt, wobei vermutlich die Summationen durch Integrationen zu ersetzen sind.

Wir haben den Wunsch, auch im Falle des kontinuierlichen Spektrums mit etwas Ähnlichem wie „Eigenvektoren“ φ_α zu rechnen, so daß etwa

$$f = \int_\sigma \varphi_\alpha(\alpha|f)\,d\alpha \quad \text{gilt mit} \quad (\alpha|f) = (\varphi_\alpha, f), \tag{1.2}$$

wobei über das Spektrum zu integrieren ist. Es möge wieder zu jedem α nur ein φ_α (bis auf einen Faktor) geben, d. h. das Spektrum sei nicht entartet. $(\varphi_\alpha, \varphi_{\alpha'})$ mit $\alpha \neq \alpha'$ müßte dann gleich Null sein. Was ist aber $(\varphi_\alpha, \varphi_\alpha)$? Dazu multiplizieren wir die erste Gleichung aus (1.2) von links mit $\varphi_{\alpha'}$:

$$(\varphi_{\alpha'}, f) = \int_\sigma (\varphi_{\alpha'}, \varphi_\alpha)\,(\alpha|f)\,d\alpha.$$

Da $(\varphi_{\alpha'}, \varphi_\alpha) = 0$ für $\alpha \neq \alpha'$ ist, kann man im Integral $(\alpha|f)$ als $(\alpha'|f)$ vor das Integral ziehen, so daß

$$1 = \int_\sigma (\varphi_{\alpha'}, \varphi_\alpha)\,d\alpha$$

sein müßte. Dies ist nur möglich, wenn $(\varphi_{\alpha'}, \varphi_\alpha)$ für $\alpha = \alpha'$ „so stark $+\infty$“ ist, daß das Integral gerade 1 wird. Sicher ist das keine „vernünftige“ Funktion. Bezeichnen wir mit $\delta(x)$ die Funktion, für die $\delta(x) = 0$ für $x \neq 0$ und $\delta(0) = +\infty$ ist, so daß $\int_{-\infty}^{+\infty} \delta(x)\,dx = 1$ wird, so wäre also die richtige Normierung der φ_α (die der Normierung $(\varphi_\alpha, \varphi_{\alpha'}) = \delta_{\alpha\alpha'}$ im Falle des diskreten Spektrums entspricht):

$$(\varphi_\alpha, \varphi_{\alpha'}) = \delta(\alpha - \alpha').$$

Das innere Produkt zweier Vektoren ergibt:

$$(f, g) = \int_\sigma d\alpha \int_\sigma d\alpha'\,(\varphi_\alpha, \varphi_{\alpha'})\,(f|\alpha)\,(\alpha'|g) = \int_\sigma d\alpha\,(f|\alpha)\,(\alpha|g)$$

$$\text{wegen} \quad \int_\sigma d\alpha'\,\delta(\alpha - \alpha')\,(\alpha'|g) =: (\alpha|g).$$

Insbesondere ist also $\|f\|^2 = \int_\sigma |(\alpha|f)|^2\,d\alpha$ konvergent. Damit wären also die Vektoren f dargestellt durch die quadratisch integrierbaren Funktionen $(\alpha|f)$ auf σ.

Die Wirkungsweise der Operatoren überträgt sich ebenfalls auf diese Darstellung durch die Definition $D(\alpha|f) = (\alpha|Df)$. Wegen $A\varphi_\alpha = \alpha\varphi_\alpha$ folgt wieder leicht: $A(\alpha|f) = \alpha(\alpha|f)$.

Es erhebt sich aber die Frage, ob sich dieses kühne Vorgehen mathematisch rechtfertigen läßt. Diesem Problem sind die nächsten Paragraphen gewidmet.

§ 2. Scharen kommensurabler Eigenschaften.

Jede Observable A ist auf Grund ihrer Spektraldarstellung $A = \int \lambda \, dE_\lambda$ durch die Schar der kommensurablen Eigenschaften E_λ gegeben. Da kommensurable Eigenschaften zusammen gemessen werden können, so stellt sich jede experimentelle Frage dar als eine Entscheidung über kommensurable Eigenschaften. Deshalb sollen die Eigenschaften solcher Scharen näher untersucht werden. Man beachte daher, wie im folgenden die mathematischen Operationen mit den logischen Verknüpfungen nach Kapitel II, § 2, parallel laufen.

Wir wollen eine Schar kommensurabler Eigenschaften einen (BOREL-) Körper K nennen, wenn sie mit $\mathfrak{r}$ auch $\mathfrak{H} \ominus \mathfrak{r}$ und alle $\cup (M)$ enthält[1], wobei M eine abzählbare Menge von Elementen $\mathfrak{r}$ aus K ist. Es folgt, daß dann auch alle $\cup (M)$ in K liegen mit nicht abzählbarem M: Zunächst ist dies richtig, falls M aus lauter eindimensionalen Teilräumen besteht, die von je einem Vektor φ aufgespannt werden. $\cup (M)$ ist dann der von allen φ aufgespannte Teilraum. Es können aber nur abzählbar viele der φ linear unabhängig sein, da man sonst (nach Anhang I, § 1) ein Orthogonalsystem von mehr als abzählbar vielen Vektoren konstruieren könnte. Daher genügen abzählbar viele der φ und damit der Teilräume aus M, um als Vereinigung den Teilraum $\cup (M)$ zu ergeben. Besteht M aus mehrdimensionalen Teilräumen, so wird doch jeder von irgendwelchen φ aufgespannt. Alle zusammen spannen $\cup (M)$ auf. Wieder sind nur abzählbar viele φ_k dieser Vektoren erforderlich. Aus den Teilräumen der Menge M kann man nun eine abzählbare Schar auswählen, indem man der Reihe nach ($k = 1, 2, 3, \ldots$) einen Teilraum wählt, der φ_k enthält. Ihre Vereinigung gibt ebenfalls ganz $\cup (M)$. Da $\bigcap_i \mathfrak{r}_i = \mathfrak{H} \ominus (\bigcup_i \{\mathfrak{H} \ominus \mathfrak{r}_i\})$ ist, sind auch alle $\cap (M)$ im Körper K enthalten. K enthält also immer $\mathfrak{r} \cap (\mathfrak{H} \ominus \mathfrak{r}) = 0$ und $\mathfrak{H} = \mathfrak{r} \oplus \oplus \{\mathfrak{H} \ominus \mathfrak{r}\}$. Ist eine Schar $S = (\mathfrak{F}_\lambda)$ kein Körper, so kann man sie zu einem Körper, der mit $\{S\}$ bezeichnet werden möge, ergänzen, der den kleinsten S enthaltenden Körper darstellt, indem man alle Teilräume hinzufügt, die man aus den $\mathfrak{F}_\lambda$ in abzählbar vielen Schritten durch Bilden von Vereinigungs- und Komplementärräumen erhält.

Sind die $\mathfrak{F}_\lambda$ die zu der Spektralschar E_λ eines HERMITEschen Operators A gehörigen Teilräume, so wollen wir den von den $\mathfrak{F}_\lambda$ erzeugten Körper mit K_A bezeichnen. Es gilt aber auch umgekehrt, daß es zu jedem Körper K einen HERMITEschen Operator A mit $K = K_A$ gibt.

Beweis: Gelingt es uns, zu zeigen, daß es in K eine abzählbare Menge von Teilräumen $\mathfrak{r}_i$ gibt, die wieder ganz K erzeugen, so kann man leicht eine geordnete Schar Γ von Teilräumen $\mathfrak{F}$, $\mathfrak{t}$, $\mathfrak{u}$, $\ldots$ finden,

---

[1] $\cup (M) =$ der von allen Elementen von M aufgespannte Raum, oft kurz Vereinigungsraum aller Elemente von M genannt.

so daß für je zwei verschiedene $\mathfrak{z}$, $\mathfrak{t}$ entweder $\mathfrak{z} \subset \mathfrak{t}$ oder $\mathfrak{t} \subset \mathfrak{z}$ ist und daß 0 wie $\mathfrak{H}$ zu Γ gehören. Dazu konstruiere man mit Hilfe der $\mathfrak{r}_i$ rekursiv die geordneten Scharen Γ_n nach:

$$\Gamma_1: \quad 0 \subseteq \mathfrak{r}_1 \subseteq \mathfrak{H},$$

$$\Gamma_2: \quad 0 \subseteq \mathfrak{r}_1 \cap \mathfrak{r}_2 \subseteq \mathfrak{r}_1 \subseteq \mathfrak{r}_1 \oplus \{(\mathfrak{H} \ominus \mathfrak{r}_1) \cap \mathfrak{r}_2\} \subseteq \mathfrak{H},$$
$$\vdots$$

und wenn $\Gamma_n: 0 \subseteq \mathfrak{w}_1 \subseteq \mathfrak{w}_2 \subseteq \cdots \subseteq \mathfrak{H}$, so soll

$$\Gamma_{n+1}: \quad 0 \subseteq \mathfrak{r}_{n+1} \cap \mathfrak{w}_1 \subseteq \mathfrak{w}_1 \subseteq \mathfrak{w}_1 \oplus \{(\mathfrak{w}_2 \ominus \mathfrak{w}_1) \cap \mathfrak{r}_{n+1}\} \subseteq \mathfrak{w}_2 \subseteq \cdots$$

sein. Jedes Γ_n ist Teilmenge der folgenden Γ_m, $m > n$. Die Vereinigungsmenge Γ aller Γ_n ist dann eine geordnete Schar. Der von Γ_n erzeugte Körper $\{\Gamma_n\}$ enthält $\mathfrak{r}_1, \mathfrak{r}_2, \ldots, \mathfrak{r}_n$. Damit enthält $\{\Gamma\}$ alle $\mathfrak{r}_i$ und ist deshalb mit K identisch. Ist φ_ν ein v. n. O., so ist für irgendeinen Teilraum $\mathfrak{r}$

$$\lambda(\mathfrak{r}) = \sum_{\nu=0}^{\infty} \frac{1}{\nu^2} \| P_{\mathfrak{r}} \, \varphi_\nu \|^2 < \sum_{\nu=0}^{\infty} \frac{1}{\nu^2},$$

und aus $\lambda(\mathfrak{r}) = 0$ folgt $\mathfrak{r} = 0$. Für die Elemente $\mathfrak{z}, \mathfrak{t}, \ldots$ aus Γ ist dann E_λ mit der eindeutig umkehrbaren Zuordnung $E_{\lambda(\mathfrak{z})} = P_{\mathfrak{z}}$ eine Spektralschar und $A = \int\limits_{-\infty}^{+\infty} \lambda \, dE_\lambda$ der gesuchte Operator mit $K_A = K$.

Es bleibt also nur die Existenz der abzählbaren Mengen der $\mathfrak{r}_i$ zu beweisen, die wieder ganz K erzeugt. Wir führen einen „Abstand" zweier Teilräume $\mathfrak{t}_1$ und $\mathfrak{t}_2$ aus $\mathfrak{H}$ durch (φ_ν ein v. n. O.)

$$d(\mathfrak{t}_1, \mathfrak{t}_2) = \sum_\nu \frac{1}{\nu^2} \| (P_{\mathfrak{t}_1} - P_{\mathfrak{t}_2}) \, \varphi_\nu \|$$

ein. Aus $d(\mathfrak{t}_1, \mathfrak{t}_2) = 0$ folgt $P_{\mathfrak{t}_1} = P_{\mathfrak{t}_2}$, d. h. $\mathfrak{t}_1 = \mathfrak{t}_2$. Auf Grund der Dreiecksungleichung (A I, § 1) ist:

$$\sum_\nu \frac{1}{\nu^2} \| (P_{\mathfrak{t}_1} - P_{\mathfrak{t}_3}) \, \varphi_\nu + (P_{\mathfrak{t}_3} - P_{\mathfrak{t}_2}) \, \varphi_\nu \| \leqq \sum_\nu \frac{1}{\nu^2} \| (P_{\mathfrak{t}_1} - P_{\mathfrak{t}_3}) \, \varphi_\nu \| +$$
$$+ \sum_\nu \frac{1}{\nu^2} \| (P_{\mathfrak{t}_3} - P_{\mathfrak{t}_2}) \, \varphi_\nu \|,$$

d. h.

$$d(\mathfrak{t}_1, \mathfrak{t}_2) \leqq d(\mathfrak{t}_1, \mathfrak{t}_3) + d(\mathfrak{t}_3, \mathfrak{t}_2). \tag{2.1}$$

Ist $\mathfrak{t}$ ein beliebiger Teilraum von $\mathfrak{H}$ und ψ_σ ein n. O. aus $\mathfrak{t}$, das $\mathfrak{t}$ aufspannt, so ist mit den endlich dimensionalen Teilräumen $\mathfrak{b}_n$, die von $\psi_1, \ldots, \psi_n$ aufgespannt werden, $d(\mathfrak{t}, \mathfrak{b}_n) \to 0$:

$$d(\mathfrak{t}, \mathfrak{b}_n) = \sum_\nu \frac{1}{\nu^2} \| P_{\mathfrak{t} \ominus \mathfrak{b}_n} \, \varphi_\nu \| \leqq \sum_{\nu=1}^{N} \frac{1}{\nu^2} \| P_{\mathfrak{t} \ominus \mathfrak{b}_n} \, \varphi_\nu \| + \sum_{\nu=N+1}^{\infty} \frac{1}{\nu^2},$$

das letzte wegen $\| P_{\mathfrak{t} \ominus \mathfrak{b}_n} \, \varphi_\nu \| \leqq 1$; man wähle N so groß, daß der zweite Summand $< \varepsilon/2$, dann n so groß, daß auch der erste Summand $< \varepsilon/2$ wird, was wegen $P_{\mathfrak{t} \ominus \mathfrak{b}_n} \varphi \to 0$ (für jeden Vektor φ) möglich ist.

Damit hat sich ergeben, daß die Menge Σ_1 aller endlichdimensionalen Teilräume von $\mathfrak{H}$ dicht (im Sinne des oben eingeführten Abstandes) in der Menge Σ aller Teilräume von $\mathfrak{H}$ liegt, d. h. daß es zu jedem $\mathfrak{t}$ aus Σ ein $\mathfrak{b}$ aus Σ_1 mit $d(\mathfrak{t}, \mathfrak{b}) < \varepsilon$ gibt. Aus Σ_1 kann man eine abzählbare Teilmenge Σ_2 auswählen, die in Σ_1 und damit wegen (2.1) dann auch dicht in Σ ist. Dazu wähle man eine abzählbare Folge von normierten Vektoren χ_ν, die auf der Einheitskugel in $\mathfrak{H}$ hinsichtlich der Vektorenentfernung dicht liegen[1]. Die Menge Σ_2 derjenigen $\mathfrak{b}$ aus Σ_1, die von endlich vielen der χ_ν aufgespannt werden, ist abzählbar[2]. Wir können nun aber zeigen, daß Σ_2 dicht in Σ_1 ist: Ist $\mathfrak{b}$ ein Teilraum von Σ_1 mit der normierten und orthogonalen Basis $\psi_1, \ldots, \psi_n$, so wähle man n der Vektoren $\chi_\nu: \chi_{\nu_1}, \ldots, \chi_{\nu_n}$ so aus, daß $\| \psi_\alpha - \chi_{\nu_\alpha} \| < \varepsilon$ für jedes $\alpha = 1, \ldots, n$ ist. Der von den $\chi_{\nu_1}, \ldots, \chi_{\nu_n}$ aufgespannte Teilraum $\mathfrak{v}$ gehört zu Σ_2, und es ist

$$d(\mathfrak{b}, \mathfrak{v}) = \sum_\nu \frac{1}{\nu^2} \Big\| \sum_{\alpha=1}^{n} [\psi_\alpha (\psi_\alpha - \chi_{\nu_\alpha}, \varphi_\nu) + $$
$$+ (\psi_\alpha - \chi_{\nu_\alpha}) (\chi_{\nu_\alpha}, \varphi_\nu)] \Big\| \leqq 2 n \, \varepsilon \sum_{\nu=1}^{\infty} \frac{1}{\nu^2} ,$$

wobei $\| \varphi_\nu \| = \| \psi_\alpha \| = \| \chi_{\nu_\alpha} \| = 1$ und die Dreiecks- wie die SCHWARZsche Ungleichung angewandt wurden.

Da es eine abzählbare Menge Σ_2 gibt, die dicht in Σ liegt, läßt sich leicht aus K eine abzählbare Menge auswählen, die in K dicht liegt: Zu jedem $\mathfrak{a}_k$ aus Σ_2 wähle man der Reihe nach Teilräume $\mathfrak{r}_{k\nu}$ aus K mit $d(\mathfrak{a}_k, \mathfrak{r}_{k\nu}) < \frac{1}{\nu}$. Für ein festes k nimmt ν nur dann endlich viele Werte an, falls es von einem ν ab keinen Teilraum $\mathfrak{r}$ aus K mit $d(\mathfrak{a}_k, \mathfrak{r}) < \frac{1}{\nu}$ gibt. Die so gewählten abzählbar vielen $\mathfrak{r}_{k\nu}$ liegen dann dicht in K, denn zu einem $\mathfrak{r}$ aus K gibt es ein $\mathfrak{a}_l$ mit $d(\mathfrak{a}_l, \mathfrak{r}) < \frac{1}{\mu}$ und zu $\mathfrak{a}_l$ ein $\mathfrak{r}_{l\mu}$ mit $d(\mathfrak{a}_l, \mathfrak{r}_{l\mu}) < \frac{1}{\mu}$ $\Big($ein solches $\mathfrak{r}_{l\mu}$ muß existieren, da ja für $\mathfrak{r}$ aus K $d(\mathfrak{r}, \mathfrak{a}_k) < \frac{1}{\mu}$ ist!$\Big)$, so daß nach (2.1) $d(\mathfrak{r}, \mathfrak{r}_{l\mu}) < \frac{2}{\mu}$ ist.

Denken wir uns die $\mathfrak{r}_{k\nu}$ der Einfachheit halber in $\mathfrak{r}_i$ umnumeriert, so bleibt als letztes zu zeigen, daß die in K dicht liegenden $\mathfrak{r}_i$ ganz K erzeugen. Zu jedem $\mathfrak{r}$ aus K gibt es eine Teilfolge der $\mathfrak{r}_i$, sie mögen wieder kurz mit $\mathfrak{r}_n$ bezeichnet werden, für die $d(\mathfrak{r}, \mathfrak{r}_n) \to 0$. Daraus folgt sofort $P'_{\mathfrak{r}_n} \to P_\mathfrak{r}$. $\mathfrak{z}_n = \bigcup_{\nu=n}^{\infty} \mathfrak{r}_\nu$ muß daher $\mathfrak{r}$ umfassen: $\mathfrak{z}_n \geqq \mathfrak{r}$, denn sonst

---

[1] Jeder Vektor ψ mit $\| \psi \| = 1$ läßt sich beliebig gut durch ein geeignetes χ_ν approximieren. Vgl. Anhang I, § 1.

[2] Alle Teilräume aus Σ_2 die von einigen der $\chi_1 \ldots \chi_n$ aufgespannt werden, sind jeweils endlich viele!

enthielte $\mathfrak{r}$ einen Vektor χ, der zu allen $\mathfrak{r}_n, \mathfrak{r}_{n+1}, \ldots$ senkrecht wäre im Widerspruch zu $0 = P_{\mathfrak{r}_n}\chi \to P_{\mathfrak{r}}\chi = \chi$. Da alle $\mathfrak{r}_\nu, \mathfrak{s}_n$ und $\mathfrak{r}$ kommensurabel sind, ist $P_{\mathfrak{s}_n} - P_{\mathfrak{r}} = P_{\mathfrak{s}_n \ominus \mathfrak{r}} \leqq \sum_{\nu=n}^{\infty} P_{\mathfrak{r}_\nu \cap (\mathfrak{H} \ominus \mathfrak{r})}$. Es ist mit dem v. n. O. φ_ν:

$$\beta_\nu = \sum_{\mu=1}^{\infty} \frac{1}{\mu^2} \| P_{\mathfrak{r}_\nu \cap (\mathfrak{H} \ominus \mathfrak{r})} \varphi_\mu \| \leq \sum_{\mu=1}^{N} \frac{1}{\mu^2} \| P_{\mathfrak{r}_\nu \cap (\mathfrak{H} \ominus \mathfrak{r})} \varphi_\mu \| + \sum_{N+1}^{\infty} \frac{1}{\mu^2}.$$

Da $P_{\mathfrak{r}_\nu \cap (\mathfrak{H} \ominus \mathfrak{r})} = P_{\mathfrak{r}_\nu}(1 - P_{\mathfrak{r}}) \to 0$ ist, folgt wie oben $\beta_\nu \to 0$. Wir können sogar $\beta_\nu < \frac{1}{2^\nu}$ annehmen, da wir sonst aus den $\mathfrak{r}_\nu$ nur eine entsprechende Teilfolge auszuwählen brauchten. Dann ist

$$\sum_{\mu=1}^{\infty} \frac{1}{\mu^2} \| P_{\mathfrak{s}_n \ominus \mathfrak{r}} \varphi_\mu \| \leq \sum_{\mu=1}^{\infty} \frac{1}{\mu^2} \sum_{\nu=n}^{\infty} \| P_{\mathfrak{r}_\nu \cap (\mathfrak{H} \ominus \mathfrak{r})} \varphi_\nu \| = \sum_{\nu=n}^{\infty} \beta_\nu \leq \sum_{\nu=n}^{\infty} \frac{1}{2^\nu} = \frac{1}{2^{n-1}}.$$

Daher ist für jedes φ_μ: $P_{\mathfrak{s}_n \ominus \mathfrak{r}} \varphi_\mu \to 0$ und damit $P_{\mathfrak{s}_n \ominus \mathfrak{r}} = P_{\mathfrak{s}_n} - P_{\mathfrak{r}} \to 0$. $P_{\mathfrak{s}_n}$ als monoton abnehmende Folge konvergiert aber gegen $P_{\underset{n=1}{\overset{\infty}{\cap}} \mathfrak{s}_n}$, womit $\underset{n=1}{\overset{\infty}{\cap}} \mathfrak{s}_n = \underset{n=1}{\overset{\infty}{\cap}} \left(\underset{\nu=n}{\overset{\infty}{\cup}} \mathfrak{r}_\nu \right) = \mathfrak{r}$ bewiesen ist. Also erzeugen die $\mathfrak{r}_i$ ganz K.

Ist F_1 ein Körper und $\mathfrak{s}$ eine andere Eigenschaft, so läßt sich dann und nur dann ein Körper F_2 finden, der $\mathfrak{s}$ und F_1 enthält, wenn $\mathfrak{s}$ mit allen $\mathfrak{r}$ aus F_1 kommensurabel ist. Daß dies notwendig ist, ist sofort ersichtlich. Um zu beweisen, daß es hinreichend ist, bilde man F_2 als Menge aller $(\mathfrak{r}_i \cap \mathfrak{s}) \cup (\mathfrak{r}_j \cap (\mathfrak{H} \ominus \mathfrak{s}))$ mit $\mathfrak{r}_i$ aus F_1. F_2 ist dann der kleinste $\mathfrak{s}$ und F_1 enthaltende Körper[1].

Ein Körper F soll vollständig heißen, wenn es keine zu F kommensurablen Eigenschaften gibt, die nicht schon in F enthalten sind. Damit identisch ist also, daß es keinen Körper G gibt, der F umfaßt. Jeder Körper läßt sich zu einem vollständigen ergänzen. Dies folgt so:

Alle zu K kommensurablen Eigenschaften $\mathfrak{s}$ kann man wohlordnen[2]. Man zeichne nun einige dieser $\mathfrak{s}$ besonders aus durch folgende Induktionsvorschrift: $\mathfrak{s}$ wird ausgezeichnet, wenn es zu allen (in der Wohlordnung) vor $\mathfrak{s}$ stehenden ausgezeichneten Eigenschaften kommensurabel ist. Die Menge aller ausgezeichneten Eigenschaften erzeugen

---

[1] Man sieht das, wenn man den entsprechenden Projektionsoperator $P_{\mathfrak{r}_i} P_{\mathfrak{s}} + P_{\mathfrak{r}_j}(1 - P_{\mathfrak{s}})$ bildet. Für $\mathfrak{r}_i = \mathfrak{r}_j$ folgt, daß F_1 in F_2, und für $\mathfrak{r}_i = \mathfrak{H}$ und $\mathfrak{r}_j = 0$, daß $\mathfrak{s}$ in F_2 enthalten sind. Da $1 - [P_{\mathfrak{r}_i} P_{\mathfrak{s}} + P_{\mathfrak{r}_j}(1 - P_{\mathfrak{s}})] = (1 - P_{\mathfrak{r}_i}) P_{\mathfrak{s}} + (1 - P_{\mathfrak{r}_j})(1 - P_{\mathfrak{s}})$ ist, ist also der zu $(\mathfrak{r}_i \cap \mathfrak{s}) \cup (\mathfrak{r}_j \cap (\mathfrak{H} \ominus \mathfrak{s}))$ komplementäre Raum gleich $((\mathfrak{H} \ominus \mathfrak{r}_i) \cap \mathfrak{s}) \cup ((\mathfrak{H} \ominus \mathfrak{r}_j) \cap (\mathfrak{H} \ominus \mathfrak{s}))$ und damit in F_2 enthalten. Da $\underset{i}{\cup} (\mathfrak{r}_i \cap \mathfrak{s}) = (\underset{i}{\cup} \mathfrak{r}_i) \cap \mathfrak{s}$ und entsprechend $\underset{j}{\cup} (\mathfrak{r}_j \cap (\mathfrak{H} \ominus \mathfrak{s})) = (\underset{j}{\cup} \mathfrak{r}_j) \cap (\mathfrak{H} \ominus \mathfrak{s})$, liegen auch die Vereinigungen abzählbar vieler $(\mathfrak{r}_i \cap \mathfrak{s}) \cup (\mathfrak{r}_j \cap (\mathfrak{H} \ominus \mathfrak{s}))$ in F_2.

[2] Siehe Lehrbücher der Mengenlehre, wie z. B. F. HAUSDORF, Mengenlehre oder A. FRAENKEL, Mengenlehre.

zusammen mit K einen Körper K', der vollständig ist, denn gäbe es eine Eigenschaft $\mathfrak{r}$, die zu K' kommensurabel ist und nicht zu K' gehört, so ist sie erst recht zu K kommensurabel und steht deshalb an einer bestimmten Stelle der obigen wohlgeordneten Menge. Sie darf aber nicht zu den ausgezeichneten Eigenschaften gehören, da sie K' nicht angehört. Dann aber ist sie nicht kommensurabel zu den vorher ausgezeichneten Eigenschaften und damit nicht kommensurabel zu K' im Widerspruch zur Voraussetzung.

Hat die Observable A ein reines Punktspektrum: $A = \sum_\lambda \lambda P_\lambda$ und damit $E_\lambda = \sum_{\mu \leq \lambda} P_\mu$, so ist der Körper K_A gleich der Menge der Elemente $\bigcup_i \mathfrak{r}_{\lambda_i}$ (mit $P_{\mathfrak{r}_i} = P_\lambda$), wobei i über einen beliebigen Teil (λ_i) der Eigenwerte λ von A summiert wird. Anschaulich gesprochen besteht der Körper K_A aus allen Eigenschaften: $\bigcup_i \mathfrak{r}_i$, in Worten: „Der Meßwert von A ist einer der λ aus dem Teil (λ_i)."

K_A ist *nicht* vollständig, wenn mindestens ein $\mathfrak{r}_\lambda$ mehrdimensional ist, d. h. wenn A entartete Eigenwerte besitzt. Denn ist $\varphi\,(\|\varphi\| = 1)$ ein Vektor aus $\mathfrak{r}_\lambda$ und $\mathfrak{s}$ der durch φ aufgespannte Teilraum, so ist $\mathfrak{s}$ nicht in K_A enthalten, aber mit K_A kommensurabel. Hat umgekehrt A nur einfache Eigenwerte, so ist K_A vollständig. Denn ist $\mathfrak{s}$ eine zu K_A kommensurable Eigenschaft, so ist $\mathfrak{r}_\lambda = (\mathfrak{r}_\lambda \cap \mathfrak{s}) \cup (\mathfrak{r}_\lambda \cap (\mathfrak{H} \ominus \mathfrak{s}))$; da $\mathfrak{s} \neq \mathfrak{r}_\lambda$ sein soll, $\mathfrak{r}_\lambda$ aber eindimensional, so ist $\mathfrak{r}_\lambda \cap \mathfrak{s} = 0$, so daß $\mathfrak{r}_\lambda = (\mathfrak{r}_\lambda \cap (\mathfrak{H} \ominus \mathfrak{s}))$, d. h. $\mathfrak{r}_\lambda \subseteq \mathfrak{H} \ominus \mathfrak{s}$ folgen würde. Da dies für jedes λ gelten muß, so ist auch $\mathfrak{H} = \bigcup_\lambda \mathfrak{r}_\lambda \subseteq \mathfrak{H} \ominus \mathfrak{s}$, damit $\mathfrak{H} \ominus \mathfrak{s} = \mathfrak{H}$ und $\mathfrak{s} = 0$.

Auch dann, wenn A kein reines Punktspektrum besitzt, soll das Spektrum nichtentartet oder entartet heißen, je nachdem, ob der durch die E_λ erzeugte Körper K_A vollständig ist oder nicht.

Hat man ein System von vertauschbaren Observablen $A, B, C, \ldots$, so bilden die zugehörigen Spektralzerlegungen $E_\alpha, F_\beta, G_\gamma$ eine Schar S kommensurabler Eigenschaften, die wieder einen Körper erzeugt, der $K_{A, B, C\ldots}$ genannt werden möge. Das System der Observablen $A, B, C, \ldots$ nennen wir vollständig, wenn $K_{A, B, C\ldots}$ vollständig ist.

Zwei Körper K_1 und K_2 sollen zueinander komplementär heißen, wenn alle Eigenschaften von K_1 zu denen von K_2 komplementär sind. Zwei Observablen A, B heißen komplementär, wenn es die zugehörigen Körper K_A und K_B sind. Nach II, § 3 S. 61 und III, § 6 bis 8 bilden Orts- und Impulsoperator (Q und P) zwei komplementäre Observable.

§ 3. Maßfunktionen auf einem Körper kommensurabler Eigenschaften.

Unter einer additiven Maßfunktion auf dem Körper K der Eigenschaften $\mathfrak{r}, \mathfrak{s}, \ldots$ verstehen wir eine Zuordnung, die jedem $\mathfrak{r}$ eine reelle

Zahl $m(\mathfrak{r}) \geq 0$ zuordnet, so daß für $\mathfrak{r} \cap \mathfrak{s} = 0$ $m(\mathfrak{r} \cup \mathfrak{s}) = m(\mathfrak{r}) + m(\mathfrak{s})$ ist. $m(\mathfrak{r})$ heißt abzählbar additiv, wenn sogar für jede Folge $\mathfrak{r}_i$ (mit $\mathfrak{r}_i \cap \mathfrak{r}_j = 0$) $m(\bigcup_i \mathfrak{r}_i) = \sum_i m(\mathfrak{r}_i)$ ist; da die $\mathfrak{r}_i$ kommensurabel sind, ist $\bigcup_i \mathfrak{r}_i = \sum_i \oplus \mathfrak{r}_i$. Man zeigt leicht, daß z. B. $m(\mathfrak{r}) = \| P_{\mathfrak{r}} \chi \|^2$ für einen beliebigen festen Vektor χ ein abzählbar additives Maß auf K darstellt. Eine Maßfunktion, für die aus $m(\mathfrak{r}) = 0$ $\mathfrak{r} = 0$ folgt, möge definit heißen. Es gibt auf jedem Körper eine definite Maßfunktion: z. B. $m(\mathfrak{r}) = \sum_{\nu} \frac{1}{\nu!} \| P_{\mathfrak{r}} \varphi_{\nu} \|^2$, wobei φ_{ν} eine abzählbare Menge von Einheitsvektoren ($\| \varphi_{\nu} \| = 1$) ist[1], die dicht auf der Einheitskugel liegen, d. h. jeder Vektor ψ (mit $\| \psi \| = 1$) läßt sich beliebig gut durch ein geeignetes φ_{ν} approximieren. Es ist aber gar nicht notwendig, eine ganze Reihe von Vektoren zu benutzen, sondern es ist möglich, einen *einzigen* Vektor φ mit $\| \varphi \| = 1$ so zu bestimmen, daß das schon oben erwähnte Maß $m(\mathfrak{r}) = \| P_{\mathfrak{r}} \varphi \|^2$ definit ist.

Um dies zu beweisen, genügt der Fall eines vollständigen Körpers, da jeder andere zu einem solchen ergänzt werden kann. Wir zeigen zuerst, daß es einen Vektor φ gibt, so daß alle $P_{\mathfrak{r}} \varphi$ mit $\mathfrak{r}$ aus K den ganzen HILBERT-Raum $\mathfrak{H}$ aufspannen.

In $\mathfrak{H}$ gibt es eine abzählbare, überall dichte Folge χ_{ν} von Vektoren[1]. Ist $\mathfrak{s}_n$ der Teilraum, der von allen $P_{\mathfrak{r}} \chi_{\nu}$ mit $\mathfrak{r}$ aus K und $\nu \leq n$ aufgespannt wird (kurz: $\mathfrak{s}_n = K(\chi_1, \ldots, \chi_n)$), so ist also $\mathfrak{s}_1 \subseteq \mathfrak{s}_2 \subseteq \mathfrak{s}_3 \subseteq \cdots$. Wir behaupten, daß sich jedes $\mathfrak{s}_n$ aufspannen läßt durch alle $P_{\mathfrak{r}} \Psi_n$ mit einem *einzigen* Ψ_n, d. h. $\mathfrak{s}_n = K(\chi_1, \ldots, \chi_n) = K(\Psi_n)$. Für $n = 1$ ist dies richtig mit $\Psi_1 = \chi_1$. Um dies für n zu beweisen, falls es für $n - 1$ vorausgesetzt wird, ist also nur zu zeigen:

$$K(\Psi_{n-1}, \chi_n) = K(\Psi_n). \tag{3.1}$$

Dazu betrachten wir $\mathfrak{s}_{n-1} = K(\Psi_{n-1})$ und $\mathfrak{t}_n = K(\chi_n)$. $\mathfrak{s}_{n-1}$ sowie $\mathfrak{t}_n$ sind mit K kommensurabel, denn z. B. gilt, wie leicht aus der Definition von $\mathfrak{s}_{n-1}$ ersichtlich ist, $P_{\mathfrak{r}} \mathfrak{s}_{n-1} \subseteq \mathfrak{s}_{n-1}$, so daß $P_{\mathfrak{r}} P_{\mathfrak{s}_{n-1}} f = P_{\mathfrak{s}_{n-1}} P_{\mathfrak{r}} P_{\mathfrak{s}_{n-1}} f$ und damit $P_{\mathfrak{r}} P_{\mathfrak{s}_{n-1}} = P_{\mathfrak{s}_{n-1}} P_{\mathfrak{r}}$ ist. Da K vollständig ist, gehört also $\mathfrak{s}_{n-1}$ sowie $\mathfrak{t}_n$ dem Körper K an, so daß auch beide zueinander kommensurabel sind. Wir setzen nun

$$\Psi_n = \Psi_{n-1} + (1 - P_{\mathfrak{s}_{n-1}}) P_{\mathfrak{t}_n} \chi_n \tag{3.2}$$

und behaupten (3.1).

Es ist

$$P_{\mathfrak{r}} \Psi_n = P_{\mathfrak{r}} \Psi_{n-1} + (1 - P_{\mathfrak{s}_{n-1}}) P_{\mathfrak{t}_n} P_{\mathfrak{r}} \chi_n. \tag{3.3}$$

Da $P_{\mathfrak{r}} \Psi_{n-1}$ in $\mathfrak{s}_{n-1}$ und $P_{\mathfrak{r}} \chi_n$ in $\mathfrak{t}_n$ liegt, ist also $P_{\mathfrak{t}_n} P_{\mathfrak{r}} \chi_n = P_{\mathfrak{r}} \chi_n$ und $P_{\mathfrak{s}_{n-1}} P_{\mathfrak{r}} \Psi_n = P_{\mathfrak{s}_{n-1}} P_{\mathfrak{r}} \Psi_{n-1} = P_{\mathfrak{r}} \Psi_{n-1}$ und $(1 - P_{\mathfrak{s}_{n-1}}) P_{\mathfrak{r}} \Psi_n$

---

[1] Anhang I, § 1.

$= (1 - P_{\mathfrak{F}_{n-1}}) P_{\mathfrak{r}} \chi_n$. Da $\mathfrak{F}_{n-1} \cap \mathfrak{r}$ K angehört, ist also $P_{\mathfrak{r}} \Psi_{n-1}$ und damit $\mathfrak{F}_{n-1}$ in $K(\Psi_n)$ enthalten. $(1 - P_{\mathfrak{F}_{n-1}}) P_{\mathfrak{r}} \chi_n$ ist der zu $\mathfrak{F}_{n-1}$ orthogonale Teil von $P_{\mathfrak{r}} \chi_n$; folglich ist auch $P_{\mathfrak{r}} \chi_n$ und damit $\mathfrak{t}_n$ in $K(\Psi_n)$ enthalten. Also ist $K(\Psi_n) \supseteq K(\Psi_{n-1}, \chi_n)$. $K(\Psi_n) \subseteq K(\Psi_{n-1}, \chi_n)$ ist sofort aus (3.3) ersichtlich.

Ist nun von einem endlichen n ab $\mathfrak{F}_n = \mathfrak{H}$, so ist alles bewiesen. Andernfalls ist aber, da die χ_n in $\mathfrak{H}$ dicht und $\chi_1, \ldots, \chi_n$ in $\mathfrak{F}_n$ liegen, $\underset{n}{\cup} \mathfrak{F}_n = \mathfrak{H}$, d. h. $P_{\mathfrak{F}_n} \to 1$. Setzen wir $\eta_1 = \Psi_1$ und $\eta_n = (P_{\mathfrak{F}_n} - P_{\mathfrak{F}_{n-1}}) \Psi_n$, so ist $K(\eta_1) = \mathfrak{F}_1$ und $K(\eta_n) = \mathfrak{F}_n \ominus \mathfrak{F}_{n-1}$. Mit einer Zahlenfolge a_n, für die $\underset{n}{\sum} |a_n|^2$ konvergent ist, ist dann $\varphi = \sum_{n=1}^{\infty} a_n \dfrac{\eta_n}{\|\eta_n\|}$ ein Vektor aus $\mathfrak{H}$ für den $K(\varphi) = \mathfrak{H}$ ist, denn $(P_{\mathfrak{F}_n} - P_{\mathfrak{F}_{n-1}}) \varphi = a_n \dfrac{\eta_n}{\|\eta_n\|}$ und damit $K(\varphi) = \sum \oplus K(\eta_n) = \mathfrak{H}$.

Für dieses φ ist dann $m(\mathfrak{r}) = \|P_{\mathfrak{r}} \varphi\|^2$ ein definites Maß. Denn sonst gäbe es eines der $\mathfrak{r}$, z. B. $\mathfrak{r} = \mathfrak{n}$, für das $m(\mathfrak{n}) = 0$ und damit $P_{\mathfrak{n}} \varphi = 0$ wäre. Dann aber kann $K(\varphi)$ nicht gleich $\mathfrak{H}$ sein, weil z. B. die Vektoren aus $\mathfrak{n}$ nicht durch eine Summe von Ausdrücken $P_{\mathfrak{r}} \varphi$ approximiert werden können, da alle $P_{\mathfrak{r}} \varphi$ wegen $P_{\mathfrak{n}} \varphi = 0$ zu $\mathfrak{n}$ orthogonal sind: $P_{\mathfrak{n}}(P_{\mathfrak{r}} \varphi) = P_{\mathfrak{r}} P_{\mathfrak{n}} \varphi = 0$.

§ 4. Das Projektionsmaß.

A sei seine Observable. Wir betrachten die Zahlengerade $-\infty < \alpha < +\infty$. Auf dieser Geraden sei eine Punktmenge η gegeben. Ist es immer physikalisch sinnvoll, zu fragen, ob A einen Meßwert aus η annimmt? Dazu führen wir das Projektionsmaß ein:

Wir betrachten den durch die Spektralzerlegung E_α von A erzeugten Körper K_A. In K_A sind alle $\mathfrak{F} = \underset{\nu}{\cup} \mathfrak{r}_{I_\nu}$ (ν abzählbar) enthalten mit $\mathfrak{r}_{I_\nu}$ als Projektionsraum des Operators $E(I_\nu) = E_{\alpha_\nu} - E_{\beta_\nu}$, wobei $\beta_\nu < \alpha_\nu$ ($\alpha_\nu = +\infty$ und $\beta_\nu = -\infty$ ist zugelassen) ist. Als Überdeckung von η bezeichnen wir $\mathfrak{F} = \underset{\nu}{\cup} \mathfrak{r}_{I_\nu}$, für das jeder Punkt α aus η mindestens einem der Intervalle I_ν angehört: $\alpha_\nu \geq \alpha > \beta_\nu$ (d. h. $\eta \subseteq \underset{\nu}{\cup} I_\nu$, wobei $\underset{\nu}{\cup} I_\nu$ die Vereinigung der Intervalle I_ν ist)[1]. Der Durchschnitt aller Überdeckungen von η ist wieder ein Teilraum aus K, wir wollen ihn mit e^* bezeichnen und nennen ihn das obere Projektionsmaß von η. Betrachtet man die zu η komplementäre Punktmenge η' auf der α-Geraden und sei $\mathfrak{d}$ das obere Maß von η', so nennen wir $e_* = \mathfrak{H} \ominus \mathfrak{d}$ das untere Maß von η.

Es ist $e_* \subseteq e^*$: Es sei $\mathfrak{F}$ eine Überdeckung von η und $\mathfrak{t}$ eine von η', dann ist $\mathfrak{F} \cup \mathfrak{t}$ als Überdeckung der ganzen α-Geraden gleich $\mathfrak{H}$. Da

---

[1] Vgl. hierzu die Begriffe aus Anhang I, § 1.

$\mathfrak{z}$ und $\mathfrak{t}$ kommensurabel sind, ist also $(\mathfrak{H} \ominus \mathfrak{t}) \subseteq \mathfrak{z}^1$. Da dies für alle Überdeckungen $\mathfrak{z}$ gilt, so auch für ihren Durchschnitt $(\mathfrak{H} \ominus \mathfrak{t}) \subseteq \mathfrak{e}^*$. Der zum Durchschnitt aller $\mathfrak{t}$ komplementäre Raum $\mathfrak{e}_*$ ist der von allen $(\mathfrak{H} \ominus \mathfrak{t})$ aufgespannte Raum, so daß damit $\mathfrak{e}_* \subseteq \mathfrak{e}^*$ bewiesen ist. Ist für eine Menge $\mathfrak{e}_* = \mathfrak{e}^*$, so heißt η meßbar mit dem Projektionsmaß $\mathfrak{e}(\eta) = \mathfrak{e}_* = \mathfrak{e}^*$. Man sieht leicht, daß jedes Intervall $I_\nu = (\alpha_\nu \geq \alpha > \beta_\nu)$ meßbar ist mit dem Projektionsmaß $\mathfrak{e}(I_\nu) = \mathfrak{r}_{I_\nu}$. Eine Menge η mit $\mathfrak{e}^*(\eta) = 0$ ist meßbar, da aus $\mathfrak{e}^* \supseteq \mathfrak{e}_*$ $\mathfrak{e}_* = 0 = \mathfrak{e}^*$ folgt. η heißt dann eine Menge vom Projektionsmaß Null.

Die meßbaren Punktmengen bilden einen BORELschen Mengenkörper, d. h. zu ihnen gehören die Vereinigung abzählbar vieler meßbarer Mengen und die Komplementärmenge einer meßbaren Menge, damit aber dann auch der Durchschnitt abzählbar vieler meßbarer Mengen. Beweis:

Daß die Komplementärmenge η' meßbar ist, folgt leicht aus der obigen Definition von $\mathfrak{e}^*$ und $\mathfrak{e}_*$, denn es ist $\mathfrak{e}^*(\eta') = \mathfrak{H} \ominus \mathfrak{e}_*(\eta)$ und $\mathfrak{e}_*(\eta') = \mathfrak{H} \ominus \mathfrak{e}^*(\eta)$. Also $\mathfrak{e}(\eta') = \mathfrak{H} \ominus \mathfrak{e}(\eta)$.

Ist $\{\eta_\nu\}$ eine abzählbare Menge meßbarer Mengen η_ν, so gilt sogar $\mathfrak{e}(\underset{\nu}{\cup}\eta_\nu) = \underset{\nu}{\cup}\mathfrak{e}(\eta_\nu)$, wobei $\underset{\nu}{\cup}\eta_\nu$ die Vereinigungsmenge der η_ν ist. Beweis:

Die Komplementärmenge von $\underset{\nu}{\cup}\eta_\nu$ ist $\underset{\nu}{\cap}\eta_\nu'$. Ist nun $\mathfrak{t}_\nu$ eine Überdeckung von η_ν' (damit ist $\mathfrak{H} \ominus \mathfrak{e}(\eta_\nu)$ gleich dem Durchschnitt aller $\mathfrak{t}_\nu$ bei festem ν), so sind alle $\mathfrak{t}_\nu$ (ν beliebig) Überdeckungen von $\underset{\nu}{\cap}\eta_\nu'$. Also liegt $\mathfrak{H} \ominus \mathfrak{e}_*(\underset{\nu}{\cup}\eta_\nu)$ in allen $\mathfrak{t}_\nu$ und damit in $\underset{\nu}{\cap}[\mathfrak{H} \ominus \mathfrak{e}(\eta_\nu)]$. Daraus folgt $\mathfrak{e}_*(\underset{\nu}{\cup}\eta_\nu) \supseteq \underset{\nu}{\cup}\mathfrak{e}(\eta_\nu)$. Zeigen wir nun noch, daß $\mathfrak{e}^*(\underset{\nu}{\cup}\eta_\nu) \subseteq \underset{\nu}{\cup}\mathfrak{e}(\eta_\nu)$, so muß $\underset{\nu}{\cap}\eta_\nu$ meßbar und $\mathfrak{e}(\underset{\nu}{\cup}\eta_\nu) = \underset{\nu}{\cup}\mathfrak{e}(\eta_\nu)$ sein. Dazu stellen wir fest, daß der Durchschnitt endlich vieler Überdeckungen wieder eine Überdeckung ist. Es genügt letzteres für zwei Überdeckungen zu zeigen:

$$(\underset{\nu}{\cup}\mathfrak{r}_{I_\nu^1}) \cap (\underset{\mu}{\cup}\mathfrak{r}_{I_\mu^2}) = \underset{\nu\mu}{\cup}(\mathfrak{r}_{I_\nu^1} \cap \mathfrak{r}_{I_\mu^2}) \quad \text{und} \quad \mathfrak{r}_{I_\nu^1} \cap \mathfrak{r}_{I_\mu^2} = \mathfrak{r}_{(I_\nu^1 \cap I_\mu^2)}.$$

$\mathfrak{e}(\eta)$ ist der Durchschnitt aller Überdeckungen von η. Es genügt auch hier (wie oben z. B. in § 2 schon mehrfach gezeigt), um $\mathfrak{e}(\eta)$ zu erhalten, eine abzählbare Menge $\mathfrak{z}_i$ von Überdeckungen auszuwählen: $\mathfrak{e}(\eta) = \underset{i}{\cap}\mathfrak{z}_i$. Die $\bar{\mathfrak{z}}_n = \overset{n}{\underset{i=1}{\cap}}\mathfrak{z}_i$ sind dann ebenfalls Überdeckungen, für die $\bar{\mathfrak{z}}_{n+1} \subseteq \bar{\mathfrak{z}}_n$ und $\mathfrak{e}(\eta) = \underset{n}{\cap}\bar{\mathfrak{z}}_n$ gilt. Es sei φ so gewählt, daß $m(\mathfrak{r})$ $= \|P_\mathfrak{r}\varphi\|^2$ ein definites Maß in K ist. Dann folgt wegen $P_{\bar{\mathfrak{z}}_n} \to P_{\mathfrak{e}(\eta)}$: $m(\bar{\mathfrak{z}}_n \ominus \mathfrak{e}(\eta)) \to 0$. Man wähle nun für jedes η_ν ein $\bar{\mathfrak{z}}_{n_\nu}^\nu$. Dann ist $\mathfrak{z} = \underset{\nu}{\cup}\bar{\mathfrak{z}}_{n_\nu}^\nu$ eine Überdeckung von $\underset{\nu}{\cup}\eta_\nu$ und auf Grund der Bedeutung von $m(\mathfrak{r})$ $= \|P_\mathfrak{r}\varphi\|^2$: $m(\mathfrak{z} \ominus \underset{\nu}{\cup}\mathfrak{e}(\eta_\nu)) \leq \underset{\nu}{\sum} m(\bar{\mathfrak{z}}_{n_\nu}^\nu \ominus \mathfrak{e}(\eta_\nu))$. Nun wähle man die $\bar{\mathfrak{z}}_{n_\nu}^\nu$ so, daß $m(\bar{\mathfrak{z}}_{n_\nu}^\nu \ominus \mathfrak{e}(\eta_\nu)) < \varepsilon \frac{1}{2^\nu}$. Dann ist also $m(\mathfrak{z} \ominus \underset{\nu}{\cup}\mathfrak{e}(\eta_\nu)) < \varepsilon$.

---

[1] $(\mathfrak{H} \ominus \mathfrak{t}) = ((\mathfrak{H} \ominus \mathfrak{t}) \cap \mathfrak{z}) \cup ((\mathfrak{H} \ominus \mathfrak{t}) \cap (\mathfrak{H} \ominus \mathfrak{z}))$. Aus $\mathfrak{z} \cup \mathfrak{t} = \mathfrak{H}$ folgt $(\mathfrak{H} \ominus \mathfrak{z}) \cap (\mathfrak{H} \ominus \mathfrak{t}) = 0$. Also $(\mathfrak{H} \ominus \mathfrak{t}) = (\mathfrak{H} \ominus \mathfrak{t}) \cap \mathfrak{z}$.

Da ε beliebig, muß der Durchschnitt aller $\underline{\mathfrak{s}}$ gleich $\underset{\nu}{\cup}\mathfrak{e}(\eta_\nu)$ und damit $\underset{\nu}{\cup}\mathfrak{e}(\eta_\nu) \supseteq \mathfrak{e}^*(\underset{\nu}{\cup}\eta_\nu)$ sein, denn $\mathfrak{e}^*(\underset{\nu}{\cup}\eta_\nu)$ ist der Durchschnitt aller Überdeckungen von $\underset{\nu}{\cup}\eta_\nu$ und nicht nur der Überdeckungen $\underline{\mathfrak{s}}$.

Sind speziell die η_ν punktfremd, so sind die $\mathfrak{e}(\eta_\nu)$ wegen der allgemeinen Beziehung $\mathfrak{e}(\eta') = \mathfrak{H} \ominus \mathfrak{e}(\eta)$ paarweise orthogonal zueinander und

$$\mathfrak{e}(\underset{\nu}{\cup}\eta_\nu) = \sum_\nu \oplus \mathfrak{e}(\eta_\nu).$$

Aus $\mathfrak{e}(\underset{\nu}{\cup}\eta_\nu) = \underset{\nu}{\cup}\mathfrak{e}(\eta_\nu)$ folgt durch Komplementbildung $\mathfrak{e}(\underset{\nu}{\cap}\eta_\nu) = \underset{\nu}{\cap}\mathfrak{e}(\eta_\nu)$. Insbesondere sind also alle Mengen meßbar, die aus Intervallen I_ν durch Bilden von Vereinigungs- und Komplementärmengen entstehen, mit einem Projektionsmaß, das aus den $\mathfrak{r}_{I_\nu}$ auf dieselbe Weise entsteht. Zu jedem $\mathfrak{r}$ aus K_A gibt es also eine Menge η mit $\mathfrak{e}(\eta) = \mathfrak{r}$.

Die Fragen: „Hat A einen Meßwert α aus η", lassen sich also nur bei meßbarem η sinnvoll formulieren; und ihnen ist der Teilraum $\mathfrak{e}(\eta)$ zugeordnet.

Eine reellwertige Funktion $f(\alpha)$ heißt meßbar[1], wenn die Mengen η_λ derjenigen α mit $f(\alpha) \leq \lambda$ meßbar sind. Eine komplexwertige Funktion heißt meßbar, wenn Real- und Imaginärteil meßbar sind.

Durch ein *definites* Maß $m(\mathfrak{r})$ auf K läßt sich ebenso ein (normales) Maß für die Punktmengen η definieren, indem man das äußere Maß μ^* durch $\mu^*(\eta) = m(\mathfrak{e}^*(\eta))$ und das innere durch $\mu_*(\eta) = m(\mathfrak{e}_*(\eta))$ definiert. Man sieht leicht, daß Meßbarkeit (d. h. $\mu^*(\eta) = \mu_*(\eta)$) im Projektionsmaß und im μ-Maß übereinstimmen, da $m(\mathfrak{r})$ definit ist. Es ist einfach $\mu(\eta) = m(\mathfrak{e}(\eta))$.

§ 5. Kontinuierliche und diskrete Koordinaten.

A sei ein HERMITEscher Operator mit nichtentartetem Spektrum, so daß seine Spektralschar E_α einen vollständigen Körper K erzeugt. Es gibt daher einen Vektor φ mit $K(\varphi) = \mathfrak{H}$. Jeder Vektor f läßt sich also beliebig gut durch endliche Linearkombinationen von Vektoren $P_\mathfrak{r}\varphi$ mit $\mathfrak{r}$ aus K_A approximieren: $||f - \underset{i}{\sum} a_i P_{\mathfrak{r}_i}\varphi|| < \varepsilon$. Wir können annehmen, daß die $\mathfrak{r}_i$ orthogonal zueinander sind, da man dies sonst leicht erreichen kann, ohne $\underset{i}{\sum} a_i P_{\mathfrak{r}_i}\varphi$ zu ändern. Es wird nahegelegt, auf der Zahlengeraden Stufenfunktion $g(\alpha)$ zu betrachten[1]:

$g(\alpha) = \beta_i$ für alle α aus η_i ($i = 1, 2, 3, \ldots$) (η_i punktfremd zueinander), wobei β_i komplexe Zahlen, die η_i meßbar sind und $\underset{i}{\cup}\eta_i$ die ganze Zahlengerade ausmacht. Mit $\mathfrak{r}_i = \mathfrak{e}(\eta_i)$ bilden die $\varphi_i = P_{\mathfrak{r}_i}\varphi$ ein Orthogonalsystem (nicht notwenig vollständig). Die Summe $\underset{i}{\sum}\varphi_i\beta_i$

---

[1] Vgl. Anhang I, § 1.

ist dann und nur dann konvergent, wenn $\sum_i |\beta_i|^2 \, ||\varphi_i||^2$ endlich ist.
Wie oben schreiben wir $\mu(\eta_i) = ||P_{\mathfrak{r}_i}\varphi||^2 = ||\varphi_i||^2$ und definieren dann
die Integrale:

$$\int g(\alpha) \, dE_\alpha \varphi = \sum_i \beta_i P_{\mathfrak{e}(\eta_i)} \varphi = \sum_i \beta_i P_{\mathfrak{r}_i} \varphi \qquad (5.1)$$

und

$$\int |g(\alpha)|^2 \, d\mu(\alpha) = \sum_i |\beta_i|^2 \mu(\eta_i). \qquad (5.2)$$

Für alle Stufenfunktionen $g(\alpha)$, die „quadratisch integrierbar" sind,
d. h. für die $\int |g(\alpha)|^2 \, d\mu(\alpha)$ endlich ist, gibt $\int g(\alpha) \, dE_\alpha \varphi$ einen Vektor
aus $\mathfrak{H}$. Die Menge dieser Vektoren liegt dicht in $\mathfrak{H}$, denn jeder Vektor f
läßt sich beliebig genau durch einen solchen Vektor $\int g(\alpha) \, dE_\alpha \varphi$ approximieren, da auch jedem $\mathfrak{r}_i$ aus K_A ein η_i mit $\mathfrak{r}_i = \mathfrak{e}(\eta_i)$ entspricht.

Man vermutet, daß man jeden Vektor f durch eine meßbare Funktion $f(\alpha)$ darstellen kann.

Die meßbaren Funktionen $f(\alpha)$, für die $\int |f(\alpha)|^2 \, d\mu(\alpha) < \infty$ ist,
bilden nach Anhang I, § 1, einen HILBERT-Raum $\mathfrak{F}$, wenn zwei f, die
sich nur in einer Punktmenge vom Maße Null unterscheiden, als identische Elemente des HILBERT-Raumes $\mathfrak{F}$ angesehen werden. Weiterhin folgt aus den dortigen Überlegungen, daß die Stufenfunktionen
$g(\alpha)$ in $\mathfrak{F}$ dicht liegen. Die Zuordnung der $g(\alpha)$ aus $\mathfrak{F}$ zu gewissen Vektoren $g = \int g(\alpha) \, dE_\alpha \varphi$ aus $\mathfrak{H}$, die ebenfalls in $\mathfrak{H}$ *dicht* liegen, überträgt
sich damit nach Anhang I, § 1, sofort auf den ganzen HILBERT-
Raum $\mathfrak{H}$ und $\mathfrak{F}$, wenn man einem Limeselement f einer Folge g_n in $\mathfrak{H}$
das entsprechende Limeselement $f(\alpha)$ der zugeordneten Folge $g_n(\alpha)$
in $\mathfrak{F}$ zuordnet. Wir schreiben dann

$$f = \int f(\alpha) \, dE_\alpha \varphi. \qquad (5.3)$$

Insbesondere folgt aus der Zuordnung von $\mathfrak{H}$ und $\mathfrak{F}$ z. B.[1]:

$$f_1 + f_2 = \int (f_1(\alpha) + f_2(\alpha)) \, dE_\alpha \varphi; \qquad (f_1, f_2) = \int \overline{f_1(\alpha)} f_2(\alpha) \, d\mu(\alpha).$$

Hat A ein nur diskretes Spektrum α^*, so sieht man leicht, daß mit
$\tau(\alpha^*) = ||(E_{\alpha^*} - E_{\alpha^*-})\varphi||^2$ das Integral $f = \int f(\alpha) \, dE_\alpha \varphi$ übergeht in
$f = \sum_{\alpha^*} f(\alpha^*) (E_{\alpha^*} - E_{\alpha^*-})\varphi$ und $\int \overline{f(\alpha)} g(\alpha) \, d\mu(\alpha)$ in

$$(f, g) = \sum_{\alpha^*} \overline{f(\alpha^*)} g(\alpha^*) \tau(\alpha^*). \qquad (5.4)$$

Das ist aber nichts anderes als die bekannte Entwicklung nach dem voll-
ständigen (*nicht* normierten!) Orthogonalsystem der $\varphi_{\alpha^*} = (E_{\alpha^*} - E_{\alpha^*-})\varphi$.

---

[1] Anhang I, § 1: Konvergenzsätze über LEBESGUEsche Integrale

Wir bezeichnen deshalb im allgemeinen Falle für nicht nur diskretes Spektrum die Funktion $f(\alpha)$ als Entwicklungskoeffizienten oder Koordinaten von f in bezug auf die $dE_\alpha \varphi$.

Der Operator $P_{\mathfrak{r}}$ für ein $\mathfrak{r}$ aus K_A hat in $\mathfrak{F}$ eine sehr einfache Bedeutung. Aus einer Stufenfunktion $g(\alpha)$, die dem Vektor $\sum_i \beta_i P_{\mathfrak{r}_i} \varphi$ zugeordnet ist, macht $P_{\mathfrak{r}}$ ebenfalls eine Stufenfunktion, die dem Vektor $\sum_i \beta_i P_{\mathfrak{r}} P_{\mathfrak{r}_i} \varphi = \sum_i \beta_i P_{\mathfrak{r} \cap \mathfrak{r}_i} \varphi$ zugeordnet ist, und die wir kurz mit $P_{\mathfrak{r}} g(\alpha)$ bezeichnen. Sind die $\mathfrak{r}_i = \mathfrak{e}(\eta_i)$ und $\mathfrak{r} = \mathfrak{e}(\eta)$, so ist $\mathfrak{r} \cap \mathfrak{r}_i = \mathfrak{e}(\eta \cap \eta_i)$ und damit $P_{\mathfrak{r}} g(\alpha) = \begin{cases} g(\alpha) \text{ für } \alpha \text{ in } \eta, \\ 0 \quad \text{ für } \alpha \text{ in } \eta'. \end{cases}$ Die Wirkungsweise von $P_{\mathfrak{r}}$ überträgt sich sofort auf alle Funktionen $f(\alpha)$. $P_{\mathfrak{r}}$ macht alle Funktionen außerhalb η zu Null. Ist ψ irgendein Vektor mit der zugeordneten Funktion $\psi(\alpha)$, so ist also $\sum_i \beta_i P_{\mathfrak{r}_i} \psi$ die Funktion $g(\alpha) \psi(\alpha)$ zugeordnet, woraus sich ergibt, daß der Teilraum $K_A(\psi)$ in $\mathfrak{F}$ aus allen Funktionen $h(\alpha) \psi(\alpha)$ mit beliebigem (meßbarem) $h(\alpha)$ besteht. Die Menge η der α mit $\psi(\alpha) \neq 0$ ist meßbar. Alle $f(\alpha)$ (und nur diese), die in η beliebige Werte annehmen und in η' gleich Null sind, lassen sich als $h(\alpha) \psi(\alpha)$ darstellen und bilden somit den Teilraum $K_A(\psi)$, so daß auf Grund der Wirkungsweise von $P_{\mathfrak{e}(\eta)}$ folgt: $K_A(\psi) = \mathfrak{e}(\eta)$.

Alle Ableitungen, die die Abbildung von $\mathfrak{H}$ auf $\mathfrak{F}$ betreffen, bleiben (unabhängig davon, ob K vollständig ist oder nicht) gültig, wenn es für den betrachteten Körper K ein φ mit $K(\varphi) = \mathfrak{H}$ gibt. Wir konnten die Existenz eines solchen φ nur beweisen, wenn K vollständig ist. Jetzt folgt umgekehrt, daß K vollständig ist, falls es ein solches φ gibt. Beweis: Wir zeigen zuerst, daß ein ψ existiert, so daß $K(\psi)$ nicht in K vorkommt, falls es ein zu K kommensurables, nicht in K enthaltenes $\mathfrak{s}$ gibt: Dazu betrachte man alle ψ aus $\mathfrak{s}$. Es ist dann $\bigcup_{\psi \in \mathfrak{s}} K(\psi) = \mathfrak{s}$, da jedes ψ in $K(\psi)$ und jedes $P_{\mathfrak{r}} \psi$ wegen $P_{\mathfrak{r}} \psi = P_{\mathfrak{r}} P_{\mathfrak{s}} \psi = P_{\mathfrak{s}} P_{\mathfrak{r}} \psi$ in $\mathfrak{s}$ liegt. Wären alle $K(\psi)$ Elemente von K, so auch ihre Vereinigung $\mathfrak{s}$, im Widerspruch zur Voraussetzung. Jedes $K(\psi)$ ist kommensurabel zu K, da $P_{\mathfrak{r}} K(\psi) \subseteq K(\psi)$ für jedes $\mathfrak{r}$ aus K. Falls es nun aber ein φ mit $K(\varphi) = \mathfrak{H}$ gibt, folgt nach obigem, daß jedes $K_A(\psi) = \mathfrak{e}(\eta)$, d. h. gleich einem Element von K ist. Also ist K vollständig.

Mit Hilfe der eben abgeleiteten Sätze läßt sich leicht zeigen, daß ein nicht vollständiges K durch eine höchstens abzählbare Reihe zueinander orthogonaler mit K kommensurabler Eigenschaften $\mathfrak{s}_n$ zu einem vollständigen Körper K' (der von K und den $\mathfrak{s}_n$ erzeugt wird) ergänzt werden kann (vgl. § 2): Alle φ mit $K(\varphi)$ nicht in K kann man wohlordnen. Man zeichne ein φ aus, wenn es orthogonal zu allen Teilräumen $K(\varphi')$ ist für alle φ', die in der Wohlordnung vor φ ausgezeichnet wurden. Da in jedem $K(\varphi)$ φ selbst enthalten ist, folgt, daß die ausgezeichneten φ ein Orthogonalsystem bilden und damit abzählbar sind: $\varphi_1, \varphi_2, \ldots$ Die $K(\varphi_n)$ sind dann paarweise orthogonal zueinander, denn ist φ orthogonal zu $K(\varphi')$, so folgt aus $(P_{\mathfrak{r}_1}\varphi, P_{\mathfrak{r}_2}\varphi') = (\varphi, P_{\mathfrak{r}_1} P_{\mathfrak{r}_2} \varphi')$ $= (\varphi, P_{\mathfrak{r}_1 \cap \mathfrak{r}_2} \varphi') = 0$, daß auch $K(\varphi)$ orthogonal zu $K(\varphi')$ ist. Wäre der von K und den $K(\varphi_n)$ erzeugte Körper K' nicht vollständig, so gäbe es eine zu K und allen $K(\varphi_n)$ kommensurable Eigenschaft $\mathfrak{z}$, die nicht in K' liegt. Da $\mathfrak{z}$ zu den $K(\varphi_n)$ kommensurabel ist, gilt $\mathfrak{z} = \{\sum_n \oplus [K(\varphi_n) \cap$ $\cap \mathfrak{z}]\} \oplus \mathfrak{t}$, wo $\mathfrak{t}$ ein geeigneter zu allen $K(\varphi_n)$ orthogonaler Teilraum ist. Wenn wir zeigen, daß $\mathfrak{t}$ und alle $K(\varphi_n) \cap \mathfrak{z}$ in K' liegen, so ist auch $\mathfrak{z} \subseteq K'$. Diejenigen Teilräume $\mathfrak{r}$ aus K' mit $\mathfrak{r} \subseteq K(\varphi_n)$ bilden in dem Teilraum $K(\varphi_n)$, als selbständiger HILBERT-Raum $\mathfrak{H}_n$ angesehen, einen Körper K_n, der vollständig sein muß, da es ein φ_n mit $K_n(\varphi_n) = K(\varphi_n) = \mathfrak{H}_n$ gibt. Da $K(\varphi_n) \cap \mathfrak{z}$ eine in $\mathfrak{H}_n$ zu K_n kommensurable Eigenschaft ist, liegt also $K(\varphi_n) \cap \mathfrak{z}$ in K_n und damit in K'. Alle $\mathfrak{r}$ aus K' mit $\mathfrak{r} \subseteq \mathfrak{H} \ominus \sum_{n=1} \oplus K(\varphi_n) = \mathfrak{H}_\perp$ bilden ebenfalls einen Körper $K_\perp$ in bezug auf $\mathfrak{H}_\perp$, zu dem $\mathfrak{t}$ kommensurabel ist. Wäre $K_\perp$ nicht vollständig (und damit $\mathfrak{t}$ nicht notwenig ein Element von $K_\perp$), so gäbe es ein χ aus $\mathfrak{H}_\perp$, so daß $K_\perp(\chi) = K(\chi)$ nicht in $K_\perp$ und damit nicht in K' vorkommt. Da χ senkrecht zu allen $K(\varphi_n)$ ist, kann es nach obigem Induktionsschema nicht zu den φ mit $K(\varphi)$ nicht in K gehören, womit wir auf einen Widerspruch gestoßen sind. $K_\perp$ ist also vollständig, und damit $\mathfrak{t}$ in $K_\perp$ und K'. Weiterhin gibt es also ein φ_0 aus $\mathfrak{H}_\perp$, so daß $K_\perp(\varphi_0)$ $= K(\varphi_0) = \mathfrak{H}_\perp$ ist. Damit ist $\sum_{n=0}^{\infty} \oplus K(\varphi_n) = K(\varphi_0) \oplus \sum_{n=1} \oplus K(\varphi_n) = \mathfrak{H}$.

§ 6. Uneigentliche Vektoren und uneigentliche Zahlen[1].

Im Falle des diskreten Spektrums ist es leicht, die Entwicklung von f zu „normieren", indem man statt der $\varphi_{\alpha*} = (E_{\alpha*} - E_{\alpha\underline{*}})\varphi$ die $\psi_{\alpha*} = \frac{\varphi_{\alpha*}}{\|\varphi_{\alpha*}\|}$ benutzt. Dann wird

$$f = \sum_{\alpha*} \underline{f}(\alpha^*)\, \psi_{\alpha*} \tag{6.1}$$

mit

$$\underline{f}(\alpha^*) = (\psi_{\alpha*}, f) = \frac{f(\alpha^*)}{\sqrt{\tau(\alpha^*)}}. \tag{6.2}$$

Was aber soll unter Normierung im Bereich des kontinuierlichen Spektrums verstanden werden? Nehmen wir an, daß A ein nur kontinuierliches Spektrum hat, so ist $p(\alpha) = \int_{-\infty}^{\alpha} d\mu(\alpha) = \|E_\alpha \varphi\|^2$ eine stetige, monoton wachsende Funktion von α. Wäre $p(\alpha)$ auch differenzierbar,

---

[1] Zu diesen und den vorhergehenden Ableitungen vgl. O. M. NIKODYM, *Nouvel appareil mathématique pour la théorie des quanta* (Paris 1949).

so läge es nahe, statt $f(\alpha)$ die Funktionen $\underline{f}(\alpha) = f(\alpha)\sqrt{\dfrac{dp(\alpha)}{d\alpha}}$ als Entwicklungskoeffizient zu benutzen, womit

$$(f,\,g) = \int \overline{\underline{f}(\alpha)}\,\underline{g}(\alpha)\,d\mu(\alpha) = \int \overline{\underline{f}(\alpha)}\,\underline{g}(\alpha)\,d\alpha \tag{6.3}$$

würde. Wir bezeichnen $\underline{f}(\alpha)$ als die in bezug auf das Spektrum von A normierten Entwicklungskoeffizienten. Können wir aber erwarten, daß die obige Umformung immer möglich ist?

Dazu ein Beispiel: A sei der Operator „Multiplikation mit x" im HILBERT-Raum der über x von 0 bis 1 quadratisch integrierbaren Funktionen. A ist im ganzen HILBERT-Raum definiert. Es ist

$$E_\alpha f(x) = \begin{cases} f(x) & \text{für } x \leqq \alpha, \\ 0 & \text{für } x > \alpha. \end{cases}$$

Das Spektrum ist nicht entartet. Als Vektor $\varphi(x)$ mit $K_A(\varphi) = \mathfrak{H}$ können wir $\varphi(x) = 1$ wählen. Dann wird

$$f(x) = \int f(\alpha)\,dE_\alpha\,\varphi(x)$$

und $p_\alpha = \|E_\alpha \varphi\|^2 = \alpha$. Die Entwicklungskoeffizienten sind also schon normiert.

Betrachten wir nun eine stetige, monoton wachsende Funktion $g(x)$ (mit $g(x_1) > g(x_2)$ für $x_1 > x_2$), so können wir den Operator $B = G(A)$ durch $Bf(x) = g(x)f(x)$ einführen. Die Spektralzerlegung von B ist

$$E_\beta f(x) = \begin{cases} f(x) & \text{für } g(x) \leqq \beta, \\ 0 & \text{für } g(x) > \beta. \end{cases}$$

Wieder ist $\varphi(x) = 1$ ein Vektor mit $K_B(\varphi) = \mathfrak{H}$. Es folgt

$$f(x) = \int F(\beta)\,dE_\beta\,\varphi(x)$$

mit $F(\beta) = f(\alpha)$ für $\beta = g(\alpha)$. Nun ist aber $P(\beta) = \|E_\beta \varphi\|^2$ gerade die Umkehrfunktion von $\beta = g(\alpha)$, d. h. $\alpha = P(\beta)$, die wieder stetig und monoton wachsend ist. Es sei nun möglich, statt der $F(\beta)$ die normierten $\underline{F}(\beta)$ einzuführen, so daß

$$(f,\,k) = \int \overline{\underline{F}(\beta)}\,\underline{K}(\beta)\,d\beta$$

würde. Wenn wir jetzt für $k(x)$ speziell die Funktion $\varphi(x)$ und $f(x) = 1$ für $a \leqq x \leqq b$ und 0 sonst wählen, so würde

$$(f,\,k) = \int_a^b d\alpha = b - a = P(\beta_2) - P(\beta_1) = \int_{\beta_1}^{\beta_2} \tau(\beta)\,d\beta,$$

wobei $\beta_1 = g(a)$, $\beta_2 = g(b)$ und $\tau(\beta) = \overline{\underline{F}(\beta)}\,\underline{K}(\beta)$ ist. $P(\beta)$ ließe sich also durch ein Integral einer Funktion $\tau(\beta)$ über β darstellen. Nun ist

aber bekannt[1], daß sich nicht alle $P(\beta)$, sondern nur „totalstetige"
$P(\beta)$ so darstellen lassen. Somit kann also die gewünschte Normierung
nicht für alle Operatoren durchgeführt werden. In den Anwendungen
werden zwar so gut wie ausschließlich nur solche Operatoren A mit
„totalstetiger" (von den Sprüngen des diskreten Spektrums abgesehen)
Spektralzerlegung E_α auftreten. d. h. für die $\|E_\alpha f\|^2$ für jedes f eine
totalstetige Funktion von α ist. Ist $\|E_\alpha f\|^2$ für ein $f = \varphi$ mit $K_A(\varphi) = \mathfrak{H}$
totalstetig, so gilt dies für alle f, denn mit $f(\alpha)$ nach (5.3) ist

$$\|E_\alpha f\|^2 = \int\limits_{-\infty}^{\alpha} |f(\alpha')|^2 \, d\mu(\alpha') = \int\limits_{-\infty}^{\alpha} |f(\alpha')|^2 \, \varrho(\alpha') \, d\alpha'$$

mit

$$\|E_\alpha \varphi\|^2 = \int\limits_{-\infty}^{\alpha} \varrho(\alpha') \, d\alpha'.$$

Um nun nicht für alle Überlegungen Ausnahmen zulassen zu
müssen und um gegenüber (5.3) eine noch größere Ähnlichkeit mit dem
Fall des diskreten Spektrums zu erreichen, wollen wir die Entwicklung
eines Vektors nach kontinuierlichen Koordinaten (5.3) noch anders um-
formen. Um (5.3) zu erreichen, gingen wir von der Gesamtheit der
Vektoren $\sum\limits_{\nu} \beta_\nu P_{\mathfrak{e}(\eta_\nu)} \varphi$ aus, die in $\mathfrak{H}$ dicht liegt. Dies ist dann natürlich
auch noch für alle endlichen Summen $\sum\limits_{\nu=1}^{n} \beta_\nu P_{\mathfrak{e}(\eta_\nu)} \varphi$ der Fall. Lassen
wir für η_ν nur (punktfremde) Intervalle I_ν zu, so sind alle endlichen
Linearkombinationen der $E(I_\nu) \varphi$ ebenfalls noch dicht in $\mathfrak{H}$ [2]: Um dies
zu zeigen, beachte man, daß nach S. 71 jedes $P_{\mathfrak{e}(\eta_\nu)} \varphi$ beliebig gut
durch einen Vektor $P_{\mathfrak{F}_\nu} \varphi$ mit $P_{\mathfrak{F}_\nu} = \sum\limits_{\varrho=1}^{\infty} E(I_\varrho^\nu)$ approximiert werden kann
(falls die Intervalle I_ϱ^ν nicht punktfremd sind, kann man sie leicht durch
solche ersetzen). $P_{\mathfrak{F}_\nu} \varphi$ kann wiederum beliebig gut durch $\sum\limits_{\varrho=1}^{N_\nu} E(I_\varrho^\nu) \varphi$
approximiert werden. Also gibt es einen Vektor $\sum\limits_{\nu=1}^{n} \sum\limits_{\varrho=1}^{N_\nu} \beta_\nu E(I_\varrho^\nu) \varphi$, der
$\sum\limits_{\nu=1}^{n} \beta_\nu P_{\mathfrak{e}(\eta_\nu)} \varphi$ beliebig gut approximiert. Die (nicht notwendig punkt-
fremden) Intervalle I_ϱ^ν kann man leicht, wie schon eben erwähnt,
durch endlich viele punktfremde Intervalle $I_{(\tau)}$ ersetzen. Dann ist
$\sum\limits_{\nu=1}^{n} \sum\limits_{\varrho=1}^{N_\nu} \beta_\nu E(I_\varrho^\nu) \varphi = \sum\limits_{\tau} \gamma_\tau E(I_{(\tau)}) \varphi$. Da die $E(I_{(\tau)}) \varphi$ also den ganzen
HILBERT-Raum aufspannen, werden wir versuchen, jeden Vektor f

---

[1] Zum Beispiel CARATHÉODORY, Reelle Funktionen, 2. Aufl., Leipzig-
Berlin 1927. Siehe: Monotone Funktionen.

[2] Vgl. hierzu die Überlegung in Anhang I, § 1, wo gezeigt wird, daß es
eine abzählbare Menge von Intervallen gibt, mit Hilfe deren man jede meßbare Menge approximieren kann.

nach den $E(I_{(\tau)})\,\varphi$ zu entwickeln: Es sei $\chi = \sum\limits_{\tau=1}^{n} \beta_\tau E(I_{(\tau)})\,\varphi$ ein Vektor

mit $\|f - \chi\| < \varepsilon$ und $I_{(\tau)}$ geeignete *punktfremde* Intervalle. I_ν^n sei für jedes n eine Intervalleinteilung der α-Geraden, so daß mit M_n als maximaler Länge aller Intervalle I_ν^n gilt: $\lim\limits_{n\to\infty} M_n = 0$. Man sieht nun leicht, daß man χ beliebig gut durch eine Summe $\sum\limits_{\nu} \alpha_\nu^n E(I_\nu^n)\,\varphi$ darstellen kann, wenn man nur n genügend groß wählt. Daher können wir auch erreichen, daß

$$\Big\| f - \sum_\nu \alpha_\nu^n E(I_\nu^n)\,\varphi \Big\| \xrightarrow[n\to\infty]{} 0$$

gilt. Nun wird nach dem Approximationssatz[1], da die $E(I_\nu^n)\,\varphi$ orthogonal zueinander sind (n fest!), die Differenz am kleinsten, wenn man die $\alpha_\nu^n = \dfrac{(E(I_\nu^n)\,\varphi, f)}{\|E(I_\nu^n)\,\varphi\|^2}$ wählt[2]. Also ist

$$\lim_{n\to\infty} \sum_\nu E(I_\nu^n)\,\varphi\,\frac{(E(I_\nu^n)\,\varphi, f)}{\|E(I_\nu^n)\,\varphi\|^2} = f. \tag{6.4}$$

Diese Summe geht im Falle eines nur diskreten Spektrums α^* mit $E_{\alpha^*} - E_{\underline{\alpha^*}} = P_{\alpha^*}$ über in $f = \sum\limits_{\alpha^*} P_{\alpha^*}\,\varphi\,\dfrac{(P_{\alpha^*}\,\varphi, f)}{\|P_{\alpha^*}\,\varphi\|^2} \cdot \chi_{\alpha\beta} = \dfrac{(E_\alpha - E_\beta)\,\varphi}{\|(E_\alpha - E_\beta)\,\varphi\|}$ (mit $\beta < \alpha$) ist ein Einheitsvektor, der für $\alpha = \alpha^*$ mit $\beta \to \alpha$ in den Eigenvektor $\dfrac{P_{\alpha^*}\,\varphi}{\|P_{\alpha^*}\,\varphi\|}$ von A zum Eigenwert α^* übergeht. Ist aber α ein Punkt des kontinuierlichen Spektrums, so kann $\chi_{\alpha\beta}$ für $\beta \to \alpha$ nicht konvergieren, da man sonst einen Eigenvektor zum Eigenwert α erhielte. Und doch ist

$$\lim_{\beta \to \alpha} \|A\,\chi_{\alpha\beta} - \alpha\,\chi_{\alpha\beta}\| = 0. \tag{6.5}$$

Dies folgt aus

$$A\,\chi_{\alpha\beta} - \alpha\,\chi_{\alpha\beta} = \frac{1}{\|(E_\alpha - E_\beta)\,\varphi\|} \int\limits_{\beta}^{\alpha} (\alpha' - \alpha)\,dE_{\alpha'}\,\varphi.$$

Denn damit ist

$$\|A\,\chi_{\alpha\beta} - \alpha\,\chi_{\alpha\beta}\|^2 = \frac{1}{\|(E_\alpha - E_\beta)\,\varphi\|^2} \int\limits_{\beta}^{\alpha} (\alpha' - \alpha)^2\,d\,\|E_{\alpha'}\,\varphi\|^2$$

$$\leq \frac{1}{\|(E_\alpha - E_\beta)\,\varphi\|^2} (\beta - \alpha)^2\,\|(E_\alpha - E_\beta)\,\varphi\|^2 = (\beta - \alpha)^2. \tag{6.6}$$

Hierdurch wird nun aber die Definition von uneigentlichen Vektoren und Zahlen nahegelegt:

Unter einem uneigentlichen Vektor $\widetilde{\chi}_\alpha$ wollen wir eine Intervallfunktion $\chi(E(I))$ verstehen, die für alle Intervalle $I = \alpha \geq \cdots > \alpha'$

---

[1] Anhang I, § 1.
[2] Für $E(I_\nu^n)\,\varphi = 0$ kann man auch $\alpha_\nu^n = 0$ setzen!

mit $E(I) \neq 0$ definiert ist, wobei $\chi(E(I))$ ein Vektor des HILBERT-Raumes $\mathfrak{H}$ ist. Eine uneigentliche Zahl $\tilde{a}_\alpha$ soll eine entsprechende Intervallfunktion $a(E(I))$ sein, die komplexe Zahlenwerte annimmt. Ist b eine komplexe Zahl, so sei $b\tilde{\chi}_\alpha = b\tilde{\chi}(E(I))$.

Ist f ein Vektor aus $\mathfrak{H}$, so sei $(f, \tilde{\chi}_\alpha) = (f, \chi(E(I)))$, d. h. $(f, \tilde{\chi}_\alpha)$ ist eine uneigentliche Zahl. Wir werden es immer nur mit *Feldern* uneigentlicher Vektoren $\tilde{\chi}_\alpha$ und Zahlen $\tilde{a}_\alpha$ auf dem Spektrum σ von A zu tun haben. Ist nun z. B. B ein zweiter Operator mit dem Spektrum β, so können wir auch uneigentliche Vektoren und Zahlen $\tilde{\chi}_{\alpha\beta}$, $\tilde{a}_{\alpha\beta}$ definieren; z. B. $\tilde{\chi}_{\alpha\beta} = \chi(E(I'), F(I''))$, wobei I' ein Intervall $\alpha \geq \cdots > \alpha'$, I'' ein Intervall $\beta \geq \cdots > \beta'$, E_α und F_β die Spektralzerlegungen von A bzw. B sind. Folgende weitere Definitionen liegen nahe:

$$\tilde{a}_\alpha \tilde{\chi}_\beta = a(E(I')) \chi(F(I'')); \quad (\tilde{\chi}_\alpha, \tilde{\chi}_\beta) = (\chi(E(I')), \chi(F(I'')));$$
$$\tilde{\chi}_\alpha + \tilde{\eta}_\beta = \chi(E(I')) + \eta(F(I'')) \quad \text{usw.}$$

Das algebraische Rechnen mit uneigentlichen Vektoren und Zahlen ist also fast ebenso einfach wie mit gewöhnlichen.

η sei eine meßbare Punktmenge auf der α-Geraden, $e(\eta)$ ihr Projektionsmaß. Nach § 4 gibt es Folgen von Überdeckungen $\mathfrak{Z}_n = \bigcup_\nu \mathfrak{r}_{I_\nu^n}$ (wobei die I_ν^n bei festem n als punktfremd angenommen werden dürfen), für die $P_{\mathfrak{Z}_n} \to P_{e(\eta)}$. Ist M_n die maximale Länge der Intervalle I_ν^n, so wollen wir weiterhin $M_n \to 0$ annehmen. Ist dies nicht von vornherein der Fall, so braucht man nur größere Intervalle I_ν^n in kleinere zu zerlegen. Ein uneigentliches Vektorfeld $\tilde{\chi}_\alpha$ heißt über η summierbar, wenn der $\lim\limits_{n \to \infty} \sum\limits_\nu \chi(E(I_\nu^n))$ unabhängig von der Wahl der Folge der $\mathfrak{Z}_n$ existiert. Wir schreiben dann:

$$\lim_{n \to \infty} \sum_\nu \chi(E(I_\nu^n)) = \int_\eta \tilde{\chi}_\alpha.$$

Nur die Punkte α, die dem Spektrum σ angehören, tragen zur Summe $\int$ bei. $\int \tilde{\chi}_\alpha$ über die ganze α-Gerade genommen ist also dasselbe wie $\int \tilde{\chi}_\alpha$, d. h. nur über das Spektrum σ genommen. Hat A ein nur diskretes Spektrum, so wird $\int_\eta \tilde{\chi}_\alpha = \sum\limits_{\alpha^* \in \eta} \chi_{\alpha^*}$ mit $\chi_{\alpha^*} = \lim\limits_{\varepsilon \to 0} \chi(E_\alpha - E_{\alpha - \varepsilon})$; χ_{α^*} müssen richtige Vektoren sein. Ist $\tilde{\chi}_\alpha$ über jede meßbare Menge η summierbar und $\int \tilde{\chi}_\alpha = g$, so ist $\int \tilde{\chi}_\alpha = P_{e(\eta)} g$. Ein besonders einfaches Beispiel: $\tilde{\chi}_\alpha$ sei gegeben durch $\chi(E(I)) = E(I)f$, wo f ein fester Vektor ist; dann ist $\int_\sigma \tilde{\chi}_\alpha = f$, $\int_\eta \tilde{\chi}_\alpha = P_{e(\eta)}f$; $\int_\sigma \tilde{\chi}_\alpha = f$ ist in diesem Falle nichts anderes als eine andere Schreibweise der Gleichung $\int\limits_{-\infty}^{+\infty} dE_\alpha f = f$.

Zwei über alle meßbaren η summierbaren uneigentlichen Vektorfelder $\widetilde{\chi}_\alpha$ und $\widetilde{\varrho}_\alpha$ sollen äquivalent, in Zeichen $\widetilde{\chi}_\alpha \approx \widetilde{\varrho}_\alpha$ heißen, wenn für alle η

$$\int_\eta \widetilde{\chi}_\alpha = \int_\eta \widetilde{\varrho}_\alpha$$

ist. Man sieht aus den Ableitungen auf Seite 78, daß zu $\widetilde{\chi}_\alpha : \chi(E(I)) = E(I)f$ das Feld $\widetilde{\varrho}_\alpha : E(I)\varphi \dfrac{(E(I)\varphi, f)}{\|E(I)\varphi\|^2}$ äquivalent ist. Mit $\widetilde{\varphi}_\alpha : \dfrac{E(I)\varphi}{\|E(I)\varphi\|}$ ist also $\widetilde{\varphi}_\alpha(\widetilde{\varphi}_\alpha, f)$ ein summierbares uneigentliches Vektorfeld mit

$$\int_\sigma \widetilde{\varphi}_\alpha(\widetilde{\varphi}_\alpha, f) = f. \tag{6.7}$$

Im Falle eines nur diskreten Spektrums ist dies mit der Entwicklung (1.1) identisch. Diese Formel ist die allgemeinste Entwicklung eines Vektors f nach dem (teils kontinuierlichen, teils diskreten) „Koordinatensystem" der $\widetilde{\varphi}_\alpha$.

Man kann das diskrete vom kontinuierlichen Spektrum leicht trennen. Die Eigenvektoren spannen einen Teilraum $\mathfrak{R}$ des HILBERT-Raumes auf, und A zerfällt in zwei Teile: innerhalb $\mathfrak{R}$ ist A ein Operator mit nur diskretem, in $\mathfrak{H} \ominus \mathfrak{R}$ ein Operator mit nur kontinuierlichem Spektrum. Jeden Vektor f kann man durch $f = P_{\mathfrak{R}} f + (1 - P_{\mathfrak{R}}) f$ in zwei Teile zerlegen, wo sich $P_{\mathfrak{R}} f$ nach Eigenvektoren entwickeln läßt, und $(1 - P_{\mathfrak{R}}) f$ innerhalb $\mathfrak{H} \ominus \mathfrak{R}$ nach (6.7) dargestellt werden kann bei nur kontinuierlichem Spektrum von A. Wir können also im folgenden, ohne den allgemeinen Fall auszuschließen, annehmen, daß A nur kontinuierliches Spektrum hat.

Es sei $\varrho(\eta)$ irgendein (abzählbar-) additives Maß, das für alle im Projektionsmaß meßbaren η definiert sei. Für endliche Intervalle I sei $\varrho(I)$ endlich und $\neq 0$, falls in I Punkte des Spektrums σ enthalten sind. Durch $\varrho(I)$ ist dann ebenfalls ein uneigentliches Zahlfeld $d\varrho(\alpha)$ definiert. Es ist dann

$$\sum_\nu \frac{E(I_\nu)\varphi}{\|E(I_\nu)\varphi\|} \left(\frac{E(I_\nu)\varphi}{\|E(I_\nu)\varphi\|}, f \right)$$
$$= \sum_\nu \frac{E(I_\nu)\varphi}{\|E(I_\nu)\varphi\| \sqrt{\varrho(I_\nu)}} \left(\frac{E(I_\nu)\varphi}{\|E(I_\nu)\varphi\| \sqrt{\varrho(I_\nu)}}, f \right) \varrho(I_\nu).$$

Mit dem uneigentlichen Vektorfeld

$$\widetilde{\psi}_\alpha : \frac{E(I)\varphi}{\|E(I)\varphi\| \sqrt{\varrho(I)}} \tag{6.8}$$

erhält man also im Limes:

$$f = \int_\sigma \widetilde{\psi}_\alpha(\widetilde{\psi}_\alpha, f)\, d\varrho(\alpha). \tag{6.9}$$

Für $\varrho(\eta)$ können wir speziell $\mu(\eta) = \|P_{\varrho(\eta)}\varphi\|^2$, aber auch $l(\eta)$ wählen, wobei $l(\eta)$ gleich dem LEBESGUEschen Längenmaß des Durchschnittes $\eta \cap \sigma$ sei[1]. Statt $dl(\alpha)$ schreiben wir kurz $d\alpha$.

Für $\varrho(\eta) = \mu(\eta)$ ist mit $I = \alpha \geq \cdots \geq \alpha - \varepsilon$

$$(\tilde{\psi}_\alpha, f): \left(\frac{E(I)\,\varphi}{\|E(I)\,\varphi\|^2}, f\right) = \frac{1}{\mu(I)} \int_{\alpha-\varepsilon}^{\alpha} f(\alpha')\,d\mu(\alpha'). \qquad (6.10)$$

Das letzte folgt mit (5.3), wobei $f(\alpha)$ die oben f zugeordnete quadratisch integrierbare Funktion ist. Hieraus folgt[2], daß im Limes $\varepsilon \to 0$ bis auf eine Menge vom μ-Maß Null die Gleichung

$$\lim_{\varepsilon \to 0} \left(\frac{E(I)\,\varphi}{\|E(I)\,\varphi\|^2}, f\right) = f(\alpha) \qquad (6.11)$$

besteht. Wählt man $\varrho(\eta) = l(\eta)$, so kann man, wie wir oben sahen, nicht immer erwarten, daß $(\tilde{\psi}_\alpha, f)$ im Limes $\varepsilon \to 0$ eine im l-Maß quadratisch integrierbare Funktion ergibt. Dies kann nur dann der Fall sein, wenn A eine totalstetige Spektralzerlegung hat, d. h. wenn $\mu(\eta) = \int_\eta k(\alpha)\,d\alpha$ mit einer integrierbaren Funktion $k(\alpha)$ ist. Es ist dann in fast allen Punkten α: $\lim \frac{\mu(I)}{l(I)} = k(\alpha)$. Damit wird fast überall

$$\lim_{\varepsilon \to 0} \left(\frac{E(I)\,\varphi}{\|E(I)\,\varphi\|^2}, f\right) \sqrt{\frac{\mu(I)}{l(I)}} = f(\alpha)\,\sqrt{k(\alpha)} = \underline{f}(\alpha) \qquad (6.12)$$

mit

$$\|f\|^2 = \int |f(\alpha)|^2\,d\mu(\alpha) = \int |\underline{f}(\alpha)|^2\,d\alpha.$$

$\underline{f}(\alpha)$ ist also eine im l-Maß quadratisch integrierbare Funktion. Auch wenn E_α nicht totalstetig ist, bleibt die Entwicklung (6.9) richtig. Es folgt dann (im l-Maß)

$$(f, g) = \int_\sigma (f, \tilde{\psi}_\alpha)\,(\tilde{\psi}_\alpha, g)\,d\alpha \underset{\vee}{=} \int_\sigma \overline{\underline{f}(\alpha)}\,\underline{g}(\alpha)\,d\alpha. \qquad (6.13)$$

Das letzte Gleichheitszeichen $\underset{\vee}{=}$ gilt nur, wenn der Limes nach (6.12) existiert. Wir schreiben dann statt (6.12) kurz:

$$(\tilde{\psi}_\alpha, f) \underset{\approx}{\vee} \underline{f}(\alpha). \qquad (6.14)$$

Ein uneigentlicher Vektor $\tilde{\chi}_\alpha$ heißt zum Definitionsbereich eines Operators gehörig, wenn die $\chi(E(I))$ ihm angehören. Die oben definierten $\tilde{\varphi}_\alpha$ wie $\tilde{\psi}_\alpha$ gehören also zum Definitionsbereich von A. Setzen

---

[1] Die Komplementärmenge σ' von σ ist eine offene Punktmenge, da es nach Definition um jeden Punkt von σ' ein Intervall I gibt, für das $E(I) = 0$ ist. Nach Anhang I, § 1 ist aber jede offene Punktmenge im Längenmaß meßbar.

[2] Differentiation unbestimmter LEBESGUEscher Integrale: z. B. CARATHÉODORY, Reelle Funktionen, 2. Aufl., Leipzig-Berlin 1927.

wir in (6.7) statt f den Vektor Af ein und berücksichtigen $(\tilde{\varphi}_\alpha, Af) = (A\tilde{\varphi}_\alpha, f)$, so wird:

$$Af = \int_\sigma \tilde{\varphi}_\alpha(A\tilde{\varphi}_\alpha, f).$$

Wir behaupten, daß $\tilde{\varphi}_\alpha(A\tilde{\varphi}_\alpha, f) \approx \tilde{\varphi}_\alpha\alpha(\tilde{\varphi}_\alpha, f)$ ist. Beweis:

$$|((A - \alpha\mathbf{1})E(I)\varphi, f)| = |((A - \alpha\mathbf{1})E(I)\varphi, E(I)f)|$$
$$\leq \|(A - \alpha\mathbf{1})E(I)\varphi\|\,\|E(I)f\|.$$

Nach S. 78 ist

$$\|(A - \alpha\mathbf{1})E(I)\varphi\| \leq (\text{Länge von } I)\|E(I)\varphi\|.$$

Daher ist mit M als Maximallänge der Intervalle I_ν:

$$\left\|\sum_\nu \frac{E(I_\nu)\varphi}{\|E(I_\nu)\varphi\|}\left(A\,\frac{E(I_\nu)\varphi}{\|E(I_\nu)\varphi\|}, f\right) - \sum_\nu \frac{E(I_\nu)\varphi}{\|E(I_\nu)\varphi\|}\alpha_\nu\left(\frac{E(I_\nu)\varphi}{\|E(I_\nu)\varphi\|}, f\right)\right\|^2$$
$$= \sum_\nu\left|\left((A - \alpha_\nu\mathbf{1})\frac{E(I_\nu)\varphi}{\|E(I_\nu)\varphi\|}, f\right)\right|^2 \leq M\sum_\nu\|E(I_\nu)f\|^2 = M\|f\|.$$

Da M im Limesübergang Null wird, ist also

$$Af = \int_\sigma \tilde{\varphi}_\alpha\alpha(\tilde{\varphi}_\alpha, f) = \int_\sigma \tilde{\psi}_\alpha\alpha(\tilde{\psi}_\alpha, f)\,d\alpha. \tag{6.15}$$

Wir können also $A\tilde{\varphi}_\alpha$ durch $\alpha\tilde{\varphi}_\alpha$ bzw. $A\tilde{\psi}_\alpha$ durch $\alpha\tilde{\psi}_\alpha$ ersetzen und schreiben dafür $A\tilde{\varphi}_\alpha \sim \alpha\tilde{\varphi}_\alpha$ und $A\tilde{\psi}_\alpha \sim \alpha\tilde{\psi}_\alpha$. Die $\tilde{\varphi}_\alpha$ oder $\tilde{\psi}_\alpha$ bezeichnen wir deshalb als uneigentliche Eigenvektoren von A [1].

Wegen der Stetigkeit des inneren Produktes folgt aus (6.9) durch innere Multiplikation mit $\tilde{\psi}_{\alpha'}$:

$$(\tilde{\psi}_{\alpha'}, f) = \int_\sigma (\tilde{\psi}_{\alpha'}, \tilde{\psi}_\alpha)(\tilde{\psi}_\alpha, f)\,d\alpha. \tag{6.16}$$

$(\tilde{\psi}_{\alpha'}, \tilde{\psi}_\alpha) = \delta_{\alpha'\alpha}$ ist also eine uneigentliche Zahl, deren Eigenschaften genau die der DIRACschen δ-Funktion nach § 1 sind; damit hat sie eine

---

[1] Die hier durchgeführten Überlegungen erlauben es, Funktionen $F(A)$ eines HERMITEschen Operators A für beliebige, auf dem Spektrum von A meßbare Funktionen $F(\alpha)$ zu definieren. Nach (6.4) gibt es eine Reihe von Vektoren $g_n = \sum_\nu E(I_\nu^n)\varphi\,\dfrac{(E(I_\nu^n)\varphi, f)}{\|E(I_\nu^n)\varphi\|^2}$, die gegen f konvergieren, ebenso aber auch die Vektoren

$$g_n' = \sum_\nu E(I_\nu^n)\varphi\,\frac{(E(I_\nu^n)\varphi, Af)}{\|E(I_\nu^n)\varphi\|^2} \to Af.$$

Den g_n sind nach § 5 in $\mathfrak{F}$ die Stufenfunktionen $g_n(\alpha) = \dfrac{(E(I_\nu^n)\varphi, f)}{\|E(I_\nu^n)\varphi\|^2}$ für α in I_ν^n zugeordnet; entsprechend den g_n'. Als Vektorkonvergenz in $\mathfrak{F}$ gilt also $g_n(\alpha) \to f(\alpha)$ und $g_n'(\alpha) \to f'(\alpha)$ mit $f' = Af$. Wenn wir $g_n'(\alpha) - \alpha g_n(\alpha) \to 0$ zeigen, so ist $f'(\alpha) = \alpha f(\alpha)$. $g_n'(\alpha) - \alpha g_n(\alpha) \to 0$ heißt $\int|g_n'(\alpha) - \alpha g_n(\alpha)|^2\,d\mu(\alpha) \to 0$. Es ist für α in I_ν^n:

korrekte Fassung als uneigentliche Zahlenfunktion erhalten. Statt $\delta_{\alpha'\alpha}$ schreiben wir $\delta(\alpha - \alpha')$.

Als Beispiel betrachte man im Raum der zwischen 0 und 1 quadratisch integrierbaren Funktionen den Operator $A f(x) = x f(x)$. Es ist $E_\alpha f(x) = f(x)$ für $x \leq \alpha$ und 0 für $x > \alpha$. Ist $\varphi(x)$ eine Funktion mit $\varphi(x) \neq 0$ für alle x, so ist $K_A(\varphi) = \mathfrak{H}$. Es ist $\mu(I) = \int\limits_{\alpha-\varepsilon}^{\alpha} |\varphi(x)|^2 dx$ und

$$\widetilde{\psi}_\alpha : \frac{(E_\alpha - E_{\alpha-\varepsilon})\,\varphi(x)}{\|(E_\alpha - E_{\alpha-\varepsilon})\,\varphi(x)\|\,\sqrt{\varepsilon}} = \frac{\varphi(x)}{\sqrt{\mu(I)\,\varepsilon}}$$

im Intervall I, sonst $= 0$. Man veranschauliche sich diese Funktion $\widetilde{\psi}_\alpha$, die Beziehung $A\,\widetilde{\psi}_\alpha \sim \alpha\,\widetilde{\psi}_\alpha$ und die Gleichung

$$\int\limits_0 \widetilde{\psi}_\alpha(\widetilde{\psi}_\alpha, f)\,d\alpha = f\ !$$

Kennt man die Spektraldarstellung E_α noch nicht, so kann man mit Erfolg oft folgenden Weg gehen: Da

$$\int\limits_{-\infty}^{\alpha} \widetilde{\psi}_{\alpha'}\,(\widetilde{\psi}_{\alpha'}, f)\,d\alpha' = E_\alpha f \tag{6.17}$$

ist, versuche man (oft nur heuristisch) die $\widetilde{\psi}_\alpha$ als uneigentliche Eigenvektoren von A aus der Gleichung $A\,\widetilde{\psi}_\alpha \sim \alpha\,\widetilde{\psi}_\alpha$ zu erraten und bilde dann nach (6.17) E_α. Ist z. B $A = \dfrac{1}{\imath}\dfrac{d}{dx}$ im HILBERT-Raum der von $-\infty$ bis $+\infty$ über x quadratisch integrierbaren Funktionen, so suche

$$|g_n'(\alpha) - \alpha\,g_n(\alpha)| = \frac{1}{\|E(I_\nu^n)\,\varphi\|^2}\,|((A - \alpha\,\mathbf{1})\,E(I_\nu^n)\,\varphi, f)|$$

$$= \frac{1}{\|E(I_\nu^n)\,\varphi\|^2}\,|((A - \alpha\,\mathbf{1})\,E(I_\nu^n)\,\varphi, E(I_\nu^n)f)|$$

$$\leq \frac{1}{\|E(I_\nu^n)\,\varphi\|^2}\,\|(A - \alpha\,\mathbf{1})\,E(I_\nu^n)\,\varphi\|\,\|E(I_\nu^n)\,f\|$$

$$\leq \frac{\alpha_\nu^n - \beta_\nu^n}{\sqrt{\mu(I_\nu^n)}}\,\|E(I_\nu^n)\,f\| \leq \frac{\varepsilon_n}{\sqrt{\mu(I_\nu^n)}}\,\|E(I_\nu^n)\,f\|$$

mit $\alpha_\nu^n > \beta_\nu^n$ als Endpunkte des Intervalls I_ν^n und ε_n als Maximallänge der Intervalle I_ν^n. Damit wird wegen $\varepsilon_n \to 0$:

$$\int |g_n'(\alpha) - \alpha\,g_n(\alpha)|^2 d\mu(\alpha) \leq \varepsilon_n^2 \|f\|^2 \to 0$$

Da also dem Vektor $A f$ die Funktion $\alpha f(\alpha)$ in $\mathfrak{F}$ zugeordnet ist, definieren wir $B = F(A)$ durch Bf als den Vektor aus $\mathfrak{H}$, dem in $\mathfrak{F}$ die Funktion $F(\alpha) f(\alpha)$ zugeordnet ist. Der Definitionsbereich $\mathfrak{D}_B$ besteht also aus allen den Vektoren f, für die $\int |F(\alpha) f(\alpha)|^2 d\mu(\alpha) < +\infty$ ist. In der Schreibweise der uneigentlichen Vektoren ist also

$$F(A) f = \int\limits_0 \widetilde{\psi}_\alpha\,F(\alpha)\,(\widetilde{\psi}_\alpha, f)\,d\alpha, \qquad F(A)\,\widetilde{\psi}_\alpha \sim F(\alpha)\,\widetilde{\psi}_\alpha .$$

Für den Fall eines entarteten Spektrums von A vgl § 9

man Lösungen von $\dfrac{1}{i}\dfrac{d}{dx}\,g_\alpha(x)=\alpha g_\alpha(x)$. Man erhält $g_\alpha(x)=a\,e^{i\alpha x}$.

Die $g_\alpha(x)$ sind *keine* (!) Vektoren in $\mathfrak{H}$, da $\displaystyle\int_{-\infty}^{+\infty}|g_\alpha|^2\,dx$ nicht konvergent ist. Aber $\displaystyle\int_{\alpha-\varepsilon}^{\alpha}e^{i\alpha'x}\,d\alpha'$ sind Vektoren in $\mathfrak{H}$ und definieren einen uneigentlichen Vektor $\tilde\chi_\alpha(x)$. Mit richtiger Normierung können wir dann

$$\tilde\psi_\alpha(x)=\frac{1}{\sqrt{2\pi}}\int_{\alpha-\varepsilon}^{\alpha}e^{i\alpha'x}\,dx'\quad\text{setzen. Damit wird aus (6.17):}$$

$$\frac{1}{2\pi}\int_{-\infty}^{\alpha}e^{i\alpha'x}\left(\int_{-\infty}^{+\infty}e^{-i\alpha'x'}f(x')\,dx'\right)d\alpha'=E_\alpha f(x).$$

Wir nennen die Darstellung der Vektoren f durch die uneigentlichen Funktionen $(\tilde\psi_\alpha,f)$ von α bzw., falls dies erlaubt ist, durch die $f(\alpha)$ die A-Darstellung. Sie ist nicht eindeutig bestimmt, denn statt der $\tilde\psi_\alpha$ können wir ebensogut $e^{ig(\alpha)}\tilde\psi_\alpha$ als uneigentliche Basis benutzen, so daß sich $(\tilde\psi_\alpha,f)$ mit $e^{-ig(\alpha)}$ multipliziert.

Ist B ein anderer Hermitescher Operator mit nichtentartetem, nur kontinuierlichem Spektrum und $\tilde\chi_\beta$ die $\tilde\psi_\alpha$ entsprechenden uneigentlichen Eigenvektoren von B, so kann man die $\tilde\chi_\beta$ ebenfalls nach den $\tilde\psi_\alpha$ entwickeln:

$$\tilde\chi_\beta=\int\tilde\psi_\alpha\,\overline{(\alpha\,|\,\beta)}\,d\alpha\quad\text{mit}\quad\overline{(\alpha\,|\,\beta)}=(\tilde\psi_\alpha,\tilde\chi_\beta),\tag{6.18}$$

was bedeuten soll, daß jedes $\chi(F(I))$ im Sinne von (6.7) zu entwickeln ist. $\overline{(\alpha\,|\,\beta)}$ ist also eine uneigentliche Zahlenfunktion von α und β.

$\overline{(\alpha\,|\,\beta)}$ sind aber nach (6.7) nichts anderes als die uneigentlichen Eigenvektoren von B in der A-Darstellung. Es gilt nämlich in der A-Darstellung

$$B\,\overline{(\alpha\,|\,\beta)}\approx\beta\,\overline{(\alpha\,|\,\beta)}.\tag{6.19}$$

Mit $\overline{(\beta\,|\,\alpha)}=\overline{\overline{(\alpha\,|\,\beta)}}=(\tilde\chi_\beta,\tilde\psi_\alpha)$ gilt dann $\tilde\psi_\alpha=\int\tilde\chi_\beta\,\overline{(\beta\,|\,\alpha)}\,d\beta$, so daß in der B-Darstellung $A\,\overline{(\beta\,|\,\alpha)}\approx\alpha\,\overline{(\beta\,|\,\alpha)}$, d. h. $\overline{(\beta\,|\,\alpha)}$ sind die uneigentlichen Eigenfunktionen von A in der B-Darstellung. Damit ist auch der Weg gezeigt, diese im Einzelfalle zu finden.

Für einen beschränkten Operator D gilt

$$D\,\tilde\varphi_\alpha=\int\tilde\varphi_{\alpha'}\,\overline{(\alpha'\,|\,D\,|\,\alpha)}\,d\alpha'\tag{6.20}$$

mit $\overline{(\alpha'\,|\,D\,|\,\alpha)}=(\tilde\varphi_{\alpha'},D\,\tilde\varphi_\alpha)$. Dann folgt in der A-Darstellung

$$D\,(\tilde\psi_\alpha,f)=\int\overline{(\alpha\,|\,D\,|\,\alpha')}\,(\tilde\psi_{\alpha'},f)\,d\alpha'.\tag{6.21}$$

Jedem beschränkten Operator (und in manchen Fällen auch anderen) läßt sich also eine kontinuierliche Matrix $\overline{(\alpha\,|\,D\,|\,\alpha')}$ zuordnen, die eine uneigentliche Funktion von α und α' ist. In Sonderfällen ist im Sinne von (6.14) $\overline{(\alpha|D|\alpha')} \gtrless (\alpha|D|\alpha')$, wobei $(\alpha|D|\alpha')$ eine in bezug auf $l(\eta)$ meßbare Funktion von α und α' ist.

§ 7. Transformationen der Darstellungen und Meßwahrscheinlichkeiten.

Um die Schreibweise gegenüber dem vorigen Abschnitt zu vereinfachen und um nicht immer die einzelnen Fälle des kontinuierlichen und diskreten Spektrums, wobei beide gleichzeitig auftreten können, zu unterscheiden, führen wir folgende Bezeichnungsweise ein:

A sei eine Observable mit nichtentartetem Spektrum, α seien die Werte des Spektrums (kontinuierliches $+$ diskretes), ψ_α die eigentlichen (für das diskrete) oder uneigentlichen (für das kontinuierliche Spektrum) Eigenvektoren, $(\alpha|f) = (\psi_\alpha, f)$. Statt des Äquivalenzzeichens $\widetilde{\psi}_\alpha \approx \widetilde{\eta}_\alpha$ schreiben wir einfach $\psi_\alpha = \eta_\alpha$. Für $f = \sum_{\alpha*} \psi_{\alpha*}(\alpha_*|f) + + \int \widetilde{\psi}_\alpha(\alpha|f)\,d\alpha$, wobei die Summe über das diskrete Spektrum α_* und das Integral im Sinne von (6.9) über das kontinuierliche Spektrum geht, schreiben wir einfach:

$$f = \mathbf{S}_{(\sigma)\alpha}\,\psi_\alpha(\alpha|f); \qquad (\alpha|f) = (\psi_\alpha, f). \tag{7.1}$$

Diese Formeln geben die A-Darstellung der Vektoren f durch Funktionen $(\alpha|f)$, die quadratisch summierbar sind: $\mathbf{S}_{(\sigma)}|(\alpha|f)|^2 < \infty$, wobei noch einmal zur Erläuterung auf die Bedeutung von $\mathbf{S}_{(\sigma)}$ in diesem Falle hingewiesen sei: $\mathbf{S}_{(\sigma)}|(\alpha|f)|^2 = \sum_{\alpha_*}|(\overset{*}{\alpha}|f)|^2 + \int_{(\rho)} |\overline{(\alpha|f)}|^2\,d\alpha$, wobei das Integral $\int_{(\sigma)}$ im Sinne von (6.7), (6.9) usw. verstanden ist, aber für Operatoren mit totalstetiger Spektralzerlegung auch im LEBESGUEschen Sinne genommen werden kann. In der A-Darstellung gilt für A:

$$A(\alpha|f) = \alpha(\alpha|f). \tag{7.2}$$

Ein Operator D läßt eventuell eine Matrixdarstellung zu:

$$D(\alpha|f) = \mathbf{S}_{(\sigma)\alpha'}(\alpha|D|\alpha')(\alpha'|f). \tag{7.3}$$

Das innere Produkt ist

$$(f, g) = \mathbf{S}_{(\sigma)\alpha}(f|\alpha)(\alpha|g). \tag{7.4}$$

Ist B ein zweiter Operator mit nicht entartetem Spektrum, so gilt für die B-Darstellung mit

$$f = \mathbf{S}_{(\sigma)\beta}\,\varphi_\beta(\beta|f) \tag{7.5}$$

alles entsprechend. Um zu finden, wie die $(\beta|f)$ mit den $(\alpha|f)$ zusammenhängen, schreiben wir

$$\varphi_\beta = \underset{(\sigma)\alpha}{\mathbf{S}}\, \psi_\alpha\, (\alpha|\beta); \quad \psi_\alpha = \underset{(\sigma)\beta}{\mathbf{S}}\, \varphi_\beta\, (\beta|\alpha); \quad (\alpha|\beta) = \overline{(\beta|\alpha)}.$$

Dann folgt durch Einsetzen in (7.1), (7.5):

$$(\beta|f) = \underset{(\sigma)\alpha}{\mathbf{S}}\, (\beta|\alpha)\, (\alpha|f) \quad \text{und} \quad (\alpha|f) = \underset{(\sigma)\beta}{\mathbf{S}}\, (\alpha|\beta)\, (\beta|f). \qquad (7.6)$$

Die $(\alpha|\beta)$ sind die (eigentlichen und uneigentlichen) Eigenvektoren von B in der A-Darstellung: $B(\alpha|\beta) = \beta(\alpha|\beta)$; die $(\beta|\alpha)$ die Eigenvektoren von A in der B-Darstellung: $A(\beta|\alpha) = \alpha(\beta|\alpha)$.

Die Umrechnung der Matrixelemente eines Operators D ergibt sich ebenfalls leicht zu

$$(\alpha|D|\alpha') = \underset{(\sigma)\beta}{\mathbf{S}}\, \underset{(\sigma)\beta'}{\mathbf{S}}\, (\alpha|\beta)\, (\beta|D|\beta')\, (\beta'|\alpha'). \qquad (7.7)$$

Für die Spur eines Operators D ist dann speziell (η_ν ein v. n. O.):

$$\mathrm{Sp}\,(D) = \sum_\nu (\eta_\nu,\, D\,\eta_\nu) = \sum_\nu \underset{\alpha}{\mathbf{S}}\, \underset{\alpha'}{\mathbf{S}}\, (\eta_\nu|\alpha)\, (\alpha|D|\alpha')\, (\alpha'|\eta_\nu), \qquad (7.8)$$

Aus $\psi_\alpha = \sum_\nu \eta_\nu\, (\eta_\nu|\alpha)$ folgt dann durch innere Multiplikation mit $\psi_{\alpha'}$ mit $(\psi_{\alpha'},\, \eta_\nu) = (\alpha'|\eta_\nu)$: $(\psi_{\alpha'},\, \psi_\alpha) = \sum_\nu (\alpha'|\eta_\nu)\, (\eta_\nu|\alpha)$ und mit (6.16): $\sum_\nu (\alpha'|\eta_\nu)\, (\eta_\nu|\alpha) = \delta(\alpha' - \alpha)$. Also ist

$$\mathrm{Sp}\,(D) = \underset{\alpha}{\mathbf{S}}\, \underset{\alpha'}{\mathbf{S}}\, (\alpha|D|\alpha')\, \delta(\alpha' - \alpha) = \underset{\alpha}{\mathbf{S}}\, (\alpha|D|\alpha). \qquad (7.9)$$

Die Umrechnungskoeffizienten $(\alpha|\beta)$ sind von wichtiger physikalischer Bedeutung: Wir mögen die Größe A gemessen haben und fragen nach den möglichen Meßwerten von B. Die Spektralzerlegung von A in der A-Darstellung ist einfach:

$$E_{\alpha'}(\alpha|f) = \begin{cases} (\alpha|f) & \text{für } \alpha \leq \alpha', \\ 0 & \text{für } \alpha > \alpha'. \end{cases} \qquad (7.10)$$

Wir mögen nun durch eine Messung $E_{\alpha_1} - E_{\alpha_2}$ als positiv festgestellt haben, nachdem vorher nichts weiter über das physikalische System bekannt war, so daß (nach den Axiomen VI a bis c aus II, § 3) wir $W = E_{\alpha_1} - E_{\alpha_2} = E(I_\alpha)$ zu setzen haben. Wir wollen die Wahrscheinlichkeit w für $F_{\beta_1} - F_{\beta_2} = F(I_\beta)$ feststellen, d. h. dafür, einen Meßwert β von B mit $\beta_1 \geq \beta > \beta_2$ zu finden. Sie ist nach (II, 1.1)

$$w = \mathrm{Sp}\big(E(I_\alpha)\,F(I_\beta)\big) = \underset{(\sigma)\alpha}{\mathbf{S}}\, (\alpha|E(I_\alpha)\,F(I_\beta)|\alpha). \qquad (7.11)$$

Dazu sind also die Matrixelemente $(\alpha|E(I_\alpha)\,F(I_\beta)|\alpha')$ zu berechnen. Es ist

$$(\alpha|E(I_\alpha)\,F(I_\beta)|\alpha') = \underset{(\sigma)\alpha''}{\mathbf{S}}\, (\alpha|E(I_\alpha)|\alpha'')\, (\alpha''|F(I_\beta)|\alpha'). \qquad (7.12)$$

Wegen der Eigenschaft (7.10) von E_α gilt:

$$E(I_\alpha)(\alpha|f) = \begin{cases} (\alpha|f) & \text{für } \alpha_1 \geq \alpha > \alpha_2, \\ 0 & \text{sonst,} \end{cases}$$

d. h.

$$\underset{(\sigma)\,\alpha'}{\mathsf{S}}(\alpha|E(I_\alpha)|\alpha')(\alpha'|f) = \begin{cases} (\alpha|f) & \text{für } \alpha_1 \geq \alpha > \alpha_2, \\ 0 & \text{sonst.} \end{cases}$$

Damit folgt aus (7.12):

$$(\alpha|E(I_\alpha)F(I_\beta)|\alpha') = \begin{cases} (\alpha|F(I_\beta)|\alpha') & \text{für } \alpha_1 \geq \alpha > \alpha_2, \\ 0 & \text{sonst.} \end{cases}$$

Nun ist

$$(\alpha|F(I_\beta)|\alpha') = \underset{(\sigma)\,\beta}{\mathsf{S}}\,\underset{(\sigma)\,\beta'}{\mathsf{S}}\,(\alpha|\beta)(\beta|F(I_\beta)|\beta')(\beta'|\alpha')$$

und wegen

$$\underset{(\sigma)\,\beta'}{\mathsf{S}}(\beta|F(I_\beta)|\beta')(\beta'|\alpha') = F(I_\beta)(\beta|\alpha') = \begin{cases} (\beta|\alpha') & \text{für } \beta_1 \geq \beta > \beta_2, \\ 0 & \text{sonst,} \end{cases}$$

also

$$(\alpha|F(I_\beta)|\alpha') = \underset{(\sigma)\,\beta_1 \geq \beta > \beta_2}{\mathsf{S}}(\alpha|\beta)(\beta|\alpha')$$

und damit schließlich

$$w_{\beta_1\beta_2} = \underset{(\sigma)\,\beta_1 \geq \beta > \beta_2}{\mathsf{S}}\,\underset{(\sigma)\,\alpha_1 \geq \alpha > \alpha_2}{\mathsf{S}}\,|(\alpha|\beta)|^2. \tag{7.13}$$

Man beachte, daß w eine normale Zahl ist, auch wenn $(\alpha|\beta)$ uneigentliche Zahlen sind, da in (7.13) summiert wird. Hierbei heißt z. B. $(\sigma)\beta_1 \geq \beta > \beta_2$ Summation über alle Werte des Spektrums mit $\beta_1 \geq \beta > \beta_2$. α_1 und α_2 sind durch die erste Messung gegeben, β_1, β_2 durch die Fragestellung[1].

Die Wahrscheinlichkeit $w_{\beta_1\beta_2}$ ist im allgemeinen nicht normiert, manchmal auch nicht normierbar, wenn $w_{-\infty,\,+\infty} = +\infty$ ist, d. h. die $\underset{(\sigma)\,\beta}{\mathsf{S}}$ über das ganze Spektrum von B nicht konvergiert.

Um uns (7.13) näher zu veranschaulichen, betrachten wir den Sonderfall, wo β_1 und α_1 diskrete Eigenwerte und $\beta_2 = \beta_1^-$; $\alpha_2 = \alpha_1^-$ ist. Dann ist $w_{\beta_1} = |(\alpha_1|\beta_1)|^2 = |(\psi_{\alpha_1}, \varphi_{\beta_1})|^2$. Ist das Spektrum von β_1 bis β_2 nicht notwendig diskret, aber α_1 weiterhin diskreter Eigenwert und $\alpha_2 = \alpha_1^-$, so folgt $w_{\beta_1\beta_2} = \underset{(\sigma)\,\beta_1 \geq \beta > \beta_2}{\mathsf{S}}|(\alpha_1|\beta)|^2$. Die Wahrscheinlichkeit ist hier normiert, denn es ist $\underset{(\sigma)\,\beta}{\mathsf{S}}|(\alpha_1|\beta)|^2 = \|\psi_{\alpha_1}\|^2 = 1$. $(\alpha_1|\beta)$ ist, da α_1 diskret, in β (falls B ein totalstetiges Spektrum hat) eine meßbare Funktion. Trennen wir diskretes und kontinuierliches Spektrum,

---

[1] Man kann die Formel leicht erweitern auf den Fall, daß bei der ersten Messung α in einer meßbaren Teilmenge des Spektrums $\sigma(\alpha)$ und die β in einer meßbaren Teilmenge von $\sigma(\beta)$ liegen.

so wird

$$w_{\beta_1 \beta_2} = \sum_{\beta_1 \geq \beta > \beta_2} |(\alpha_1|\beta)|^2 + \int_{(\sigma)\beta_1 \geq \beta > \beta_2} |(\alpha_1|\beta)|^2 d\beta. \tag{7.14}$$

Für die diskreten Eigenwerte ist also $|(\alpha_1|\beta)|^2 = |(\psi_{\alpha_1}, \varphi_\beta)|^2$ die Wahrscheinlichkeit dafür, nach einer Messung von A mit dem Ergebnis α_1 bei einer Messung von B den Eigenwert β zu finden. Für das kontinuierliche Spektrum läßt sich mit Sicherheit nie ein ganz bestimmter Wert β messen. Man kann hier nur die *Wahrscheinlichkeitsdichte* $|(\alpha_1|\beta)|^2$ angeben.

Hinzuweisen ist besonders auf die Symmetrie der Formel (7.13) in α und β. Man würde also zu denselben Wahrscheinlichkeiten gelangen bei der Frage nach den möglichen Meßwerten von A, wenn man vorher B gemessen hat. Diese Symmetrie steckt natürlich schon in der Ausgangsformel (7.11).

Anders wird das Verhalten allerdings, wenn wir annehmen, daß vor der Messung von A schon eine andere Größe in der Weise gemessen wurde, daß vor der Messung von $A: W = P_f$ zu setzen ist. Dann ist nach der Messung von $A: W = E(I_\alpha) P_f E(I_\alpha)$ und damit

$$\begin{aligned} w_{\beta_1 \beta_2} &= \mathrm{Sp}\big(E(I_\alpha) P_f E(I_\alpha) F(I_\beta)\big) = \mathrm{Sp}\big(P_f E(I_\alpha) F(I_\beta) E(I_\alpha)\big) \\ &= \big(f, E(I_\alpha) F(I_\beta) E(I_\alpha) f\big). \end{aligned} \tag{7.15}$$

Wir gehen in die A-Darstellung. Dann ist $E(I_\alpha)(\alpha|f)$ sofort anzugeben. Gehen wir in die B-Darstellung über, so wird also

$$(\beta|E(I_\alpha)f) = \mathop{S}_{(\sigma)\alpha_1 \geq \alpha > \alpha_2} (\beta|\alpha)(\alpha|f).$$

$F(I_\beta)$ schneidet aus dieser Funktion von β wieder den Teil mit $\beta_1 \geq \beta > \beta_2$ aus, so daß in der A-Darstellung:

$$(\alpha'|F(I_\beta) E(I_\alpha) f) = \mathop{S}_{(\sigma)\beta_1 \geq \beta > \beta_2} \mathop{S}_{(\sigma)\alpha_1 \geq \alpha > \alpha_2} (\alpha'|\beta)(\beta|\alpha)(\alpha|f).$$

$E(I_\alpha)$ schneidet hier wieder aus, so daß schließlich

$$w_{\beta_1 \beta_2} = \mathop{S}_{(\sigma)\alpha_1 \geq \alpha' > \alpha_2} (f|\alpha')(\alpha'|F(I_\beta) E(I_\alpha) f),$$

d. h.

$$w_{\beta_1 \beta_2} = \mathop{S}_{\sigma(\alpha') \subset I_\alpha} \mathop{S}_{\sigma(\beta) \subset I_\beta} \mathop{S}_{\sigma(\alpha) \subset I_\alpha} (f|\alpha')(\alpha'|\beta)(\beta|\alpha)(\alpha|f). \tag{7.16}$$

§ 8. Orts- und Impulsdarstellung.

Um das Spektrum der Operatoren P (Impuls) und Q (Ort) und ihre Darstellungen zu finden, bieten sich von selbst die Ableitungen aus I, § 7 dar, mit deren Hilfe wir den harmonischen Oszillator beschrieben. Es ist nur notwendig, diese in eine strengere Form zu kleiden. Das auf S. 49 nur vorläufig formulierte Axiom II schreiben wir in einer neuen Form (erst nur für eine P- und eine Q-Koordinate):

II. 1. Die Linearmannigfaltigkeit $\mathfrak{L} = \bigcap\limits_{\substack{n=1 \\ m=1}}^{\infty} \mathfrak{D}_{P^n} \cap \mathfrak{D}_{Q^m}$ (mit $\mathfrak{D}$ als Definitionsbereich der Operatoren) liegt dicht in $\mathfrak{H}$.

2. Innerhalb $\mathfrak{L}$ ist $PQ - QP = \dfrac{\hbar}{i} 1$.

3. $H = \frac{1}{2}(P^2 + Q^2)$ ist ein HERMITEscher Operator[1] mit einer Spektralzerlegung E_ε, so daß $(E_{\varepsilon_1} - E_{\varepsilon_2}) f$ in $\mathfrak{L}$ liegt für alle f aus $\mathfrak{H}$.

Die Annahme 1. garantiert, daß man innerhalb $\mathfrak{L}$ jedes Potenzprodukt $P^{\alpha_1} Q^{\beta_1} P^{\alpha_2} Q^{\beta_2} \dots$ bilden kann. Somit $\mathfrak{L} \subseteq \mathfrak{D}_H$.

Wir bilden die Operatoren

$$A = \frac{1}{\sqrt{2\hbar}}(Q + iP) \quad \text{und} \quad B = \frac{1}{\sqrt{2\hbar}}(Q - iP). \tag{8.1}$$

Innerhalb $\mathfrak{L}$ ist sicher $B = A^*$. Innerhalb $\mathfrak{L}$ gelten daher die folgenden Beziehungen:

$$AA^* - A^*A = 1 \quad \text{und} \quad H = \hbar\left(A^*A + \frac{1}{2} 1\right). \tag{8.2}$$

Daher können wir innerhalb $\mathfrak{L}$ statt H den Operator $N = A^*A$ betrachten. Es ist also nach 3. $N = \int\limits_{-\infty}^{+\infty} \lambda \, dF_\lambda$, wobei F_λ sich leicht aus E_ε ergibt. Das Spektrum von N kann nicht negativ sein, da

$$(f, Nf) = \|Af\|^2 \geqq 0$$

für alle f aus $\mathfrak{L}$ gilt. Dann setze man speziell $f = (F_\lambda - F_{\lambda-\varepsilon})\varphi$, wobei nach III, § 3 φ so gewählt werden kann (auch wenn das Spektrum von N entartet ist!), daß $(F_\alpha - F_\beta)\varphi \neq 0$ für $F_\alpha - F_\beta \neq 0$ ist. Ist λ ein Wert des Spektrums von N, so gilt für die Vektoren

$$\chi_{\lambda,\varepsilon} = \frac{(F_\lambda - F_{\lambda-\varepsilon})\varphi}{\|(F_\lambda - F_{\lambda-\varepsilon})\varphi\|} : N\chi_{\lambda,\varepsilon} - \lambda\chi_{\lambda,\varepsilon} \to 0.$$

Hat man umgekehrt eine Folge von Vektoren χ_ε mit $\|\chi_\varepsilon\| > \delta$ und $N\chi_\varepsilon - \lambda'\chi_\varepsilon \to 0$, so ist λ' ein Punkt des Spektrums, denn wäre λ' kein Punkt des Spektrums, so gäbe es ein Intervall $\lambda' + \eta \cdots \lambda' - \eta$, so daß $F_{\lambda'+\eta} - F_{\lambda'-\eta} = 0$ ist. Folglich wäre für jeden Vektor f: $\|(N - \lambda' 1)f\| \geqq \eta\|f\|$. Aus $(N - \lambda' 1)\chi_\varepsilon \to 0$ folgt dann für $f = \chi_\varepsilon$ also $\chi_\varepsilon \to 0$ im Widerspruch zu $\|\chi_\varepsilon\| > \delta$.

Aus $AA^* - A^*A = 1$ folgt $AN - NA = A$ und $A^*N - NA^* = -A^*$ (alles innerhalb $\mathfrak{L}$!). Da die $\chi_{\lambda,\varepsilon}$ in $\mathfrak{L}$ liegen, ist $NA\chi_{\lambda,\varepsilon} = AN\chi_{\lambda,\varepsilon} - A\chi_{\lambda,\varepsilon}$ und $NA\chi_{\lambda,\varepsilon} - (\lambda - 1)A\chi_{\lambda,\varepsilon} = A(N - \lambda 1)\chi_{\lambda,\varepsilon}$. Mit $(N - \lambda 1)\chi_{\lambda,\varepsilon} = h$ gilt $\|Ah\|^2 = (h, Nh) = (h, (N^2 - \lambda N)\chi_{\lambda,\varepsilon}) \leqq \|h\| \|(N^2 - \lambda N)\chi_{\lambda,\varepsilon}\| \leqq \|h\|\lambda\varepsilon$ (wie S. 78). Also gilt $Ah \xrightarrow[\varepsilon \to 0]{} 0$ und damit $(N - (\lambda - 1)1)A\chi_{\lambda,\varepsilon} \to 0$. Ebenso zeigt man

---

[1] Gegenüber I, § 7 setzen wir hier einfachheitshalber $m = 1$, $\omega = 1$.

$(N - (\lambda + 1)\,\mathbf{1})\,A^*\chi_{\lambda,\varepsilon} \to 0$. $A^*\chi_{\lambda,\varepsilon} \to 0$ ist unmöglich, da $\|A^*\chi_{\lambda,\varepsilon}\|^2 = (\chi_{\lambda,\varepsilon},\,(N+1)\,\chi_{\lambda,\varepsilon}) = 1 + \|A\chi_{\lambda,\varepsilon}\|^2$ ist.

Wenn nicht $A\chi_{\lambda,\varepsilon} \to 0$, so gehört auch $\lambda - 1$ dem Spektrum an. Fährt man schrittweise fort, so folgt, da das Spektrum nicht negativ sein kann, daß für ein ganzes n noch nicht $A^n\chi_{\lambda,\varepsilon} \to 0$, aber $A^{n+1}\chi_{\lambda,\varepsilon} \to 0$ und $(N - (\lambda - n)\,\mathbf{1})\,A^n\chi_{\lambda,\varepsilon} \to 0$ erfüllt sind. Nun ist $N A^n\chi_{\lambda,\varepsilon} = A^*A^{n+1}\chi_{\lambda,\varepsilon}$ und damit $\|A^*A^{n+1}\chi_{\lambda,\varepsilon}\|^2 = \|A^{n+1}\chi_{\lambda,\varepsilon}\|^2 + \|A^{n+2}\chi_{\lambda,\varepsilon}\|^2 \to 0$, so daß auch $(\lambda - n)A^n\chi_{\lambda,\varepsilon} \to 0$ gelten muß, was nur für $\lambda = n$ möglich ist. Also kann jeder Punkt des Spektrum nur eine ganze Zahl $n \geq 0$ sein. Da $N(A^n\chi_{\lambda,\varepsilon}) \to 0$ gilt, ist also sicher $n = 0$ ein Eigenwert von N. Es gibt also einen Vektor Φ_0 mit $N\Phi_0 = 0$ und damit wegen $0 = \|A^*A\Phi_0\|^2 = \|A\Phi_0\|^2 + \|A^2\Phi_0\|^2$ auch

$$A\Phi_0 = 0. \tag{8.3}$$

Mit Hilfe von Φ_0 definieren wir nun die Vektoren

$$\Phi_n = \frac{1}{\sqrt{n!}}\,A^{*\,n}\Phi_0, \tag{8.4}$$

die, wie wir schon S. 46 sahen, orthogonal und normiert sind und für die gilt:

$$N\Phi_n = n\Phi_n. \tag{8.5}$$

Ist der Eigenwert $n = 0$ entartet, so können wir im Eigenraum ein v. n. O. wählen: $\Phi_0^{(1)}, \Phi_0^{(2)}, \ldots$ Dann bilde man die $\Phi_n^{(k)} = \dfrac{1}{\sqrt{n!}}\,A^{*\,n}\Phi_0^{(k)}$. Sie sind alle normiert und orthogonal untereinander. Die $\Phi_n^{(k)}$ bilden aber sogar ein v. n. O. für ganz $\mathfrak{H}$, so daß $\mathfrak{H} = \mathfrak{R}^{(1)} \oplus \mathfrak{R}^{(2)} \oplus \cdots$ ist, wobei $\mathfrak{R}^{(i)}$ der von den $\Phi_n^{(i)}$ (i fest, $n = 0, 1, 2, \ldots$) aufgespannte Teilraum von $\mathfrak{H}$ ist. Wären die $\Phi_n^{(k)}$ nicht vollständig, so müßte N als Hermitescher Operator mit nur diskretem Spektrum noch andere Eigenvektoren als die $\Phi_n^{(k)}$ besitzen. Da die Eigenwerte nur $n = 0, 1, 2, \ldots$ sein können, gibt es also einen kleinsten Eigenwert n' von N, wo die $\Phi_{n'}^{(k)}$ nicht den ganzen Eigenraum aufspannen, so daß es einen zu allen $\Phi_{n'}^{(k)}$ (n' fest) orthogonalen Eigenvektor $\psi_{n'}$ von N zum Eigenwert n' gibt, der nach 3. in Ω liegen muß. Dies hat aber nach oben zur Folge, daß wegen $n' \neq 0$ $A\psi_{n'}$ ein zu allen $\Phi_{n'-1}^{(k)}$ orthogonaler Eigenvektor von N ist im Widerspruch dazu, daß n' der kleinste Eigenwert war, für den die $\Phi_{n'}^{(k)}$ nicht den ganzen Eigenraum aufspannen.

Die Teilraume $\mathfrak{R}^{(i)}$ sind hinsichtlich des Ringes der Operatoren P, Q isomorph zueinander[1]. Wenn es in $\mathfrak{H}$ mehrere $\mathfrak{R}^{(i)}$ gibt, so existieren Oberservablen und speziell Eigenschaften[2], die mit P, Q und allen durch P und Q darstellbaren Observablen, wie z. B. H, kommensurabel

---

[1] Begriff der Isomorphie: Anhang II, § 3 und 8.
[2] Außer Vielfachen des Einsoperators.

sind, z. B. die durch den Teilraum $\Re^{(1)}$ gegebene Eigenschaft. So lange wir also auf Grund experimenteller Beobachtungen keine Veranlassung haben, solche Observablen an einem System anzunehmen, werden wir also zusätzlich die **Irreduzibilitätsannahme** machen: $\mathfrak{H}$ ist in bezug auf den Ring der P, Q irreduzibel[1]. Diese Annahme kann auch dann noch zu richtigen Ergebnissen führen, wenn die mit P und Q kommensurablen Observablen R nur feineren Experimenten zugänglich sind; denn da die $\Re^{(\iota)}$ isomorph sind, genügt es, einen von ihnen zu betrachten, solange kein Einfluß der anderen Observablen auftritt. Es wird sich später zeigen, daß für ein Elektron wegen des „Spins" $\mathfrak{H} = \Re^{(1)} \oplus \Re^{(2)}$ ist.

Zusammengefaßt ist gezeigt, daß es unter den gemachten Voraussetzungen bis auf Isomorphie nur eine einzige Darstellung der Operatoren P und Q gibt, nämlich mit der Basiswahl der Φ_n:

$$P\,\Phi_n = \frac{1}{\iota}\sqrt{\frac{\hbar}{2}}\,(A - A^*)\,\Phi_n = \frac{1}{\iota}\sqrt{\frac{\hbar}{2}}\,(\sqrt{n}\,\Phi_{n-1} - \sqrt{n+1}\,\Phi_{n+1})$$

$$Q\,\Phi_n = \sqrt{\frac{\hbar}{2}}\,(A + A^*)\,\Phi_n = \sqrt{\frac{\hbar}{2}}\,(\sqrt{n}\,\Phi_{n-1} + \sqrt{n+1}\,\Phi_{n+1}). \tag{8.6}$$

Damit haben wir allerdings noch nicht die Darstellung, die wir als Q-Darstellung im vorigen Abschnitt bezeichneten. Da $N\Phi_n = n\Phi_n$ ist, erhalt man aus (8.6) vielmehr die P und Q in der N-Darstellung

$$f = \sum_{n=0}^{\infty} \Phi_n (n|f) \tag{8.7}$$

durch:

$$N(n|f) = n(n|f),$$

$$P(n|f) = \iota\sqrt{\frac{\hbar}{2}}\,(\sqrt{n}\,(n-1|f) - \sqrt{n+1}\,(n+1|f)),$$

$$Q(n|f) = \sqrt{\frac{\hbar}{2}}\,(\sqrt{n}\,(n-1|f) + \sqrt{n+1}\,(n+1|f)),$$

$$(n|P|m) = \frac{1}{\iota}\sqrt{\frac{\hbar}{2}}\,(\sqrt{m}\,(n|m-1) - \sqrt{m+1}\,(n|m+1)),$$

$$(n|Q|m) = \sqrt{\frac{\hbar}{2}}\,(\sqrt{m}\,(n|m-1) + \sqrt{m+1}\,(n|m+1))$$

$$\text{mit}\quad (n|r) = \delta_{nr}. \tag{8.8}$$

Um die Q-Darstellung zu finden, versuchen wir in der N-Darstellung die Gleichung $Q\,\varphi = x\,\varphi$ zu lösen, wodurch die $(n|x)$ bestimmt werden:

$$Q(n|x) = x(n|x), \tag{8.9}$$

---

[1] Anhang II, § 6 und 8 ist der Begriff „irreduzibel" erläutert.

d. h. mit (8.8) und $x = \sqrt{\hbar}\, y$ und $(n\,|\,x) = g_n(y)$

$$\sqrt{\frac{n+1}{2}}\, g_{n+1}(y) + \sqrt{\frac{n}{2}}\, g_{n-1}(y) = y\, g_n(y).$$

Setzt man weiterhin $g_n = \dfrac{1}{\sqrt{2^n n!}}\, g_0(y)\, H_n(y)$, so erhält man die Rekursionsformel:

$$H_n = 2y\, H_{n-1} - 2(n-1)\, H_{n-2}$$

mit dem Anfangswert $H_0 = 1$. Durch diese Rekursionsformel werden die HERMITEschen Polynome bestimmt[1]. Für jeden Wert x erhalten wir eine uneigentliche Eigenfunktion $(n\,|\,x)$. $(\sum\limits_{n=0}^{\infty} |(n\,|\,x)|^2$ ist nicht konvergent!). $a_n = \int\limits_{x-\varepsilon}^{x} (n\,|\,x')\, dx'$ ist aber ein richtiger Vektor mit $\sum\limits_{n=0}^{\infty} |a_n|^2 < \infty$, was wir gleich genauer sehen werden. Vorher wollen wir $g_0(y)$ noch bestimmen. Dazu müssen wir beachten, daß $\sum\limits_{n=0}^{\infty} (x'\,|\,n)\,(n\,|\,x) = \delta(x-x')$ sein muß. Dazu ist

$$f(y, y') = \sum_n \frac{1}{2^n n!}\, H_n(y)\, H_n(y') = e^{y'^2} \sum_n \frac{1}{2^n n!}\, H_n(y) \left(-\frac{d}{dy'}\right)^n e^{-y'^2}$$

zu berechnen. Nun ist

$$e^{-y'^2} = \frac{1}{2\sqrt{\pi}} \int\limits_{-\infty}^{+\infty} e^{-i\omega y'}\, e^{-\frac{\omega^2}{4}}\, d\omega$$

und damit

$$\left(-\frac{d}{dy'}\right)^n e^{-y'^2} = \frac{1}{2\sqrt{\pi}} \int\limits_{-\infty}^{+\infty} e^{-i\omega y'}\, (i\omega)^n\, e^{-\frac{\omega^2}{4}}\, d\omega,$$

so daß

$$f(y, y') = e^{y'^2} \frac{1}{2\sqrt{\pi}} \int\limits_{-\infty}^{+\infty} e^{-i\omega y'}\, e^{-\frac{\omega^2}{4}} \sum_n \frac{1}{2^n n!}\, H_n(y)\, (i\omega)^n\, d\omega$$

---

[1] Die HERMITEschen Polynome werden durch die erzeugende Funktion

$$f(x, t) = e^{-t^2 + 2tx} = e^{x^2}\, e^{-(t-x)^2} = \sum_{n=0}^{\infty} H_n(x)\, \frac{t^n}{n!}$$

definiert, woraus

$$H_n(x) = \frac{\partial^n}{\partial t^n}\, f(x, t)\big|_{t=0} = (-1)^n\, e^{x^2}\, \frac{d^n e^{-x^2}}{dx^n}$$

folgt. Aus $\dfrac{\partial}{\partial x}\, f(x, t) = 2t\, f(x, t)$ folgt $H_n'(x) = 2n\, H_{n-1}(x)$ und aus $\dfrac{\partial}{\partial t}\, f(x, t) + 2(t-x)\, f(x, t) = 0$: $H_{n+1}(x) - 2x\, H_n(x) + 2n\, H_{n-1}(x) = 0.$

und mit der erzeugenden Funktion für die $H_n(y)$:

$$f(y, y') = e^{y'^2} \frac{1}{2\sqrt{\pi}} \int\limits_{-\infty}^{+\infty} e^{-\iota\omega y'}\, e^{-\frac{\omega^2}{4}}\, e^{-\left(\frac{i\omega}{2}\right)^2 + 2\left(\frac{i\omega}{2}\right)y}\, d\omega$$

$$= \sqrt{\pi}\, e^{y'^2}\,\delta(y - y'),$$

wenn man die mit dem FOURIERschen Integralsatz identische Be-ziehung $\dfrac{1}{2\pi} \int\limits_{-\infty}^{+\infty} e^{\iota(y-y')\omega}\, d\omega = \delta(y - y')$ benutzt[1].

Also können wir schließlich setzen:

$$(n|x) = \frac{1}{\sqrt{2^n\, n!\, (\pi\hbar)^{1/}}}\, H_n\left(\frac{x}{\hbar^{1/2}}\right) e^{-\frac{1}{\hbar}\frac{x^2}{2}}. \tag{8.10}$$

Jeden Vektor f können wir jetzt in der Q-Darstellung durch eine Funktion $(x|f)$ darstellen mit

$$(x|f) = \sum_n (x|n)\,(n|f).$$

Speziell folgt für den Operator P

$$P(x|f) = \sum_{n,m} (x|n)\,(n|P|m)\,(m|f);$$

mit[2] $\sum\limits_n (x|n)\,(n|P|m) = \dfrac{\hbar}{\iota}\dfrac{d}{dx}(x|m)$ wird also

$$P(x|f) = \frac{\hbar}{\iota}\frac{d}{dx}(x|f). \tag{8.11}$$

Damit sehen wir also, daß die Q-Darstellung $(x|f)$ so gewählt werden kann, daß $Q(x|f) = x(x|f)$ und $P(x|f) = \dfrac{\hbar}{\iota}\dfrac{d}{dx}(x|f)$ wird. Man sieht auch unmittelbar, daß die Abbildung der Φ_n auf die $(x|n)$ iso-morph ist:

$$\Phi_n \longleftrightarrow (x|n),$$

$$Q\Phi_n \longleftrightarrow x(x|n),$$

$$P\Phi_n \longleftrightarrow \frac{\hbar}{\iota}\frac{d}{dx}(x|n),$$

$$H\Phi_n = \frac{1}{2}(P^2 + Q^2)\Phi_n = \hbar\left(n + \frac{1}{2}\right)\Phi_n \longleftrightarrow \frac{1}{2}\left[\left(\frac{\hbar}{\iota}\frac{d}{dx}\right)^2 + x^2\right](x|n),$$

$$= \hbar\left(n + \frac{1}{2}\right)(x|n).$$

---

[1] $F(x) = \lim\limits_{a\to\infty} \dfrac{1}{2\pi}\int\limits_{-\infty}^{+\infty} F(y)\left[\int\limits_{-a}^{+a} e^{\iota\omega(x-y)}\,d\omega\right]dy$; siehe auch III, § 6.

[2] Anmerkung 1 Seite 92.

Jetzt ist es leicht, auch die P-Darstellung zu finden, für die wir auf Grund der Symmetrie der Vertauschungsrelation erwarten:

$$P(p|f) = p(p|f); \qquad Q(p|f) = -\frac{\hbar}{i}\frac{d}{dp}(p|f). \tag{8.12}$$

Um die Übergangskoeffizienten $(x|p)$ zu finden, beachten wir, daß die $(x|p)$ (uneigentliche) Eigenvektoren von P in der Q-Darstellung sein müssen:

$$\frac{\hbar}{i}\frac{d}{dx}(x|p) = p(x|p), \tag{8.13}$$

woraus sich

$$(x|p) = \frac{1}{\sqrt{2\pi\hbar}}\, e^{i\frac{p\,x}{\hbar}} \tag{8.14}$$

ergibt. Der Faktor ist schon entsprechend der Normierung

$$\int\limits_{-\infty}^{+\infty}(p'|x)(x|p)\,dx = \delta(p - p') \text{ gewählt worden. Es ist}$$

$$(p|f) = \int\limits_{-\infty}^{+\infty}(p|x)(x|f)\,dx \tag{8.15}$$

zu setzen, woraus leicht die anderen Beziehungen (8.12) folgen. Die Beziehung (8.15) soll noch einmal korrekt formuliert werden:

$$\overline{(p|x)}:\quad \int\limits_{p-\varepsilon}^{p}dp'\int\limits_{x-\delta}^{x}dx'(p'|x') = G(I, J)$$

mit
$$I:\quad p \geqq \cdots > p - \varepsilon,$$
$$J:\quad x \geqq \cdots > x - \delta.$$

$$\overline{(x|f)}:\quad \int\limits_{x-\delta}^{x}(x'|f)\,dx'; \qquad \overline{(p|f)} = \int\limits_{p-\varepsilon}^{p}(p'|f)\,dp'.$$

Dann gilt exakt

$$\int\limits_{p-\varepsilon}^{p}(p'|f)\,dp' = \lim\sum_{\nu}G(I, J_\nu)\int\limits_{J_\nu}(x'|f)\,dx'$$

und damit fast überall

$$(p|f) = \lim\sum_{\nu}\int\limits_{J_\nu}(p|x'')\,dx''\int\limits_{J_\nu}(x'|f)\,dx' = \int\limits_{-\infty}^{+\infty}(p|x)(x|f)\,dx,$$

wobei das letzte Integral im LEBESGUEschen Sinne zu nehmen ist.

Um die allgemeinen Betrachtungen vom Ende des § 7 zu veranschaulichen, sollen einige physikalische Fragestellungen für den Harmonischen Oszillator mit Hilfe der $(x|n)$, $(p|x)$ beantwortet werden.

Aufgabe: Man leite die Koeffizienten $(p|n)$ ab und diskutiere sie, wie im Folgenden die $(x|n)$.

Hat man zuerst die Energie gemessen mit dem Ergebnis $E_n = \hbar\omega(n + \frac{1}{2})$ und fragt nach der Wahrscheinlichkeit $w(x - \varepsilon, x)$

den Ort im Intervall $x - \varepsilon$ bis x zu finden, so folgt hierfür:

$$w(x - \varepsilon, x) = \int\limits_{x-\varepsilon}^{x} |(x'|n)|^2\, dx'.$$

Die $(x|n)$ sind für die niedrigsten n-Werte in Abb. 4 aufgezeichnet.

Hat man umgekehrt die Eigenschaft, daß der Ort im Intervall $x \geqq \cdots > x - \varepsilon$ liegt mit positivem Ergebnis gemessen, so erhält für die Wahrscheinlichkeit w_n, den Energiewert $E_n = \hbar\,\omega\,(n + \tfrac{1}{2})$ zu finden ebenfalls:

$$w_n = \int\limits_{x-\varepsilon}^{x} |(x'|n)|^2\, dx'.$$

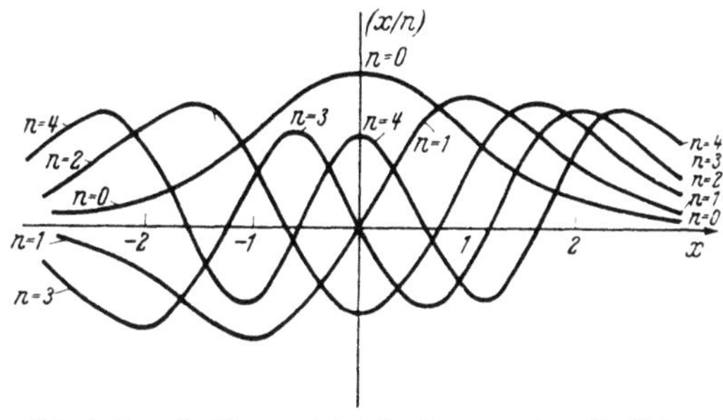

Abb. 4. Eigenfunktionen $(x|n)$ des harmonischen Oszillators

Nach der Ortsmessung in $x \geqq \cdots > x - \varepsilon$ sei nicht nach der Energie, sondern nach dem Impuls gefragt. Dann folgt als Wahrscheinlichkeit für einen Impulswert innerhalb $p \geqq \cdots > p - \delta$

$$\int\limits_{p-\delta}^{p} dp' \int\limits_{x-\varepsilon}^{x} dx' \,|(x'|p')|^2 = \frac{1}{2\pi\hbar}\,\delta\,\varepsilon.$$

d. h., alle Impulswerte sind gleich wahrscheinlich. Die Ortsmessung hilft in keiner Weise, irgend etwas über den Impuls aussagen zu können. Im Gegenteil: Eine Ortsmessung verhindert die Genauigkeit der Impulswerte und umgekehrt, wie es quantitativ die HEISENBERGsche Ungenauigkeitsrelation zeigt:

$$\Delta P\,\Delta Q \geqq \frac{\hbar}{2} \tag{8.16}$$

mit $(\Delta P)^2 = \mathrm{Str.}\,(P)$ und $(\Delta Q)^2 = \mathrm{Str.}\,(Q)$. Sie ist eine unmittelbare Folge der Vertauschungsrelation $PQ - QP = \dfrac{\hbar}{\imath}\,1$:

Der statistische Operator sei W mit $\mathrm{Sp}\,(W) = 1$. Bezeichnen wir mit $P' = P - \mathrm{Sp}(PW)\,1$, $Q' = Q - \mathrm{Sp}(QW)\,1$, so gilt auch $P'Q' - Q'P' = \dfrac{\hbar}{\imath}\,1$.

Es ist dann

$$\Delta P\,\Delta Q = \sqrt{\mathrm{Sp}(P'^2 W)\,\mathrm{Sp}(Q'^2 W)}$$

Es ist

$$\mathrm{Sp}(P'^2 W) = \sum_{\nu} \|\,P'\,\sqrt{W}\,\varphi_\nu\,\|^2,$$

und entsprechend für Q'. Nach der SCHWARZschen Ungleichung folgt:

$$\sqrt{\sum\|P'\sqrt{W}\varphi_\nu\|^2}\,\sqrt{\sum_\varrho\|Q'\sqrt{W}\varphi_\varrho\|^2} \geqq \sum_\nu\|P'\sqrt{W}\varphi_\nu\|\,\|Q'\sqrt{W}\varphi_\nu\|.$$

Für ein ν gilt weiterhin, ebenfalls nach der SCHWARZschen Ungleichung:

$$\|P'\sqrt{W}\varphi_\nu\|\,\|Q'\sqrt{W}\varphi_\nu\| \geqq |(P'\sqrt{W}\varphi_\nu, Q'\sqrt{W}\varphi_\nu)|$$

$$\geqq \frac{1}{2}\,|(P'\sqrt{W}\varphi_\nu, Q'\sqrt{W}\varphi_\nu) - (Q'\sqrt{W}\varphi_\nu, P'\sqrt{W}\varphi_\nu)|$$

$$= \frac{1}{2}\,|(\sqrt{W}\varphi_\nu, (P'Q' - Q'P')\sqrt{W}\varphi_\nu)| = \frac{\hbar}{2}\,(\varphi_\nu, W\varphi_\nu).$$

Also

$$\Delta P\,\Delta Q \geqq \frac{\hbar}{2}\sum_\nu(\varphi_\nu, W\varphi_\nu) = \frac{\hbar}{2}.$$

Wann kann genau $\Delta P\,\Delta Q = \dfrac{\hbar}{2}$ werden? Dazu muß in der obigen Ableitung überall statt eines $\geqq$- ein $=$-Zeichen treten. Dazu ist notwendig, daß

1. $\|P'\sqrt{W}\,\varphi_\nu\| = \alpha^2\|Q'\sqrt{W}\,\varphi_\nu\|$,

2. $P'\sqrt{W}\,\varphi_\nu = \beta_\nu Q'\sqrt{W}\,\varphi_\nu$,

3. $(P'\sqrt{W}\,\varphi_\nu,\quad Q'\sqrt{W}\,\varphi_\nu)$ rein imaginär ist.

Aus 2. und 3. folgt, daß $\beta_\nu = i\varrho_\nu$ (ϱ_ν reell) sein muß. Aus 1. folgt dann $|\varrho_\nu| = \alpha^2$, d. h. $\varrho_\nu = \pm\alpha^2$. Damit gilt

$$(P' \pm i\alpha^2 Q')\sqrt{W}\varphi_\nu = 0.$$

Dies besagt aber (wenn wir einmal $M(P) = M(Q) = 0$ annehmen) nach den Ableitungen über den harmonischen Oszillator von (8.1) bis (8.8) bzw. (I, 7.15) bis (I, 7.21), daß dies nur mit $-i\alpha^2$ lösbar ist, und zwar muß mit $\alpha^2 = m\omega$ und mit dem dort eingeführten Φ_0

$$\sqrt{W}\varphi_\nu = \lambda_\nu\Phi_0$$

sein. Also ist $P_{\Phi_0}\sqrt{W}\varphi_\nu = \sqrt{W}\varphi_\nu$ für alle φ_ν.

Also gilt für jedes f: $P_{\Phi_0}\sqrt{W}f = \sqrt{W}f$ und damit

$$P_{\Phi_0}\sqrt{W} = \sqrt{W}$$

und nach Multiplikation mit $\sqrt{W}$:

$$P_{\Phi_0}W = W.$$

Da W Hermitesch, ist wegen $W^* = W$: $P_{\Phi_0}W = WP_{\Phi_0} = P_{\Phi_0}WP_{\Phi_0}$ und somit $W = \lambda P_{\Phi_0}$, denn $Wf = \Phi_0(\Phi_0, W\Phi_0)(\Phi_0, f)$. Da $\mathrm{Sp}(W) = 1$ sein sollte, ist $W = P_{\Phi_0}$.

Das Gleichheitszeichen in der Ungenauigkeitsrelation gilt also dann und nur dann, wenn ein Zustand der Form Φ_0 vorliegt, d. h. in der Q-Darstellung der Zustand $\left(\text{mit } a = \dfrac{2\hbar}{\alpha^2}\right)$:

$$(x\,|\,0) = \left(\frac{2}{a^2\,\pi}\right)^{1/4} e^{-\frac{x^2}{a^2}}.$$

Ist $M(P) = \overline{P}$ und $M(Q) = \overline{Q}$ ungleich Null, so ergibt sich in der Ortsdarstellung der Zustand:

$$(x\,|\,0) = \left(\frac{2}{a^2\,\pi}\right)^{1/4} e^{-i\frac{\overline{P}}{\hbar}(x-\overline{Q})}\, e^{-\frac{(x-\overline{Q})^2}{a^2}}.$$

Da $(\varDelta P)^2 = \displaystyle\int\limits_{-\infty}^{+\infty} (p - \overline{P})^2\,|(p\,|\,f)|^2\,dp$ und $(\varDelta Q)^2 = \displaystyle\int\limits_{-\infty}^{+\infty} (x - \overline{Q})^2\,|(x\,|\,f)|^2\,dx$

stellt wegen (8.15) die Ungenauigkeitsrelation einen Satz über FOURIER-integrale dar.

Wie die Quantentheorie es verhindert, daß bei einer Messung die Ungenauigkeitsrelation verletzt werden könnte, wird genauer in Kapitel V erläutert werden.

§ 9. Entartete Spektren und Mehrteilchenproblem.

In den vorigen Paragraphen haben wir die zu einer Observablen A gehörige Darstellung nur für den Fall betrachtet, daß A ein nicht entartetes Spektrum besitzt. Ist das Spektrum von A entartet, so gibt es also keinen Vektor φ mit $K_A(\varphi) = \mathfrak{H}$. Wie wir am Ende von § 5 sahen, können wir den Körper K_A zu einem vollständigen ergänzen, indem wir eine Schar S von mit K_A und unter sich kommensurablen Eigenschaften $\mathfrak{S}_n$ hinzunehmen und den von K_A und S erzeugten Körper betrachten, wobei wir annehmen dürfen, daß die Teilräume $\mathfrak{S}_n$ von S abzählbar und paarweise orthogonal sind. $B = \sum\limits_{n} n P_{\mathfrak{S}_n}$ ist ein mit A vertausch-barer HERMITEscher Operator, für den $K_{A,B} = \{K_A, S\}$ vollständig ist. Das Spektrum von B ist diskret. Die $\mathfrak{S}_n$ selbst können nach § 5 als $K(\varphi_n)$ gewählt werden.

Im Falle entarteter Spektren können wir also immer annehmen, daß wir ein vollständiges (nach S. 68) System von Observablen haben. In den Anwendungen wird es öfter vorkommen, daß das vollständige System mehr als zwei Operatoren A, B umfaßt.

Wir werden für die weiteren allgemeinen Ableitungen nur zwei Operatoren A, B betrachten, da die Verallgemeinerung auf mehrere auf der Hand liegt. E_α und F_β seien die Spektralzerlegungen. Ist I: $\alpha_1 \geqq \cdots > \alpha_2$ ein Intervall auf der α-Geraden und J: $\beta_1 \geqq \cdots > \beta_2$ ein Intervall auf der β-Geraden, so ist hierdurch ein Rechteckintervall L in der $(\alpha\beta)$-Ebene gegeben. Wir definieren $\mathfrak{r}_L$ als den Projektionsraum des Operators $E(I)\,F(J)$.

Mit den $\mathfrak{r}_L$ lassen sich nun alle Überlegungen von § 4 ff. auf die $(\alpha\beta)$-Ebene übertragen. Mit $\mu(\eta) = ||P_{\mathfrak{c}(\eta)}\varphi||^2$ als Maß von Punktmengen der $(\alpha\beta)$-Ebene lassen sich alle Vektoren f eineindeutig auf quadratisch integrierbare Funktionen $f(\alpha,\beta)$ ($\int|f(\alpha,\beta)|^2\,d\mu(\alpha,\beta) < \infty$) und auch auf quadratisch integrierbare eigentliche oder uneigentliche $(\alpha\beta|f)$ (d. h. $\int|(\alpha\beta|f)|^2\,d\alpha\,d\beta < \infty$) beziehen, die wir die AB-Darstellung nennen. Sie sind definiert für alle Werte α, β des Spektrums σ. Der Punkt α, β gehört zu σ, wenn es kein Intervall L: $\alpha_1 > \alpha > \alpha_2$, $\beta_1 > \beta > \beta_2$ um α, β gibt, für das $\mathfrak{r}_L = 0$ ist.

Wählen wir speziell das oben konstruierte $B = \sum\limits_{n} n\,P_{\mathfrak{z}_n}$, so wird mit $\mu(L) = ||E(I)\,F(J)\,\varphi||^2$ (wobei $K_{AB}(\varphi) = \mathfrak{H}$ ist)

$$\int \Phi(\alpha,\beta)\,d\mu(\alpha,\beta) = \sum_{n=0}^{\infty}\int \Phi(\alpha,n)\,d\mu_n(\alpha)$$

mit

$$\mu_n(I) = ||E(I)\,P_{\mathfrak{z}_n}\varphi||^2.$$

Der Raum $\mathfrak{F}$ der über σ quadratisch integrierbaren Funktionen besteht also aus allen $f(\alpha,n)$ mit $\sum\limits_{n=0}^{\infty}\int |f(\alpha,n)|^2\,d\mu_n(\alpha) < \infty$. (Es kann sein, daß für ein Intervall I ein $\mu_n(I) = 0$ und ein anderes $\mu_{n'}(I) \neq 0$ ist!) Das Spektrum σ besteht aus mehreren waagerechten Geradenstücken (oder einzelnen Punkten). Wir können die Wahl der φ_n mit $K_A(\varphi_n) = \mathfrak{z}_n$ und damit den Operator B noch so abändern, daß (α, n_1) kein Punkt des Spektrums σ sein kann, wenn nicht alle Punkte (α, n) für alle $n < n_1$ σ angehören. Beweis:

Die Menge der Werte α, für die $g_n(\alpha) = ||E_\alpha P_{\mathfrak{z}_n}\varphi||^2$ konstant ist (d. h. um die es ein Intervall $\alpha + \varepsilon > \cdots > \alpha - \varepsilon$ mit $g_n(\alpha + \varepsilon) = g_n(\alpha)$ gibt)

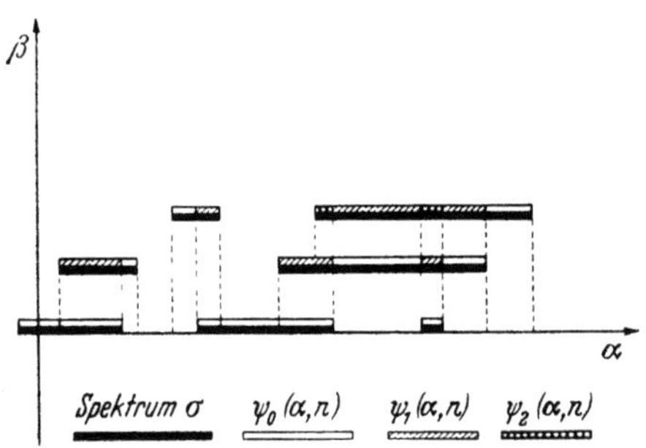

Abb. 5. Werteverteilung der Funktionen $\psi_m(\alpha, n)$ auf dem Spektrum σ. Die dem $\psi_m(\alpha, n)$ zugeordnete Markierung bezeichnet die Stellen von σ, wo $\psi_m(\alpha, r) = 1$ ist

oder $g_n(\dot\alpha)$ für die diskreten Werte des Spektrums von A nicht unstetig springt, möge mit $\eta_n(\alpha)$ bezeichnet werden. Wir wählen nun folgende Funktionen $\psi_m(\alpha, n)$:

$$\psi_0(\alpha, 0) = 1; \quad \psi_0(\alpha, n) = \begin{cases} 1 & \text{für } \alpha \text{ in } \eta_{n-1} \cap \eta_{n-2} \cap \cdots \cap \eta_0, \\ 0 & \text{sonst,} \end{cases}$$

dann rekursiv:

für $n \geqq m$: $\psi_m(\alpha, n) = 1$ für alle α aus $\bigcup\limits_{n'=m-1}^{n-1}(\tau \cap \eta_{n-1} \cap \cdots \cap \eta_{n'+1} \cap \varrho_{n'})$

mit τ als Menge der α, wo $\psi_{m'}(\alpha, n) = 0$ für $m' < m$ ist und $\varrho_{n'}$ als Menge der α, wo $\psi_{m-1}(\alpha, n') = 1$ ist. $\psi_m(\alpha, n) = 0$ sonst. Zur Veranschaulichung diene Abb. 5.

Die Teilräume $K_A(\psi_m)$ werden nach § 5 von allen Funktionen $h(\alpha)\,\psi_m(\alpha, n)$ gegeben. Man zeigt leicht, daß die $K_A(\psi_m)$ paarweise orthogonal sind und $\sum_m \oplus K_A(\psi_m) = \mathfrak{H}$ ist. Benutzt man statt der φ_m die ψ_m, so hat das Spektrum σ die oben geforderte Eigenschaft.

Für die so neu gewählten $g_n(\alpha)$ gilt dann, daß für Stellen α, wo $g_n(\alpha)$ konstant ist, auch $g_{n'}(\alpha)$ für alle $n' > n$ konstant ist, und daß für einen Wert α des diskreten Spektrums alle $g_{n'}$ für $n' > n$ stetig sind, wenn g_n stetig ist. Als Entartungsgrad eines Wertes α_1 des kontinuierlichen Spektrums bezeichnet man das größte n, für das $g_n(\alpha)$ an der Stelle α_1 nicht konstant ist; für einen Wert α_1 des diskreten Spektrums das größte n, für das $g_n(\alpha)$ an der Stelle α_1 nicht stetig ist.

Man zeige, daß für die diskreten Werte des Spektrums dieser so definierte Entartungsgrad identisch ist mit der Dimension des Eigenraumes!

Es ist nun leicht, die Überlegungen von § 8 für die Orts- und Impulsdarstellung auf den Fall zu übertragen, wo statt nur einer f Orts- und f Impulskoordinaten Q_i und P_i vorhanden sind mit den Vertauschungsrelationen

$$P_i P_k - P_k P_i = 0; \qquad Q_i Q_k - Q_k Q_i = 0; \qquad P_i Q_k - Q_k P_i = \frac{\hbar}{i}\,\mathbf{1}\,\delta_{ik}.$$

Man betrachtet dann den Operator $H = \dfrac{1}{2}\sum\limits_{i=1}^{f}(P_i^2 + Q_i^2)$, führt die A_i und A_i^* nach

$$A_i = \frac{1}{\sqrt{2\hbar}}\,(Q_i + i\,P_i); \qquad A_i^* = \frac{1}{\sqrt{2\hbar}}\,(Q_i - i\,P_i) \tag{9.1}$$

ein, zeigt genau so, daß $H = \hbar\sum\limits_{i=1}^{f}\left(A_i^* A_i + \dfrac{1}{2}\right)$ und $N = \sum\limits_{i=1}^{f} A_i^* A_i$ nur diskrete Eigenwerte $\hbar\left(n + \dfrac{f}{2}\right)$ bzw. n mit $n = 0, 1, 2, \ldots$ besitzen und daß es mindestens einen Vektor Φ_0 gibt, für den $A_i \Phi_0 = 0$ für *alle* A_i ist. Die Vektoren

$$\Phi_{n_1 n_2 \cdots n_f} = \frac{1}{\sqrt{\prod n_i!}}\,\prod_j A_j^{*\,n_j}\,\Phi_0 \tag{9.2}$$

bilden dann ein n. O., das einen Teilraum $\mathfrak{R}$ aufspannt. Alle irreduziblen Darstellungen der P_i, Q_i sind dann der in $\mathfrak{R}$ isomorph. Unter der Irreduzibilitätsannahme ist also $\mathfrak{R} = \mathfrak{H}$ und (9.2) ein v. n. O.

Da die Q_i vertauschbar sind, kann man zur $(Q_1, Q_2, \ldots, Q_f)$-Darstellung übergehen, wo die Vektoren g durch Funktionen $(x_1, \ldots, x_f \,|\, g)$ dargestellt werden mit

$$Q_i(x_1, \ldots, x_f \,|\, g) = x_i(x_1, \ldots, x_f \,|\, g)$$

und

$$P_i(x_1, \ldots, x_f \,|\, g) = \frac{\hbar}{i}\,\frac{\partial}{\partial x_i}(x_1, \ldots, x_f \,|\, g). \tag{9.3}$$

Unter dem *Produktraum* $\mathfrak{R} \times \mathfrak{S}$ zweier HILBERT-Räume $\mathfrak{R}$ und $\mathfrak{S}$ wollen wir den Raum verstehen, in dem die Linearmannigfaltigkeit aller endlichen Summen $\sum_{i,k} a_{ik} u_i v_k$ (hierbei sind die $u_i v_k$ rein *formal* als Produkte zu behandeln), wo u_i und v_k beliebige Vektoren aus $\mathfrak{R}$ bzw. $\mathfrak{S}$ sind, dicht liegt (vgl. Anhang I, Axiom III), wobei das innere Produkt durch $(\sum_{i,k} a_{ik} u_i v_k, \sum_{j,l} b_{jl} u'_j v'_l) = \sum_{i,k,j,l} \overline{a_{ik}} b_{jl} (u_i, u'_j)(v_k, v'_l)$ definiert ist. Ist φ_ν ein v. n. O. in $\mathfrak{R}$, ψ_n in $\mathfrak{S}$, so bilden die $\Phi_{\nu\mu} = \varphi_\nu \psi_\mu$ ein solches in $\mathfrak{R} \times \mathfrak{S}$. Sind also die Vektoren aus $\mathfrak{R}$ quadratisch integrierbare Funktionen $f(P)$ mit P aus einer Menge $\mathfrak{M}$ und von $\mathfrak{S}$ $g(Q)$ mit Q aus einer Menge $\mathfrak{N}$, so sind die Elemente aus $\mathfrak{R} \times \mathfrak{S}$ quadratisch integrierbare Funktionen $F(P, Q)$, wobei die (P, Q) Elemente der Menge $\mathfrak{M}\mathfrak{N}$ sind, die aus allen Paaren von Elementen aus $\mathfrak{M}$ und $\mathfrak{N}$ besteht. Die bei der Integration benutzten Maßfunktionen μ_1 in $\mathfrak{M}$ und μ_2 in $\mathfrak{N}$ müssen auf $\mathfrak{M}\mathfrak{N}$ ausgedehnt werden, was dadurch geschieht, daß man mit η als Teilmenge von $\mathfrak{M}$ und ϱ als Teilmenge von $\mathfrak{N}$ das Maß $M(\eta\varrho) = \mu_1(\eta)\mu_2(\varrho)$ definiert und dann von den Mengen $\eta\varrho$ ausgehend auf weitere Teilmengen $\mathfrak{M}\mathfrak{N}$ ausdehnt, so daß die meßbaren Mengen einen BOREL-Körper bilden.

Bezeichnen wir nun die Vektoren Φ_n nach (8.4) mit φ_n, so kann man mit $\Phi_0 = \overset{1}{\varphi_0} \overset{2}{\varphi_0} \dots \overset{f}{\varphi_0}$, wobei die oberen Indizes angeben, welche Q_i und P_i auf die $\overset{i}{\varphi_0}$ wirken (d. h. z. B. $P_2 \overset{1}{\varphi_0} \overset{2}{\varphi_0} \dots \overset{f}{\varphi_0} = \overset{1}{\varphi_0} P_2 \overset{2}{\varphi_0} \overset{3}{\varphi_0} \dots \overset{f}{\varphi_0}$), die $\Phi_{n_1 \dots n_f}$ aus (9.2) schreiben als:

$$\Phi_{n_1 n_2 \dots n_f} = \overset{1}{\varphi}_{n_1} \overset{2}{\varphi}_{n_2} \dots \overset{f}{\varphi}_{n_f}, \tag{9.4}$$

so daß sich $\mathfrak{H} = \mathfrak{R}_1 \times \mathfrak{R}_2 \times \dots \times \mathfrak{R}_f$ schreiben läßt, wo $\mathfrak{R}_i$ der von den $\overset{i}{\varphi}_n$ aufgespannte HILBERT-Raum ist.

Hieraus folgt, wenn die P_i, Q_i $(i = 1 \dots f_1)$ und die P_i, Q_i $(i = f_1 + 1, \dots, f)$ je ein Teilsystem S_1 und S_2 des ganzen physikalischen Systems beschreiben, daß der HILBERT-Raum $\mathfrak{H}$ für das ganze System S gleich dem Produktraum der HILBERT-Räume $\mathfrak{H}_1$ und $\mathfrak{H}_2$ der beiden Teilsysteme S_1 bzw. S_2 ist: $\mathfrak{H} = \mathfrak{H}_1 \times \mathfrak{H}_2$.

Wir wollen dies als einen allgemeinen Grundsatz (auch dann, wenn die Observablen nicht Ausdrücke in den P_i, Q_i sind) formulieren:

II_Z: Der physikalischen Zusammensetzung zweier Systeme mit den beiden einzelnen HILBERT-Räumen $\mathfrak{R}_1$ und $\mathfrak{R}_2$ entspricht als HILBERT-Raum $\mathfrak{H}$ der Produktraum $\mathfrak{H} = \mathfrak{R}_1 \times \mathfrak{R}_2$, so daß die Observablen A des ersten Systems in der Form $A \sum_{i,k} a_{ik} u_i v_k = \sum_{i,k} a_{ik} (A u_i) v_k$ wirken; entsprechend die B des zweiten Systems. Durch $A \times B$ definieren wir den Operator $A \times B u_i v_k = (A u_i)(B v_k)$. Wir können dann auch schreiben, daß der Observablen A des ersten Systems in $\mathfrak{H}$ der Operator $A \times 1$ entspricht.

§ 10. Transformationen des physikalischen Systems.

Unter einer Transformation des physikalischen Systems wollen wir eine eineindeutige Abbildung der Eigenschaften aufeinander verstehen:

$$\mathfrak{r} \leftrightarrow \mathfrak{r}', \quad \mathfrak{r}' = T\mathfrak{r}, \quad \mathfrak{r} = T^{-1}\mathfrak{r}',$$

so daß hierbei alle Beziehungen der Eigenschaften untereinander erhalten bleiben, d. h. es soll sein:

$$T(\mathfrak{H} \ominus \mathfrak{r}) = \mathfrak{H} \ominus T\mathfrak{r},$$
$$T(\bigcup_i \mathfrak{r}_i) = \bigcup_i T\mathfrak{r}_i, \qquad (10.1)$$

kontradiktorische sollen in kontradiktorische Eigenschaften übergehen.

Daraus folgt $T(\bigcap_i \mathfrak{r}_i) = \bigcap_i T\mathfrak{r}_i$ und aus $\mathfrak{r} \subseteq \mathfrak{s}$ auch $T\mathfrak{r} \subseteq T\mathfrak{s}$. Aus $\mathfrak{r} \perp \mathfrak{s}$ folgt $T\mathfrak{r} \perp T\mathfrak{s}$ und damit wegen $\mathfrak{r} \cap \mathfrak{s} = 0$ und $T\mathfrak{r} \cap T\mathfrak{s} = 0$ auch $T(0) = 0$ und $T(\mathfrak{H}) = \mathfrak{H}$. Ist $\mathfrak{s}$ eindimensional, so muß auch $T\mathfrak{s}$ eindimensional sein; denn sonst gäbe es in $T\mathfrak{s}$ zwei orthogonale Teilräume, die bei der Abbildung T^{-1} in zwei orthogonale Teilräume von $\mathfrak{s}$ übergehen müßten, was unmöglich ist. Ist die Abbildung der eindimensionalen Teilräume bekannt, so auch aller übrigen, da jedes $\mathfrak{r} = \bigcup_i \mathfrak{s}_i$ mit eindimensionalen orthogonalen $\mathfrak{s}_i$ zerlegt werden kann und damit $T\mathfrak{r} = \bigcup_i T\mathfrak{s}_i$ gilt.

Weiterhin soll[1] die Wahrscheinlichkeit dafür, daß nach einer Messung von $\mathfrak{r}$ $\mathfrak{s}$ gefunden wird, gleich der sein, daß nach einer Messung von $T\mathfrak{r}$ $T\mathfrak{s}$ gefunden wird. Daraus folgt also die weitere Bedingung:

$$\mathrm{Sp}(P_\mathfrak{r} P_\mathfrak{s}) = \mathrm{Sp}(P_{T\mathfrak{r}} P_{T\mathfrak{s}}). \qquad (10.2)$$

Ein unitärer Operator $U\varphi = \varphi'$ erzeugt eine solche Transformation, indem man für eindimensionale $\mathfrak{s} = (\varphi)$ setzt: $T\mathfrak{s} = (U\varphi)$. Es gilt aber auch das Umgekehrte: Zu jedem oben definierten T gibt es einen unitären Operator U:

T ist bestimmt durch seine Wirkung auf eindimensionale $\mathfrak{s} = (\varphi)$. φ_ν sei ein v. n. O. und $\mathfrak{s}_\nu = (\varphi_\nu)$. Die $T\mathfrak{s}_\nu$ mögen durch die Vektoren ψ_ν aufgespannt werden, die dann ebenfalls orthogonal sein müssen. Wegen der Umkehrbarkeit müssen die ψ_ν ein v. O. bilden. Man kann die ψ_ν normiert annehmen. Auch dann sind sie durch die $T\mathfrak{s}_\nu$ nur bis auf einen Faktor $e^{i\gamma_\nu}$ bestimmt. Mit $\mathfrak{s} = \left(\sum_{\nu=1}^{\infty} \frac{1}{\nu} \varphi_\nu \right)$ und $T\mathfrak{s} = \left(\sum_{\nu=1}^{\infty} \beta_\nu \psi_\nu \right)$

muß wegen (10.2) $\left| \left(\varphi_\mu, \sum_{\nu=1}^{\infty} \frac{1}{\nu} \varphi_\nu \right) \right|^2 = |(\psi_u, \sum_{\nu=1}^{\infty} \beta_\nu \psi_\nu)|^2$, d. h. $|\beta_\nu| = \frac{1}{\nu}$

sein. Die unbestimmten Faktoren $e^{i\gamma_\nu}$ legen wir nun so fest, daß $\beta_\nu = \frac{1}{\nu}$

---

[1] Die Voraussetzung (10.2) ist nicht notwendig, sondern kann abgeleitet werden: Anhang III.

ist, d. h. $T\mathfrak{z} = \left(\sum\limits_{\nu=1}^{\infty} \dfrac{1}{\nu}\, \psi_\nu \right)$. Es sei mit $\mathfrak{t} = (\sum\limits_{\nu=1}^{\infty} a_\nu\, \varphi_\nu) : T\mathfrak{t} = (\sum\limits_{\nu=1}^{\infty} b_\nu\, \psi_\nu)$.

Aus $(\sum\limits_{\nu=1}^{3} a_\nu\, \varphi_\nu) = [\mathfrak{t} \cup (\varphi_4, \varphi_5, \ldots)] \cap (\varphi_1, \varphi_2, \varphi_3)$ folgt $T(\sum\limits_{\nu=1}^{3} a_\nu\, \varphi_\nu)$
$= [T\mathfrak{t} \cup (\psi_4, \psi_5, \ldots)] \cap (\psi_1, \psi_2, \psi_3) = (\sum\limits_{\nu=1}^{3} b_\nu\, \psi_\nu)$. Allgemein: setzt man
einige a_ν in $\sum\limits_{\nu=1}^{\infty} a_\nu\, \varphi_\nu$ gleich Null, so braucht man nur die entsprechenden
b_ν in $\sum\limits_{\nu=1}^{\infty} b_\nu\, \psi_\nu$ gleich Null zu setzen. Wegen (10.2) ist dann $|(\varphi_m, \sum\limits_{\nu=1}^{\infty} a_\nu\, \varphi_\nu)|^2$
$= |(\psi_m, \sum\limits_{\nu=1}^{\infty} b_\nu\, \psi_\nu)|^2$, d. h. $|a_\nu| = |b_\nu|$ und

$$\left|\left(\sum\limits_{\nu=1}^{\infty} \dfrac{1}{\nu}\, \varphi_\nu, a_1\, \varphi_1 + a_n\, \varphi_n \right)\right|^2 = \left|\left(\sum\limits_{\nu=1}^{\infty} \dfrac{1}{\nu}\, \psi_\nu, b_1\, \psi_1 + b_n\, \psi_n \right)\right|^2$$

d. h.

$$\left| a_1 + \dfrac{1}{n}\, a_n \right| = \left| b_1 + \dfrac{1}{n}\, b_n \right|. \tag{10.3}$$

Wir wollen annehmen, daß $a_1 \neq 0$ ist, was keine besondere Voraussetzung ist, da man sonst an Stelle von a_1 von einem anderen a_σ ausgehen kann. Da nur die Teilräume bestimmt sind, d. h. die Vektoren nur bis auf einen Vektor $e^{i\gamma}$, können wir a_1 und b_1 reell annehmen, so daß $a_1 = b_1$ ist. Aus (10.3) folgt dann $b_n = \{a_n \text{ oder } \overline{a_n}\}$. Es kann aber gezeigt werden, daß entweder alle $b_n = a_n$ oder alle $b_n = \overline{a_n}$ sind: (10.3) braucht man nur für zwei andere Indizes hinzuschreiben:

$$\left| \dfrac{1}{m}\, a_m + \dfrac{1}{n}\, a_n \right| = \left| \dfrac{1}{m}\, b_m + \dfrac{1}{n}\, b_n \right|, \tag{10.4}$$

woraus für $a_m = b_m$ auch $a_n = b_n$ und für $b_m = \overline{a_m}$ auch $b_n = \overline{a_n}$ folgt.

Kann nun für zwei verschiedene Vektoren $T(\sum\limits_{\nu} a_\nu\, \varphi_\nu) = (\sum\limits_{\nu} a_\nu\, \psi_\nu)$
·und $T(\sum a'_\nu\, \varphi_\nu) = (\sum \overline{a'_\nu}\, \psi_\nu)$ gelten? Wegen $T(a_m\, \varphi_m + a_n\, \psi_n)$
$= (a_m\, \psi_m + a_n\, \psi_n)$ und $T(a'_m\, \varphi_m + a'_n\, \varphi_n) = (\overline{a'_m}\, \psi_m + \overline{a'_n}\, \psi_n)$ folgt aus (10.2)

$$|a_m\, a'_m + a_n\, a'_n| = |a_m\, \overline{a'_m} + a_n\, \overline{a'_n}|,$$

was im allgemeinen nicht möglich ist.

Wir können nun eine Transformation T_U durch $T_U(\chi) = (U\chi)$ mit $U\varphi_\nu = \psi_\nu$ definieren und eine zweite $\overline{T}$ durch $\overline{T}(\sum\limits_{\nu} a_\nu\, \psi_\nu) = (\sum\limits_{\nu} \overline{a_\nu}\, \psi_\nu)$. (Die Definition von $\overline{T}$ ist vernünftig, denn es gilt $\overline{T}(\sum\limits_{\nu} a_\nu\, \psi_\nu)$
$= \overline{T}(e^{i\alpha} \sum\limits_{\nu} a_\nu\, \psi_\nu) = (e^{-i\alpha} \sum\limits_{\nu} \overline{a_\nu}\, \psi_\nu) = (\sum\limits_{\nu} \overline{a_\nu}\, \psi_\nu)$. Man beachte, daß die
Definition von $\overline{T}$ vom gewählten v. n. O. ψ_ν abhängt!) Jedes T läßt sich dann entweder in der Form $T = T_U$ oder $T = \overline{T}\, T_U$ schreiben.

Ist für $T = T_U$ U eindeutig durch T bestimmt? Wann ist $T_{U_1} = T_{U_2}$? Dafür muß für einen beliebigen Vektor f $T_{U_1}(f) = (U_1 f) = T_{U_2}(f) = (U_2 f)$, d. h. $U_1 f = \lambda U_2 f = U_2 \lambda f$ sein, wobei λ noch von f abhängen könnte. Mit $U_2^* U_1 = V$, wo auch V unitär ist, wäre also $V f = \lambda(f) f$. Da V linear und unitär ist, muß λ von f unabhängig und $|\lambda| = 1$ sein, so daß $U_1 = \lambda U_2$ wird. Wenn aber dies der Fall ist, so ist auch $T_{U_1} = T_{U_2}$.

Ist nun $T\mathfrak{r} = \mathfrak{r}'$ und $T = T_U$, so folgt $P_{\mathfrak{r}'} = U P_{\mathfrak{r}} U^*$. Daraus wieder folgt, daß jede Oberservable A in eine andere $A' = U A U^*$ transformiert wird. Die Transformation von A in A' hängt also nur von T und nicht von der Wahl von U ab, da λU dieselbe Transformation ergibt.

Die Transformationen T stehen in enger korrespondenzmäßiger Analogie zu den kanonischen Transformationen des Partikelbildes. Dazu betrachten wir eine „infinitesimale" unitäre Transformation $U = 1 + i\varepsilon K$. Aus $U^* U = 1$ folgt $K = K^*$, d. h. daß K ein HERMITEscher Operator ist (vgl. Anhang II, § 19). Für eine Observable A mit $A' = U A U^*$ und $A' = A + \delta A$ folgt dann

$$\delta A = i\varepsilon(KA - AK).$$

Dies stellt genau das Analogon der Gleichung (I, 2.15) dar, wenn wir die Korrespondenz der Vertauschungsrelationen $\dfrac{i}{\hbar}(KA - AK)$ nach (I, 6.7) mit den POISSON-Klammern beachten. Infinitesimale kanonische und unitäre Transformationen stehen also in Korrespondenz zueinander. Damit kann man sagen: Den kanonischen Transformationen des Partikelbildes korrespondieren die unitären Transformationen der Quantentheorie.

§ 11. Räumliche Translationen und Drehungen.

Die durch die unitären Operatoren

$$U(\tau_1, \tau_2, \tau_3) = e^{-\frac{i}{\hbar}(\tau_1 P_1 + \tau_2 P_2 + \tau_3 P_3)} \tag{11.1}$$

hervorgerufenen Transformationen eines physikalischen Systems mit den drei Impulsoperatoren P_1, P_2, P_3 haben eine sehr einfache Bedeutung: Da

$$U P_i U^* = P_i \quad \text{und} \quad U Q_i U^* = Q_i - \tau_i 1 \tag{11.2}$$

ist, geben sie also Translationen des physikalischen Systems im Raum um einen Vektor mit den Komponenten τ_1, τ_2, τ_3 wieder. Der Operator einer infinitesimalen Translation in der j-Richtung ist also $\dfrac{i}{\hbar} P_j$.

Für ein System aus n-Teilchen ist mit $K_j = \sum\limits_{i=1}^{n} P_j^{(i)} \, (j = 1, 2, 3)$, wo also K_j die Komponente des Gesamtimpulses ist, $U = e^{-\frac{i}{\hbar}(\tau_1 K_1 + \tau_2 K_2 + \tau_3 K_3)}$ der Operator der Translation:

$$U P_j^{(i)} U^* = P_j^{(i)}, \quad U Q_j^{(i)} U^* = Q_j^{(i)} - \tau_j 1. \tag{11.3}$$

Der HAMILTON-Operator H eines solchen Systems muß im Falle der Abwesenheit äußerer Felder invariant gegenüber (11.3) sein, d. h. $U H U^* = H$. Daraus folgt aber durch Übergang zu den infinitesimalen Transformationen, daß $K_i H - H K_i = 0$ sein muß. Nach der Bewegungsgleichung Axiom III aus Kapitel II, § 1, bedeutet dies wiederum, daß die Operatoren K_i zeitlich konstant bleiben. Da mit den K_i auch die Spektraloperatoren von K_i mit H vertauschbar sind und deshalb zeitlich konstant bleiben, folgt nach (II, 1.1) die zeitliche Konstanz *aller* Aussagen, die den Gesamtimpuls betreffen. Die Invarianz von H gegenüber Translationen hat also den Impulserhaltungssatz zur Folge, genauso wie im Partikelbild (I, § 2).

In der Ortsdarstellung hat der Operator $U(\tau_1, \tau_2, \tau_3)$ eine sehr einfache Form:

$$U(x_j^{(i)}|f) = (x_j^{(i)} + \tau_j|f).$$ (11.4)

$U(x_j^{(i)}|f) = (x_j^{(i)}|g)$ ist also diejenige Funktion von $x_j^{(i)}$, deren Werteverteilung aus $(x_j^{(i)}|f)$ durch Translation der Funktionswerte in Richtung der $x_j^{(i)}$-Achsen (in einem $3n$-dimensionalen Raum) um τ_j entsteht.

Man vermutet, daß Drehimpuls und infinitesimale Drehungen in einem ähnlichen Zusammenhang miteinander stehen wie Impuls und Translationen.

Der Drehimpuls ist seiner Definition (z. B. im Partikelbild I, 2.9 b) nach auf einen bestimmten Punkt bezogen, den wir einfachheitshalber als Koordinatenursprungspunkt wählen. Wir werden also versuchsweise für ein einziges Teilchen für die Komponenten M_1, M_2, M_2 des Drehimpulses auf Grund des Korrespondenzprinzips die Operatoren:

$$M_1 = Q_2 P_3 - Q_3 P_2; \quad M_2 = Q_3 P_1 - Q_1 P_3; \quad M_3 = Q_1 P_2 - Q_2 P_1 \quad (11.5)$$

ansetzen und für den Gesamtdrehimpuls bei einem zusammengesetzten System die Summe der Drehimpulse der einzelnen Teile.

Um die infinitesimalen Drehungen zu finden, betrachten wir eine Drehung der Koordinaten $x_j^{(i)}$:

$$x_j'^{(i)} = \sum_{k=1}^{3} d_{jk} x_k^{(i)}, \quad \text{kurz} \quad x_j'^{(i)} = D x_j^{(i)}.$$ (11.6)

Für die Matrix $D = (d_{ik})$ gelten dann die bekannten Relationen

$$D'D = 1 = DD'; \quad \text{also} \quad D' = D^{-1},$$

wo D' die transponierte Matrix zu D ist.

Wir definieren nun in der Ortsdarstellung den Operator U_D:

$$(x_j^{(i)} \,|\, U_D \, f) = U_D(x_j^{(i)}|f) = (D^{-1} x_j^{(i)}|f),$$ (11.7)

d. h. mit $U_D(x_j^{(i)}|f) = (x_j^{(i)}|g)$:

$$(x_j^{(i)}|g) = (\sum_{k=1}^{3} (d^{-1})_{jk} x_k^{(i)}|f).$$ (11.8)

U_D angewandt auf einen Vektor des Hilbert-Raumes ist also ein unitärer Operator, da U_D^{-1} existiert und $U_D^* = U_D^{-1}$ ist[1]. Weiterhin folgt

$$U_{D_1} U_{D_2} (x_j^{(i)}|f) = U_{D_1}(D_2^{-1} x_j^{(i)}|f) = (D_2^{-1} D_1^{-1} x_j^{(i)}|f) = ((D_1 D_2)^{-1} x_j^{(i)}|f).$$

Die unitären Operatoren U_D im Hilbert-Raum geben also eine Darstellung der Drehgruppe[2]. In der Ortsdarstellung läßt sich dann leicht zeigen:

$$U_D Q_j^{(i)} U_D^* = \sum_k d_{jk} Q_k^{(i)}; \qquad U_D P_j^{(i)} U_D^* = \sum_k d_{jk} P_k^{(i)}. \tag{11.9}$$

Die unitären Operatoren U_D geben also eine Transformationsgruppe des physikalischen Systems im Sinne von § 10.

Betrachten wir nun die der Identität benachbarten Drehungen[3]: Für eine kleine Drehung um die 3-Achse gilt dann

$$\begin{pmatrix} d_{11} & d_{12} & d_{13} \\ d_{21} & d_{22} & d_{23} \\ d_{31} & d_{32} & d_{33} \end{pmatrix} = \begin{pmatrix} 1 & 0 & 0 \\ 0 & 1 & 0 \\ 0 & 0 & 1 \end{pmatrix} + d\varphi \begin{pmatrix} 0 & -1 & 0 \\ 1 & 0 & 0 \\ 0 & 0 & 0 \end{pmatrix} \tag{11.10}$$

wofür wir kurz

$$D = 1 + d\varphi\, I_3 \tag{11.11}$$

schreiben, mit I_3 als infinitesimaler Drehung um die 3-Achse. Ebenso kann man I_1 und I_2 aufstellen und findet dann leicht die Vertauschungsrelationen

$$[I_1, I_2] = I_3; \qquad [I_3, I_1] = I_2; \qquad [I_2, I_3] = I_1, \tag{11.12}$$

deren Form den allgemeinen Sätzen aus Anhang II, § 15 genügt.

Wir können jetzt genau so auch die Anwendung der I_ν auf einen Vektor im Hilbert-Raum definieren nach (11.7):

$$(1 + d\varphi\, I_3)\,(x_j^{(i)}|f) = (x_j^{(i)} - d\varphi\, I_3 x_j^{(i)}|f). \tag{11.13}$$

Damit ist

$$I_3(x_j^{(i)}|f) = \sum_l \left(x_2^{(l)} \frac{\partial}{\partial x_1^{(l)}} - x_1^{(l)} \frac{\partial}{\partial x_2^{(l)}} \right) (x_j^{(i)}|f), \tag{11.14}$$

d. h.

$$i\hbar\, I_3 = \sum_{(l)} M_3^{(l)} \tag{11.15}$$

gleich dem Operator der 3-Komponente des Gesamtdrehimpulses. Diese letzte Beziehung ist unabhängig von der Art der Darstellung des Hilbert-Raumes geschrieben.

Da der Hamilton-Operator als Skalar bei Abwesenheit äußerer Felder (oder auch falls das äußere Feld kugelsymmetrisch um den

---

[1] Denn

$$\int \overline{(D^{-1} x_j^{(i)}|f)}\,(D^{-1} x_j^{(i)}|f)\, dx_1^{(1)} \ldots dx_3^{(n)} = \int \overline{(x_j^{(i)}|f)}\,(x_j^{(i)}|f)\, dx_1^{(1)} \ldots dx_3^{(n)}.$$

[2] Anhang II, § 8, 14 und 19.

[3] Anhang II, § 15.

Koordinatenursprungspunkt ist) durch eine Transformation (11.9) nicht geändert werden kann, muß dann also:

$$U_D H U_D^* = H \tag{11.16}$$

gelten, woraus wieder für die I_ν folgt:

$$I_\nu H - H I_\nu = 0. \tag{11.17}$$

Ist der HAMILTON-Operator H nur invariant gegenüber der Drehung um eine Achse, z. B. die 3-Achse, so gilt natürlich in (11.17) nur die eine Gleichung mit $\nu = 3$. (11.17) hat andererseits auf Grund der Bewegungsgleichung nach Axiom III wieder die Konstanz des Drehimpulses hinsichtlich aller statistischen Aussagen zur Folge. Der Drehimpulssatz ist also eine Folge der Invarianz von H gegenüber Drehungen. In jedem abgeschlossenen System muß er also erfüllt sein.

Die quantentheoretischen Beziehungen stehen also auf Grund der Bemerkungen am Schluß von § 10 auch hier in weitgehender Korrespondenz zu den Ableitungen im Partikelbild nach Seite 9.

Da die Transformation $T_D = T_{U_D}$ die Observablen Q_i, P_i entsprechend ihrem Vektorcharakter nach (11.9) transformiert, folgt, daß alle aus den P_i und Q_i (etwa durch Polynome) gebildeten Operatoren sich durch T_D so transformieren, wie es ihrem Skalar-, Vektor- oder Tensorcharakter entspricht.

Bei den Betrachtungen über die Drehoperatoren U_D haben wir bisher vorausgesetzt, daß der HILBERT-Raum in bezug auf die Operatoren P_i, Q_i irreduzibel ist, so daß wir z. B. die Ortsdarstellung benutzen konnten. Sollte es sich später auf Grund der Experimente als notwendig erweisen, die Voraussetzung der Irreduzibilität des HILBERT-Raumes in bezug auf die P_i, Q_i aufzugeben, so kann es sich herausstellen, daß dann auch die oben definierten U_D nicht hinreichen, um Transformationen T_D zu ergeben, die die Observablen entsprechend ihrem Vektor- (Tensor-) Charakter transformieren, denn es könnte neben den P_i, Q_i noch andere Vektorobservablen K_i geben, die sich nicht durch die P_i, Q_i ausdrücken lassen.

Allgemein bleibt aber zu erwarten, daß jeder Drehung D eine Transformation T_D der Eigenschaften nach § 10 zugeordnet ist, so daß $T_{D_1 D_2} = T_{D_1} T_{D_2}$ wird. Betrachten wir die Drehungen, die stetig aus der Einheit hervorgehen, so können wir für T_D von der in § 10 angegebenen Transformation $\overline{T}$ absehen, so daß den T_D ein unitärer Operator U_D zugeordnet ist. Wegen $T_{D_1 D_2} = T_{D_1} T_{D_2}$ muß dann $U_{D_1} U_{D_2} = \lambda(D_1 D_2) U_{D_1 D_2}$ sein. Das bedeutet, daß wir im allgemeinsten Falle eventuell mit einer Darstellung bis auf einen Faktor[1] der Drehgruppe durch unitäre Transformationen im HILBERT-Raum zu rechnen haben. Diese können wir nach Anhang II, § 17, so gewählt

---

[1] Anhang II, § 17.

denken, daß sie eine richtige Darstellung der Überlagerungsgruppe ist. Auch im allgemeinsten Falle sind mit $M_\nu = i\hbar I_\nu$ durch die infinitesimalen Drehungen I_ν HERMITESche Operatoren M_ν definiert. Für diese M_ν muß dann im Falle abgeschlossener Systeme, weil der HAMILTON-Operator H ein Skalar ist, $M_\nu H - H M_\nu = 0$ sein, so daß für die M_ν ein Erhaltungssatz gilt. Deshalb *nennt* man diese M_ν auch im allgemeinsten Falle die Drehimpulskomponenten.

§ 12. Kritik der Axiome I bis VI.

Die Axiome aus Kapitel II sind zum größten Teil aus dem Korrespondenzprinzip erraten worden. Der Sinn und die Bedeutung des Axioms I, daß HERMITESche Operatoren und physikalische Observablen miteinander identifiziert werden können, blieb dunkel. Ebenso ist die Forderung der Linearität der Erwartungswertfunktionen im Falle einer Summe nicht vertauschbarer Observablen undurchsichtig. Wir wollen hier *skizzieren*, auf welchem Wege man zu einem besseren Verständnis der Axiome I bis VI gelangen könnte.

Auf Grund der Ableitungen aus Kapitel II wird es nahegelegt, statt von den Observablen von den „Eigenschaften" auszugehen und die axiomatische Forderung zu stellen:

I'. Die Eigenschaften eines physikalischen Systems lassen sich eineindeutig auf die Teilräume $\mathfrak{r}, \mathfrak{s}, \ldots$ eines HILBERT-Raumes beziehen, wobei $\mathfrak{r} \subseteq \mathfrak{s}$ mit der logischen Implikation „$\mathfrak{s}$ folgt aus $\mathfrak{r}$" und $\mathfrak{H} \ominus \mathfrak{r}$ mit der Verneinung von $\mathfrak{r}$ verknüpft sind.

Auf Grund von I' ist es möglich, die Logik der physikalischen Eigenschaften nach II, § 2 und 3, aufzubauen und unter anderem durch $\mathfrak{r} = (\mathfrak{r} \cap \mathfrak{s}) \cup (\mathfrak{r} \cap \mathfrak{H} \ominus \mathfrak{s})$ die Kommensurabilität von $\mathfrak{r}$ mit $\mathfrak{s}$ zu definieren, alles *ohne* Benutzung der Begriffe der Erwartungswertfunktion. Ebenso kann die ganze Theorie der BOREL-Körper kommensurabler Eigenschaften nach III, § 2 bis 5, durchgeführt werden, wobei sich ergibt (Seite 64), daß man zu jedem solchen Körper einen HERMITESchen Operator angeben kann, dessen Spektraloperatoren den Körper erzeugen.

Die Frage einer weiteren Begründung von I' müssen wir aus Platzmangel zurückstellen. Das nächstliegende wäre nämlich, auf Grund logischer Postulate für die physikalischen Eigenschaften zu zeigen, daß diese auf die Teilräume eines HILBERT-Raumes abgebildet werden können. Diese Problemstellung führt auf die Theorie der Verbände, und, wenn man, ähnlich wie im folgenden Axiom II', Wahrscheinlichkeitsfunktionen postuliert, auf die Theorie der Maßfunktionen auf Verbänden[1]. Wir wollen diese Probleme nicht weiter diskutieren,

---

[1] NEUMANN, J. v.: z. B. Continuous Geometry, vervielfältigte Vorlesungsausarbeitung, Princeton (1935/37).

sondern gleich die nächste Forderung der Existenz bestimmter Wahrscheinlichkeitsfunktionen stellen.

Wir nennen $\mathfrak{r}$ genauer als $\mathfrak{s}$, wenn $\mathfrak{r} \subset \mathfrak{s}$ ist. Die eindimensionalen $\mathfrak{r}$ sind dann dadurch ausgezeichnet, daß es keine genaueren Eigenschaften gibt. Wir fordern zu jedem eindimensionalen $\mathfrak{r} = (\varphi)$ eine Wahrscheinlichkeitsfunktion $w_{(\varphi)}(\mathfrak{s})$:

II′a) Es sind für alle (φ) und Teilräume $\mathfrak{s}$ die elementaren Wahrscheinlichkeitsfunktionen $w_{(\varphi)}(\mathfrak{s})$ = reelle Zahl ≥ 0 definiert.

b) $w_{(\varphi)}(\mathfrak{H}) = 1$, $w_{(\varphi)}(\mathfrak{H} \ominus (\varphi)) = 0$ und $w_{(\varphi)}(\sum_{\nu} \oplus \mathfrak{s}_\nu) = \sum_{\nu} w_{(\varphi)}(\mathfrak{s}_\nu)$ für $P_{\mathfrak{s}_\nu} P_{\mathfrak{s}_\mu} = 0$ für $\nu \neq \mu$.

$w_{(\varphi)}(\mathfrak{s})$ ist anschaulich die Wahrscheinlichkeit für eine Eigenschaft $\mathfrak{s}$, wenn (φ) bekannt ist; denn die Wahrscheinlichkeit für die Verneinung von (φ) ist nach II′b) gleich Null. Die letzte Forderung aus II′b) bringt zum Ausdruck, daß sich die Wahrscheinlichkeiten einander ausschließender kommensurabler Eigenschaften $\mathfrak{s}_\nu$ additiv verhalten. In II′ kommt keine Forderung für nicht kommensurable Eigenschaften vor wie im Axiom IV.

Aus $\mathfrak{H} = (\varphi) \oplus (\mathfrak{H} \ominus (\varphi))$ folgt mit II′, daß $w_{(\varphi)}((\varphi)) = 1$. Da jedes $\mathfrak{s} = \sum_{\nu} \oplus (\varphi_\nu)$ ist (wo die φ_ν ein n. O. seien, das $\mathfrak{s}$ aufspannt), ist $w_{(\varphi)}(\mathfrak{s}) = \sum_{\nu} w_{(\varphi)}((\varphi_\nu))$. Die Wahrscheinlichkeitsfunktion $w_{(\varphi)}(\mathfrak{s})$ ist also bekannt, wenn alle $w_{(\varphi)}((\psi)) = f(\varphi, \psi)$ bekannt sind. Um $f(\varphi, \psi)$ eindeutig festzulegen, ist noch eine weitere Forderung notwendig. Bevor wir sie aufstellen, wollen wir alle Transformationen der Teilräume $\mathfrak{s}$ von $\mathfrak{H}$ untersuchen, die alle logischen Verknüpfungen invariant lassen, so wie es in § 10 geschehen ist. Dort aber hatten wir noch zusätzlich gefordert, daß die Transformation auch die Wahrscheinlichkeiten (10.2) invariant lassen. Diese zusätzliche Forderung ist *nicht notwendig*; sie wurde in § 10 nur gemacht, um die Schlußfolgerungen zu vereinfachen. Wie im Anhang III bewiesen wird, ergibt sich die Form der T als T_U oder $\overline{T}\,T_U$ allein aus den in § 10 gemachten Voraussetzungen ohne (10.2). Wir stellen nun hier umgekehrt die Forderung:

II′c) $w_{(\varphi)}(\mathfrak{s}) = w_{(\varphi')}(\mathfrak{s}')$ für $(\varphi') = T(\varphi)$, $\mathfrak{s}' = T\mathfrak{s}$.

Aus II′c) folgt speziell $f(U\varphi, U\psi) = f(\varphi, \psi)$. Da die Länge der Vektoren nicht in $f(\varphi, \psi)$ eingeht, können wir φ und ψ normiert wählen. Ist φ_ν ein v. n. O., so kann man U so wählen, daß $U\varphi = \varphi_1$ und $U\psi = \varphi_1 a_1 + \varphi_2 a_2$ mit a_2 reell ≥ 0 wird. Damit ist $a_2 = \sqrt{1 - |a_1|^2}$. $f(\varphi, \psi)$ ist also nur eine Funktion von $a_1 = (U\varphi, U\psi) = (\varphi, \psi)$:

$$f(\varphi, \psi) = g((\varphi, \psi)).$$

Da $f(\varphi, e^{i\gamma}\psi) = f(\varphi, \psi)$ ist, muß $g((\varphi, \psi)) = G(|(\varphi, \psi)|^2)$ sein.

Mit

$$\varphi = \sum_{\nu} \varphi_\nu (\varphi_\nu, \varphi); \qquad \eta = \frac{\varphi_1(\varphi_1, \varphi) + \varphi_2(\varphi_2, \varphi)}{\sqrt{|(\varphi_1, \varphi)|^2 + |(\varphi_2, \varphi)|^2}}$$

und

$$\eta' = \frac{\varphi_2(\varphi_1, \varphi) - \varphi_1(\varphi_2, \varphi)}{\sqrt{|(\varphi_1, \varphi)|^2 + |(\varphi_2, \varphi)|^2}}$$

folgt aus (mit $\mathfrak{H}$ als dem von φ_1 und φ_2 aufgespannten Teilraum)

$$w_{(\varphi)}(\mathfrak{H}) = w_{(\varphi)}((\varphi_1)) + w_{(\varphi)}((\varphi_2)) = w_{(\varphi)}((\eta)) + w_{(\varphi)}((\eta')) = w_{(\varphi)}((\eta))$$

(da η' orthogonal zu φ ist!), daß

$$G(|(\varphi_1, \varphi)|^2) + G(|(\varphi_2, \varphi)|^2) = G(|(\varphi_1, \varphi)|^2 + |(\varphi_2, \varphi)|^2)$$

ist. Hieraus ergibt sich $G(|(\varphi, \psi)|^2) = a\,|(\varphi, \psi)|^2$. Da $w_{(\varphi)}((\varphi)) = 1$ ist, muß $a = 1$ sein, so daß schließlich, falls φ und ψ normiert sind,

$$w_{(\varphi)}((\psi)) = |(\varphi, \psi)|^2$$

und damit für einen beliebigen Teilraum $\mathfrak{H}$ nach der obigen Zerlegung von $\mathfrak{H}$ in eindimensionale orthogonale Teile:

$$w_{(\varphi)}(\mathfrak{H}) = \|P_{\mathfrak{H}}\,\varphi\|^2$$

ist.

Eine Überlagerung elementarer Wahrscheinlichkeitsfunktionen:

$$M(\mathfrak{H}) = \sum_{\varphi} m(\varphi)\, w_{(\varphi)}(\mathfrak{H})$$

mit positiven reellen $m(\varphi)$ nennen wir ein statistisches Gemisch. Es ist $M(\mathfrak{H}) = \mathrm{Sp}\,(W P_{\mathfrak{H}})$ mit $W = \sum_{\varphi} m(\varphi)\, P_{\varphi}$.

Ist ein Körper kommensurabler Eigenschaften gegeben, so können wir eine geordnete Schar von Eigenschaften $\mathfrak{H}, \mathfrak{t}, \mathfrak{u}, \ldots$ auswählen und diese mit Hilfe einer reellen Zahl α (physikalisch gesprochen: mit Hilfe einer Meßskala) einer Spektralschar E_α zuordnen, so daß der ganze Körper von den E_α erzeugt wird. Eine solche Spektralschar E_α von Eigenschaften nennen wir eine Observable. Mit der Wahrscheinlichkeit $m_\alpha = M(E_\alpha)$ wird der Erwartungswert für die Skalenwerte α durch $\bar{\alpha} = \int\limits_{-\infty}^{+\infty} \alpha\, dm_\alpha$ definiert. Mit $A = \int \alpha\, dE_\alpha$ ist dann

$$\bar{\alpha} = \int \alpha\, \mathrm{Sp}\,(W dE_\alpha) = \mathrm{Sp}\,(WA).$$

In diesem Sinne können wir jeder Observablen einen HERMITEschen Operator $A = \int \alpha\, dE_\alpha$ zuordnen. Damit haben wir alle Ergebnisse wiedergewonnen, die sich auf die Axiome I, IV … stützten.

Wir fordern weiter:

III′. Der Zeitveränderlichkeit eines Systems (ohne explizite Zeitabhängigkeit!) ist im HILBERT-Raum eine Transformationsgruppe T_t, d. h. $\mathfrak{H}_t = T_t \mathfrak{H}_0$ mit $T_{t_1 + t_2} = T_{t_1} T_{t_2}$ zugeordnet.

Die Bedingung $T_{t_1 + t_2} = T_{t_1} T_{t_2}$ drückt aus, daß die Zeit homogen ist, d. h. daß sich eine Veränderung von t_1 nach $t_1 + t_2$ genau so vollzieht (nämlich mit T_{t_2}) wie von 0 nach t_2.

Aus III′ folgt, daß es eine Schar U_t unitärer Transformationen[1] mit

$$U_t = \int\limits_{-\infty}^{+\infty} e^{i\omega t}\, dE_\omega \quad \text{und} \quad T_t = T_{U_t}$$

gibt. Setzt man $H = \int\limits_{-\infty}^{+\infty} \omega\, dE_\omega$, so erhält man schließlich das Axiom III aus Kapitel II.

Das Axiom II könnte man etwa so begründen: Den Ortskoordinaten q_i (d. h. den entsprechenden physikalischen Skalenwerten) der Teilchen sind kommensurable Spektralscharen $E^{(i)}_{x_i}$ zugeordnet. Weiterhin soll es eine Gruppe von Transformationen $T_{a_1 \ldots a_n}$ geben, die den Translationen der Ortskoordinaten um $a_1, \ldots, a_n$ entsprechen. Dann müssen diesen unitäre Operatoren $\prod\limits_i U^{(i)}_{a_i}$ zugeordnet sein mit

$$U^{(i)}_{a_i} = \int e^{-i\,p_i\,a_i}\, dF^{(i)}_{p_i}$$

mit vertauschbaren Spektralscharen $F^{(i)}_{p_i}$. Es soll

$$T_{a_1 \quad a_n} E^{(i)}_{x_i} = E^{(i)}_{x_i + a_i}$$

sein. Daraus folgt für jedes i:

$$U_a E_x U_a^* = E_{x+a}$$

und damit für $P = \int p\, dF_p$ und $Q = \int x\, dE_x$:

$$PQ - QP = \frac{1}{i}\,1.$$

Man bezeichnet dann P als den zu Q kanonischen Impuls.

Ist der aus den P_i, Q_i gebildete Operatorenring in $\mathfrak{H}$ irreduzibel und H ein Element dieses Ringes, so folgen aus der Bewegungsgleichung III′ umgekehrt die HAMILTONschen Gleichungen. Falls die Erwartungswerte in speziellen Fällen eine Streuung unterhalb der Meßgenauigkeit (vgl. Kapitel V) zeigen, folgt daraus für die Erwartungswerte die klassische HAMILTONsche Mechanik und damit speziell $\dot{Q}_i = \dfrac{\partial H}{\partial P_i}$. Beim Vergleich mit der Erfahrung ist zu beachten, daß oben P mit der Dimension (Länge)$^{-1}$ und H mit der Dimension (Zeit)$^{-1}$ definiert sind. Sollte das Experiment, d. h. die beobachtete zeitliche Bewegung der Q_i z. B. verlangen, $H(P, Q) = \mu P^2 + V(Q)$ zu setzen, so würde μ die Dimension (Länge)^2 (Zeit)$^{-1}$ haben und $\dot{Q} = 2\mu P$ werden. Mit $m = \dfrac{1}{2\mu}$ ist dann $P = m\dot{Q}$, wobei die „Masse" m in (Zeit) · (Länge)$^{-2}$ gemessen ist. Führt man aber nachträglich die Masse als eigene Einheit ein, so ist mit m^* als Masse in Gramm:

$$m^* = \hbar m,$$

---

[1] Anhang II, § 18

wodurch $\hbar$ bestimmt ist; ebenso wird die Energie E bei Benutzung einer eigenen Masseneinheit das $\hbar$-fache der obigen Energiewerte ω: $E = \hbar\omega$.

Das Axiom VI des Meßprozesses bedarf einer gesonderten Untersuchung, die in Kapitel V durchgeführt wird.

IV. Bewegungsgleichungen.

§ 1. Heisenberg-Bild.

Nach Axiom III ist die zeitliche Änderung einer Observablen gegeben durch

$$\frac{dA}{dt} = \frac{i}{\hbar}(HA - AH) + \frac{\partial A}{\partial t}. \tag{1.1}$$

Für den Fall, daß A nicht explizit von der Zeit abhängt $\left(\text{d. h. } \frac{\partial A}{\partial t} = 0\right)$, stellt diese Gleichung nach Anhang II, § 19, eine infinitesimale unitäre Transformation dar, so daß sich A_t (A zur Zeit t) aus A_0 (A zur Zeit 0) durch

$$A_t = U_t A_0 U_t^* \tag{1.2}$$

ergibt[1]. Durch Differentiation nach t folgt $\frac{\partial A}{\partial t} = \dot{U}_t A_0 U_t^* + U_t A_0 \dot{U}_t^*$ $= \dot{U}_t U_t^* A_t + A_t U_t \dot{U}_t^*$. Dies stimmt mit (1.1) überein, wenn

$$\dot{U}_t U_t^* = \frac{i}{\hbar} H; \qquad \dot{U}_t = \frac{i}{\hbar} H U_t \tag{1.3}$$

ist, denn aus $U_t U_t^* = 1$ folgt $\dot{U}_t U_t^* + U_t \dot{U}_t^* = 0$. Die Gl. (1.3) ist mit $U_0 = 1$ als Anfangsbedingung zu lösen. Hängt H nicht explizit von der Zeit t ab, so kann man als Lösung sofort

$$U_t = e^{\frac{i}{\hbar}Ht} \tag{1.4}$$

angeben. Um aber U_t explizit zu berechnen, ist es notwendig, die Spektraldarstellung von H zu kennen. Am einfachsten geht man zur H-Darstellung über.

In der H-Darstellung mit ε als den Werten des Spektrums von H und mit β als denjenigen eines Operators B (es sei B, H ein vollständiges System von Operatoren), ist U_t der Operator, der die Vektoren $(\varepsilon, \beta \,|\, \psi)$ mit $e^{\frac{i}{\hbar}\varepsilon t}$ multipliziert. Läßt sich A durch eine Matrix $(\varepsilon', \beta' \,|\, A \,|\, \varepsilon'', \beta'')$ darstellen, so ist

$$(\varepsilon', \beta' \,|\, A_t \,|\, \varepsilon'', \beta'') = e^{\frac{i}{\hbar}(\varepsilon' - \varepsilon'')t} (\varepsilon', \beta' \,|\, A_0 \,|\, \varepsilon'', \beta''). \tag{1.5}$$

---

[1] Daraus folgt speziell für die P_i, Q_i, daß die $P_i(t), Q_i(t)$ dieselben Heisenbergschen Vertauschungsrelationen erfüllen wie die $P_i(0), Q_i(0)$.

Ist D ein mit H vertauschbarer Operator $\left(\frac{\partial D}{\partial t} = 0\right)$, so folgt $\frac{dD}{dt} = 0$. D ist dann also eine Konstante der Bewegung. Da auch alle Eigenschaften, die Elemente des von D erzeugten Körpers K_D sind, mit H vertauschbar sind, bleiben alle statistischen Aussagen über D zeitlich unveränderlich, worauf wir schon mehrfach in III, § 11, gestoßen sind.

Die Tatsache, daß A_t aus A_0 durch eine unitäre Transformation U_t entsteht, hat zur Folge, daß A_t dasselbe Spektrum wie A_0 besitzt, denn die Spektralzerlegung $E_\lambda^{(t)}$ von A_t folgt aus derjenigen $E_\lambda^{(0)}$ von A_0 nach

$$E_\lambda^{(t)} = U_t E_\lambda^{(0)} U_t^*. \tag{1.6}$$

Die Lösungen der Eigenwertgleichung $A_t \chi_t = \alpha \chi_t$ ergeben sich leicht aus $A_0 \chi_0 = \alpha \chi_0$ durch $\chi_t = U_t \chi_0$. Die Zeitveränderlichkeit können wir also anschaulich deuten als Drehung des Eigenvektorensystems der Observablen durch die nach (1.3) zu bestimmende unitäre Transformation U_t.

Ist $\frac{\partial A}{\partial t}$ nicht gleich Null, so entsteht A_t nicht notwendig aus A_0 durch eine unitäre Transformation. Auch das Spektrum von A_t kann sich von demjenigen von A_0 unterscheiden. Wir wollen dann den Operator

$$\tilde{A}_t = U_t^* A_t U_t \tag{1.7}$$

betrachten, der gleich A_0 wäre, falls $\frac{\partial A}{\partial t} = 0$ ist. Ist z. B. $A = F(R^{(i)}, t)$, wobei die Operatoren $R^{(i)}$ nicht explizit von t abhängen (z. B. können die $R^{(i)}$ die P_k, Q_k sein), so ist $A_t = F(R_t^{(i)}, t)$ und $\tilde{A}_t = F(R_0^{(i)}, t)$. Um dies zu zeigen, beachte man, daß aus der Spektraldarstellung für jede Funktion $f(B)$ eines HERMITEschen Operators B folgt: $f(U_t B_0 U_t^*) = U_t f(B_0) U_t^*$, d. h. $f(B_t) = f(B)_t$. Weiterhin ist für jedes Polynom P (auch *nicht* vertauschbarer) Operatoren $P(U_t S^{(i)} U_t^*) = U_t P(S^{(i)}) U_t^*$. Damit ist die obige Beziehung für alle solche Funktionen $F(R^{(i)}, t)$ bewiesen, wo $F(R^{(i)}, t) = P(S^{(j)}(R^{(i)}, t), t)$, wobei $S^{(j)}$ nur von je *einem* $R^{(j)}$ abhängt. Andere Funktionen F nicht vertauschbarer Operatoren sollen im folgenden nicht betrachtet werden.

Bilden wir den Erwartungswert irgendeiner Observablen A_t, so folgt

$$M(A_t) = \mathrm{Sp}(A_t W); \quad \frac{d}{dt} M(A_t) = M\left(\frac{i}{\hbar}(HA - AH)\right) + \frac{\partial}{\partial t} M(A). \tag{1.8}$$

Da nun $\frac{i}{\hbar}(HA - AH)$, falls A und H sich funktional aus den P_i, Q_i ausdrücken, mit der POISSON-Klammer (H, A) in Korrespondenz steht, gilt also für den Erwartungswert eine der Bewegungsgleichung des Partikelbildes ähnliche Beziehung:

$$\frac{d}{dt} M(A) = M((H, A)) + \frac{\partial}{\partial t} M(A). \tag{1.9}$$

Ist z. B. $H = \dfrac{1}{2m} \sum_i P_i^2 + V(Q_i)$, so folgt

$$\frac{d}{dt} M(Q_i) = \frac{1}{m} M(P_i),$$

$$\frac{d}{dt} M(P_i) = -M\left(\frac{\partial V}{\partial Q_i}\right).$$

Dies zeigt also noch einmal allgemein die in I, § 3, geschilderte Tatsache, daß sich im großen die klassische Bewegung des Partikelbildes ergibt.

Für den Fall des Harmonischen Oszillators haben wir schon auf S. 47 die Bewegungsgleichungen im Heisenberg-Bild gelöst. Wir wollen hier noch vollständig die Eigenvektoren Ψ_n von $\underset{0}{H}(t)$ angeben, ausgedrückt durch die Φ_m.

$$\Psi_n = \sum_{m=0}^{\infty} \Phi_m (\Phi_m, \Psi_n). \tag{1.10}$$

Es genügt also die Berechnung der inneren Produkte der Φ_m mit den Ψ_n.

$$(\Psi_n, \Phi_m) = \frac{1}{\sqrt{n!}} (\Psi_0, A(t)^n \Phi_m). \tag{1.11}$$

Nach (I, 7.23) ist

$$A(t)^n = \left(A(0) + F(t)\,1\right)^n c^{-in\omega t} = e^{-in\omega t} \sum_{\nu=0}^{n} \binom{n}{\nu} F^\nu A(0)^{n-\nu}. \tag{1.12}$$

Weiterhin folgt mit (7.17)

$$A(0)^p \Phi_m = \sqrt{m(m-1)\dots(m-p+1)}\; \Phi_{m-p}. \tag{1.13}$$

Um (Ψ_n, Φ_m) zu finden, ist also (Ψ_0, Φ_ϱ) zu berechnen:

$$\left.\begin{aligned}
(\Psi_0, \Phi_\varrho) &= \frac{1}{\sqrt{\varrho!}} (\Psi_0, A^*(0)^\varrho \Phi_0) = \frac{1}{\sqrt{\varrho!}} (A(0)^\varrho \Psi_0, \Phi_0) \\
&= \frac{1}{\sqrt{\varrho!}} \left([A(t)\,e^{i\omega t} - F(t)]^\varrho \Psi_0, \Phi_0\right) \\
&= \frac{1}{\sqrt{\varrho!}} (\overline{-F})^\varrho (\Psi_0, \Phi_0).
\end{aligned}\right\} \tag{1.14}$$

Damit $\sum_{\varrho=0}^{\infty} |(\Psi_0, \Phi_\varrho)|^2 = 1$ ist, muß $|(\Psi_0, \Phi_0)|^2 = e^{-|F|^2}$ sein. Da Ψ_0 nur bis auf einen Faktor bestimmt ist, können wir $(\Psi_0, \Phi_0) = e^{-\frac{1}{2}|F|^2}$ setzen. Dann ist also

$$(\Psi_0, \Phi_\varrho) = \frac{1}{\sqrt{\varrho!}} (\overline{-F})^\varrho e^{-\frac{1}{2}|F|^2}. \tag{1.15}$$

Damit folgt schließlich:

$$(\Psi_n, \Phi_m)$$
$$= \sqrt{\frac{m!}{n!}}\, e^{-in\omega t} e^{-\frac{1}{2}|F|^2} (\overline{-F})^{m-n} \sum_{\nu=\sigma}^{n} \binom{n}{\nu}(-|F|^2)^\nu \frac{1}{(m-n+\nu)!} \tag{1.16}$$

mit $\sigma = 0$ für $m \geqq n$ und $\sigma = n - m$ für $m \leqq n$.

Die ϱ-te Ableitung des LAGUERREschen Polynoms

$$L_n(x) = \sum_{\nu=0}^{\infty} \binom{n}{\nu} \frac{n!}{\nu!} (-x)^{\nu}$$

lautet

$$L_n^{\varrho}(x) = \sum_{\nu=\varrho}^{n} \binom{n}{\nu} \frac{n!}{(\nu-\varrho)!} (-x)^{\nu-\varrho} (-1)^{\varrho}.$$

Damit erhält man für $m \leq n$:

$$(\Psi_n, \Phi_m) = \sqrt{\frac{m!}{n!}} \frac{1}{n!} e^{-in\omega t} e^{-\frac{1}{2}|F|^2} (F)^{n-m} L_n^{n-m}(|F|^2) \quad (1.17a)$$

und für $m \geq n$

$$(\Psi_n, \Phi_m) = \sqrt{\frac{n!}{m!}} \frac{1}{m!} e^{-in\omega t} e^{-\frac{1}{2}|F|^2} (\overline{-F})^{m-n} L_n^{m-n}(|F|^2). \quad (1.17b)$$

Der Operator U_t ist damit bis auf einen Faktor α mit $|\alpha|^2 = 1$ vollständig angegeben:

$$\alpha U_t \Phi_n = \Psi_n = \sum_m \Phi_m (\Phi_m, \Psi_n) = \sum_m \Phi_m (m|U_t|n) \alpha. \quad (1.18)$$

Die $(\Phi_m, \Psi_n) = (m|U_t|n)\alpha$ sind also die Matrixelemente von U_t in der $H_0(0)$-Darstellung.

$$|(\Phi_m, \Psi_n)|^2 = |(m|U_t|n)|^2 \quad (1.19)$$

ist die Wahrscheinlichkeit, zur Zeit t den Energiewert $\hbar\omega(n+\frac{1}{2})$ zu messen, wenn man zur Zeit 0 die Energie $\hbar\omega(m+\frac{1}{2})$ gefunden hatte.

Für ein freies Teilchen ist $H = \frac{1}{2m} \sum_{i=1}^{3} P_i^2$. Die Bewegungsgleichung lautet daher einfach: $\dot{P}_i = 0$; $\dot{Q}_i = \frac{1}{m} P_i$. P_i ist also zeitlich konstant und

$$Q_i(t) = Q_i(0) + \frac{1}{m} P_i t.$$

Man sieht, daß, wie gefordert, immer $P_i(t) Q_j(t) - Q_j(t) P_i(t) = \delta_{ij} \frac{\hbar}{i} 1$ ist (Anmerkung 1, S. 111).

Nehmen wir an, daß durch eine frühere Messung zur Zeit 0 der Zustand f hergestellt worden ist. Wie groß ist die Wahrscheinlichkeit, bei einer Ortsmessung zur Zeit t, einen Wert im Intervall I: $x_i \geq x \geq x_i - \varepsilon_i$ zu finden oder bei einer Impulsmessung einen Wert aus dem Intervall J: $p_i \geq \cdots \geq p_i - \delta_i$?

In der P_i-Darstellung wird f durch eine Funktion $(p_i|f)$ gegeben. Die Wahrscheinlichkeit für einen Impulswert aus J ist dann zeitlich konstant gleich $\int_\eta |(p_i|f)|^2 dp_1 dp_2 dp_3$. Um die Ortswahrscheinlichkeiten zu finden, gehen wir zur $Q_1(t), Q_2(t), Q_3(t)$-Darstellung über. Um sie zu finden, suchen wir die Gleichungen:

$$Q_j(t) g_{x_1 x_2 x_3} = x_j g_{x_1 x_2 x_3}$$

zu lösen. In der Impulsdarstellung, wo $Q_j(0) = -\dfrac{\hbar}{i}\dfrac{\partial}{\partial p_j}$ ist, lauten sie

$$\left(-\frac{\hbar}{i}\frac{\partial}{\partial p_j} + \frac{1}{m}p_j t\right)(p_k|x_l) = x_j(p_k|x_l),$$

d. h.

$$(p_k|x_l) = \frac{1}{(2\pi\hbar)^{3/2}}\, e^{-\frac{i}{\hbar}\sum\limits_{j=1}^{3}(x_j p_j - \frac{t}{m}p_j^2)}.$$

Mit

$$(x_i|f) = \int (x_i|p_k)\,(p_k|f)\,dp_1\,dp_2\,dp_3$$

erhält man dann als Wahrscheinlichkeit für einen Ortswert aus I:

$$\int\limits_I |(x_i|f)|^2\, dx_1\, dx_2\, dx_3.$$

Ist speziell

$$(p_i|f) = \left(\frac{2}{\pi a^2}\right)^{3/4} e^{-\frac{i}{\hbar}\sum\limits_{i=1}^{3}(p_i - \pi_i)y_i}\, e^{-\frac{1}{a^2}\sum\limits_{i=1}^{3}(p_i - \pi_i)^2},$$

so ist $M(P_i) = \pi_i$, $M(Q_i(0)) = y_i$ und

$$(x_i|f) = \frac{1}{(2\pi\hbar)^{3/2}}\left(\frac{2}{\pi a^2}\right)^{3/4}\int e^{\frac{i}{\hbar}\sum\limits_{j=1}^{1}\left(x_j p_j - \frac{t}{m}p_j^2\right)}\, e^{-\frac{i}{\hbar}\sum\limits_{j=1}^{3}(p_j - \pi_j)y_j}$$

$$\cdot\, e^{-\frac{1}{a^2}\sum\limits_{j=1}^{3}(p_j - \pi_j)^2}\, dp_1\,dp_2\,dp_3$$

$$= \left(\frac{1}{2\pi a^2\hbar^2}\right)^{3/4} b^{-3/2}\, e^{-\frac{1}{4\hbar^2 a^2|b|^2}\sum\limits_{j=1}^{3}\left[x_j - \left(y_j + \frac{\pi_j t}{m}\right)\right]^2}.$$

$$\cdot\, e^{-\frac{i}{|b|^2}\sum\limits_{i=1}^{3}\left[\frac{1}{\hbar a^4}(x_i - y_i)\pi_i - \frac{t}{8m\hbar^3}(x_i - y_i)^2 - \frac{t^2}{2\hbar m a^4}\pi_i^2\right]}\, e^{\frac{i}{\hbar}\sum\limits_{i=1}^{3}\pi_i y_i}$$

mit $b = \left(\dfrac{1}{a^2} + \dfrac{i}{\hbar}\dfrac{t}{2m}\right)$.

Die Wahrscheinlichkeitsverteilung $|(x_i|f)|^2$ wandert mit der Geschwindigkeit $\dfrac{1}{m}\pi_1$, $\dfrac{1}{m}\pi_2$, $\dfrac{1}{m}\pi_3$ weiter fort und läuft mit der Zeit auseinander.

§ 2. Schrödinger-Bild.

Der die Statistik bestimmende Operator W ist von der Zeit unabhängig. Er ändert sich nur insofern, als (nach II, § 3) neue Messungen durchgeführt werden. In der Formel $M(A_t) = \mathrm{Sp}(U_t A_0 U_t^* W)$ $\left(\text{es sei } \dfrac{\partial A}{\partial t} = 0\right)$ bezeichnen wir zur Hervorhebung W mit W_0 und vertauschen U_t mit $A_0 U_t^* W$. So folgt:

$$M(A_t) = \mathrm{Sp}(A_0 U_t^* W_0 U_t) = \mathrm{Sp}(A_0 W_t) \tag{2.1}$$

mit $W_t = U_t^* W_0 U_t$. Da dies für jedes A mit $\dfrac{\partial A}{\partial t} = 0$ gilt, sieht man sofort, daß man zur Berechnung aller physikalischen Aussagen auch folgendermaßen verfahren kann:

Man lasse die Observablen $\left(\text{mit } \dfrac{\partial A}{\partial t} = 0\right)$ zeitlich konstant, dagegen W sich nach $W_t = U_t^* W_0 U_t$, d. h. mit (1.3) nach

$$\frac{dW_t}{dt} = \frac{\imath}{\hbar}\,(W_t\,H - H\,W_t) \tag{2.2}$$

andern.

Ist A von der Zeit explizit abhängig, so muß man statt A_0 den Operator $\tilde{A}_t$ benutzen in $M(A_t) = \mathrm{Sp}(\tilde{A}_t W_t)$.

Falls W irreduzibel, d. h. gleich P_φ ist, so ist mit $W_0 = P_{\varphi_0}$ auch $W_t = P_{\varphi_t}$ mit

$$\varphi_t = U_t^* \varphi_0, \tag{2.3}$$

denn es gilt:

$$P_{\varphi_t} f = \varphi_t(\varphi_t, f) = U_t^* \varphi_0 (U_t^* \varphi_0, f) = U_t^*[\varphi_0(\varphi_0, U_t f)] = U_t^* P_{\varphi_0} U_t f.$$

Als Differentialgleichung für φ_t folgt:

$$\dot{\varphi}_t = \dot{U}_t^* \varphi_0 = -\frac{\imath}{\hbar}\,U_t^* H\,\varphi_0 = -\frac{\imath}{\hbar}\,U_t^* H\,U_t\,\varphi_t,$$

also:

$$-\frac{\hbar}{\imath}\,\dot{\varphi}_t = \tilde{H}_t\,\varphi_t. \tag{2.4}$$

Hierbei ist $\tilde{H}_t = H_0$, falls H nicht explizit von t abhängt und sonst *nur* durch die explizite Abhängigkeit von t zeitabhängig. Ist z. B. $H = \dfrac{1}{2m} \sum\limits_{i=1}^{3} P_i^2 + V(Q_i, t)$, so sind also in $\tilde{H}_t$ die P_i und Q_i konstant zu lassen, aber t in $V(Q_i, t)$ bleibt bestehen.

(2.4) wird als SCHRÖDINGER-*Gleichung* bezeichnet und die Beschreibungsweise der Zeitabhängigkeit durch Änderung von W bzw. φ als SCHRÖDINGER-*Bild*. Der Zusammenhang mit dem HEISENBERG-Bild ıst anschaulich sehr klar: Im HEISENBERG-Bild werden die Eigenvektoren χ der Observablen durch U gedreht, während die Zustände φ konstant gehalten werden. Durch $|(\chi, \varphi)|^2$ sind die statistischen Aussagen gegeben. Im SCHRÖDINGER-Bild werden die χ konstant gehalten, dafür aber die Zustände φ in *entgegengesetzter* Richtung durch U_t^* gedreht, so daß die inneren Produkte $|(\chi, \varphi)|^2$ in beiden Fällen dieselbe Zeitabhängigkeit zeigen müssen.

Mit $H = \dfrac{1}{2m} \sum\limits_{i=1}^{3} P_i^2 + V(Q_i, t)$ lautet die SCHRÖDINGER-Gleichung in der Ortsdarstellung:

$$-\frac{\hbar}{\imath}\,\frac{\partial}{\partial t}\,(x_1 x_2 x_3 | \varphi) = \frac{1}{2m}\left[\left(\frac{\hbar}{\imath}\,\frac{\partial}{\partial x_1}\right)^2 + \right.$$
$$\left. + \left(\frac{\hbar}{\imath}\,\frac{\partial}{\partial x_2}\right)^2 + \left(\frac{\hbar}{\imath}\,\frac{\partial}{\partial x_3}\right)^2\right](x_1 x_2 x_3 | \varphi) + V(x_1 x_2 x_3, t)(x_1 x_2 x_3 | \varphi). \tag{2.5}$$

Das Problem der Lösung der SCHRÖDINGER-Gleichung ist im Falle $\dfrac{\partial H}{\partial t} = 0$ wieder äquivalent mit dem Problem des Auffindens der

Spektraldarstellung von H, denn in der Energiedarstellung lautet (2.4):

$$-\frac{\hbar}{i}\frac{\partial}{\partial t}(\varepsilon,\beta|\varphi_t) = \varepsilon(\varepsilon,\beta|\varphi_t) \tag{2.6}$$

mit den Lösungen $(\varepsilon,\beta|\varphi_t) = e^{-\frac{i}{\hbar}\varepsilon t}(\varepsilon,\beta|\varphi_0)$.

Der Übergang vom Heisenberg- zum Schrödinger-Bild soll am Harmonischen Oszillator illustriert werden. Der Operator U_t mit (1.17) bis (1.19) ergibt $A(t) = U_t A(0) U_t^*$. Nun war

$$\Psi_n = \frac{1}{\sqrt{n!}}A^*(t)^n\Psi_0 = \frac{1}{\sqrt{n!}}U_t A^*(0)^n U_t^*\Psi_0,$$

wobei

$$0 = A(t)\Psi_0 = U_t A(0) U_t^*\Psi_0$$

war. Daraus folgt, daß

$$A(0) U_t^*\Psi_0 = 0$$

ist. Daher muß

$$U_t^*\Psi_0 = \alpha\Phi_0$$

sein, so daß schließlich

$$\Psi_n = \frac{\alpha}{\sqrt{n!}}U_t A^*(0)^n\Phi_0 = \alpha U_t\Phi_n \tag{2.7}$$

wird. Um α zu berechnen, bilde man

$$\dot\Psi_0 = \dot\alpha\, U_t\Phi_0 + \alpha\,\dot U_t\Phi_0 = \frac{\dot\alpha}{\alpha}\alpha\, U_t\Phi_0 + \frac{i}{\hbar}\alpha H U_t\Phi_0$$

$$= \frac{\dot\alpha}{\alpha}\Psi_0 + \frac{i}{\hbar}H\Psi_0,$$

so daß

$$(\Psi_0,\dot\Psi_0) = \frac{\dot\alpha}{\alpha} + \frac{i}{\hbar}(\Psi_0, H\Psi_0)$$

wird. Wegen

$$H = \hbar\omega\Big(A^*A + \frac{1}{2}\Big) - \sqrt{\frac{\hbar}{2m\omega}}(A + A^*)K(t)$$

wird hiermit

$$\frac{\dot\alpha}{\alpha} = -\frac{i\omega}{2} + (\Psi_0,\dot\Psi_0).$$

Um das innere Produkt $(\Psi_0,\dot\Psi_0)$ zu berechnen, benutzen wir

$$\Psi_0 = \sum_n\Phi_n(\Phi_n,\Psi_0) = \sum_n\Phi_n(-F)^n e^{-\frac{1}{2}|F|^2}\frac{1}{\sqrt{n!}}.$$

Durch zeitlich Differentiation folgt:

$$\dot\Psi_0 = \sum_n\Phi_n\frac{1}{\sqrt{n!}}e^{-\frac{1}{2}|F|^2}\Big\{n(-F)^{n-1}(-\dot F) - \frac{1}{2}(-F)^n(\overline{F}\dot F + \dot{\overline{F}}F)\Big\}.$$

Damit wird:

$$(\Psi_0,\dot\Psi_0) = \frac{1}{2}(\overline{F}\dot F - \dot{\overline{F}}F) = \frac{1}{2}\frac{K(t)}{\sqrt{2m\hbar\omega}}\,i\big(\overline{F}(t)e^{i\omega t} + F(t)e^{-i\omega t}\big),$$

woraus für α

$$\frac{\dot\alpha}{\alpha} = -\frac{i\omega}{2} + \frac{i}{2}\frac{K(t)}{\sqrt{2m\hbar\omega}}\left(\overline{F}(t)\,e^{i\omega t} + F(t)\,e^{-i\omega t}\right)$$

und damit wegen $\alpha(0) = 1$

$$\alpha = e^{-\frac{i\omega}{2}t + \frac{i}{2}\frac{1}{\sqrt{2m\hbar\omega}}\int_0^t K(\tau)\{\overline{F}(\tau)\,e^{i\omega\tau} + F(\tau)\,e^{-i\omega\tau}\}\,d\tau} \tag{2.8}$$

folgt. Wegen $\Psi_n = \alpha\,U_t\,\Phi_n$ folgt:

$$U_t\,\Phi_m = \sum_m \Phi_m(\Phi_m, \Psi_n)\,\bar\alpha = \sum_m \Phi_m(m\,|\,U_t\,|\,n), \tag{2.9}$$

wobei

$$(m\,|\,U_t\,|\,n) = (\Phi_m, \Psi_n)\,\bar\alpha \tag{2.10}$$

die Matrixelemente von U_t in der $\underset{0}{H}(0)$-Darstellung sind.

Statt nun die Operatoren sich zeitlich verändern zu lassen, kann man sie konstant halten und die Zustände χ_t der SCHRÖDINGER-Gleichung:

$$-\frac{\hbar}{i}\frac{\partial}{\partial t}\chi_t = \tilde H_t\,\chi_t \tag{2.11}$$

unterwerfen, wo also

$$\tilde H_t = \frac{1}{2m}\,P(0)^2 + \frac{m\omega^2}{2}\,Q(0)^2 - K(t)\,Q(0) \tag{2.12}$$

ist. Die Lösung lautet:

$$\chi_t = U_t^*\,\chi_0 \tag{2.13}$$

oder in der N-Darstellung:

$$\begin{aligned}
(n\,|\,\chi_t) &= \sum_m (n\,|\,U_t^*\,|\,m)\,(m\,|\,\chi_0)\\
&= \sum_m \overline{(m\,|\,U_t\,|\,n)}\,(m\,|\,\chi_0)\\
&= \alpha \sum_m (\Psi_n, \Phi_m)\,(m\,|\,\chi_0).
\end{aligned} \tag{2.14}$$

Statt diesen Umweg über das HEISENBERG-Bild zu gehen, hätte man sofort mit dem Problem (2.11) der SCHRÖDINGER-Gleichung in der Ortsdarstellung beginnen können:

$$\begin{aligned}
\frac{1}{2m}\left(\frac{\hbar}{i}\frac{d}{dx}\right)^2(x\,|\,\chi_t) + \frac{m\omega^2}{2}\,x^2(x\,|\,\chi_t) - K(t)\,x\,(x\,|\,\chi_t)\\
= -\frac{\hbar}{i}\frac{\partial}{\partial t}(x\,|\,\chi_t).
\end{aligned} \tag{2.15}$$

Mit $F(t)$ nach (I, 7.24) setzen wir

$$y(t) = \sqrt{\frac{\hbar}{2m\omega}}\left(e^{-i\omega t}F(t) + e^{i\omega t}\overline{F}(t)\right)$$

und

$$\pi(t) = \frac{1}{i}\sqrt{\frac{m\hbar\omega}{2}}\left(e^{-i\omega t}F(t) - e^{i\omega t}\overline{F}(t)\right). \tag{2.16}$$

$y(t)$, $\pi(t)$ sind die partikulären Lösungen für x und p im Partikelbild!

Dann erfüllt[1]

$$g_n(x,t) = \left(\frac{m\,\omega}{\hbar}\right)^{1/2} H_n\left(\left(\frac{m\,\omega}{\hbar}\right)^{1/2}(x - y(t))\right) e^{-\frac{m\,\omega}{\hbar}\frac{(x-y(t))^2}{2}} \cdot$$

$$\cdot\, e^{\frac{i}{\hbar}\pi(t)x}\, e^{-i\int_0^t \frac{(\hbar\pi(\tau))^2}{2m}d\tau}\, e^{-i\omega\left(n+\frac{1}{2}\right)t} \tag{2.17}$$

die Gl. (2.15). Für $t = 0$ ist $g_n(x,t) = (x\,|\,n)$. Die allgemeinste Lösung der SCHRÖDINGER-Gleichung ist also:

$$(x\,|\,\chi_t) = \sum_{n=0}^{\infty} g_n(x,t)\,(n\,|\,\chi_0). \tag{2.18}$$

Mit der obigen Lösung $(n\,|\,\chi_t)$ nach (2.14) muß

$$(x\,|\,\chi_t) = \sum_{n=0}^{\infty}(x\,|\,n)\,(n\,|\,\chi_t) \quad \text{oder} \quad (n\,|\,\chi_t) = \int_{-\infty}^{+\infty}(n\,|\,x)\,(x\,|\,\chi_t)\,dx$$

sein, d. h. $(n\,|\,\chi_t) = \sum_{m=0}^{\infty}\left[\int_{-\infty}^{+\infty}(n\,|\,x)\,g_m(x,t)\,dx\right](m\,|\,\chi_0)$ sein.

Da die $(m\,|\,\chi_0)$ willkürlich sind, folgt also daraus:

$$\alpha\,(\Psi_n,\Phi_m) = \int_{-\infty}^{+\infty}(n\,|\,x)\,g_m(x,t)\,dx. \tag{2.19}$$

Würden wir nun die Frage nach der Wahrscheinlichkeit stellen, zur Zeit t den Wert $\hbar\,\omega\,(n + \frac{1}{2})$ der Energie zu messen, wenn wir zur Zeit 0 den Wert $\hbar\,\omega\,(m + \frac{1}{2})$ gefunden haben, so würden wir als Zustand zur Zeit Null $(x\,|\,m) = g_m(x,0)$ haben, der sich bis zur Zeit t in den Zustand $g_m(x,t)$ verwandelt. Die gesuchte Wahrscheinlichkeit ist also das Absolutquadrat des inneren Produktes von $g_m(x,t)$ mit $(x\,|\,n)$:

$$\left|\int_{-\infty}^{+\infty}(n\,|\,x)\,g_m(x,t)\,dx\right|^2, \tag{2.20}$$

also nach (2.19) gleich dem in (1.17) gefundenen Wert $|(\Psi_n,\Phi_m)|^2$. Für ein freies Teilchen lautet die SCHRÖDINGER-Gleichung in der Impulsdarstellung:

$$\left(\frac{1}{2m}\sum_{i=1}^{3}p_i^2\right)(p_j\,|\,\varphi_t) = -\frac{\hbar}{i}\frac{\partial}{\partial t}(p_j\,|\,\varphi_t)$$

mit der allgemeinen Lösung

$$(p_j\,|\,\varphi_t) = e^{-\frac{i}{2\hbar m}\left(\sum_{i=1}^{3}p_i^2\right)t}(p_j\,|\,\varphi_0).$$

---

[1] Nach einer brieflichen Mitteilung von Herrn M. FIERZ.

Die Lösung der SCHRÖDINGER-Gleichung in der Ortsdarstellung

$$\frac{1}{2m}\sum_{k=1}^{3}\left(\frac{\hbar}{i}\frac{\partial}{\partial x_k}\right)^2 (x_l|\varphi_t) = -\frac{\hbar}{i}\frac{\partial}{\partial t}(x_l|\varphi_t)$$

ist daher gleich

$$\int (x_k|p_j)(p_j|\varphi_t)\,dp_1\,dp_2\,dp_3$$

$$= \frac{2}{(2\pi\hbar)^{3/2}}\int e^{\frac{i}{\hbar}\left[\sum_{j=1}^{3}\left(x_j\,p_j - \frac{t}{2m}\,p_j^2\right)\right]}(p_j|\varphi_0)\,dp_1\,dp_2\,dp_3$$

mit

$$(p_j|\varphi_0) = \int (p_j|x_k)(x_k|\varphi_0)\,dx_1\,dx_2\,dx_3 .$$

Setzen wir speziell für $(x_k|\varphi_0)$ an:

$$\left(\frac{a^2}{2\pi\hbar^2}\right)^{3/4} e^{-a^2\sum_{i=1}^{3}\left[\frac{(x_i-y_i)^2}{4\hbar^2} - \frac{i}{\hbar a^2}\pi_i(x_i-y_i)\right]},$$

so erhalten wir aus $(\dot{x}_k|\varphi_t)$ dieselben physikalischen Aussagen über die Weiterbewegung und das Auseinanderlaufen der Ortswahrscheinlichkeitsdichte wie im HEISENBERG-Bild am Schluß von § 1.

§ 3. Wechselwirkungsbild.

Häufig tritt der Fall auf, daß sich der HAMILTON-Operator H additiv in zwei Summanden $H = \overset{0}{H} + H^1$ zerlegen läßt, wobei die Spektralzerlegung von $\overset{0}{H}$ leicht zu finden ist. Zum Beispiel kann $\overset{0}{H}$ die Bewegung freier Teilchen darstellen, während H^1 die Wechselwirkung zwischen ihnen berücksichtigt. $\overset{0}{H}$ sei nicht explizit von t abhängig. Der Erwartungswert irgendeiner Observablen A ist

$$M(A_t) = \mathrm{Sp}(U_t\tilde{A}_t U_t^* W) = \mathrm{Sp}\left(V_t e^{\frac{i}{\hbar}\overset{0}{H}_0 t}\tilde{A}_t e^{-\frac{i}{\hbar}\overset{0}{H}_0 t} V_t^* W\right) \tag{3.1}$$
$$= \mathrm{Sp}(\underline{A}_t W_t)$$

mit

$$\underline{A}_t = e^{\frac{i}{\hbar}\overset{0}{H}_0 t}\tilde{A}_t e^{-\frac{i}{\hbar}\overset{0}{H}_0 t} \tag{3.2}$$

und $W_t = V_t^* W V_t$ und $V_t = U_t e^{-\frac{i}{\hbar}\overset{0}{H}_0 t}$ mit $\overset{0}{H}_0$ als $\overset{0}{H}$ zur Zeit 0. $\underline{A}_t$ ist also derart zeitlich variabel, als ob der HAMILTON-Operator $\overset{0}{H}$ wäre. Wie läßt sich die Zeitabhängigkeit von W_t darstellen? Sie entspricht einer Abhängigkeit der Zustände nach

$$\varphi_t = V_t^*\,\varphi_0 = e^{\frac{i}{\hbar}\overset{0}{H}_0 t} U_t^*\,\varphi_0 . \tag{3.3}$$

Durch Differentiation nach t folgt:

$$-\frac{\hbar}{i}\dot{\varphi}_t = -\overset{0}{H}_0\,\varphi_t - e^{\frac{i}{\hbar}\overset{0}{H}_0 t}\left(\frac{\hbar}{i}\,\dot{U}_t^*\,\varphi_0\right)$$

$$= -\overset{0}{H}_0\,\varphi_t + e^{\frac{i}{\hbar}\overset{0}{H}_0 t}\,U_t^*\,H_t\,U_t\,e^{-\frac{i}{\hbar}\overset{0}{H}_0 t}\,\varphi_t.$$

Nun ist $U_t^*\,H_t\,U_t = \tilde{H}_t = \overset{0}{H}_0 + \tilde{H}_t^1$, da $\overset{0}{H}$ nicht explizit von t abhängen soll. Da $\overset{0}{H}_0$ mit $e^{\frac{i}{\hbar}\overset{0}{H}_0 t}$ vertauschbar ist, folgt also:

$$-\frac{\hbar}{i}\dot{\varphi}_t = e^{\frac{i}{\hbar}\overset{0}{H}_0 t}\,\tilde{H}_t^1\,e^{-\frac{i}{\hbar}\overset{0}{H}_0 t}\,\varphi_t = \underline{H}_t^1\,\varphi_t. \tag{3.4}$$

$\underline{H}_t^1$ ist also der Operator in derselben Zeitveränderlichkeit wie oben $\underline{A}_t$.

In diesem Wechselwirkungsbild erhält man die Erwartungswerte der Observablen, indem man die Observablen so zeitlich variieren läßt, als ob nur $\overset{0}{H}$ der HAMILTON-Operator wäre. Die Zustände ändert man nach der SCHRÖDINGER-Gleichung (3.4), die nur noch die ,,Wechselwirkung'' $\underline{H}_t^1$ enthält.

Diese Methode wird in der Theorie der Streuung, Kapitel XI, eine wichtige Rolle spielen. Hier mögen als Beispiel noch einmal die erzwungenen Schwingungen des harmonischen Oszillators betrachtet werden mit $\overset{0}{H} = \frac{1}{2m}P^2 + \frac{m\,\omega^2}{2}Q^2$ und $H^1 = -Q\,K(t)$.

Die Gl. (3.4) lautet also in diesem Falle:

$$-\frac{\hbar}{i}\dot{\varphi}_t = -K(t)\,Q(t)\,\varphi_t, \tag{3.5}$$

wobei $Q(t)$ nach den Bewegungsgleichungen des freien Oszillators

$$\dot{Q} = \frac{1}{m}P; \quad \dot{P} = -m\,\omega^2 Q$$

zu berechnen ist:

$$Q(t) = Q(0)\cos\omega t + \frac{1}{m\,\omega}P(0)\sin\omega t. \tag{3.6}$$

In der $Q(0)$-Darstellung, wo $P(0) = \frac{\hbar}{i}\frac{\partial}{\partial x}$ wird, geht dann (3.5) über in

$$\frac{\hbar}{i}\frac{\partial}{\partial t}(x\,|\,\varphi_t) = K(t)\left[x\cos\omega t + \frac{\hbar}{i\,m\,\omega}\sin\omega t\,\frac{\partial}{\partial x}\right](x\,|\,\varphi_t). \tag{3.7}$$

Für eine spezielle Lösung dieser Gleichung machen wir den Ansatz:

$$g(x,\,t) = e^{\frac{i}{\hbar}[x\,k(t)+u(t)]}. \tag{3.8}$$

(3.7) geht hiermit über in

$$(x\,\dot{k} + \dot{u}) = K(t)\,x\cos\omega t + \frac{1}{m\,\omega}K(t)\sin\omega t\,k(t),$$

d. h.

$$\dot{k} = K(t)\cos \omega t; \quad \dot{u} = \frac{1}{m\,\omega} K(t)\sin \omega t\, k(t)$$

und damit

$$k(t) = \frac{\sqrt{2\,m\,\hbar\,\omega}}{2\,i}\,[F(t) - \overline{F}(t)];$$

$$u(t) = \int\limits_{0}^{t} \frac{1}{m\,\omega} K(\tau)\sin \omega\,\tau\, k(\tau)\, d(\tau). \tag{3.9}$$

Um die allgemeine Lösung zu finden, beachte man, daß

$$(x\,|\,\varphi_t) = f(x - w(t))\, g(x, t)$$

mit

$$w(t) = \sqrt{\frac{\hbar}{2\,m\,\omega}}\,\big(F(t) + \overline{F(t)}\big)$$

für beliebiges $f(z)$ eine Lösung von (3.7) ist, wenn g eine Lösung ist. Somit können wir schreiben:

$$(x\,|\,\varphi_t) = f(x - w(t))\, e^{\frac{i}{\hbar}[x\,k(t) + u(t)]}.$$

Für $t = 0$ ist $w(0) = 0$, $k(0) = 0$, $u(0) = 0$. $f(x)$ ist also bestimmt durch $(x\,|\,\varphi_0)$:

$$(x\,|\,\varphi_t) = (x - w(t)\,|\,\varphi_0)\, e^{\frac{i}{\hbar}[x\,k(t) + u(t)]}. \tag{3.10}$$

Da die Energie $E = \frac{1}{2\,m} P^2 + \frac{m\,\omega^2}{2} Q^2$ in diesem Wechselwirkungsbild ein zeitlich konstanter Operator ist, sind auch die Eigenfunktionen (in der Ortsdarstellung $(x\,|\,n)$) zeitlich konstant. Die Wahrscheinlichkeit, den Energiewert $\hbar\,\omega\,(n + \frac{1}{2})$ zur Zeit t zu finden, wenn für $t = 0$ die Energie zu $\hbar\,\omega\,(m + \frac{1}{2})$ gemessen wurde, lautet also:

$$\left| \int\limits_{-\infty}^{+\infty} (n\,|\,x)\,(x - w(t)\,|\,m)\, e^{\frac{i}{\hbar}[x\,k(t) + u(t)]}\, dx \right|^2, \tag{3.11}$$

was mit (1.19) und (2.20) übereinstimmen muß.

V. Der Meßprozeß.

§ 1. Problematik des Meßprozesses.

Wir hatten in Kapitel II, § 3 axiomatisch die Idealmessung eingeführt. Sicher aber läuft der reale Meßprozeß sehr kompliziert ab, so daß es nicht immer der Fall ist, daß man genau die Eigenschaft $\mathfrak{r}$ und keine $\mathfrak{s} \subset \mathfrak{r}$ festgestellt hat, d. h. VIb wird durchaus nicht immer erfüllt sein. Durch was müssen wir also das Axiom VI im Falle einer realen Messung ersetzen? Außerdem erhebt sich die Frage, wo wir bei einer Realmessung den Schnitt zwischen Objekt und Meßapparatur zu ziehen haben. Mißt man z. B. den Ort eines Systems S durch ein Mikroskop, so kann man S als Objekt und das Licht L zusammen mit Mikroskop M und Photoplatte P als Meßapparatur bezeichnen, d. h. man spricht nur vom System S und der Messung seiner Observablen. Andererseits kann man $S + L$ als Objekt und $M + P$ als Meßapparatur ansehen, mit deren Hilfe $S + L$ beobachtet wird. Man würde in arge Schwierigkeiten kommen, wenn die Beobachtungen und die Aussagen der Theorie abhängen würden von der Lage des Schnittes zwischen Objekt und Meßapparatur. Drittens besteht der berechtigte Wunsch, einzusehen, wieso neben dem Prozeß der Zeitveränderlichkeit auf Grund des HAMILTON-Operators noch ein weiterer solcher Prozeß auf Grund der Messung existiert.

Die Merkwürdigkeit des durch VI definierten Meßprozesses wird durch folgendes Beispiel deutlich: A sei ein Operator mit nur diskretem, nichtentartetem Spektrum, d. h.

$$A = \sum_\nu \alpha_\nu P_{\varphi_\nu}. \tag{1.1}$$

Die Eigenschaften P_{φ_ν} können zusammen gemessen werden. Ist vor der Messung von A der statistische Operator P_ψ, d. h. liegt vorher der Zustand ψ vor, so ist nach der Messung von A mit dem Ergebnis α_ϱ, d. h. nach der positiven Feststellung von P_{φ_ϱ}, der statistische Operator gleich P_{φ_ϱ}. Der Zustand ψ ist durch die Messung in den Zustand φ_ϱ übergeführt. Die Wahrscheinlichkeit für das Ergebnis α_ϱ ist $w_\varrho = |(\varphi_\varrho | \psi)|^2$. Eine sehr häufige Wiederholung derselben Messung an verschiedenen Systemen, die aber alle im Zustand ψ waren, führt also den Bruchteil w_ϱ in den Zustand φ_ϱ über. Haben wir nun die Messung zwar ordnungsgemäß durchgeführt, aber nicht hingesehen, welches der Systeme den Wert $\alpha_1, \alpha_2, \ldots$ hatte, so ist das damit äquivalent, daß wir nach der Messung alle Systeme wieder durcheinanderbringen, d. h. $W = \sum_\varrho w_\varrho P_{\varphi_\varrho}$. setzen. *Ohne* die von uns als Subjekt durchgeführte Aussonderung der verschiedenen Meßergebnisse wird schon allein durch den Meßprozeß P_ψ in $\sum_\varrho w_\varrho P_{\varphi_\varrho}$, d. h. ein Zustand in ein Gemisch übergeführt. Dies kann unmöglich durch einen Prozeß der Form $U_t^* P_\psi U_t$ (im SCHRÖDINGER-Bild) geschehen, da hierdurch der Zustand ψ in den *Zustand $U_t^* \psi$* übergeführt wird. Es stehen somit für die Zeitveränderlichkeit zwei Prozesse:

$$\psi \to U_t^* \psi \quad \text{und} \quad \psi \to \sum_\varrho w_\varrho P_{\varphi_\varrho} \tag{1.2}$$

nebeneinander.

Der erste Prozeß ist reversibel. Das soll heißen: Ist auf Grund von U_t eine physikalische Situation aus einer früheren entstanden, so ist auch die umgekehrte Entwicklung möglich. In den klassischen

Theorien ist dies lange bekannt. Im Partikelbild z. B. gibt es für ein abgeschlossenes System die Möglichkeit der Umkehr der Bewegung: Sind zur Zeit 0 die Koordinaten und Impulse $\overset{0}{q}_i$, $\overset{0}{p}_i$ und zur Zeit t $\overset{1}{q}_i$, $\overset{1}{p}_i$, so ist auch die „umgekehrte" Bewegung möglich, wo zur Zeit 0 die Koordinaten und Impulse die Werte $\overset{1}{q}_i$, $-\overset{1}{p}_i$ und dann zur Zeit t die Werte $\overset{0}{q}_i$, $-\overset{0}{p}_i$ haben. Diese Tatsache ist die Stütze des sogenannten Wiederkehreinwands gegen das H-Theorem, worauf wir weiter unten noch ausführlich zu sprechen kommen werden. Den Beweis dieser Tatsache führt man am einfachsten auf Grund der Invarianz der Bewegungsgleichungen gegenüber der Transformation: $q_i' = q_i$, $p_i' = -p_i$, $t' = -t$ durch. Denn da die p_i quadratisch in H auftreten, gilt $H(p_i', q_i') = H(p_i, q_i)$, und damit gelten dann auch die Gleichungen

$$\frac{dp'}{dt'} = -\frac{\partial H}{\partial q_i'} \; ; \qquad \frac{dq_i'}{dt'} = \frac{\partial H}{\partial p_i'} \cdot \tag{1.3}$$

Ist somit $p_i = f_i(\overset{0}{p}_i, t)$; $q_i = g_i(\overset{0}{q}_i, t)$ eine Lösung der ursprünglichen kanonischen Gleichungen mit $f_i(\overset{0}{p}_i, 0) = \overset{0}{p}_i$; $g_i(\overset{0}{q}_i, 0) = \overset{0}{q}_i$, so auch $p_i' = f_i(\overset{0}{p}_i, t')$; $q_i' = g_i(q_i, t')$, d. h. $p_i = -f_i(-\overset{0}{p}_i, -t)$ und $q_i = g_i(\overset{0}{q}, -t)$.

In derselben Weise läßt sich auch der Ablauf von $\psi_0 \to \psi_t = U_t^* \psi_0$ umkehren. Der Transformation $P_i' = -P_i$, $Q_i' = Q_i$, $t' = -t$ entspricht eine Transformation T der Zustände ψ. Diese läßt sich sehr leicht in der Ortsdarstellung angeben: $(x_i|\psi) \to \overline{(x_i|\psi)}$ [1], denn es gilt:

$$\overline{Q_k(x_i|\psi)} = Q_k\overline{(x_i|\psi)} \quad \text{und} \quad \overline{P_k(x_i|\psi)} = -\frac{\hbar}{i}\frac{\partial}{\partial x_k}\overline{(x_i|\psi)} = -P_k\overline{(x_i|\psi)}.$$

Mit $(x_i|\chi) = \overline{(x_i|\psi)}$ gibt also χ den Zustand, in dem die Statistik der Q_k dieselbe ist wie im Zustand ψ, die der P_k so wie die der $-P_k$ im Zustand ψ. Wir schreiben kurz $\chi = \overline{T}\psi$. Da H wieder quadratisch in den P_k ist, gilt für χ dieselbe SCHRÖDINGER-Gleichung $-\frac{\hbar}{i}\frac{\partial}{\partial t'}\chi = H\chi$ (mit t' statt t) wie für ψ. Ist also ψ_t eine Lösung mit $\psi_0 = \varphi_0$ und $\psi_{t_1} = \varphi_1$, so ist $\overline{T}\psi_{t'} = \chi_{t'}$ eine Lösung mit $\chi_0 = \overline{T}\varphi_0$ und $\chi_{t_1'} = \chi_{-t_1} = \overline{T}\varphi_1$, d. h. $\overline{T}\varphi_1$ hat sich von der Zeit $-t$ bis zur Zeit 0 in $\overline{T}\varphi_0$ verändert ($\overline{T}\varphi_1 \to \overline{T}\varphi_0$), was die Umkehrung von $\varphi_0 \to \varphi_1$ darstellt.

Der Übergang $\psi \to \sum_\varrho w_\varrho P_{\varphi_\varrho}$ ist dagegen irreversibel. Denn erstens gibt es keine unitäre Transformation, die $\sum_\varrho w_\varrho P_{\varphi_\varrho}$ in einen Zustand überführen könnte, und zweitens würde auch eine zweite Messung, die etwa $\varphi_\varrho \to \sum_\sigma w_{\varrho\sigma} P_{\chi_\sigma}$ überführt, nur $\sum_\varrho w_\varrho P_{\varphi_\varrho} \to \sum_\sigma (\sum_\varrho w_\varrho w_{\varrho\sigma}) P_{\chi_\sigma}$, d. h. wieder in eine Gesamtheit überführen.

---

[1] Es handelt sich hier also gerade um die Transformation $\overline{T}$ aus Kapitel III, § 10!

Die beiden Prozesse scheinen also so wesentlich verschieden zu sein, daß eine „Erklärung" des Meßprozesses auf Grund der Bewegungsgleichungen nach Kapitel IV unmöglich scheint. Es ist aber zu bedenken, daß es auch schon in der klassischen Mechanik beim Übergang zu Systemen aus einer großen Zahl von Teilchen möglich ist, unter gewissen Annahmen (Ergodensatz)[1], das H-Theorem, d. h. den Entropiesatz, zu beweisen. Trotz der Reversibilität im „Kleinen" können die Vorgänge sich im „Großen" *praktisch* irreversibel verhalten. Die ganze Thermodynamik beruht durch ihren 2. Hauptsatz auf dieser Tatsache. Es liegt daher die Vermutung nahe, daß der Meßprozeß nichts anderes ist als eine abgekürzte Schreibweise für einen komplizierten, thermodynamisch irreversiblen Prozeß, der von dem „Objekt" an der „makroskopischen" Apparatur ausgelöst wurde.

Daß die Meßapparatur makroskopische Ausmaße haben muß, ist sofort durch folgende Überlegung ersichtlich: Der Meßprozeß besteht in einer Kopplung eines Systems I (Objekt) an ein System II (Meßapparatur). Durch Feststellung von Eigenschaften an II will man auf I zurückschließen. Um aber an II Eigenschaften festzustellen, ist es notwendig, daß II makroskopische Dimensionen hat, da man sonst erst wieder einen weiteren Meßapparat brauchte, um II zu messen.

Wir haben bisher immer das Wort Meßapparat benutzt. Wir sehen aber, daß es im Prinzip nicht notwendig ist, daß das makroskopische System gerade von einem Physiker zum Zweck einer Messung gebaut wurde. Es kann auch ein System sein, auf das ganz im natürlichen Weltgeschehen das betrachtete mikroskopische Objekt einwirkt.

Scheint aber nicht in dem so skizzierten Meßprozeß ein innerer Widerspruch zur Quantentheorie zu stecken? Wenn im Mikroskopischen gilt: Eine Eigenschaft ist nicht als wirklich, sondern nur als möglich anzusehen, und von mehreren Eigenschaften können nur einige gleichzeitig wirklich sein, so muß sich dies doch auch auf das Makroskopische übertragen. Die obige Darstellung, daß wir an einem makroskopischen Objekt die Eigenschaften ohne weiteren Meßapparat feststellen können, kann also nicht richtig sein, niemals kann man aufhören und sagen, daß jetzt eine bestimmte Eigenschaft vorliegt, wenn man nicht einmal mit Hilfe des durch Axiom VI definierten Prozesses die Kette der wiederholten Messungen von I durch II, von II durch III, von III durch IV usw. abschneidet, wobei man dann Axiom VI als Symbol für eine im Bewußtsein des Beobachters festgestellte Tatsache aus der physikalischen Beschreibung anzusehen hat. Dieser Gedankengang sei an dem Beispiel des Beugungsschirmes von S. 25 verdeutlicht:

System I sei also ein Elektron, das den Beugungsschirm passiert, System II eine Reihe von Zählrohren mit Zählwerken hinter dem Schirm.

---

[1] Siehe z. B. Hopf: Ergodentheorie. Berlin 1937.

Natürlicherweise würde man den Vorgang wie folgt beschreiben: I gerät mit II in Wechselwirkung, so daß eines der Zählrohre anspricht und das zugehörige Zählwerk um eine Ziffer weiterläuft. Das Vorspringen eines der Zählwerke ist also die nachher nur noch festzustellende Eigenschaft von II. Dies scheint aber doch im Widerspruch damit zu stehen, daß das Elektron hinter dem Schirm keinen bestimmten Ort hat. Der Zustand des Elektrons φ entspricht in der Ortsdarstellung einer Welle, die vor dem Schirm die Form $e^{\frac{i}{\hbar}\mathfrak{p}\mathfrak{r}}$ entsprechend einem Impuls $\mathfrak{p}$ des Elektrons hat und hinter dem Schirm interferiert. Die Annahme, daß das Elektron einen bestimmten Ort hinter dem Schirm hat, steht also im Widerspruch zur Versuchsanordnung (Näheres I, § 6, und Komplementarität IV, § 1). Der Zustand der Meßapparatur II sei ψ, so daß für I und II der Zustand $\varphi\psi$ ist. Durch die Wechselwirkung von I und II geht $\varphi\psi$ in einen Zustand Φ über. Φ kann aber keine bestimmte Aussage machen, welches Zählwerk weitergesprungen ist. Ebensogut wie das Elektron keinen bestimmten Ort hat, kann also auch keines der Zählwerke angesprochen haben, denn das würde einem bestimmten Ort des Elektrons entsprechen. Erst im Moment des Beobachtens der Zählwerke ist eines als wirklich weitergerückt anzusehen. Sicher dagegen aber ist doch die Erfahrung, daß es gleichgültig ist, ob man das Zählwerk ansieht oder nicht. Gerade auf dieser „objektiven" Fixierung der Beobachtungsergebnisse unabhängig von dem Akt des Wahrnehmens beruht die allgemeine Verbindlichkeit physikalischer Aussagen.

In einer drastischen Form ist dieser Einwand gegen die Quantentheorie einmal von SCHRÖDINGER erhoben worden: In einem abgeschlossenen System, einem geschlossenen Kasten, befindet sich ein Uranatom in einem Zählrohr, das beim Ansprechen einen Hebel auslöst, der einen Behälter mit Cyanwasserstoff zerschlägt. Außerdem sitzt in dem Kasten eine Katze. Frage, nachdem ein Tag vergangen ist: Ist die Katze tot oder nicht? Nach der Quantentheorie wäre sie weder lebendig noch tot, erst nach dem Hineinschauen in den Kasten ist die Katze wirklich tot oder lebendig, je nach der Beobachtung.

Eng hiermit steht im Zusammenhang der andere, oft formulierte Einwand gegen die Quantentheorie: Treten zwei Systeme I und II eine Zeitlang in Wechselwirkung, so hat auch lange nachdem die Wechselwirkung vorüber ist, eine Beobachtung von II einen Einfluß auf die Aussagen über das Verhalten von System I. Wie aber kann I noch etwas spüren, daß an II eine Beobachtung durchgeführt wird? Als Beispiel diene der Gedankenversuch der Messung des Ortes eines Elektrons durch ein Mikroskop (Abb. 6). System I ist das Elektron in der Objektebene der Linse, System II das Lichtquant. Erst *nachdem* die Wechselwirkung zwischen Lichtquant und Elektron vorüber ist, ist es von Wichtigkeit, ob man das Lichtquant mit einer Photoplatte in der Bildebene oder Brennebene auffängt. Im ersten Falle kann man auf den Ort des Elektrons mit einer Genauigkeit $\varDelta q \sim \dfrac{\lambda}{\sin \alpha}$ zurückschließen, wobei λ die Wellenlänge des Lichtquants und α der Winkel ist, unter dem die Linse von der Objektebene aus erscheint (Abb. 6): Der Impuls des Lichtquants ist vor der Wechselwirkung $\dfrac{h\nu}{c}$. Da die Richtung der Abbeugung im Spielraum des Winkels α nicht feststeht, ist der auf das Elektron übertragene Impuls in der Größenordnung $\dfrac{h\nu}{c} \sin \alpha$ un-

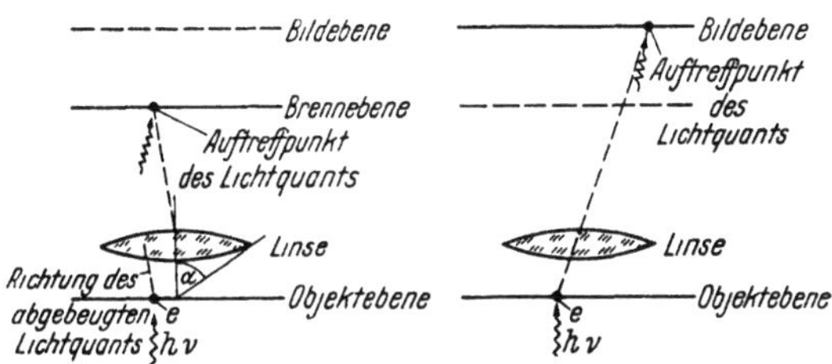

Abb. 6. Zur Ortsmessung mit einem Mikroskop

bestimmt. Ist also vor der Messung der Impuls des Elektrons bekannt, so ist er nach der Messung um $\varDelta p \sim \dfrac{h\nu}{c} \sin \alpha$ unbestimmt. Damit ist entsprechend der Ungenauigkeitsrelation $\varDelta p\, \varDelta q \sim h$. Vor der Messung sei also der Zustand von der Form $e^{\frac{i}{\hbar}px}$. Nach der Messung ist er in der Ortsdarstellung nur dicht um den gemessenen Ort herum von Null verschieden.

Stellen wir aber die Photoplatte in der Brennebene auf, so ist durch den Auftreffpunkt des Lichtquants die Richtung bekannt, in die es am Elektron abgebeugt wurde. Damit steht der übertragene Impuls fest, so daß auch nach der Messung am Lichtquant das Elektron durch einen Zustand der Form $e^{\frac{i}{\hbar}p'x}$ zu charakterisieren ist.

Obwohl die Wechselwirkung zwischen Elektron (I) und Lichtquant (II) schon vorüber ist, erhalten wir je nach der Beobachtung von II einen verschiedenen Zustand von I.

Wir sehen so, daß die Diskussion des Meßprozesses alle entscheidenden begrifflichen Probleme der Quantentheorie aufwirft. Die Lösung der einzelnen Fragen wollen wir in folgenden Schritten versuchen: Als erstes untersuchen wir den Einfluß der Kopplung zweier Systeme untereinander, dann wollen wir sehen, wodurch Axiom VI bei einem realen Meßprozeß zu ersetzen ist, und zum Schluß soll die „Fixierung" des Meßergebnisses in der makroskopischen Wirklichkeit beschrieben werden. In dem darauffolgenden Kapitel wollen wir dann den Versuch unternehmen, die Ergebnisse der Quantentheorie von einem allgemeineren Standpunkt aus zu beleuchten.

§ 2. Gekoppelte Systeme.

Dem physikalischen System I sei der HILBERT-Raum $\mathfrak{H}_I$, II der HILBERT-Raum $\mathfrak{H}_{II}$ zugeordnet. Dem gekoppelten System haben wir dann nach Kapitel III, § 9 (Schluß), den HILBERT-Raum $\mathfrak{H} = \mathfrak{H}_I \times \mathfrak{H}_{II}$ zuzuordnen[1]. Es sei W der statistische Operator in $\mathfrak{H}$. Für eine Observable des Systems I, die also nach Kapitel III, § 9, die Form $A \times 1$ hat, ergibt sich dann als Erwartungswert $\mathrm{Sp}\,((A \times 1)\,W)$. Mit φ_ν als vollständigem normiertem Orthogonalsystem in $\mathfrak{H}_I$ und ψ_μ in $\mathfrak{H}_{II}$ ist $\varphi_\nu\,\psi_\mu$ ein vollständiges normiertes Orthogonalsystem in $\mathfrak{H}$. Damit ist

$$\begin{aligned}
&\mathrm{Sp}\,((A \times 1)\,W) \\
&\quad = \sum_{\nu\mu} (\varphi_\nu\,\psi_\mu,\,(A \times 1)\,W\varphi_\nu\,\psi_\mu) = \sum_{\nu\mu} ((A\varphi_\nu)\,\psi_\mu,\,W\varphi_\nu\,\psi_\mu),
\end{aligned} \tag{2.1}$$

denn nach S. 100 ist $(A \times 1)\,\varphi_\nu\,\psi_\mu = (A\varphi_\nu)\,\psi_\mu$. Mit $A\varphi_\nu = \sum_\varrho \varphi_\varrho\,a_{\varrho\nu}$ und $(\varphi_\varrho\,\psi_\mu,\,W\varphi_\nu\,\psi_\sigma) = w_{\varrho\mu,\,\nu\sigma}$ ist also

$$\mathrm{Sp}\,((A \times 1)\,W) = \sum_{\nu\mu\varrho} a_{\nu\varrho}\,w_{\varrho\mu,\,\nu\mu} = \sum_{\varrho\nu} a_{\nu\varrho} \sum_\mu w_{\varrho\mu,\,\nu\mu}. \tag{2.2}$$

Durch

$$W_{(I)}\,\varphi_\nu = \sum_\varrho \varphi_\varrho \sum_\mu w_{\varrho\mu,\,\nu\mu} \tag{2.3}$$

ist ein HERMITEscher Operator $W_{(I)}$ in $\mathfrak{H}_I$ definiert, den wir die Verkürzung von W auf $\mathfrak{H}_I$ bezeichnen wollen. $W_{(I)}$ ist unabhängig von der Wahl der vollständigen normierten Orthogonalsysteme φ_ν und ψ_μ, wie man leicht nachweist. Dann läßt sich der Erwartungswert einer Observablen von I in der Form $\mathrm{Sp}\,(A\,W_{(I)})$ schreiben. $W_{(I)}$ gibt also die Statistik in dem Teilsystem I wieder.

In derselben Weise kann man auch $W_{(II)}$ bilden. $W_{(I)}$ und $W_{(II)}$ bestimmen aber umgekehrt W nicht eindeutig. Sicher ist zu vorgegebenem $W_{(I)}$ und $W_{(II)}$ der Operator $W = W_{(I)} \times W_{(II)}$ ein Operator mit den geforderten Verkürzungen (wenn vorausgesetzt wird, daß $\mathrm{Sp}\,(W_{(I)}) = \mathrm{Sp}\,(W_{(II)}) = 1$ ist). Bestimmen nun sowohl $W_{(I)}$ wie $W_{(II)}$ reduzible Erwartungswertfunktionen, so ist

$$W_{(I)} = \alpha_1 U_1 + \alpha_2 U_2; \qquad W_{(II)} = \beta_1 V_1 + \beta_2 V_2$$

mit $\alpha_1 + \alpha_2 = 1$, $\beta_1 + \beta_2 = 1$ und $U_1 \neq W_{(I)}$, $V_1 \neq W_{(II)}$. Dann hat auch jeder Operator $W = \gamma_1 U_1 \times V_1 + \gamma_2 U_1 \times V_2 + \gamma_3 U_2 \times V_1 + \gamma_4 U_2 \times V_2$ die Verkürzungen $W_{(I)}$ und $W_{(II)}$, wenn $\gamma_1 + \gamma_2 = \alpha_1$, $\gamma_3 + \gamma_4 = \alpha_2$, $\gamma_1 + \gamma_3 = \beta_1$, $\gamma_2 + \gamma_4 = \beta_2$ ist. Dieser Operator W ist

---

[1] Vom Austausch gleicher Teilchen unter den Systemen I und II sehen wir ab.

aber von $W_{(I)} \times W_{(II)} = \alpha_1 \beta_1 U_1 \times V_1 + \alpha_1 \beta_2 U_1 \times V_2 + \alpha_2 \beta_1 U_2 \times$ $\times V_1 + \alpha_2 \beta_2 U_2 \times V_2$ i. A. verschieden, denn die $\gamma_1, \gamma_2, \gamma_3, \gamma_4$ können auf unendlich verschiedene Weisen gewählt werden, da die vier Bedingungsgleichungen für die γ_i nicht unabhängig sind: $(\gamma_2 + \gamma_4) = (\gamma_1 + \gamma_2) +$ $+ (\gamma_3 + \gamma_4) - (\gamma_1 + \gamma_3) = \alpha_1 + \alpha_2 - \beta_1 = 1 - \beta_1 = \beta_2$; die vierte ist also eine Folge der ersten drei Gleichungen.

Ist dagegen einer der beiden Operatoren, z. B. $W_{(I)}$, ein P_φ, so ist eindeutig $W = W_{(I)} \times W_{(II)}$. Beweis: Wählen wir in $\mathfrak{H}_I$ das normierte Orthogonalsystem speziell so: $\varphi_1 = \varphi, \varphi_2, \varphi_3, \ldots$, so ist $w_{(I)11} = 1$ und $w_{(I)\varrho\nu} = 0$, wenn ϱ oder ν ungleich 1 ist. Also muß sein:

$$\sum_\mu w_{\varrho\mu, \nu\mu} = 0 \quad \text{für } \varrho \text{ oder } \nu \neq 1.$$

Für $\varrho = \nu$ folgt wegen $w_{\varrho\mu, \varrho\mu} \geqq 0$ (denn $W \geqq 0$!), daß alle $(\varphi_\varrho \psi_\mu, W \varphi_\varrho \psi_\mu) = 0$ mit $\varrho \neq 1$ sind. Wegen $W \geqq 0$ folgt daraus[1] $W \varphi_\varrho \psi_\mu = 0$ für $\varrho \neq 1$. Da W Hermitesch ist, muß sich $W \varphi_1 \psi_\mu$ $= \sum_\sigma \varphi_1 \psi_\sigma (\varphi_1 \psi_\sigma, W \varphi_1 \psi_\mu)$ darstellen lassen. Da $(\varphi_1 \psi_\sigma, W \varphi_1 \psi_\mu)$ $= (\psi_\sigma, W_{(II)} \psi_\mu)$ ist, ist also W damit eindeutig bestimmt.

Hat man also an I und II getrennte Messungen durchgeführt, so daß die statistischen Operatoren $W_{(I)}$ und $W_{(II)}$ der Systeme I und II bekannt sind, so ist dadurch eindeutig auch W fixiert, sobald I oder II sich in einem Zustand befinden. Aus den späteren Betrachtungen über den Meßprozeß wird sich ergeben, daß bei getrennt durchgeführten Messungen an I und II immer $W = W_{(I)} \times W_{(II)}$ zu setzen ist. Nur bei Messungen, die I und II zusammen betreffen, kann sich ein Operator $W \neq W_{(I)} \times W_{(II)}$ ergeben. Diese später abzuleitenden Tatsachen werden im folgenden nicht benutzt werden.

Befindet sich nun umgekehrt I + II in einem Zustand Φ[2], etwa nach Messung einer Eigenschaft von I + II, so geben $W_{(I)}$ sowie $W_{(II)}$ im allgemeinen keine Zustände der Systeme I und II an. $W_{(I)}$ beschreibt nur dann einen Zustand, wenn $\Phi = \varphi \psi$ ist, so daß dann $W_{(I)} = P_\varphi$ und $W_{(II)} = P_\psi$ gilt: Um dies zu beweisen, zeigen wir, daß es in $\mathfrak{H}_I$ und $\mathfrak{H}_{II}$ je ein vollständiges normiertes Orthogonalsystem φ_ν bzw. ψ_μ so gibt, daß

$$\Phi = \sum_\mu \lambda_\mu \varphi_\mu \psi_\mu \quad \text{mit} \quad \lambda_\mu \geqq 0.$$

Dann ist $W_{(I)} = \sum_\mu \lambda_\mu^2 P_{\varphi_\mu}$ und $W_{(II)} = \sum_\mu \lambda_\mu^2 P_{\psi_\mu}$. $W_{(I)}$ (und dann als Folge auch $W_{(II)}$) ist also nur dann gleich P_χ, d. h. irreduzibel (S. 53), wenn alle λ_μ bis auf eines, z. B. λ_1, gleich Null sind, d. h. wenn $\Phi = \varphi_1 \psi_1$ ist.

---

[1] Wegen $W \geqq 0$ existiert nach A I, § 7 $W^{1/2}$, so daß aus $(f, W f)$ $= (W^{1/2} f, W^{1/2} f) = 0$, $W^{1/2} f = 0$ und daraus $W f = 0$ folgt.

[2] Ist $\Phi = \sum_\nu a_\nu \Psi_\nu$, so wird für $W = P_\Phi$ in bezug auf die Ψ_ν: $w_{\nu\mu} = a_\nu a_\mu$.

Ist χ_μ ein vollständiges normiertes Orthogonalsystem in $\mathfrak{H}_{(I)}$, η_μ in $\mathfrak{H}_{(II)}$, so kann man Φ entwickeln:

$$\Phi = \sum_{\mu,\nu} \chi_\mu \eta_\nu a_{\mu\nu}.$$

Wegen $\|\Phi\| = 1$ ist $\sum_{\nu,\mu} |a_{\mu\nu}|^2 = 1$. Aus $W = P_\Phi$ erhält man für $W_{(I)}$ und $W_{(II)}$

$$W_{(I)}\, \chi_\mu = \sum_\nu \chi_\nu \sum_\varrho a_{\nu\varrho}\overline{a_{\mu\varrho}},$$

$$W_{(II)}\,\eta_\mu = \sum_\nu \eta_\nu \sum_\varrho a_{\varrho\nu}\overline{a_{\varrho\mu}}.$$

$W_{(I)}$ ist ein beschränkter HERMITEscher Operator, denn mit $f = \sum_\mu \chi_\mu x_\mu$ ist

$$\|W_{(I)}f\|^2 = \sum_\nu |\sum_{\varrho\mu} a_{\nu\varrho}\overline{a_{\mu\varrho}}\, x_\mu|^2 \leq \sum_{\nu\mu} |\sum_\varrho a_{\nu\varrho}\overline{a_{\mu\varrho}}|^2 \sum_\sigma |x_\sigma|^2 \leq$$

$$\leq \|f\|^2 \sum_{\nu\mu} \sum_\varrho |a_{\nu\varrho}|^2 \sum_\sigma |a_{\mu\sigma}|^2 = \|f\|^2.$$

$W_{(I)}$ ist aber sogar ein vollstetiger Operator: Dazu ist nur zu zeigen[1], daß für die Matrixelemente $w_{(I)\nu\mu} = \sum_\varrho a_{\nu\varrho}\overline{a_{\mu\varrho}}$ die Summe $\sum_{\nu\mu} |w_{(I)\nu\mu}|^2$ konvergent ist. Nach der SCHWARZschen Ungleichung ist $|w_{(I)\nu\mu}|^2 \leq$ $\leq \sum_\varrho |a_{\nu\varrho}|^2 \sum_\sigma |a_{\mu\sigma}|^2$ und damit $\sum_{\nu\mu} |w_{(I)\nu\mu}|^2 \leq \sum_{\nu\varrho} |a_{\nu\varrho}|^2 \sum_{\mu\sigma} |a_{\mu\sigma}|^2 = 1$. $W_{(I)}$ (und ebenso $W_{(II)}$) hat also ein reines Punktspektrum (vgl. A I, §15). Ist $f = \sum_\mu \chi_\mu x_\mu$ ein Eigenvektor von $W_{(I)}$, so ist $g = \sum_{\nu\mu} \eta_\nu a_{\mu\nu} \overline{x_\mu}$ ein Eigenvektor von $W_{(II)}$. Beweis: Es gilt $W_{(I)} f = w f$, d. h. $\sum_{\varrho\mu} a_{\nu\varrho}\overline{a_{\mu\varrho}}\, x_\mu = w\, x_\nu$. Andererseits ist

$$W_{(II)} g = \sum_{\varrho\nu\sigma\mu} \eta_\nu a_{\sigma\nu}\overline{a_{\sigma\mu}}\, a_{\varrho\mu} \overline{x_\varrho} = w \sum_{\nu\sigma} \eta_\nu a_{\sigma\nu} \overline{x_\sigma} = w\, g.$$

Wir dürfen $\|f\| = 1$ annehmen; dann ist $\|g\|^2 = \sum_{\mu\nu\sigma} \overline{a_{\mu\nu}}\, x_\mu a_{\sigma\nu} \overline{x_\sigma}$ $= w \geq 0$. Für $w \neq 0$ ist also $\frac{1}{\sqrt{w}} \sum_{\mu\nu} a_{\mu\nu} \overline{x_\mu}\, \eta_\nu$ ein normierter Eigenvektor von $W_{(II)}$ zum selben Eigenwert w. Man zeigt leicht, daß für zwei orthogonale Eigenvektoren f_1 und f_2 von $W_{(I)}$ auch die entsprechenden g_1 und g_2 orthogonal sind. Da der Beweis nicht geändert wird, wenn man $W_{(I)}$ durch $W_{(II)}$ und $W_{(II)}$ durch $W_{(I)}$ ersetzt, folgt also, daß $W_{(I)}$ und $W_{(II)}$ dieselben Eigenwerte ($w \neq 0$) mit demselben Entartungsgrad haben. Ist also φ_ν das vollständige normierte Orthogonalsystem der Eigenvektoren von $W_{(I)}$ und ψ_μ das entsprechende von $W_{(II)}$, so daß für $w_\nu \neq 0$ das ψ_ν aus dem φ_ν so wie oben das $\frac{1}{\sqrt{w}} g$ aus dem f hervorgeht, so können wir die χ_ν, η_ν durch die φ_ν, ψ_ν und die $a_{\mu\nu}$ durch

---

[1] Anhang I, § 3 und besonders Ende von § 15.

andere Größen $b_{\mu\nu}$ ersetzt denken:

$$\Phi = \sum_{\mu\nu} \varphi_\mu \psi_\nu \, b_{\nu\mu}.$$

Es muß dann also entsprechend wie bei dem Vektor $\dfrac{1}{\sqrt{w}}\,g$, wenn man die $a_{\mu\nu}$ durch die $b_{\mu\nu}$ ersetzt, für $w_\nu \neq 0$ $\psi_\nu = \dfrac{1}{\sqrt{w_\nu}} \sum_\varrho \psi_\varrho \, b_{\nu\varrho}$ sein, woraus sich $b_{\nu\varrho} = \sqrt{w_\nu}\,\delta_{\nu\varrho}$ für $w_\nu \neq 0$ und ϱ beliebig ergibt.

Für $w_\mu = 0$ soll weiterhin $W_{(\mathrm{I})}\varphi_\mu = \sum_\nu \varphi_\nu \sum_\varrho b_{\nu\varrho}\,\overline{b_{\mu\varrho}} = 0$ sein, so daß für $w_\mu = 0$ $\sum_\varrho b_{\nu\varrho}\,\overline{b_{\mu\varrho}} = 0$ sein muß, d. h. für $w_\nu \neq 0$ wegen $b_{\nu\varrho} = \sqrt{w_\nu}\,\delta_{\nu\varrho}$: $b_{\mu\nu} = 0$ und für $w_\nu = 0$:

$$\sum_{\varrho\,(w_\varrho = 0)} b_{\nu\varrho}\,\overline{b_{\mu\varrho}} = 0.$$

Daraus folgt für beliebiges z_ν:

$$0 = \sum_{\substack{\varrho,\,\nu,\,\mu \\ (w_\varrho = w_\nu = w_\mu = 0)}} z_\nu\, b_{\nu\varrho}\,\overline{b_{\mu\varrho}}\,\overline{z_\mu} = \sum_{\substack{\varrho \\ (w_\varrho = 0)}} \Big|\sum_{\substack{\mu \\ (w_\mu = 0)}} b_{\mu\varrho}\, z_\mu\Big|^2.$$

Also sind alle $b_{\mu\varrho} = 0$ für $w_\mu = w_\varrho = 0$. Damit ist schließlich

$$\Phi = \sum_\nu \sqrt{w_\nu}\,\varphi_\nu \psi_\nu.$$

Nach diesen Vorbereitungen können wir daran gehen, die Frage zu beantworten, wie eine Wechselwirkung von I und II aussehen muß, damit man sie als Beobachtung von I mit Hilfe des Meßinstrumentes II ansehen kann. Dazu benutzen wir am besten das Wechselwirkungsbild, denn wir können uns den HAMILTON-Operator von I + II in der Form $H = H_\mathrm{I} \times 1 + 1 \times H_\mathrm{II} + V$ zerlegt denken, wobei H_I (bzw. H_II) der HAMILTON-Operator des Systems I (bzw. II) allein ist. V können wir als Wechselwirkungsenergie von I und II ansehen. Die *statistischen* Operatoren von I + II sind also nur veränderlich durch einen unitären Operator U_t, der sich aus V nach (IV, 3.4) ergibt.

Die Frage, die sich stellt, ist also: Wie muß die Wechselwirkung V und das System II beschaffen sein, damit erstens das System I aus einem Zustand vor der Messung in ein statistisches Gemisch der Form (1.2) in bezug auf die Observablen von I allein übergeht und damit zweitens eine Beobachtung von II genügt, um über I Aussagen machen zu können.

Nehmen wir erst einmal an, daß vor der Messung beide Systeme in einem Zustand waren, so ist also der Zustand von I + II gleich $\varphi\psi$. Dieser wird so beschaffen sein, daß vor dem Beginn der Messung (z. B. wegen der relativ großen Entfernung von I und II) der Operator U_t^* auf $\varphi\psi$ wie der Einheitsoperator wirkt. Vom Beginn der Messung, etwa von t_1 an, ändert sich $U_t^* \varphi \psi$ zeitlich, bis schließlich zu einer späteren Zeit t_2 die Systeme so weit voneinander entfernt sind, daß $U_t^* \varphi \psi$ wieder konstant bleibt. Durch die Wechselwirkung ist also $\varphi \psi$ in

$$U_{t_2}^* \varphi \psi = U_{t_2}^* U_{t_1} \varphi \psi = U^*(t_2 t_1) \varphi \psi \tag{2.4}$$

(mit $U^*(t_2 t_1) = U_{t_2}^* U_{t_1}$) übergeführt worden. Es möge sich um eine Messung einer Observablen A_{I} mit nicht entartetem, nur diskretem Spektrum handeln: $A_{\mathrm{I}} = \sum_k \alpha_k P_{\varphi_k}$. Ist speziell vor der Messung $\varphi = \varphi_k$, so werden wir also *verlangen*, daß auch nach der Messung der Zustand von I gleich φ_k ist, da ja eine Messung von A_{I} in einem Eigenzustand diesen nicht ändern soll. Nach dem obigen Satz muß also nach der Messung I + II in einem Zustand $\varphi_k \psi_k$ sein, d. h.

$$U^*(t_2, t_1) \varphi_k \psi = \varphi_k \psi_k. \tag{2.5}$$

Wegen der Normierung von $\varphi_k \psi$ muß auch ψ_k normiert sein. Für ein beliebiges $\varphi = \sum_k{}' \varphi_k a_k$ ist also mit $\Phi = U^*(t_2 t_1) \varphi \psi$: $\Phi = \sum_k a_k \varphi_k \psi_k$. Soll durch diese Verknüpfung von I und II eine Messung von A_{I} durchgeführt worden sein, so ist weiterhin zu verlangen, daß nach der Messung für das System I ein statistischer Operator der Form

$$W_{(\mathrm{I})} = \sum_k |a_k|^2 P_{\varphi_k} \tag{2.6}$$

vorliegt, denn man hat noch keine Meßskala an II „abgelesen‟, so daß $W_{(\mathrm{I})}$ ein Gemisch der verschiedenen Zustände φ_k mit den Wahrscheinlichkeiten $|a_k|^2$ für die einzelnen Meßwerte α_k von A_{I} sein muß. Damit sich aber $W_{(\mathrm{I})} = \sum_k |a_k|^2 P_{\varphi_k}$ aus dem Zustand Φ ergibt, müssen die einzelnen ψ_k orthogonal aufeinander sein. Dann ist $W_{(\mathrm{II})} = \sum_k |a_k|^2 P_{\psi_k}$. P_{ψ_k} ist eine Eigenschaft des Systems II. In I + II ist ihr der Operator $1 \times P_{\psi_k}$ zugeordnet. Nach einer Messung von $1 \times P_{\psi_k}$ ist dann (nach Axiom VI) der statistische Operator $(1 \times P_{\psi_k}) P_\Phi (1 \times P_{\psi_k}) = |a_k|^2 P_{\varphi_k \psi_k}$ oder normiert $P_{\varphi_k \psi_k}$. Für $P_{\varphi_k \psi_k}$ liegt aber die Eigenschaft $P_{\varphi_k} \times 1$ von I mit Sicherheit, genau wie $1 \times P_{\psi_k}$ von II vor. Es genügt also eine Messung von P_{ψ_k} an II, wonach mit Sicherheit die Eigenschaft P_{φ_k} von I feststeht.

Es kann sein, daß die Messung von I durch II nicht nur dann möglich ist, wenn sich II vor der Messung im Zustand ψ, sondern auch, wenn es sich in irgendeinem einer gewissen Gruppe von Zuständen ψ^ϱ befindet[1]. Dann muß $U^*(t_2, t_1)$ die Eigenschaft $U^*(t_2 t_1) \varphi_k \psi^\varrho = \varphi_k \psi_k^\varrho$

---

[1] Es ist trivial, daß unter den ψ^ϱ nicht alle Zustände von II vorkommen können, denn ein System II, das entsprechend dem Axiom VI c in keiner Weise vorbehandelt und ausgewählt ist, ist schwerlich als „Meßapparat‟ brauchbar.

haben mit $(\psi_k^\varrho, \psi_l^\varrho) = \delta_{kl}$. Der Anfangszustand kann aber dann auch $\sum\limits_\varrho b_\varrho \psi^\varrho$ sein, da dann ebenfalls

$$U^*(t_2 t_1)\, \varphi_k \sum_\varrho b_\varrho \psi^\varrho = \varphi_k \sum_\varrho b_\varrho \psi_k^\varrho \quad \text{und} \quad \Big(\sum_\varrho b_\varrho \psi_k^\varrho,\ \sum_\sigma b_\sigma \psi_l^\sigma\Big) = \delta_{kl}$$

ist. Die Messung ist also möglich, sobald ψ in einem Teilraum $\mathfrak{r}_{II}$ des HILBERT-Raumes $\mathfrak{H}_{II}$ liegt.

Es sei vor der Messung der statistische Operator von I $+$ II gleich $\overset{0}{W}$. Damit mit Sicherheit vor der Messung das System II die Eigenschaft $P_{\mathfrak{r}_{II}}$ hat, muß $\overset{0}{W} = (1 \times P_{\mathfrak{r}_{II}})\overset{0}{W} = \overset{0}{W}(1 \times P_{\mathfrak{r}_{II}}) = (1 \times P_{\mathfrak{r}_{II}})\overset{0}{W}(1 \times P_{\mathfrak{r}_{II}})$ sein. $\overset{0}{W}$ läßt also den Teilraum $\mathfrak{H}_I \times \mathfrak{r}_{II}$ von $\mathfrak{H}_I \times \mathfrak{H}_{II}$ invariant und macht jeden Vektor senkrecht $\mathfrak{H}_I \times \mathfrak{r}_{II}$ zu Null. Der Teilraum $\mathfrak{H}_I \times \mathfrak{r}_{II}$, der durch die $\varphi_k \psi^\varrho$ aufgespannt wird, wird durch $U^*(t_2 t_1)$ auf den durch die $\varphi_k \psi_k^\varrho$ aufgespannten Teilraum $\mathfrak{R}$ abgebildet. Der statistische Operator

$$W = U^*(t_2 t_1)\, \overset{0}{W}\, U(t_2 t_1) \tag{2.7}$$

läßt also $\mathfrak{R}$ invariant und macht jeden Vektor senkrecht $\mathfrak{R}$ zu Null. Die ψ^ϱ können wir als vollständiges normiertes Orthogonalsystem von $\mathfrak{r}_{II}$ gewählt denken. Dann sind auch die ψ_k^ϱ orthogonal und normiert. In bezug auf das normierte Orthogonalsystem $\varphi_k \psi^\varrho$ habe $\overset{0}{W}$ die Matrix $\overset{0}{w}_{k\varrho, l\sigma}$, dann hat also W in bezug auf die $\varphi_k \psi_k^\varrho$ dieselbe Matrix: $W\varphi_k \psi_k^\varrho = \sum\limits_{l\sigma} \varphi_l \psi_l^\sigma \overset{0}{w}_{l\sigma, k\varrho}$. Vor der Messung hat $\overset{0}{W}_{(I)}$ die Matrix $\sum\limits_\varrho \overset{0}{w}_{k\varrho, l\varrho}$ in bezug auf die φ_k, nach der Messung hat $W_{(I)}$ in bezug auf die φ_k aber die Matrix $\delta_{kl} \sum\limits_\varrho \overset{0}{w}_{k\varrho, k\varrho}$ [1], d. h. $W_{(I)} = \sum\limits_k \Big(\sum\limits_\varrho \overset{0}{w}_{k\varrho, k\varrho}\Big) P_{\varphi_k}$. $\sum\limits_\varrho \overset{0}{w}_{k\varrho, k\varrho}$ ist aber gerade $\mathrm{Sp}(W_{(I)} P_{\varphi_k}) = (\varphi_k, W_{(I)} \varphi_k)$, d. h. gleich der Wahrscheinlichkeit für P_{φ_k}, so wie wir es erwarten müssen. Es ist somit $W_{(I)} = \sum\limits_k P_{\varphi_k} \overset{0}{W}_{(I)} P_{\varphi_k}$. Für das System II ergibt sich $W_{(II)} \psi_k^\varrho = \sum\limits_\sigma \psi_k^\sigma \overset{0}{w}_{k\sigma, k\varrho}$ und $W_{(II)}$ angewandt auf die zu allen ψ_k^ϱ orthogonalen Vektoren ergibt Null. Die ψ_k^ϱ bei festem k spannen Teilräume $\mathfrak{r}_k$ von $\mathfrak{H}_{II}$ auf, die paarweise orthogonal zueinander sind. Die Wahrscheinlichkeit für die Eigenschaft $P_{\mathfrak{r}_k}$ ist dann also gleich $\sum\limits_\varrho \overset{0}{w}_{k\varrho, k\varrho}$, d. h. dieselbe wie

---

[1] Um die Matrix von $W_{(I)}$ zu berechnen, betrachte man das normierte Orthogonalsystem $\eta_{k, m, \varrho} = \varphi_k \psi_m^\varrho$ in $\mathfrak{H}_I \times \mathfrak{H}_{II}$. Daß die ψ_l^ϱ nicht vollständig in $\mathfrak{H}_{II}$ sind, spielt im folgenden keine Rolle, da W alle Vektoren senkrecht zu den $\varphi_k \psi_m^\varrho$ zu Null macht. Die Matrix von W in bezug auf die $\eta_{k, m, \varrho}$ ist also $w_{l, n, \sigma; k, m, \varrho} = \delta_{l,n} \delta_{k,m} \overset{0}{w}_{l\sigma, k\varrho}$. Damit wird $w_{(I)\, l, k} = \sum\limits_{m\varrho} w_{l, m, \varrho; k, m, \varrho} = \delta_{kl} \sum\limits_\varrho \overset{0}{w}_{k\varrho, k\varrho}$.

für P_{φ_k} im System I. So sieht man, daß die $P_{\mathfrak{r}_k}$ in II eindeutig mit den P_{φ_k} in I verknüpft sind. Es genügt, in II die $P_{\mathfrak{r}_k}$ zu messen.

Nachdem wir uns so orientiert haben, wie etwa die Wechselwirkung zwischen zwei Systemen auszusehen hat, damit wir von einer Messung von I durch II reden können, stellen sich uns vier Fragen:

1. Wenn die Beobachtung von II durch ein System III geschieht, ist es dann gleichgültig, ob man I + II als Objekt und III als Meßapparatur oder I als Objekt und II + III als Meßapparatur benutzt?

2. Wie steht es bei der Messung einer Observablen mit kontinuierlichem Spektrum?

3. Wie steht es mit der Wechselwirkung bei den wirklich benutzten Meßapparaturen?

4. Inwiefern kann man bei einer makroskopischen Apparatur davon reden, daß das Meßergebnis an ihr fixiert ist?

Die Diskussion der beiden letzten Fragen werden wir auf die beiden folgenden Paragraphen dieses Kapitels verschieben.

Bei der Behandlung der Frage 1. muß beachtet werden, daß III in keiner direkten Wechselwirkung mit I steht, sondern nur mit II. Der HAMILTON-Operator von I + II + III ist also $H = H_\mathrm{I} + H_\mathrm{II} + {}+ H_\mathrm{III} + V_\mathrm{I,\,II} + V_\mathrm{II,\,III}$, wobei $V_\mathrm{I,\,II}$ die Wechselwirkung von I mit II und $V_\mathrm{II,\,III}$ von II mit III ist. H_III ist also mit $V_\mathrm{I,\,II}$ und H_I mit $V_\mathrm{II,\,III}$ vertauschbar. Wendet man das Wechselwirkungsbild an, wobei $V_\mathrm{I,\,II} + V_\mathrm{II,\,III}$ als Wechselwirkung behandelt wird, so ist

$$\begin{aligned}
\widetilde{V}_\mathrm{I,\,II}(t) &= e^{\frac{i}{\hbar}(H_\mathrm{I} + H_\mathrm{II} + H_\mathrm{III})t}\, V_\mathrm{I,\,II}\, e^{-\frac{i}{\hbar}(H_\mathrm{I} + H_\mathrm{II} + H_\mathrm{III})t} \\
&= e^{\frac{i}{\hbar}(H_\mathrm{I} + H_\mathrm{II})t}\, V_\mathrm{I,\,II}\, e^{-\frac{i}{\hbar}(H_\mathrm{I} + H_\mathrm{II})t}
\end{aligned} \tag{2.8}$$

und ähnlich für $\widetilde{V}_\mathrm{II,\,III}$. $\widetilde{V}_\mathrm{I,\,II}$ hängt von der Zeit so ab, als ob III gar nicht existierte. Durch $\widetilde{V}_\mathrm{I,\,II}$ (bzw. $\widetilde{V}_\mathrm{II,\,III}$) werden für das System I + II (bzw. II + III) nach (2.5) zwei unitäre Operatoren $U_\mathrm{I,\,II}(t_2, t_1)$ und $U_\mathrm{II,\,III}(t_3, t_2)$ bestimmt, so daß ein Zustand $\varphi_k \psi$ von I + II vor der Messung in $\varphi_k \psi_k = U^*_\mathrm{I,\,II} \varphi_k \psi$ nach der Messung übergeführt wird und ein Zustand $\psi_k \chi$ von II + III in $\psi_k \chi_k = U^*_\mathrm{II,\,III} \psi_k \chi$.

Betrachtet man das System I + II + III als Ganzes, so ist der Endzustand Φ nach der Messung durch die SCHRÖDINGER-Gleichung:

$$-\frac{\hbar}{\imath}\, \dot{\Phi} = \left(\widetilde{V}_\mathrm{I,\,II} + \widetilde{V}_\mathrm{II,\,III} \right) \Phi \tag{2.9}$$

zu bestimmen mit dem Anfangswert $\Phi = \varphi_k \psi \chi$ vor der Messung. Wir werden jetzt annehmen, daß der Zustand $\varphi_k \psi \chi$ so beschaffen ist, daß für das sich ergebende $\Phi(t)$ bis zu einem bestimmten Zeitpunkt t_1 (Beginn der Messung) $(\widetilde{V}_\mathrm{I,\,II} + \widetilde{V}_\mathrm{II,\,III}) \Phi = 0$ ist. Damit ist bis t_1 $\Phi(t) = \varphi_k \psi \chi$. Von t_1 bis t_2 sei $\widetilde{V}_\mathrm{II,\,III}\, \Phi = 0$ und nach t_2 $\widetilde{V}_\mathrm{I,\,II}\, \Phi = 0$,

d. h. die durch die Wechselwirkung bedingte Veränderung hat sich innerhalb I, II vollzogen, ehe sie sich von II nach III weiter fortpflanzt. Zur Zeit t_2 ist also $\Phi(t_2) = \varphi_k \psi_k \chi$, und von hier an ändert sich jetzt Φ nur noch unter dem Einfluß von $\widetilde{V}_{\text{II, III}}$, so daß am Ende $(t = t_3)$: $\Phi = \varphi_k \psi_k \chi_k$ ist. Das Hintereinanderschalten von Messungen ist also möglich, solange man nicht durch den zweiten Meßprozeß (von III an II) in den Ablauf des ersten Meßprozesses von (II an I) eingreift. Wenn z. B. der Meßprozeß von II an I in einer Streuung eines Teilchens II (z. B. eines Lichtquants) an dem Objekt I besteht, so darf die weitere Beobachtung von II (des Lichtes) durch ein System III nicht zu nahe am Objekt I geschehen (z. B. das Auffangen des Lichtes durch eine Photoplatte muß in einem Abstand von I geschehen, der groß gegenüber der Wellenlänge des benutzten Lichtes ist).

Bisher hatten wir immer angenommen, daß das Spektrum der Observablen A diskret wäre. Es sei jetzt also das Spektrum beliebig: $A = \int \alpha \, dE_\alpha$. Nach Ablauf der Messung, ohne die Meßergebnisse abzulesen, erwarten wir für das System I als Erweiterung von (2.6) einen statistischen Operator der Form

$$W_{(\text{I})} = \int w(\alpha) \, dE_\alpha, \qquad (2.10)$$

wobei $w(\alpha)$ von dem Zustand abhängt, in dem sich das System I vor der Messung befand.

In der A-Darstellung können wir die Vektoren f von $\mathfrak{H}_\text{I}$ durch Funktionen $(\alpha, \ldots | f)$ angeben, wobei die Punkte mögliche andere Parameter andeuten sollen, falls das Spektrum von A entartet ist. Wir würden also gern nach der Messung $W_{(\text{I})} = \int |(\alpha, \ldots | f)|^2 \, dE_\alpha$ erhalten, wenn der Zustand vor der Messung gleich $(\alpha, \ldots | f)$ ist. Befindet sich vor der Messung das System II in einem Zustand ψ, so ist I + II im Zustand $(\alpha, \ldots | f) \, \psi$. Dieser kann durch die Wechselwirkung der Messung nur in einen Zustand Φ übergehen. Einem Zustand Φ entspricht aber nach S. 130 ein $W_{(\text{I})}$ mit nur *diskretem* Spektrum (da dann $W_{(\text{I})}$ ein vollstetiger Operator ist). Die obige Forderung ist also nicht erfüllbar. Das hat die bekannte Tatsache zur Folge, daß ein Wert aus dem kontinuierlichen Spektrum nie absolut genau gemessen werden kann. Eine Messung von A ist allerdings mit beliebig großer Genauigkeit möglich. Zum Beispiel braucht man nur eine Observable $F(A)$ zu messen, wobei $F(x)$ eine Stufenfunktion ist, die die Funktion $G(x) = x$ in geforderter Güte approximiert. $F(A)$ hat dann ein nur diskretes Spektrum. Damit werden wir aber wieder auf die Frage zurückgeführt, wie die Wechselwirkung bei einer realen Meßapparatur aussieht, so daß nach dem Meßvorgang (ohne Ablesung) *annähernd* $W_{(\text{I})} = \int |(\alpha, \ldots | f)|^2 \, dE_\alpha$ wird?

§ 3. Der reale Meßprozeß.

Als Beispiel für eine Messung einer Observablen mit diskretem Spektrum betrachten wir die Messung einer Komponente des Spins des Elektrons[1] nach dem STERN-GERLACH-Versuch. Der zugehörige HILBERT-Raum $\mathfrak{H}_I$, der Spinraum, ist zweidimensional. Ein vollständiges normiertes Orthogonalsystem bilden die beiden Eigenvektoren von S_3 (S_3 die dritte Komponente des Drehimpulses $\mathfrak{S}$): u_+ und u_-. Es ist $S_3 u_+ = \dfrac{\hbar}{2} u_+$ und $S_3 u_- = -\dfrac{\hbar}{2} u_-$. Als System II wählen wir ein Wasserstoffatom im Grundzustand; d. h. das Elektron, dessen Spin gemessen werden soll, ist im tiefsten Energiezustand an ein Proton gebunden. Die Kopplung von I und II wird durch ein äußeres inhomogenes Magnetfeld hervorgerufen. Da durch alle praktisch herstellbaren Magnetfelder die Bindung des Elektrons an das Proton im Grundzustand des Wasserstoffatoms, d. h. die Eigenfunktion (VII, § 4) nach (XI, § 6) als S-Zustand (VII, § 7 Schluß), nicht beeinflußt wird, können wir als HAMILTON-Operator

$$H = \frac{1}{2M} \sum_{i=1}^{3} P_i^2 + \mu \, \mathfrak{S} \cdot \mathfrak{H}(Q_i) \tag{3.1}$$

ansetzen[2], wobei M die Masse des Wasserstoffatoms, P_1, P_2, P_3 sein Impuls, Q_1, Q_2, Q_3 sein Ort ist. Mit $\mu = \dfrac{e\,\hbar}{m\,c}$ ist $-\mu \mathfrak{S}$ das magnetische Moment des Elektrons. Die Aufspaltung $H = H_I + H_{II} + V$ sieht hier so aus:

$$H_I = 0; \quad H_{II} = \frac{1}{2M} \sum_{i=1}^{3} P_i^2; \quad V = \mu \, \mathfrak{S} \cdot \mathfrak{H}(Q_i). \tag{3.2}$$

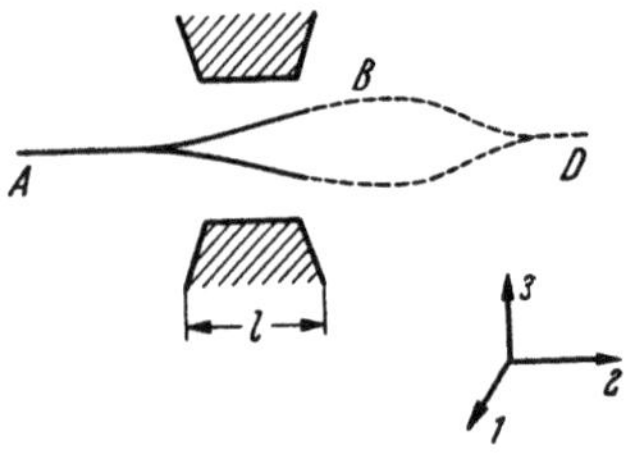

Abb. 7. Zum STERN-GERLACH-Versuch.

Um die Bewegungsgleichung zu lösen, wollen wir hier nicht das Wechselwirkungsbild, sondern das SCHRÖDINGER-Bild benutzen.

Wir wollen der Einfachheit halber annehmen, daß das Magnetfeld sich über eine Strecke l (Abb. 7) erstreckt und nur eine 3-Komponente $\mathfrak{H}_3(Q_3)$ hat, obwohl dies auf Grund der elektromagnetischen Feldgleichungen nicht überall möglich ist. Dann ist also

$$H = \frac{1}{2M} \sum_{i=1}^{3} P_i^2 + \mu \, S_3 \, \mathfrak{H}_3(Q_3). \tag{3.3}$$

---

[1] Über Elektronenspin, Kapitel VII, § 8 und XI, § 2

[2] Die Energie des Elektrons in bezug auf den Kern wird nicht geändert, so daß man das eigentlich auftretende $\mathfrak{H}$ als Funktion der Elektronenkoordinaten durch das Magnetfeld als Funktion der Mittelwerte der Elektronenkoordinaten im Grundzustand des Wasserstoffatoms, d. h. durch die Koordinaten des Kerns, ersetzen kann

Vor der Messung nehmen wir als Zustand ψ von II ein Wellenpaket an, für das der Impuls ungefähr die Richtung 2 und den Wert $\overline{P}$ hat, während der Ort entsprechend einem Atomstrahl in Richtung 3 auf eine gewisse Breite d eingeschränkt ist, wobei $d\,\Delta P_3 \gg \hbar$ sein soll. Auch in Richtung 2 und 1 sei die Ausdehnung des Wellenpakets endlich. Es ist also in der Ortsdarstellung $(x\,|\,\psi)$ etwa ein endlich begrenztes Stück der Welle $e^{\frac{i}{\hbar}\overline{P}x_{\mathfrak{s}}}$. I befinde sich vor der Messung z. B. in dem Zustand $\alpha\,u_+ + \beta\,u_-$, so daß für I + II ein Zustand von etwa der Form $(\alpha\,u_+ + \beta\,u_-)\,(x\,|\,\psi)$ vorliegt.

Die Vektoren χ von $\mathfrak{H}_{\mathrm{I}} \times \mathfrak{H}_{\mathrm{II}}$ können in der Form

$$\chi = u_+\,(x_j\,|\,\Phi_+) + u_-\,(x_j\,|\,\Phi_-) \tag{3.4}$$

geschrieben werden. Die SCHRÖDINGER-Gleichung

$$-\frac{\hbar}{i}\,\dot{\chi} = \left(\frac{1}{2M}\sum_{i=1}^{3} P_i^2 + \mu\,S_3\,\mathfrak{H}_3(Q_3)\right)\chi \tag{3.5}$$

zerfällt dann in zwei Gleichungen:

$$\begin{aligned}
-\frac{\hbar}{i}\,\frac{\partial}{\partial t}\,(x_j\,|\,\Phi_+) &= -\frac{\hbar^2}{2M}\,\Delta(x_j\,|\,\Phi_+) + \frac{\mu}{2}\,\mathfrak{H}_3(Q_3)\,(x_j\,|\,\Phi_+)\,, \\
-\frac{\hbar}{i}\,\frac{\partial}{\partial t}\,(x_j\,|\,\Phi_-) &= -\frac{\hbar^2}{2M}\,\Delta(x_j\,|\,\Phi_-) - \frac{\mu}{2}\,\mathfrak{H}_3(Q_3)\,(x_j\,|\,\Phi_-)\,.
\end{aligned} \tag{3.6}$$

Vor der Messung ist $(x_j\,|\,\Phi_+) = \alpha\,(x\,|\,\psi)$ und $(x_j\,|\,\Phi_-) = \beta\,(x\,|\,\psi)$. Die Lösung der SCHRÖDINGER-Gleichungen (3.6) wollen wir nicht exakt durchführen. Auf Grund der Überlegungen über Wellenpakete in makroskopischen Feldern (I, § 3) wissen wir, daß sich $(x_j\,|\,\Phi_\pm)$ etwa so weiter bewegt, wie es der Bahn eines klassischen Teilchens entspricht, d. h. nach:

$$\dot{x}_j = \frac{1}{M}\,P_j; \quad \dot{P}_j = 0 \quad \text{für} \quad j \neq 3; \quad P_3 = \mp\,\frac{\mu}{2}\,\frac{d\mathfrak{H}_3}{\partial x_3}. \tag{3.7}$$

Die beiden Wellenpakete, obwohl zu Anfang zusammenliegend, laufen also nachher im Magnetfeld auseinander, ähnlich Abb. 7. Nach dem Austritt aus dem Magnetfeld ist also der Zustand von der Form

$$\alpha\,u_+\,(x_j\,|\,\varphi_+) + \beta\,u_-\,(x_j\,|\,\varphi_-)\,, \tag{3.8}$$

wobei $(x_j\,|\,\varphi_+)$ und $(x_j\,|\,\varphi_-)$ normiert sind und orthogonal zueinander, da $(x_j\,|\,\varphi_+)$ und $(x_j\,|\,\varphi_-)$ nicht an gleichen Stellen von x_j von Null verschieden sind. Für das System I folgt aus diesem Zustand:

$$W_{(\mathrm{I})} = |\alpha|^2\,P_{u_+} + |\beta|^2\,P_{u_-}. \tag{3.9}$$

Für alle weiteren Messungen am Spin des Elektrons erhält man die richtigen Wahrscheinlichkeiten, wenn man als statistischen Operator die Mischung der beiden Zustände u_+ und u_- im Verhältnis $|\alpha|^2$ zu $|\beta|^2$ annimmt.

Daß es aber falsch ist, anzunehmen, daß die 3-Komponente des Elektronenspins des Wasserstoffatoms entweder $+\frac{\hbar}{2}$ oder $-\frac{\hbar}{2}$ ist und daß entsprechend sich das Atom entweder in dem einen oder anderen abgelenkten Strahl (Abb. 7) befindet, ergibt sich aus folgendem Experiment: Durch geschickt gewählte äußere Magnetfelder kann man die beiden Strahlen wieder zusammenbringen (gestrichelte Linien in Abb. 7). Ist z. B. vor dem ersten Magnetfeld an der Stelle A in Abb. 7 der Spin des Elektrons mit Sicherheit in der Richtung 1, so kann man wenigstens gedanklich die Felder später auch noch so wählen, daß an der Stelle D wieder mit Sicherheit der Spin die 1-Richtung hat. Dies ist nur auf Grund der Tatsache möglich, daß der Zustand von I + II an der Stelle B die Form (3.8) hat. Würde man z. B. an der Stelle B eine Blende anbringen, die nur den einen Strahl hindurchläßt, so würde man bei D nicht mehr mit Sicherheit die 1-Richtung des Spins feststellen können, sondern man erhielte mit der Wahrscheinlichkeit $\frac{1}{2}$ den Wert $\frac{\hbar}{2}$ und mit derselben Wahrscheinlichkeit $\frac{1}{2}$ den Wert $-\frac{\hbar}{2}$ in der 1-Richtung. Denn durch das Ausblenden eines Strahls bei B ist dann der Zustand bei B nicht mehr (3.8), sondern $u_-\,(x_j\,|\,\varphi_-)$ bzw. $u_+\,(x_j\,|\,\varphi_+)$. Wir haben hier ein analoges Verhalten, wie es schon I, § 6 am Beispiel der Beugung an zwei Spalten diskutiert wurde.

Ist bei B (Abb. 7) keine Blende eingeschoben, so ist also die Messung des Elektronenspins noch nicht vollendet. Entscheidend ist, daß noch festgestellt wird, in welchem der beiden Strahlen bei B sich das Wasserstoffatom befindet. Das bedeutet aber, daß eine weitere Messung vorzunehmen ist, ob bei B das Wasserstoffatom im Zustand $(x_j\,|\,\varphi_+)$ oder $(x_j\,|\,\varphi_-)$ ist, im wesentlichen also eine Ortsmessung in der 3-Richtung. Wir müssen also bei B eine Apparatur in den einen Strahl einbauen, die (etwa ähnlich einem Zählrohr) durch eine makroskopisch feststellbare, d. h. (z. B. auf einer Photoplatte) fixierbare Veränderung auf den Durchgang eines Wasserstoffatoms anspricht. Erst dann können wie sagen, daß der Spin S_3 den Wert $\frac{\hbar}{2}$ oder $-\frac{\hbar}{2}$ hat, je nachdem, ob die Apparatur angesprochen hat oder nicht. Diese Tatsache näher zu erläutern, wird die Aufgabe des nächsten Paragraphen sein. Vorher wollen wir die Messung einer Observablen mit kontinuierlichem Spektrum an dem Beispiel der Ortsmessung durch ein Mikroskop (Abb. 8) betrachten.

In Richtung der 3-Achse etwa fällt Licht ein. In der Objektebene (*1, 2*) befinde sich ein Elektron. Da wir in diesem Buche die Quantentheorie des Lichts nicht beschreiben und es uns im Augenblick nur auf das Prinzipielle ankommt, wollen wir uns statt des Lichts andere

Teilchen sehr kleiner Masse denken, die an den Elektronen gestreut werden auf Grund einer Wechselwirkung vernachlässigbar kleiner Reichweite, so wie in XI, § 2. Bezeichnen wir mit dem Index I die Koordinaten des Elektrons (System I) und mit dem Index II die der gestreuten Teilchen (System II), so wird ein Zustand von etwa der Form $e^{i \mathfrak{k}_I \mathfrak{r}_I} e^{i \mathfrak{k}_{II} \mathfrak{r}_{II}}$ vor der Messung nach (XI, § 6) durch die Streuung in einen der Form

$$e^{i \mathfrak{K} \mathfrak{r}_I} \frac{e^{i k r_{I, II}}}{r_{I, II}}$$

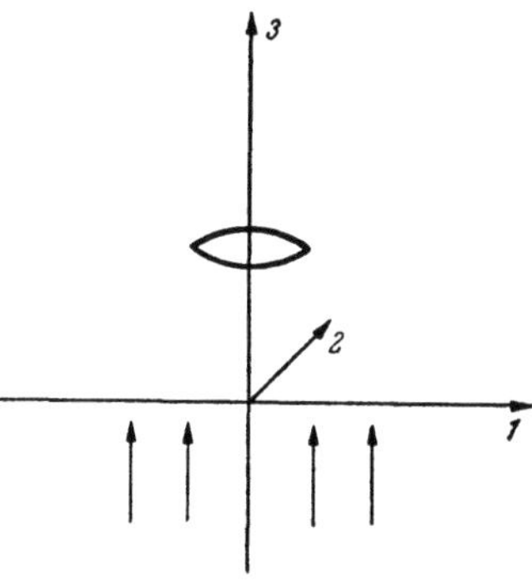

Abb 8. Zur Ortsmessung.

mit $\mathfrak{K} = \mathfrak{k}_I + \mathfrak{k}_{II}$ und $k = |\mathfrak{k}_{II}|$ übergeführt[1]. Der Ausgangspunkt $\mathfrak{r}_I$ der Kugelwelle $\dfrac{e^{i k r_{I, II}}}{r_{I, II}}$ kann durch Beobachtung von II mit einer gewissen Genauigkeit festgelegt werden. Die Beugungstheorie zeigt in diesem Falle, daß eine Unterscheidung der verschiedenen Ausgangspunkte $\mathfrak{r}_I$ nur mit einer Genauigkeit $\Delta q \sim \dfrac{\lambda}{\sin \alpha}$ (vgl. S. 127) möglich ist. Das heißt aber nichts anderes, als daß die Kugelwellen $\dfrac{e^{i k r_{I, II}}}{r_{I, II}}$ (als Vektoren in $\mathfrak{H}_{II}$) für verschiedene $\mathfrak{r}_I$ nur näherungsweise orthogonal werden, wenn die Entfernung der $\mathfrak{r}_I$-Werte größer als Δq wird.

Hierdurch wird es uns verständlich, wodurch bei einer realen Messung einer Observablen A mit kontinuierlichem Spektrum die Gleichung (2.5), d. h. $U^*(t_2 t_1) \left(\sum\limits_k a_k \varphi_k \right) \psi = \sum\limits_k a_k \varphi_k \psi_k$, zu ersetzen ist (mit φ_α als uneigentliche Eigenvektoren von A, wo A ein nicht entartetes Spektrum habe); nämlich durch

$$U^*(t_2, t_1) \left(\int a(\alpha) \varphi_\alpha \, d\alpha \right) \psi = \int a(\alpha) \varphi_\alpha \psi_\alpha \, d\alpha, \qquad (3.10)$$

wobei die ψ_α, die wegen $\|\psi\| = 1$ reguläre Vektoren sein müssen, nur *näherungsweise* orthogonal werden, wenn sich die α-Werte genügend unterscheiden. Setzen wir $(\psi_\alpha, \psi_{\alpha'}) = g(\alpha, \alpha')$, so erhält man aus dem Zustand $\Phi = \int a(\alpha) \varphi_\alpha \psi_\alpha \, d\alpha$ den statistischen Operator für das System I mit einem vollständigen normierten Orthogonalsystem $\eta_l \chi_k$ von $\mathfrak{H}_I \times \mathfrak{H}_{II}$ und $\Phi = \sum\limits_{l, k} \eta_l \chi_k a_{lk}$ nach (S. 130) zu

$$w_{(I) lm} = \sum_k a_{lk} \overline{a_{mk}}.$$

---

[1] Wir nehmen $m_{II} \ll m_I$ an.

Es ist nun $a_{lk} = \int a(\alpha)\,(\eta_l,\varphi_\alpha)\,(\chi_k,\psi_\alpha)\,d\alpha$ und damit

$$\sum_k a_{lk}\,\overline{a_{mk}} = \sum_k \int\!\int a(\alpha)\,\overline{a(\alpha')}\,(\eta_l,\varphi_\alpha)\,(\chi_k,\psi_\alpha)\,(\varphi_{\alpha'},\eta_m)\,(\psi_{\alpha'},\chi_k)\,d\alpha\,d\alpha'$$

$$= \int\!\int a(\alpha)\,\overline{a(\alpha')}\,g(\alpha,\alpha')\,(\eta_l,\varphi_\alpha)\,(\varphi_{\alpha'},\eta_m)\,d\alpha\,d\alpha'.$$

Daraus folgt in der A-Darstellung:

$$(\alpha\,|\,w_{(I)}\,|\,\alpha') = a(\alpha)\,\overline{a(\alpha')}\,g(\alpha,\alpha'). \tag{3.11}$$

Der ideal nach (2.9) gewünschte Operator $\underline{w}_{(I)} = \int |a(\alpha)|^2\,dE_\alpha$ hätte die Darsteller:

$$(\alpha\,|\,\underline{w}_{(I)}\,|\,\alpha') = |a(\alpha)|^2\,\delta(\alpha-\alpha'). \tag{3.12}$$

Je besser $g(\alpha,\alpha')$ die δ-Funktion $\delta(\alpha-\alpha')$ approximiert, um so näher kommt $w_{(I)}$ dem $\underline{w}_{(I)}$. Wie wir in § 2 sahen, kann $\underline{w}_{(I)}$ nie ganz erreicht werden. Die genaue Form von $g(\alpha,\alpha')$ erfordert für jedes Experiment eine eingehende Untersuchung der Meßapparatur.

(3.11) ist der statistische Operator nach dem Meßprozeß, wenn das Meßresultat an II *nicht* „abgelesen" wurde. Das Beste, was man durch eine „Ablesung" von II im Falle $\Phi = \int a(\alpha)\varphi_\alpha\psi_\alpha\,d\alpha$ erreichen könnte, wäre eine Messung der Eigenschaft $1 \times P_{\psi_{\alpha_1}}$ an II. Die Wahrscheinlichkeit hierfür ist

$$(\Phi,(1 \times P_{\psi_{\alpha_1}})\Phi) = \int\!\int \overline{a(\alpha)}\,a(\alpha')\,(\varphi_\alpha,\varphi_{\alpha'})\,(\psi_\alpha,\psi_{\alpha_1})\,(\psi_{\alpha_1},\psi_{\alpha'})\,d\alpha\,d\alpha'$$

$$= \int |a(\alpha)|^2\,|g(\alpha,\alpha_1)|^2\,d\alpha. \tag{3.13}$$

Nach der Messung liegt für I $+$ II dann der statistische Operator $W = (1 \times P_{\psi_{\alpha_1}})\,P_\Phi\,(1 \times P_{\psi_{\alpha_1}})$ vor, aus dem sich für das System I der Operator $W_{(I)}$ mit den Darstellern

$$(\alpha\,|\,w_{(I)}\,|\,\alpha') = g(\alpha_1,\alpha_1)\,a(\alpha)\,\overline{a(\alpha')}\,g(\alpha_1,\alpha)\,g(\alpha',\alpha_1) \tag{3.14}$$

ableitet. Der konstante Faktor $g(\alpha_1,\alpha_1)$ kann fortgelassen werden, da dies zu einem äquivalenten $w_{(I)}$ führt (S. 52).

Ist das System I vor der Messung nicht im *Zustand* $\int a(\alpha)\,\varphi_\alpha\,d\alpha$, sondern wird es durch einen statistischen Operator $\overset{0}{W}_{(I)}$ mit den Darstellern $(\alpha\,|\,\overset{0}{W}_{(I)}\,|\,\alpha')$ beschrieben, so folgt, da man $\overset{0}{W}_{(I)}$ als Gemisch von Zuständen auffassen kann, aus (3.14) allgemeiner für den statistischen Operator $W_{(I)}$ nach der Messung:

$$(\alpha\,|\,W_{(I)}\,|\,\alpha') = g(\alpha_1,\alpha)\,(\alpha\,|\,\overset{0}{W}_{(I)}\,|\,\alpha')\,g(\alpha',\alpha_1). \tag{3.15}$$

Ist das Spektrum von A entartet, so braucht man für die A-Darstellung einen zweiten Operator B (III, § 9). Statt (3.15) wird dann allgemeiner

$$(\alpha\beta\,|\,W_{(I)}\,|\,\alpha'\beta') = g(\alpha_1,\alpha)\,(\alpha\beta\,|\,\overset{0}{W}_{(I)}\,|\,\alpha'\beta')\,g(\alpha',\alpha_1). \tag{3.16}$$

Im allgemeinsten Fall einer Realmessung einer Observablen A (mit den eigentlichen oder uneigentlichen Eigenvektoren $\varphi_{\alpha\beta}$, wo β eingeführt wird, falls das Spektrum entartet ist) wird also ein Zustand $\varphi_{\alpha\beta}\psi$ von I + II durch $U^*(t_2 t_1)$ nicht exakt in $\varphi_{\alpha\beta}\psi_\alpha$ mit zu verschiedenen α-Werten orthogonalen ψ_α (was für kontinuierliche α-Werte prinzipiell unmöglich ist) übergeführt werden, sondern es wird gelten:

$$U^*(t_2, t_1)\,\varphi_{\alpha\beta}\psi = \mathop{\mathbf{S}}_{\alpha'\beta'} \varphi_{\alpha'\beta'}\,\psi_{\alpha\beta,\,\alpha'\beta'}, \tag{3.17}$$

da jeder Zustand sich in der Form der rechten Seite von (3.17) nach den Eigenvektoren $\varphi_{\alpha'\beta'}$ entwickeln läßt. Es wird aber $\psi_{\alpha\beta,\,\alpha'\beta'}$ nur ungleich Null sein für Werte α' nahe bei α und $(\psi_{\alpha_1\beta_1,\,\alpha_1'\beta_1'},\,\psi_{\alpha_2\beta_2,\,\alpha_2'\beta_2'})$ praktisch Null werden, wenn α_1 und α_2 sich merklich unterscheiden. Ein allgemeiner Zustand $\mathop{\mathbf{S}}_{\alpha\beta} a(\alpha\beta)\,\varphi_{\alpha\beta}\psi$ geht also in

$$\Phi = \mathop{\mathbf{S}}_{\alpha\beta}\,\mathop{\mathbf{S}}_{\alpha'\beta'} a(\alpha\beta)\,\varphi_{\alpha'\beta'}\,\psi_{\alpha\beta,\,\alpha'\beta'}$$

über. Wir wollen nun annehmen, daß die Ablesungsgenauigkeit an II groß ist im Vergleich zu der Ungenauigkeit der Messung von I durch II auf Grund des Nichterfülltseins der exakten Bedingungen aus § 2. Deshalb wollen wir annehmen, daß an I + II der Operator $1 \times P_{\alpha_1}$ exakt gemessen worden sei, wo P_{α_1} der Projektionsoperator auf den von den $\psi_{\alpha_1\beta,\,\alpha'\beta'}$ (α_1 fest, β, α', β' variabel) aufgespannte Teilraum von $\mathfrak{H}_{\mathrm{II}}$ sei. Aus dem statistischen Operator $W = (1 \times P_{\alpha_1})\,P_\Phi\,(1 \times P_{\alpha_1})$ nach dieser Messung folgt für das System I der Operator $W_{(\mathrm{I})}$ mit den Darstellern

$$\begin{aligned}(\alpha\beta\,&|\,W_{(\mathrm{I})}\,|\,\alpha'\beta')\\ &= \mathop{\mathbf{S}}_{\substack{\alpha''\beta''\\ \alpha'''\beta'''}} a(\alpha'',\beta'')\,\overline{a(\alpha''',\beta''')}\,G_{\alpha_1}(\alpha\beta;\,\alpha''\beta'';\,\alpha'''\beta''';\,\alpha'\beta')\end{aligned} \tag{3.18}$$

mit

$$G_{\alpha_1}(\alpha\beta;\,\alpha''\beta'';\,\alpha'''\beta''';\,\alpha'\beta') = (P_{\alpha_1}\psi_{\alpha''\beta'',\,\alpha\beta}\,|\,P_{\alpha_1}\psi_{\alpha'''\beta''',\,\alpha'\beta'}).$$

Auf Grund der Voraussetzungen über $\psi_{\alpha\beta,\,\alpha'\beta'}$ ist G_{α_1} nur von Null verschieden, falls α, α', α'', α''', α_1 nahe beieinander liegen. Die genaue Struktur der Funktion G_{α_1} erfordert eine eingehende Untersuchung der Meßapparatur.

Erweitern wir (3.18) auf den Fall eines allgemeinen statistischen Operators $\overset{0}{W}_{(\mathrm{I})}$ vor der Messung, so gelangen wir zu dem Ergebnis, daß für eine Realmessung einer Observablen A das Axiom VI zu ersetzen ist durch: $W_{(\mathrm{I})}$ nach der Messung von A mit dem Ergebnis α_1 ergibt sich aus dem statistischen Operator $\overset{0}{W}_{(\mathrm{I})}$ vor der Messung durch:

$$\begin{aligned}(\alpha\beta\,&|\,W_{(\mathrm{I})}\,|\,\alpha'\beta')\\ &= \mathop{\mathbf{S}}_{\substack{\alpha''\beta''\\ \alpha'''\beta'''}} (\alpha''\beta''\,|\,\overset{0}{W}_{(\mathrm{I})}\,|\,\alpha'''\beta''')\,G_{\alpha_1}(\alpha\beta;\,\alpha''\beta'';\,\alpha'''\beta''';\,\alpha'\beta').\end{aligned} \tag{3.19}$$

Sehr häufig, falls man nicht so genau über G_{α_1} unterrichtet ist, sondern nur ungefähr die Größe des Fehlers δ kennt, wird man (3.19) durch

$$(\alpha\,\beta\,|\,W_{(\mathrm{I})}\,|\,\alpha'\,\beta') = e^{-\frac{(\alpha-\alpha_1)^2}{\delta^2}}\;(\alpha\,\beta\,|\,\overset{0}{W}_{(\mathrm{I})}\,|\,\alpha'\,\beta')\;e^{-\frac{(\alpha'-\alpha_1)^2}{\delta^2}} \qquad (3.20)$$

ersetzen dürfen.

Auf Grund der Überlegungen von § 2 und 3 läßt sich leicht zeigen, daß für zwei ungekoppelte Systeme S_1 und S_2 (also $H = H_1 \times 1 + {}+1 \times H_2$ mit H_1 als Hamilton-Operator von S_1 und H_2 von S_2) bei einer Messung an S_1 sich ein statistischer Operator der Form $W = W_1 \times W_2$ nur dadurch ändern kann, daß W_1 in ein W_1' übergeht und damit W in $W' = W_1' \times W_2$: Dies folgt nämlich schon aus der Tatsache, daß nur S_1 mit dem Meßapparat gekoppelt wird, so daß in der Wechselwirkungsdarstellung eine zeitliche unitäre Transformation der Form $U_1 \times 1$ zu benutzen ist. Hat also der statistische Operator zweier ungekoppelter Systeme $S_1 + S_2$ einmal die Form $W_1 \times W_2$, so ändert sich diese Form nicht, solange man nur Messungen an den beiden Einzelsystemen durchführt; dies gilt also insbesondere, wenn man nach Axiom VI c mit dem statistischen Operator $1 = 1 \times 1$ beginnt.

§ 4. Die makroskopische Beobachtung.

In diesem Paragraphen müssen wir den Schlußstein an die Beschreibung des Meßprozesses fügen, indem wir die vierte Frage von S. 134 beantworten, inwiefern das Ergebnis der Messung als fixiert angesehen werden darf. Denken wir wieder an die Messung des Ortes durch ein Zählrohr mit Zählwerk. Ohne daß erst jemand hinzusehen braucht, steht fest, d. h. ist am Zählwerk fixiert, ob es um eine Stelle weitergesprungen ist oder nicht. Es ist also nicht notwendig, daß jemand das Ergebnis der Beobachtung in sein Bewußtsein aufnimmt. Der Beobachter als Subjekt kann nur die einzelnen Fälle danach ordnen (was eventuell ebenfalls ein automatischer Apparat übernehmen kann), je nachdem, ob das Zählwerk angesprochen hat oder nicht.

Die makroskopische Beobachtung ist keine Messung im Sinne der Forderungen (2.5) ff. aus § 2 für eine mikroskopische Messung. Sie gleicht vielmehr einem realen Meßprozeß, wie er in § 3 geschildert wurde, d. h. die unitäre Transformation $U^*(t_2 t_1)$, die der Wechselwirkung des beobachteten Systems mit einem anderen entspricht, ist sehr willkürlich und mehr oder weniger durch die natürlichen Umstände gegeben. Bei der letzten Ablesung einer Messung, d. h. bei der letzten makroskopischen Beobachtung (z. B. der Ablesung eines Zählwerkes, der Beobachtung einer Photoplatte), wird schließlich keine große Apparatur konstruiert, sondern es wird in natürlicher Umgebung eine fixierte Tatsache festgestellt. Wir sagen mit Recht eine „Tatsache“, da die Beobachtung dieser Tatsache unabhängig ist von der genauen Art ihrer Feststellung. Es wird makroskopisch nur das beobachtet, was schon als solches feststeht. An einem Stück Eisen z. B. beobachten wir makroskopisch seine Festigkeit, seine Lage, seine Ausdehnung usw., nicht aber die Ortskoordinaten aller Elektronen im Eisen oder die Impulse aller Atomkerne usw. Von allein, ohne eine Beobachtung, verhält sich das Stück Eisen schon so, daß man ihm die obigen makroskopischen Eigenschaften *zuschreiben* kann, während die anderen Eigenschaften zu ihrer Feststellung eine enorm große Meßapparatur erfordern würden, die eine genaue Messung im Sinne von § 2 und 3 durchführen müßte.

Die Tatsache, daß man makroskopische Eigenschaften den Dingen selber zuschreiben darf, muß sich in der Formulierung der Quantenmechanik darin ausdrücken, daß der statistische Operator W eine solche Form hat, daß diese Eigenschaften so gut wie feststehen. Die makroskopischen Eigenschaften können natürlich verschieden ausfallen (wie etwa die Lage des obenerwähnten Stückes Eisen), und es kann sein, daß man auf Grund zu weniger Experimente vor der Beobachtung die makroskopischen Eigenschaften nicht genau angeben kann. Dann ist W darzustellen als Summe oder Integral

$$W = \sum_\nu w_\nu W_\nu; \quad w_\nu \geqq 0 \tag{4.1}$$

von statistischen Operatoren W_ν, die jeder einzeln die Tatsache wiedergeben müssen, daß die makroskopischen Eigenschaften praktisch festliegen (für verschiedene W_ν natürlich mit etwas anderen Werten). So entsteht die erste Frage: Welches sind die W_ν für ein gegebenes System und wodurch sind die makroskopischen Eigenschaften zu beschreiben?

Für eine mikroskopische Messung ist es weiterhin wichtig, daß die makroskopischen Meßergebnisse fixiert sind, d. h. daß die Apparatur einem Gleichgewicht im thermodynamischen Sinne zustrebt, dessen Endform das Meßergebnis eingeprägt ist. In diesem Sinne wollen wir davon reden, daß das mikroskopische Objekt durch die Wechselwirkung mit der Meßapparatur eine unverwischbare Spur in der makroskopischen Welt hinterlassen hat (man denke etwa an Zählrohre und WILSON-Kammeraufnahmen). So entsteht die zweite Frage: Wie kommt es, daß ein System einem Gleichgewichtszustand zustrebt, obwohl die Bewegungsgesetze in ihrem Zeitablauf umkehrbar sind?

Wir wollen die zweite Frage zuerst behandeln, da ihre Beantwortung uns natürlicherweise auf die in der ersten Frage aufgeworfenen Probleme der Darstellung makroskopischer Eigenschaften im Bilde der Quantentheorie führen wird. Die zweite Frage ist auch schon in der Partikelmechanik als Ergodenproblem[1] bekannt. Die Behauptung, daß ein System einem Gleichgewichtszustand zustrebt, wird auch in der Quantentheorie als Ergodensatz bezeichnet.

W sei ein beliebiger statistischer Operator für das betrachtete makroskopische System, so daß $\mathrm{Sp}(W) = 1$ und damit die durch W bestimmte Erwartungswertfunktion normiert ist. Der Erwartungswert einer Observablen A soll in seiner Zeitabhängigkeit untersucht werden. Wir wollen annehmen, daß der HAMILTON-Operator ein nur diskretes Spektrum hat. Im Falle eines nur kontinuierlichen Spektrums können wir kein Gleichgewicht erwarten, da es dann überhaupt keinen im SCHRÖDINGER-Bild stationären Zustand ψ gibt, so daß P_ψ zeitlich konstant ist. Es kann zugelassen werden, daß es neben dem diskreten auch noch ein kontinuierliches Spektrum gibt, was aber die gleich durchzuführenden Überlegungen nicht ändert. Im allgemeinen aber, wie etwa für ein in einen Kasten eingeschlossenes Gas, für ein Stück Eisen usw., ist das Spektrum des HAMILTON-Operators H diskret bis zu einer Grenzenergie, wo das System anfängt, auseinanderzustreben, wie bei der Zerstörung des Kastens durch den Druck des Gases bei zu hoher Temperatur oder wie bei der Verdampfung des Eisens ebenfalls bei hoher Temperatur in einem nicht abgeschlossenen Raum, so daß sich außen der für das Gleichgewicht notwendige Dampfdruck nicht einstellen kann.

Als weitere Voraussetzung wollen wir annehmen, daß das Spektrum von H nicht entartet ist. Der zeitabhängige Erwartungswert von A lautet dann in der H-Darstellung:

$$M_t(A) = \mathrm{Sp}(U_t A U_t^* W) = \sum_{\varepsilon,\,\varepsilon'} e^{\frac{i}{\hbar}(\varepsilon - \varepsilon')t} (\varepsilon\,|\,A\,|\,\varepsilon')\,(\varepsilon'\,|\,W\,|\,\varepsilon). \quad (4.2)$$

Wir setzen $\varepsilon - \varepsilon' = \hbar\,\omega$ statt ε' als Summationsvariable:

$$M_t(A) = \sum_{\omega} e^{i\,\omega t} \sum_{\varepsilon} (\varepsilon\,|\,A\,|\,\varepsilon - \hbar\,\omega)\,(\varepsilon - \hbar\,\omega\,|\,W\,|\,\varepsilon). \quad (4.3)$$

Können wir erwarten, daß dieser Erwartungswert mit wachsendem t gegen einen konstanten Wert strebt? Aus der Erfahrung (z. B. BROWNsche Bewegung) wissen wir, daß der zeitlich konstante Gleichgewichtszustand, dem ein makroskopisches System zustrebt, immer noch sehr viele winzig kleine zeitliche Schwankungen zeigt. Wir können also nicht eine exakte Limesgleichung $M_t(A) \xrightarrow[t \to \infty]{} a$ erwarten. Die zeitunabhängigen Glieder in $M_t(A)$ haben die Form

$$\sum_{\varepsilon} (\varepsilon\,|\,A\,|\,\varepsilon)\,(\varepsilon\,|\,W\,|\,\varepsilon) = \mathrm{Sp}(A\,\underline{W}) \quad \text{mit} \quad \underline{W} = \sum_{\varepsilon} P_\varepsilon W P_\varepsilon. \quad (4.5)$$

Es ist $\mathrm{Sp}(\underline{W}) = \mathrm{Sp}(W) = 1$, wie man leicht zeigt, indem man die Eigenvektoren von H als Basis benutzt.

---

[1] Anmerkung 1, S. 125.

Wir wollen zeigen, daß wenigstens im Mittel $M_t(A)$ gegen $\mathrm{Sp}\,(A\,\underline{W})$ strebt. Dazu untersuchen wir den zeitlichen Mittelwert:

$$\frac{1}{T-S}\int\limits_{S}^{T}[M_t(A)-\mathrm{Sp}(A\,\underline{W})]^2\,dt = \frac{1}{T-S}\int\limits_{S}^{T}[\sum_{\omega}e^{i\omega t}g(\omega)]^2\,dt \quad (4.6)$$

mit

$$g(\omega)=\begin{cases} 0 \quad \text{für}\quad \omega=0,\\ \sum_{\varepsilon}(\varepsilon|A|\varepsilon-\hbar\omega)\,(\varepsilon-\hbar\omega|W|\varepsilon)\quad \text{für}\quad \omega\neq 0,\end{cases} \quad (4.7)$$

wobei wir $T-S\to\infty$ gehen lassen. Können wir zeigen, daß dieser Mittelwert sehr klein wird, so bedeutet dies, daß größere zeitliche Schwankungen sehr selten sein müssen, so daß sich $M_t(A)$, falls es zur Zeit $t=0$ weit von $\mathrm{Sp}(A\,\underline{W})$ abweicht, aller Wahrscheinlichkeit nach dem Werte $\mathrm{Sp}\,(A\,\underline{W})$ nähern wird. Es folgt aus (4.6) mit $g(\omega)=\overline{g(\omega)}$:

$$Z=\lim_{T-S\to\infty}\frac{1}{T-S}\int\limits_{S}^{T}[M_t(A)-\mathrm{Sp}(A\underline{W})]^2\,dt = \sum_{\omega}|g(\omega)|^2. \quad (4.8)$$

Z kann also nur dann sehr klein werden, wenn alle $|g(\omega)|$ klein sind. Ein großer Wert für ein *einziges* $|g(\omega)|$ würde es verhindern, daß $M_t(A)$ auch nur annähernd einem Grenzwert zustrebt, wie wir weiter unten an einem Beispiel noch explizit zeigen werden.

Bei der Abschätzung von Z lassen wir uns von dem leiten, was wir zu erreichen hoffen. Die Größe Z hängt wesentlich von der absoluten Größe von A ab, d. h. multipliziert man A mit einem Faktor λ, so multipliziert sich Z mit λ^2. Als vernünftiges Maß für die „Größe" von A wollen wir den Erwartungswert von A^2 für den statistischen Operator $\underline{W}$ wählen:

$$\underline{M}(A^2)=\mathrm{Sp}(A^2\underline{W})=\sum_{\varepsilon,\,\varepsilon'}|(\varepsilon|A|\varepsilon')|^2(\varepsilon|W|\varepsilon). \quad (4.9)$$

Wir hoffen also, $Z\leq\delta\,\underline{M}(A^2)$ mit $\delta\ll 1$ zeigen zu können. Da $\mathrm{Sp}\,(W)=1$ vorausgesetzt war, kann W ein nur diskretes Spektrum haben, denn W ist dann vollstetig[1]. Wir können also $W=\sum_{\nu}w_\nu P_{\psi_\nu}$ schreiben.

Die entscheidende Voraussetzung, die wir jetzt einführen müssen, ist das Nichtvorhandensein von „Resonanzfrequenzen" ω, das soll

---

[1] Wir zeigen erst, daß $W^{1/2}$ (das existiert, da $W>0$!) vollstetig ist. Sind die Matrixelemente von $W^{1/2}$ gleich $v_{\nu\mu}$, so folgt für die Matrixelemente von W: $w_{\nu\varrho}=\sum_{\mu}v_{\nu\mu}v_{\mu\varrho}$ und damit, daß

$$\sum_{\nu\mu}|v_{\nu\mu}|^2=\sum_{\nu\mu}v_{\nu\mu}v_{\mu\nu}=\sum_{\nu}w_{\nu\nu}=\mathrm{Sp}(W)=1$$

also konvergent ist, so daß nach (A I, § 15) $W^{1/2}$ vollstetig ist. Da aus $f_n\to f$ also $W^{1/2}f_n\to W^{1/2}f$ folgt, so daraus durch nochmaliges Anwenden von $W^{1/2}$ erst recht $Wf_n\to Wf$, so daß auch W vollstetig ist.

heißen: Eine bestimmte Frequenz $\hbar\,\omega = \varepsilon - \varepsilon' \neq 0$ ist gerade nur durch diese eine einzige „Termdifferenz" $\varepsilon - \varepsilon'$ herstellbar, oder anders ausgedrückt: es gibt keine gleichen Termdifferenzen $\varepsilon - \varepsilon'$. Es ist allerdings nicht notwendig, dies für alle Differenzen $\varepsilon - \varepsilon'$ zu verlangen. Erstens sind einige „wenige" Ausnahmen (d. h. die Zahl der Resonanzen $\varepsilon - \varepsilon'$ mit $E_1 \leqq \dfrac{\varepsilon + \varepsilon'}{2} \leqq E_2$ soll klein sein gegenüber der Zahl der Eigenwerte ε mit $E_1 \leqq \varepsilon \leqq E_2$) erlaubt, wie sich der Leser leicht an Hand der folgenden Ableitungen klarmachen kann. Zweitens braucht für „große" Differenzen $\varepsilon - \varepsilon'$, d. h. für solche, für die die Zeit $\dfrac{\hbar}{\varepsilon - \varepsilon'}$ in jeder makroskopischen Messung unter der Beobachtungsgenauigkeit liegt, nichts vorausgesetzt zu werden:

Jede makroskopische Observable ist ein zeitlicher Mittelwert über eine kleine Zeit τ. Statt $e^{\frac{i}{\hbar}(\varepsilon - \varepsilon')t'}\,(\varepsilon\,|\,A\,|\,\varepsilon')$ wird man daher makroskopisch etwa (z. B. mit einer GAUSSschen Verteilung der Breite τ)

$$\frac{\sqrt{\pi}}{\tau}\int e^{-\left(\frac{t'-t}{\tau}\right)^2}e^{\frac{i}{\hbar}(\varepsilon - \varepsilon')t'}(\varepsilon\,|\,A\,|\,\varepsilon')\,dt' = e^{-\frac{\tau^2}{4\,\hbar^2}(\varepsilon - \varepsilon')^2}e^{\frac{i}{\hbar}(\varepsilon - \varepsilon')t}(\varepsilon\,|\,A\,|\,\varepsilon') \quad (4.10)$$

zu setzen haben, so daß für $|\varepsilon - \varepsilon'| > \dfrac{\hbar}{\tau}$ (4.10) praktisch Null ist. Ist in (4.8) aber $(\varepsilon\,|\,A\,|\,\varepsilon')$ gleich Null, so brauchen wir keine Annahmen über $\varepsilon - \varepsilon'$ zu machen[1].

Die Differenzen $\varepsilon - \varepsilon'$ seien nun also alle voneinander verschieden, sobald sie einen Wert $\dfrac{\hbar}{\tau}$ unterschreiten. Man kann dann statt (4.7) schreiben:

$$g(\omega) = \begin{cases} 0 & \text{für}\quad \omega = 0, \\ (\varepsilon\,|\,A\,|\,\varepsilon')\,(\varepsilon'\,|\,W\,|\,\varepsilon) & \text{für ein einziges}\quad \varepsilon - \varepsilon' = \hbar\,\omega. \end{cases} \quad (4.11)$$

Wir wollen zuerst für einen Zustand $W = P_\psi$ die Größe Z abschätzen. Es ist dann $(\varepsilon'\,|\,W\,|\,\varepsilon) = (\varepsilon'\,|\,\psi)\,(\psi\,|\,\varepsilon)$ und somit

$$Z = \sum_\omega |g(\omega)|^2 \leqq \sum_{\varepsilon,\,\varepsilon'} |(\varepsilon\,|\,A\,|\,\varepsilon')\,(\varepsilon'\,|\,\psi)\,(\psi\,|\,\varepsilon)|^2.$$

Das Ungleichheitszeichen steht, weil wir eigentlich das Glied mit $\varepsilon = \varepsilon'$ hätten fortlassen müssen, wenn wir exakt Z erhalten wollten. Indem wir $m = \underset{\varepsilon\,\varepsilon'}{\text{Max}}\,|(\varepsilon\,|\,A\,|\,\varepsilon')\,(\varepsilon'\,|\,\psi)|$ herausziehen, wird

$$Z \leqq m \sum_{\varepsilon,\,\varepsilon'} |(\varepsilon\,|\,A\,|\,\varepsilon')|\,|(\varepsilon'\,|\,\psi)|\,|(\psi\,|\,\varepsilon)|^2.$$

Mit Hilfe der SCHWARZschen Ungleichung folgt:

$$Z \leqq m\Big[\sum_{\varepsilon,\,\varepsilon'} |(\varepsilon\,|\,A\,|\,\varepsilon')|^2\,|(\psi\,|\,\varepsilon)|^2\Big]^{1/2}\Big[\sum_{\varepsilon,\,\varepsilon'} |(\varepsilon'\,|\,\psi)|^2\,|(\psi\,|\,\varepsilon)|^2\Big]^{1/2}.$$

---

[1] Observablen, für die $(\varepsilon\,|\,A\,|\,\varepsilon')$ für große $|\varepsilon - \varepsilon'|$ ungleich Null ist, sind also sicher keine makroskopischen Observablen (siehe Ende dieses Paragraphen).

Da z. B. $\sum\limits_{\varepsilon}|(\psi\,|\,\varepsilon)|^2 = ||\,\psi\,||^2 = 1$ ist, ergibt sich mit $\underline{W}_\psi = \sum\limits_{\varepsilon} P_\varepsilon P_\psi P_\varepsilon$:

$$Z \leqq m[\mathrm{Sp}\,(A^2\,\underline{W}_\psi)]^{1/2}.$$

Wir schreiben $m = \delta\,[\mathrm{Sp}\,(A^2\,\underline{W}_\psi)]^{1/2}$. Dann ist

$$Z \leqq \delta\,[\mathrm{Sp}\,(A^2\,\underline{W}_\psi)]. \tag{4.12}$$

Es kommt also darauf an, zu erkennen, unter welchen Bedingungen für A die Größe δ sehr klein gegen 1 ist:

$$\delta^2 = \frac{[\mathrm{Max}\,|(\varepsilon\,|\,A\,|\,\varepsilon')|\,|(\varepsilon'\,|\,\psi)|]^2}{\sum\limits_{\varepsilon,\,\varepsilon'}|(\varepsilon\,|\,A\,|\,\varepsilon')|^2\,|(\psi\,|\,\varepsilon)|^2}$$

Sind ε_0 und ε_0' die Werte, für die $m = |(\varepsilon_0\,|\,A\,|\,\varepsilon_0')|\,|(\varepsilon_0'\,|\,\psi)|$ ist, so folgt

$$\delta^2 \leqq \frac{|(\varepsilon_0\,|\,A\,|\,\varepsilon_0')|^2}{\sum\limits_{\varepsilon}|(\varepsilon\,|\,A\,|\,\varepsilon_0')|^2}\,.$$

Ist N_ν z. B. die Zahl derjenigen $|(\varepsilon\,|\,A\,|\,\varepsilon_0')|$, für die

$$\frac{1}{\nu-1}\,|(\varepsilon_0\,|\,A\,|\,\varepsilon_0')| > |(\varepsilon\,|\,A\,|\,\varepsilon_0')| \geqslant \frac{1}{\nu}\,|(\varepsilon_0\,|\,A\,|\,\varepsilon_0')|,$$

so folgt

$$\delta \leqq \left(\sum\limits_{\nu}\frac{N_\nu}{\nu}\right)^{-1/2}. \tag{4.13}$$

Damit $\delta \ll 1$ ist, müssen also die Zahlen N_ν sehr groß sein. Anschaulich kann man kurz sagen: Unter den Matrixelementen $(\varepsilon\,|\,A\,|\,\varepsilon')$ müssen immer sehr viele etwa gleiche Größenordnung haben. Dies wäre also eine Forderung an die Observablen, die wir später makroskopische Observablen nennen wollen.

Bevor wir die gefundenen Bedingungen in ihrer physikalischen Bedeutung weiter diskutieren, wollen wir kurz zeigen, daß dann auch der allgemeinere Fall $W = \sum\limits_{\nu}w_\nu P_{\psi_\nu}$ eine geringe zeitliche Schwankung zeigt. Es ist $\underline{W} = \sum\limits_{\nu}w_\nu \underline{W}_{\psi_\nu}$ mit $\underline{W}_{\psi_\nu} = \sum\limits_{\varepsilon} P_\varepsilon P_{\psi_\nu} P_\varepsilon$. Dann wird mit $M_t(A) = \sum\limits_{\nu}w_\nu M_t(A)_{\psi_\nu}$[1] unter Benutzung der SCHWARZschen Ungleichung

$$\begin{aligned}
Z &= \lim_{T-S\to\infty}\frac{1}{T-S}\int\limits_{S}^{T}\left[\sum\limits_{\nu}w_\nu\big(M_t(A)_{\psi_\nu} - \mathrm{Sp}(A\,\underline{W}_{\psi_\nu})\big)\right]^2 dt \\
&\leqq \lim_{T-S\to\infty}\frac{1}{T-S}\int\limits_{S}^{T}\sum\limits_{\nu}w_\nu[M_t(A)_{\psi_\nu} - \mathrm{Sp}(A\,\underline{W}_{\psi_\nu})]^2 dt \\
&\leqq \sum\limits_{\nu}w_\nu\,\delta\,\underline{M}(A^2)_{\psi_\nu} \leqq \delta\,\underline{M}(A^2)\,.[2]
\end{aligned} \tag{4.14}$$

---

[1] $M_t(A)_{\psi_\nu}$ gleich $M_t(A)$ für $W = P_{\psi_\nu}$.
[2] $(\sum\limits_{\nu}w_\nu X_\nu)^2 = [\sum\limits_{\nu}w_\nu^{1/2}\,(w_\nu^{1/2}\,X_\nu)]^2 \leqq [\sum\limits_{\nu}w_\nu]\,[\sum\limits_{\nu}w_\nu X_\nu^2].$

Damit ist der Ergodensatz bewiesen, falls die Observable A und das Spektrum von H den obigen Bedingungen genügen. Sind diese Bedingungen physikalisch sinnvoll und notwendig?

Als Beispiel dafür, wo die Bedingung, daß die $\varepsilon - \varepsilon'$ verschieden sind, verletzt ist, wollen wir annehmen, daß alle $\varepsilon_\nu = \nu \, \varepsilon_0$ sind. Dann hat $M_t(A)$ nach (4.2) die Form einer Fourier-Reihe

$$M_t(A) = \sum_{\mu = -\infty}^{+\infty} e^{i\mu\omega_0 t} \sum_\nu (\varepsilon_\nu | A | \varepsilon_{\nu-\mu}) \, (\varepsilon_{\nu-\mu} | W | \varepsilon), \qquad (4.15)$$

deren Amplituden für $\mu \neq 0$ nur dann (bei beliebigem W) sehr klein werden, wenn A praktisch nur Diagonalelemente hat, d. h. ein Funktion der Energie H ist.

Ist die Bedingung für die Frequenzen $\hbar\omega = \varepsilon - \varepsilon'$ erfüllt, aber z. B. $(\varepsilon_1 | A | \varepsilon_2) = (\varepsilon_2 | A | \varepsilon_1) = 1$ und alle anderen Matrixelemente gleich Null, so ist

$$M_t(A) = \text{Realteil von } [2 e^{i\omega t} (\varepsilon_2 | W | \varepsilon_1)]$$

mit $\hbar\omega = \varepsilon_1 - \varepsilon_2$. $M_t(A)$ schwankt also für alle Zeiten periodisch hin und her. Für Z erhält man nach (4.8):

$$Z = 2 \, | (\varepsilon_2 | W | \varepsilon_1) |^2$$

und

$$\underline{M}(A^2) = (\varepsilon_1 | W | \varepsilon_1) + (\varepsilon_2 | W | \varepsilon_2).$$

Es braucht also $Z / \underline{M}(A^2)$ durchaus nicht klein gegen 1 zu sein.

Die erste Bedingung an die Frequenzen besagt physikalisch, daß die Bewegung nicht periodisch sein darf, $M_t(A)$ darf nicht die Form einer Fourier-Reihe annehmen. Das ist sehr vernünftig, denn alle Gegenbeispiele gegen den Ergodensatz, wie z. B. die Bewegung von Teilchen ohne Wechselwirkung in einem rechteckigen Kasten, verletzen diese Bedingung. Die zweite Bedingung an die Observablen A besagt, daß es zwar prinzipiell möglich ist, sich solche Observablen und entsprechende Meßvorschriften auszudenken, daß der Erwartungswert einer solchen Observablen genau mit einer der „Übergangsfrequenzen" $(\varepsilon_1 - \varepsilon_2)/\hbar$ des Systems hin und her pendelt, daß wir aber annehmen müssen, daß eine solche *genaue* Unterscheidung verschiedener Energiewerte ε und Frequenzen $\frac{1}{\hbar}(\varepsilon - \varepsilon')$ nur mit Hilfe mikroskopischer Meßmethoden möglich ist. Wir werden daher mit Recht erwarten, daß diejenigen Observablen, die einer makroskopischen Beobachtung zugänglich sind, alle die obige Forderung an A erfüllen.

Es bleiben dann noch die Fragen offen: Inwiefern können wir die makroskopischen Eigenschaften dem System selbst zuschreiben und welche physikalische Bedeutung hat der Operator $\underline{W} = \sum_\varepsilon P_\varepsilon W P_\varepsilon$ für den stabilen Gleichgewichtszustand?

Die Antwort auf die erste Frage läuft darauf hinaus, zu zeigen, daß das Verhalten makroskopischer Systeme nur von den makroskopischen Eigenschaften abhängt, d. h. daß diese Eigenschaften eine klassische Physik mit determiniertem Zeitablauf ergeben. Wir müssen also einen geeigneten Grenzübergang von der mikroskopischen Physik zur klassischen Physik finden, der uns allerdings durch den Ergodensatz nahegelegt wird.

Alle beschränkten Operatoren A, für die $\mathrm{Sp}(A*A) < \infty$ ist, bilden einen HILBERT-Raum $\mathfrak{O}$. Das erkennt man sofort auf Grund der Ableitungen im Anhang I, § 1, da A durch eine Reihe von Matrixelementen $a_{\nu\mu}$ mit $\sum_{\nu\mu} |a_{\nu\mu}|^2 = \mathrm{Sp}(A*A) < \infty$ gegeben ist und der HILBERT-Raum dieser A mit dem Raum der Zahlenfolgen identisch ist, wenn man noch das innere Produkt durch:

$$(A, B) = \mathrm{Sp}(A*B) \tag{4.16}$$

definiert. Der Erwartungswert einer Observablen A im Falle eines statistischen Operators W ist dann

$$M(A) = (W, A). \tag{4.17}$$

Da für einen Projektionsoperator E: $\mathrm{Sp}(E*E) = \mathrm{Sp}(E) = $ Dimension des zu E gehörigen Projektionsraumes $\mathfrak{z}$ ist, gehören nur diejenigen Eigenschaften dem Operatorenraum $\mathfrak{O}$ an, deren zugeordnete Teilräume eine endliche Dimension haben.

Die Transformationen T aus III, § 10, sind auf Grund von Anhang III für den Fall $T = T_U$ unitäre Operatoren in $\mathfrak{O}$, denn mit $TA = UAU*$ ist:

$$(TA, TB) = \mathrm{Sp}(UA*U*UBU*) = \mathrm{Sp}(A*B) = (A, B). \tag{4.18}$$

Für $\overline{T}$ aus III, § 10, ist (wegen der Definitionsgleichung für $\overline{T}A$: $\overline{T}(A\varphi) = (\overline{T}A)(T\varphi)$) die Matrix von $\overline{T}A$ gleich $\overline{a_{\nu\mu}}$ und somit

$$(\overline{T}A, \overline{T}B) = \sum_{\nu\mu} a_{\mu\nu} \overline{b_{\mu\nu}} = (B, A) = \overline{(A, B)}. \tag{4.19}$$

Die Transformationen $\overline{T}T_U$ führen also das innere Produkt in sein konjugiert-komplexes über, sind also keine unitären Transformationen.

Die Zeitveränderlichkeit eines Operators wird also durch einen unitären Operator T_t mit

$$T_t A = U_t A U_t^* \tag{4.20}$$

gegeben. Den Ergodensatz können wir dann so formulieren, daß $(W, T_t A) = (T_t^* W, A)$ für eine Reihe von Observablen A mit größter Wahrscheinlichkeit einem Grenzwert $(\underline{W}, A)$ zustrebt. Als unitärer Operator läßt sich T_t schreiben:

$$T_t = \int\limits_{-\infty}^{+\infty} e^{i\omega t} dF_\omega, \tag{4.21}$$

wo die Spektralschar F_ω, als Operatoren für die Elemente von $\mathfrak{Q}$, durch (mit $H = \sum\limits_\varepsilon \varepsilon P_\varepsilon$)

$$F_\omega A = \sum_{\substack{\varepsilon,\,\varepsilon' \\ \varepsilon - \varepsilon' \leq \hbar\,\omega}} P_\varepsilon A P_{\varepsilon'} \tag{4.22}$$

gegeben ist. F_ω macht an der Stelle $\omega = 0$ den Sprung:

$$(F_0 - F_{0-})\,A = \sum_\varepsilon P_\varepsilon A P_\varepsilon. \tag{4.23}$$

Für andere ω ist der Sprung, falls die Voraussetzungen des Ergodensatzes erfüllt sind, daß ein $\hbar\,\omega = \varepsilon - \varepsilon'$ sich durch keine weiteren Termdifferenzen darstellen läßt $(F_\omega - F_{\omega-})\,A = P_\varepsilon A P_{\varepsilon'}$ mit $\varepsilon - \varepsilon' = \hbar\,\omega$ nur sehr „gering" im Vergleich zu der Summe (4.23), die für $(F_0 - F_{0-})\,A$ aus „vielen" Summanden $P_\varepsilon A P_\varepsilon$ besteht. $\underline{W}$ ergibt sich aus W durch

$$\underline{W} = (F_0 - F_{0-})\,W. \tag{4.24}$$

Die Darstellung der Observablen als (die „reellen" = HERMITE-schen) Elemente des HILBERT-Raumes $\mathfrak{Q}$ steht in unmittelbarer Korresondenz zum Partikelbild, wo die Observablen als Funktionen $f(p_i, q_i)$ im Phasenraum Elemente eines HILBERT-Raumes $\mathfrak{R}$ sind (S. 10f.). Auch die Zeitveränderlichkeit ist durch eine unitäre Transformation V_t gegeben (S. 11). Das Korrespondenzprinzip ist nichts anderes als ein Strukturvergleich von $\mathfrak{R}$ mit $\mathfrak{Q}$. Der Ergodensatz im Partikelbild läßt sich jetzt sehr leicht formulieren: Wir vermuten, daß

$$\lim_{T-S\to\infty} \frac{1}{T-S} \int_S^T |(f \cdot V_t g) - (f, g^*)|^2\, dt = 0 \tag{4.25}$$

ist, wenn die Spektraloperatoren E_ω von $V_t = \int e^{i\,\omega t} dE_\omega$ bis auf die Stelle $\omega = 0$ stetig sind und $g^* = (E_0 - E_{0-})\,g$ gesetzt wird. Wir können $f(p_i, q_i)$ als Wahrscheinlichkeitsdichte im Phasenraum und $g(p_i, q_i)$ als Observable ansehen; dann ist $(f, V_t g)$ der Erwartungswert von $g_t = V_t g$. Zum Beweis des Ergodensatzes betrachten wir den Operator $U_t = V_t - (E_0 - E_{0-})$, der eine überall stetige Spektraldarstellung E'_ω hat, Es ist $(f, V_t g) - (f, g^*) = (f, U_t g)$. Dann ist mit $(f, E'_\omega g) = F(\omega)$

$$\lim_{T-S\to\infty} \frac{1}{T-s} \int_S^T \left| \int_{-\infty}^{+\infty} e^{i\,\omega t} dF(\omega) \right|^2 dt = 0 \tag{4.26}$$

zu beweisen, wobei $F(\omega)$ stetig ist.

Mit $\omega - \omega' = x$ ist

$$\left| \int_{-\infty}^{+\infty} e^{i\,\omega t} dF(\omega) \right|^2 = \int_{-\infty}^{+\infty} e^{i\,x t} \int_{-\infty}^{+\infty} dF(\omega)\, \overline{dF(\omega - x)}.$$

Setzen wir $G(x) = \int\limits_{-\infty}^{+\infty} \overline{F(w - x)}\, dF(\omega)$, so ist $G(x)$ stetig und

$$\left| \frac{1}{T-S} \int\limits_{S}^{T} \int\limits_{-\infty}^{+\infty} e^{i\,x\,t}\, dG(x)\, dt \right| \leq \int\limits_{-\infty}^{+\infty} \left| \frac{e^{i x T} - e^{+i x S}}{i\,x\,(T - S)} \right| d|G(x)|$$

$$\leq \int\limits_{-\varepsilon}^{+\varepsilon} d|G(x)| + \frac{2}{\varepsilon\,(T - S)} \int\limits_{-\infty}^{+\infty} d|G(x)|$$

$$\leq \left(|G(\varepsilon)| - |G(-\varepsilon)| \right) + \frac{2}{\varepsilon\,(T - S)} |(f, g)|^2 .$$

Man wähle erst ε so klein, daß das erste Glied kleiner als δ, dann $T - S$ so groß, daß auch das zweite Glied kleiner als δ wird, womit (4.26) bewiesen ist.

Die Gegenüberstellung von $\mathfrak{Q}$ und $\mathfrak{R}$ macht uns deutlich, wie sich die klassische Physik (d. h. Mechanik und Thermodynamik) aus der Quantentheorie ergibt. Wir erkennen auch, worauf der Ergodensatz in der Quantentheorie beruht: Für gewisse Operatoren A als Elemente von $\mathfrak{Q}$ ist F_ω bis auf den wesentlichen Sprung bei $\omega = 0$ so gut wie stetig: $F_\omega A$ ändert sich außerhalb $\omega = 0$ nur um viele sehr kleine Sprünge $P_\varepsilon A P_{\varepsilon'}$, die einen praktisch stetigen Verlauf von $F_\omega A$ ergeben, wenn es viele Matrixelemente $(\varepsilon\,|\,A\,|\,\varepsilon')$ gleicher Größenordnung gibt.

Bevor wir nun versuchen, durch Mittelwertbildung von der Quantentheorie zur klassischen Physik zu gelangen, müssen wir das Problem der unabhängigen Integrale oder unabhängigen Teilbewegungen eines physikalischen Systems klären. Auch wenn in der klassischen Partikelmechanik E_ω nur für $\omega = 0$ unstetig ist, so ist der erreichte „Endzustand“, d. h. die Wahrscheinlichkeitsverteilung $(E_0 - E_{0-})f = f^*$, für die mit $(f, g^*) = (f^*, g)$ (4.25) erfüllt ist, nicht notwendig nur eine Funktion der Energie $E = H(p_i, q_i)$. In dem zu $E_0 - E_{0-}$ gehörigen Projektionsraum liegen alle Funktionen $F(E) = F\big(H(p_i, q_i)\big)$; er braucht aber nicht allein durch diese Funktionen aufgespannt zu werden. Dann muß es noch ein weiteres „Integral“ $G(p_i, q_i)$ geben, das in diesem Projektionsraum liegt und keine Funktion von $H(p_i, q_i)$ ist. Für alle Elemente f des Projektionsraumes ist $V_t f = f$, d. h. f zeitlich konstant. Wir wollen ein System im *engeren* Sinne ergodisch nennen, wenn es keine anderen „Integrale“ als die Funktionen der Energie besitzt. Der Endzustand, dem ein solches System zustrebt, ist dann also *allein* durch die Energie bestimmt. Existiert noch ein weiteres Integral G (d. h. ist das System nur im weiteren Sinne ergodisch), so zerfällt die Bewegung in unabhängige Teilbewegungen, je nach dem Wert des Integrals G. Was entspricht in der Quantentheorie diesen Begriffsbildungen? Sicherlich nicht nur die Entartung der mikroskopischen Energiewerte: Denken wir uns z. B. zwei makroskopische

Teilsysteme I und II, die ohne Wechselwirkung miteinander sind. Die Energieeigenwerte von I seien η_I, die von II η_II, dann sind die von I + II gleich $\varepsilon = \eta_\mathrm{I} + \eta_\mathrm{II}$, d. h. alle möglichen Summen der η_I und η_II. Es kann aber sein, daß alle diese ε verschieden sind. Trotzdem ist z. B. die Energie des Systems I (nicht nur die von I + II) ein makroskopisch beobachtbares Integral der Bewegung. Auch wenn I + II im weiteren Sinne ergodisch ist, d. h. einem Gleichgewichtszustand zustrebt, so ist dieser doch nicht allein durch die Energie von I + II, sondern auch noch durch die Einzelenergien von I und II zu charakterisieren.

Hier hilft uns die Tatsache weiter, daß die Integrale Anlaß zu unabhängigen Teilbewegungen sind. Wir glauben, die richtige Formulierung im folgenden zu sehen:

Man betrachte alle Eigenfunktionen φ_ν des Energieoperators, für die die Eigenwerte ε_ν in ein Intervall E_1 bis E_2 fallen. Die Zahl dieser Eigenfunktionen sei sehr groß, was für jedes makroskopische System der Fall ist, wenn man $E_2 - E_1$ von makroskopischer Größenordnung wählt. Kann man die ε_ν dieses Intervalls so mit zwei Indizes umnumerieren: $\varepsilon_{\varrho\sigma}$, so daß alle Differenzen $\varepsilon_{\varrho\sigma} - \varepsilon_{\varrho\sigma'}$ bei festem σ, σ' für alle ϱ gleich sind, so wollen wir sagen, daß die Energie nicht das einzige unabhängige Integral der Bewegung ist. Aus $\varepsilon_{\varrho\sigma} - \varepsilon_{\varrho\sigma'} = \varepsilon_{\varrho'\sigma} - \varepsilon_{\varrho'\sigma'}$ folgt aber auch $\varepsilon_{\varrho\sigma} - \varepsilon_{\varrho'\sigma} = \varepsilon_{\varrho\sigma'} - \varepsilon_{\varrho'\sigma'}$, d. h. daß die Differenz $\varepsilon_{\varrho\sigma} - \varepsilon_{\varrho'\sigma}$ bei festen ϱ, ϱ' unabhängig von σ ist. Observablen A mit Matrizen $(\varrho\sigma\,|\,A\,|\,\varrho'\sigma') = \delta_{\varrho\varrho'}\,a_{\sigma\sigma'}$ sind dann in ihrer zeitlichen Veränderlichkeit $e^{\frac{i}{\hbar}(\varepsilon_{\varrho\sigma} - \varepsilon_{\varrho\sigma'})}$ unabhängig von ϱ. Wir können daher folgende Konstruktion durchführen: Den von den $\varphi_\nu = \varphi_{\varrho\sigma}$ (mit $E_1 < \varepsilon_\nu < E_2$) aufgespannte Teilraum $\mathfrak{r}$ können wir formal als $\mathfrak{s} \times \mathfrak{t}$ schreiben, wenn wir in $\mathfrak{s}$ eine Basis χ_ϱ, in $\mathfrak{t}$ eine ψ_σ wählen und $\varphi_{\varrho\sigma} = \chi_\varrho\psi_\sigma$ setzen. Die Observablen, deren Operatoren allein in $\mathfrak{s}$ oder allein in $\mathfrak{t}$ wirken wie die oben angeführte Observable A sind dann in ihrem zeitlichen Ablauf unabhängig voneinander. Wir wollen weiter verlangen, wenn wir von makroskopisch unabhängiger Bewegung sprechen, daß $\mathfrak{t}$ und $\mathfrak{s}$ größenordnungsmäßig dieselbe Dimension haben (also z. B. $\mathfrak{r}$ oder $\mathfrak{s}$ nicht etwa von der Dimension 1 oder 2 sind).

Man könnte einwenden, daß unter den gemachten Voraussetzungen über $\varepsilon_{\varrho\sigma} - \varepsilon_{\varrho\sigma'}$ das System nicht (im weiteren Sinne) ergodisch sein könnte. Das ist nicht der Fall, denn ist z. B. die Dimension von $\mathfrak{s} =$ Dimension von $\mathfrak{t} = N$, so ist die Dimension von $\mathfrak{r}$ gleich N^2 und die Zahl N der „Resonanzfrequenzen" $\varepsilon_{\varrho\sigma} - \varepsilon_{\varrho\sigma'}$ klein gegen die Zahl N^2 der Eigenwerte $\varepsilon_{\varrho\sigma}$ zwischen E_1 und E_2. Das ergodische Verhalten des Systems wird aus dem folgenden noch deutlicher hervortreten.

Obwohl wir nur voraussetzten, daß die Energieeigenwerte $\varepsilon_{\varrho\sigma}$ aus einem makroskopischen Energieintervall die geforderte Eigenschaft haben, wollen wir, um die Rechnungen nicht zu komplizieren, annehmen, daß der ganze HILBERT-Raum des Systems $\mathfrak{H} = \mathfrak{t} \times \mathfrak{s}$ ist, so daß die Operatoren aus $\mathfrak{t}$ und $\mathfrak{s}$ in ihrer zeitlichen Entwicklung unabhängig voneinander sind. Wir wählen ein ϱ_0 aus und setzen $\varepsilon_{\varrho_0\sigma} = \beta_\sigma$ und $\varepsilon_{\varrho\sigma} - \varepsilon_{\varrho_0\sigma} = \eta_\varrho$, denn dieser Wert η_ϱ ist ja nach den Voraussetzungen über die $\varepsilon_{\varrho\sigma}$ unabhängig von σ. Dann ist $\varepsilon_{\varrho\sigma} = \eta_\varrho + \beta_\sigma$. Wenn wir in $\mathfrak{t}$ einen HAMILTON-Operator $H_\mathfrak{t} = \sum_\varrho \eta_\varrho P_{\chi_\varrho}$ und in $\mathfrak{s}$ $H_\mathfrak{s} = \sum_\sigma \beta_\sigma P_{\psi_\sigma}$ definieren, so ist $H = H_\mathfrak{t} \times 1 + 1 \times H_\mathfrak{s}$ und die Zeitabhängigkeit der Operatoren aus $\mathfrak{t}$ durch $H_\mathfrak{t}$, aus $\mathfrak{s}$ durch $H_\mathfrak{s}$ gegeben. Die so durchgeführte Aufspaltung von $\mathfrak{H}$ in der Form $\mathfrak{H} = \mathfrak{t} \times \mathfrak{s}$ und damit der Bewegung in die zwei Teilbewegungen in $\mathfrak{t}$ und $\mathfrak{s}$ besagt im allgemeinen nicht etwa, daß $\mathfrak{t}$ (und damit auch $\mathfrak{s}$) der HILBERT-Raum für einen Teil der Korpuskeln ist, die das System zusammensetzen. Wir werden weiter unten sehen, daß die Anwendbarkeit der klassischen, makroskopischen Mechanik gerade darauf beruht, daß man gewisse „Kordinaten" (wenigstens annähernd) durch einen Raum $\mathfrak{t}$ in der Form $\mathfrak{H} = \mathfrak{t} \times \mathfrak{s}$ „abseparieren" kann[1].

Wir wollen nun annehmen, daß $\mathfrak{H}$ soweit als möglich in unabhängige Teilbewegungen $\mathfrak{H} = \mathfrak{t} \times \mathfrak{s} \times \mathfrak{u} \times \cdots$ zerlegt ist. Als ersten Schritt versuchen wir, in einem dieser Räume $\mathfrak{t}, \mathfrak{s} \ldots$ durch eine Mittelung zu einer klassischen Beschreibung zu gelangen, um dann nachträglich die Zusammensetzung $\mathfrak{t} \times \mathfrak{s} \times \cdots$ zu vollziehen. Betrachten wir deshalb den Raum $\mathfrak{t}$. Die Energieeigenwerte seien η_ϱ. Mit $E_{\varrho\sigma} = \tfrac{1}{2}(\eta_\varrho + \eta_\sigma)$ und $\hbar\,\omega_{\varrho\sigma} = \eta_\varrho - \eta_\sigma$ setzen wir

$$\varrho(E, \omega)\,\varDelta E\,\varDelta\omega = \text{Zahl der Punkte, d. h. der Paare } (E_{\varrho\sigma}, \omega_{\varrho\sigma}) \quad (4.27)$$

mit $E < E_{\varrho\sigma} < E + \varDelta E$, $\omega < \omega_{\varrho\sigma} < \omega + \varDelta\omega$.

$\varrho(E, \omega)$ ist also die mittlere Dichte der Wertepaare $(E_{\varrho\sigma}, \omega_{\varrho\sigma})$.

Ist das System im engeren Sinne ergodisch, so ist $\varrho(E, \omega) = \sigma(E)\,\delta(\omega) + \tau(E, \omega)$, wobei $\sigma(E)$ und $\tau(E, \omega)$ stetig sind und $\delta(\omega)$ die δ-Funktion ist, entsprechend der Tatsache, daß es für den exakten Wert $\omega = 0$ eine gegenüber 1 große Zahl $\sigma(E)\,\varDelta E$ von Paaren $(E_{\varrho\varrho} = \eta_\varrho,\ \omega_{\varrho\varrho} = 0)$ mit $E < \eta_\varrho < E + \varDelta E$ gibt.

Es ist $\varrho(E, -\omega) = \varrho(E, \omega)$. $\varrho(E, \omega)$ ist entscheidend für das makroskopische Verhalten des Systems. $\varrho(E, \omega)$ ist dabei nur für kleine $|\omega|$ von Bedeutung, wie sich aus den Überlegungen zur zeitlichen Mittelung von S. 146 ergibt.

Die Funktion

$$P(E, \omega) = \int\limits_{-\infty}^{E} \int\limits_{-\infty}^{\omega} \varrho(E', \omega')\,dE'\,d\omega' \quad (4.28)$$

---

[1] Jede Separation der Variablen in geeigneten Koordinaten (z. B. des Wasserstoffproblems in Polarkoordinaten nach VII, § 3) ist von der Form $\mathfrak{H} = \mathfrak{t} \times \mathfrak{s}$.

ist die Zahl der „Punkte" $(E_{\varrho\sigma}, \omega_{\varrho\sigma})$ mit $E_{\varrho\sigma} \leqq E$, $\omega_{\varrho\sigma} \leqq \omega$. Im ergodischen Falle wächst $P(E, \omega)$ stetig mit E und ω bis auf die Sprungstelle $\omega = 0$, wo $P(E, 0) - P(E, 0 -) = \int\limits_{-\infty}^{E} \sigma(E') \, dE'$ ist. Im nichtergodischen Falle können noch weitere Sprungstellen ω_ν ($\nu = 1, 2, \ldots$) von $P(E, \omega)$ vorhanden sein, d. h. weitere Singularitäten $\sigma_\nu(E) \, \delta(\omega - \omega_\nu)$ von $\varrho(E, \omega)$. Wir setzen im folgenden $\omega_0 = 0$, dann durchläuft ω_ν *alle* Sprungstellen von $P(E, \omega)$.

Als makroskopische Observable wollen wir eine solche bezeichnen, deren Matrix $(\eta \,|\, A \,|\, \eta')$ als Funktion von $E = \tfrac{1}{2}(\eta + \eta')$ und $\omega = \dfrac{1}{\hbar}(\eta - \eta')$ außerhalb der Sprungstellen ω_ν relativ „glatt" ist und für $\omega = \omega_\nu$ als Funktion von E ebenfalls relativ glatt ist. An den Stellen ω_ν darf also $(\eta \,|\, A \,|\, \eta')$ ganz andere Werte annehmen als für ω-Werte in der Nähe von ω_ν. Dieses „Glattsein" ist dadurch definiert, daß man im folgenden Summen durch Integrale ersetzen darf. Einer makroskopischen Observablen können wir dann eine Funktion

$$F(E, \omega) = (\eta \,|\, A \,|\, \eta') \tag{4.29}$$

zuordnen. Es folgt $F(E, -\omega) = \overline{F(E, \omega)}$. Der Erwartungswert wird dann:

$$\begin{aligned}
(W, A) = \mathrm{Sp}\,(WA) &= \sum_{\nu\mu} \overline{(\eta_\nu \,|\, W \,|\, \eta_\mu)} \,(\eta_\nu \,|\, A \,|\, \eta_\mu) \\
&= \sum_{\substack{\varDelta E \\ \varDelta\omega}} F(E, \omega) \sideset{}{'}\sum_{\nu\mu} \overline{(\eta_\nu \,|\, W \,|\, \eta_\mu)},
\end{aligned} \tag{4.30}$$

wobei sich $\sum'$ über alle η_ν, η_μ mit $2E < \eta_\nu + \eta_\mu < 2(E + \varDelta E)$ und $\hbar\omega < \eta_\nu - \eta_\mu < \hbar(\omega + \varDelta\omega)$ erstreckt. Wir setzen

$$\sideset{}{'}\sum_{\nu\mu} (\eta_\nu \,|\, W \,|\, \eta_\mu) = w(E, \omega)\, \varrho(E, \omega)\, \varDelta E\, \varDelta\omega, \tag{4.31}$$

so daß $w(E, \omega)$ ein Mittelwert von $(\eta_\nu \,|\, W \,|\, \eta_\mu)$ im Intervall $\varDelta E, \varDelta\omega$ ist. Es ist wie oben für $F(E, \omega)$ auch $w(E, -\omega) = \overline{w(E, \omega)}$. Dann wird:

$$(W, A) = \int \overline{w(E, \omega)}\, F(E, \omega)\, dP(E, \omega). \tag{4.32}$$

Hat $(\eta \,|\, A \,|\, \eta')$ nicht von vornherein die gewünschte „glatte" Form, so können wir zu der Observablen A die Observable A_m definieren durch

$$\sideset{}{'}\sum_{\nu\mu} (\eta_\nu \,|\, A \,|\, \eta_\mu) = \int\limits_{\varDelta E} \int\limits_{\varDelta\omega} F(E, \omega)\, dP(E, \omega) \tag{4.33}$$

und

$$(\eta \,|\, A_m \,|\, \eta') = F(E, \omega).$$

Da $\varDelta\omega$ als Intervall um eine Sprungstelle ω_ν beliebig klein gewählt werden darf, ohne daß nur noch sehr wenige $E_{\nu\mu}$, $\omega_{\nu\mu}$ in dem Intervall

$\Delta E \, \Delta \omega$ liegen, folgt, daß $F(E, \omega_\nu)$ ganz andere Werte haben kann als $F(E, \omega)$ für ω nahe bei ω_ν:

Den nach (4.33) gebildeten „Mittelwert" A_n von A wollen wir den makroskopischen Mittelwert von A nennen. Falls $F(E, \omega)$ für große $|\omega|$ nicht verschwindet, so kann man dies durch zeitliche Mittelung (S. 146) erreichen.

Alle so definierten makroskopischen Observablen können wir also durch eine Funktion $F(E, \omega)$ charakterisieren, die für große Werte von $|\omega|$ Null wird. Der Erwartungswert mit einer statistischen Dichtefunktion $w(E, \omega)$ ist dann durch (4.32) gegeben:

$$(w, F) = \int \overline{w(E, \omega)} \, F(E, \omega) \, dP(E, \omega). \tag{4.34}$$

Damit sind wir vom Hilbert-Raum $\mathfrak{H}$ zu einem Hilbert-Raum $\overline{\mathfrak{H}}$ übergegangen, dessen Elemente Funktionen von E und ω sind, wobei das innere Produkt durch (4.34) definiert ist und die Erwartungswerte der „makroskopischen Observablen" in beiden Räumen $\mathfrak{H}$ und $\overline{\mathfrak{H}}$ praktisch dieselben Werte liefern. Es bleibt noch die Zeitabhängigkeit der Observablen von $\mathfrak{H}$ nach $\overline{\mathfrak{H}}$ zu übersetzen. Für die Spektralschar F_ω der unitären Zeittransformationen $T_t = \int e^{i \omega t} dF_\omega$ ist in $\mathfrak{H}$ nach (4.22):

$$(\eta_\nu | F_\omega A | \eta_\mu) = \begin{cases} (\eta_\nu | A | \eta_\mu) & \text{für} \quad \eta_\nu - \eta_\mu \leq \hbar \omega, \\ 0 & \text{sonst.} \end{cases} \tag{4.35}$$

Somit wird in $\overline{\mathfrak{H}}$:

$$F_{\omega'} F(E, \omega) = \begin{cases} F(E, \omega) & \text{für} \quad \omega \leq \omega', \\ 0 & \text{sonst} \end{cases} \tag{4.36}$$

und damit die $A_t = \int e^{i \omega t} dF_\omega A_0$ zugeordnete Funktion

$$F_t(E, \omega) = \int_{-\infty}^{+\infty} e^{i \omega' t} dF_{\omega'} F_0(E, \omega) = e^{i \omega t} F_0(E, \omega). \tag{4.37}$$

F_ω ist in $\overline{\mathfrak{H}}$ ein Projektionsoperator mit den Sprungstellen ω_ν, denn

$$\|F_\omega F\|^2 = (F_\omega F, F_\omega F) = \int_{\omega' \leq \omega} |F(E, \omega')|^2 \, dP(E, \omega')$$

und

$$(F_{\omega_\nu} - F_{\omega_\nu -}) F(E, \omega) = F(E, \omega_\nu)$$

mit

$$\|(F_{\omega_\nu} - F_{\omega_\nu -}) F\|^2 = \int |F(E, \omega_\nu)|^2 \, \sigma_\nu(E) \, dE.$$

Damit ist der Ergodensatz der Quantenmechanik in $\overline{\mathfrak{H}}$ formal mit dem der Partikelmechanik nach (4.25) und (4.26) identisch. Er gilt, sobald F_ω nur die eine Sprungstelle $\omega = 0$ hat. Allgemeiner kann man sofort zeigen:

$$\lim_{T-S\to\infty} \frac{1}{T-S} \int_S^T |(w, T_t F) - (w, \sum_\nu e^{i\omega_\nu t}(F_{\omega_\nu} - F_{\omega_\nu -})F)|^2 \, dt = 0. \quad (4.38)$$

Mit dem Übergang von $\mathfrak{Q}$ zu $\bar{\mathfrak{Q}}$ haben wir aber eine der klassischen ähnliche Beschreibungsweise gefunden.

Die $F(E, \omega)$ benehmen sich tatsächlich wie klassische Größen: Es gibt solche statistischen Operatoren und zugehörige $w(E, \omega)$, so daß die $F_t(E, \omega)$ zu allen Zeiten praktisch, d. h. makroskopisch, bekannt sind. Zum Beweis brauchen wir nur zu zeigen, daß die makroskopischen Observablen A alle vertauschbar sind. Dazu zeigen wir, daß alle makroskopischen Observablen A praktisch Funktionen einer einzigen von ihnen sind. Wir greifen ein makroskopisches Energieintervall ΔE, heraus so daß für alle vorkommenden Frequenzen ω (für die die den A zugeordneten Funktionen $F(E, \omega) \neq 0$ sind) $\hbar\,\omega \ll \Delta E$ ist. Alle Funktionen $F(E, \omega)$ hängen innerhalb ΔE praktisch nicht von E, sondern *nur* von ω ab. Daher sind innerhalb ΔE alle $F(E, \omega)$ Funktionen einer von ihnen, was im Anhang IV bewiesen wird.

Wir können also sagen, daß in jedem Falle die makroskopischen Observablen bestimmte Werte haben, daß dem physikalischen System bestimmte Eigenschaften zukommen. Wenn $w(E, \omega)$ nicht von der Form ist, daß man für die makroskopischen Observablen genaue Werte angeben kann, d. h. daß die Streuungen mit makroskopischer Genauigkeit verschwinden, so drückt dies nur aus, daß wir ein *Gemisch* solcher $w(E, \omega)$ vor uns haben, für die die makroskopischen Observablen bestimmte Werte haben (siehe S. 53 und 54 für das Partikelbild). Eine Messung der makroskopischen Observablen im Sinne einer mikroskopischen Messung nach (2.4) bis (2.7), wo ein unitärer Operator $U(t_2, t_1)$ die notwendige Drehung der Zustände hervorruft, ist nicht notwendig, da $w(E, \omega)$ schon ein *Gemisch* von solchen $\tilde{w}(E, \omega)$ ist, für die die makroskopischen Observablen nicht streuen, und deshalb nicht erst durch Kopplung mit einem zweiten System in ein solches Gemisch gebracht zu werden braucht.

Ist das System im engeren Sinne ergodisch, so strebt das System einem Gleichgewicht zu, das durch ein allein von E abhängiges $w(E, 0)$ $\big(w(E, \omega) = 0$ für $\omega \neq 0\big)$ zu beschreiben ist. Der makroskopischen Observablen Energie ist die Funktion $F(E, 0) = E$ $\big(F(E, \omega) = 0$ für $\omega \neq 0\big)$ zugeordnet. Der Endzustand ist also *allein* durch die Energie bestimmt. Dem System kommt dann eine bestimmte Energie $\bar{E}$ zu, durch die im Gleichgewicht alle anderen makroskopischen Eigenschaften bestimmt sind, indem man $w(E, 0) = g_{\bar{E}}(E)$ setzt, wo $g_{\bar{E}}(E)$ nur für E nahe bei $\bar{E}$ ungleich Null ist.

Läßt sich die Bewegung des Systems in unabhängige Teilbewegungen zerlegen, d. h., ist z. B. nach S. 152 $\mathfrak{H} = \mathfrak{t} \times \mathfrak{s}$ mit

$H = H_t \times 1 + 1 \times H_\mathfrak{z}$, so sind die Observablen in $\mathfrak{H}$ durch Matrizen $(\eta_t, \eta_\mathfrak{z} \,|\, A \,|\, \eta_t', \eta_\mathfrak{z}')$ gegeben und damit makroskopisch durch Funktionen $F(E_t, E_\mathfrak{z}, \omega_t, \omega_\mathfrak{z})$. Der Gleichgewichtszustand, dem das System, wenn es im weiteren Sinne ergodisch ist, zustrebt, ist dann durch eine statistische Dichte $w(E_t, E_\mathfrak{z}, 0, 0)$ $\big(w(E_t, E_\mathfrak{z}, \omega_t, \omega_\mathfrak{z}) = 0$, wenn eines der $\omega_t, \omega_\mathfrak{z} \neq 0$ ist$\big)$ bestimmt, die also nicht nur durch die Gesamtenergie $E = E_t + E_\mathfrak{z}$ festgelegt ist.

Die Anwendbarkeit der klassischen Mechanik beruht auf der Möglichkeit, die Bewegung der Schwerpunktskoordinaten[1] (oder noch weiterer, wie z. B. der Winkelkoordinaten, die die Lage eines starren Körpers festlegen) abzuspalten als HILBERT-Raum t, während $\mathfrak{z}$ die inneren thermodynamischen Veränderungen der bewegten Körper umfaßt. Die obige Mittelung beim Übergang zur makroskopischen Beschreibung innerhalb t muß dann zur Punktmechanik führen, wie aus der Tatsache folgt, daß die Erwartungswerte (I, § 3, und III, § 12) den klassischen Gleichungen genügen.

Die im § 1 aufgeworfene Frage, wie ein Zustand bei einer Messung in ein statistisches Gemisch übergehen kann, obwohl sich die Bewegungsgleichungen zeitlich umkehren lassen, konnte allein durch die Kopplung des Meßprozesses nicht befriedigend erklärt werden: Wird das System I mit II gekoppelt, so kann man zwar verstehen, daß die Verkürzung des statistischen Operators für I + II auf I ein Gemisch ergibt, obwohl I + II in einem Zustand ist. Um aber I + II selbst wieder in ein Gemisch zu verwandeln, müßte man erst wieder eine Messung an II (und damit an I + II) nach der Art vornehmen, wie sie axiomatisch im Axiom VI postuliert wurde. Die Reihe der Messungen eines Systems I durch ein System II, von II durch ein System III von III durch IV, ... müßte man zum Schluß doch durch das Axiom VI zum Abbrechen bringen, indem man die lakonische Feststellung trifft; am System Y wurde die Eigenschaft E gemessen, so daß der Zustand P_Φ von I + II + $\cdots$ + Y durch $E P_\Phi E$ zu ersetzen ist. Man könnte so zu der Vermutung kommen, daß Axiom VI den physikalisch nicht zu reduzierenden Schritt der Aufnahme einer Beobachtung in das Bewußtsein des Beobachters bedeutet. Tatsächlich aber ist dieser letzte Schritt für den Ausgang aller physikalischen Experimente *belanglos*. Das Meßergebnis früherer Experimente, aus denen auf nachfolgende geschlossen wird, ist längst im Makroskopischen fixiert. Jetzt haben wir die Möglichkeit, diese Tatsache zu verstehen: Den Ergodensatz können wir formal so schreiben:

$$U_t^* W U_t \rightsquigarrow \sum_\varepsilon P_\varepsilon W P_\varepsilon, \qquad (4.39\,\text{a})$$

---

[1] Zur Abseparierung der Schwerpunktskoordinaten bei zwei Teilchen siehe z. B. XI, § 6.

speziell für einen Zustand Φ_0:

$$P_{\Phi_t} \rightsquigarrow \sum_\varepsilon |(\varepsilon|\Phi_0)|^2 P_\varepsilon. \tag{4.39b}$$

Das Zeichen $\rightsquigarrow$ soll dabei andeuten, daß diese Konvergenz nicht als Operatorkonvergenz im HILBERT-Raum gilt, sondern als eine Konvergenz, die für alle makroskopischen Eigenschaften erfüllt ist. (4.39b) stellt aber einen Übergang eines Zustandes Φ_0 in ein statistisches Gemisch $\sum_\varepsilon |(\varepsilon|\Phi_0)|^2 P_\varepsilon$ dar. Was bei mikroskopischen Systemen (auch praktisch) möglich ist, nämlich ihre Bewegung umzukehren, das läßt sich für ein makroskopisches System *praktisch* nicht mehr realisieren. Der Vorgang $P_{\Phi_t} \rightsquigarrow \sum_\varepsilon |(\varepsilon|\Phi_0)|^2 P_\varepsilon$ ist *irreversibel*. *Prinzipiell* wäre es zwar denkbar, daß man den Zustand Φ_t, der für sehr große Zeiten t makroskopisch mit $\sum_\varepsilon |(\varepsilon|\Phi_0)|^2 P_\varepsilon$ identifiziert werden darf, wieder in den Ausgangszustand Φ_0 zurückbringt, aber nur mit einer Hyperapparatur, die gestattet, das makroskopische System wie ein mikroskopisches zu untersuchen: Hat man etwa einen Kasten, der durch eine Scheidewand mit einem Ventil in zwei Hälften geteilt ist, und ist Φ ein Zustand, wo sich nur in der einen Hälfte ein Gas befindet, so ändert sich Φ bei Öffnung des Ventils zur Zeit Null so, daß sich nachher ein Gleichgewicht einstellt, das absolut *genau* durch einen Zustand Φ_t gegeben ist, aber nach dem Ergodensatz praktisch durch das Gemisch $\sum_\varepsilon |(\varepsilon|\Phi_0)|^2 P_\varepsilon$ dargestellt werden kann. Makroskopische Beobachtungen gestatten es nicht, diesen Prozeß rückwärts ablaufen zu lassen, wohl aber ist es prinzipiell möglich, durch genaue mikroskopische Manipulationen an allen Molekülen, einen Zustand $\overline{T}\Phi_t$ (nach § 1) herzustellen, für den die Bewegung wieder rückwärts läuft.

Die Gleichgewichtszustände eines nur im weiteren Sinne ergodischen Systems sind nicht allein durch die Energie bestimmt. Es gibt noch andere „Integrale" der Bewegung (wie oben E_t und $E_{\hat{\varepsilon}}$) außer der Energie E. Gerade solche Systeme sind für die Durchführung einer mikroskopischen Messung wesentlich: Jede Meßapparatur ist ein mestabiles System, d. h. ein solches, daß sich in großer Näherung in unabhängige Teilbewegungen zerlegen läßt, wie zum Beispiel übersättigter Dampf in der WILSON-Kammer; eine hohe Spannung im Zählrohr, die thermodynamisch auch ohne Durchgang eines Teilchens immer wieder zu einem Ansprechen des Zählrohres führen muß, da auch durch Wärmeschwankungen Ionen entstehen können. Jede Meßapparatur für mikroskopische Messungen ist eigentlich instabil, d. h. in irgendeiner Zeit führt der Prozeß (4.39a) sie in einen Gleichgewichtszustand. Diese Zeit ist aber unter den hergestellten Bedingungen so groß, daß sie gegenüber der Zeit der Messung keine Rolle spielt: Es ist äußerst unwahrscheinlich, daß das Zählrohr in der Zeit der Messung von allein anspricht. Die Meßapparatur ist also ein System II, für das es zwei (manchmal auch mehr) makroskopisch zeitlich konstante Zustände gibt: den eigentlichen Gleichgewichtszustand und einen metastabilen Gleichgewichtszustand. Zwischen dem Objekt I und der Apparatur II wird nun eine solche Wechselwirkung eingeschaltet, daß I + II entweder sehr schnell nach (4.39a) dem Gleichgewichtszustand zustrebt oder weiter im metastabilen Gleichgewicht bleibt, je nachdem, ob I in einem bestimmten Zustand φ ist (falls man z. B. P_φ messen will) oder nicht. So gelangt I + II in einen makroskopischen Endzustand, in ein statistisches Gemisch. Die Kopplung von I + II führt dazu, daß bestimmte mikroskopische Eigenschaften, wie in § 2 geschildert, mit bestimmten, und zwar (das ist jetzt entscheidend) makroskopischen Eigenschaften des Endzustandes von I + II verknüpft sind. Wir dürfen jetzt auf Grund des Ergodensatzes die Reihe aus § 2, S. 134, fortsetzen: Der statistische Operator $\overset{0}{W}$ von I + II vor der Messung geht durch die Kopplung über in W mit $W \varphi_k \psi_k^\varrho = \sum_{l\sigma} \varphi_l \psi_l^\varrho \overset{0}{w}_{l\sigma, k\varrho}$ und auf Grund des Ergodensatzes weiter in bezug auf die makroskopischen Observablen mit $W \rightsquigarrow \sum_\varepsilon P_\varepsilon W P_\varepsilon$

$= \underline{W}$ in ein $\underline{W}$, das einer statistischen Dichtefunktion der obigen Form $w(E_t, \overline{E}_3, 0, 0)$ mit $w(E_t, E_3, \omega_t, \omega_3) = 0$ für $\omega_3 \neq 0$ oder $\omega_t \neq 0$ äquivalent ist. Die nach § 2, S. 133, mit den φ_k gekoppelten Eigenschaften P_{r_k} sind dann makroskopische Eigenschaften, für die $w(E_t, E_3, 0, 0)$ die Wahrscheinlichkeit ihres Vorhandenseins angibt: $w(E_t, E_3, 0, 0)$ kann nur ein *Gemisch* solcher $\widetilde{w}(E_t, E_3, 0, 0)$ sein, die eine *eindeutige* Antwort auf das Vorhandensein jedes der P_{r_k} geben.

I + II *hat* makroskopisch mit der Wahrscheinlichkeit $(\varphi_k, W \varphi_k)$ eine der Eigenschaften P_{r_k} angenommen, und damit hat jetzt auch I eine der Eigenschaften P_{φ_k}, da die P_{φ_k} mit den P_{r_k} eindeutig gekoppelt sind.

Das Axiom VI können wir rückwärts also als eine abgekürzte Formulierung eines makroskopischen, irreversiblen Prozesses auffassen, dessen Ergebnis Axiom VI fixiert. Die Irreversibilität des Meßprozesses ist damit als thermodynamische Irreversibilität erkannt.

§ 5. Thermodynamik.

Die einfachste Folge aus den Überlegungen des § 4 ist die Thermodynamik der quasistatischen Prozesse, d. h. der Gleichgewichtszustände. Ein im *engeren* Sinne ergodisches Vielteilchensystem strebt einem Endzustand $\sum_\varepsilon P_\varepsilon W P_\varepsilon = \sum_\varepsilon w_\varepsilon P_\varepsilon$ zu, der für makroskopische

Zwecke durch eine mittlere Funktion

$$w(E,\omega) = \begin{cases} \dfrac{1}{\sigma(E)\,\varDelta E} \displaystyle\sum_{\varepsilon\, \in\, \varDelta E}{}' w_\varepsilon & \text{für} \quad \omega = 0 \\[2mm] 0 & \text{für} \quad \omega \neq 0 \end{cases} \tag{5.1}$$

ersetzt werden kann, d. h. durch einen statistischen Operator $\sum_\varepsilon w(\varepsilon,0)\,P_\varepsilon$, wo $w(\varepsilon,0)$ die nach (5.1) gemittelten Werte von w_ε sind. Ist nun $w(E,0)$ nicht nur für praktisch eine Energie $\overline{E}$ von Null verschieden, so haben wir ein makroskopisches Gemisch vor uns, herrührend aus dem anfangs vorhandenen statistischen Operator W. Tatsächlich kommt also jedem *Einzel*system des Gemisches irgendeine makroskopische Energie $\overline{E}$ zu, so daß wir weiterhin $w(E,0)$ als eine Funktion ansehen wollen, die bei $E = \overline{E}$ ein scharfes Maximum hat, d. h. die Breite $\varDelta E$ des Maximums ist sehr klein gegen $\overline{E}$ (d. h. makroskopisch vernachlässigbar klein), was *nicht* besagt, daß nicht doch sehr viele mikroskopische Eigenwerte ε in das Intervall $\varDelta E$ fallen; dies muß sogar der Fall sein, damit die Mittelwertbildung (5.1) sinnvoll ist.

Der entscheidende Punkt der ganzen Thermodynamik ist nun, daß man $w(E,0) = A\,e^{-\frac{E}{\varTheta}}$ setzen darf[1], wobei der Parameter $\varTheta$ die Stelle des Maximums $\overline{E}$ bestimmt; aber welches Maximum? Denn $A\,e^{-\frac{E}{\varTheta}}$ hat selber kein Maximum. Es kommt aber gar nicht so sehr auf $w(E,0)$ selber an, sondern auf die Erwartungswerte

$$(w,F) = \int w(E,0)\,F(E,0)\,\sigma(E)\,dE. \tag{5.2}$$

$w(E,0)\,\sigma(E)$ aber hat für alle praktisch vorkommenden Fälle ein scharfes Maximum an einer durch $\varTheta$ bestimmten Stelle $\overline{E}$. Dies beruht darauf, daß $\sigma(E)$ eine sehr schnell mit E ansteigende Funktion ist, wie z. B. $a E^N$ für einen großen Wert von N, wobei $w(E,0)\,\sigma(E)$ $= A\,a\,e^{-\frac{E}{\varTheta}}\,E^N$ wäre mit dem Maximum $\overline{E} = N\varTheta$ von der Breite $N^{1/2}\,\varTheta$, die für großes N klein gegen $\overline{E}$ ist. Daß $\sigma(E)$ so beschaffen ist, daß $e^{-\frac{E}{\varTheta}}\,\sigma(E)$ ein *relativ* scharfes Maximum hat, müßte natürlich im Einzelfall bewiesen werden. Ist dies aber erfüllt, so können wir als statistischen Operator

$$W = A \sum_\varepsilon e^{-\frac{\varepsilon}{\varTheta}}\,P_\varepsilon = \frac{e^{-\frac{H}{\varTheta}}}{\mathrm{Sp}\left(e^{-\frac{H}{\varTheta}}\right)} \tag{5.3}$$

---

[1] Neben vielen anderen Möglichkeiten, wie z. B. $w(E,0) = 1$ für $E \leqq \overline{E}$ und $w(E,0) = 0$ für $E > \overline{E}$.

ansetzen. Die Stelle $\bar{E}$ des Maximums muß wegen seiner relativen Schärfe praktisch gleich dem Erwartungswert U von H sein:

$$U = \mathrm{Sp}(H\,W) = \frac{\mathrm{Sp}\left(H\,e^{-\frac{H}{\Theta}}\right)}{\mathrm{Sp}\left(e^{-\frac{H}{\Theta}}\right)}. \tag{5.4}$$

Dem System kommt makroskopisch also die Energie U, die sogenannte *innere* Energie, zu. Θ ist der Parameter, der U bestimmt. Man definiert durch

$$e^{-\frac{F}{\Theta}} = \mathrm{Sp}\left(e^{-\frac{H}{\Theta}}\right); \qquad F = -\Theta \log \mathrm{Sp}\left(e^{-\frac{H}{\Theta}}\right) \tag{5.5}$$

die *freie* Energie F. Es ist dann also

$$U = \frac{\partial}{\partial\left(\frac{1}{\Theta}\right)}\left(\frac{F}{\Theta}\right). \tag{5.6}$$

Der Parameter Θ, der den Gleichgewichtszustand festlegt, hat eine sehr anschauliche Bedeutung: Wir betrachten zwei Systeme S_1 und S_2, die vorerst nicht in Wechselwirkung stehen, d. h. $H = H_1 \times 1 + 1 \times H_2$ im HILBERT-Raum $\mathfrak{H} = \mathfrak{H}_1 \times \mathfrak{H}_2$. Das Gesamtsystem $S_1 + S_2$ ist dann *nur* im weiteren Sinne ergodisch, wie es unmittelbar auf Grund der Überlegungen von S. 152 folgt. Der statistische Operator für $S_1 + S_2$ sei nach Ende von § 3

$$W = A\,e^{-\frac{H_1}{\Theta_1}} \times e^{-\frac{H_2}{\Theta_2}} = A\,e^{-\left(\frac{H_1 \times 1}{\Theta_1} + \frac{1 \times H_2}{\Theta_2}\right)}.$$

Bringt man beide Systeme zur Berührung, d. h. schaltet man eine kleine Wechselwirkung V ein, so daß $H = H_1 \times 1 + 1 \times H_2 + V$ wird, so möge das ganze System $S_1 + S_2$ im engeren Sinne ergodisch werden. Dann geht W in ein $\underline{W}$ (nach S. 144.) über, das allein von der Energie von $S_1 + S_2$ abhängt, die ziemlich genau die Summe $U_1 + U_2$ ist; so ist auch für den Gleichgewichtszustand $(\underline{W})$ bei kleiner Wechselwirkung V die Energie praktisch bekannt und damit für ein geeignetes Θ:

$$\underline{W} = B\,e^{-\frac{H_1 \times 1 + 1 \times H_2 + V}{\Theta}}. \tag{5.7}$$

Ist V klein, so kann man also

$$W = \frac{e^{-\frac{H_1 \times 1 + 1 \times H_2}{\Theta}}}{\mathrm{Sp}\left(e^{-\frac{H_1 \times 1 + 1 \times H_2}{\Theta}}\right)} = B\,e^{-\frac{H_1}{\Theta}} \times e^{-\frac{H_2}{\Theta}} \tag{5.8}$$

schreiben. Der Übergang $W \to \underline{W}$ bedeutet also für $S_1 + S_2$ eine Änderung, wenn nicht $\Theta_1 = \Theta_2 = \Theta$ ist. Das ist aber gerade das, was man beobachtet: Im allgemeinen ändern sich zwei Systeme, die man zur thermischen Berührung bringt: sie streben einem neuen Gleichgewichtszustand zu. Wenn sie sich bei Berührung nicht ändern, so definiert man sie als gleich temperiert. Dann ist aber $\Theta_1 = \Theta_2$. Wir können also eine Temperatur durch Θ einführen. Θ ist die sogenannte absolute Temperatur. (Θ ist hier im Energiemaß gemessen mit der Maßeinheit von z. B. 1 erg; zwischen dieser und der üblicheren Maßeinheit von 1° (Grad) besteht ein Umrechnungsfaktor wie etwa zwischen cm und Zoll: 1 Grad $= k$ erg. k heißt die BOLTZMANNsche Konstante. Für die Temperatur T in Grad ist dann $\Theta = kT$.)

Läßt sich umgekehrt ein System S in $S_1 + S_2$ aufspalten, so daß wenigstens sehr angenähert $H = H_1 \times 1 + 1 \times H_2$ ist, so folgt aus $W = A\, e^{-\frac{H}{\Theta}}$ als Verjüngung z. B. für S_2:

$$W_{(\mathrm{II})} = B\, e^{-\frac{H_2}{\Theta}}. \tag{5.9}$$

Hier aber brauchen wir *nicht* vorauszusetzen, daß S_2 ein makroskopisches System ist! Löst man also z. B. ein Molekül (S_2) aus einem Gas, so ist für dieses Molekül der statistische Operator durch (5.9) gegeben, falls man nicht auf Grund anderer Messungen genauere Aussagen machen kann. Hieraus folgt z. B. das MAXWELLsche Geschwindigkeitsverteilungsgesetz, wenn man mit $H_2 = \dfrac{1}{2m} \sum\limits_{k=1}^{3} p_k^2$ nach der Wahrscheinlichkeit für Impulswerte aus dem Intervall $dp_1\, dp_2\, dp_3$ fragt.

Wichtig für die Thermodynamik sind die sogenannten quasistatischen Veränderungen eines Systems S_1. Diese können hervorgerufen werden erstens durch die thermische Berührung mit einem System S_2 oder aber zweitens durch Veränderung äußerer Parameter, wie äußerer Felder (Magnetfelder, elektrischer Felder) oder der äußeren Gestalt (Volumen) usw.

Betrachten wir erst die zweite Art. Dann hängt der HAMILTON-Operator von diesen äußeren Parametern $\alpha_1, \alpha_2, \ldots$ ab: $H = H(\alpha_1, \alpha_2, \ldots)$. Diese Parameter mögen sich nun zeitlich ändern.

Wir teilen die Zeit in Intervalle $t_k, t_{k+1}, t_{k+2}, \ldots$, so daß sich die α_i in einem Intervall, z. B. von t_k bis t_{k+1} nur um sehr kleine Stücke $d\alpha_i$ geändert haben. Zur Zeit t_k entspricht der statistische Operator $W_k = \sum\limits_{\nu} w_\nu P_{\varepsilon_\nu^{(k)}}$ dem Gleichgewicht ($\varepsilon_\nu^{(k)}$ die Eigenwerte von H zur Zeit t_k). Zur Zeit t_{k+1} entspricht er nicht mehr dem Gleichgewicht, da sich die Eigenwerte von H auf Grund der Änderung der α_i ebenfalls geändert haben. Ist das System ergodisch, so wird er dem neuen Gleichgewicht $W_{k+1} = \sum\limits_{\mu} P_{\varepsilon_\mu^{(k+1)}} W_k P_{\varepsilon_\mu^{(k+1)}}$ zustreben. Dieses ist aber kein Gleichgewicht mehr zur Zeit t_{k+2}. Wir sehen, wie sich der statistische Operator ändert, wenn die Änderung der α_i so langsam erfolgt, daß sich jeweils das Gleichgewicht praktisch einstellen kann:

Mit Hilfe der Störungsrechnung aus VII, § 6 $\left(\sum_i \frac{\partial H}{\partial \alpha_i} d\alpha_i \text{ als Störung}\right)$ kann man leicht sehen, daß $W_{k+1} = \sum_\nu w_\nu P_{\varepsilon(k+1)} +$ Glieder, die in den $d\alpha_i$ quadratisch sind, ist.

Das bedeutet aber, daß bei Veränderung der α_i

$$W = \sum_\nu w_\nu P_{\varepsilon(\alpha_1, \alpha_2 \ldots)} \tag{5.10}$$

ist, wobei die $P_{\varepsilon(\alpha_1 \alpha_2 \ldots)}$ die Projektionsoperatoren der Eigenräume von $H(\alpha_1 \alpha_2 \ldots)$ sind. Der Operator (ohne Normierung)

$$W = e^{-\frac{H(\alpha_1 \alpha_2 \ldots)}{\Theta}} = \sum_\varepsilon e^{-\frac{\varepsilon(\alpha_1 \alpha_2 \ldots)}{\Theta}} P_{\varepsilon(\alpha_1 \alpha_2)} \tag{5 11}$$

ändert sich also bei Änderung der α_i um $d\alpha_i$ in:

$$W = \sum_\varepsilon e^{-\frac{\varepsilon(\alpha_1 \alpha_2 \ldots)}{\Theta}} P_{\varepsilon(\alpha_1 + d\alpha_1,)} \cdot \tag{5.12}$$

Damit ändert sich die innere Energie U um

$$dU = \frac{\sum\limits_\varepsilon (\varepsilon + d\varepsilon) e^{-\frac{\varepsilon}{\Theta}}}{\sum\limits_\varepsilon e^{-\frac{\varepsilon}{\Theta}}} - \frac{\sum\limits_\varepsilon \varepsilon e^{-\frac{\varepsilon}{\Theta}}}{\sum\limits_\varepsilon e^{-\frac{\varepsilon}{\Theta}}} = \frac{\sum\limits_\varepsilon d\varepsilon\, e^{-\frac{\varepsilon}{\Theta}}}{\sum\limits_\varepsilon e^{-\frac{\varepsilon}{\Theta}}} . \tag{5.13}$$

Da nach VII, § 6 $d\varepsilon = \left(\varepsilon \left| \sum_i \frac{\partial H}{\partial \alpha_i} d\alpha_i \right| \varepsilon\right)$ ist, folgt

$$dU = \sum_i \frac{\mathrm{Sp}\left(\frac{\partial H}{\partial \alpha_i} e^{-\frac{H}{\Theta}}\right)}{\mathrm{Sp}\left(e^{-\frac{H}{\Theta}}\right)} d\alpha_i = \sum_i K_i\, d\alpha_i . \tag{5.14}$$

$\sum\limits_i K_i\, d\alpha_i$ ist also die am System durch die Veränderung der α_i geleistete Arbeit. Man bezeichnet deshalb die

$$K_i = \frac{\mathrm{Sp}\left(\frac{\partial H}{\partial \alpha_i} e^{-\frac{H}{\Theta}}\right)}{\mathrm{Sp}\left(e^{-\frac{H}{\Theta}}\right)} \tag{5.15}$$

als allgemeine Kräfte. Ist z. B. $\alpha = V$, so ist $p = -K$ der Druck. Mit der Definition der freien Energie nach (5.5) ist also

$$K_i = \frac{\partial F}{\partial \alpha_i} . \tag{5.16}$$

Betrachten wir nun bei konstantem α_i eine thermische Berührung des Systems S_1 mit einem zweiten S_2, wobei die Änderungen an S_1 so langsam erfolgen mögen, daß S_1 praktisch immer im Gleichgewicht ist, so kann sich an dem Zustand von S_1 nichts ändern als die Größe des Parameters Θ, d. h. die Temperatur. Die Änderung dU von U bezeichnet man in diesem Falle als Wärmezufuhr δQ. Treten beide Änderungen zusammen auf, so ist mit (5.14):

$$dU = \delta Q + \sum_i K_i\, d\alpha_i = \delta Q + \delta A. \tag{5.17}$$

δA ist die von außen geleistete Arbeit. (5.17) stellt den ersten Hauptsatz der Wärmelehre dar.

Definieren wir durch

$$S = -\frac{\partial F}{\partial \Theta} \tag{5.18}$$

die Entropie, so ist mit (5.6)

$$U = -\Theta\,\frac{\partial F}{\partial \Theta} + F = \Theta S + F, \tag{5.19}$$

d. h.

$$S = \frac{U - F}{\Theta}\; {}^1. \tag{5.20}$$

Daraus folgt mit (5.17):

$$dS = \frac{dU - \Sigma \dfrac{\partial F}{\partial \alpha_i}\, d\alpha_i - \dfrac{\partial F}{\partial \Theta}\, d\Theta}{\Theta} - \frac{U - F}{\Theta^2}\, d\Theta = \frac{\delta Q}{\Theta}.$$

Also auch der zweite Hauptsatz ist eine Folge für ergodische Systeme. Damit ist die Thermodynamik der quasistatischen Vorgänge aus der Quantenmechanik begründet.

Wesentlich vielgestaltiger und damit nur für die Einzelfälle durchführbar ist die Beschreibung des Ablaufs irreversibler Vorgänge. Wir

---

[1] Aus $S = \dfrac{1}{\Theta}\,(U - F)$ folgt mit (5.5):

$$S = \frac{U}{\Theta} + \log \mathrm{Sp}\left(e^{-\frac{H}{\Theta}}\right),$$

Unter den obigen Voraussetzungen, daß $e^{-\frac{E}{\Theta}}\, \sigma(E)$ ein relativ scharfes Maximum bei $E = U$ hat, kann man

$$\log \mathrm{Sp}\left(e^{-\frac{H}{\Theta}}\right) = \log \int e^{-\frac{E}{\Theta}}\, \sigma(E)\, dE$$

$$\approx \log \left(e^{-\frac{U}{\Theta}} \int_{U-\Delta}^{U} \sigma(E)\, dE\right) \approx -\frac{U}{\Theta} + \log Z$$

setzen, wo Z die sehr große Anzahl von mikroskopischen Energieeigenzuständen ist, die in ein Intervall $U - \Delta$ bis U fallen, wobei man $U - \Delta = 0$ setzen kann, da $\sigma(E)$ sehr schnell mit E wächst. Damit wird

$$S = \log Z.$$

Nimmt man jeden mikroskopischen Zustand als a priori gleich wahrscheinlich an, so ist Z die mikroskopische a priori-Wahrscheinlichkeit für den makroskopisch durch die Energie U charakterisierten makroskopischen Zustand.

müssen deshalb hier darauf verzichten, diese genauer zu untersuchen. Sie sind zwar gerade für die Ausführung einer mikroskopischen Messung wesentlich. Daß es metastabile makroskopische Zustände geben kann, haben wir am Ende des vorigen Paragraphen gesehen. Als Beispiel wollen wir auf den übersättigten Dampf in einer WILSON-Kammer zurückkommen.

Eine gute Einsicht in die hier herrschenden Verhältnisse verdanken wir der Keimbildungstheorie von VOLMER und R. BECKER[1]. Damit sich im übersättigten Dampf die flüssige Phase ausbilden kann, müssen sich kleine Tröpfchen bilden, die aber die Tendenz haben, schneller zu verdampfen als die flüssige Phase mit einer *großen* Oberfläche. Die Wahrscheinlichkeit, daß sich größere Tropfen bilden, an denen sich die Kondensation weiter fortbilden kann, ist sehr gering, so daß es innerhalb der Meßzeit mit der WILSON-Kammer nicht geschieht. Wenn wir aber dieses System II in einem Meßprozeß mit einem mikroskopischen System I koppeln, so ist für I + II die Wahrscheinlichkeit für Tröpfchenbildung *wesentlich* geändert, da bei Durchgang des Teilchens I durch die WILSON-Kammer II sich Ionen bilden, die praktisch sofort zu Tröpfchen führen. Jede Messung vollzieht sich prinzipiell genauso durch Ausnutzung metastabiler Zustände.

VI. Quantentheorie und physikalisches Weltbild.

§ 1. Die Bedeutung der Komplementarität für die Physik.

Das merkwürdigste Phänomen der Quantentheorie ist die Existenz komplementärer Eigenschaften eines Systems, wie sie uns am deutlichsten entgegengetreten sind in dem Korpuskelcharakter (Ort) einerseits und dem Wellencharakter (Impuls) andererseits, verknüpft durch die HEISENBERGsche Ungenauigkeitsrelation.

Wie ist es möglich, daß ein System zwei komplementäre, d. h. doch zwei sich widersprechende Eigenschaften haben kann? Muß dies nicht auf einem Mangel der Theorie beruhen? So meint man schließen zu müssen, bevor man die Grundlagen der Physik einer eingehenderen Analyse unterworfen hat.

Als wichtigste Tatsache, die wir bei den folgenden Überlegungen immer im Auge behalten müssen, ist festzustellen, daß in den Beobachtungsergebnissen selber kein Widerspruch liegt. Ein solcher läge nur dann vor, wenn eine Tatsache durch Beobachtung festgestellt würde und in derselben Weise auch, daß diese Tatsache nicht da ist. So etwas ist undenkbar und unmöglich. Es handelt sich aber bei der

---

[1] VOLMER, M.: Kinetik der Phasenbildung. Dresden und Leipzig 1939. R. BECKER, W. DÖRING, Ann. Physik (5) **24** (1935) 719.

Komplementarität gar nicht um einen solchen Widerspruch. Vielmehr kommt dieser erst dadurch zustande, daß man bestimmte Beobachtungen als Welle, andere als Teilchen deutet und diese komplementären Deutungen den Dingen an sich zuschreibt. Es liegen also mehrere Schritte des Denkens zwischen festgestellten, fixierten Beobachtungsergebnissen und dem Widerspruch der den mikroskopischen Dingen zugeschriebenen Eigenschaften. Eine Photoplatte, auf der die Schwärzung Interferenzstreifen zeigt und bei der man bei Untersuchung der photographischen Schicht (mit einem Mikroskop) andererseits die Schwärzung als zusammengesetzt aus Reihen von Silberkörnern erkennt, die jede ungefähr eine Bahn eines Teilchens fixiert, ist kein Widerspruch in sich selbst. Der Widerspruch entsteht erst, wenn man zur *Deutung* der Interferenzstreifen den Objekten Wellencharakter zuschreibt und dann auf Grund des Wellencharakters in Widerspruch kommt zu den beobachteten Teilchenbahnen.

Für die Fragestellungen der Physik ist der Widerspruch der Komplementarität durch die Quantentheorie, wie wir sie in den vorigen Kapiteln geschildert haben, aufgelöst. Für die Physik genügt es, sich wie in Kapitel I, § 1, klarzumachen, daß die Methode der Physik darin besteht, ein (mathematisches) Begriffsbild zu finden, das die Beobachtungen in ihren gegenseitigen Beziehungen und Zusammenhängen beschreibt. Ein solches aber haben wir in der Quantenmechanik für einen sehr großen Bereich von Erfahrungen vor uns. Die Axiome aus Kapitel II (oder III, § 12), geben den Grundriß dieses Bildes.

Der Ablauf der quantenmechanischen Beschreibung physikalischer Beobachtungen vollzieht sich danach also in folgenden Schritten: Durch eine Messung wird eine Eigenschaft eines physikalischen Systems festgestellt. Der Ausgang der Messung wird durch einen statistischen Operator symbolisch fixiert. Das Denkmodell der Quantenmechanik, der mathematische Begriffsapparat, liefert dann für mögliche spätere Messungen Wahrscheinlichkeitsaussagen für deren Ausgang. Man kann, wenn man will, in der zweiten Messung eine Größe messen, die zu der in erster Messung beobachteten komplementär ist. In diesem Falle ist es ausgeschlossen, eine sichere Aussage über den Ausgang der zweiten Messung zu machen. Die Quantenmechanik redet nicht etwa davon, daß diese zur ersten beobachteten Größe komplementäre Eigenschaft dem Teilchen an sich zukäme, sondern sie verbietet, sich solche Vorstellungen zu machen, wenn man aus einer solchen Vorstellung den Schluß ziehen will, daß das System bei einer Beobachtung die Eigenschaft zeigt, die es „in Gedanken" an sich hat. Es ist dies die Folge der in II, § 1, bewiesenen Tatsache, daß ein $W = P_\varphi$ irreduzibel ist. Wir wollen dies an einem Beispiel veranschaulichen:

Als komplementäre Observablen betrachten wir den Ort eines Teilchens, das harmonisch an einen Punkt gebunden ist, und seine

Energie. Die Energie kann nach I, § 7, nur die Werte $\hbar\omega(n + \tfrac{1}{2})$ annehmen. Messen wir zuerst die Energie z. B. mit dem Ergebnis $\hbar\omega\cdot\tfrac{1}{2}$, so kann man keine sicheren Aussagen über den Ausgang einer darauffolgenden Ortsmessung machen. Nähmen wir nun in Gedanken an, daß das Teilchen zu jeder Zeit einen bestimmten Ort hat, in dem Sinne, daß man daraus folgern darf, daß bei einer Messung dieser Ort festgestellt würde, so kommen wir in Widerspruch zu den physikalischen Aussagen der Quantentheorie; die Quantentheorie müßte dann grob physikalisch falsch sein. Es sei gleich angemerkt, daß man selbstverständlich beliebig viele physikalische Eigenschaften dem System in Gedanken zuschreiben kann, wenn man hinzufügt, daß diese Eigenschaften bei einer Messung prinzipiell nicht in Erscheinung treten und überhaupt keinen Einfluß auf die Entwicklung der Materie in der Welt haben. Man kann sich also ungestraft vorstellen, daß das Teilchen einen Ort hat, nur daß bei einer Beobachtung *nicht* dieser Ort des Teilchens, den es an sich hat, sondern ein anderer festgestellt wird gerade mit der Wahrscheinlichkeit, die die Quantenmechanik fordert.

Um nun zu zeigen, daß es (außer der letzten physikalisch inhaltlosen Vorstellung) nicht erlaubt ist, sich einen Ort des Teilchens im harmonischen Oszillator vorzustellen, wenn vorher der Energiewert $\tfrac{1}{2}\hbar\omega$ gemessen wurde, nehmen wir an, daß zu einer bestimmten Zeit t bei eine großen Menge solcher Oszillatoren sich die Teilchen bei einigen gerade rechts von $x = 0$ und bei den anderen gerade links von $x = 0$ befänden. So kann man in Gedanken alle Oszillatoren in zwei Gruppen teilen, wo sich in der ersten Gruppe alle Oszillatoren befinden, deren Teilchen zur Zeit t rechts von $x = 0$, in der zweiten alle, deren Teilchen zur Zeit t links von $x = 0$ sind. Würde man also z. B. in der ersten dieser Gruppen messen, ob das Teilchen rechts von $x = 0$ ist, so müßte man mit Sicherheit ein positives Ergebnis erhalten. Solche Oszillatoren aber, deren Teilchen mit Sicherheit rechts von $x = 0$ sind, können nach der Quantentheorie und dürfen nach der Erfahrung nicht mit Sicherheit die Energie $\tfrac{1}{2}\hbar\omega$ haben. Da man aber, ohne eine Ortsmessung durchzuführen, in der ersten Gruppe mit Sicherheit weiß, daß die Teilchen rechts von $x = 0$ sind, dürfte die Energie nicht mit Sicherheit $\tfrac{1}{2}\hbar\omega$ sein im Widerspruch zu der experimentellen Tatsache, daß man, da ja keine Messung durchgeführt wurde, mit Sicherheit bei jeder weiteren Messung der Energie wieder den Wert $\tfrac{1}{2}\hbar\omega$ erhielte. Die Existenz einer Gruppe von Oszillatoren, die alle sowohl bei einer Ortsmessung mit Sicherheit einen Wert $x > 0$ wie bei einer Energiemessung mit Sicherheit den Wert $\tfrac{1}{2}\hbar\omega$ liefern, steht im Widerspruch zur Quantenmechanik. Der experimentelle Nachweis der Existenz einer solchen Gruppe würde eine eklatante Widerlegung der *ganzen* Quantenmechanik sein. Da aber die Quantentheorie experimentell bestätigt ist, kann es eine solche Gruppe nicht geben.

Man könnte einwenden, daß wir hier denselben Fehler machen, vor dem wir in I, § 1, gewarnt haben: Jede physikalische Theorie stimmt nur in gewisser Genauigkeit mit der Erfahrung überein, so daß aus der exakten Gültigkeit bestimmter Prinzipien im physikalischen Bild, d. h. in der Theorie, nicht einfach auf die Gültigkeit dieser Prinzipien in der Wirklichkeit geschlossen werden darf. Wir werden in § 2 noch einmal bei anderer Gelegenheit auf diesen Einwand zurückkommen. Hier sei folgendes zur Klärung angefügt: Nehmen wir z. B. an, eine Theorie liefere als Meßergebnisse immer nur ganze Zahlen in Übereinstimmung mit der Erfahrung, d. h. mit gewisser Genauigkeit, so ist es unerlaubt, sofort zu schließen, daß alle Größen tatsächlich *absolut* genau ganzzahlig seien, es könnten sich bei größerer Genauigkeit Abweichungen herausstellen. Es ist aber erlaubt, zu behaupten, daß es keine halbzahligen Meßwerte geben kann. Wir sehen an diesem Beispiel, daß es darauf ankommt, die Aussage der Theorie nur soweit als verbindlich anzusehen, wie sie klar und deutlich experimentell bestätigt sind. Und das ist in dem obigen Beispiel der Fall, wo die Nichtexistenz von Oszillatoren behauptet wird, die mit Sicherheit eine Energie $\frac{1}{2}\hbar\omega$ *und* einen Ort der Teilchen $x > 0$ haben. Dies ist aber z. B. nicht der Fall für die aus der klassischen Physik gezogene Behauptung, daß alles Geschehen exakt determiniert abläuft, da ein exakter Determinismus im theoretischen Bild experimentell nur in sehr guter Annäherung erfüllt zu sein braucht. Hierauf werden wir in § 2 noch ausführlich zu sprechen kommen.

Die Existenz komplementärer Größen in der Quantentheorie ist keine vorläufige Redeweise des theoretischen Bildes, sondern eine experimentelle Tatsache. Die HEISENBERGsche Ungenauigkeitsrelation ist nicht, wie man manchmal gern wahrhaben möchte, eine Relation, die durch eine Verfeinerung der physikalischen Methoden später aufgehoben werden wird. Sie ist vielmehr eine Tatsache genauso wie das NEWTONsche Gravitationsgesetz. So wie das NEWTONsche Gesetz durch die EINSTEINsche allgemeine Relativitätstheorie *verfeinert*, aber nicht aufgehoben wurde, nur so kann auch eine spätere Theorie vielleicht die Ungenauigkeitsrelation verfeinern und ergänzen, z. B. vielleicht durch einen Zusatz der Form, daß Δq nicht beliebig klein sein kann, sondern selbst größer als 10^{-12} cm bleiben muß, aber nicht aufheben.

Wir müssen jetzt noch einige Worte zu dem in den letzten Zeilen angeschnittenen Problem des Gültigbleibens physikalischer Theorien im Laufe der Weiterentwicklung der Physik sagen, bevor wir versuchen, uns anschaulich klarzumachen (was wir abstrakter in Kapitel V diskutierten), wie der Meßprozeß es verhindert, daß komplementäre Größen zusammen bekannt sein können. Die Entwicklung der Physik zeigt deutlich, daß einmal eingeführte und durch die Erfahrung bestätigte Theorien später nicht als falsch oder überholt abgetan werden.

Jede Theorie bleibt als begriffliches Bild (I, § 1) eines Teilausschnittes der Erfahrungen bestehen, auch wenn es im Laufe der Entwicklung gelingt, umfassendere Bilder, d. h. solche, die einen größeren Bereich von Erfahrungen wiedergeben, zu finden. Obwohl die klassische Punktmechanik wie die MAXWELLsche Theorie der Elektrodynamik nicht unbegrenzt gültig sind, so behalten sie in ihrem jeweiligen Bereich ihre Gültigkeit trotz Quantenmechanik und Quantenelektrodynamik. Um ein Flugzeug zu bauen oder einen Sender zu konstruieren, wird man niemals die Quantentheorie benutzen; hier ist die klassische Physik am Platz. In derselben Weise können wir aber auch heute sicher sein, daß die Quantentheorie nicht einmal später durch eine ganz andere Theorie ersetzt werden wird.

Wie wir schon in I, § 1 andeuteten, kann der Gültigkeitsbereich einer physikalischen Theorie auf zweierlei Art begrenzt sein: Einmal kann in extremen Fällen die Erfahrung nicht mehr genau mit der Theorie übereinstimmen. Ein andermal aber versagt die Zuordnungsvorschrift zwischen den in der Theorie formulierten Begriffen, Bildern usw. und den in der Erfahrung gegebenen Tatsachen. Dieses letzte Verhalten liegt beim Übergang von der klassischen Punktmechanik zur Quantentheorie vor. Für größere Massen kann das in der Punktmechanik eingeführte Bild einer „Bahn", als einer mit der Zeit durchlaufenen Raumkurve, mit gewisser Genauigkeit bestimmten Erfahrungen zugeordnet werden. Die Unmittelbarkeit dieser Zuordnung drückt man meist durch den Begriff der Anschaulichkeit aus. Alle klassischen Theorien tragen diesen Stempel der Anschaulichkeit. Dieses Bild der klassischen Punktmechanik wird nun für kleine Massen wie z. B. Elektronen nicht etwa deshalb falsch, weil die beobachteten Bahnen nicht mit den berechneten übereinstimmen, sondern weil es in der Erfahrung einfach nichts mehr gibt, was dem Bild der „Bahnen" zugeordnet werden kann. Die Bahn ist in der Punktmechanik im wesentlichen durch die Begriffe Ort und Geschwindigkeit (Impuls) gegeben. Diese beiden Begriffe sind aber in der Quantenmechanik in Übereinstimmung mit der Erfahrung komplementär zueinander und können deshalb nicht mehr den Dingen als feste Eigenschaften zugeschrieben werden. Soweit aber die Beobachtungen bestimmten Größen im Bilde der Punktmechanik zugeordnet werden *können*, soweit werden auch die Aussagen der Punktmechanik bestätigt. Wie verhindert es nun die Natur, die Punktmechanik überall anwenden zu können?

Während bei makroskopischen Objekten der Akt der Beobachtung den weiteren Ablauf und den Ausgang weiterer Beobachtungen nicht beeinflußt, ist die Beobachtung im mikroskopischen Bereich prinzipiell mit in die Beschreibung des Vorganges einzubeziehen. Wenn wir die Bahn eines Planeten mit Hilfe eines Fernrohrs ausmessen, so ist die Aufstellung des Fernrohrs ohne Bedeutung und ohne Einfluß auf den Ablauf der zu beobachtenden Bahn. In unserem taglichen Leben stehen uns laufend Beobachtungen in natürlicher Weise ohne jede Apparatur zur Verfügung. Wir dürfen in allen diesen Fällen so reden: Wir stellen durch Beobachtung einen vorliegenden Sachverhalt fest; die Beobachtung wird nur als Feststellung eines schon vorhandenen Sachverhalts angesehen. Einen Prozeß, der im Makroskopischen wesentlich das Objekt in seinem Verhalten stört, muß man als Beobachtungsmethode ablehnen.

Würde man diese Forderung für mikroskopische Objekt aufrechterhalten, so könnte man mikroskopische Objekte *überhaupt nicht* beobachten. Daraus erhellt, daß die sogenannte mikroskopische Beobachtung etwas wesentlich anderes ist als die Feststellung makroskopischer Sachverhalte. Wie wir im Kapitel V genau ausführten, besteht eine mikroskopische Beobachtung in einer Kopplung des Objektes mit einer makroskopischen Apparatur. Die „Eigenschaften" eines mikroskopischen Objekts sind nichts anderes als mögliche Veränderungen an verschiedenen makroskopischen Systemen, die durch das mikroskopische Objekt hervorgerufen werden. Um komplementäre Größen zu „messen", sind ganz verschiedene Meßapparaturen, d. h. makroskopische Systeme notwendig.

Die mikroskopischen Objekte existieren für die Physik geradezu nur durch ihre Wirkungen im Makroskopischen. Ein Elektron ist das, was im Makroskopischen die und die Effekte hervorruft. Auch im Makrokosmos ist es durchaus üblich, auf die Existenz von Dingen auf Grund ihrer Wirkungen zu schließen; und es gibt viele Fälle, wo auf diese Art unbekannte Gegenstände neu entdeckt wurden. Eines aber ist innerhalb der makroskopischen Vorgänge immer erlaubt: aus der Form der Wirkung auf die Form des wirkenden Objektes zu schließen. Ein Gegenstand hinterläßt einen kugeligen Abdruck, weil er selber kugelig ist, ein anderer einen länglichen, weil er länglich ist. Ein anderer wirkt an einer einzigen Stelle, weil er sich eben nur dort befindet, d. h. ein Teilchen ist. Ein anderer (wie die elektromagnetischen Wellen) gibt Anlaß zu Interferenzerscheinungen, weil er ein interferierendes Etwas, kurz eine Welle ist. Im Makroskopischen gilt also die Äquivalenz von Form der Wirkung und Form des Wirkenden. Dies gilt nicht mehr für die Wirkungen des Mikrokosmos. Das Elektron kann z. B. an dem einen makroskopischen Gegenstand (Beugungsapparatur) Wirkungen hervorbringen, die ähnlich den Wirkungen einer Welle sind, an dem anderen (Zählrohr) solche, die ähnlich dem eines Teilchens sind. Wir haben also an allerdings verschiedenen makroskopischen Gegenständen Wirkungen desselben Objektes Elektron, die einmal die Form haben, wie sie sonst von makroskopischen Wellen, ein andermal die Form haben, wie sie von makroskopischen

Teilchen herrühren. Auch beim Elektron aus der Form der Wirkung auf die Form des Objektes zu schließen, würde zu einem Widerspruch führen. Dasselbe Elektron kann also einmal konzentrierte Wirkungen (Zählrohr), wie ein andermal über den Raum ausgedehnte Wirkungen (Beugungsapparatur) hervorbringen. Die Form dieser Wirkungen erlaubt aber nicht zurückzuschließen, daß das Elektron eine räumlich ausgedehnte Form (Welle) hat. Wir haben in II, § 3 und V, § 1 und 3, gezeigt, wie bei einer „Ortsmessung" die Tatsache einer vorhergehenden „Impulsmessung" um so stärker *ausgelöscht* wird, je genauer die Ortsmessung erfolgt. Die Quantenmechanik selbst verhindert also, daß es an makroskopischen Systemen solche Veränderungen gibt, die es gestatten würden, zwei komplementäre Eigenschaften zusammen dem System zuschreiben zu dürfen; sie verhindert es dadurch, daß auch die Apparaturen der Quantentheorie unterworfen sind. (Für weitere anschauliche Beispiele: W. HEISENBERG: Die physikalischen Prinzipien der Quantentheorie.)

Wenn nun aber auch die makroskopischen Gegenstände der Quantentheorie unterworfen sind, so müßte es für sie doch auch komplementäre Eigenschaften geben. Wieso darf man trotzdem so reden, als ob den makroskopischen Objekten gewisse Eigenschaften zukommen? In V, § 4, haben wir versucht, zu erklären, wie es kommt, daß für makroskopische Objekte gewisse Eigenschaften als makroskopische Eigenschaften den Objekten selbst zugeschrieben werden können. Diese Möglichkeit hing wesentlich am Ergodensatz: Makroskopische Objekte verhalten sich (bis auf ganz seltene extreme Schwankungen) *gerade auf Grund der Quantentheorie* wie Dinge mit bestimmten Eigenschaften, so wie sie die klassische Physik beschreibt. Sie verhalten sich so in „natürlicher" Umgebung, d. h. ohne extrem große Eingriffe von außen. Denn tatsächlich gibt es auch für ein makroskopisches Objekt komplementäre Eigenschaften: Ein Stück Eisen zeigt makroskopisch eine bestimmte „natürliche" Festigkeit. Diese festzustellen, bedarf es keines besonderen Meßeingriffes, sie ist eine natürlich makroskopisch gegebene Eigenschaft. Fragen wir aber z. B. nach dem Ort aller Elektronen und Atomkerne in diesem Stück Eisen, so müßte man erst eine Supermeßapparatur konstruieren, d. h. eine Meßapparatur, der gegenüber das betrachtete Objekt verschwindend klein ist. Würde man aber mit einer solchen Meßapparatur tatsächlich alle gewünschten Orte messen, so wäre es aus mit der makroskopischen Eigenschaft der Festigkeit. Ein wüster Haufen von Elektronen und Atomkernen wäre das Ergebnis. Dieser Haufen würde allerdings nach dem Ergodensatz wieder in einen makroskopischen Zustand mit einer makroskopischen Energie übergehen, die auf Grund des vorhergegangenen Ortsmeßprozesses unbestimmt ist und nur dem makroskopischen Endzustand zugeschrieben werden darf.

Auch makroskopische Objekte können im Prinzip (wenigstens nach der Quantentheorie[1]) komplementäre Eigenschaften haben; aber nur bestimmte, nicht zueinander komplementäre Eigenschaften sind als makroskopische, als „natürliche" Eigenschaften ausgezeichnet.

Die Komplementarität in der Quantentheorie gibt zu interessanten philosophischen Problemen Anlaß, die an einem anderen Orte näher geschildert werden sollen.

§ 2. Ganzheit.

Die Komplementarität und die Art und Weise der Zusammensetzung von Teilsystemen zu einem ganzen System, wie sie in III, § 9, beschrieben wurde, ergeben eine Wirkungsweise mikroskopischer Systeme, die eine starke Ähnlichkeit hat mit dem, was in Biologie und Psychologie mit Ganzheit bezeichnet wird. Wir wollen deshalb dieses Verhalten von z. B. Atomen, Molekülen usw. als ganzheitlich bezeichnen.

In dem HILBERT-Raum $\mathfrak{H} = \mathfrak{H}_1 \times \mathfrak{H}_2$ eines Systems S, das sich aus zwei Teilsystemen $S_1 + S_2$ zusammensetzt, gibt es Teilräume und damit Eigenschaften von S, die zu allen Eigenschaften der Einzelsysteme S_1 und S_2 inkommensurabel sind. Solche Eigenschaften von S wollen wir ganzheitliche Eigenschaften nennen.

Makroskopische Gegenstände der toten Welt kennen diese Art von Eigenschaften nicht. Nehmen wir als Beispiel das Planetensystem, wie es in der Punktmechanik beschrieben wird. Die Gesamtenergie ist keine ganzheitliche Größe, denn man kann sie gewinnen, indem man die Orte und Geschwindigkeiten jedes Einzelteiles, d. h. jedes Planeten und der Sonne, bestimmt und dann die Energie funktionell berechnet. Die Energie ist also nur eine Zusammensetzung von Eigenschaften der Teile. Solche Eigenschaften, die man durch Zusammensetzen von Eigenschaften der Teile erhält, wollen wir summativ nennen (d. h. nicht, daß die entsprechenden Meßwerte nur als mathematische *Summen* von Meßwerten an den Teilsystemen auftreten).

Die zu allen Eigenschaften der Teile inkommensurablen Eigenschaften können sich nicht funktionell aus den Eigenschaften der Teile ergeben, da diese Eigenschaften gar nicht wirklich, d. h. wirkend sind, sobald das System in der Form seiner ganzheitlichen Eigenschaften (in den Makrokosmos hinein) wirkt. Ein sehr anschauliches Beispiel

---

[1] Für sehr große makroskopische Objekte ist es unmöglich, Meßapparaturen zu konstruieren, die diese in mikroskopischer Weise beobachten; denn z. B. für die Hälfte des ganzen Kosmos reicht bestimmt nicht die andere Hälfte aus, um die erste mikroskopisch zu messen. Da also für sehr große Objekte die Existenz komplementärer Eigenschaften nicht experimentell geprüft werden kann, ist ihre Existenz *nicht* gesichert. Der Beweis ihrer Existenz allein aus der Quantentheorie wäre also eine Grenzüberschreitung der Theorie, wie wir sie oben mehrfach kritisierten.

ist die Festigkeit eines Atoms, das sich im tiefsten Energiezustand, dem Grundzustand (siehe z. B. Kap. VII, VIII und X) befindet. Diese Festigkeit, d. h. der Widerstand gegenüber sich nähernden anderen Atomen, falls diese bis auf etwa 10^{-8} cm herangekommen sind, ist eine ganzheitliche Eigenschaft, ebenso wie der Energiewert des Grundzustandes. Die natürliche, d. h. makroskopisch gegebene Festigkeit der sogenannten starren Körper gegenüber äußerem Druck ist bedingt durch die Festigkeit aller Atome, also eine sich summativ aus der Festigkeit der Atome ergebende Eigenschaft. Die Atome in einem solchen festen Körper befinden sich (bei gewöhnlicher Temperatur) „natürlicherweise" praktisch alle im Grundzustand (nach V, § 5, S. 160, ist das W für ein Atom etwa $e^{-\frac{H}{\Theta}}$, so daß bei kleinem Θ praktisch nur der tiefste Eigenwert von H vorhanden ist). Die Atome wirken in der Art, wie es nach der Quantenmechanik dem Grundzustand entspricht, d. h. sie bringen makroskopische Wirkungen ihrer Festigkeit und Stabilität hervor. Sobald man aber etwa eine Apparatur benutzt, d. h. den Atomen eine ganz andersartige Möglichkeit als der „natürlich" vorhandenen gibt, in die makroskopische Welt hineinzuwirken, z. B. in Form des Ortes aller ihrer Elektronen und Atomkerne (wir sagen kurz: sobald man eine Ortsmessung aller Teile durchführt), haben wir einen wirren Haufen von Elektronen und Atomkernen vor uns, die ganzheitliche Eigenschaft der Festigkeit des Grundzustandes ist verschwunden, existiert nicht mehr.

Es ist also falsch, zu behaupten, daß der Tisch, der vor mir steht, in Wirklichkeit neben den Atomkernen aus vielen Elektronen besteht, die sich in bestimmten Bahnen dort bewegen. So lange der Tisch in dieser mir wohlbekannten Form vor mir steht, sind nicht einzelne Elektronen, sondern im Gegenteil die ganzheitlichen Wirkungen vorhanden. Der Tisch ist wirklich das, als was er vor mir steht, und nicht etwa ein Durcheinander von Elektronenbahnen.

Es zeigt sich heute, daß die Elementarteilchen in noch viel krasserem Maße jeweils neue Ganzheiten sind, die entstehen und vergehen können. Man kann bei diesen Elementarteilchen überhaupt nicht mehr von *bestimmten Teilen* reden, da bei einem Versuch, sie zu teilen, *ganz verschiedene* Zahlen von anderen Elementarteilchen entstehen.

§ 3. Determinismus und Wahrscheinlichkeit.

Es wird öfter gesagt: die klassische Physik gestattet, wenigstens prinzipiell, alle Vorgänge mit Sicherheit vorauszusagen, sie genügt deshalb dem a priori zu fordernden Kausalprinzip; die Quantenmechanik aber kann nur Wahrscheinlichkeitsaussagen machen, so daß sie entweder nur eine provisorische Theorie ist oder aber das Kausalprinzip verletzt ist. In diesen Sätzen liegen mehrere Fehlschlüsse.

Der Begriff der Kausalität wird ursprünglich als ontologische Aussage über das Sein formuliert: Es kann nichts sein ohne eine Ursache für sein Sein, mag diese in anderem Sein oder diesem Sein selbst liegen. Denn gäbe es ein Sein ohne Ursache, so wäre kein Unterschied zwischen Sein oder Nichtsein, den es aber offenbar gibt, da nach der Erfahrung Dinge sein, aber auch nicht sein können. Dies ist eine Erkenntnis a priori, da sie nicht durch jeden Einzelfall bestätigt zu werden braucht, sondern da sie dazu berechtigt, bei Vorfinden eines Seins, das die Ursache und damit die Notwendigkeit seines Seins nicht in sich selbst trägt, nach einem anderen zu suchen, das die oder wenigstens eine Ursache sein könnte. Dieser Ursachenzusammenhang ist nicht nur eine Art des erkennenden Denkens, sondern ein durch Denken erkannter und durch Denken in Begriffen dargestellter Zusammenhang des Seins[1].

Von dieser ontologischen Auffassung her machte der Begriff der Kausalität historisch so manche Wandlung durch, bis man schließlich meinte, die klassische Punktmechanik z. B. sei ein Musterbeispiel für eine nach dem Kausalprinzip aufgebaute Wissenschaft. Tatsächlich aber kommt der obige ontologische Kausalbegriff in der Mechanik *überhaupt nicht* vor. Die klassische Mechanik ist ein mathematisches System von Bahnkurven, in dem nur die Begriffe Ort, Impuls, Zeit, Bewegungsgleichung, HAMILTON-Funktion, LAGRANGE-Funktion und daraus abgeleitete Begriffe auftreten.

Wie aber kam es zu der Vorstellung, daß die Mechanik ein Musterbeispiel für das Kausalprinzip sei? Die Entwicklung der Physik hat sich nicht so vollzogen, daß man sich von Anfang an genaue Gedanken über Methode und Gegenstandsbereich machte. Im Gegenteil, man verwendete alte Begriffe in mehr oder weniger abgewandelter Form; man denke nur etwa an einen Begriff wie den der Kraft. Die eigentlich philosophisch ontologische Frage nach der Ursache der Bewegung und Veränderung schlechthin, bog man noch unklar ins Phsyikalische um, indem man als ausreichende Antwort zu geben meinte: Für eine geradlinig gleichförmige Bewegung bedarf es keiner Ursache, für die Abweichung von der geradlinig gleichförmigen Bewegung, d. h. für die Beschleunigung ist die Kraft als Ursache anzusehen. Ontologisch aber ist diese Antwort vollkommen unzureichend, da eine geradlinig gleichförmige Bewegung genauso einer Ursache bedarf wie jede andere Bewegung. Man benutzte aber weiterhin den Begriff der Ursache in der Mechanik in immer mehr veränderter Form. Da die Kräfte die Bahn nicht eindeutig bestimmen, so bezeichnete man als Ursache für die jeweilige Lage die zeitlich kurz davorliegenden Orte und Geschwindig-

---

[1] Eine Auseinandersetzung mit der KANTschen Kritik wurde hier zu weit führen.

keiten zusammen mit der die Beschleunigung bestimmenden Kraft. Das gerade Geschehene bezeichnete man als Ursache des Kommenden. In dieser Situation machte HUME darauf aufmerksam, daß der Kausalbegriff also nichts weiter wäre als die Formulierung einer experimentell oft wiederholten Beobachtung, daß auf ein Ereignis A immer wieder ein Ereignis B folgt. Er hatte recht in bezug auf den verflachten Kausalbegriff. Heute erscheint in der Mechanik als Physik der Kausalbegriff praktisch überhaupt nicht mehr, so daß auch für die Mechanik die eigentlich philosophische Frage nach der Ursache in ihrer vollen ganzheitlichen Weite ohne fachwissenschaftliche Einengung wieder zur Diskussion steht.

Wie unzureichend die obige Antwort ist, daß die momentanen Werte von Ort, Geschwindigkeit, Kraft die Ursache für diese Werte im nächsten Augenblick wären (was man aus der Form der Darstellung der Bahnen durch Differentialgleichungen abzulesen meinte), zeigt die Tatsache, daß man ebensogut die späteren Werte als Ursache für die früheren ansehen könnte (da die Differentialgleichungen sich auch in der Zeit rückwärtsgehend lösen lassen) oder daß man sich entsprechend dem LAGRANGEschen Variationsprinzip sogar den Ort zur Anfangszeit wie den zur Endzeit als Ursache einer festen Bahn vorstellen könnte. So einfach ist eben das eigentlich philosophische Kausalproblem im Einzelfall nicht zu lösen.

Es besteht nun aber tatsächlich ein wesentlicher Unterschied zwischen der Quantentheorie und allen klassischen Theorien: In allen klassischen Theorien ist der Zeitablauf von Veränderungen und Vorgängen eindeutig bestimmt, in der Quantenmechanik *prinzipiell* nicht. Wie wir oben mehrfach versuchten klarzumachen, besteht kein Grund zu der Annahme, daß die Quantentheorie später durch eine Theorie mit zeitlich determiniertem Ablauf ersetzt werden wird. Im Gegenteil, die Quantentheorie müßte experimentell falsch sein, wenn das eintreten könnte. Wir müssen vielmehr die durch die Komplementarität bedingte *prinzipielle* Indeterminiertheit des Zeitablaufs in der Quantentheorie ernst nehmen als Aussage über die Wirklichkeit.

Um uns etwas näher an den ontologischen Sinn der zeitlich indeterminierten Beschreibung der Quantenmechanik heranzutasten, ist es notwendig, den Inhalt des (in der physikalischen Theorie undefinierten) Begriffs der Wahrscheinlichkeit genauer zu fassen. Das Wort Wahrscheinlichkeit wird in zwei wesentlich verschiedenen Bedeutungen benutzt, deren Vermischung Anlaß zu mannigfaltigen Unklarheiten ist. Die eine Bedeutung drückt aus, daß wir uns in unserer Erkenntnis unsicher fühlen. Hat man z. B. im Gericht viele Gründe aufgedeckt, daß Herr X der Täter ist, kann es aber nicht nachweisen, so kann man sagen, daß Herr X *wahrscheinlich* der Täter ist. An sich ist Herr X entweder der Täter oder nicht, ontologisch steht alles fest, aber unsere Erkenntnis reicht noch nicht aus, den wirklichen Sachverhalt vollständig zu erfassen. Diese Unvollständigkeit der Erkenntnis legen wir in das Wort „wahrscheinlich".

Eine ganz andersartige Bedeutung hat aber meist das Wort Wahrscheinlichkeit in der Physik. Es geht dabei gar nicht darum, die mangelhafte Erkenntnis eines Sachverhaltes durch ein Subjekt zum Ausdruck zu bringen (dies wäre z. B. der Fall, wenn man sagt, diese oder jene Theorie ist wahrscheinlich richtig, bevor man sie genügend geprüft hat), sondern es handelt sich um eine experimentell prüfbare Wahrscheinlichkeit, nämlich um den Ausgang einer großen Reihe von gleichartigen Experimenten. So einfach experimentell-physikalisch dieser Begriff ist, so unklar ist doch bisher seine ontologische Bedeutung als Aussage über die Wirklichkeit geblieben, weil man ihn immer, wie in der ersten Bedeutung, mit dem beobachtenden Subjekt verknüpfte. Man findet Redewendungen wie: Beim Würfeln steht an sich fest, wie der Würfel fällt; da man aber den Ablauf nicht genau kennt, so kann man nur mit Wahrscheinlichkeit den Ausgang des Wurfes voraussagen. Mit welchem Recht aber darf man aus einer solchen Überlegung folgern, daß alle sechs Zahlen gleich wahrscheinlich sind, was ja auch gar nicht stimmt, wenn z. B. in dem Holzwürfel asymmetrisch ein Metallstück eingearbeitet ist. Es handelt sich vielmehr bei der Wahrscheinlichkeit um eine Eigenschaft des Vorganges „Würfeln" und nicht um ein Erkenntnisvermögen, denn unabhängig von jedem Zuschauer, der gut oder schlecht die „Bahn" der Würfel berechnen kann, ergibt sich bei sehr vielen Würfen, daß das Verhältnis der einzelnen Zahlen $1:1:\ldots$ ist, falls der Würfel symmetrisch gebaut ist. Umgekehrt kann man aus der Abweichung dieses Verhältnisses von $1:1:\ldots$ schließen, daß irgendeine Asymmetrie des Würfels vorhanden sein muß, d. h. eine ontologische Tatsache erkennen. Der physikalisch benutzte Wahrscheinlichkeitsbegriff will aber gar nichts anderes ausdrücken als eben dieses als Tatsache (unabhängig von allem Erkenntnisvermögen) gegebene Verhältnis $1:1:\ldots$ für eine große Reihe von Versuchen.

Man sagt: Daß die Würfe verschieden ausfallen, liegt an den verschiedenen Ursachen im Einzelfall. Damit aber ist das Problem nur verschoben und nicht gelöst: Woher treten die verschiedenen Ursachen gerade so auf, daß als Endeffekt das Verhältnis der Würfe $1:1:1:1:\ldots$ wird? Würde man nach den üblichen Vorstellungen, die an die klassische Physik anknüpfen, weiterdenken, so käme man zu folgender Vorstellung: Jeder Einzelfall des (z. B. maschinell) durchgeführten Würfelexperimentes ist genau determiniert durch eine lange Kette von vorhergehenden Vorgängen, die in der Welt gerade so (ebenfalls determiniert) vorkommen, daß für viele Würfe der Endeffekt des Verhältnisses $1:1:1:1:\ldots$ zustande kommt. Man kann also experimentell die vielen Einzelfälle auf Grund ihrer verschiedenen, in der Wirklichkeit fixierten Vorgeschichte in Gruppen teilen, daß jede Gruppe immer nur eine *einzige* Zahl als Wurfergebnis zeigt. Die Statistik ist in dem Sinne von II, § 1 reduzibel. Auch eine zeitlich determinierte physikalische Theorie wie die Punktmechanik läßt eine Statistik zu, in der nur reduzible Erwartungswertfunktionen streuen, wie wir es in II, § 1 sahen.

Am prägnantesten hat LAPLACE den Gedanken einer an sich vorhandenen zeitlichen Determiniertheit allen Geschehens in der Einleitung zu seinem Buch über Wahrscheinlichkeitsrechnung formuliert, wo er versucht, die Wahrscheinlichkeitstheorie auf den Gegensatz zwischen vollkommener und unvollkommener Kenntnis zu gründen, was wir nach unseren obigen Ausführungen für physikalisch unzulässig halten. Über die vollkommene Kenntnis sagt er dort:

„Eine Intelligenz, der in einem gegebenen Zeitpunkt alle in der Natur wirkenden Kräfte bekannt wären und ebenso die entsprechenden Lagen aller Dinge, aus denen die Welt besteht, könnte, wenn sie umfassend genug wäre, alle diese Daten der Analyse zu unterwerfen, in einer und derselben Formel die Bewegungen der größten Körper des Weltalls und die der leichtesten Atome zusammenfassen; nichts wäre für sie ungewiß, und die Zukunft wie die Vergangenheit wäre ihren Augen gegenwärtig.

Der menschliche Geist liefert in der Vollkommenheit, die er der Astronomie zu geben wußte, eine schwache Skizze dieser Intelligenz... Alle seine Anstrengungen in dem Suchen nach Wahrheit zielen dahin, sich unaufhörlich jener Intelligenz zu nähern, die wir geschildert haben, aber er wird immer unendlich weit von ihr entfernt bleiben.“

Auf Grund der Tatsache der klassischen Denkmodelle der Physik meinte man, zu dieser Ansicht berechtigt zu sein. Tatsächlich aber hatte man die Grenzen der Physik überschritten und war, wie wir heute auf Grund der Quantenmechanik wissen, sogar schon im Bereich der Physik zu einem Fehlurteil gelangt. Kein Experiment konnte eine absolute zeitliche Determiniertheit beweisen, doch aber das Umgekehrte, die zeitliche Indeterminiertheit, was vielfach abgeleugnet wird. Wir haben auf S. 175 versucht, dies klarzumachen. Hierzu ein anderes Beispiel, nämlich die physikalische Frage, ob der Raum in bezug auf die durch physikalische Maßstäbe bestimmte Entfernungsmessung euklidisch oder nicht euklidisch sei. Solange sich die Entfernungsmeßergebnisse innerhalb der Meßungenauigkeiten durch euklidische Modelle darstellen lassen, solange kann man nicht mit absoluter Sicherheit sagen, daß sich auch alle zukünftigen Messungen euklidisch werden darstellen lassen; hat man aber umgekehrt einmal festgestellt, daß die Entfernungen nicht euklidisch sind, so kann keine verfeinerte Methode dieses Ergebnis wieder umstoßen. Ebenso kann keine verfeinerte Untersuchungsmethode wieder zu zeitlich determinierter Beschreibung führen.

Mit der Vorstellung von LAPLACE ist das Wahrscheinlichkeitsproblem in unserer ontologischen Form ein Problem der Anfangswerte: daß die durchgeführten Würfe zur Zeit t gerade die Verhältnisse $1:1:\ldots$ zeigen, ist schon durch die Werte aller Koordinaten weit vor der Zeit t bestimmt. Wenn alle streuenden Wahrscheinlichkeitsfunktionen wie in der klassischen Physik reduzibel sind, kann man unbeschadet die obige Phantasievorstellung von LAPLACE hegen. Dies ist aber auf Grund der Quantenmechanik unmöglich, da diese streuende und doch irreduzible Wahrscheinlichkeitsfunktionen kennt. Was besagt das über die wirklichen Vorgänge?

Haben wir eine große Reihe von gleichen Experimenten durchgeführt an Systemen, die quantentheoretisch im selben Zustand waren, und trotzdem Streuung erhalten, so sagt die Quantenmechanik: Versucht man die im Experiment erhaltenen verschiedenen makroskopischen Wirkungen dadurch zu erklären, daß man wie oben nach vorhergegangenen Wirkungen sucht, nach denen geordnet man die Experimente in nichtstreuende Gruppen einteilen kann, so kann man solche Wirkungen nicht nur nicht finden, sondern es *gibt* solche Wirkungen *nicht*, so daß auch eine Weiterentwicklung der Physik solche nicht entdecken kann. Das heißt aber, daß es *keine früheren Spuren eines mikroskopischen Objektes gibt*, durch die *eindeutig die späteren Spuren festgelegt* sind.

Als Beispiel mögen wir einen radioaktiven Atomkern betrachten. Es *gibt* im Makrokosmos keine solchen Spuren dieses Atomkerns, durch die eindeutig die Zeit des Zerfalls festgelegt wäre. Auch keine Weiterentwicklung der Physik kann solche entdecken, sonst müßte die Quantenmechanik experimentell *grob falsch* sein.

Die Wahrscheinlichkeitsaussagen der Quantentheorie geben Verhältniszahlen der Häufigkeit realer Prozesse in der Welt an, stellen also eine ontologische Aussage über die Struktur der Welt dar, insbesondere über die Art der Wirkungsweise des Mikrokosmos ins Makroskopische hinein. Hier spielt der Physiker eine entscheidende Rolle, da er aus freiem Willen, z. B. durch Konstruktionen von „Meßapparaturen", in die Welt gestaltend und damit als Kausalfaktor in das materielle Geschehen eingreift. Der Zusammenhang des Determinismus-Wahrscheinlichkeitsproblems mit dem Problem der Kausalität soll an anderer Stelle näher beleuchtet werden.

§ 4. Problematik des Zeitbegriffs in der Physik.

Im vorigen Paragraphen sind wir schon an mehreren Stellen auf die Problematik des Zeitablaufs gestoßen. Auch im Zusammenhang mit dem Wahrscheinlichkeitsbegriff ist es notwendig, auf den Zeitablauf in der physikalischen Beschreibung einzugehen, da man öfter die Wahrscheinlichkeit als eine nur für die „Zukunft" mögliche Aussageform ansieht.

Die Zeit ist ein in — man kann wohl sagen — allen bisherigen Theorien, d. h. Denkmodellen vorkommender Begriff. Welche vorliegenden Tatbestände ermöglichen die Einführung des Zeitbegriffes als *physikalischen* Begriff, d. h. als einen solchen, der experimentell nachprüfbare Sachverhalte beschreibt? Wir können dies hier nur ganz grob skizzieren, da dieses Problem der Hauptgegenstand der speziellen und allgemeinen Relativitätstheorie ist. Die Erfahrung zeigt, daß es Gegenstände gibt, an denen Veränderungen ablaufen, aber doch so, daß man sie noch weiterhin als dieselben bezeichnen kann. Man kann solche Veränderungen in ihrer Dauer miteinander vergleichen und spezielle veränderliche Gegenstände als Uhren einführen. Zwei Ereignisse an zwei verschiedenen Gegenständen heißen zeitartig zueinander, wenn es möglich ist, einen dritten Gegenstand von dem einen Ereignis 1 am Gegenstand 1 zu dem anderen 2 am Gegenstand 2 zu transportieren, d. h. einen dritten Gegenstand so zu bewegen, daß er beim Ereignis 1 mit dem Gegenstand 1 zusammentrifft und beim Ereignis 2 mit dem Gegenstand 2. Anderenfalls nennen wir sie raumartig. Die Struktur dieser Raum-Zeit-Messungen wird durch die spezielle und allgemeine Relativitätstheorie beschrieben, deren Aussagen ebenfalls nicht etwa als interessante, nur *mögliche* Beschreibungsweisen, sondern als ontologische Aussagen über das wirkliche raum-zeitliche Nebeneinander der veränderlichen Dinge anzusehen sind.

Betrachtet man alle physikalischen Theorien einschließlich der Quantenmechanik, so zeigen alle für abgeschlossene Systeme eine Invarianz gegenüber Zeitumkehr. Das hieße, in einem abgeschlossenen System gäbe es keinen Unterschied von Vergangenheit und Zukunft. Es entsteht die Frage, wie kommt der tatsächlich beobachtete Unterschied von Vergangenheit und Zukunft zustande? Von dieser Problemstellung wird auch die Quantentheorie berührt, und dies ist der Grund, warum wir das Zeitproblem anschneiden müssen.

Was sind das für Veränderungen, die nur in *die* Zeitrichtung hinein ablaufen, die wir Zukunft nennen? Es sind dies die thermodynamisch irreversiblen Prozesse, wie z. B. Wärmeleitung, Reibung usw. Wie ist dies möglich, da die Elementarprozesse sich sowohl nach der klassischen wie der Quantenphysik in der Zeitrichtung umkehren lassen? Man meint, nach dem BOLTZMANNschen Theorem (nach dem Ergodensatz, V, § 4) so argumentieren zu können: Findet man zur Zeit $t = 0$ einen thermodynamischen Nichtgleichgewichtszustand vor, so strebt das System, falls es abgeschlossen ist, aller Wahrscheinlichkeit nach für größere t dem Gleichgewicht zu. Die zwar logisch mögliche Um-

kehrung, daß dieses System auch aller Wahrscheinlichkeit nach in die
Vergangenheit hinein dem Gleichgewicht zustrebt, sei nicht erlaubt,
da der Begriff Wahrscheinlichkeit nur für die Zukunft eine vernünftige Aussage darstellt; man kann nur nach Wahrscheinlichkeiten
für die Zukunft fragen.

Es läßt sich aber tatsächlich der Wahrscheinlichkeitsbegriff auch
in umgekehrter Zeitrichtung benutzen. Die Aussage würde dann so
lauten: Findet man zur Zeit $t = 0$ einen thermodynamischen Nichtgleichgewichtszustand vor, so war das System, falls es abgeschlossen
war, aller Wahrscheinlichkeit nach früher im Gleichgewichtszustand.
Für ein abgeschlossenes System bleibt also die Gleichwertigkeit von
Vergangenheit und Zukunft bestehen.

Inwiefern aber dürfen wir überhaupt sagen, daß eine sehr große
Wahrscheinlichkeit dafür besteht, daß ein Nichtgleichgewicht in ein
Gleichgewicht übergeht? Tatsächlich haben wir in V, § 4 nur bewiesen, daß das Zeitmittel der zeitlichen Schwankungen gegenüber
dem Gleichgewicht sehr klein ist. Wenn wir hieraus folgern wollen,
daß eine vorgefundene große Abweichung vom Gleichgewicht sich aller
Wahrscheinlichkeit nach verkleinert, so hat man die stillschweigende
Voraussetzung gemacht, daß eine bestimmte, tatsächlich in der Welt
vorhandene oder vom Physiker hergestellte makroskopische Abweichung vom Gleichgewicht in ihrer verschiedenen mikroskopischen
Struktur geradeso häufig vorkommt, wie sie bei der zeitlichen Entwicklung von $t = -\infty$ bis $t = +\infty$ des ergodischen Systems in zeitlicher Häufigkeit auftreten, d. h. daß der Erwartungswert als Schar-
mittelwert vieler Experimente mit dem Zeitmittelwert übereinstimmt.
Warum aber treffen wir nicht gerade nur solche Abweichungen vom
Gleichgewicht an, die sich erst noch weiter vom Gleichgwicht ent-
fernen? Warum wenden wir den umgekehrten Schluß nicht an, daß eine
vorgefundene Abweichung vom Gleichgewicht aller Wahrscheinlichkeit nach aus dem Gleichgewichtszustand entstanden ist? Weil sie
uns eben nicht zu den wirklichen Tatbeständen führt. Vielmehr zeigt
sich, daß *tatsächlich* das System früher entweder *nicht abgeschlossen*
war oder in einem Zustand, der noch weiter vom Gleichgewicht entfernt war. Warum führt die Überlegung, daß die Sonne durch Energie-
ausstrahlung an die kältere Umgebung in die Zukunft hinein einem
Gleichgewicht mit der Umgebung zustrebt, eine Bestätigung durch die
Tatsachen, aber warum findet man nirgends in der Welt den umgekehrten Vorgang, daß ein Stern in der Vergangenheit dem Gleichgewicht mit seiner Umgebung näher war und sich durch Energie*auf-*
nahme von diesem entfernt hat? Auf Grund des Ergodensatzes allein
kann man hierauf keine Antwort geben.

Die Lösung der Schwierigkeit kann nur darin liegen, daß es tatsächlich keine absolut abgeschlossenen Systeme in dieser Welt gibt

als den Kosmos als Ganzen. Für diesen kann aber von Invarianz gegenüber Vertauschung der Zeitrichtungen keine Rede sein, denn die Zeit ist nicht etwas neben dem Kosmos Vorhandenes, sondern die Veränderlichkeit dieses Kosmos selbst. Es gibt keine Zeit, wenn es keinen Kosmos gibt. Eine Frage, ob der Kosmos in umgekehrter Zeitrichtung ablaufen kann, ist eine inhaltslose Frage, da die Zeitrichtungen durch die Struktur des Kosmos bestimmt sind, etwa kurz formuliert: Zukunft ist da, wo der (expandierende) Kosmos größer, Vergangenheit da, wo er kleiner ist. Für diesen Kosmos hat die Frage nach Wahrscheinlichkeiten für seine Entwicklung als Ganzes wegen seiner Einmaligkeit keinen Sinn, sondern nur Fragen nach Wahrscheinlichkeiten, d. h. nach Häufigkeiten, von Teilerscheinungen *innerhalb* dieses Kosmos. Die tatsächlichen thermodynamischen Vorgänge zeigen *deshalb* eine Vorzugsrichtung, weil sie entstanden sind an Teilen dieses Kosmos, die Sterne strahlen deshalb Energie ab, weil sie Teile dieses Kosmos sind, der vor einigen Milliarden Jahren geradeso und nicht anders entstanden ist und sich laufend expandiert.

Die Quantenmechanik in dieser hier beschriebenen Form ist deshalb möglich, weil es erlaubt ist, mikroskopische Objekte als teilweise isolierte, d. h. für sich abgeschlossene Systeme zu behandeln, die als solche keine Auszeichnung der Zeitrichtung kennen. Daß sie tatsächlich aber nicht vollkommen isoliert sind (sonst wären sie ja auch gar nicht wirklich, da sie als isolierte Systeme niemals wirken könnten; ein absolut isoliertes System ist also ontologisch überhaupt kein wirkliches System, d. h. ist überhaupt nicht!), berücksichtigt die Quantenmechanik durch den „Meßprozeß". Da dieser, wie in V, § 4 erkannt, ein thermodynamisch irreversibler Vorgang ist, zeichnet der Meßprozeß deshalb die Zukunft aus, weil er die Wechselwirkung des mikroskopischen Objektes mit dem Kosmos beschreibt. Nicht weil man nach Wahrscheinlichkeiten nur für die Zukunft fragen kann, ist der Meßprozeß irreversibel, sondern weil er die Kopplung mit *dem* Kosmos darstellt, der diesen Unterschied von Vergangenheit und Zukunft durch seine Struktur bestimmt. Man kann nämlich tatsächlich auch in der Quantenmechanik zeitlich rückwärts nach Wahrscheinlichkeiten fragen: An einer großen Zahl N von Systemen mögen zwei Eigenschaften E_1 und E_2 gemessen werden, E_1 zur Zeit t_1, E_2 zur Zeit $t_2 > t_1$. N_1 mögen bei der Messung von E_1 ein positives Ergebnis, N_1^- ein negatives zeigen. Ebenso seien die Zahlen N_2, N_2^- definiert. Wir führen noch die Zahl N_{12} derjenigen Systeme von N_1 ein, die zu N_2 gehören. N_{21} sei die Zahl derjenigen der N_2, die zu den N_1 gehören. N_{12}/N_1 bestimmt dann die Wahrscheinlichkeit, nach der Messung von E_1 die Eigenschaft E_2 zu messen; N_{21}/N_2 bestimmt die Wahrscheinlichkeit, daß bei einer Messung von E_2 mit positivem Ergebnis das System bei der vorhergehenden Messung die Eigenschaft E_1 zeigte. (Man zeige, daß diese

Wahrscheinlichkeiten allgemein von dem statistischen Operator W vor der Messung von E_1 abhängen, aber für $W = 1$ identisch werden.)

Warum wir Menschen uns in diesem Kosmos dem Leib wie der Seele nach gerade in *der* Zeitrichtung entwickeln, wo kurz gesagt der Kosmos größer ist, wäre eine interessante Frage.

VII. Einelektronenspektren.

§ 1. Der Hamilton-Operator.

Die Eigenschaften des Wasserstoffatoms müssen sich erklären lassen aus der Bewegung eines Elektrons um den Kern. Da der Kern mehr als tausendmal schwerer ist, werden wir ihn als ruhend ansehen dürfen, so daß es sich um die Bewegung eines Elektrons in einem äußeren Potential handelt. Der Hamilton-Operator hat die Gestalt

$$H = \frac{1}{2m} \sum_{i=1}^{3} P_i^2 + V(Q_1, Q_2, Q_3),$$ wobei im Falle des Wasserstoffatoms

$V = -\dfrac{e^2}{r}$ mit $r^2 = Q_1^2 + Q_2^2 + Q_3^2$ (der Kern soll im Koordinatenursprung ruhen) ist.

Eine der wichtigsten Eigenschaften des Atoms sind seine emittierten Spektrallinien. Sie werden gegeben durch die Bohrsche Frequenzbedingung $\hbar \omega_{nm} = E_n - E_m$, wobei die E_n die Werte des Spektrums des Operators H sind. Die Intensität einer Linie wird nach (I, 7.7) berechnet mit den q_{nm} als den Matrixelementen des Operators Q in der H-Darstellung, wobei nur die Dipolstrahlung berücksichtigt wird.

Es soll deshalb die Spektraldarstellung von H untersucht werden, falls $V = V(r)$, d. h. falls es sich um ein zentralsymmetrisches Problem handelt. Der Hamilton-Operator ist dann invariant gegenüber Drehungen um den Koordinatenursprung. Dies hat im Partikelbild (S. 9) den Erhaltungssatz des Drehimpulses zur Folge. Genau das gleiche gilt nach (III, § 11) auch in der Quantentheorie. Die unitären Operatoren endlicher Drehungen wie die Hermiteschen Operatoren der infinitesimalen Drehungen, die mit den Drehimpulskomponenten bis auf einen Faktor identisch sind, sind mit H vertauschbar.

Wir wollen deshalb zunächst die irreduziblen Darstellungen der Drehgruppe aufsuchen.

§ 2. Drehimpuls.

Da die infinitesimalen Drehungen mit den Komponenten des Drehimpulses bis auf den Faktor $\hbar i$ identisch sind (III, 11.15), läuft die Untersuchung der Darstellungen der Drehgruppe auf eine Untersuchung des Drehimpulses hinaus.

Sind I_1, I_2, I_3 die drei infinitesimalen Drehungen um die 1-, 2- und 3-Achse, so ist für die Komponenten des Drehimpulses $M_\nu = \hbar\, i\, I_\nu$. Für die I_ν gelten die Vertauschungsrelationen

$$[I_\nu, I_\mu] = I_\varrho \quad \text{mit} \quad \nu, \mu, \varrho = \begin{cases} 1, 2, 3 \\ 2, 3, 1 \\ 3, 1, 2. \end{cases} \tag{2.1}$$

Setzen wir $L_\nu = i\, I_\nu$, so ist $\hbar L_\nu = M_\nu$ und

$$[L_\nu, L_\mu] = i L_\varrho, \qquad \nu, \mu, \varrho = \begin{cases} 1, 2, 3 \\ 2, 3, 1 \\ 3, 1, 2 \end{cases} \quad \begin{array}{l} \text{in Vektorschreibweise:} \\ \quad \mathfrak{L} \times \mathfrak{L} = i \mathfrak{L}. \end{array} \tag{2.2}$$

Da wir nur unitäre Darstellungen zu untersuchen brauchen (denn alle Darstellungen sind unitären äquivalent), sind die L_ν HERMITEsche Operatoren im Darstellungsraum[1] $\mathfrak{R}$. $\mathfrak{R}$ sei irreduzibel und daher endlich dimensional[2]. Wir ersetzen L_1, L_2 durch:

$$L_1 + i L_2 = N; \quad L_1 - i L_2 = N^* \quad \text{und} \quad L_1^2 + L_2^2 + L_3^2 = \mathfrak{L}^2. \tag{2.3}$$

$\mathfrak{L}^2$ ist also bis auf den Faktor $\hbar^2$ das Quadrat des Drehimpulses. Es folgen die Vertauschungsrelationen

$$[L_3, N] = N; \quad [L_3, N^*] = -N^*. \tag{2.4}$$

Weiterhin ist

$$N N^* = \mathfrak{L}^2 + L_3 - L_3^2 \quad \text{und} \quad N^* N = \mathfrak{L}^2 - L_3 - L_3^2. \tag{2.5}$$

Ist v irgendein Eigenvektor zu L_3: $L_3 v = \mu v$, so folgt $L_3 N v = (N L_3 + N) v = (\mu + 1) N v$ und ebenso $L_3 N^* v = (\mu - 1) N^* v$. Wenn $N v \neq 0$ ist, so ist es Eigenvektor von L_3 zum Eigenwert $\mu + 1$, ebenso ist für $N^* v \neq 0$ $N^* v$ Eigenvektor von L_3 zum Eigenwert $\mu - 1$. Wann kann $N v = 0$ sein? Dann wäre auch $N^* N v = 0 = \mathfrak{L}^2 v - L_3 v - L_3^2 v = \mathfrak{L}^2 v - \mu(\mu + 1) v$ und damit $\mathfrak{L}^2 v = \mu(\mu + 1) v$. Wann kann $N^* v = 0$ sein? Dann müßte $N N^* v = 0 = (\mathfrak{L}^2 + L_3 - L_3^2) v = \mathfrak{L}^2 v - \mu(\mu - 1) v$ sein, d. h. $\mathfrak{L}^2 v = \mu(\mu - 1) v$ sein.

Wir wählen nun in $\mathfrak{R}$ einen Vektor u_j, der zum größten Eigenwert j von L_3 in $\mathfrak{R}$ gehört: $L_3 u_j = j u_j$. Dann muß $N u_j = 0$ sein und damit nach oben·

$$\mathfrak{L}^2 u_j = j(j + 1) u_j. \tag{2.6}$$

Wir können annehmen, daß u_j normiert ist: $\|u_j\| = 1$. Wir setzen dann rekursiv

$$N^* u_m = \tau_m u_{m-1}, \qquad m = j, j - 1, \ldots, \tag{2.7}$$

wobei die τ_m so gewählt sein sollen, daß alle u_m normiert sind. Die u_m gehören, falls sie nicht Null sind, zum Eigenwert m von L_3:

$$L_3 u_m = m u_m. \tag{2.8}$$

---

[1] Infinitesimale unitäre Operatoren, Anhang II, § 15 und 19.
[2] Anhang II, § 17.

$\mathfrak{L}^2$ ist als Skalar mit allen Drehungen und damit auch mit den L_i, N und N^* vertauschbar, so daß alle u_m so wie u_j zum Eigenwert $j\,(j+1)$ von $\mathfrak{L}^2$ gehören müssen.

Da $\mathfrak{R}$ endlichdimensional ist, muß für ein m' $N^*u_{m'} = 0$ werden, was nach oben $\mathfrak{L}^2 u_{m'} = m'\,(m'-1)\,u_{m'} = j\,(j+1)\,u_{m'}$ zur Folge hat. Da $m' \leq j$ sein muß, folgt $m' = -j$. Umgekehrt gilt

$$||N^*u_{-j}||^2 = (u_{-j}, NN^*u_{-j}) = (u_{-j}, [\mathfrak{L}^2 + L_3 - L_3^2]\,u_{-j})$$
$$= (u_{-j}, [j\,(j+1) - j - j^2]\,u_{-j}) = 0.$$

Die Reihe der u_m läuft also: $m = j, j-1, \ldots, -j$. Da die Gesamtzahl $(2j+1)$ dieser u_m ganz sein muß, kann j nur ganze oder halbzahlige Werte $j = 0, \,^1/_2, \, 1, \,^3/_2, \, 2, \ldots$ annehmen. Damit die u_m normiert sind, müssen wir τ_m so wählen, daß

$$||N^*u_m||^2 = \tau_m^2, \quad \text{d. h.} \quad (u_m, NN^*u_m) = \tau_m^2$$

ist. Also können wir.

$$\tau_m = \sqrt{j\,(j+1) + m - m^2} = \sqrt{(j+m)\,(j-m+1)} \qquad (2.9)$$

setzen.

Wir behaupten, daß die u_m $(m = j, j-1, \ldots, -j)$ den ganzen irreduziblen Darstellungsraum $\mathfrak{R}$ aufspannen und daß wir für jeden der angegebenen j-Werte genau eine irreduzible Darstellung angeben können: Aus

$$N^*u_m = \sqrt{(j+m)\,(j-m+1)}\,u_{m-1} \qquad (2.10)$$

folgt, da $N = (N^*)^*$ ist:

$$Nu_m = \sqrt{(j-m)\,(j+m+1)}\,u_{m+1}. \qquad (2.11)$$

Der von den u_m aufgespannte Teilraum $\mathfrak{r}$ von $\mathfrak{R}$ ist also invariant gegenüber den L_3, N, N^* und damit gegenüber allen I_ν. Aus den I_ν folgen durch Integration[1] alle Drehoperatoren, so daß $\mathfrak{r}$ invariant gegenüber allen Drehungen ist. Da $\mathfrak{R}$ irreduzibel sein sollte, ist also $\mathfrak{r} = \mathfrak{R}$.

Konstruiert man umgekehrt einen Raum $\mathfrak{R}_j$ durch $(2j+1)$ orthogonale, normierte Vektoren $u_j, \, u_{j-1}, \ldots, u_{-j}$ und erklärt die Operatoren I_ν durch $I_\nu = -i\,L_\nu$ mit

$$L_3 u_m = m\,u_m; \quad Nu_m = \sqrt{(j-m)\,(j+m+1)}\,u_{m+1}; \qquad (2.12)$$
$$N^*u_m = \sqrt{(j+m)\,(j-m+1)}\,u_{m-1},$$

so genügen die I_ν den Vertauschungsrelationen (2.1). Nach (Anhang II, § 15) kann man also für $j = 0, 1/2, 1, 3/2, \ldots$ eine Gruppe von Transformationen konstruieren, die die I_ν als infinitesimale Transformationen besitzt. Stellt diese eine Darstellung der Drehgruppe dar?

---

[1] Anhang II, § 15.

Sicher ist die Gruppe $\mathfrak{D}$ der Drehungen lokal homomorph zu der konstruierten Gruppe der Operatoren im Raum $\mathfrak{R}$, den wir jetzt $\mathfrak{R}_j$ nennen. Da $\mathfrak{D}$ aber mehrfach zusammenhängend ist, können wir nur schließen, daß wir eine Darstellung der Überlagerungsgruppe $\widetilde{\mathfrak{D}}$ erhalten haben[1], d. h. eine Darstellung bis auf einen Faktor von $\mathfrak{D}$.

Da die Fundamentalgruppe des Gruppenbereiches der Drehgruppe zyklisch der Ordnung 2 ist (mit den beiden Elementen $\varepsilon = [e, 0]$ und $a = [e, \mathfrak{C}]$ mit $a^2 = \varepsilon$), und so nur die beiden eindimensionalen Darstellungen $(\varepsilon \to 1, a \to 1)$ und $(\varepsilon \to 1, a \to -1)$ hat, ist also eine irreduzible Darstellung von $\widetilde{\mathfrak{D}}$ entweder eine eindeutige Darstellung von $\mathfrak{D}$ oder eine zweideutige, wo ein und demselben Element von $\mathfrak{D}$ eine Matrix und ihr Negatives entspricht.

Daß die Darstellungen in $\mathfrak{R}_j$ irreduzibel sind, folgt aus der Konstruktion derselben. Welche von ihnen sind eindeutige, welche zweideutige Darstellungen von $\mathfrak{D}$?

Die Basisvektoren $u_{1/2}$ und $u_{-1/2}$ von $\mathfrak{R}_{1/2}$ wollen wir kurz mit u_+ und u_- bezeichnen. In $\mathfrak{R}_{1/2}$ gilt also für die infinitesimalen Drehungen I_ν:

$$
\left.
\begin{aligned}
I_3 u_+ &= -\frac{i}{2} u_+; & I_3 u_- &= \frac{i}{2} u_-; \\[2mm]
I_1 u_+ &= -\frac{i}{2} u_+; & I_1 u_- &= -\frac{i}{2} u_+; \\[2mm]
I_2 u_+ &= \frac{1}{2} u_-; & I_2 u_- &= -\frac{1}{2} u_+.
\end{aligned}
\right\}
\tag{2.13}
$$

Daraus folgt mit $I_\nu = \tfrac{1}{2}\varrho_\nu$ und (2.1):

$$
[\varrho_\nu, \varrho_\mu] = \frac{1}{2}\varrho_\lambda; \quad \nu, \mu, \lambda = \begin{cases} 1,\,2,\,3, \\ 3,\,1,\,2, \\ 2,\,3,\,1 \end{cases}
\tag{2.14}
$$

und $\varrho_\nu^2 = -1$.

Benutzen wir für eine Drehung die drei Parameter $\varepsilon_1, \varepsilon_2, \varepsilon_3$, so daß $\varepsilon = \sqrt{\varepsilon_1^2 + \varepsilon_2^2 + \varepsilon_3^2}$ der Drehwinkel und $\alpha_\nu = \dfrac{\varepsilon_\nu}{\varepsilon}$ die Richtungskosinus der Drehachse sind, so ist also die Drehung gleich $e^{\sum_K \varepsilon_K I_K} = e^{\varepsilon \sum_K \alpha_K I_K}$. In $\mathfrak{R}_{1/2}$ folgt als darstellender Operator

$$
U_{D_\varepsilon} = e^{\frac{\varepsilon}{2}\sum_K \alpha_K \varrho_K}.
\tag{2.15}
$$

Mit (2.14) ist $\left(\sum_K \alpha_K \varrho_K\right)^2 = -1$, also

$$
U_{D_\varepsilon} = e^{\frac{\varepsilon}{2}\sum_K \alpha_K \varrho_K} = 1 \cos\frac{\varepsilon}{2} + \left(\sum_K \alpha_K \varrho_K\right) \sin\frac{\varepsilon}{2}.
\tag{2.16}
$$

---

[1] Anhang II, § 14.

Dem Element $a = [e, \mathfrak{C}]$ der Fundamentalgruppe[1] entspricht eine stetige Variation des Winkels ε von 0 bis 2π. Dabei variiert U_{D_ε} von 1 bis zu -1. Die Darstellung von $\widetilde{\mathfrak{D}}$ in $\mathfrak{R}_{1/2}$ ist also eine *zweideutige* Darstellung von $\mathfrak{D}$. Die Darstellung von $\mathfrak{R}_{1/2}$ ist isomorph zu $\widetilde{\mathfrak{D}}$, denn auf den Einheitsoperator werden nur die Elemente mit $\cos\frac{\varepsilon}{2} = 1$, d. h. mit $\frac{\varepsilon}{2} = 2n\pi$ (n ganz) abgebildet. $\frac{\varepsilon}{2} = 2n\pi$ ergibt aber immer das Einselement der Überlagerungsgruppe $\widetilde{\mathfrak{D}}$.

Die Operatoren U der Darstellung in $\mathfrak{R}_{1/2}$ sind unitäre Transformationen der Determinante 1, denn die Matrix von U lautet nach (2.16):

$$\begin{pmatrix} \cos\dfrac{\varepsilon}{2} - i\,\alpha_3 \sin\dfrac{\varepsilon}{2} & -(i\,\alpha_1 + \alpha_2)\sin\dfrac{\varepsilon}{2} \\[2ex] (-i\,\alpha_1 + \alpha_2)\sin\dfrac{\varepsilon}{2} & \cos\dfrac{\varepsilon}{2} + i\,\alpha_3 \sin\dfrac{\varepsilon}{2} \end{pmatrix}. \tag{2.17}$$

Die Operatoren U umfassen aber auch alle unitären Operatoren der Determinante 1: Sei z. B. U durch die Matrix

$$\begin{pmatrix} a_{11} & a_{12} \\ a_{21} & a_{22} \end{pmatrix} \tag{2.18}$$

gegeben. So muß, da U unitär ist und die Determinante gleich 1 sein soll,

$$|a_{11}|^2 + |a_{12}|^2 = 1; \quad |a_{21}|^2 + |a_{22}|^2 = 1, \quad a_{11}\overline{a_{21}} + a_{12}\overline{a_{22}} = 0 \tag{2.19}$$

und

$$a_{11}a_{22} - a_{21}a_{12} = 1$$

sein. Aus der dritten Gl. (2.19) folgt $a_{21} = -\lambda\,\overline{a_{12}}$; $a_{22} = \lambda\,\overline{a_{11}}$, denn es kann nach der ersten Gleichung nicht sowohl a_{11} wie a_{12} gleich Null sein. Aus der zweiten Gl. (2.19) folgt dann $|\lambda|^2(|a_{12}|^2 + |a_{11}|^2) = |\lambda|^2 = 1$. Die vierte Gl. (2.19) liefert schließlich $\lambda|a_{11}|^2 + \lambda|a_{12}|^2 = \lambda = 1$. Also hat (2.18) die Form

$$\begin{pmatrix} a_{11} & a_{12} \\ -\overline{a_{12}} & \overline{a_{11}} \end{pmatrix} \quad \text{mit} \quad |a_{11}|^2 + |a_{12}|^2 = 1.$$

Setzen wir $a_{11} = \beta_4 - i\beta_3$ und $a_{12} = -(\beta_2 + i\beta_1)$, so nimmt die Matrix die Gestalt

$$\begin{pmatrix} \beta_4 - i\beta_3 & -(\beta_2 + i\beta_1) \\ \beta_2 - i\beta_1 & \beta_4 + i\beta_3 \end{pmatrix} \quad \text{mit} \quad \beta_1^2 + \beta_2^2 + \beta_3^2 + \beta_4^2 = 1 \tag{2.20}$$

an. Die β_ν sind unter dieser Nebenbedingung frei wählbar.

So erhält man alle Werte β_ν, wenn man $\beta_4 = \cos\frac{\varepsilon}{2}$ und $\beta_1 = \alpha_1\sin\frac{\varepsilon}{2}$; $\beta_2 = \alpha_2\sin\frac{\varepsilon}{2}$; $\beta_3 = \alpha_3\sin\frac{\varepsilon}{2}$ mit beliebigen ε und mit Werten α_ν wählt, die der Bedingung $\alpha_1^2 + \alpha_2^2 + \alpha_3^2 = 1$ genügen. Jede unitäre Matrix in $\mathfrak{R}_{1/2}$ der Determinante 1 ist also eine Darstellungsmatrix von $\widetilde{\mathfrak{D}}$.

---

[1] Anhang II, § 14, Schluß.

Man suche in $\Re_{1/2}$ die Eigenvektoren von $L_\alpha = \alpha_1 L_1 + \alpha_2 L_2 + \alpha_3 L_3$, wo die Richtungskosinus α_i mit $\alpha_1^2 + \alpha_2^2 + \alpha_3^2 = 1$ die Richtung der Drehimpulskomponente L_α festlegen. Man zeige, wie man diese Eigenvektoren durch eine Drehung U_D aus den Eigenvektoren von L_3 gewinnen kann. Man berechne die Wahrscheinlichkeit für die beiden Meßwerte $+1/2$ und $-1/2$ von L_α, wenn vorher L_3 mit dem Ergebnis $+1/2$ gemessen worden war.

Die Gruppe der zweidimensionalen unitären Transformationen der Determinante 1 möge mit $\mathfrak{u}_2$ bezeichnet werden. Somit ist $\tilde{\mathfrak{D}} \cong \mathfrak{u}_2$. Die Darstellungen von $\tilde{\mathfrak{D}}$ sind also mit den Darstellungen von $\mathfrak{u}_2$ identisch.

Mit Hilfe der u_+, u_- läßt sich *formal* sehr leicht ein $(v+1)$-dimensionaler Vektorraum $\Re_{v/2}$ definieren, der von den Basisvektoren u_+^v, $u_+^{v-1} u_-$, $u_+^{v-2} u_-^2$, ..., u_-^v erzeugt wird, dessen Vektoren also aus allen homogenen Polynomen v-ten Grades in den u_+, u_- als Unbestimmten bestehen. Eine Transformation der u_+, u_- aus $\mathfrak{u}_2$ erzeugt damit eine Transformation der Vektoren in $\Re_{v/2}$[1]. Man sieht sofort, daß somit $\Re_{v/2}$ ein Darstellungsraum von $\mathfrak{u}_2$ ist.

Man kann die Basisvektoren in $\Re_v$ so wählen, daß die Darstellung unitär wird: Ist $a_+ u_+ + a_- u_-$ ein Vektor aus $\Re_{1/2}$, so bleibt bei einer Transformation von $\mathfrak{u}_2$ $\overline{a}_+ a_+ + \overline{a}_- a_-$ invariant, damit aber auch

$$(\overline{a}_+ a_+ + \overline{a}_- a_-)^v = \sum_{r=0}^{v} \binom{v}{r} \overline{a}_+^{v-r} a_+^{v-r} \overline{a}_-^r a_-^r. \tag{2.21}$$

Ein allgemeiner Vektor aus $\Re_{v/2}$ hat die Form $\sum_r c_r u_+^{v-r} u_-^r$. Die c_r transformieren sich bei der Darstellung von $\mathfrak{u}_2$ dann wie die Koeffizienten von

$$(a_+ u_+ + a_- u_-)^v = \sum_{r=0}^{v} \binom{v}{r} a_+^{v-r} a_-^r u_+^{v-r} u_-^r, \tag{2.22}$$

d. h. wie die $\binom{v}{r} a_+^{v-r} a_-^r$. Also ist in $\Re_{v/2}$:

$$\frac{1}{v!} \sum_{r=0}^{v} r! (v-r)! \, \overline{c}_r \, c_r \tag{2.23}$$

eine Invariante bei den darstellenden Transformationen. Führen wir in $\Re_{v/2}$ als Basisvektoren mit $v = 2j$; $r = j - m$ und $m = j, j-1, \ldots, -j$

$$v_m = \frac{u_+^{v-r} u_-^r}{\sqrt{r! (v-r)!}} = \frac{u_+^{j+m} u_-^{j-m}}{\sqrt{(j+m)! (j-m)!}} \tag{2.24}$$

ein und definieren in $\Re_{v/2}$ ein inneres Produkt durch $(v_m, v_{m'}) = \delta_{mm'}$, so ist die Darstellung von $\mathfrak{u}_2$ in $\Re_{v/2}$ unitär.

---

[1] V_D in $\Re_{v/2}$ geht aus U_D in $\Re_{1/2}$ hervor durch

$$V_D(u_+^\alpha u_-^\beta) = (U_D u_+)^\alpha (U_D u_-)^\beta,$$

also für $V_D = 1 + \varepsilon I$ und $U_D = 1 + \varepsilon I$:

$$I(u_+^\alpha u_-^\beta) = \alpha \, u_+^{\alpha-1} (I u_+) u_-^\beta + \beta \, u_+^\alpha u_-^{\beta-1} (I u_-).$$

Sie ist mit der oben aus den infinitesimalen Transformationen abgeleiteten Darstellung D_j identisch. Um dies zu zeigen, betrachten wir die infinitesimalen Transformationen I_1, I_2, I_3 in $\Re_{v/2}$. Für sie gilt also[1] $I_v u_+^{v-r} u_-^r = (v-r) u_+^{v-r-1} u_-^r I_v u_+ + r u_+^{v-r} u_-^{r-1} I_v u_-$. Damit folgt

$$I_v v_m = \frac{(j+m) u_+^{j+m-1} u_-^{j-m} I_v u_+}{\sqrt{(j+m)!\,(j-m)!}} + \frac{(j+m) u_+^{j+m} u_-^{j-m-1} I_v u_-}{\sqrt{(j+m)!\,(j-m)!}}.$$

Also

$$\left.\begin{aligned}
I_3 v_m &= -i\,m\,v_m, \\
(I_1 + i I_2) v_m &= -i N v_m = -i\sqrt{(j-m)(j+m+1)}\,v_{m+1}, \\
(I_1 - i I_2) v_m &= -i N^* v_m = -i\sqrt{(j+m)(j-m+1)}\,v_{m-1},
\end{aligned}\right\} \quad (2.25)$$

d. h. dieselben Beziehungen, wie sie in (2.12) gefunden wurden. Da $\mathfrak{u}_2$ als zu $\widetilde{\mathfrak{D}}$ isomorphe Gruppe einfach zusammenhängend ist, müssen also beide Darstellungen übereinstimmen.

Damit können wir aber sofort überblicken, wann D_j eine mehrdeutige Darstellung von $\mathfrak{D}$ ist. Dazu brauchen wir nur die Darstellung des Elementes -1 aus $\mathfrak{u}_2$ (das wie 1 dem Einselement von $\mathfrak{D}$ zugeordnet ist) in $\Re_j$ zu betrachten. Da $\Re_j$ aus den Polynomen $(2j)$-ten Grades besteht, wird also -1 durch $(-1)^{2j}$ in $\Re_j$ dargestellt. Die ganzzahligen Werte j liefern also eindeutige Darstellungen von $\mathfrak{D}$, die halbzahligen zweideutige Darstellungen.

Alle reduziblen Darstellungen bis auf einen Faktor von $\mathfrak{D}$ setzen sich aus solchen irreduziblen Darstellungen von $\widetilde{\mathfrak{D}}$ zusammen, in denen die Fundamentalgruppe von $\widetilde{\mathfrak{D}}$ isomorph dargestellt wird[2]. Eine Darstellung bis auf einen Faktor von $\mathfrak{D}$ enthält also entweder *nur* solche D_j mit halbzahligen oder *nur* solche mit ganzzahligen j. Der Drehimpuls eines physikalischen Systems kann entweder nur halbzahlige oder nur ganzzahlige Werte annehmen.

Es bleibt noch zu zeigen, daß die $\Re_j$ alle irreduziblen Darstellungen von $\widetilde{\mathfrak{D}}$ und damit von $\mathfrak{u}_2$ sind. Dies zeigen wir auf Grund der Vollständigkeit der Charaktere der Darstellungen D_j als Klassenfunktionen in $\mathfrak{u}_2$. Ist U eine Transformation aus $\mathfrak{u}_2$, so gibt es immer eine andere Transformation V aus $\mathfrak{u}_2$, so daß $W = V U V^*$ die Form

$$W u_+ = e^{i\alpha} u_+, \qquad W u_- = e^{i\beta} u_- \qquad (2.26)$$

hat. Dies folgt aus der Tatsache, daß U zwei orthogonale Eigenvektoren v_1 und v_2 mit den Eigenwerten $e^{i\alpha}$ und $e^{i\beta}$ besitzt. V braucht nur als die Transformation gewählt zu werden, die v_1 in u_+ und v_2 in u_- überführt. Ist die Determinante V nicht gleich 1, so kann man

---

[1] Siehe Anmerkung 1 von Seite 187.
[2] Anhang II, § 18.

dies durch Multiplikation von V mit einem Zahlenfaktor erreichen, wobei sich VUV^* nicht ändert. Da die Determinante von W gleich 1 sein muß, ist $e^{i\beta} = e^{-i\alpha}$. Zwei Transformationen aus $\mathfrak{u}_2$, die dieselben Eigenwerte haben, gehören also zur selben Klasse konjugierter Elemente. Die verschiedenen Klassen werden also durchlaufen, wenn der Parameter α von 0 bis π läuft, da dann in $e^{i\alpha}$, $e^{-i\alpha}$ alle verschiedenen Paare von Eigenwerten je einmal vorkommen. Der Charakter der Transformation W in D_j ist, wie unmittelbar aus Anmerkung 1, S. 187 folgt:

$$\chi_j(W) = e^{i 2 \alpha j} + e^{i 2 \alpha (j-1)} + \cdots + e^{-i 2 \alpha j}. \tag{2.27}$$

Also ist

$$\left.\begin{aligned}
\chi_0(W) &= 1, \\
\tfrac{1}{2}[\chi_{1/2}(W) &= \cos\alpha, \\
\tfrac{1}{2}[\chi_1(W) - \chi_0(W)] &= \cos 2\alpha, \\
\tfrac{1}{2}[\chi_{3/2}(W) - \chi_{1/2}(W)] &= \cos 3\alpha, \\
\cdots\cdots\cdots\cdots\cdots\cdots\cdots\cdots\cdots &
\end{aligned}\right\} \tag{2.28}$$

Die Funktionen $\cos n\,\alpha$ mit $n = 0, 1, 2, \ldots$ bilden aber im Intervall $0 \leq \alpha \leq \pi$ ein vollständiges Funktionensystem, so daß es keine weiteren irreduziblen Darstellungen von $\mathfrak{u}_2$ geben kann.

Jetzt wollen wir daran gehen, den HILBERT-Raum $\mathfrak{H}$ der $(x_1, x_2, x_3 | f)$ auszureduzieren. Dabei ist entsprechend (III, 11.14):

$$L_\nu = x_\mu \frac{1}{i} \frac{\partial}{\partial x_\varrho} - x_\varrho \frac{1}{i} \frac{\partial}{\partial x_\mu}, \qquad \nu, \mu, \varrho = \begin{cases} 1, 2, 3, \\ 2, 3, 1, \\ 3, 1, 2. \end{cases} \tag{2.29}$$

Da bei Drehungen der Abstand $r = \sqrt{x_1^2 + x_2^2 + x_3^2}$ invariant bleibt, können wir uns auf Funktionen der Richtung, d. h. auf Funktionen auf der Einheitskugel, beschränken. Denn ist $\varphi_\nu(r)$ mit

$$\int_0^\infty r^2 \overline{\varphi_\nu(r)}\, \varphi_\mu(r)\, dr = \delta_{\nu\mu}$$

ein vollständiges System für Funktionen von r und sind $\psi(\vartheta, \varphi)$ beliebige Funktionen auf der Einheitskugel (ϑ und φ seien Polarkoordinaten auf der Einheitskugel), so stellen die $\varphi_\nu(r)\,\psi(\vartheta, \varphi)$ bei festem ν einen gegenüber Drehungen invarianten Teilraum $\mathfrak{r}_\nu$ dar, und es ist $\mathfrak{r}_\nu \perp \mathfrak{r}_\mu$ für $\nu \neq \mu$ und $\mathfrak{H} = \sum_\nu \oplus \mathfrak{r}_\nu$. Wir können uns also auf einen Teilraum $\mathfrak{r}_\nu$ beschränken, da alle $\mathfrak{r}_\nu$ isomorph als Darstellungsräume sind. Die Komponenten eines Einheitsvektors seien $e_1 = \sin\vartheta \cos\varphi$; $e_2 = \sin\vartheta \sin\varphi$; $e_3 = \cos\vartheta$. Sicher spannen[1] alle $e_1^{\alpha_1} e_2^{\alpha_2} e_3^{\alpha_3} \varphi_\nu(r)$ den ganzen Raum $\mathfrak{r}_\nu$ auf. Wir wollen einfachheits-

---

[1] WEIERSTRASSSCHER Approximationssatz. Siehe z. B. COURANT-HILBERT, Methoden der mathematischen Physik. S. 55ff. (Grundlehren der mathematischen Wissenschaften Bd. 12.) 2. Aufl. Berlin: Springer 1931.

halber den invarianten Faktor $\varphi_\nu(r)$ fortlassen. Die $e_1^{\alpha_1} e_2^{\alpha_2} e_3^{\alpha_3}$ (alle $\alpha_i \geq 0$) mit fester Summe $\alpha_1 + \alpha_2 + \alpha_3 = l$ spannen einen Teilraum von $\mathfrak{r}_\nu : \mathfrak{r}_\nu^l$ auf, der gegenüber Drehungen invariant ist. $\mathfrak{r}_\nu^l$ ist endlich-dimensional. $\mathfrak{r}_\nu^l$ ist also vollständig reduzibel. Wir suchen den irreduziblen Bestandteil mit größtem Eigenwert von L_3 auf. In Polarkoordinaten mit der 3-Achse als Polarachse ist $L_3 = \dfrac{1}{i} \dfrac{\partial}{\partial \varphi}$. Daher haben die Eigenvektoren von L_3 die Form $e^{im\varphi} g(\vartheta)$ zu den Eigenwerten m. Als Eigenwerte kommen wegen der Eindeutigkeit in φ also nur die ganzen (!) Zahlen m in Frage. $\mathfrak{r}_\nu^l$ wird auch von allen Potenzen $e^{\beta_1} (e^*)^{\beta_2} e_3^{\beta_3}$ mit $\beta_1 + \beta_2 + \beta_3 = l$ und $e = e_1 + i e_2$, d. h. $e = \sin\vartheta \, e^{i\varphi}$, $e^* = \sin\vartheta \, e^{-i\varphi}$, $e_3 = \cos\vartheta$, aufgespannt. Die $e^{\beta_1} (e^*)^{\beta_2} e_3^{\beta_3}$ sind dann Eigenfunktionen zu L_3 zu den Eigenwerten $\beta_1 - \beta_2$. Es gibt also in $\mathfrak{r}_\nu^l$ nur eine einzige Eigenfunktion (bis auf einen Zahlenfaktor) zum größten Eigenwert l von L_3: $u_l = c_l e^{il\varphi} \sin^l\vartheta$. c_l ist ein geeigneter Normierungsfaktor. Aus u_l können wir nach dem obigen Verfahren einen irreduziblen Teilraum mit der Basis $u_l, u_{l-1}, \ldots, u_{-l}$ konstruieren.

u_m kann nur eine Linearkombination von Produkten $e^{\beta_1} (e^*)^{\beta_2} e_3^{\beta_3}$ mit $\beta_1 - \beta_2 = m$ und $\beta_1 + \beta_2 + \beta_3 = l$ sein. Also ist u_m von der Form:

$$u_m = c_m e^{im\varphi} (\sin\vartheta)^{-m} Q_m(\cos\vartheta), \tag{2.30}$$

wobei Q_m ein Polynom in $\cos\vartheta$ ist. In Polarkoordinaten ist

$$N^* = e^{-i\varphi} \left(-\frac{\partial}{\partial\vartheta} + i \frac{\cos\vartheta}{\sin\vartheta} \frac{\partial}{\partial\vartheta} \right). \tag{2.31}$$

Nun ist nach (2.25) u_m rekursiv bestimmt durch:

$$N^* u_m = \sqrt{l(l+1) - m(m-1)} \, u_{m-1}$$
$$= \sqrt{l(l+1) - m(m-1)} \, c_{m-1} e^{i(m-1)\varphi} \sin^{-m+1}\vartheta \, Q_{m-1}(\cos\vartheta).$$

Es ergibt sich $N^* u_m = c_m e^{i(m-1)\varphi} (\sin\vartheta)^{-m+1} Q_m'(\cos\vartheta)$, wo Q' die Ableitung von Q nach $\cos\vartheta$ ist. Also kann man die Polynome Q_m durch $Q_m' = Q_{m-1}$ rekursiv bestimmen. Wegen $u_l = c_l e^{il\varphi} (\sin\vartheta)^l = c_l e^{il\varphi} (\sin\vartheta)^{-l} (1 - \cos^2\vartheta)^l$ ist $Q_l(\xi) = (1 - \xi^2)^l$ und

$$Q_m(\xi) = \frac{d^{l-m}}{d\xi^{l-m}} (1 - \xi^2)^l. \tag{2.32}$$

Für die c_m muß dann die Rekursionsformel

$$c_m = \sqrt{(l - m + 1)(l + m)} \, c_{m-1}$$

gelten. Somit ist

$$c_m = a \sqrt{\frac{(l+m)!}{(l-m)!}} \,.$$

Den Faktor a bestimmen wir durch die Normierungsbedingung $\int\int |u_m|^2\, d\varphi \sin\vartheta\, d\vartheta = 1$. Für u_0 läßt sich das Integral rekursiv leicht berechnen. Man erhält dann

$$c_m = \frac{1}{\sqrt{2\pi}}\sqrt{\frac{2l+1}{2}\frac{(l+m)!}{(l-m)!}}\frac{1}{2^l(l!)}.$$

Die Funktionen

$$u_m = Y_m^l(\vartheta, \varphi)$$

$$= \frac{1}{\sqrt{2\pi}}\sqrt{\frac{2l+1}{2}\frac{(l+m)!}{(l-m)!}}\frac{1}{2^l(l!)}\, e^{im\varphi}(\sin\vartheta)^{-m} Q_m^l(\cos\vartheta) \qquad (2.33)$$

mit $Q_m^l(\xi) = \frac{d^{l-m}}{d\xi^{l-m}}(1-\xi^2)^l$ heißen Kugelfunktionen. Die $\varphi_\nu(r)\, Y_m^l(\vartheta, \varphi)$ spannen also einen irreduziblen Teilraum $\mathfrak{z}_\nu^l$ von $\mathfrak{r}_\nu$ auf mit der Darstellung D_l.

Wir wollen zeigen, daß die $Y_m^l\varphi_\nu$ $(l = 0, 1, \ldots; \ m = -l,$ $-l+1, \ldots, +l)$ ein v. n. o. S. in $\mathfrak{r}_\nu$ bilden, so daß $\mathfrak{r}_\nu = \sum_{l=0}^{\infty} \oplus \mathfrak{z}_\nu^l$ ist. Irgendein Vektor $Y^l\varphi_\nu$ aus $\mathfrak{z}_\nu^l$ ist eine Linearkombination der $Y_m^l\varphi_\nu$ $(l$ fest). Jedes Y^l können wir als Linearkombination der oben eingeführten u_m und damit als ein bestimmtes homogenes Polynom l-ten Grades in den e_1, e_2, e_3 ansehen. Wir behaupten nun, daß sich alle homogenen Polynome l-ten Grades in den e_1, e_2, e_3 rein algebraisch mit $\varrho^2 = e_1^2 + e_2^2 + e_3^2$ in der Form

$$Y^l + \varrho^2 Y^{l-2} + \varrho^4 Y^{l-4} + \cdots \qquad (2.34)$$

darstellen lassen. Da die Y^l für verschiedene l orthogonal zueinander sind, sind sie linear unabhängig. (2.34) enthält also

$$[2l+1] + [2(l-2)+1] + [2(l-4)+1] + \cdots$$
$$= [(l+1)+l] + [(l-1)+(l-2)] + [(l-3)+(l-4)] + \cdots$$

linear unabhängige Polynome. Alle möglichen homogenen Polynome l-ten Grades sind Linearkombinationen der $e_1^{\alpha_1} e_2^{\alpha_2} e_3^{\alpha_3}$ mit $\alpha_1 + \alpha_2 + \alpha_3 = l$. Ist die Zahl dieser $e_1^{\alpha_1} e_2^{\alpha_2} e_3^{\alpha_3}$ gleich $n(l)$, so folgt leicht $n(l+1) = n(l) + (l+1) + 1$. Also ist wegen $n(0) = 1$: $n(l) = (l+1) + l + (l-1) + \cdots + 1$, also gleich der Zahl der linear unabhängigen Ausdrücke (2.34). Da $\varrho = 1$ ist und alle Polynome beliebigen Grades in den e_i mit φ_ν multipliziert ganz $\mathfrak{r}_\nu$ aufspannen, ist also bewiesen, daß $\sum_{l=0}^{\infty} \oplus \mathfrak{z}_\nu^l = \mathfrak{r}_\nu$ gilt.

Die Eigenwerte des Drehimpulsquadrates $\mathfrak{M}^2 = \hbar^2\mathfrak{L}^2$ sind also $\hbar^2 l(l+1)$ mit $l = 0, 1, 2, \ldots$ Daß keine halbzahligen Werte für l auftreten konnten, war von vornherein klar, da die Darstellung in $\mathfrak{H}$ eine normale (keine mehrdeutige) Darstellung der Drehgruppe ist.

§ 3. Das Wasserstoffspektrum.

Da H mit allen Drehungen um den Kern (= Koordinatenursprungs-
punkt) vertauschbar ist, ist der von den $\varphi_\nu(r)\,Y^l_m(\vartheta,\varphi)$ bei festen m
und l und veränderlichem ν aufgespannte Teilraum $\mathfrak{t}^l_m$ invariant gegenüber H, d. h. H wirkt in $\mathfrak{t}^l_m$ nur auf die Variable r ein. Wir können
dann die $\varphi_\nu(r)$ so wählen, daß sie (eigentliche oder uneigentliche)
Eigenvektoren von H werden. Da H die verschiedenen $\mathfrak{t}^l_m$ ($m = l$,
$l-1,\ldots,-l$) isomorph transformiert[1], können die gleichen $\varphi_\nu(r)$
für alle diese m als Eigenvektoren von H gewählt werden. Wir wollen
diese $\varphi_\nu(r)$ zur Kennzeichnung statt mit ν mit zwei Indizes n und l
charakterisieren: $\varphi_{n,l}(r)\,Y^l_m(\vartheta,\varphi)$. Alle $\varphi_{n,l}\,Y^l_m$ mit $m = l, l-1,\ldots,-l$
gehören zum selben Eigenwert $E_{n,l}$ von H. $E_{n,l}$ ist also sicher $(2l+1)$-
fach entartet. Im Eigenraum von H zum Eigenwert $E_{n,l}$ erfährt also
die Drehgruppe die Darstellung D_l. Die Basisvektoren $\varphi_{n,l}\,Y^l_m$ dieses
Eigenraumes sind gleichzeitig Eigenvektoren von $\mathfrak{M}^2$ zum Eigenwert
$\hbar^2 l(l+1)$ und von M_3 zu den Eigenwerten $\hbar m$.

Die oben aus allgemeinen Überlegungen gefolgerten Behauptungen
wollen wir jetzt durch explizite Rechnung bestätigen. Dazu zerlegen wir
den Impuls $\mathfrak{p}$ in zwei Teile, einen in Richtung $\mathfrak{r}$ und einen senkrecht
dazu. Nur der Teil senkrecht $\mathfrak{r}$ gibt einen Beitrag zum Drehimpuls
$\mathfrak{M} = \mathfrak{r} \times \mathfrak{p}$. Es folgt

$$\mathfrak{M}^2 = (\mathfrak{r} \times \mathfrak{p})(\mathfrak{r} \times \mathfrak{p}) = \mathfrak{r}\,[\mathfrak{p} \times (\mathfrak{r} \times \mathfrak{p})] = \sum_{i,k=1}^{3}(q_i p_k q_i p_k - q_k p_i q_i p_k)$$

und mit Berücksichtigung der Vertauschungsrelationen und der Be-
ziehung $\sum\limits_{i=1}^{3} q_i p_i = r\,\dfrac{\hbar}{i}\,\dfrac{\partial}{\partial r}$:

$$\mathfrak{p}^2 = -\frac{\hbar^2}{r^2}\,\frac{\partial}{\partial r}\left(r^2\,\frac{\partial}{\partial r}\right) + \frac{1}{r^2}\,\mathfrak{M}^2. \tag{3.1}$$

In Polarkoordinaten ist dann

$$\mathfrak{M}^2 = \hbar^2\,\mathfrak{L}^2 = -\hbar^2\left[\frac{1}{\sin\vartheta}\,\frac{\partial}{\partial\vartheta}\left(\sin\vartheta\,\frac{\partial}{\partial\vartheta}\right) + \frac{1}{\sin^2\vartheta}\,\frac{\partial^2}{\partial\varphi^2}\right]. \tag{3.2}$$

Da $\mathfrak{M}^2\,Y^l_m = \hbar^2 l(l+1)\,Y^l_m$, ist also

$$\mathfrak{p}^2\,\varphi_{n,l}\,Y^l_m = \left[-\frac{\hbar^2}{r^2}\,\frac{\partial}{\partial r}\left(r^2\,\frac{\partial \varphi_{n,l}}{\partial r}\right) + \frac{\hbar^2\,l(l+1)}{r^2}\,\varphi_{n,l}\right]Y^l_m.$$

Damit folgt also zur Berechnung der $\varphi_{n,l}$ die Gleichung

$$\frac{1}{2m}\left[-\frac{\hbar^2}{r^2}\,\frac{d}{dr}\left(r^2\,\frac{d\varphi_{n,l}}{dr}\right) + \frac{\hbar^2\,l(l+1)}{r^2}\,\varphi_{n,l}\right] + V(r)\,\varphi_{n,l} = E_{n,l}\,\varphi_{n,l}. \tag{3.3}$$

Für das Wasserstoffatom ist $V(r) = -\dfrac{e^2}{r}$ zu setzen. Es ist aber
möglich, auch die Spektren von ionisiertem Helium, Lithium usw. zu

---

[1] Anhang II, § 9.

beobachten. Für alle solchen Ionen, die nur noch ein einziges Elektron um den Kern enthalten, ist $V(r) = -\dfrac{Z\,e^2}{r}$, wo Z die Ladungszahl des Kerns ist. (3.3) geht dann über in:

$$\varphi_{n,l}'' + \frac{2}{r}\,\varphi_{n,l}' + \left(a + 2\,\frac{b}{r} + \frac{c}{r^2}\right)\varphi_{n,l} = 0 \tag{3.4}$$

mit

$$a = \frac{2m}{\hbar^2}\,E_{n,l}\,; \qquad b = \frac{m}{\hbar^2}\,Z e^2\,; \qquad c = -l(l+1)\,.$$

Wir müssen zwei Fälle unterscheiden: $E < 0$ und $E \geqq 0$. Im ersten Falle können wir entsprechend der Dimension von a

$$r_0^2 = -\frac{1}{a} \tag{3.5}$$

setzen. Wir vermuten aus (3.4) für große Werte von r das asymptotische Verhalten

$$\varphi_{n,l}'' - \frac{1}{r_0^2}\,\varphi_{n,l} \sim 0\,; \qquad \varphi_{n,l} \sim e^{\pm \frac{r}{r_0}}\,. \tag{3.6}$$

Damit $\varphi_{n,l}$ ein Element des HILBERT-Raumes wird, muß für große r

$$\varphi_{n,l} \sim e^{-\frac{r}{r_0}} \tag{3.7}$$

sein. Mit $\varrho = 2\,\dfrac{r}{r_0}$ machen wir den Ansatz

$$\varphi_{n,l} = e^{-\frac{\varrho}{2}}\,u_{n,l}(\varrho) \tag{3.8}$$

und erhalten für $u(\varrho)$:

$$u_{n,l}'' + \left(\frac{2}{\varrho} - 1\right)u_{n,l}' + \left[\left(\frac{b}{\sqrt{-a}} - 1\right)\frac{1}{\varrho} - \frac{l(l+1)}{\varrho^2}\right]u_{n,l} = 0\,. \tag{3.9}$$

Zur Lösung machen wir den Ansatz:

$$u_{n,l}(\varrho) = \varrho^\lambda \sum_{m=0}^{\infty} a_m\,\varrho^m.$$

a_0 soll ungleich Null sein. Dann folgt durch Einsetzen für λ:

$$\lambda(\lambda - 1) + 2\lambda - l(l+1) = \lambda(\lambda + 1) - l(l+1) = 0$$

mit den beiden Lösungen $\lambda = l$ und $\lambda = -l - 1$. Nur die erste Lösung $\lambda = l$ ist brauchbar[1]. Also setzen wir

$$u_{n,l} = \varrho^l \sum_{\mu=0}^{\infty} a_\mu\,\varrho^\mu. \tag{3.10}$$

---

[1] Die zweite linearunabhängige Lösung von (3.9) ist im Punkte $r = 0$ so singular, daß sie nicht zum Definitionsbereich von H gehört. Vgl. z. B. G. FALK, Z. Phys. **131** (1952) 269.

Für die a_μ erhält man durch Einsetzen in (3.9) die Rekursionsformel

$$[(\mu + l + 1)(\mu + l) + 2(\mu + l + 1) - l(l - 1)]\, a_{\mu+1}$$
$$= \left(\mu + l + 1 - \frac{b}{\sqrt{-a}}\right) a_\mu. \tag{3.11}$$

Falls die Reihe $\sum_\mu a_\mu \varrho_\mu$ nicht endlich viele Glieder hat, verhält sich $u_{n,l}$ für große r wie $e^{+\varrho}$, denn für große μ ist $a_\mu \sim \frac{1}{\mu!}$. $\varphi_{n,l} = u_{n,l}\, e^{-\frac{\varrho}{2}}$ ist dann (für große ϱ) $\sim e^{+\frac{\varrho}{2}}$ und damit kein Element des HILBERT-Raumes. Die Reihe muß also abbrechen; dies sei der Fall für $\mu = n_\nu$. Damit $a_{n_\nu + 1} = 0$ wird, muß also nach (3.11)

$$\frac{b}{\sqrt{-a}} = n_\nu + l + 1 = n \tag{3.12}$$

sein, woraus

$$E_n = - \frac{m\, e^4\, Z^2}{2\, \hbar^2\, n^2} \tag{3.13}$$

folgt. Aus (3.12) ergibt sich für n die Bedingung

$$n \geq l + 1. \tag{3.14}$$

Im Bereich $E < 0$ besitzt also H nur diskrete Eigenwerte. Die Eigenwerte E_n sind in Abb. 9 graphisch aufgetragen. Sie bestimmen das Spektrum des Wasserstoffatoms nach

$$\nu_{nm} = R \left(\frac{1}{m^2} - \frac{1}{n^2}\right)$$

mit der RYDBERG-Konstanten

$$R = \frac{2\,\pi^2\, m\, e^4}{h^3}.$$

In das „Termschema" Abb. 9 sind als senkrechte Linien die Übergänge eingetragen, die zu den Spektrallinien ν_{nm} führen. Mit $m = 1$ und $n = 2, 3, \ldots$ ergibt sich eine Serie von Spektrallinien, die LYMAN-Serie, die im Ultravioletten liegt. Für $m = 2$ und $n = 3, 4, \ldots$ ergibt sich die BALMER-Serie, mit $m = 3$, $n = 4, 5, \ldots$ die PASCHEN-Serie usw. Das gesamte Wasserstoffspektrum und die Zerlegung in die einzelnen Serien ist in Abb. 10 dargestellt.

Die Eigenwerte E_n von H sind mehrfach entartet. Da zu jedem Wertepaar n, l im ganzen $2l + 1$ linear unabhängige Eigenvektoren von H und $\mathfrak{M}^2$ gehören, aber außerdem für festes n die „Drehimpulsquantenzahl" l die Werte $0, 1, \ldots$ bis $n - 1$ annehmen kann, ist der Entartungsgrad von E_n gleich

$$\sum_{l=0}^{n+1} (2l + 1) = n^2.$$

Aus Symmetriegründen, d. h. wegen der Vertauschbarkeit von H mit M_z und $\mathfrak{M}^2$ hätte jeder Eigenwert $E_{n,l}$ $(2l + 1)$-fach entartet sein müssen. Hier im Falle $V(r) = - \frac{Z\, e^2}{r}$ fallen aber alle Eigen-

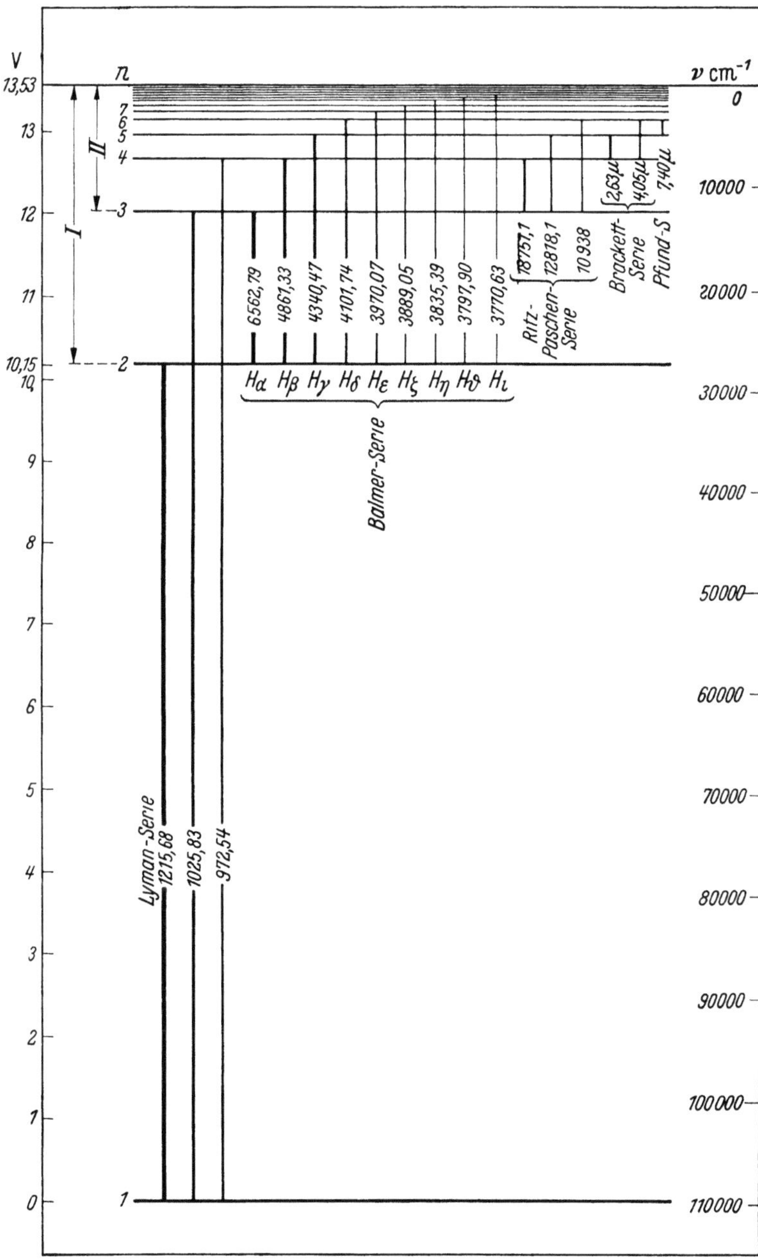

Abb. 9. Termschema des Wasserstoffatoms
(Aus W. GROTRIAN, Graphische Darstellung der Spektren von Atomen.
Struktur der Materie Bd. VII, Berlin: Springer 1928.)

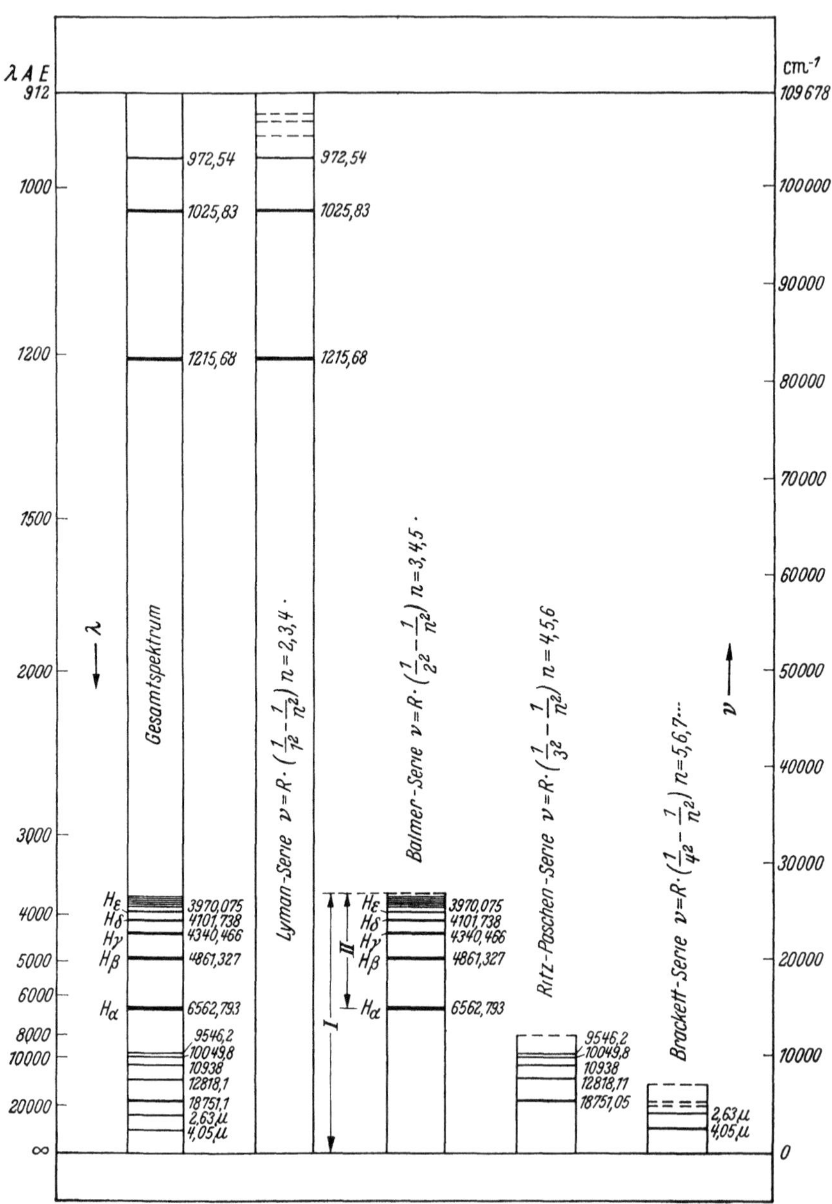

Abb. 10. Spektrum des Wasserstoffs.
(Aus W. Grotrian, Graphische Darstellung der Spektren von Atomen.
Struktur der Materie Bd. VII, Berlin: Springer 1928.)

werte $E_{n,l}$ mit $l = 0, 1, \ldots$ bis $n-1$ „zufällig" zusammen. Sobald aber $V(r)$ nicht das Coulomb-Potential ist, müssen wir eine größere Mannigfaltigkeit $E_{n,l}$ von Energieeigenwerten erwarten.

Durch die Erfahrung am Wasserstoff wie an den entsprechenden Ionen der Elemente Helium, Lithium usw. sind die BALMER-Terme (3.13) experimentell ausgezeichnet bestätigt. Nur bei großer Auflösung zeigt es sich, daß jeder Term nicht genau ein Term ist, sondern aus mehreren einzelnen, dicht beieinander liegenden Termen besteht. An späterer Stelle werden wir darauf zurückkommen müssen.

§ 4. Die Eigenfunktionen des diskreten Spektrums.

Schreiben wir $u_{n,l} = \varrho^l w_{n,l}(\varrho)$, so ist $w_{n,l}$ ein Polynom n_ν-ten Grades ($n_\nu = n - l - 1$). Aus der Rekursionsformel (3.11) folgt dann mit einem konstanten Faktor $c_{n,l}$

$$w_{n,l}(\varrho) = c_{n,l}\, F(-n + l + 1,\, 2l + 2,\, \varrho), \tag{4.1}$$

wobei $F(\alpha, \beta, x)$ als entartete hypergeometrische Funktion durch

$$F(\alpha, \beta, x) = 1 + \frac{\alpha}{\beta}\,\frac{x}{1!} + \frac{\alpha(\alpha+1)}{\beta(\beta+1)}\,\frac{x^2}{2!} + \cdots \tag{4.2}$$

definiert ist. Die $w_{n,l}(\varrho)$ lassen sich auch als LAGUERREsche Polynome (siehe IV, § 1) schreiben. Sie sind definiert durch

$$L_\lambda^\mu(x) = \frac{d^\mu}{dx^\mu}\, L_\lambda(x); \qquad L_\lambda(x) = e^x\,\frac{d^\lambda}{dx^\lambda}\,(e^{-x} x^\lambda). \tag{4.3}$$

Man erhält:

$$L_\lambda(x) = \sum_{\nu=0}^{\lambda} (-1)^\nu \binom{\lambda}{\nu} \frac{\lambda!}{\nu!}\, x^\nu. \tag{4.4}$$

und daraus

$$L_\lambda^\mu(x) = (-1)^\mu\, \lambda!\, \binom{\lambda}{\mu}\, F(\lambda - \mu,\, \mu + 1,\, x), \tag{4.5}$$

so daß

$$w_{n,l}(\varrho) = c_{n,l}(-1)^{2l+1} \frac{1}{(n+l)!\,\binom{n+l}{2l+1}}\, L_{n+l}^{2l+1}(\varrho) = D_{n,l}\, L_{n+l}^{2l+1}(\varrho). \tag{4.6}$$

Der Faktor $c_{n,l}$ bzw. $D_{n,l}$ ist so zu bestimmen, daß die gesamte Eigenfunktion

$$D_{n,l}\, \varrho^l\, L_{n+l}^{2l+1}(\varrho)\, e^{-\frac{\varrho}{2}}\, Y_m^l(\vartheta, \varphi)$$

normiert ist, wozu

$$D_{n,l}^2 \left(\frac{r_0}{2}\right)^3 \int \varrho^{2(l+1)}\, e^{-\varrho}\, [L_{n+l}^{2l+1}(\varrho)]^2\, d\varrho = 1$$

sein muß, da die Y_m^l (nach § 2) auf der Kugeloberfläche normiert sind. Man erhält[1]:

$$D_{n,l}^2 = \left(\frac{2Z}{A\,n}\right)^3 \frac{(n-l-1)!}{2n\,[(n+l)!]^3} \quad \text{mit} \quad A = \frac{\hbar^2}{m\,e^2} \quad \text{und} \quad r_0 = n\,\frac{A}{Z}.$$

---

[1] Siehe A. SOMMERFELD, Atombau und Spektrallinien, Band II, S. 84 Braunschweig 1944.

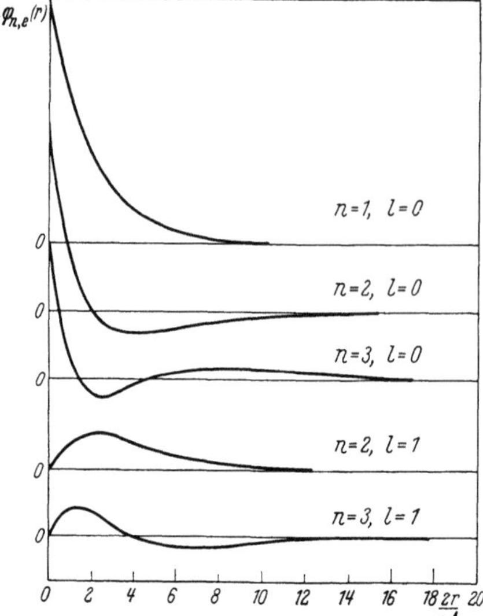

Abb 11. Radialer Anteil der Eigenfunktionen des Wasserstoffatoms (Nach PAULING)

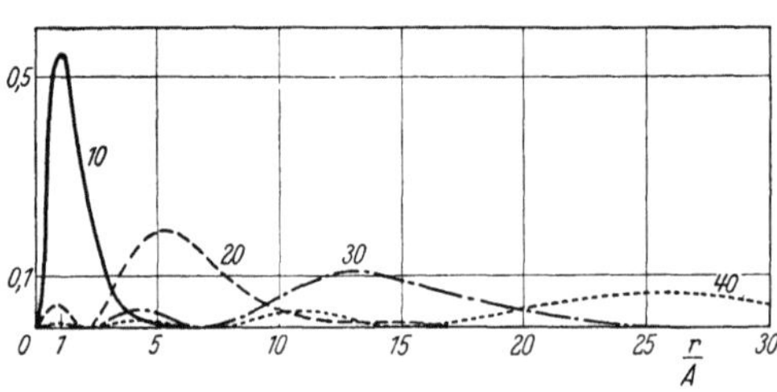

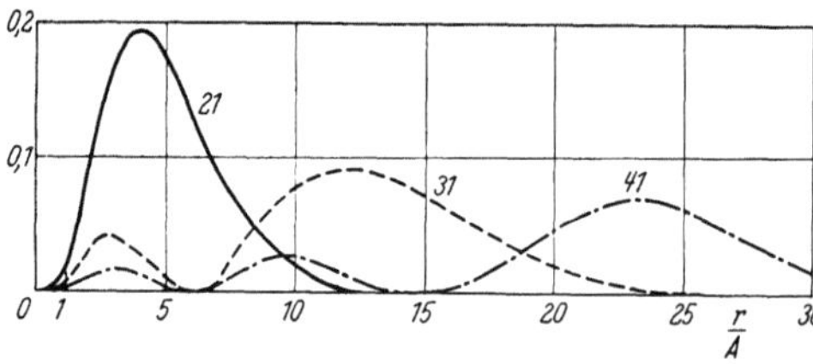

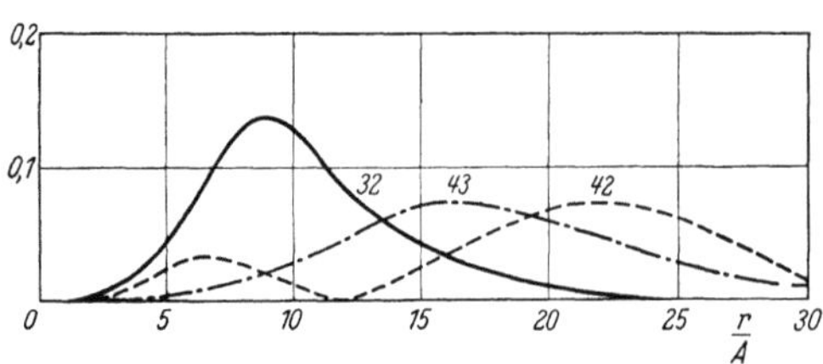

Abb. 12. Ladungsmenge innerhalb einer Kugelschale. Die Kurven sind durch die Zahlen $n\,l$ gekennzeichnet. (Aus Handbuch der Physik, Bd. XXIV, 1.)

A ist also etwa die Größe des Wasserstoffatoms $(Z = 1)$ im Grundzustand $(n = 1)$.

Damit ist schließlich in der Bezeichnungsweise von III, § 1 und 8:

$$(x_1, x_2, x_3 \,|\, E_n, l, m) \qquad (4.7)$$

$$= \left(\frac{2Z}{A\,n}\right)^{3/2} \sqrt{\frac{(n-l-1)!}{2\,n\,[(n+l)!]^3}}\,\left(2\,\frac{r}{r_0}\right)^l \cdot$$

$$\cdot L_{n+l}^{2l+1}\left(2\,\frac{r}{r_0}\right) e^{-\frac{r}{r_0}}\,Y_m^l(\vartheta, \varphi),$$

wobei r, ϑ, φ mit x_1, x_2, x_3 nach $x_1 = r\sin\vartheta\cos\varphi$, $x_2 = r\sin\vartheta\sin\varphi$, $x_3 = r\cos\vartheta$ zusammenhängen. Die $(x_1, x_2, x_3\,|\,E_n, l, m)$ sind gleichzeitig die Umrechnungskoeffizienten von der Ortsdarstellung in die $(H,\ \mathfrak{M}^2,\ M_z)$-Darstellung. Die in (4.7) angegebenen $(x_1, x_2, x_3\,|\,E_n, l, m)$ sind aber noch nicht vollständig, denn alle Werte $E \geq 0$ gehören zum kontinuierlichen Spektrum von H, wie im nächsten Paragraphen gezeigt wird.

Die beiden Abb. 11 und 12 veranschaulichen die radialen Funktionen $\varphi_{n,l}(r)$. In Abb. 11 sind diese direkt aufgetragen. In Abb. 12 ist als Funktion von r die Ladungsmenge innerhalb einer Kugelschale von r bis $r + dr$ dargestellt.

Ein sehr anschauliches Bild der räumlichen Dichte $|(x_1, x_2, x_3\,|\,E_n, l, m)|^2$ geben die WHITEschen Modelle (Abb. 13).

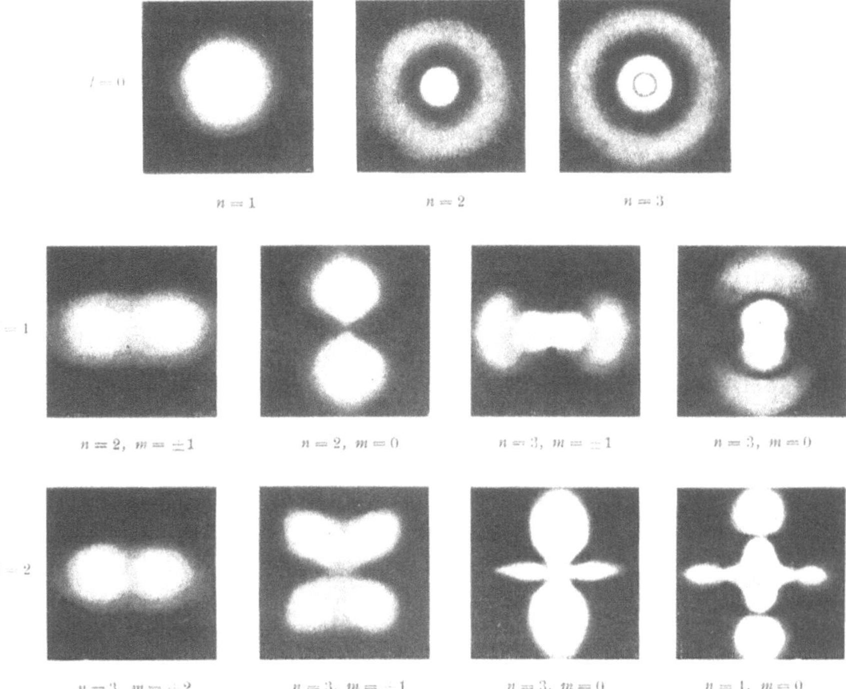

Abb. 13. Ortswahrscheinlichkeitsdichte in verschiedenen Zuständen des Wasserstoffatoms.
(Nach White.)

§ 5. Das kontinuierliche Spektrum.

In § 3 hatten wir $E < 0$ und damit $a < 0$ vorausgesetzt, so daß wir nach (3.5) $r_0^2 = -\dfrac{1}{a}$ setzen konnten. Wir wollen jetzt den Fall $a > 0$ weiter untersuchen. Mit $r_0^2 = \dfrac{1}{a}$ wird statt (3.6) asymptotisch $\varphi_{n,l} \sim e^{\pm i \frac{r}{r_0}}$, wonach wir vermuten, daß wir für alle Werte $E > 0$ uneigentliche Eigenfunktionen erhalten.

Die Rechnungen aus § 3 können wir sofort übertragen, wenn wir nur $\varrho = 2i\,\dfrac{r}{r_0}$ setzen. Mit $\varphi_{n,l} = e^{-\frac{\varrho}{2}}\,u_{n,l}(\varrho)$ erhält man wieder die Gl. (3.9). Der Potenzreihenansatz (3.10) ist wieder möglich. Der einzige Unterschied ist, daß die Potenzreihe nicht abbrechen kann. Führen wir durch $\dfrac{\hbar k^2}{2m} = E$ statt E die Größe k ein, die die Wellenzahl eines freien Elektrons derselben Energie angibt, so können wir

$$n = \frac{b}{\sqrt{-a}} = \frac{Z}{i\,k\,A} \quad \text{mit} \quad A = \frac{\hbar^2}{m\,e^2} \tag{5.1}$$

schreiben. Um für die Potenzreihen einen geschlossenen analytischen Ausdruck zu finden, gehen wir von der Formel

$$L_n(\varrho) = e^\varrho \frac{d^n}{d\varrho^n}(\varrho^n e^{-\varrho})$$

für die LAGUERREschen Polynome aus[1]. Da allgemein für eine analytische Funktion $f(\varrho)$

$$\frac{1}{n!}\frac{d^n}{d\varrho^n}f(\varrho) = \frac{1}{2\pi i}\oint \frac{f(z)}{(z-\varrho)^{n+1}}dz$$

bei einer Integration um den Punkte $z=\varrho$ ist, so folgt

$$L_n(\varrho) = \frac{n!}{2\pi i}e^\varrho \oint z^n e^{-z}(z-\varrho)^{-n-1}dz. \qquad (5.2)$$

Dies ist aber auch dann eine Lösung der Differentialgleichung

$$\varrho L'' + (1-\varrho)L' + nL = 0, \qquad (5.3)$$

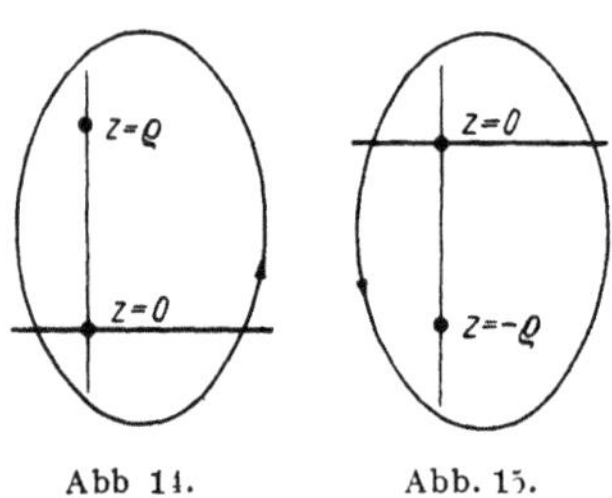

Abb. 14. Abb. 15.

wenn n keine ganze positive Zahl ist, nur vorausgesetzt, daß der Integrationsweg des Integrals in der komplexen Ebene geschlossen ist, wie man durch Einsetzen und partielle Integration erkennt. Dies ist bei beliebigen n (weder notwendig ganz noch reell) der Fall, wenn wir als Integrationsweg denjenigen aus Abb. 14 wählen, da sich die Änderungen der Integranden auf Grund der Verzweigungspunkte $z=0$ und $z=\varrho$ gerade kompensieren.

Nach (3.8) können wir als Eigenfunktion $\varphi_{n,l}(r)\, Y_m^l(\vartheta,\varphi)$ schreiben mit

$$\varphi_{n,l} = D' e^{-\varrho/2}(-i\varrho)^l L_{n+l}^{2l+1}(\varrho), \qquad (5.4)$$

d. h.:

$$\varphi_{n,l} = D e^{-\varrho/2}(-i\varrho)^l \frac{1}{2\pi i}\oint (z+\varrho)^{n-l-1} e^{-z} z^{-n-l-1} dz, \qquad (5.5)$$

wobei ϱ und n rein imaginär sind und der Integrationsweg [durch eine Substitution $z \to z + \varrho$ aus (5.2) entstehend] in Abb. 15 gegeben ist. Man kann das Integral leicht in eine Potenzreihe entwickeln, da der Integrationsweg so geweitet werden kann, daß er im Konvergenzgebiet der Entwicklung von $(z+\varrho)^{n-l-1}$ nach Potenzen von ϱ liegt. Man erhält die auch durch Potenzreihenansatz gefundene Entwicklung.

Uns interessiert aber das Verhalten von $\varphi_{n,l}$ für große Werte von r. Dazu mache man in (5.5) die Substitution $z = \varrho(u - \tfrac{1}{2})$:

$$\varphi_{n,l} = D(i\varrho)^{-l-1}\frac{1}{2\pi}\oint \left(u+\frac{1}{2}\right)^{n-l-1}\left(u-\frac{1}{2}\right)^{-n-l-1}e^{-\varrho u}du,$$

---

[1] Zum Beispiel COURANT-HILBERT, Methoden der mathematischen Physik, S. 79ff. und S. 440f. (Grundlehren der mathematischen Wissenschaften Bd. 12) 2. Aufl., Berlin: Springer 1931.

wobei der Integrationsweg in den der Abb. 16 übergeht, den man durch die beiden Schleifen nach Abb. 16 ersetze. Dann läßt sich $\varphi_{n,l} = \tfrac{1}{2}(\chi_{n,l} + \eta_{n,l})$ schreiben, wo χ und η entsprechende Integrale über je eine der beiden Schleifen sind. Entwickelt man im Integranden nach Potenzen von $\dfrac{1}{\varrho}$, so erhält man asymptotisch für große r:

$$\chi_{n,l} \sim e^{-\varrho/2}\, \varrho^{n-1}\, \frac{e^{-i\pi(n-l/2)}}{\Gamma(n+l+1)},$$

$$\eta_{n,l} \sim e^{\varrho/2}(-\varrho)^{-n-1}\, \frac{e^{-i\pi(n+l/2)}}{\Gamma(-n+l+1)}$$

und damit schließlich für $\varphi_{n,l}$:

$$\varphi_{n,l} \sim C\, \frac{\sin(kr+\gamma)}{kr} \qquad (5.6)$$

mit

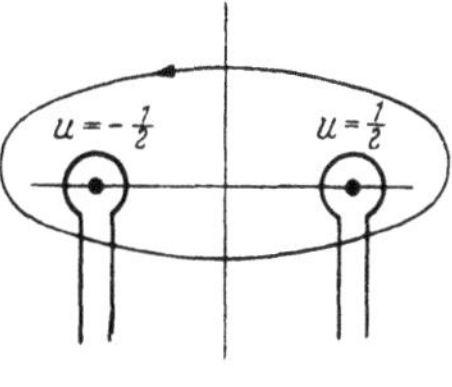

Abb. 16.

$$C = \frac{e^{-\frac{\pi}{2}|n|}}{|\Gamma(n+l+1)|}\,; \quad \gamma = |n|\log 2kr + \alpha - \frac{\pi}{2}l,$$

wobei α durch $\Gamma(n+l+1) = |\Gamma(n+l+1)|\,e^{i\alpha}$ bestimmt ist. Damit sind, bis auf einen nicht berechneten Normierungsfaktor N, die $(r\,|\,E, l, m)$ im kontinuierlichen Spektrum gleich.

$$(r\,|\,E, l, m) = N\varphi_{n,l}(r)\, Y_m^l(\vartheta, \varphi)$$

mit den obigen Werten (5.1) von n und $\varphi_{n,l}$.

§ 6. Schrödingersche Störungstheorie.

Dem Versuch, etwas über die Lage der Eigenwerte von H auszusagen, wenn $V(r)$ nicht mehr die Form des Coulomb-Potentials $-\dfrac{Z e^2}{r}$ hat, steht entgegen, daß wir die Spektraldarstellung von H nicht mehr exakt berechnen können, sondern ein Näherungsverfahren benutzen müssen. Wir wollen dies hier in möglichst großer Allgemeinheit entwickeln.

Es sei $H = H_0 + \lambda H_1$. Die Spektralzerlegung von H_0 sei bekannt, insbesondere also die diskreten Eigenwerte und zugehörigen Eigenvektoren. Um die Spektralzerlegung von H näherungsweise zu bestimmen, gehen wir in die H_0-Darstellung, wo jedem Vektor f eine Funktion $(\varepsilon, \omega\,|\,f)$ zugeordnet ist; hierbei durchläuft ε das diskrete und kontinuierliche Spektrum von H_0, und ω ist ein nur diskreter Werte fähiger Parameter, falls H_0 ein entartetes Spektrum hat (III, § 9). Die Eigenwertgleichung für H lautet dann in der H_0-Darstellung:

$$H(\varepsilon, \omega\,|\,\varphi) = \varepsilon(\varepsilon, \omega\,|\,\varphi) + \lambda \sum_{\omega'}\mathop{\textbf{S}}_{\varepsilon'} (\varepsilon, \omega\,|\,H_1\,|\,\varepsilon', \omega')\,(\varepsilon', \omega'\,|\,\varphi)$$
$$= E(\varepsilon, \omega\,|\,\varphi). \qquad (6.1)$$

Um (6.1) näherungsweise zu lösen, machen wir den Ansatz[1]

$$E = E_0 + \lambda E_1 + \cdots$$
$$(\varepsilon, \omega \,|\, \varphi) = (\varepsilon, \omega \,|\, \varphi_0) + \lambda (\varepsilon, \omega \,|\, \varphi_1) + \cdots \tag{6.2}$$

Setzen wir (6.2) in (6.1) ein und vergleichen die Glieder nullter und erster Ordnung in λ, so folgt

$$\left.\begin{array}{l}(\varepsilon - E_0)\,(\varepsilon, \omega \,|\, \varphi_0) = 0, \\[4pt] (\varepsilon - E_0)\,(\varepsilon, \omega \,|\, \varphi_1) - E_1(\varepsilon, \omega \,|\, \varphi_0) + \\[4pt] \quad + \sum_{\omega'} \underset{\iota'}{\mathsf{S}}\,(\varepsilon, \omega \,|\, H_1 \,|\, \varepsilon', \omega')\,(\varepsilon', \omega' \,|\, \varphi_0) = 0.\end{array}\right\} \tag{6.3}$$

Die erste dieser beiden Gleichungen läßt sich sofort lösen: E_0 muß gleich einem Wert ε des Spektrums von H_0 sein. Wir wollen E_0 gleich einem Wert ε_n des diskreten Spektrums von H_0 wählen:

$$E_0 = \varepsilon_n. \tag{6.4}$$

Dann ist

$$(\varepsilon, \omega \,|\, \varphi_0) = \delta_{\varepsilon, \varepsilon_n}\, x(\omega). \tag{6.5}$$

$x(\omega)$ ist eine beliebige Funktion von ω, wobei ω so viele diskrete Werte annimmt, wie der Entartungsgrad von ε_n beträgt. Mit $\psi_{\varepsilon,\,\omega}$ als den Eigenvektoren von H_0 ist für jedes f·

$$f = \sum_{\omega} \underset{\varepsilon}{\mathsf{S}}\, \psi_{\varepsilon,\,\omega}\,(\varepsilon, \omega \,|\, f). \tag{6.6}$$

Mit (6.5) für $(\varepsilon, \omega \,|\, f)$ erhalten wir also die Vektoren $\sum \psi_{\varepsilon_n,\,\omega}\, x(\omega)$, d. h. bei beliebigen $x(\omega)$ alle Eigenvektoren von H_0 zum Eigenwert ε_n. Die $(\varepsilon, \omega \,|\, \varphi_0)$ nach (6.5) sind also nichts anderes als diese Eigenvektoren in der H_0-Darstellung. Setzen wir die gefundenen Werte von $(\varepsilon, \omega \,|\, \varphi_0)$ und E_0 in die zweite Gl. (6.3) ein, so folgt

$$(\varepsilon - \varepsilon_n)\,(\varepsilon, \omega \,|\, \varphi_1) - E_1 \delta_{\varepsilon, \varepsilon_n}\, x(\omega) + \sum_{\omega'}\,(\varepsilon, \omega \,|\, H_1 \,|\, \varepsilon_n, \omega')\, x(\omega') = 0. \tag{6.7}$$

Für $\varepsilon = \varepsilon_n$ ergibt sich:

$$\sum_{\omega}\,(\varepsilon_n, \omega \,|\, H_1 \,|\, \varepsilon_n, \omega')\, x(\omega') = E_1 x(\omega) \tag{6.8}$$

und für $\varepsilon \neq \varepsilon_n$

$$(\varepsilon - \varepsilon_n)\,(\varepsilon, \omega \,|\, \varphi_1) + \sum_{\omega'}\,(\varepsilon, \omega \,|\, H_1 \,|\, \varepsilon_n, \omega')\, x(\omega') = 0. \tag{6.9}$$

Aus dem ersten dieser beiden Gleichungssysteme bestimmt sich der Wert E_1 und die $x(\omega)$. Dieses Gleichungssystem ist das Eigenwertproblem eines HERMITEschen Operators in dem zu ε_n gehörigen Eigenraum von H_0, der aus den Vektoren $\delta_{\varepsilon, \varepsilon_n}\, x(\omega)$ und damit kurz aus den $x(\omega)$ besteht. Es gibt also eine Reihe von Eigenvektoren $x_\varrho(\omega)$, wobei

---

[1] Zur Störungsrechnung: F. RELLICH, Math. Ann. **113** (1936) 600—619; **113** (1936) 677—685; **116** (1939) 555—570; **117** (1940) 356—382.

$\varrho = 1, 2, \ldots, \nu$ ist mit ν als Entartungsgrad von ε_n. Durch

$$(\varepsilon, \omega \,|\, \varphi_0)_\varrho = \delta_{\varepsilon, \varepsilon_n} x_\varrho(\omega) \qquad (6.10)$$

ist die „nullte Näherung" der Eigenvektoren bestimmt. Diese nullte Näherung ist also *nicht allein* durch H_0 bestimmt, falls ε_n entartet ist. Man nennt die $(\varepsilon, \omega \,|\, \varphi_0)_\varrho$ die „richtigen" Eigenvektoren von H_0 zum Eigenwert ε_n in bezug auf die Störung H_1.

Die gewählte H_0-Darstellung ergab sich aus der Entwicklung $f = \sum_\omega \mathbf{S}_\varepsilon \psi_{\varepsilon, \omega} (\varepsilon, \omega \,|\, f)$, wo die $\psi_{\varepsilon, \omega}$ die gleichzeitig zu H_0 und einem mit H_0 vertauschbaren Operator Ω gehörigen Eigenvektoren sind. Hätte man statt $\psi_{\varepsilon, \omega}$ von Anfang an die „richtigen" Eigenvektoren $\Phi_{\varepsilon_n, \varrho} = \sum_\omega \psi_{\varepsilon_n, \omega} x_\varrho(\omega)$ benutzt, so wäre $(\varepsilon_n, \varrho \,|\, H_1 \,|\, \varepsilon_n, \varrho') = E_{1\varrho} \delta_{\varrho\varrho'}$, d. h. eine Diagonalmatrix geworden. Die Zusatzglieder $E_{1\varrho}$ der Eigenwerte wären dann einfach

$$E_{1\varrho} = (\varepsilon_n, \varrho \,|\, H_1 \,|\, \varepsilon_n, \varrho) \qquad (6.11)$$

und damit gleich dem Erwartungswert von H_1 im Zustand $\Phi_{\varepsilon_n, \varrho}$. Schreibt man auch die Entwicklung des Eigenvektors φ zum Eigenwert $\varepsilon_n + \lambda E_{1\varrho'}$ um:

$$\varphi = \sum \mathbf{S} \, \Phi_{\varepsilon, \varrho} (\varepsilon, \varrho \,|\, \varphi), \qquad (6.12)$$

so erhält man dann mit

$$(\varepsilon, \varrho \,|\, \varphi) = (\varepsilon, \varrho \,|\, \varphi_0) + \lambda (\varepsilon, \varrho \,|\, \varphi_1) + \cdots,$$

$$(\varepsilon, \varrho \,|\, \varphi_0) = \delta_{\varepsilon, \varepsilon_n} \delta_{\varrho\varrho'}$$

statt (6.9):

$$(\varepsilon - \varepsilon_n)\,(\varepsilon, \varrho \,|\, \varphi_1) + (\varepsilon, \varrho \,|\, H_1 \,|\, \varepsilon_n, \varrho') = 0, \qquad (6.13)$$

woraus sich für $\varepsilon \neq \varepsilon_n$

$$(\varepsilon, \varrho \,|\, \varphi_1) = \frac{1}{\varepsilon_n - \varepsilon}\,(\varepsilon, \varrho \,|\, H_1 \,|\, \varepsilon_n, \varrho') \qquad (6.14)$$

ergibt. Damit $(\varepsilon, \varrho \,|\, \varphi)$ normiert ist, muß sein:

$$1 = \sum_\varrho \mathbf{S}_\varepsilon \,|(\varepsilon, \varrho \,|\, \varphi)|^2 = 1 + \lambda [(\varepsilon_n, \varrho' \,|\, \varphi_1) + \overline{(\varepsilon_n, \varrho' \,|\, \varphi_1)}] + \cdots$$

Dies ist erfüllt, wenn wir für $\varepsilon = \varepsilon_n$

$$(\varepsilon_n, \varrho \,|\, \varphi_1) = 0 \qquad (6.15)$$

setzen. Aus (6.14) erkennen wir, wann die erste Näherung brauchbare Resultate liefern wird: $(\varepsilon - \varepsilon_n)$ muß groß gegenüber den $(\varepsilon, \varrho \,|\, H_1 \,|\, \varepsilon_n, \varrho')$ sein, weil nur dann die Zusatzglieder $(\varepsilon, \varrho \,|\, \varphi_1)$ klein werden. Dies ist um so eher verletzt, je dichter zwei „ungestörte" Energieterme $\varepsilon_n, \varepsilon_m$ zusammenliegen. Wie man dann verfahren kann, werden wir weiter unten sehen.

13a*

Das wesentliche Ergebnis der Näherungsrechnung ist, daß ein entarteter Eigenwert durch die Störung H_1 in so viele Eigenwerte aufspalten kann, wie der Entartungsgrad beträgt; die erste Näherung für die Aufspaltung ergibt sich aus den Eigenwerten des Eigenwertproblems (6.8) oder, falls man schon die richtigen Linearkombinationen kennt, aus den Diagonalwerten (6.11). Ist das Problem (6.8) endlich dimensional, so sind die Eigenwerte E_1 die Wurzeln der sogenannten Säkulargleichung:

$$
\begin{vmatrix}
(\varepsilon_n,\ 1|H_1|\varepsilon_n,\ 1) - E_1 & (\varepsilon_n,\ 1|H_1|\varepsilon_n,\ 2) \ldots\ldots & \ldots \\
(\varepsilon_n,\ 2|H_1|\varepsilon_n,\ 1) & (\varepsilon_n,\ 2|H_1|\varepsilon_n,\ 2) - E_1 & \ldots \\
\ldots\ldots\ldots\ldots\ldots\ldots & \ldots\ldots\ldots\ldots\ldots\ldots & \ldots \\
\ldots\ldots\ldots\ldots\ldots\ldots & \ldots\ldots\ldots\ldots\ldots\ldots & \ldots
\end{vmatrix}
\tag{6.16}
$$
$$
= |(\varepsilon_n,\ \omega|H_1|\varepsilon_n,\ \omega') - \delta_{\omega\,\omega'}\,E_1| = 0,
$$

Die Aufspaltung eines Eigenwertes ε von H_0 durch die Störung H_1 in höchstens so viele Terme, wie der Entartungsgrad von ε beträgt, folgt allgemein aus der Voraussetzung, daß Eigenwerte wie Eigenvektoren stetig von λ abhängen. $E_1, E_2, \ldots, E_m$ seien die Eigenwerte von H, die sich für $\lambda \to 0$ dem Eigenwert ε von H_0 beliebig nähern. Die zu $E_1, E_2, \ldots, E_m$ gehörigen Eigenvektoren bilden einen Teilraum, der n-dimensional sei, so daß $n \geqq m$ sein muß. Bei stetiger Veränderung kann sich n als ganze Zahl nicht ändern, also ist ε n-fach entartet.

Die Zahl m der Terme E_ν, in die ε durch die Störung aufspaltet, ergibt sich oft aus der Symmetrie des Problems. Ist H sowie H_0 mit einer Gruppe unitärer Transformationen U vertauschbar, die eine Darstellung der Gruppe von Symmetrieoperationen für das betrachtete System darstellen (wie z. B. im Falle des Wasserstoffatoms die Symmetrie der räumlichen Drehungen), so sind die zu den E_ν gehörigen Eigenräume $\mathfrak{r}_\nu$ invariant gegenüber den darstellenden Transformationen U. Die so in $\mathfrak{r}_\nu$ induzierte Darstellung möge in irreduzible Teile $\mathfrak{t}_{\alpha\nu}$ $(\alpha = 1, 2, \ldots, \lambda_\nu)$ zerfallen. Bei der stetigen Änderung von λ können sich zwar die Vektoren, aber nicht die irreduziblen Darstellungen ändern, weil die Charaktere nicht äquivalenter Darstellungen orthogonale Klassenfunktionen darstellen. So folgt für $\lambda \to 0$, daß der zum Eigenwert ε von H_0 gehörende Eigenraum $\mathfrak{R}$ hinsichtlich der Darstellung der Symmetriegruppe in irreduzible Bestandteile $\mathfrak{z}_\nu$ zerfällt:

$$
\mathfrak{R} = \mathfrak{z}_1 \oplus \mathfrak{z}_2 \oplus \cdots \oplus \mathfrak{z}_\varrho,
\tag{6.17}
$$

so daß mit

$$
\mathfrak{r}_\nu = \mathfrak{t}_{1\nu} \oplus \mathfrak{t}_{2\nu} \oplus \cdots \oplus \mathfrak{t}_{\lambda_\nu\nu},
\tag{6.18}
$$

die $\mathfrak{z}_\alpha$ in geeigneter Reihenfolge den $\mathfrak{t}_{\beta\nu}$ isomorph sind und damit $\varrho = \lambda_1 + \lambda_2 + \cdots + \lambda_m$ ist.

Es ist also $m \le \varrho$. Im allgemeinen werden die $\mathfrak{r}_\nu$ selbst irreduzibel sein (und damit gleich einem einzigen $\mathfrak{t}_{1\nu}$ sein), so daß die Zahl m der Terme E_ν mit der Zahl ϱ der irreduziblen Bestandteile von $\mathfrak{R}$ zusammenfällt.

Die Ausreduktion von $\mathfrak{R}$ in der Form (6.17) gestattet es, das Eigenwertproblem (6.8) wesentlich zu vereinfachen· Sind z. B. alle $\mathfrak{z}_i$ inäquivalent, so sind durch die Zerlegung (6.17) schon die „richtigen" Linearkombinationen gegeben. Um dies zu zeigen, wollen wir allgemeiner annehmen, daß z. B. $\mathfrak{z}_1, \mathfrak{z}_2, \ldots, \mathfrak{z}_\sigma$ eine Schar untereinander isomorpher Bestandteile von $\mathfrak{R}$ darstellen mögen.

$$\mathfrak{z}_\alpha : u_{\alpha 1}, \ldots, u_{\alpha \nu} \tag{6.19}$$

mögen isomorphe Basen dieser $\mathfrak{z}_\alpha$ sein. Da $P_\mathfrak{R} H_1 P_\mathfrak{R}$ mit der Darstellung in $\mathfrak{R}$ vertauschbar ist, transformiert $P_\mathfrak{R} H_1 P_\mathfrak{R}$ die Teilräume $\mathfrak{w}_\tau : u_{1\tau}, \ldots, u_{\sigma\tau}$ isomorph in sich[1], so daß das Problem (6.8) in σ-dimensionale Einzelprobleme aufspaltet. Ist nur ein isomorpher Bestandteil vorhanden, d. h. $\sigma = 1$, so sind die Vektoren von $\mathfrak{z}_1$ Eigenvektoren des Problems (6.8) zum selben Eigenwert. Ist $\sigma \ge 1$, so sind geeignete Linearkombinationen $u'_{1\tau}, \ldots, u'_{\sigma\tau}$ der $u_{1\tau}, \ldots, u_{\sigma\tau}$ (für jedes τ in der gleichen Weise!) so zu bilden, daß sie Eigenvektoren des Problems (6.8) sind. Benutzung der so gewählten Linearkombinationen $u'_{\alpha\beta}$ ergibt nur eine andere Zerlegung des durch $\mathfrak{z}_1, \ldots, \mathfrak{z}_\sigma$ aufgespannten Raumes in isomorphe, irreduzible Teile:

$$\mathfrak{z}_1 \oplus \mathfrak{z}_2 \oplus \cdots \oplus \mathfrak{z}_\sigma = \mathfrak{z}'_1 \oplus \cdots \oplus \mathfrak{z}'_\sigma \tag{6.20}$$

mit

$$\mathfrak{z}'_\alpha \cdot u'_{\alpha 1}, \ldots, u'_{\alpha \nu}. \tag{6.21}$$

Will man die Störungsrechnung weiter treiben, als wie es oben gezeigt wurde, so muß man ein Verfahren angeben, das man laufend wiederholen kann. In der H_0-Darstellung hat $H = H_0 + \lambda H_1$ die Darsteller $(\varepsilon, \omega | H | \varepsilon', \omega') = \varepsilon\, \delta_{\varepsilon\varepsilon'}\, \delta_{\omega\omega'} + \lambda(\varepsilon, \omega | H_1 | \varepsilon', \omega')$. Wir addieren von H_1 alle Elemente $(\varepsilon, \omega | H_1 | \varepsilon, \omega')$ zu dem vorderen Summanden $\varepsilon\, \delta_{\varepsilon\varepsilon'}\, \delta_{\omega\omega}$ hinzu, so daß

$$(\varepsilon, \omega | H | \varepsilon', \omega') = (\varepsilon, \omega | \overline{H_0} | \varepsilon', \omega') + \lambda(\varepsilon, \omega | H_1 | \varepsilon', \omega')_{\varepsilon \ne \varepsilon'} \tag{6.22}$$

mit

$$(\varepsilon, \omega | \overline{H_0} | \varepsilon', \omega') = [\varepsilon\, \delta_{\omega\omega'} + \lambda(\varepsilon, \omega | H_1 | \varepsilon, \omega')]\, \delta_{\varepsilon\varepsilon'} \tag{6.23}$$

ist. Die Eigenwerte von $\overline{H_0}$ sind die Eigenwerte erster Näherung von $H_0 + \lambda H_1$. Wir wollen annehmen, daß diese Änderung von H_0 in $\overline{H_0}$ von Anfang an geschehen sei, so daß wir, um unnötige Bezeichnungsänderungen zu vermeiden, einfach annehmen dürfen, daß für $H_0 + \lambda H_1$ der Operator H_1 in der H_0-Darstellung *keine* Matrixelemente $(\varepsilon, \omega | H_1 | \varepsilon, \omega')$ besitzt.

---

[1] Anhang II, § 9.

Wenn man mit allen Observablen A sowie mit dem statistischen Operator W eine unitäre Transformation $A' = U A U^*$ durchführt, so erhält man eine äquivalente Darstellung der Observablen durch Operatoren, so daß alle physikalischen Aussagen ungeändert bleiben. Wir suchen nun ein solches

$$U = e^{i\lambda S} \tag{6.24}$$

(wobei also S Hermitesch sein muß), so daß $H' = U H U^*$ $= e^{i\lambda S}(H_0 + \lambda H)e^{-i\lambda S}$ keine Glieder erster Ordnung in λ enthält. Es muß also

$$H_1 = i[H_0, S] \tag{6.25}$$

sein[1]. Diese Bedingung ist erfüllt, wenn man in der H_0-Darstellung:

$$(\varepsilon, \omega|S|\varepsilon', \omega') = \frac{1}{i}\frac{(\varepsilon, \omega|H_1|\varepsilon', \omega')}{\varepsilon - \varepsilon'} \tag{6.26}$$

setzt. Mit dem so gewählten S wird dann

$$H' = H_0 + \frac{\lambda^2}{2}i[S, H_1] + \cdots = H_0 + H_2. \tag{6.27}$$

Mit diesem Operator kann man nun genau so verfahren wie oben mit $H_0 + \lambda H_1$. In der H_0-Darstellung ist dann:

$$(\varepsilon, \omega|H'|\varepsilon', \omega') = \varepsilon\,\delta_{\varepsilon\varepsilon'}\,\delta_{\omega\omega'} + (\varepsilon, \omega|H_2|\varepsilon', \omega') = \varepsilon\,\delta_{\varepsilon\varepsilon'}\,\delta_{\omega\omega'} + \tag{6.28}$$

$$+ \frac{\lambda^2}{2}\sum_{\varepsilon'', \omega''}\left(\frac{1}{\varepsilon - \varepsilon''} + \frac{1}{\varepsilon' - \varepsilon''}\right)(\varepsilon, \omega|H_1|\varepsilon'', \omega'')(\varepsilon'', \omega''|H_1|\varepsilon', \omega') + \cdots.$$

Die Elemente $(\varepsilon, \omega|H_2|\varepsilon, \omega')$ kann man wieder zum vorderen Summanden $\varepsilon\,\delta_{\varepsilon\varepsilon'}\,\delta_{\omega\omega'}$ ziehen, so daß dieser in ein $\overline{\overline{H_0}}$ übergeht, dessen Eigenwerte mit den Eigenwerten von H bis zur zweiten Ordnung in λ übereinstimmen.

Hiermit haben wir ein rekursives Verfahren gewonnen, um näherungsweise das Spektrum eines Operators zu bestimmen.

§ 7. Die Alkalispektren.

Dem Wasserstoffspektrum sehr ähnlich sind die Alkalispektren. Wie wir in X, § 3 sehen werden, kann man die Atome der Alkalireihe des periodischen Systems (Li, Na, K, Rb, Cs) als Einelektronenprobleme behandeln, indem man die Bewegung eines Elektrons, des „Leuchtelektrons", im COULOMB-Feld des Kerns und im mittleren Feld der übrigen Elektronen betrachtet. Das Potential $V(r)$ für das Leuchtelektron hat also für große Werte von r die Form $-\dfrac{e^2}{r}$ entsprechend der Tatsache, daß die Kernladung Ze durch die restlichen $Z - 1$

---

[1] Man bemerke, daß (6.25) damit gleichbedeutend ist, daß im Wechselwirkungsbild $\hbar\dot{S} = H_1$ ist!

Elektronen bis auf eine Elementarladung abgeschirmt wird. Für sehr kleine Werte von r muß dagegen die Ladung Ze voll wirksam werden, so daß für kleine r $V(r) \sim -\dfrac{Ze^2}{r}$ ist. Das Potential können wir daher schreiben

$$V(r) = -\frac{e^2}{r} + V_1(r), \qquad (7.1)$$

wo $V_1(r)$ negativ und nur in Kernnähe von Null verschieden ist. Mit H_0 als Energieoperator des Wasserstoffatoms und $H_1 = V_1$ (mit $\lambda = 1$) erhalten wir aus den Betrachtungen zur Störungsrechnung folgende Ergebnisse: Der zu dem Energieeigenwert $\varepsilon_n = -\dfrac{R}{n^2}$ von H_0 gehörige Eigenraum $\mathfrak{R}_n$ zerlegt sich nach irreduziblen Darstellungen der Drehgruppe in

$$\mathfrak{R}_n = \sum_{l=0}^{n-1} \oplus \, \mathfrak{r}^l, \qquad (7.2)$$

wobei in $\mathfrak{r}^l$ die zur Drehimpulsquantenzahl l gehörende irreduzible Darstellung D_l der Drehgruppe erzeugt wird. Im allgemeinen wird also der Eigenwert ε_n in n Eigenwerte E_{nl} ($l = 0, 1, \ldots, n-1$) aufgespalten.

In erster Näherung sind die richtigen Linearkombinationen $\Phi_{\varepsilon_n, l}$ in der Ortsdarstellung die in (4.7) angegebenen Eigenfunktionen. Die Energiewerte werden also in erster Näherung gleich:

$$E_{n,l} = -\frac{R}{n^2} + (\varepsilon_n, l, m \,|\, V_1 \,|\, \varepsilon_n, l, m), \qquad (7.3)$$

wobei $(\varepsilon_n, l, m \,|\, V_1 \,|\, \varepsilon_n, l, m)$ nicht von m abhängen kann:

$$(\varepsilon_n, l, m \,|\, V_1 \,|\, \varepsilon_n, l, m)$$
$$= \left(\frac{2}{An}\right)^3 \frac{(n-l-1)!}{2n[(n+l)!]^3} \int V_1(r) \left(2\,\frac{r}{r_0}\right)^{2l} \left| L_{n+l}^{2l+1}\left(2\,\frac{r}{r_0}\right) \right|^2 e^{-2\frac{r}{r_0}} r^2 \, dr. \qquad (7.4)$$

Da bei festem n sich die Verteilung $\left(2\,\dfrac{r}{r_0}\right)^{2l} \left| L_{n+l}^{2l+1}\left(2\,\dfrac{r}{r_0}\right) \right|^2 e^{-2\frac{r}{r_0}} r^2$ mit wachsendem l nach immer größeren r-Werten hin verschiebt (Abb. 12), so wird also der Term $E_{n,0}$ am tiefsten liegen und sich die $E_{n,l}$ mit wachsendem l dem Wert $-\dfrac{R}{n^2}$ nähern. Gerade das zeigen die Termschemata der Alkalien. In Abb. 17 ist dasjenige von Li dem vom H-Atom gegenübergestellt. Der Term mit $n = 1$ fehlt beim Li, wie später (X, § 3) erklärt werden wird. Für die anderen Terme $n = 2, 3, \ldots$ beobachtet man das geschilderte Verhalten.

In der Abb. 17 ist die konventionelle Termbezeichnung angegeben: Die Terme $E_{n,0}$ werden als S-Terme, $E_{n,1}$ als P-Terme, $E_{n,2}$ als D-Terme, $E_{n,3}$ als F-Terme (dann weiter alphabetisch) bezeichnet.

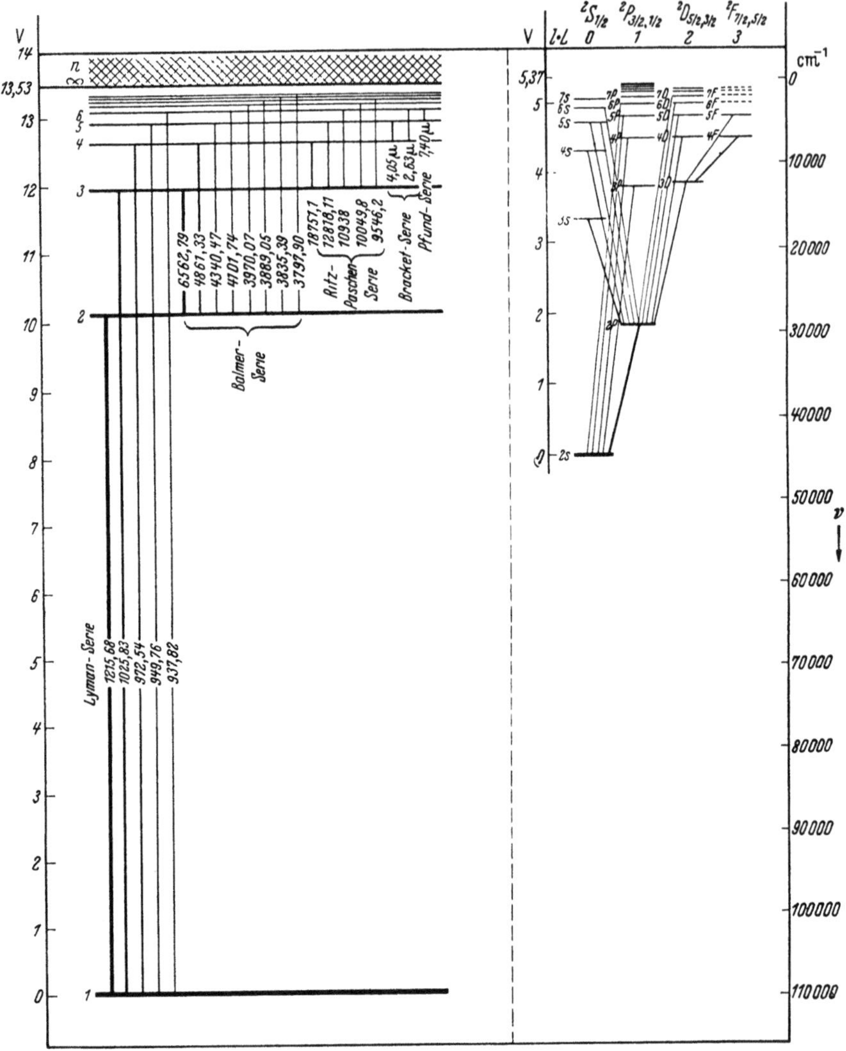

Abb. 17. Termschema des Wasserstoffatoms (links) und des Lithiums (rechts). Man erkennt das Absinken besonders der Terme mit $l = 0$ gegenüber den Wasserstofftermen.

§ 8. Elektronenspin.

Bei genauer Beobachtung des Spektrums zeigt es sich, daß bei den Alkalien die meisten Terme (alle mit $l \neq 0$) aus zwei dicht nebeneinanderliegenden Termen bestehen. Die Terme mit $l = 0$ bei den Alkalien sind weiterhin einfach. Der Grundzustand $E_{2,0}$ (nach oben fällt $E_{1,0}$ fort) eines Li-Atoms oder der Grundzustand $E_{1,0}$ eines Wasserstoffatoms dürfte nach der bisher entwickelten Theorie nicht entartet sein. Tatsächlich aber zeigt der STERN-GERLACH-Versuch eine

Aufspaltung des Atomstrahls in zwei Komponenten. Alles dies deutet darauf hin, daß die in III, § 8 gemachte Voraussetzung, daß der von Q_1, Q_2, Q_3 erzeugte Körper von Eigenschaften $K_{Q_1 Q_2 Q_3}$ vollständig ist, für eine feinere Beschreibung des Elektrons nicht mehr zulässig ist. Nun haben wir in III, § 8 gesehen, daß bei Fortlassen dieser Voraussetzung der HILBERT-Raum $\mathfrak{H}$ sich zerlegt in Teilräume

$$\mathfrak{H} = \mathfrak{R}_1 \oplus \mathfrak{R}_2 \oplus \cdots, \qquad (8.1)$$

wobei sich die $\mathfrak{R}_\nu$ hinsichtlich der Wirkung der Operatoren P_i, Q_i isomorph verhalten, so daß wir statt (8.1) auch

$$\mathfrak{H} = \mathfrak{R}_b \times \mathfrak{r}_s \qquad (8.2)$$

schreiben können, wobei die P_i, Q_i so in $\mathfrak{R}_b$ wirken, daß $\mathfrak{R}_b$ irreduzibel und isomorph zu den $\mathfrak{R}_\nu$ aus (8.1) ist. Auf die Vektoren von $\mathfrak{r}_s$ wirken die P_i, Q_i nicht. Ist dann u_ν^s ein vollständiges normiertes Orthogonalsystem in $\mathfrak{r}_s$, so ist

$$\mathfrak{H} = \mathfrak{R}_b \times u_1^s \oplus \mathfrak{R}_b \times u_2^s \oplus \cdots, \qquad (8.3)$$

wobei die $\mathfrak{R}_b \times u_\alpha^s$ isomorph hinsichtlich der Operatoren P_i, Q_i zu $\mathfrak{R}_b$ sind. Für den HILBERT-Raum $\mathfrak{H}$ des Elektrons muß also allgemein (8.2) gelten. Die experimentell gefundene zweifache Aufspaltung der Terme, wie die zweifache Aufspaltung der Atomstrahlen im STERN-GERLACH-Versuch, legt es nahe, für $\mathfrak{r}_s$ einen zweidimensionalen Vektorraum zu benutzen. Damit ist also $\mathfrak{H} = \mathfrak{R}_1 \oplus \mathfrak{R}_2$ mit $\mathfrak{R}_1 = \mathfrak{R}_b \times u_1^s$ und $\mathfrak{R}_2 = \mathfrak{R}_b \times u_2^s$. Es stellt sich so die Aufgabe, neben den P_i, Q_i andere Observablen und ihre Operatoren in $\mathfrak{H}$ zu untersuchen.

Wir fragen zuerst nach den unitären Transformationen, die den räumlichen Translationen und Drehungen des physikalischen Systems entsprechen.

Es sei V_T der unitäre Operator, der der Translation T um α_i in den Koordinatenrichtungen zugeordnet ist. Dann muß

$$V_T P_k V_T^* = P_k; \qquad V_T Q_k V_T^* = Q - \alpha_k 1 \qquad (8.4)$$

sein. Mit $U_T \times 1 = e^{-\frac{i}{\hbar} \sum_K \alpha_K P_K} \times 1$ und $W_T = V_T(U_T^* \times 1)$ folgt

$$W_T P_k W_T^* = P_k; \qquad W_T Q_k W_T^* = Q_k. \qquad (8.5)$$

W_T ist also ein sowohl mit den P_k wie Q_k vertauschbarer Operator. Betrachten wir die Basisvektoren $\varphi_\nu u_1^s$ von $\mathfrak{R}_1$ und $\varphi_\nu u_2^s$ von $\mathfrak{R}_2$, so transformiert also W_T die zweidimensionalen Räume $(\varphi_\nu u_1^s, \varphi_\nu u_2^s)$ isomorph, d. h. W_T ist ein nur auf die Vektoren von $\mathfrak{r}_s$ wirkender Operator, d. h. $W_T = 1 \times R_T$. Damit wird $V_T = e^{\frac{i}{\hbar} \sum_K \alpha_K P_K} \times R_T$.

Dasselbe hätten wir zeigen können für Drehungen D, so daß $V_D = U_D \times R_D$ ist, wo U_D die in (III, 11.7) betrachteten unitären

Transformationen sind. Die Operatoren R_T und R_D müssen also eine Darstellung (bis auf einen Faktor) der Translations- bzw. Drehgruppe im Raume $\mathfrak{r}_s$ bilden.

Wie in § 2 gezeigt wurde, sind die in den $\mathfrak{R}_j$ erzeugten Darstellungen D_j mit $j = 0, 1/2, 1, 3/2, \ldots$ die einzigen irreduziblen Darstellungen der Drehgruppe. D_j ist eine $(2j + 1)$ dimensionale Darstellung. Da $\mathfrak{r}_s$ zweidimensional ist, gibt es für die Darstellung der Drehgruppe in $\mathfrak{r}_s$ nur zwei Möglichkeiten:

$$\mathfrak{r}_s = \mathfrak{R}_0 \oplus \mathfrak{R}_0$$

oder

$$\mathfrak{r}_s = \mathfrak{R}_{1/2}.$$

Im ersten Falle sind alle R_D Einheitsoperatoren. Der Teilraum, der zu einem Alkaliterm $E_{n,l}$ gehört, würde gleich $\mathfrak{R}_{n,l} \times \mathfrak{r}_s$ sein, wo $\mathfrak{R}_{n,l}$ die Eigenvektoren von $\overset{0}{H} =: \dfrac{1}{2m} \sum\limits_k P_k^2 + V(r)$ zum Eigenwert $E_{n,l}$ enthält. Damit eine Aufspaltung von $E_{n,l}$ möglich ist, muß der HAMILTON-Operator neben $\overset{0}{H}$ ein Zusatzglied H_1 enthalten, das als Operator nicht nur auf die Vektoren von $\mathfrak{R}_b$ wirkt. $\mathfrak{R}_{n,l} \times \mathfrak{r}_s$ zerfällt aber, wenn $\mathfrak{r}_s = \mathfrak{R}_0 \oplus \mathfrak{R}_0$ ist, in zwei irreduzible Teilräume, die beide die Darstellung D_l geben. Die Terme $E_{n,l}$ würden in zwei Komponenten aufspalten, wobei nach Erfahrung die beiden Komponenten von $E_{n,0}$ immer „zufällig" zusammenfallen müßten. Der Grundterm mit $l = 0$ hätte rein kugelsymmetrische Eigenfunktionen, was direkt im Widerspruch zum STERN-GERLACH-Versuch stände, wonach eine *Richtungsaufspaltung* stattfindet, d. h. eine Aufspaltung des zweifach entarteten Terms $E_{n,0}$ nach zwei Eigenfunktionen, die abhängig ist von der Richtung des angelegten Magnetfeldes. Auch die Auswahlregeln für die Spektrallinien (IX, § 3 und 4, und X, § 5) lassen sich nicht aus der Annahme $\mathfrak{r}_s = \mathfrak{R}_0 \oplus \mathfrak{R}_0$ herleiten.

Es bleibt also nur die zweite Möglichkeit, daß $\mathfrak{r}_s$ die irreduzible Darstellung $D_{1/2}$ erzeugt. Dies entspricht einer Drehimpulsquantenzahl $j = 1/2$. Es entsteht die Aufgabe, den Gesamtdrehimpuls eines Elektrons mit dem HILBERT-Raum $\mathfrak{H} = \mathfrak{R}_b \times \mathfrak{r}_s$ zu untersuchen, was im nächsten Paragraphen durchgeführt wird. Es ergibt sich dabei, daß man den Drehimpuls als Summe eines Bahndrehimpulses, dessen Operatoren nur in $\mathfrak{R}_b$, so wie in (III, 11.14) beschrieben, wirken, und eines „Spindrehimpulses" der Quantenzahl $j = 1/2$, dessen Operatoren nur in $\mathfrak{r}_s$ wirken, auffassen kann. Vorher soll aber auch die Darstellung der Translationsgruppe untersucht werden.

Im dreidimensionalen Raum gilt für die Operatoren I_k der infinitesimalen Translationen in den Koordinatenrichtungen $D\,I_k\,D^{-1} = I_k'$, wobei $I_i' = \sum\limits_k \alpha_{ik} I_k$ mit der Matrix α_{ik} der Drehung D ist, andererseits auch $I_k I_l - I_l I_k = 0$. Daher muß auch $R_D R_{I_k} R_D^* = R_{I_k'}$ und

$[R_{I_k}, R_{I_l}] = 0$ sein[1]. Insbesondere folgt für infinitesimale Drehungen (mit den L_ν als infinitesimalen Drehungen in $\mathfrak{r}_s$):

$$[L_\nu, R_{I_\varkappa}] = i\, R_{I_\varrho}, \quad \nu, \varkappa, \varrho = \begin{cases} 1 & 2 & 3 \\ 3 & 1 & 2 \\ 2 & 3 & 1 \end{cases} \quad [L_\nu, R_{I_\nu}] = 0. \quad (8.6)$$

Zusammen mit $[R_{I_k}, R_{I_l}] = 0$ folgt daraus $R_{I_k} = 0$: Beweis: Ist ein R_{I_k} ein Vielfaches der Einheitsmatrix, so folgt aus (8.6), daß alle R_{I_k} gleich Null sind. Wählen wir die beiden Basisvektoren in $\mathfrak{r}_s$ gleich $u_{1/2}$ und $u_{-1/2}$, so daß $L_3 u_\mu = \mu\, u_\mu$ ist, so folgt aus (8.6) $R_{I_3} u_{1/2} = \alpha_3 u_{1/2}$ und $R_{I_3} u_{-1/2} = \beta_3 u_{-1/2}$. Wenn R_{I_3} nicht Vielfaches der Einheitsmatrix sein soll, muß $\alpha_3 \neq \beta_3$ sein. Da R_{I_1} und R_{I_2} mit R_{I_3} vertauschbar sind, so gilt auch $R_{I_1} u_{1/2} = \alpha_1 u_{1/2}$, $R_{I_1} u_{-1/2} = \beta_1 u_{-1/2}$ und entsprechend für R_{I_l}. Damit ist R_{I_1} und R_{I_2} mit L_3 vertauschbar und daher nach (8.6) $R_{I_1} = 0$, $R_{I_2} = 0$ und schließlich auch $R_{I_3} = 0$.

Die Translationen werden also im HILBERT-Raum $\mathfrak{R}_b \times \mathfrak{r}_s$ durch die $e^{\frac{i}{\hbar} \sum\limits_K \alpha_K P_K} \times 1$ dargestellt.

§ 9. Addition von Drehimpulsen.

Die unitären Operatoren der Drehungen in $\mathfrak{H} = \mathfrak{R}_b \times \mathfrak{r}_s$ sind gleich $V_D = U_D \times R_D$, wo die R_D in $\mathfrak{r}_s$ die Darstellung $D_{1/2}$ bilden. Man nennt die Darstellung in $\mathfrak{H}$ die Produktdarstellung der beiden Darstellungen in $\mathfrak{R}_b$ und $\mathfrak{r}_s$. Der HAMILTON-Operator eines Elektrons wird die Form $H = \underset{0}{H} \times 1 + H_1$ haben, wo $\underset{0}{H} = \dfrac{1}{2m} \sum\limits_k P_k^2 + V(Q_k)$ ist und das Zusatzglied H_1 auf die ganzen Vektoren aus $\mathfrak{R}_b \times \mathfrak{r}_s$ einwirkt. H wird also nicht mehr mit $U_D \times 1$ vertauschbar sein wie $H_0 \times 1$. Da aber H ein Skalar ist und keine äußeren Felder vorhanden sein sollen, gilt jetzt

$$V_D H = H V_D. \quad (9.1)$$

Daraus folgt für die infinitesimalen Drehungen $V_D = 1 + \sum\limits_k \varepsilon_k I_k$, $U_D = 1 + \sum\limits_K \varepsilon_K I_K$, $R_D = 1 + \sum\limits_K \varepsilon_K \underline{I}_K$:

$$\boldsymbol{I}_K = I_K \times 1 + 1 \times \underline{I}_K; \quad \boldsymbol{I}_K H - H \boldsymbol{I}_K = 0. \quad (9.2)$$

Mit dem HERMITEschen Operator $M_K = i\,\boldsymbol{I}_K$; $L_K = i\,I_K$; $S_K = i\,\underline{I}_K$ ist also

$$M_K = L_K \times 1 + 1 \times S_K; \quad M_K H - H M_K = 0. \quad (9.3)$$

---

[1] $T = 1 + \sum\limits_{K=1}^{3} \alpha_K I_K$; $\quad R_T = 1 + \sum\limits_K \alpha_K R_{I_K}$.

Da nicht mehr $L_K \times 1$ mit H vertauschbar ist, sondern M_K und somit den Erhaltungssatz $M_K = 0$ erfüllt, werden wir die Observable M_K als Drehimpuls bezeichnen. $L_K \times 1$ nennt man den Bahndrehimpuls und $1 \times S_K$ den Spindrehimpuls des Elektrons. M_K ist also die Summe von Bahn- und Spindrehimpuls.

Die Bestimmung der Eigenwerte und Eigenfunktionen des Drehimpulses M_K läuft darauf hinaus, die in $\mathfrak{H} = \mathfrak{R}_b \times \mathfrak{r}_s$ durch die V_D gegebene Produktdarstellung auszureduzieren. Wir wollen dieses Problem etwas verallgemeinern, indem wir die Ausreduktion von $\mathfrak{R}_1 \times \mathfrak{R}_2$ suchen, wo beide $\mathfrak{R}_1$ und $\mathfrak{R}_2$ beliebige Darstellungsräume sind. Wenn $\mathfrak{R}_1 = \sum_k \oplus \mathfrak{r}_k$ und $\mathfrak{R}_2 = \sum_l \oplus \mathfrak{s}_l$ ist, wo die $\mathfrak{r}_k$ und $\mathfrak{s}_l$ irreduzibel sind, so folgt leicht: $\mathfrak{R}_1 \times \mathfrak{R}_2 = \sum_{k,l} \oplus (\mathfrak{r}_k \times \mathfrak{s}_l)$, wo die $\mathfrak{r}_k \times \mathfrak{s}_l$ invariante Teilräume, aber nicht notwendig irreduzibel sind. Damit reduziert sich das Problem auf die Ausreduktion von $\mathfrak{R}_j \times \mathfrak{R}_{j'}$.

Der Charakter der Produktdarstellung in $\mathfrak{R}_1 \times \mathfrak{R}_2$ ist, wie leicht zu sehen, das Produkt des Charakters der einzelnen Darstellungen in $\mathfrak{R}_1$ und $\mathfrak{R}_2$. Mit $\varphi = 2\alpha$ ist also nach (2.27), wenn wir statt $\chi(W)$ $\chi(\varphi)$ schreiben.

$$\chi_j(\varphi) = \sum_{m=-j}^{+j} e^{i m \varphi} \tag{9.4}$$

und damit als Charakter $\chi(\varphi)$ der Darstellung $D_j \times D_{j'}$:

$$\chi(\varphi) = \sum_{m=-j}^{+j} e^{i m \varphi} \sum_{m'=-j'}^{+j'} e^{i m' \varphi} = \sum_{m,m'} e^{i(m+m')\varphi}$$
$$= \sum_{J=|j-j'|}^{|j+j'|} \sum_{k=-J}^{+J} e^{i k \varphi}. \tag{9.5}$$

Also ist $D_j \times D_{j'} = D_{j+j'} + D_{j+j'-1} + \cdots + D_{|j-j'|}$.

Falls der Drehimpuls des durch $\mathfrak{R}_j$ beschriebenen Systems gleich j, der des zweiten durch $\mathfrak{R}_{j'}$ beschriebenen Systems gleich j' ist, kann der Gesamtdrehimpuls J die Werte $j+j', j+j'-1, \ldots, |j-j'|$ annehmen. Ist im Falle $\mathfrak{H} = \mathfrak{R}_b \times \mathfrak{r}_s$ der Bahndrehimpuls gleich l, so ist also $\mathfrak{R}_l \times \mathfrak{r}_s$ auszureduzieren, und man erhält den Gesamtdrehimpuls $j = l + \frac{1}{2}$ oder $j = l - \frac{1}{2}$, wenn $l > 0$ ist; für $l = 0$ ist nur $j = \frac{1}{2}$ möglich. Man sagt kurz: Der Spin kann sich zum Bahndrehimpuls addieren oder von ihm subtrahieren.

Es soll der Vektorraum $\mathfrak{R}_j \times \mathfrak{R}_{j'}$ explizite ausreduziert werden, d. h. die Teilräume von $\mathfrak{R}_j \times \mathfrak{R}_{j'}$ und ihre Basisvektoren angegeben werden, die die irreduziblen Teile ergeben. Die Zerlegung von $\mathfrak{R}_j \times \mathfrak{R}_{j'}$ in irreduzible Teile ist eindeutig bestimmt. Die Vektoren von $\mathfrak{R}_j$ bzw. $\mathfrak{R}_{j'}$ können wir nach (2.24) in der Form

$$U_m = \frac{u_+^{j+m} u_-^{j-m}}{\sqrt{(j+m)! \, (j-m)!}} \quad \text{bzw.} \quad V_{m'} = \frac{v_+^{j'+m'} v_-^{j'-m'}}{\sqrt{(j'+m')! \, (j'-m')!}} \tag{9.6}$$

schreiben, wo v_+, v_- dieselbe Darstellung $D_{1/2}$ wie u_+, u_- erfahren sollen.

Man entwickle den Ausdruck

$$K_J = (u_+ v_- - u_- v_+)^{j+j'-J} (u_+ x + u_- y)^{j-j'+J} (v_+ x + v_- y)^{j'-j+J} \qquad (9.7)$$

nach Potenzen von x, y. Die Koeffizienten von

$$X_M^J = \frac{x^{J+M} y^{J-M}}{\sqrt{(J+M)!\,(J-M)!}} \qquad (9.8)$$

bilden dann, wie wir beweisen wollen, bis auf einen Normierungsfaktor die gesuchten Linearkombinationen W_M^J der u_m und $v_{m'}$, die sich nach D_J transformieren. K_J läßt sich für alle $J = j + j'$, $j + j' - 1$, $\dots$, $|j - j'|$ in derselben Weise auswerten.

Um die Transformationseigenschaft der Koeffizienten der X_M^J in K_J zu beweisen, beachte man, daß K_J invariant ist bei der Gruppe $\mathfrak{u}_2$, wenn man die x, y kontragredient zu den u_+, u_- transformiert. Daher transformieren sich die Koeffizienten der X_M^J kontragredient zu den X_M^J. Nun ist für die Invariante $(u_+ x + u_- y)^{2J}$:

$$(u_+ x + u_- y)^{2J} = \sum_{v=0}^{2J} \frac{(2J)!}{v!\,(2J-v)!}\, u_+^v\, x^v\, u_-^{2J-v}\, y^{2J-v} \qquad (9.9)$$

$$= (2J)! \sum_{M=-J}^{J} \frac{1}{(J+M)!\,(J-M)!}\, u_+^{J+M}\, x^{J+M}\, u_-^{J-M}\, y^{J-M}$$

$$= (2J)! \sum_{M=-J}^{J} \frac{u_+^{J+M}\, u_-^{J-M}}{\sqrt{(J+M)!\,(J-M)!}}\, X_M^J.$$

Es werden also auch die $\dfrac{u_+^{J+M}\, u_-^{J-M}}{\sqrt{(J+M)!\,(J-M)!}}$ kontragredient zu den X_M^J transformiert. Also transformieren sich die Koeffizienten der X_M^J in K_J wie die

$$\frac{u_+^{J+M}\, u_-^{J-M}}{\sqrt{(J+M)!\,(J-M)!}}, \qquad (9.10)$$

d. h. nach D_J.

Um die Koeffizienten der X_M^J in K_J zu bestimmen, ist zu berechnen:

$$(u_+ v_- - u_- v_+)^{j+j'-J} = \sum_{v=0}^{j+j'-J} (-1)^v \binom{j+j'-J}{v} (u_+ v_-)^{j+j'-J-v} (u_- v_+)^v,$$

$$(u_+ x + u_- y)^{j-j'+J} = \sum_{\mu=0}^{j-j'+J} \binom{j-j'+J}{\mu} (u_+ x)^{j-j'+J-\mu} (u_- y)^{\mu},$$

$$(v_+ x + v_- y)^{j'-j+J} = \sum_{\varrho=0}^{j'-j+J} \binom{j'-j+J}{\varrho} (v_+ x)^{\varrho} (v_- y)^{j'-j+J-\varrho}.$$

Man führe statt μ und ϱ als neue Summationsvariablen $m = j - v - \mu$ und $m' = \varrho + v - j'$ ein. Dann wird

$$KJ = \sum_{m,\,m'} \sum_{v} (-1)^{v} \binom{j+j'-J}{v} \binom{j-j'+J}{j-v-m} \binom{j'-j+J}{j'-v+m'} \cdot$$
$$\cdot \, u_{+}^{j+m} \, u_{-}^{j-m} \, v_{+}^{j'+m'} \, v_{-}^{j'-m'} \, x^{J+(m+m')} \, y^{J-(m+m')} \qquad (9.11)$$
$$= (j+j'-J)!\,(j-j'+J)!\,(j'-j+J)! \sum_{m,\,m'} c_{m,\,m'}^{J} \cdot$$
$$\cdot \, u_{m} \, v_{m'} \, X_{m+m'}^{J} \cdot$$

Mit $m + m' = M$ ist dabei

$$c_{m,\,m'}^{J} = \sum_{v} (-1)^{v} \cdot$$
$$\cdot \, \frac{\sqrt{(j+m)!\,(j-m)!\,(j'+m')!\,(j'-m')!\,(J+M)!\,(J-M)!}}{v!\,(j+j'-J-v)!\,(j-v-m)!\,(J-j'+v+m)!\,(j'-v+m')!\,(J-j+v-m')!} \cdot \qquad (9.12)$$

Also ist mit einem Normierungsfaktor ϱ_J:

$$W_{M}^{J} = \varrho_J \sum_{\substack{m,\,m' \\ (m+m'=M)}} c_{m,\,m'}^{J} \, u_{m} \, v_{m'}. \qquad (9.13)$$

ϱ_J ist aus der Normierungsbedingung

$$\|W_{M}^{J}\|^{2} = 1 = |\varrho_J|^{2} \sum_{\substack{m,\,m' \\ (m+m'=M)}} |c_{m,\,m'}^{J}|^{2}$$

zu bestimmen. Die rechte Summe muß unabhängig von M sein, da $|\varrho_J|^{2}$ nicht von M abhängen kann. Wir wählen deshalb M speziell gleich J. Dann ist für $m + m' = J$ (wenn man $(j - m - v)!$ und $(J - j - m' + v)! = (-j + m + v)!$ beachtet, bleibt nur das Glied mit $v = j - m$ der Summe übrig):

$$c_{m,\,m'}^{J} = (-1)^{j-m} \frac{\sqrt{(2J)!}}{(J-j'+j)!\,(J+j'-j)!} \sqrt{\frac{(j+m)!\,(j'+m')!}{(j-m)!\,(j'-m')!}}$$
$$= (-1)^{j-m} \sqrt{\frac{(2J)!}{(J-j'+j)!\,(J+j'-j)!}} \binom{j+m}{j'-m'} \binom{j'+m'}{j-m}.$$

Damit ist:

$$\sum_{\substack{m,\,m' \\ (m+m'=J)}} |c_{m,\,m'}^{J}|^{2}$$
$$= \frac{(2J)!\,(-1)^{j'+j-J}}{(J-j'+j)!\,(J+j'-j)!} \sum_{\substack{m,\,m' \\ (m+m'=J)}} \binom{j'-j-J-1}{j'-m'} \binom{j-j'-J-1}{j-m}.$$

Wobei die Beziehung $\binom{u}{v} = (-1)^{v} \binom{v-u-1}{v}$ benutzt wurde. Nun gilt mit

$$(1+z)^{r} = \sum_{v} \binom{r}{v} z^{v} \quad \text{und} \quad (1+z)^{s} = \sum_{\mu} \binom{s}{\mu} z^{\mu}$$
$$(1+z)^{r+s} = \sum_{\tau} \binom{r+s}{\tau} z^{\tau} = (1+z)^{r}(1+z)^{s} = \sum_{v,\,\mu} \binom{r}{v} \binom{s}{\mu} z^{v+\mu}.$$

Also ist $\binom{r+s}{\tau} = \sum\limits_{\substack{\nu,\mu \\ (\nu+\mu=\tau)}} \binom{r}{\nu}\binom{s}{\mu}$. Unter Benutzung dieser Tatsache ist:

$$\sum\limits_{\substack{m,m' \\ (m+m'=J)}} |c^J_{m,m'}|^2 = \frac{(2J)!\,(-1)^{j'+j-J}}{(J-j'+j)!\,(J+j'-j)!}\binom{-2J-2}{j+j'-J}.$$

Wegen $\binom{-2J-2}{j+j'-J} = (-1)^{j+j'-J}\binom{j+j'+J+1}{j+j'-J}$ folgt schließlich

$$\sum\limits_{\substack{m\,m' \\ (m+m'=J)}} |c^J_{m,m'}|^2 = \frac{(j+j'+J+1)!}{(J-j'+j)!\,(J+j'-j)!\,(j+j'-J)!\,(2J+1)}$$

und

$$\varrho_J = \sqrt{\frac{(2J+1)\,(J+j'-j)!\,(J-j'+j)!\,(j+j'-J)!}{(j+j'+J+1)!}}.$$

Damit wird schließlich

$$W^J_M = \sum\limits_{\substack{m,m' \\ (m+m'=M)}} d^J_{m,m'}\,u_m\,v_{m'} \tag{9.14}$$

mit (für $m+m'=M$):

$$d^J_{m,m'} = \frac{1}{\sqrt{(j+j'+J+1)!}}\cdot \tag{9.15}$$

$$\cdot\sqrt{(2J+1)(J+j'-j)!\,(J+j'+j)!\,(j+j'-J)!\,(j+m)!\,(j-m)!\,(j'+m')!\,(j'-m')!\,(J+M)!\,(J-M)!}\;\cdot$$

$$\cdot\sum\limits_{\nu}^{j+j'-J}(-1)^\nu\,\frac{1}{\nu!\,(j+j'-J-\nu)!\,(j-\nu-m)!\,(J-j'+\nu+m)!\,(j'-\nu+m)!\,(J-j'+\nu-m)!}\cdot$$

Die $d^J_{m,m'}$ stellen dann eine unitäre Transtormation für den Übergang von der Basis der Produkte $u_m\,v_{m'}$ zu den W^J_M dar:

$$W^J_M = \sum\limits_{m,m'}' u_m\,v_{m'}\,\alpha_{m,m'\,;\,MJ} \tag{9.16}$$

mit der unitären Matrix

$$\alpha_{m,m'\,;\,MJ} = \delta_{M,\,m+m'}\,d^J_{m,m'} \tag{9.17}$$

Daraus folgt leicht die Umkehrung, da die $\alpha_{m,m'\,;\,MJ}$ reell sind:

$$u_m\,v_{m'} = \sum\limits_{M,J}\alpha_{m,m'\,;\,MJ}\,W^J_M \tag{9.18}$$

und damit

$$u_m\,v_{m'} = \sum\limits_{J=m+m'}^{j+j'} d^J_{m,m'}\,W^J_{m+m'} \tag{9.19}$$

Für $j=l$ und $j'=\tfrac{1}{2}$ folgt speziell:

$$d^{l+1/2}_{m,1/2} = \sqrt{\frac{l+m+1}{2l+1}}\;;\qquad d^{l+1/2}_{m,-1/2} = \sqrt{\frac{l-m+1}{2l+1}},$$

$$d^{l-1/2}_{m,1/2} = -\sqrt{\frac{l-m}{2l+1}}\;;\qquad d^{l-1/2}_{m,-1/2} = \sqrt{\frac{l+m}{2l+1}}. \tag{9.20}$$

Ist $\mathfrak{R}_j$ mit den u_m als Basis ein Teilraum des HILBERT-Raumes $\mathfrak{R}_1$ eines physikalischen Systems 1 und $\mathfrak{R}_{j'}$ mit der Basis $v_{m'}$ ein Teilraum des HILBERT-Raumes $\Re_2$ eines Systems 2, so sind die W_M^J Eigenfunktionen zum Gesamtdrehimpulsquadrat mit dem Eigenwert $\hbar^2 J(J+1)$ und zur 3-Komponente des Gesamtdrehimpulses mit den Eigenwerten $\hbar M$, aber auch zum Gesamtdrehimpulsquadrat des Systems 1 mit dem Eigenwert $\hbar^2 j(j+1)$ und des Systems 2 mit dem Eigenwert $\hbar^2 j'(j'+1)$, aber nicht mehr zu den 3-Komponenten des Drehimpulses der Systeme 1 und 2. Dies beruht darauf, daß das Quadrat des Drehimpulses des Systems 1 bzw. 2 als skalare Größe mit den Drehtransformationen V_D in $\Re_1 \times \Re_2$ und damit mit den Operatoren des Gesamtdrehimpulses vertauschbar ist, was *nicht* für die einzelnen Komponenten des Drehimpulses von 1 und 2 der Fall ist.

Die Quantenzahl des Gesamtdrehimpulses eines Elektrons bezeichnet man mit j.

$$f(r)\left(\sqrt{\frac{l+m+1}{2l+1}}\, Y_m^l\, u_+ + \sqrt{\frac{l-m}{2l+1}}\, Y_{m+1}^l\, u_-\right)$$
$$= f(r)\left(\sqrt{\frac{j+M}{2j}}\, Y_{M-1/2}^{j-1/2}\, u_+ + \sqrt{\frac{j-M}{2j}}\, Y_{M-1/2}^{j-1/2}\, u_-\right) \tag{9.21}$$

ist also ein Vektor aus $\Re_b \times \mathfrak{r}_s$, der als Eigenvektor zu $\mathfrak{M}^2$ zum Eigenwert $j(j+1)$ mit $j = l + \frac{1}{2}$ und zu M_3 zum Eigenwert $M = m + \frac{1}{2}$, zu $\mathfrak{L}^2$ zum Eigenwert $l(l+1)$ und zu $\mathfrak{S}^2$ zum Eigenwert $\frac{1}{2}(\frac{1}{2}+1)$ gehört. Zu denselben Eigenwerten $j(j+1)$ und M von $\mathfrak{M}^2$ bzw. M_3 gehört auch der Vektor

$$g(r)\left(-\sqrt{\frac{l-m+1}{2l+3}}\, Y_m^{l+1}\, u_+ + \sqrt{\frac{l+m+2}{2l+3}}\, Y_{m+1}^{l+1}\, u_-\right). \tag{9.22}$$

Alle Vektoren zum Eigenwert $j(j+1)$ von $\mathfrak{M}^2$ und M von M_3 erhält man durch Addition von (9.21) und (9.22) mit beliebigen $f(r)$ und $g(r)$.

§ 10. Feinstruktur der Wasserstoff- und Alkaliterme.

Die Feinstruktur der Alkaliterme ist leichter zu übersehen als die des Wasserstoffs. Der HAMILTON-Operator hat die Form $H = H_0 \times 1 + H_1$. Schreiben wir $H = H_0 \times 1 + \lambda H_1$ und lassen λ stetig von Null auf 1 wachsen, so ergibt sich folgendes Verhalten der Eigenwerte:

Für $\lambda = 0$ ist H nicht nur mit V_D, sondern auch mit $U_D \times 1$ (und $1 \times R_D$) vertauschbar. Zu dem Eigenwert $E_{n,l}$ gehört in $\Re_b \times \mathfrak{r}_s$ der Eigenraum $\mathfrak{r}_{n,l} \times \mathfrak{r}_s$, wo $\mathfrak{r}_{n,l}$ von den „Orts"-Eigenvektoren $\varphi_{n,l}(r)\, Y_m^l(\vartheta, \varphi)$ $(m = l, l-1, \ldots, -l)$ aufgespannt wird. Die Darstellung der Drehungen durch $U_D \times 1$ in $\mathfrak{r}_{l,n} \times \mathfrak{r}_s$ ist gleich $D_l + D_l$, die Darstellung durch V_D in $\mathfrak{r}_{n,l} \times \mathfrak{r}_s$ gleich $D_{l+1/2} + D_{l-1/2}$ für $l \neq 0$ und gleich $D_{1/2}$ für $l = 0$. Da auch für $\lambda \neq 0$ H mit V_D vertauschbar bleibt, werden also die Terme $E_{n,l}$ durch die Störung H_1 in *zwei* Terme (für $l \neq 0$) zum Gesamtdrehimpuls der Quantenzahlen $j = l + 1/2$

bzw. $j = l - 1/2$ aufspalten. Die Terme $E_{n,0}$ können *nicht* aufspalten. In erster Näherung der Störungsrechnung müssen nach (6.10) und (6.17) die richtigen Linearkombinationen für $j = l + 1/2$ durch (9.21) mit $f(r) = \varphi_{n,l}$

$$\varphi_{n,l}(r)\left(\sqrt{\frac{l+m+1}{2l+1}}\; Y_m^l\, u_+ + \sqrt{\frac{l-m}{2l+1}}\; Y_{m+1}^l\, u_-\right) \tag{10.1}$$

und für $j = l - 1/2$ durch

$$\varphi_{n,l}(r)\left(-\sqrt{\frac{l-m}{2l+1}}\; Y_m^l\, u_+ + \sqrt{\frac{l+m+1}{2l+1}}\; Y_{m+1}^l\, u_-\right) \tag{10.2}$$

gegeben sein.

Um etwas über die Größe der Aufspaltung aussagen zu können, muß H_1 bekannt sein. Jeder Vektor Φ aus $\Re_b \times \mathfrak{r}_s$ läßt sich in der Form $\Phi = \varphi_+ u_+ + \varphi_- u_-$ schreiben, wo φ_+ und φ_- Vektoren aus $\Re_b$ sind. Es ist also $H_1 \varphi\, u_+ = \psi_{++} u_+ + \psi_{-+} u_-$ und $H_1 \varphi\, u_- = \psi_{+-} u_+ + \psi_{--} u_-$. Die Zuordnungen $\varphi \to \psi_{++}$; $\varphi \to \psi_{-+}$; $\varphi \to \psi_{+-}$; $\varphi \to \psi_{--}$ stellen damit lineare Operatoren in $\Re_b$ dar, die wir mit $K_{++}\varphi = \psi_{++}$; $K_{-+}\varphi = \psi_{-+}$ usw. bezeichnen wollen. Damit ist $H = \sum\limits_{\nu,\mu} K_{\nu\mu} \times E_{\nu\mu}$ (ν, μ über $+$ und $-$ als Indizes zu summieren), wobei $E_{\nu\mu} u_\varrho = \delta_{\varrho\mu} u_\nu$. Die $E_{\nu\mu}$ lassen sich aber linear durch die 4 als Matrizen linear unabhängigen Operatoren $1, S_1, S_2, S_3$ darstellen. Also ist

$$H_1 = A \times 1 + \sum_{k=1}^{3} B_k \times S_k. \tag{10.3}$$

Da die S_k sich bei Drehungen wie ein (axialer) Vektor transformieren, H_1 aber ein Skalar sein muß, folgt, daß A ein Skalar und die B_k Vektorkomponenten sind. Da H_1 und die S_k Hermitesch sind, müssen es als Operatoren in $\Re_b$ auch die A und B_k sein.

Als eine sich experimentell bestätigende Form für H_1 kann man[1] (mit ($\mathfrak{P} = P_1, P_2, P_3$) als Impulsvektor)

$$H_1 = -\frac{1}{8m^3c^2}\,\mathfrak{P}^4 + \frac{\hbar e}{2m^2c^2}\,\mathfrak{S}(\mathfrak{E} \times \mathfrak{P}) + \frac{e\hbar^2}{8m^2c^2}\,\operatorname{div}\mathfrak{E} \tag{10.4}$$

ansetzen. Da $e\mathfrak{E} = +\operatorname{grad} V(r)$ mit e als positiver Elementarladung und $V(r)$ als potentieller Energie des Elektrons ist, folgt (für Atome ohne äußere Felder)

$$A = -\frac{1}{8m^3c^2}\,\mathfrak{P}^4 + \frac{\hbar^2}{8m^2c^2}\,\Delta V;$$

$$B_k = -\frac{\hbar}{2m^2c^2}\,(\operatorname{grad} V(r) \times \mathfrak{P})_k. \tag{10.5}$$

Da $\operatorname{grad} V(r) = V'(r)\dfrac{\mathfrak{r}}{r}$ und $\mathfrak{r} \times \mathfrak{P} = \hbar\mathfrak{L}$ ist, folgt

$$B_k = \frac{\hbar^2}{2m^2c^2}\,\frac{V'(r)}{r}\,L_k. \tag{10.6}$$

---

[1] Folgt aus der allgemeineren Form (X, 2.2).

Nach oben ist $\mathfrak{r}_{n,l} \times \mathfrak{r}_s = \mathfrak{F}_{l+1/2} \oplus \mathfrak{F}_{l-1/2}$, wo $\mathfrak{F}_{l+1/2}$ durch die Vektoren (10.1) und $\mathfrak{F}_{l-1/2}$ durch die Vektoren (10.2) aufgespannt wird. Für die Vektoren χ aus $\mathfrak{F}_j$ ($j = l + 1/2$ bzw. $j = l - 1/2$) gilt dann wegen $\mathfrak{M}^2 = (\mathfrak{L} + \mathfrak{S})^2 = \mathfrak{L}^2 + \mathfrak{S}^2 + 2\mathfrak{L}\mathfrak{S}$ und $\mathfrak{M}^2\chi = j(j + 1)\chi$, $\mathfrak{L}^2\chi = l(l + 1)\chi$, $\mathfrak{S}^2\chi = S(S + 1)\chi$:

$$2\mathfrak{L}\mathfrak{S}\chi = [j(j + 1) - l(l + 1) - S(S + 1)]\chi. \tag{10.7}$$

Daher folgt mit (10.3) bis (10.6) aus (6.11) in erster Näherung der Störungsrechnung:

$$E_{n,l,j} = E_{n,l} + C_{n,l} + \tfrac{1}{2}D_{n,l}[j(j + 1) - l(l + 1) - S(S + 1)], \tag{10.8}$$

wobei $C_{n,l}$ sich aus A und $D_{n,l}$ aus den B_k ergibt. $D_{n,l}$ hat die Form:

$$D_{n,l} = \frac{\hbar^2}{2m^2c^2}\int_0^\infty V'(r)\, r\, |\varphi_{n,l}(r)|^2\, dr. \tag{10.9}$$

Der Abstand der beiden Terme $j = l + 1/2$ und $j = l - 1/2$ ist also

$$E_{n,l,l+1/2} - E_{n,l,l-1/2} = D_{n,l}(l + \tfrac{1}{2}). \tag{10.10}$$

Da $V'(r) > 0$ ist, sind also die Energieeigenwerte bei größerem j größer. Dies sieht man auch anschaulich, da das Glied $\sum_k B_k \times S_k$ die Form $\dfrac{\hbar^2}{2m^2c^2}\dfrac{V'(r)}{r}\mathfrak{L}\mathfrak{S}$ hat. Nach der Störungsrechnung ist für E_n, $\dfrac{V'(r)}{r}$ durch den Mittelwert (Erwartungswert)

$$\overline{\frac{V'(r)}{r}} = \int_0^\infty V'(r)\, r\, |\varphi_{n,l}(r)|^2\, dr$$

zu ersetzen:

$$\frac{\hbar^2}{2m^2c^2}\,\overline{\frac{V'(r)}{r}}\,\mathfrak{L}\mathfrak{S} = D_{n,l}\mathfrak{L}\mathfrak{S}. \tag{10.11}$$

Die beiden Drehimpulse erscheinen also wie mit einer Energie (10.11) aneinandergefesselt, die am größten ist, wenn $\mathfrak{L}$ und $\mathfrak{S}$ dieselbe Richtung haben.

Die Aufspaltung eines Alkalitermschemas durch den Spin ist in Abb. 18 zu sehen. Die Terme mit $l = 0$ bleiben weiterhin einfach. Man bezeichnet die Terme konventionell mit $S_j, P_j, \ldots$ usw., wo $S, P, \ldots$ den Bahndrehimpuls l angeben.

Für das Wasserstoffatom (oder entsprechende Ionen) ist die Störenergie $H_1 = A \times 1 + C\,\mathfrak{L}\mathfrak{S}$ mit

$$A = -\frac{1}{8m^3c^2}\mathfrak{P}^4 + \frac{\hbar^2 Z e^2}{8m^2c^2}\delta(Q_1)\,\delta(Q_2)\,\delta(Q_3)\cdot 4\pi,$$

$$C = \frac{\hbar^2 Z e^2}{2m^2c^2 r^3}. \tag{10.12}$$

Benutzen wir die Eigenfunktionen

$$\chi_{n,l,j,M} = \varphi_{n,l}(r)\, W_M^{l+1/2} \quad \text{bzw.} \quad \varphi_{n,l}(r)\, W_M^{l-1/2} \qquad (10.13)$$

mit $j = l + 1/2$ bzw. $l - 1/2$ zum Eigenwert $E_n = -\dfrac{m\,e^4\,Z^2}{2\hbar^2\,n^2}$, wobei die W_M^j durch die Klammern in (10.1) und (10.2) gegeben sind, so ist

$$(n,l,j,M|H_1|n,l',j',M') = -\frac{1}{8m^3c^2}(n,l,j,M\,|\,\mathfrak{P}^4\,|\,n,l',j',M') +$$

$$+ \frac{\hbar^2 Z e^2}{8m^2 c^2}\,\varphi_{n,0}^2(0)\,\delta_{l0}\,\delta_{ll'}\,\delta_{j1/2}\,\delta_{MM'}\,\delta_{jj'} +$$

$$+ \frac{\hbar^2 Z e^2}{2m^2 c^2}\left(n,l,j,M\left|\frac{1}{r^3}\right|n,l',j',M'\right)\frac{1}{2}[j(j+1) - l(l+1) - s(s+1)],$$

wobei der letzte Term nur für $l \neq 0$ Beiträge gibt.

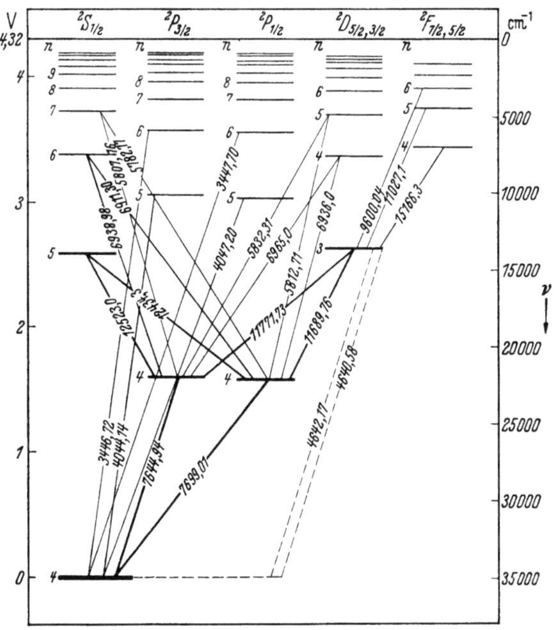

Abb. 18.
Termschema des Kaliums. (Aus Herzberg, Atomspektren.)

Wegen $\left(n,l,j,M\left|\dfrac{1}{2m}\,\mathfrak{P}^2 - \dfrac{Z e^2}{r}\right|n',l',j',M'\right) = E_n\,\delta_{nn'}\,\delta_{ll'}\,\delta_{jj'}\,\delta_{MM'}$ ist also

$$(n,l,j,M|\mathfrak{P}^2|n',l',j',M') = 2m\,E_n\,\delta_{nn'}\,\delta_{ll'}\,\delta_{jj'}\,\delta_{MM'} +$$

$$+ 2m Z e^2\left(n,l,j,M\left|\frac{1}{r}\right|n',l',j',M'\right).$$

Kürzen wir ab

$$\overline{r}^{\,\nu\,n\,l} = \int_0^{\infty} r\,|\varphi_{n,\,l}(r)|^2\,r^2\,dr\,^1,$$

so ist wegen

$$(n,l,j,M\,|\,\mathfrak{P}^4\,|\,n,l',j',M')$$
$$= \sum_{n'',\,l'',\,j'',\,M''} (n,l,j,M\,|\,\mathfrak{P}^2\,|\,n'',l'',j'',M'')\,(n'',l'',j'',M''\,|\,\mathfrak{P}^2\,|\,n,l',j',M')$$

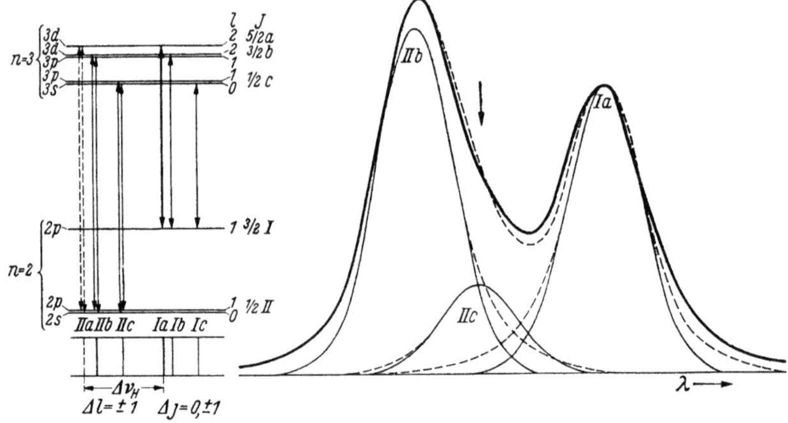

Abb. 19. Feinstruktur der Wasserstofflinie $n=3 \to n=2$ Links Aufspaltung der Terme und der Spektrallinie; rechts beobachtete Intensitätsverteilung der Linie. (Aus Handbuch der Physik Bd XXIV/1)

schließlich

$$(n,l,j,M\,|\,H_1\,|\,n,l',j',M')$$

$$= \delta_{ll'}\,\delta_{jj'}\,\delta_{MM'}\left[-\frac{1}{2m\,c^2}\left(E_n^2 + 2Z\,e^2 E_n\,\frac{\overline{1}^{\,nl}}{r} + Z^2\,e^4\,\frac{\overline{1}^{\,nl}}{r}\right)+\right.$$

$$\left.+\frac{\hbar^2 Z\,e^2}{8m^2\,c^2}\,\varphi_{n,\,0}^2(0)\,\delta_{l,\,0}\,\delta_{j,\,1/2} + \frac{\hbar^2 Z\,e^2}{4m^2\,c^2}\,\frac{\overline{1}^{\,nl}}{r^3}\left(j(j+1) - l(l+1) - \frac{3}{4}\right)\right]$$

$$(\text{mit } s = \tfrac{1}{2}).$$

Mit

$$\alpha = \frac{e^2}{\hbar\,c}\;;\qquad A' = \frac{\hbar^2}{m\,e^2}$$

wird

$$\frac{\overline{1}^{\,nl}}{r} = \frac{Z}{A'\,n^2}\;;\qquad \frac{\overline{1}^{\,nl}}{r^2} = \frac{Z^2}{A'(l+\frac{1}{2})\,n^3}\;;\qquad \frac{\overline{1}^{\,nl}}{r^3} = \frac{Z^3}{A'^3(l+1)(l+\frac{1}{2})\,l\,n^3}\,,$$

somit

$$(n,l,j,M\,|\,H_1\,|\,n',l',j',M') = \delta_{ll'}\,\delta_{jj'}\,\delta_{MM'}\cdot$$

$$\cdot\left[-\frac{1}{2}\,\frac{\alpha^2 Z^4 e^2}{A'\,n^3}\left(\frac{1}{l+\frac{1}{2}} - \frac{3}{4n} - \frac{j(j+1) - l(l+1) - \frac{3}{4}}{l(l+1)(l+\frac{1}{2})}\right)\right.$$

$$\left.+\frac{1}{8}\,Z\,e^2\,\alpha^2\,A'^2\,\varphi_{n,\,0}^2(0)\,\delta_{l,\,0}\,\delta_{j,\,1/2}\right].$$

---

[1] Die $\overline{r}^{\,\nu\,nl}$ sind berechnet im Handbuch d. Physik., Bd. XXIV/1, S. 286 (1933).

Für $j = l \pm \frac{1}{2}$ erhält man mit $\varphi_{n,0}(0) = \dfrac{1}{\sqrt{2}} \sqrt{\dfrac{2Z}{A'n}}^3$ die Feinstruktur-
formel in erster Näherung

$$E_{n,j} = -\frac{1}{2}\, m\, c^2\, \alpha^2\, Z^2 \left[\frac{1}{n^2} + \frac{\alpha^2 Z^2}{n^3} \left(\frac{1}{j + \frac{1}{2}} - \frac{3}{4n} \right) \right]. \qquad (10.14)$$

In Abb. 19 sind für eine Linie des Wasserstoffspektrums die experimentellen und theoretischen Werte gegenübergestellt.

VIII. Zweielektronenspektren.

§ 1. Hilbert-Raum eines Systems aus n Elektronen.

Mit $\mathfrak{H} = \mathfrak{R}_b \times \mathfrak{r}_s$ als Hilbert-Raum eines Elektrons würde man
nach (III, § 9 Schluß) als Hilbert-Raum für n Elektronen $\mathfrak{H}^n = \mathfrak{H}_1 \times$
$\times \mathfrak{H}_2 \times \cdots \times \mathfrak{H}_n$ ansetzen. Hiergegen sprechen aber sowohl prinzipielle
Bedenken wie experimentelle Tatsachen:

Ist Φ_ν ein vollständiges normiertes Orthogonalsystem aus $\mathfrak{H}$, so
bilden die

$$\Psi_{\nu_1 \nu_2 \ldots \nu_n} = \Phi_{\nu_1}(1)\, \Phi_{\nu_2}(2) \ldots \Phi_{\nu_n}(n) \qquad (1.1)$$

ein vollständiges normiertes Orthogonalsystem in $\mathfrak{H}^n$, wobei der Index i
hinter einem Vektor $\Phi_\mu(i)$ anzeigen soll, daß die $\Phi_\mu(i)$ das vollständige
normierte Orthogonalsystem des Hilbert-Raumes $\mathfrak{H}_i$ sind. Die $\mathfrak{H}_i$ sind in
bezug auf die in den $\mathfrak{H}_i$ als Operatoren wirkenden Observablen isomorph zueinander; z. B. bedeuten die Projektionsoperatoren $P_{\Phi_\mu(1)}$,
$P_{\Phi_\mu(2)}, \ldots$ dieselben Eigenschaften des ersten, zweiten, ... Elektrons.
Mit P als Permutationsoperator von n Gegenständen können wir

$$P \Psi_{\nu_1 \nu_2 \ldots \nu_n} = \Psi_{\mu_1 \mu_2 \ldots \mu_n} \qquad (1.2)$$

definieren, wobei die $\mu_1 \mu_2 \ldots \mu_n$ aus den $\nu_1 \nu_2 \ldots \nu_n$ durch die Permutation P entstehen[1]. Die so eingeführten P stellen also in $\mathfrak{H}^n$ unitäre
Operatoren dar. Wir wollen zeigen, daß die Definition der P von
der Wahl der Basis Φ_ν unabhängig ist. Für einen beliebigen Vektor
$\chi = \sum\limits_{\nu_1 \ldots \nu_n} \Psi_{\nu_1 \nu_2 \ldots \nu_n} a_{\nu_1 \nu_2 \ldots \nu_n}$ gilt $P\chi = \sum\limits_{\nu_1 \ldots \nu_n} \Psi_{\mu_1 \mu_2 \ldots \mu_n} a_{\nu_1 \nu_2 \ldots \nu_n}$. Ist η_ϱ
ein anderes vollständiges normiertes Orthogonalsystem in $\mathfrak{H}$ mit
$\eta_\varrho = \sum\limits_\nu \Phi_\nu\, b_{\nu\varrho}$, so ist

$$\chi_{\varrho_1 \ldots \varrho_n} = \eta_{\varrho_1}(1)\, \eta_{\varrho_2}(2) \ldots \eta_{\varrho_n}(n) = \sum\limits_{\nu_1 \ldots \nu_n} \Psi_{\nu_1 \ldots \nu_n}\, b_{\nu_1 \varrho_1}\, b_{\nu_2 \varrho_2} \ldots b_{\nu_n \varrho_n},$$

also $P\chi_{\varrho_1 \ldots \varrho_n} = \sum\limits_{\nu_1 \ldots \nu_n} \Psi_{\mu_1 \mu_2 \ldots \mu_n}\, b_{\nu_1 \varrho_1} \ldots b_{\nu_n \varrho_n}$, wobei die $\mu_1 \ldots \mu_n$ durch
die Permutation P aus den $\nu_1 \ldots \nu_n$ entstehen. Unterwirft man die

---

[1] Anhang II, § 13.

$b_{\nu_1 \varrho_1}$, $b_{\nu_2 \nu_2}$, $b_{\nu_n \varrho_n}$ ebenfalls der Permutation P, was an dem Wert ihres Produktes nichts ändert, so kommen sie in die Reihenfolge $b_{\mu_1 \sigma_1} b_{\mu_2 \sigma_2} \ldots b_{\mu_n \sigma_n}$, wobei die $\sigma_1 \ldots \sigma_n$ aus den $\varrho_1 \ldots \varrho_n$ durch die Permutation P entstehen. Also ist

$$P \chi_{\varrho_1 \cdots \varrho_n} = \sum_{\mu_1 \cdots \mu_n} \Psi_{\mu_1 \ldots \mu_n} b_{\mu_1 \sigma_1} b_{\mu_2 \sigma_2} \cdots b_{\mu_n \sigma_n} = \chi_{\sigma_1 \sigma_2 \cdots \sigma_n}.$$

Wenn die Elektronen wirklich gleiche Teilchen sind, so müssen alle Observablen A in $\mathfrak{H}_n$ mit den Operatoren P vertauschbar sein, denn $P A P^*$ wäre der Operator, der aus A durch Vertauschung der Elektronen hervorgeht, und müßte deshalb mit A übereinstimmen.

Die mit allen P vertauschbaren Operatoren A lassen sich nun nach Anhang II, § 3 leicht bestimmen, wenn die Darstellung der symmetrischen Gruppe $\mathfrak{S}_n$ durch die Operatoren P in ausreduzierter Form vorliegt[1]. Man kann ein solches vollständiges normiertes Orthogonalsystem als Basis in $\mathfrak{H}^n$ so wählen, daß sich diese Basisvektoren in Rechtecke anordnen lassen, in denen sich alle Zeilen isomorph nach einer irreduziblen Darstellung der Permutationsgruppe transformieren. Die mit den P vertauschbaren Operatoren A transformieren dann die Spalten eines solchen Rechtecks in beliebiger, aber zueinander isomorpher Form. Alle Spalten solcher Rechtecke zusammen ergeben eine Zerlegung von $\mathfrak{H}^n$ in gegenüber den mit P vertauschbaren Operatoren A irreduzible Bestandteile:

$$\mathfrak{H}^n = \sum_{\nu} \oplus \mathfrak{r}_\nu. \tag{1.3}$$

Befindet sich im SCHRÖDINGER-Bild der Zustand des Systems zu einer Zeit in einem dieser Teilräume $\mathfrak{r}_\nu$, so muß er dort zu allen Zeiten liegen denn da auch der HAMILTON-Operator und damit U_t^* mit P vertauschbar ist, führt U_t^* Vektoren aus einem $\mathfrak{r}_\nu$ nur immer in wieder solche über. Andererseits ist die Behauptung des Axioms I' aus III, § 12, daß alle Teilräume des HILBERT-Raumes Eigenschaften des physikalischen Systems sind, für $\mathfrak{H}^n$ nicht erfüllt, da nicht alle Projektionsoperationen aus $\mathfrak{H}^n$ mit P vertauschbar sind. Deshalb vermuten wir, daß nur einer der Teilräume $\mathfrak{r}_\nu$ (z. B. $\mathfrak{r}_\alpha$) der richtige HILBERT-Raum für das System der n Elektronen ist. Da auch die Permutationen P der Elektronen nicht den physikalischen Sachverhalt ändern können, ist zu verlangen, daß diese Operatoren P in $\mathfrak{r}_\alpha$ angewandt werden können, d. h. nicht aus $\mathfrak{r}_\alpha$ herausführen. Gehört aber $\mathfrak{r}_\alpha$ zu einem Rechteck mit mehr als einer Spalte (d. h. zu einem solchen, wo die Zeilen eine mehr als eindimensionale Darstellung von $\mathfrak{S}_n$ geben), so führen die P aus $\mathfrak{r}_\alpha$ hinaus. Für den HILBERT-Raum des Systems der n Elektronen kommt also nur ein solches $\mathfrak{r}_\alpha$ in Frage, dessen Vektoren alle zur selben ein-

---

[1] Die irreduziblen Darstellungen von $\mathfrak{S}_f$ sind in Anhang II, § 13 angegeben.

dimensionalen Darstellung der Permutationsgruppe gehören. Da es nur zwei eindimensionale Darstellungen der Permutationsgruppe, die symmetrische und antisymmetrische[1] gibt, kommen für $\mathfrak{r}_\alpha$ nur zwei Teilräume in Frage, der symmetrische, der von der Basis

$$\Omega_{\nu_1\ldots\nu_n} = \sum_P P\,\Psi_{\nu_1\ldots\nu_n} \tag{1.4}$$

aufgespannt wird, bzw. der antisymmetrische mit der Basis[2]

$$\Gamma_{\nu_1\ldots\nu_n} = \sum_P (-1)^P\,P\,\Psi_{\nu_1\ldots\nu_n}, \tag{1.5}$$

wo in beiden Gleichungen links nur eine einzige Reihenfolge der Indizes $\nu_1\ldots\nu_n$ gewählt zu werden braucht, da sonst dieselben Vektoren noch einmal auftreten, z. B.:

$$\Omega_{\nu_1\nu_2\ldots\nu_n} = \Omega_{\nu_2\nu_1\ldots\nu_n}; \qquad \Gamma_{\nu_1\nu_2\ldots\nu_n} = -\Gamma_{\nu_2\nu_1\ldots\nu_n}. \tag{1.6}$$

Den symmetrischen Raum wollen wir kurz mit $(\mathfrak{H}^n)_+$, den antisymmetrischen mit $(\mathfrak{H}^n)_-$ bezeichnen.

Auch das Experiment spricht gegen den HILBERT-Raum $\mathfrak{H}^n$. Die Eigenwerte des HAMILTON-Operators H könnte man so berechnen, daß man H in jedem $\mathfrak{r}_\nu$ getrennt untersucht. Da H alle $\mathfrak{r}_\nu$ desselben Rechtecks isomorph transformiert, ergäben sich in solchen $\mathfrak{r}_\nu$ dieselben Term- (Eigenwert-) Systeme. Im ganzen erhielte man als Eigenwerte von H so viele getrennte Termsysteme, wie es Rechtecke, d. h. wie es irreduzible Darstellungen von $\mathfrak{S}_n$ gibt. Die Erfahrung zeigt aber eine viel kleinere Zahl von Termen, so wie sie allein dem antisymmetrischen Teilraum $(\mathfrak{H}^n)_-$ entspricht, was wir im einzelnen im folgenden verfolgen werden.

Wir formulieren daher für Elektronen das weitere Axiom (PAULI-Prinzip, Ausschließungsprinzip):

Der HILBERT-Raum für n Elektronen ist $(\mathfrak{H}^n)_-$. Zuerst wurde dieses Zusatzprinzip von PAULI als Ausschließungsprinzip in der Form eingeführt, daß nie mehr als ein Elektron denselben Zustand (dieselbe Quantenzahl) annimmt. Dies folgt aus (1.6), da $\Gamma_{\nu_1\ldots\nu_2}$ gleich Null wird, sobald zwei der Indizes $\nu_1\ldots\nu_n$ übereinstimmen.

Trotzdem wollen wir in diesem Paragraphen noch beide Fälle $(\mathfrak{H}^n)_+$ und $(\mathfrak{H}^n)_-$ näher betrachten, da andere Teilchen, z. B. Heliumkerne, nach $(\mathfrak{H}^n)_+$ zu behandeln sind.

Die Vektoren $\Omega_{\nu_1\ldots\nu_n}$ bilden ein vollständiges Orthogonalsystem in $(\mathfrak{H}^n)_+$, sind aber nicht normiert. Um $\|\Omega_{\nu_1\ldots\nu_n}\|^2$ zu berechnen, muß

---

[1] Anhang II, § 13, und Kapitel X, § 7.
[2] $(-1)^P$ ist gleich $+1$ oder -1, je nachdem ob P eine gerade oder ungerade Permutation ist.

man wissen, wie viele der Indizes $\nu_1 \ldots \nu_n$ jeweils untereinander gleich sind. Da es auf die Reihenfolge nicht ankommt, wollen wir annehmen:

$$\nu_1 \nu_2 \ldots \nu_n = \mu_1 \mu_2 \ldots \mu_{n_1} \varrho_1 \varrho_2 \ldots \varrho_{n_2} \ldots \eta_1 \eta_2 \ldots \eta_{n_\nu}, \qquad (1.7)$$

wobei die $\mu_i, \varrho_i, \ldots, \eta_i$ jeweils gleich sind und $n_1 + n_2 + \cdots n_\nu = n$ ist. Es ist

$$\Omega_{\mu_1 \quad \eta_{n_\nu}} = \sum_P P\, \Phi_{\mu_1}(1) \ldots \Phi_{\eta_{n_\nu}}(n) \qquad (1.8)$$

und damit

$$\|\Omega_{\mu_1 \cdot \quad \eta_{n_\nu}}\|^2 = \sum_P \sum_{P'} \left(P\, \Phi_{\mu_1}(1) \ldots \Phi_{\eta_{n_\nu}}(n),\, P'\, \Phi_{\mu_1}(1) \ldots \Phi_{\eta_{n_\nu}}(n)\right).$$

Da wir $P' = QP$ schreiben können, wobei Q bei festem P genau wie P' alle Elemente von $\mathfrak{S}_n$ durchläuft, ist

$$\sum_{P'} \left(P\, \Phi_{\mu_1}(1) \ldots \Phi_{\eta_{n_\nu}}(n),\, P'\, \Phi_{\mu_1}(1) \ldots \Phi_{\eta_{n_\nu}}(n)\right)$$

$$= \sum_{Q} \left(P\, \Phi_{\mu_1}(1) \ldots \Phi_{\eta_{n_\nu}}(n),\, Q\, P\, \Phi_{\mu_1}(1) \ldots \Phi_{\eta_{n_\nu}}(n)\right).$$

Die inneren Produkte verschwinden, sobald nicht mit $P(\mu_1 \ldots \eta_{n_\nu}) = (\tau_1 \ldots \tau_n)$ gilt $Q(\tau_1 \ldots \tau_n) = (\tau_1 \ldots \tau_n)$. Ist dies der Fall, so ist das innere Produkt gleich 1. Daher ist

$$\sum_{Q} \left(P\, \Phi_{\mu_1}(1) \ldots \Phi_{\eta_{n_\nu}}(n),\, Q\, P\, \Phi_{\mu_1}(1) \ldots \Phi_{\eta_{n_\nu}}(n)\right)$$

gleich der Zahl der Permutationen Q, die nur die jeweils $n_1, n_2, \ldots, n_\nu$ gleichen Indizes unter sich transformieren, also gleich $n_1!\, n_2!\, n_3! \ldots n_\nu!$ Damit ist schließlich (da die Summe über die Permutationen $n!$ Glieder enthält):

$$\|\Omega_{\mu_1 \ldots \eta_{n_\nu}}\|^2 = n!\, n_1!\, n_2! \ldots n_\nu! \qquad (1.9)$$

Die

$$\chi_{\mu_1 \quad \eta_{n_\nu}} \qquad\qquad\qquad (1.10)$$

$$= \frac{1}{\sqrt{n!\, n_1!\, n_2! \ldots n_\nu!}} \sum_P P\, \Phi_{\mu_1}(1)\, \Phi_{\mu_1}(2) \ldots \Phi_{\mu_{n_1}}(n_1)\, \Phi_{\varrho_1}(n_1 + 1) \ldots \Phi_{\eta_{n_\nu}}(n)$$

bilden also ein vollständiges normiertes Orthogonalsystem in $(\mathfrak{H}^n)_+$. Für $(\mathfrak{H}^n)_-$ folgt ebenso, daß mit $\nu_1 < \nu_2 < \cdots < \nu_n$ die

$$\gamma_{\nu_1 \ldots \nu_n} = \frac{1}{\sqrt{n!}} \sum_P (-1)^P\, P\, \Phi_{\nu_1}(1) \ldots \Phi_{\nu_n}(n)$$

$$= \frac{1}{\sqrt{n!}} \begin{vmatrix} \Phi_{\nu_1}(1)\, \Phi_{\nu_1}(2) \ldots \Phi_{\nu_1}(n) \\ \Phi_{\nu_2}(1)\, \Phi_{\nu_2}(2) \ldots \Phi_{\nu_2}(n) \\ \cdots\cdots \\ \cdots\cdots \\ \Phi_{\nu_n}(1)\, \Phi_{\nu_n}(2) \ldots \Phi_{\nu_n}(n) \end{vmatrix} \qquad (1.11)$$

ein vollständiges normiertes Orthogonalsystem bilden.

Als HAMILTON-Operator für die n Elektronen in einem äußeren Potential $V(r)\left(= -\dfrac{Z e^2}{r}\text{ für einen Kern der Ladung }Z e\right)$ werden wir ansetzen ($\mathfrak{P}_i$ Impuls des i-ten Elektrons, r_i Abstand des i-ten Elektrons vom Kern, r_{ik} Abstand des i-ten Elektrons vom k-ten):

$$H = \frac{1}{2m} \sum_{i=1}^{n} \mathfrak{P}_i^2 + \sum_{i=1}^{n} V(r_i) + \sum_{\substack{i,\,k=1 \\ i<k}}^{n} \frac{e^2}{r_{ik}} + H_1\,,$$

wo H_1 die durch den Spin und die Bewegung (Geschwindigkeit) der Elektronen hervorgerufenen Korrekturen enthält, ähnlich denen von (VII, 10.3 mit VII, 10.5) für ein Elektron. Auf die Diskussion von H_1 werden wir später zurückkommen.

§ 2. Zweielektronenspektrum.

Im Heliumatom befinden sich im Felde des zweifach geladenen Kerns zwei Elektronen. Um gleichzeitig die entsprechend ionisierten Atome der folgenden Elemente im periodischen System einzubeziehen, setzen wir die Kernladung $Z e$ an:

$$H = \frac{1}{2m}(\mathfrak{P}_1^2 + \mathfrak{P}_2^2) - \frac{Z e^2}{r_1} - \frac{Z e^2}{r_2} + \frac{e^2}{r_{12}} + H_1 = H_0 + H_1. \quad (2.1)$$

Da wir von dem Wasserstoffatom und den Alkalien her wissen, daß der Einfluß des Spins gering ist, wollen wir zuerst H_1 fortlassen und die Lage der Eigenwerte von H_0 untersuchen.

Der HILBERT-Raum der beiden Elektronen ist also $(\mathfrak{H}^2)_-$. Nun ist $\mathfrak{H}^2 = \mathfrak{R}_b^2 \times \mathfrak{r}_s^2$. Um die Darstellung der symmetrischen Gruppe $\mathfrak{S}_2$ in $\mathfrak{H}^2$ auszureduzieren, d. h. um $(\mathfrak{H}^2)_-$ zu finden, kann man in zwei Schritten vorgehen:

Man reduziert zuerst die Darstellung von $\mathfrak{S}_2$ in $\mathfrak{R}_b^2$ und in $\mathfrak{r}_s^2$ getrennt aus (wobei die Operatoren P in $\mathfrak{R}_b^2$ und $\mathfrak{r}_s^2$ entsprechend wie in $\mathfrak{H}^2$ definiert sind). $\mathfrak{S}_2$ hat nur zwei Darstellungen, die symmetrische und die antisymmetrische. Daher ist $\mathfrak{R}_b^2 = (\mathfrak{R}_b^2)_+ \oplus (\mathfrak{R}_b^2)_-$ und ebenso $\mathfrak{r}_s^2 = (\mathfrak{r}_s^2)_+ \oplus (\mathfrak{r}_s^2)_-$. Daraus folgt weiter:

$$\mathfrak{H}^2 = (\mathfrak{R}_b^2)_+ \times (\mathfrak{r}_s^2)_+ \oplus (\mathfrak{R}_b^2)_+ \times (\mathfrak{r}_s^2)_- \oplus (\mathfrak{R}_b^2)_- \times (\mathfrak{r}_s^2)_+ \oplus (\mathfrak{R}_b^2)_- \times (\mathfrak{r}_s^2)_-. \quad (2.2)$$

Man sieht sofort, daß

$$\begin{aligned}
(\mathfrak{H}^2)_+ &= (\mathfrak{R}_b^2)_+ \times (\mathfrak{r}_s^2)_+ \oplus (\mathfrak{R}_b^2)_- \times (\mathfrak{r}_s^2)_-\,, \\
(\mathfrak{H}^2)_- &= (\mathfrak{R}_b^2)_+ \times (\mathfrak{r}_s^2)_- \oplus (\mathfrak{R}_b^2)_- \times (\mathfrak{r}_s^2)_+
\end{aligned} \quad (2.3)$$

ist. Nach dem PAULI-Prinzip ist für die beiden Elektronen $(\mathfrak{H}^2)_-$ als HILBERT-Raum zu benutzen. Da H_0 nicht auf die Vektoren von $\mathfrak{r}_s^2$ einwirkt und mit den Permutationen in $\mathfrak{R}_b^2$ vertauschbar ist, führt H_0 die Vektoren von $(\mathfrak{R}_b^2)_+$ und $(\mathfrak{R}_b^2)_-$ in sich über und damit auch von

$(\Re_b^2)_+ \times (\mathfrak{r}_s^2)_-$ und $(\Re_b^2)_- \times (\mathfrak{r}_s^2)_+$. So können wir das Spektrum von H_0 in $(\Re_b^2)_+$ und $(\Re_b^2)_-$ getrennt betrachten.

Eine exakte Berechnung der Eigenwerte von H_0 ist nicht möglich. Deshalb untersuchen wir H_0 mit Hilfe der Störungsrechnung:

$$H_0 = H_0(1) + H_0(2) + \lambda W \tag{2.4}$$

mit $H_0(i) = \dfrac{1}{2m}\,\mathfrak{P}_i^2 - \dfrac{Z e^2}{r_i}$ und $W = \dfrac{e^2}{r_{12}}$.

Die Eigenwerte von $H_0(1) + H_0(2)$ sind in $\Re_b^2$ leicht zu finden: Sind $\Phi_\nu(1)$ die Eigenvektoren von $H_0(1)$ in $\Re_b$ zum Eigenwert E_ν, wobei ν die drei Indizes n, l, m vertritt und die Φ_ν die Wasserstoffeigenfunktionen (VII, 4.7) zu den Eigenwerten $E_\nu = E_{n,l,m} = E_n = -\dfrac{R}{n^2}$ sind, so sind in $\Re_b^2$ die $\Phi_\nu(1)\,\Phi_\mu(2)$ die Eigenvektoren von $H_0(1) + H_0(2)$ zum Eigenwert $E_{\nu\mu} = E_\nu + E_\mu$; $\Phi_\mu(1)\,\Phi_\nu(2)$ gehört zum selben Eigenwert. In $(\Re_b^2)_+$ bilden also die

$$\Phi_\nu(1)\,\Phi_\nu(2) \quad\text{bzw.}\quad \frac{1}{\sqrt{2}}\,[\Phi_\nu(1)\,\Phi_\mu(2) + \Phi_\mu(1)\,\Phi_\nu(2)] \tag{2.5}$$

ein vollständiges System von Eigenvektoren; ebenso die

$$\frac{1}{\sqrt{2}}\,[\Phi_\nu(1)\,\Phi_\mu(2) - \Phi_\mu(1)\,\Phi_\nu(2)] \tag{2.6}$$

in $(\Re_b^2)_-$. Die Eigenwerte $E_\nu + E_\mu = E_{n,l} + E_{n',l'}$ sind vielfach entartet. Der tiefste Energiewert ist $2E_1$, gleich dem doppelten des Grundterms des Heliumions. Die Werte $E_1 + E_{n'}$ wachsen dann an, bis bei E_1 (d. h. $E_{n'} = 0$) das kontinuierliche Spektrum beginnt. Der Eigenwert $E_2 + E_2 = -\dfrac{2R}{4} = -\dfrac{R}{2}$ ist größer als der Beginn des kontinuierlichen Spektrums bei $E_1 = -R$. $2E_2$ stellt also für $H_0(1) + H_0(2)$ einen diskreten Eigenwert mitten im kontinuierlichen Spektrum dar. Durch die Störung W gehen sie als diskrete Eigenwerte verloren; ihre Bedeutung werden wir in anderen Fällen später kennenlernen[1]. Interessieren wir uns also nur für die Struktur des diskreten Spektrums von H, so können wir erwarten, daß die Eigenwerte von H durch stetiges Anwachsen von λ von Null bis 1 aus den Eigenwerten $E_1 + E_n$ von $H_0(1) + H_0(2)$ entstehen. Der tiefste Eigenwert $2E_1$ kommt nur in $(\Re_b^2)_+$ vor mit dem Eigenvektor $\Phi_1(1)\,\Phi_1(2)$. Die übrigen $E_1 + E_n$ $(n \neq 1)$ treten sowohl in $(\Re_b^2)_+$ und $(\Re_b^2)_-$ mit den Eigenvektoren

$$\psi_{n,l,m} = \frac{1}{\sqrt{2}}\,[\Phi_1(1)\,\Phi_{nlm}(2) + \Phi_{nlm}(1)\,\Phi_1(2)] \tag{2.7}$$

bzw.

$$\gamma_{n,l,m} = \frac{1}{\sqrt{2}}\,[\Phi_1(1)\,\Phi_{nlm}(2) - \Phi_{nlm}(1)\,\Phi_1(2)] \tag{2.8}$$

---

[1] Anomale Terme: X, § 4.

auf. Die $\psi_{n,l,m}$ sowie die $\gamma_{n,l,m}$ gehören zur Darstellung D_l der Drehgruppe, wenn wir die U_D durch $U_D(1) \times U_D(2)$ definieren, wobei die $U_D(1)$ nur auf die Vektoren aus $\mathfrak{R}_b(1)$, die $U_D(2)$ auf $\mathfrak{R}_b(2)$ wirken. Der Gesamtdrehimpuls ist also durch die Quantenzahl l des einen Elektrons gegeben. Wir erwarten daher mit wachsendem λ eine Aufspaltung der Eigenwerte $E_1 + E_n$, die in $(\mathfrak{R}_b^2)_+$ und $(\mathfrak{R}_b^2)_-$ *verschieden* ausfallen wird. Die $\psi_{n,l,m}$ und die $\gamma_{n,l,m}$ müssen die richtigen Linearkombinationen sein: denn erstens transformiert W nur die Vektoren von $(\mathfrak{R}_b^2)_+$ und $(\mathfrak{R}_b^2)_-$ in sich und zweitens ist W mit den U_D vertauschbar, so daß $F_n W F_n$ mit F_n als Projektionsoperator in den Teilraum der $\psi_{n,l,m}$ bzw. $\gamma_{n,l,m}$ bei festem n ($l = 0, 1, \ldots, n-1$) die $\psi_{n,l,m}$ bzw. $\gamma_{n,l,m}$ bis auf einen Faktor in sich transformieren muß[1]. Die Energiewerte erster Näherung sind also, da wegen der Vertauschbarkeit von H_0 mit U_D die Eigenwerte nicht von m abhängen können:

$$E_1 + E_n + \varepsilon_{nl}^+ \quad \text{bzw.} \quad E_1 + E_n + \varepsilon_{nl}^- \tag{2.9}$$

mit $\varepsilon_{nl}^+ = (\psi_{nlm}, W\,\psi_{nlm})$ und $\varepsilon_{nl}^- = (\gamma_{nlm}, W\gamma_{nlm})$.

Mit $\Phi_{nlm} = \varphi_{nl}(r)\, Y_m^l(\vartheta, \varphi)$ und speziell $\Phi_1 = \varphi_1(r)\, Y_0^0$ ist also

$$\varepsilon_{n,l}^+ = C_{nl} + A_{nl}' \quad \text{und} \quad \varepsilon_{nl}^- = C_{nl} - A_{nl} \tag{2.10}$$

mit

$$C_{nl} = e^2 \int \frac{1}{r_{12}} \, |\Phi_1(\mathfrak{r}_1)|^2 \, |\Phi_{nlm}(\mathfrak{r}_2)|^2 \, d\mathfrak{r}_1 \, d\mathfrak{r}_2$$

und

$$A_{nl} = e^2 \int \frac{1}{r_{12}} \, \Phi_1(\mathfrak{r}_1)\, \Phi_{nlm}(\mathfrak{r}_2)\, \overline{\Phi_1(\mathfrak{r}_2)}\; \overline{\Phi_{nlm}(\mathfrak{r}_1)}\, d\mathfrak{r}_1 \, d\mathfrak{r}_2.$$

C_{nl} stellt anschaulich die COULOMBsche Wechselwirkungsenergie zweier Ladungswolken der Ladungsdichte $\varrho_1 = e\,|\Phi_1|^2$ und $\varrho_2 = e\,|\Phi_{nlm}|^2$ dar. A_{nl} bezeichnet man als Austauschintegral. Die so gefundenen Energiewerte sind quantitativ sehr schlecht. Wesentlich bessere Ergebnisse kann man mit Hilfe des RITZschen Variationsprinzips erzielen, das im nächsten Paragraphen skizziert werden soll.

Das qualitative Ergebnis der Überlegungen ist, daß das Termschema in zwei Systeme zerfällt, je nachdem, ob die Eigenvektoren zu $(\mathfrak{R}_b^2)_+$ oder $(\mathfrak{R}_b^2)_-$ gehören (Abb. 20). Der tiefste Energiewert liegt in $(\mathfrak{R}_b^2)_+$, und ihm entspricht *kein* äquivalenter Eigenwert in $(\mathfrak{R}_b^2)_-$, da man keine antisymmetrische Funktion aus zwei gleichen Einelektronenfunktionen bilden kann. Für alle anderen Terme gibt es je zwei äquivalente in $(\mathfrak{R}_b^2)_+$ und $(\mathfrak{R}_b^2)_-$, die sich durch das Austauschintegral unterscheiden. Da $A_{nl} > 0$ ist[2], liegen die Terme aus $(\mathfrak{R}_b^2)_-$ jeweils etwas tiefer als diejenigen aus $(\mathfrak{R}_b^2)_+$.

Zusammenfassend kann man sich also leicht einen Überblick über die Terme durch folgendes Aufbauprinzip verschaffen: Ohne die

---

[1] Anhang II, § 9.

[2] Näheres über das Austauschintegral in § 3.

gegenseitige Wechselwirkung der Elektronen können wir einen Term
als Summe zweier Einelektronenterme auffassen. Als Symbol hierfür
ist es üblich, z. B. $ns\,n'p$ für einen Term mit einem Elektron der
Hauptquantenzahl n und der Bahndrehimpulsquantenzahl $l = 0$
(d. h. s) und eines zweiten der Hauptquantenzahl n' und Bahndrehimpulsquantenzahl $l = 1$ (d. h. p) zu schreiben. Durch „Einschalten"
der Wechselwirkung kann man sich also die diskreten Terme des Heliums

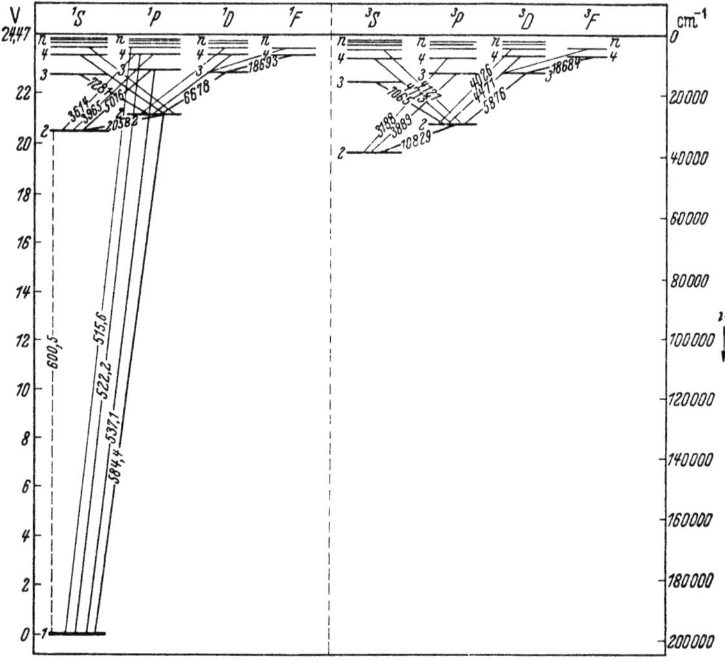

Abb. 20. Termschema des Heliums (Aus Herzberg, Atomspektren.)
Links die Terme aus $\left(\mathfrak{R}_b^2\right)_+$ (Parhelium), rechts aus $\left(\mathfrak{R}_b^2\right)_-$ (Orthohelium).

entstanden denken aus den „Elektronenkonfigurationen" $1s\,ns$, $1s\,np$,
$1s\,nd$,... Jeder dieser Elektronenkonfigurationsterme (bis auf den
Grundterm $1s\,1s$) spaltet durch die Wechselwirkung in zwei Terme
auf, einen „symmetrischen" und einen „antisymmetrischen". Für die
Elektronenkonfiguration $1s\,1s$ des Grundterms schreibt man auch $(1s)^2$.
Er spaltet nicht weiter auf, sondern liegt allein in der symmetrischen
Termklasse. Der Gesamtbahndrehimpuls eines Terms wird mit der
Quantenzahl L bezeichnet. Für die Heliumterme ist also L gleich der
Bahndrehimpulszahl l des „Leuchtelektrons", das nicht im Zustand
$1s$ ist. Für die Terme $L = 0, 1, 2\ldots$ schreibt man $S, P, D, \ldots$
Aus $(1s)^2$ entsteht nur ein symmetrischer S-Term, aus $1s\,np$ z. B.
zwei, ein symmetrischer und ein antisymmetrischer P-Term.

§ 3. Rιтzsches Variationsprinzip.

Um eine bessere quantitative Berechnung der Eigenwerte zu erlangen, kann man das Rιтzsche Variationsprinzip benutzen. Die Gleichung $H\varphi = \lambda\varphi$ ist äquivalent der Aufgabe, Extremwerte von $(\varphi, H\varphi)$ unter der Nebenbedingung $(\varphi, \varphi) = 1$ zu suchen. Sind nämlich z. B. $\lambda_1 \leqq \lambda_2 \leqq \cdots \leqq \lambda_n$ die n tiefsten Eigenwerte von H $(H\varphi_\nu = \lambda_\nu \varphi_\nu)$, jeder so oft gezählt, wie sein Entartungsgrad beträgt, so besitzt $H' = H - \sum\limits_{\nu=1}^{n} \lambda_\nu P_{\varphi_\nu}$ die Eigenschaften $(\varphi, H'\varphi) \geqq \lambda_n (\varphi, \varphi)$ für $(\varphi, \varphi_\nu) = 0$, und $H'\varphi_\nu = 0$, $\nu = 1, \ldots, n$, wie sich leicht aus der vollen Spektraldarstellung von H ergibt. Mit $(\varphi, \varphi) = 1$ ist also $(\varphi, H\varphi)$ $= \sum\limits_{\nu=1}^{n} \lambda_\nu |(\varphi_\nu, \varphi)|^2 + (\varphi, H'\varphi) \geqq \lambda_1$. Der Extremwert λ_1 von $(\varphi, H\varphi)$ wird für $\varphi = \varphi_1$ erreicht. Mit der weiteren Nebenbedingung $(\varphi, \varphi_1) = 0$ ist $(\varphi, H\varphi) \geqq \lambda_2$. λ_2 wird erreicht für $\varphi = \varphi_2$; usw.

Diese Methode gestattet eine oft nützliche Erweiterung der Störungsrechnung. Es sei $H = H_0 + \lambda H_1$. Die Eigenwerte und Eigenvektoren von H_0 seien bekannt. Zwei Eigenwerte ε_α und ε_β von H_0 mögen z. B. relativ nahe beieinander liegen, so daß die Störungsrechnung nach (VII, § 6) für die Terme $\varepsilon_\alpha, \varepsilon_\beta$ nicht sehr vernünftig ist, da in dem Ausdruck für $(\varepsilon, \varrho \,|\, \varphi_1)$ der Summand $\dfrac{1}{\varepsilon_\alpha - \varepsilon_\beta} (\varepsilon_\alpha, \varrho \,|H_1|\, \varepsilon_\beta, \varrho')$ nicht klein ausfällt. Statt der Störungsrechnung setzen wir das Variationsprinzip an: $(\varphi, H\varphi)$ ist zu einem Minimum zu machen unter der Nebenbedingung, daß $(\varphi, \varphi) = 1$ und φ orthogonal zu allen Eigenvektoren der tieferen Terme ist. Statt φ allgemein zu suchen, d. h. die Aufgabe exakt zu lösen, machen wir näherungsweise einen Ansatz: $\varphi = \sum\limits_{\nu=1}^{n} u_\nu x_\nu$, wobei die u_ν ein vollständiges normiertes Orthogonalsystem in dem Raum $\mathfrak{r}_\alpha \oplus \mathfrak{r}_\beta$ ($\mathfrak{r}_\alpha$ Eigenraum zum Eigenwert ε_α von H_0 mit der Basis $u_1, u_2, \ldots, u_{n_\alpha}$; $\mathfrak{r}_\beta$ entsprechend mit der Basis $u_{n_\alpha+1}, \ldots, u_n$) bilden. Die x_ν sind freie Parameter, durch deren Wahl $(\varphi, H\varphi)$ zum Extremwert zu machen ist. (Man zeige, daß in der Schrodingerschen Störungsrechnung die Aufgabe des Aufsuchens der „richtigen" Linearkombination nullter Näherung identisch ist, mit der Aufgabe $(\varphi, H\varphi)$ unter der Nebenbedingung $(\varphi, \varphi) = 1$ und mit dem Ansatz $\varphi = \sum\limits_{\nu=1}^{n_\alpha} u_\nu x_\nu$ bzw. $\varphi = \sum\limits_{\nu=n_\alpha+1}^{n} u_\nu x_\nu$ zum Extremwert zu machen. Der hier gemachte Ansatz $\varphi = \sum\limits_{\nu=1}^{n} u_\nu x_\nu$ ist allgemeiner und muß deshalb bessere Resultate liefern.) Die gewählten φ sind orthogonal zu den Eigenvektoren nullter Näherung der anderen Eigenwerte. Auf Grund des speziellen Ansatzes für die φ können wir als

Lösungen nur eine Näherung erwarten. Mit $(u_\nu, H_1 u_\mu) = (\nu\,|\,H_1\,|\,\mu)$ lautet die Extremwertaufgabe:

$$\varepsilon_\alpha \sum_{\nu=1}^{n_\alpha} |x_\nu|^2 + \varepsilon_\beta \sum_{\nu=n_\alpha+1}^{n} |x_\nu|^2 + \sum_{\nu,\mu=1}^{n} \overline{x_\nu}\,(\nu\,|\,H_1\,|\,\mu)\,x_\mu = \text{Extr.} \qquad (3.1)$$

unter der Nebenbedingung $\sum_{\nu=1}^{n} |x_\nu|^2 = 1$. Diese bekannte Aufgabe[1] führt, wenn man für jeden weiteren Eigenvektor $x_1 \ldots x_n$ die Orthogonalität auf den vorhergehenden fordert, zu einer Reihe von Extremwerten $E_1, E_2, \ldots, E_n$, die Eigenwerte des Problems

$$(\varepsilon_{\alpha,\beta} - E)\,x_\nu + \sum_{\mu=1}^{n} (\nu\,|\,H_1\,|\,\mu)\,x_\mu = 0 \qquad (3.2)$$

sind, wo ε_α oder ε_β steht, je nachdem, ob $\nu \leq n_\alpha$ oder $\nu > n_\alpha$ ist. Die $E_1, \ldots, E_n$ bilden dann eine Näherung für die Eigenwerte, in die ε_α und ε_β durch die Störung übergehen. Für einen *einzigen* entarteten Eigenwert ε_α geht (3.2) in das Problem (VII, § 6.8) über.

Um den Grundterm des Heliums quantitativ besser zu berechnen als im vorigen Paragraphen, kann man versuchen, das Minimum von $M = \left(\varphi, \left[H_0(1) + H_0(2) + \dfrac{e^2}{r_{12}}\right]\varphi\right)$ mit der Nebenbedingung $(\varphi, \varphi) = 1$ näherungsweise mit Hilfe eines Ansatzes $\varphi = \Phi_1(1)\,\Phi_2(2)$ zu bestimmen. Mit Hilfe eines LAGRANGEschen Parameters λ kann die Nebenbedingung hinzugefügt werden:

$$\big(\Phi_1(1)\,\Phi_2(2), H_0(1)\,\Phi_1(1)\,\Phi_2(2)\big) + \big(\Phi_1(1)\,\Phi_2(2), H_0(2)\,\Phi_1(1)\,\Phi_2(2)\big) +$$
$$+ \left(\Phi_1(1)\,\Phi_2(2), \frac{e^2}{r_{12}}\,\Phi_1(1)\,\Phi_2(2)\right) - \qquad (3.3)$$
$$- \lambda\big(\Phi_1(1)\,\Phi_2(2), \Phi_1(1)\,\Phi_2(2)\big) = \text{Extr.}$$

Ersetzt man Φ_i durch $\Phi_i + \delta\Phi_i$ und dann $\delta\Phi_i$ durch $i\,\delta\Phi_i$, so erhält man aus der Bedingung, daß die Variation von (3.3) für beliebige $\delta\Phi_i$ verschwinden muß, die beiden Gleichungen:

$$\left.\begin{aligned}
H_0(1)\,\Phi_1(1) + \big(\Phi_2(2), H_0(2)\,\Phi_2(2)\big)\,\Phi_1(1) + \\
+ \left(\Phi_2(2), \frac{e^2}{r_{12}}\,\Phi_2(2)\right)\Phi_1(1) = \lambda\,\Phi_1(1), \\
\big(\Phi_1(1), H_0(1)\,\Phi_1(1)\big)\,\Phi_2(2) + H_0(2)\,\Phi_2(2) + \\
+ \left(\Phi_1(1), \frac{e^2}{r_{12}}\,\Phi_1(1)\right)\Phi_2(2) = \lambda\,\Phi_2(2)
\end{aligned}\right\} \qquad (3.4)$$

mit dem Extremwert λ von $\big(\Phi_1(1)\,\Phi_2(2), H\Phi_1(1)\,\Phi_2(2)\big)$.

---

[1] Zum Beispiel COURANT-HILBERT, Methoden der mathematischen Physik, Kap I. 2. Aufl Berlin: Springer 1931.

Setzen wir für den Grundterm des Heliums, da dieser symmetrisch ist, speziell $\Phi_1 = \Phi_2 = \Phi$, so erhält man

$$H_0(1)\,\Phi(1) + \left(\Phi(2),\,\frac{e^2}{r_{12}}\,\Phi(2)\right)\Phi(1) = \varepsilon\,\Phi(1) \qquad (3.5)$$

mit $\varepsilon = \lambda - \left(\Phi(2),\,H_0(2)\,\Phi(2)\right)$. Dies ist aber die Eigenwertgleichung *eines* Elektrons mit der potentiellen Energie $-\dfrac{Z\,e^2}{r_1} - e\,V(r_1)$, wobei

$$V(r_1) = -\left(\Phi(2),\,\frac{e^2}{r_{12}}\,\Phi(2)\right) \qquad (3.6)$$

gleich dem Potential der Ladungsdichte $e\,|\Phi(2)|^2$ ist. Für den Grundzustand können wir Φ als kugelsymmetrisch ansetzen, so daß (3.6) tatsächlich nur von r_1 abhangt. Um allerdings $V(r)$ zu berechnen, müßte schon Φ bekannt sein. Man kann durch sukzessive Approximation die Aufgabe (3.5) lösen, indem man $V(r)$ mit der vorher bekannten Näherung einsetzt, um die nächsthöhere aus (3.4) zu berechnen. Diese HARTREEsche Methode des „selfconsistent field" läßt sich leicht auch auf mehr als zwei Elektronen übertragen.

Um hier einen schnellen Überblick zu erhalten, setzten wir noch spezieller

$$\varphi = \frac{\alpha^3}{\pi}\,e^{-\alpha(r_1 + r_2)} \qquad (3.7)$$

ins Variationsproblem $\left(\varphi,\left[H_0(1) + H_0(2) + \dfrac{e^2}{r_{12}}\right]\varphi\right) = \text{Extr.}$ ein, wobei nur noch α geeignet zu wählen ist. Man erhält die Aufgabe

$$2\left(\frac{\hbar^2}{2m}\,\alpha^2 - Z\,e^2\,\alpha\right) + \frac{5}{8}\,e^2\,\alpha = \text{Extr.}$$

Die Ableitung nach α muß also verschwinden, woraus $\alpha = \dfrac{m\,e^2}{\hbar^2}\left(Z - \dfrac{5}{16}\right)$ und damit sich als Minimum $E = -\dfrac{m\,e^4}{\hbar^2}\left(Z - \dfrac{5}{16}\right)^2$ ergibt.

Aus diesem Wert läßt sich leicht die Ionisierungsenergie des Heliums berechnen. Sie ist der Energieunterschied zwischen dem He-Atom und dem einfach ionisierten Helium. Die Energie des Heliumions ist nach (VII, 3.13) $-\dfrac{m\,e^4}{2\hbar^2}\,Z^2$, so daß man als Ionisierungsenergie

$$\frac{m\,e^4}{\hbar^2}\left[\left(2 - \frac{5}{16}\right)^2 - \frac{1}{2}\,2^2\right] = 1{,}695\ \text{Rydberg}$$

gegenüber dem experimentellen Wert von 1,810 Rydberg = 24,46 eV erhält. Die Übereinstimmung ist trotz des einfachen Ansatzes recht gut. Hätte man die Wechselwirkung der Elektronen ganz vernachlässigt, so wäre $E = -\dfrac{m\,e^4}{\hbar^2}\,Z^2$ geworden. Wir können das Ergebnis anschaulich also so interpretieren: jedes Elektron bewegt sich so, als ob die Kernladung durch das andere von $Z\,e$ auf $\left(Z - \dfrac{5}{16}\right)e$ abgeschirmt ist.

Für die angeregten Terme müssen wir Φ_1 und Φ_2 verschieden ansetzen, so daß jetzt beide Gleichungen (3.4) simultan zu lösen sind. Da das eine Elektron weiter vom Kern entfernt ist, werden wir für $\Phi_1(1)$ eine Eigenfunktion praktisch gleich der des Grundzustandes des Heliumions erwarten. $|\Phi_2(2)|^2$ wird dagegen hauptsächlich nur in dem Gebiet von Null verschieden sein, wo $\Phi_1(1) = 0$ ist. Wir wollen deshalb in der ersten Gl. (3.4) $\left(\Phi_2(2), \dfrac{e^2}{r_{12}}\, \Phi_2(2)\right)$ als Konstante gleich $\left(\Phi_2(2), \dfrac{e^2}{r_2}\, \Phi_2(2)\right)$ ansetzen. Daher gilt

$$H_0(1)\, \Phi_1(1)$$
$$= \left[\lambda - (\Phi_2(2), H_0(2)\, \Phi_2(2)) - \left(\Phi_2(2), \frac{e^2}{r_2}\, \Phi_2(2)\right)\right] \Phi_1(1). \qquad (3.8)$$

Die Lösung ist

$$\Phi_1(1) = \left(\frac{m Z e^2}{\hbar^2}\right)^{3/2} e^{-\frac{m Z e^2}{\hbar^2} r_1} \qquad (3.9)$$

mit $\left[\lambda - (\Phi_2(2), H_0(2)\, \Phi_2(2)) - \left(\Phi_2(2), \dfrac{e^2}{r_2}\, \Phi_2(2)\right)\right] = E_1 = -\dfrac{m Z^2 e^4}{2\hbar^2}$.

Für $\Phi_2(2)$ gilt dann nach (3.4) die Gleichung

$$\left[\frac{1}{2m}\, \mathfrak{P}_2^2 + V(r_2)\right] \Phi_2(2) = \left(\lambda + \frac{m Z^2 e^4}{2\hbar^2}\right) \Phi_2(2), \qquad (3.10)$$

d. h. eine Eigenwertgleichung, die einem Elektron im Potential

$$V(r_2) = -\frac{Z e^2}{r_2} + \left(\Phi_1(1), \frac{e^2}{r_{12}}\, \Phi_1(1)\right) = -\frac{(Z-1) e^2}{r_2} + R(r_2) \qquad (3.11)$$

entspricht. Die Klammer hängt nur von r_2 ab, da $|\Phi_1(1)|^2$ eine kugelsymmetrische Ladungsverteilung darstellt. $R(r_2)$ ist außerhalb des Abstandes $\dfrac{\hbar^2}{m Z e^2}$ praktisch gleich Null. Für die $\left(\lambda + \dfrac{m Z^2 e^4}{2\hbar^2}\right)$ und $\Phi_2(2)$ erhält man also Eigenwerte $E_{n,l}$ und Eigenvektoren $\Phi_{n,l,m}$ genau so, wie wir sie bei den Alkalispektren diskutiert haben. Den Term $n = 1$ lassen wir fort, da wir die oben formulierten Orthogonalitätsbedingungen, daß $\Phi_1(1)\, \Phi_2(2)$ orthogonal auf dem Grundzustand (3.7) ist, näherungsweise durch die Bedingung ersetzen, daß $\Phi_2(2)$ orthogonal zu (3.9) sein soll. Die gewonnenen Energiewerte λ für die angeregten Zustände sind also näherungsweise $\lambda = E_{n,l} - \dfrac{m Z^2 e^4}{2\hbar^2} = E_{nl} + E_1$. Es liegen also die Terme zu verschiedenen l-Werten nicht mehr zusammen.

Ein bestimmter dieser Terme zu festem n und l kommt sowohl in $(\mathfrak{R}_0^2)_+$ wie $(\mathfrak{R}_0^2)_-$ vor, denn sowohl $\Omega_{nl}^+ = \Phi_1(1)\, \Phi_{nl}(2) + \Phi_{nl}(1)\, \Phi_1(2)$ wie $\Omega_{n,l}^- = \Phi_1(1)\, \Phi_{nl}(2) - \Phi_{nl}(1)\, \Phi_1(2)$ gehören zum selben Eigenwert.

Bessere Werte für die Energie müssen wir also erhalten, wenn wir $(\varphi, H\varphi)\,\dfrac{1}{||\varphi||^2}$ zum Extremwert machen mit dem Ansatz $\varphi = a\,\Omega^+_{n,l} + b\,\Omega^-_{n,l}$. Da H mit den Permutationen der Elektronen vertauschbar ist, müssen $\varphi = \Omega^+_{n,l}$ und $\varphi = \Omega^-_{nl}$ die Extremwerte liefern: Der Term $E_{nl} + E_1$ spaltet also in die beiden Terme

$$\frac{(\Omega^+_{n,l},\,H\,\Omega^+_{n,l})}{||\Omega^+_{nl}||^2} = E_1 + E_{nl} + A^{(+)}_{nl} \quad \text{in } (\Re^2_b)_+ \qquad (3.12a)$$

und

$$\frac{(\Omega^-_{n,l},\,H\,\Omega^-_{n,l})}{||\Omega^-_{nl}||^2} = E_1 + E_{nl} - A^{(-)}_{nl} \quad \text{in } (\Re^2_b)_- \qquad (3.12b)$$

auf. Da die $\Phi_{n,l}$ nicht exakt orthogonal sind, ist $||\Omega_{n,l}||^2$ nicht genau 2. Vernachlässigt man diese Abweichung, so wird $A^{(+)}_{nl} = A^{(-)}_{nl}$ und gleich demselben Ausdruck wie in (2.10), nur daß man $\dfrac{e^2}{r_{12}}$ durch $\dfrac{e^2}{r_{12}} - \left(\Phi_1(3),\dfrac{e^2}{r_{32}}\Phi_1(3)\right)$ zu ersetzen hat:

$$A_{nl} = e^2 \int \left[\frac{1}{r_{12}} - \int |\Phi_1(3)|^2 \frac{1}{r_{32}}\,d\mathfrak{r}_3\right] \cdot$$
$$\cdot \overline{\Phi_1(\mathfrak{r}_2)}\;\overline{\Phi_{nlm}(\mathfrak{r}_1)}\;\Phi_1(\mathfrak{r}_1)\;\Phi_{nlm}(\mathfrak{r}_2)\,d\mathfrak{r}_1\,d\mathfrak{r}_2. \qquad (3.13)$$

Das Austauschintegral A_{nl} bewirkt die verschiedene Lage der Terme in $(\Re^2_b)_+$ und $(\Re^2_b)_-$.

A_{nl} bzw. $-A_{nl}$ kommt durch die Coulombsche Wechselwirkung der Elektronen in den zwei verschiedenen Zuständen aus $(\Re^2_b)_+$ und $(\Re^2_b)_-$ zustande, wie es am deutlichsten aus der ersten Form (2.10) hervorgeht. Woher kommt der energetische Unterschied der beiden Terme? C_{nl} in (2.10) allein gibt die Wechselwirkungsenergie so, als ob beide Elektronen als kontinuierliche Ladungswolken in Wechselwirkung ständen. Würden wir einen Zustand $\Phi_1(1)\,\Phi_2(2)$ betrachten, so wäre die Wahrscheinlichkeit, das Elektron 1 an der Stelle $\mathfrak{r}_1$ im Intervall $d\mathfrak{r}_1$ und 2 an der Stelle $\mathfrak{r}_2$ im Intervall $d\mathfrak{r}_2$ zu finden, tatsächlich gleich

$$|(\mathfrak{r}_1|\Phi_1)|^2\,|(\mathfrak{r}_2|\Phi_2)|^2\,d\mathfrak{r}_1\,d\mathfrak{r}_2.$$

Für den Zustand $\dfrac{1}{\sqrt{2}}\left(\Phi_1(1)\,\Phi_2(2) \pm \Phi_1(2)\,\Phi_2(1)\right)$ ist diese aber gleich

$$\tfrac{1}{2}\big[\,|(\mathfrak{r}_1|\Phi_1)|^2\,|(\mathfrak{r}_2|\Phi_2)|^2 + |(\mathfrak{r}_2|\Phi_1)|^2\,|(\mathfrak{r}_1|\Phi_2)|^2 \pm$$
$$\pm \{\overline{(\mathfrak{r}_1|\Phi_1)}\,\overline{(\mathfrak{r}_2|\Phi_2)}\,(\mathfrak{r}_2|\Phi_1)\,(\mathfrak{r}_1|\Phi_2) + \overline{(\mathfrak{r}_2|\Phi_1)}\,\overline{(\mathfrak{r}_1|\Phi_2)}\,(\mathfrak{r}_1|\Phi_1)\,(\mathfrak{r}_2|\Phi_2)\}\big]\,d\mathfrak{r}_1\,d\mathfrak{r}_2.$$

Für $\mathfrak{r}_1 = \mathfrak{r}_2$ z. B. folgt im Zustand $\Phi_1(1)\,\Phi_2(2)$ als Wahrscheinlichkeit $|(\mathfrak{r}_1|\Phi_1)|^2\,|(\mathfrak{r}_1|\Phi_2)|^2\,d\mathfrak{r}_1\,d\mathfrak{r}_2$, im zweiten Falle aber $[\,|(\mathfrak{r}_1|\Phi_1)|^2\,|(\mathfrak{r}_1|\Phi_2)|^2 \pm \pm |(\mathfrak{r}_1|\Phi_1)|^2\,|(\mathfrak{r}_1|\Phi_2)|^2]\,d\mathfrak{r}_1\,d\mathfrak{r}_2$, also entweder doppelt soviel oder Null. Die Ortswahrscheinlichkeit der Elektronen steht also in jedem der beiden Teilräume $(\Re^2_b)_+$ und $(\Re^2_b)_-$ in Korrelation zueinander, d. h. ist nicht unabhängig voneinander. Grob anschaulich weichen sich die

Elektronen in $(\mathfrak{R}_b^2)_-$ aus, während sie sich in $(\mathfrak{R}_b^2)_+$ bevorzugt nähern, *ohne* daß die Ortswahrscheinlichkeit für ein einzelnes Elektron geändert wird. Da die beiden Elektronen sich in $(\mathfrak{R}_b^2)_-$ im Vergleich zu $(\mathfrak{R}_b^2)_+$ aus dem Wege gehen, ist schon qualitativ verständlich, daß ihre COULOMBsche Abstoßung die Terme in $(\mathfrak{R}_b^2)_+$ höher gegenüber denen in $(\mathfrak{R}_b^2)_-$ werden läßt. Das Austauschintegral können wir deshalb als COULOMBsche Korrelationsenergie bezeichnen.

§ 4. Die Feinstruktur des Heliumspektrums.

Nach (2.3) ist der HILBERT-Raum der zwei Elektronen gleich

$$(\mathfrak{H}^2)_- = (\mathfrak{R}_b^2)_+ \times (\mathfrak{r}_s^2)_- \oplus (\mathfrak{R}_b^2)_- \times (\mathfrak{r}_s^2)_+ .$$

Um die vollständigen Eigenfunktionen mit Spin des Operators $H_0 = \dfrac{1}{2m}(\mathfrak{P}_1^2 + \mathfrak{P}_2^2) - \dfrac{Ze^2}{r_1} - \dfrac{Ze^2}{r_2} + \dfrac{e^2}{r_{12}}$ anzugeben, müssen wir die Eigenvektoren aus $(\mathfrak{R}_b^2)_+$ mit antisymmetrischen Vektoren aus $(\mathfrak{r}_s^2)_-$ und die Eigenvektoren aus $(\mathfrak{R}_b^2)_-$ mit symmetrischen Vektoren aus $(\mathfrak{r}_s^2)_+$ multiplizieren.

Der Raum $\mathfrak{r}_s^2$, der von den Vektoren $u_+(1)\,u_+(2)$, $u_+(1)\,u_-(2)$, $u_-(1)\,u_+(2)$, $u_-(1)\,u_-(2)$ aufgespannt wird, läßt sich leicht in $(\mathfrak{r}_s^2)_+$ und $(\mathfrak{r}_s^2)_-$ zerlegen: $(\mathfrak{r}_s^2)_+$ hat die Basis

$$u_+(1)\,u_+(2), \quad \frac{1}{\sqrt{2}}\big(u_+(1)\,u_-(2) + u_-(1)\,u_+(2)\big), \quad u_-(1)\,u_-(2)$$

$(\mathfrak{r}_s^2)_-$ ist eindimensional mit dem Basisvektor

$$\frac{1}{\sqrt{2}}\big(u_+(1)\,u_-(2) - u_-(1)\,u_+(2)\big).$$

In $\mathfrak{r}_s^2$ findet die Produktdarstellung $D_{1/2} \times D_{1/2} = D_1 + D_0$ statt. Die beiden Spindrehimpulse können sich also zum Gesamtspindrehimpuls der Quantenzahlen $S = 1$ oder $S = 0$ addieren. Da die die Drehgruppe darstellenden Operatoren mit den Permutationen in $\mathfrak{r}_s^2$ vertauschbar sind, müssen sie nach Anhang II, § 9, die Teilräume $(\mathfrak{r}_s^2)_+$ und $(\mathfrak{r}_s^2)_-$ invariant lassen. Da andererseits $D_{1/2} \times D_{1/2}$ in die beiden irreduziblen Bestandteile D_1 von der Dimension 3 und D_0 von der Dimension 1 zerfällt, muß in $(\mathfrak{r}_s^2)_+$ die Darstellung D_1, in $(\mathfrak{r}_s^2)_-$ D_0 stattfinden.

Für einen Term, der aus einer Elektronenkonfiguration mit einem $1s$ Elektron und einem zweiten der Hauptquantenzahl n und der Bahndrehimpulsquantenzahl l entstanden ist, müssen die Eigenvektoren in $(\mathfrak{R}_b^2)_+$ die Darstellung D_L mit $L = l$ der Drehgruppe geben, da sich die Darstellung beim Einschalten der Störung nicht ändern kann. Es gibt also in $(\mathfrak{R}_b^2)_+$ bzw. $(\mathfrak{R}_b^2)_-$ $(2L + 1)$ Eigenvektoren Φ_M ($M = L, L-1, \ldots, -L$) zu dem betrachteten Eigenwert (die exakt *nicht* die Form eines Produktes $\Phi_M = \dfrac{1}{\sqrt{2}}\big(\Phi_1(1)\,\Phi_{lm}(2) \pm \Phi_{lm}(1)\,\Phi_1(2)\big)$

mit $m = M$ haben!). Bezeichnen wir diesen Eigenraum aus $(\mathfrak{R}_b^2)_\pm$ kurz mit $\mathfrak{r}_L$, so gehören als vollständige Eigenvektoren zu H_0 die Vektoren aus dem Raum $\mathfrak{r}_L \times (\mathfrak{r}_s^2)_-$ für die symmetrischen, aus dem Raum $\mathfrak{r}_L \times (\mathfrak{r}_s^2)_+$ für die antisymmetrischen Terme. Da in $(\mathfrak{r}_s^2)_-$ die Darstellung der Drehgruppe D_0 ist, so erhält man in $\mathfrak{r}_L \times (\mathfrak{r}_s^2)_-$ die Darstellung $D_L \times D_0 = D_L$. Der Gesamtdrehimpuls beider Elektronen, Bahn- und Spindrehpuls eingeschlossen, wird üblicherweise mit der Quantenzahl J bezeichnet. Es ist also $J = L$. Da die Darstellung der Drehgruppe in $\mathfrak{r}_L \times (\mathfrak{r}_s^2)_-$ irreduzibel ist, können die symmetrischen Terme durch das vom Spin abhängige, aber drehinvariante Zusatzglied H_1 zum HAMILTON-Operator nicht aufspalten, sie bleiben sämtlich einfach. Anders im Falle $\mathfrak{r}_L \times (\mathfrak{r}_s^2)_+$. Hier ist die Darstellung der Drehgruppe $D_L \times D_1 = D_{L+1} + D_L + D_{L-1}$ für $L \geq 1$ bzw. $D_0 \times D_1 = D_1$ für $L = 0$. Der Gesamtdrehimpuls kann also die verschiedenen Werte $J = L + 1, L, L - 1$ bzw. für $L = 0$ nur $J = 1$ annehmen. Die antisymmetrischen S-Terme (d. h. $L = 0$) können also durch die Spinstörung nicht aufspalten, dagegen werden alle übrigen antisymmetrischen Terme entsprechend den Werten $J = L + 1, L, L - 1$ in drei Feinstrukturterme aufspalten.

Daß die symmetrischen Terme experimentell keine Aufspaltung zeigen, ist ein Beweis für die Gültigkeit des PAULI-Prinzips.

Die Zahl $2S + 1$ bezeichnet man als Multiplizität und schreibt sie oben links an das Termsymbol. Für $S = 0$ ist also $^1P_1$ ein „Singulett" P-Term (d. h. $L = 1$) mit dem Gesamtdrehimpuls $J = 1$. Für $S = 1$ ist z. B. $^3P_2$ ein „Triplett" P-Term mit dem Gesamtdrehimpuls $J = 2$. Die drei Terme $^3P_2$, $^3P_1$, $^3P_0$ liegen also im Heliumtermschema dicht beieinander. Da die symmetrischen Terme wegen des PAULI-Prinzips eindeutig mit $S = 0$ und die antisymmetrischen mit $S = 1$ verknüpft sind, ist also eine Kennzeichnung des Terms nach der Symmetrie bei Permutationen nicht notwendig. Obwohl ein antisymmetrischer ^3S-Term (d. h. $L = 0$) nicht aufspaltet, d. h. nur die eine Komponente $^3S_1$ hat, nennt man ihn entsprechend der Zahl $2S + 1 = 3$ einen Tripletterm. Die Zahl $2S + 1$ links oben am Termsymbol gibt also sowohl den Gesamtspin wie die Symmetrie der Vektoren aus $\mathfrak{R}_b^2$ an.

Durch das Eintreten der Störung H_1 ist exakt nur noch für die Eigenvektoren nullter Näherung, d. h. für die „richtigen" Linearkombinationen, der Spindrehimpuls S sowie die Symmetrie der Ortsfunktionen aus $(\mathfrak{R}_b^2)_+$ bzw. $(\mathfrak{R}_b^2)_-$ definiert. Je stärker der Einfluß von H_1 ist, desto größer kann die Abweichung der exakten Eigenvektoren von den Linearkombinationen nullter Näherung sein. Der Wert J, d. h. die Darstellung D_J, kann sich natürlich nicht ändern.

Um etwas Quantitatives über die Größe der Aufspaltung der Tripletterme sagen zu können, muß die Form von H_1 bekannt sein. Da wir hier keine explizite quantitative Ausrechnung beabsichtigen, wollen wir die Diskussion über die Intervalle zwischen den einzelnen Feinstrukturkomponenten verschieben, bis wir auch für mehr als zwei Elektronen die Atomterme und ihre Multiplizität $2S + 1$ diskutiert haben.

IX. Auswahlregeln und Intensität der Spektrallinien.

§ 1. Intensität der Spektrallinien.

Eine konsequente Behandlung auch des elektromagnetischen Feldes nach der Quantentheorie müßte die Intensität der emittierten Strahlung berechnen lassen. Es ist aber bisher trotz großer Erfolge im einzelnen nicht gelungen, eine widerspruchsfreie Formulierung einer Quantentheorie des elektromagnetischen Feldes zu finden. In diesem Buche soll deshalb auf diese Probleme nicht im einzelnen eingegangen werden. Aber auf Grund der Korrespondenzbetrachtungen des ersten Abschnittes können wir leicht die Übergangswahrscheinlichkeit für einen Übergang von einem Term E_ν zu einem anderen E_μ erraten:

$$A_{\nu\mu} = \frac{4}{3\,c^3\,\hbar}\,\omega_{\nu\mu}^3\,|\mathfrak{d}_{\nu\mu}|^2 \qquad (1.1)$$

mit $\hbar\,\omega_{\nu\mu} = E_\nu - E_\mu$. $\mathfrak{d}_{\nu\mu}$ gibt das Dipolmoment des Übergangs: Sind $u_1, u_2, \ldots, u_{n_\nu}$ eine Basis des Eigenraumes zu E_ν und $v_1, v_2, \ldots, v_{n_\mu}$ entsprechend zu E_μ, und wird mit $\mathfrak{d} = e \sum\limits_{i=1}^{f} \mathfrak{r}_i$ (wobei $\mathfrak{r}_i$ die Ortsvektoren der f Elektronen des Atoms seien) der Operator des Dipolelements bezeichnet, so ist

$$|\mathfrak{d}_{\nu\mu}|^2 = \frac{1}{n_\nu} \sum\limits_{\alpha=1}^{n_\nu} \sum\limits_{\beta=1}^{n_\mu} |(n_\alpha, \mathfrak{d} v_\beta)|^2 \qquad (1.2)$$

zu setzen. Die rechte Seite ist unabhängig von der Wahl der u_α, v_β, da mit F_ν und F_μ als Projektionsoperator der zu E_ν bzw. E_μ gehörigen Teilräume

$$|\mathfrak{d}_{\nu\mu}|^2 = \frac{1}{n_\nu} \sum\limits_{k=1}^{3} \mathrm{Sp}(F_\nu\, d_k\, F_\mu\, d_k) \qquad (1.3)$$

ist, wobei die d_k die drei Komponenten von $\mathfrak{d}$ sind.

Um Aussagen über die Intensität der Spektrallinien machen zu können, ist es also notwendig, die Übergangelemente $(u_\alpha, d_k v_\beta)$ zu kennen.

In (1.1) ist entsprechend der Korrespondenz zur HERTZschen Dipollösung nur die Dipolstrahlung benutzt worden. Da aber jedes Atom ein endliches System ist, das zwar klein gegenüber der Wellenlänge des sichtbaren Lichtes ist, werden also höhere Strahlungseffekte wie Quadrupolstrahlung usw. sich besonders dann bemerkbar machen, wenn etwa für die Dipolstrahlung zwischen E_ν und E_μ alle $(u_\alpha, \mathfrak{d}\, v_\beta)$ gleich Null sein sollten. Ohne hier quantitativ die Übergangswahrscheinlichkeit für höhere Multipolstrahlung anzugeben, sieht man aber leicht, daß diese proportional den Quadraten von Matrixelementen $|(u_\alpha, d_k d_l v_\beta)|^2$ für Quadrupol- oder $|(u_\alpha, d_k d_c d_m \ldots v_\beta)|^2$ für höhere Multipolstrahlung sind.

§ 2. Darstellungstheorie und Matrixelemente.

In einem Vektorraum (z. B. HILBERT-Raum) $\mathfrak{R}$ seien Vektoren Φ_μ (nicht notwendig linear unabhängig!) gegeben, die einen Teilraum $\mathfrak{s}$ von $\mathfrak{R}$ aufspannen. $\mathfrak{R}$ sei ein vollständig reduzibler Darstellungsraum[1]

$$\mathfrak{R} = \mathfrak{r}_1 \oplus \mathfrak{r}_2 \oplus \cdots, \qquad (2.1)$$

wobei die $\mathfrak{r}_\nu$ irreduzibel seien. Der Teilraum $\mathfrak{s}$ sei invariant gegenüber den Operatoren der Darstellung. Ist φ_ν ein vollständiges normiertes Orthogonalsystem, das der Zerlegung (2.1) angepaßt ist, so kann man die Φ_μ nach den φ_ν entwickeln:

$$\Phi_\mu = \sum_\nu \varphi_\nu a_{\nu\mu}. \qquad (2.2)$$

Durch $\Phi_\mu \to \sum_\nu{}' \varphi_\nu a_{\nu\mu}$, wo $\sum_\nu{}'$ nur über die φ_ν aus $\mathfrak{r}_1$ erstreckt werden möge, ist eine homomorphe Abbildung von $\mathfrak{s}$ auf $\mathfrak{r}_1$ gegeben. Daher muß das irreduzible $\mathfrak{r}_1$ isomorph einem irreduziblen Bestandteil des Raumes $\mathfrak{s}$ sein; oder, falls $\mathfrak{s}$ keinen irreduziblen Bestandteil isomorph zu $\mathfrak{r}_1$ enthält, müssen alle die $a_{\nu\mu}$, wo sich ν auf die φ_ν aus $\mathfrak{r}_1$ bezieht, gleich Null sein.

Es sei $\mathfrak{H}$ ein weiterer Darstellungsraum, der sich vollständig in der Form

$$\mathfrak{H} = \mathfrak{t}_1 \oplus \mathfrak{t}_2 \oplus \ldots \qquad (2.3)$$

ausreduzieren läßt. Ψ_μ sei eine Reihe von Vektoren (nicht notwendig linear unabhängig!) aus $\mathfrak{H}$, die sich bei der Darstellung mit derselben Matrix wie die Φ_μ transformieren: d. h. ist z. B. U der eine Transformation in $\mathfrak{R}$ darstellende Operator und V der dieselbe Transformation in $\mathfrak{H}$ darstellende Operator, so sei also

$$U\Phi_\mu = \sum_\nu \Phi_\nu \varrho_{\nu\mu} \quad \text{und} \quad V\Psi_\mu = \sum_\nu \Psi_\nu \varrho_{\nu\mu}. \qquad (2.4)$$

Ein der Zerlegung (2.3) angepaßtes vollständiges normiertes Orthogonalsystem sei χ_ν. Dann lassen sich die Ψ_μ entwickeln:

$$\Psi_\mu = \sum_\nu \chi_\nu b_{\nu\mu}. \qquad (2.5)$$

---

[1] Anhang II, § 6 und § 8.

$\mathfrak{r}_\alpha$ und $\mathfrak{t}_\beta$ seien zwei isomorphe Darstellungsräume. Die φ_ν aus $\mathfrak{r}_\alpha$ mögen mit $\varphi_{\alpha_1}, \varphi_{\alpha_2}, \ldots, \varphi_{\alpha_\nu}$ und die χ_ν aus $\mathfrak{t}_\beta$ mit $\chi_{\beta_1}, \chi_{\beta_2}, \ldots, \chi_{\beta_\nu}$ bezeichnet werden, wobei die φ_{α_τ} und χ_{β_τ} zwei isomorphe Basen von $\mathfrak{r}_\alpha$ und $\mathfrak{t}_\beta$ seien.

Man bilde aus einer linear unabhängigen Basis v_μ einen Vektorraum $\mathfrak{v}$. Die Zahl der v_μ sei gleich der Zahl der Φ_μ und Ψ_μ. Durch die Transformationen $v_\mu \to \sum_\nu v_\nu \varrho_{\nu\mu}$ mit den $\varrho_{\nu\mu}$ (nach (2.4)) möge $\mathfrak{v}$ zu einem Darstellungsraum werden. Durch $v_\mu \to \Phi_\mu$ ist dann eine (operator-) homomorphe Abbildung von $\mathfrak{v}$ auf $\mathfrak{z}$ gegeben. Zerfällt $\mathfrak{v}$ nach $\mathfrak{v} = \mathfrak{v}_1 + \mathfrak{v}_2 + \cdots$ in irreduzible Bestandteile, so muß $\mathfrak{z}$ isomorph zu der Summe $\mathfrak{v}_{\lambda_1} + \mathfrak{v}_{\lambda_2} + \cdots$ eines Teiles der $\mathfrak{v}_1, \mathfrak{v}_2, \ldots$ sein. Daß $\mathfrak{z}$ nicht alle $\mathfrak{v}_\nu$ enthält, ist möglich, da die Φ_μ nicht als linear unabhängig vorausgesetzt wurden.

Wir wollen nun voraussetzen, daß in $\mathfrak{v}$ jeder irreduzible Bestandteil nur einmal vorkommt. Bilden wir dann einen zu $\mathfrak{r}_\alpha$ und $\mathfrak{t}_\beta$ isomorphen Vektorraum $\mathfrak{w}$ mit der zu den φ_{α_τ} und χ_{β_τ} isomorphen Basis w_τ, so stellen $v_\mu \to \sum_\tau w_\tau a_{\alpha_\tau\mu}$ und $v_\mu \to \sum_\tau w_\tau b_{\beta_\tau\mu}$ zwei homomorphe Abbildungen von $\mathfrak{v}$ auf $\mathfrak{w}$ dar. Da $\mathfrak{v}$ lauter verschiedene irreduzible Bestandteile $\mathfrak{v}_\nu$ enthält, müssen alle $\mathfrak{v}_\nu$ bis höchstens auf ein einziges (A II, § 9) hierbei auf Null abgebildet werden. $\mathfrak{v}_\eta$ wird nicht auf Null abgebildet, wenn es isomorph zu $\mathfrak{w}$ ist. Die Abbildung von $\mathfrak{v}_\eta$ auf $\mathfrak{w}$ ist dann aber bis auf einen Zahlenfaktor eindeutig bestimmt. Daher gilt also

$$\lambda_1 a_{\alpha_\tau\mu} = \lambda_2 b_{\beta_\tau\mu}, \tag{2.6}$$

wobei das Verhältnis $\lambda_1 : \lambda_2$ nur von $\mathfrak{r}_\alpha$ und $\mathfrak{t}_\beta$, aber nicht von τ und μ abhängt.

Die abgeleiteten Beziehungen gelten erst recht, wenn $\mathfrak{R} = \mathfrak{H}$ und die $\varphi_\nu = \chi_\nu$ und $\mathfrak{r}_k = \mathfrak{t}_k$ ist, wobei die Φ_μ und Ψ_μ natürlich verschieden sein dürfen.

Es sei A_i eine Reihe Hermitescher Operatoren, so daß für die Operatoren U der Darstellung

$$U A_i U^* = \sum_k A_k d_{ki} \tag{2.7}$$

gilt. Durch die Matrix d_{ki} ist dann ebenfalls eine Darstellung D_A gegeben. Sind $\varphi_1, \varphi_2, \ldots, \varphi_n$ die Basisvektoren von $\mathfrak{r}_1$, so spannen die $\Phi_\mu = \Phi_{ik} = A_i \varphi_k$ $(k = 1, 2, \ldots, n)$ mit $\mu = i, k$ einen Darstellungsraum $\mathfrak{z}$ auf, der also ausreduziert einen Teil der irreduziblen Komponenten der Produktdarstellung $D_A \times D_{\mathfrak{r}_1}$ enthält. Nun ist

$$\Phi_{ik} = A_i \varphi_k = \sum_\nu \varphi_\nu (\varphi_\nu, A_i \varphi_k). \tag{2.8}$$

Daher müssen alle diejenigen Matrixelemente $(\varphi_\nu, A_i \varphi_k)$ verschwinden, wo ν sich auf Vektoren φ_ν aus einem $\mathfrak{r}_\alpha$ bezieht, das zu keinem der in der Darstellung $D_A \times D_{\mathfrak{r}_1}$ vorkommenden irreduziblen Bestandteile isomorph ist.

Kommt in der Darstellung $D_A \times D_{\mathfrak{r}_1}$ kein irreduzibler Bestandteil mehrmals vor, so ist es also möglich, die Matrixelemente $(\varphi_{\alpha_\tau}, A_i \varphi_k)$ bis auf Zahlenfaktoren λ_α rein gruppentheoretisch zu bestimmen, indem man die homomorphen Abbildungen eines die Produktdarstellung $D_A \times D_{\mathfrak{r}_1}$ gebenden Darstellungsraumes $\mathfrak{v}$ auf $\mathfrak{r}_\alpha$ untersucht.

§ 3. Auswahlregeln für die Einelektronenspektren.

Neben den Darstellungen der Drehgruppe $\mathfrak{D}$ sind noch diejenigen der Spiegelungsgruppe zu berücksichtigen, um die Auswahlergebnisse zu begründen. Als Spiegelungsgruppe $\mathfrak{s}$ bezeichnet man die aus dem Einselement e und der Spiegelung $s\,x_i' = -x_i$. bestehende Gruppe. s ist also mit allen Drehungen D vertauschbar. Die Gruppe $\mathfrak{D} \times \mathfrak{s}$ (direktes Produkt von $\mathfrak{D}$ und $\mathfrak{s}$) ist die erweiterte Drehgruppe, d. h. die Gruppe aller Transformationen, die $\sum\limits_{k=1}^{3} x_k^2$ invariant lassen. $\mathfrak{s}$ hat nur zwei irreduzible, und zwar eindimensionale Darstellungen: die identische ($e \to 1$, $s \to 1$) und die Darstellung ($e \to 1$, $s \to -1$). Daher kann man[1] die irreduziblen Darstellungsräume $\mathfrak{r}$ von $\mathfrak{D}$ beim Ausreduzieren der Darstellungen so wählen, daß die Vektoren eines $\mathfrak{r}$ bei der Spiegelung s sich entweder alle mit $+1$ oder alle mit -1 multiplizieren; d. h. daß sie auch irreduzibel in bezug auf $\mathfrak{D} \times \mathfrak{s}$ sind.

Im ersten Falle wollen wir die Darstellung von $\mathfrak{D} \times \mathfrak{s}$ eine gerade, im zweiten Falle eine ungerade nennen. Im HILBERT-Raum $\mathfrak{R}_b$ der Vektoren $(x_1, x_2, x_3 \mid \eta)$ sind die $(2l+1)$-dimensionalen Teilräume $\mathfrak{r}_{\nu l}$ mit den Basisvektoren $\varphi_\nu(r)\, Y_m^l(\vartheta, \varphi)$ $(m = l, l-1, \ldots, -l)$ auch irreduzible Darstellungsräume in bezug auf $\mathfrak{D} \times \mathfrak{s}$. Für gerade l ist die Darstellung gerade, für ungerade l ungerade: Zum Beweis ist nur anzumerken, daß die $Y_m^l(\vartheta, \varphi)$ homogene Polynome l-ten Grades in den e_1, e_2, e_3 ($e_1 = \sin\vartheta\cos\varphi$, $e_2 = \sin\vartheta\sin\varphi$, $e_3 = \cos\vartheta$) sind, so daß sie sich bei der Transformation $s\,e_k = -e_k$ mit $(-1)^l$ multiplizieren. Die Darstellung von $\mathfrak{D} \times \mathfrak{s}$ in $\mathfrak{R}_b \times \mathfrak{r}_s$ findet man als Produktdarstellung der Darstellung in $\mathfrak{R}_b$ und derjenigen in $\mathfrak{r}_s$, wie es sich aus den Überlegungen von VII, § 8 ergibt, wenn man sie von der Gruppe $\mathfrak{D}$ auf $\mathfrak{D} \times \mathfrak{s}$ ausdehnt. Die Darstellung von $\mathfrak{D} \times \mathfrak{s}$ in $\mathfrak{R}_b \times \mathfrak{r}_s$ braucht nur eine Darstellung bis auf einen Faktor zu sein. Durch die oben durchgeführten Festsetzungen der Transformationen von $\mathfrak{D}$ und $\mathfrak{s}$ in $\mathfrak{R}_b$ hat man in $\mathfrak{R}_b$ eine normale Darstellung von $\mathfrak{D} \times \mathfrak{s}$ erhalten. Es bleibt noch die Willkür der Wahl der Darstellung bis auf einen Faktor in $\mathfrak{r}_s$, denn Faktoren vor den Operatoren in $\mathfrak{r}_s$ führen zu Faktoren der Operatoren in $\mathfrak{R}_b \times \mathfrak{r}_s$. Die Darstellung bis auf einen Faktor

---

[1] Anhang II, § 9.

von $\mathfrak{D}$ in $\mathfrak{r}_s$ wurde in VI, § 2 und VII, § 8 schon so festgelegt, daß sie eine normale Darstellung der Überlagerungsgruppe $\widetilde{\mathfrak{D}}$ ist. Da die Spiegelung s mit allen Drehungen vertauschbar ist, kann sie in $\mathfrak{r}_s$ nur durch ein Vielfaches des Einheitsoperators dargestellt werden. Da ein Faktor bei der Transformation willkürlich ist, dürfen wir ihn so wählen, daß s durch den Einheitsoperator dargestellt wird[1], d. h. wir dürfen die Darstellung von $\mathfrak{D} \times \mathfrak{s}$ in $\mathfrak{r}_s$ als gerade ansetzen.

Sehen wir vom Spin ab, so gehören die Eigenvektoren (im HILBERT-Raum $\mathfrak{R}_b$) eines Eigenwertes $E_{n,l}$ zur Darstellung D_l der Drehgruppe. Das Dipolmoment eines Elektrons ist $\mathfrak{D} = e\mathfrak{r}$, wo $\mathfrak{r}$ der Ortsvektor vom Kern aus ist. Die drei Komponenten von $\mathfrak{r}$ sind die Ortsoperatoren Q_1, Q_2, Q_3. Statt dieser führen wir andere Linearkombinationen der Q_i ein, die sich bei Drehungen äquivalent zu den Kugelfunktionen Y_1^1, Y_0^1, Y_{-1}^1 verhalten.

Man sieht leicht, daß die

$$
\left.
\begin{aligned}
R_1 &= \frac{1}{\sqrt{2}}\,(Q_1 + i\,Q_2)\,,\\[2mm]
R_0 &= -\,Q_3\,,\\[2mm]
R_{-1} &= \frac{1}{\sqrt{2}}\,(-Q_1 + i\,Q_2)
\end{aligned}
\right\}
\qquad (3.1)
$$

diese Forderungen erfüllen, da nach (VII, 2.33) $Y_1^1 = \sqrt{\dfrac{3}{2\pi}}\,\dfrac{1}{2}\,e^{i\varphi}\sin\vartheta$, $Y_0^1 = -\sqrt{\dfrac{3}{2\pi}}\,\dfrac{1}{\sqrt{2}}\cos\vartheta$, $Y_{-1}^1 = -\sqrt{\dfrac{3}{2\pi}}\,\dfrac{1}{2}\,e^{-i\varphi}\sin\vartheta$ sind. Die R_μ transformieren sich also nach der Darstellung D_1. Der Spiegelungscharakter des Terms $E_{n,l}$ ist $(-1)^l$. Der Spiegelungscharakter der Komponenten R_1, R_0, R_{-1} ist (-1). Es können also nur solche Übergänge $E_{nl} \to E_{n'l'}$ durch Dipolstrahlung vorkommen, wo der Spiegelungscharakter von $E_{n'l'}$ gleich dem Produkt der Spiegelungscharaktere von d_1, d_2, d_3 mit dem des Terms E_{nl} ist und wo $D_{l'}$ in der Produktdarstellung $D_1 \times D_l = D_{l+1} + D_l + D_{l+1}$ auftritt. Also muß $(-1)^{l'} = (-1)^{l+1}$ und $l' = l+1$ oder l oder $l-1$ sein. Der Wert $l' = l$ fällt wegen der ersten Bedingung aus, so daß wir die Auswahlregel $l \to l \pm 1$ erhalten. S-Terme können also nur mit P-Termen, P-Terme nur mit S- und D-Termen, D-Terme nur mit P- und F-Termen kombinieren usw. Im Termschema Abb. 18 sind durch schräge Linien die möglichen Übergänge angedeutet und die entsprechenden Wellenlängen herangeschrieben.

Aufgabe: Man zeige, daß für Quadrupolstrahlung die Auswahlregel $l \to l + 2, l, l-2$ gilt.

---

[1] Dies ist in $\mathfrak{R}_b$ nicht möglich! Denn $\mathfrak{R}_b$ ist nicht irreduzibel, so daß es in $\mathfrak{R}_b$ andere Operatoren als Vielfache des Einheitsoperators gibt, die mit den Drehoperatoren U_D vertauschbar sind.

Mit Berücksichtigung des Spins gehören die Eigenfunktionen eines Terms E_{nlj}, der durch Einschalten der Spinstörung stetig aus E_{nl} entstanden ist, zur Darstellung D_j der Drehgruppe und zum Spiegelungscharakter $(-1)^l$. Übergänge durch Dipolstrahlung sind also nur zu solchen Termen $E_{n'l'j'}$ möglich, deren Spiegelungscharakter $(-1)^{l'}$ gleich $(-1)^{l+1}$ und deren Drehimpulsquantenzahl j' gleich $j+1$, j oder $j-1$ ist. Die obigen Auswahlregeln für l brauchten nicht exakt zu gelten, da die Eigenvektoren zu E_{nlj} sich bei den nur in $\Re_b$ wirkenden Operatoren U_D nicht exakt nach D_l zu transformieren brauchen. Da aber $j = l \pm \frac{1}{2}$ ist, folgt aus $j \to j+1$, j, $j-1$, daß $l' = l+2$, $l+1$, l, $l-1$, $l-2$ sein könnte. Wegen $(-1)^{l'} = (-1)^{l+1}$ fallen aber die Werte $l' = l+2, l, l-2$ aus, so daß weiterhin *korrekt* gilt $l \to l \pm 1$.

Aufgabe: Man zeige auf Grund der Symmetriegruppe $\mathfrak{D} \times \mathfrak{s}$ (der Drehungen und Spiegelungen), daß die *exakten* Eigenfunktionen dieselbe Form wie die richtigen Linearkombinationen nullter Naherung nach (VII, 10.1) und (VII, 10.2) haben, namlich

$$\psi_{n,l,j}(r) \left(\sqrt{\frac{l+m+1}{2l+1}}\, Y_m^l\, u_+ + \sqrt{\frac{l-m}{2l+1}}\, Y_{m+1}^l\, u_- \right) \quad \text{fur } j = l + \frac{1}{2}$$

und

$$\psi_{n,l,j}(r) \left(-\sqrt{\frac{l-m}{2l+1}}\, Y_m^l\, u_+ + \sqrt{\frac{l+m+1}{2l+1}}\, Y_{m+1}^l\, u_- \right) \quad \text{für } j = l - \frac{1}{2}\,,$$

wobei in nullter Naherung $\psi_{n,l,l+1/2} = \varphi_{n,l} = \psi_{n,l,l-1/2}$ ist. Die Eigenvektoren $E_{n,l,}$ gehören also exakt zur Darstellung D_l hinsichtlich der allein in $\Re_b$ wirkenden Operatoren.

Durch die Auswahlregeln ist die Struktur eines Linienmultipletts qualitativ festgelegt. Ein S-Term (d. h. $l = 0$) kann nur mit einem P-Term ($l = 1$) kombinieren. So entsteht z. B. das Doublett der beiden gelben Natriumlinien. Der P-Term besteht aus zwei Termen mit $j = \frac{3}{2}$ und $j = \frac{1}{2}$, für den S-Term ist $j = \frac{1}{2}$. Beide Übergänge $j = \frac{3}{2} \to j = \frac{1}{2}$ und $j = \frac{1}{2} \to j = \frac{1}{2}$ sind erlaubt. Betrachtet man aber z. B. einen Übergang von einem D-Term zu einem P-Term, die beide in je zwei Komponenten zerfallen, so würde man im ganzen vier dicht nebeneinanderliegende Spektrallinien erwarten. Wegen der Auswahlregel für j fällt der Übergang $j = \frac{5}{2} \to j = \frac{1}{2}$ aus, was in nebenstehender Abb. 21 veranschaulicht ist. Man erhält 3 Linien. Über das *Verhältnis* der Intensität dieser Linien lassen sich ebenfalls rein gruppentheoretisch Aussagen machen, wenn wir annehmen, daß die exakten Eigenfunktionen sich nur wenig von den richtigen Linearkombinationen Φ_{nljM} nullter Näherung (VII, 10.1) und

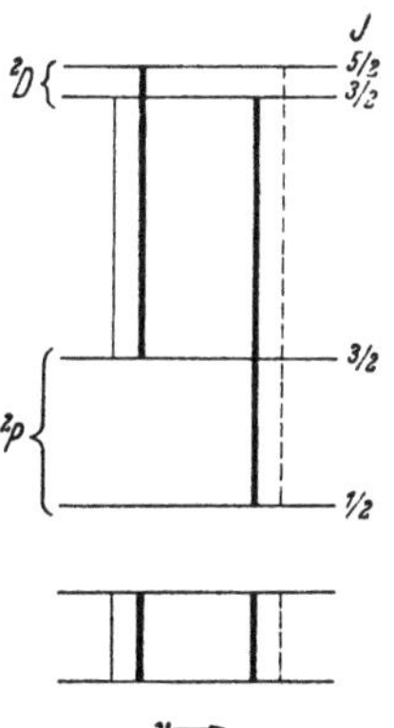

Abb. 21. Multiplettaufspaltung einer Spektrallinie $D \to P$.

(VII, 10.2) unterscheiden. Dies wird allgemein in X, § 5 durchgeführt werden. In Abb. 21 entspricht grob qualitativ die Strichdicke der Intensität der Übergänge.

§ 4. Auswahlregeln für das Heliumspektrum.

Ein Term des Heliumatoms mit der Gesamtdrehimpulsquantenzahl J kann auf Grund von Dipolstrahlung nur mit einem Term $J' = J + 1$, J oder $J - 1$ kombinieren. Der Beweis ergibt sich wegen $D_1 \times D_J = D_{J+1} + D_J + D_{J-1}$ sofort aus den vorhergehenden Überlegungen und der Tatsache, daß im Eigenraum eines Terms zur Quantenzahl J die Darstellung D_J der Drehgruppe erzeugt wird.

Mit der Genauigkeit, mit der sich die exakten Eigenfunktionen durch die „richtigen Linearkombinationen" nullter Näherung in bezug auf den Spineinfluß als Störung darstellen lassen, können noch folgende weitere Auswahlregeln gefolgert werden:

In bezug auf die nur in $\Re_b$ wirkenden Operatoren U_D gehören die Eigenfunktionen eines S-, P-, D-Terms zu Darstellungen D_0, D_1, D_2, ... Wegen $D_L \times D_1 = D_{L+1} + D_L + D_{L-1}$ folgt nach der obigen Überlegung sofort, daß nur Übergänge $L \to L + 1, L, L - 1$ für Dipolstrahlung möglich sind.

Die Spiegelungssymmetrie eines Terms, der aus einer Elektronenkonfiguration eines $1s$ Elektrons und eines zweiten Elektrons mit der Bahndrehimpulsquantenzahl l hervorgegangen ist, ist, wie sofort ersichtlich, $(-1)^l$. Daher muß auch hier der Übergang $L \to L$ ausgeschlossen werden.

Da der Operator des Dipolmomentes $\mathfrak{d} = e(\mathfrak{r}_1 + \mathfrak{r}_2)$ (ebenso wie der des Quadrupolmomentes usw.) bei Permutation der Elektronen in sich übergeht, transformiert er einen Vektor der antisymmetrischen bzw. symmetrischen Darstellung der Permutationsgruppe (in bezug auf die Permutationen der Ortskoordinaten allein!) in wieder einen solchen, so daß Übergänge nur zwischen den symmetrischen und antisymmetrischen Termen unter sich möglich sind. Das Ortho- wie das Parhelium (Abb. 20) stellen also je ein nur unter sich kombinierendes Termsystem dar. Die in Abb. 20 eingezeichneten Übergänge zeigen deutlich die Auswahlregel für L und für die Permutationssymmetrie. Der tiefste ^3S-Term wird deshalb als metastabil bezeichnet. Ein Übergang $1s\,2s\,^3S \to (1s)^2\,^1S$ durch (nicht notwendig Dipol-) Strahlung ist zwar nicht absolut unmöglich, da die exakten Eigenfunktionen von $1s\,2s\,^3S$ nicht Produkt aus einer antisymmetrischen Orts- und einer symmetrischen Spinfunktion und die von $(1s)^2\,^1S$ nicht genau Produkt einer symmetrischen Orts- und einer antisymmetrischen Spinfunktion sind wie die richtigen Linearkombinationen nullter Näherung, aber doch so selten, daß er bei normalen Laboratoriumsbedingungen nicht beobachtet wird, da ein im Zustande $1s\,2s\,{}^3S$ befindliches Atom, z. B. durch Zusammenstöße mit anderen Atomen, in den Zustand $(1s)^2\,{}^1S$ übergeht, bevor Strahlung emittiert werden konnte.

X. Vielelektronenspektren.

§ 1. Energieterme ohne Berücksichtigung des Spins.

Der HAMILTON-Operator für f Elektronen

$$H_0 = \frac{1}{2m} \sum_{i=1}^{f} \mathfrak{P}_i^2 - \sum_{i=1}^{f} \frac{Ze^2}{r_i} + \sum_{i<k} \frac{e^2}{r_{ik}}$$

ist invariant gegenüber der Symmetriegruppe der Drehungen $\mathfrak{D}$, der Spiegelung $\mathfrak{z}$ und der Permutationen $\mathfrak{S}_f$, d. h. der Gruppe $\mathfrak{D} \times \mathfrak{z} \times \mathfrak{S}_f$. Ein Eigenraum von H_0 muß also Darstellungsraum von $\mathfrak{D} \times \mathfrak{z} \times \mathfrak{S}_f$ sein. Von „zufälligen" Entartungen abgesehen, wird er irreduzibel hinsichtlich der Gruppe $\mathfrak{D} \times \mathfrak{z} \times \mathfrak{S}_f$ sein.

Ist $\mathfrak{r}$ ein solcher Eigenraum, so kann man in ihm die Darstellung von $\mathfrak{D}$ ausreduzieren, wobei $\mathfrak{r}$ zerfällt:

$$\mathfrak{r} = \mathfrak{r}_1 \oplus \mathfrak{r}_2 \oplus \cdots \tag{1.1}$$

Die darstellenden Operatoren der Gruppe $\mathfrak{S}_f$ in $\mathfrak{R}_b^f$ sind mit den darstellenden Operatoren U_D vertauschbar. Deshalb kann man die Basisvektoren in den $\mathfrak{r}_i$ so wählen, daß Rechtecke der Form

$$
\begin{array}{ccccc}
 & \mathfrak{t}_L & \mathfrak{t}_{L-1} & & \mathfrak{t}_{-L} \\
\mathfrak{r}_1: & \psi^L_{L,1}, & \psi^L_{L-1,1}, & \ldots, \psi^L_{-L,1} & D_L \\
\mathfrak{r}_2: & \psi^L_{L,2}, & \psi^L_{L-1,2}, & \ldots, \psi^L_{-L,2} & D_L \\
\vdots & & & & \\
\mathfrak{r}_r: & \psi^L_{L,r}, & \psi^L_{L-1,r}, & \ldots, \psi^L_{-L,r} & D_L \\
 & \Delta & \Delta & \Delta &
\end{array}
\tag{1.2}
$$

entstehen, wo die $\psi^L_{M,\mu}$ bei festem μ die irreduzible Darstellung D_L von $\mathfrak{D}$ und bei festem M für jedes M dieselbe irreduzible Darstellung Δ von $\mathfrak{S}_f$ erzeugen. Das ganze Rechteck zusammen spannt also einen hinsichtlich der Gruppe $\mathfrak{D} \times \mathfrak{S}_f$ irreduziblen Teilraum $\mathfrak{t}$ von $\mathfrak{r}$ auf. Da $\mathfrak{z}$ mit $\mathfrak{D} \times \mathfrak{S}_f$ vertauschbar ist und die beiden eindimensionalen Darstellungen $(1, 1)$ und $(1, -1)$ besitzt, kann man $\mathfrak{t}$ so gewählt denken, daß bei der Spiegelung s sich alle Vektoren entweder mit $+1$ oder alle mit -1 multiplizieren. Da wir $\mathfrak{r}$ als gegenüber $\mathfrak{D} \times \mathfrak{z} \times \mathfrak{S}_f$ irreduzibel voraussetzen wollten, ist also $\mathfrak{t} = \mathfrak{r}$.

Jeden Energieeigenwert von H_0 in $\mathfrak{R}_b^f$ können wir also durch eine Bahndrehimpulsquantenzahl L entsprechend der Darstellung D_L und durch eine Darstellung Δ von $\mathfrak{S}_f$ charakterisieren.

Im Falle der zwei Elektronen des Heliums nahm L die Werte $0, 1, 2 \ldots$ an, wobei für jeden L-Wert außer $L = 0$ noch die beiden möglichen Darstellungen Δ von $\mathfrak{S}_f$: die symmetrische und antisymmetrische auftraten. Damit aber das Pauli-Prinzip erfüllt ist, mußten die symmetrischen Eigenvektoren aus $\mathfrak{R}_b^2$ mit den antisymmetrischen Vektoren aus $\mathfrak{r}_s^2$ und umgekehrt kombiniert werden. Die antisymmetrischen Vektoren aus $\mathfrak{r}_s^2$ bilden nach IX, § 4 einen irreduziblen Darstellungsraum für die Drehgruppe $\mathfrak{D}$ mit der Darstellung D_0, die symmetrischen Vektoren einen entsprechenden irreduziblen Darstellungsraum mit der Darstellung D_1. So waren die symmetrischen Eigenvektoren aus $\mathfrak{R}_b^2$ eindeutig mit der Gesamtspindrehimpulsquantenzahl $S = 0$, die antisymmetrischen mit $S = 1$ verknüpft. Ähnliches läßt sich auch im Falle von f-Elektronen aussagen:

In $\mathfrak{r}_s^f$ läßt sich ebenfalls die Gruppe $\mathfrak{D} \times \mathfrak{S}_f$ ausreduzieren, d. h. man kann die Basisvektoren $u_{M,k}^S$ in $\mathfrak{r}_s^f$ so wählen, daß man sie in Rechtecke anordnen kann von der Form:

$$
\begin{array}{cccc}
\mathfrak{v}_S & \mathfrak{v}_{S-1} \cdots \mathfrak{v}_{-S} & \\
u_{S,1}^S, & u_{S-1,1}^S \cdots u_{-S,1}^S & D_S \\
u_{S,2}^S, & u_{S-1,2}^S \cdots u_{-S,2}^S & D_S \\
\vdots & \qquad\vdots \qquad \vdots & \\
u_{S,t}^S, & u_{S-1,t}^S \cdots u_{-S,t}^S & D_S \\
\Delta' & \Delta' \qquad\;\; \Delta' &
\end{array}
\qquad (1.3)
$$

wo sich alle Zeilen eines jeden Rechtecks in gleicher Weise irreduzibel nach einer Darstellung D_S der Drehgruppe und alle Spalten in gleicher Weise nach einer Darstellung Δ' der symmetrischen Gruppe $\mathfrak{S}_f$ transformieren. Ein Rechteck gibt also einen Teilraum $\mathfrak{w}$ von $\mathfrak{r}_s^f$, der irreduzibel ist in bezug auf die Gruppe $\mathfrak{D} \times \mathfrak{S}_f$. Die Spiegelungsgruppe $\mathfrak{F}$ braucht in $\mathfrak{r}_s^f$ nicht untersucht zu werden, da nach IX, § 3 $\mathfrak{F}$ in $\mathfrak{r}_s^f$ die identische Darstellung erfährt. Die Darstellung von $\mathfrak{D}$ in $\mathfrak{r}_s^f$ ist $D_{1/2} \times D_{1/2} \times \cdots \times D_{1/2} = (D_{1/2})^f$. Die auftretenden Darstellungen D_S erhält man also durch Ausreduktion dieser Produktdarstellung. Wegen $D_j \times D_{j'} = D_{j+j'} + D_{j+j'-1} + \cdots + D_{|j-j'|}$ folgt schrittweise:

$$D_{1/2} \times D_{1/2} = D_1 + D_0; \quad D_{1/2} \times D_{1/2} \times D_{1/2} = D_{3/2} + D_{1/2} + D_{1/2}$$

$$= D_{3/2} + 2D_{1/2}; \quad D_{1/2} \times D_{1/2} \times D_{1/2} \times D_{1/2} = (D_{1/2})^4 = D_2 + 3D_1 + 2D_0$$

usw. Die möglichen S-Werte für f Elektronen sind also $s = \frac{f}{2}$, $\frac{f}{2} - 1, \ldots \frac{1}{2}$ oder 0.

Wie im Paragraphen 7 bewiesen wird, gehören in $\mathfrak{r}_s^f$ zu verschiedenen Rechtecken auch verschiedene Werte von S. Die Darstellung Δ' von $\mathfrak{S}_f$ ist also eineindeutig mit einem Wert S der Quantenzahl des Gesamtspindrehimpulses verknüpft.

In $\mathfrak{H}$ mit $\mathfrak{H} = \mathfrak{R}_b \times \mathfrak{r}_s$ den antisymmetrischen Teilraum $(\mathfrak{H}')_-$ aufzusuchen, läuft also darauf hinaus, in allen $\mathfrak{r} \times \mathfrak{w}$ [$\mathfrak{r}$ ein Rechteck der Form (1.2) und $\mathfrak{w}$ ein Spinfunktionenrechteck] die Vektoren auszuwählen, die die antisymmetrische Darstellung von $\mathfrak{S}_f$ als Vektoren von $\mathfrak{H}'$ erleiden. Da $\mathfrak{r}$ wie $\mathfrak{w}$ hinsichtlich der Gruppe $\mathfrak{S}_f$ in irreduzible Teilräume $\mathfrak{t}_{m_L}$ bzw. $\mathfrak{v}_{m_s}$ entsprechend den Spalten der Rechtecke zerfallen, kommt es also darauf an, in jedem $\mathfrak{t}_{m_L} \times \mathfrak{v}_{m_S}$ die Vektoren zu finden, die sich nach der antisymmetrischen Darstellung von $\mathfrak{S}_f$ transformieren. Die Darstellung von $\mathfrak{S}_f$ in $\mathfrak{t}_{m_L} \times \mathfrak{v}_{m_S}$ ist $\varDelta \times \varDelta'$. Wann und wie oft enthält $\varDelta \times \varDelta'$ die antisymmetrische Darstellung?

Dazu wollen wir ganz allgemein für irgendeine Gruppe die Frage beantworten, wie oft die Darstellung $\varDelta^{(\varrho)} \times \varDelta^{(\sigma)}$ (das Produkt zweier irreduzibler Darstellungen) eine irreduzible Darstellung $\varDelta^{(\nu)}$ enthält. Der Charakter $\chi(a)$ von $\varDelta^{(\varrho)} \times \varDelta^{(\sigma)}$ ist leicht als $\chi(a) = \chi^{(\varrho)}(a)\,\chi^{(\sigma)}(a)$ ersichtlich. Nach (A II, § 12) ist also

$$\chi^{(\varrho)}(a)\,\chi^{(\sigma)}(a) = \sum_\nu c^{(\varrho)\,(\sigma)}_{(\nu)}\chi^{(\nu)}(a), \tag{1.4}$$

wobei die $c^{(\varrho)\,(\sigma)}_{(\nu)}$ ganze Zahlen sind und die gesuchte Vielfachheit der Darstellung $\varDelta^{(\nu)}$ in $\varDelta^{(\varrho)} \times \varDelta^{(\sigma)}$ angeben. Für unitäre Darstellungen gilt also wegen der Orthogonalitätsrelationen (A II, 12.7):

$$c^{(\varrho)\,(\sigma)}_{(\nu)} = \frac{1}{h} \sum_a \overline{\chi^{(\nu)}(a)}\,\chi^{(\varrho)}(a)\,\chi^{(\sigma)}(a). \tag{1.5}$$

Ist $\varDelta^{(\nu)}$ die antisymmetrische Darstellung $\varDelta^{(-)}$ von $\mathfrak{S}_f$, so ist $\chi^{(-)}(P) = (-1)^P$ und damit also

$$c^{(\varrho)\,(\sigma)}_{(-)} = \frac{1}{n!} \sum_P (-1)^P \chi^{(\varrho)}(P)\,\chi^{(\sigma)}(P). \tag{1.6}$$

Zu jeder Darstellung $\varDelta^{(\sigma)}$ von $\mathfrak{S}_f$ gibt es eine „assoziierte" $\varDelta^{(\sigma')}$, deren Matrizen $(-1)^P$ mal den konjugiert-komplexen Matrizen von $\varDelta^{(\sigma)}$ sind. Mit $\varDelta^{(-)}$ als antisymmetrischer Darstellung und $\overline{\varDelta^{(\sigma)}}$ als zu $\varDelta^{(\sigma)}$ konjugiert komplexer Darstellung ist $\varDelta^{(\sigma')} = \overline{\varDelta^{(\sigma)}} \times \varDelta^{(-)}$. (1.6) kann also in der Form

$$c^{(\varrho)\,(\sigma)}_{(-)} = \frac{1}{n!} \sum_P \chi^{(\varrho)}(P)\,\overline{\chi^{(\sigma')}(P)} \tag{1.7}$$

geschrieben werden.

Nach den Orthogonalitätsrelationen ist die rechte Seite entweder 0 oder 1, je nachdem $\sigma' \neq \varrho$ oder $\sigma' = \varrho$ ist.

$\mathfrak{t}_{m_L} \times \mathfrak{v}_{m_S}$ enthält also ein- oder keinmal die antisymmetrische Darstellung, je nachdem, ob $\varDelta'$ die zu $\varDelta$ assoziierte Darstellung ist oder nicht. Da $\varDelta'$ eindeutig mit einem Werte S verknüpft ist, gilt dies also damit auch für die Darstellungen $\varDelta$ der Rechtecke (1.2), die einen nach dem PAULI-Prinzip erlaubten Eigenwert von H_0 geben.

Alle Rechtecke und zugehörigen Terme mit Darstellungen Δ, zu denen es in $\mathfrak{r}_s^f$ keine assoziierte Darstellung gibt, treten in der Natur nicht auf. Die erlaubten Darstellungen Δ können wir also bei fester Elektronenzahl f zur Unterscheidung mit einem Index S versehen: Δ_S.

Der einzige Vektor aus $t_{m_L} \times \mathfrak{v}_{m_S}$, der sich nach der antisymmetrischen Darstellung von $\mathfrak{S}_f$ transformiert, ist leicht anzugeben: Da Δ' die zu Δ assoziierte Darstellung ist, ist $r = t$. Für den normierten Vektor

$$\Phi_{m_L m_S} = \frac{1}{\sqrt{r}} \sum_k \psi^L_{m_L,\,k}\, u^S_{m_S,\,k} \tag{1.8}$$

gilt dann:

$$\begin{aligned}
P\,\Phi_{m_L m_S} &= \frac{1}{\sqrt{r}} \sum_k (P\,\psi^L_{m_L,\,k})\,(P\,u^S_{m_S,\,k}) \\
&= \frac{1}{\sqrt{r}} \sum_{k,\,l,\,n} \psi^L_{m_L,\,l}\, P_{lk}\, u^S_{m_S,\,n}\, \overline{P}_{nk}(-1)^P,
\end{aligned} \tag{1.9}$$

wobei P_{lk} die Matrizen der Darstellung Δ und entsprechend $\overline{P}_{nk}(-1)^P$ diejenigen der Darstellung Δ' sind. Da die Darstellung von Δ unitär ist, gilt $\sum_k P_{lk}\overline{P}_{nk} = \delta_{ln}$, so daß aus (1.9) folgt:

$$P\,\Phi_{m_L m_S} = (-1)^P\,\Phi_{m_L m_S}. \tag{1.10}$$

$\Phi_{m_L m_S}$ ist also der gesuchte Vektor aus $t_{m_L} \times \mathfrak{v}_{m_S}$. Da $\mathfrak{r} \times \mathfrak{w} = \sum_{m_L,\,m_S} \oplus\, (t_{m_L} \times \mathfrak{v}_{m_S})$ ist, wird der antisymmetrische Teilraum $(\mathfrak{r} \times \mathfrak{w})_-$ von $\mathfrak{r} \times \mathfrak{w}$ von den Vektoren $\Phi_{m_L m_S}$ $(m_L = L, L-1, \ldots, -L; m_S = S, S-1, \ldots, -S)$ aufgespannt. $(\mathfrak{r} \times \mathfrak{w})_-$ ist der Eigenraum zu einem Eigenwert des Energieoperators H_0 ohne Berücksichtigung des energetischen Einflusses des Spins. Ein solcher Term wird mit einem Symbol ^{2S+1}X bezeichnet, wobei $X = S, P, D, \ldots$ ist, je nachdem, ob $L = 0, 1, 2, \ldots$ ist. $2S + 1$ heißt die Multiplizität des Terms, sie ist sowohl ein Charakteristikum für den Gesamtspin wie für die Darstellung Δ der Permutationsgruppe.

§ 2. Feinstrukturaufspaltung.

Der Gesamtenergieoperator muß die Form $H = H_0 + H'$ haben, wo H' den energetischen Einfluß des Spins berücksichtigt. Wir betrachten wieder den Operator $H_\lambda = H_0 + \lambda H'$, wo wir λ von 0 bis 1 wachsen lassen. Die Eigenwerte von H_0 sind $(2L + 1)(2S + 1)$-fach entartet, entsprechend den Eigenvektoren $\Phi_{m_L m_S}$. Die Darstellung der Drehgruppe $\mathfrak{D}$ in diesem Eigenraum ist $D_L \times D_S$, denn die $\Phi_{m_S m_L}$ transformieren sich wie die Produkte $\psi_{m_L} u_{m_S}$. Wegen $D_L \times D_S = D_{L+S} + D_{L+S-1} + \cdots + D_{|L-S|}$ wird also durch den Spin der Term in mehrere Komponenten zu den Gesamtdrehimpulsquantenzahlen

$J = L + S,\ L + S - 1, \ldots, |L - S|$ (d. h. für $L \geqq S$ in $2S + 1$ Komponenten) aufspalten, denn H ist vertauschbar mit den Drehoperatoren $V_D = U_D \times W_D$ (mit U_D in $\Re_b^l$ und W_D in $\mathfrak{r}_s^l$ wirkend). Man bezeichnet die einzelnen Komponenten eines Terms ${}^{2S+1}X$ durch die Symbole ${}^{2S+1}X_J$.

Die richtigen Linearkombinationen für eine Störungsrechnung sind ebenfalls leicht anzugeben. Da sich die $\Phi_{m_L m_S}$ wie Produkte $\psi_{m_L} u_{m_S}$ transformieren, erhält man sie nach (VII, 9.14):

$$\Gamma_M^J = \sum_{m_L + m_S = M} d_{m_L m_S}^J(L, S)\,\Phi_{m_L m_S}. \tag{2.1}$$

Der Operator H hat die Form[1]: $H = H_0 + H'$ mit $H' = \sum_{j=1}^{7} H_j$.

$$H_0 = \frac{1}{2m} \sum_i \mathfrak{P}_i^2 + \sum_{i<k} \frac{e^2}{r_{ik}} - \sum_i \frac{e^2 Z}{r_i},$$

$$H_1 = -\frac{1}{8m^3 c^2} \sum_i \mathfrak{P}_i^4,$$

$$H_2 = -\frac{1}{2m^2 c^2} \sum_{i<k} \frac{e^2}{r_{ik}^3} [\mathfrak{P}_i \mathfrak{P}_k\, r_{ik}^2 + (\mathfrak{P}_i\, \mathfrak{r}_{ik})(\mathfrak{P}_k\, \mathfrak{r}_{ik})],$$

$$H_3 = \frac{\hbar e^2}{2m^2 c^2} \sum_{i<k} \frac{1}{r_{ik}^3} \{[\mathfrak{r}_{ik} \times \mathfrak{P}_k]\, \mathfrak{S}_i + [\mathfrak{r}_{ik} \times \mathfrak{P}_i]\, \mathfrak{S}_k\},$$

$$H_4 = \frac{\hbar^2 e^2}{m^2 c^2} \sum_{i<k} \frac{1}{r_{ik}^3} [\mathfrak{S}_i \mathfrak{S}_k\, r_{ik}^2 - 3(\mathfrak{S}_i\, \mathfrak{r}_{ik})(\mathfrak{S}_k\, \mathfrak{r}_{ik})],$$

$$H_5 = \frac{1}{2m} \left[\frac{e^2}{c^2} \sum_i{}' \mathfrak{A}_i^2 - \frac{e}{c} \sum_i (\mathfrak{P}_i \mathfrak{A}_i + \mathfrak{A}_i \mathfrak{P}_i) \right],$$

$$H_6 = -\frac{\hbar e}{m c} \sum_i \mathfrak{H}_i \mathfrak{S}_i - \frac{\hbar e}{2m^2 c^2} \sum_i [\mathfrak{E}_i \times \mathfrak{P}_i]\, \mathfrak{S}_i,$$

$$H_7 = -\frac{e \hbar^2}{8 m^2 c^2} \sum_i \operatorname{div}_i \mathfrak{E}_i. \tag{2.2}$$

H_5 sowie der Teil von H_6, der proportional $\mathfrak{H}$ ist, treten nur bei einem äußeren Magnetfeld auf. H_1, H_2 und H_7 können, da sie mit U_D vertauschbar sind, nur eine Verschiebung der Terme von H_0 hervorbringen. Nur H_3, H_4 und H_6 bewirken eine Aufspaltung. H_4 kann, wie es die Erfahrung zeigt, meist gegenüber $H_3 + H_6$ vernachlässigt werden. Dann hat also der einzige für die Aufspaltung wesentliche Summand von H' die Gestalt $H'' = \sum_{i=1}^{3} H^{ii}$, wo sich die H^{ii} leicht als Diagonalelemente eines Tensors H^{ik} schreiben lassen, so daß sich die H^{ik} bei festem k gegenüber den in $\Re_b^l$ wirkenden U_D wie ein Vektor verhalten, ebenso

---

[1] Diese Form von H folgt als Näherung aus der Quantenelektrodynamik. Siehe z. B. Seminararbeitung von G. SÜSSMANN, Institut für theoretische Physik der Freien Universität Berlin.

bei festem i wie ein Vektor gegenüber den W_D in $\mathfrak{r}_s^i$. Daher gilt innerhalb des durch die $\Phi_{m_L m_S}$ (bzw. Γ_M^J) aufgespannten Teilraumes

$$(\Phi_{m'_L m'_S}, H^{ii} \Phi_{m_L m_L}) = \tau (\Phi_{m'_L m'_S}, L_i S_i \Phi_{m_L m_S}), \qquad (2.3)$$

denn die Matrixelemente der H^{ik} sind bis auf einen Zahlenfaktor allein durch die Transformationseigenschaften der H^{ik} bestimmt: Beweis: Bei Transformationen U_D transformieren sich die H^{ik} nach D_1, ebenso bei den W_D. Neben der Drehgruppe $\mathfrak{D}$ betrachten wir die Gruppe $\mathfrak{D} \times \mathfrak{D}$, d. h. das äußere Produkt[1] der Drehgruppe $\mathfrak{D}$ mit sich selbst. Ihre Elemente sind also alle Paare $D_i \cdot D_k$ zweier Drehungen D_i und D_k ($D_i \cdot D_k$ ist also *nicht* das normale Produkt zweier Drehungen!). Wir haben schon mehrmals[2] die Darstellungen einer Gruppe $\mathfrak{g}_1 \times \mathfrak{g}_2$ untersucht. Kennt man die irreduziblen Darstellungen von $\mathfrak{g}_1$ und $\mathfrak{g}_2$, so hat man auch sofort diejenigen von $\mathfrak{g}_1 \times \mathfrak{g}_2$: ist z. B. $\mathfrak{r}$ ein irreduzibler Darstellungsraum von $\mathfrak{g}_1$ und $\mathfrak{s}$ von $\mathfrak{g}_2$, so ist $\mathfrak{r} \times \mathfrak{s}$ ein irreduzibler Darstellungsraum von $\mathfrak{g}_1 \times \mathfrak{g}_2$; und umgekehrt kann man die Basisvektoren einer irreduziblen Darstellung von $\mathfrak{g}_1 \times \mathfrak{g}_2$ nach den Sätzen aus Anhang II, § 9 leicht in ein Rechteck anordnen, so daß sich die Zeilen irreduzibel und isomorph zueinander bei Transformationen aus $\mathfrak{g}_1$ und die Spalten entsprechend bei $\mathfrak{g}_2$ transformieren. Damit ist aber dieser Darstellungsraum von $\mathfrak{g}_1 \times \mathfrak{g}_2$ isomorph zu einem $\mathfrak{r} \times \mathfrak{s}$. Ist die Darstellung von $\mathfrak{g}_1$ in $\mathfrak{r}$ gleich Δ und von $\mathfrak{g}_2$ in $\mathfrak{s}$ gleich Δ', so schreiben wir für die Darstellung von $\mathfrak{g}_1 \times \mathfrak{g}_2$ in $\mathfrak{r} \times \mathfrak{s}$ kurz $\Delta \divideontimes \Delta'$. Die irreduziblen Darstellungen der Gruppe $\mathfrak{D} \times \mathfrak{D}$ sind also die $D_j \divideontimes D_{j'}$. Die H^{ik} erleiden also die Darstellung $D_1 \divideontimes D_1$, die $\Phi_{m_L m_S}$ die irreduzible Darstellung $D_L \divideontimes D_S$.

Da $(D_1 \divideontimes D_1) \times (D_L \divideontimes D_S) = \sum_{S'=S-1}^{S+1} \sum_{L'=L-1}^{L+1} D_{L'} \divideontimes D_{S'}$ ist, sind also die Entwicklungskoeffizienten der $H^{ik} \Phi_{m_L m_S}$ in bezug auf die $\Phi_{m_L m_S}$ bis auf einen Faktor mit denen der $L_i S_k \Phi_{m_L m_S}$ identisch.

Wählt man nun im Eigenraum statt der Basis $\Phi_{m_L m_S}$ die Γ_M^J nach (2.1), so ist die Matrix von $\sum_{i=1}^{3} H^{ii}$ diagonal und gleich dem τ-fachen der von $\sum_{i=1}^{3} L_i S_i = \mathfrak{L} \cdot \mathfrak{S}$. Wegen $2\mathfrak{L} \cdot \mathfrak{S} = \mathfrak{J}^2 - \mathfrak{L}^2 - \mathfrak{S}^2$ spaltet also der Energiewert von H_0 in erster Näherung auf um Beträge

$$\Delta E_J = \frac{\tau}{2} [J(J+1) - L(L+1) - S(S+1)]. \qquad (2.4)$$

Die Intervalle zwischen zwei aufeinanderfolgenden Termen sind also

$$\Delta E_{J+1} - \Delta E_J = \tau (J+1). \qquad (2.5)$$

---

[1] Anhang II, § 6.
[2] Zum Beispiel $\mathfrak{G} \times \mathfrak{S}_f$ in § 1.

Ist der Faktor τ positiv, so spricht man von einem normalen, sonst von einem verkehrten Multiplett.

Die durch (2.4) wiedergegebene LANDÉsche Intervallregel gilt natürlich nur so lange, als die Multiplettaufspaltung klein gegenüber dem Abstand des betrachteten Terms zu den anderen ist, was bei manchen Atomen durchaus nicht immer der Fall ist (S. 254).

§ 3. Aufbauprinzip.

Um sich einen Überblick über die verschiedenen Terme eines komplizierten Atoms zu verschaffen, ist es nützlich, sich die Eigenwerte des Operators $H_0 = \dfrac{1}{2m} \sum_i \mathfrak{P}_i^2 - \sum_i \dfrac{Z e^2}{r_i} + \sum_{i<k} \dfrac{e^2}{r_{ik}}$ stetig hervorgegangen zu denken aus denen eines Operators $H_{00} = \dfrac{1}{2m} \sum_i \mathfrak{P}_i^2 + \sum_i V(r_i)$, wo $V(r_i)$ neben $-\dfrac{Z e^2}{r_i}$ noch pauschal die Wechselwirkung der Elektronen untereinander berücksichtigt. Schaltet man nun in Gedanken von H_{00} ausgehend stetig die volle Wechselwirkung der Elektronen untereinander ein, so ist festzustellen, welche Terme von H_0 hierbei aus den Termen von H_{00} hervorgehen können.

Die Eigenwerte von H_{00} sind gleich $E_{n_1 l_1} + E_{n_2 l_2} + \cdots + E_{n_f l_f}$, wobei $E_{n,l}$ ein Eigenwert des Operators $\dfrac{1}{2m} \mathfrak{P}^2 + V(r)$ ist, der zur Hauptquantenzahl n und Drehimpulsquantenzahl l gehört, in etwa einer qualitativen Lage, wie wir sie in (VII, § 7) diskutiert haben. Bezeichnen wir mit $\mathfrak{r}_{nl}$ den Eigenraum zum Eigenwert E_{nl} in $\mathfrak{R}_b$, so wird der Eigenraum $\mathfrak{R}$ zum Eigenwert $E_{n_1 l_1} + \cdots + E_{n_f l_f}$ von H_{00} in $\mathfrak{R}_b^f$ von $\mathfrak{r}_{n_1 l_1} \times \mathfrak{r}_{n_2 l_2} \times \cdots \times \mathfrak{r}_{n_f l_f}$ und allen durch Anwenden von Permutationsoperatoren P daraus entstehenden Teilräumen aufgespannt. Sind $\chi_{n,l,m}$ (mit $m = l, l-1, \ldots, -l$) die Basisvektoren von $\mathfrak{r}_{nl}$, so wird der Eigenraum $\mathfrak{R}$ des obigen Eigenwertes von allen $P \chi_{n_1 l_1 m_1}(1) \chi_{n_2 l_2 m_2}(2) \cdots \cdots \chi_{n_f l_f m_f}(f)$ aufgespannt, wobei P alle Elemente von $\mathfrak{S}_f$ und die m_i alle Werte von $+l_i$ bis $-l_i$ annehmen.

Den Eigenwert $E_{n_1 l_1} + \cdots + E_{n_f l_f}$ nennt man eine „Elektronenkonfiguration", die man auch kurz in der Form $(n_1 l_1)(n_2 l_2) \ldots (n_f l_f)$ schreibt. Falls einige der $(n_i l_i)$ untereinander gleich sind, kürzt man dies in der Form $(n_1 l_1)^{\alpha_1} (n_2 l_2)^{\alpha_2} \ldots (n_\tau l_\tau)^{\alpha_\tau}$ ab, wobei α_ν die Zahl der gleichen $(n_\nu l_\nu)$, d. h. die Zahl der „äquivalenten" Elektronen angibt.

Der Spiegelungscharakter einer Elektronenkonfiguration ist sofort als $(-1)^{\sum_i l_i}$ ersichtlich, daher müssen auch alle Terme von H_0, die aus dieser Elektronenkonfiguration stetig durch „Einschalten" der Wechselwirkung der Elektronen hervorgehen, zum selben Spiegelungscharakter $(-1)^{\sum_i l_i}$ gehören.

Um zu sehen, in welche Terme von H_0 die gegebene Elektronenkonfiguration durch die Wechselwirkung der Elektronen aufspaltet, müßte $\mathfrak{R}$, der Eigenraum zum Eigenwert $E_{n_1 l_1} + \cdots + E_{n_f l_f}$ von H_{00}, nach der Gruppe $\mathfrak{D} \times \mathfrak{S}_f$, gegenüber der auch H_0 invariant ist, ausreduziert werden, d. h. es müßten Basisvektoren $\overset{0}{\psi}{}^{L}_{m_L, k}$ gesucht werden, die sich in Rechtecken der Form (1.2) anordnen lassen, wo sich die Zeilen nach irreduziblen Darstellungen D_L von $\mathfrak{D}$ und die Spalten nach irreduziblen Darstellungen $\varDelta$ von $\mathfrak{S}_f$ transformieren. Jedes solche Rechteck würde dann eine irreduzible Darstellung von $\mathfrak{D} \times \mathfrak{S}_f$ geben. Beim Einschalten der Wechselwirkung könnten sich zwar dann die Basisvektoren, d. h. $\overset{0}{\psi}{}^{L}_{m_L, k} \to \psi^{L}_{m_L, k}$, aber nicht die Darstellungen D_L und $\varDelta$ ändern, so daß man über die Art der Terme von H_0 hinsichtlich ihrer Darstellungen in Form (1.2) exakt orientiert ist. Die exakte Durchführung dieser Aufgabe in der skizzierten Form erfordert die Kenntnis der Darstellungen von $\mathfrak{S}_f$ und wird in § 7 durchgeführt werden. Da aber jedes dieser Rechtecke ((1.2) mit $\overset{0}{\psi}$ statt ψ), falls es nicht überhaupt fortfällt, nur mit einem einzigen Wert der Spinquantenzahl S zusammentreffen kann, kann man von vornherein, statt die $\overset{0}{\psi}{}^{L}_{m_L, k}$ zu bestimmen und später nach (1.8) mit den $u^{S}_{m_S, k}$ zu verbinden, gleich die

$$\overset{0}{\varPhi}_{m_L m_S} = \frac{1}{\sqrt{r}} \sum_{k} \overset{0}{\psi}{}^{L}_{m_L k}\, u^{S}_{m_S k} \quad \text{suchen, die in } (\mathfrak{H}^f)_{-} \text{ liegen. Dazu gehen wir}$$

von den vollständigen Eigenvektoren von H_{00} in $(\mathfrak{H}^f)_{-} = (\mathfrak{R}_b \times \mathfrak{r}_s)^f_{-}$ aus. In $\mathfrak{H}^f$ wird der Eigenraum des Eigenwertes $E_{n_1 l_1} + \cdots + E_{n_f l}$ durch die Vektoren

$$P\, \chi_{n_1 l_1 m_1}(1)\, u_{\mu_1}(1)\, \chi_{n_2 l_2 m_2}(2)\, u_{\mu_2}(2) \ldots \chi_{n_f l_f m_f}(f)\, u_{\mu_f}(f) \qquad (3.1)$$

aufgespannt, wo die m_i von $+l_i$ bis $-l_i$ laufen, μ_i jeden der Werte $+\frac{1}{2}$ und $-\frac{1}{2}$ annehmen kann und P alle Permutationen von $\mathfrak{S}_f$ durchläuft. Den zu $(\mathfrak{H}^f)_{-}$ gehörigen Teil $\mathfrak{T}$ dieses Raumes erhält man durch die Slater-Determinanten (VIII, 1.11) als Basisvektoren:

$$\varPsi_{n_1 l_1 m_1 \mu_1,\; n_2 l_2 m_2 \mu_2, \ldots,\; n_f l_f m_f \mu_f}$$
$$= \sum_{P} (-1)^P\, P\, \chi_{n_1 l_1 m_1}(1)\, u_{\mu_1}(1) \ldots \chi_{n_f l_f m_f}(f)\, u_{\mu_f}(f). \qquad (3.2)$$

Hierbei dürfen keine zwei der Symbolreihen $(n_i l_i m_i \mu_i)$ übereinstimmen, da sonst Null herauskäme. Ebenso führt eine Vertauschung der Symbolreihen $(n_1 l_1 m_1 \mu_1) \ldots (n_f l_f m_f \mu_f)$ als Indizes von $\varPsi_{n_1 l_1 m_1 \mu_1, \ldots, n_f l_f m_f \mu_f}$ nicht zu einem neuen Vektor, so daß man sich auf eine definierte Reihenfolge, etwa die lexikographische, festlegen kann: d. h. $n_i l_i m_i \mu_i$ soll links von $n_k l_k m_k \mu_k$ stehen, wenn $n_i > n_k$, oder für $n_i = n_k\, l_i > l_k$, oder für $n_i = n_k,\, l_i = l_k,\, m_i > m_k$ oder schließlich für $n_i = n_k,\, l_i = l_k,\, m_i = m_k,\, \mu_i > \mu_k$ ist.

Wir betrachten wieder die Transformationen $U_{D_1} \times W_{D_2}$ (mit D_1 unabhängig von D_2) als Darstellung von $\mathfrak{D} \times \mathfrak{D}$. Hinsichtlich $\mathfrak{D} \times \mathfrak{D}$ bilden die gesuchten $\overset{0}{\Phi}_{m_L m_S}$ eine irreduzible Darstellung $D_L \divideontimes D_S$. Da die U_{D_1} mit den W_{D_2} vertauschbar sind, kann die Ausreduktion von $\mathfrak{T}$ wieder in Form von Rechtecken geschehen, wo sich die Zeilen nach Darstellungen D_L hinsichtlich U_{D_1} und die Spalten nach Darstellungen D_S hinsichtlich W_{D_2} transformieren. Die gefundenen Rechtecke liefern die gesuchten $\overset{0}{\Phi}_{m_L m_S}$. Daß man die ganze Gruppe $\mathfrak{D} \times \mathfrak{D}$ statt nur $\mathfrak{D}$ benutzen durfte, beruht darauf, daß H_0 mit allen U_D und W_D einzeln vertauschbar ist. Mit Einfluß des Spins ist aber der gesamte Energieoperator H nur noch mit den $V_D = U_D \times W_D$ vertauschbar. Hinsichtlich der V_D erfährt aber das Rechteck der $\Phi_{m_L m_S}$ die Darstellung $D_L \times D_S = D_{L+S} + \cdots + D_{|L-S|}$, was der Multiplettaufspaltung entspricht.

Es ist nun nicht schwer, mit Hilfe der Charaktere die in $\mathfrak{T}$ vorkommenden irreduziblen Darstellungen $D_L \divideontimes D_S$ und ihre Vielfachheit, mit der sie auftreten, festzustellen. Da alle Transformationen U_D (wie W_D) Diagonaltransformationen äquivalent sind, brauchen wir nur die Drehungen D um die 3-Achse zu betrachten:

$$U_{D_1} \Psi_{n_1 l_1 m_1 \mu_1, \ldots, n_f l_f m_f \mu_f} = e^{i(m_1 + m_2 + \cdots + m_f)\alpha} \Psi_{n_1 l_1 m_1 \mu_1, \ldots, n_f l_f m_f \mu} \qquad (3.3)$$

und ebenso

$$W_{D_2} \Psi_{n_1 l_1 m_1 \mu_1, \ldots, n_f l_f m_f \mu_f} = e^{i(\mu_1 + \mu_2 + \cdots \mu_f)\beta} \Psi_{n_1 l_1 m_1 \mu_1, \ldots, n_f l_f m_f \mu_f}. \qquad (3.4)$$

Der Charakter der Darstellung in $\mathfrak{T}$ von $\mathfrak{D} \times \mathfrak{D}$ ist also

$$\sum_{n_f l_f m_f \mu_f} e^{i(\alpha \sum_i m_i + \beta \sum_i \mu_i)}, \qquad (3.5)$$

wobei über die verschiedenen erlaubten Symbolreihen $n_i l_i m_i \mu_i$ zu summieren ist. Der Charakter von $D_L \divideontimes D_S$ ist

$$\sum_{m_L = -L}^{L} \sum_{m_S = -S}^{S} e^{i(\alpha m_L + \beta m_S)}. \qquad (3.6)$$

Daraus folgt leicht, wie man den Charakter (3.5) nach den Charakteren (3.6) zerlegen kann: Man schreibe sich alle möglichen Symbolreihen ($n_i l_i$ fest, $m_i = l_i, \ldots, -l_i$; $\mu_i = +\frac{1}{2}, -\frac{1}{2}$)

$$(n_1 l_1 m_1 \mu_1)(n_2 l_2 m_2 \mu_2) \ldots (n_f l_f m_f \mu_f) \qquad (3.7)$$

in lexikographischer Ordnung hin (zwei gleiche Symbole dürfen nicht auftreten). Jede solche Symbolreihe charakterisiert einen Basisvektor von $\mathfrak{T}$. Hinter jede Symbolreihe schreibe man $\sum m_i$ und $\sum \mu_i$ auf.

Die so gefundenen Wertpaare $\sum m_i$, $\sum \mu_i$ trage man in eine Rechtecktabelle der Form

$\sum \mu_i = m_S$　＼　$\sum m_i = m_L$	σ	$\sigma - 1$	$\sigma - 2$	$\dots$
δ				
$\delta - 1$				
$\delta - 2$				
$\dots\dots$				

durch Kreuze ein. Für jede gesuchte Darstellung $D_L \divideontimes D_S$ ist dann aus allen Stellen m_L, m_S mit $m_L = L, L-1, \dots, -L$ und $m_S = S, S-1, \dots, -S$ je ein Kreuz (d. h. im ganzen $(2L+1) \cdot (2S+1)$ Kreuze) auszulöschen. Man beginnt am besten mit dem größtmöglichen Wert von m_L und mit dem bei diesem m_L größtmöglichen m_S. Beispiel: 3 äquivalente p-Elektronen (d. h. $l = 1$):

$$
\begin{array}{lllllllll}
 & & & & & & & \sum m_i & \sum \mu_i \\
(n\,1 & 1 & \tfrac{1}{2})\,(n\,1 & 1 & -\tfrac{1}{2})\,(n\,1 & 0 & \tfrac{1}{2}) & 2 & \tfrac{1}{2} \\
(& 1 & \tfrac{1}{2})\,(& 1 & -\tfrac{1}{2})\,(& -1 & \tfrac{1}{2}) & 1 & \tfrac{1}{2} \\
(& 1 & \tfrac{1}{2})\,(& 0 & \tfrac{1}{2})\,(& 0 & -\tfrac{1}{2}) & 1 & \tfrac{1}{2} \\
(& 1 & \tfrac{1}{2})\,(& 0 & \tfrac{1}{2})\,(& -1 & \tfrac{1}{2}) & 0 & \tfrac{3}{2} \\
(& 1 & \tfrac{1}{2})\,(& 0 & \tfrac{1}{2})\,(& -1 & -\tfrac{1}{2}) & 0 & \tfrac{1}{2} \\
(& 1 & \tfrac{1}{2})\,(& 0 & -\tfrac{1}{2})\,(& -1 & \tfrac{1}{2}) & 0 & \tfrac{1}{2} \\
(& 1 & -\tfrac{1}{2})\,(& 0 & \tfrac{1}{2})\,(& -1 & \tfrac{1}{2}) & 0 & \tfrac{1}{2} \\
\end{array}
$$

Weitere Symbolreihen aufzuschreiben, ist nicht notwendig, da diese negative Werte für eine der beiden Summen $\sum m_i$, $\sum \mu_i$ liefern, die nicht Anlaß zu weiteren Darstellungen $D_L \divideontimes D_S$ sein können. Die Rechteckstabelle hat die Form:

m_S　＼　m_L	2	1	0
$\tfrac{3}{2}$			$+$
$\tfrac{1}{2}$	$+$	$+\,+$	$+\,+$ $+$

$L = 2$, $S = \tfrac{1}{2}$ sind die größten Werte von m_L und bei m_L von m_S. Für m_L, $m_S = 2, \tfrac{1}{2}$; $1, \tfrac{1}{2}$; $0, \tfrac{1}{2}$ ist je ein Kreuz zu löschen. Als weitere größte Werte bleiben $L = 1$, $S = \frac{1}{2}$ und schließlich noch $L = 0$, $S = \frac{3}{2}$. Wir erhalten also drei Rechtecke mit den Darstellungen $D_2 \times D_{1/2}$; $D_1 \times D_{1/2}$ und $D_0 \times D_{3/2}$. Aus dem Eigenwert $3E_{n1}$ von H_{00}, d. h. aus der Elektronenkonfiguration $(n1)^3$ entstehen 3 Terme von H_0, ein ^2D-, ^2P-, ^4S-Term.

Drei Regeln vereinfachen für die Praxis das Aufsuchen der Terme von H_0, die aus einer Elektronenkonfiguration entstehen, sehr wesentlich:

$2(2l + 1)$ Elektronen mit denselben (n, l)-Werten nennt man eine vollbesetzte Schale, denn mehr als $2(2l + 1)$ können nicht dieselben (n, l)-Werte haben. Dann gilt die Regel:

Vollbesetzte Schalen in einer Elektronenkonfiguration erhöhen die Termmannigfaltigkeit nicht, d. h. sie können bei der Bestimmung der Terme fortgelassen werden.

Der Beweis ergibt sich sofort daraus, daß in jeder Symbolreihe alle möglichen (n, l, m, μ) einer vollbesetzten (nl)-Schale auftreten und so *keinen* Beitrag zu $\sum m_i$ und $\sum \mu_i$ liefern.

Die zweite Regel besagt, daß man die Gruppen äquivalenter Elektronen jede für sich getrennt behandeln und zum Schluß die Gruppen leicht ohne Berücksichtigung des PAULI-Prinzips zusammenfassen kann.

Sind z. B. zwei Gruppen äquivalenter Elektronen vorhanden, die jede für sich als $\sum m_i$ und $\sum \mu_i$ eine Reihe von Wertpaaren m_L', m_S' bzw. m_L'', m_S'' liefern, so sieht man leicht, daß für beide Gruppen zusammen die Paare m_L, m_S alle Kombinationen der Werte $m_L = m_L' + m_L'$ und $m_S = m_S' + m_S''$ annehmen.

Ist also L', S' ein Term der ersten Gruppe allein, und L'', S'' einer der zweiten Gruppe, so erhält man für beide Gruppen zusammen alle möglichen Paare L, S mit $L = L' + L''$, $L' + L'' - 1$, . . ., $|L' - L''|$ und $S = S' + S''$, $S' + S'' - 1$, . . ., $|S' - S''|$. Man kann also die Terme der einzelnen Gruppen beliebig kombinieren.

Die dritte Regel besagt, daß h und $2(2l + 1) - h$ äquivalente (n, l)-Elektronen dieselbe Termmannigfaltigkeit ergeben. Dies ergibt sich daraus, daß man zu jeder Symbolreihe $(n\,l\,m_1\,\mu_1)\,(n\,l\,m_2\,\mu_2)\ldots$ h äquivalenter Elektronen eine Reihe der fehlenden $2(2l + 1) - h$ Symbole $(n\,l\,m_\varrho\,\mu_\varrho)$ aufschreiben kann. Für die Reihe der $2(2l + 1) - h$ äquivalenten Elektronen erhält man als $\sum m_i$, $\sum \mu_i$ immer den negativen Wert der $\sum m_i$, $\sum \mu_i$ der h Elektronen, woraus folgt, daß im ganzen beide Male dieselbe Mannigfaltigkeit von Paaren $\sum m_i$, $\sum \mu_i$ auftritt.

Auf Grund dieser drei Regeln ist es nur notwendig, die Terme äquivalenter Elektronen festzustellen, die für die wichtigsten Fälle in folgender Tabelle eingetragen sind:

Tabelle 1. *Terme äquivalenter Elektronen*

Elektronen-konfiguration	Terme
p^2	^1S, ^1D, ^3P
p^3	^2P, ^2D, ^4S
d^2	^1S, ^1D, ^1G, ^3P, ^3F
d^3	^2P, $^2D_{(2)}$, ^2F, ^2G, ^2H, ^4P, ^4F
d^4	$^1S_{(2)}$, $^1D_{(2)}$, ^1F, $^1G_{(2)}$, ^1I, $^3P_{(2)}$, ^3D, $^3F_{(2)}$, ^3G, ^3H, ^5D
d^5	^2S, ^2P, $^2D_{(3)}$, $^2F_{(2)}$, $^2G_{(2)}$, ^2H, ^2I, ^4P, ^4D, ^4F, ^4G, ^6S

Aufgabe: Man leite auf dem angegebenen Wege die Zeilen der Tabelle ab.

Die bisher geschilderte Art, die Terme aus der Elektronenkonfiguration durch Einschalten der Wechselwirkung der Elektronen und dann des Spineinflusses entstehen zu lassen, heißt das Aufbauprinzip, das wir im nächsten Paragraphen im periodischen System und einigen Beispielen für Termschemata diskutieren werden. Um über die qualitative Lage der Terme Aussagen machen zu können, braucht man noch die Tatsache, daß die Terme höherer Multiplizität (d. h. größerer Spinwerte), die aus einer Elektronenkonfiguration entstehen, im allgemeinen tiefer liegen, wie wir es am Beispiel des Heliums für zwei Elektronen sahen. In manchen Fällen ist aber die Multiplettaufspaltung nicht klein gegenüber dem Abstand der Terme, so wie sie aus einer Elektronenkonfiguration allein unter Berücksichtigung der COULOMBschen Wechselwirkung entstehen, so daß das Aufbauprinzip zwar immer die richtige Termmannigfaltigkeit, aber nicht immer die qualitative Lage richtig erraten läßt.

Ist der Spineinfluß gering, so spricht man von RUSSEL-SAUNDERS-Kopplung: Wie oben geschildert, werden erst die Bahndrehimpulse mit den Quantenzahlen l_i zu Gesamtbahndrehimpulsen der Quantenzahl L zusammengesetzt, ebenso die Spins für sich zu einem Gesamtspin der Quantenzahl S. Dann erst als Feinstruktur spalten die Terme zu den verschiedenen Werten J der Quantenzahl des Gesamtdrehimpulses auf.

Den extrem umgekehrten Fall, wo der Spineinfluß groß gegenüber der COULOMBschen Wechselwirkung der Elektronen ist, was bei hoher Ordnungszahl Z [die elektrische Feldstärke $\mathfrak{E}$ in (VII, 10.4) ist proportional Z!] auftreten kann, nennt man die $j - j$-Kopplung. Um die Termlage qualitativ abzuschätzen, ist es dann vorteilhaft, schon für *ein* Elektron den Spineinfluß einzuschalten, so daß die Terme $E_{n,l}$ in einzelne Komponenten $E_{n\,l_j}$ (wie bei den Alkalien) aufspalten, dann schaltet man erst als kleinere Störung die COULOMBsche Wechselwirkung ein. Man führt dies durch, indem man in dem zu einem Energiewert $E_{n_1 l_1 j_1} + \cdots + E_{n_f l_f j_f}$ gehörigen Eigenraum aus $(\mathfrak{H}^f)_-$ die Drehgruppe ausreduziert, wobei man zu den Quantenzahlen J gelangt. Die Termmannigfaltigkeit, die auf diesem Wege aus einer Elektronenkonfiguration $(n_1 l_1)(n_2 l_2) \ldots (n_f l_f)$ entsteht, ist natürlich dieselbe wie auf dem obigen Wege.

§ 4. Das periodische System der Elemente.

In der folgenden Tabelle sind die Elektronenkonfigurationen der Grundterme der Atome sowie das Symbol des Grundterms selbst eingetragen.

Tabelle 2. *Elektronenkonfiguration und Termtypen der Grundzustande der Elemente.*
(Zahlen und Symbole in Klammern sind unsicher.)

Element	K	L		M			N				O					Grundzustand
	$1s$	$2s$	$2p$	$3s$	$3p$	$3d$	$4s$	$4p$	$4d$	$4f$	$5s$	$5p$	$5d$	$5f$	$5g$	
1. H	1															$^2S_{1/2}$
2. He	2															$^1S_0$
3. Li	2	1														$^2S_{1/2}$
4. Be	2	2														$^1S_0$
5. B	2	2	1													$^2P_{1/2}$
6. C	2	2	2													$^3P_0$
7. N	2	2	3													$^4S_{3/2}$
8. O	2	2	4													$^3P_2$
9. F	2	2	5													$^2P_{3/2}$
10. Ne	2	2	6													$^1S_0$
11. Na	2	2	6	1												$^2S_{1/2}$
12. Mg	2	2	6	2												$^1S_0$
13. Al	2	2	6	2	1											$^2P_{1/2}$
14. Si	2	2	6	2	2											$^3P_0$
15. P	2	2	6	2	6											$^4S_{3/2}$
16. S	2	2	6	2	4											$^3P_2$
17. Cl	2	2	6	2	5											$^2P_{3/2}$
18. A	2	2	6	2	6											$^1S_0$
19. K	2	2	6	2	6		1									$^2S_{1/2}$
20. Ca	2	2	6	2	6		2									$^1S_0$
21. Sc	2	2	6	2	6	1	2									$^2D_{3/2}$
22. Ti	2	2	6	2	6	2	2									$^3F_2$
23. V	2	2	6	2	6	3	2									$^4F_{3/2}$
24. Cr	2	2	6	2	6	5	1									$^7S_3$
25. Mn	2	2	6	2	6	5	2									$^6S_{5/2}$
26. Fe	2	2	6	2	6	6	2									$^5D_4$
27. Co	2	2	6	2	6	7	2									$^4F_{9/2}$
28. Ni	2	2	6	2	6	8	2									$^3F_4$
29. Cu	2	2	6	2	6	10	1									$^2S_{1/2}$

Tabelle 2. (Fortsetzung.)

Element	K	L		M			N				O					Grund-zustand
	$1s$	$2s$	$2p$	$3s$	$3p$	$3d$	$4s$	$4p$	$4d$	$4f$	$5s$	$5p$	$5d$	$5f$	$5g$	
30. Zn	2	2	6	2	6	10	2									$^1S_0$
31. Ga	2	2	6	2	6	10	2	1								$^2P_{1/2}$
32. Ge	2	2	6	2	6	10	2	2								$^3P_0$
33. As	2	2	6	2	6	10	2	3								$^4S_{3/2}$
34. Se	2	2	6	2	6	10	2	4								$^3P_2$
35. Br	2	2	6	2	6	10	2	5								$^2P_{3/2}$
36. Kr	2	2	6	2	6	10	2	6								$^1S_0$
37. Rb	2	2	6	2	6	10	2	6			1					$^2S_{1/2}$
38 Sr	2	2	6	2	6	10	2	6			2					$^1S_0$
39. Y	2	2	6	2	6	10	2	6	1		2					$^2D_{3/2}$
40. Zr	2	2	6	2	6	10	2	6	2		2					$^3F_2$
41. Cb	2	2	6	2	6	10	2	6	4		1					$^6D_{1/2}$
42. Mo	2	2	6	2	6	10	2	6	5		1					$^7S_3$
43. Ma	2	2	6	2	6	10	2	6	(5)		(2)					$(^6S_{5/2})$
44. Ru	2	2	6	2	6	10	2	6	7		1					$^5F_5$
45. Rh	2	2	6	2	6	10	2	6	8		1					$^4F_{9/2}$
46. Pd	2	2	6	2	6	10	2	6	10							$^1S_0$
47. Ag	2	2	6	2	6	10	2	6	10		1					$^2S_{1/2}$
48. Cd	2	2	6	2	6	10	2	6	10		2					$^1S_0$
49. In	2	2	6	2	6	10	2	6	10		2	1				$^2P_{1/2}$
50. Sn	2	2	6	2	6	10	2	6	10		2	2				$^3P_0$
51 Sb	2	2	6	3	6	10	2	6	10		2	3				$^4S_{3/2}$
52. Te	2	2	6	2	6	10	2	6	10		2	4				$^3P_2$
53. I	2	2	6	2	6	10	2	6	10		2	5				$^2P_{3/2}$
54. Xe	2	2	6	2	6	10	2	6	10		2	6				$^1S_0$
	2	8		18												

Beim He ist die $1s$-Schale voll aufgefüllt, so daß der Grundzustand ein $^1S_0$-Term sein muß. Beim Li wird ein Elektron in die $2s$-Schale eingebaut. Die vollbesetzte $1s$-Schale gibt keine Vermehrung der Termmannigfaltigkeit, so daß es in VII, § 7 erlaubt war, Li als ein Einelektronenproblem zu behandeln, wobei der Einelektronenterm $1s$ nicht besetzt werden konnte, da diese Schale schon voll besetzt ist (Abb. 17). Beim Be ist auch die $2s$-Schale aufgefüllt, so daß der Grundzustand wieder ein $^1S_0$-Term sein muß. Als Termschema für Be erwarten wir daher ein dem He ähnliches, entsprechend den Einelektronenkonfigurationen $(1s)^2 (2s) (ns)$, $(1s)^2 (2s) (np)$, $(1s)^2 (2s) (nd)$, ..., wobei aus jeder dieser Konfigurationen (außer $(1s)^2 (2s)^2$) sich ein Singulett- und Tripletterm ergibt, wobei jeweils die Tripletterme tiefer als die entsprechenden Singulettermen nach der obigen Regel liegen werden. Dies zeigt auch die linke Hälfte der Abb. 22.

Tabelle 2 (Fortsetzung.)

Element	K	L	M	N 4s 4p 4d 4f	O 5s 5p 5d 5f 5g	P 6s 6p 6d 6f 6g 6h	Q 7...	Grund-zustand
55. Cs	2	8	18	2 6 10	2 6	1		$^2S_{1/2}$
56. Ba	2	8	18	2 6 10	2 6	2		$^1S_0$
57. La	2	8	18	2 6 10	2 6 1	2		$^2D_{3/2}$
58. Ce	2	8	18	2 6 10 (1)	2 6 (1)	(2)		$(^3H_4)$
59. Pr	2	8	18	2 6 10 (2)	2 6 (1)	(2)		(^4K)
60. Nd	2	8	18	2 6 10 (3)	2 6 (1)	(2)		(^5L)
61. II	2	8	18	2 6 10 (4)	2 6 (1)	(2)		(^6L)
62. Sm	2	8	18	2 6 10 6	2 6	2		$^7F_0$
63. Eu	2	8	18	2 6 10 7	2 6	2		$^8S_{7/2}$
64. Gd	2	8	18	2 6 10 7	2 6 1	2		^9D
65. Tb	2	8	18	2 6 10 (8)	2 6 (1)	(2)		(^8H)
66. Dy	2	8	18	2 6 10 (9)	2 6 (1)	(2)		(^7K)
67. Ho	2	8	18	2 6 10 (10)	2 6 (1)	(2)		(^6L)
68. Er	2	8	18	2 6 10 (11)	2 6 (1)	(2)		(^5L)
69. Tm	2	8	18	2 6 10 13	2 6	2		$^2F_{7/2}$
70. Yb	2	8	18	2 6 10 14	2 6	2		$^1S_0$
71. Lu	2	8	18	2 6 10 14	2 6 1	2		$^2D_{3/2}$
72. Hf	2	8	18	2 6 10 14	2 6 2	2		$^3F_2$
73. Ta	2	8	18	2 6 10 14	2 6 3	2		$^4F_{3/2}$
74. W	2	8	18	2 6 10 14	2 6 4	2		$^5D_0$
75. Re	2	8	18	2 6 10 14	2 6 5	2		$^6S_{5/2}$
76. Os	2	8	18	2 6 10 14	2 6 6	2		$^5D_4$
77. Ir	2	8	18	2 6 10 14	2 6 7	2		^4F
78. Pt	2	8	18	2 6 10 14	2 6 9	1		$^3D_3$
79. Au	2	8	18	2 6 10 14	2 6 10	1		$^2S_{1/2}$
80. Hg	2	8	18	2 6 10 14	2 6 10	2		$^1S_0$
81. Tl	2	8	18	2 6 10 14	2 6 10	2 1		$^2P_{1/2}$
82. Pb	2	8	18	2 6 10 14	2 6 10	2 2		$^3P_0$
83. Bi	2	8	18	2 6 10 14	2 6 10	2 3		$^4S_{3/2}$
84. Po	2	8	18	2 6 10 14	2 6 10	2 4		$^3P_2$
85. —	2	8	18	2 6 10 14	2 6 10	2 5		$^2P_{3/2}$
86. Rn	2	8	18	2 6 10 14	2 6 10	2 6		$^1S_0$
87. —	2	8	18	2 6 10 14	2 6 10	2 6	1	$^2S_{1/2}$
88. Ra	2	8	18	2 6 10 14	2 6 10	2 6	2	$^1S_0$
89. Ac	2	8	18	2 6 10 14	2 6 10	2 6 (1)	(2)	$(^2D_{3/2})$
90. Th	2	8	18	2 6 10 14	2 6 10	2 6 (2)	(2)	$(^3F_2)$
91. Pa	2	8	18	2 6 10 14	2 6 10	2 6 (3)	(2)	$(^4F_{3/2})$
92. U	2	8	18	2 6 10 14	2 6 10	2 6 (4)	(2)	$(^5D_0)$

Außerdem sind noch einige weitere Terme eingetragen, die sich aus den Konfigurationen $(1s)^2 (2p) (np)$ und ähnlichen ergeben. Sie liegen teilweise im Kontinuum, d. h. sind keine regulären diskreten Energieeigenwerte (und werden deshalb anomale Terme genannt), da eine

Wahrscheinlichkeit für Ionisation des Atoms besteht, die aber für die betreffenden Terme recht gering ist, so daß meist ein Übergang durch Strahlung in tiefere Niveaus stattfindet.

Von B an wird die $2p$-Schale aufgefüllt, bis Ne als Edelgas erreicht ist. Weiter unten werden wir als Beispiele noch die Termschemata der Elemente C und O diskutieren. Der weitere Aufbau der Elemente ist aus

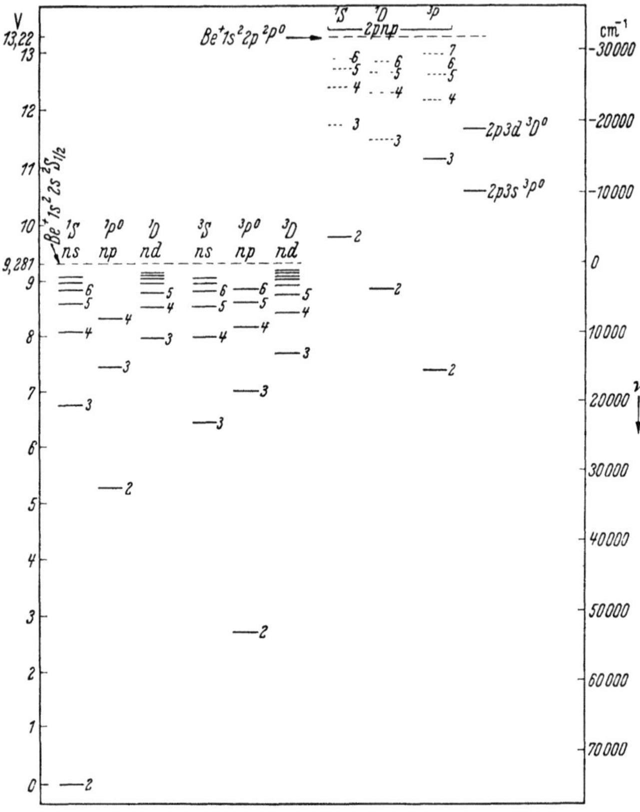

Abb. 22. Termschema des Berylliums. (Aus HERZBERG, Atomspektren.)

der Tabelle leicht ersichtlich. Beim Ar ist die $3p$-Schale voll besetzt. Beim K kommt aber nicht ein $3d$-Elektron, sondern ein $4s$-Elektron hinzu, was sich als energetisch günstiger erweist[1]. Beim Ca ist die $4s$-Schale besetzt. Von den Elementen 21 bis 28 wird aber dann nachträglich die $3d$-Schale aufgefüllt. Am eigenartigsten ist dieses spätere Auffüllen einer hinsichtlich der Eigenfunktion nahe am Kern gelegenen

[1] Theoretisch könnte sich dies erst aus einer numerischen Durchrechnung der Eigenfunktionen des K-Atoms ergeben.

Schale bei den Seltenen Erden von 58 bis 70, wo die $4f$-Schale besetzt wird. Das chemische Verhalten wird durch die äußeren Elektronenschalen bestimmt, woraus sich die chemische Ähnlichkeit der Seltenen Erden ergibt.

Als Beispiele für Termschemata mögen folgende dienen: Abb. 23 zeigt das Termschema des Kohlenstoffs. Die Elektronenkonfigura-

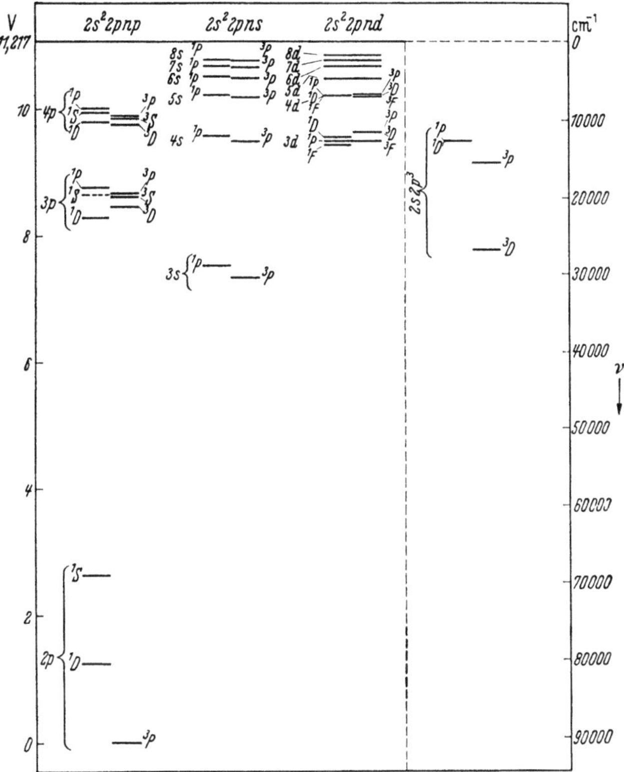

Abb. 23. Termschema des Kohlenstoffs. (Aus HERZBERG, Atomspektren.)

tion $(1s)^2 (2s)^2 (2p)^2$ gibt nach der Tabelle 1 für 2 äquivalente p-Elektronen Anlaß zu 3 Termen: ^1S, ^1D, ^3P, von denen der letzte als Term größter Multiplizität der Grundterm ist. Für die Konfiguration $(1s)^2 (2s)^2 (2p) (np)$ $(n \neq 2)$ sind alle möglichen Kombinationen der Bahndrehimpuls- und Spindrehimpulswerte erlaubt, so daß es zu jeder solchen Konfiguration 3 Singulett- und 3 Tripletterme gibt. Für $n \geq 3$ können auch die Konfigurationen $(1s)^2 (2s)^2 (2p) (ns)$ und $(1s)^2 (2s)^2 (2p) (nd)$ Anlaß zu Termen geben, die, falls beobachtet, in Abb. 23 eingetragen sind. Man vermutet aber, daß auch das Heben

17*

eines Elektrons aus der besetzten 2s-Schale in die 2p-Schale noch diskrete
Terme liefern kann. Um die Terme, die aus der Elektronenkonfiguration $(1s)^2 (2s) (2p)^3$ entstehen können, festzustellen, muß man also erst
alle Terme für 3 äquivalente p-Elektronen nach Tabelle 1 notieren:
^2P, ^2D, ^4S, d. h. man hat die Wertpaare L, S: 1, $\frac{1}{2}$; 2, $\frac{1}{2}$; 0, $\frac{3}{2}$. Das eine
$2s$-Elektron gibt Anlaß zu einem Term ^2S, d. h. zu einem Wertpaar
0, $\frac{1}{2}$. Aus 0, $\frac{1}{2}$ und 1, $\frac{1}{2}$ ergeben sich mögliche Terme 1, 1; 1, 0; aus
0, $\frac{1}{2}$ und 2, $\frac{1}{2}$ Terme 2, 1; 2, 0; aus 0, $\frac{1}{2}$ und 0, $\frac{3}{2}$ Terme 0, 2; 0, 1.
Aus der Konfiguration $(1s)^2 (2s) (2p)^3$ entstehen also die 6 Terme:

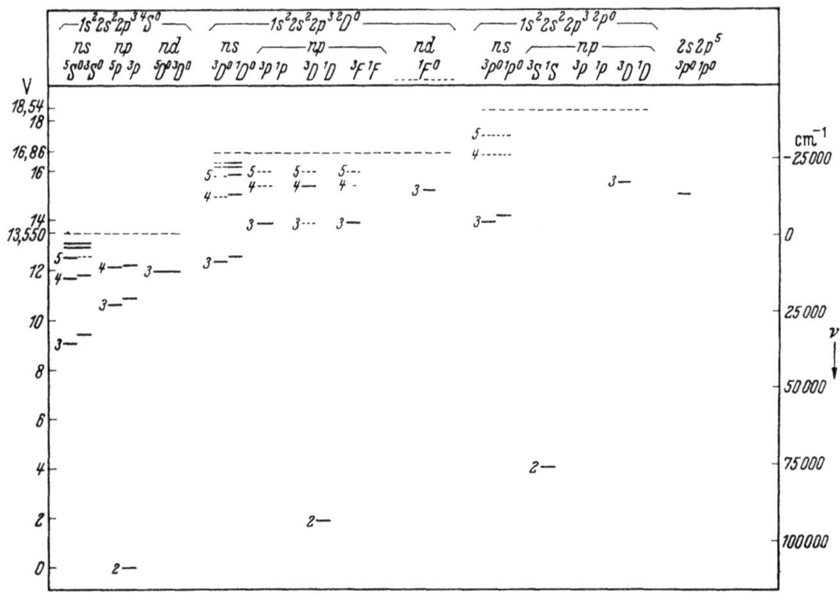

Abb. 24. Termschema des Sauerstoffs. (Aus HERZBERG, Atomspektren.)

^3P, ^1P, ^3D, ^1D, ^5S, ^3S. Die hiervon experimentell beobachteten sind
in Abb. 23 eingetragen. ^5S dürfte der tiefste dieser Terme sein. Er
spielt eine Rolle für die chemischen Eigenschaften des Kohlenstoffs.

Abb. 24 zeigt das Termschema des Sauerstoffatoms. Die Elektronenkonfiguration der tiefsten Zustände ist $(1s)^2 (2s)^2 (2p)^4$, gibt also zu
derselben Termmannigfaltigkeit Anlaß wie p^2, d. h. wie beim C-Atom
zu einem ^1S-, ^1D-, ^3P-Term, wobei wieder der letzte als Term höchster
Multiplizität der Grundzustand ist. Die drei Terme sind in Abb. 24
nicht untereinander gezeichnet, sondern je einer von drei Termgruppen
zugeordnet worden. Diese drei Termgruppen sind leicht zu verstehen:
Angeregte Zustände des O-Atoms werden aus Elektronenkonfigurationen hervorgerufen, wo ein Elektron aus der $2p$-Schale in höhere
Niveaus gehoben ist: $(1s)^2 (2s)^2 (2p)^3 (ns)$, $(1s)^2 (2s)^2 (2p)^3 (np)$,

$(1s)^2 (2s)^2 (2p)^3 (nd)$ usw. mit $n > 2$. Um die Terme solcher Elektronenkonfigurationen zu bestimmen, sind erst die Terme für drei äquivalente p-Elektronen nach der Tabelle anzumerken: ^2P, ^2D, ^4S. Sie stellen gleichzeitig die tiefsten Terme des Sauerstoffions dar. ^2P ist der höchste, ^4S der tiefste dieser drei Terme. Aus dem ^4S-Term

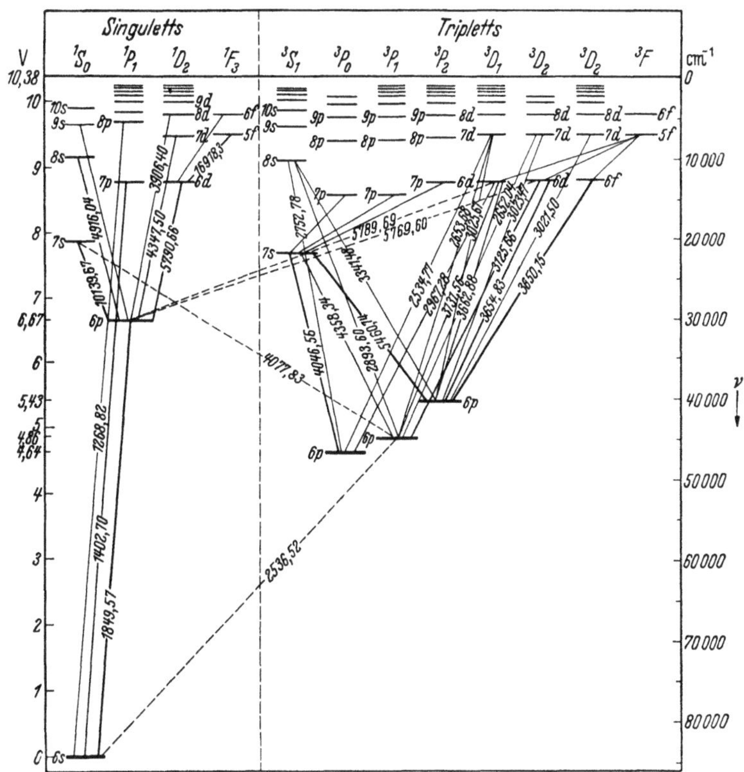

Abb 25. Termschema des Quecksilbers. (Aus HERZBERG, Atomspektren)

(die linke Termgruppe in Abb. 24) entstehen also durch das (ns)-Elektron je ein ^5S- und ^3S-Term, durch ein (nd)-Elektron je ein ^5P- und ^3P-Term usw.; aus dem ^2D-Term des Ions durch ein (ns)-Elektron ein ^3D- und ^1D-Term, durch ein np-Elektron die 6 Terme ^3P, ^1P, ^3D, ^1D, ^3F, ^1F; aus dem ^2P endlich die rechte Gruppe von Termen in Abb. 24.

Abb. 25 zeigt das Termschema des Hg, dessen Terme auf Grund der Elektronenkonfiguration nach Tab. 2 dem He ähnlich sein müssen, was auch der Fall ist. Man sieht aber deutlich, daß die Multiplettaufspaltung hier so groß geworden ist, daß sie im Termschema deutlich hervortritt, besonders für den tiefsten ^3P-Term.

§ 5. Auswahl und Intensitätsregeln.

Für die drei Komponenten d_i des Dipolmomentes $\mathfrak{d} = e \sum\limits_{k=1}^{f} \mathfrak{r}_k$ des Atoms geben die

$$
\left.
\begin{aligned}
R_1 &= \frac{1}{\sqrt{2}}\,(d_1 + i\,d_2)\,, \\[2mm]
R_0 &= -d_3\,, \\[2mm]
R_{-1} &= \frac{1}{\sqrt{2}}\,(-d_1 + i\,d_2)
\end{aligned}
\right\}
\qquad (5.1)
$$

die Darstellung D_1 der Drehgruppe, wie schon in IX, § 3 festgestellt wurde. Daraus ergeben sich sofort wie in IX, § 4 erstens die Auswahlregel $J \to J + 1,\ J,\ J - 1$ für die Quantenzahl des Gesamtdrehimpulses, und zweitens die, daß nur Terme verschiedener Spiegelungssymmetrie durch Dipolstrahlung kombinieren können, d. h. also nur Terme, die aus zwei Elektronenkonfigurationen hervorgehen, für die die $\sum\limits_{i=1}^{f} l_i$ sich um eine ungerade Zahl unterscheiden. Ist der Spiegelungscharakter eines Terms (-1), so bringt man an das Termsymbol ein kleines o an (Abb. 22 und 24).

Ist die Multiplettaufspaltung gering, so daß die Eigenvektoren mit den Linearkombinationen nullter Näherung (1.8) praktisch übereinstimmen, so folgt (genau wie in IX, § 4) die Auswahlregel $L \to L + 1$, $L,\ L - 1$ und die, daß nur Terme gleicher Multiplizität $2S + 1$ miteinander kombinieren können.

Lassen sich aber die Eigenvektoren sogar noch annähernd als Slater-Determinanten (3.2) von Einelektronenfunktionen darstellen, so ergibt sich näherungsweise die Regel, daß Übergänge nur mit geringer Wahrscheinlichkeit stattfinden, die nicht der Auswahlregel genügen, daß nur ein einziges der l_i sich ändert, und zwar um $+1$ oder -1. Dies folgt daraus, daß sich $\mathfrak{d}$ additiv aus den Dipolelementen $e\,\mathfrak{r}_i$ der einzelnen Elektronen zusammensetzt und für einen Übergang also die Matrixelemente mindestens eines der $e\,\mathfrak{r}_i$ von Null verschieden sein müssen, was auf Grund von IX, § 3 für ein l zu $l \to l + 1,\ l - 1$ führt.

Für den obigen Fall, daß die Multiplettaufspaltung gering ist, d. h. daß die Auswahlregeln $J \to J + 1,\ J,\ J - 1$ und $L \to L + 1$, $L,\ L - 1$ und $S \to S$ gelten, kann man rein gruppentheoretisch die Intensitätsverhältnisse eines Multiplettüberganges bestimmen. Wir wollen den Übergang zwischen zwei (Grobstruktur-) Termen mit den Quantenzahlen $L',\ S$ und $L,\ S$ betrachten, wo also für L' nur die Werte $L + 1, L, L - 1$ in Frage kommen. Da $L' = L$ sein kann, wollen wir die beiden Terme noch durch einen Index N bzw. N' unterscheiden. Die Eigenvektoren der beiden Terme haben also nach (1.8) die Form:

$$
\Phi_{NLSm_Lm_s} = \frac{1}{\sqrt{r}} \sum_k \Psi^L_{Nm_L,\,k}\, u^S_{m_s,\,k}\,. \qquad (5.2)
$$

Für die einzelnen Feinstrukturkomponenten J sind die Eigenvektoren annähernd durch die richtigen Linearkombinationen (2.1) gegeben:

$$\Gamma^J_{NLSM} = \sum_{m_L + m_S = M} d^J_{m_L m_S}(L, S)\, \Phi_{LNSm_L m_S}. \qquad (5.3)$$

Die Matrixelemente

$$(R_\mu)^{N'L'S'J'M}_{N\,L\,S\,J\,M} = (\Gamma^{J'}_{N'L'S'M'},\, R_\mu \Gamma^J_{NLSM}) \qquad (5.4)$$

müssen nach IX, § 2 bis auf Faktoren $\varrho^{N'L'SJ'}_{N\,L\,SJ}$ mit den Entwicklungskoeffizienten der Produktdarstellung $D_1 \times D_J$ nach den Darstellungen $D_{J'}$ übereinstimmen. Also ist mit (VII, 9.17):

$$(R_\mu)^{N'L'S'J'M'}_{N\,L\,S\,J\,M} = \varrho^{N'L'S'J'}_{N\,L\,S\,J}\, \alpha_{M',\mu;\,M'J'} = \varrho^{N'L'S'J'}_{N\,L\,S\,J}\, d^{J'}_{M\mu}(J,1)\, \delta_{M',M+\mu}. \qquad (5.5)$$

Die Intensität eines Multiplettüberganges $J' \to J$, $L' \to L$ ist nach (IX, 1.2) proportional $\dfrac{1}{2J'+1} \sum_{\mu,\,M,\,M'} |(R_\mu)^{N'L\,SJ'M'}_{N\,L\,SJ\,M}|^2$. Mit (5.5) ist

$$\sum_{\mu,\,M,\,M'} |(R_\mu)^{N'L'S'J'M'}_{N\,L\,S\,J\,M}|^2 = |\varrho^{N'L'S'J'}_{N\,L\,S\,J}|^2 \sum_{\mu,\,M,\,M'} |\alpha_{M\mu;\,M'J'}|^2. \qquad (5.6)$$

Da $\alpha_{M\mu;\,M'J'}$ eine unitäre Matrix ist, gilt $\sum_{M\mu} |\alpha_{M\mu;\,M'J'}|^2 = 1$ und damit

$$\frac{1}{2J'+1} \sum_{\mu,\,M,\,M'} |(R_\mu)^{N'L'S'J'M'}_{N\,L\,S\,J\,M}|^2 = |\varrho^{N'L'S'J'}_{N\,L\,S\,J}|^2. \qquad (5.7)$$

Die Intensitäten der einzelnen Linien $J' \to J$ bei demselben $L' \to L$ sind also durch die $|\varrho^{N'L'SJ'}_{N\,L\,SJ}|^2$ gegeben.

Nach IX, § 2 gilt mit Faktoren $\tau^{N'L'S}_{N\,L\,S}$:

$$R_\mu \Phi_{NLSm_L m_S} = \sum_N \{ d^{L+1}_{\mu m_L}(1\,L)\, \tau^{N'\,L+1\,S}_{N\,L\,S}\, \Phi_{N',\,L+1,\,S,\,m_L+\mu,\,m_S}$$

$$+ d^L_{\mu m_L}(1\,L)\, \tau^{N'\,LS}_{N\,L\,S}\, \Phi_{N',\,L,\,S,\,m_L+\mu,\,m_S} \qquad (5.8)$$

$$+ d^{L-1}_{\mu M_L}(1\,L)\, \tau^{N'\,L-1\,S}_{N\,L\,S}\, \Phi_{N',\,L-1,\,S,\,m_L+\mu,\,m_S} \}.$$

Also ist

$$R_\mu \Gamma^J_{NLSM} \qquad (5.9)$$

$$= \sum_{m_L + m_S = M} \sum_{N'} d^J_{m_L m_S}(L,S) \{ \sum_{L'=L-1}^{L+1} d^{L'}_{\mu m_L}(1\,L)\, \tau^{N'\,L'\,S}_{N\,L\,S}\, \Phi_{N',\,L',\,S,\,m_L+\mu,\,m_S} \}.$$

Da nach (5.3) und (VII, 9.19)

$$\Phi_{N',\,L',\,S,\,m_L+\mu,\,m_S} = \sum_{J'} d^{J'}_{m_L+\mu,\,m_S}(L',S)\, \Gamma^{J'}_{N',\,L',\,S,\,M+\mu} \qquad (5.10)$$

ist, folgt mit (5.5)

$$\varrho^{N'L'SJ'}_{N\,L\,SJ}\, d^{J'}_{M\mu}(J,1)$$

$$= \tau^{N'\,L'\,S}_{N\,L\,S} \sum_{m_L+m_S=M} d^J_{m_L m_S}(L,S)\, d^{L'}_{\mu m_L}(1,L)\, d^{J'}_{m_L+\mu,\,m_S}(L',S). \qquad (5.11)$$

Wählen wir speziell $M = J$; $M' = J'$ und damit $\mu = J' - J$, so wird also

$$\varrho^{N'L'SJ'}_{N\ L\ S J}\, d^{J'}_{J,\,J'-J}(J,1)$$
$$= \tau^{N'L'S}_{N\ L\ S} \sum_{m_L + m_S = J} d^{J}_{m_L m_S}(L,S)\, d^{J'}_{m_L + J'-J,\,m_S}(L',S)\, d^{L'}_{J'-J,\,m_L}(1,L). \qquad (5.12)$$

Daraus ergibt sich mit (VII, 9.15)

$$\varrho^{N'L-1SJ+1}_{N\ L\ S\ J} = \tau^{N'L-1S}_{N\ L\ S}\sqrt{\frac{(L+S-J)(L+S-J-1)(J-L+S+2)(J-L+S+1)}{(2J+3)(2J+2)\,2L(2L+1)}}$$

$$\varrho^{N'L-1SJ}_{N\ L\ SJ} = \tau^{N'L-1S}_{N\ L\ S}\sqrt{\frac{(L+S-J)(J-L+S+1)(J+L+S+1)(J+L-S)}{L(2L+1)(2J+2)\,2J}}$$

$$\varrho^{N'L-1SJ-1}_{N\ L\ S\ J} = \tau^{N'L-1S}_{N\ L\ S}\sqrt{\frac{(J+L+S+1)(J+L+S)(J+L-S)(J+L-S-1)}{2L(2L+1)\,2J(2J-1)}}$$

$$\varrho^{N'LSJ+1}_{N\ LS\ J} = \tau^{N'LS}_{N\ LS}\sqrt{\frac{(L+S-J)(J+L+S+2)(J+L-S+1)(J-L+S+1)}{L(3L+2)(2J+2)(2J+3)}} \qquad\Bigg\} (5.13)$$

$$\varrho^{N'LSJ}_{N\ LSJ} = \tau^{N'LS}_{N\ LS}\,\frac{J(J+1)+L(L+1)-S(S+1)}{2\sqrt{L(L+1)J(J+1)}}$$

$$\varrho^{N'LSJ-1}_{N\ LS\ J} = \tau^{N'LS}_{N\ LS}\sqrt{\frac{(L+S-J+1)(J+L+S+1)(J+L-S)(J-L+S)}{L(2L+2)(2J-1)\,2J}}$$

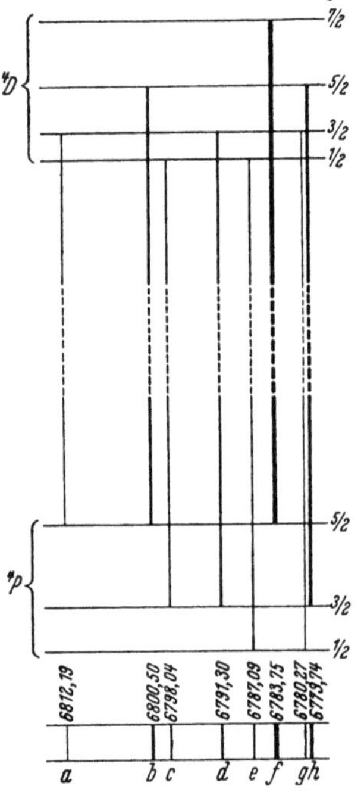

Abb. 26. $^4D \to {}^4P$-Übergang beim ionisierten Kohlenstoff.

Die Werte $\varrho^{N'L+1SJ'}_{N\ L\ SJ}$ brauchen wir nicht gesondert zu berechnen, denn wegen

$$\left|(R_\mu)^{N'L'SJ'M'}_{N\ L\ SJ\ M}\right| = \left|(R_\mu)^{N\ L\ SJ\ M}_{N'L'SJ'M'}\right|$$

folgt aus (5.5)

$$\left|\varrho^{N'L'SJ'}_{N\ L\ SJ}\right|\left|d^{J'}_{M\mu}(J,1)\,\delta_{M',M+\mu}\right|$$
$$= \left|\varrho^{N\ L\ SJ}_{N'L'SJ'}\right|\left|d^{J}_{M'\mu}(J',1)\,\delta_{M,M'+\mu}\right| \qquad (5.14)$$

und damit für $M = 0$, $M' = 0$ und $\mu = 0$

$$\left|\varrho^{N'L'SJ'}_{N\ L\ SJ}\right| d^{J'}_{00}(J,1) = \left|\varrho^{N\ L\ SJ}_{N'L'SJ'}\right| d^{J}_{00}(J',1).$$

Daraus folgt

$$\left|\varrho^{N'L+1SJ'}_{N\ L\ SJ}\right| = \sqrt{\frac{2J+1}{2J'+1}}\left|\varrho^{N\ L\ SJ}_{N'L+1SJ'}\right|. \qquad (5.15)$$

In Abb. 26 ist der $^4D \to {}^4P$-Übergang beim ionisierten Kohlenstoff bei 6800 Å dargestellt. Man erkennt die Abstände der einzelnen Feinstrukturkomponenten entsprechend der Intervallregel (2.5). Die Strichdicke gibt die ungefähren Intensitäten der Linien wieder.

§ 6. Zeeman-Effekt.

Die Drehsymmetrie des Hamilton-Operators für die Atome kann durch ein äußeres Feld aufgehoben werden. Befindet sich das Atom in einem äußeren Feld, so nimmt der Hamilton-Operator ohne Berücksichtigung des Spins die Form

$$\frac{1}{2m} \sum_{k=1}^{f} \left[\sum_{\nu=1}^{3} \left(P_\nu^{(k)} - \frac{e}{c} A_\nu (Q^{(k)}, t) \right)^2 + e\, \varphi\, (Q^{.k)}, t) \right]$$

an, die sich durch Korrespondenz aus (I, 2.8) ergibt. Handelt es sich um ein konstantes Magnetfeld, das nur eine H_3-Komponente besitzt, so müssen wir in diesem Ausdruck für H $A_1 = -\tfrac{1}{2} H_3 x_2$, $A_2 = \tfrac{1}{2} H_3 x_1$, $A_3 = 0$ für jedes Elektron einsetzen. Es wird dann

$$\frac{1}{2m} \sum_{k=1}^{f} \left[\left(P_1^{(k)} + \frac{e}{2c} H_3 Q_2^{(k)} \right)^2 + \left(P_2^{(k)} - \frac{e}{2c} H_3 Q_1^{(k)} \right)^2 + (P_3^{(k)})^2 \right]$$

$$= \sum_{k=1}^{f} \left[\frac{1}{2m}\, \mathfrak{P}^{(k)\,2} + \mu_0\, H_3\, L_3^{(k)} + \frac{e^2}{8m\, c^2} (Q_1^{(k)\,2} + Q_2^{(k)\,2})\, H_3^2 \right] \tag{6.1}$$

mit $\mu_0 = -\dfrac{\hbar\, e}{2m\, c}$. Das Glied H_6 in (2.2) ergibt

$$\mu_0\, H_3\, 2 S_3. \tag{6.2}$$

Wenn wir für nicht zu große Magnetfelder nur die in H_3 linearen Glieder berücksichtigen, kommt zum Hamilton-Operator des freien Atoms das Glied

$$H' = \mu_0 H_3 (L_3 + 2 S_3) \tag{6.3}$$

hinzu. Γ_M^J seien die exakten Eigenfunktionen eines Terms des freien Atoms. Sie spannen den Eigenraum $\mathfrak{R}_J$ auf, der eine Darstellung D_J der Drehgruppe $\mathfrak{D}$ liefert. Der gesamte Hamilton-Operator einschließlich H' ist aber nur invariant gegenüber der Untergruppe der Drehungen um die 3-Achse. Hinsichtlich dieser Untergruppe ist der Eigenraum $\mathfrak{R}_J$ nicht mehr irreduzibel. Er zerfällt in die $2J+1$ eindimensionalen, von den einzelnen Γ_M^J aufgespannten Teilräume, da bei Drehungen um die 3-Achse sich jedes Γ_M^J mit einem Faktor $e^{-iM\alpha}$ multipliziert. Durch das äußere Magnetfeld wird also die $(2J+1)$-fache Entartung der Atomkerne aufgehoben.

Über die Größe der Aufspaltung lassen sich nur in einigen Extremfällen einfache Aussagen gewinnen. Ist das Magnetfeld so klein, daß die Aufspaltung gering gegen den Abstand der einzelnen Feinstrukturkomponenten bzw. der nächsten Terme des freien Atoms ist, so kann man die Aufspaltung durch Störungsrechnung erhalten, indem man als Eigenfunktionen die „richtigen" Linearkombinationen wählt, die hier also schon durch die Γ_M^J gegeben sein müssen. Es ist nun

$$H' = \mu_0 H_3 (J_3 + S_3). \tag{6.4}$$

Es gilt $J_3 \Gamma_M^J = M \Gamma_M^J$. Die Matrixelemente $(\Gamma_M^J, S_3 \Gamma_M^J)$ müssen rein gruppentheoretisch bestimmt sein, da auf die $S_k \Gamma_M^J$ und die $J_k \Gamma_M^J$ die Sätze aus IX, § 2, angewandt werden können. Daher muß also

$$(\Gamma_{M'}^J, S_3 \Gamma_M^J) = \tau (\Gamma_{M'}^J, J_3 \Gamma_M^J) = \tau M \, \delta_{M'M} \qquad (6.5)$$

sein. Also hat H' im Eigenraum $\Re_J$ in bezug auf die Γ_M^J die Diagonalmatrix $(1 + \tau) M \delta_{M'M}$, d. h. die Aufspaltung beträgt

$$\varepsilon_M = (1 + \tau) M \mu_0 H_3 = g M \mu_0 H_3. \qquad (6.6)$$

Der Term mit der Gesamtdrehimpulsquantenzahl J spaltet also in $2J + 1$ äquidistante Terme zu den verschiedenen Werten M der 3-Komponente J_3 des Gesamtdrehimpulses auf.

Der Faktor $g = (1 + \tau)$ läßt sich einfach in dem Falle bestimmen, wo die Γ_M^J praktisch durch die Linearkombination (5.3) gegeben sind.

In den nächsten Zeilen bei der Ableitung der Größe von g werden die Operatoren S_k und L_k nur in $\Re_J$ betrachtet, d. h. statt S_k, L_k die $P_{\Re_J} S_k P_{\Re_J}$ bzw. $P_{\Re_J} L_k P_{\Re_J}$, wo $P_{\Re_J}$ der Projektionsoperator auf $\Re_J$ ist. Nach oben ist in $\Re_J$: $P_{\Re_J} S_k P_{\Re_J} = \tau J_k$. Damit ist in $\Re_J$

$$P_{\Re_J} \mathfrak{S} P_{\Re_J} \cdot \mathfrak{J} = \tau \mathfrak{J} \cdot \mathfrak{J} = \mathfrak{J} \cdot P_{\Re_J} \mathfrak{S} P_{\Re_J} = \tau J(J+1)\,\mathbf{1}.$$

Andererseits ist

$$\mathfrak{L}^2 = (\mathfrak{J} - \mathfrak{S})^2 = \mathfrak{J}^2 - \mathfrak{J} \cdot \mathfrak{S} - \mathfrak{S} \cdot \mathfrak{J} + \mathfrak{S}^2.$$

Nun ist für die Γ_M^J nach (5.3) $\mathfrak{L}^2 \Gamma_M^J = L(L+1)\Gamma_M^J$ und $\mathfrak{S}^2 \Gamma_M^J = S(S+1)\Gamma_M^J$. Da $P_{\Re_J} J \cdot \mathfrak{S} P_{\Re_J} = J \cdot P_{\Re_J} \mathfrak{S} P_{\Re_J} = \tau J(J+1)\,\mathbf{1}$ und ebenso $P_{\Re_J} \mathfrak{S} \cdot J P_{\Re_J} = \tau J(J+1)\,\mathbf{1}$ ist, folgt der LANDÉsche Faktor

$$g = 1 + \tau = 1 + \frac{J(J+1) + S(S+1) - L(L+1)}{2J(J+1)}. \qquad (6.7)$$

Für Singuletterme, d. h. $S = 0$, ist $J = L$ und damit $g = 1$. Diesen Fall nennt man den normalen, $g \neq 1$ den anomalen ZEEMAN-Effekt. In Abb. 27 ist der ZEEMAN-Effekt der $Na\!-\!D$-Linie aufgezeichnet. Nicht alle Übergänge $M' \to M$ sind erlaubt. Da die R_1, R_0, R_{-1} sich bei Drehungen um die 3-Achse mit $e^{-i\alpha}$, 1, $e^{+i\alpha}$ multiplizieren, so sind die Matrixelemente $(R_\mu)_{M'M}$ nur für $M' = M + \mu$ von Null verschieden, d. h. es gilt die Auswahlregel $M \to M+1$, M, $M-1$, wie sie auch schon in (5.5) zum Ausdruck kommt. Für einen Übergang $J' \to J$ kann man leicht das Intensitätsverhältnis der einzelnen ZEEMAN-Komponenten angeben, denn nach (5.5) folgt

$$(R_\mu)_{N\ L\ S J\ M}^{N'L'SJ'M'} = \varrho_{N\ L\ S J}^{N'L'SJ'} \, d_{M\mu}^{J'}(J,1)\, \delta_{M',M+\mu}, \qquad (6.8)$$

also:

$$\begin{aligned}
(R_1)^{N'\,L'\,S\,J-1\,M+1}_{N\,L\,S\,J\quad M} &= \varrho^{N'\,L\,S\,J-1}_{N\,L\,S\,J}\sqrt{\frac{(J-M)(J-M-1)}{2J(2J+1)}}\\[2mm]
(R_0)^{N'\,L'\,S\,J-1\,M}_{N\,L\,S\,J\quad M} &= -\varrho^{N'\,L'\,S\,J-1}_{N\,L\,S\,J}\sqrt{\frac{(J+M)(J-M)}{J(2J+1)}}\\[2mm]
(R_{-1})^{N'\,L'\,S\,J-1\,M-1}_{N\,L\,S\,J\quad M} &= \varrho^{N'\,L'\,S\,J-1}_{N\,L\,S\,J}\sqrt{\frac{(J+M)(J+M-1)}{2J(2J+1)}}\\[2mm]
(R_1)^{N'\,L'\,S\,J\,M+1}_{N\,L\,S\,J\quad M} &= -\varrho^{N'\,L'\,S\,J}_{N\,L\,S\,J}\sqrt{\frac{(J+M+1)(J-M)}{2J(J+1)}}\\[2mm]
(R_0)^{N'\,L'\,S\,J\,M}_{N\,L\,S\,J\,M} &= \varrho^{N'\,L'\,S\,J}_{N\,L\,S\,J}\frac{M}{\sqrt{J(J+1)}}\\[2mm]
(R_{-1})^{N'\,L'\,S\,J\,M-1}_{N\,L\,S\,J\quad M} &= \varrho^{N'\,L'\,S\,J}_{N\,L\,S\,J}\sqrt{\frac{(J+M)(J-M+1)}{2J(J+1)}}\\[2mm]
(R_1)^{N'\,L'\,S\,J+1\,M+1}_{N\,L\,S\,J\quad M} &= \varrho^{N'\,L'\,S\,J+1}_{N\,L\,S\,J}\sqrt{\frac{(J+M+2)(J+M+1)}{(2J+1)(2J+2)}}\\[2mm]
(R_0)^{N'\,L'\,S\,J+1\,M}_{N\,L\,S\,J\quad M} &= \varrho^{N'\,L'\,S\,J+1}_{N\,L\,S\,J}\sqrt{\frac{(J+M+1)(J-M+1)}{(J+1)(2J+1)}}\\[2mm]
(R_{-1})^{N'\,L'\,S\,J+1\,M-1}_{N\,L\,S\,J\quad M} &= \varrho^{N'\,L'\,S\,J+1}_{N\,L\,S\,J}\sqrt{\frac{(J-M+2)(J-M+1)}{(2J+1)\,2(J+2)}}
\end{aligned} \qquad (6.9)$$

Aufgabe: Man zeige durch Korrespondenzbetrachtung, daß die R_1, R_{-1} eine bei Beobachtung in Richtung der 3-Achse zirkularpolarisierte Strahlung (σ-Komponenten) und R_0 eine bei Beobachtung senkrecht zur 3-Achse in Richtung der 3-Achse linearpolarisierte Strahlung ergeben, indem man klassisch die Strahlung eines Herzschen Dipols mit den Dipolelementen $x_3 e^{i\omega t}$, $(x_1 \pm x_2) e^{i\omega t}$ untersucht.

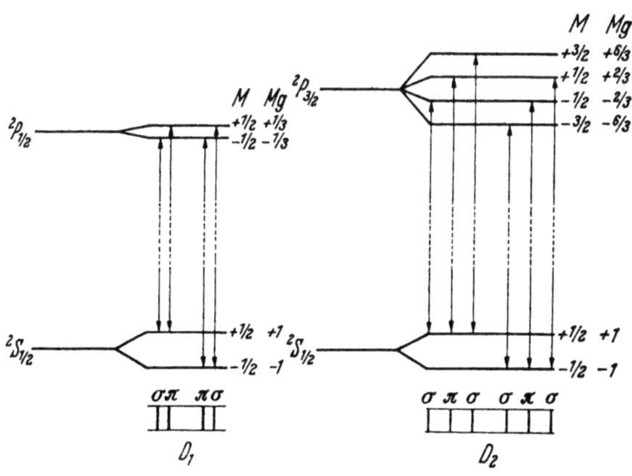

Abb. 27. Zeeman-Effekt der $Na-D$-Linie.

Ist weiterhin die Spinstörung so klein, daß die Γ^J_M für das freie Atom durch die Linearkombinationen (5.3) gegeben sind, aber das

Magnetfeld H_3 doch so groß, daß die Störung durch das Magnetfeld nicht mehr klein gegenüber der Spinstörung ist, so muß man beide Störungen auf einmal behandeln, d. h. man muß von dem Grobstrukturterm mit seinem von den $\Phi_{m_L m_S}$ aufgespannten Eigenraum $\mathfrak{r}_{LS}$ ausgehen. Das Zusatzglied im HAMILTON-Operator für die Spinstörung sei mit H'' bezeichnet. Für die Linearkombinationen Γ_M^J ist dann nach (2.4) $H'' \Gamma_M^J = \tau[J(J+1) - L(L+1) - S(S+1)] \Gamma_M^J$. Andererseits ist sofort leicht ersichtlich

$$H' \Phi_{m_L m_S} = \mu_0 H_3 (m_L + 2m_S) \Phi_{m_L m_S} \tag{6.10}$$

und damit

$$H' \Gamma_M^J = \mu_0 H_3 \sum_{m_L + m_S = M} d_{m_L, m_S}^J (m_L + 2m_S) \Phi_{m_L m_S}. \tag{6.11}$$

Mit

$$\Phi_{m_L m_S} = \sum_J d_{m_L m_S}^J \Gamma_{m_L + m_S}^J$$

ist also:

$$H' \Gamma_M^J = \mu_0 H_3 \sum_{m_L + m_S = M} \sum_{J'} d_{m_L, m_S}^J (m_L + 2m_S) d_{m_L, m_S}^{J'} \Gamma_M^{J'}. \tag{6.12}$$

Für jedes $M = J, J-1, \ldots, -J$ ist also getrennt die Säkulardeterminante für die Eigenwerte ε_M der Störung zu lösen (mit den Wurzeln $\varepsilon_{M, L+S}, \varepsilon_{L, M+S-1}, \ldots, \varepsilon_{M, |L-S|}$ entsprechend den Werten $J = L + S$, $\ldots, |L - S|$):

$$|\{\tau[J(J+1) - L(L+1) - S(S+1)] - \varepsilon_M\} \delta_{JJ'} +$$
$$+ \mu_0 H_3 \sum_{m_L + m_S = M} d_{m_L, m_S}^J (m_L + 2m_S) d_{m_L m_S}^{J'}| = 0, \tag{6.13}$$

wobei innen die Matrix die Indizes J, J' hat. Multipliziert man diese von rechts und links mit den unitären Matrizen $\alpha_{v v'; M J'}$ nach (VII, 9.17), so erhält man die äquivalente Säkulargleichung

$$|[\mu_0 H_3 (m_L + 2m_S) - \varepsilon_m] \delta_{m_L \mu_L} \delta_{m_S \mu_S} +$$
$$+ \tau \sum_J d_{\mu_L \mu_S}^J [J(J+1) - L(L+1) - S(S+1)] d_{m_L m_S}^J| = 0, \tag{6.14}$$

wobei $m_L + m_S = \mu_L + \mu_S = M$ ist und die Paare m_L, m_S; μ_L, μ_S als Matrixindizes aufzufassen sind.

Für sehr kleines H_3 folgt aus der ersten Säkulargleichung sofort

$$\varepsilon_{M, J} = \tau[J(J+1) - L(L+1) - S(S+1)] +$$
$$+ \mu_0 H_3 \sum_{m_L + m_S = M} d_{m_L, m_S}^J (m_L + 2m_S) d_{m_L m_S}^J, \tag{6.15}$$

was wieder zu dem Ergebnis (6.6) mit dem LANDÉschen g-Faktor (6.7) führt. Ist umgekehrt $\tau \ll \mu_0 H_3$, so folgt aus der zweiten Form:

$$\varepsilon_{M, m_S} = \mu_0 H_3 (M + m_S) +$$
$$+ \tau\{-L(L+1) - S(S+1) + \sum_J d_{M-m_S, m_S} d_{M-m_S, m_S} J(J+1)\}. \tag{6.16}$$

Den wesentlichen Beitrag gibt dann $\mu_0 H_3 (M + m_S)$ für die Aufspaltung: Jede so aus dem *Grobstrukturterm* entstehende ZEEMAN-Komponente zeigt dann noch eine Feinstrukturaufspaltung $\tau\{\ldots\}$, denn ohne dieses zu τ proportionale Glied fallen alle Terme mit derselben Summe $M + m_S = m_L + 2 m_S$ zusammen.

Den Übergang von dem einen zum anderen Extremfall nennt man den PASCHEN-BACK-Effekt.

Aufgabe: Für den Fall der Alkalien ($S = \frac{1}{2}$, und damit $J = L + \frac{1}{2}$ $L - \frac{1}{2}$) sind (6.13) bzw. (6.14) zweidimensionale Säkulargleichungen. Man löse sie und betrachte die Aufspaltung als Funktion von H_3 (bei festem τ).

§ 7. f-Elektronenproblem und symmetrische Gruppe $\mathfrak{S}_f$.

In den vorigen Paragraphen haben wir die Darstellungen der Permutationsgruppe nicht näher untersucht, da sie auf Grund ihrer Kopplung mit den Spindrehimpulsen nicht explizit in die behandelten Probleme eingingen. Um aber das ganze Verhalten der Terme für f Elektronen durchsichtiger werden zu lassen, wollen wir die Darstellungen der Permutationsgruppe eingehender betrachten.

$\mathfrak{r}$ sei ein n-dimensionaler Vektorraum. Wir untersuchen die Darstellung von $\mathfrak{S}_f$ in dem Raum $\mathfrak{T} = \mathfrak{r}^f$, so wie diese in A II, § 13 definiert wurde. Ist φ_ν eine Basis von $\mathfrak{r}$, so sind die Vektoren von $\mathfrak{T}$ durch

$$\Phi = \sum_{\nu_1 \cdots \nu_f} a_{\nu_1 \nu_2 \cdots \nu_f} \, \varphi_{\nu_1}(1) \, \varphi_{\nu_2}(2) \ldots \varphi_{\nu_f}(f) \tag{7.1}$$

gegeben. $P\Phi$ für eine Permutation P ist in VIII, § 1 definiert worden. Die Darstellung von $\mathfrak{S}_f$ in $\mathfrak{T}$ läßt sich vollständig ausreduzieren. Man kann die Basisvektoren von $\mathfrak{T}$ dieser Ausreduktion anpassen und so in Rechtecken

$$
\begin{array}{l}
u_{11}^{(\nu)} \, u_{12}^{(\nu)} \ldots u_{1r}^{(\nu)} \Big\} \; \mathfrak{r}_1^{(\nu)} \\[4pt]
u_{21}^{(\nu)} \, u_{22}^{(\nu)} \ldots u_{2r}^{(\nu)} \Big\} \; \mathfrak{r}_2^{(\nu)} \\[2pt]
\vdots \qquad\qquad \vdots \; \vdots \\[2pt]
u_{s1}^{(\nu)} \, u_{s2}^{(\nu)} \ldots u_{sr}^{(\nu)} \Big\} \; \mathfrak{r}_s^{(\nu)} \\[4pt]
\underbrace{\mathfrak{p}_1^{(\nu)}} \; \underbrace{\mathfrak{p}_2^{(\nu)}} \ldots \underbrace{\mathfrak{p}_r^{(\nu)}}
\end{array}
\tag{7.2}
$$

anordnen, daß die Zeilen eines Rechtecks durch alle isomorphen irreduziblen Teilräume $\mathfrak{r}_1^{(\nu)}$, $\mathfrak{r}_2^{(\nu)}$, ... gegeben sind. Durch die Transformationen A, die mit allen P aus $\mathfrak{S}_f$ vertauschbar sind, werden dann die Spalten $\mathfrak{p}_1^{(\nu)}$, $\mathfrak{p}_2^{(\nu)}$, ... irreduzibel und isomorph transformiert. Den Ring dieser Transformationen wollen wir mit (LS) bezeichnen. Somit ist $\mathfrak{T}$ in bezug auf diesen Ring (LS) als Operatorenbereich ebenfalls vollständig ausreduziert. Da für die Elemente des Gruppenringes $\mathfrak{R}_{\mathfrak{S}}$

die darstellenden Matrizen einer irreduziblen Darstellung nach A II, § 11 *alle* Matrizen durchlaufen, sind umgekehrt alle mit den Transformationen aus (LS) vertauschbaren Operatoren durch die Elemente $\sum_P a(P)\,P$ des Gruppenringes $\Re_{\mathfrak{S}_f}$ gegeben.

Die Transformationen aus (LS) bezeichnet man als die symmetrischen Transformationen. Mit

$$A\,\varphi_{\nu_1}(1)\ldots\varphi_{\nu_f}(f) = \sum_\mu \varphi_{\mu_1}(1)\ldots\varphi_{\mu_f}(f)\,a_{\mu_1\ldots\mu_f,\,\nu_1\ldots\nu_f} \tag{7.3}$$

sieht man leicht, daß für die symmetrischen Transformationen

$$a_{\mu_1\mu_2\ldots\mu_f,\,\nu_1\nu_2\ldots\nu_f} = a_{\mu_{\alpha_1}\mu_{\alpha_2}\ldots\mu_{\alpha_f},\,\nu_{\alpha_1}\nu_{\alpha_2}\ldots\nu_{\alpha_f}} \tag{7.4}$$

ist, d. h. daß sich die Matrixkoeffizienten nicht ändern, wenn man vordere wie hintere Indizes *derselben* Permutation unterwirft.

Der Ring aller linearen Transformationen in $\mathfrak{r}$ möge mit $\mathfrak{L}$ bezeichnet werden. Dann erfährt $\mathfrak{L}$ in $\mathfrak{r}^f$ eine Darstellung, die wir mit $\mathfrak{L}^f$ bezeichnen. $\mathfrak{L}^f$ ist dann ein Teil von (LS), denn mit a als Element von $\mathfrak{L}$ und $a\varphi_\nu = \sum_\mu \varphi_\mu a_{\mu\nu}$ ist a als Operator in $\mathfrak{T}$ durch

$$a\,\varphi_{\nu_1}(1)\ldots\varphi_{\nu_f}(f) = \sum_\mu \varphi_{\mu_1}(1)\ldots\varphi_{\mu_f}(f)\,a_{\mu_1\nu_1}a_{\mu_2\nu_2}a_{\mu_f\nu_f} \tag{7.5}$$

gegeben, so daß (7.4) erfüllt ist. Wir behaupten nun, daß sich die Operatoren aus (LS) als Linearkombinationen der Operatoren aus $\mathfrak{L}^f$ ausdrücken lassen. Statt der zwei Indizes $\mu_i\nu_i$ wollen wir kurz l_i schreiben. Die Reihe $l_1, l_2, \ldots, l_f$ wollen wir wiederum durch den Index l abkürzen. Die Matrixkoeffizienten $a_{\mu_1\ldots\mu_f\nu_1\ldots\nu_f} = a_{l_1 l_2\ldots l_f} = a_l$ aller symmetrischen Transformationen bilden (als Zahlenreihen) einen endlich-dimensionalen Vektorraum, einen Teilraum im Vektorraum *aller* Transformationen $a_{\mu_1\ldots\mu_f\nu_1\ldots\nu_f}$. Die Behauptung ist also, daß die speziellen Vektoren $\alpha_l = a_{l_1}a_{l_2}\ldots a_{l_f}$ der Transformationen aus $\mathfrak{L}^f$ denjenigen Teilraum aufspannen, der von allen symmetrischen Transformationen gebildet wird. Der von den α_l aufgespannte Teilraum ist durch alle die Vektoren b_l gegeben, für die aus jeder für alle α_l erfüllten Relation $\sum_l x_l\alpha_l = 0$ auch $\sum_l x_l b_l = 0$ folgt. Zeigen wir also, daß aus $\sum_l x_l\alpha_l = 0$ immer $\sum_l x_l a_l = 0$ folgt, so ist der Satz bewiesen. Damit

$$\sum_l x_l\alpha_l = \sum_{l_1\ldots l_f} x_{l_1 l_2\ldots l_f}a_{l_1}a_{l_2}\ldots a_{l_f} = 0 \tag{7.6}$$

ist, müssen, da die a_{l_i} willkürlich sind, alle Koeffizienten gleicher Potenzen in den a_{l_i} in (7.6) verschwinden. Ein bestimmtes Glied $a_{l_1}a_{l_2}\ldots a_{l_f}$ tritt mehrmals in (7.6) auf, und zwar ist sein Koeffizient gleich

$$\sum_P P\,x_{l_1\ldots l_f}. \tag{7.7}$$

Dieser muß gleich Null sein. Für die $a_{l_1 l_2 \ldots l_f}$ ist aber $P a_{l_1 l_2 \ldots l_f} = a_{l_1 l_2 \ldots l_f}$ und damit dann auch

$$\sum x_{l_1 \ldots l_f} a_{l_1 \ldots l_f} = 0. \tag{7.8}$$

Da alle Elemente von (LS) sich linear aus den Elementen von $\mathfrak{L}^f$ zusammensetzen, sind also die $\mathfrak{p}_i^{(\nu)}$ ebenfalls irreduzibel als Darstellungsräume von $\mathfrak{L}$.

Die Elemente von (LS) sind aber nicht nur Linearkombinationen der Elemente von $\mathfrak{L}^f$, sondern sogar von $\mathfrak{U}^f$, wobei $\mathfrak{U}$ die Gruppe aller unitären Transformationen in $\mathfrak{r}$ ist, denen man die Bedingung zusätzlich auferlegen kann, daß die Determinanten gleich Eins sind.

Beweis: $a_{\nu \mu}$ sei die Matrix eines Elementes aus $\mathfrak{U}$. Die Bedingung $|a_{\nu \mu}| = 1$ spielt keine Rolle, denn ist $|a_{\nu \mu}| = \alpha$, so ist $|\alpha^{-1/n} a_{\nu \mu}| = 1$, und wegen der Homogenität der Form $\sum x_l a_l$ kann der Faktor $\alpha^{1/n}$ fortgelassen werden. Aus

$$\varphi = \sum_l x_{l_1 l_2 \ldots l_f} a_{l_1} a_{l_2} \ldots a_{l_f} = \sum_{\mu, \nu} x_{\mu_1 \nu_1 \mu_2 \nu_2 \cdots \mu_f \nu_f} a_{\mu_1 \nu_1} \ldots a_{\mu_f \nu_f} = 0 \tag{7.9}$$

folgt dann

$$\sum_{\nu \mu} \frac{\partial \varphi}{\partial a_{\mu \nu}} d a_{\mu \nu} = 0. \tag{7.10}$$

Da die Matrix $a = (a_{\mu \nu})$ unitär ist, folgt aus $(a + da) = a(1 + a^* da)$ und $(a + da)^* (a + da) = 1$ mit $da = i a \delta a$, daß $(1 - i \delta a^*)(1 + i \delta a) = 1$ und somit δa eine HERMITEsche Matrix ist. Aus (7.10) folgt (mit $\delta a = (\delta \alpha_{\mu \nu})$):

$$\sum_{\nu \mu \varrho} \frac{\partial \varphi}{\partial a_{\nu \mu}} a_{\nu \varrho} \delta \alpha_{\varrho \mu} = 0. \tag{7.11}$$

Mit $B_{\varrho \mu} = \sum_\nu \frac{\partial \varphi}{\partial a_{\nu \mu}} a_{\nu \varrho}$ ist also für beliebige HERMITEsche $\delta \alpha_{\varrho \mu}$:

$$\sum_{\varrho \mu} B_{\varrho \mu} \delta \alpha_{\varrho \mu} = 0.$$

Sind $\delta \beta_{\varrho \mu}$ ganz beliebig, so sind

$$\delta^1 \alpha_{\varrho \mu} = \delta \beta_{\varrho \mu} + \overline{\delta \beta_{\mu \varrho}} \quad \text{und} \quad \delta^2 \alpha_{\varrho \mu} = i(\delta \beta_{\varrho \mu} - \overline{\delta \beta_{\mu \varrho}})$$

HERMITEsche Matrizen. Daher folgt auch für beliebige $\delta \beta_{\varrho \mu}$:

$$\sum_{\varrho \mu} B_{\varrho \mu} \delta \beta_{\varrho \mu} = 0,$$

d. h. aber, daß die $B_{\varrho \mu} = 0$ sind:

$$\sum_\nu \frac{\partial \varphi}{\partial a_{\nu \mu}} a_{\nu \varrho} = 0. \tag{7.12}$$

Da die Matrix $a_{\nu \varrho}$ als unitäre Matrix nicht singulär ist, folgt

$$\frac{\partial \varphi}{\partial a_{\nu \mu}} = 0. \tag{7.13}$$

$\frac{\partial \varphi}{\partial a_{\nu \mu}}$ ist ebenfalls ein homogenes Polynom wie φ, aber nur noch vom Grade $f - 1$. Durch Induktion folgt dann schließlich, daß $\varphi \equiv 0$,

d. h. daß die Koeffizienten $x_{l_1 .. l_f}$ dieselben Relationen (7.7) erfüllen müssen.

Die $\mathfrak{p}_i^{(\nu)}$ sind also auch irreduzible Teilräume für die Darstellung $\mathfrak{U}^f$ von $\mathfrak{U}$. Ist der Raum $\mathfrak{r}$ der Spinraum, so ist $\mathfrak{U}^f$ (mit der Bedingung, daß die Determinanten gleich Eins sind) die Darstellung $(D_{1/2})^f$ der Drehgruppe. Damit ist der in § 1 und 3 benutzte Satz bewiesen, daß die „Spinfunktionenrechtecke" für f Elektronen eindeutig eine Darstellung der Permutationsgruppe mit der Spindrehimpulsquantenzahl S verknüpfen.

Die invarianten Teilräume $\mathfrak{p}_k^{(\nu)}$ sind eng verknüpft mit dem Gruppenring $\mathfrak{R}_{\mathfrak{S}_f}$. Wir betrachten statt $\mathfrak{R}_{\mathfrak{S}_f}$ zuerst den Ring $\mathfrak{R}^*$ aller mit (LS) vertauschbaren Transformationen, auf den $\mathfrak{R}_{\mathfrak{S}_f}$ homomorph oder sogar isomorph abgebildet ist. $\mathfrak{R}^*$ enthält alle Matrizen, die die $\mathfrak{r}_k^{(\nu)}$ in sich und für dasselbe (ν) isomorph zueinander transformieren. Der Ring $\mathfrak{R}^*$ läßt sich leicht (A II, § 11) in irreduzible Links- und Rechtsideale zerlegen: Alle Elemente von $\mathfrak{R}^*$ lassen sich schreiben

$$\sum_{\nu \varrho \sigma} \tau_{\varrho \sigma}^{(\nu)} e_{\varrho \sigma}^{* \, (\nu)} \tag{7.14}$$

mit $e_{\varrho \sigma}^{* \, (\nu)} u_{\varrho' \sigma'}^{(\mu)} = \delta_{\nu \mu} \delta_{\sigma \sigma'} u_{\varrho' \varrho}^{(\nu)}$. Die $e_{\varrho \sigma}^{* \, (\nu)}$ bei festem ν und σ bilden die Basis eines irreduziblen Linksideals $\mathfrak{l}_\sigma^{* \, (\nu)}$ und die $e_{\varrho \sigma}^{* \, (\nu)}$ bei festem ν und ϱ die Basis eines Rechtsideals $\mathfrak{r}_\varrho^{* \, (\nu)}$ von $\mathfrak{R}^*$. Die $e_{\varrho \varrho}^{* \, (\nu)}$ sind idempotente Elemente und $\mathfrak{l}_\sigma^{* \, (\nu)} = \mathfrak{R}^* \, e_{\sigma \sigma}^{* \, (\nu)}$, $\mathfrak{r}_\varrho^{* \, (\nu)} = e_{\varrho \varrho}^{* \, (\nu)} \mathfrak{R}^*$. Die $\mathfrak{r}_\varrho^{* \, (\nu)}$ sind eindeutig mit den $\mathfrak{p}_\varrho^{(\nu)}$ verknüpft: $\mathfrak{p}_\varrho^{(\nu)} = \mathfrak{r}_\varrho^{* \, (\nu)} \mathfrak{T} = e_{\varrho \varrho}^{* \, (\nu)} \mathfrak{T}$, wie sofort aus der oben angegebenen Wirkungsweise der Operatoren $e_{\varrho \sigma}^{* \, (\nu)}$ folgt. Die Zerlegung des Einselementes in $\mathfrak{R}^*$ in irreduzible idempotente Elemente $e = \sum_{\varrho \nu} e_{\varrho \varrho}^{* \, (\nu)}$ ergibt so eine Zerlegung von $\mathfrak{T}$ in die gegenüber (LS) bzw. $\mathfrak{L}^f$ bzw. $\mathfrak{U}^f$ invarianten irreduziblen $\mathfrak{p}_k^{(\nu)}$.

Ist die Dimensionszahl $n \geq f$, so spannen die Vektoren $P \varphi_{\nu_1}(1) \, \varphi_{\nu_2}(2) \ldots \varphi_{\nu_f}(f)$ $(\nu_i \neq \nu_k)$ $(P$ alle Elemente von $\mathfrak{S}_f)$ einen $(f!)$-dimensionalen Teilraum von $\mathfrak{T}$ auf, in dem $\mathfrak{R}_{\mathfrak{S}_f}$ eine der regulären isomorphe Darstellung erfährt. $\mathfrak{R}_{\mathfrak{S}_f}$ ist also isomorph zu dem Ring $\mathfrak{R}^*$, weil nicht mehrere Elemente von $\mathfrak{S}_f$ auf das Einselement von $\mathfrak{R}^*$ abgebildet sein können. Daraus folgt, daß auch $\mathfrak{p}_\varrho^{(\nu)} = \mathfrak{r}_\varrho^{(\nu)} \mathfrak{T} = e_{\varrho \varrho}^{(\nu)} \mathfrak{T}$, wo $e_{\varrho \varrho}^{(\nu)}$ die irreduziblen idempotenten Elemente und $\mathfrak{r}_\varrho^{(\nu)}$ die irreduziblen Rechtsideale von $\mathfrak{R}_{\mathfrak{S}_f}$ sind.

Ist $n < f$, so ist $\mathfrak{R}_{\mathfrak{S}_f}$ nur homomorph auf $\mathfrak{R}^*$ abgebildet. Die Elemente von $\mathfrak{R}_{\mathfrak{S}_f}$, die hierbei auf das Nullelement von $\mathfrak{R}^*$ abgebildet werden, müssen, wie leicht zu sehen, ein zweiseitiges Ideal $\mathfrak{q}$ bilden. Aus $\mathfrak{R}_{\mathfrak{S}_f}$ als additive Gruppe mit Operatoren kann man die Faktorgruppe (Faktorraum) $\mathfrak{R}_{\mathfrak{S}_f}/\mathfrak{q}$ bilden. Dann folgt leicht $\mathfrak{R}_{\mathfrak{S}_f}/\mathfrak{q} \cong \mathfrak{R}^*$. $\mathfrak{q}$ ist auch durch $\mathfrak{q} \mathfrak{T} = 0$ charakterisiert. Da $\mathfrak{R}_{\mathfrak{S}_f}$ vollständig reduzibel ist, folgt

$$\mathfrak{R}_{\mathfrak{S}_f} = \mathfrak{q} + \mathfrak{t},$$

wo $\mathfrak{t}$ ebenfalls ein zweiseitiges Ideal ist und $\mathfrak{t} \cong \mathfrak{R}_{\mathfrak{S}_f}/\mathfrak{q}$ ist. Nur die in $\mathfrak{t}$ liegenden irreduziblen Rechtsideale und ihre idempotenten Elemente $e_{\varrho\varrho}^{(\nu)}$ geben Anlaß zu invarianten Teilräumen $\mathfrak{p}_\varrho^{(\nu)} = e_{\varrho\varrho}^{(\nu)} \mathfrak{T}$. Liegt das irreduzible Rechtsideal $\mathfrak{r}_\varrho^{(\nu)}$ in $\mathfrak{t}$, so auch alle $\mathfrak{r}_\varrho^{(\nu)} e_{\varrho\sigma}^{(\nu)} = \mathfrak{r}_\sigma^{(\nu)}$, da $\mathfrak{t}$ zweiseitiges Ideal ist. Damit liegen entweder alle äquivalenten irreduziblen Rechtsideale für ein bestimmtes ν und damit alle $e_{\varrho\varrho}^{(\nu)}$ (ν fest) in $\mathfrak{t}$ oder keins.

Die inäquivalenten idempotenten Elemente von $\mathfrak{R}_{\mathfrak{S}_f}$ sind nach Anhang II, § 13 durch ein Tableau T_k gegeben als $\gamma_k I_k K_k$. Wir können setzen:

$$e_{11}^{(k)} = \gamma_k I_k K_k. \tag{7.15}$$

(Das von allen $\mathfrak{r}_\varrho^{(k)}$ ausgespannte zweiseitige Ideal besteht aus allen Elementen $\mathfrak{R}_{\mathfrak{S}_f} e_{11}^{(k)} \mathfrak{R}_{\mathfrak{S}_f}$.) Aus der Bedeutung von I_n, K_n folgt, daß $e_{11}^{(k)} \mathfrak{T} = 0$ wird, wenn im Tableau T_k mehr Zeilen vorkommen, als die Dimension von $\mathfrak{r}$ beträgt, da dann $K_k \mathfrak{T} = 0$ ist. Man erhält also ein gerade ausreichendes System von idempotenten Elementen, wenn man sich auf die Tableaus mit nicht mehr als n Zeilen beschränkt. Andere Darstellungen von $\mathfrak{S}_f$ als die zu diesen Tableaus gehörenden können in $\mathfrak{T}$ nicht vorkommen.

Ist $\mathfrak{r}$ der zweidimensionale Spinraum, so kommen also in $\mathfrak{r}^f$ nur die Darstellungen von $\mathfrak{S}_f$ vor, die zu Tableaus mit höchstens zwei Zeilen gehören. Wir wollen angeben, wie man die Spinfunktionenrechtecke für f Elektronen explizit finden kann. Dazu betrachten wir ein solches Tableau mit höchstens zwei Zeilen. Die erste Zeile enthalte g Stellen mehr als die zweite, d. h. die erste Zeile hat $l + g$, die zweite l Stellen mit $2l + g = f$. Wir suchen eine Spalte $\mathfrak{p}_k^{(\nu)}$ des zu diesem Tableau gehörenden Spinfunktionenrechtecks. Eine solche Spalte könnte man durch das zu diesem Tableau gehörige idempotente Element gewinnen. Auf Grund der Struktur dieses Elementes nach Anhang II, § 13 gelangt man zu der Vermutung, daß man eine Spalte $\mathfrak{p}_k^{(\nu)}$ aus der „Spininvarianten"

$$A = \prod_{\nu=1}^{l} \left[u_+(\nu)\, u_-(l + g + \nu) - u_-(\nu)\, u_+(l + g + \nu) \right] \cdot$$
$$\cdot \prod_{\mu=1}^{g} \left[u_+(l + \mu)\, x + u_-(l + \mu)\, y \right] \tag{7.16}$$

durch die Koeffizienten v_M^S von

$$X_M^S = \frac{x^{S+M}\, y^{S-M}}{\sqrt{(S+M)!\,(S-M)!}} \tag{7.17}$$

mit $2S = g$, $M = S, S - 1, \ldots, -S$ erhält; denn wendet man auf A eine Permutation s (s nach Anhang II, § 13) an, so ist $sA = (-1)^s A$

und damit KA ein Vielfaches von A. Wendet man eine Permutation r an, so geht A allerdings nicht in sich selbst über, so daß auf A eigentlich noch eine Symmetrisierung $I = \sum_r r$ anzuwenden wäre. Dies ist aber nicht notwendig, denn man sieht sofort, ähnlich wie in VII, § 9, daß sich die Koeffizienten von X_M^S bei Drehungen nach D_S transformieren, so daß man tatsächlich eine Spalte eines Rechtecks gewonnen hat. Aus den v_M^S erhält man eine ganze Zeile, die sich nach der zu dem Tableau gehörigen Darstellung von $\mathfrak{S}_f$ transformiert, wenn man auf die v_M^S alle Permutationen anwendet. Dies folgt daraus, daß in einer solchen Zeile auch der Vektor $I\, v_M^S = (\sum_r r)\, v_M^S$ liegen muß und die Zeilen andererseits irreduzibel sind, da sie zu einer Spinquantenzahl S gehören. Will man nur formal die Darstellungen D_S und die zugehörige Darstellung $\varDelta$ von $\mathfrak{S}_f$ finden, so kann man in dem Ausdruck (7.16) für A formal $u_\alpha(1) = u_\alpha(2) = \cdots = u_\alpha(l + g) = u_\alpha$ und $u_\alpha(l + g + 1) = u_\alpha(l + g + 2) = \cdots = u_\alpha(2l + g) = v_\alpha$ setzen. Dann ergibt auch $\sum r$ angewandt auf A ein Vielfaches von A.

Aufgabe: Man berechne für 3 und 4 Elektronen die Spinfunktionenrechtecke.

Wir wollen die bisherigen Überlegungen dazu verwenden, um zu diskutieren, welche Grobstrukturterme aus einer Elektronenkonfiguration entstehen, ohne wie in § 3 die Spinfunktionen zu benutzen. Wir wollen direkt untersuchen, welche Rechtecke der Form (1.2) aus einer Elektronenkonfiguration entstehen können. Der Ausgangselektronenkonfigurationsterm sei

$$E = \alpha_1 E_{n_1 l_1} + \alpha_2 E_{n_2 l_2} + \cdots + a_s E_{n_s l_s} \tag{7.18}$$

und die zugehörige Elektronenkonfiguration

$$(n_1 l_1)^{\alpha_1} (n_2 l_2)^{\alpha_2} \ldots (n_s l_s)^{\alpha_s} \tag{7.19}$$

mit $\alpha_1 + \alpha_2 + \cdots + \alpha_s = f$. Im HILBERT-Raum *eines* Elektrons (ohne Spin) sei

$$\mathfrak{r} = \mathfrak{r}_{n_1 l_1} \oplus \mathfrak{r}_{n_2 l_2} \oplus \cdots \oplus \mathfrak{r}_{n_s l_s}, \tag{7.20}$$

wobei $\mathfrak{r}_{n_i l_i}$ der zum Eigenwert $E_{n_i l_i}$ gehörige Eigenraum ist. Wir wählen nun das oben eingeführte $\mathfrak{T} = \mathfrak{r}^f$. $\mathfrak{T}$ umfaßt nicht nur den obigen Term E nach (7.18), sondern auch noch andere Kombinationen der $E_{n_i l_i}$. Wir werden aber sehen, daß wir nachträglich leicht in $\mathfrak{T}$ den Teilraum auswählen können, der zu dem Term (7.18) gehört. In $\mathfrak{T}$ denken wir uns nun $\mathfrak{S}_f$ ausreduziert, so daß Rechtecke der Form (7.2) entstanden sind. Diese sind auch eindeutig charakterisiert durch die Darstellungen von $\mathfrak{U}$. Alle Vektoren derselben Zeile $\mathfrak{r}_k^{(\nu)}$ gehören zum selben Eigenwert von H_0 (ohne COULOMBsche Wechselwirkung), d. h. eine Zeile $\mathfrak{r}_k^{(\nu)}$ gehört entweder ganz oder gar nicht zum Term (7.18).

Mit welcher Vielfachheit tritt der Term E (7.18) in einem Rechteck auf, d. h., wie viele der Zeilen $\mathfrak{r}_k^{(\nu)}$ gehören zu E? Dazu betrachten wir die Gruppe $\mathfrak{U}$ in $\mathfrak{r}$. u_ν sei eine Basis in $\mathfrak{r}$, die der Zerlegung (7.20) angepaßt sei. Alle Elemente von $\mathfrak{U}$ sind konjugiert zu den Diagonaltransformationen:

$$A\,u_\nu = \varepsilon_\nu\,u_\nu. \tag{7.21}$$

Alle Eigenvektoren $u_{\nu_1}(1)\,u_{\nu_2}^{-}(2)\ldots u_{\nu_f}(f)$ zum Eigenwert E nach (7.18) multiplizieren sich dann in $\mathfrak{r}^f$ mit $\prod\limits_\nu \varepsilon_\nu$, wobei die ε_ν, die zu den Vektoren u_ν aus $\mathfrak{r}_{n_i l_i}$ gehören, in der Ordnung α_i auftreten. Ist $X^{(\nu)}(\varepsilon_1 \varepsilon_2 \ldots)$ der Charakter der Darstellung von $\mathfrak{U}$ in dem betrachteten Rechteck, d. h. in den $\mathfrak{p}_k^{(\nu)}$, so ist $X^{(\nu)}$ ein homogenes Polynom f-ten Grades in den ε_ν, und wir können $X^{(\nu)}$ eindeutig zerlegen in $X_1^{(\nu)} + X_2^{(\nu)}$, wobei $X_1^{(\nu)}$ alle Glieder von $X^{(\nu)}$ umfaßt, die in den jeweils zu den u_ν aus $\mathfrak{r}_{n_i l_i}$ gehörenden ε_ν von der Ordnung α_i sind. $X_1^{(\nu)}(1, 1, \ldots)$ ist dann die Vielfachheit, mit der der Term E in dem betrachteten Rechteck auftritt.

Gehen wir jetzt von $\mathfrak{U}$ zu der Untergruppe der Drehungen über, deren Darstellung in $\mathfrak{r}$ in die irreduziblen Darstellungen $D_{l_1} + D_{l_2} + \cdots + D_{l_s}$ zerfällt, so sind auch die $\mathfrak{p}_k^{(\nu)}$ nicht mehr irreduzibel. Der Teilraum $\mathfrak{z}_k^{(\nu)}$ von $\mathfrak{p}_k^{(\nu)}$, der zum Term E gehört, ist für die Drehgruppe ein invarianter Teilraum, da bei Drehungen die Vektoren jedes $\mathfrak{r}_{n_i l_i}$ nur unter sich transformiert werden. Der Charakter der Darstellung der Drehgruppe in $\mathfrak{z}_k^{(\nu)}$ ist dann gleich $X_1^{(\nu)}(\varepsilon_1, \varepsilon_2, \ldots)$, wenn man die ε_{ν_k}, die zu den Vektoren $u_{\nu_1}, u_{\nu_2}, \ldots, u_{\nu_{2l+1}}$ von $\mathfrak{r}_{n_i l_i}$ gehören, durch $e^{i l_i \alpha}, e^{i(l_i-1)\alpha}, \ldots, e^{-i l_i \alpha}$ ersetzt. Mit $\eta = e^{i\alpha}$ ist dann $X_1^{(\nu)}(\varepsilon_1, \varepsilon_2, \ldots) = Y^{(\nu)}(\eta)$. Um nun die Darstellung der Drehgruppe in $\mathfrak{z}_k^{(\nu)}$ auszureduzieren, braucht man nur $Y^{(\nu)}(\eta)$ in irreduzible Charaktere

$$\sum_{m=-L}^{L} \varepsilon^m = \frac{\varepsilon^{L+1} - \varepsilon^{-L}}{\varepsilon - 1} \tag{7.22}$$

zu zerlegen. Wir setzen $(\varepsilon - 1)\sum\limits_{m=-L}^{L} \varepsilon^m = \varepsilon^{L+1} - \varepsilon^{-L} = \langle L \rangle$. Es muß sich dann

$$(\varepsilon - 1)\,Y^{(\nu)}(\varepsilon) = \sum_L a_L \langle L \rangle \tag{7.23}$$

mit ganzen $a_L \geqq 0$ schreiben lassen. Die a_L sind dann die Vielfachheiten, mit denen ein Term des Bahndrehimpulses L in dem zur (ν)-ten Darstellung von $\mathfrak{S}_f$ gehörigen Rechteck auftritt (A II, § 12). Aus (7.23) folgt

$$\sum_L a_L \langle L \rangle = \sum_L a_L (\varepsilon^{L+1} - \varepsilon^{-L})$$

$$= a_0\,\varepsilon + a_1\,\varepsilon^2 + a_2\,\varepsilon^3 + \cdots$$

$$- a_0 \quad - a_1\,\varepsilon^{-1} - a_2\,\varepsilon^{-2} - \cdots$$

Also ist mit $Y^{(\nu)}(\varepsilon) = \sum\limits_{\nu} b_{\nu}\,\varepsilon^{\nu}$

$$a_L = b_L - b_{L+1}\,(= b_{-L} - b_{-(L+1)}). \tag{7.24}$$

Das Problem des Aufsuchens der Grobstrukturterme, die aus einer Elektronenkonfiguration entstehen, ist also auch auf diesem Wege im Prinzip gelöst, sobald man die Charaktere der irreduziblen Darstellungen von $\mathfrak{U}$ in $\mathfrak{p}_k^{(\nu)}$ kennt, die mit einer irreduziblen Darstellung von $\mathfrak{S}_f$, d. h. mit einem Tableau eindeutig verknüpft sind. Wir werden diese Charaktere im nächsten Paragraphen aufsuchen. Jetzt wollen wir zeigen, daß die zu den Darstellungen im Spinraum assoziierten Darstellungen von $\mathfrak{S}_f$ durch Tableaus gegeben sind, die höchstens zwei Spalten haben; allgemeiner: Zwei assoziierte Darstellungen gehören zu zwei Tableaus, die durch Vertauschen von Zeilen und Spalten auseinander hervorgehen.

Beweis: Ist $e = \sum\limits_{p} e(p)\,p$ die idempotente Größe, die durch $\mathfrak{R}_{\mathfrak{S}_f}\,e = \mathfrak{l}$ das irreduzible Linksideal $\mathfrak{l}$ in $\mathfrak{R}_{\mathfrak{S}_f}$ erzeugt, so ist also die Spur eines Elementes q der Gruppe $\mathfrak{S}_f$ in der durch $\mathfrak{l}$ gegebenen Darstellung gleich der Spur der Transformation $x \to q\,x\,e$ in ganz $\mathfrak{R}_{\mathfrak{S}_f}$, da diese letztere „außerhalb" $\mathfrak{l}$ die Nulltransformation und innerhalb $\mathfrak{l}$ wegen $x\,e = x$ mit der Transformation $x \to q\,x$ identisch ist. Es ist somit

$$\chi(q) = \sum\limits_{t} e(t^{-1}q^{-1}t). \tag{7.25}$$

Die zu einem Tableau gehörige idempotente Größe hat nach Anhang II, § 13 die Form $e = \gamma \sum\limits_{r} r \sum\limits_{s} (-1)^s\, s = \gamma \sum\limits_{r,\,s} (-1)^s\, r\,s$. Die idempotente Größe zu dem Tableau, das aus dem ersten durch Vertauschen von Zeilen und Spalten entsteht, kann gleich

$$e^* = \gamma \sum\limits_{r\,s} (-1)^r\, s\,r = \gamma \sum\limits_{r'\,s'} (-1)^{r'} s'^{\,-1} r'^{\,-1} = \gamma \sum\limits_{r\,s} (-1)^r\, (r\,s)^{-1} \tag{7.26}$$

gewählt werden. Damit ist also $e^*(p) = (-1)^p\, e(p^{-1})$ und somit nach (7.25):

$$\chi^*(q^{-1}) = \chi^*(q) = (-1)^q\, \chi(q)$$

q. e. d.

Wir wollen das Aufsuchen der Grobstrukturterme dadurch vereinfachen, daß wir die Zusammensetzung zweier Gruppen von Elektronen untersuchen. Es seien f_1 und f_2 (mit $f_1 + f_2 = f$) Elektronen gegeben. Wir zerlegen $\mathfrak{r}^f$ in der Form $\mathfrak{r}^{f_1} \times \mathfrak{r}^{f_2}$. In der Gruppe $\mathfrak{S}_f$ betrachten wir die beiden Untergruppen σ_1 der Permutation der ersten f_1 und σ_2 der zweiten f_2 Elektronen und die Untergruppe $\sigma_1 \times \sigma_2$, die alle Permutationen umfaßt, die die f_1 und f_2 Elektronen unter sich unabhängig voneinander permutieren.

In einem Rechteck (7.2) sind die Zeilen $\mathfrak{r}_k^{(\nu)}$ bei Einschränkung der Gruppe $\mathfrak{S}_f$ auf die Untergruppe $\sigma_1 \times \sigma_2$ nicht mehr irreduzibel, sondern die Darstellung von $\sigma_1 \times \sigma_2$ in $\mathfrak{r}_k^{(\nu)}$ zerfällt in irreduzible Bestandteile, die man in der Form $\varDelta_1 \divideontimes \varDelta_2$ erhält, wo $\varDelta_1$ und $\varDelta_2$ irreduzible Darstellungen von σ_1 bzw. σ_2 sind. Die Spalten $\mathfrak{p}_k^{(\nu)}$ der Rechtecke seien dieser Ausreduktion von $\sigma_1 \times \sigma_2$ angepaßt. Für alle mit den Operatoren aus $\sigma_1 \times \sigma_2$ vertauschbaren Transformationen sind dann aber die $\mathfrak{p}_k^{(\nu)}$ keine invarianten Teilräume mehr, da äquivalente Darstellungen von $\sigma_1 \times \sigma_2$ in verschiedenen Rechtecken (ν) auftreten können. Wir gehen deshalb umgekehrt vor und betrachten in $\mathfrak{T}_1 = \mathfrak{r}^{f_1}$ die Gruppen σ_1 und $\mathfrak{U}^{f_1}$, die zur Aufstellung von Rechtecken führen, die irreduzible Darstellungen $\varDelta_1$ von σ_1 mit irreduziblen Teilen $\mathfrak{H}_1$ von $\mathfrak{U}^{f_1}$ verknüpfen. Dasselbe führen wir mit $\mathfrak{T}_2 = \mathfrak{r}^{f_2}, \sigma_2$ und $\mathfrak{U}^{f_2}$ durch. Aus je zwei Rechtecken, eines aus $\mathfrak{T}_1$, das andere aus $\mathfrak{T}_2$, erhalten wir durch Bilden des Produktraumes leicht ein Rechteck von Vektoren aus $\mathfrak{T}_1 \times \mathfrak{T}_2$, dessen Zeilen sich nach $\varDelta_1 \divideontimes \varDelta_2$ und dessen Spalten sich nach $\mathfrak{H}_1 \times \mathfrak{H}_2$ transformieren. Die Zeilen sind irreduzibel, und es gibt keine anderen zu $\varDelta_1 \divideontimes \varDelta_2$ äquivalenten Darstellungen in $\mathfrak{T} = \mathfrak{T}_1 \times \mathfrak{T}_2$ als die Zeilen dieses Rechtecks. Daher sind die Spalten irreduzibel in bezug auf alle mit $\sigma_1 \times \sigma_2$ vertauschbaren linearen Transformationen in $\mathfrak{T}$.

$\mathfrak{H}_1 \times \mathfrak{H}_2$ als Darstellung von $\mathfrak{U}$ zerfällt in mehrere irreduzible Bestandteile, von denen jeder eindeutig mit einer Darstellung von $\mathfrak{S}_f$ in $\mathfrak{T}$ verknüpft ist. Stellt man nun folgende Rechtecke gegenüber, einmal diejenigen, deren Zeilen sich irreduzibel nach $\sigma_1 \times \sigma_2$ und deren Spalten sich reduzibel bei $\mathfrak{U}^f$ nach $\mathfrak{H}_1 \times \mathfrak{H}_2$ transformieren, und andererseits diejenigen, deren Spalten sich irreduzibel bei $\mathfrak{U}^f$ und deren Zeilen sich reduzibel bei $\sigma_1 \times \sigma_2$ (irreduzibel bei $\mathfrak{S}_f$) transformieren, so liest man ab: Enthält die irreduzible Darstellung $\varDelta^{(\nu)}$ von $\mathfrak{S}_f$ b-mal die irreduzible Darstellung $\varDelta_1 \divideontimes \varDelta_2$ von $\sigma_1 \times \sigma_2$, so enthält umgekehrt die zu $\varDelta_1 \divideontimes \varDelta_2$ gehörige Darstellung $\mathfrak{H}_1 \times \mathfrak{H}_2$ von $\mathfrak{U}$ ebenfalls genau b-mal die zu $\varDelta^{(\nu)}$ gehörige irreduzible Darstellung $\mathfrak{H}$ von $\mathfrak{U}$.

Diese Tatsache gestattet es, das Aufsuchen der Terme, die aus einer Elektronenkonfiguration entstehen, wie in § 3 in mehreren Schritten durchzuführen, indem man erst die Gruppen äquivalenter Elektronen zusammenfaßt und diese dann zusammenfügt, wie wir jetzt zeigen werden:

Zu jedem Term gehören zwei Rechtecke, eines der Funktionen der Bahnkoordinaten und eines der Spinfunktionen. Haben wir nun in der Elektronenkonfiguration zwei Gruppen von Elektronen, so daß keine zwei Elektronen aus den beiden verschiedenen Gruppen äquivalent sind, so können wir von der Gruppe $\mathfrak{S}_f$ zu der Untergruppe $\sigma_1 \times \sigma_2$ übergehen. Eine irreduzible Darstellung $\varDelta_1 \divideontimes \varDelta_2$ von $\sigma_1 \times \sigma_2$ tritt dann in der Darstellung $\varDelta$ zur Spinquantenzahl S ein- oder keinmal auf, je nachdem, ob S in der Reihe $S_1 + S_2, S_1 + S_2 - 1,$ $\dots, |S_2 - S_1|$ vorkommt oder nicht, wobei S_1 und S_2 die zu $\varDelta_1$ bzw. $\varDelta_2$

gehörigen Spinquantenzahlen sind. Da die assoziierten Darstellungen sich im wesentlichen nur um Faktoren $(-1)^P$ unterscheiden, folgt, daß die zu Δ assoziierte Darstellung Δ' im Bahnfunktionenrechteck auch $\Delta_1' \divideontimes \Delta_2'$ gerade so oft enthält wie Δ die Darstellungen $\Delta_1 \divideontimes \Delta_2$.

Kehren wir diesen Sachverhalt um, so können wir für die beiden Gruppen getrennt Rechtecke mit Darstellungen Δ_1', D_{L_1} und Δ_2', Δ_{L_2} finden. Da kein Elektron der einen Gruppe äquivalent ist zu einem Elektron der zweiten Gruppe, erhält man aus beiden Rechtecken durch Bilden des Produktraumes ein Rechteck mit den Darstellungen $\Delta_1' \divideontimes \Delta_2'$ und $D_{L_1} \times D_{L_2}$. Zu Δ_1' und Δ_2' gehören im Spinraum Darstellungen Δ_1 bzw. Δ_2 mit zugehörigen Spinquantenzahlen S_1 bzw. S_2. $\Delta_1' \divideontimes \Delta_2'$ kommt nun nach obigen Betrachtungen gerade genau je einmal in denjenigen Darstellungen Δ' von $\mathfrak{S}_f$ vor, für die Δ zu einem Wert $S = S_1 + S_2$, $S_1 + S_2 - 1, \ldots, |S_1 - S_2|$ gehört. Durch die CouLOMB-Wechselwirkung spaltet für ein bestimmtes Δ der Term noch auf in die Terme zu verschiedenen Bahndrehimpulsen $L = L_1 + L_2$, $L_1 + L_2 - 1, \ldots, |L_1 - L_2|$.

Damit ist die Untersuchung der Atomterme auf die der Gruppen äquivalenter Elektronen wie in § 3 zurückgeführt.

Die obigen Überlegungen gestatten es, einen groben Überblick über die Verhältnissen der chemischen Bindung, d. h. bei der Zusammenlagerung mehrerer Atome zu einem Molekül zu geben. Wir denken uns die Atome aus großen Entfernungen langsam zusammengeführt. Die Energieeigenwerte der Elektronen im Feld der Kerne hängen dann von der relativen Lage der Kerne ab. Entsteht hierbei für eine bestimmte Lage der Atomkerne ein Minimum an Energie, so werden die Atome sich in dieser Weise zu einem Molekül aneinanderlagern. Die genauere Entscheidung über die Möglichkeit und Art einer Bindung erfordert eine eingehende quantitative Betrachtung der Terme (siehe XII, §5). Im Groben können wir aber sofort folgendes sagen: Gehören die Grundzustände der beteiligten Atome zu Darstellungen Δ_1', Δ_2', $\ldots$ der Permutationsgruppen ihrer Elektronen und entsprechend ihre Spinfunktionen zu Spinwerten S_1, S_2, $\ldots$ und Darstellungen Δ_1, Δ_2, $\ldots$ der Permutationsgruppen, so entstehen aus diesen Grundzuständen beim Zusammenführen der Atome Terme verschiedenster Symmetrie Δ', nämlich solche Δ', die die Darstellungen $\Delta_2' \divideontimes \Delta_2' \divideontimes \cdots$ enthalten. Das sind aber nach den obigen Untersuchungen gerade solche Δ', denen im Spinraum Darstellungen Δ assoziiert sind, die zu den Spinzahlen S gehören, die sich durch Ausreduktion von $D_{S_1} \times D_{S_2} \times \cdots$ ergeben. Nennt man $v_1 = 2S_1$, $v_2 = 2S_2$, $\ldots$ die Valenz der Atomzustände, so erhält man die möglichen Valenzen $v = 2S$ des Moleküls gerade durch die Kombinatorik der Valenzstriche, die der Ausreduktion $D_{S_1} \times D_{S_2} \times \cdots$ parallel läuft. Gelingt es etwa durch eine Störungsrechnung analog zu der des folgenden § 9 zu zeigen, daß energetisch meist am tiefsten der „abgesättigte" Zustand $v = 0$ liegt, so hat man eine Erklärung der Valenztheorie der Chemie. Eine ausführlichere Diskussion wird in XII, § 7 durchgeführt.

§ 8. Die Charaktere der Darstellungen von $\mathfrak{S}_f$ und $\mathfrak{U}$.

Im Raum $\mathfrak{T} = \mathfrak{r}^f$ berechnen wir die Spur einer Transformation PA mit A aus $\mathfrak{U}$ und P aus $\mathfrak{S}_f$. Für A wählen wir eine Diagonaltransformation (φ_ν eine Basis von $\mathfrak{r}$):

$$A\,\varphi_\nu = \varepsilon_\nu\,\varphi_\nu. \tag{8.1}$$

Wir können in $\mathfrak{T}$ zwei verschiedene Systeme von Basisvektoren wählen: erstens die $\Phi_{\nu_1 \nu_2 \cdots \nu_f} = \varphi_{\nu_1}(1)\,\varphi_{\nu_2}(2)\cdots\varphi_{\nu_f}(f)$ und zweitens die den Rechtecken (7.2) angepaßten $u_{\mu\sigma}^{(\nu)}$. Dann ist:

$$PA\,\Phi_{\nu_1\cdots\nu_f} = \varepsilon_{\nu_1}\,\varepsilon_{\nu_2}\cdots\varepsilon_{\nu_f}\,\Phi_{\nu_{\alpha_1}\nu_{\alpha_2}\cdots\nu_{\alpha_f}}. \tag{8.2}$$

Diagonalelemente treten also nur auf, wenn die Permutation die Indizes $\nu_1 \ldots \nu_f$ in sich überführt, was nur der Fall sein kann, wenn einige der $\nu_1 \ldots \nu_f$ einander gleich sind. Welche aller möglichen Indexreihen $\nu_1 \ldots \nu_f$ führt P in sich über? Denken wir uns P in Zykeldarstellung (Anhang II, § 13) mit den Zykellängen $\gamma_1, \gamma_2, \gamma_3, \ldots$ gegeben, so führt P eine Indexreihe $\nu_1 \ldots \nu_f$ immer dann in sich über, wenn die einzelnen Zyklen nur gleiche Indizes permutieren. Diese ausgezeichneten Vektoren $\Phi_{\nu_1 \cdots \nu_f}$, die P in sich überführt, bilden eine Basis des Vektorraumes

$$\mathfrak{r}_{\gamma_1} \times \mathfrak{r}_{\gamma_2} \times \cdots, \tag{8.3}$$

wobei z. B. $\mathfrak{r}_{\gamma_1}$ von den Vektoren $\varphi_\nu(x_1)\,\varphi_\nu(x_2)\cdots\varphi_\nu(x_{\nu_1})$ aufgespannt wird, wobei $x_1, x_2 \ldots x_{\gamma_1}$ die Ziffern aus dem Zykel γ_1 von P sind. Damit ist also

$$\mathrm{Sp}\,(PA) = \mathrm{Sp}_{\gamma_1}(A)\,\mathrm{Sp}_{\gamma_2}(A)\cdots \tag{8.4}$$

wobei z. B. $\mathrm{Sp}_{\gamma_1}(A)$ die Spur von A in $\mathfrak{r}_{\gamma_1}$ ist. Diese ist aber, wie sofort ersichtlich, gleich $\sum\limits_{\nu=1}^{n} \varepsilon_\nu^{\gamma_1}$, was wir kurz mit s_{γ_1} abkürzen wollen. Somit ist

$$\mathrm{Sp}\,(PA) = s_{\gamma_1}\,s_{\gamma_1}\cdots \tag{8.5}$$

Benutzen wir die Basis $u_{\mu\sigma}^{(\nu)}$, so ist

$$A\,u_{\mu\sigma}^{(\nu)} = \sum_\lambda u_{\lambda\sigma}^{(\nu)}\,a_{\lambda\mu}^{(\nu)} \tag{8.6}$$

und daraus

$$PA\,u_{\mu\sigma}^{(\nu)} = \sum_{\lambda\varrho} u_{\lambda\varrho}^{(\nu)}\,P_{\varrho\sigma}^{(\nu)}\,a_{\lambda\mu}^{(\nu)}, \tag{8.7}$$

so daß

$$\mathrm{Sp}\,(PA) = \sum_{(\nu)}\sum_{\sigma\mu} P_{\sigma\sigma}^{(\nu)}\,a_{\mu\mu}^{(\nu)} = \sum_{(\nu)} \chi^{(\nu)}(P)\,X^{(\nu)}(\varepsilon_1\ldots\varepsilon_n) \tag{8.8}$$

wird, wenn wir die Spur der Darstellung (ν) von $\mathfrak{S}_f$ mit $\chi^{(\nu)}$ und die der zugehörigen Darstellung von $\mathfrak{U}$ mit $X^{(\nu)}(\varepsilon_1 \cdots \varepsilon_n)$ bezeichnen. Aus (8.4) und (8.8) folgt somit die wichtige Beziehung:

$$\sum_{(\nu)} \chi^{(\nu)}(P) X^{(\nu)}(\varepsilon_1 \ldots \varepsilon_n) = s_{\gamma_1} s_{\gamma_2} \ldots \tag{8.9}$$

Wenn es gelingt, die $X^{(\nu)}(\varepsilon_1 \cdots \varepsilon_n)$ zu berechnen, so hat man damit auch die $\chi^{(\nu)}(P)$, da man aus (8.9) mit Hilfe der Orthogonalitätsrelationen (A II, § 16) $\chi^{(\nu)}(P)$ berechnen kann. Da A unitär ist, ist $\varepsilon_\nu = e^{i\alpha_\nu}$ mit reellem α_ν. Da alle A der Form (8.1) als Diagonalmatrizen vertauschbar sind, so läßt sich auch in $\mathfrak{p}_k^{(\nu)}$ eine solche Basis $v_k^{(\nu)}$ finden, daß die Operatoren A auch in der Darstellung in $\mathfrak{p}_k^{(\nu)}$ diagonal sind:

$$A v_k^{(\nu)} = f_k^{(\nu)}(\alpha_1 \ldots \alpha_n) v_k^{(\nu)}. \tag{8.10}$$

Da dies eine Darstellung von A ist, folgt für AB mit $B\varphi_\nu = c^{i\beta_\nu}\varphi_\nu$

$$f_k^{(\nu)}(\alpha_1 \ldots \alpha_n) f_k^{(\nu)}(\beta_1 \ldots \beta_n) = f_k^{(\nu)}(\alpha_1 + \beta_1, \ldots, \alpha_n + \beta_n). \tag{8.11}$$

Daraus folgt mit

$$g_{kl}^{(\nu)}(\alpha_l) = f_k^{(\nu)}(0, 0, \ldots, \alpha_l, \ldots, 0),$$

$$f_k^{(\nu)} = \prod_{l=1}^{n} g_{kl}^{(\nu)}(\alpha_l), \tag{8.12}$$

und da die $f_k^{(\nu)}$ in den α_α periodisch und vom absoluten Betrag 1 sind, daß $g_{kl}^{(\nu)} = e^{i h_l \alpha_l}$ mit ganzem h_l und damit

$$f_k^{(\nu)} = e^{i \sum_{l=1}^{n} h_l \alpha_l} \tag{8.13}$$

ist. $X^{(\nu)}(\varepsilon_1 \cdots \varepsilon_n)$ ist also ein Polynom in den $\varepsilon_\nu = e^{i\alpha_\nu}$ mit ganzzahligen positiven Koeffizienten. Da auch zwei Elemente, deren ε_ν sich nur in der Reihenfolge unterscheiden, zur selben Klasse konjugierter Elemente gehören, muß $X^{(\nu)}(\varepsilon_1 \ldots \varepsilon_n)$ eine symmetrische Funktion in den Argumenten ε_ν sein.

Wie wir am Ende dieses Paragraphen zeigen werden, ist das Volumenelement für eine Klasse konjugierter Elemente mit den α_k zwischen α_k bis $\alpha_k + d\alpha_k$ gleich

$$c |\Delta|^2 d\alpha_1 d\alpha_2 \cdots d\alpha_n, \tag{8.14}$$

wobei $\Delta = \prod_{i<k} (\varepsilon_i - \varepsilon_k)$ und c eine Konstante ist, die so zu bestimmen ist, daß

$$c \int |\Delta|^2 d\alpha_1 d\alpha_2 \ldots d\alpha_n = 1 \tag{8.15}$$

wird. Es ist

$$\Delta = \begin{vmatrix} \varepsilon_1^{n-1} & \varepsilon_1^{n-2} \ldots \varepsilon_1 & 1 \\ \varepsilon_2^{n-1} & \varepsilon_2^{n-2} \ldots \varepsilon_2 & 1 \\ \vdots & \quad \vdots \quad \vdots \\ \varepsilon_n^{n-1} & \varepsilon_n^{n-2} \ldots \varepsilon_n & 1 \end{vmatrix} \tag{8.16}$$

$$= \sum_P (-1)^P P \, e^{i[(n-1)\alpha_1 + (n-2)\alpha_2 + \cdots + \alpha_{n-1} + 0\alpha_n]},$$

wobei P die $\alpha_1 \ldots \alpha_n$ permutiert. Haben wir irgendein Polynom der Form

$$p_{h_1 \ldots h_n}(\alpha_1 \ldots \alpha_n) = \sum_P (-1)^P \, P \, e^{i \sum_{k=1}^n h_k \alpha_k} \tag{8.17}$$

mit $h_1 > h_2 > \cdots > h_n$, so ist, wie leicht zu sehen,

$$\int \overline{p_{h_1 \ldots h_n}(\alpha_1 \ldots \alpha_n)} \, p_{h_1' \ldots h_n'}(\alpha_1 \ldots \alpha_n) \, d\alpha_1 \ldots d\alpha_n$$
$$= \begin{cases} n! \, (2\pi)^n, \text{ wenn } h_k = h_k' \text{ ist}, \\ 0 \text{ sonst}. \end{cases} \tag{8.18}$$

Daraus folgt insbesondere, daß wir c in (8.15) gleich $(n!)^{-1}(2\pi)^{-n}$ zu setzen haben. Nach Anhang II, § 16 gelten dann für die Charaktere $X^{(\nu)}(\varepsilon_1 \ldots \varepsilon_n)$ die Orthogonalitätsrelationen:

$$\frac{1}{n! \, (2\pi)^n} \int \overline{\Delta X^{(\nu)}} \, \Delta X^{(\mu)} \, d\alpha_1 \ldots d\alpha_n = \delta_{\nu\mu}. \tag{8.19}$$

Wir wollen deshalb, statt mit den $X^{(\nu)}$ mit

$$\Gamma^{(\nu)} = \Delta X^{(\nu)} \tag{8.20}$$

weiterrechnen. Die $\Gamma^{(\nu)}(\varepsilon_1 \ldots \varepsilon_n)$ sind dann *antisymmetrische* Polynome in den ε_ν mit ganzzahligen Koeffizienten $a_{h_1 \ldots h_n}$

$$\Gamma^{(\nu)}(\varepsilon_1 \ldots \varepsilon_n) = \sum_{h_1 \ldots h_n} a_{h_1 \ldots h_n} \, p_{h_1 \ldots h_n}(\alpha_1 \ldots \alpha_n). \tag{8.21}$$

Aus

$$\int |\Gamma^{(\nu)}|^2 \, d\alpha_1 \ldots d\alpha_n = n! (2\pi)^n$$

folgt dann

$$\sum_{h_1 \ldots h_n} |a_{h_1 \ldots h_n}|^2 = 1. \tag{8.22}$$

Da alle $a_{h_1 \ldots h_n}$ ganze Zahlen sind, kann nur ein einziges dieser $a_{h_1 \ldots h_n} \neq 0$ und damit gleich $+1$ oder -1 sein, so daß also mit einer passenden Zahlenreihe $h_1 \ldots h_n$:

$$\Gamma^{(\nu)}(\varepsilon_1 \ldots \varepsilon_n) = \pm p_{h_1 \ldots h_n}(\alpha_1 \ldots \alpha_n) \tag{8.23}$$

ist. Der Koeffizient des Gliedes $e^{i \sum_{k=1}^n h_k \alpha_k}$ in $\Gamma^{(\nu)}$ muß positiv sein, da dieses das Produkt des Gliedes $e^{i \sum_{k=1}^n (n-k) \alpha_k}$ von Δ und eines Gliedes des Polynoms $X^{(\nu)}(\varepsilon_1 \ldots \varepsilon_n)$ ist, das nur positive Koeffizienten hat. Daher muß in (8.23) das $+$-Zeichen gelten. Damit ist

$$X^{(\nu)}(\varepsilon_1 \ldots \varepsilon_n) = \Delta^{-1} p_{h_1 \ldots h_n}. \tag{8.24}$$

Da die verschiedenen $X^{(\nu)}$ im Sinne von (8.19) orthogonal zueinander sind, müssen alle Ausdrücke der Form (8.24) wirklich Charaktere der irreduziblen Darstellungen von $\mathfrak{U}$ sein und ein vollständiges System als Klassenfunktionen bilden. Es bleibt nur noch die Frage, wie die Zahlenreihe $h_1 \ldots h_n$ mit dem Tableau verknüpft ist, das die zu dieser Darstellung von $\mathfrak{U}$ zugehörige Darstellung von $\mathfrak{S}_f$ liefert.

Wir suchen innerhalb eines $\mathfrak{p}^{(\nu)}$, das nach (A II, § 13) einem idempotenten Element zum Tableau mit den Zeilenlängen $n_1, n_2, \ldots, n_k$ zugeordnet sei, einen solchen Basisvektor $v_k^{(\nu)}$, für den die Exponenten k_ν in

$$A\, v_k^{(\nu)} = \varepsilon_1^{k_1} \varepsilon_2^{k_2} \ldots \varepsilon_n^{k_n}\, v_k^{(\nu)}$$

eine möglichst „große"[1] Zahlenreihe $k_1, k_2, \ldots, k_n$ bilden. Da man die Vektoren aus $\mathfrak{p}^{(\nu)}$ durch Anwenden des idempotenten Elements $\gamma I K$ auf die Vektoren von $\mathfrak{T}$ erhält, wird $\mathfrak{p}^{(\nu)}$ nur von solchen

$$\gamma I K\, \varphi_{\nu_1}(1) \ldots \varphi_{\nu_f}(f)$$

aufgespannt, wo die Gruppen gleicher ν_i keine größeren Längen als $n_1, n_2, \ldots, n_k$ haben, da sonst die Anwendung von K zu Null führt. Daraus folgt, daß die „größte" Zahlenreihe $k_1, k_2, \ldots$ gerade durch $n_1, n_2, \ldots, n_k$ gegeben ist, d. h. $k_i = n_i$.

Wegen $\Gamma^{(\nu)} = \Delta X^{(\nu)}$ folgen dann mit (8.16) und (8.24) für die h_i die Beziehungen:

$$h_1 = n_1 + (n-1), \quad h_2 = n_2 + (n-2), \ldots, h_n = n_n$$

ist, wobei $n_\nu = 0$ für $\nu > k$ zu setzen ist.

Da nun die $X^{(\nu)}$ bekannt sind, können aus (8.9) ebenfalls die $\chi^{(\mu)}(P) = \chi^{(\mu)}(\gamma_1 \gamma_2 \ldots)$ berechnet werden. Es folgt mit (8.24):

$$\sum_{(n)}' \chi_{n_1 \ldots n_2 n_k}(\gamma_1 \gamma_2 \ldots)\, p_{k_1 \ldots k_n} = \Delta\, s_{\gamma_1} s_{\gamma_2} \ldots, \tag{8.25}$$

wobei wir statt (ν) die Zeilenlängen $n_1 n_2 \ldots n_k$ des zugehörigen Tableaus als Index eingeführt haben. Aus (8.25) folgt dann, daß $\chi_{n_1 n_2 \ldots n_k}(\gamma_1 \gamma_2 \ldots)$ der Koeffizient von $\varepsilon_1^{h_1} \varepsilon_2^{h_2} \ldots \varepsilon_n^{h_n}$ in der Entwicklung von $\Delta s_{\gamma_1} s_{\gamma_2} \ldots$ nach Potenzen von $\varepsilon_1 \ldots \varepsilon_n$ ist. Den Grad g der Darstellung zum Tableau $n_1 \ldots n_k$ erhalten wir, wenn wir in $\chi_{n_1 n_2 \ldots n_k}(\gamma_1 \gamma_2 \ldots)$ $\gamma_1 = \gamma_2 = \cdots = \gamma_f = 1$ setzen, so daß $s_{\gamma_1} s_{\gamma_2} \cdots = s_1^f = (\sum_{\nu=1}^{n} \varepsilon_\nu)^f$ ist. Damit ist also g der Koeffizient von $\varepsilon_1^{h_1} \varepsilon_2^{h_2} \ldots \varepsilon_n^{h_n}$ in der Entwicklung von

$$\left(\sum_{\nu=1}^{n} \varepsilon_\nu \right)^f \sum_{P} (-1)^P P \varepsilon_1^{n-1} \varepsilon_2^{n-2} \ldots \varepsilon_n^0 \tag{8.26}$$

nach Potenzen der $\varepsilon_1 \ldots \varepsilon_n$. (8.26) ist aber gleich

$$\sum_{P} (-1)^P \sum_{\nu_1 \ldots \nu_n} \frac{f!}{\nu_1!\, \nu_2!\, \ldots \nu_n!}\, \varepsilon_1^{\nu_1} \ldots \varepsilon_n^{\nu_n}\, P \varepsilon_1^{n-1} \ldots \varepsilon_n^0.$$

---

[1] $k_1, k_2, \ldots, k_n$ heißt größer als $k_1', k_2', \ldots, k_n'$, wenn $k_1 > k_1'$ oder wenn $k_2 > k_2'$ für $k_1 = k_1'$ ist, usw.

Ist $P\varepsilon_1^{n-1}\ldots\varepsilon_n^0 = \varepsilon_1^{k_1}\varepsilon_2^{k_2}\ldots\varepsilon_n^{k_n}$, so ist also

$$g = f!\sum_P (-1)^P \frac{1}{(h_1-k_1)!\,(h_2-k_2)!\ldots(h_n-k_n)!}$$

$$= f!\begin{vmatrix} \dfrac{1}{[h_1-(n-1)]!} & \dfrac{1}{[h_1-(n-2)]!} & \cdots & \dfrac{1}{h_1!} \\[2mm] \dfrac{1}{[h_2-(n-2)]!} & \dfrac{1}{[h_2-(n-2)]!} & \cdots & \dfrac{1}{h_2!} \\ \vdots & \vdots & & \vdots \\ \dfrac{1}{[h_n-(n-1)]!} & \dfrac{1}{[h_n-(n-2)]!} & \cdots & \dfrac{1}{h_n!} \end{vmatrix}$$

$$= \frac{f!}{h_1!\,h_2!\ldots h_n!}\begin{vmatrix} h_1(h_1-1)\ldots(h_1-n+2); & h_1(h_1-1)\ldots(h_1-n+3); & \ldots; & h_1; & 1 \\ \vdots & \vdots & & \vdots & \vdots \\ h_n(h_n-1)\ldots(h_n-n+2); & h_n(h_n-1)\ldots(h_n-n+3); & \ldots; & h_n; & 1 \end{vmatrix}$$

Durch geeignete Subtraktion der Spalten erhält man für die Determinante

$$\begin{vmatrix} h_1^{n-1} & h_1^{n-2} & \ldots & h_1 & 1 \\ \vdots & & & \vdots & \vdots \\ h_n^{n-1} & h_n^{n-2} & \ldots & h_n & 1 \end{vmatrix} = \prod_{\iota<k}(h_\iota - h_k).$$

Also ist

$$g = \frac{f!\,\prod\limits_{\iota<k}(h_\iota - h_k)}{h_1!\,h_2!\ldots h_n!}. \tag{8.27}$$

Für die im Spinraum stattfindenden Darstellungen folgt dann speziell mit $\chi_S(P)$ als dem zur Spinquantenzahl S gehörigen Charakter von $\mathfrak{S}_f$ aus (8.9) mit $\varepsilon_1 = x$ und $\varepsilon_2 = \dfrac{1}{x}$:

$$\sum_S \chi_S(P)\,(x^{2S} + x^{2S-2} + \cdots + x^{-2S}) = (x^{\gamma_1} + x^{-\gamma_1})(x^{\gamma_2} + x^{-\gamma_2})\ldots \tag{8.28}$$

Mit der Anzahl f der Elektronen ist $S = \tfrac{1}{2}f - k$. Durch Multiplikation mit $x^f(1-x^2)$ folgt mit $z = x^2$:

$$\sum_S \chi_S(P)\,(z^k - z^{f+1-k}) = (1-z)(1+z^{\gamma_1})(1+z^{\gamma_2})\ldots$$

Da $k \leqq \dfrac{f}{2}$ ist, so folgt, daß $\chi_S(P)$ der Koeffizient von z^k auf der rechten Seite ist. Insbesondere ist der Grad g der Darstellung gleich dem Koeffizienten von z^k in $(1-z)(1+z)^f$, d. h.

$$g = \binom{f}{g} - \binom{f}{k-1} = \frac{f!(f-2k+1)}{k!(f-k+1)!} = \binom{f}{k}\frac{f-2k+1}{f-k+1}. \tag{8.29}$$

Die Charaktere der assoziierten Darstellungen sind dann sofort durch $\chi'_S = (-1)^P \chi_S(P)$ gegeben.

Um noch die Formel (8.14) für die Volumenmessung zu beweisen, betrachten wir eine unitäre Transformation A. Man kann diese in

der Form
$$A = U E U^* \tag{8.30}$$

schreiben, wo E eine Diagonaltransformation mit den Diagonalelementen ε_ν ist. U stellt geometrisch die Transformation dar, die die gewählte Basis (in der E diagonal ist) in die Basis der Eigenvektoren von A transformiert. Als Parameter von A können wir erstens die „Drehwinkel" α_ν mit $\varepsilon_\nu = e^{i\alpha_\nu}$ wählen und weitere Parameter, die U so weit festlegen, wie es durch (8.30) bestimmt ist, d. h. man hat so viele Parameter für U zu wählen, daß die Eigenvektoren von A bis auf einen Faktor bestimmt sind. Für den ersten Vektor sind also $2(n-1)$ *reelle* Parameter notwendig, für den zweiten wegen der Orthogonalität auf dem ersten nur noch $2(n-2)$ Parameter usw., so daß also U durch $n(n-1) = n^2 - n$ Parameter soweit als notwendig festgelegt ist. Im ganzen sind also n^2 Parameter notwendig, um A festzulegen.

Aus (8.30) folgt
$$dA = dU E U^* + U dE U^* - U E U^* dU U^*. \tag{8.31}$$

Um die Volumenmessung zu finden, müssen wir die ein Volumenelement bei A aufspannenden infinitesimalen dA durch A^{-1} nach dem Einselement transformieren:
$$\delta A = A^{-1} dA = U E^{-1} \delta U E U^{-1} + U \delta E U^{-1} - U \delta U U^{-1} \tag{8.32}$$
mit $\delta U = U^{-1} dU$, $\delta E = E^{-1} dE$. Das von den Vektoren δA aufgespannte Volumen muß dann gleich dem von dem Vektor dA aufgespannten Volumen sein. Transformieren wir durch $\delta' A = U^{-1} \delta A U$ die Vektoren δA in $\delta' A$, so bleibt das Volumen erhalten. Es wird
$$\delta' A = E^{-1} \delta U E - \delta U + \delta E. \tag{8.33}$$

Die Matrixkoeffizienten von $\delta' A$ sind also gleich:
$$(\delta' A)_{ik} = (\delta u)_{ik} \left(\frac{\varepsilon_k}{\varepsilon_i} - 1 \right) + \delta_{ik} i \, d\alpha_k. \tag{8.34}$$

Wählen wir nun für U $n(n-1)$ Parameter und die α_k als restliche n Parameter, so folgt aus (8.34), daß die Volumenmessung die Form
$$dm(A) = C \prod_{i \neq k} \left(\frac{\varepsilon_k}{\varepsilon_i} - 1 \right) d\underline{m}(A) \, d\alpha_1 \ldots d\alpha_n \tag{8.35}$$

hat, wo $d\underline{m}(A)$ nur von den $n(n-1)$ U bestimmenden Parametern abhängt. Bei Integralen über Klassenfunktionen kann man über $d\underline{m}(A)$ hinweg integrieren, so daß damit (8.14) gerechtfertigt ist, denn wegen $\frac{1}{\varepsilon_i} = \overline{\varepsilon_i}$ ist

$$\prod_{i \neq k} \left(\frac{\varepsilon_k}{\varepsilon_i} - 1 \right) = \prod_{k < i} \left(\frac{\overline{\varepsilon_k}}{\overline{\varepsilon_i}} - 1 \right) \left(\frac{\varepsilon_k}{\varepsilon_i} - 1 \right) = \prod_{i < k} \frac{(\varepsilon_k - \varepsilon_i)(\overline{\varepsilon_k} - \overline{\varepsilon_i})}{|\varepsilon_i|^2}$$
$$= \prod_{k < i} (\varepsilon_k - \varepsilon_i) \prod_{k < i} (\overline{\varepsilon_k} - \overline{\varepsilon_i}) = |\Delta|^2.$$

§ 9. Störungsrechnung.

Um qualitative Aussagen über die Lage von Multipletermen zu erhalten, ist es notwendig, in erster Näherung der Störungsrechnung ähnlich wie beim Heliumatom auch in allgemeineren Fällen die Energieänderungen zu berechnen. Der HAMILTON-Operator sei in der Form

$$H = \sum_{k=1}^{f} \overset{0}{H_k} + \sum_{i<k} V_{ik} \tag{9.1}$$

gegeben, wo die $\overset{0}{H_k}$ nur auf die Koordinaten des k-ten Elektrons wirken. V_{ik} stellt die Wechselwirkung des i-ten und k-ten Elektrons dar. V_{ik} braucht nicht die gesamte COULOMBsche Wechselwirkung zu enthalten, ein Teil dieser kann schon durch die Abschirmung des Kern-COULOMB-Feldes in den $\overset{0}{H_k}$ berücksichtigt sein. f braucht auch nicht die gesamte Elektronenzahl des Atoms zu sein: nahe am Kern liegende abgeschlossene Schalen wird man nur als Abschirmung berücksichtigen.

Die Ausgangskonfiguration $\overset{0}{E} = E_1 + E_2 + \cdots + E_f$ bestehe aus lauter inäquivalenten, nicht entarteten Termen E_ν. Das Eigenwertproblem in der nullten Näherung lautet in dem von den $P\varphi_{\nu_1}(1)\ldots\varphi_{\nu_f}(f)$ aufgespannten Raum:

$$\begin{aligned}
&(Q\varphi_{\nu_1}(1) \ldots \varphi_{\nu_f}(f),\; H\sum_P x(P)\, P\varphi_{\nu_1}(1) \ldots \varphi_{\nu_f}(f)) \\
&= E(Q\varphi_{\nu_1}(1) \ldots \varphi_{\nu_f}(f),\; \sum_P x(P)\, P\varphi_{\nu_1}(1) \ldots \varphi_{\nu_f}(f)),
\end{aligned} \tag{9.2}$$

wobei Q und P Permutationen sind. Da H mit Q vertauschbar ist, folgt unter Berücksichtigung, daß die φ_{ν_i} orthogonal zueinander und normiert sind:

$$\sum_P x(P)\, (\varphi_{\nu_1}(1) \ldots \varphi_{\nu_f}(f),\; \sum_{i<k} V_{ik} Q^{-1} P \varphi_{\nu_1}(1) \ldots \varphi_{\nu_f}(f)) = \varepsilon\, x(Q) \tag{9.3}$$

mit $\varepsilon = E - \sum_{k=1}^{f} E_k$.

Setzen wir

$$a(P) = (\varphi_{\nu_1}(1) \ldots \varphi_{\nu_f}(f),\; \sum_{i<k} V_{ik} P^{-1} \varphi_{\nu_1}(1) \ldots \varphi_{\nu_f}(f)), \tag{9.4}$$

so lautet die Gleichung

$$x\, a = \varepsilon\, x \tag{9.5}$$

mit den Elementen

$$a = \sum_P a(P)\, P \quad \text{und} \quad x = \sum_P x(P)\, P \tag{9.6}$$

aus dem Gruppenring $\mathfrak{S}_f$. Die Lösung von (9.5) kann durch Ausreduktion des Gruppenringes wesentlich vereinfacht werden. Man hat (9.5) nur in einem der jeweils äquivalenten irreduziblen Rechtsideale zu lösen. Ist x_1 eine zum Eigenwert ε_1 gehörige Lösung, die zu dem idempotenten Element $e^{(\nu)}$ gehört, so ist der Vektor

$$\Phi = x_1 \varphi_{\nu_1}(1) \ldots \varphi_{\nu_f}(f)$$

die entsprechende Lösung von (9.3). Da $x_1 = e^{(\nu)} x_1$ ist, ist $e^{(\nu)}\, \Phi = \Phi$ und damit Φ die gesuchte Lösung aus dem zu $e^{(\nu)}$ gehörigen Teilraum $\mathfrak{p}_k^{(\nu)}$ (7.2). Man braucht (9.5) nur für solche idempotenten Elemente $e^{(\nu)}$ (mit $e^{(\nu)} x = x$) zu lösen, für die das zugehörige Tableau höchstens 2 Spalten besitzt, da sonst das PAULI-Prinzip mit Hilfe der Spinfunktion nicht erfüllt werden kann.

In unserem Falle ist (e = Einselement, (ik) = Vertauschung des i-ten und k-ten Elektrons):

$$
\begin{aligned}
a &= \sum_P \Big(P\, \varphi_{\nu_1}(1)\ldots\varphi_{\nu_f}(f),\ \sum_{i<k} V_{ik}\, \varphi_{\nu_1}(1)\ldots\varphi_{\nu_f}(f)\Big)\, P \\
&= e \sum_{i<k} C_{ik} + \sum_{i<k} (ik)\, A_{ik}
\end{aligned}
\tag{9.7}
$$

mit

$$
\begin{aligned}
C_{ik} &= \big(\varphi_{\nu_i}(i)\, \varphi_{\nu_k}(k),\ V_{ik}\, \varphi_{\nu_i}(i)\, \varphi_{\nu_k}(k)\big), \\
A_{ik} &= \big(\varphi_{\nu_k}(i)\, \varphi_{\nu_i}(k),\ V_{ik}\, \varphi_{\nu_i}(i)\, \varphi_{\nu_k}(k)\big).
\end{aligned}
\tag{9.8}
$$

Man kann das Problem (9.2) gleich so formulieren, daß man die Spinfunktionen hinzufügt, die SLATER-Determinanten benutzt und als gesuchte Eigenvektoren nullter Näherung

$$\sum_{\alpha_1\ldots\alpha_f} x(\alpha_1\ldots\alpha_f) \sum_P (-1)^P\, P[\varphi_{\nu_1}(1)\ldots\varphi_{\nu_f}(f)\, u_{\alpha_1}(1)\ldots u_{\alpha_f}(f)] \tag{9.9}$$

einführt, was man auch gleich

$$\sum_P (-1)^P [P\, \varphi_{\nu_1}(1)\ldots\varphi_{\nu_f}(f)]\, P\, U \tag{9.10}$$

mit

$$U = \sum_{\alpha_1\ldots\alpha_f} x(\alpha_1\ldots\alpha_f)\, u_{\alpha_1}(1)\ldots u_{\alpha_f}(f)$$

setzen kann. U ist ein Vektor aus dem Spinraum der f Elektronen. Hier sieht man deutlich, wie man auf Grund des PAULI-Prinzips das ganze Problem in den Spinraum hinein verlagern kann. Das Eigenwertproblem nullter Näherung lautet nach (9.2)

$$
\begin{aligned}
&\sum_P (-1)^P(Q\, \varphi_{\nu_1}(1)\ldots\varphi_{\nu_f}(f),\ \sum_{i<k} V_{ik}\, P\, \varphi_{\nu_1}(1)\ldots\varphi_{\nu_f}(f))\, P\, U \\
&= \varepsilon \sum_P (-1)^P\, (Q\, \varphi_{\nu_1}(1)\ldots\varphi_{\nu_f}(f),\ P\varphi_{\nu_1}(1)\ldots\varphi_{\nu_f}(f))\, P\, U.
\end{aligned}
\tag{9.11}
$$

Wir können $Q = e$ setzen; die anderen Permutationen führen wie oben zu keinem wesentlich neuen Problem. Dann ist mit

$$a'(P) = (-1)^P \big(\varphi_{\nu_1}(1)\ldots\varphi_{\nu_f}(f),\ \sum_{i<k} V_{ik}\, P\, \varphi_{\nu_1}(1)\ldots\varphi_{\nu_f}(f)\big) \tag{9.12}$$

und $a' = \sum\limits_{P} a'(P)\, P$ im Spinraum die Eigenwertgleichung

$$a'\, U = \varepsilon\, U \qquad (9.13)$$

zu lösen. Die Lösung der beiden äquivalenten Probleme (9.5) und (9.13) kann mit Hilfe der Charaktere der Permutationsgruppe durchgeführt werden:

Wie aus den allgemeinen Ableitungen aus Anhang II, § 11 hervorgeht, ist die Spur der Rechtstransformationen (9.5) gleich der der Linkstransformationen $a\,x$. Beschränken wir uns in (9.5) auf den durch ein $e^{(\nu)}$ gegebenen Teilraum, so erhält man als Spurenrelation für die Summe der Eigenwerte ε_i:

$$\sum_{P} a(P)\, \chi^{(\nu)}(P) = \sum_{i=1}^{r} \varepsilon_i \qquad (9\ 14)$$

mit r als Dimension der ν-ten Darstellung. Benutzt man die aus (9.5) sich ergebenden Gleichungen $x\, a^m = \varepsilon^m\, x$, so folgt mit

$$a^m = \Big(\sum_{P} a(P)\, P\Big)^m = \sum_{P} a_m(P)\, P \qquad (9.15)$$

$$\sum_{P} a_m(P)\, \chi^{(\nu)}(P) = \sum_{i=1}^{r} \varepsilon_i^m \qquad (9.16)$$

Aus diesen Gleichungen können die ε_i im Prinzip bestimmt werden.

Mit dem Problem (9.13) können wir ganz ähnlich verfahren. Den Spinraum können wir in Rechtecke für die verschiedenen Werte von S zerlegt denken, zu denen bestimmte Darstellungen von $\mathfrak{S}_f$ gehören, deren Charaktere wir mit $\chi_S(P)$ bezeichnen wollen. Aus (9.13) folgt die Spurenrelation für ein bestimmtes S:

$$\sum_{P} a'(P)\, \chi_S(P) = \sum_{i=1}^{r} \varepsilon_i \qquad [(9.17)$$

und allgemeiner

$$\sum_{P} a'_m(P)\, \chi_S(P) = \sum_{i=1}^{r} \varepsilon_i^m \quad \text{mit} \quad a'^m = \sum_{P} a'_m(P)\, P. \qquad (9.18)$$

Da die Darstellungen von $\mathfrak{S}_f$ im Bahnkoordinatenraum assoziiert zu denen im Spinraum sind, sieht man leicht, daß beide Probleme zu demselben Ergebnis führen, ja führen müssen.

Das Problem (9.13) kann man auch elementar mit Hilfe der Spininvarianten (7.16) angreifen. Die Spinvariante faßt jeweils alle Vektoren zusammen, die sich bei Permutationen gleich transformieren, d. h. eine ganze Spalte der Rechtecke (1.3). Hat die zu S gehörige Darstellung, wie oben schon angenommen, die Dimension g, so gibt es g linear unabhängige Spininvarianten $A_1 \ldots A_g$. Man kann dann

$U = \sum\limits_{\nu=1}^{g} x_\nu A_\nu$ ansetzen und erhält das Problem:

$$\sum_{P,\,\nu} x_\nu\, a'(P)\, P A_\nu = \varepsilon \sum_{\nu} x_\nu\, A_\nu. \qquad (9.19)$$

Man berechnet elementar[1]

$$PA_\nu = \sum A_u\, P_{\mu\nu}.$$

Dann hat man das Problem

$$\sum_P a'(P)\, P_{\mu\nu}\, x_\nu = \varepsilon\, x_\mu$$

zu lösen.

Benutzt man für a' die sich aus (9.12) ähnlich wie in (9.7) ergebende besondere Form:

$$a' = e \sum_{i<k} C_{ik} - \sum_{i<k} (ik)\, A_{ik}, \tag{9.20}$$

so läßt sich das Problem (9.13) im Spinraum in eine sehr merkwürdige Form bringen: Sind $\mathfrak{S}_i$ und $\mathfrak{S}_k$ (bis auf den Faktor $\hbar$) die Spindrehimpulsoperatoren des i-ten und k-ten Elektrons, so muß $\mathfrak{S}_i \cdot \mathfrak{S}_k$ auf Diagonalform sein, wenn mán die Basis so wählt, daß $(\mathfrak{S}_i + \mathfrak{S}_k)^2$ und $(\mathfrak{S}_i + \mathfrak{S}_k)_3$ auf Diagonalform sind. Es gibt nach VIII, § 4 also zwei Fälle: Die Spinfunktion ist in i, k antisymmetrisch und $(\mathfrak{S}_i + \mathfrak{S}_k)^2$ hat den Eigenwert 0, oder aber die Spinfunktionen sind symmetrisch und $(\mathfrak{S}_i + \mathfrak{S}_k)^2$ hat den Eigenwert 2. Aus $(\mathfrak{S}_i + \mathfrak{S}_k)^2 = \mathfrak{S}_i^2 + 2\mathfrak{S}_i \cdot \mathfrak{S}_k + \mathfrak{S}_k^2$ folgt dann mit den Eigenwerten $\tfrac{3}{4}$ von $\mathfrak{S}_i^2$ und $\mathfrak{S}_k^2$, daß im ersten Falle $2\mathfrak{S}_i \cdot \mathfrak{S}_k$ den Eigenwert $-\tfrac{3}{2}$, im zweiten $2 - \tfrac{3}{2} = \tfrac{1}{2}$ hat, so daß $\tfrac{1}{2} + 2\mathfrak{S}_i \cdot \mathfrak{S}_k$ die Eigenwerte -1 bzw. $+1$ hat. Damit ist gezeigt, daß

$$(ik) = \tfrac{1}{2} + 2\mathfrak{S}_i \cdot \mathfrak{S}_k$$

ist. Damit wird aus (9.13):

$$\left[e \sum_{i<k} (C_{ik} - \tfrac{1}{2}A_{ik}) - 2 \sum_{i<k} A_{ik}\, \mathfrak{S}_i \cdot \mathfrak{S}_k \right] U = \varepsilon\, U. \tag{9.21}$$

Die COULOMBsche Wechselwirkung der Elektronen ist also so, als ob ihre Spins elastisch aneinander mit der potentiellen Energie $-2 \sum_{i<k} A_{ik}\, \mathfrak{S}_i \cdot \mathfrak{S}_k$ gebunden wären. Sind die „Austauschintegrale" A_{ik} positiv, wie es der Korrelationsenergie entsprechen würde (VIII, § 3), so führt die Parallelstellung der Spins zu tieferen Energiewerten. Klassisch könnte man sich die Tatsache so veranschaulichen: ein Auseinanderbiegen der Spins aus der Parallellage heraus erfordert Arbeit, die gegen die COULOMBsche (!) Wechselwirkung zu leisten ist, da auf Grund des PAULI-Prinzips eine Änderung des Spins zwangsläufig mit einer Änderung der Korrelationsaufenthaltswahrscheinlichkeit verbunden ist: Sind die Spins parallel, so weichen sich die beiden Elektronen räumlich aus, sind die Spins antiparallel, so kommen sie sich bevorzugt nahe.

Wir hatten angenommen, daß die Ausgangskonfiguration aus lauter inäquivalenten, nicht entarteten Termen besteht. Wir wollen

---

[1] Siehe hierzu z. B Kapitel XII, § 7.

noch skizzieren, wie die Rechnungen sich gestalten, falls man diese Voraussetzungen fallenläßt.

Die Elektronenkonfiguration sei durch $(n_1 l_1)(n_2 l_2) \ldots (n_f l_f)$ gegeben. Die Gruppen äquivalenter Elektronen mögen $k_1, k_2 \ldots$ Elektronen enthalten, so daß $k_1 + k_2 + \cdots = f$ ist. Wir wollen die Untergruppe von $\mathfrak{S}_f$, die nur äquivalente Elektronen unter sich vertauscht, mit σ bezeichnen. Zwei Indexreihen $m_1 m_2 \ldots m_f$ und $m_1' m_2' \ldots m_f'$ sollen kongruent in bezug auf σ heißen, wenn sie sich durch eine Permutation aus σ ineinander überführen lassen. Wir können so die Indexreihen $m_1 \ldots m_f$ in Gruppen untereinander kongruenter einteilen und aus jeder einen Repräsentanten auswählen. Als Eigenfunktionen für die Störungsrechnung kommen dann in Frage:

$$\sideset{}{'}\sum_m \sum_\alpha x(m_1 m_2 \ldots m_f, \, \alpha_1 \ldots \alpha_f) \cdot$$

$$\cdot \sum_P (-1)^P P[\varphi_{n_1 l_1 m_1}(1) \ldots \varphi_{n_f l_f m_f}(f) \, u_{\alpha_1}(1) \ldots u_{\alpha_f}(f)] \qquad (9.22)$$

$$= \sideset{}{'}\sum_m \sum_P (-1)^P P[\varphi_{n_1 l_1 m_1}(1) \ldots \varphi_{n_f l_f m_f}(f)] \, P \, U_{m_1 m_2 \ldots m_f}$$

mit

$$U_{m_1 \quad m_f} = \sum_\alpha x(m_1 \ldots m_f, \, \alpha_1 \ldots \alpha_f) \, u_{\alpha_1}(1) \ldots u_{\alpha_f}(f).$$

$\sideset{}{'}\sum_m$ soll heißen, daß nur über alle Repräsentantenreihen $m_1 \ldots m_f$ zu summieren ist. Kongruente $m_1 \ldots m_f$ führen zu linear abhängigen Funktionen (siehe Aufstellung der Terme § 3). Setzen wir kurz $\sum_{i<k} V_{ik} = V$, so lautet jetzt das Eigenwertproblem:

$$\sideset{}{'}\sum_{m'} \sum_P (-1)^P \big(\varphi_{n_1 l_1 m_1}(1) \ldots \varphi_{n_f l_f m_f}(f),$$

$$V P \, \varphi_{n_1 l_1 m_1'}(1) \ldots \varphi_{n_f l_f m_f'}(f) \big) \, P U_{m_1' \ldots m_f'}$$

$$= \varepsilon \sideset{}{'}\sum_{m'} \sum_P (-1)^P \big(\varphi_{n_1 l_1 m_1}(1) \ldots \varphi_{n_f l_f m_f}(f), \qquad (9.23)$$

$$P \, \varphi_{n_1 l_1 m_1'}(1) \ldots \varphi_{n_f l_f m_f'}(f) \big) \, P U_{m_1' \ldots m_f'}.$$

Da für die $m_1 \ldots m_f$ und $m_1' \ldots m_f'$ nur von jeder Gruppe kongruenter Reihen ein Repräsentant vorkommt, ist

$$\big(\varphi_{n_1 l_1 m_1}(1) \ldots \varphi_{n_f l_f m_f}(f), \, P \, \varphi_{n_1 l_1 m_1'}(1) \ldots \varphi_{n_f l_f m_f'}(f) \big) = 1 \qquad (9.24)$$

immer dann und nur dann, wenn $m_1' \ldots m_f' = m_1 \ldots m_f$ und P eine Permutation aus σ ist, die die Reihe $m_1 \ldots m_f$ invariant läßt. Wir wollen diese Permutationen mit P_m bezeichnen. Dann ist also die rechte Seite von (9.23) gleich

$$\varepsilon \sum_{P_m} (-1)^{P_m} P_m U_{m_1 \ldots m_f} = \varepsilon \, W_{m_1 \ldots m_f}. \qquad (9.25)$$

Die durch die P_m gebildete Untergruppe wollen wir mit σ_m bezeichnen.

Da auch

$$\left(\varphi_{n_1 l_1 m_1}(1)\ldots\varphi_{n_f l_f m_f}(f),\ VQ\,P_{m'}\,\varphi_{n_1 l_1 m_1'}(1)\ldots\varphi_{n_f l_f m_f'}(f)\right)$$
$$= \left(\varphi_{n_1 l_1 m_1}(1)\ldots\varphi_{n_f l_f m_f}(f),\ VQ\,\varphi_{n_1 l_1 m_1'}(1)\ldots\varphi_{n_f l_f m_f'}(f)\right) \qquad (9.26)$$

ist, kann man die linke Seite von (9.23) schreiben:

$$\sideset{}{'}\sum_m \sum_Q^{(m')} \sum_{P_{m'}} (-1)^Q (-1)^{P_{m'}} \cdot$$

$$\cdot\left(\varphi_{n_1 l_1 m_1}(1)\ldots\varphi_{n_f l_f m_f}(f),\, VQ\,\varphi_{n_1 l_1 m_1'}(1)\ldots\varphi_{n_f l_f m_f'}(f)\right) Q\,P_{m'}\,U_{m_1'\ldots m_f'} \qquad (9.27)$$

$$= \sideset{}{'}\sum_{m'} \sum_Q^{(m')} a(Q;\, m_1\ldots m_f,\, m_1'\ldots m_f')\,Q\,W^{m_1'\ldots m_f'},$$

wobei $\sum^{(m')}$ sich nur über je eine Permutation Q jeder linksseitigen Restklasse von $\sigma_{m'}$ erstreckt und

$$a(Q;\, m_1\ldots m_f,\, m_1'\ldots m_f')$$
$$= (-1)^{(Q)}\left(\varphi_{n_1 l_1 m_1}(1)\ldots\varphi_{n_f l_f m_f}(f),\ VQ\,\varphi_{n_1 l_1 m_1'}(1)\ldots\varphi_{n_f l_f m_f'}(f)\right) \qquad (9.28)$$

ist. Mit

$$a_{m_1\ldots m_f,\, m_1'\ldots m_f'} = \sum_Q^{(m')} (-1)^Q\, a(Q;\, m_1\ldots m_f,\, m_1'\ldots m_f')\,Q \qquad (9.29)$$

lautet also schließlich das Eigenwertproblem (9.23):

$$\sideset{}{'}\sum_{m'} a_{m_1\ldots m_f,\, m_1'\ldots m_f'}\,W_{m_1'\ldots m_f'} = \varepsilon\,W_{m_1\ldots m_f}. \qquad (9.30)$$

Ist hieraus ein ε und $W_{m_1'\ldots m_f'}$ gefunden, so folgt aus (9.22) die gesamte Eigenfunktion nullter Näherung zu

$$\sideset{}{'}\sum_m \sum_P (-1)^P\, P\,[\varphi_{n_1 l_1 m_1}(1)\ldots\varphi_{n_f l_f m_f}(f)]\,P\,U_{n_1\ldots m_f}$$
$$= \sideset{}{'}\sum_m \sum_Q^{(m)} (-1)^Q\,Q\,[\varphi_{n_1 l_1 m_1}(1)\ldots\varphi_{n_f l_f m_f}(f)\,W_{m_1\ldots m_f}].$$

Die Gl. (9.30) kann man wesentlich dadurch reduzieren, daß man (9.30) im Spinraum nur in dem zu einer Quantenzahl S gehörigen Teilraum betrachtet. Durch eine unitäre Transformation könnte man von $m_1\ldots m_f$ zu den verschiedenen Quantenzahlen L, m_L des gesamten Bahndrehimpulses übergehen, die sich aus den $m_1\ldots m_f$ ergeben, wie wir es in § 3 benutzten, um die verschiedenen Terme zu finden. Zu dem gewählten Wert von S möge es auf Grund der Untersuchungen in § 3 und 7 Terme mit L-Werten $L_1, L_2, \ldots$ geben, wobei der Term $L_1 S$ λ_1-mal, $L_2 S$ λ_2-mal usw. auftreten möge. Dann folgt aus (9.30) mit den Eigenwerten $\varepsilon_{L_i}^{(\nu)}$ ($\nu = 1, 2, \ldots, \lambda_i$) durch Bilden der Spur

$$\sideset{}{'}\sum_m \sum_Q^{(m)} a(Q;\, m_1\ldots m_f,\, m_1\ldots m_f)\,\chi_S(Q)$$

$$\text{mit } \left|\sum_{i=1}^{f} m_i\right| \leqq M \qquad\qquad (9.31)$$

$$= \sum_{\substack{L_i,\,\nu \\ \text{mit } L_i \leqq M}} (2L_i + 1)\,\varepsilon_{L_i}^{(\nu)} + (2M + 1) \sum_{\substack{L_i,\,\nu \\ \text{mit } L_i > M}} \varepsilon_{L_i}^{(\nu)}.$$

Sind die $\lambda_i = 1$, so erhält man hieraus schon die Eigenwerte ε_{L_i}, andernfalls nur die Summen $\sum\limits_{\nu=1}^{\lambda_i} \varepsilon_{L_i}^{(\nu)}$. Dann kann man die iterierten Gleichungen von (9.30) benutzen:

$$\sum_{m'}{}' a^{(k)}_{m_1\ldots m_f,\, m_1'\ldots m_f'} W_{m_1'\ldots m_f'} = \varepsilon^k W_{m_1\ldots m_f} \qquad (9.32)$$

mit

$$a^{(k)}_{m_1\ldots m_f,\, m_1'\ldots m_f'} = \sum_{m''}{}' a_{m_1\ldots m_f,\, m_1''\ldots m_f''}\, a^{(k-1)}_{m_1''\ldots m_f'',\, m_1'\ldots m_f'},$$

aus denen man entsprechende Relationen wie (9.31) für die k-ten Potenzen der Eigenwerte $\varepsilon_{L_i}^{(\nu)}$ erhält.

§ 10. Quantisierung der Schrödinger-Gleichung.

Nach VIII, § 1 muß ein f-Teilchenproblem (für gleiche Teilchen) entweder durch symmetrische oder antisymmetrische (wie für Elektronen) Vektoren beschrieben werden. Betrachten wir die Teilchen ohne Wechselrichtung, so lautet der Hamilton-Operator $H = \sum\limits_{k=1}^{f} H_k$, wo H_k der Hamilton-Operator eines einzigen Teilchens ist.

Zuerst werde der Fall $(\mathfrak{H}^f)_+$ näher untersucht. Die Φ_ν seien ein vollständiges normiertes Orthogonalsystem in $\mathfrak{H}$. Dann bilden nach (VIII, 1.10) die

$$\chi(n_1 n_2 \ldots) = \frac{1}{\sqrt{f!\, \prod\limits_i (n_i!)}} \sum_P P\, \Phi_{\nu_1}(1)\, \Phi_{\nu_2}(2) \ldots \Phi_{\nu_f}(f) \qquad (10.1)$$

ein vollständiges normiertes Orthogonalsystem in $(\mathfrak{H}^f)_+$, wobei die $\nu_1, \nu_2, \ldots, \nu_f$ der Größe nach geordnet seien und n_i-mal der Index i unter den $\nu_1, \ldots, \nu_f$ auftrete.

Es sei $H_k \Phi_\nu(k) = \sum\limits_\mu \Phi_\mu(k) H_{\mu\nu}$. Dann ist

$$H\chi = \sum_k H_k \chi(n_1, n_2 \ldots) = \sum_i n_i H_{ii} \chi(n_1, n_2 \ldots)$$
$$+ \sum_{i \neq k}{}' \sqrt{n_k(n_i+1)}\, H_{ik} \chi(n_1, \ldots, n_k-1, \ldots, n_i+1, \ldots, n_f). \qquad (10.2)$$

Damit können wir H in der Form

$$H = \sum_{i,\,k} H_{ik} N_{ik} \qquad (10.3)$$

schreiben, wobei N_{ik} die Operatoren

$$N_{ii} \chi(n_1 n_2 \ldots) = n_i \chi(n_1 n_2 \ldots) \qquad (10.4)$$

$$i \neq k: N_{ik} \chi(n_1 n_2 \ldots) = \sqrt{n_k(n_i+1)}\, \chi(n_1, \ldots, n_k-1, \ldots, n_i+1, \ldots, n_f)$$

sind. Bei Vergleich mit den Operatoren A^*, A des harmonischen Oszillators erkennt man, daß man

$$N_{ik} = A_i^* A_k \qquad (10.5)$$

schreiben kann, wenn man $\chi(n_1 n_2 \ldots)$ als Zustand eines Systems mehrerer Oszillatoren auffaßt, wo der erste im n_1-ten Zustande, der zweite im n_2-ten ist usw. (s. I, § 7):

Betrachtet man alle Zustände $\chi(n_1 n_2 \ldots)$ für beliebiges $f = \sum n_i$, d. h. betrachtet man den HILBERT-Raum $\mathfrak{H}^0 \oplus \mathfrak{H}^1 \oplus (\mathfrak{H}^2)_+ \oplus (\mathfrak{H}^3)_+ \oplus \cdots$ mit der Basis $\chi(n_1 n_2 \ldots)$, wobei $\mathfrak{H}^0$ der eindimensionale Raum mit dem Basisvektor $\chi(0, 0, \ldots)$ sei, so kann man die Operatoren A_i und A_i^* durch

$$A_i^* \chi(n_1 n_2 \ldots) = \sqrt{n_i + 1}\, \chi(n_1 n_2 \ldots n_i + 1 \ldots) \qquad (10.6\text{a})$$

und damit

$$A_i \chi(n_1 n_2 \ldots) = \sqrt{n_i}\, \chi(n_1 n_2 \ldots n_i - 1 \ldots) \qquad (10.6\text{b})$$

einführen. Dann ist $N_{ik} = A_i^* A_k$ und

$$H = \sum_{i,k} H_{ik} A_i^* A_k . \qquad (10.7)$$

Die A_i^*, A_k genügen den Vertauschungsrelationen

$$[A_i, A_k^*] = \delta_{ik}\mathbf{1}, \quad [A_i, A_k] = 0, \quad [A_i^*, A_k^*] = 0. \qquad (10.8)$$

Nach dem HEISENBERG-Bild ist also[1]:

$$-\frac{\hbar}{i} \dot{A}_i = \sum_k H_{ik} A_k = \frac{\partial H}{\partial A_i^*}. \qquad (10.9)$$

Führen wir durch

$$A_k = \frac{1}{\sqrt{2\hbar}}(Q_k + i P_k), \qquad A_k^* = \frac{1}{\sqrt{2\hbar}}(Q_k - i P_k) \qquad (10.10)$$

die HERMITEschen Operatoren Q_k, P_k ein, so folgt

$$H = \frac{1}{2\hbar} \sum_{i,k} H_{ik} Q_i Q_k + \frac{1}{2\hbar} \sum_{i,k} H_{ik} P_i P_k$$
$$+ \frac{i}{2\hbar} \sum_{i,k} H_{ik}(P_i Q_k - Q_i P_k) \qquad (10.11)$$

$$[P_i, Q_k] = \frac{\hbar}{i} \delta_{ik} \mathbf{1} \qquad (10.12)$$

und

$$\dot{P}_i = -\frac{\partial H}{\partial Q_i}; \quad \dot{Q}_i = \frac{\partial H}{\partial P_i}. \qquad (10.13)$$

Die Gl. (10.9) ist der Form nach nicht anders als die SCHRÖ-DINGER-Gleichung eines einzigen Teilchens, nur daß die A_i Operatoren und nicht Zahlen sind; denn die SCHRÖDINGER-Gleichung $-\frac{\hbar}{i} \dot{\psi} = H \psi$ im HILBERT-Raum $\mathfrak{H}$ eines Elektrons lautet mit $\psi = \sum_i \Phi_i a_i$:

$$-\frac{\hbar}{i} \dot{a}_i = \sum_k H_{ik} a_k . \qquad (10.14)$$

---

[1] Differentialquotienten von Operatoren nach I, 6.4.

(10.9) entsteht also aus dieser Schrödinger-Gleichung, indem man die Amplituden a_k durch Operatoren ersetzt, die den Vertauschungsrelationen (10.8) genügen. (10.13) zeigt aber, daß die Schrödinger-Gleichung (10.14) identisch ist mit einem System kanonischer Gleichungen ähnlich (I, 2.6) und die Vertauschungsrelationen (10.12) mit den Heisenbergschen Vertauschungsrelationen übereinstimmen. Man könnte also die Formulierung des Mehrteilchensystems auch dadurch finden, daß man die Schrödinger-Gleichung (10.14) in eine kanonische Form nach (10.13) bringt und dann die übliche Vorschrift des Ersetzens der p_i, q_k durch Operatoren P_i, Q_k anwendet. Weiter unten werden wir dies für Elektronen mit Wechselwirkung durchführen.

Nach welchem Orthogonalsystem Φ_k aus $\mathfrak{H}$ man das ψ entwickelt, ist für den Inhalt der Gl. (10.9) und (10.14) gleichgültig. Man kann die Φ_k auch als uneigentliche Vektoren mit kontinuierlichem k wählen, so daß die a_k Funktionen des kontinuierlichen Parameters k sind. In der Vertauschungsrelation (10.8) ist dann δ_{ik} durch die Diracsche δ-Funktion $\delta(k - k')$ zu ersetzen: $[A_{k'}, A_k^*] = 1\,\delta(k' - k)$.

Läßt sich auch im Falle der antisymmetrischen Vektoren, d. h. für Elektronen, eine ähnliche Darstellung des Mehrteilchenproblems erreichen? Statt (10.1) bilden in $(\mathfrak{H}^f)_-$ die Vektoren (VIII, 1.11):

$$\chi(n_1 n_2 \ldots) = \frac{1}{\sqrt{f!}} \sum_P (-1)^P P\, \Phi_{v_1}(1)\, \Phi_{v_2}(2) \ldots \Phi_{v_f}(f) \qquad (10.15)$$

ein vollständiges normiertes Orthogonalsystem, wobei wieder die $v_1 \ldots v_f$ der Größe nach geordnet seien und n_i-mal der Index i unter den $v_1 \ldots v_f$ auftritt. Es ist also jedes $n_i = 1$ oder 0. Damit wird

$$\begin{aligned}
H\chi = \sum_k H_k \chi &= \sum_i n_i H_{ii} \chi(n_1 n_2 \ldots) \\
&+ \sum_{i \neq k} n_k(1 - n_i) H_{ik} \chi(n_1 \ldots n_k - 1 \ldots n_i + 1 \ldots).
\end{aligned} \qquad (10.16)$$

Wir können also H wieder in der Form

$$H = \sum_{i,k} H_{ik} N_{ik} \qquad (10.17)$$

schreiben, wobei N_{ik} jetzt die Operatoren

$$N_{ii} \chi(n_1 n_2 \ldots) = n_i \chi(n_1 n_2 \ldots) \qquad (10.18)$$

$$i \neq k: N_{ik} \chi(n_1 n_2 \ldots) = n_k(1 - n_i) \chi(n_1 \ldots n_k - 1 \ldots n_i + 1 \ldots)$$

sind. Wegen $n_i = 1$ oder 0 ist $n_i^2 = n_i$. Wir sehen also, daß wir $N_{ik} = B_i A_k$ schreiben können mit

$$A_k \chi(n_1 n_2 \ldots) = n_k \chi(n_1 n_2 \ldots n_k - 1 \ldots)$$

und

$$B_i \chi(n_1 n_2 \ldots) = (1 - n_i) \chi(n_1 n_2 \ldots n_i + 1 \ldots).$$

Man erkennt leicht, daß $B_i = A_i^*$ ist, so daß

$$N_{ik} = A_i^* A_k \quad \text{und} \quad H = \sum_{i,k} H_{ik} A_i^* A_k \qquad (10.19)$$

wird. Für die A_i, A_i^* gelten die „Vertauschungsrelationen":

$$A_i A_k^* + A_k^* A_i = \delta_{ik}\, 1$$
$$A_i A_k + A_k A_i = 0; \quad A_i^* A_k^* + A_k^* A_i^* = 0. \qquad (10.20)$$

Mit Hilfe dieser Relationen folgt

$$-\frac{\hbar}{i}\,\dot{A}_k = -[H, A_k] = -H A_k + A_k H = \sum_i H_{ki} A_i = \frac{\partial H}{\partial A_k^*}\,. \qquad (10.21)$$

Wenn wir also von der SCHRÖDINGER-Gleichung (10.14) ausgehen und die a_k durch Operatoren A_k ersetzen, die den Vertauschungsrelationen (10.20) genügen, so ist dies äquivalent der Beschreibung von Mehrelektronenproblemen nach dem PAULI-Prinzip. Wir wollen dies jetzt explizit durchführen, indem wir die PAULIsche Wellengleichung (d. h. die SCHRÖDINGER-Gleichung mit Spin) benutzen. Wir gehen von der klassischen Wellengleichung (1.40) aus und schreiben sie gleich in der Form

$$-\frac{\hbar}{i}\,\dot{\psi} = \frac{1}{2m} \sum_{k=1}^{3} \left(\frac{\hbar}{i}\,\frac{\partial}{\partial x_k} - \frac{e}{c}\,A_k\right)^2 \psi + e\,\varphi\,\psi. \qquad (10.22)$$

Statt der einen Feldfunktion wollen wir aber entsprechend der Einführung des Spins nach VIII, § 8 eine zweikomponentige Feldfunktion

$$\psi(\mathfrak{r}) = \begin{pmatrix} \varphi_+(\mathfrak{r}) \\ \varphi_-(\mathfrak{r}) \end{pmatrix} = \varphi_+(\mathfrak{r})\,u_+ + \varphi_-(\mathfrak{r})\,u_-$$

mit

$$u_+ = \begin{pmatrix} 1 \\ 0 \end{pmatrix},\; u_- = \begin{pmatrix} 0 \\ 1 \end{pmatrix} \qquad (10.23)$$

benutzen. Als klassische Feldgleichung für die zwei Feldfunktionen φ_+ und φ_-, d. h. für ψ, wollen wir statt (10.22)

$$-\frac{\hbar}{i}\,\dot{\psi} = \frac{1}{2m}\left(\frac{\hbar}{i}\,\mathrm{grad} - \frac{e}{c}\,\mathfrak{A}\right)^2 \psi + e\,\varphi\,\psi - \frac{e\hbar}{2m}\,\vec{\sigma}\cdot\mathfrak{H}\,\psi \qquad (10.24)$$

benutzen, wobei $\vec{\sigma} = (\sigma_1, \sigma_2, \sigma_3)$ die Matrizen

$$\sigma_1 = \begin{pmatrix} 0 & 1 \\ 1 & 0 \end{pmatrix}; \quad \sigma_2 = \begin{pmatrix} 0 & -i \\ i & 0 \end{pmatrix}; \quad \sigma_3 = \begin{pmatrix} 1 & 0 \\ 0 & -1 \end{pmatrix}$$

sind. $\frac{\hbar}{2}\,\vec{\sigma}$ ist also mit dem Operator des Spindrehimpulses identisch. Die Potentiale $\mathfrak{A}$, φ können teilweise von äußeren Feldern, teilweise von den ψ-Wellen selbst herrühren. Wir wollen der Einfachheit halber $\mathfrak{A}$ und $\mathfrak{H}$ vernachlässigen, so wie wir in (10.24) schon gegenüber (X, 2.2) einige Glieder nicht berücksichtigt haben. φ möge sich aus einem äußeren Potential φ_a (z. B. Potential des Atomkerns) und dem

Potential

$$e \int \frac{\overline{\psi}(\mathfrak{r}') \, \psi(\mathfrak{r}')}{|\mathfrak{r} - \mathfrak{r}'|} \, d\mathfrak{r}' \qquad (d\mathfrak{r}' = d x_1 \, d x_2 \, d x_3)$$

zusammensetzen, wobei $\overline{\psi}(\mathfrak{r}') \, \psi(\mathfrak{r}') = \overline{\varphi_+}(\mathfrak{r}') \, \varphi_+(\mathfrak{r}') + \overline{\varphi_-}(\mathfrak{r}') \, \varphi_-(\mathfrak{r}')$ sein soll. Damit erhalten wir die Feldgleichung:

$$- \frac{\hbar}{\imath} \, \dot{\psi} = \frac{1}{2m} \left(\frac{\hbar}{\imath} \operatorname{grad} \right)^2 \psi + c \, \varphi_a \psi + c^2 \int \frac{\overline{\psi}(\mathfrak{r}') \, \psi(\mathfrak{r}')}{|\mathfrak{r} - \mathfrak{r}'|} \, d\mathfrak{r}' \, \psi. \quad (10.25)$$

Wie in I, § 3 ist hier ψ *nicht* als normiert zu denken, so daß die folgenden physikalischen Größen des ψ-Feldes von der Amplitude abhängen. Man gewinnt diese Größen ähnlich wie in I (3.10) und (3.12). Sie seien hier nur kurz angegeben:

Die Ladungsdichte

$$\varrho = e \, \overline{\psi}(\mathfrak{r}) \, \psi(\mathfrak{r})$$

und Gesamtladung

$$q = e \int \overline{\psi}(\mathfrak{r}) \, \psi(\mathfrak{r}) \, d\mathfrak{r}.$$

Die Stromdichte mit der Abkürzung $\mathfrak{v} = \frac{1}{m} \frac{\hbar}{\imath} \operatorname{grad}$:

$$\mathfrak{s} = \frac{e}{2} \{ \overline{\psi}(\mathfrak{v} \, \psi) + \overline{(\mathfrak{v} \, \psi)} \, \psi \} + \operatorname{rot} \overline{\psi} \frac{e \hbar}{2m} \vec{\sigma} \, \psi. \quad ^1$$

Die Energie

$$\boldsymbol{H} = \int \overline{\psi} \, H \, \psi \, d\mathfrak{r} + \frac{e^2}{2} \iint \frac{\overline{\psi}(\mathfrak{r}) \, \overline{\psi}(\mathfrak{r}') \, \psi(\mathfrak{r}') \, \psi(\mathfrak{r})}{|\mathfrak{r} - \mathfrak{r}'|} \, d\mathfrak{r}' \, d\mathfrak{r} \qquad (10.26)$$

mit

$$H = \frac{1}{2m} \left(\frac{\hbar}{\imath} \operatorname{grad} \right)^2 + e \, \varphi_a. \qquad (10.26a)$$

Entwickelt man $\psi(\mathfrak{r})$ nach einem vollständigen normierten Orthogonalsystem $\Phi_\nu(\mathfrak{r})$, wobei die $\Phi_\nu(\mathfrak{r})$ zweikomponentige Feldfunktionen sind:

$$\psi(\mathfrak{r}) = \sum_\nu \Phi_\nu(\mathfrak{r}) \, a_\nu \qquad (10.27)$$

und ersetzt die Amplituden a_ν durch Operatoren A_ν mit den Vertauschungsrelationen (10.20), so ist dies damit identisch, daß die $\psi(\mathfrak{r}) = \begin{pmatrix} \varphi_+(\mathfrak{r}) \\ \varphi_-(\mathfrak{r}) \end{pmatrix}$ Operatoren mit den Vertauschungsrelationen

$$\begin{aligned}
\varphi_\alpha^*(\mathfrak{r}, t) \, \varphi_\beta(\mathfrak{r}', t) + \varphi_\beta(\mathfrak{r}', t) \, \varphi_\alpha^*(\mathfrak{r}, t) &= \delta_{\alpha\beta} \, \delta(\mathfrak{r} - \mathfrak{r}') \, 1 \\
\varphi_\alpha(\mathfrak{r}, t) \, \varphi_\beta(\mathfrak{r}', t) + \varphi_\beta(\mathfrak{r}', t) \, \varphi_\alpha(\mathfrak{r}, t) &= 0
\end{aligned} \qquad (10.28)$$

werden, wobei $\overline{\varphi_\alpha}(\mathfrak{r})$ durch den zu $\varphi_\alpha(\mathfrak{r})$ Hermitesch konjugierten Operator $\varphi_\alpha^*(\mathfrak{r})$ zu ersetzen ist.

---

^{1} Das Zusatzglied $\operatorname{rot} \overline{\psi} \frac{e \hbar}{2m} \vec{\sigma} \, \psi$ ist notwendig, damit man mit $\mathfrak{s}$ die Erhaltungssätze von Energie und Impuls ähnlich wie in I, § 3 ableiten kann.

Um einen HILBERT-Raum zu finden, in dem die $\varphi_\alpha(\mathfrak{r})$ als Operatoren definiert sind, so daß sie die Vertauschungsrelationen (10.28) erfüllen, gehen wir von dem Operator der Gesamtladung

$$q = e \int \sum_\alpha \varphi_\alpha^*(\mathfrak{r})\, \varphi_\alpha(\mathfrak{r})\, d\mathfrak{r} = eN \qquad (10.29)$$

aus und fordern, daß er ein HERMITEscher Operator sein soll. (Es wird sich zeigen, daß dann der Operator $\int \sum_\alpha \varphi_\alpha(\mathfrak{r})\, \varphi_\alpha^*(\mathfrak{r})\, d\mathfrak{r}$ nicht existiert!)

Die Überlegungen zur Definition des HILBERT-Raumes laufen vollkommen parallel zu denen beim harmonischen Oszillator aus I, § 7 und brauchen deshalb nur skizziert zu werden: Φ sei ein Eigenvektor von N zum Eigenwert λ:

$$N\Phi = \lambda\Phi.$$

Mit Hilfe der Vertauschungsrelation folgt wie auf S. 45:

$$N\varphi_\alpha(\mathfrak{r})\,\Phi = (\lambda - 1)\,\varphi_\alpha(\mathfrak{r})\,\Phi; \qquad N\varphi_\alpha^*(\mathfrak{r})\,\Phi = (\lambda + 1)\,\varphi_z^*(\mathfrak{r})\,\Phi.$$

Die Eigenwerte von N müssen aber positiv sein, wegen $(\Phi, N\Phi)$ $= \int \sum_\alpha \|\varphi_\alpha(\mathfrak{r})\,\Phi\|^2 d\mathfrak{r}$. Dann schließt man wieder, daß es einen Vektor Φ_0 geben muß[1], für den

$$\varphi_\alpha(\mathfrak{r})\,\Phi_0 = 0$$

für alle α und $\mathfrak{r}$ ist. Durch mehrfaches Anwenden von Operatoren $\varphi_\alpha^*(\mathfrak{r})$ können wir aus Φ_0 eine Basis für den ganzen HILBERT-Raum gewinnen. Wir definieren

$$\Phi_{\substack{\mathfrak{r}_1\,\mathfrak{r}_2\ldots\mathfrak{r}_n \\ \alpha_1\,\alpha_2\quad\alpha_n}} = \varphi_{\alpha_1}^*(\mathfrak{r}_1)\,\varphi_{\alpha_2}^*(\mathfrak{r}_2)\ldots\varphi_{\alpha_n}^*(\mathfrak{r}_n)\,\Phi_0. \qquad (10.30)$$

Eine Vertauschung P der $\genfrac{}{}{0pt}{}{\mathfrak{r}_i}{\alpha_i}$ ergibt keinen neuen Vektor, sondern wegen (10.28) bis auf einen Faktor $(-1)^P$ denselben Vektor: die $\Phi_{\substack{\mathfrak{r}_1\ldots\mathfrak{r}_n \\ \alpha_1\ldots\alpha_n}}$ sind antisymmetrisch. Sie sind orthogonal, wenn nicht die Indizes $\genfrac{}{}{0pt}{}{\mathfrak{r}_i}{\alpha_i}$ übereinstimmen. Jedes Element χ des HILBERT-Raumes können wir nach den $\Phi_{\substack{\mathfrak{r}_1\ldots\mathfrak{r}_n \\ \alpha_1\ldots\alpha_n}}$ entwickeln[2]:

$$\chi = \sum_{n=0}^{\infty} \sum_{\alpha_1\ldots\alpha_n} \int f_n\begin{pmatrix}\mathfrak{r}_1 & \cdot\,\mathfrak{r}_n \\ \alpha_1 & \cdot\,\alpha_n\end{pmatrix} \Phi_{\substack{\mathfrak{r}_1\quad\mathfrak{r}_n \\ \alpha_1\quad\alpha_n}}\, d\mathfrak{r}_1\ldots d\mathfrak{r}_n, \qquad (10.31)$$

---

[1] Wir nehmen an, daß es *nur* ein einziges Φ_0 gibt. Sonst erhielte man wie auf S. 46 den hier betrachteten HILBERT-Raum mehrere Male.

[2] Daß die $\Phi_{\substack{\mathfrak{r}_1\ldots\mathfrak{r}_n \\ \alpha_1\cdot\cdot\alpha_n}}$ ganz $\mathfrak{H}$ aufspannen, folgt wie in III, § 8, wenn man fordert, daß $\mathfrak{H}$ hinsichtlich der Operatoren $\varphi_\alpha(\mathfrak{r})$ irreduzibel ist.

wobei die $f_n\left(\begin{smallmatrix} \mathfrak{r}_1 \dots \mathfrak{r}_n \\ \alpha_1 \dots \alpha_n \end{smallmatrix}\right)$ in den $\begin{smallmatrix} \mathfrak{r}_i \\ \alpha_i \end{smallmatrix}$ antisymmetrisch gewählt werden können. Es folgt für das innere Produkt zweier Vektoren:

$$(\chi, \chi') = \sum_{n=0}^{\infty} \sum_{\alpha_1 \dots \alpha_n} \int \overline{f_n\left(\begin{smallmatrix} \mathfrak{r}_1 \cdot \ \ \mathfrak{r}_n \\ \alpha_1 \cdot \ \ \alpha_n \end{smallmatrix}\right)} f'_n\left(\begin{smallmatrix} \mathfrak{r}_1 \ \ \mathfrak{r}_n \\ \alpha_1 \ \ \alpha_n \end{smallmatrix}\right) d\mathfrak{r}_1 \dots d\mathfrak{r}_n. \quad (10.32)$$

Für die Operatoren $\varphi_\alpha(\mathfrak{r})$, $\varphi_\alpha^*(\mathfrak{r})$ folgt:

$$\varphi_\alpha^*(\mathfrak{r})\, \Phi_{\substack{\mathfrak{r}_1 \dots \mathfrak{r}_n \\ \alpha_1 \dots \alpha_n}} = \Phi_{\substack{\mathfrak{r}\, \mathfrak{r}_1 \dots \mathfrak{r}_n \\ \alpha\,\alpha_1 \dots \alpha_n}} \quad (10.33)$$

$$\varphi_\alpha(\mathfrak{r})\, \Phi_{\substack{\mathfrak{r}_1 \cdot \ \cdot \mathfrak{r}_n \\ \alpha_1 \cdot \ \cdot \alpha_n}} = -\sum_{k=1}^{n} (-1)^k\, \delta(\mathfrak{r} - \mathfrak{r}_k)\, \delta_{\alpha\,\alpha_k}\, \Phi_{\substack{\mathfrak{r}_1 \dots \mathfrak{r}_{k-1}\,\mathfrak{r}_{k+1} \dots \mathfrak{r}_n \\ \alpha_1 \dots \alpha_{k-1}\,\alpha_{k+1} \dots \alpha_n}}. \quad (10.34)$$

Weiterhin:

$$\varrho(\mathfrak{r})\, \Phi_{\substack{\mathfrak{r}_1 \dots \mathfrak{r}_n \\ \alpha_1 \quad \alpha_n}} = e \sum_{k=1}^{n} \delta(\mathfrak{r} - \mathfrak{r}_n)\, \Phi_{\substack{\mathfrak{r}_1 \quad \mathfrak{r}_n \\ \alpha_1 \quad \cdot \alpha_n}}; \quad (10.35)$$

$$N\, \Phi_{\substack{\mathfrak{r}_1 \dots \mathfrak{r}_n \\ \alpha_1 \quad \cdot \alpha_n}} = n\, \Phi_{\substack{\mathfrak{r}_1 \ \cdot \cdot \mathfrak{r}_n \\ \alpha_1 \ \cdot \cdot \alpha_n}}. \quad (10.36)$$

Für die Energie H wird speziell mit χ nach (10.31)

$$H\chi = \sum_{n=0}^{\infty} \sum_{\alpha_1 \quad \alpha_n} \int g_n\left(\begin{smallmatrix} \mathfrak{r}_1 \dots \mathfrak{r}_n \\ \alpha_1 \ \cdot \alpha_n \end{smallmatrix}\right) \Phi_{\substack{\mathfrak{r}_1 \quad \mathfrak{r}_n \\ \alpha_1 \ \cdot \alpha_n}} d\mathfrak{r}_1 \dots d\mathfrak{r}_n \quad (10.37)$$

mit

$$g_n\left(\begin{smallmatrix} \mathfrak{r}_1 \cdot \ \cdot \mathfrak{r}_n \\ \alpha_1 \quad \alpha_n \end{smallmatrix}\right) = \left(\sum_k H_k\right) f_n\left(\begin{smallmatrix} \mathfrak{r}_1 \cdot \quad \mathfrak{r}_n \\ \alpha_1 \quad \alpha_n \end{smallmatrix}\right) + \sum_{i<k} \frac{e^2}{|\mathfrak{r}_i - \mathfrak{r}_k|} f_n\left(\begin{smallmatrix} \mathfrak{r}_1 \quad \mathfrak{r}_n \\ \alpha_1 \ \cdot \ \alpha_n \end{smallmatrix}\right),$$

wobei H_k auf $\begin{smallmatrix} \mathfrak{r}_k \\ \alpha_k \end{smallmatrix}$ wie H in (10.26a) auf $\begin{smallmatrix} \mathfrak{r} \\ \alpha \end{smallmatrix}$ in bezug auf die $\varphi_\nu(\mathfrak{r})$ aus $\psi(\mathfrak{r}) = \left(\begin{smallmatrix} \varphi_+(\mathfrak{r}) \\ \varphi_-(\mathfrak{r}) \end{smallmatrix}\right)$ wirkt. Wird χ nach dem Schrödinger-Bild als zeitabhängig behandelt, so daß in (10.31) die Entwicklungskoeffizienten $f_n\left(\begin{smallmatrix} \mathfrak{r}_1 \dots \mathfrak{r}_n \\ \alpha_1 \dots \alpha_n \end{smallmatrix}\right)$ noch von der Zeit t abhängen, so folgt aus $-\frac{\hbar}{\imath}\dot{\chi} = H\chi$ für jedes n:

$$-\frac{\hbar}{\imath}\frac{\partial}{\partial t} f_n\left(\begin{smallmatrix} \mathfrak{r}_1 \cdot \ \cdot \mathfrak{r}_n \\ \alpha_1 \ \cdot \cdot \alpha_n \end{smallmatrix}\right) = \sum_k H_k f_n\left(\begin{smallmatrix} \mathfrak{r}_1 \quad \cdot \mathfrak{r}_n \\ \alpha_1 \quad \cdot \alpha_n \end{smallmatrix} t\right) + \sum_{i<k} \frac{e^2}{r_{ik}} f_n\left(\begin{smallmatrix} \mathfrak{r}_1 \cdot \ \cdot \mathfrak{r}_n \\ \alpha_1 \quad \alpha_n \end{smallmatrix} t\right), \quad (10.38)$$

was die Schrödinger-Gleichung für n Elektronen und antisymmetrische Wellenfunktionen f_n darstellt, so wie wir sie für das n-Elektronenproblem nach den Betrachtungen von VIII, § 1 angesetzt haben.

So wie man aus dem Partikelbild durch Quantisierungsvorschriften nach dem Korrespondenzprinzip die Quantentheorie erhält, genau so kann man also durch ähnliche Vorschriften vom Wellenbild her zur *selben* Formulierung der Quantentheorie gelangen. Diese letzte Methode läßt sich aber auch dann anwenden, wenn die Zahl der Teilchen [Teilchenzahl gleich Eigenwert von N nach (10.36)] nicht mehr zeitlich konstant bleibt. Auch die Maxwellschen Gleichungen lassen sich klassisch in eine kanonische Form bringen und dann der Quantisierungsvorschrift unterwerfen, wobei sich die Benutzung der Vertauschungsrelationen (10.8) als vernünftig erweist. Auf diese Weise scheint es auch möglich zu sein, Elektronen und elektromagnetisches Feld in ihrer gegenseitigen Wechselwirkung quantentheoretisch zu behandeln. Doch zeigen sich hierbei unüberwindbare Hindernisse: Die Anwendung der Quantisierungsvorschriften führt beim HAMILTON-Operator nicht zu einem mathematisch sinnvollen, sondern zu einem divergenten Integralausdruck. Hätten wir z. B. in (10.26) für das Wechselwirkungsglied nicht

$$\frac{e^2}{2} \iint \frac{\overline{\psi}(\mathfrak{r})\,\overline{\psi}(\mathfrak{r}')\,\psi(\mathfrak{r}')\,\psi(\mathfrak{r})}{|\mathfrak{r}-\mathfrak{r}'|}\, d\mathfrak{r}'\, d\mathfrak{r}, \text{ sondern } \frac{e^2}{2} \iint \frac{\overline{\psi}(\mathfrak{r}')\,\psi(\mathfrak{r}')\,\overline{\psi}(\mathfrak{r})\,\psi(\mathfrak{r})}{|\mathfrak{r}-\mathfrak{r}'|}\, d\mathfrak{r}'\, d\mathfrak{r}$$

geschrieben, so wäre letzter als Operator nicht sinnvoll, wie man leicht zeigt, indem man z. B. von dem sinnvollen ersten Operator her durch Vertauschen von $\overline{\psi}(\mathfrak{r})$ mit $\overline{\psi}(\mathfrak{r}')\,\psi(\mathfrak{r}')$ nach den Vertauschungsrelationen (10.28) zu dem rechten Ausdruck übergeht.

XI. Stoßprozesse.

§ 1. Der Wirkungsquerschnitt.

Wir wollen in diesem Abschnitt die prinzipielle physikalische Situation des Stoßprozesses an dem einfachen Beispiel des Stoßes eines Teilchens an einem festen äußeren Potential untersuchen, da alle komplizierteren Fälle, wie z. B. die des Stoßes von Elektronen an Atomen, keine prinzipiell neuen Gesichtspunkte enthalten. Der HAMILTON-Operator des betrachteten Teilchens sei also

$$H = \frac{1}{2m}\,\mathfrak{P}^2 + V(r), \tag{1.1}$$

wo das äußere Potential $V(r)$ nur von $r = \sqrt{Q_1^2 + Q_2^2 + Q_3^2}$ abhängen und für große Werte von r Null werden möge.

Die physikalische Fragestellung ist nicht direkt auf die Eigenwerte von H gerichtet, sondern auf die Wahrscheinlichkeit, daß das Teilchen am Potential $V(r)$ in eine bestimmte Richtung gestreut wird. Als Maß für diese Wahrscheinlichkeit führt man den differentiellen Wirkungsquerschnitt $d\sigma$ ein: Er ist das Verhältnis zweier Wahrscheinlichkeiten $w_2 : w_1$. w_1 ist die Wahrscheinlichkeit dafür, daß das Teilchen vor der Streuung eine Fläche von der Größe der Flächeneinheit senkrecht zu seiner annähernd bekannten Geschwindigkeit passiert. w_2 ist die Wahrscheinlichkeit dafür, daß das Teilchen nach der Streuung ein bestimmtes Flächenelement $R^2 d\omega$ einer Kugel vom Radius R (Abb. 28) (im Limes großer Werte R) passiert. $d\sigma$ hängt also im allgemeinen von der Richtung $\mathfrak{e}'$ ab. $\sigma = \int d\sigma$ bezeichnet man als den (totalen) Wirkungsquerschnitt. Anschaulich kann man sich

$d\sigma$ als kleine Fläche vorstellen, die senkrecht zur Einfallsrichtung $\mathfrak{e}$ dem Teilchen entgegensteht, so daß ein Treffer der Fläche $d\sigma$ mit einer Streuung in das Flächenelement $R^2 d\omega$ gleich wahrscheinlich ist.

Um nach der Quantentheorie die entsprechenden Wahrscheinlichkeiten berechnen zu können, brauchen wir einen Operator, der der Messung des Hindurchtretens des Teilchens während eines Zeitelements dt durch eine Fläche df (mit der Flächennormalen $\mathfrak{n}$), die sich an der Raumstelle $\mathfrak{r}'$ befindet, entspricht. Um

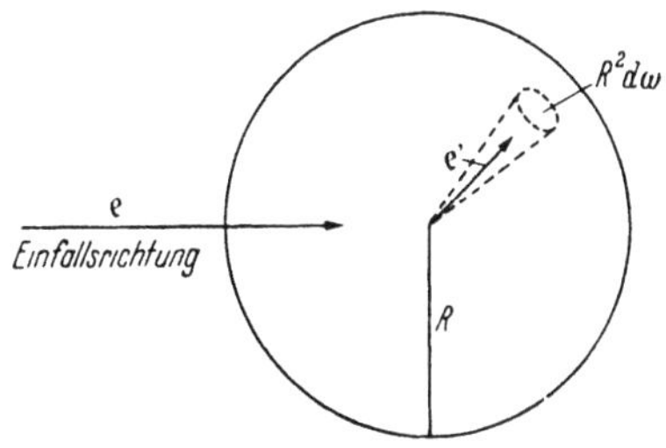

Abb. 28.
Zur Definition des Wirkungsquerschnittes

diesen zu finden, gehen wir von dem Ausdruck für die Stromdichte im klassischen Wellenbild aus (I, 3.11). Ohne den Faktor e lautet er:

$$\mathfrak{s}(\mathfrak{r}) = \frac{1}{2m}\left[\overline{\psi(\mathfrak{r})}\,\frac{\hbar}{i}\,\mathrm{grad}\,\psi(\mathfrak{r}) - \frac{\hbar}{i}\,\mathrm{grad}\,\overline{\psi(\mathfrak{r})}\,\psi(\mathfrak{r})\right]. \tag{1.2}$$

Nach der Methode der Quantisierung der Wellengleichung (X, § 10) entspricht ihm in dem Teilraum des HILBERT-Raumes, der von den $\Phi_\mathfrak{r}$ aufgespannt wird (wir lassen den Spinindex α fort, da wir den Spin in diesem Abschnitt nicht berücksichtigen wollen), also aus den Vektoren $\int f(\mathfrak{r})\,\Phi_\mathfrak{r}\,d\mathfrak{r}$ besteht, die Einteilchenzustände beschreiben, der Operator:

$$\mathfrak{s}(\mathfrak{r}')\,f(\mathfrak{r}) = \frac{1}{2m}\left[\delta(\mathfrak{r}'-\mathfrak{r})\,\frac{\hbar}{i}\,\mathrm{grad}_\mathfrak{r}\,f(\mathfrak{r}) + \frac{\hbar}{i}\,\mathrm{grad}_\mathfrak{r}\{\delta(\mathfrak{r}'-\mathfrak{r})\,f(\mathfrak{r})\}\right]. \tag{1.3}$$

Wir werden daher der Observablen, daß das Teilchen in der Zeit dt eine Fläche df mit der Normalen $\mathfrak{n}$ an der Stelle $\mathfrak{r}'$ passiert, in der Ortsdarstellung den Operator

$$\mathfrak{n}\cdot\mathfrak{s}(\mathfrak{r}')\,df\,dt = \frac{dt\,df}{2m}\left[\delta(\mathfrak{r}'-\mathfrak{r})\,\mathfrak{n}\cdot\frac{\hbar}{i}\,\mathrm{grad}_\mathfrak{r} + \mathfrak{n}\cdot\frac{\hbar}{i}\,\mathrm{grad}_\mathfrak{r}\,\delta(\mathfrak{r}'-\mathfrak{r})\right] \tag{1.4}$$

zuordnen. In der Impulsdarstellung hat er also die Matrixdarsteller:

$$(\mathfrak{p}'|\mathfrak{n}\cdot\mathfrak{s}(\mathfrak{r}')\,df\,dt|\mathfrak{p}'') = \frac{dt\,df}{2m}\,\frac{1}{(2\pi\hbar)^{3/2}}\,\mathfrak{n}\cdot(\mathfrak{p}'+\mathfrak{p}'')\,(\mathfrak{p}'-\mathfrak{p}''|\mathfrak{r}'). \tag{1.5}$$

Ist z. B. das Teilchen in einem Zustand χ, der in der Ortsdarstellung durch $(\mathfrak{r}|\chi)$, in der Impulsdarstellung durch $(\mathfrak{p}|\chi)$ gegeben ist, so ist die Wahrscheinlichkeit, daß das Teilchen das Flächenelement df in der Zeit dt passiert, gleich $(\chi, \mathfrak{n}\cdot\mathfrak{s}(\mathfrak{r}')\,\chi)\,df\,dt$, also gleich

$$\int (\chi|\mathfrak{r})\,\mathfrak{n}\cdot\mathfrak{s}(\mathfrak{r}')\,(\mathfrak{r}|\chi)\,d\mathfrak{r}\,df\,dt$$
$$= \frac{dt\,df}{2m}\left[(\chi|\mathfrak{r}')\,\mathfrak{n}\cdot\frac{\hbar}{i}\,\mathrm{grad}_{\mathfrak{r}'}(\mathfrak{r}'|\chi) - \mathfrak{n}\cdot\frac{\hbar}{i}\,(\mathrm{grad}_{\mathfrak{r}'}(\chi|\mathfrak{r}'))\,(\mathfrak{r}'|\chi)\right] \tag{1.6}$$

oder

$$\iint (\chi \,|\, \mathfrak{p}') \, (\mathfrak{p}' \,|\, \mathfrak{n} \cdot \mathfrak{z}(\mathfrak{r}') \,|\, \mathfrak{p}'') \, (\mathfrak{p}'' \,|\, \chi) \, d\mathfrak{p}' \, d\mathfrak{p}'' \, dt \, df \tag{1.7}$$

$$= \frac{dt \, df}{2m} \, \frac{1}{(2\pi\hbar)^{3/2}} \iint \mathfrak{n} \cdot (\mathfrak{p}' + \mathfrak{p}'') \, (\mathfrak{p}' - \mathfrak{p}'' \,|\, \mathfrak{r}') \, (\chi \,|\, \mathfrak{p}') \, (\mathfrak{p}'' \,|\, \chi) \, d\mathfrak{p}' \, d\mathfrak{p}''.$$

Ist z. B. der Impuls im Zustand χ recht genau gleich $\mathfrak{P}$ festgelegt, so ist $(\mathfrak{p} \,|\, \chi)$ nur für $\mathfrak{p}$ in der Nähe von $\mathfrak{P}$ von Null verschieden, so daß wir aus (1.7)

$$dt \, df \, \mathfrak{n} \cdot \frac{\mathfrak{P}}{m} \, \frac{1}{(2\pi\hbar)^{3/2}} \iint (\mathfrak{p}' - \mathfrak{p}'' \,|\, \mathfrak{r}') \, (\chi \,|\, \mathfrak{p}') \, (\mathfrak{p}'' \,|\, \chi) \, d\mathfrak{p}' \, d\mathfrak{p}''$$

$$= dt \, df \, \mathfrak{n} \cdot \frac{\mathfrak{P}}{m} \, |(\mathfrak{r}' \,|\, \chi)|^2 \tag{1.8}$$

erhalten, was eine sehr anschauliche Bedeutung hat; denn $|(\mathfrak{r}' \,|\, \chi)|^2$ ist die Ortswahrscheinlichkeitsdichte, so daß die rechte Seite von (1.8) gleich der Ortswahrscheinlichkeitsdichte mal dem Volumen eines Zylinders über df mit der Achse $\mathfrak{n}$ und der Länge $dt \frac{|\mathfrak{P}|}{m}$ ($= dt$ mal der Geschwindigkeit des Teilchens) ist (Abb. 29), was

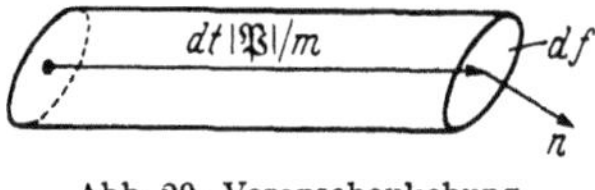

Abb 29. Veranschaulichung der Stromdichte.

man anschaulich unmittelbar für die Wahrscheinlichkeit des Hindurchtretens des Teilchens in der Zeit dt durch df hätte hinschreiben können.

Mit Hilfe des Operators $\mathfrak{n} \cdot \mathfrak{z} \, df \, dt$ und bei Kenntnis des statistischen Operators ist es also möglich, den gesuchten Wirkungsquerschnitt zu berechnen als ($\mathfrak{e}$, $\mathfrak{e}'$ nach Abb. 28)

$$d\sigma = \frac{\int \mathrm{Erw} \, (\mathfrak{e}' \cdot \mathfrak{z}(\mathfrak{r}') \, R^2 \, d\omega) \, dt}{\int \mathrm{Erw} \, (\mathfrak{e} \cdot \mathfrak{z}(\mathfrak{r})) \, dt}, \tag{1.9}$$

wobei $\mathfrak{r}'$ die Stelle des Oberflächenelements $R^2 \, d\omega$ und $\mathfrak{r}$ eine Stelle weit vor dem Streuzentrum ist. Die Zeitintegration erfolgt jeweils über die Zeit, wo die Erwartungswerte in (1.9) von Null verschieden sind. In dem nächsten Paragraphen werden wir uns also damit zu beschäftigen haben, die richtigen statistischen Operatoren des Problems zu finden.

§ 2. Stationärer Stoßvorgang.

Vor der Streuung werden die Teilchen mit einem recht genau bekannten Impuls, aber ungenauer Ortsangabe erzeugt. Es läge deshalb nahe, einen statistischen Operator W_0 zu suchen, der diese Kenntnis wiedergibt, und zu berechnen, wie er sich im SCHRÖDINGER-Bild im Laufe der Zeit ändert. Diese Aufgabe werden wir in § 4 in Angriff nehmen. Hier wollen wir das Stoßproblem durch einen „stationären" Stoßvorgang idealisieren, indem wir in Gedanken zu dem Extremfall übergehen, daß der Impuls des Teilchens vor dem Stoß *absolut* genau bekannt sei und damit der Ort absolut ungenau. Dann aber hat es keinen Sinn, zu fragen, ob das Teilchen schon gestreut ist oder nicht. Wir werden daher einen im SCHRÖDINGER-Bild zeitlich nicht veränderlichen statistischen Operator W suchen, der der Vorstellung entspricht, daß von einer Seite ein konstanter Wahrscheinlichkeitsstrom einfällt und ein konstanter Wahrscheinlichkeitsstrom entsprechend der Streuung vom Zentrum weg radial nach außen gerichtet ist.

In der Formel (1.9) für den Wirkungsquerschnitt sind dann die Erwartungswerte zeitlich konstant, so daß eine Integration über die Zeit von $-\infty$ bis $+\infty$ sowohl im Zähler wie Nenner zu ∞ führen würde. Im Experiment handelt es sich jedenfalls immer um eine endliche Zeit. Der Übergang zu stationärem W ist eine Idealisierung. Für stationäres W ist dann (falls das gestreute Teilchen dieselbe Geschwindigkeit wie das einfallende Teilchen hat)

$$d\sigma = \frac{\text{Erw}\,(e' \cdot \mathfrak{z}\,(\mathfrak{r}')\,R^2\,d\omega)}{\text{Erw}\,(e \cdot \mathfrak{z}\,(\mathfrak{r}))}. \tag{2.1}$$

Ein zeitlich unveränderliches W muß mit H vertauschbar sein. Es gibt daher ein gemeinsames System von (eigentlichen oder uneigentlichen) Eigenvektoren $\chi_{E,w,\alpha}$ von H und W, wo der Index α angebracht worden ist, falls das gemeinsame Spektrum von H und W entartet ist. W hat dann die Gestalt:

$$Wf = \mathop{\textsf{S}}_{E} \sum_{\alpha} \mathop{\textsf{S}}_{w} w\,\chi_{E,w,\alpha}(\chi_{E,w,\alpha}|f), \tag{2.2}$$

d. h. W ist ein Gemisch der eigentlichen oder uneigentlichen Zustände $\chi_{E,w,\alpha}$ mit den Wahrscheinlichkeiten w, d. h. ein Gemisch von Eigenzuständen von H. Und umgekehrt gibt jedes Gemisch von Eigenzuständen von H einen mit H vertauschbaren Operator W. Die Wahrscheinlichkeit, daß die Energie E einen Wert aus dem Intervall $E_1 \leqq E_2 \leqq E_2$ hat, ist also $\mathop{\textsf{S}}\limits_{E=E_1}^{E_2} \sum_{\alpha} \mathop{\textsf{S}}_{w} w$. In den betrachteten Streuexperimenten liegt aber mit Sicherheit kein diskreter Energiewert (d. h. kein gebundener Zustand) vor, so daß also $w = 0$ ist für das diskrete Spektrum von E. Überhaupt wird w nur für einen relativ kleinen Bereich der Energie von Null verschieden sein, so daß W ein Gemisch ist von uneigentlichen Zuständen von H aus einem schmalen Bereich des kontinuierlichen Spektrums, d. h. von Zuständen, die fast zum selben Eigenwert von H gehören.

Da uns der Operator $\mathfrak{n} \cdot \mathfrak{z}\,(\mathfrak{r}')\,df$ in der Orts- oder Impulsdarstellung bekannt ist, brauchen wir also die Eigenvektoren von H in einer dieser beiden Darstellungen für den kontinuierlichen Teil des H-Spektrums.

Der Operator H ist mit den Drehoperatoren U_D vertauschbar. Die Eigenfunktionen von H im kontinuierlichen Spektrum haben also die Gestalt

$$(\mathfrak{r}\,|\,E, l, m) = \varphi_{E,l}(r)\, Y_m^l(\delta, \varphi). \tag{2.3}$$

Die Gleichung für $\varphi_{E,l}(r)$ lautet:

$$-\frac{\hbar^2}{2m}\frac{1}{r}(r\,\varphi_{E,l})'' + \frac{\hbar^2}{2m}\frac{l(l+1)}{r^2}\varphi_{E,l} + V(r)\,\varphi_{E,l} = E\,\varphi_{E,l} \tag{2.4}$$

und mit $r\,\varphi_{E,l} = \psi_{E,l}$

$$-\frac{\hbar}{2m}\psi''_{E,l} + \frac{\hbar^2}{2m}\frac{l(l+1)}{r^2}\psi_{E,l} + V(r)\,\psi_{E,l} = E\,\psi_{E,l}. \tag{2.5}$$

Für große Werte von r ist nun $V(r) = 0$ vorausgesetzt, so daß also asymptotisch für große r

$$\frac{\hbar^2}{2m}\psi''_{E,l} + E\,\psi_{E,l} = 0\,,$$

d. h.

$$\varphi_{E,l} \sim \frac{C_{E,l}}{k\,r}\sin\left(k\,r - \frac{l}{2}\pi + \delta_l\right) \tag{2.6}$$

ist mit $k^2 = \frac{2m}{\hbar^2}E$, wobei die $C_{E,l}$ durch die Normierung bestimmt werden müßten, während die δ_l sich aus den exakten Lösungen von (2.5) ergeben würden. Ist $V(r) \equiv 0$, so wäre $\delta_l = 0$[1]. Ist die Richtung der einfallenden Teilchen praktisch die 3-Achse, so muß weit vor dem Streuzentrum W asymptotisch ein Gemisch von Zuständen (in der Ortsdarstellung) $(\mathfrak{r}\,|\,\mathfrak{p}) = \frac{1}{(2\pi\hbar)^{3/2}}\,e^{i\mathfrak{r}\mathfrak{r}}$ (mit $\mathfrak{p} = \hbar\,\mathfrak{k}$) zu verschiedenen $\mathfrak{p}$-Werten sein, wo alle $\mathfrak{p}$ fast die Richtung der 3-Achse und fast denselben Absolutwert haben, entsprechend der experimentellen Voraussetzung, daß die Geschwindigkeit des stoßenden Teilchens gut bekannt ist. Wir werden daher solche stationären Zustände $(\mathfrak{r}\,|\,E, l, m)$ suchen, die asymptotisch weit vor dem Streuzentrum die Form e^{ikx_3} annehmen. Mit der 3-Achse als Polarachse und damit $r_3 = r\cos\vartheta$ kann man die „ebene Welle" $e^{ikr\cos\vartheta}$ nach Kugelfunktionen Y_m^l entwickeln. Da $e^{ikr\cos\vartheta}$ nicht von φ abhängt, muß also sein:

$$e^{ikr\cos\vartheta} = \sum_{l=0}^{\infty} Y_0^l(\cos\vartheta)\,g_l(r) \tag{2.7}$$

mit $g_l(r) = 2\pi\int_{-1}^{+1} e^{ikr\xi}\, Y_0^l(\xi)\, d\xi$ [2]. Für große Werte von r erhält man

---

[1] Für $V \equiv 0$ hat $-\dfrac{\hbar^2}{2m}\psi''_{E,l} + \dfrac{\hbar^2}{2m}\dfrac{l(l+1)}{r^2}\psi_{E,l} = E\,\psi_{E,l}$ die Lösungen: $\psi_{E,l}(r) = \mathrm{const}\sqrt{k\,r}\, I_{l+1/2}(k\,r)$, wobei die I_ν die Bessel-Funktionen sind.

[2] Es folgt hieraus $g_l(r) = \pi\sqrt{\dfrac{2\,(2l+1)}{k\,r}}\,(-i)^l\, I_{l+1/2}(k\,r)$ mit den I_ν als den Bessel-Funktionen.

durch partielle Integration:

$$g_l(r) \approx 2\sqrt{\pi}\,\sqrt{2l+1}\,(-i)^l\,\frac{1}{kr}\sin\left(kr - \frac{l}{2}\pi\right). \qquad (2.8)$$

Also

$$e^{ikr\cos\vartheta} \approx \frac{2\sqrt{\pi}}{kr}\sum_{l=0}^{\infty}\sqrt{2l+1}\,(-i)^l\sin\left(kr - \frac{l}{2}\pi\right)Y_0^l(\cos\vartheta). \qquad (2.9)$$

Wir suchen also eine Eigenfunktion von H, die für große r und $\cos\vartheta \sim -1$ asymptotisch in die Summe (2.9) übergeht. Da die Energie E mit dem Impuls $|\mathfrak{p}|$ durch $\frac{1}{\hbar}\sqrt{2mE} = k = \frac{|\mathfrak{p}|}{\hbar}$ $\left(\text{d. h. } E = \frac{1}{2m}\mathfrak{p}^2\right)$ zusammenhängen muß, kommt als stationärer Zustand $\varphi_k(\mathfrak{r})$ nur eine Summe

$$\varphi_k(\mathfrak{r}) = \sum_{l,m}(\mathfrak{r}|E,l,m)\,a_{lm} \qquad (2.10)$$

in Frage. Eine Abhängigkeit von φ würde nicht den experimentellen Gegebenheiten entsprechen, so daß in (2.10) nur Glieder mit $m=0$ auftreten. Für große r ist also

$$\varphi_k(\mathfrak{r}) \sim \sum_{l=0}^{\infty}\frac{D_l}{kr}Y_0^l(\cos\vartheta)\sin\left(kr - \frac{l}{2}\pi + \delta_l\right) \qquad (2.11)$$

mit $D_l = C_{E,l}\,a_{l0}$. $\varphi_k(\mathfrak{r})$ ist also eine Überlagerung von Kugelwellen $\frac{e^{ikr}}{r}$ und $\frac{e^{-ikr}}{r}$. Für eine Eigenfunktion, die für große r die Form $\frac{e^{ikr}}{r}$ hat, ist der Erwartungswert von $\mathfrak{s}(\mathfrak{r}')$ nach (1.3) ein Vektor in der Richtung des Radiusvektors vom Ursprung und im Falle $\frac{e^{-ikr}}{r}$ entgegengesetzt zu dieser Richtung. Wir werden daher entsprechend dem Experiment fordern, daß $\varphi_k(\mathfrak{r})$ keine anderen „einlaufenden" Wellen $\frac{e^{ikr}}{r}$ enthält als die in der ebenen Welle $e^{ikr\cos\vartheta}$ nach (2.9) enthaltenen, d. h.

$$\sum_{l=0}^{\infty}\frac{D_l}{kr}Y_0^l(\cos\vartheta)\,e^{-ikr - i\delta_l + i\frac{l}{2}\pi}$$
$$= \sum_{l=0}^{\infty}\frac{2\sqrt{\pi}\sqrt{2l+1}\,(-i)^l}{kr}Y_0^l(\cos\vartheta)\,e^{-ikr + i\frac{l}{2}\pi}. \qquad (2.12)$$

Die D_l müssen also gleich

$$D_l = 2\sqrt{\pi}\,\sqrt{2l+1}\,(-i)^l\,e^{i\delta_l}$$

sein. $\varphi_k(\mathfrak{r})$ hat dann also die Gestalt (für große r):

$$\varphi_k(\mathfrak{r}) \sim e^{ikr\cos\vartheta} + \frac{e^{ikr}}{r}\tau(\vartheta) \qquad (2.13)$$

mit

$$\tau(\vartheta) = \sum_{l=0}^{\infty}Y_0^l(\cos\vartheta)\cdot\frac{1}{k}\sqrt{\pi}\,\sqrt{2l+1}\,(-i)^{l+1}\,e^{-i\frac{l}{2}\pi}(e^{2i\delta_l}-1).$$

Für sehr großen Abstand von dem Streuzentrum ist $\varphi_k(\mathfrak{r})$ praktisch gleich $e^{ikr\cos\vartheta} = e^{ikx_3}$, da die „Streuwelle" mit $\frac{1}{r}$ abnimmt.

Als W kommt also ein Gemisch von Zuständen $\varphi_{k'}(\mathfrak{r})$ in Frage, die sich von $\varphi_k(\mathfrak{r})$ nur wenig unterscheiden, dadurch, daß $|\mathfrak{k}'|$ nicht ganz der Wert k und die Einfallsrichtung der ebenen Welle $\left(= \frac{\mathfrak{k}'}{|\mathfrak{k}'|}\right)$ nicht ganz die 3-Achse ist. In der Ortsdarstellung hat also W die Darsteller

$$(\mathfrak{r}'|W|\mathfrak{r}'') = \int \varphi_{\mathfrak{k}'}(\mathfrak{r}')\, w(\mathfrak{k}')\, \overline{\varphi_{\mathfrak{k}'}}(\mathfrak{r}'')\, d\mathfrak{k}',$$

wo also $w(\mathfrak{k}')$ nur in einer kleinen Umgebung von $\mathfrak{k}' = (0, 0, k)$ von Null verschieden ist. [Da die $\varphi_{\mathfrak{k}'}(\mathfrak{r})$ und insbesondere $\varphi_k(\mathfrak{r})$ nicht normiert werden, ist also $w(\mathfrak{k}')$ nicht genau die Wahrscheinlichkeit für die Zustände $\varphi_{\mathfrak{k}'}(\mathfrak{r})$.]

Der Wirkungsquerschnitt ist nun leicht zu berechnen. Man erhält für eine Einheitsfläche senkrecht zur 3-Achse weit vor dem Streuzentrum wegen $\varphi_{\mathfrak{k}}(\mathfrak{r}) \sim e^{i\mathfrak{k}\cdot\mathfrak{r}}$ und mit (1.3)

$$\mathrm{Erw}\left(\mathfrak{z}_3(\mathfrak{r})\right) = \frac{\hbar}{m}\int k_3'\, w(\mathfrak{k}')\, d\mathfrak{k}' = \frac{\hbar}{m}\, k\int w(\mathfrak{k}')\, d\mathfrak{k}' \qquad (2.14)$$

und für das Flächenelement $R^2 d\omega = |\mathfrak{r}'|^2 d\omega$ in der Richtung $\vartheta\,(\vartheta \neq 0, \pi)$ wegen $\varphi_k(\mathfrak{r}) \sim \frac{e^{ikr}}{r}\,\tau(\vartheta)$ mit $e' = \frac{\mathfrak{r}'}{|\mathfrak{r}'|}$ für großes R:

$$\mathrm{Erw}\left(e' \cdot \mathfrak{z}(\mathfrak{r}')\, R^2\, d\omega\right) \approx \frac{\hbar}{m}\, k\,|\tau(\vartheta)|^2\, d\omega \int w(\mathfrak{k})\, d\mathfrak{k}. \qquad (2.15)$$

Damit ist nach (2.1):

$$d\sigma = |\tau(\vartheta)|^2 d\omega. \qquad (2.16)$$

Der totale Wirkungsquerschnitt wird damit

$$\sigma = \int d\sigma = \frac{4\pi}{k^2}\sum_{l=0}^{\infty}(2l+1)\sin^2\delta_l. \qquad (2.17)$$

Der Wirkungsquerschnitt ist also schon allein durch die „Phasen" δ_l bestimmt.

Als Beispiel möge die Streuung an einem „Potentialtopf" dienen:

$$V(r) = \begin{cases} -V_0 & \text{für} \quad r < r_0, \\ 0 & \text{für} \quad r > r_0, \end{cases} \qquad (2.18)$$

wobei wir r_0 sehr klein annehmen wollen. Aus (2.5) werden zwei Gleichungen

$$-\frac{\hbar^2}{2m}\psi_{E,l}'' + \frac{\hbar^2}{2m}\frac{l(l+1)}{r^2}\psi_{E,l} - (V_0 + E)\psi_{E,l} = 0 \quad \text{für} \quad r < r_0$$

und $\qquad\qquad\qquad\qquad\qquad\qquad\qquad\qquad\qquad\qquad\qquad\qquad\qquad\qquad (2.19)$

$$-\frac{\hbar^2}{2m}\psi_{E,l}'' + \frac{\hbar^2}{2m}\frac{l(l+1)}{r^2}\psi_{E,l} - E\,\psi_{E,l} = 0 \qquad \text{für} \quad r > r_0.$$

Damit $\psi''_{E,l}$ an der Stelle r_0 existiert und dort den Sprung $-V_0\,\psi_{El}$ macht, müssen $\psi'_{E,l}$ sowie $\psi_{E,l}$ an der Stelle r_0 stetig sein. [Man denke sich z. B. $V(r)$ an der Stelle r_0 sehr schnell, aber stetig von $-V_0$ auf Null ansteigend.] Die Lösung der ersten Gleichung beginnt für sehr kleine r-Werte wie r^{l+1} (siehe VII, § 3). Da r_0 sehr klein sein soll, ist außer für $l = 0$ $\varphi_{E,l}(r_0) = r_0^l \sim 0$, d. h. für $l \neq 0$ ist $\varphi_{E,l}$ die Lösung ohne Potential und damit $\delta_l = 0$. Für $l = 0$ hat die erste Gleichung die Lösungen $\sin Kr$ und $\cos Kr$ mit $K^2 = \dfrac{2m}{\hbar^2}(V_0 + E)$. Da $\varphi_{E,0}$ für $r = 0$ nicht singulär sein kann, muß also bis auf einen uninteressanten Normierungsfaktor

$$\psi_{E,0} = \sin Kr \tag{2.20}$$

sein. Wir wollen nun V_0 so groß wählen, daß sich $\sin Kr$ von $r = 0$ nach $r = r_0$ wesentlich ändern kann. Die Lösung der zweiten Gleichung für $r > r_0$ hat dieselbe Form, falls $E > 0$ ist:

$$\psi_{E,0} = A\,\sin(kr + \delta_0) \tag{2.21}$$

mit $k^2 = \dfrac{2mE}{\hbar^2}$. Es müssen nun A und δ_0 so gewählt werden, daß an der Stelle r_0:

$$\sin Kr_0 = A\,\sin(kr_0 + \delta_0) \tag{2.22}$$

und $K\cos Kr_0 = kA\cos(kr_0 + \delta_0)$ wird.

Wir wollen die Streuung nur für so kleine Energiewerte E und damit so kleine Werte k untersuchen, daß kr_0 wegen der Kleinheit von r_0 gleich Null gesetzt werden kann (nicht aber Kr_0, da $\sqrt{V_0}\,r_0$ endlich sein soll)·

$$\left.\begin{array}{l} \sin Kr_0 = kA\sin\delta_0 \\ K\cos Kr_0 = kA\cos\delta_0 \end{array}\right\} \quad \operatorname{tg}\delta_0 = \frac{k}{K}\operatorname{tg}Kr_0. \tag{2.23}$$

Da $kr_0 \ll Kr_0$ sein soll, kann man $K^2 = \dfrac{2mV_0}{\hbar^2}$ setzen, so daß K nicht mehr von E, d. h. von k abhängt. Damit ist $|\tau(\vartheta)|^2 = \dfrac{1}{k^2}\sin^2\delta_0$, d. h. unabhängig von ϑ. Die Streuung ist also kugelsymmetrisch. Der totale Wirkungsquerschnitt ist $\dfrac{4\pi}{k^2}\sin^2\delta_0$, d. h. von der Größenordnung des Quadrats der DE BROGLIE-Wellenlänge des einfallenden Teilchens. Die Streuung wird am größten, wenn $\sin\delta_0 = \pm 1$ ist und Null (!) für $\sin\delta_0 = 0$. Die größten Werte der Streuung ergeben sich also für V_0-Werte, für die $\sin Kr_0 = \pm 1$, d. h. $\cos Kr_0 = 0$ ist. Das bedeutet, daß die Eigenfunktion $\psi_{E,0}$ an der Stelle $r = r_0$ eine waagerechte Tangente hat. Die Streuung ist Null für $\sin Kr_0 = 0$, d. h. für V_0-Werte, wo $\psi_{E,0}$ an der Stelle $r = r_0$ gerade Null wird. In diesem Falle ist für die zu streuenden Teilchen das „Hindernis" $V(r)$ so gut wie nicht vorhanden.

Läßt man V_0 von Null an langsam wachsen, so folgen also periodisch Gebiete starker und geringer Streuung. Mit diesen Änderungen des Wirkungsquerschnittes sind eng verknüpft Änderungen der möglichen diskreten Eigenwerte $E_n < 0$. Daß $E_n < 0$ sein muß, folgt daraus, daß für diskrete Eigenwerte die Eigenfunktion normierbar, d. h. quadratisch integrierbar sein muß, was nur möglich ist, falls sie für große $r > r_0$ nach (2.19) wie $e^{-\alpha_n r}$ mit $\alpha_n^2 = \dfrac{2m\,E_n}{\hbar^2}$ abfällt. Diskrete Eigenwerte sind ebenfalls nur für $l = 0$ möglich, da man für $r > r_0$ mit der Anfangsbedingung $\psi_{E_n l} = \psi'_{E_n l} \approx 0$ für $r = r_0$ nach (2.19) eine Lösung erhält, die für große r auch einen Summanden mit $e^{+\alpha_n r}$ enthält.

Für $r > r_0$ muß also die Lösung die Form $A\,e^{-\alpha_n r}$ haben. Wegen der Stetigkeit an der Stelle r_0 muß also

$$\sin K_n r_0 = A\,e^{-\alpha_n r_0}$$

und

$$K_n \cos K_n r_0 = -\,\alpha_n A\,e^{-\alpha_n r_0} \tag{2.24}$$

sein. Daraus folgt:

$$\alpha_n = -K_n \operatorname{ctg} K_n r_0. \tag{2.25}$$

Wächst V_0 von Null an stetig, so gibt es also keinen diskreten Eigenwert, solange mit $K_0 = \dfrac{1}{\hbar}\sqrt{2m\,V_0}$ noch $K_0 r_0 < \dfrac{\pi}{2}$ ist. Für $K_0 r_0$ wenig größer als $\dfrac{\pi}{2}$ gibt es den ersten diskreten Eigenwert $E_1 < 0$ sehr nahe bei Null. $K_0 r_0 = \dfrac{\pi}{2}$ ist eine Stelle stärkster Streuung. Die Eigenfunktion $\psi_{E_1}(r)$ ist in Abb. 30 qualitativ aufgezeichnet. Mit wachsenden V_0 sinkt der Eigenwert E_1 nach (2.25) immer tiefer. Ein zweiter diskreter Eigenwert E_2 ist aber erst möglich, wenn $K_0 r_0$ den Wert $\dfrac{3\pi}{2}$ gerade überschritten hat. Dies ist auch gerade wieder eine Stelle maximaler

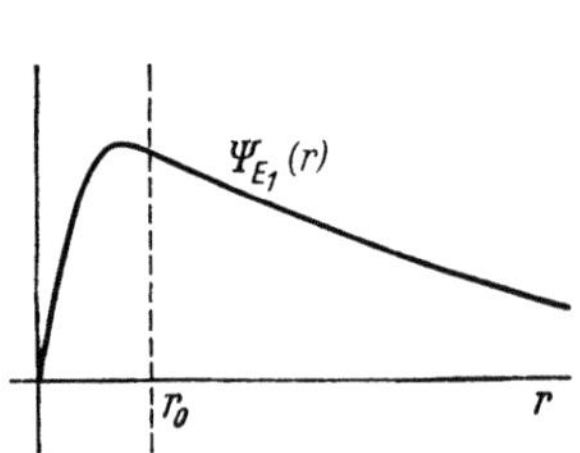

Abb. 30. Eigenfunktion des ersten diskreten Eigenwertes.

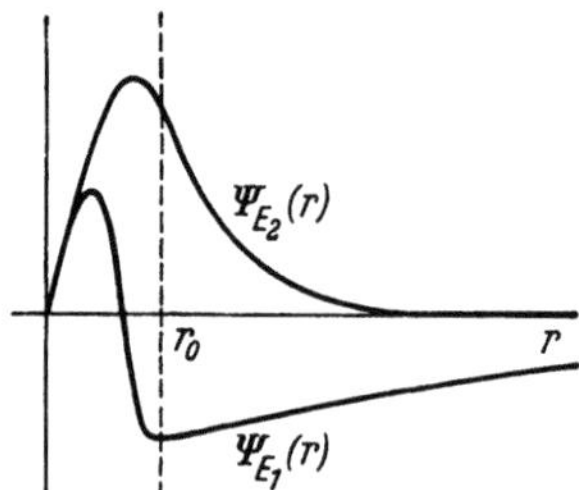

Abb. 31. Eigenfunktionen der ersten beiden diskreten Eigenwerte.

Streuung. Der Eigenwert E_2 liegt wieder erst nahe bei Null, wenn $K_0 r_0$ nur wenig größer als $\dfrac{3\pi}{2}$ ist. Die beiden Eigenfunktionen ψ_{E_1} und ψ_{E_2} sind in Abb. 31 qualitativ aufgezeichnet. So fortfahrend erkennt man, daß die Stellen größter Streuung immer dann eintreten, wenn ein neuer diskreter Eigenwert anfängt aus dem Kontinuum $E > 0$ in den „Potentialtopf" hineinzuwandern.

Die exakte Lösung der Gl. (2.5) ist leider nicht immer möglich. Wenn $V(r)$ klein gegenüber der Energie des stoßenden Teilchens ist, wird man versuchen, durch Störungsrechnung die Funktionen $\varphi_k(\mathfrak{r})$ zu finden.

Man berechne die Streuung von Teilchen an einem Potentialwall

$$V(x_1\,x_2\,x_3) = \begin{cases} 0 & \text{fur} \quad x_3 < 0 \quad \text{und} \quad x_3 > a, \\ V_0 > 0 & \text{für} \quad 0 < x_3 < a, \end{cases}$$

wobei die Stetigkeit der Wellenfunktionen und ihrer ersten Ableitungen an den Sprungstellen von V zu beachten ist. Diese Stetigkeit ist zu fordern, damit die Wellenfunktionen dem Definitionsbereich von H angehören. Speziell betrachte man Teilchen, die in Richtung der 3-Achse einfallen. Gehen Teilchen durch das Potential auch dann hindurch, wenn ihre kinetische Energie vor dem Stoß kleiner als V_0 ist (Tunneleffekt)?

§ 3. Bornsche Näherung.

Wir wollen $V(r)$ als Störung ansetzen. Die gesuchte Funktion $\varphi_k(\mathfrak{r})$ schreiben wir

$$\varphi_k(\mathfrak{r}) = e^{i\,\mathfrak{k}\cdot\mathfrak{r}} + \eta(\mathfrak{r}), \tag{3.1}$$

wo wir η ebenfalls als klein gegenüber $e^{i\,\mathfrak{k}\,\mathfrak{r}}$ ansehen wollen. Setzen wir dies in $H\,\varphi_k(\mathfrak{r}) = E\,\varphi_k(\mathfrak{r})$ mit $E = \dfrac{1}{2m}\,(\hbar\,k)^2$ ein und vernachlässigen das Produkt $V(r)\,\eta(\mathfrak{r})$, so erhält man

$$-\frac{\hbar^2}{2m}\,\varDelta\eta(\mathfrak{r}) + V(r)\,e^{i\,\mathfrak{k}\cdot\mathfrak{r}} = \frac{1}{2m}\,\hbar^2\,k^2\,\eta(\mathfrak{r}) \tag{3.2a}$$

oder

$$\varDelta\eta + k^2\,\eta = \frac{2m}{\hbar^2}\,V(r)\,e^{i\,\mathfrak{k}\cdot\mathfrak{r}}. \tag{3.2b}$$

Die Lösung η dieser Gleichung, die für große $|\mathfrak{r}|$ wie $\dfrac{1}{|\mathfrak{r}|}$ verschwindet, erhält man sofort mit Hilfe der Greenschen Funktion $-\dfrac{1}{4\pi}\,\dfrac{e^{i\,k\,r}}{r}$ von $\varDelta + k^2$:

$$\eta(\mathfrak{r}) = -\frac{m}{2\pi\hbar^2}\int \frac{V(\mathfrak{r}')\,e^{i\,\mathfrak{k}\cdot\mathfrak{r}'}\,e^{i\,k\,|\mathfrak{r}-\mathfrak{r}'|}}{|\mathfrak{r}-\mathfrak{r}'|}\,d\mathfrak{r}'. \tag{3.3}$$

Für große Werte von $|\mathfrak{r}|$ können wir im Nenner $|\mathfrak{r}-\mathfrak{r}'|$ durch $|\mathfrak{r}|$ ersetzen. Mit der Streurichtung $\mathfrak{e}' = \dfrac{\mathfrak{r}}{|\mathfrak{r}|}$ ist für große $|\mathfrak{r}|$:

$$e^{i\,k\,|\mathfrak{r}-\mathfrak{r}'|} = e^{i\,k\,|\mathfrak{r}|}\,e^{-i\,k\,\mathfrak{r}'\cdot\mathfrak{e}'}.$$

Damit wird asymptotisch $\eta(\mathfrak{r}) = \dfrac{e^{i\,k\,r}}{r}\,\tau(\vartheta)$ mit

$$\tau(\vartheta) = -\frac{m}{2\pi\hbar^2}\int V(r)\,e^{i\,k\,\mathfrak{r}\cdot(\mathfrak{e}-\mathfrak{e}')}\,d\mathfrak{r}. \tag{3.4}$$

Durch Integration über die Richtungen wird hieraus:

$$\tau(\vartheta) = -\frac{2m}{\hbar^2}\,\frac{1}{k\,|e-e'|}\int\limits_0^\infty V(r)\sin\left(k\,r\cdot|e-e'|\right)r\,dr. \qquad (3.5)$$

Da $|e-e'|^2 = 4\left(\sin\dfrac{\vartheta}{2}\right)^2$ ist, so folgt schließlich

$$\tau(\vartheta) = -\frac{m}{\hbar^2}\,\frac{1}{k\sin\dfrac{\vartheta}{2}}\int\limits_0^\infty V(r)\sin\left(2\,k\,r\sin\frac{\vartheta}{2}\right)r\,dr. \qquad (3.6)$$

Als Beispiel wollen wir die Streuung eines Teilchens der Ladung $z\,e$ an einem Atomkern der Ladung $Z\,e$ betrachten. Dann ist $V(r) = \dfrac{z\,Z\,e^2}{r}$ und damit [wenn man erst $V(r) = \dfrac{z\,Z\,e^2}{r}\,e^{-\alpha r}$ setzt und $\alpha \to 0$ gehen läßt]:

$$\tau(\vartheta) = \frac{z\,Z\,e^2\,m}{2\,\hbar^2\,k^2\,\sin^2\dfrac{\vartheta}{2}}. \qquad (3.7)$$

Als differentieller Wirkungsquerschnitt folgt die RUTHERFORDsche Streuformel

$$d\sigma = \left(\frac{z\,Z\,e^2}{2m\,v^2}\right)^2\frac{1}{\sin^4\dfrac{\vartheta}{2}}\,d\omega \quad \text{mit } m\,v = \hbar\,k, \qquad (3.8)$$

die sich quantitativ genauso nach dem Partikelbild der klassischen Mechanik auf Grund der Hyperbelbahnen ergibt. Die exakte quantenmechanische Rechnung auf Grund der Lösung der SCHRODINGER-Gleichung des Wasserstoffproblems für das kontinuierliche Spektrum von H ergibt exakt denselben Wirkungsquerschnitt[1].

§ 4. *S*-Matrix.

Die oben beschriebene Methode des stationären Stoßvorganges ist in mancher Hinsicht unbefriedigend, da man nicht auf Grund der Prinzipien der Quantenmechanik erkannt hat, wie aus der „ebenen Welle" die „Streuwelle" entsteht. Man würde vielmehr entsprechend dem Experiment etwa so vorgehen mögen: Vor der Streuung wird das Teilchen durch einen statistischen Operator W_0 beschrieben, der die Tatsachen wiedergibt, daß die Geschwindigkeit recht gut, der Ort schlecht, aber doch so genau bekannt ist, daß das Teilchen sich in einem (recht großen, aber endlichen) Gebiet *vor* dem Streuzentrum $V(r)$ befindet. Nach dem SCHRÖDINGER-Bild wäre W_0 zeitlich zu ändern in W_t. Nach einer recht langen Zeit müßte dann W_t beschreiben, daß sich das Teilchen mit recht genau bekanntem Absolutbetrag der Ge-

---

[1] Siehe z. B. MOTT und MASSEY, Theory of Atomic Collissions, Oxford Kapitel III, **1949**.

schwindigkeit vom Zentrum fortbewegt und in einem Raumgebiet angetroffen werden kann, das sich zwischen zwei Kugelschalen (die recht weit voneinander entfernt sein müssen, da die Geschwindigkeit gut bekannt ist) befindet.

Als statistischen Operator W_0 werden wir also etwa anzusetzen haben:

$$W_0 = FEF, \tag{4.1}$$

wobei E in der Impulsdarstellung der Operator

$$E(\mathfrak{p}\,|\,\chi) = \begin{cases} (\mathfrak{p}\,|\,\chi) \text{ in einem kleinen Intervall } \varDelta\mathfrak{p} \text{ um } \mathfrak{p} = (0,0,\hbar\,k), \\ 0 \quad \text{sonst} \end{cases} \tag{4.2}$$

ist und F in der Ortsdarstellung:

$$F(\mathfrak{r}\,|\,\chi) = \begin{cases} (\mathfrak{r}\,|\,\chi) & \text{in einem sehr großen Raumgebiet } G \text{ vor dem} \\ & \text{Streuzentrum } V(r), \\ 0 & \text{sonst.} \end{cases} \tag{4.3}$$

Die Matrixelemente von W_0 sind dann in der Ortsdarstellung

$$(\mathfrak{r}'\,|\,W_0\,|\,\mathfrak{r}'') = \begin{cases} \int\limits_{\varDelta\mathfrak{p}} (\mathfrak{r}'\,|\,\mathfrak{p})\,(\mathfrak{p}\,|\,\mathfrak{r}'')\,d\mathfrak{p} & \text{für} \quad \mathfrak{r}',\,\mathfrak{r}'' \text{ in } G, \\ 0 & \text{sonst.} \end{cases} \tag{4.4}$$

Setzen wir

$$\varphi_{\mathfrak{p}}(\mathfrak{r}') = \begin{cases} (\mathfrak{r}'\,|\,\mathfrak{p}) & \text{für} \quad \mathfrak{r}' \text{ in } G, \\ 0 & \text{sonst,} \end{cases} \tag{4.5}$$

so ist

$$(\mathfrak{r}'\,|\,W_0\,|\,\mathfrak{r}'') = \int\limits_{\varDelta\mathfrak{p}} \varphi_{\mathfrak{p}}(\mathfrak{r}')\,\overline{\varphi_{\mathfrak{p}}(\mathfrak{r}'')}\,d\mathfrak{p}. \tag{4.6}$$

Man könnte noch etwas allgemeiner

$$(\mathfrak{r}'\,|\,W_0\,|\,\mathfrak{r}'') = \int \varphi_{\mathfrak{p}}(\mathfrak{r}')\,w(\mathfrak{p})\,\overline{\varphi_{\mathfrak{p}}(\mathfrak{r}'')}\,d\mathfrak{p} \tag{4.7}$$

ansetzen, wo $w(\mathfrak{p})$ eine positive, nur in der Umgebung von $\mathfrak{p} = (0,0,\hbar\,k)$ $= \hbar\,\mathfrak{k}$ von Null verschiedene Funktion ist und wo die $\varphi_{\mathfrak{p}}(\mathfrak{r})$ jetzt etwas allgemeinere ,,Wellenpakete'' der Form

$$\varphi_{\mathfrak{p}}(\mathfrak{r}) = \int (\mathfrak{r}\,|\,\mathfrak{p}')\,\tilde{\varphi}(\mathfrak{p}')\,d\mathfrak{p}' \tag{4.8}$$

sind, wo $\tilde{\varphi}(\mathfrak{p}')$ nur in der Umgebung von $\mathfrak{p}' = \mathfrak{p}$ wesentlich von Null verschieden und so beschaffen ist, daß $\varphi_{\mathfrak{p}}(\mathfrak{r})$ nur in dem Gebiet G ungleich Null ist. W_0 ist also ein Gemisch von Zuständen der Form $\varphi_{\mathfrak{p}}(\mathfrak{r})$. Um die zeitliche Veränderlichkeit von W_0 zu bestimmen, ist also nur die zeitliche Veränderlichkeit eines Zustandes zu untersuchen, der bei Beginn gleich $\varphi_{\mathfrak{p}}(\mathfrak{r})$ ist. Wir behaupten nun, daß wir $\varphi_{\mathfrak{p}}(\mathfrak{r})$ unter den gemachten Voraussetzungen auch schreiben können:

$$\varphi_{\mathfrak{p}}(\mathfrak{r}) = \int \chi_{\mathfrak{p}'}(\mathfrak{r})\,\tilde{\varphi}(\mathfrak{p}')\,d\mathfrak{p}', \tag{4.9}$$

wo $\chi_\mathfrak{p}(\mathfrak{r})$ die Gleichung $H\chi_\mathfrak{p}(\mathfrak{r}) = \dfrac{p^2}{2m}\,\chi_\mathfrak{p}(\mathfrak{r})$ erfüllt und sich in der Form

$$\chi_\mathfrak{p}(\mathfrak{r}) = (\mathfrak{r}\,|\,\mathfrak{p}) + \eta_\mathfrak{p}(\mathfrak{r}), \qquad (4.10)$$

wo $\eta_\mathfrak{p}(\mathfrak{r})$ eine auslaufende Kugelwelle ist, darstellen läßt. (Man zeige, daß die folgenden Überlegungen nicht gelten, falls noch einlaufende Kugelwellen vorhanden sind.) Es ist also zu zeigen, daß

$$\int \eta_\mathfrak{p}(\mathfrak{r})\,\tilde\varphi(\mathfrak{p})\,d\mathfrak{p} = 0 \qquad (4.11)$$

ist. Setzen wir

$$\tilde\varphi(\mathfrak{p}) = (\mathfrak{p}\,|\,\mathfrak{R})\,\tilde\varphi_0(\mathfrak{p}), \qquad (4.12)$$

wobei $\mathfrak{R}$ etwa der Mittelpunkt von G ist, so ist

$$\begin{aligned}
\varphi_\mathfrak{p}(\mathfrak{r}) &= \int (\mathfrak{r}\,|\,\mathfrak{p}')\,(\mathfrak{p}'\,|\,\mathfrak{R})\,\tilde\varphi_0(\mathfrak{p}')\,d\mathfrak{p}' \\
&= \int (\mathfrak{r}-\mathfrak{R}\,|\,\mathfrak{p}')\,\tilde\varphi_0(\mathfrak{p}')\,d\mathfrak{p}' = \overset{0}{\varphi}_\mathfrak{p}(\mathfrak{r}-\mathfrak{R}).
\end{aligned} \qquad (4.13)$$

Ist also $\tilde\varphi_0(\mathfrak{p}')$ so gewählt, daß $\overset{0}{\varphi}_\mathfrak{p}(\mathfrak{r})$ nur in einem Raumgebiet um den Nullpunkt herum von Null verschieden ist, so entsteht $\varphi_\mathfrak{p}(\mathfrak{r})$ einfach aus $\overset{0}{\varphi}_\mathfrak{p}(\mathfrak{r})$ durch Verschieben um $\mathfrak{R}$.

Für große Werte von r ist

$$\eta_\mathfrak{p}(\mathfrak{r}) \sim \frac{1}{r}\,e^{\frac{i}{\hbar}|\mathfrak{p}|\,r}\,\tau(\vartheta). \qquad (4.14)$$

Da wegen Gl. (4.6) nur $\mathfrak{p}$-Werte nahe bei $(0,0,\hbar k)$ gebraucht werden, ist für solche $\mathfrak{p}$-Werte also $|\mathfrak{p}| = \mathfrak{p}\cdot e_3$ und damit

$$\eta_\mathfrak{p}(\mathfrak{r}) \sim \frac{1}{r}\,e^{\frac{i}{\hbar}\mathfrak{p}\cdot e_3 r} \qquad (4.15)$$

und

$$\int \eta_\mathfrak{p}(\mathfrak{r})\,\tilde\varphi(\mathfrak{p})\,d(\mathfrak{p}) \sim \frac{1}{r}\int e^{\frac{i}{\hbar}\mathfrak{p}\cdot e_3 r}\,\tilde\varphi(\mathfrak{p})\,d\mathfrak{p}. \qquad (4.16)$$

Ein Integral

$$\int e^{\frac{i}{\hbar}\mathfrak{p}\,\mathfrak{r}}\,\varphi(\mathfrak{p})\,d(\mathfrak{p})$$

ist aber wegen der obigen Voraussetzungen über $\tilde\varphi(\mathfrak{p})$ gerade nur dann von Null verschieden, wenn $\mathfrak{r}$ im Gebiet G weit vor dem Streuzentrum liegt. Der Vektor $e_3\,r$ liegt aber, da $r > 0$ ist, hinter dem Streuzentrum.

Wir können also das Wellenpaket in der Form (4.9)

$$\varphi_\mathfrak{p}(\mathfrak{r}) = \int \chi_{\mathfrak{p}'}(\mathfrak{r})\,\tilde\varphi(\mathfrak{p}')\,d\mathfrak{p}'$$

schreiben. Nach der Zeit t ist dieses nach der Schrodinger-Gleichung in

$$\varphi_\mathfrak{p}(\mathfrak{r},t) = \int \chi_{\mathfrak{p}'}(\mathfrak{r})\,e^{-\frac{i}{\hbar}\frac{\mathfrak{p}'^2}{2m}t}\,\tilde\varphi(\mathfrak{p}')\,d\mathfrak{p}' \qquad (4.17)$$

übergegangen. Da wieder $\mathfrak{p}'$ nahe bei $(0,0,\hbar k)$ liegt, können wir im

Integral $\mathfrak{p}'^2 = -\hbar^2 k^2 + 2\hbar\,\mathfrak{p}' \cdot \mathfrak{e}_3\, k$ schreiben, d. h. mit (4.12)

$$\varphi_\mathfrak{p}(\mathfrak{r}, t) = e^{i\frac{\hbar k^2}{2m}t} \int \chi_{\mathfrak{p}'}(\mathfrak{r}) \left(\mathfrak{p}'\,\Big|\,\mathfrak{R} + \mathfrak{e}_3\,\frac{\hbar k}{m}\,t\right) \widetilde{\varphi}_0(\mathfrak{p}')\,d\mathfrak{p}'. \qquad (4.18)$$

Die Folgerungen sind klar: Für kleine t kann in (4.18) $\chi_{\mathfrak{p}'}(\mathfrak{r})$ nach (4.11) wie $(\mathfrak{r}\,|\,\mathfrak{p})$ behandelt werden, so daß mit (4.13) folgt, daß sich das Gebiet G mit dem Mittelpunkt $\mathfrak{R} = (0, 0, -R)$ für $t = 0$ mit der Geschwindigkeit $\dfrac{\hbar k}{m}$ in der Richtung der $\mathfrak{e}_3$-Achse verschiebt. Ist aber ungefähr $\dfrac{\hbar k}{m}\,t = R$ geworden, so ist *keineswegs* wie in (4.11)

$$\int \eta_\mathfrak{p}(\mathfrak{r}) \left(\mathfrak{p}'\,\Big|\,\mathfrak{R} + \mathfrak{e}_3\,\frac{\hbar k}{m}\,t\right) \widetilde{\varphi}_0(\mathfrak{p}')\,d\mathfrak{p}' = 0.$$

Ist t so weit angewachsen, daß $\dfrac{\hbar k}{m}\,t \gg R$, so folgt, daß zusätzlich eine Kugelwelle

$$\int \eta_\mathfrak{p}(\mathfrak{r}) \left(\mathfrak{p}'\,\Big|\,\mathfrak{R} + \mathfrak{e}_3\,\frac{\hbar k}{m}\,t\right) \widetilde{\varphi}_0(\mathfrak{p}')\,d\mathfrak{p}'$$

$$\sim \frac{1}{r} \int e^{\frac{i}{\hbar}\mathfrak{p}'\,\mathfrak{e}_3 r} \left(\mathfrak{p}'\,\Big|\,\mathfrak{R} + \mathfrak{e}_3\,\frac{\hbar k}{m}\,t\right) \widetilde{\varphi}_0(\mathfrak{p}')\,d\mathfrak{p}' \qquad (4.19)$$

$$= \frac{1}{r} \int \left(\mathfrak{p}'\,\Big|\,\mathfrak{R} + \mathfrak{e}_3\,\frac{\hbar k}{m}\,t - \mathfrak{e}_3 r\right) \widetilde{\varphi}_0(\mathfrak{p}')\,d\mathfrak{p}'$$

entstanden ist, die nach (4.13) nur für Werte r um $\dfrac{\hbar k}{m}\,t - R$ von Null verschieden ist. Die in § 2 behandelte stationäre Lösung ist also nichts anderes als der Grenzwert für ein Wellenpaket unendlich scharfer Impulsgenauigkeit und damit unendlich großer räumlicher Ausdehnung. Die Methode des stationären Stoßvorganges ist also gerechtfertigt[1].

Von dieser Vorstellung des einlaufenden Wellenpaketes und der daraus hervorgehenden Kugelwelle aus liegt es nahe, in diesem Vorgang einen sehr frühen einem sehr späten Zeitmoment gegenüberzustellen. In beiden Momenten handelt es sich praktisch um Wellenpakete des *freien* Teilchens, da die Wellenpakete weit vom Potential $V(r)$ entfernt sind. Um für diesen Übergang eine Darstellung zu finden, wollen wir auch die Kugelwellen als Überlagerung ebener Wellen darstellen.

---

[1] Eine genaue Rechnung würde zeigen, daß für ein exakt räumlich endlich begrenztes Wellenpaket sofort im nächsten Moment die scharfen Grenzen verschwinden und eine, wenn auch noch so kleine, endliche Wahrscheinlichkeit dafür besteht, das Teilchen überall zu finden. Daher setzt korrekt die Streuwelle unmittelbar, wenn auch mit unwesentlicher Amplitude ein. Erst wenn der wesentliche Teil des Wellenpaketes $V(r)$ erreicht, beginnt die Streuwelle mit merkbarer Amplitude sich auszubreiten.

Entwickelt man mit $\xi = \cos\vartheta$ die δ-Funktion nach den $Y_0^l(\xi)$, so folgt:

$$\delta(\xi - 1) = \sum_{l=0}^{\infty} \sqrt{\frac{2l+1}{2}}\, Y_0^l(\xi),$$

$$\delta(\xi + 1) = \sum_{l=0}^{\infty} (-1)^l \sqrt{\frac{2l+1}{2}}\, Y_0^l(\xi). \qquad (4.20)$$

Wegen (2.9) können wir also für große r asymptotisch

$$e^{i\,k\,r\,\xi} \sim \frac{2\pi}{i\,k} \left(\frac{e^{i\,k\,r}}{r}\, \delta(\xi - 1) - \frac{e^{-i\,k\,r}}{r}\, \delta(\xi + 1) \right) \qquad (4.21)$$

schreiben. Nun ist $\xi = \dfrac{\mathfrak{k}}{k} \cdot \dfrac{\mathfrak{r}}{r}$, also allgemein mit $\dfrac{\mathfrak{p}}{\hbar} = \mathfrak{k} = k\mathfrak{i}$ und $\mathfrak{r} = r\mathfrak{e}$:

$$(\mathfrak{r}\,|\,\mathfrak{p}) = \frac{1}{\hbar^{3/2}}\, e^{i\mathfrak{k}\,\mathfrak{r}} \sim \frac{2\pi}{i\,k\,\hbar^{3/2}} \left(\frac{e^{i\,k\,r}}{r}\, \delta(\mathfrak{i}\cdot\mathfrak{e} - 1) - \frac{e^{-i\,k\,r}}{r}\, \delta(\mathfrak{i}\cdot\mathfrak{e} + 1) \right). \quad (4.22)$$

Einer Kugelwelle $\dfrac{e^{i\,k\,r}}{r}\, f(\mathfrak{e})$ können wir daher eine Gruppe ebener Wellen so zuordnen, daß ihr auslaufender Teil die betrachtete Kugelwelle asymptotisch ergibt. Wir können schreiben

$$f(\mathfrak{e}) = \frac{1}{2\pi} \int \delta(\mathfrak{i}\cdot\mathfrak{e} - 1)\, f(\mathfrak{i})\, d\omega_{\mathfrak{i}}, \qquad (4.23)$$

wobei $d\omega_{\mathfrak{i}}$ das Oberflächenelement einer Einheitskugel für die Richtungen $\mathfrak{i}$ ist. Also ist asymptotisch:

$$\frac{i\,k\,\hbar^{3/2}}{(2\pi)^2} \int (\mathfrak{r}\,|\,\mathfrak{p})\, f(\mathfrak{i})\, d\omega_{\mathfrak{i}} \sim \frac{e^{i\,k\,r}}{r}\, f(\mathfrak{e}) + \text{einlaufende Kugelwellen.} \quad (4.24)$$

Die linke Seite ist aber gleich

$$\int (\mathfrak{r}\,|\,\mathfrak{p})\, F_{\mathfrak{p}}(\mathfrak{p}')\, d\mathfrak{p}' \qquad (4.25)$$

mit $F_{\mathfrak{p}}(\mathfrak{p}') = i \left(\dfrac{\hbar}{2\pi} \right)^{1/2} \dfrac{1}{p}\, \delta(p - p')\, f(\mathfrak{i})$ mit $\mathfrak{i} = \dfrac{\mathfrak{p}'}{|\mathfrak{p}'|}$. Ähnliche Beziehungen kann man auch für die einlaufende Kugelwelle aufstellen.

Betrachten wir nun diejenige Lösung $\varphi_{\mathfrak{p}}(\mathfrak{r})$ von $H\,\varphi_{\mathfrak{p}}(\mathfrak{r}) = \dfrac{p^2}{2m}\, \varphi_{\mathfrak{p}}(\mathfrak{r})$, die sich in der Form $\varphi_{\mathfrak{p}}(\mathfrak{r}) = (\mathfrak{r}\,|\,\mathfrak{p}) + $ auslaufende Kugelwelle darstellt, so ist also dem einlaufenden Teil von $\varphi_{\mathfrak{p}}(\mathfrak{r})$ die ebene Welle $(\mathfrak{r}\,|\,\mathfrak{p})$ selbst zugeordnet, dem auslaufenden Teil nach (4.24) [wegen $f(\mathfrak{i}) = \tau(\vartheta)$] eine Welle $\int (\mathfrak{r}\,|\,\mathfrak{p}')\, F_{\mathfrak{p}}(\mathfrak{p}')\, d\mathfrak{p}'$ mit

$$F_{\mathfrak{p}}(\mathfrak{p}') = \delta(p - p')\, i \left(\frac{\hbar}{2\pi} \right)^{1/2} \frac{1}{p}\, \tau(\vartheta) \qquad (4.26)$$

mit $\cos\vartheta = \dfrac{\mathfrak{p}'}{|\mathfrak{p}'|} \cdot \dfrac{\mathfrak{p}}{|\mathfrak{p}|}$. Wir können dann in der Impulsdarstellung folgenden Operator S, die „Streumatrix", definieren:

$$(\mathfrak{p}'\,|\,S\,|\,\mathfrak{p}'') = F_{\mathfrak{p}''}(\mathfrak{p}') = \delta(p'' - p')\, i \left(\frac{\hbar}{2\pi} \right)^{1/2} \frac{1}{p'}\, \tau(\vartheta) \qquad (4.27)$$

mit $\vartheta = \sphericalangle\,(\mathfrak{p}', \mathfrak{p}'')$. Er stellt anschaulich den oben geschilderten Übergang von den Zuständen der freien Teilchen vor dem Stoß zu denjenigen nach dem Stoß dar; denn ist vor dem Stoß der Zustand χ eine ebene Welle $(\mathfrak{r}|\chi) = (\mathfrak{r}|\mathfrak{p})$, d. h. in der Impulsdarstellung $(\mathfrak{p}''|\chi) = \delta(\mathfrak{p} - \mathfrak{p}'')$, so ist $S\chi$ in der Impulsdarstellung

$$\int (\mathfrak{p}'|S|\mathfrak{p}'')\,\delta(\mathfrak{p} - \mathfrak{p}'')\,d\mathfrak{p}'' = F_{\mathfrak{p}}(\mathfrak{p}')$$

und damit in der Ortsdarstellung $\int (\mathfrak{r}|\mathfrak{p}')\,F_{\mathfrak{p}}(\mathfrak{p}')\,d\mathfrak{p}'$, dessen auslaufender Teil gerade den Zustand nach der Streuung charakterisiert. Für einen allgemeinen statistischen Operator W gilt also dann: Ist vor der Streuung $W = W_0$ und nach der Streuung $W = W_1$, so ist $W_1 = S\,W_0\,S^*$. Da S die Zustände vor der Streuung in diejenigen nach der Streuung transformiert, vermuten wir, daß S ein unitärer Operator ist. Dies sieht man unmittelbar, wenn wir von der Impuls- zur Energie-Drehimpulsdarstellung der freien Teilchen $(V(r) = 0)$ übergehen. Statt der Energie $E = \dfrac{\hbar k^2}{2m}$ wollen wir k als Variable benutzen. Ein Vektor im HILBERT-Raum wird dann durch eine Funktion $(k, l, m|\chi)$ dargestellt. Die $(\mathfrak{r}|klm)$ sind die Eigenfunktionen:

$$(\mathfrak{r}|k\,l\,m) = \frac{a}{\sqrt{r}}\,\hbar^2 k^2\, I_{l+1/2}(k\,r)\, Y^l_m(\vartheta, \varphi) \tag{4.28}$$

zu $\dfrac{1}{2m}\,\mathfrak{P}^2\,(\mathfrak{r}|k\,l\,m) = \dfrac{1}{2m}\,\hbar^2 k^2\,(\mathfrak{r}|k\,l\,m)$. a ist ein Normierungsfaktor. Asymptotisch für große r ist also:

$$
\begin{aligned}
(\mathfrak{r}|k\,l\,m) &\sim \frac{b}{r}\,Y^l_m \sin\left(k\,r - \frac{l}{2}\,\pi\right) \\
&= \frac{b}{2\,i\,r}\,Y^l_m\left(e^{i\left(kr - \frac{l}{2}\pi\right)} - e^{-i\left(kr - \frac{l}{2}\pi\right)}\right).
\end{aligned}
\tag{4.29}
$$

In dieser Darstellung nimmt nun S eine besonders einfache Gestalt an. Ohne eine explizite Umrechnung erkennt man aus den Eigenlösungen

$$
\begin{aligned}
\varphi_k(\mathfrak{r}) &\sim \frac{C}{r}\,Y^l_m \sin\left(k\,r - \frac{l}{2}\,\pi + \delta_l\right) \\
&= \frac{C}{2\,i\,r}\,Y^l_m\left(e^{i\left(kr - \frac{l}{2}\pi + \delta_l\right)} - e^{-i\left(kr - \frac{l}{2}\pi + \delta_l\right)}\right)
\end{aligned}
\tag{4.30}
$$

von $H\varphi_k(\mathfrak{r}) = \dfrac{\hbar^2 k^2}{2m}\,\varphi_k(\mathfrak{r})$ mit $V(r) \neq 0$, daß durch die Streuung eine einlaufende Welle $\dfrac{e^{-ikr}}{r}$ in eine auslaufende Welle $\dfrac{e^{i(kr - l\pi)}}{r}\,e^{i2\delta_l}$, d. h. in das $e^{i2\delta_l}$-fache der ohne $V(r)$ auftretenden auslaufenden Welle übergeführt wird, so daß wir sofort

$$S(k, l, m|\chi) = e^{2i\delta_l(k)}(k, l, m|\chi) \tag{4.31}$$

erhalten. $\delta_l(k)$ soll andeuten, daß δ_l von k abhängt. S ist also ebenfalls auf „Diagonalform". Das muß sein, da bei der Streuung sowohl die Energie (d. h. der Wert von k) wie der Drehimpuls erhalten bleiben. Aus (4.31) folgt sofort, daß S unitär ist.

Es liegt nun die Vermutung nahe, daß S mit den unitären Zeittransformationen $V(t)$ des Wechselwirkungsbildes in engem Zusammenhang steht. Daß nur die $V(t)$ des Wechselwirkungsbildes in Frage kommen, vermutet man aus der Tatsache, daß für $V(r) = 0$ $S = 1$ wird.

Nach (IV, 3.3) ist die zeitliche Veränderung eines Zustandes durch

$$\varphi_t = V^*(t)\,\varphi_0 \tag{4.32}$$

mit

$$V^*(t) = e^{\frac{i}{\hbar}H_0 t}\, e^{-\frac{i}{\hbar}H t} \tag{4.33}$$

gegeben, wo in dem vorliegenden Falle $H_0 = \dfrac{1}{2m}\,\mathfrak{P}^2$ und $H = H_0 + V(r)$ ist. Es ist nun

$$S = \lim_{\tau_1,\,\tau_2 \to \infty} V^*(\tau_1)\,V(-\tau_2). \tag{4.34}$$

Zum Beweis betrachten wir außer der k, l, m-Darstellung der freien Teilchen eine ganz entsprechende Darstellung, bezogen auf die Energiewerte $E = \dfrac{\hbar^2 K^2}{2m}$ von H mit $V(r) \neq 0$. Es soll also für die beiden Darstellungen:

$$H_0(k, l, m|\chi) = \frac{\hbar k^2}{2m}\,(k, l, m|\chi)$$

und

$$H(K, l, m|\chi) = \frac{\hbar^2 K^2}{2m}(K, l, m|\chi); \qquad H(\nu, l, m|\chi) = E_{\nu,l}(\nu, l, m|\chi) \tag{4.35}$$

(das letzte für die diskreten Eigenwerte $E_{\nu,l}$) sein. Die verschiedenen Buchstaben k, K mögen die beiden Darstellungen unterscheiden. Insbesondere ist also asymptotisch für großes r neben (4.29) für $(\mathfrak{r}\,|\,k\,l\,m)$:

$$(\mathfrak{r}\,|\,K\,l\,m) \sim \frac{d}{r}\,Y_m^l \sin\left(K\,r - \frac{l}{2}\,\pi + \delta_l\right). \tag{4.36}$$

Es folgt nun aus (4.33):

$$
\begin{aligned}
(k\,l\,m\,|\,V^*(t)\,\chi) = {} & e^{i\frac{\hbar k^2}{2m}t} \int_0^\infty (k\,l\,|\,K\,l)\, e^{-i\frac{\hbar K^2}{2m}t}\,(K\,l\,m\,|\,\chi)\,dK \\
& + e^{i\frac{\hbar k^2}{2m}t} \sum_{\nu,l} (k\,l\,|\,\nu\,l)\, c^{-\frac{i}{\hbar}E_{\nu}t}\,(\nu, l, m\,|\,\chi),
\end{aligned}
\tag{4.37}
$$

wobei die $(k\,l\,|\,K\,l)$ und $(k\,l\,|\,\nu\,l)$ die Umrechnungskoeffizienten von der $K\,l\,m$- zur $k\,l\,m$-Darstellung sind, die nicht von m abhängen und in bezug auf l diagonal sind:

$$\delta_{ll'}\,\delta_{mm'}(k\,l\,|\,K\,l) = \int (k\,l\,m\,|\,\mathfrak{r})\,(\mathfrak{r}\,|\,K\,l'\,m')\,d\mathfrak{r}$$

bzw.

$$\delta_{ll'}\,\delta_{mm'}(k\,l\,|\,\nu\,l) = \int (k\,l\,m\,|\,\mathfrak{r})\,(\mathfrak{r}\,|\,\nu\,l'\,m')\,d\mathfrak{r}. \tag{4.38}$$

χ als Vektor im HILBERT-Raum stellt irgendein endliches Wellenpaket dar, ähnlich denen, die wir oben diskutierten. Lassen wir daher t sehr große positive Werte annehmen, so besteht $e^{-i\frac{\hbar K^2}{2m}t}(K\,l\,m\,|\,\chi)$ nur aus auslaufenden Wellen, die schon so weit vom Streuzentrum $V(r)$ entfernt sind, daß die Umrechnung in die $k\,l\,m$-Darstellung praktisch gleich

$$\int_0^\infty (k\,l\,|\,K\,l)\,e^{-i\frac{\hbar K^2}{2m}t}(K\,l\,m\,|\,\chi)\,dK = e^{i\,\delta_l}e^{-i\frac{\hbar k^2}{2m}t}(k\,l\,m\,|\,\chi) \qquad (4.39)$$

wird, denn

$$\sum_{l m}\int_0^\infty (\mathfrak{r}\,|\,K\,l\,m)\,e^{-i\frac{\hbar K^2}{2m}t}(K\,l\,m\,|\,\chi)\,dK$$

wird nach (4.36) für große positive t von der Form:

$$\sum_{l m}\int_0^\infty \frac{d}{2\,i\,r}\,Y_m^l\,e^{i\left(K r - \frac{l}{2}\pi + \delta_l\right)}e^{-i\frac{\hbar K^2}{2m}t}(K\,l\,m\,|\,\chi)\,dK,$$

wobei eine Funktion entsteht, die für kleinere Werte von r praktisch Null ist. Deshalb kann man beim Übergang zur $k\,l\,m$-Darstellung durch Multiplikation mit $(k\,l\,m\,|\,\mathfrak{r})$ und Integration über $\mathfrak{r}$ ebenfalls die asymptotische Darstellung (4.29) benutzen:

$$\int_0^\infty (k\,l\,|\,K\,l)\,e^{-i\frac{\hbar K^2}{2m}t}(K\,l\,m\,|\,\chi)\,dK$$

$$= \int_0^\infty dr \int_0^\infty \frac{b\,d}{2\,i}\,e^{i\left(K r - \frac{l}{2}\pi + \delta_l\right)}\sin\left(k\,r - \frac{l}{2}\pi\right)e^{-i\frac{\hbar K^2}{2m}t}(K\,l\,m\,|\,\chi)\,dK. \qquad (4.40)$$

Nun ist

$$\int_0^R e^{i\left(K r - \frac{l}{2}\pi + \delta_r\right)}\sin\left(k\,r - \frac{l}{2}\pi\right)dr$$

$$= \frac{1}{2\,i}\left[e^{-i\,l\pi + i\,\delta_l}\,\frac{e^{i(K+k)R}-1}{i(K+k)} - e^{i\,\delta_l}\,\frac{e^{i(K-k)R}-1}{i(K-k)}\right].$$

Das erste Glied gibt bei Integration über K und für $R \to \infty$ keinen Beitrag, während sich das zweite Glied bei Integration über K für $R \to \infty$ wie $-e^{i\,\delta_l}\frac{\pi}{2\,i}\,\delta(K-k)$ verhält, so daß aus (4.40)

$$e^{i\,\delta_l}\frac{\pi}{4}\,b\,d\,e^{-i\frac{\hbar l^2}{2m}t}(K\,l\,m\,|\,\chi)_{K=k} \qquad (4.41)$$

wird. Damit ist also für großes positives τ_1:

$$(k\,l\,m\,|\,V^*(\tau_1)\,\chi) \sim e^{i\,\delta_l\,\frac{\pi}{4}}\,b\,d(K\,l\,m\,|\,\chi)_{K=k}$$
$$+\,e^{i\,\frac{\hbar k^2}{2m}\,\tau_1}\sum_{\nu,\,l}(k\,l\,|\,\nu\,l)\,e^{-\frac{i}{\hbar}E_{\nu\,l}\tau_1}\,(\nu,\,l,\,m\,|\,\chi). \tag{4.42}$$

Ebenso folgt für großes positives τ_2:

$$(k\,l\,m\,|\,V^*(-\tau_2)\,\chi) \sim e^{-i\,\delta_l\,\frac{\pi}{4}}\,b\,d(K\,l\,m\,|\,\chi)_{K=k}$$
$$+\,e^{-i\,\frac{\hbar l^2}{2m}\,\tau_2}\sum_{\nu,\,l}(k\,l\,|\,\nu\,l)\,e^{i\,\frac{E}{\hbar}\nu\,l\tau_2}\,(\nu,\,l,\,m\,|\,\chi). \tag{4.43}$$

Sind alle $(\nu,\,l,\,m\,|\,\chi) = 0$, d. h. besitzt χ keine Entwicklungskoeffizienten für die diskreten Energiezustände, so folgt mit $V^*(-\tau_2)\,\chi = \psi$: $V^*(\tau_1)\,\chi = V^*(\tau_1)\,V(-\tau_2)\,\psi$ und

$$(k\,l\,m\,|\,V^*(\tau_1)\,V(-\tau_2)\,\psi) = e^{i\,2\,\delta_l}(k\,l\,m\,|\,\psi), \tag{4.44}$$

d. h. aber

$$\lim_{\tau_1,\,\tau_2\,\to\,\infty} V^*(\tau_1)\,V(-\tau_2)\,(k\,l\,m\,|\,\psi) = e^{i\,2\,\delta_l}(k\,l\,m\,|\,\psi) = S(k\,l\,m\,|\,\psi). \tag{4.45}$$

Bezeichnen wir den Projektionsoperator auf den durch die zu den diskreten Eigenwerten $E_{\nu,\,l}$ von H gehörigen Eigenvektoren aufgespannten Teilraum mit F, so ist die Bedingung $(\nu,\,l,\,m\,|\,\chi) = 0$ mit $F\chi = 0$ identisch. Ein Summand

$$e^{\frac{i}{\hbar}\left(\frac{\hbar^2 k^2}{2m} - E_{\nu,\,l}\right)t}(k\,l\,|\,\nu\,l)\,(\nu,\,l,\,m\,|\,\chi)$$

der zusätzlich in $(k\,l\,m\,|\,V^*(t)\,\chi)$ auftretenden Summe, falls $(\nu,\,l,\,m\,|\,\chi) \neq 0$ ist, ist bis auf einen Faktor Eigenfunktion zum Energiewert $E_{\nu,\,l}$ in der $k\,l\,m$-Darstellung, multipliziert mit dem Zeitfaktor $e^{\frac{i}{\hbar}\left(\frac{\hbar^2 k^2}{2m} - E_{\nu,\,l}\right)t}$. Daraus folgt, daß $F\psi$ ebenfalls dann und nur dann gleich Null ist, wenn $F\chi = 0$ ist. Hiernach können wir also S anschaulich als die unitäre Zeittransformation interpretieren, die in der Wechselwirkungsdarstellung einen Zustand ψ mit $F\psi = 0$ zur Zeit $-\infty$ in den zur Zeit $+\infty$ transformiert. Haben wir also vor der Streuung zur Zeit $-\infty$ einen Zustand ψ einlaufender Wellen, so ist mit diesem „Anfangswert" $\varphi_{-\infty} = \psi$ die Gleichung

$$-\frac{\hbar}{i}\,\dot\varphi_t = V_t(r)\,\varphi_t \quad \text{mit} \quad V_t(r) = e^{\frac{i}{\hbar}H_0 t}\,V(r)\,e^{-\frac{i}{\hbar}H_0 t} \tag{4.46}$$

zu lösen und $\varphi_{+\infty}$ zu bestimmen. Durch $\varphi_{+\infty} = S\varphi_{-\infty}$ ist dann die Streumatrix gegeben, aus der man alle für Streuungen interessanten Fragen beantworten kann. Hierdurch wird ein Näherungsverfahren nahegelegt:

§ 5. Diracsche Störungstheorie.

Zur Lösung der Bewegungsgleichung (IV, 3.4) des Wechselwirkungsbildes

$$-\frac{\hbar}{i}\,\varphi_t = e^{\frac{i}{\hbar}H_0 t}\,\overset{\sim}{\overset{1}{H}}_t\,e^{-\frac{i}{\hbar}H_0 t}\,\varphi_t \tag{5.1}$$

kann man für nicht zu große „Störungen" $\overset{\sim}{\overset{1}{H}}_t$ ein Iterationsverfahren anwenden. Wir transformieren (5.1) in die H_0-Darstellung, wobei α ein weiterer Parameter sei, falls das Spektrum von H_0 entartet ist:

$$-\frac{\hbar}{i}\,\frac{\partial}{\partial t}(E,\alpha\,|\,\varphi_t) = \underset{E'}{\mathbf{S}}\sum_{\alpha'} e^{\frac{i}{\hbar}(E-E')t}\,(E,\alpha\,|\,\overset{\sim}{\overset{1}{H}}_t\,|\,E',\alpha')\,(E'\,\alpha'\,|\,\varphi_t). \tag{5.2}$$

Man kann nun schrittweise auf der rechten Seite die n-te Näherung $(E'\,a'\,|\,\varphi_t)_n$ einsetzen, um die $(n+1)$-te durch

$$(E,\alpha\,|\,\varphi_t)_{n+1} = (E,\alpha\,|\,\varphi_{t_0})$$
$$-\frac{i}{\hbar}\underset{E'}{\mathbf{S}}\sum_{\alpha'}\int_{t_0}^{t} e^{\frac{i}{\hbar}(E-E')\tau}\,(E,\alpha\,|\,\overset{\sim}{\overset{1}{H}}_\tau\,|\,E',\alpha')\,(E',\alpha'\,|\,\varphi_\tau)_n\,d\tau \tag{5.3}$$

zu erhalten. Man beginnt mit einem zeitlich konstanten $(E,\alpha\,|\,\varphi_t)_0 = (E,\alpha\,|\,\varphi_{t_0})$ als nullter Näherung. Die erste Näherung ist dann:

$$(E,\alpha\,|\,\varphi_t)_1 = (E,\alpha\,|\,\varphi_{t_0})$$
$$-\frac{i}{\hbar}\underset{E'}{\mathbf{S}}\sum_{\alpha'}\int_{t_0}^{t} e^{\frac{i}{\hbar}(E-E')\tau}\,(E,\alpha\,|\,\overset{\sim}{\overset{1}{H}}_\tau\,|\,E',\alpha')\,(E',\alpha'\,|\,\varphi_{t_0})\,d\tau. \tag{5.4}$$

In dem oben untersuchten Falle der Streuung können wir E durch k und α durch l, m ersetzen. Dann wird mit $\overset{\sim}{\overset{1}{H}}_t = V(r)$

$$(k,l,m\,|\,V(r)\,|\,k',l',m')$$
$$= \delta_{ll'}\,\delta_{mm'}\int I_{l+1/2}(kr)\,I_{l'+1/2}(k'r)\,r\,V(r)\,dr = \delta_{ll'}\,\delta_{mm'}\,V_{kk'} \tag{5,5}$$

und

$$(k,l,m\,|\,\varphi_t)_1$$
$$= (k,l,m\,|\,\varphi_{t_0}) - \frac{1}{\hbar}\int_0^{\infty} dk'\,\frac{e^{\frac{i}{2m}\hbar(k^2-k'^2)t} - e^{\frac{i}{2m}\hbar(k^2-k'^2)t_0}}{\frac{\hbar}{2m}(k^2-k'^2)}\,V_{kk'}\,(k',l,m\,|\,\varphi_{t_0}). \tag{5.6}$$

Für $t \to +\infty$ und $t_0 \to -\infty$ wird daraus

$$(k,l,m\,|\,\varphi_{+\infty})_1 = (k,l,m\,|\,\varphi_{-\infty})$$
$$-\frac{2\pi i}{\hbar}\int_0^{\infty} dk'\,\delta\!\left(\frac{1}{\hbar}\left(\frac{\hbar^2 k^2}{2m} - \frac{\hbar^2 k'^2}{2m}\right)\right) V_{kk'}\,(k',l,m\,|\,\varphi_{-\infty}) \tag{5.7}$$

und damit

$$(k, l, m \,|\, \varphi_{+\infty})_1 = \left(1 - \frac{2\pi i m}{\hbar^2 k} V_{kk}\right)(k, l, m \,|\, \varphi_{-\infty}). \qquad (5.8)$$

Als erste Näherung für δ_l erhalten wir aus $e^{i\delta_l} = 1 - \frac{2\pi i m}{\hbar^2 k} V_{kk}$:

$$\delta_l = - \frac{2\pi m}{\hbar^2 k} V_{kk}. \qquad (5.9)$$

Es ist aber nicht notwendig, die k, l, m-Darstellung zu benutzen. Auch in der Impulsdarstellung ist H_0 diagonal. Mit $E = \frac{1}{2m}\, \mathfrak{p}^2$ ist dann

$$(\mathfrak{p} \,|\, \varphi_\infty)_1 = (\mathfrak{p} \,|\, \varphi_{-\infty}) \qquad (5.10)$$

$$- \frac{2\pi i}{\hbar} \int \delta\left(\frac{1}{2m\hbar}(\mathfrak{p}^2 - \mathfrak{p}'^2)\right)(\mathfrak{p} \,|\, V \,|\, \mathfrak{p}')(\mathfrak{p}' \,|\, \varphi_{-\infty})\, d\mathfrak{p}' = S(\mathfrak{p} \,|\, \varphi_{-\infty}).$$

Damit ist näherungsweise

$$(\mathfrak{p} \,|\, S \,|\, \mathfrak{p}') \approx \delta(\mathfrak{p} - \mathfrak{p}') - \frac{2\pi i}{\hbar} \delta\left(\frac{1}{2m\hbar}(\mathfrak{p}^2 - \mathfrak{p}'^2)\right)(\mathfrak{p} \,|\, V \,|\, \mathfrak{p}') + \cdots. \qquad (5.11)$$

Aus der Matrix $(\mathfrak{p} \,|\, S \,|\, \mathfrak{p}')$ kann man direkt den Wirkungsquerschnitt berechnen. Da die Matrix S den unitären Zeittransformationen von $-\infty$ nach $+\infty$ des *Wechselwirkungs*bildes entspricht, so ist bei der Berechnung von

$$\int\limits_{-\infty}^{+\infty} \mathrm{Erw}\,(\mathfrak{e} \cdot \mathfrak{F}(\mathfrak{r}))\, dt \; ^1 \qquad (5.12)$$

vor der Streuung der Operator $\mathfrak{F}$ als zeitveränderlich nach dem HAMILTON-Operator H_0 zu benutzen, so daß er in der Impulsdarstellung die Form

$$(\mathfrak{p}' \,|\, \mathfrak{F}(\mathfrak{r}) \,|\, \mathfrak{p}'') = \frac{1}{2m} \frac{1}{(2\pi)^{3/2}\hbar^{3/2}} (\mathfrak{p}' + \mathfrak{p}'')(\mathfrak{p}' - \mathfrak{p}'' \,|\, \mathfrak{r})\, e^{\frac{i}{\hbar\,2m}(\mathfrak{p}'^2 - \mathfrak{p}''^2)t} \qquad (5.13)$$

hat. Ist der Zustand $\varphi_{-\infty}$ in der Impulsdarstellung $(\mathfrak{p} \,|\, \varphi_{-\infty})$ (φ ist vor der Streuung zeitlich konstant $= \varphi_{-\infty}$!), so ist

$$\int\limits_{-\infty}^{+\infty} \mathrm{Erw}\,(\mathfrak{F}(\mathfrak{r}))\, dt = \frac{1}{2m} \frac{1}{(2\pi)^{3/2}\hbar^{3/2}} \iint (\varphi_{-\infty} \,|\, \mathfrak{p}')(\mathfrak{p}' + \mathfrak{p}'')(\mathfrak{p}' - \mathfrak{p}'' \,|\, \mathfrak{r}) \cdot$$

$$\cdot \int\limits_{-\infty}^{+\infty} e^{\frac{i}{2\hbar m}(\mathfrak{p}'^2 - \mathfrak{p}''^2)t}\, dt\, (\mathfrak{p}'' \,|\, \varphi_{-\infty})\, d\mathfrak{p}'\, d\mathfrak{p}''$$

$$= \frac{2\pi}{2m} \frac{1}{(2\pi)^{3/2}\hbar^{3/2}} \iint (\varphi_{-\infty} \,|\, \mathfrak{p}')(\mathfrak{p}' + \mathfrak{p}'')(\mathfrak{p}' - \mathfrak{p}'' \,|\, \mathfrak{r}) \cdot$$

$$\cdot \delta\left(\frac{1}{2m\hbar}(\mathfrak{p}'^2 - \mathfrak{p}''^2)\right)(\mathfrak{p}'' \,|\, \varphi_{-\infty})\, d\mathfrak{p}'\, d\mathfrak{p}''. \qquad (5.14)$$

---

^{1} Es ist eigentlich nur über die Zeit zu integrieren, während der das Wellenpaket an der Stelle $\mathfrak{r}$ vorbeizieht. Wir können dann aber praktisch die Grenzen gleich $-\infty$, $+\infty$ wählen.

Ist $(\mathfrak{p}\,|\,\varphi_{-\infty})$ nur in der Nähe von $\mathfrak{p} = \mathfrak{P}$ ungleich Null, so können wir mit $\mathfrak{e}$ in Richtung von $\mathfrak{P}$

$$\int\limits_{-\infty}^{+\infty} \mathrm{Erw}\,(\mathfrak{e}\cdot\mathfrak{H}(\mathfrak{r}))\,dt = \frac{2\pi}{m\,(2\pi)^3\,\hbar^3}\,|\mathfrak{P}|\iint (\varphi_{-\infty}\,|\,\mathfrak{p}')\,\delta\left(\frac{1}{2m\,\hbar}\,(\mathfrak{p}'^2 - \mathfrak{p}''^2)\right)\cdot$$
$$\cdot\,(\mathfrak{p}''\,|\,\varphi_{-\infty})\,d\mathfrak{p}'\,d\mathfrak{p}'' \tag{5.15}$$

schreiben. Nach der Streuung wird

$$\int\limits_{-\infty}^{+\infty} \mathrm{Erw}\,(\mathfrak{e}'\cdot\mathfrak{H}(\mathfrak{r})\,R^2\,d\omega)\,dt \tag{5.16}$$

gleich der Wahrscheinlichkeit, einen Impuls $\mathfrak{p}$ so zu finden, daß $\mathfrak{p}/|\mathfrak{p}|$ auf der Einheitskugel in das Flächenelement $d\omega$ hineinfällt, da man das Hindurchtreten des Teilchens durch das Flächenelement $R^2\,d\omega$ einer Kugel vom Radius R als Messung der Richtung des Impulses auffassen kann. Der Zustand nach der Streuung ist

$$(\mathfrak{p}\,|\,\varphi_{+\infty}) = \int (\mathfrak{p}\,|\,S\,|\,\mathfrak{p}')\,(\mathfrak{p}'\,|\,\varphi_{-\infty})\,d\mathfrak{p}'. \tag{5.17}$$

Allgemein (nicht nur näherungsweise) wird $(\mathfrak{p}\,|\,S\,|\,\mathfrak{p}')$ die Form:

$$(\mathfrak{p}\,|\,S\,|\,\mathfrak{p}') = \delta(\mathfrak{p} - \mathfrak{p}') + \delta\left(\frac{1}{2m\,\hbar}\,(\mathfrak{p}^2 - \mathfrak{p}'^2)\right)G\left(|\mathfrak{p}|,\,\frac{\mathfrak{p}}{|\mathfrak{p}|},\,\frac{\mathfrak{p}'}{|\mathfrak{p}'|}\right) \tag{5.18}$$

haben, wo G für $\mathfrak{p} \neq \mathfrak{p}'$ keine singulären Bestandteile enthält. Damit ist

$$(\mathfrak{p}\,|\,\varphi_{+\infty}) = (\mathfrak{p}\,|\,\varphi_{-\infty})$$
$$+ \int\delta\left(\frac{1}{2m\,\hbar}\,\mathfrak{p}^2 - \mathfrak{p}'^2\right)G\left(|\mathfrak{p}|,\,\frac{\mathfrak{p}}{|\mathfrak{p}|},\,\frac{\mathfrak{p}'}{|\mathfrak{p}'|}\right)(\mathfrak{p}\,|\,\varphi_{-\infty})\,d\mathfrak{p}'. \tag{5.19}$$

Die Wahrscheinlichkeit für eine Impulsrichtung aus $d\omega$ ist gleich

$$d\omega\int\limits_{0}^{\infty} p^2\,dp\,|(\mathfrak{p}\,|\,\varphi_{+\infty})|^2. \tag{5.20}$$

Ist die Richtung $\mathfrak{e}'$ von $d\omega$ so verschieden von $\mathfrak{P}/|\mathfrak{P}|$, daß $(\mathfrak{p}\,|\,\varphi_{-\infty})$ für alle $\mathfrak{p}$ mit $\mathfrak{p}/|\mathfrak{p}|$ aus $d\omega$ Null ist, so folgt

$$d\omega\int\limits_{0}^{\infty} p^2\,dp\,|(\mathfrak{p}\,|\,\varphi_{+\infty})|^2 = d\omega\,|G\,(|\mathfrak{P}|,\,\mathfrak{e}',\,\mathfrak{e})|^2\int\limits_{0}^{\infty} p^2\,dp\iint (\varphi_{-\infty}\,|\,\mathfrak{p}')\,\cdot$$
$$\cdot\,\delta\left(\frac{1}{2m\,\hbar}\,(\mathfrak{p}^2 - \mathfrak{p}'^2)\right)\delta\left(\frac{1}{2m\,\hbar}\,(\mathfrak{p}^2 - \mathfrak{p}''^2)\right)(\mathfrak{p}''\,|\,\varphi_{-\infty})\,d\mathfrak{p}'\,d\mathfrak{p}'' \tag{5.21}$$
$$= d\omega\,m\,\hbar\,|\mathfrak{P}|\,|G\,(|\mathfrak{P}|,\,\mathfrak{e}',\,\mathfrak{e})|^2\iint (\varphi_{-\infty}\,|\,\mathfrak{p}')\,\delta\left(\frac{1}{2m\,\hbar}\,(\mathfrak{p}'^2 - \mathfrak{p}''^2)\right)\cdot$$
$$\cdot\,(\mathfrak{p}''\,|\,\varphi_{-\infty})\,d\mathfrak{p}'\,d\mathfrak{p}''.$$

Damit wird der Wirkungsquerschnitt gleich

$$d\sigma = \frac{d\omega \int\limits_0^\infty \mathfrak{p}^2 \, d\mathfrak{p} \, |(\mathfrak{p}\,|\,\varphi_{+\infty})|^2}{\int\limits_{+\infty}^{+\infty} \mathrm{Erw}\,(\mathfrak{e}\cdot\mathfrak{F}(\mathfrak{r}))\,dt} = d\omega\,m^2\,(2\pi)^2\,\hbar^4\,|G\,(|\,\mathfrak{P}|,\,\mathfrak{e}',\,\mathfrak{e})|^2. \quad (5.22)$$

Mit der Näherungslösung (5.11) also

$$d\sigma = d\omega\,m^2\,(2\pi)^4\,\hbar^2\,|(\mathfrak{p}'\,|\,V\,|\,\mathfrak{p})|^2 \ \ \text{mit}\ \ \mathfrak{p}' = |\mathfrak{P}|\,\mathfrak{e}'\ \ \text{und}\ \ \mathfrak{p} = |\mathfrak{P}|\,\mathfrak{e}. \quad (5.23)$$

Da V nur von r abhängt, ist

$$(\mathfrak{p}\,|\,V\,|\,\mathfrak{p}') = \frac{2}{(2\pi)^2\,\hbar^2} \int\limits_0^\infty \frac{\sin\left(\dfrac{\sqrt{2}}{\hbar}\,|\mathfrak{p}|\sqrt{1-\mathfrak{e}\cdot\mathfrak{e}'}\,r\right)}{\sqrt{2}\,|\mathfrak{p}|\sqrt{1-\mathfrak{e}\cdot\mathfrak{e}'}}\,V(r)\,r\,dr$$

und damit

$$d\sigma = d\omega\,\frac{4m^2}{|\mathfrak{p}|^2\hbar^2\,2\,(1-\mathfrak{e}\cdot\mathfrak{e}')}\left(\int\limits_0^\infty \sin\left(\frac{\sqrt{2}}{\hbar}\,|\mathfrak{p}|\,\sqrt{1-\mathfrak{e}\cdot\mathfrak{e}'}\,r\right)V(r)\,r\,dr\right)^2, \quad (5.24)$$

was speziell für $V = -\dfrac{zZe^2}{r}$ wieder zur RUTHERFORDschen Streuformel (3.8) führt.

§ 6. Stoß zweier Teilchen aneinander.

Während wir bisher $V(r)$ als festes Potential ansahen, soll jetzt der Fall untersucht werden, wo $V(r)$ ein Wechselwirkungspotential zweier Teilchen ist. Der HAMILTON-Operator ist also

$$H = \frac{1}{2m_1}\,\mathfrak{P}_1^2 + \frac{1}{2m_2}\,\mathfrak{P}_2^2 + V(r) \quad (6.1)$$

mit $r^2 = |\mathfrak{r}_1 - \mathfrak{r}_2|^2$. Statt $\mathfrak{r}_1$ und $\mathfrak{r}_2$ führen wir die neuen Variablen $\mathfrak{R} = \dfrac{m_1\,\mathfrak{r}_1 + m_2\,\mathfrak{r}_2}{m_1 + m_2}$ und $\mathfrak{r} = \mathfrak{r}_1 - \mathfrak{r}_2$ ein. Der Operator $\mathfrak{p} = \alpha_1\,\mathfrak{P}_1 - \alpha_2\,\mathfrak{P}_2$ erfüllt mit $\mathfrak{r}$ die kanonischen Vertauschungsrelationen für $\alpha_1 + \alpha_2 = 1$ ebenso wie $\mathfrak{P} = \mathfrak{P}_1 + \mathfrak{P}_2$ mit $\mathfrak{R}$. Es folgt

$$\mathfrak{P}_1 = \alpha_2\,\mathfrak{P} + \mathfrak{p}, \qquad\qquad \mathfrak{P}_2 = \alpha_1\,\mathfrak{P}_1 - \mathfrak{p},$$
$$\mathfrak{P}_1^2 = \alpha_2^2\,\mathfrak{P}^2 + \mathfrak{p}^2 + 2\alpha_2\,\mathfrak{P}\,\mathfrak{p}, \qquad \mathfrak{P}_2^2 = \alpha_1^2\,\mathfrak{P}^2 + \mathfrak{p}^2 - 2\alpha_1\,\mathfrak{P}\,\mathfrak{p}$$

und damit

$$\frac{1}{2m_1}\,\mathfrak{P}_1^2 + \frac{1}{2m_2}\,\mathfrak{P}_2^2 = \left(\frac{\alpha_2^2}{2m_1} + \frac{\alpha_1^2}{2m_2}\right)\mathfrak{P}^2 + \left(\frac{1}{2m_1} + \frac{1}{2m_2}\right)\mathfrak{p}^2$$
$$+ \left(\frac{\alpha_2}{m_1} - \frac{\alpha_1}{m_2}\right)\mathfrak{P}\cdot\mathfrak{p}.$$

Das gemischte Glied $\mathfrak{P}\cdot\mathfrak{p}$ verschwindet also für $\alpha_1 = \lambda\,m_2$, $\alpha_2 = \lambda\,m_1$,

d. h. wegen $\alpha_1 + \alpha_2 = 1$: $\alpha_1 = \dfrac{m_2}{m_1 + m_2}$, $\alpha_2 = \dfrac{m_1}{m_1 + m_2}$. Dann ist also

$$H = \frac{1}{2M}\,\mathfrak{P}^2 + \frac{1}{2m}\,\mathfrak{p}^2 + V(r) \qquad (6.2)$$

mit $M = m_1 + m_2$ und $\dfrac{1}{m} = \dfrac{1}{m_1} + \dfrac{1}{m_2}$. Anschaulich stellt also $\mathfrak{R}$ den Ortsoperator des Schwerpunktes und $\mathfrak{P}$ den Impuls des Schwerpunktes einer Masse $M = m_1 + m_2$ dar. $\mathfrak{r}$ ist die Relativkoordinate und $\mathfrak{p} = m\left(\dfrac{1}{m_1}\,\mathfrak{P}_1 - \dfrac{1}{m_2}\,\mathfrak{P}_2\right) = m\,(\dot{\mathfrak{r}}_1 - \dot{\mathfrak{r}}_2)$ der Impuls eines Massenpunktes der „reduzierten" Masse m.

Die Eigenfunktionen von H kann man daher in der Gestalt $\psi(\mathfrak{R})\,\varphi(\mathfrak{r})$ schreiben:

$$\chi_{\mathfrak{R},\mathfrak{k}}(\mathfrak{R},\mathfrak{r}) = \psi(\mathfrak{R})\,\varphi(\mathfrak{r}) = e^{i\,\mathfrak{R}\,\mathfrak{R}}\left(e^{i\,\mathfrak{k}\,\mathfrak{r}} + \frac{e^{i\,kr}}{r}\,\tau(\vartheta) + \cdots\right) \qquad (6.3)$$

mit dem Eigenwert $\dfrac{1}{2M}\,\hbar^2\,\mathfrak{R}^2 + \dfrac{1}{2m}\,\hbar^2\,\mathfrak{k}^2$.

Statt $\mathfrak{R}, \mathfrak{k}$ kann man auch durch

$$\mathfrak{k} = m\left(\frac{1}{m_1}\,\mathfrak{k}_1 - \frac{1}{m_2}\,\mathfrak{k}_2\right), \qquad \mathfrak{R} = \mathfrak{k}_1 + \mathfrak{k}_2 \qquad (6.4)$$

die Vektoren $\mathfrak{k}_1$ und $\mathfrak{k}_2$ einführen. $\chi_{\mathfrak{R},\mathfrak{k}}(\mathfrak{R},\mathfrak{r}) = \eta_{\mathfrak{k}_1\mathfrak{k}_2}(\mathfrak{r}_1,\mathfrak{r}_2)$ stellt dann einen Zustand dar, der aus einer einlaufenden ebenen Welle

$$e^{i\,\mathfrak{R}\,\mathfrak{R}}\,e^{i\,\mathfrak{k}\,\mathfrak{r}} = e^{i(\mathfrak{k}_1\mathfrak{r}_1 + \mathfrak{k}_2\mathfrak{r}_2)} \qquad (6.5)$$

und einer gestreuten Kugelwelle von der asymptotischen Form

$$e^{i\,\mathfrak{R}\,\mathfrak{R}}\,\frac{e^{i\,kr}}{r}\,\tau(\vartheta) = e^{i(\mathfrak{k}_1 + \mathfrak{k}_2)\left(\frac{m_1}{M}\mathfrak{r}_1 + \frac{m_2}{M}\mathfrak{r}_2\right)}\,\frac{e^{i m\left|\frac{1}{m_1}\cdot\mathfrak{k}_1 - \frac{1}{m_2}\,\mathfrak{k}_2\right|\,|\mathfrak{r}_1 - \mathfrak{r}_2|}}{|\mathfrak{r}_1 - \mathfrak{r}_2|}\,\tau(\vartheta) \qquad (6.6)$$

besteht. Die ebene Welle ist der (uneigentliche) Zustand freier Teilchen, wo das Teilchen 1 den Impuls $\hbar\mathfrak{k}_1$ und 2 den Impuls $\hbar\mathfrak{k}_2$ hat. Wir wollen jetzt zwei Fälle näher betrachten: 1. der Schwerpunkt ruht, 2. das Teilchen 2 ruht vor dem Stoß.

Daß der Schwerpunkt ruht, drücken wir dadurch aus, daß wir $\mathfrak{R} = 0$ setzen und damit als Zustand

$$e^{i\,\mathfrak{k}\,\mathfrak{r}} + \frac{e^{i\,kr}}{r}\,\tau(\vartheta) \qquad (6.7)$$

wählen. Dieser stimmt aber formal mit denjenigen für ein festes Kraftzentrum nach (2.13) überein, so daß wir als Wirkungsquerschnitt wie in (2.16)

$$d\sigma = d\omega\,|\tau(\vartheta)|^2 \qquad (6.8)$$

erhalten.

Im zweiten Falle, wo das Teilchen 2 vor der Streuung ruht, bilden wir ein Wellenpaket

$$\psi(\mathfrak{R},\mathfrak{r}) = \frac{e^{i\,\mathfrak{k}_1\,\mathfrak{r}_1}}{(2\pi)^{3/2}}\int e^{i\,\mathfrak{k}_2\,\mathfrak{r}_2}\,\varphi(\mathfrak{k}_2)\,d\mathfrak{k}_2, \qquad (6.9)$$

wo $\varphi(\mathfrak{k})$ nur in der Nähe von $\mathfrak{k}_2 = 0$ ungleich Null ist und das Wellenpaket $\psi_0(\mathfrak{r}_2) = \dfrac{1}{(2\pi)^{3/2}} \int e^{i\,\mathfrak{k}_2\,\mathfrak{r}_2}\,\varphi(\mathfrak{k}_2)\,d\mathfrak{k}_2$ den Mittelpunkt $\mathfrak{r}_2 = 0$ hat. Es soll $\int |\varphi(\mathfrak{k}_2)|^2 d\mathfrak{k}_2 = 1$ sein. Dann ist für das Teilchen 1 vor der Streuung der Erwartungswert von $\mathfrak{z}(\mathfrak{r}')$ gleich $\dfrac{\hbar\,\mathfrak{k}_1}{m_1}$ und nach der Streuung für großes $|\mathfrak{r}'|$:

$$\int \frac{\hbar}{m_1}\left(\frac{m_1}{M}\,\mathfrak{k}_1 + \frac{m}{m_1}\,k_1\,\frac{\mathfrak{r}'-\mathfrak{r}_2}{|\mathfrak{r}'-\mathfrak{r}_2|}\right) |f(\mathfrak{r}',\mathfrak{r}_2)|^2\,d\mathfrak{r}_2 \qquad (6.10)$$

mit

$$f(\mathfrak{r}_1,\mathfrak{r}_2) = \frac{1}{(2\pi)^{3/2}} \int e^{i\,\mathfrak{R}\mathfrak{R}}\,\frac{e^{i\,kr}}{r}\,\tau(\vartheta)\,\varphi(\mathfrak{k}_2)\,d\mathfrak{k}_2.$$

Da $\varphi(\mathfrak{k}_2)$ nur für sehr kleine $|\mathfrak{k}_2|$ ungleich Null ist, kann man im Integral

$$e^{i\,kr} = e^{i\left|\frac{m}{m_1}\mathfrak{k}_1 - \frac{m}{m_2}\mathfrak{k}_2\right|r} = e^{i\frac{m}{m_1}k_1 r}\cdot e^{-i\frac{m}{m_2}\mathfrak{k}_2\frac{\mathfrak{k}_1}{k_1}r}$$

schreiben und erhält:

$$f(\mathfrak{r}_1,\mathfrak{r}_2)$$
$$= \frac{1}{(2\pi)^{3/2}}\,e^{i\,\mathfrak{k}_1\left(\frac{m_1}{M}\mathfrak{r}_1 + \frac{m_2}{M}\mathfrak{r}_2\right)}\,\frac{e^{i\frac{m}{m_1}k_1 r}}{r}\,\tau(\vartheta) \int e^{i\,\mathfrak{k}_2\left(\frac{m_1}{M}\mathfrak{r}_1 + \frac{m_2}{M}\mathfrak{r}_2 - \frac{m}{m_2}\frac{\mathfrak{k}_1}{k_1}r\right)}\,\varphi(\mathfrak{k}_2)\,d\mathfrak{k}_2.$$

Daher ist

$$|f(\mathfrak{r}_1,\mathfrak{r}_2)|^2 = \frac{|\tau(\vartheta)|^2}{r^2}\left|\psi_0\left(\frac{m_1}{M}\mathfrak{r}_1 + \frac{m_2}{M}\mathfrak{r}_2 - \frac{m}{m_2}\frac{\mathfrak{k}_1}{k_1}r\right)\right|^2. \qquad (6.11)$$

Führen wir in (6.10) statt $\mathfrak{r}_2$ als Integrationsvariable

$$\mathfrak{r}'' = \frac{m_1}{M}\,\mathfrak{r}' + \frac{m_2}{M}\,\mathfrak{r}_2 - \frac{m}{m_2}\,\frac{\mathfrak{k}_1}{k_1}\,|\mathfrak{r}'-\mathfrak{r}_2| \qquad (6.12)$$

ein, so wird daraus

$$\int \frac{\hbar}{m_1}\left(\frac{m_1}{M}\,\mathfrak{k}_1 + \frac{m}{m_1}\,k_1\,\frac{\mathfrak{r}'-\mathfrak{r}_2}{|\mathfrak{r}'-\mathfrak{r}_2|}\right) \frac{|\tau(\vartheta)|^2}{|\mathfrak{r}'-\mathfrak{r}_2|^2}\,|\psi_0(\mathfrak{r}'')|^2\,\frac{d\mathfrak{r}''}{\dfrac{\partial(\mathfrak{r}'')}{\partial(\mathfrak{r}_2)}}, \qquad (6.13)$$

wo $\dfrac{\partial(\mathfrak{r}'')}{\partial(\mathfrak{r}_2)}$ die Funktionaldeterminante ist. Da $|\mathfrak{r}'|$ sehr groß gegenüber der Ausdehnung der Dichte $|\psi_0(\mathfrak{r}'')|^2$ ist, können wir alle Größen des Integrals außer $|\psi_0(\mathfrak{r}'')|^2$ vor das Integral an der Stelle $\mathfrak{r}'' = 0$ ziehen und erhalten wegen $\int |\psi_0(\mathfrak{r}'')|^2 d\mathfrak{r}'' = 1$:

$$\frac{\hbar}{m_1}\left(\frac{m_1}{M}\,\mathfrak{k}_1 + \frac{m}{m_1}\,k_1\,\frac{\mathfrak{r}'-\mathfrak{r}_2}{|\mathfrak{r}'-\mathfrak{r}_2|}\right) \frac{|\tau(\vartheta)|^2}{|\mathfrak{r}'-\mathfrak{r}_2|^2}\,\frac{1}{\dfrac{\partial(\mathfrak{r}'')}{\partial(\mathfrak{r}_2)}}\Bigg|_{\mathfrak{r}''=0} \qquad (6.14)$$

mit

$$\frac{\partial(\mathfrak{r}'')}{\partial(\mathfrak{r}_2)} = \left(\frac{m_2}{M}\right)^3 \left[1 + \frac{m_1}{m_2}\,\frac{\mathfrak{k}_1}{k_1}\,\frac{(\mathfrak{r}'-\mathfrak{r}_2)}{|\mathfrak{r}'-\mathfrak{r}_2|}\right].$$

ϑ ist nach (6.3) der Winkel zwischen $\mathfrak{k}$ und $\mathfrak{r}$, d. h. also, da $\mathfrak{k}_2 \approx 0$ ist, zwischen $\mathfrak{k}_1$ und $\mathfrak{r}' - \mathfrak{r}_2$. Der beobachtete Streuwinkel Θ ist der zwischen

$\mathfrak{k}_1$ und $\mathfrak{r}'$. Die Nebenbedingung $\mathfrak{r}'' = 0$ lautet nach (6.12):

$$\mathfrak{r}' + \frac{m_2}{m_1}\,\mathfrak{r}_2 - \frac{\mathfrak{k}_1}{k_1}\,\lvert \mathfrak{r}' - \mathfrak{r}_2 \rvert = 0. \tag{6.15}$$

Wir führen durch

$$\lambda\,\mathfrak{v}_1' = \mathfrak{r}', \qquad \lambda\,\mathfrak{v}_2' = \mathfrak{r}_2$$

mit einem durch

$$m_1\,\mathfrak{v}_1'^2 + m_2\,\mathfrak{v}_2'^2 = \frac{\hbar^2\,\mathfrak{k}_1^2}{m_1} \tag{6.16}$$

festgelegten Wert von λ die Vektoren $\mathfrak{v}_1'$ und $\mathfrak{v}_2'$ ein. Die Nebenbedingung (6.15) lautet dann

$$m_1\,\mathfrak{v}_1' + m_2\,\mathfrak{v}_2' = \hbar\,\mathfrak{k}_1 \tag{6.17}$$

wegen

$$\lvert \mathfrak{v}_1' - \mathfrak{v}_2' \rvert = \frac{\hbar\,k_1}{m_1}\,, \tag{6.18}$$

woraus

$$\mathfrak{v}_2' = \frac{1}{m_2}\,\hbar\,\mathfrak{k}_1 - \frac{m_1}{m_2}\,\mathfrak{v}_1'$$

folgt. Die Vektoren $\mathfrak{v}_1'$, $\mathfrak{v}_2'$ hängen nur von der Richtung von $\mathfrak{r}'$, aber nicht mehr von $\lvert \mathfrak{r}' \rvert$ ab. Der Zusammenhang zwischen Θ und ϑ wird dann

$$\frac{m_2}{m_1}\,\hbar\,k_1\cos\vartheta = \lvert \mathfrak{v}_1' \rvert\,M\cos\Theta - \hbar\,k_1 \tag{6.19}$$

und der Erwartungswert von $\mathfrak{S}(\mathfrak{r}')$ gleich:

$$\frac{1}{\lvert \mathfrak{r}' \rvert^2}\,\mathfrak{v}_1'\,\frac{\lvert \mathfrak{v}_1' \rvert^2}{\lvert \mathfrak{v}_1 \rvert^2}\left(\frac{m_2}{M}\right)^{-3}\left(1 + \frac{m_1}{m_2}\cos\vartheta\right)^{-1}\lvert \tau(\vartheta) \rvert^2, \tag{6.20}$$

wobei $\mathfrak{v}_1 = \dfrac{\hbar\,\mathfrak{k}_1}{m_1}$ gesetzt worden ist. Der Wirkungsquerschnitt wird also

$$d\sigma = d\omega\,\frac{\lvert \mathfrak{v}_1' \rvert^3}{\lvert \mathfrak{v}_1 \rvert^3}\left(\frac{m_2}{M}\right)^{-3}\left(1 + \frac{m_1}{m_2}\cos\vartheta\right)^{-1}\lvert \tau(\vartheta) \rvert^2. \tag{6.21}$$

Aus (6.16 bis 6.18) erhält man

$$\frac{\lvert \mathfrak{v}_1' \rvert}{\lvert \mathfrak{v}_1 \rvert} = \frac{(2\gamma\cos\vartheta + \gamma^2 + 1)^{\frac{1}{2}}}{1 + \gamma} = (2\gamma\cos\vartheta + \gamma^2 + 1)\,\frac{m_2}{M} \tag{6.22}$$

mit

$$\gamma = \frac{m_1}{m_2}\,,$$

so daß schließlich

$$d\sigma = d\omega\,\frac{(2\gamma\cos\vartheta + \gamma^2 + 1)^{3/2}}{1 + \gamma\cos\vartheta}\,\lvert \tau(\vartheta) \rvert^2 \tag{6.23}$$

wird mit

$$d\omega = \sin\Theta\,d\Theta\,d\Phi.$$

Aus (6.19) folgt mit $\lvert \mathfrak{v}_1' \rvert$ nach (6.22)

$$\mathrm{tg}\,\Theta = \frac{\sin\vartheta}{\gamma + \cos\vartheta} \tag{6.24}$$

Man kann sich die Verhältnisse auch leicht geometrisch überlegen (siehe Abb. 32): Im Falle, daß m_2 ruht, ist $\frac{m_1}{M}\,\mathfrak{v}_1$ die Schwerpunktsgeschwindigkeit; daher ist im Schwerpunktssystem die Relativgeschwindigkeit der Teilchen

$$\mathfrak{v}_r = \mathfrak{v}_1 - \frac{m_1}{M}\,\mathfrak{v}_1 = \frac{m_2}{M}\,\mathfrak{v}_1 .$$

Wegen

$$|\mathfrak{v}_r|\cos\vartheta + \frac{m_1}{M}\,|\mathfrak{v}_1| = |\mathfrak{v}_1'|\cos\Theta$$
$$|\mathfrak{v}_r|\sin\vartheta \qquad\qquad = |\mathfrak{v}_1'|\sin\Theta$$

folgt dann (6.24). Der Zusammenhang zwischen dem Wirkungsquerschnitt $d\sigma_s(\vartheta,\varphi)$ im Schwerpunktssystem und $d\sigma(\Theta,\Phi)$ ist dann durch

$$d\sigma(\Theta,\Phi) = d\sigma_s(\vartheta,\varphi),$$

d. h. mit $d\sigma = I(\Theta,\Phi)\,d\omega$ und $d\sigma_s = I_s(\vartheta,\varphi)\,d\omega_s$ durch

$$I(\Theta,\Phi)\sin\Theta = I_s(\vartheta,\varphi)\sin\vartheta \cdot \frac{\partial\vartheta}{\partial\Theta}$$

gegeben, was mit dem nach (6.24) zu berechnenden $\frac{\partial\vartheta}{\partial\Theta}$ wieder zu (6.23) führt.

Man sieht also, daß die einfache geometrische Überlegung zu demselben Ergebnis führt wie die exakte Ableitung nach S. 323.

Wir haben bisher angenommen, daß Teilchen 1 und 2 voneinander verschieden sind. Handelt es sich aber z. B. um zwei Elektronen, so muß die Symmetrie hinsichtlich der Vertauschung der beiden Teilchen berücksichtigt werden. Die Vertauschung bedeutet für $\mathfrak{R}$, $\mathfrak{r}$: $\mathfrak{R} \to \mathfrak{R}$, $\mathfrak{r} \to -\mathfrak{r}$.

$$\chi_{\mathfrak{R},\mathfrak{r}}(\mathfrak{R},\mathfrak{r}) \pm \chi_{\mathfrak{R},\mathfrak{r}}(\mathfrak{R},-\mathfrak{r})$$

stellen also eine hinsichtlich der Vertauschung der Ortskoordinaten symmetrische bzw. antisymmetrische Funktion dar. Um dem Pauli-Prinzip zu genügen, muß die symmetrische mit der antisymmetrischen Spinfunktion vom Gesamtspin 0 und die antisym-

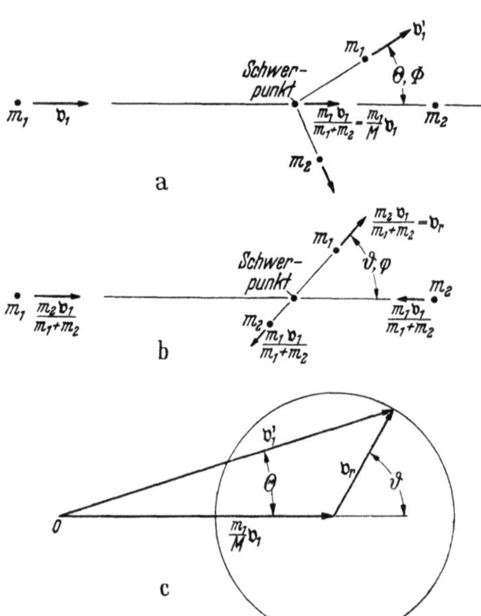

Abb. 32. Streuung zweier Teilchen
(Aus L. J Schiff, Quantum Mechanics)

metrische mit den drei symmetrischen Spinfunktionen vom Gesamtspin 1 kombiniert werden. Handelt es sich also um Streuung im Singulettzustand $(S = 0)$, so erhält man den Wirkungsquerschnitt, indem man in den obigen Formeln $|\tau(\vartheta)|^2$ durch $|\tau(\vartheta) + \tau(\pi - \vartheta)|^2$ ersetzt. Für einen Triplettzustand $(S = 1)$ ist $|\tau(\vartheta)|^2$ durch $|\tau(\vartheta) - \tau(\pi - \vartheta)|^2$ zu ersetzen. Um das zu zeigen, braucht man nur die vorigen Rechnungen zu wiederholen, indem man für $\mathfrak{s}(\mathfrak{r}')$ den Operator

$$\mathfrak{s}(\mathfrak{r}') = \frac{1}{2m}\left(\frac{\hbar}{i}\,\delta(\mathfrak{r}' - \mathfrak{r}_1)\,\mathrm{grad}_{\mathfrak{r}_1} + \frac{\hbar}{i}\,\mathrm{grad}_{\mathfrak{r}_1}\,\delta(\mathfrak{r}' - \mathfrak{r}_1)\right.$$
$$\left. + \frac{\hbar}{i}\,\delta(\mathfrak{r}' - \mathfrak{r}_2)\,\mathrm{grad}_{\mathfrak{r}_2} + \frac{\hbar}{i}\,\mathrm{grad}_{\mathfrak{r}_2}\,\delta(\mathfrak{r}' - \mathfrak{r}_2)\right)$$

benutzt, der sich wie in § 1 für den Fall zweier Elektronen aus (1.2) ergibt.

Ist bei Streuversuchen unbekannt, ob es sich um einen Singulettoder Triplettzustand handelt, so ist ein entsprechender statistischer Operator zu benutzen, der ein Gemisch des einen Singulettzustandes und der drei Triplettzustände mit gleichen Gewichten darstellt. Somit ist dann $|\tau(\vartheta)|^2$ durch

$$\frac{1}{4}\,|\tau(\vartheta) + \tau(\pi - \vartheta)|^2 + \frac{3}{4}\,|\tau(\vartheta) - \tau(\pi - \vartheta)|^2$$

zu ersetzen. Statt der Rutherfordschen Streuformel (3.8) erhält man also mit der Bornschen Näherung (3.7) für die Streuung zweier Elektronen im Schwerpunktssystem $\mathfrak{K} = 0$:

$$d\sigma_s = 2\pi\sin\vartheta\,d\vartheta\left(\frac{e^2}{m_1 v^2}\right)^2\left\{\frac{1}{\sin^4\frac{\vartheta}{2}} + \frac{1}{\cos^4\frac{\vartheta}{2}} - \frac{1}{\sin^2\frac{\vartheta}{2}\cos^2\frac{\vartheta}{2}}\right\}$$

und falls das eine Elektron ruht:

$$d\sigma = 2\pi\sin\Theta\,d\Theta\,4\cos\Theta\left(\frac{e^2}{m_1 v^2}\right)^2\left\{\frac{1}{\sin^4\Theta} + \frac{1}{\cos^4\Theta} - \frac{1}{\sin^2\Theta\cos^2\Theta}\right\}.$$

XII. Molekülspektren und chemische Bindung.

§ 1. Der Hamilton-Operator eines Moleküls.

Mit $\mathfrak{r}_k$ (lateinische Indizes) seien die Orte der Kerne, mit $\mathfrak{p}_k$ die zugehörigen Impulse, mit $\mathfrak{r}_\varkappa$ (griechische Indizes) die Orte der Elektronen und mit $\mathfrak{p}_\varkappa$ die zugehörigen Impulse bezeichnet. Der Hamilton-Operator für Kerne und Elektronen lautet dann:

$$H = \frac{1}{2}\sum_{k=1}^{h}\frac{1}{m_k}\,\mathfrak{p}_k^2 + \frac{1}{2m}\sum_{\varkappa=1}^{f}\mathfrak{p}_\varkappa^2 + U(\mathfrak{r}_k, \mathfrak{r}_\varkappa) + H_s, \qquad (1.1)$$

wobei m_k die Massen der Kerne, m die Masse eines Elektrons sind und H_s die Glieder umfaßt, die durch den Spin der Elektronen bedingt sind. U ist die potentielle Energie

$$U(\mathfrak{r}_k, \mathfrak{r}_\varkappa) = \frac{1}{2} \sum_{\substack{k,l \\ k \neq l}} \frac{Z_k Z_l e^2}{r_{kl}} + \frac{1}{2} \sum_{\substack{\varkappa,\lambda \\ \varkappa \neq \lambda}} \frac{e^2}{r_{\varkappa\lambda}} - \sum_{k,\lambda} \frac{Z_k e^2}{r_{k\lambda}}$$

mit Z_k als Ladungszahl des k-ten Kerns. Mit $\mathfrak{p}_k = \frac{\hbar}{i} \operatorname{grad}_k$ und $\mathfrak{p}_\varkappa = \frac{\hbar}{i} \operatorname{grad}_\varkappa$ lautet (1.1):

$$H = - \frac{\hbar^2}{2} \sum_k \frac{1}{m_k} \varDelta_k - \frac{\hbar^2}{2m} \sum_\varkappa \varDelta_\varkappa + U + H_s. \tag{1.2}$$

Zur Abspaltung der Schwerpunktbewegung führen wir neue Koordinaten ein:

$$M \mathfrak{R} = \sum_{k=1}^{h} m_k \mathfrak{r}_k + m \sum_{\varkappa=1}^{f} \mathfrak{r}_\varkappa; \qquad M = \sum_{k=1}^{h} m_k + f m;$$

$$\mathfrak{r}'_k = \mathfrak{r}_k - \mathfrak{r}_1 \quad \text{für} \quad k = 2, 3, \ldots, h \quad \text{(hierbei ist } \mathfrak{r}_1 \text{ der Ort} \tag{1.3}$$
$$\text{des ersten Kerns);}$$

$$\mathfrak{r}'_\varkappa = \mathfrak{r}_\varkappa - \mathfrak{R}.$$

Damit geht (1.2) über in:

$$H = - \frac{\hbar^2}{2M} \varDelta - \frac{\hbar^2}{2m_1} \Big(\sum_{k=2}^{h} \operatorname{grad}'_k \Big)^2 + \frac{\hbar^2}{2M} \Big(\sum_{\varkappa=1}^{f} \operatorname{grad}'_\varkappa \Big)^2$$
$$- \sum_{k=2}^{h} \frac{\hbar^2}{2m_k} \varDelta'_k - \frac{\hbar^2}{2m} \sum_{\varkappa=1}^{f} \varDelta'_\varkappa + U + H_s, \tag{1.4}$$

wobei $\varDelta$ auf die Koordinaten $\mathfrak{R}$, grad'_k und $\varDelta'_k$ auf $\mathfrak{r}'_k$, $\operatorname{grad}'_\varkappa$, $\varDelta'_\varkappa$ auf $\mathfrak{r}'_\varkappa$ wirken. Da U und H_s nicht von der absoluten Lage der Teilchen abhängen können, d. h. invariant gegenüber Translationen aller Teilchen sind, müssen sie in den neuen Koordinaten (1.3) unabhängig von $\mathfrak{R}$ sein. Das einzige von $\mathfrak{R}$ abhängige Glied in (1.4) $- \frac{\hbar^2}{2M} \varDelta$ stellt die kinetische Energie des Schwerpunktes dar. Wir können sie fortlassen, da wir uns nur für die innere Energie des Moleküls interessieren[1], so daß wir setzen:

$$H = - \sum_{k=2}^{h} \frac{\hbar^2}{2m_k} \varDelta'_k - \frac{\hbar^2}{2m_1} \Big(\sum_{k=2}^{h} \operatorname{grad}'_k \Big)^2$$
$$- \frac{\hbar^2}{2m} \sum_{\varkappa=1}^{f} \varDelta'_\varkappa + U + H_s. \tag{1.5}$$

Die ersten beiden Glieder stellen die kinetische Energie der Atomkerne dar, wobei das zweite Glied die kinetische Energie des Atomkerns 1 ist, dessen Impuls (im Schwerpunktsystem) gerade gleich der negativen

---

[1] Man setze zur Lösung der Eigenwertgleichung $H \varPhi = E \varPhi$:

$$\varPhi = e^{i \hbar \mathfrak{R} \cdot \mathfrak{R}} \, \psi(\mathfrak{r}'_k, \mathfrak{r}'_\varkappa)$$

an. Dann sind die ψ Eigenvektoren zur inneren Energie (1.5)

Summe der Impulse der anderen Kerne ist. Genau genommen gehört dazu noch das Glied

$$\frac{\hbar^2}{2M}\left(\sum_{\varkappa=1}^{f}\operatorname{grad}_\varkappa'\right)^2,\tag{1.6}$$

das die Mitnahme der Kerne durch die Elektronenbewegung berücksichtigt. Dieses Glied ist aber wegen des Verhältnisses von Kern- zu Elektronenmasse winzig klein gegenüber dem dritten Summanden in (1.5). Wir wollen es daher streichen[1].

§ 2. Die Form der Eigenfunktionen.

Wie bei den Atomspektren wollen wir zuerst das Glied H_s in (1.5) vernachlässigen. Seinen Einfluß werden wir später in § 9 untersuchen. Die ersten beiden Glieder in (1.5) enthalten im Nenner die Kernmassen. Da diese mehr als tausendmal größer als die Elektronenmassen sind, wird der Beitrag der kinetischen Energie der Kerne vermutlich gering sein gegenüber dem entsprechenden Beitrag der Elektronen (siehe § 8). Dies folgt überschlagsmäßig schon aus der HEISENBERGschen Ungenauigkeitsrelation. Die Lokalisierung von Elektronen und Kernen auf die Größe d des Moleküls hat einen Impuls der Größenordnung $p \sim \dfrac{\hbar}{d}$ zur Folge, was aber für die Kerne eine wesentlich kleinere kinetische Energie als für die Elektronen ergibt. Lassen wir die beiden ersten Glieder in (1.5) fort, so erhalten wir als HAMILTON-Operator

$$H_e = -\frac{\hbar^2}{2m}\sum_\varkappa \varDelta_\varkappa' + U.\tag{2.1}$$

Eigentlich ist H_e anzuwenden auf Funktionen von $\mathfrak{r}_k'$ und $\mathfrak{r}_\varkappa'$. Die Eigenfunktionen kann man aber dann in der Form $\delta(\mathfrak{r}_k' - \overset{0}{\mathfrak{r}}_k')\,\varphi(\overset{0}{\mathfrak{r}}_k', \mathfrak{r}_\varkappa')$ schreiben mit

$$H_e\,\varphi(\overset{0}{\mathfrak{r}}_k', \mathfrak{r}_\varkappa') = E(\overset{0}{\mathfrak{r}}_k')\,\varphi(\overset{0}{\mathfrak{r}}_k', \mathfrak{r}_\varkappa'),\tag{2.2}$$

was anschaulich bedeutet, daß die Kerne an den festen Stellen $\overset{0}{\mathfrak{r}}_k'$ liegen und damit feste Kraftzentren für die Elektronen darstellen. $E(\overset{0}{\mathfrak{r}}_k')$ ist die von der Lage der Kerne abhängige Energie der Elektronen (einschließlich der potentiellen Energie der Kerne untereinander). Man vermutet, daß man eine sehr gute Approximation für die Energieeigenwerte von (1.5), d. h. von

$$H = -\sum_{k=2}^{h}\frac{\hbar^2}{2m_k}\varDelta_k' - \frac{\hbar^2}{2m_1}\left(\sum_{k=2}^{h}\operatorname{grad}_k'\right)^2 + H_e = H_K + H_e\tag{2.3}$$

---

[1] Sein Einfluß wird kenntlich im Isotopeneffekt. Man zeigt durch Störungsrechnung, daß dieses Glied keine Aufspaltung, sondern nur eine winzige Verschiebung der Terme bewirkt.

erhält, wenn man mit den nach (2.2) berechneten $E(\mathfrak{r}'_k)$ (wir haben $\overset{0}{\mathfrak{r}}'_k$ einfachheitshalber wieder durch $\mathfrak{r}'_k$ ersetzt) die Eigenwerte der Gleichung

$$\{H_K + E(\mathfrak{r}'_k)\}\,\psi(\mathfrak{r}'_k) = \varepsilon\,\psi(\mathfrak{r}'_k) \tag{2.4}$$

berechnet. Damit haben wir vorausgesetzt, daß sich auf Grund der großen Masse der Kerne die Elektronen so bewegen, als ob die Kerne ruhen würden, und daß sich die Kerne dann ihrerseits unter dem Einfluß der vom Ort ihrer jeweiligen Lage abhängigen Energie $E(\mathfrak{r}'_k)$ bewegen. Mathematisch bedeutet dies, daß wir für die Eigenfunktionen von (2.3) den Ansatz

$$\Phi = \psi(\mathfrak{r}'_k)\,\varphi(\mathfrak{r}'_k,\mathfrak{r}'_\varkappa) \tag{2.5}$$

mit φ nach (2.2) machen und annehmen, daß φ von den $\mathfrak{r}'_k$ viel schwächer als ψ abhängt, so daß man bei den in (2.3) verlangten Differentiationen nach $\mathfrak{r}'_k$ die Funktion φ in erster Näherung als konstant ansehen kann. Dies ist allerdings rückwärts jeweils zu rechtfertigen.

Der Ansatz (2.5) ist allerdings nur dann vernünftig, wenn der Eigenwert $E(\overset{0}{\mathfrak{r}}'_k)$ von (2.2) nicht entartet ist [wie es im allgemeinen bei mehr als zweiatomigen Molekülen auch der Fall sein wird, da Entartungen nur bei räumlicher Symmetrie des Problems (2.2) auftreten werden]. Für nur zwei Kerne ist allerdings eine Drehsymmetrie vorhanden. Der Ansatz (2.5) ist dann durch eine Linearkombination von Gliedern der Form (2.5) mit den verschiedenen zum selben $E(\overset{0}{\mathfrak{r}}'_k)$ gehörigen φ zu ersetzen; siehe § 8.

Für mehr als zwei Atome erhält man eine noch bessere Approximation für ε als diejenige aus (2.4), wenn man mit dem Ansatz (2.5) und φ nach (2.2) die Funktion ψ nach dem Ritzschen Variationsprinzip (VIII, § 3) bestimmt.

Man erhält dann statt (2.4)

$$\{H_K + \bar{E}(\mathfrak{r}'_k)\}\,\psi = \varepsilon\,\psi \tag{2.6}$$

mit

$$\bar{E}(\mathfrak{r}'_k) = E(\mathfrak{r}'_k) + \int \varphi(\mathfrak{r}'_k,\mathfrak{r}'_\varkappa)\,H_K\,\varphi(\mathfrak{r}'_k,\mathfrak{r}'_\varkappa)\,(d\mathfrak{r}_\varkappa)^f, \tag{2.7}$$

wobei $(d\mathfrak{r}_\varkappa)^f$ Integration über alle Elektronenkoordinaten bedeutet. (2.7) berücksichtigt also eine Näherung weiter die Abhängigkeit der φ von den Kernkoordinaten.

(2.6) hat nur dann (neben einem kontinuierten Spektrum) diskrete Eigenwerte als tiefste Eigenwerte, wenn $\bar{E}(\mathfrak{r}'_k)$, d. h. $E(\mathfrak{r}'_k)$, ein absolutes Minimum besitzt[1]; nur dann also gibt es gebundene Zustände. Hat der tiefste Eigenwert von (2.2) diese Eigenschaft, so ist der tiefste

---

[1] Siehe Anmerkung 1, S. 21.

Zustand gebunden, d. h. wir haben ein chemisch gebundenes Molekül vor uns. Deshalb sollen in dem nächsten Paragraphen erst einmal die Eigenwerte von (2.2) und ihre Abhängigkeit von der Lage der Kerne untersucht werden. Das Minimum des tiefsten Energiewertes von (2.2) ergibt die Gleichgewichtslage der Kerne, d. h. die chemische Struktur des Moleküls.

§ 3. Wasserstoffmolekülion.

Das einfachste Beispiel ist das Wasserstoffmolekülion, wo sich ein Elektron im Felde zweier Kerne bewegt. (2.2) nimmt dann die Form

$$\left(-\frac{\hbar^2}{2m}\Delta - \frac{e^2}{r_1} - \frac{e^2}{r_2} + \frac{e^2}{a}\right)\varphi(\mathfrak{r}) = E\,\varphi(\mathfrak{r}) \tag{3.1}$$

an, wobei $\mathfrak{r}$ der Ort des Elektrons, r_1 der Abstand vom Kern 1, r_2 der vom Kern 2 und a der Abstand der beiden Kerne voneinander sind. φ und E hängen von a ab. $E' = E - \dfrac{e^2}{a}$ ist die reine Elektronenenergie ohne die Coulombsche Abstoßungsenergie der beiden Kerne.

(3.1) läßt sich durch Einführung elliptischer Koordinaten[1] separieren und lösen. Wir wollen hier versuchen, auf Grund der Symmetrie des Problems eine qualitative Vorstellung der Abhängigkeit der Energie E' vom Abstand a zu gewinnen. Alle Zweizentrenprobleme sind invariant gegenüber Drehungen um die Verbindungslinie der Zentren und gegenüber Spiegelungen an Ebenen durch diese Verbindungslinie. Die Symmetrien bilden eine Gruppe, die wir kurz mit $\mathfrak{d}$ bezeichnen wollen. Nehmen wir die Verbindungslinie der Zentren als 3-Achse, so können wir eine spezielle Spiegelung auszeichnen:

$$s_2' \quad \begin{aligned} x_1' &= x_1; \\ x_2 &= -x_2; \\ x_3' &= x_3. \end{aligned} \tag{3.2}$$

Ist D_α eine Drehung um die 3-Achse um den Winkel α, so folgt leicht (c = Einselement der Gruppe):

$$s_2 D_\alpha = D_{-\alpha} s_2, \qquad (s_2)^2 = e. \tag{3.3}$$

Jedes Element von $\mathfrak{d}$ können wir also entweder in der Form D_α oder $s_2 D_\alpha$ darstellen.

Die Darstellungen von $\mathfrak{d}$ sind leicht zu finden. Die Drehungen D_α bilden einen abelschen Normalteiler von $\mathfrak{d}$, dessen irreduzible Darstellungen alle eindimensional und schon als Darstellungen der Unter-

---

[1] Siehe Handbuch d. Physik, Bd. XXIV/1, S. 530. Berlin: Springer 1933.

gruppe der vollen räumlichen Drehgruppe (VII, § 2) bekannt sind:

$$D_\alpha u_m = e^{-im\alpha} u_m \qquad (m = 0, \pm \tfrac{1}{2}, \pm 1, \pm \tfrac{3}{2}, \ldots). \qquad (3.4)$$

Ohne Spin kommen nach (VII, § 2 Schluß) nur Werte $m = 0$, ± 1, $\pm 2, \ldots$ in Frage.

Wir können also in jedem (auch nicht irreduziblen) Darstellungsraum $\mathfrak{R}$ von $\mathfrak{d}$ die Basisvektoren in der Form (3.4) wählen. Da nach (3.3)

$$D_\alpha (s_2 u_m) = s_2' D_{-\alpha}' u_m = e^{im\alpha} (s_2 u_m)$$

ist, spannen also z. B. die zwei Vektoren u_Λ (mit $\Lambda > 0$) und $s_2 u_\Lambda$ einen gegenüber $\mathfrak{d}$ invarianten zweidimensionalen Teilraum von $\mathfrak{R}$ auf. Dieser ist aber irreduzibel, wie sofort auf Grund seiner Konstruktion ersichtlich ist. Alle gegenüber den Drehungen D_α invarianten Vektoren $v (D_\alpha v = v)$ bilden einen gegenüber $\mathfrak{d}$ invarianten Teilraum $\mathfrak{r}_0$. Man kann in $\mathfrak{r}_0$ die Basisvektoren so wählen, daß sie Eigenvektoren zu s_2 sind. Wegen der zweiten Beziehung aus (3.3) gilt also für sie $s_2 v = v$ oder $s_2 v = -v$. Damit haben wir alle irreduziblen Darstellungen von $\mathfrak{d}$ gefunden. Man kann sie durch eine Zahl $\Lambda \geqq 0$ charakterisieren. Für $\Lambda > 0$ sind sie zweidimensional:

$$\begin{aligned} D_\alpha v_\Lambda &= e^{-i\Lambda\alpha} v_\Lambda; \\ D_\alpha v_{-\Lambda} &= e^{i\Lambda\alpha} \ v_{-\Lambda}; \end{aligned} \qquad s_2 v_\Lambda = v_{-\Lambda} \qquad (3.5)$$

und für $\Lambda = 0$ sind sie eindimensional, wobei die beiden Fälle O^+:

$$D_\alpha v_0 = v_0; \quad s_2 v_0 = v_0 \qquad (3.6\,\text{a})$$

und O^-:

$$D_\alpha v_0 = v_0; \quad s_2 v_0 = -v_0 \qquad (3.6\,\text{b})$$

zu unterscheiden sind. Wir schreiben für die Darstellungen kurz $\mathfrak{A}_\Lambda$, $\mathfrak{A}_{0+}$, $\mathfrak{A}_{0-}$.

Da beim H_2-Molekülion (H_2^+) beide Kerne gleich geladen sind, kommt als weitere mit allen Elementen von $\mathfrak{d}$ vertauschbare Symmetrieoperation die Spiegelung s am Mittelpunkt zwischen beiden Kernen hinzu. Machen wir diese Mitte zum Ursprung des Koordinatensystems, so ist also

$$s: \ x_1' = -x_1; \quad x_2' = -x_2; \quad x_3 = -x_3. \qquad (3.7)$$

Da s mit $\mathfrak{d}$ vertauschbar ist, kann man die irreduziblen Darstellungen der von s und $\mathfrak{d}$ erzeugten Gruppe so wählen, daß entweder für alle Vektoren $s v = v$ oder $s v = -v$ gilt; d. h. zu (3.5) tritt in dem einen Fall, den wir mit Λ_g bezeichnen,

$$s v_\Lambda = v_\Lambda, \quad s v_{-\Lambda} = v_{-\Lambda}$$

und im anderen Fall Λ_u

$$s v_\Lambda = -v_\Lambda, \quad s v_{-\Lambda} = -v_{-\Lambda}$$

hinzu; entsprechende Gleichungen gelten auch für (3.6a) und (3.6b) in den Fällen O_g^+, O_u^+, O_g^-, O_u^-.

Im Falle des H_2^+ hängt φ nur von den Koordinaten eines einzigen Elektrons ab, so daß φ für $\Lambda = 0$ nicht von einem Polarwinkel um die 3-Achse abhängen kann, also nur eine Funktion von x_3 und $\sqrt{x_1^2 + x_2^2}$ ist. Daraus folgt aber dann $s_2 \varphi = \varphi$, so daß O^- nicht vorkommt.

Um uns eine qualitative Übersicht über $E'(a)$ zu verschaffen, betrachten wir die beiden Grenzfälle $a \sim 0$ und $a \sim \infty$. $a = 0$ ergibt für $E'(0)$ genau die Terme des He^+, also Terme von derselben Struktur wie beim Wasserstoffatom (Abb. 33 und 35, wobei in letzterer links und rechts die Terme gleicher Hauptquantenzahl zusammenzurücken sind). $E'(0)$ ist also durch eine Hauptquantenzahl n charakterisiert. Zu jedem n kann der Bahndrehimpuls die Werte $l = 0, 1, 2, \ldots$, $n - 1$ annehmen. Zu jedem l gibt es $2l + 1$ linear unabhängige Eigenvektoren. Läßt man jetzt a anwachsen, so ist der HAMILTON-Operator nicht mehr invariant gegenüber der vollen Drehgruppe, sondern nur gegenüber s und $\mathfrak{d}$. Die Terme werden also aufspalten. Nach IX, § 3 wissen wir, daß sich die Eigenfunktionen zum Bahndrehimpuls l bei der Spiegelung s mit $(-1)^l$ multiplizieren; sie sind also gerade (g) oder ungerade (u), je nachdem, ob l gerade oder ungerade ist. Bei stetiger Änderung des Abstandes a kann sich diese Eigenschaft nicht ändern. Bei *einem* Elektron schreiben wir statt Λ einen kleinen Buchstaben λ.

Die $2l + 1$ Eigenfunktionen zur Quantenzahl l zerfallen also in bezug auf s und $\mathfrak{d}$ in die irreduziblen Darstellungen $\lambda = l, l - 1, \ldots, O^+$, mit g oder u, je nachdem, ob l gerade oder ungerade ist. Statt $\lambda = 0$, $1, 2, \ldots$ schreibt man $\sigma, \pi, \delta, \ldots$

Der Grundterm $n = 1$ ist nicht entartet, kann also nicht weiter aufspalten. Er führt zu einem Term σ_g^+ (Abb. 33). Der Term $n = 2$ muß wegen $l = 0$ und $l = 1$ zu Termen σ_g^+ und c_u^+, π_u führen, ähnlich der Term $n = 3$ wegen $l = 0, 1, 2$ zu Termen σ_g^+; σ_u^+, π_u; σ_g^+, π_g, δ_g. Die quantitative Form des Beginns der Aufspaltung bei wachsendem a kann man durch eine Störungsrechnung erhalten. Diese gibt aber kein Maß mehr für die Lage der Terme bei mittleren Abständen.

Gehen wir deshalb auch von dem entgegengesetzten Fall $a \sim \infty$ aus! Das Elektron befindet sich dann bei einem der beiden Kerne, und wir haben als Energiewerte die des Wasserstoffatoms, die ebenfalls durch eine Hauptquantenzahl n zu charakterisieren sind. Zu jedem n gehören die l-Werte $0, 1, \ldots, n - 1$. Es gibt aber zu jedem n und l nicht nur $2l + 1$, sondern $2(2l + 1)$ linearunabhängige Eigenfunktionen, da das Elektron sich sowohl beim Kern 1: $\varphi_{(1)m}^l$ als auch beim Kern 2: $\varphi_{(2)m}^l$ befinden kann. Man sieht leicht, da φ_m^l bei Spiegelung am Kern den Faktor $(-1)^l$ annimmt, daß für die Spiegelung s am

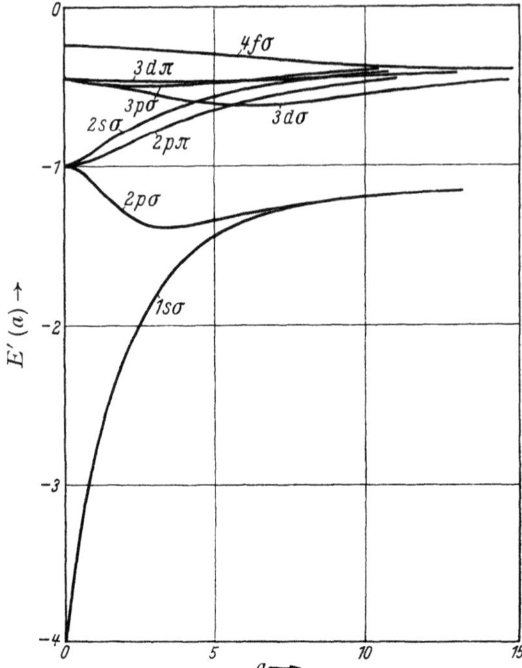

Abb 33. Theoretische Energie des Elektrons im H_2^+-Molekul als Funktion des Kernabstands (Energie in RYDBERG, Kernabstand in Wasserstoffradien) [Nach Handbuch der Physik XXIV, 1]

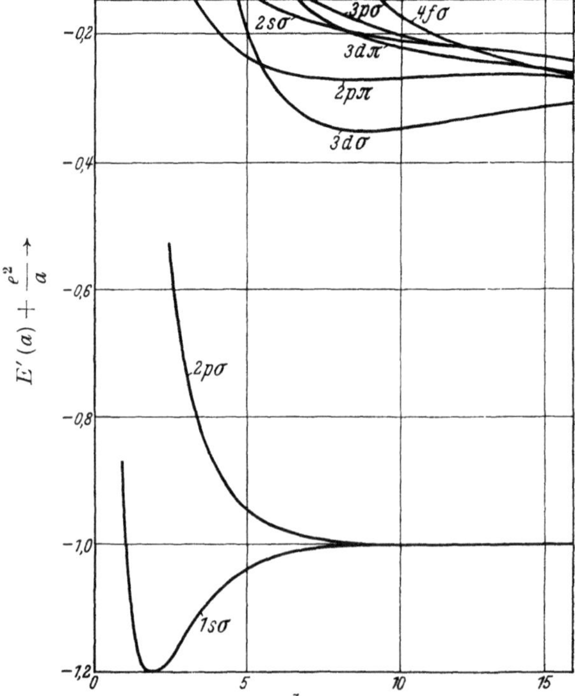

Abb. 34. Theoretische Gesamtenergie (einschließlich Abstoßung der Kerne) der Quantenzustände des H_2^+. [Nach Handbuch der Physik XXIV, 1.]

Mittelpunkt zwischen beiden Kernen

$$s\, \varphi^l_{(1)\,m} = (-1)^l \varphi^l_{(2)\,m}; \qquad s\, \varphi^l_{(2)\,m} = (-1)^l \varphi^l_{(1)\,m}$$

gilt, so daß

und

$$\varphi^l_{g\,m} = \varphi^l_{(1)\,m} + (-1)^l \varphi^l_{(2)\,m}$$
$$\varphi^l_{u\,m} = \varphi^l_{(1)\,m} - (-1)^l \varphi^l_{(2)\,m} \tag{3.8}$$

eine gegenüber s gerade oder ungerade Funktion darstellen. Da $\varphi^l_{g\,\Lambda}$ und $\varphi^l_{g\,-\Lambda}$ zusammen eine Darstellung von $\mathfrak{d}$ ergeben, folgt sofort, daß die zu einem Term n, l gehörenden Eigenfunktionen in die irreduziblen Darstellungen Λ_g, Λ_u mit $\Lambda = l$, $l-1$, ..., 0 zerfallen, wobei für $\Lambda = 0$ nur O_g^+ und O_u^+ auftreten. Bei Annäherung der Kerne werden also die Terme entsprechend ihrem Zerfallen in irreduzible Dastellungen aufspalten, wie es Abb. **33** auf der rechten Seite zeigt. Eine Störungsrechnung ergibt wieder den Beginn der Aufspaltung.

Welche Terme gehen bei stetiger Variation der Entfernung a von $a \sim 0$ bis $a \sim \infty$ ineinander über? Es ist klar, daß sich die Darstellungseigenschaften der zugehörigen Eigenfunktionen bei dieser stetigen Variation nicht ändern können, d. h. es können nur Terme gleicher Darstellungseigenschaft (kurz: gleicher „Rasse") ineinander übergehen. Weiterhin können sich im allgemeinen Terme *gleicher* Rasse niemals überschneiden, wie wir weiter unten beweisen werden.

Auf Grund dieser obigen beiden Regeln ist eindeutig festgelegt, welche Terme in welche übergehen: Man hat nur, von den jeweils tiefsten Termen beginnend, je zwei Terme gleicher Rasse nacheinander zu verbinden. In Abb. **33** ist der Verlauf von $E'(a)$ nach der exakten Rechnung eingetragen. Das Auffälligste ist das starke Absinken des untersten σ_g^+-Terms mit abnehmendem a. Trägt man die Energie $E = E' + \dfrac{e^2}{a}$ (Abb. **34**) auf, so sieht man, daß der unterste σ_g^+-Term zu einer starken Bindung der beiden Kerne aneinander führt, da er ein ausgepragtes Minimum von $E(a)$ ergibt.

Ähnlich wie man näherungsweise bei Atomen mit mehreren Elektronen die Wechselwirkung der Elektronen untereinander durch ein gemitteltes Feld aller übrigen Elektronen außer dem gerade betrachteten berücksichtigt (HARTREE-Verfahren, VIII, § 3), so kann man dasselbe bei Molekülen mit mehreren Elektronen versuchen. Man wird so (in Analogie zu den Alkalitermen der Atome) zu einem Einelektronenproblem mit nicht COULOMBschen Kraftzentren geführt. Somit fallen die Terme verschiedener l-Werte nicht mehr zusammen (Abb. **35**, rechte und linke Seite). Die Art der Aufspaltung wie die Art der Verbindungslinien ist dann nach dem oben Erläuterten auch in dieser Abb. **35** sofort klar, wo ebenfalls zwei gleiche Kraftzentren angenommen wurden. Sind die beiden Kraftzentren verschieden, so erhalten wir ein Bild, wie es in Abb. **36** dargestellt ist. Die Spiegelung s ist *keine* Symmetrieoperation mehr, so daß die Bezeichnungen g, u wegfallen. Für $a \sim \infty$ haben wir aber dafür schon doppelt so viele Terme wie im Falle gleicher Zentren, da die Werte E' für die Fälle, daß sich das Elektron

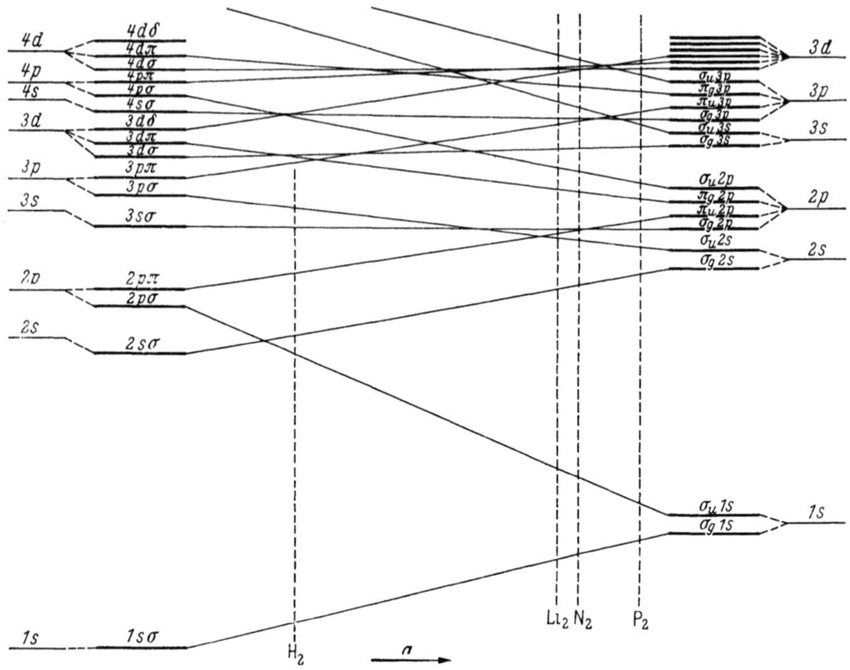

Abb 35. Ein-Elektronenterme des Zwei-Zentren-Systems in Abhangigkeit vom Kernabstand bei gleicher Ladung der Zentren (Nach HERZBERG, Molekulspektren)

beim Zentrum (1) oder (2) befindet, verschieden sind. Auch Abb. 36 ist ohne weitere Erläuterung verständlich.

Zum Schluß wollen wir noch verstehen, was schon oben mehrfach benutzt wurde, daß im allgemeinen keine Überschneidung von Termen gleicher Rasse stattfindet. $\varphi_1(a)$, φ_2, ..., φ_n und φ_{n+1}, φ_{n+2}, ..., φ_m seien die Eigenvektoren von $H(a)$ zu den Eigenwerten $\varepsilon_1(a)$ und $\varepsilon_2(a)$, die sich an der Stelle $a = a_0$ schneiden mögen, d. h. $\varepsilon_1(a_0) = \varepsilon_2(a_0)$. φ_1, ..., φ_n und φ_{n+1}, ..., φ_m (mit $m = 2n$) mögen zunächst zwei äquivalente irreduzible Darstellungen der Symmetriegruppe von $H(a)$ erzeugen. Ändern wir $H(a)$ durch einen kleinen Zusatz $\lambda V(a)$ ab, wo $V(a)$ dieselbe Symmetriegruppe wie $H(a)$ zuläßt, so erhält man nach (VII, 6.16), die neuen Eigenwerte E für kleine λ näherungsweise aus der Sakulargleichung:

$$\begin{vmatrix} \left(\varepsilon_1(a) - E\right)\delta_{ik} + \lambda V_{ik}(a) & \lambda V_{il}(a) \\ \lambda V_{rk}(a) & \left(\varepsilon_2(a) - E\right)\delta_{rl} + \lambda V_{rl}(a) \end{vmatrix} = 0 \quad (3.9)$$

mit $i, k = 1, 2, \ldots, n;\ r, l = n + 1, \ldots, 2n$ und $V_{sl} = (\varphi_s, V \varphi_l)$. Da aber $V(a)$ dieselben Symmetrieoperationen zuläßt, kann man die „richtigen Linearkombinationen" nach VII, S. 205 fast vollständig angeben: $x \varphi_1 + y \varphi_{n+1}$, $x \varphi_2 + y \varphi_{n+2}$, $\ldots$, wobei $x \varphi_1 + y \varphi_{n+1}$ zu demselben Eigenwert wie $x \varphi_2 + y \varphi_{n+2}$ usw. führt. Daher zerfällt (3.9) in lauter gleiche zweidimensionale Säkulargleichungen:

$$\begin{vmatrix} \varepsilon_1(a) - E + \lambda V_{1,1}(a) & \lambda V_{1, n+1}(a) \\ \lambda V_{n+1, 1}(a) & \varepsilon_2(a) - E + \lambda V_{n+1, n+1}(a) \end{vmatrix} = 0. \quad (3.10)$$

Für die Differenz der beiden Wurzeln E_1 und E_2 von (3.10) folgt dann

$$E_1 - E_2 = \sqrt{(\varepsilon_1 - \varepsilon_2 + \lambda V_{1,1} - \lambda V_{2,2})^2 + 4\lambda^2 |V_{1, n+1}|^2}.$$

$E_1 - E_2$ ist also $\neq 0$, sobald $V_{1, n+1} \neq 0$ ist. Die Terme E_1 und E_2 schneiden sich also nicht mehr, wie es nach der Voraussetzung die ε_1

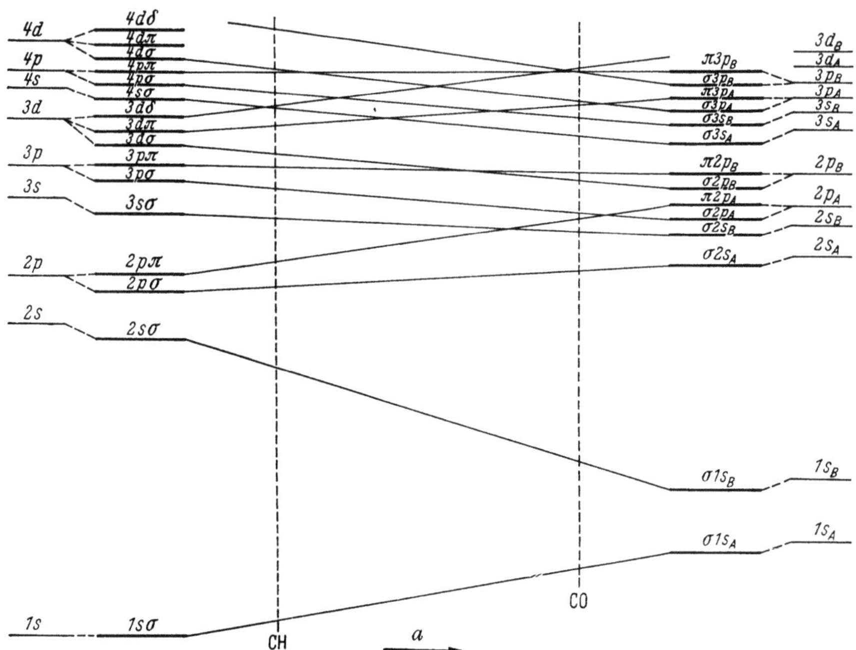

Abb. 36 Ein-Elektronenterme des Zwei-Zentren-Systems bei verschiedenen Ladungen der Zentren (Nach HERZBERG, Molekülspektren)

und ε_2 taten (Abb. 37a). Gehören aber die $\varphi_1, \ldots, \varphi_n$ und $\varphi_{n+1}, \ldots, \varphi_m$ zu verschiedenen irreduziblen Darstellungen, so sind alle Nicht-diagonalelemente $V_{ik} = 0$, so daß $E_1 - E_2 = \varepsilon_1 - \varepsilon_2 + \lambda V_{1,1} - \lambda V_{2,2}$ wird. Beide Terme werden also nur etwas verschoben (um $\lambda V_{1,1}$ bzw.

$\lambda V_{2,2}$), schneiden sich aber weiterhin (Abb. 37 b). Da also eine kleine die Symmetrie des Systems nicht verändernde Störung bewirkt, daß schneidende Terme gleicher Rasse auseinandertreten, aber Terme ver-

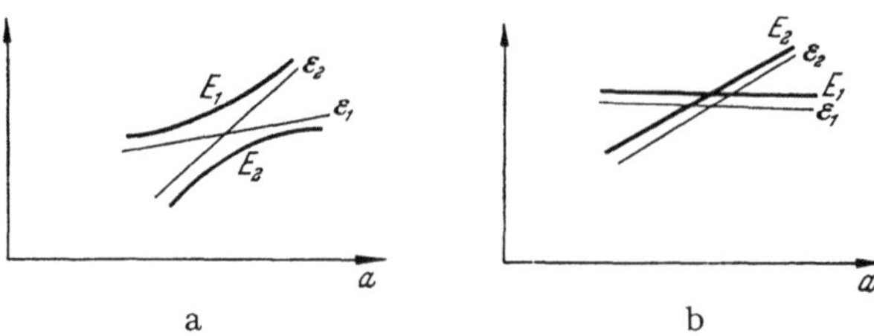

Abb 37 Das Verhalten bei Storungen von Termen. a gleicher, b verschiedener Rasse.

schiedener Rasse sich weiterhin schneiden, muß ein Schneiden gleicher Terme bei komplizierteren physikalischen Systemen als äußerst unwahrscheinlich ausgeschlossen werden.

§ 4. Das Aufbauprinzip für Molekülterme.

Ähnlich wie bei den Atomen kann man auch bei Molekülen versuchen, sich einen Überblick über die Elektronenterme zu verschaffen, indem man von Einelektroneneigenfunktionen ausgeht und erst nachträglich die Wechselwirkung der Elektronen untereinander voll „einschaltet". Für zweiatomige Moleküle sind die Invarianzgruppen bei f Elektronen die symmetrische Gruppe $\mathfrak{S}_f$ und die Drehspiegelungsgruppe $\mathfrak{d}$. Falls beide Kerne gleich geladen sind, kommt noch die Spiegelung s nach (3.7) hinzu. Der einzige Unterschied gegenüber dem Aufbau der Atome nach X, § 3 ist also, daß die Drehgruppe $\mathfrak{D}$ durch $\mathfrak{d}$ (bzw. $\mathfrak{d}$ und s) zu ersetzen ist. Die dort erhaltenen Sätze: abgeschlossene Schalen ändern nichts an der Termmannigfaltigkeit, n äquivalente Elektronen ergeben dieselbe Mannigfaltigkeit von Termen wie eine bis auf n fehlende Elektronen besetzte Schale, äquivalente Elektronen können getrennt behandelt werden und nachher *ohne* Berücksichtigung des PAULI-Prinzips zusammengefügt werden, bleiben auch hier in vollem Umfange gültig.

Wie es beim Zusammenfügen der Elektronen im Atom notwendig war, die Darstellung $D_j \times D_{j'}$ auszureduzieren, so bei zweiatomigen Molekülen die Darstellung $\mathfrak{A}_\lambda \times \mathfrak{A}_{\lambda'}$. Ist $\lambda > 0$ und $\lambda' > 0$, so wird $\mathfrak{A}_\lambda \times \mathfrak{A}_{\lambda'}$ durch vier Vektoren (mit 3.5) $v_\lambda u_{\lambda'}$, $v_\lambda u_{-\lambda'}$, $v_{-\lambda} u_{\lambda'}$, $v_{-\lambda} u_{-\lambda'}$ erzeugt. $v_\lambda u_{\lambda'}$ und $v_{-\lambda} u_{-\lambda'}$ spannen einen Teilraum zur Darstellung $\mathfrak{A}_{\lambda+\lambda'}$ und $v_\lambda u_{-\lambda'}$, $v_{-\lambda} u_{\lambda'}$ zur Darstellung $\mathfrak{A}_{|\lambda'-\lambda'|}$ auf (falls $\lambda \neq \lambda'$). Ist $\lambda = \lambda'$, so gehört $v_\lambda u_{-\lambda} + v_{-\lambda} u_\lambda$ zur Darstellung $\mathfrak{A}_{0+}$ und $v_\lambda u_{-\lambda} - v_{-\lambda} u_\lambda$

zur Darstellung $\mathfrak{A}_{0-}$. Somit ist für $\lambda > 0$, $\lambda' > 0$:

$$\mathfrak{A}_\lambda \times \mathfrak{A}_{\lambda'} = \begin{cases} \mathfrak{A}_{\lambda+\lambda'} + \mathfrak{A}_{|\lambda-\lambda'|} & \text{für} \quad \lambda \neq \lambda', \\ \mathfrak{A}_{2\lambda} + \mathfrak{A}_{0+} + \mathfrak{A}_{0-} & \text{für} \quad \lambda = \lambda'. \end{cases} \tag{4.1}$$

Genauso leicht sieht man für $\lambda > 0$:

$$\mathfrak{A}_\lambda \times \mathfrak{A}_{0\pm} = \mathfrak{A}_\lambda \tag{4.2}$$

und trivialerweise

$$\mathfrak{A}_{0+} \times \mathfrak{A}_{0+} = \mathfrak{A}_{0-} \times \mathfrak{A}_{0-} = \mathfrak{A}_{0+}; \quad \mathfrak{A}_{0+} \times \mathfrak{A}_{0-} = \mathfrak{A}_{0-}. \tag{4.3}$$

Die Formeln (4.1) bis (4.3) kann man direkt nur beim Zusammenfügen mehrerer inäquivalenter Gruppen untereinander äquivalenter Elektronen benutzen. Für das Zusammenfügen der äquivalenten Elektronen selbst muß man die Überlegungen getrennt durchführen.

Man kann sich wieder ein Schema der Eigenfunktionen nach Art von **X**, § 3 herstellen, wobei man die Werte $\pm \lambda$, $\pm \tfrac{1}{2}$ für jedes Elektron eintragen kann. Für 2 äquivalente π-Elektronen erhält man z. B. folgendes Schema:

		Λ	S	
$(\ \ 1,\ \ \tfrac{1}{2})$	$(\ \ 1,\ -\tfrac{1}{2})$	2	0	
$(\ \ 1,\ \ \tfrac{1}{2})$	$(-1,\ \ \tfrac{1}{2})$	0	1	-1
$(\ \ 1,\ \ \tfrac{1}{2})$	$(-1,\ -\tfrac{1}{2})$	0	0	
$(\ \ 1,\ -\tfrac{1}{2})$	$(-1,\ \ \tfrac{1}{2})$	0	0	
$(\ \ 1,\ -\tfrac{1}{2})$	$(-1,\ -\tfrac{1}{2})$	0	-1	-1
$(-1,\ \ \tfrac{1}{2})$	$(-1,\ -\tfrac{1}{2})$	-2	0	

In der letzten Spalte rechts steht in zwei Zeilen eine (-1). Man schreibt dort $+1$ oder -1, falls der links symbolisch angebrachte Vektor bei der Spiegelung s_2 den Faktor $+1$ oder -1 annimmt.

Falls der Vektor nicht bis auf einen Faktor durch s_2 reproduziert wird, läßt man die letzte Spalte offen. Der Faktor $+1$ oder -1 ergibt sich nach obiger Definition (auf Grund des PAULI-Prinzips; SLATER-Determinante!) zu $(-1)^{p+\nu}$, wobei ν gleich der Zahl der vorkommenden 0_- und $p = 0$ oder 1 ist, je nachdem, ob eine gerade oder ungerade Permutation notwendig ist, um die durch s_2 bewirkte Änderung der Reihenfolge der Symbole $(\pm \lambda, \pm \tfrac{1}{2})$ in die Ausgangsreihenfolge überzuführen. Auf Grund der wichtigen Spurenrelation (Anhang II, 12.6) liest man nun in unserem Beispiel sofort ab, daß ein Term $\Lambda = 2$, $S = 0$, ein zweiter Term $\Lambda = 0$, $S = 1$ und ein dritter $\Lambda = 0$, $S = 0$ auftritt. Haben wir 0_+- oder 0_--Terme vor uns? Die Spur von s_2 ist in dem betrachteten Gesamtraum der äquivalenten Elektronen auf Grund der letzten Spalte gleich -2, die Charaktere von s_2 sind in $\mathfrak{A}_\lambda$ $(\lambda \neq 0)$ gleich 0, in $\mathfrak{A}_{0+}$ gleich 1, in $\mathfrak{A}_{0-}$ gleich -1.

Es muß daher mit x als Charakter von s_2 für den Term $\Lambda = 0$, $S = 1$ und mit y als Charakter von s_2 für $\Lambda = 0$, $S = 0$ gelten:

$$3x + y = -2,$$

was wegen $x = \pm 1$ und $y = \pm 1$ nur die Lösung $x = -1$, $y = 1$ hat, so daß also die beiden Terme O_-, $S = 1$ und O_+, $S = 0$ lauten. Statt $\Lambda = 0, 1, 2, \ldots$ schreibt man $\Sigma, \Pi, \Delta, \ldots$, so daß wir in konventioneller Schreibweise das Resultat gewonnen haben: Zwei äquivalente π-Elektronen (kurz π^2) führen zu Termen $^3\Sigma^-$, $^1\Sigma^+$, $^1\Delta$. Im § 6 werden wir am Beispiel des H_2-Moleküls die Termmannigfaltigkeit untersuchen[1].

Um zu beurteilen, ob ein Zustand zur Bindung der beiden Atome führt, d. h. ob $E(a)$ ein (absolutes) Minimum besitzt, ist es notwendig, sich einen Überblick über den Verlauf von $E(a)$ als Funktion von a zu verschaffen, besonders bei Annäherung der Atome, ausgehend von $a \sim \infty$.

§ 5. Entstehung eines Moleküls aus zwei Atomen.

Während das oben geschilderte Aufbauprinzip in Verbindung mit dem HARTREE-Verfahren bei mittleren Abständen a auch quantitativ zu recht guten Resultaten führt, ist für den Verlauf der Terme bei großen Werten von a die Störungsrechnung angebrachter, die von der „nullten" Näherung der getrennten Atome ausgeht. Mit Hilfe der Gruppentheorie kann man exakt die möglichen Terme des Moleküls auch aus denen der beiden Atome gewinnen, wenn man sich stetig den Abstand a von $+\infty$ an variiert denkt. Natürlich muß man zu derselben Termmannigfaltigkeit wie bei dem Verfahren nach § 4 stoßen; aber man erkennt hier, welche Molekülterme stetig in die Atomterme übergehen.

Gehen wir von den getrennten Atomen aus, so haben wir die Elektronen des einen mit denen des anderen zu einem Gesamtsystem zusammenzufügen. Da es sich hierbei für $a \sim \infty$ um zwei inäquivalente Gruppen von Elektronen handelt, erhält man nach X, § 3 die entstehenden Terme, indem man ohne Berücksichtigung des PAULI-Prinzips die den Darstellungen der Permutationsgruppe zugeordneten Spindrehimpulse addiert. Haben wir z. B. zwei verschiedene Atome mit den Termen L_1, S_1 und L_2, S_2 (wobei L_1, L_2 die Bahndrehimpulsquantenzahlen und S_1, S_2 die den Darstellungen der Permutationsgruppe zugeordneten Spindrehimpulsquantenzahlen sind; der energetische Einfluß des Spins ist bisher nicht berücksichtigt), so erhalten wir hieraus Terme mit $S = S_1 + S_2$, $S_1 + S_2 - 1$, $\ldots$, $|S_1 - S_2|$. Zu

---

[1] Für die Untersuchung der Molekülterme sei auf das Buch: HERZBERG, Molekülspektren, Dresden und Leipzig 1939, verwiesen.

jedem dieser S-Werte kann jeder mögliche Λ-Wert hinzugenommen werden.

Da eine Darstellung D_L bei Einschränkung auf die Untergruppe $\mathfrak{d}$ nach der Formel

$$D_L = \mathfrak{A}_L + \mathfrak{A}_{L-1} + \cdots + \mathfrak{A}_0, \tag{5.1}$$

zerfällt, erhalten wir alle möglichen Λ-Werte, indem wir $\mathfrak{A}_{\Lambda_1} \times \mathfrak{A}_{\Lambda_2}$ nach (4.1) bis (4.3) ausreduzieren mit $\Lambda_1 = L_1,\ L_1 - 1,\ \ldots,\ 0$; $\Lambda_2 = L_2,\ L_2 - 1,\ \ldots,\ 0$. Haben wir für $\Lambda_1 = 0$ bzw. $\Lambda_2 = 0$ eine Darstellung $\mathfrak{A}_{0+}$ oder $\mathfrak{A}_{0-}$? Dazu betrachten wir die Spiegelung s_2. Mit s als Spiegelung am Koordinatenursprungspunkt gilt dann ($D_{2(\pi)} =$ Drehung um die 2-Achse um den Winkel π):

$$s\, D_{2(\pi)} = D_{2(\pi)}\, s = s_2. \tag{5.2}$$

Nach (VII, 2.24; 2.16 und 2.13) sehen wir, daß der Vektor für $M = 0$ bei der Transformation $D_{2(\pi)}$ mit $(-1)^L$ multipliziert wird. Also haben wir eine Darstellung $\mathfrak{A}_{0+}$ oder $\mathfrak{A}_{0-}$ vor uns, je nachdem, ob $(-1)^L w$ gleich $+1$ oder -1 ist, wobei w angibt, ob der Atomterm L gerade oder ungerade ist (d. h. $w = -1$ für Terme der Form $^{2S+1}X^0$; siehe zur Bezeichnung $o = $ odd X, S. 262).

Sind die beiden Kerne gleich, so tritt noch der Charakter der Eigenfunktion bei der Spiegelung s am Mittelpunkt zwischen den Kernen zur Bezeichnung des Termes als Index g oder u hinzu. Man sieht sofort, daß man für zwei verschiedene Terme L_1, S_1; L_2, S_2 der getrennten Atome jeden der sich nach obigen Ableitungen ergebenden Terme doppelt, nämlich einmal als geraden (g) und einmal als ungeraden (u) erhält, denn man hat nur ähnliche Linearkombinationen wie in (3.8) zu bilden:

$$(1 + s)\, \varphi_{(1)} \varphi_{(2)}; \quad (1 - s)\, \varphi_{(1)} \varphi_{(2)}, \tag{5.3}$$

wobei $\varphi_{(1)}$ eine Eigenfunktion des Atoms (1) für den betrachteten Term L_1, S_1 ist und entsprechend $\varphi_{(2)}$ für Atom (2). Im Falle gleicher Atomterme ($L_1 = L_2,\ S_1 = S_2$) dagegen kommt jeder Term nur einfach vor, denn $s\, \varphi_{(1)} \varphi_{(2)}$ ist keine von den $\varphi_{(1)} \varphi_{(2)}$ und der durch Permutation der Elektronen aus $\varphi_{(1)} \varphi_{(2)}$ entstehenden Eigenfunktionen linearunabhängige Funktion. Haben wir nach oben $\mathfrak{A}_{\Lambda_1} \times \mathfrak{A}_{\Lambda_2}$ für $\Lambda_1 \neq \Lambda_2$ auszureduzieren, so ist das (auch bei gleichen Atomtermen) gleichwertig mit der Termmannigfaltigkeit inäquivalenter Elektronen, so daß man durch Bilden von Linearkombinationen (5.3) jeden Term sowohl als g- wie als u-Term erhält; aber $\mathfrak{A}_{\Lambda_1'} \times \mathfrak{A}_{\Lambda_2'}$ mit $\Lambda_1' = \Lambda_2$ und $\Lambda_2' = \Lambda_1$ liefert dann keine weiteren Terme mehr (!), denn diese hat man schon durch die Linearkombinationen (5.3) erfaßt. Für $\Lambda_1 \neq \Lambda_2$ erhält man also alle Terme sowohl als g- wie u-Terme, aber unabhängig von der Reihenfolge der Λ_1, Λ_2 je nur einmal.

Für $\Lambda_1 = \Lambda_2$ haben die entstehenden Molekülterme $\Lambda = 2\Lambda_1$, O^+ oder O^- nur ganz bestimmte Spiegelungscharaktere ε, die wir jetzt ableiten wollen: Zu dem Term L, S eines Atoms gehören die nur vom Ort abhängigen Eigenfunktionen (X, 1.2) φ^L_{Mk}, die bei festem M hinsichtlich des Index k eine Darstellung Δ von $\mathfrak{S}_f$ erleiden, die einem bestimmten Spinwert zugeordnet ist. Zu den Termen $\Lambda = 2\Lambda_1$ gehören dann die Eigenfunktionen $P\,\varphi^{L_1}_{\Lambda_1 k(1)}(1, 2, \ldots, f)\,\varphi^{L_1}_{\Lambda_1 k'(2)}(f+1, \ldots, 2f)$; und dasselbe mit $-\Lambda_1$ statt Λ_1. (1) heißt, wie oben schon mehrfach verwendet: Eigenfunktion am Kern (1). $1, 2, \ldots, f, f+1, \ldots, 2f$ sind die Koordinaten der $2f$-Elektronen. P sind beliebige Permutationen der Elektronen. Man sieht nun leicht, daß die Spiegelung s damit identisch ist, die Eigenfunktionen φ^L_M an den Atomkernen zu spiegeln und die Elektronen des einen Kerns mit denen des anderen zu vertauschen. Da wir aber für beide Atome denselben Term betrachten, ist für das Produkt $\varphi_{(1)}\varphi_{(2)}$ die Spiegelung s mit der Vertauschung der Elektronen des einen mit der des anderen Kerns allein identisch, denn die Spiegelung an den Kernen gibt sowohl für $\varphi_{(1)}$ wie $\varphi_{(2)}$ denselben Faktor $+1$ oder -1. Es ist also zu entscheiden, mit welchem Faktor sich die Eigenfunktion des Terms $\Lambda = 2\Lambda_1$, S bei Vertauschung der f Elektronen des einen Kerns mit denen des anderen multiplizieren. Die Darstellung Δ von $\mathfrak{S}_{2f}$ ist durch S charakterisiert. Die zugehörige (X, § 1) Darstellung Δ' im Spinraum unterscheidet sich jeweils nur um einen Faktor $(-1)^P$, der bei der Vertauschung der f Elektronen des einen mit den f des anderen Kerns gleich $(-1)^f$ ist. Den Faktor in der Darstellung Δ' erhält man aber aus den Formeln der Addition der Drehimpulse S_1 und $S_2 = S_1$ zu dem Gesamtspin S nach VII, § 9 zu $(-1)^f\,(-1)^S$. Damit ist also $\varepsilon = (-1)^S$.

Für $\Lambda = O^\pm$ sind die Eigenfunktionen

$$P\,[\varphi^{L_1}_{\Lambda_1 k(1)}(1, 2, \ldots, f)\,\varphi^{L_1}_{-\Lambda_1 k'(2)}(f+1, \ldots, 2f)$$
$$\pm\,\varphi^{L_1}_{-\Lambda_1 k(1)}(1, 2, \ldots, f)\,\varphi^{L_1}_{\Lambda_1 k'(2)}(f+1, \ldots, 2f)].$$

Im Falle $\Lambda = O^-$ tritt also zusätzlich gegenüber den obigen Betrachtungen für $\Lambda = 2\Lambda_1$ noch ein Faktor (-1) mehr auf, so daß für $\Lambda = O^-$ der Spiegelungscharakter $\varepsilon = (-1)^{S+1}$ und nur für $\Lambda = O^+$ einfach $(-1)^S$ ist.

Wenn wir sahen, in welche Molekülterme die Terme der getrennten Atome aufspalten, so bleibt noch die Frage offen, wie diese Aufspaltung quantitativ als Funktion des Abstandes a aussieht. Den Beginn, für große Werte von a, kann man durch eine Störungsrechnung erfassen, wie wir sie an Beispielen in den folgenden Paragraphen durchführen werden. Nur die Einsicht in den Verlauf von $E(a)$ erlaubt die Entscheidung der Frage, ob die beiden Atome sich chemisch binden können. Da $E(a) = \dfrac{Z_1 Z_2 e^2}{a} + E'(a)$ ist, muß im Falle chemischer Bindung $E'(a)$ mit abnehmenden a ebenfalls abnehmen. Das letzte läßt sich oft schon entscheiden, wenn man den anderen Grenzfall $a \sim 0$ betrachtet. Für $a = 0$ hat man ein Atom mit der Kernladungszahl $Z_1 + Z_2$ vor sich, dessen Terme nach X, § 3 bekannt sein mögen. Es ist jetzt sehr leicht festzustellen, in welche Molekülterme ein Term L, S (mit dem Spiegelungscharakter w) des Atoms (mit $Z = Z_1 + Z_2$) bei wachsendem a aufspaltet: Die volle Drehgruppe ist auf die Untergruppe $\mathfrak{b}$ einzuschränken, was auf eine Reduktion von D_L nach (5.1) hinausläuft. Da die Permutationsgruppe nicht von der Veränderung von a betroffen wird, bleibt S erhalten. Bei ungleichen Atomen spaltet also der Term L, S in Terme $\varLambda = L, L - 1, \ldots, O^{\pm}; S$ auf. Um festzustellen, ob man einen O^+- oder O^--Term erhält, müssen wir die Spiegelung s_2 betrachten. Wie schon oben, im Anschluß an die Gl. (5.2) diskutiert, ist $(-1)^L w$ entscheidend für den Spiegelungscharakter des Terms $\varLambda = 0$ bei der Spiegelung s_2. Für gleiche Kerne kommt noch die Spiegelung s am Mittelpunkt zwischen beiden Kernen als Symmetrieoperation hinzu, die für $a = 0$ mit der Spiegelung am Kern identisch ist, so daß der Spiegelungscharakter durch $\varepsilon = w$ gegeben wird.

Aus der Regel, daß Terme gleicher Rasse sich nicht überschneiden können, erhält man, wie schon oben S. 333 am Beispiel eines Elektrons erläutert, die Möglichkeit, festzustellen, welche Terme für $a \sim 0$ und für $a \sim \infty$ bei stetiger Änderung von a ineinander übergehen. Eine besonders tiefe Energie des Grundzustandes haben die Atome mit abgeschlossenen Schalen, d. h. mit Singulettgrundzuständen. Haben also beide Atome für $a \sim \infty$ gleichen Spin S, so wird der Singulettmolekülterm zu einer besonders starken Bindung führen, da er bei abnehmenden a für $a \to 0$ in den tiefen Singulettatomgrundzustand übergehen muß (Beispiel in § 6). Nennen wir $v = 2S$ die „Valenz" der Atomzustände, so gelangt man zu der groben Regel, daß Absättigung der Valenzen (d. h. Singulettzustand) der beiden Atome zu einer chemischen Bindung führt. Wieweit diese Regel auch noch für mehr als zwei Atome vernünftig bleibt, werden wir in § 7 diskutieren.

§ 6. Wasserstoffmolekül.

Als Beispiel eines Molekül-Elektronen-Termschemas soll dasjenige des H_2-Moleküls näher betrachtet werden. In Abb. 38 sind die Terme in ihrem prinzipiellen (nicht quantitativen) Verlauf bei Änderung des Abstandes a aufgetragen, wobei der Übersicht halber die Singulett- und Tripletterme getrennt eingezeichnet sind. Auf der linken Seite ($a = 0$) haben wir die Terme des He-Atoms und ihre Aufspaltung beim Auseinanderführen der Kerne. Die S-Terme können nicht aufspalten, sie bekommen den Symmetriecharakter $^{1,3}\varSigma_g^+$, wie sich aus den Regeln des § 5 ergibt. Die P-Terme müssen in Terme $^{1,3}\varSigma_u^+$, $^{1,3}\varPi_u$

aufspalten, die D-Terme in $^{1,3}\Sigma_g^+$, $^{1,3}\Pi_g$, $^{1,3}\Delta_g$. Die Terme des H_2-Moleküls kann man sich nach dem Aufbauprinzip (§ 5) aus Einelektronentermen entstanden denken. $(1s\,\sigma)^2$ führt nur zu einem $^{1}\Sigma_g^+$-Term; $1s\,\sigma\,2p\,\sigma$ zu zwei Termen $^{1,3}\Sigma_u^+$. Da der Term $2p\,\sigma$ eines Elektrons nach Abb. 34 mit wachsendem a stark absinkt, sind auch im H_2 beide aus $1s\,\sigma\,2p\,\sigma$ entstehenden Terme neben dem Grundterm die tiefsten, wobei der $^{3}\Sigma_u^+$-Term instabil ist, da er in den Grundterm der getrennten Atome übergeht. $1s\,\sigma\,2p\,\pi$ führt zu $^{1,3}\Pi_u$-Termen, $1s\,\sigma\,2s\,\sigma$

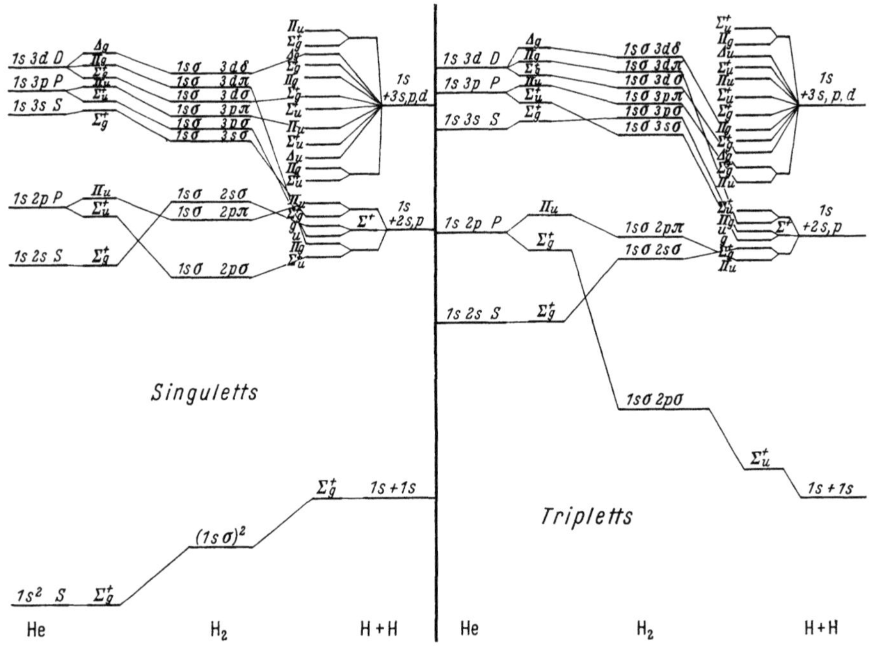

Abb. 38. Die Terme des H_2-Moleküls in ihrer (prinzipiellen) Abhängigkeit vom Abstand der H-Atome.

zu $^{1,3}\Sigma_g^+$-Termen usw. Auf der rechten Seite ($a \sim \infty$) liegen die Terme der getrennten Atome $H + H$, wobei eines der Atome unangeregt ($1s$) bleibt und das zweite in den Zuständen $1s$; $2s, p$; $3s, p, d$; usw. vorkommen kann. Ebenfalls mit Hilfe von § 5 läßt sich leicht zeigen, in welche Terme bei Annäherung der Atome die Terme $1s + ns, p, \ldots$ aufspalten. Die Ergebnisse sind rechts in der Abb. 38 als Aufspaltung eingetragen. Zum Schluß kann man die Terme gleicher Rasse der Reihe nach verbinden.

Schon durch diese qualitativen Betrachtungen ist es klar, daß der Grundterm $^{1}\Sigma_g^+$ zu einer starken chemischen Bindung führt. Wir wollen diese Tatsache noch etwas näher als Problem der Störungsrechnung behandeln. Es gibt im Grunde zwei Methoden: Die eine geht von den getrennten Atomen aus und berücksichtigt als Störung die Wechselwirkung der Elektronen untereinander und mit dem jeweils anderen Atomkern. Die andere benutzt das HARTREEsche Verfahren, d. h. Einelektronenfunktionen im Feld beider Kerne, wobei die Wechselwirkung der Elektronen nur pauschal berücksichtigt wird.

Im ersten Verfahren versuchen wir die Eigenfunktion des Moleküls durch eine Linearkombination der beiden Funktionen $\varphi_a(1)\,\varphi_b(2)$ und $\varphi_b(1)\,\varphi_a(2)$ zu approximieren, wobei φ_a bzw. φ_b die (normierten) Eigenfunktionen des Grundzustandes des Wasserstoffatoms a bzw. b sind. Da der HAMILTON-Operator invariant ist gegenüber Vertauschung der Elektronen, müssen $\Phi^\pm = \varphi_a(1)\,\varphi_b(2) \pm \varphi_b(1)\,\varphi_a(2)$ die beiden richtigen Linearkombinationen für die Störungsrechnung sein. Die Energie ist also

$$E^\pm = \frac{(\Phi^\pm, H\Phi^\pm)}{\|\Phi^\pm\|^2} \tag{6.1}$$

mit $H = \dfrac{1}{2m}\,(\mathfrak{p}_1^2 + \mathfrak{p}_2^2) + \dfrac{e^2}{r_{12}} - \dfrac{e^2}{r_{a1}} - \dfrac{e^2}{r_{b1}} - \dfrac{e^2}{r_{a2}} - \dfrac{e^2}{r_{b2}}$, wobei r_{12} der Abstand der beiden Elektronen, r_{a1} der des Elektrons 1 vom Kern a usw. sind. Wegen z. B.: $\left[\dfrac{1}{2m}\,\mathfrak{p}_1^2 - \dfrac{e^2}{r_{a1}}\right]\varphi_a(1) = E_0\,\varphi_a(1)$ folgt also aus (6.1):

$$E^\pm = 2E_0 + \frac{C + A}{1 \pm S^2}$$

mit

$$C = \int |\varphi_a(1)|^2\,|\varphi_b(2)|^2 \left(\frac{e^2}{r_{12}} - \frac{e^2}{r_{b1}} - \frac{e^2}{r_{a2}}\right) d\mathfrak{r}_1\,d\mathfrak{r}_2,$$

$$A = \int \varphi_a(1)\,\overline{\varphi_a(2)}\,\overline{\varphi_b(1)}\,\varphi_b(2) \left(\frac{e^2}{r_{12}} - \frac{e^2}{r_{b1}} - \frac{e^2}{r_{a2}}\right) d\mathfrak{r}_1\,d\mathfrak{r}_2,$$

$$S = \int \overline{\varphi_a(1)}\,\varphi_b(1)\,d\mathfrak{r}_1.$$

E^+ ist ein Singulett-, E^- ein Tripletterm. Wenn also $A < 0$ ist, liegt der Singuletterm tiefer als der Tripletterm. Der Summand $\dfrac{e^2}{r_{12}}$ in A ergibt einen positiven Beitrag (dieser ist für Atome ausschlaggebend, so daß z. B. beim Helium die Tripletterme tiefer als die Singuletterme liegen!). Aber gerade die beiden Summanden $-\dfrac{e^2}{r_{b1}} - \dfrac{e^2}{r_{a2}}$ geben hier den Ausschlag für das Vorzeichen[1]. Im Fall der Atome konnten wir uns den Unterschied der Energie zwischen Singulett und Triplett anschaulich machen durch die Tatsache, daß bei symmetrischer Ortsfunktion die Elektronen sich häufiger nahe sind als bei antisymmetrischer, wo sie sich gegenseitig ausweichen. Im Fall des Moleküls be-

---

[1] Zur exakten Berechnung der Integrale A, C, S siehe Handbuch der Physik Bd. XXIV, 1, S. 535ff Berlin: Springer 1933.

deutet aber die symmetrische Eigenfunktion nicht nur ein Nähern der Elektronen, sondern damit auch einen häufigeren Aufenthalt beider Elektronen zwischen beiden Kernen als im antisymmetrischen Fall. Zwischen beiden Kernen ist aber die potentielle Energie der Elektronen im Felde beider Kerne recht tief, so daß ein Hineintreten der Elektronen zwischen die Kerne energetisch günstig ist.

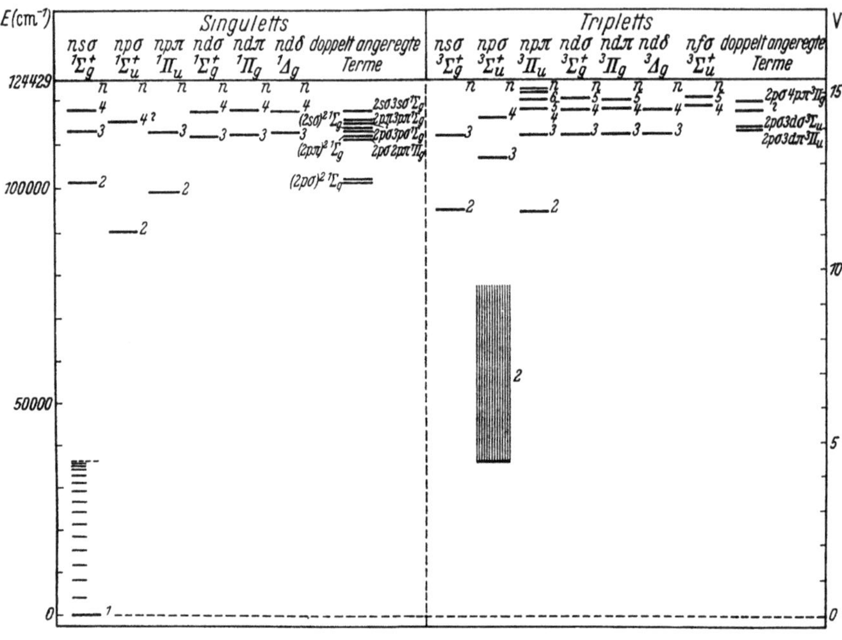

Abb. 39. Das beobachtete H_2-Termschema. (Nach HERZBERG, Molekulspektren.)

Das zweite Verfahren benutzt einfach die Einelektronenfunktion des H_2^+-Moleküls. Die Besetzung des $1s\sigma$-Zustandes mit zwei Elektronen führt zu einer Bindung, da jedes der Elektronen nach Abb. 35 einen Beitrag zur Bindung liefert. Man spricht von einem bindenden Elektronenpaar. Approximationen können ähnlich wie beim Grundzustand des He nach dem RITZschen Variationsprinzip (VIII, § 3) durchgeführt werden.

Abb. 39 zeigt das beobachtete Termschema des H_2.

§ 7. Chemische Bindung.

Eine theoretische Begründung der Chemie erfordert eine Untersuchung, ob der tiefste Energiezustand der Elektronen einschließlich der COULOMBschen Abstoßungsenergie der Kerne, also ob die in (2.2) definierte Energie $E(\mathfrak{r}_k')$ eine Minimum für eine bestimmte Lage der

Kerne besitzt. Da eine exakte Lösung des Problems (2.2) für mehrere Elektronen nicht möglich ist, ist man auf Näherungsmethoden und qualitative Betrachtungen angewiesen. Wir können hier nicht alle Methoden schildern, die geeignet sind, in diesem oder jenem Falle brauchbare Resultate zu liefern, sondern wollen hier nur einige prinzipielle Grundzüge der chemischen Bindung darstellen[1].

Bei mehr als zwei Atomen fällt jede räumliche Symmetrie bei allgemeiner Lage der Atome weg, so daß als einzige Symmetriegruppe die Permutationsgruppe der Elektronen übrigbleibt. Wie wir schon in § 5 sahen, ergibt sich der Multiplettcharakter eines Molekülterms, der stetig aus Termen der getrennten Atome entsteht, einfach durch Addition der Spindrehimpulse der einzelnen Atome. Die Terme, die stetig aus den Grundtermen der getrennten Atome entstehen, sind im allgemeinen allerdings nicht eindeutig durch den Multiplettcharakter bestimmt. Trotzdem wird aber oft folgende Regel gelten: Die Addition der Spins zum Gesamtspin Null wird häufig zu einem Zustand starker Bindung führen, da dieser bei Annäherung der Atome sich einem Zustand abgeschlossener Schalen eines gedachten Atoms nähert, wie wir es in § 5 und 6 an zwei Atomen diskutierten. Es ist klar, daß dies nur eine sehr grobe Regel sein kann. Wenn man von jedem Atom so viele Striche ausgehen läßt, wie seine Valenz $v = 2S$ angibt, so besteht ein Parallelismus zwischen der Ausreduktion der Darstellung $D_{S_1} \times D_{S_2} \times \cdots \times D_{S_n}$ für die n Atome mit Spinquantenzahlen $S_1, S_2, \ldots, S_n$ mit der Kombinatorik der Valenzstriche, wenn man alle möglichen „Valenzbilder" so aufzeichnet, daß einige Valenzstriche gebunden sind, d. h. von einem Atom zu einem anderen laufen. Die so entstehenden „Valenzbilder" lassen sich eindeutig den Spininvarianten (X, § 7) zuordnen. Ist $v = 2S$ die Valenz eines Atoms, so können wir uns die Basis des Darstellungsraums für D_{S_1} gegeben denken durch

$$U_M^S = \frac{u_+^{S+M}\, u_-^{S-M}}{\sqrt{(S+M)!\,(S-M)!}} ,$$

wobei u_+, u_- die Basisvektoren zur Darstellung $D_{1/2}$ sind. Wir bilden die Spininvariante

$$A = \prod_{\nu < \mu} [u_+(\nu)\, v_-(\mu) - u_-(\nu)\, v_+(\mu)]^{g_{\nu\mu}} \prod_{\nu} [u_+(\nu)\, x + u_-(\nu)\, y]^{f_\nu}, \quad (7.1)$$

wobei $g_{\nu\mu}$ gleich der Zahl der gebundenen Valenzen zwischen dem ν-ten und μ-ten Atom und f_ν gleich der Zahl der frei bleibenden Valenzen des ν-ten Atoms sind. Für das nebenstehende Valenzschema (Abb. 40)

---

[1] HEITLER, W · Handbuch der Radiologie Bd. VI, 2, 485 (1934) — M BORN: Ergebnisse der exakten Naturwissenschaften **10**, 387 (1931) — H HELLMANN · Einfuhrung in die Quantenchemie, Leipzig und Wien 1937

ist also $g_{13} = 2$, $g_{23} = 1$, $g_{12} = 0$, $f_1 = 1$, $f_2 = f_3 = 0$. Die Koeffizienten von

$$X_M^S = \frac{x^{S+M}\, y^{S-M}}{\sqrt{(S+M)!\,(S-M)!}} \tag{7.2}$$

in A transformieren sich dann nach D_S. Es ist dabei $2S = \sum f_\nu$ und

$$f_\nu + \sum_\mu g_{\nu\mu} = v_\nu, \tag{7.3}$$

d. h. gleich der Valenz des ν-ten Atoms.

Bildet man unter der Nebenbedingung (7.3) alle möglichen Spininvarianten, so erhält man Basisvektoren zu allen Darstellungen D_S, die bei der Ausreduktion von $D_{S_1} \times D_{S_2} \times S_{S_3} \times \cdots$ auftreten. Zu einem bestimmten S gibt es so viele Spininvarianten wie verschiedene Valenzschemata mit freien Valenzen mit $\sum\limits_\nu f_\nu = 2S$. Man macht sich an einem Beispiel leicht klar, daß es teilweise mehr Spininvarianten, d. h. mehr Valenzschemata zum selben S geben kann, als die Vielfachheit beträgt, mit der D_S bei der Ausreduktion von $D_{S_1} \times D_{S_2} \times \cdots$ auftritt. Dies liegt darin begründet, daß nicht alle der zu S gehörigen Spininvarianten linearunabhängig sind. Die Anzahl der vollständigen linearunabhängigen zu S gehörigen Spininvarianten muß natürlich gleich der Vielfachheit von D_S sein.

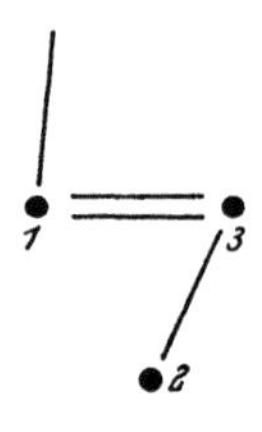

Abb. 40
Valenzschema.

Als Beispiel mögen drei Atome, jedes mit der Valenz $v = 1$, betrachtet werden. Es ist $D_{1/2} \times D_{1/2} \times D_{1/2} = 2 D_{1/2} + D_{2/3}$. Zu $S = \tfrac{3}{2}$ gibt es die eine Spininvariante

$$A = \prod_{\nu=1}^{3} [u_+(\nu)\, x + u_-(\nu)\, y], \tag{7.4}$$

zu $S = \tfrac{1}{2}$ aber drei Spininvarianten

$$A_1 = [u_+(1)\, x + u_-(1)\, y]\,[u_+(2)\, u_-(3) - u_-(2)\, u_+(3)],$$
$$A_2 = [u_+(2)\, x + u_-(2)\, y]\,[u_+(1)\, u_-(3) - u_-(1)\, u_+(3)], \tag{7.5}$$
$$A_3 = [u_+(3)\, x + u_-(3)\, y]\,[u_+(1)\, u_-(2) - u_-(1)\, u_+(2)].$$

Es ist aber

$$A_3 = A_2 - A_1. \tag{7.6}$$

Von den drei Invarianten nach (7.5) sind nur 2 linearunabhängig.

Eine viel schwierigere Frage ist es, den wirklichen Bindungszustand zu finden und die Bindungsenergie abzuschätzen. Auch das Valenzschema der Chemie ist nur eine erste qualitative Approximation an die wirklichen Verhältnisse. Viele Atome treten mit verschiedenen Wertigkeiten in Verbindungen auf. Es ist nicht schwer, den Grund hierfür zu erkennen. Ist die Wechselwirkungsenergie eines Atoms mit den anderen Atomen im Molekül nicht klein gegenüber dem Abstand zu einem seiner angeregten Terme anderer Rasse als der des Grundzustandes, so kann nicht ausgeschlossen werden, daß ein von diesem angeregten Zustand der getrennten Atome ausgehender Term bei stetiger Änderung der Abstände unter die aus dem Grundzustand entstehenden Molekülterme absinkt. Eines der wichtigsten Beispiele hierfür stellt das C-Atom dar, auf dessen Bindungsmöglichkeiten die ganze organische Chemie beruht. Der Grundzustand ist (X, § 4) ein Triplettzustand, also ein Zustand der Valenz $v = 2$. Wir haben aber auf S. 260 gesehen, daß aus der Konfiguration $2s\,2p^3$ ein tiefliegender Quintettzustand, d. h. $v = 4$, entsteht. Warum nun gerade aus diesem stetig bei Annäherung der Atome ein besonders stark gebundener Zustand hervorgeht, kann nur eine genauere quantitative Diskussion zeigen.

Eine Methode, die der HEITLER-LONDONschen Theorie des H_2-Moleküls nachgebildet ist, versucht, mit Hilfe der Störungsrechnung, ausgehend von den getrennten Atomen, eine Abschätzung für die Bindungsenergie zu gewinnen. Die Rechnungen sind ganz ähnlich den in X, § 9 durchgeführten, so daß wir hier nicht alles zu wiederholen brauchen. Man kann von der nullten Näherung des Grundzustandes der freien Atome ausgehen. Es ist aber meist günstiger, von den Einelektroneneigenfunktionen der Elektronenkonfiguration des Grundzustandes auszugehen, die die Wechselwirkung der Elektronen eines Atoms nur pauschal im Sinne eines mittleren Feldes berücksichtigen, so wie sie in X, § 9 ebenfalls als Ausgangspunkt der Störungsrechnung benutzt wurden. Die abgeschlossenen Schalen kann man unberücksichtigt lassen, da sie meist keine wesentliche Rolle bei der Bindung spielen, weil im Gleichgewichtsabstand die abgeschlossenen Schalen der einzelnen Atome sich nur geringfügig berühren.

Im Unterschied zu X, § 9 gehören die Ausgangseinelektronenfunktionen teilweise zu verschiedenen Atomen, so daß sie korrekterweise nicht alle orthogonal zueinander sind. Weiterhin ist natürlich die Drehgruppe keine Symmetriegruppe des Moleküls mehr.

Nehmen wir als erstes Beispiel f Atome mit je einem Elektron außerhalb der abgeschlossenen Schalen, so können wir sofort die Rechnungen nach (X, 9.2) bis (X, 9.21) übernehmen. Man erhält für $x(Q)$ die Gleichung:

$$x\,a = \varepsilon\,x \tag{7.7}$$

mit

$$a = \sum a(P)\,P = e \sum_{i<k} C_{ik} + \sum_{i<k} (ik)\,A_{ik}, \tag{7.8}$$

wobei in (7.8) gegenüber C_{ik} und A_{ik} kleine Glieder ebenso wie die Nichtorthogonalität der φ_{ν_i} vernachlässigt wurden. Ähnlich wie beim

H_2-Atom sind die C_{ik} und A_{ik} gegeben durch:

$$C_{ik} = \left(\varphi_{v_i}(i)\, \varphi_{v_k}(k),\, \left\{ \frac{e^2}{r_{ik}} - \sum_{j \neq k} \frac{e^2}{r_{a_j k}} - \sum_{j \neq i} \frac{e^2}{r_{a_j i}} \right\} \varphi_{v_i}(i)\, \varphi_{v_k}(k) \right),$$

$$A_{ik} = \left(\varphi_{v_i}(k)\, \varphi_{v_k}(i),\, \left\{ \frac{e^2}{r_{ik}} - \sum_{j \neq k} \frac{e^2}{r_{a_j k}} - \sum_{j \neq i} \frac{c^2}{r_{a_j i}} \right\} \varphi_{v_i}(i)\, \varphi_{v_k}(k) \right),$$

$$(7.9)$$

wobei $r_{a_j i}$ der Abstand des i-ten Elektrons vom j-ten Kern ist.

Die Lösung kann mit den Methoden aus X, § 9 durchgeführt werden. Benutzt man die dort zuletzt erläuterte Methode der Spininvarianten, so läuft die Rechnung parallel zu den Valenzschemata, wie wir es an einem komplizierten Beispiel später zeigen werden. Dem tiefsten Zustand entspricht dann eine bestimmte Linearkombination $\sum_v x_v A_v$ der Spininvarianten, also durchaus nicht immer ein bestimmtes Valenzschema! (Man betrachte als Beispiel 3 H-Atome und zeige, daß die Bildung eines H_3-Moleküls ungünstig ist!)

Haben die Atome mehrere Elektronen in den äußeren Schalen, so muß man die (X, 9.22) bis (X, 9.30) entsprechenden Gleichungen benutzen, nur daß eine Vereinfachung durch Übergang zu bestimmten Gesamtbahndrehimpulsen L nicht möglich ist, da das Molekül nicht mehr drehinvariant ist.

Wir bezeichnen die Einelektronenfunktionen jetzt mit φ_{nk_n} mit $n = 1, 2, \ldots, N$ und $k_n = 1, \ldots, r_n$, wobei die abgeschlossenen Schalen nicht berücksichtigt seien. Die φ_{nk_n} (n fest) mögen zum selben Energiewert eines Elektrons am n-ten Atom gehören. Wir haben k statt m wie in (X, 9.22) geschrieben, da man ja auch von beliebigen anderen Linearkombinationen der Eigenfunktion ausgehen kann, als es in (X, 9.22) getan wurde. Das Säkularproblem (X, 9.30) in der Form der Spininvarianten geschrieben, nimmt für f Elektronen dann folgende Form an:

$$\sum_{n_1' k_{n_1'}' \cdot n_f' k_{n_f'}'}' \left[C_{n_1 k_{n_1} \quad n_f k_{n_f},\, n_1' k_{n_1'}' \quad n_f' k_{n_f'}'} \right.$$

$$\left. - \sum_{v < \mu}^{(k')} (v\mu)\, A_{(v\mu) n_1 k_{n_1} \quad n_f k_{n_f},\, n_1' k_{n_1'}' \quad n_f' k_{n_f'}'} \right] \Phi_{n_1' k_{n_1'}' \,..\, n_n' k_{n_f'}'} \quad (7.10)$$

$$= (E - E_{n_1 k_{n_1} \,..\, n_f k_{n_f}})\, \Phi_{n_1 k_{n_1} \quad n_f k_{n_f}},$$

wobei in (7.10) alle Glieder mit $P \neq e$ und $P \neq (v\mu)$ und die Nichtorthogonalität der φ_{nk_n} vernachlässigt wurden und die $E_{n_1 k_{n_1} \cdot\, \cdot n_f k_{n_f}}$ sich nur wenig (im Verhältnis zur Störung) unterscheiden. Das Problem (7.10) ist in den allermeisten Fällen schon viel zu kompliziert, um es für jede Lage der Kerne zu lösen. Sehr häufig gelingt es aber, solche Linearkombinationen φ_{nk_n} zu wählen, daß die C und $A_{(v\mu)}$ hinsichtlich der $n_1 k_{n_1} \ldots n_f k_{n_f}; n_1' k_{n_1'}' \ldots n_f' k_{n_f'}'$ (wenigstens annähernd) diagonal werden, so daß (7.10) in eine Reihe von Teilproblemen der Form (7.7), (7.8) zerfällt. Jedes dieser Teilprobleme ist charakterisiert durch eine ganz bestimmte Verteilung der f-Elektronen (unabhängig von ihrer Numerierung) auf die Zustände $\varphi_{n_1 k_{n_1}}, \ldots, \varphi_{n_N k_{n_N}}$. Oft läßt sich wiederum vermuten, welches dieser Teilprobleme zur tiefsten Bindungsenergie führt (vgl. aber z. B. das später über polare Bindungen Gesagte). Wir werden dies weiter unten am Beispiel des Benzolringes näher erläutern.

Wir ersetzen für ein Teilproblem die Indizes $n_1 k_{n_1}, \ldots, n_f k_{n_f}$ kurz durch $1, 2, \ldots, f$. Unter den φ_i können wegen des PAULI-Prinzips höchstens je zwei gleich sein, so daß wir die φ_i einerseits in gleiche Paare $\varphi_i = \varphi_j$ usw. und andererseits in nur einfach besetzte Eigenfunktionen einteilen können.

Die paarweise auftretenden φ_i können wir dann so numeriert denken, daß $\varphi_1 = \varphi_2$, $\varphi_3 = \varphi_4, \ldots, \varphi_{2\nu-1} = \varphi_{2\nu}$ ist, während die $\varphi_{2\nu+1}, \ldots, \varphi_f$ nur einmal auftreten. Damit geht ein aus (7.10) herausgesuchtes Teilproblem über in die Form:

$$[C - \sum_{(i,\,k)} A_{ik}\,(i,\,k)]\,\Phi_S = (E - \bar{E})\,\Phi_S. \qquad (7.11)$$
$$(i,\,k) \neq (1,2);\ (2,3)\ldots;\ (2v-1,\,2v).$$

Betrachten wir die Vertauschung $(1,2)$! Wegen $\varphi_1 = \varphi_2$ ist $A_{1k} = A_{2k}$, $A_{k1} = A_{k2}$. Da $(1,2)^2 = 1$ und $(1,2)\,(i,k)\,(1,2) = (i,k)$ für i und $k \neq 1, 2$ und $(1,2)\,(1,k)\,(1,2) = (2,k)$ und $(1,2)\,(2,k)\,(1,2) = (1,k)$ ist, gilt also

$$(1,\,2)\,[C - \sum_{(i,\,k)} A_{ik}(i,\,k)]\,(1,\,2) = [C - \sum_{(i,\,k)} A'_{ik}(i,\,k)],$$

d. h. die Permutation (1.2) ist mit dem Operator $[C - \sum_{(i,\,k)} A_{ik}(i,\,k)]$ vertauschbar. Die Φ_S können daher auch so gewählt werden, daß sie Eigenvektoren zu $(1,2)$ sind. Der Eigenwert $+1$ fällt wegen des PAULI-Prinzips (wenn $\varphi_1 = \varphi_2$ ist!) aus, so daß also die Φ_S in $1, 2$ und ebenso in $3, 4$ und $5, 6$ usw. antisymmetrisch sein müssen. Die Größe $\frac{1}{2}\,[1 - (1,2)]$ und auch das Produkt $e = \frac{1}{2}\,[1 - (1,2)]\,\frac{1}{2}\,[1 - (3,4)] \ldots \frac{1}{2}\,[1 - (2\nu - 1, 2\nu)]$ reproduzieren also Φ_S: $e\,\Phi_S = \Phi_S$. Da e mit $[C - \sum_{(i,\,k)} A_{ik}(i,\,k)]$ vertauschbar ist, gilt also auch

$$[C - \sum_{(i,\,k)} A_{ik}(i,\,k)]\,\Phi_S = [C - \sum_{(i,\,k)} A_{ik}(i,\,k)]\,e\,\Phi_S$$
$$= e[C - \sum_{(i,\,k)} A_{ik}(i,\,k)]\,\Phi_S = (E - \bar{E})\,\Phi_S.$$

Wir wollen in den Spininvarianten zur Abkürzung setzen:

$$u_+\,(1)\,u_-\,(2) - u_-\,(1)\,u_+\,(2) = [1,\,2],$$
$$u_+\,(1)\,x + u_-\,(1)\,y \qquad\quad = [1,\,z]. \qquad (7.12)$$

Φ_S muß also die Form

$$\Phi_S = [1, 2]\,[3, 4] \ldots [2\nu - 1, 2\nu] \ldots [k, l] \ldots [m, z] \qquad (7.13)$$

$$\text{mit } k, l, m, \ldots > 2\nu$$

haben. Damit läßt sich leicht zeigen:

$$e(1, 2)\,\Phi_S = -\,\Phi_S,$$

$$e(1, k)\,\Phi_S = \frac{1}{2}\,\Phi_S,$$

$$e(1, m)\,\Phi_S = \frac{1}{2}\,\Phi_S,$$

$$e(2, 3)\,\Phi_S = \frac{1}{2}\,\Phi_S.$$

So geht (7.11) über in

$$[\bar{C} - \sum_{\substack{(i, k) \\ i,\, k > 2\nu}} A_{ik}(i, k)]\,\Phi_S = (E - \bar{E})\,\Phi_S \qquad (7.14)$$

mit

$$\bar{C} = C - \frac{1}{2}\sum_{(a, b)} A_{ab} - \frac{1}{2}\sum_{\substack{i \leqq 2\nu \\ k > 2\nu}} A_{ik}, \qquad (7.15)$$

wobei $\sum\limits_{(a, b)}$ über alle solche Paare $a \leqq 2\nu$, $b \leqq 2\nu$ zu erstrecken ist,
für die $\varphi_a \neq \varphi_b$ ist. Da $\bar{C}$ unabhängig von der noch möglichen verschiedenen Wahl von Φ_S ist, ist dieser Beitrag $\bar{C}$ zur Energie unwichtig für die Bestimmung des tiefsten gebundenen Zustandes, d. h. des tiefsten Eigenwertes von (7.14). (7.14) hat eine Form, in der die paarweise auftretenden φ_i nicht mehr vorkommen, so daß wir die ersten Faktoren $[1, 2]\,[3, 4]\ldots$ in Φ_S nicht mehr mit aufzuschreiben brauchen.

Wir wollen deshalb der einfacheren Schreibweise wegen das Zeichen $i, k > 2\nu$ unter dem Summenzeichen in (7.14) fortlassen.

Wie schon oben angedeutet, können wir auch hier die Spininvarianten durch Valenzschemata charakterisieren: Dazu trage man auf einem Kreis für jede der (noch verbleibenden) Funktionen φ_i einen Punkt ein, wobei man vorteilhafterweise die Punkte der φ_i ein und desselben Atoms aneinanderreiht (Abb. 41 und Abb. 44 für den Benzolring). Einen

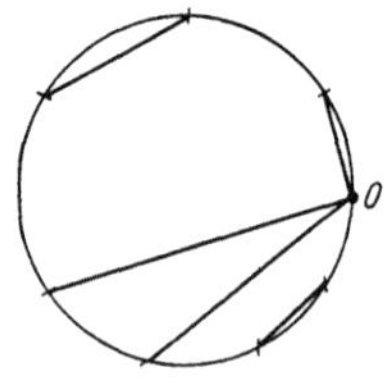

Abb. 41. Zur Kennzeichnung der Spininvarianten.

weiteren besonders charakterisierten Punkt O trage man zusätzlich ein. Man zeichne nun Verbindungsstriche zwischen je zwei Punkte, so daß von jedem Punkt außer O nur ein einziger Strich, von O aber $2S$ Striche ausgehen. Jedem solchen Valenzschema entspricht eine Spinvariante Φ_S, wenn man einem Strich zwischen dem i-ten und k-ten Punkt einen Faktor $[i, k]$ in Φ_S und einen Strich zwischen dem m-ten und dem Punkte O einen Faktor $[m, z]$ zuordnet. Alle die so gebildeten Φ_S sind aber nicht linearunabhängig. Man erhält ein vollständiges System linearunabhängiger Spininvarianten Φ_S, wenn man nur diejenigen Valenzschemata benutzt, in denen sich keine Striche überschneiden: Dazu beachte man zunächst, daß auf Grund von

$$[i, k]\,[l, m] = [i, l]\,[k, m] + [i, m]\,[l, k] \tag{7.16}$$

sich kreuzende Valenzen Schritt für Schritt schließlich durch sich nicht kreuzende Valenzschemata ersetzt werden können, so daß tatsächlich die Spininvarianten mit sich kreuzenden Valenzen durch solche ohne Kreuzungen linear kombiniert werden können. Andererseits aber ist leicht zu sehen, daß die Zahl der kreuzungsfreien Valenzschemata gleich der Dimension der zu S gehörigen Darstellung der Permutationsgruppe ist. Man kann (7.16) auch benutzen, um auf elementarem Wege die Ausdrücke $(i, k)\,\Phi_S$ zu berechnen.

Es kann nun sein, daß sich das Problem (7.14) weiter dadurch reduzieren läßt, daß der Teilraum der $\Phi_S = [a, b]\ldots$ (die also alle denselben Faktor $[a, b]$ enthalten) durch $\bar{C} - \sum A_{ik}(i, k)$ in sich übergeführt wird und der tiefste Eigenwert für ein Φ_S aus diesem Teilraum vorliegt. Man bezeichnet dann $[a, b]$ als *lokalisierte* Valenz. Dies ist also sicher der Fall, wenn alle $A_{ak} = 0$, $A_{bk} = 0$ $(k \neq a, b)$ sind. (7.14) geht dann über in

$$[\bar{\bar{C}} - \sum_{\substack{(i, k) \\ i, k \neq a, b}} A_{ik}(i, k)]\,\Phi_S = (E - \bar{E})\,\Phi \tag{7.17}$$

mit

$$\bar{\bar{C}} = \bar{C} + A_{ab}.$$

In (7.17) können wir in Φ_S den Faktor $[a, b]$ fortlassen. So können alle lokalisierbaren Valenzen der Reihe nach eliminiert werden. Es bleibt dann wieder ein Problem derselben Form (7.14) übrig mit $\bar{\bar{C}}$ statt $\bar{C}$.

Wir ersetzen wie in (X, 9.21) den Operator (ik) durch $\tfrac{1}{2}\,(1 + 4\,\mathfrak{S}^{(i)} \cdot \mathfrak{S}^{(k)})$. Damit erhalten wir das äquivalente Problem:

$$\left[\bar{\bar{C}} - \frac{1}{2}\sum_{(i, k)} A_{ik} - 2\sum_{(i, k)} A_{ik}\,\mathfrak{S}^{(i)} \cdot \mathfrak{S}^{(k)}\right]\Phi_S = (E - \bar{E})\,\Phi_S. \tag{7.18}$$

Ist in Φ_S der i-te und k-te Spin durch eine Valenz gekoppelt: $[i, k] = u_+(i)\,u_-(k) - u_-(i)\,u_+(k)$, so ist $\mathfrak{S}^{(i)} \cdot \mathfrak{S}^{(k)}\,\Phi_S = -\tfrac{3}{4}\,\Phi_S$; ist dagegen im Valenzschema zu Φ_S i nicht mit k verbunden, so ist der Erwartungswert $M(\mathfrak{S}^{(i)} \cdot \mathfrak{S}^{(k)}) = (\Phi_S, \mathfrak{S}^{(i)} \cdot \mathfrak{S}^{(k)}\,\Phi_S) = 0$. Mit Φ_S als Eigenlösung von (7.18) zum tiefsten Eigenwert (Φ_S braucht nicht zu einem bestimmten Valenzschema zu gehören, sondern kann Linearkombination sein!), wollen wir den Erwartungswert von $\Omega_{ik} = -\frac{1}{3}\,\mathfrak{S}^{(i)} . \mathfrak{S}^{(k)}$ als Maß für das Auftreten der Valenz $i - k$ einführen, da dieser bei Lokalisierung der Valenz den Wert 1 und bei nicht gekoppelter Valenz den Wert 0 annimmt.

Als Beispiel möge der Benzolring betrachtet werden. In Abb. 42 ist ein bestimmtes Valenzschema der Chemie gezeichnet. Ob dieses aber tatsächlich die Wirklichkeit wiedergibt, wollen wir gleich sehen. Das C-Atom tritt vierwertig auf. Wie schon oben erwähnt, spielt hierbei die Elektronenkonfiguration $1s^2\,2s\,2p^3$ eine entscheidende Rolle für die Bindung, obwohl der Grundzustand des C-Atoms aus $1s^2\,2s^2\,2p^2$ hervorgeht. Die vier Eigenfunktionen, die für s- und p-Elektronen zur Verfügung stehen: $\psi_0(r)$, $Y_m^1\,\psi_1(r)$ mit $m = 1, 0, -1$, ersetzen wir durch andere Linearkombinationen. Greifen wir eines der C-Atome heraus! Wir legen dann ein Koordinatensystem so, daß die 3-Achse senkrecht zur Ebene des Benzolringes liegt. Sind e_1, e_2, e_3 die drei Komponenten eines Einheitsvektors und sind $\chi_0 = \psi_0(r)$, $\chi_1 = e_1\psi_1(r)\,\alpha_1$, $\chi_2 = e_2\psi_1(r)\,\alpha_2$, $\chi_3 = e_3\psi_1(r)\,\alpha_3$ mit den α_i als Normierungskonstanten, so wählen wir die folgenden Linearkombinationen:

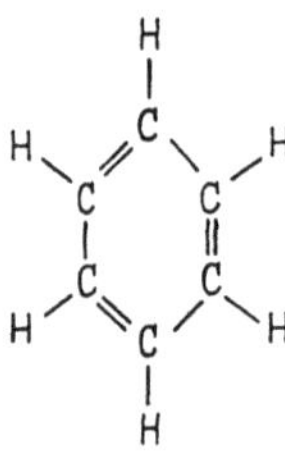

Abb. 42.
Das übliche Valenzschema des Benzolringes.

$$\left.\begin{aligned}
\varphi_0 &= \sqrt{\tfrac{1}{3}}\,\chi_0 + \phantom{\sqrt{\tfrac{1}{2}}\,\chi_1 -}\;\; \sqrt{\tfrac{2}{3}}\,\chi_2, \\[4pt]
\varphi_1 &= \sqrt{\tfrac{1}{3}}\,\chi_0 + \sqrt{\tfrac{1}{2}}\,\chi_1 - \sqrt{\tfrac{1}{6}}\,\chi_2, \\[4pt]
\varphi_2 &= \sqrt{\tfrac{1}{3}}\,\chi_0 - \sqrt{\tfrac{1}{2}}\,\chi_1 - \sqrt{\tfrac{1}{6}}\,\chi_2, \\[4pt]
\varphi_3 &= \phantom{\sqrt{\tfrac{1}{3}}\,\chi_0 - \sqrt{\tfrac{1}{2}}\,\chi_1 -}\;\; \chi_3.
\end{aligned}\right\} \tag{7.19}$$

Die φ_0, φ_1, φ_2 haben gerade eine wesentliche Ladungsdichte in drei Richtungen in der (12)-Ebene, die Winkel von 120° miteinander einschließen. Um diese Richtungen herum sind die φ_0, φ_1, φ_2 drehinvariant. Wählen wir die Ausgangsfunktionen für jedes C-Atom in dieser Weise, so treten in bezug auf die φ_i ($i = 0, 1, 2$) für jedes C-Atom nur nennenswerte Austauschintegrale mit dem jeweils gerade in einer der drei Richtungen liegenden benachbarten H- oder C-Atom auf, so daß sich die in Abb. 43 dargestellten Bindungen leicht lokalisieren lassen. Daher können wir uns auf die restlichen sechs Elektronen mit den Eigenfunktionen φ_3 jedes

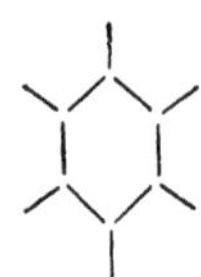

Abb. 43.
Das „Valenzgerüst" des Benzols.

der sechs C-Atome beschränken. Numerieren wir die C-Atome im Kreise herum, so sind nur die Austauschintegrale $A_{12} = A_{23} = A_{34} = A_{45} = A_{56} = A_{61} = A$ von nennenswertem Betrag, so daß zur

Lösung das Problem

$$\{\overline{\overline{C}} - A[(1,2) + (2,3) + (3,4) + (4,5) + (5,6) + (6,1)]\}\,\Phi_S$$
$$= (E - \overline{E})\,\Phi_S \tag{7.20}$$

übrigbleibt. Der tiefste Eigenwert wird sich für $S = 0$ ergeben. Die fünf möglichen linearunabhängigen Spininvarianten sind durch folgende Schemata gegeben:

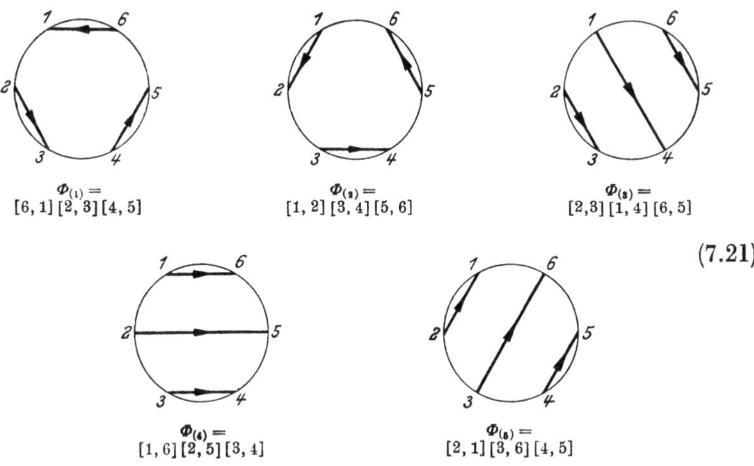

$$(7.21)$$

Mit der zyklischen Permutation $P = (1, 2, 3, 4, 5, 6)$ gilt

$$P\,\Phi_{(1)} = \Phi_{(2)},\ P\Phi_{(2)} = \Phi_{(1)},\ P\Phi_{(3)} = \Phi_{(4)},\ P\Phi_{(4)} = \Phi_{(5)},\ P\Phi_{(5)} = -\Phi_{(3)}$$

und

$$[(1,2) + (2,3) + (3,4) + (4,5) + (5,6) + (6,1)] = \sum_{n=0}^{5} P^n (1,2)\, P^{-n}.$$

Man berechnet mit Hilfe von (7.16) leicht $(1, 2)\,\Phi_{(k)}$ und damit dann $\sum_{n=0}^{5} P^n (1, 2)\, P^{-n}\,\Phi_{(k)}$. Der tiefste Eigenwert von (7.20) ergibt sich dann zu

$$E - \overline{E} = \overline{\overline{C}} + A\left(-1 + \sqrt{13}\right) = \overline{\overline{C}} + 2{,}6 \cdot A.$$

Für die zu diesem Eigenwert gehörende Spininvariante (eine Linearkombination der $\Phi_{(k)}$) muß daher der Erwartungswert $M((1, 2))$ $= M((2, 3)) = \cdots = \frac{1}{6}\left(1 - \sqrt{13}\right)$ sein, d. h.

$$M(\Omega_{12}) = M(\Omega_{23}) = \cdots = -\frac{4}{3} M(\mathfrak{S}^{(1)} \cdot \mathfrak{S}^{(2)}) = \frac{1}{3} M(-2(1,2) + 1)$$

$$= \frac{1}{9}\left(2 + \sqrt{13}\right) = 0{,}62.$$

Ohne Valenzkopplung der Atome, d. h. mit $M(\Omega_{12}) = \cdots = 0$ hätten wir nach (7.18) als Energie

$$E - \bar{E} = \bar{\bar{C}} - 3A$$

erhalten; bei lokalisierten Valenzen, d. h. z. B. $M(\Omega_{12}) = 1$, $M(\Omega_{23}) = 0$, $M(\Omega_{34}) = 1$, $M(\Omega_{45}) = 0$, $M(\Omega_{56}) = 1$, $M(\Omega_{61}) = 0$ wäre die Energie gleich

$$E - \bar{E} = \bar{\bar{C}} + \frac{3}{2}A = \bar{\bar{C}} + 1{,}5 \cdot A .$$

Die Energie der wirklichen Bindung ist also um $A(6 \cdot 0{,}62 - 3) = 0{,}7\,A$ größer als bei lokalisierten Bindungen. Man spricht in diesem Falle von Resonanz der Valenzbilder und von $A \cdot 0{,}7$ als Resonanzenergie. Es erfordert auf Grund dieser hier gezeigten Methode einige Rechnung, um nachzuweisen, daß der Sechserring des Benzols vor Fünfer- oder Siebenerringen ausgezeichnet ist. Wir werden dies auf Grund einer anderen Methode weiter unten leichter einsehen. Zum Vergleich mit der Erfahrung ist in Abb. 44 der Abstand zweier C-Atome bei einfacher σ-Bindung und anwachsender π-Bindung aufgetragen (über den Begriff der σ- und π-Bindung siehe Näheres weiter unten, Seite 355); also bei einfacher σ-Bindung ein Abstand von 1,54 Å und bei σ + lokalisierter π-Bindung ein Abstand von

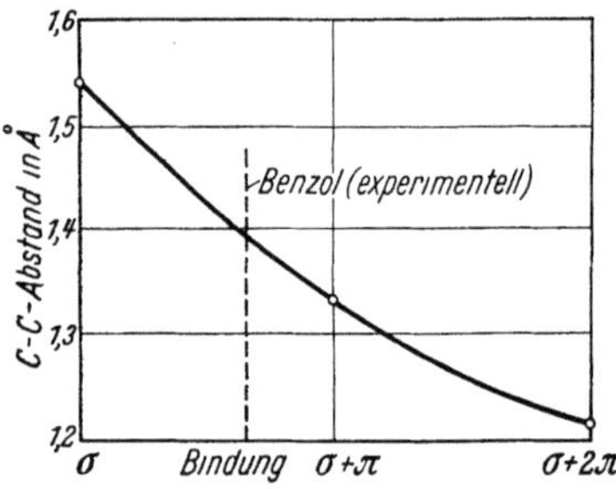

Abb 44 Der C-C-Abstand im Benzol in Abhängigkeit von der Stärke der lokalisierten π-Bindung.

1,33 Å. 1,39 Å sind als Abstand im Benzol gemessen, was nach der Abb. 44 etwa einem $M(\Omega_{12}) = \cdots = 0{,}66$ entsprechen würde, womit also empirisch die Tatsache der Resonanz der Valenzbilder nachgewiesen ist.

Ob man von den neutralen Atomen ausgehend überhaupt zu einer vernünftigen Näherung kommt, hängt davon ab, ob tatsächlich die Eigenfunktionen des gebundenen Moleküls noch einigermaßen die Gestalt der getrennten Atome haben. Dies ist sicher nicht mehr der Fall bei den sogenannten polaren Verbindungen wie z. B. HCl. Bei Annäherung der Atome von $a \sim \infty$ beginnend, ändert sich die Eigenfunktion so entscheidend, daß im gebundenen Molekül das Elektron des H-Atoms praktisch vollständig zum Cl-Atom übergegangen ist. Zwar ist es auch hier richtig, daß der gebundene Singulettzustand des Moleküls stetig aus dem Zustand der getrennten Atome hervorgeht (Abb. 45); aber eine bessere Näherung mit Hilfe der Störungsrechnung erhält man, wenn man von den Eigenfunktionen der getrennten Ionen Cl$^-$ und H$^+$ ausgeht, die getrennt zwar eine höhere Energie als die neutralen Atome haben (Abb. 45). Die Störungsrechnung, ausgehend von den neutralen Atomen, würde etwa die Kurve (1) als Funktion von a (mit dem gestrichelten Übergang in Abb. 45) für den Singulettzustand, aber von den Ionen ausgehend die Kurve (2) liefern. Bei gleichzeitiger Berücksichtigung beider Ausgangszustände erhielten wir die ausgezogenen Kurven, da sich Terme gleicher Rasse nicht überschneiden können.

Eine zweite Methode, das Problem der chemischen Bindung anzugreifen, ist dem für zwei Moleküle in § 4 geschilderten Aufbauprinzip äquivalent. Die Wechselwirkung der Elektronen untereinander wird nur pauschal im Sinn des HARTREE-Verfahrens berücksichtigt. Man

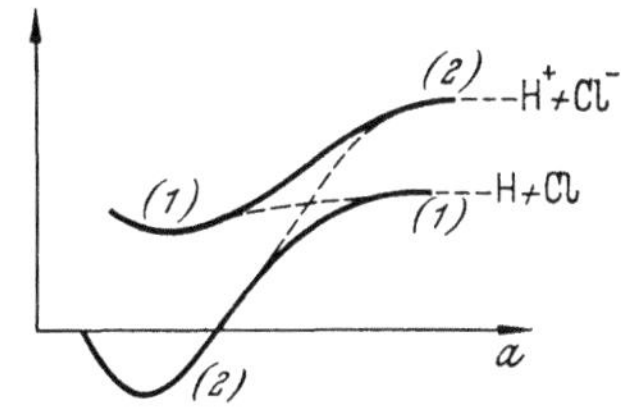

Abb 45 Zur polaren Bindung im HCl.

geht also von Einelektronenfunktionen aus, deren zugehörige Energien qualitativ nach Abb. 35 bzw. 36 bekannt sind. Man approximiert diese Einelektronenfunktionen durch Linearkombinationen von Eigenfunktionen der getrennten Atome. Kann man solche Linearkombinationen bilden, die eine wesentliche Erhöhung der Elektronenladungsdichte zwischen den Atomen ergeben, so bedeutet dies ein Absinken der zugehörigen Energie (wie wir es beim H_2-Molekül in § 6 sahen), d. h. einen Beitrag zur Bindungsenergie des Moleküls. Solch ein Zustand kann dann nach dem PAULI-Prinzip auf Grund des Spins zweifach besetzt werden. Besteht diejenige Linearkombination (in einem mehratomigen Molekül), die zur tiefsten Energie führt, nur aus zwei Funktionen je eines Atoms, so können wir sie bzw. die beiden in diesem Zustand befindlichen Elektronen durch einen Valenzstrich symbolisieren. Wir sprechen dann wie oben von einer lokalisierten Valenz und einem bindenden Elektronenpaar. Im H_2-Molekül haben wir ein solches bindendes Elektronenpaar kennengelernt. Falls die bindende Eigenfunktion rotationssymmetrisch um die Verbindungslinie der beiden so verknüpften Atome ist, wird die Bindung als σ-Bindung bezeichnet; gehören die bindenden Eigenfunktionen zur Darstellung $\Lambda = 1$ der Drehspiegelungsgruppe $\mathfrak{d}$, so spricht man von π-Bindung.

Als Beispiel möge wieder der Benzolring betrachtet werden[1]. Wir brauchen wieder nur die außerhalb der ($n = 1$)-Schale befindlichen Elektronen zu betrachten, da die Elektronen in der ($n = 1$)-Schale wenig durch die Annäherung der Atome gestört werden. Für die 4 Elektronen mit $n = 2$ benutzen wir wieder die in (7.19) angegebenen Atomfunktionen. Die Funktionen φ_0, φ_1, φ_2 führen dann zwischen benachbarten Atomen (C—C und C—H) zu lokalisierten σ-Valenzen.

---

[1] Betrachtungen nach einer Darstellung von W HEISENBERG während eines Göttinger Seminars (1947)

Es bleiben dann noch von jedem C-Atom je ein Elektron und je eine Atomfunktion φ_3, die wir jetzt für das k-te Atom mit ψ_k bezeichnen wollen. Wir wollen gleich einen Ring mit N Kohlenstoffatomen betrachten. V_k sei das Potential des k-ten Atoms, also in größerem Abstand vom k-ten Atom $\approx -\dfrac{e^2}{r_k}$, da durch die Abschirmung nur noch die Ladung 1 zurückbleibt. Die ψ_k genügen dann der Gleichung

$$H_k\,\psi_k = E_0\psi_k \quad \text{mit} \quad H_k = K + V_k, \tag{7.22}$$

wobei K die kinetische Energie $\dfrac{1}{2m}\,\mathfrak{p}^2$ ist. Wir haben nun aber die Eigenfunktionen der Gleichung

$$H\Phi = E\Phi \quad \text{mit} \quad H = K + \sum_{k=1}^{N} V_k \tag{7.23}$$

zu suchen. Wir setzen als Näherung für Φ an:

$$\Phi = \sum_{k=1}^{N} a_k\,\psi_k \tag{7.24}$$

und suchen die Extremwerte von $(\Phi, H\Phi)/(\Phi, \Phi)$. Man erhält das Gleichungssystem

$$\sum_{k=1}^{N} H_{ik}\,a_k = E\,a_i \tag{7.25}$$

mit $(\psi_i, \psi_k) \approx \delta_{ik}$ und

$$H_{ik} = (\psi_i, H\psi_k) = (\psi_i, H_k\psi_k) + (\psi_i, \sum_{j\,\neq\,k} V_j\psi_k)$$

und unter Vernachlässigung der Nichtorthogonalität der ψ_k für $i \neq k$:

$$H_{ik} = (\psi_i, \sum_{j\,\neq\,k} V_j\psi_k). \tag{7.26}$$

H_{ik} ist praktisch nur von Null verschieden für benachbarte Atome $i, i+1$. Außerdem braucht in der Summe $\sum_{j\,\neq\,k} V_j$ nur das Glied mit $j = i$ berücksichtigt zu werden, so daß

$$H_{i,\,i+1} = (\psi_i, V_i\psi_{i+1})$$

wird. Da alle H_{ik} gleich sind, setzen wir $H_{i,\,i+1} = -A$ (A ist dann > 0). Für $i = k$ wird in derselben Näherung

$$H_{ii} = (\psi_i, H\psi_i) = E_0 + (\psi_i, \sum_{j\,\neq\,i} V_j\psi_i) \approx E_0.$$

Durch

$$T\,\psi_k = \psi_{k+1} \quad \text{und} \quad T\,\psi_N = \psi_1 \tag{7.27}$$

definieren wir den Operator T. Damit können wir dann das Gleichungssystem (7.25) in der Form

$$[E_0 - A(T - T^{-1})]\,\Phi = E\Phi \tag{7.28}$$

schreiben. Aus $T^N = 1$ folgt, daß die Eigenwerte von T die N-ten

Einheitswurzeln $e^{\frac{2\pi i}{N}\nu}$ sind. Die Eigenwerte von (7.28) sind also

$$E_\nu = E_0 - 2A\cos\frac{2\pi}{N}\nu \quad \nu = 0,1,2,\ldots,N-1.$$

Um die Eigenvektoren Φ_ν zu finden, betrachten wir die Bedingung

$$T\,\Phi_\nu = \sum_{k=1}^{N} a_k^{(\nu)}\,\psi_{k+1} = e^{\frac{2\pi i}{N}\nu}\sum_{k=1}^{N} a_k^{(\nu)}\,\psi_k$$

aus der sofort

$$a_k^{(\nu)} = e^{-\frac{2\pi i}{N}k\nu}$$

folgt.

Die N Elektronen sind auf die Eigenfunktionen Φ_ν so zu verteilen, daß sich je zwei in einem Zustand möglichst tiefer Energie E_ν befinden. Das Energieniveau $E_0 - 2A$ kann also zweimal, das folgende $E_0 - 2A\cos\frac{2\pi}{N}$ viermal und ebenso jedes folgende viermal besetzt werden. Die Ringe der Zahlen $N = 6, 10, 14, \ldots$ haben also sozusagen abgeschlossene Schalen und werden daher energetisch am günstigsten sein. Bei Lokalisierung der Valenzen würde man für jedes Elektron den Energiebetrag $E_0 - A$ gewinnen, d. h. zu $E = N(E_0 - A)$ gelangen. Wir schreiben deshalb

$$E = N(E_0 - \varkappa A).$$

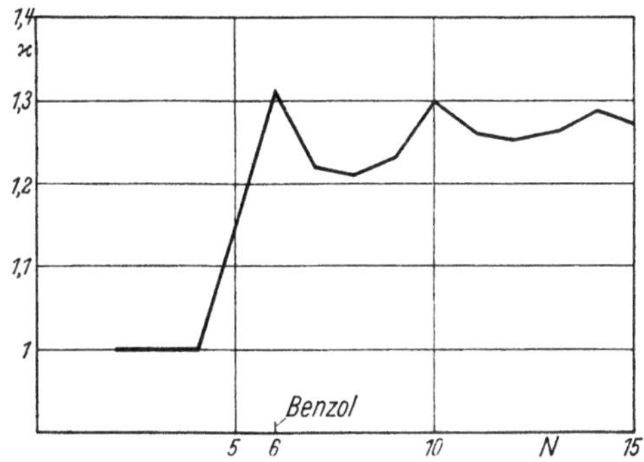

Abb 46. Die Bindungsfestigkeit eines Kohlenstoff-Ringes in Abhängigkeit von der Zahl N der Kohlenstoff-Atome.

Der Faktor $\varkappa$ ist in Abb. 45 als Funktion von N aufgetragen. Für den Benzolring erhält man $\varkappa = \frac{4}{3}$. Eine einzige lokalisierte π-Bindung würde den Beitrag $-2A$ zur Energie geben, so daß also $\frac{\varkappa}{2} = \frac{2}{3} = 0,67$ die Stärke der π-Bindung im Benzolring angibt, gegenüber den Werten 0,5 ohne Resonanz der Valenzbilder und 0,62 nach dem HEITLER-LONDONschen Verfahren (Abb. 44).

§ 8. Das Spektrum eines zweiatomigen Moleküls.

Nur für zweiatomige Moleküle wollen wir die wirklichen Terme des *ganzen* Moleküls näher diskutieren. Die Ableitungen aus § 2, insbesondere der Ansatz (2.5), können nicht unverändert übernommen werden, da die Elektronenterme für $\Lambda \neq 0$ zweifach entartet sind. Für $\Lambda = 0$ allerdings kann man mit dem Ansatz (2.5) das RITZsche Variationsverfahren anwenden und erhält (2.6) mit (2.7). (2.6) nimmt für zweiatomige Moleküle dann die spezielle Form

$$-\frac{\hbar^2}{2M}\,\Delta\psi + \overline{E}(r)\,\psi = \varepsilon\psi \tag{8.1}$$

mit $\dfrac{1}{M} = \dfrac{1}{m_1} + \dfrac{1}{m_2}$ und $\mathfrak{r}$ statt $\mathfrak{r}'_k$ an. Die Lösungen müssen nach den Überlegungen von VII, § 2 und 3 die Form

$$\psi(\mathfrak{r}) = Y^l_m(\vartheta,\varphi)\,g(r) \tag{8.2}$$

haben, wobei g der Gleichung

$$-\frac{\hbar^2}{2M}\left[\frac{1}{r}\frac{d^2}{dr^2}(r\,g) - \frac{l(l+1)}{r^2}g\right] + \overline{E}(r)\,g = \varepsilon\,g \tag{8.3}$$

genügt. Die Lösung dieser Gleichung verschieben wir auf später, wenn wir auch den Fall $\Lambda \neq 0$ behandelt haben.

Die exakten Eigenvektoren des gesamten HAMILTON-Operators müssen zu einer bestimmten Gesamtdrehimpulsquantenzahl K gehören: $\Phi^K_M (M = K, K - 1, \ldots, -K)$. Da die Φ^K_M Basisvektoren zur Darstellung D_K der Drehgruppe sind, ist die gesamte Werteverteilung der Φ^K_M schon festgelegt, falls sie bekannt ist für eine spezielle Lage des Vektors $\mathfrak{r}$ der Kernverbindungslinie. Es sei D eine Drehung, die den Vektor $\mathfrak{r}$ (in Polarkoordinaten ϑ,φ,r) in die Richtung der 3-Achse dreht, d. h. in $\vartheta = 0,\ \varphi = \cdots,\ r$. Dann ist

$$\begin{aligned}
\Phi^K_M(\mathfrak{r};\mathfrak{r}_\varkappa) &= D\,\Phi^K_M(D\mathfrak{r};D\mathfrak{r}_\varkappa) = \sum_{M'}\Phi^K_{M'}(D\mathfrak{r};D\mathfrak{r}_\varkappa)\,D_{M'M}\\
&= \sum_{M'}\Phi^K_{M'}(0,\ldots,r;D\mathfrak{r}_\varkappa)\,D_{M'M},
\end{aligned} \tag{8.4}$$

wobei $D_{M'M}$ die Darstellungsmatrix in der D_K-Darstellung ist. Die Drehung D ist eine Funktion von ϑ und φ; sie ist aber nicht eindeutig bestimmt, denn mit D_{3_α} als Drehung um die 3-Achse um den Winkel α erfüllt auch $D_{3_\alpha}D$ die an D gestellte Bedingung. Es ist dann ebenfalls:

$$\begin{aligned}
\Phi^K_M(\mathfrak{r};\mathfrak{r}_\varkappa) &= \sum_{M'}\Phi^K_{M'}(0,\ldots,r;D_{3_\alpha}D\mathfrak{r}_\varkappa)\,e^{-\imath M'\alpha}\,D_{M'M}\\
&= \sum_{M'}D^{-1}_{3_\alpha}\Phi^K_{M'}(0,\ldots,r;D\mathfrak{r}_\varkappa)\,e^{-\imath M'\alpha}\,D_{M'M}\\
&= \sum_{M'}\Phi^K_{M'}(0,\ldots,r;D\mathfrak{r}_\varkappa)\,D_{M'M}
\end{aligned} \tag{8.5}$$

das letzte wegen $D^{-1}_{3_\alpha}\Phi^K_{M'} = e^{\imath M'\alpha}\,\Phi^K_{M'}$, so daß die Mehrdeutigkeit von D keine Rolle spielt.

Unter der Voraussetzung, daß sich die Eigenfunktionen näherungsweise als Produkte (2.5) oder als Linearkombinationen solcher Produkte schreiben lassen, werden wir also mit $D\mathfrak{r}_\varkappa = \mathfrak{r}'_\varkappa$ näherungsweise

$$\Phi^K_{M'}(0,\ldots,r;\mathfrak{r}'_\varkappa) = g_{M'}(r)\,\varphi_r(\mathfrak{r}'_\varkappa)$$

schreiben können, wo die $\varphi_r(\mathfrak{r}'_\varkappa)$ nur zu einem einzigen Wert der Elektronenenergie $E(r)$ gehören. Da $\Phi^K_{M'}$ bei $D_{3\alpha}$ den Faktor $e^{-\imath M'\alpha}$ annimmt und da zu einem Eigenwert $E(r)$ der Elektronenenergie eine bestimmte Quantenzahl $\varLambda$ gehört, muß also $\Phi^K_M(0,\ldots,r,\mathfrak{r}'_\varkappa)$ für $M' \neq \pm\varLambda$ (näherungsweise) verschwinden. Für $\varLambda = 0$ ist also

$$\Phi^K_0(0,\ldots,r;\mathfrak{r}'_\varkappa) = g(r)\,\varphi(\mathfrak{r}'_\varkappa),$$
$$\Phi^K_{M'} = 0 \quad \text{für} \quad M' \neq 0.$$

Damit wird

$$\Phi^K_M(\mathfrak{r};\mathfrak{r}_\varkappa) = g(r)\,\varphi(D\mathfrak{r}_\varkappa)\,D_{0M}. \tag{8.6}$$

Dies ist aber mit (8.2) und (2.5) identisch, denn die D_{0M} sind bis auf einen belanglosen Faktor mit den Kugelfunktionen $Y^K_M(\vartheta,\varphi)$ identisch: Die D_{0M} sind Funktionen von $\mathfrak{r}$: $D_{0M}(\mathfrak{r})$. Da D so bestimmt werden muß, daß $D\mathfrak{r}$ in die 3-Achse fällt, gehört zu dem Vektor $D^{-1}_{(1)}\mathfrak{r}$ die Drehung $DD_{(1)}$, die ihn in die 3-Achse dreht, so daß

$$D_{0M}(D^{-1}_{(1)}\mathfrak{r}) = (DD_{(1)})_{0M} = \sum_{M'} D_{0M'}\,D_{(1)M'M}$$

gilt. Die D_{0M} gehören also als Funktionen von $\mathfrak{r}$ zur Darstellung D_K; sie müssen daher bis auf einen konstanten Zahlenfaktor mit den Y^K_M identisch sein. Wir können im Falle $\varLambda = 0$ also K nach (8.2) mit l identifizieren.

Der HAMILTON-Operator ist invariant auch gegenüber der Spiegelung s aller Koordinaten (der Kerne und Elektronen). Daher muß (8.6) zu einem bestimmten Spiegelungscharakter gehören. Um diesen zu finden, beachte man, daß $D_{2(\pi)}s = s_2$ ist mit $D_{2(\pi)}$ als Drehung um die 2-Achse um den Winkel π. Dann folgt:

$$s\,\Phi^K_M(\mathfrak{r};\mathfrak{r}_\varkappa) = \Phi^K_M(s\mathfrak{r};s\mathfrak{r}_\varkappa) = g(r)\,\varphi(D's\mathfrak{r}_\varkappa)\,D'_{0M},$$

wobei D' die Drehung ist, die $s\mathfrak{r}$ in die Richtung der 3-Achse dreht, so daß $D' = D_{2(\pi)}D$ ist. Also gilt wegen $D_{2(\pi)}s = s_2$:

$$s\,\Phi^K_M(\mathfrak{r};\mathfrak{r}_\varkappa) = g(r)\,\varphi(s_2 D\mathfrak{r}_\varkappa)\sum_{M'} D_{2(\pi)0M'}\,D_{M'M}.$$

Die $D_{2(\pi)0M'}$ ergeben sich nach (VII, § 2) zu $(-1)^K \delta_{0M'}$ so daß mit $s_2\,\varphi(D\mathfrak{r}_\varkappa) = \varepsilon\,\varphi(D\mathfrak{r}_\varkappa)$ folgt:

$$s\,\Phi^K_M(\mathfrak{r};\mathfrak{r}_\varkappa) = \varepsilon(-1)^K g(r)\,\varphi(D\mathfrak{r}_\varkappa)\,D_{0M} = \varepsilon(-1)^K \Phi^K_M.$$

Der Spiegelungscharakter in bezug auf s für (8.6) ist also $(-1)^K$ für O^+- und $(-1)^{K+1}$ für O^--Terme.

Für $\Lambda \neq 0$ folgt statt (8.6) als Näherung für die Eigenvektoren:

$$\Phi_M^K(\mathfrak{r};\mathfrak{r}_\varkappa) = g_+(r)\,\varphi_\Lambda(D\mathfrak{r}_\varkappa)\,D_{\Lambda M} + g_-(r)\,\varphi_{-\Lambda}(D\mathfrak{r}_\varkappa)\,D_{-\Lambda M}. \quad (8.7)$$

Da die Eigenvektoren ebenfalls zu einem bestimmten Spiegelungscharakter in bezug auf s gehören müssen, läßt sich das Verhältnis von g_+ zu g_- bestimmen: Es folgt wie oben

$$s\,\Phi_M^K(\mathfrak{r};\mathfrak{r}_\varkappa)$$

$$= g_+(r)\,\varphi_\Lambda(D'\,s\,\mathfrak{r}_\varkappa)\,D'_{\Lambda M} + g_-(r)\,\varphi_{-\Lambda}(D'\,s\,\mathfrak{r}_\varkappa)\,D'_{-\Lambda M}$$

$$= g_+(r)\,\varphi_\Lambda(s_2\,D\,\mathfrak{r}_\varkappa)\sum_{M'} D_{2(\pi)\,\Lambda M'}\,D_{M'M} +$$

$$+\, g_-(r)\,\varphi_{-\Lambda}(s_2\,D\,\mathfrak{r}_\varkappa)\sum_{M'} D_{2(\pi)\,-\Lambda M'}\,D_{M'M}$$

$$= g_+(r)\,\varphi_{-\Lambda}(D\,\mathfrak{r}_\varkappa)\,(-1)^{K-\Lambda}\,D_{-\Lambda M} + g_-(r)\,\varphi_\Lambda(D\,\mathfrak{r}_\varkappa)\,(-1)^{K+\Lambda}\,D_{\Lambda M}.$$

Wegen $s\,\Phi_M^K = w\,\Phi_M^K$ muß also

$$g_- = (-1)^{K+\Lambda}\,w\,g_+$$

werden. Beide Werte $w = \pm 1$ sind also möglich für $\Lambda \neq 0$ mit den approximierten Eigenvektoren (kurz $g_+ = g$ gesetzt):

$$\Phi_M^K(\mathfrak{r};\mathfrak{r}_\varkappa) = g(r)\,\varphi_\Lambda(D\mathfrak{r}_\varkappa)\,D_{\Lambda M} + (-1)^{K+\Lambda}\,w\,g(r)\,\varphi_{-\Lambda}(D\mathfrak{r}_\varkappa)\,D_{-\Lambda M}. \quad (8.8)$$

Mit den Eigenvektoren (8.6) bzw. (8.8) kann man nun das RITZsche Variationsprinzip anwenden, um $g(r)$ zu bestimmen.

Man erhält für $g(r)$ die Differentialgleichung:

$$-\frac{\hbar^2}{2M}\,\frac{1}{r}\,\frac{\partial^2}{\partial r^2}(r\,g) - \frac{\hbar^2}{Mr}\,\frac{\partial}{\partial r}(r\,g)\,W(r) + U(r)\,g = \varepsilon\,g \quad (8.9)$$

mit

$$U(r) = E(r) + \frac{1}{2M\,r^2}\,\langle\mathfrak{M}^2\rangle - \frac{\hbar^2}{2M}\int \overline{\varphi_\Lambda(\mathfrak{r}_\varkappa)}\,\frac{\partial^2}{\partial r^2}\,\varphi_\Lambda(\mathfrak{r}_\varkappa)\,(d\mathfrak{r}_\varkappa)^f \quad (8.10)$$

und

$$W(r) = \int \overline{\varphi_\Lambda(\mathfrak{r}_\varkappa)}\,\frac{\partial}{\partial r}\,\varphi_\Lambda(\mathfrak{r}_\varkappa)\,(d\mathfrak{r}_\varkappa)^f, \quad (8.11)$$

wobei $\mathfrak{M}$ der Bahndrehimpuls der Kerne und

$$\langle\mathfrak{M}^2\rangle = \frac{1}{2}\,(\varphi_\Lambda(D\,\mathfrak{r}_\varkappa)\,D_{\Lambda M} + (-1)^{K+\Lambda}w\,\varphi_{-\Lambda}(D\,\mathfrak{r}_\varkappa)\,D_{-\Lambda M}\,,$$
$$\mathfrak{M}^2\{\varphi_\Lambda(D\,\mathfrak{r}_\varkappa)\,D_{\Lambda M} + (-1)^{K+\Lambda}w\,\varphi_{-\Lambda}(D\,\mathfrak{r}_\varkappa)\,D_{-\Lambda M}\}) \qquad (8.12)$$

sind.

Der dritte Summand in (8.10) bedeutet nur eine sehr geringe Änderung an $E(r)$ und soll deshalb im folgenden vernachlässigt werden, ebenso auch $W(r)$. Es bleibt dann noch das Glied (8.12) zu berechnen. Mit $\mathfrak{L}$ als Bahndrehimpuls der Elektronen und $\mathfrak{K}$ als Gesamtbahndrehimpuls ist $\mathfrak{K} = \mathfrak{M} + \mathfrak{L}$. Die L_i-Komponente ist mit der i-ten

Komponente von $\mathfrak{K}$ vertauschbar, so daß

$$\mathfrak{M}^2 = (\mathfrak{K} - \mathfrak{L})^2 = \mathfrak{K}^2 + \mathfrak{L}^2 - 2\mathfrak{K} \cdot \mathfrak{L} = \mathfrak{K}^2 + \mathfrak{L}^2 - 2\mathfrak{L} \cdot \mathfrak{K}$$

ist. Daher ist mit $\mathfrak{K}^2 \, \Phi_M^K = \hbar^2 K(K+1)\, \Phi_M^K$

$$\langle \mathfrak{M}^2 \rangle = \hbar^2 K(K+1) + \langle \mathfrak{L}^2 \rangle - 2 \langle \mathfrak{L} \cdot \mathfrak{K} \rangle. \tag{8.13}$$

Im letzten Glied denken wir uns nach (VII, 2.12) folgende Ersetzungen durchgeführt:

$$K_1 \, \Phi_M^K = \frac{\hbar}{2} \sqrt{(K+M)(K-M+1)}\; \Phi_{M-1}^K$$
$$+ \frac{\hbar}{2} \sqrt{(K-M)(K+M+1)}\; \Phi_{M+1}^K,$$
$$K_2 \, \Phi_M^K = - \frac{\hbar}{2\imath} \sqrt{(K+M)(K-M+1)}\; \Phi_{M-1}^K$$
$$+ \frac{\hbar}{2\imath} \sqrt{(K-M)(K+M+1)}\; \Phi_{M+1}^K,$$
$$K_3 \, \Phi_M^K = \hbar M \, \Phi_M^K.$$

Damit sind in (8.13) alle Operatoren verschwunden, die auf die Kernkoordinaten wirken. Da (8.13) andererseits gegenüber Drehungen invariant ist, können wir die Lage der Kernverbindungslinie jetzt speziell in die 3-Achse legen (womit die Drehung D in (8.8) speziell gleich 1 wird), so daß nach (8.8) die $D_{AM} = \delta_{AM}$ und $D_{-AM} = \delta_{-AM}$ werden und somit nur die Φ_M^K mit $M = \pm A$ ungleich Null sind. Dann wird wegen $\Phi_{A-1}^K = \Phi_{A+1}^K = 0$

$$\langle \mathfrak{L} \cdot \mathfrak{K} \rangle = \hbar A \int \overline{\varphi_A(\mathfrak{r}_\varkappa)} \, L_3 \, \varphi_A(\mathfrak{r}_\varkappa) \, (d\mathfrak{r}_\varkappa)^f = \hbar^2 A^2,$$
$$\langle \mathfrak{L}^2 \rangle = \hbar^2 A^2 + \int \overline{\varphi_A(\mathfrak{r}_\varkappa)} \, (L_1^2 + L_2^2) \, \varphi_A(\mathfrak{r}_\varkappa) \, (d\mathfrak{r}_\varkappa)^f. \tag{8.14}$$

Der letzte Summand in (8.14) läßt sich nicht allgemein berechnen. Vernachlässigen wir ihn ebenso wie oben das letzte Glied in (8.10) und $W(r)$, so erhalten wir für (8.9) endgültig

$$-\frac{\hbar^2}{2M} \frac{1}{r} \frac{\partial^2}{\partial r^2} (r\,g) + \frac{\hbar^2}{2M\,r^2} [K(K+1) - A^2]\,g + E(r)\,g = \varepsilon\,g. \tag{8.15}$$

$\hbar^2[K(K+1) - A^2]$ als Wert für $\mathfrak{M}^2$ hat eine sehr anschauliche Bedeutung. Wenn der Elektronendrehimpuls praktisch in die Kernverbindungslinie fällt [was mit der Vernachlässigung des letzten Summanden in (8.14) identisch ist], so gilt, da $\mathfrak{M}$ senkrecht auf der Kernverbindungslinie steht: $\mathfrak{K}^2 = \mathfrak{M}^2 + \mathfrak{L}^2$ oder $\mathfrak{M}^2 = \mathfrak{K}^2 - \mathfrak{L}^2$. Mit $\mathfrak{K}^2 \to \hbar^2 K(K+1)$ und $\mathfrak{L}^2 \to \hbar^2 A^2$ ergibt sich das obige Resultat.

Die Gleichung (8.15) für $A \neq 0$ ist unabhängig vom Spiegelungscharakter w. Die auf diese Weise gefundenen Näherungswerte sind also gleich für die beiden Lösungen (8.8). In höheren Näherungen muß eine sehr geringe Aufspaltung zwischen den Termen $w = +1$ und -1 entstehen, die auch für nicht zu kleine Drehimpulse beobachtet wird.

(8.15) ist die Eigenwertgleichung für einen anharmonischen Oszillator, der um die Stelle ϱ des Minimums der Funktion $U(r) = \dfrac{\hbar^2}{2M} \dfrac{K(K+1) - \Lambda^2}{r^2} + E(r)$ herumschwingt. Wegen des großen Wertes der Masse M können wir für nicht zu große l-Werte näherungsweise mit $r = \varrho_0$ als Stelle des Minimums von $E(r)$ so rechnen:

$$U(r) = \frac{\hbar^2}{2M} \frac{K(K+1) - \Lambda^2}{r^2} + E(\varrho_0) + \frac{(r - \varrho_0)^2}{2} E''(\varrho_0).$$

Unter den gemachten Voraussetzungen liegt die Stelle ϱ des Minimums von $U(r)$ nahe bei ϱ_0, so daß man durch Entwicklung von $U(r)$ an der Stelle ϱ näherungsweise erhält:

$$U(r) \approx E(\varrho_0) + \frac{\hbar^2}{2M} \frac{K(K+1) - \Lambda^2}{\varrho_0^2} + A[K(K+1) - \Lambda^2]^2$$
$$+ \frac{1}{2}(r - \varrho)^2 E''(\varrho_0)$$

und damit als Eigenwerte·

$$\varepsilon_{Kn} = E(\varrho_0) + \frac{\hbar^2}{2M} \frac{K(K-1) - \Lambda^2}{\varrho_0^2} + A[K(K+1) - \Lambda^2]^2$$
$$+ \hbar \sqrt{\frac{E'(\varrho_0)}{M}} \left(n + \frac{1}{2}\right), \qquad (8.16)$$

wobei $A = -\dfrac{\hbar^2}{M^2} \dfrac{1}{E''(\varrho_0)\,\varrho_0^2}$ ist.

ε_{Kn} setzt sich also additiv aus der Elektronenenergie $E(\varrho_0)$, der Oszillatorenergie $\hbar\,\omega\left(n + \dfrac{1}{2}\right)$ mit $\omega = \sqrt{\dfrac{E''}{M}}$ und der Rotationsenergie $\dfrac{\hbar^2}{2M} \dfrac{K(K+1) - \Lambda^2}{\varrho_0^2}$ zusammen. Die Termmannigfaltigkeit hat daher schematisch eine Struktur nach Abb. 47. Die Übergänge zwischen den einzelnen Termen ergeben das Spektrum. Bleibt die Elektronen- und Oszillatorenergie ungeändert, so erhält man durch Änderung allein der Rotationsenergie Linien im langwelligen Ultrarot, das sogenannte Rotationsspektrum. Änderung der Schwingungs- und Rotationsenergie gibt ein Ultrarotspektrum von Linien, die eine Rotationsfeinstruktur haben. Änderung auch der Elektronenenergie endlich ruft das Bandenspektrum im sichtbaren Spektralbereich hervor[1].

Man zeige, daß für Dipolstrahlung die Auswahlregeln

$$K \to K \pm 1, K \quad \text{außer} \quad 0 \to 0,$$
$$w \to -w$$
$$\Lambda \to \Lambda \pm 1, \Lambda \quad \text{außer} \quad 0^+ \to 0^- \quad \text{und} \quad 0^- \to 0^+$$

---

[1] Zur ausführlichen Diskussion der Struktur der Banden sei z. B auf HERZBERG, Molekülspektren verwiesen.

gelten, wobei für $O^+ \to O^+$ und $O^- \to O^-$ noch $K \to K$ wegen $w \to -w$ verboten ist.

Man diskutiere für Moleküle mit zwei gleichen Kernen das Verhalten der Eigenfunktionen bei Vertauschung der Kerne, auch dann,

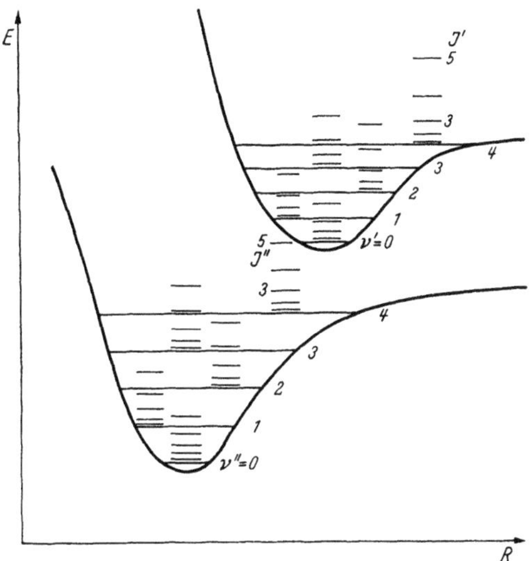

Abb 47. Schematisches Termschema eines zweiatomigen Molekuls.

wenn nach dem folgenden Paragraphen der Elektronenspin berücksichtigt ist. Wie würden die Eigenfunktionen in diesem Fall gleicher Kerne aussehen, wenn jeder der Kerne einen Spin der Quantenzahl $\frac{1}{2}$ hat und die Kerne ebenfalls dem PAULI-Prinzip genügen (Para- und Orthowasserstoff)?

§ 9. Einfluß des Elektronenspins auf die Molekülterme.

Das Glied H_S in (1.1) ändert die Symmetriegruppen nicht. Wir können also die möglichen Molekülterme gewinnen, indem wir H_S langsam einschalten. Jeder Molekülterm gehört in bezug auf die Permutationen der Elektronen zu einer bestimmten Darstellung, die eindeutig mit einer Spinquantenzahl S verknüpft ist. Wir haben also nur den Gesamtbahndrehimpuls der Quantenzahl K und den zum Term passenden Spindrehimpuls der Quantenzahl S zu addieren zu einem Gesamtdrehimpuls J. Diese Addition führt also zu einer Aufspaltung der Terme mit wachsender Einschaltung von H_S in Komponenten mit Gesamtdrehimpulsquantenzahlen $J = K + S,\ K + S - 1$, $\dots, |K - S|$.

Ist bei vollem Einschalten von H_S die Aufspaltung eines Molekülterms noch klein gegenüber dem Abstand zweier benachbarter Rotationsterme, so hat man auch sofort ein qualitatives Bild der Lage der Terme gewonnen und kann ebenso leicht die Auswahlregeln aufstellen.

Wird aber umgekehrt die Spinaufspaltung groß gegenüber dem Abstand der Rotationsterme, so erhält man auf diesem Wege keinen Überblick über die Lage der Terme. Es ist dann geschickter, schon bei der Berechnung der Elektronenterme den Spin zu berücksichtigen. Der betrachtete Elektronenterm mit der Quantenzahl Λ gehöre zu einer Darstellung der Permutation der Elektronen, der eine Spinquantenzahl S zugeordnet ist. Sind U_S, U_{S-1}, ..., U_{-S} die $2S+1$ Spinfunktionen (die Eigenfunktionen zur Drehimpulskomponente um die Richtung der Kernverbindungslinie sind), so hat man also nach dem Schema (5.1) nur die Darstellungen $\mathfrak{A}_\Lambda \times \mathfrak{A}_S$, $\mathfrak{A}_\Lambda \times \mathfrak{A}_{S-1}$, ..., $\mathfrak{A}_\Lambda \times \mathfrak{A}_{1/2}$ oder $\mathfrak{A}_\Lambda \times \mathfrak{A}_0$ auszureduzieren. Um zu wissen, ob die Funktion U_0 zur Darstellung $\mathfrak{A}_{0+}$ oder $\mathfrak{A}_{0-}$ gehört, ist $s_2 U_0$ zu berechnen. Wegen $s_2 = D_{2(\pi)} s$ und $s U_0 = U_0$ nach (IX, §3) folgt aus der Bemerkung im Anschluß an (5.2) $s_2 U_0 = (-1)^S U_0$, womit entschieden ist, ob $\mathfrak{A}_{0+}$ oder $\mathfrak{A}_{0-}$ vorliegt.

Bezeichnen wir die bei der Ausreduktion entstehenden Darstellungen mit $\mathfrak{A}_\Omega$, so lassen sich alle Überlegungen aus § 8 leicht übertragen, wenn man Λ durch Ω ersetzt. Die Elektronenterme sind durch Ω statt durch Λ zu charakterisieren.

Man führe die Überlegungen durch und leite die Auswahlregeln ab. Man gehe die Darstellung der Molekülspektren von G. HERZBERG[1] durch und leite alle Einzelheiten aus der Quantentheorie mit den obigen Hilfsmitteln ab.

---

[1] HERZBERG, G : Molekülspektren und Molekülstruktur. Dresden und Leipzig 1939.

Anhang I.

Grundzüge des Hilbert-Raumes.

§ 1. Axiomatische Grundlegung.

Der Hilbert-Raum ist ein System $\mathфrak{H}$ von Elementen f, g, h, $\ldots$, φ, ψ, $\ldots$, das folgenden vier Axiomengruppen genügt:

I. $\mathfrak{H}$ ist ein linearer Vektorraum[1].

II. Es ist ein inneres Produkt (f, g) = komplexe Zahl definiert, wobei (wenn a = komplexe Zahl) $(f, ag) = a(f, g)$; $(f, g_1 + g_2) = (f, g_1)$ $+ (f, g_2)$; $(f, g) = \overline{(g, f)}$ und $(f, f) \geq 0$ ($= 0$ nur für $f = 0$) ist, woraus auch $(af, g) = \bar{a}(f, g)$; $(f_1 + f_2, g) = (f_1, g) + (f_2, g)$; und $(f, 0) = (0, f) = 0$ folgt. Für $\sqrt{(f, f)}$ soll kurz $\|f\|$ geschrieben werden. Zwei Vektoren mit $(f, g) = 0$ heißen orthogonal. Für $g \neq 0$ folgt mit einem durch $f = \dfrac{(g\,f)}{\|g\|^2}\,g + p$ definierten p: $(p, g) = 0$ und $\|f\|^2 = \dfrac{|(g, f)|^2}{\|g\|^2} + \|p\|^2$. Daher gilt die Schwarzsche Ungleichung $\|f\|\,\|g\| \geq |(g, f)|$ (für $g = 0$ ist sie trivial). Das Gleichheitszeichen gilt nur, falls $p = 0$, das heißt $f = \lambda g$ ist.

Aus $\|f - g\|^2 = \|f\|^2 + \|g\|^2 - (f, g) - (g, f)$ folgt mit Hilfe der Schwarzschen Ungleichung: $|\,\|f\| - \|g\|\,| \leq \|f - g\| \leq \|f\| + \|g\|$, die Dreiecksungleichung.

Wir schreiben $f_n \to f$, falls $\|f_n - f\| \to 0$, woraus auch $(g, f_n) \to (g, f)$ wegen des eben bewiesenen $|(g, f_n - f)| \leq \|g\|\,\|f_n - f\|$ folgt. Falls auch $g_n \to g$, so gilt wegen $|(f_n, g_n) - (f, g)| = |(f_n - f, g) +$ $+ (f_n - f, g_n - g) + (f, g_n - g)| \leq \|f_n - f\|\,\|g\| + \|f_n - f\|\,\|g_n - g\| +$ $+ \|f\|\,\|g_n - g\|$, auch $(g_n, f_n) \to (g, f)$.

III. $\mathfrak{H}$ ist vollständig; d. h.: gilt für eine Folge f_n das Cauchysche Konvergenzkriterium $\|f_n - f_m\| < \varepsilon$ für $n, m > N$, so existiert ein f mit $f_n \to f$.

Ein den Bedingungen I, II genügender Raum $\mathfrak{H}'$ läßt sich eindeutig zu einem I, II, III genügenden Raum $\mathfrak{H}$ ergänzen mit $\mathfrak{H}'$ dicht

---

[1] Es gibt eine Addition, so daß $f + g = g + f$ ein Element aus $\mathfrak{H}$ ist. Es ist $(f + g) + h = f + (g + h)$. Es gibt ein Nullelement 0 mit $f + 0 = f$. Es gibt ein negatives $-f$ zu jedem f mit $f + (-f) = 0$. Für $f + (-g)$ wird $f - g$ geschrieben. Für komplexe Zahlen $a, b, \ldots$ ist af ein Element von $\mathfrak{H}$, wobei $a(f + g) = af + ag$ und $(a + b)f = af + bf$ ist. Dann ist $0f = 0$. Siehe Anhang II, § 7.

in $\mathfrak{H}$, wobei eine Menge $\mathfrak{M}$ aus $\mathfrak{H}$ dicht in $\mathfrak{H}$ heißt wenn jedes Element von $\mathfrak{H}$ Häufungselement von $\mathfrak{M}$ ist. Entsprechend dem Verfahren der Ergänzung der rationalen zu den reellen Zahlen bezeichnet man eine Folge f_n, die dem Cauchyschen Konvergenzkriterium genügt, als Fundamentalfolge und betrachtet die Klassen äquivalenter Fundamentalfolgen, wobei zwei Folgen f_n, g_n äquivalent heißen, falls $\|f_n - g_n\| \to 0$. Die Klassen bilden dann einen Raum $\mathfrak{H}$, der I, II und III genügt, wenn man z. B. die Summe zweier durch die Folgen f_n bzw. g_n gegebenen Klassen durch die Klasse $f_n + g_n$ und das innere Produkt der beiden Klassen durch den Grenzwert von (f_n, g_n) definiert. Die Klassen, für die es in $\mathfrak{H}'$ ein Limeselement gibt, kann man mit den Elementen von $\mathfrak{H}'$ identifizieren.

Als Grundmenge bezeichnet man eine Teilmenge $\mathfrak{T}$ aus $\mathfrak{H}$, für die die $\sum a_K f_K$ aus endlich vielen Gliedern mit f_K aus $\mathfrak{T}$ in $\mathfrak{H}$ dicht liegen. Die kleinste Mächtigkeit einer Grundmenge heißt die Dimension von $\mathfrak{T}$. Es gibt eine in $\mathfrak{H}$ dichte Menge von Elementen, deren Mächtigkeit gleich der Dimension ist (falls diese nicht endlich ist): Sind f_K die Elemente einer Grundmenge kleinster Machtigkeit, so haben alle endlichen Summen $\sum\limits_{K} a_K f_K$ mit rationalen a_K (d. h. Real- und Imaginärteil von a_K sind rational) dieselbe Mächtigkeit wie die f_K, da die rationalen Zahlen abzählbar sind. Da jede $\sum\limits_{K} b_K f_K$ mit nicht rationalen b_K durch eine $\sum\limits_{K} a_K f_K$ mit rationalem a_K beliebig gut approximiert werden kann, liegen auch die $\sum\limits_{K} a_K f_K$ dicht in $\mathfrak{H}$.

IV. Die Dimension von $\mathfrak{H}$ ist abzählbar unendlich.

Ein erstes Beispiel für einen Hilbert-Raum bilden die Zahlenreihen $f = (a_1, a_2, \ldots)$ (a_ν komplexe Zahlen) mit $\sum\limits_{\nu=1}^{\infty} |a_\nu|^2 < \infty$. Die Summe zweier Zahlenreihen a_ν und b_ν wird durch $a_\nu + b_\nu$ definiert, die Multiplikation mit einer Zahl α durch die Reihen αa_ν, das innere Produkt durch $(f, g) = \sum\limits_{\nu=1}^{\infty} \overline{a_\nu}\, b_\nu$. $\sum\limits_{\nu=1}^{\infty} \overline{a_\nu}\, b_\nu$ ist konvergent, denn nach der Schwarzschen Ungleichung ist $\left| \sum\limits_{\nu=m}^{n} \overline{a_\nu}\, b_\nu \right| \leq \sqrt{ \sum\limits_{\nu=m}^{n} |\overline{a_\nu}|^2 \sum\limits_{\nu=m}^{n} |b_\nu|^2 } \to 0$ für n, m unabhängig $\to \infty$. Somit ist also I und II erfüllt. Da die Vektoren $\varphi_1 = (1, 0, 0, \ldots)$, $\varphi_2 = (0, 1, 0, \ldots)$, $\ldots$ eine Grundmenge bilden, gilt auch IV. Um III zu zeigen, nehmen wir an, daß für eine Folge $f_n (a_1^n, a_2^n, \ldots)$ gilt:

$$\sum\limits_{\nu=1}^{\infty} |a_\nu^n - a_\nu^m|^2 < \varepsilon \tag{1.1}$$

für $n, m > N$. Dann gilt erst recht $|a_\nu^n - a_\nu^m|^2 < \varepsilon$ für jedes ν, so daß $a_\nu^n \underset{n \to \infty}{\to} a_\nu$. Es ist zu zeigen, daß $f = (a_1, a_2, \ldots)$ ein Vektor mit

$\sum\limits_{v=1}^{\infty} |a_v|^2 < \infty$ ist und daß $f_n \to f$, d. h. $||f_n - f|| \to 0$. Aus (1.1), d. h. $||f_n - f_m|| < \varepsilon$ für $n, m > N$ folgt, daß $||f_n|| < C$ für alle n, denn $||f_n|| \leq ||f_n - f_m|| + ||f_m|| \leq \varepsilon + ||f_m||$ für ein *festes* m und *beliebiges* $n > N$. Also ist $\sum\limits_{v=1}^{\infty} |a_v^n|^2 < C$ für alle n. Daher ist für beliebiges festes p:

$$\sum_{v=1}^{p} |a_v^n|^2 < C \quad \text{und} \quad \sum_{v=1}^{p} |a_v^n|^2 \xrightarrow[n \to \infty]{} \sum_{v=1}^{p} |a_v|^2$$

und daraus $\sum\limits_{v=1}^{p} |a_v|^2 < C$. Da p beliebig ist, wird also schließlich

$$\sum_{v=1}^{\infty} |a_i|^2 < C;$$

und weiterhin:

$$\sum_{v=1}^{\infty} |a_v^n - a_v|^2 = \sum_{v=1}^{q} |a_v^n - a_v|^2 + \sum_{v=q+1}^{\infty} |a_v^n - a_v|^2.$$

Nach der Dreiecksungleichung ist·

$$\sqrt{\sum_{v=q+1}^{\infty} |a_v^n - a_v|^2} \leq \sqrt{\sum_{v=1}^{\infty} |a_v^n - a_v^m|^2} + \sqrt{\sum_{v=q+1}^{\infty} |a_v^m - a_v|^2}.$$

Man wähle N so, daß für $n, m > N$ $\sum\limits_{v=1}^{\infty} |a_v^n - a_v^m|^2 < \varepsilon$ ist. Dann halte man m fest und wähle q so groß, daß $\sum\limits_{v=q+1}^{\infty} |a_v^m - a_v|^2 < \varepsilon$ (denn wegen $||f^m - f|| \leq ||f^m|| + ||f|| \leq 2C$ ist $\sum\limits_{v=1}^{\infty} |a_v^m - a_v|^2$ konvergent). Bei festem m und q wähle man n so groß, daß $\sum\limits_{v=1}^{q} |a_v^n - a_v|^2 < \varepsilon$ wird. Also gilt $\sum\limits_{v=1}^{\infty} |a_v^n - a_v|^2 \xrightarrow[n \to \infty]{} 0$.

Als zweites Beispiel eines HILBERT-Raumes betrachten wir komplexwertige Funktionen der Elemente $P, Q, \ldots$ einer Menge $\mathfrak{M}$. Eine Menge von Teilmengen $\eta, \varrho, \lambda, \ldots$ von $\mathfrak{M}$ nennen wir einen BOREL-Körper, wenn zu jedem η auch η' (die Komplementärmenge von η) und zu einer endlichen oder abzählbaren Reihe η_i auch deren Vereinigung $\bigcup\limits_i \eta_i$ dazugehören. Dann gehört auch der Durchschnitt $\bigcap\limits_i \eta_i = (\bigcup\limits_i \eta_i')'$ und $\mathfrak{M} = \eta \cup \eta'$ selbst dazu.

Es sei nun für einen BOREL-Körper $\mathfrak{K}$ eine Mengenfunktion $\mu(\eta)$ = reelle Zahl ≥ 0 ($+\infty$ wird zugelassen) so definiert, daß für eine endliche oder abzählbare Reihe elementfremder η_i

$$\mu(\bigcup_i \eta_i) = \sum_i \mu(\eta_i)$$

ist. μ heißt dann eine (total-) additive Maßfunktion. Das Maß der

Nullmenge sei Null. Es folgt, daß für $\eta \supseteq \sigma$ auch $\mu(\eta) \geq \mu(\sigma)$ ist, da $\eta = \sigma \cup (\eta \cap \sigma')$ gilt. Ist $\mu(\mathfrak{M})$ endlich, so ist $\mu(\eta)$ für alle η endlich. Ist $\mu(\mathfrak{M}) = +\infty$, so soll es eine Folge η_i mit $\eta_{i+1} \supseteq \eta_i$ und $\underset{i}{\cup} \eta_i = \mathfrak{M}$ geben, für die alle $\mu(\eta_i)$ endlich sind.

Eine reelle Funktion $f(P)$ der Elemente von $\mathfrak{M}$ heißt meßbar, wenn die Menge η_α der P mit $f(P) \leq \alpha$ für alle α zu $\mathfrak{K}$ gehört. Dann ist auch die Menge σ der P mit $f(P) > \alpha$ in $\mathfrak{K}$, da $\sigma = \eta_\alpha'$. Die Menge ϱ der P mit $f(P) < \alpha$ liegt in $\mathfrak{K}$, wegen $\varrho = \underset{i}{\cup} \eta_{\alpha_i}$ mit $\alpha_i < \alpha$ und $\alpha_i \to \alpha$. Ebenso liegen in $\mathfrak{K}$ die Mengen derjenigen P mit $f(P) \geq \alpha$, $\alpha_1 \leq f(P) \leq \alpha_2$, $\alpha_1 \leq f(P) < \alpha_2$, usw. Jede einzelne dieser Bedingungen ist, falls sie für alle α bzw. alle α_1, α_2 erfüllt ist, gleichwertig für die Meßbarkeit von $f(P)$. Eine komplexwertige Funktion heißt meßbar, wenn es Real- und Imaginärteil sind.

Die Summe zweier meßbarer Funktionen ist wieder meßbar. Wir brauchen dies nur für reelle Funktionen zu zeigen. Die Menge der rationalen Zahlen α_i ist abzählbar. Die Menge η_{ik} der P mit $f_1(P) < \alpha_i$ und $f_2(P) < a_k$ liegt in $\mathfrak{K}$, daher auch die Menge $\sigma_\gamma = \underset{ik}{\cup} \eta_{ik}$ mit $(\alpha_i + \alpha_k < \gamma)$. σ_γ ist aber dann die Menge aller P mit $f_1(P) + f_2(P) < \gamma$. Mit $f(P)$ ist auch $f^2(P)$ meßbar $(f(P)$ reell$)$, denn $f^2(P) < \alpha^2$ ist mit $-\alpha < f(P) < +\alpha$ identisch. Daraus folgt, daß auch das Produkt zweier reeller meßbarer Funktionen $f_1(P) f_2(P)$ meßbar ist, da $2 f_1(P) f_2(P) = (f_1(P) + f_2(P))^2 - f_1^2(P) - f_2^2(P)$ ist. Dann folgt leicht, daß auch das Produkt komplexer Funktionen meßbar ist.

Die obere (untere) Grenze $g(P)$ einer abzählbaren Folge meßbarer Funktionen $\chi_n(P)$ ist eine meßbare Funktion. Beweis: Die Menge der P mit $g(P) > \alpha$ ist gleich $\underset{n}{\cup} \eta_n$, wo η_n die Menge der P mit $\chi_n(P) > \alpha$ ist. Da $\underset{n}{\cup} \eta_n$ in $\mathfrak{K}$ liegt, ist $g(P)$ meßbar.

Daraus folgt, daß der obere und untere Limes einer Folge meßbarer (reellwertiger) Funktionen $f_n(P)$ meßbar ist, denn mit $\varphi_n(P)$ als oberer Grenze der $f_n(P)$, $f_{n+1}(P)$, ... und $\psi_n(P)$ als unterer Grenze der $f_n(P)$, $f_{n+1}(P)$, ... ist $\overline{\lim} f_n(P)$ gleich der unteren Grenze aller $\varphi_1(P)$, $\varphi_2(P)$, ..., ebenso $\underline{\lim} f_n(P)$ gleich der oberen Grenze aller $\psi_1(P)$, $\psi_2(P)$, ... Ist speziell eine Folge meßbarer Funktionen $f_n(P)$ konvergent: $f_n(P) \to f(P)$, so ist also $f(P)$ meßbar.

Es sei ϱ_i eine endliche oder abzählbare Menge von Elementen aus $\mathfrak{K}$, die als Teilmenge von $\mathfrak{M}$ elementfremd zueinander sind und für die $\underset{i}{\cup} \varrho_i = \mathfrak{M}$ ist. (Es gibt solche ϱ_i: z. B. $\varrho_1 = \varrho$, $\varrho_2 = \varrho'$.) Als Stufenfunktion bezeichnen wir eine Funktion $k(P)$ mit $k(P) = \beta_i$ für P aus ϱ_i (β_i reelle Zahlen).

$f(P)$ sei eine nicht negative reelle meßbare Funktion. Die obere Grenze aller $\underset{i}{\sum} \beta_i \mu(\varrho_i)$ für alle Stufenfunktionen $k(P)$ mit $0 \leq k(P) \leq$

$\le f(P)$ möge das untere Integral $\underline{\int} f(P)\, d\mu(P)$ von $f(P)$ über $\mathfrak{M}$ genannt werden. Entsprechend heiße die untere Grenze aller $\sum_i \beta_i \mu(\varrho_i)$ für alle $k(P) \ge f(P)$ das obere Integral $\overline{\int} f(P)\, d\mu(P)$. Man sieht leicht, daß $\underline{\int} f(P)\, d\mu(P) \le \overline{\int} f(P)\, d\mu(P)$ ist. Sind beide Integrale einander gleich und gleich einer endlichen Zahl, so heiße $f(P)$ integrierbar, und man setzt $\overline{\int} f(P)\, d\mu(P) = \underline{\int} f(P)\, d\mu(P) = \int f(P)\, d\mu(P)$. Für eine Stufenfunktion ist $\int k(P)\, d\mu(P) = \sum_i \beta_i \mu(\varrho_i)$.

Wenn $f(P)$ integrierbar ist, so auch $f_\varrho(P) = \begin{cases} f(P) & \text{für } P \text{ aus } \varrho \\ 0 & \text{sonst} \end{cases}$; denn man braucht nur jede für $f(P)$ benutzte Stufenfunktion $k(P)$ durch die entsprechende Stufenfunktion $k_\varrho(P) = \begin{cases} k(P) & \text{für } P \text{ aus } \varrho \\ 0 & \text{sonst} \end{cases}$ zu ersetzen.

$\int f_\varrho(P)\, d\mu(P)$ nennt man das Integral von $f(P)$ über die Teilmenge ϱ: $\int\limits_\varrho f(P)\, d\mu(P)$. Ist ϱ_i irgendeine abzählbare Folge elementfremder Mengen aus $\mathfrak{R}$ mit $\bigcup_i \varrho_i = \mathfrak{M}$, so gilt

$$\int f(P)\, d\mu(P) = \sum_i \int\limits_{\varrho_i} f(P)\, d\mu(P).$$

Dies folgt leicht unter Benutzung der Tatsache, daß man aus einer Stufenfunktion $k(P)$ Stufenfunktionen $k_{\varrho_i}(P) = \begin{cases} k(P) & \text{für } P \text{ aus } \varrho_i \\ 0 & \text{sonst} \end{cases}$ mit $k(P) = \sum_i k_{\varrho_i}(P)$ gewinnt und daß man umgekehrt aus Stufenfunktionen $k_i(P)$ mit $k_i(P) = 0$ außerhalb ϱ_i durch $k(P) = \sum_i k_i(P)$ eine Stufenfunktion $k(P)$ erhält.

Jede meßbare Funktion $f(P)$ ist über jeder Menge η endlichen Maßes integrierbar, wenn $\underline{\int} f_\eta(P)\, d\mu(P) < \infty$ ist: Es ist klar, daß man nur Stufenfunktionen $k(P)$ zu berücksichtigen braucht, für die $k(P) = 0$ außerhalb η ist. Man wähle zwei Stufenfunktionen $k^{(1)}(P) \le f(P) \le k^{(2)}(P)$ auf folgende Art: α_i mit $\alpha_{i+1} \ge \alpha_i$ sei eine Einteilung der reellen Zahlen ≥ 0 mit $\alpha_{i+1} - \alpha_i < \delta$ für alle i. Man setze $k^{(1)}(P) = \alpha_i$ für P aus η_i, wobei η_i die Menge der P mit $\alpha_i < f(P) \le \alpha_{i+1}$ ist, und $k^{(2)}(P) = \alpha_{i+1}$ für P aus η_i. Dann ist $\sum_i (\alpha_{i+1} - \alpha_i)\, \mu(\eta_i) \le \delta \sum_i \mu(\eta_i) = \delta\, \mu(\eta)$. Ist insbesondere $f(P) \le M$, so ist $\int f_\eta(P)\, d\mu(P) \le M\, \mu(\eta)$ erfüllt und damit $f(P)$ integrierbar. Ist das Maß von $\mathfrak{M}$ endlich, so ist also jede meßbare Funktion $f(P)$ über $\mathfrak{M}$ integrierbar, sobald $\underline{\int} f(P)\, d\mu(P) < \infty$ ist. Ist das Maß von $\mathfrak{M}$ nicht endlich, so kann man nach den obigen Voraussetzungen (S. 368) eine Folge $\eta_i \subset \eta_{i+1}$ von Mengen endlichen Maßes mit $\underset{i}{\cup}\,\eta_i = \mathfrak{M}$ angeben. Die $a_i = \int\limits_{\eta_i} f(P)\,d\mu(P)$ bilden

also eine monotone Folge von Zahlen. Ist die monoton wachsende Folge der Zahlen a_i beschränkt (also insbesondere keins der a_i selber $=\infty$), so existiert $\int f(P)\,d\mu(P)$ und ist gleich $\lim a_i = a$. Zum Beweis betrachte man die elementfremden Mengen $\sigma_i = \eta_{i+1} \cap \eta_i'$, für die $\eta_{i+1} = \overset{i}{\underset{k=1}{\cup}}\,\sigma_k$ ist. Man kann in jedem σ_i zwei Stufenfunktionen $k_i^{(1)}(P) \leqq f(P) \leqq k_i^{(2)}(P)$ mit $k_i^{(1)}(P) = k_i^{(2)}(P) = 0$ für P außerhalb σ_i so wählen, daß gilt

$$0 \leqq \int k_i^{(2)}(P)\,d\mu(P) - \int\limits_{\sigma_i} f(P)\,d\mu(P) < \varepsilon\,\frac{1}{10^i}$$

und

$$0 \leqq \int\limits_{\sigma_i} f(P)\,d\mu(P) - \int k_i^{(1)}(P)\,d\mu(P) < \varepsilon\,\frac{1}{10^i}\,.$$

Für die Stufenfunktionen $k^{(1)}(P) = \sum\limits_i k_i^{(1)}(P)$ und $k^{(2)}(P) = \sum\limits_i k_i^{(2)}(P)$ mit $k^{(1)}(P) \leqq f(P) \leqq k^{(2)}(P)$ in ganz $\mathfrak{M}$ ist dann

$$0 \leqq \int\limits_{\eta_i} k^{(2)}(P)\,d\mu(P) - a_i < \varepsilon \sum_{k=1}^{i-1} \frac{1}{10^k} < \varepsilon,$$

ebenso $0 \leqq a_i - \int\limits_{\eta_i} k^{(1)}(P)\,d\mu(P) < \varepsilon.$

Wenn a_i konvergent ist, existieren also $\int k^{(1)}(P)\,d\mu(P)$ und $\int k^{(2)}(P)\,d\mu(P)$, sind endlich und es gilt

$$a - \varepsilon \leqq \int k^{(1)}(P)\,d\mu(P) \leqq \underline{\int} f(P)\,d\mu(P) \leqq \overline{\int} f(P)\,d\mu(P)$$
$$\leqq \int k^{(2)}(P)\,d\mu(P) \leqq a + \varepsilon,$$

d. h. es existiert $\int f(P)\,d\mu(P) = a$. Ist z. B. $f(P) < \psi(P)$, wo $\psi(P)$ integrierbar ist, so ist $a_i \leqq \int\limits_{\eta_i} \psi(P)\,d\mu(P) \leqq \int \psi(P)\,d\mu(P)$ und daher $f(P)$ integrierbar.

Ist $g_\nu(P)$ eine monoton wachsende Folge nicht negativer integrierbarer Funktionen, die für alle P konvergiert: $g_\nu(P) \to g(P)$, so ist $\int g_\nu(P)\,d\mu(P) \to \int g(P)\,d\mu(P)$, falls die Folge $\int g_\nu(P)\,d\mu(P)$ beschränkt, d. h. kleiner als eine Zahl C ist. Wir beweisen den Satz erst für Integrale über einer Menge η endlichen Maßes. Da die Integrale $\int g_\nu(P)\,d\mu(P) < C$ sind, konvergieren sie, so daß die Cauchysche Konvergenzbedingung $\int |g_\nu(P) - g_\varrho(P)|\,d\mu(P) < \varepsilon$ für ν, $\varrho > N$ erfüllt ist. Wir können deshalb eine Teilfolge g_{ν_n} auswählen, so daß

$$\int\limits_{\eta} \left(g_{\nu_{n+1}}(P) - g_{\nu_n}(P) \right) d\mu(P) < \frac{1}{8^n}$$ ist. Ist σ_n die Teilmenge von η, wo

$$g_{\nu_{n+1}}(P) - g_{\nu_n}(P) > \frac{1}{4^n}$$ ist, so ist $\dfrac{1}{8^n} > \int\limits_{\sigma_n} |g_{\nu_{n+1}}(P) - g_{\nu_n}(P)| \, d\mu(P) >$

$$> \frac{1}{4^n} \mu(\sigma_n),$$ d. h. $\mu(\sigma_n) < \dfrac{1}{2^n}$. Für $\tau_n = \bigcup\limits_{\nu=n}^{\infty} \sigma_\nu$ ist dann $\mu(\tau_n) < \dfrac{1}{2^{n-1}}$.

In $\eta \cap \tau_n' = \eta_n$ ist dann für $m > n$:

$$g_{\nu_m}(P) - g_{\nu_n}(P)$$

$$= g_{\nu_m}(P) - g_{\nu_{m-1}}(P) + g_{\nu_{m-1}}(P) - \cdots - g_{\nu_n}(P) \leqq \sum_{\nu=n}^{\infty} \frac{1}{4^\nu} < \frac{1}{4^{n-1}}$$

und da $g_{\nu_m}(P) \to g(P)$ konvergiert, gilt in η_n:

$$g(P) - g_{\nu_n}(P) < \frac{1}{4^{n-1}}.$$

Folglich ist:

$$\int\limits_{\eta_n} g(P)\, d\mu(P) < \frac{\mu(\eta)}{4^{n-1}} + \int\limits_{\eta} g_{\nu_n}(P)\, d\mu(P) < C + \frac{\mu(\eta)}{4^{n-1}}. \qquad (1.2)$$

Da $\eta_{n+1} \supseteqq \eta_n$ ist, ist also $\int\limits_{\eta_m} g(P)\, d\mu(P) \leqq C$ für alle η_m. Daher existiert

in der Menge $\lambda = \bigcup\limits_m \eta_m$ (nach den Ableitungen auf Seite 369/70 mit λ statt $\mathfrak{M}$) das Integral

$$\int\limits_{\lambda} g(P)\, d\mu(P) = \lim \int\limits_{\eta_m} g(P)\, d\mu(P). \qquad (1.3)$$

Da nach oben $\eta \cap \lambda' = \bigcap\limits_n \tau_n$ vom Maße Null ist, ist $\int\limits_{\eta} g(\dot P)\, d\mu(P)$

$= \int\limits_{\lambda} g(P)\, d\mu(P)$. Damit folgt aus (1.2) mit (1.3) im limes:

$$\int\limits_{\eta} g(P)\, d\mu(P) \leqq \lim_{n \to \infty} \int\limits_{\eta} g_n(P)\, d\mu(P).$$

Da aber $g(P) \geqq g_n(P)$, muß hier das Gleichheitszeichen gelten.

Ist nun η_i wie oben eine Folge mit $\eta_{i+1} \supseteqq \eta_i$ und $\bigcup\limits_i \eta_i = \mathfrak{M}$, so folgt für ein groß genug gewähltes ν:

$$\int\limits_{\eta_i} g(P)\, d\mu(P) \leqq \int\limits_{\eta_i} g_\nu(P)\, d\mu(P) + 1 \leqq \int\limits_{\mathfrak{M}} g_\nu(P)\, d\mu(P) + 1 \leqq C + 1.$$

Also existiert $\int g(P)\, d\mu(P)$, und es ist

$$\left| \int g(P)\, d\mu(P) - \int g_\nu(P)\, d\mu(P) \right| \leqq \left| \sum_{i=1}^{N} \int\limits_{\eta_i \cap \eta_{i-1}'} \left(g(P) - g_\nu(P) \right) d\mu(P) \right|$$

$$+ \left| \sum_{i=N+1}^{\infty} \int\limits_{\eta_i \cap \eta_{i-1}'} g(P)\, d\mu(P) \right|.$$

Man wähle N so groß, daß der zweite Summand $< \varepsilon/2$ wird (was wegen

$$\sum_{i=1}^{\infty} \int_{\eta_i \cap \eta'_{i-1}} g(P)\, d\mu(P) = \int g(P)\, d\mu(P) \text{ möglich ist}), \text{ dann } \nu \text{ so groß,}$$

daß auch der erste Summand $< \varepsilon/2$ ist, womit der Satz allgemein bewiesen ist.

Eine nicht notwendig positive Funktion $f(P)$ heißt integrierbar über $\mathfrak{M}$, wenn es

$$f_+(P) = \begin{cases} f(P) & \text{für } f(P) \geqq 0, \\ 0 & \text{sonst} \end{cases} \quad \text{und} \quad f_-(P) = \begin{cases} -f(P) & \text{für } f(P) \leqq 0 \\ 0 & \text{sonst} \end{cases}$$

sind. Man setzt $\int f(P)\, d\mu(P) = \int f_+(P)\, d\mu(P) - \int f_-(P)\, d\mu(P)$. Eine komplexwertige Funktion heißt integrierbar, wenn es Real- und Imaginärteil sind. Für zwei integrierbare Funktionen $f(P)$, $g(P)$ ist $\int (f(P) + g(P))\, d\mu(P) = \int f(P)\, d\mu(P) + \int g(P)\, d\mu(P)$, wie leicht zu zeigen. Ist $|f(P)| < \psi(P)$, $\psi(P)$ reell und integrierbar, so ist auch $f(P)$ integrierbar, was man leicht erkennt, wenn man $f(P)$ in Real- und Imaginärteil und diese wieder in $+$- und $-$-Teile zerlegt.

Wir betrachten jetzt alle meßbaren (komplexwertigen) Funktionen $f(P)$, für die $|f(P)|^2$ über $\mathfrak{M}$ integrierbar ist. Für zwei solche Funktionen $f(P)$, $g(P)$ existiert dann auch das Integral $\int \overline{f(P)}\, g(P)\, d\mu(P)$, denn es ist $|\overline{f(P)}\, g(P)| \leqq \tfrac{1}{2}(|f(P)|^2 + |g(P)|^2)$.

Diese (kurz quadratisch integrierbar genannten) Funktionen erfüllen Axiom I. Die einzige, nicht sofort einsichtige Aussage dieses Axioms ist, daß $\int |f + g|^2 d\mu$ existiert. Dies folgt aus $|f + g|^2 = |f|^2 + |g|^2 + 2\,Re(f \cdot g)$ und daraus, daß $f \cdot g$ genau wie $\bar{f} \cdot g$ integrierbar ist.

Alle Aussagen von Axiom II sind leicht zu verifizieren, wenn man $(f, g) = \int \overline{f(P)}\, g(P)\, d\mu(P)$ setzt, bis auf die Behauptung, daß $0 = (f, f) = \int |f(P)|^2 d\mu(P)$ nur für $f(P) = 0$ ist. Damit $\int |f(P)|^2 d\mu(P) = 0$ wird, ist für $f(P)$ nur zu verlangen, daß die Elemente P mit $f(P) \neq 0$ eine Menge vom Maße Null bilden. Deshalb wollen wir als Elemente eines Hilbert-Raumes nicht die quadratisch integrierbaren $f(P)$ selbst wählen, sondern: alle $f(P)$, die sich nur in Mengen vom Maße Null unterscheiden, werden als ein und dasselbe Element des Hilbert-Raumes angesehen. Dann sind die Axiome I und II erfüllt.

Auch III ist erfüllt: Es sei $f_n(P)$ eine Folge mit $\int |f_n(P) - f_m(P)|^2 d\mu(P) < \varepsilon$ für $n, m > N$. Wir können also eine Teilfolge $f_{n_\nu}(P)$ auswählen, so daß $\int |f_{n_{\nu+1}}(P) - f_{n_\nu}(P)|^2 d\mu(P) < \frac{1}{8^\nu}$ ist. Für das Maß μ_ν der Menge η_ν der Elemente, für die $|f_{n_{\nu+1}}(P) - f_{n_\nu}(P)| > \frac{1}{2^\nu}$ ist, gilt $\int |f_{n_{\nu+1}}(P) - f_{n_\nu}(P)|^2 d\mu(P) \geqq \int_{\eta_\nu} |f_{n_{\nu+1}}(P) - f_{n_\nu}(P)|^2 d\mu(P)$

$\geqq \frac{\mu_\nu}{4^\nu}$, also $\mu_\nu < \frac{1}{2^\nu}$. Das Maß der Menge $\sigma_\nu = \bigcup\limits_{\mu=\nu}^{\infty} \eta_\mu$ ist also kleiner

als $\sum\limits_{\varrho=\nu}^{\infty} \mu_\varrho < \frac{1}{2^{\nu-1}}$. Außerhalb von σ_ν ist $|f_{n_{\mu+1}} - f_{n_\mu}| < \frac{1}{2^\mu}$ für $\mu \geqq \nu$

und damit für $\mu, \varrho \geqq \nu$:

$$|f_{n_\varrho} - f_{n_\mu}| \leqq \sum\limits_{\lambda=\mu}^{\varrho-1} |f_{n_{\lambda+1}} - f_{n_\lambda}| < \frac{1}{2^{\mu-1}}.$$

Die Folge $f_{n_\mu}(P)$ erfüllt also außerhalb σ_ν das CAUCHYSCHE Konvergenzkriterium. Konvergiert also für ein P die Folge $f_{n_\varrho}(P)$ nicht, so muß P in σ_ν liegen. Die Menge der P, wo $f_{n_\varrho}(P)$ nicht konvergiert, ist also in der Menge $\sigma = \bigcap\limits_\nu \sigma_\nu$ enthalten. Das Maß $\mu(\sigma)$ ist also kleiner als $\mu(\sigma_\nu) < \frac{1}{2^\nu}$ für alle ν; also $\mu(\sigma) = 0$. Ohne die Elemente des HILBERT-Raumes zu ändern, können wir also $f_{n_\nu}(P)$ innerhalb σ gleich Null setzen. Dann bilden die $f_{n_\nu}(P)$ eine für alle P konvergente Folge $f_{n_\nu}(P) \to f(P)$. $f(P)$ ist also meßbar. Es bleibt zu zeigen, daß $\int |f(P)|^2 \, d\mu(P)$ existiert und daß $\int |f(P) - f_n(P)|^2 \, d\mu(P) \to 0$. Zum Beweis betrachten wir die $g_\mu(P) = |f_{n_\mu}(P) - f_n(P)|^2$ bei festem n. Dann gilt $g_\mu(P) \to g(P) = |f(P) - f_n(P)|^2$. Mit $\chi_\mu(P)$ als unterer Grenze von $g_\mu(P), g_{\mu+1}(P), \ldots$ ist $\chi_\mu(P) \leqq g_\mu(P)$. χ_μ wächst monoton und konvergiert gegen $g(P)$. Weiterhin ist $\int \chi_\mu(P) \, d\mu(P) \leqq$ $\leqq \int g_\mu(P) \, d\mu(P) \leqq \varepsilon$. Also ist $g(P)$ integrierbar und $\int g(P) \, d\mu(P)$ $= \lim \int \chi_\mu(P) \, d\mu(P) \leqq \varepsilon$, d. h. aber

$$\int |f(P) - f_n(P)|^2 \, d\mu(P) \xrightarrow[n \to \infty]{} 0.$$

Da $\int g(P) \, d\mu(P) = \int |f(P) - f_n(P)|^2 \, d\mu(P) \leqq \varepsilon$ also beschränkt ist, ist $f(P) - f_n(P)$ Element des HILBERT-Raumes, und deshalb ist nach Axiom I auch $f(P) = f_n(P) + \big(f(P) - f_n(P)\big)$ Element des HILBERT-Raumes.

Um Axiom IV zu zeigen, werden wir weiter unten über den BOREL-Körper $\mathfrak{K}$ noch einige Voraussetzungen machen. Ist $f(P)$ ein Element des HILBERT-Raumes, so kann man für eine wie oben gewählte Folge $\eta_i \subset \eta_{i+1}$ mit $\bigcup\limits_i \eta_i = \mathfrak{M}$ durch

$$\psi_\nu(P) = \begin{cases} f(P) & \text{für } P \text{ aus } \eta_\nu \text{ und } |f(P)| \leqq \nu \\ 0 & \text{sonst} \end{cases}$$

eine Folge von Funktionen einführen, für die $g_\nu(P) = |\psi_\nu(P) - f(P)|^2$ eine monoton abnehmende gegen Null konvergierende Folge ist, so daß $\int g_\nu(P) \, d\mu(P) \to 0$ ($g_n(P) - g_\nu(P)$ bei festem n ist eine mit ν wachsende Folge, so daß $\int \big(g_n(P) - g_\nu(P)\big) \, d\mu(P) \to \int g_n(P) \, d\mu(P)$ folgt). Die $\psi_\nu(P)$ sind beschränkte Funktionen, die nur in Teilmengen η_ν

endlichen Maßes ungleich Null sind. Alle Funktionen dieser Art sind also dicht in $\mathfrak{H}$. Für eine solche Funktion $\psi(P)$ kann man aber leicht eine (ebenfalls nur in einem η von endlichem Maße von Null verschiedene) Stufenfunktion $k(P)$ mit endlich vielen Stufenwerten angeben, so daß $\int |\psi(P) - k(P)|^2 d\mu(P) < \varepsilon$ ist. Alle Funktionen $k(P)$ dieser Art sind also ebenfalls überall dicht in $\mathfrak{H}$.

Ist η eine Menge endlichen Maßes, so soll $f_\eta(P)$ durch
$$f_\eta(P) = \begin{cases} 1 \text{ für } P \text{ in } \eta \\ 0 \text{ sonst} \end{cases}$$
definiert sein. Jedes $k(P)$ läßt sich durch eine endliche Summe $\sum a_k f_{\eta_k}$ darstellen; also bilden die $f_\eta(P)$ eine Grundmenge $\mathfrak{G}$. Gelingt es, eine abzählbare Teilmenge $\mathfrak{T}$ von $\mathfrak{G}$ anzugeben, die in $\mathfrak{G}$ dicht liegt, so ist auch $\mathfrak{T}$ eine Grundmenge. Dies kann aber leicht geschehen, wenn es eine abzählbare Reihe η_k mit endlichen $\mu(\eta_k)$ gibt, für die es zu jedem η endlichen Maßes und zu jedem $\varepsilon > 0$ endlich viele elementfremde $\eta_{k'}$ von den η_k gibt, so daß $\underset{k'}{\cup}\, \eta_{k'}$ sich von η nur um eine Menge von einem Maße kleiner als ε unterscheidet. Für $\mathfrak{T}$ braucht man dann nur die Elemente $f_{\eta_{k'}}(P)$ zu wählen.

Eine Menge $\mathfrak{M}$ und einen BOREL-Körper $\mathfrak{K}$, der alle die vorausgesetzten Bedingungen erfüllt, erhält man in den im LEBESGUEschen Sinne meßbaren Punktmengen eines n-dimensionalen (euklidischen) Raumes. Ein Punkt P ist durch n Koordinaten $(x_1, \ldots, x_n)$ gegeben. Der Inhalt eines Intervalls I, d. h. der Punkte P mit $a_i \leqq x_i \leqq b_i$, wird durch
$$\mu(I) = \prod_i^n (b_i - a_i)$$
festgelegt. Für eine beliebige Punktmenge α wird das „äußere" Maß $\mu^*(\alpha)$ durch die untere Grenze aller $\sum_k \mu(I_k)$ definiert, wo die endlich oder abzählbar vielen Intervalle $I_k\,\alpha$ überdecken, d. h. $\alpha \subseteqq \underset{k}{\cup}\, I_k$. Für ein Intervall I ist $\mu^*(I) = \mu(I)$. Eine Punktmenge η heißt meßbar, wenn

$$\mu^*(\alpha) = \mu^*(\eta \cap \alpha) + \mu^*(\eta' \cap \alpha) \tag{1.4}$$

für alle Punktmengen α ist. Man setzt für die meßbaren η $\mu(\eta) = \mu^*(\eta)$. Es ist zu zeigen, daß diese η einen BOREL-Körper $\mathfrak{K}$ mit den obigen Eigenschaften bilden.

Aus (1.4) folgt unmittelbar, daß mit η auch η' meßbar ist. Für eine beliebige Punktmenge β ergibt eine Überdeckung $\underset{k}{\cup}\, I_k$ von $\beta \cap \alpha$ zusammen mit einer Überdeckung $\underset{\lambda}{\cup}\, I_\lambda$ von $\beta' \cap \alpha$ eine Überdeckung $\underset{k,\lambda}{\cup}\,(I_k \cup I_\lambda)$ von α. Daraus folgt $\mu^*(\alpha) \leqq \sum_k \mu(I_k) + \sum_\lambda \mu(I_\lambda)$ und damit auch

$$\mu^*(\alpha) \leqq \mu^*(\beta \cap \alpha) + \mu^*(\beta' \cap \alpha). \tag{1.5}$$

Ein Intervall $\eta = I$ ist meßbar: Aus einer Überdeckung I_k von α erhält man durch $\overline{I}_k = I \cap I_k$ eine Überdeckung von $I \cap \alpha$. $I' \cap I_k$

ist entweder ein Intervall oder leicht als Summe von endlich vielen Intervallen $I_{k\lambda}$ mit $\mu^*(I_k \cap I') = \sum_\lambda \mu^*(I_{k\lambda})$ darstellbar. Auf diese Weise erhält man aus $I' \cap I_k$ eine Überdeckung $\underline{I}_\varrho$ von $I' \cap \alpha$, so daß $\sum_k \mu(I_k) = \sum_k \mu(\overline{I}_k) + \sum_\varrho \mu(\underline{I}_\varrho)$ ist. Wegen $\mu^*(\alpha) + \varepsilon \geq \sum_k \mu(I_k)$ folgt leicht $\mu^*(\alpha) \geq \mu^*(I \cap \alpha) + \mu^*(I' \cap \alpha)$ und mit (1.5) schließlich (1.4). Ist $\eta = \eta_1 \cup \eta_2$ die Vereinigung zweier meßbarer Mengen η_1, η_2, so ist auch η meßbar. Beweis: Da η_1 meßbar ist, folgt für beliebiges α:

$$\mu^*(\alpha) = \mu^*(\eta_1 \cap \alpha) + \mu^*(\eta_1' \cap \alpha).$$

Da η_2 meßbar ist, gilt $\mu^*(\eta_1' \cap \alpha) = \mu^*(\eta_2 \cap \eta_1' \cap \alpha) + \mu^*(\eta_2' \cap \eta_1' \cap \alpha)$. Mit $\eta_2' \cap \eta_1' = (\eta_2 \cup \eta_1)'$ folgt

$$\mu^*(\alpha) = \mu^*(\eta_1 \cap \alpha) + \mu^*(\eta_2 \cap \eta_1' \cap \alpha) + \mu^*((\eta_2 \cup \eta_1)' \cap \alpha). \qquad (1.6)$$

Wegen der Meßbarkeit von η_1 gilt aber auch:

$$\mu^*((\eta_1 \cup \eta_2) \cap \alpha) = \mu^*(\eta_1 \cap (\eta_1 \cup \eta_2) \cap \alpha) + \mu^*(\eta_1' \cap (\eta_1 \cup \eta_2) \cap \alpha)$$
$$= \mu^*(\eta_1 \cap \alpha) + \mu^*(\eta_1' \cap \eta_2 \cap \alpha)$$

und damit schließlich mit (1.6):

$$\mu^*(\alpha) = \mu^*((\eta_1 \cup \eta_2) \cap \alpha) + \mu^*((\eta_2 \cup \eta_1)' \cap \alpha).$$

Aus $\eta_1 \cap \eta_2 = (\eta_1' \cup \eta_2')'$ folgt sofort, daß mit η_1 und η_2 auch $\eta_1 \cap \eta_2$ meßbar ist.

Wenn η_i mit $\eta_i \subseteq \eta_{i+1}$ eine Folge meßbarer Punktmengen mit $\underset{i}{\cup}\, \eta_i = \eta$ ist, so ist $\mu^*(\eta \cap \alpha) = \lim_{i \to \infty} \mu^*(\eta_i \cap \alpha)$. Beweis: Auch $\eta_i \cap \alpha$ ist eine wachsende Folge von Punktmengen (so daß der Satz selbstverständlich ist, sobald $\mu^*(\eta_i \cap \alpha)$ für ein endliches i unendlich wird, da dann auch $\mu^*(\eta \cap \alpha) = \infty$ sein muß). Wegen

$$\eta \cap \alpha = \underset{i=1}{\cup}\, (\eta_i \cap \alpha \cap (\eta_{i-1} \cap \alpha)') \qquad \text{mit } \eta_0 = (0)$$

und wegen der allgemein für Mengen β_k leicht [ähnlich dem Beweis von (1.5)] zu beweisenden Tatsache

$$\mu^*(\underset{k}{\cup}\, \beta_k) \leq \sum_k \mu^*(\beta_k)$$

folgt

$$\mu^*(\eta \cap \alpha) \leq \sum_{i=1}^{\infty} \mu^*(\eta_i \cap \alpha \cap (\eta_{i-1} \cap \alpha)'). \qquad (1.7)$$

Wegen der Meßbarkeit von η_{i-1} gilt

$$\mu^*(\eta_i \cap \alpha) = \mu^*(\eta_{i-1} \cap \eta_i \cap \alpha) + \mu^*(\eta_{i-1}' \cap \eta_i \cap \alpha)$$
$$= \mu^*(\eta_{i-1} \cap \alpha) + \mu^*(\eta_i \cap \alpha \cap (\eta_{i-1} \cap \alpha)')$$

und damit

$$\mu^*(\eta_i \cap \alpha \cap (\eta_{i-1} \cap \alpha)') = \mu^*(\eta_i \cap \alpha) - \mu^*(\eta_{i-1} \cap \alpha),$$

so daß $\sum_{i=1}^{k} \mu^*(\eta_i \cap \alpha \cap (\eta_{i-1} \cap \alpha)') = \mu^*(\eta_k \cap \alpha)$ wird.

Da $\eta \cap \alpha \supseteq \eta_k \cap \alpha$ ist, folgt $\mu^*(\eta_k \cap \alpha) \leq \mu^*(\eta \cap \alpha)$ und damit

$$\sum_{i=1}^{\infty} \mu^*\left(\eta_i \cap \alpha \cap (\eta_{i-1} \cap \alpha)'\right) = \lim_{k \to \infty} \mu^*(\eta_k \cap \alpha) \leq \mu^*(\eta \cap \alpha). \quad (1.8)$$

Zusammen mit (1.7) folgt in (1.8) das Gleichheitszeichen und somit schließlich

$$\lim_{k \to \infty} \mu^*(\eta_k \cap \alpha) = \mu^*(\eta \cap \alpha).$$

Ist η_i mit $\eta_i \supseteq \eta_{i+1}$ eine abnehmende Folge meßbarer Punktmengen mit $\eta = \bigcap_i \eta_i$, so ist $\mu^*(\eta \cap \alpha) = \lim_{i \to \infty} \mu^*(\eta_i \cap \alpha)$. Zum Beweis beachte man, daß η_i' eine wachsende Folge mit $\bigcup_i \eta_i' = \eta'$ ist. Also gilt, wie eben bewiesen, $\lim_{i \to \infty} \mu^*(\eta_i' \cap \alpha) = \mu^*(\eta' \cap \alpha)$. Zusammen mit $\mu^*(\alpha) = \mu^*(\eta_i \cap \alpha) + \mu^*(\mu_i' \cap \alpha)$ folgt

$$\mu^*(\alpha) = \lim_{i \to \infty} \mu^*(\eta_i \cap \alpha) + \lim_{i \to \infty} (\eta_i' \cap \alpha)$$

$$= \lim_{i \to \infty} \mu^*(\eta_i \cap \alpha) + \mu^*(\eta' \cap \alpha).$$

Da $\eta_i \cap \alpha \supseteq \eta \cap \alpha$ und damit $\mu^*(\eta_i \cap \alpha) \geq \mu^*(\eta \cap \alpha)$ ist, folgt

$$\mu^*(\alpha) \geq \mu^*(\eta \cap \alpha) + \mu^*(\eta' \cap \alpha).$$

Wegen (1.5) muß hier das Gleichheitszeichen stehen, so daß η meßbar ist und $\lim_{i \to \infty} \mu^*(\eta_i \cap \alpha) = \mu^*(\alpha) - \mu^*(\eta' \cap \alpha) = \mu^*(\eta \cap \alpha)$ wird.

Da der Durchschnitt $\bigcap_i \eta_i$ für eine abnehmende Folge η_i meßbar ist, gilt für eine wachsende Folge η_i mit $\eta_{i+1} \supseteq \eta_i$, daß $\bigcup_i \eta_i$ meßbar ist. Dann ist aber für eine *beliebige* Folge meßbarer Punktmengen η_i die Menge $\eta = \bigcup_i \eta_i$ meßbar, denn die $\sigma_k = \bigcup_{i=1}^{k} \eta_i = \sigma_{k-1} \cup \eta_k$ bilden eine wachsende Folge mit $\bigcup_k \sigma_k = \eta$, und die σ_k sind meßbar, da, wie oben gezeigt, die Vereinigung zweier meßbarer Mengen $\sigma_{k-1} \cup \eta_k$ meßbar ist. Insbesondere sind aber die offenen Punktmengen meßbar, da diese eine Vereinigung abzählbar vieler Intervalle (z. B. aller Intervalle mit rationalen Mittelpunktskoordinaten und rationaler Kantenlängen, die der offenen Punktmenge angehören) sind. Als Komplementärmengen sind dann auch die abgeschlossenen Mengen meßbar. Damit ist gezeigt, daß die meßbaren Mengen η einen Borel-Körper $\mathfrak{K}$ bilden. Das Maß μ ist (total-)additiv, denn man kann auch für eine Folge punktfremder η_i

$$\mu(\bigcup_i \eta_i) = \sum_i \mu(\eta_i)$$

zeigen: Es folgt erst einmal aus $\mu^*(\alpha) = \mu^*(\eta_k \cap \alpha) + \mu^*(\eta_k' \cap \alpha)$

für $\alpha = \overset{k}{\underset{i=1}{\cup}} \eta_i$: $\mu(\overset{k}{\underset{i=1}{\cup}} \eta_i) = \mu(\eta_k) + \mu(\overset{k-1}{\underset{i=1}{\cup}} \eta_i)$, d. h.

$$\mu(\overset{k}{\underset{i=1}{\cup}} \eta_i) = \sum_{i=1}^{k} \mu(\eta_i).$$

Mit $\sigma_k = \overset{k}{\underset{i=1}{\cup}} \eta_i$ ist $\mu(\underset{i}{\cup} \eta_i) = \mu(\underset{i}{\cup} \sigma_i) = \lim_{k \to \infty} \mu(\overset{k}{\underset{i=1}{\cup}} \sigma_i) = \lim_{k \to \infty} \mu(\overset{k}{\underset{i=1}{\cup}} \eta_i)$.
Also

$$\mu(\overset{\infty}{\underset{i=1}{\cup}} \eta_i) = \sum_{i=1}^{\infty} \mu(\eta_i).$$

Eine Menge η mit $\mu^*(\eta) = 0$ ist meßbar; wegen $\eta \cap \alpha \subseteq \eta$ ist auch $\mu^*(\eta \cap \alpha) = 0$ und daher $\mu^*(\eta \cap \alpha) + \mu^*(\eta' \cap \alpha) = \mu^*(\eta' \cap \alpha) \leq \mu^*(\alpha)$. η heißt dann eine Menge vom Maße Null. Auch die Vereinigung $\underset{i}{\cup} \eta_i$ von Mengen η_i vom Maße Null muß nach oben also eine Menge vom Maße Null sein; insbesondere ist also jede abzählbare Menge von Punkten vom Maße Null.

Es ist leicht, eine Folge von Intervallen I_k mit $I_{k+1} \supset I_k$ und $\underset{k}{\cup} I_k = \mathfrak{M}$ (der Menge aller Punkte) anzugeben, so daß auch die weitere auf S. 368 gemachte Voraussetzung erfüllt ist.

Es bleibt nur zu zeigen, daß es eine abzählbare Menge meßbarer η_k gibt, so daß jedes η endlichen Maßes sich von einer geeigneten Vereinigung endlich vieler punktfremder η_k nur um eine Menge von beliebig kleinem Maße unterscheidet. Bildet man die Menge der Intervalle I, deren Mittelpunkte rationale Koordinaten und deren Kanten rationale Längen haben, so sind diese Intervalle abzählbar. Wir wollen sie kurz rationale Intervalle nennen. Jede meßbare Menge η läßt sich von einer abzählbaren Menge von beliebigen Intervallen I_k so überdecken, daß $\underset{k}{\sum} \mu(I_k) - \mu(\eta) < \varepsilon$ ist. Von den I_k kann man endlich viele auswählen, so daß $\sum_{k=1}^{\infty} \mu(I_k) - \sum_{k=1}^{N} \mu(I_k) < \varepsilon$ ist. Die Menge $\eta \cap (\overset{N}{\underset{k=1}{\cup}} I_k)'$ wird von $\overset{\infty}{\underset{k=N+1}{\cup}} I_k$ überdeckt. Es ist $\eta' \cap \overset{N}{\underset{k=1}{\cup}} I_k \subseteq \eta' \cap \overset{\infty}{\underset{k=1}{\cup}} I_k$. Die Unterschiedsmenge von η und $\overset{N}{\underset{k=1}{\cup}} I_k$, nämlich $[\eta \cap (\overset{N}{\underset{k=1}{\cup}} I_k)'] \cup \cup [\eta' \cap \overset{N}{\underset{k=1}{\cup}} I_k]$ hat also ein Maß kleiner als $\sum_{k=N+1}^{\infty} \mu(I_k) + \sum_{k=1}^{\infty} \mu(I_k) - \mu(\eta) < 2\varepsilon$. Die endlich vielen Intervalle I_k kann man leicht durch endlich viele punktfremde Intervalle $\bar{I}_k$ ersetzen, so daß die Unterschiedsmenge von $\overset{N}{\underset{k=1}{\cup}} I_k$ und $\overset{M}{\underset{k=1}{\cup}} \bar{I}_k$ ein Maß kleiner als ε hat. Jedes $\bar{I}_k$ kann man durch ein kleineres oder genau so großes „rationales'' Intervall $\bar{\bar{I}}_k$ so ersetzen, daß wieder die Unterschiedsmenge von $\underset{k}{\cup} \bar{I}_k$ und $\underset{k}{\cup} \bar{\bar{I}}_k$ von einem Maße $< \varepsilon$ wird. Die Unterschiedsmenge von η mit $\underset{k}{\cup} \bar{\bar{I}}_k$ hat dann bestimmt ein Maß kleiner als 4ε. Damit ist gezeigt, daß die Menge der rationalen Intervalle die gewünschten Eigenschaften hat.

Alle quadratisch integrierbaren Funktionen $f(x_1, \ldots, x_n)$ bilden also einen Hilbert-Raum. Man schreibt das Integral in diesem Falle z. B. für das innere Produkt

$$(f, g) = \int \overline{f(x_1, \ldots, x_n)}\, g(x_1, \ldots, x_n)\, dx_1 \ldots dx_n.$$

Speziell also bilden die $f(x)$ mit $\int\limits_{-\infty}^{+\infty} |f(x)|^2\, dx < \infty$, aber auch die nur im Intervall von 0 bis 1 definierten $f(x)$ mit $\int\limits_{0}^{1} |f(x)|^2\, dx < \infty$ Hilbert-Räume.

§ 2. Vektoren und Teilräume.

Ein System von Vektoren g_n mit $(g_n, g_m) = \delta_{nm}$ heißt ein normiertes Orthogonalsystem (kurz n. O.). Für einen Vektor f folgt mit p nach $f = \sum\limits_{n=1}^{N} g_n (g_n, f) + p$ definiert $(p, g_n) = 0$ und $\|f\|^2 = \sum\limits_{n=1}^{N} |(g_n, f)|^2 + \|p\|^2$ und daraus die Besselsche Ungleichung

$$\|f\|^2 \geqq \sum\limits_{n=1}^{N} |(g_n, f)|^2, \tag{2.1}$$

so daß $\sum\limits_{n=1}^{\infty} |(g_n, f)|^2$ konvergent ist und damit $(g_n, f) \to 0$ gilt. Wegen $\|\sum\limits_{\nu=n}^{m} g_\nu (g_\nu, f)\|^2 = \sum\limits_{\nu=n}^{m} |(g_\nu, f)|^2 < \varepsilon$ für $n, m > N$ ist auch $\sum\limits_{\nu=1}^{\infty} g_\nu (g_\nu, f)$ konvergent, so daß in den obigen Gleichungen auch $N = \infty$ gesetzt werden darf. Damit $\|f - \sum\limits_{n} g_n a_n\|$ möglichst klein wird, müssen die $a_n = (g_n, f)$ gewählt werden, denn mit dem obigen p und $q = f - \sum\limits_{n} g_n a_n$ gilt: $q = \sum\limits_{n} g_n (g_n, f) - a_n + p$, d. h. $\|q\|^2 = \sum\limits_{n} |(g_n, f) - a_n|^2 + \|p\|^2$, also $\|q\| > \|p\|$, wenn nicht alle $a_n = (g_n, f)$ sind. Ein n. O. heißt vollständig (kurz v. n. O.), wenn es eine Grundmenge ist. Dann ist $\sum\limits_{n=1}^{\infty} g_n (g_n, f) = f$ (Entwicklungssatz), denn mit $f' = \sum\limits_{n=1}^{\infty} g_n (g_n, f)$ folgt $(g_n, f) = (g_n, f')$ für jedes g_n, d. h. $(f' - f, g_n) = 0$ und daher $(f' - f, \sum\limits_{n} a_n g_n) = 0$ für jede endliche Summe und, da diese dicht in $\mathfrak{H}$ liegen, auch $(f' - f, h) = 0$ für jedes h aus $\mathfrak{H}$, also auch für $h = f' - f$, woraus $f' = f$ folgt.

Die Mächtigkeit eines v. n. O. ist abzählbar: Sie kann nicht kleiner sein, da die Dimension von $\mathfrak{H}$ abzählbar ist. Mit einer abzählbaren Grundmenge $\mathfrak{T}$ von $\mathfrak{H}$ sind nach obigem auch alle endlichen $\sum a_k f_k$ mit rationalen (komplexen) a_k abzählbar und auch dicht in $\mathfrak{H}$, so daß man aus ihnen zu jedem g_n des v. n. O. ein $f_n \in \mathfrak{T}$ mit $|f_n - g_n| < \tfrac{1}{4}$

finden kann. Zu zwei verschiedenen g_n müssen zwei verschiedene f_n gehören, denn mit $f_n = f_m$ würde aus

$$||g_n - g_m|| = ||(g_n - f_n) - (g_m - f_m)|| \leq ||g_n - f_n|| + ||g_m - f_m|| < \tfrac{1}{2}$$

folgen im Widerspruch zu $||g_n - g_m|| = \sqrt{2}$. Daher ist ein v. n. O. einer Teilmenge einer abzählbaren Menge äquivalent und damit schließlich selbst abzählbar.

Um zu beweisen, daß überhaupt ein v. n. O. existiert, gehe man von einer abzählbaren Grundmenge $\mathfrak{T}$ mit den Elementen f_n aus. Man setze $g_1 = \dfrac{f_1}{||f_1||}$; dann $g_2 = \dfrac{p_2}{||p_2||}$ mit $p_2 = f_2 - g_1(g_1, f_2)$, falls nicht $p_2 = 0$ ist (dann streiche man f_2); weiterhin allgemein $g_n = \dfrac{p_n}{||p_n||}$ mit $p_n = f_n - \sum\limits_{\nu=1}^{n-1} g_\nu (g_\nu, f_n)$ (SCHMIDTsches Orthogonalisierungsverfahren).

Eine Teilmenge $\mathfrak{l}$ des HILBERT-Raumes $\mathfrak{H}$ heißt Linearmannigfaltigkeit, falls für ihre Elemente Axiom I gilt, d. h. falls mit g und f auch $g + f$ und $a f$ in $\mathfrak{l}$ liegen. Ist auch III erfüllt, so spricht man von einem Teilraum. Der Durchschnitt von Linearmannigfaltigkeiten ist wieder eine Linearmannigfaltigkeit. Der Durchschnitt von Teilräumen ist wieder ein Teilraum. Zu einer gegebenen Menge von Teilräumen $\mathfrak{s}_i$ betrachte man alle $\mathfrak{t}$ mit $\mathfrak{t} \supseteq \mathfrak{s}_i$ für alle i. Der Durchschnitt aller $\mathfrak{t}$ heißt der von $\mathfrak{s}_i$ aufgespannte Teilraum, kurz mit $\bigcup\limits_i \mathfrak{s}_i$ bezeichnet (speziell für zwei: $\mathfrak{s}_1 \cup \mathfrak{s}_2$). $\bigcup\limits_i \mathfrak{s}_i$ besteht aus allen endlichen Summen $\sum a_k f_k$ (mit Elementen f_k aus den $\mathfrak{s}_i$) und deren Limeselementen, denn die $\sum a_k f_k$ liegen in allen $\mathfrak{t}$ und damit in $\bigcup\limits_i \mathfrak{s}_i$, und andererseits bilden sie mit allen Limeselementen einen Teilraum, der alle $\mathfrak{s}_i$ umfaßt und damit einer der Teilräume $\mathfrak{t}$ ist. Ist $\mathfrak{T}$ irgendeine Teilmenge von $\mathfrak{H}$, so ist der Durchschnitt aller Linearmannigfaltigkeiten $\mathfrak{l} \supseteq \mathfrak{T}$ eine Linearmannigfaltigkeit, die $\mathfrak{T}$ umfaßt, die von $\mathfrak{T}$ aufgespannte Linearmannigfaltigkeit $(\mathfrak{T})$. Sie besteht aus allen endlichen Summen $\sum a_k f_k$ mit $f_k \in \mathfrak{T}$. Der Durchschnitt aller Teilräume $\mathfrak{r} \supseteq \mathfrak{T}$ heißt der von $\mathfrak{T}$ aufgespannte Teilraum $[\mathfrak{T}]$ und besteht aus $(\mathfrak{T})$ und den Limeselementen von $(\mathfrak{T})$.

Ist $[\mathfrak{T}]$ nicht der ganze Raum $\mathfrak{H}$, so gibt es ein Element p, das zu allen Elementen von $\mathfrak{T}$ und damit auch von $(\mathfrak{T})$ und $[\mathfrak{T}]$ orthogonal ist. Zum Beweis nehme man ein Element g, das nicht zu $[\mathfrak{T}]$ gehört. Man betrachte das $\mathrm{Min}\,||g - f|| = \mu$ für $f \in [\mathfrak{T}]$. Dieses Minimum muß für ein Element f' angenommen werden: Da $\mu = \mathrm{Min}\,||g - f||$ ist, muß es eine Folge $f_n \in [\mathfrak{T}]$ geben, für die $||g - f_n|| \to \mu$. Falls die Folge f_n dem CAUCHYschen Konvergenzkriterium genügt, gibt es ein $f' \in [\mathfrak{T}]$ mit $f_n \to f'$ und daher $||g - f'|| = \mu$. Aus $\left|\left|\dfrac{f_n - f_m}{2}\right|\right|^2 = \dfrac{1}{2}||f_n - g||^2 + \dfrac{1}{2}||f_m - g||^2 - \left|\left|\dfrac{f_n + f_m}{2} - g\right|\right|^2$ folgt, da $\dfrac{f_n + f_m}{2} \in [\mathfrak{T}]$, $\left|\left|\dfrac{f_n + f_m}{2} - g\right|\right| \geq \mu$

und damit $||f_n - f_m||^2 \leq 2||f_n - g||^2 + 2||f_m - g||^2 - 4\mu$, womit die Gültigkeit des Cauchyschen Kriteriums für die Folge gezeigt ist.

Setzt man $p = g - f'$ und ist h ein beliebiges Element aus $[\mathfrak{T}]$, so ist auch $h \dfrac{(h, p)}{||h||^2} \in [\mathfrak{T}]$ und für q nach $p = h \dfrac{(h, p)}{||h||^2} + q$ gilt also $||q|| < ||p|| = \mu$, falls $(h, p) \neq 0$ ist. Wegen $q = g - \left(f' + h \dfrac{(h, p)}{||h||^2}\right)$ steht $||q|| < \mu$ im Widerspruch dazu, daß $\mu = \mathrm{Min}\,||g - f||$. Also folgt $(h, p) = 0$ für alle $h \in [\mathfrak{T}]$.

Der Beweis zeigt außerdem, daß man jedes g aus $\mathfrak{H}$ in bezug auf einen gegebenen Teilraum $\mathfrak{r}$ zerlegen kann in der Form $g = f' + p$, wobei $f' \in \mathfrak{r}$ und p orthogonal zu $\mathfrak{r}$ ist. Die Zerlegung ist eindeutig, denn mit $g = f'' + q$ folgt $f' - f'' = q - p$, d. h. $f' - f'' \in \mathfrak{r}$ ist auch orthogonal zu $\mathfrak{r}$ und damit auch zu $f' - f''$: $(f' - f'', f' - f'') = 0$, so daß $f' = f''$ ist. Mit Hilfe dieser Aufspaltung und einer Grundmenge aus $\mathfrak{H}$ ergibt sich leicht, daß die Dimension von $\mathfrak{r}$ höchstens gleich der von $\mathfrak{H}$ sein kann und daß man (mit Hilfe des Schmidtschen Orthogonalisierungsverfahrens) ein v. n. O. finden kann, dessen Elemente entweder zu $\mathfrak{r}$ gehören oder zu $\mathfrak{r}$ orthogonal sind.

Alle zu einem Teilraum $\mathfrak{r}$ orthogonalen Elemente bilden einen Teilraum $\mathfrak{s}$. Aus der obigen Zerlegung $g = f' + p$ folgt $\mathfrak{r} \cup \mathfrak{s} = \mathfrak{H}$ und $\mathfrak{r} \cap \mathfrak{s} = 0$ (dem Nullelement von $\mathfrak{H}$). Wir bezeichnen $\mathfrak{r} \cup \mathfrak{s}$ für $\mathfrak{r}$ orthogonal zu $\mathfrak{s}$ mit $\mathfrak{r} \oplus \mathfrak{s}$ und den zu $\mathfrak{r}$ orthogonalen Teilraum $\mathfrak{s}$ mit $\mathfrak{H} \ominus \mathfrak{r}$. Es ist $\mathfrak{H} \ominus (\mathfrak{H} \ominus \mathfrak{r}) = \mathfrak{r}$. Sind $\mathfrak{r}, \mathfrak{s}$ Teilräume mit $\mathfrak{r} \subset \mathfrak{s}$, so bilden die zu $\mathfrak{r}$ orthogonalen Elemente von $\mathfrak{s}$ einen Teilraum, der mit $\mathfrak{s} \ominus \mathfrak{r}$ bezeichnet sei. Es ist $\mathfrak{r} \oplus (\mathfrak{s} \ominus \mathfrak{r}) = \mathfrak{s}$ und $\mathfrak{r} \cap (\mathfrak{s} \ominus \mathfrak{r}) = 0$.

§ 3. Lineare und beschränkte Operatoren.

Ein linearer beschränkter Operator A ist definiert als Abbildung $Af = f'$ von $\mathfrak{H}$ auf sich (oder einen Teil von $\mathfrak{H}$) mit $A(a_1 f_1 + a_2 f_2) = a_1 A f_1 + a_2 A f_2$ und $||Af|| \leq C\,||f||$ mit einer Konstanten C für alle f. Damit folgt aus $f_n \to f$, daß $||Af_n - Af|| = ||A(f_n - f)|| \leq C\,||f_n - f||$, also $Af_n \to Af$, d. h. daß A stetig ist. Wegen $A(f - f) = Af - Af$ folgt $A0 = 0$. Zwei Operatoren A und B heißen gleich, wenn $Af = Bf$ für alle f gilt.

Gegenüber der oben eingeführten normalen Konvergenz $f_n \to f$ (d. h. $||f_n - f|| \to 0$) wird die schwache Konvergenz $f_n \rightharpoonup f$ unterschieden, die durch $(f_n, g) \to (f, g)$ für alle g aus $\mathfrak{H}$ definiert ist. Nach der Schwarzschen Ungleichung ist sofort ersichtlich, daß aus $f_n \to f$ auch $f_n \rightharpoonup f$ folgt. Ist φ_n ein v. n. O., so konvergiert nach (2.1) $(\varphi_n, g) \to 0$, so daß $\varphi_n \rightharpoonup 0$ gilt. Es ist aber *nicht* $\varphi_n \to 0$. Ein Operator A, für den aus $f_n \rightharpoonup f$ folgt $Af_n \to Af$, heißt vollstetig. Er ist dann erst recht stetig.

Der Einsoperator ist definiert durch $1f = f$, der Nulloperator durch $0f = 0$, das Vielfache durch $(cA)f = c(Af)$, die Summe durch

$(A + B) f = A f + B f$ und das Produkt durch $(A B) f = A (B f)$. Man zeigt leicht, daß alle diese Operatoren ebenfalls beschränkt sind. $L (f) = (g, A f)$ ist bei festem g eine Linearform in f, das soll heißen $L (a_1 f_1 + a_2 f_2) = a_1 L (f_1) + a_2 L (f_2)$. Weiterhin ist $L (f)$ beschränkt in folgendem Sinne:

$$|L (f)| = |(g, A f)| \leq \|g\| \|A f\| \leq \|g\| C \|f\| = D \|f\|$$

mit einer von f unabhängigen Konstanten D. Dann gibt es aber ein eindeutig bestimmtes g' mit $L (f) = (g', f)$. Zum Beweis betrachte man alle h mit $L (h) = 0$, die, wie leicht zu sehen, einen Teilraum $\mathfrak{r}$ von $\mathfrak{H}$ bilden. Ist $\mathfrak{r} = \mathfrak{H}$, so ist $L (f) = (0, f)$. Ist $\mathfrak{r} \neq \mathfrak{H}$, so gibt es ein $\varphi \neq 0$ und orthogonal zu $\mathfrak{r}$. Mit einem nach $f = \dfrac{L (f)}{L (\varphi)} \varphi + p$ definierten p folgt $L (p) = 0$ und damit $(p, \varphi) = 0$. Durch innere Multiplikation mit $g' = \dfrac{L (\varphi)}{\|\varphi\|^2} \varphi$ ergibt sich $(g', f) = \dfrac{L (\varphi)}{\|\varphi\|^2} \dfrac{(L f)}{L (\varphi)} (\varphi, \varphi) = L (f)$. Gäbe es ein zweites g'' mit $L (f) = (g'', f)$, so wäre $(g' - g'', f) = 0$ für alle f, also auch für $f = g' - g''$, so daß $g' = g''$ ist.

Daher ist $(g, A f) = (g', f)$. Die Zuordnungsvorschrift $A^* g = g'$ ist für alle g definiert und linear. Aus $(g, A f) = (A^* g, f)$ folgt mit $f = A^* g$: $\|A^* g\|^2 = |(g, A A^* g)| \leq \|g\| \|A A^* g\| \leq \|g\| C \|A^* g\|$. Also ist $\|A^* g\| \leq C \|g\|$, d. h. A^* ist ebenfalls beschränkt. Man sieht leicht $(a A)^* = \bar{a} A^*$; $(A + B)^* = A^* + B^*$; $(A B)^* = (B^* A^*)$ und $(A^*)^* = A$. Für $A = A^*$ heißt der Operator Hermitesch.

Mit einem v. n. O. φ_k ist $A \varphi_k = \sum\limits_{i} \varphi_i A_{ik}$: Für $f' = A f$ folgt die Entwicklung: $f' = \sum\limits_{k} \varphi_k a_k' = \sum\limits_{k} \varphi_k (\varphi_k, A f)$. Mit $f = \sum\limits_{i} \varphi_i a_i$ ergibt sich also $a_k' = (\varphi_k, A f) = \sum\limits_{i} A_{ki} a_i$. Dem Operator A ist eine Matrix A_{ik} zugeordnet. Es folgt leicht: $(A B)_{ik} = \sum\limits_{l} A_{il} B_{lk}$; $(c A)_{ik}$ $= c A_{ik}$, $(A + B)_{ik} = A_{ik} + B_{ik}$ und $(A^*)_{ik} = \bar{A}_{ki}$.

Ist $A = A^*$ Hermitesch, so gilt also $A_{ik} = \bar{A}_{ki}$.

Ein Beispiel linearer beschränkter Operatoren im Raum der zwischen 0 und 1 quadratisch integrierbaren Funktionen $f(x)$ ist z. B.:

$$g(x) = A f(x) = \int\limits_{0}^{1} K(x, y) f(y) \, dy$$

mit stetigem $K(x, y)$.

§ 4. Projektionsoperatoren.

Ist $\mathfrak{r}$ ein Teilraum von $\mathfrak{H}$, so läßt sich aus der eindeutigen Zerlegung $f = r + p$ mit $r \in \mathfrak{r}$ und p orthogonal zu $\mathfrak{r}$ ein linearer Operator P definieren mit $P f = r$. Er heißt der Projektionsoperator auf $\mathfrak{r}$. Wegen $r = r + 0$ gilt also $P r = r$, d. h. $P^2 f = P f$, und da f

beliebig, also $P^2 = P$. Mit $g = r' + p'$ folgt $(g, Pf) = (r' + p', r)$ $= (r', r) = (r', r + p) = (Pg, f)$. $P = P^*$ ist also Hermitesch. Ist andererseits P irgendein beschrankter, HERMITEscher Operator mit $P^2 = P$, so gibt es einen Teilraum r, zu dem P Projektionsoperator ist. Zum Beweis betrachte man alle Pf mit allen f aus $\mathfrak{H}$. Die Pf bilden wegen der Linearität und Stetigkeit (P ist beschränkt!) einen Teilraum r. Für jedes f gilt $f = Pf + (1 - P)f$. $(1 - P)f$ ist orthogonal auf allen Pg, d. h. auf r, denn $(Pg, (1 - P)f) = (g, P(1 - P)f)$ $= (g, (P - P^2)f) = 0$. Somit ist Pf die Projektion von f auf den Teilraum r aller Elemente Pg.

Mit P ist auch $1 - P$ Projektionsoperator, und zwar auf den Teilraum $\mathfrak{H} \ominus r$ aller zu r orthogonalen Elemente. Ist $PQ = QP$ (P und Q Projektionsoperatoren auf r bzw. $\mathfrak{s}$), so ist PQ Projektionsoperator auf $r \cap \mathfrak{s}$, denn $PQf = QPf$ liegt sowohl in r wie in $\mathfrak{s}$, also in $r \cap \mathfrak{s}$, und für die Elemente h aus $r \cap \mathfrak{s}$ gilt $h = Ph = Qh = PQh$, so daß die PQf alle Elemente von $r \cap \mathfrak{s}$ enthalten. Ist $PQ = 0$, so ist $QP = (PQ)^* = 0^* = 0 = PQ$. Da Pf mit Qg orthogonal $((Pf, Qg)$ $= (f, PQg) = 0)$ ist, stehen also die Teilräume r und $\mathfrak{s}$ orthogonal aufeinander, und $P + Q$ ist Projektionsoperator auf $r \oplus \mathfrak{s}$. Ist $PQ = P$, also auch $QP = (PQ)^* = P^* = P = PQ$, so ist $r \subseteq \mathfrak{s}$ und $Q - P$ Projektionsoperator auf $\mathfrak{s} \ominus r$.

Wegen $P^2 = P$ gilt $(f, Pf) = (f, P^2f) = (Pf, Pf) = \|Pf\|^2$. Aus $(f, Pf) \leqq (f, Qf)$ für alle f folgt $\|Pf\| \leqq \|Qf\|$. Da $Pf = Q(Pf) +$ $+ (1 - Q)Pf$, gilt $\|Pf\| \geqq \|QPf\|$, wobei das $=$-Zeichen nur für $(1 - Q)Pf = 0$ gilt. Aus $\|Pg\| \leqq \|Qg\|$ ergibt sich mit $g = Pf$: $\|Pf\| \leqq \|QPf\|$, also $\|Pf\| = \|QPf\|$ und damit $(1 - Q)Pf = 0$, d. h. $P = QP$. Damit ist $r \subseteq \mathfrak{s}$. $r \subseteq \mathfrak{s}$ oder $PQ = P$ oder (f, Pf) $\leqq (f, Qf)$ sind also gleichbedeutend miteinander.

§ 5. HERMITEsche Operatoren.

Für einen HERMITEschen Operator A ist $(f, Af) = (Af, f) = \overline{(f, Af)}$, also reell. Falls für zwei HERMITEsche Operatoren A und B für alle f aus $\mathfrak{H}$ $(f, Af) \geqq (f, Bf)$ ist, schreiben wir kurz $A \geqq B$. Somit ist also $PQ = P$ mit $Q \geqq P$ gleichwertig. Wegen $\|Af\| \leqq C\|f\|$ folgt $|(f, Af)|$ $\leqq \|f\| \|Af\| \leqq C\|f\|^2$ und damit also $-C1 \leqq A \leqq C1$. Ist umgekehrt $\mu_1 1 \leqq A \leqq \mu_2 1$, so ergibt sich (für $Af \neq 0$, mit $Af = 0$ trivial) mit $g = \|Af\|^{-1/2}\|f\| Af = \alpha Af$, daß

$$\|Af\|^2 = \left(\frac{1}{\alpha}Af, g\right) = \frac{1}{4}\left(A\left(\frac{1}{\alpha}f + g\right), \frac{1}{\alpha}f + g\right)$$

$$- \frac{1}{4}\left(A\left(\frac{1}{\alpha}f - g\right), \frac{1}{\alpha}f - g\right) \leqq \frac{1}{4}\mu\left\|\frac{1}{\alpha}f + g\right\|^2 + \frac{1}{4}\mu\left\|\frac{1}{\alpha}f - g\right\|^2$$

$$= \frac{1}{2}\mu\left(\left\|\frac{1}{\alpha}f\right\|^2 + \|g\|^2\right) = \mu\|f\|\,\|Af\|.$$

wobei $\mu = \mathrm{Max}(|\mu_1|, |\mu_2|)$ ist. Also gilt $||A f|| \leq \mu ||f||$. Ist speziell $(f, A f) = 0$ für alle f, so ist $\mu_1 = \mu_2 = 0$ und damit $||A f|| = 0$, d. h. $A = 0$. Aus $A \geq B$ und $B \geq A$, d. h. aus $(f, A f) = (f, B f)$, folgt wegen $(f, (A - B) f) = 0$: $A - B = 0$, d. h. $A = B$. Ist $A \geq 0$, so heißt A positiv definit.

Sind A und B (Hermitesch) vertauschbar: $A B = B A$ und $B \geq 0$, so ist $A^2 B = A B A = B A^2 \geq 0$, denn $(f, A B A f) = (A f, B A f) = (g, B g)$ mit $g = A f$.

Der Operator $A f(x) = \int_0^1 K(x, y) f(y) \, dy$ ist z. B. Hermitesch, wenn $K(x, y) = \overline{K(y, x)}$ gilt. Es ist $A \geq 0$, wenn $\int_0^1 \int_0^1 \overline{f(x)} \, K(x, y) \, f(y) \, d x \, d y \geq 0$ ist für alle $f(x)$.

§ 6. Folgen von Operatoren.

Eine Folge beschränkter linearer Operatoren A_n heißt konvergent, wenn die Folge der Vektoren $A_n f$ für jedes $f \in \mathfrak{H}$ konvergent ist: $A_n f \to f'$. Durch $f' = A f$ ist dann ein linearer Operator A definiert. A ist aber auch beschränkt: Dies ist eine Folge davon, daß $||A_n f|| \leq D ||f||$ mit einem von n unabhängigen D ist. Um die letzte Behauptung zu beweisen, genügt es zu zeigen, daß es ein Element g und Zahlen δ und α gibt, so daß $||A_n f'|| \leq \alpha$ ist, falls f' in einer Kugel vom Radius δ um g liegt $(||f' - g|| \leq \delta)$; denn dann ist

$$
||A_n f|| = \frac{2||f||}{\delta} \left|\left| A_n \frac{\delta}{2} \frac{f}{||f||} \right|\right| = \frac{2||f||}{\delta} \left|\left| A_n \left(\frac{\delta}{2} \frac{f}{||f||} + g \right) - A_n g \right|\right|
$$

$$
\leq \frac{2||f||}{\delta} \left[\left|\left| A_n \left(\frac{\delta}{2} \frac{f}{||f||} + g \right) \right|\right| + ||A_n g|| \right] \leq \frac{4||f||}{\delta} \alpha,
$$

also $||A_n f|| \leq D ||f||$ mit $D = \frac{4\alpha}{\delta}$. Nehmen wir nun im Gegenteil an, daß $||A_n f||$ in keiner Kugel beschränkt ist, so kann man ein g_1 mit $||A_{n_1} g_1|| \geq 2$ finden. Wegen der Stetigkeit von A_{n_1} gibt es eine Kugel K_1 um g_1 vom Radius $\varrho_1 < 1$, so daß $||A_{n_1} f|| \geq 1$ innerhalb K_1 ist. In K_1 läßt sich nun ein g_2 finden, so daß $||A_{n_2} g_2|| \geq 3$ und damit wieder eine kleinere Kugel K_2 vom Radius $\varrho_2 < \frac{1}{2}$ um g_2 innerhalb von K_1 mit $||A_{n_2} f|| \geq 2$ für $f \in K_2$. So fortfahrend gewinnt man eine konvergente Folge $g_\nu \to g'$ und Kugeln K_ν, so daß $||A_{n_\nu} f|| \geq \nu$ für alle $f \in K_\nu$. g' liegt in allen Kugeln K_ν. Daher ist $||A_{n_\nu} g'|| \geq \nu$ im Widerspruch dazu, daß $A_n g'$ konvergent ist, womit der Satz bewiesen ist.

Genauso kann man zeigen, daß für eine Folge linearer Operationen $L_n(f)$ ($L_n(f)$ komplexe Zahl und $|L_n(f)| \leq C_n ||f||$), die für jedes f eine konvergente Zahlenfolge bilden, durch $\lim_{n \to \infty} L_n(f) = L(f)$ eine lineare Operation $L(f)$ gegeben ist, die ebenfalls beschränkt ist. Man beweist dazu wieder, daß es ein von n unabhängiges C mit $|L_n(f)| \leq C\|f\|$ gibt. Ist insbesondere $L_n(f) = (\chi_n, f)$, so folgt also aus (χ_n, f) konvergent für alle f, daß es ein χ gibt mit $\chi_n \to \chi$ und daß wegen $|(\chi_n, f)| \leq C\|f\|$ für alle f mit $f = \chi_n$

$$\|\chi_n\| \leq C \tag{6.1}$$

folgt, d. h. daß die $\|\chi_n\|$ beschränkt sind.

Für $A_n f \to A f$ für alle f schreiben wir kurz $A_n \to A$. Mit $A_n \to A$ und $B_n \to B$ konvergiert auch $A_n B_n \to A B$, denn mit Benutzung des eben bewiesenen Satzes ist

$$\begin{aligned}
\|A_n B_n f - A B f\| &= \|A_n(B_n - B)f + (A_n - A)Bf\| \\
&\leq \|A_n(B_n - B)f\| + \|(A_n - A)Bf\| \\
&\leq D\|(B_n - B)f\| + \|A_n Bf - A Bf\| \to 0.
\end{aligned}$$

Ist für Hermitesche Operatoren $A \geq 0$ und $B \geq 0$ und A und B vertauschbar, so ist auch $AB \geq 0$. Zum Beweis benutzen wir eine. Zahl C mit $\|Af\| \leq C\|f\|$ und setzen $A_1 = \frac{1}{C}A$ und weiterhin rekursiv $A_{n+1} = A_n - A_n^2$. Dann ist $0 \leq A_n \leq 1$, denn $A_{n+1} = A_n^2(1 - A_n) + A_n(1 - A_n)^2 \geq 0$ und $1 - A_{n+1} = (1 - A_n) + A_n^2 \geq 0$, falls es für A_n richtig ist; für A_1 ist es trivial. Aus $A_1 = \sum_{\nu=1}^{n} A_\nu^2 + A_{n+1}$ folgt wegen $A_{n+1} \geq 0$, daß $\sum_{\nu=1}^{n} \|A_\nu f\|^2 \leq (f, A_1 f)$ ist für alle n. Daher muß $\|A_\nu f\| \to 0$, d. h. $A_\nu \to 0$, so daß $A_1 = \sum_{\nu=1}^{\infty} A_\alpha^2$ wird. Die A_ν sind ebenfalls Hermitesch und mit B vertauschbar (Induktionsbeweis). Somit ist $BA = C B A_1 = C \sum_{\nu=1}^{\infty} B A_\nu^2 \geq 0$.

Eine Folge untereinander vertauschbarer, monoton abnehmender Hermitescher Operatoren A_n mit $A_n \geq 0$, für die also $A_{n+1} \leq A_n$ gilt, ist konvergent $A_n \to A \geq 0$. Um dies zu beweisen, stellen wir nach obigem Satz fest, daß $(A_m - A_n)A_m \geq 0$ und $A_n(A_m - A_n) \geq 0$ für $m < n$ ist, d. h.

$$(f, A_m^2 f) \geq (f, A_m A_n f) \geq (f, A_n^2 f).$$

Die Folge $(f, A_m A_n f)$ muß also für $m, n \to \infty$ gegen denselben Wert konvergieren wie die positive, monoton abnehmende Zahlenfolge $(f, A_n^2 f)$, so daß $\|A_m f - A_n f\|^2 = (f, (A_m - A_n)^2 f) = (f, A_n^2 f) + (f, A_m^2 f) - 2(f, A_m A_n f) \to 0$ und damit $A_n f \to A f$. Wegen $(f, A_n f) \geq 0$ ist auch $(f, A f) \geq 0$, d. h. $A \geq 0$.

Ist B_n eine beliebige monoton abnehmende Folge vertauschbarer Hermitescher Operatoren mit $B_n \geq B'$, wobei auch B' Hermitesch und mit allen B_n vertauschbar sei, so erfüllt $A_n = B_n - B'$ die obigen Bedingungen, so daß mit $A_n \to A$: $B_n \to B = A + B'$ und $B \geq B'$

folgt. Ist B_n umgekehrt monoton wachsend und $B_n \leq B'$, so betrachte man $A_n = B' - B_n$.

Projektionsoperatoren P_n mit $P_{n+1} \leq P_n$ (woraus $P_n P_m = P_m P_n$ folgt!) müssen also konvergieren, $P_n \to P$, woraus auch $P_n^2 \to P^2$ und wegen $P_n^2 = P_n$ schließlich $P^2 = P$ folgt, d. h. daß P ein Projektionsoperator ist. P gehört zu dem Durchschnitt der den P_n entsprechenden Teilräumen. Ebenso ist für $P_{n+1} \geq P_n$ wegen $P_n \leq 1$: $P_n \to P$, wobei P auf den von den zu den P_n gehörenden Teilräumen gemeinsam aufgespannten Teilraum projiziert. Ist $P_n P_m = 0$ für $n \neq m$, so ist $\sum\limits_{\nu=1}^{n} P_\nu$ eine Folge monoton wachsender Projektionen, also existiert $\sum\limits_{\nu=1}^{\infty} P_\nu$ und ist der Projektionsoperator auf den durch die zueinander orthogonalen Projektionsräume der P_ν aufgespannten Teilraum.

§ 7. Spektraldarstellung beschränkter Hermitescher Operatoren.

Im Endlichdimensionalen (Anhang II, § 10) führt die Lösung der Gleichung $A\varphi = \lambda\varphi$ für einen Hermiteschen Operator zu einem v. n. O. von Lösungen φ_ν und zugehörigen Eigenwerten λ_ν: $A\varphi_\nu = \lambda_\nu \varphi_\nu$. Aus $f = \sum\limits_{\nu=1}^{n} \varphi_\nu a_\nu$ folgt dann $Af = \sum\limits_{\nu=1}^{n} \varphi_\nu \lambda_\nu a_\nu$. Die Gleichung $Af = \lambda f$ geht damit über in $(\lambda_\nu - \lambda) a_\nu = 0$, so daß λ gleich einem der λ_ν sein muß. Es sei nun $\lambda = \lambda_{\varrho_1}$ und es gebe vielleicht unter den λ_ν noch weitere, die gleich λ_{ϱ_1} sind: $\lambda_{\varrho_1} = \lambda_{\varrho_2} = \cdots = \lambda_{\varrho_r}$. Dann sind alle $a_\nu = 0$ mit $\nu \neq \varrho_\eta$ und die a_{ϱ_η} können beliebig gewählt werden. Die Lösungen von $Af = \lambda_{\varrho_1} f$ sind also $f = \sum\limits_{\eta=1}^{r} \varphi_{\varrho_\eta} a_{\varrho_\eta}$ mit beliebigen a_{ϱ_η} und bilden einen r-dimensionalen Teilraum, den Eigenraum zu $\lambda_{\varrho_1} = \lambda_{\varrho_2} = \cdots = \lambda_{\varrho_r}$. Man nennt den Eigenwert r-fach entartet. A bestimmt so die Eigenräume $\mathfrak{r}_\lambda$ und damit die dazugehörigen Projektionsoperatoren P_λ. Da $\mathfrak{r}_\lambda$ orthogonal auf $\mathfrak{r}_\mu (\mu \neq \lambda)$ steht, folgt $P_\lambda P_\mu = 0$. Wegen der Vollständigkeit der φ_ν ist $\sum\limits_{\lambda} P_\lambda = 1$ ($\sum\limits_{\lambda}$ heiße Summation über alle verschiedenen Eigenwerte). Da $P_\lambda g$ für beliebiges g Eigenvektor zum Eigenwert λ ist, so folgt $A P_\lambda = \lambda P_\lambda$ und damit aus $1 = \sum\limits_{\lambda} P_\lambda$ die Zerlegung $A = \sum\limits_{\lambda} \lambda P_\lambda$.

Für den Fall des Hilbert-Raumes (abzahlbar viele Dimensionen) ist es nicht immer möglich, die Zerlegung $A = \sum\limits_{\lambda} \lambda P_\lambda$ vorzunehmen.

Die Lösungen der Eigenwertgleichung $Af = \lambda f$ bilden im allgemeinen kein v. n. O. Bezeichnen wir im Falle eines endlichdimensionalen Raumes $\sum\limits_{\lambda \leq \mu} P_\lambda = E_\mu$, so bilden die E_μ eine mit μ wachsende Schar von Projektionsoperatoren, die für jedes μ definiert sind. Es ist

$E_{-\infty} = \lim\limits_{\mu \to -\infty} E_\mu = 0$ und $E_{+\infty} = 1$. Ebenso müssen die Grenzwerte $E_{u+} = \lim\limits_{0 < \varepsilon \to 0} E_{\mu+\varepsilon}$ und $E_{\mu-}$ existieren, da monotone Folgen von Projektionsoperatoren konvergent sind. Man sieht leicht: $E_{\mu+} = E_\mu$ und $E_{\mu-} = E_\mu$ oder $= E_\mu - P_\mu$, je nachdem, ob μ kein oder ein Eigenwert λ ist. Die Eigenwerte sind also durch die Sprungstellen von E_μ gegeben und die P_λ durch die Sprünge: $P_\lambda = E_\lambda - E_{\lambda-}$.

Auch im Falle des Hilbert-Raumes bestimmen die Hermiteschen Operatoren eine „Spektralschar" E_μ von Projektionsoperatoren, für die $E_\lambda \leqq E_\mu$ für $\lambda \leqq \mu$; $E_{\mu+} = E_\mu$; $E_{-\infty} = 0$; $E_{+\infty} = 1$ gilt, nur mit dem Unterschied, daß die E_μ auch *stetig* wachsen können (Beispiel: III, §8). Um die E_μ zu finden, lassen wir uns leiten von der (nur im endlich dimensionalen Fall gültigen) Darstellung $A = \sum\limits_\lambda \lambda P_\lambda$. Hieraus folgt $A^n = \sum\limits_\lambda \lambda^n P_\lambda$ und mit einem Polynom $R(x)$ ist $R(A) = \sum\limits_\lambda R(\lambda) P_\lambda$. Wir können so auch jede Funktion $F(x)$ als Funktion von A definieren: $F(A) = \sum\limits_\lambda F(\lambda) P_\lambda$: z.B.: $A_\mu^+ = \tfrac{1}{2}(A - \mu 1 + |A - \mu 1|)$ $= \sum\limits_\lambda \tfrac{1}{2}(\lambda - \mu + |\lambda - \mu|) P_\lambda = \sum\limits_{\lambda \geqq \mu} (\lambda - \mu) P_\lambda$. Die Lösungen der Gleichung $A_\mu^+ \psi = 0$ sind also die Vektoren des Teilraumes mit dem Projektionsoperator $\sum\limits_{\lambda \leqq \mu} P_\lambda = E_\mu$. Da $|\lambda - \mu| = + \sqrt{(\lambda - \mu)^2}$ ist, kann man auch $A_\mu^+ = \tfrac{1}{2}\{(A - \mu 1) + [(A - \mu 1)^2]^{1/2}\}$ schreiben, wobei die „positive" Wurzel aus $(A - \mu 1)^2$ zu ziehen ist. Für die positive Wurzel, kurz mit B_μ bezeichnet, gilt also wegen $B_\mu = \sum\limits_\lambda |\lambda - \mu| P_\lambda$ $B_\mu \geqq 0$.

$(A - \mu 1)^2$ ist ebenfalls ein positiver Operator. Wenn es also gelingt, die „positive" Quadratwurzel aus einem positiven Hermiteschen Operator zu ziehen, ist das Spektralproblem der beschränkten Operatoren gelöst.

Es sei $A \geqq 0$ ein beschränkter Hermitescher Operator. Es gibt dann einen beschränkten Hermiteschen Operator $B \geqq 0$ mit $B^2 = A$, und alle mit A vertauschbaren Operatoren sind auch mit B vertauschbar: Wegen $A \leqq C 1$ ist $\tfrac{1}{C} A \leqq 1$, und mit einer Wurzel aus $\tfrac{1}{C} A$ ist auch eine von A gegeben, so daß wir $A \leqq 1$ annehmen können. Man definiere rekursiv mit $B_0 = 0$: $B_{n+1} = B_n + \tfrac{1}{2}(A - B_n^2)$. Daher sind die B_n mit A und untereinander und mit jedem Operator vertauschbar, der mit A vertauschbar ist. Die B_n bilden eine monoton wachsende Folge $B_n \leqq 1$, denn aus $1 - B_{n+1} = \tfrac{1}{2}(1 - B_n)^2 + \tfrac{1}{2}(1 - A)$ folgt $1 - B_{n+1} \geqq 0$ und durch Induktionsschluß aus $B_{n+1} - B_n = \tfrac{1}{2}(B_n - B_{n-1})[(1 - B_{n-1}) + (1 - B_n)]$, daß $B_{n+1} - B_n \geqq 0$ ist. Daher konvergieren die $B_n \to B$, so daß aus $B_{n+1} = B_n + \tfrac{1}{2}(A - B_n^2)$ folgt $B = B + \tfrac{1}{2}(A - B^2)$, d. h. $B^2 = A$. Als Limes der B_n ist B ebenfalls mit A und mit jedem mit A vertauschbaren Operator vertauschbar.

Wir können nach dem Vorhergehenden zu $A_\mu = A - \mu 1$ ein $B_\mu \geq 0$ finden mit $B_\mu^2 = A_\mu^2$ und setzen $A_\mu^+ = \frac{1}{2}(B_\mu + A_\mu)$ und $A_\mu^- = \frac{1}{2}(B_\mu - A_\mu)$, so daß $A_\mu = A_\mu^+ - A_\mu^-$ und $B_\mu = A_\mu^+ + A_\mu^-$ gilt. Die Menge $\mathfrak{z}_\mu$ der Elemente ψ mit $A_\mu^+ \psi = 0$ bildet wegen der Linearität und Stetigkeit von A_μ^+ einen Teilraum $\mathfrak{r}_\mu$ von $\mathfrak{H}$, dessen Projektionsoperator mit E_μ bezeichnet sei. Daher ist $A_\mu^+ E_\mu = 0$. Da B_μ mit A_μ vertauschbar ist, ist $A_\mu^+ A_\mu^- = \frac{1}{4}(B_\mu^2 - A_\mu^2) = 0$. Daher liegen alle $A_\mu^- f$ (f beliebig) in $\mathfrak{z}_\mu$, so daß $E_\mu A_\mu^- = A_\mu^-$ gilt.

Ein Hermitescher Operator H, der mit A vertauschbar ist, ist auch mit A_μ und damit mit B_μ, A_μ^+, A_μ^- vertauschbar; aber auch mit E_μ, denn mit $g \in \mathfrak{r}_\mu$ gilt $A_\mu^+ H g = H A_\mu^+ g = 0$, so daß $H g \in \mathfrak{r}_\mu$, d. h. mit beliebigem f: $E_\mu H E_\mu f = H E_\mu f$ und damit $H E_\mu = E_\mu H E_\mu = (E_\mu H E_\mu)^* = E_\mu H$.

Daher gilt $A_\mu^- E_\mu = E_\mu A_\mu^- = A_\mu^-$ und $A_\mu^+ E_\mu = E_\mu A_\mu^+ = 0$. Hiermit folgt leicht

$$0 \leq E_\mu B_\mu = E_\mu (A_\mu^+ + A_\mu^-) = A_\mu^-$$
$$0 \leq (1 - E_\mu) B_\mu = A_\mu^+$$
$$E_\mu A_\mu = - A_\mu^-$$
$$(1 - E_\mu) A_\mu = A_\mu^+.$$

Für $\lambda \leq \mu$ gilt wegen $A_\lambda - A_\mu \geq 0$: $A_\lambda^+ - A_\mu^+ + A_\mu^- \geq 0$. Multiplikation mit A_μ^+ ergibt $A_\mu^+ (A_\lambda^+ - A_\mu^+ + A_\mu^-) \geq 0$, d. h. wegen $A_\mu^+ A_\mu^- = 0$: $A_\mu^+ A_\lambda^+ \geq (A_\mu^+)^2$, so daß $(f, A_\mu^+ A_\lambda^+ f) \geq ||A_\mu^+ f||^2$ ist. Ist $A_\lambda^+ f = 0$, so also auch $A_\mu^+ f = 0$, d. h.: $E_\mu E_\lambda = E_\lambda$, womit das monotone Wachsen von E_μ: $E_\lambda \leq E_\mu$ nachgewiesen ist.

Da für A gilt: $\alpha 1 \leq A \leq \beta 1$, ist $A_\lambda \geq 0$ für $\lambda < \alpha$ und deshalb $B_\lambda = A_\lambda$, da die positive Wurzel aus A_λ eindeutig bestimmt ist. Folglich ist $A_\lambda^+ = A_\lambda$. Wegen $(f, A_\lambda^+ f) = (f, A_\lambda f) \geq (\alpha - \lambda) ||f||^2$ ist $A_\lambda^+ f = 0$ nur für $f = 0$, also $E_\lambda = 0$ für $\lambda < \alpha$. Für $\lambda \geq \beta$ ist $- A_\lambda \geq 0$, also $B_\lambda = - A_\lambda$ und damit $A_\lambda^+ = 0$, woraus sofort $E_\lambda = 1$ folgt.

Schreiben wir für $\lambda < \mu$ kurz $E(I) = E_\mu - E_\lambda$, so ist $E(I)$ Projektionsoperator auf den Raum $\mathfrak{r}_\mu \ominus \mathfrak{r}_\lambda$. Es folgt sofort $E_\mu E(I) = E(I)$ und $E_\lambda E(I) = 0$. Weiterhin ist

$$0 \leq A_\lambda^+ E(I) = A_\lambda (1 - E_\lambda) E(I) = A_\lambda E(I) = (A - \lambda 1) E(I)$$
$$0 \leq A_\mu^- E(I) = - A_\mu E_\mu E(I) = - A_\mu E(I) = (\mu 1 - A) E(I),$$

so daß

$$\lambda E(I) \leq A E(I) \leq \mu E(I) \tag{7.1}$$

ist.

Für $\mu \to \lambda$ folgt hieraus mit $E_{\lambda+} - E_\lambda = Q_\lambda$: $\lambda Q_\lambda = A Q_\lambda$, daraus auch $A_\lambda^+ Q_\lambda = (1 - E_\lambda) A_\lambda Q_\lambda = 0$, so daß $Q_\lambda f$ für alle f in $\mathfrak{r}_\lambda$ liegt,

d. h. $E_\lambda Q_\lambda = Q_\lambda$. Aus $E_\lambda E(I) = 0$ folgt im Grenzwert $E_\lambda Q_\lambda = 0$, so daß $Q_\lambda = 0$ und damit $E_{\lambda+} = E_\lambda$, d. h. E_μ von oben stetig ist.

Ebenso folgt für $\lambda \to \mu$ mit $E_\mu - E_{\mu-} = P_\mu$: $A P_\mu = \mu P_\mu$. Daher sind die $g = P_\mu f$ Lösungen der Eigenwertgleichung $A g = \mu g$. Die Sprungstellen von E_μ geben also Eigenwerte und die Sprünge P_μ Eigenräume des Hermiteschen Operators A an. Daß dadurch *alle* Eigenwerte und Eigenvektoren gefunden sind, wird später gezeigt.

Zerlegt man die μ-Werte von $-\infty$ bis $+\infty$ in Intervalle I_k, wobei $I_k: \lambda_k \geqq \mu \geqq \mu_k$ und somit $\mu_k = \lambda_{k+1}$ ist, so folgt aus (7.1):

$$\sum_k \lambda_k E(I_k) \leqq \sum_k A E(I_k) = A \leqq \sum_k \mu_k E(I_k).$$

Ist die Maximallänge der Intervalle I_k gleich ε, so ist

$$0 \leqq \sum_k \mu_k E(I_k) - \sum_k \lambda_k E(I_k) = \sum_k (\mu_k - \lambda_k) E(I_k) \leqq \varepsilon \sum_k E(I_k) = \varepsilon 1$$

und damit auch

$$0 \leqq \sum_k \mu_k E(I_k) - A \leqq \varepsilon 1 \quad \text{und} \quad 0 \leqq A - \sum_k \lambda_k E(I_k) \leqq \varepsilon 1,$$

so daß z. B. nach S. 382

$$\left\| \left(\sum_k \mu_k E(I_k) - A \right) f \right\| \leqq \varepsilon \|f\|$$

folgt. Geht jetzt $\varepsilon \to 0$, so konvergiert also $\sum_k \mu_k E(I_k) \to A$; ebenso $\sum_k \lambda_k E(I_k) \to A$. Wir schreiben hierfür

$$A = \int\limits_{-\infty}^{+\infty} \mu \, dE_\mu. \tag{7.2}$$

(7.2) heißt die Spektraldarstellung von A.

§ 8. Funktionen von Operatoren.

Ein Integral $\int\limits_{-\infty}^{+\infty} F(\mu) \, dE_\mu$ läßt sich auch für andere Funktionen $F(\mu)$ als $F(\mu) = \mu$ definieren. Der Kürze halber sollen hier nur stetige $F(\mu)$ betrachtet werden. Ist $F(\mu)$ stetig in einem abgeschlossenen Intervall $\alpha - \varepsilon$ bis β, wobei α und β durch $\alpha 1 \leqq A \leqq \beta 1$ bestimmt sind, so ist mit $\mathrm{Max}\, F(\mu) = \overline{F}(I)$ für μ aus dem Intervall I und mit $\mathrm{Min}\, F(\mu) = \underline{F}(I)$ und einer Intervalleinteilung I_ν:

$$\sum_\nu \underline{F}(I_\nu) E(I_\nu) \leqq \sum_\nu \overline{F}(I_\nu) E(I_\nu).$$

Die rechte Summe ist monoton abnehmend bei Verfeinerung der Intervalleinteilung, die linke monoton zunehmend; daher müssen beide konvergieren gegen einen Hermiteschen Operator $\overline{B}$ bzw. $\underline{B}$ mit

$$\sum_\nu \underline{F}(I_\nu) E(I_\nu) \leqq \underline{B} \leqq \overline{B} \leqq \sum_\nu \overline{F}(I_\nu) E(I_\nu).$$

Da

$$0 \leq \sum_{\nu} \left(\overline{F}(I_\nu) - \underline{F}(I_\nu) \right) E(I_\nu) \leq \delta \sum_{\nu} E(I_\nu) = \delta \mathbf{1}$$

und daher

$$\overline{B} - \underline{B} \leq \delta \mathbf{1}$$

ist, und da δ wegen der gleichmäßigen Stetigkeit bei Verfeinerung der Intervalle gegen Null geht, ist $\underline{B} = \overline{B} = B$. Man beweist dann wie oben, daß beide Summen, ja sogar jede Summe

$$\sum_{\nu} F(\mu_\nu) E(I_\nu)$$

mit μ_ν aus dem Intervall I_ν gegen B konvergiert, wenn die Maximallänge der Intervalle gegen Null konvergiert. Wir schreiben

$$B = F(A) = \int\limits_{-\infty}^{+\infty} F(\mu)\, dE_\mu.$$

Die Bezeichnungsweise $F(A)$ ist dadurch gerechtfertigt, daß man leicht

$$F(A)\, G(A) = \int\limits_{-\infty}^{+\infty} F(\mu')\, dE_{\mu'} \int\limits_{-\infty}^{+\infty} G(\mu'')\, dE_{\mu''} = \int\limits_{-\infty}^{+\infty} F(\mu)\, G(\mu)\, dE_\mu$$

und

$$F(A) + G(A) = \int\limits_{-\infty}^{+\infty} [F(\mu) + G(\mu)]\, dE_\mu$$

nachweist, z. B.:

$$A^2 = \int\limits_{-\infty}^{+\infty} \mu^2\, dE_\mu.$$

Eine Definition von $\int F(\mu)\, dE_\mu$ für kompliziertere Funktionen siehe § 13.

§ 9. Eigenwerte und Eigenvektoren.

Lösungen des Eigenwertproblems $A\varphi = \lambda\varphi$ sind schon oben gefunden worden durch die Sprungstellen der Spektralschar E_λ. Um zu zeigen, daß dies die einzigen Lösungen sind, setzen wir für A die Spektraldarstellungen (7.2) ein:

$$\int\limits_{-\infty}^{+\infty} (\mu - \lambda)\, dE_\mu \varphi = 0. \tag{9.1}$$

Bilden wir die Länge des Vektors auf der linken Seite, so folgt:

$$\int\limits_{-\infty}^{+\infty} (\mu - \lambda)^2\, d\,\| E_\mu \varphi \|^2 = 0, \tag{9.2}$$

wie man leicht aus der Definition des Integrals nachweist. (9.2) ist dann ein normales Stieltjessches Integral, denn $||E_\mu \varphi||^2$ ist eine mit μ monoton wachsende Funktion, da die E_μ es sind. Wir zerlegen (9.2) in drei Teile ($\varepsilon > 0$):

$$\int_{-\infty}^{\lambda-\varepsilon} (\mu - \lambda)^2 \, d||E_\mu \varphi||^2 + \int_{\lambda-\varepsilon}^{\lambda+\varepsilon} (\mu - \lambda)^2 \, d||E_\mu \varphi||^2 + \int_{\lambda+\varepsilon}^{+\infty} (\mu - \lambda)^2 \, d||E_\mu \varphi||^2.$$

Da alle Summanden ≥ 0 sind, müssen alle drei gleich Null sein; z. B.:

$$0 = \int_{-\infty}^{\lambda-\varepsilon} (\mu - \lambda)^2 \, d||E_\mu \varphi||^2 \geq \varepsilon^2 \int_{-\infty}^{\lambda-\varepsilon} d||E_\mu \varphi||^2 = \varepsilon^2 ||E_{\lambda-\varepsilon} \varphi||^2 \geq 0.$$

Also ist $E_{\lambda-\varepsilon} \varphi = 0$. Ebenso folgt aus dem dritten Glied $(1 - E_{\lambda+\varepsilon}) \varphi = 0$ und damit $(E_{\lambda+\varepsilon} - E_{\lambda-\varepsilon}) \varphi = \varphi$. Für $\varepsilon \to 0$ ergibt sich, falls E_μ an der Stelle λ stetig ist, $\varphi = 0$ und falls E_μ dort den Sprung P_λ macht, $P_\lambda \varphi = \varphi$, q. e. d.

Die Sprungstellen nennt man das *diskrete Spektrum* des Operators A. Alle Punkte μ, die innere Punkte eines Intervalls I mit $E(I) = 0$ sind, sollen das spektralfreie Gebiet heißen. Alle weder zum diskreten Spektrum noch zum spektralfreien Gebiet gehörigen Punkte heißen das *kontinuierliche Spektrum*.

Ist E'_λ eine zweite Spektralschar mit denselben Eigenschaften wie E_λ, d. h. $E'_{-\infty} = 0$, $E'_{+\infty} = 1$, $E'_{\mu+} = E'_\mu$ und $\int \lambda \, dE'_\lambda = A$, so ist

$$A_\mu^+ = \frac{1}{2} \int \{(\lambda - \mu) + |\lambda - \mu|\} \, dE'_\lambda.$$

Die Elemente f aus $\mathfrak{r}_\mu$ sind also durch

$$\frac{1}{2} \int \{(\lambda - \mu) + |\lambda - \mu|\} \, dE'_\lambda f = 0 \tag{9.3}$$

definiert. Aus (9.3) folgt dann durch innere Multiplikation mit sich selbst:

$$\int_\mu^{\mu+\varepsilon} (\lambda - \mu)^2 \, d||E'_\lambda f||^2 + \int_{\mu+\varepsilon}^{\infty} (\lambda - \mu)^2 \, d||E'_\lambda f||^2 = 0,$$

d. h.:

$$0 = \int_{\mu+\varepsilon}^{\infty} (\lambda - \mu)^2 \, d||E'_\lambda f||^2 \geq \varepsilon^2 \int_{\mu+\varepsilon}^{\infty} d||E'_\lambda f||^2 = \varepsilon^2 ||(1 - E'_{\mu+\varepsilon}) f||^2$$

und damit $f = E'_{\mu+\varepsilon} f$. Da ε beliebig und E'_λ von oben stetig sein soll, ist $f = E'_\mu f$. Für die Vektoren aus $\mathfrak{r}_\mu$, d. h. für alle $f = E_\mu g$ (g beliebig) ist $E'_\mu E_\mu g = E_\mu g$ und somit $E'_\mu E_\mu = E_\mu$. Ebenso folgt durch Vertauschen von E'_λ mit E_λ: $E_\mu E'_\mu = E'_\mu$ und wegen der Vertauschbarkeit (nach S. 387) der E_λ mit den E'_σ: $E'_\mu = E_\mu$. Die Spektraldarstellung ist eindeutig bestimmt.

§ 10. Unitäre Operatoren.

Ein unitärer Operator U wird definiert durch $U U^* = U^* U = 1$. Mit den HERMITEschen Operatoren $A = \frac{1}{2}(U + U^*)$ und $B = \frac{1}{2i}(U - U^*)$ ist $U = A + iB$. A und B sind vertauschbar. Es ist $\|Af\| \leq \|f\|$ und $\|Bf\| \leq \|f\|$, da $\|Uf\| = \|f\|$. Für A muß gelten: $A = \int \mu \, dE_\mu$. Aus $U U^* = 1$ folgt $A^2 + B^2 = 1$, d. h. $B^2 = 1 - A^2 = \int (1 - \mu^2) \, dE_\mu$. Um B selbst zu finden, zerlegen wir (nach S. 387) $B = B^+ - B^-$. Dann ist $B^2 = (B^+)^2 + (B^-)^2$. Bezeichnen wir den Projektionsoperator auf den Teilraum der g mit $B^- g = 0$ mit F, so ist $B^+ = BF$ und $B^- = B(F - 1)$ und damit $(B^+)^2 = B^2 F$ und $(B^-)^2 = B^2(1 - F)$, d. h.:

$$(B^+)^2 = \int (1 - \mu^2) \, dE_\mu F; \qquad B^+ = \int + \sqrt{1 - \mu^2} \, dE_\mu F;$$

$$(B^-)^2 = \int (1 - \mu^2) \, dE_\mu (1 - F); \qquad B^- = \int + \sqrt{1 - \mu^2} \, dE_\mu (1 - F).$$

Mit $\mu \pm i\sqrt{1 - \mu^2} = e^{i\varphi}$ und

$$G_\varphi = \begin{cases} (1 - E_\mu) F & \text{für} \quad 0 \leq \varphi < \pi \\ E_\mu (1 - F) + F & \text{für} \quad \pi \leq \varphi \leq 2\pi \end{cases}$$

ist dann $U = \int_0^{2\pi} e^{i\varphi} \, dG_\varphi$. G_φ erfüllt alle Eigenschaften einer Spektralschar außer der Stetigkeitsbedingung $G_{\varphi+} = G_\varphi$. Dies kann man aber sofort erreichen, wenn man definiert $D_\varphi = G_\varphi$ außer an den Sprungstellen von G_φ und dort $D_\varphi = G_{\varphi+} = D_{\varphi+}$ setzt. Es ist dann

$$U = \int_0^{2\pi} e^{i\varphi} \, dD_\varphi.$$

§ 11. Nicht beschränkte Operatoren.

Während wir bisher annahmen, daß die Operatoren überall definiert waren, d. h. daß A jedem Vektor $f \in \mathfrak{H}$ ein $f' = Af$ zuordnet, so soll jetzt auch die Möglichkeit zugelassen werden, daß die Menge der f, denen A ein $f' = Af$ zuordnet, nicht der ganze HILBERT-Raum ist. Wir bezeichnen diese Teilmenge als Definitionsbereich $\mathfrak{D}_A$. Die Menge der $f' = Af$ mit $f \in \mathfrak{D}_A$ heißt der Wertevorrat $\mathfrak{W}_A$ von A. A wird nur dann als linearer Operator bezeichnet, wenn $\mathfrak{D}_A$ eine Linearmannigfaltigkeit und $A(\alpha f + \beta g) = \alpha Af + \beta Ag$ ist. Dann ist also auch $\mathfrak{W}_A$ eine Linearmannigfaltigkeit.

Am übersichtlichsten werden die Verhältnisse bei nicht beschränkten Operatoren, wenn man nach v. NEUMANN[1] den Raum $\mathfrak{H}_2$ aller Paare $\left(\begin{smallmatrix} f \\ g \end{smallmatrix} \right)$

---

[1] v. NEUMANN, J.: Ann. of. Math. Bd 33 (1932) S 294

konstruiert mit

$$a \begin{pmatrix} f \\ g \end{pmatrix} = \begin{pmatrix} a\,f \\ a\,g \end{pmatrix}; \qquad \begin{pmatrix} f_1 \\ g_1 \end{pmatrix} + \begin{pmatrix} f_2 \\ g_2 \end{pmatrix} = \begin{pmatrix} f_1 + f_2 \\ g_1 + g_2 \end{pmatrix}$$

und

$$\left(\begin{pmatrix} f_1 \\ g_1 \end{pmatrix}, \begin{pmatrix} f_2 \\ g_2 \end{pmatrix} \right) = (f_1, f_2) + (g_1, g_2).$$

Die Vektoren $\begin{pmatrix} f \\ 0 \end{pmatrix}$ bilden einen zu $\mathfrak{H}$ isomorphen Teilraum von $\mathfrak{H}_2$, zu dem die Vektoren $\begin{pmatrix} 0 \\ g \end{pmatrix}$ einen orthogonalen, ebenfalls zu $\mathfrak{H}$ isomorphen Teilraum bilden. Beide zusammen spannen $\mathfrak{H}_2$ auf.

Durch die Vektoren $\begin{pmatrix} f \\ A\,f \end{pmatrix}$ mit $f \in \mathfrak{D}_A$ ist in $\mathfrak{H}_2$ eine Teilmenge $\mathfrak{B}_A$ definiert, die der Graph von A heißen möge. A ist dann und nur dann linear, wenn $\mathfrak{B}_A$ eine Linearmannigfaltigkeit ist. Umgekehrt definiert jede Linearmannigfaltigkeit $\mathfrak{B}$ aus $\mathfrak{H}_2$, die kein Element der Form $\begin{pmatrix} 0 \\ h \end{pmatrix}$ mit $h \neq 0$ enthält, einen linearen Operator A; denn damit A eindeutig definiert ist, muß für zwei Vektoren $\begin{pmatrix} f_1 \\ g_1 \end{pmatrix}$ und $\begin{pmatrix} f_2 \\ g_2 \end{pmatrix}$ mit $f_1 = f_2$ auch $g_1 = g_2$ sein.

A heißt abgeschlossen, wenn $\mathfrak{B}_A$ abgeschlossen, d. h. ein Teilraum von $\mathfrak{H}_2$ ist. Damit ist gleichbedeutend, daß aus $f_n \to f$ und $A f_n \to f'$ folgt: $f \in \mathfrak{D}_A$ und $A f = f'$. B heißt eine Erweiterung von A, kurz $B \supseteq A$, wenn $\mathfrak{B}_B \supseteq \mathfrak{B}_A$. $B = A$ wird nur geschrieben, falls $\mathfrak{B}_B = \mathfrak{B}_A$. Der durch $U \begin{pmatrix} f \\ g \end{pmatrix} = \begin{pmatrix} g \\ -f \end{pmatrix}$ definierte Operator ist unitär mit $U^2 = -1$. Unitäre Operatoren führen, wie man leicht sieht, Teilräume in Teilräume, Linearmannigfaltigkeiten in Linearmannigfaltigkeiten und zwei zueinander orthogonale in wieder orthogonale Teilräume über.

Den zu A Hermitesch konjugierten Operator A^* definiert man durch $\mathfrak{B}_{A^*} = \mathfrak{H}_2 \ominus (U[\mathfrak{B}_A])$, d. h. durch die zu $U[\mathfrak{B}_A]$ orthogonalen Vektoren. Es ist also $\mathfrak{D}_{A^*}$ die Menge aller g, für die es ein g' gibt, so daß $(g, A f) = (g', f)$ ist für alle $f \in \mathfrak{D}_A$. $\begin{pmatrix} g \\ g' \end{pmatrix}$ als Element von $\mathfrak{B}_{A^*}$ definiert A^* durch $g' = A^* g$, wenn $\mathfrak{B}_{A^*}$ kein Element $\begin{pmatrix} 0 \\ h \end{pmatrix}$ enthält, d. h. wenn $(h, f) = 0$ für alle $f \in \mathfrak{D}_A$ $h = 0$ zur Folge hat, was dann und nur dann der Fall ist, wenn $\mathfrak{D}_A$ dicht in $\mathfrak{H}$ ist.

Dann ist also A^* als linearer abgeschlossener Operator definiert.

Ist $\mathfrak{D}_A$ nicht nur dicht in $\mathfrak{H}$, sondern auch A abgeschlossen (d. h. $\mathfrak{B}_A$ ein Teilraum, was nicht (!) $\mathfrak{D}_A = \mathfrak{H}$ zur Folge hat), so ist auch $\mathfrak{D}_{A^*}$ dicht in $\mathfrak{H}$ und $A^{**} = (A^*)^* = A$.

Beweis: Wenn $\mathfrak{D}_{A^*}$ nicht dicht in $\mathfrak{H}$ wäre, so gäbe es ein zu $\mathfrak{D}_{A^*}$ orthogonales Element h. Dann wäre aber $\begin{pmatrix} 0 \\ h \end{pmatrix}$ orthogonal zu $U \mathfrak{B}_{A^*}$, d. h.:

$$\begin{pmatrix} 0 \\ h \end{pmatrix} \in \mathfrak{H}_2 \ominus (U \mathfrak{B}_{A^*}) = \mathfrak{H}_2 \ominus (U(\mathfrak{H}_2 \ominus U \mathfrak{B}_A)) = \mathfrak{H}_2 \ominus (\mathfrak{H}_2 \ominus U^2 \mathfrak{B}_A) = \mathfrak{B}_A$$

im Widerspruch dazu, daß $\mathfrak{B}_A$ der Graph von A ist. Da $\mathfrak{D}_{A^*}$ dicht in $\mathfrak{H}$ liegt, ist also A^{**} definiert: $\mathfrak{B}_{A^{**}} = \mathfrak{H}_2 \ominus (U\mathfrak{B}_{A^*}) = \mathfrak{B}_A$, d. h. $A^{**} = A$.

Lassen wir jetzt die Voraussetzung fallen, daß A abgeschlossen ist, so kann man nicht beweisen, daß $\mathfrak{D}_{A^*}$ dicht in $\mathfrak{H}$ liegt. Ist aber $\mathfrak{D}_{A^*}$ dicht, d. h. existiert A^{**}, so folgt (da $\mathfrak{B}_A$ nur Linearmannigfaltigkeit ist!):

$$\mathfrak{B}_{A^{**}} = \mathfrak{H}_2 \ominus (U\,\mathfrak{B}_{A^*}) = \mathfrak{H}_2 \ominus (U(\mathfrak{H}_2 \ominus U[\mathfrak{B}_A])) = [\mathfrak{B}_A],$$

d. h. $A^{**} \supseteq A$, A^{**} ist eine (lineare) abgeschlossene Erweiterung von A. Nun sei vorausgesetzt, daß A eine lineare abgeschlossene Erweiterung B besitzt. Dann ist $\mathfrak{D}_{B^*}$ dicht in $\mathfrak{H}$. Da aus $A \subseteq B$ folgt $A^* \supseteq B^*$, d. h. $\mathfrak{D}_{A^*} \supseteq \mathfrak{D}_{B^*}$, ist auch $\mathfrak{D}_{A^*}$ dicht in $\mathfrak{H}$. Also existiert A^{**} und $\mathfrak{B}_{A^{**}} = [\mathfrak{B}_A] \subseteq \mathfrak{B}_B$ (d. h. $A^{**} \subseteq B$), da $[\mathfrak{B}_A]$ der kleinste Teilraum ist, in dem $\mathfrak{B}_A$ liegt. A^{**} ist also die kleinste abgeschlossene Erweiterung von A.

Summe $A + B$, Produkt $A B$ und reziprokes A^{-1} werden wie folgt definiert: $\mathfrak{D}_{A+B} = \mathfrak{D}_A \cap \mathfrak{D}_B$ und $(A + B)f = Af + Bf$; $\mathfrak{D}_{AB}$ besteht aus allen $f \in \mathfrak{D}_B$, für die $Bf \in \mathfrak{D}_A$ $(A B)f = A(Bf)$; A sei linear und $A h = 0$ nur für $h = 0$, dann $\mathfrak{D}_{A^{-1}} = \mathfrak{B}_A$ und $A^{-1}(Af) = f$. Es folgt leicht $0A \subseteq 0$; $A(BC) = (A B)C$; $(A + B)C = AC + BC$; $A(B + C) \supseteq AB + AC$; $(A B)^{-1} = B^{-1}A^{-1}$, wenn A^{-1} und B^{-1} existieren; $(A + B)^* = A^* + B^*$; $(A B)^* \supseteq B^*A^*$.

Ein linearer Operator A heißt *Hermitesch*, wenn $A = A^*$ ist. Hierzu muß also $\mathfrak{D}_A$ dicht in $\mathfrak{H}$ liegen. A $(\mathfrak{D}_A$ dicht in $\mathfrak{H})$ heißt *symmetrisch*, wenn für alle f und g aus $\mathfrak{D}_A$ gilt: $(f, A g) = (Af, g)$. Daraus folgt sofort $A^* \supseteq A$. Jeder Hermitesche Operator ist auch symmetrisch. Aus $A^* \supseteq A$ folgt $\mathfrak{D}_{A^*}$ dicht in $\mathfrak{H}$ und damit $A^{**} \subseteq A^* = (A^*)^{**} = (A^{**})^*$, d. h. A^{**} ist ebenfalls symmetrisch. A (symmetrisch) heißt maximal, wenn es keine symmetrische (echte) Erweiterung von A gibt. Damit ist $A = A^{**}$. Ist A sogar Hermitesch, so ist es auch maximal, denn mit symmetrischen $B \supseteq A$ wäre $B^* \subseteq A^* = A$ und $B \subseteq B^* \subseteq A$, d. h. $B = A$.

Der Operator $Af(x) = x f(x)$ ist z. B. im Raum der von $-\infty$ bis $+\infty$ quadratisch integrierbaren Funktionen ein Hermitescher, nicht beschränkter Operator. $\mathfrak{D}_A$ sind alle $f(x)$ mit $\int\limits_{-\infty}^{+\infty} x^2 |f(x)|^2\, dx < \infty$.

Im Raum der zwischen 0 und 1 quadratisch integrierbaren $f(x)$ ist $Af(x) = \frac{1}{i} \frac{d}{dx} f(x)$ mit $\mathfrak{D}_A$ gleich der Menge aller differenzierbaren $f(x)$ mit $f(0) = f(1) = 0$ symmetrisch, aber nicht Hermitesch, wie wir am Schluß des folgenden Abschnittes feststellen werden.

§ 12. Cayley-Transformation.

Die Spektraldarstellung nicht beschränkter Hermitescher Operatoren kann man dadurch ableiten, daß man die reellen Spektralwerte μ auf den Einheitskreis der komplexen Ebene abbildet, d. h. vom Her-

MITEschen Operator A zu einem unitären (und damit beschränkten!) Operator U übergeht, für den es nach § 10 eine Spektraldarstellung gibt. Am einfachsten geschieht diese Abbildung durch die CAYLEY-Transformation $w = \dfrac{z-\imath}{z+\imath}$; die reelle Achse der z-Ebene geht in den Einheitskreis der w-Ebene über. Die Umkehrung lautet $z = i\,\dfrac{1+w}{1-w}$. Wir werden also versuchen, für z den symmetrischen oder sogar HER-MITEschen Operator A einzusetzen, und hoffen, statt w einen unitaren Operator U zu erhalten.

Es sei A ein symmetrischer Operator. Damit $(A + i\mathbf{1})^{-1}$ existiert, darf $(A + i\mathbf{1})\,h = 0$ nur für $h = 0$ gelten. Da mit $h \in \mathfrak{D}_A$ aus $||A\,h \pm i\,h||^2 = ||A\,h||^2 + ||h||^2$ folgt, wobei $(h, A\,h) = (A\,h, h)$ benutzt ist, existiert also $(A + i\mathbf{1})^{-1}$. Wir können daher den Operator

$$U_A = (A - \imath\mathbf{1})\,(A + i\mathbf{1})^{-1}$$

definieren. $\mathfrak{D}_A$ wird durch $A + i\mathbf{1}$ auf $\mathfrak{D}_U$ (kurz für $\mathfrak{D}_{U_A}$) abgebildet: $(A + i\mathbf{1})\,\mathfrak{D}_A = \mathfrak{D}_U$; und $(A - i\mathbf{1})\,\mathfrak{D}_A = \mathfrak{W}_U$. Ist also $f \in \mathfrak{D}_A$, so ist $g = (A + i\mathbf{1})\,f \in \mathfrak{D}_U$ und $g' = U g = (A - \imath\mathbf{1})\,f \in \mathfrak{W}_U$. Nach oben ist also $||g'||^2 = ||g||^2 = ||A\,f||^2 + ||f||^2$. Ein Operator U, für den wie in diesem Falle $||U g|| = ||g||$ ist, heiße isometrisch. Im Endlichdimensionalen folgt hieraus (Anhang II, § 10), daß U unitär ist, d. h. $U^* U = U U^* = \mathbf{1}$. Im HILBERT-Raum ist dies nicht immer der Fall. Damit $U^* U = \mathbf{1}$ ist, muß $\mathfrak{D}_U = \mathfrak{H}$ sein. Ist umgekehrt $\mathfrak{D}_U = \mathfrak{H}$, so folgt aus $||U(g_1 + \alpha g_2)||^2 = ||g_1 + \alpha g_2||^2$ mit $\alpha = 1$ und $\alpha = i$, daß $(U g_1, U g_2) = (g_1, g_2)$ ist. Daher sind alle $U g \in \mathfrak{D}_{U^*}$ und $U^* U = \mathbf{1}$. Wegen $||U g|| = ||g||$ existiert U^{-1}. Aber $\mathfrak{D}_{U^{-1}} = \mathfrak{W}_U$ braucht (auch bei $\mathfrak{D}_U = \mathfrak{H}$) nicht gleich $\mathfrak{H}$ zu sein, wie es das Beispiel $U \varphi_\nu = \varphi_{\nu+1}$ mit einem v. n. O. φ_ν $(\nu = 1, 2, \ldots)$ zeigt. Ist auch $\mathfrak{W}_U = \mathfrak{H}$, d. h. $\mathfrak{D}_{U^{-1}} = \mathfrak{H}$, so ist wegen $U U^{-1} = \mathbf{1}$ auch $U U^* = U U^* U U^{-1} = U U^{-1} = \mathbf{1}$, d. h. U unitär.

Aus $U_A g = (A - i\mathbf{1})\,f$ und $g = (A + i\mathbf{1})\,f$ folgt $f = \dfrac{1}{2\imath}(\mathbf{1} - U_A)\,g$ und $A\,f = \tfrac{1}{2}(\mathbf{1} + U_A)\,g$. $(\mathbf{1} - U_A)^{-1}$ existiert, denn aus $(\mathbf{1} - U_A)\,g = 0$ folgt $f = 0$ und damit $(\mathbf{1} + U_A)\,g = 0$ und schließlich $g = 0$. Somit ist

$$A = i(\mathbf{1} + U_A)\,(\mathbf{1} - U_A)^{-1}.$$

A ist daher auch umgekehrt durch U_A bestimmt. Es ist $\mathfrak{D}_A = \mathfrak{W}_{1-U}$ und $\mathfrak{W}_A = \mathfrak{W}_{1+U}$. Da $\mathfrak{D}_A$ in $\mathfrak{H}$ dicht ist, so auch $\mathfrak{W}_{1-U}$.

Ist umgekehrt U irgendeine isometrische Transformation, für die $\mathfrak{W}_{1-U}$ dicht in $\mathfrak{H}$ ist, so existiert $(\mathbf{1} - U)^{-1}$; denn $(\mathbf{1} - U)\,g = 0$ hat für jedes $f \in \mathfrak{W}_{1-U}$ wegen $f = (\mathbf{1} - U)\,h$ zur Folge: $(g, f) = (g, (\mathbf{1} - U)\,h) = (g, h) - (g, U h) = (g, h) - (U g, U h) = 0$. Da die f dicht in $\mathfrak{H}$ liegen, ist $(g, \varphi) = 0$ für alle φ und damit $g = 0$. Der durch

$A = i(1 + U)(1 - U)^{-1}$ definierte Operator A ist dann symmetrisch. Sein Definitionsbereich ist $\mathfrak{W}_{1-U}$, und für Elemente $\varphi = (1 - U)f$ und $\psi = (1 - U)g$ dieses Bereiches ist

$$
\begin{aligned}
(\varphi, A\psi) &= ((1 - U)f, i(1 + U)g) \\
&= i(f, g) - i(Uf, Ug) + i(f, Ug) - i(Uf, g)
\end{aligned}
$$

und

$$
\begin{aligned}
(A\varphi, \psi) &= (i(1 + U)f, (1 - U)g) \\
&= -i(f, g) + i(Uf, Ug) + i(f, Ug) - i(Uf, g),
\end{aligned}
$$

und wegen der Isometrie von U ist damit $(\varphi, A\psi) = (A\varphi, \psi)$. Durch Umkehrung folgt wieder leicht $U = (A - i1)(A + i1)^{-1}$.

Wegen der eineindeutigen Beziehung zwischen $\mathfrak{D}_U$ und $\mathfrak{D}_A$:

$$
\mathfrak{D}_U = (A + i1)\,\mathfrak{D}_A = \mathfrak{W}_{A+i1} \quad \text{und} \quad \mathfrak{D}_A = (1 - U)\,\mathfrak{D}_U = \mathfrak{W}_{1-U}
$$

gibt jede echte Erweiterung von A eine echte Erweiterung von U und umgekehrt. Damit sind die symmetrischen Operatoren mit ihren Fortsetzungen eineindeutig auf die entsprechenden isometrischen Operatoren (mit $\mathfrak{W}_{1-U}$ dicht in $\mathfrak{H}$) und deren Fortsetzungen bezogen. Ist A abgeschlossen, so ist $\mathfrak{D}_U$ abgeschlossen und damit auch U_A, da U_A ein beschränkter, d. h. stetiger Operator ist. Zum Beweis betrachte man eine konvergente Folge $f_n = (A + i1)g_n$ von Vektoren aus $\mathfrak{D}_U$. Da die f_n konvergent sind, ist auch $Uf_n = (A - i1)g_n$ konvergent, d. h. aber: sowohl g_n wie Ag_n bilden konvergente Folgen, so daß $g_n \to g \in \mathfrak{D}_A$ und $Ag_n \to Ag$ und damit $f_n \to (A + i1)g \in \mathfrak{W}_{A+i1} = \mathfrak{D}_U$ ist. $\mathfrak{D}_U$ und $\mathfrak{W}_U$ sind dann Teilräume. Da A^{**} eine abgeschlossene symmetrische Erweiterung von A ist, betrachten wir weiterhin nur abgeschlossene symmetrische Operatoren (Hermitesche Operatoren sind immer abgeschlossen!). Dann sind also $\mathfrak{D}_U$ und $\mathfrak{W}_U$ Teilräume. $\mathfrak{H} \ominus \mathfrak{D}_U$ und $\mathfrak{H} \ominus \mathfrak{W}_U$ heißen die Defekträume von A. Für $f \in \mathfrak{H} \ominus \mathfrak{D}_U$ ist mit $\varphi \in \mathfrak{D}_A$: $(f, (A + i1)\varphi) = 0$, d. h.: $(f, A\varphi) = -i(f, \varphi) = (if, \varphi)$. Damit ist aber $f \in \mathfrak{D}_{A^*}$ und $A^*f = if$. Ebenso folgt für $g \in \mathfrak{H} \ominus \mathfrak{W}_U$: $A^*g = -ig$. Ist umgekehrt $A^*f = if$, so ist für alle $\varphi \in \mathfrak{D}_A$: $(f, (A + i1)\varphi) = 0$, d. h. f orthogonal zu $\mathfrak{D}_U$ und damit Element von $\mathfrak{H} \ominus \mathfrak{D}_U$. Für einen Hermiteschen Operator ist (wegen $A^* = A$) $\mathfrak{H} \ominus \mathfrak{D}_U$ und $\mathfrak{H} \ominus \mathfrak{W}_U$ leer, d. h. $\mathfrak{D}_U = \mathfrak{W}_U = \mathfrak{H}$ und damit U unitär, denn A kann wegen $(f, Af) = (Af, f)$ nur reelle Eigenwerte haben, so daß $Af = \pm if$ unmöglich ist. Aber auch umgekehrt ist A Hermitesch, falls U unitär, d. h. $\mathfrak{H} \ominus \mathfrak{D}_U = \mathfrak{H} \ominus \mathfrak{W}_U = (0)$ ist, was sich aus folgendem Satz ergibt: $\mathfrak{D}_A \cup (\mathfrak{H} \ominus \mathfrak{D}_U) \cup (\mathfrak{H} \ominus \mathfrak{W}_U) = \mathfrak{D}_{A^*}$. Zum Beweis dieses Satzes bilden wir $\mathfrak{D}_{A^*}$ durch $A^* + i1$ ab: Ist $f \in \mathfrak{D}_{A^*}$, so ist $(A^* + i1)f = (A + i1)\varphi + p$ mit $\varphi \in \mathfrak{D}_A$ [d. h. $(A + i1)\varphi \in \mathfrak{D}_U$] und $p \in \mathfrak{H} \ominus \mathfrak{D}_U$. Da $A\varphi = A^*\varphi$ für $\varphi \in \mathfrak{D}_A$ und $A^*p = ip$ und somit $(A^* + i1)\frac{1}{2i}\,p = p$ gilt, ist mit $q = \frac{1}{2i}\,p \in \mathfrak{H} \ominus \mathfrak{D}_U$: $(A^* + i1)f$

$= (A^* + i\,1)\,\varphi + (A^* + i\,1)\,q$, d. h. $A^*(f - \varphi - q) = -i\,(f - \varphi - q)$ und damit $f - \varphi - q \in \mathfrak{H} \ominus \mathfrak{W}_U$, d. h.: $f = \varphi + q + r\ (r \in \mathfrak{H} \ominus \mathfrak{W}_U)$. q. e. d. Trivial ist $\mathfrak{H} \ominus \mathfrak{D}_U \cap \mathfrak{H} \ominus \mathfrak{W}_U = (0)$. Es gilt aber auch $[(\mathfrak{H} \ominus \mathfrak{D}_U) \cup (\mathfrak{H} \ominus \mathfrak{W}_U)] \cap \mathfrak{D}_A = (0)$. Für ein Element $q + r$ aus $(\mathfrak{H} \ominus \mathfrak{D}_U) \cup (\mathfrak{H} \ominus \mathfrak{W}_U)\ (q \in \mathfrak{H} \ominus \mathfrak{D}_U;\ r \in \mathfrak{H} \ominus \mathfrak{W}_U)$ wäre, falls $q + r \in \mathfrak{D}_A$: $(A + i\,1)\,(q + r) = (A^* + i\,1)\,(q + r) = 2i\,q \in \mathfrak{D}_U$ und $(A - i\,1)\,(q + r)$ $= -2i\,r \in \mathfrak{W}_U$, was mit $q \in \mathfrak{H} \ominus \mathfrak{D}_U$ und $r \in \mathfrak{H} \ominus \mathfrak{W}_U$ nur für $q = r = 0$ zu erfüllen ist. Damit ist aber auch gezeigt, daß die Zerlegung $f = \varphi + {}$ $+ q + r$ eindeutig ist.

Ist B eine symmetrische (ebenfalls abgeschlossene) Erweiterung von A, so ist $U_B \supset U_A$. Da U_B isometrisch ist, ist $\mathfrak{W}_{U_B} \cap (\mathfrak{H} \ominus \mathfrak{W}_{U_A})$ $= U_B[\mathfrak{D}_{U_B} \cap (\mathfrak{H} \ominus \mathfrak{D}_{U_A})]$. $\mathfrak{W}_{U_B} \cap (\mathfrak{H} \ominus \mathfrak{W}_{U_A})$ und $\mathfrak{D}_{U_B} \cap (\mathfrak{H} \ominus \mathfrak{D}_{U_A})$ haben also dieselbe Dimension, so daß die Dimension von $\mathfrak{H} \ominus \mathfrak{W}_{U_B}$ und $\mathfrak{H} \ominus \mathfrak{D}_{U_B}$ sich gegenüber $\mathfrak{H} \ominus \mathfrak{W}_{U_A}$ bzw. $\mathfrak{H} \ominus \mathfrak{D}_{U_A}$ um denselben Betrag verringert haben. Sind also die Dimensionen von $\mathfrak{H} \ominus \mathfrak{D}_{U_A}$ und $\mathfrak{H} \ominus \mathfrak{W}_{U_A}$ verschieden, so gibt es keine Hermitesche Erweiterung von A.

Man kann aber auch leicht Erweiterungen von A angeben: φ_ν sei ein v. n. O. im Teilraum $\mathfrak{H} \ominus \mathfrak{D}_{U_A}$ und ψ_ν ein solches für $\mathfrak{H} \ominus \mathfrak{W}_{U_A}$. φ_{ϱ_i} sei eine herausgegriffene Teilmenge der φ_ν, ψ_{ϱ_i} eine gleichmächtige Teilmenge der ψ_ν. Die φ_{ϱ_i} spannen einen Teilraum $\mathfrak{r}$, die ψ_{ϱ_i} einen Teilraum $\mathfrak{s}$ auf. In $\mathfrak{D}_{U_A} \oplus \mathfrak{r}$ wird U definiert durch $U \supset U_A$ und $U\varphi_{\varrho_i} = \psi_{\varrho_i}$. Damit ist $\mathfrak{D}_U = \mathfrak{D}_{U_A} \oplus \mathfrak{r}$ und $\mathfrak{W}_U = \mathfrak{W}_{U_A} \oplus \mathfrak{s}$. U bestimmt dann eine Erweiterung $B \supset A$.

Als Beispiel wollen wir den Operator $A = \dfrac{1}{i}\,\dfrac{d}{d\,x}$ im Raum der zwischen 0 und 1 quadratisch integrierbaren $f(x)$ untersuchen. Es sei $\mathfrak{D}_A$ die Gesamtheit der differenzierbaren $f(x)$ mit $f(0) = f(1) = 0$. Wir suchen nach Lösungen von $A^*f(x) = \pm i\,f(x)$. $-\dfrac{1}{i}\,\dfrac{d}{d\,x}\,f(x) = \pm i\,f(x)$ hat die Lösungen $f(x) = e^{\pm x}$. Für A^* gilt keine (!) Randbedingung $f(0) = f(1) = 0$, denn $\displaystyle\int_0^1 \overline{A^*f(x)}\,g(x)\,d\,x = \int_0^1 \overline{f(x)}\,A\,g(x)\,d\,x$ gilt schon, wenn nur $g(x) \in \mathfrak{D}_A$, d. h. $g(0) = g(1) = 0$ ist. A ist also nicht Hermitesch, da $\mathfrak{H} \ominus \mathfrak{D}_U$ durch e^{+x} und $\mathfrak{H} \ominus \mathfrak{W}_U$ durch e^{-x} aufgespannt wird. A läßt sich aber zu einem Hermiteschen Operator erweitern; z. B. mit $\mathfrak{D}_A$ als die $f(x)$ mit $f(0) = f(1)$.

Im Raum der zwischen 0 bis ∞ quadratisch integrierbaren $f(x)$ mit dem Operator $A = \dfrac{1}{i}\,\dfrac{d}{d\,x}\ \Big(\text{mit } \mathfrak{D}_A\colon f(x) \text{ für die } \displaystyle\int_0^\infty \Big|\dfrac{d}{d\,x}\,f(x)\Big|^2 d\,x < \infty$ und $f(0) = 0\big)$ ist *nur* e^{-x} ein Element des Hilbert-Raumes, d. h. $\mathfrak{H} \ominus \mathfrak{D}_U = 0$ und $\mathfrak{H} \ominus \mathfrak{W}_U$ wird durch e^{-x} aufgespannt. A ist zwar

symmetrisch, nicht aber Hermitesch und kann auch nicht zu einem
Hermiteschen Operator erweitert werden.

Im Raum der zwischen $-\infty$ bis $+\infty$ quadratisch integrierbaren $f(x)$ ist $A = \dfrac{1}{\imath}\dfrac{d}{dx}$ $\left(\text{mit } \mathfrak{D}_A\colon f(x) \text{ für die } \displaystyle\int_{-\infty}^{+\infty}\left|\dfrac{d}{dx}f(x)\right|^2 dx < \infty\right)$ ein Hermitescher Operator.

§ 13. Nicht beschränkte Integrale über Spektralscharen.

Gibt es für die Spektralschar E_μ keine Konstante $C > 0$ mit $E_\mu = 1$ für $\mu > C$ und $E_\mu = 0$ für $\mu < -C$, sondern gilt nur $E_{-\infty} = 0$, $E_{+\infty} = 1$, so hat das Integral $\displaystyle\int_{-\infty}^{+\infty}\mu\,dE_\mu$ keinen durch die Ableitungen aus § 7 bestimmten Sinn, da die Konvergenz der Partialsummen nicht bewiesen ist. Wir fragen daher, welchen Sinn wir allgemein für eine stetige reelle Funktion $F(\mu)$ dem Integral $\displaystyle\int_{-\infty}^{+\infty}F(\mu)\,dE_\mu$ geben können.

Nach den Betrachtungen aus § 7 existiert $\displaystyle\int_{-\alpha}^{+\beta}F(\mu)\,dE_\mu = A_{\alpha\beta}$ (daß $E_\beta \neq 1$ und $E_\alpha \neq 0$ sein kann, spielt in der Beweisführung aus § 7 keine Rolle) und stellt einen beschränkten Hermiteschen Operator dar. Die Vektoren f, für die $\lim\limits_{\alpha,\beta\to\infty} A_{\alpha\beta}f = f'$ existiert, sollen den Definitionsbereich $\mathfrak{D}_A$ des durch $A f = f'$ definierten Operators A bilden. A ist linear. Damit $\lim\limits_{\alpha,\beta\to\infty} A_{\alpha\beta}f$ existiert, ist notwendig, daß

$$\|A_{\alpha\beta}f\|^2 = \int_{-\alpha}^{+\beta}F(\mu)^2\,d\,\|E_\mu f\|^2$$

beschränkt bleibt, so daß dann also $\displaystyle\int_{-\infty}^{+\infty}F(\mu)^2\,d\,\|E_\mu f\|^2 = \lim\limits_{\alpha,\beta\to\infty}\|A_{\alpha\beta}f\|^2$ existiert, weil $\|A_{\alpha\beta}f\|^2$ monoton wachsend ist. Wir können $\mathfrak{D}_A$ auch durch alle diejenigen f definieren, für die $\displaystyle\int_{-\infty}^{+\infty}F(\mu)^2\,d\,\|E_\mu f\|^2 \neq +\infty$ ist, denn dann ist $A_{\alpha\beta}f$ konvergent:

$$\|A_{\alpha\beta}f - A_{\alpha'\beta'}f\|^2 \leqq \int_{-\alpha'}^{-\alpha}F(\mu)^2\,d\,\|E_\mu f\|^2 + \int_{\beta}^{\beta'}F(\mu)^2\,d\,\|E_\mu f\|^2 < \varepsilon$$

für $\alpha, \beta, \alpha', \beta' > M$.

$\mathfrak{D}_A$ ist dicht in $\mathfrak{H}$, denn alle g mit $E(I)g = g$ für ein geeignetes endliches Intervall I liegen in $\mathfrak{D}_A$ und sind dicht in $\mathfrak{H}$: Ist z. B. h ein beliebiger Vektor aus $\mathfrak{H}$, so ist $h = (E_\lambda - E_\mu)h + (1 - E_\lambda)h + E_\mu h$, wobei $(1 - E_\lambda)h \to 0$ und $E_\mu h \to 0$ für $\lambda \to \infty$ und $\mu \to -\infty$ gehen. $(E_\lambda - E_\mu)h$ ist ein Vektor der Art g. A ist symmetrisch: Sind f und g

Elemente aus $\mathfrak{D}_A$, so folgt, da $A_{\alpha\beta}$ Hermitesch ist, aus $(f, A_{\alpha\beta}\, g)$ $= (A_{\alpha\beta} f, g)$ im Limes $(f, A\, g) = (A f, g)$. Unten werden wir zeigen, daß A sogar Hermitesch ist.

Ist die Funktion $F(\mu) = F_1(\mu) + i\, F_2(\mu)$ komplexwertig, so kann man

$$B = \int_{-\infty}^{+\infty} F(\mu)\, dE_\mu = \int_{-\infty}^{+\infty} F_1(\mu)\, dE_\mu + i \int_{-\infty}^{+\infty} F_2(\mu)\, dE_\mu$$

erklaren. Zum Definitionsbereich des durch das Integral definierten Operators B rechnen dann alle f, für die die beiden Integrale über den Real- und Imaginärteil existieren, d.h. für die $\int_{-\infty}^{+\infty} |F(\mu)|^2\, d\,\|E_\mu f\|^2 < +\infty$ ist. Ist $|F(\mu)| < m$ für alle μ, so ist

$$\|B f\|^2 = \int_{-\infty}^{+\infty} |F(\mu)|^2\, d\,\|E_\mu f\|^2 < m^2 \int_{-\infty}^{+\infty} d\,\|E_\mu f\|^2 = m^2\,\|f\|^2,$$

so daß $\mathfrak{D}_B = \mathfrak{H}$ und B beschränkt ist. Für reelles beschranktes $F(\mu)$ ist daher $\int_{-\infty}^{+\infty} F(\mu)\, dE_\mu$ ein beschränkter Hermitescher Operator.

Ist $F(\mu)$ (reell) nicht beschränkt, so ist $H = \int_{-\infty}^{+\infty} (F(\mu) + i)^{-1} dE_\mu$ ein beschränkter in ganz $\mathfrak{H}$ definierter Operator. Alle Elemente $g = H f$ gehören zum Definitionsbereich $\mathfrak{D}_A$ von $A = \int_{-\infty}^{+\infty} F(\mu)\, dE_\mu$ wegen

$$\int_{-\infty}^{+\infty} F(\mu)^2\, d\,\|E_\mu g\|^2 = \int_{-\infty}^{+\infty} \frac{F(\mu)^2}{F(\mu)^2 + 1}\, d\,\|E_\mu f\|^2 < +\infty.$$

Und für ein Element $g = H f$ ist $(A + i\,1)\, g = \int_{-\infty}^{+\infty} (F(\mu) + i)\, dE_\mu\, g = f$.

Damit ist $(A + i\,1)\, \mathfrak{D}_A = \mathfrak{H}$ und $\mathfrak{D}_A = H\,\mathfrak{H}$. Ebenso folgt $(A - i\,1)\, \mathfrak{D}_A = \mathfrak{H}$, so daß die Cayley-Transformierte U_A unitär und damit A Hermitesch ist. Insbesondere stellt $\int_{-\infty}^{+\infty} \mu\, dE_\mu$ einen Hermiteschen Operator dar.

Aber auch umgekehrt lassen sich alle Hermiteschen Operatoren in dieser Weise darstellen:

§ 14. Spektraldarstellung nicht beschränkter Hermitescher Operatoren.

Für die Transformierte U_A eines Hermiteschen Operators A gilt nach § 10 $U_A = \int_0^{2\pi} e^{i\varphi}\, dD_\varphi$. Wir vermuten

$$A = \int_0^{2\pi} i\, \frac{1 + e^{i\varphi}}{1 - e^{i\varphi}}\, dD_\varphi = \int_0^{2\pi} \left(-\operatorname{ctg} \frac{\varphi}{2}\right) dD_\varphi.$$

Da $\mathfrak{D}_A = \mathfrak{W}_{1-U}$ ist, ist $g = (1 - U_A)f$ ein beliebiges Element aus $\mathfrak{D}_A$. Für g ist wegen $D_\varphi g = \int\limits_0^\varphi (1 - e^{i\varphi'})\, dD_{\varphi'}f$ und $||D_\varphi g||^2$

$$= \int\limits_0^\varphi |1 - e^{i\varphi'}|^2\, d\,||D_{\varphi'}f||^2 = \int\limits_0^\varphi 4\sin^2\frac{\varphi'}{2}\, d\,||D_{\varphi'}f||^2 \text{ das Integral}$$

$$\int\limits_0^{2\pi} \mathrm{ctg}^2\frac{\varphi}{2}\, d\,||D_\varphi g||^2 = \int\limits_0^{2\pi} 4\,\mathrm{ctg}^2\frac{\varphi}{2}\sin^2\frac{\varphi}{2}\, d\,||D_\varphi f||^2$$

$$= \int\limits_0^{2\pi} 4\cos^2\frac{\varphi}{2}\, d\,||D_\varphi f||^2 < \infty.$$

Daher ist $\int\limits_0^{2\pi}\left(-\,\mathrm{ctg}\frac{\varphi}{2}\right) dD_\varphi$ in $\mathfrak{D}_A$ definiert und mit $-\,\mathrm{ctg}\frac{\varphi}{2} = \mu$ und $E_\mu = D_{-2\arccsc\mathrm{ctg}\,\mu}$ gleich $\int\limits_{-\infty}^{+\infty} \mu\, dE_\mu$. Da aber $\int\limits_{-\infty}^{+\infty} \mu\, dE_\mu + i\,1$ schon $\mathfrak{D}_A$ auf ganz $\mathfrak{H}$ abbildet, kann der Definitionsbereich von $\int\limits_{-\infty}^{+\infty} \mu\, dE_\mu$ auch nicht größer als $\mathfrak{D}_A$ sein. Also folgt

$$A = \int\limits_{-\infty}^{+\infty} \mu\, dE_\mu. \tag{14.1}$$

§ 15. Das Spektrum Hermitescher Operatoren.

Wie in § 9 folgt aus der Spektraldarstellung (14.1), daß die Eigenwertgleichung $Af = \lambda f$ nur für die Werte von λ lösbar ist, wo E_λ eine Sprungstelle besitzt und daß der zugehörige Eigenraum durch den Projektionsoperator $E_\lambda - E_{\lambda-}$ gegeben ist.

Ein vollstetiger Operator A hat ein nur diskretes Spektrum λ_ν mit $\lambda_\nu \to 0$. Beweis: Es sei $\lambda \neq 0$ eine Häufungsstelle des (kontinuierlichen oder diskreten) Spektrums von A. Dann ist der durch $E_{\lambda+\varepsilon} - E_{\lambda-\varepsilon}$ bestimmte Teilraum unendlich dimensional. Es gibt in ihm also ein unendliches n. O. φ_ν. Nach S. 380 gilt dann $\varphi_\nu \to 0$. Es müßte also $A\varphi_\nu \to 0$ konvergieren. Andererseits ist wegen der speziellen Wahl der φ_ν:

$$||A\varphi_\nu||^2 = \int\limits_{-\infty}^{+\infty} \mu^2\, d\,||E_\mu\varphi_\nu||^2 = \int\limits_{\lambda-\varepsilon}^{\lambda+\varepsilon} \mu^2\, d\,||E_\mu\varphi_\nu||^2 \geq ||\lambda| - \varepsilon|^2 \neq 0.$$

Häufungspunkt des Spektrums kann also nur $\lambda = 0$ sein. Deshalb muß das Spektrum diskret sein und müssen die Eigenwerte gegen Null konvergieren:

$$A = \sum_\nu \lambda_\nu P_{\varphi_\nu}$$

mit dem v. n. O. der Eigenvektoren φ_ν. Hat umgekehrt A diese Form mit $\lambda_\nu \to 0$, so ist A vollstetig, denn für eine Folge $f_n \rightharpoonup 0$ ist dann

$$||A f_n|| = \left|\left| \sum_{\nu=1}^{\infty} \lambda_\nu \varphi_\nu (\varphi_\nu, f_n) \right|\right| \leqq \left|\left| \sum_{\nu=1}^{N} \lambda_\nu \varphi_\nu (\varphi_\nu, f_n) \right|\right|$$
$$+ \left|\left| \sum_{\nu=N+1}^{\infty} \lambda_\nu \varphi_\nu (\varphi_\nu, f_n) \right|\right|. \tag{15.1}$$

Da die f_n schwach konvergieren, sind sie nach S. 384 beschränkt $||f_n|| < C$. Also ist mit Λ_N als größtem $|\lambda_\nu|$ für $\nu > N$

$$\left|\left| \sum_{\nu=N+1}^{\infty} \lambda_\nu \varphi_\nu (\varphi_\nu, f_n) \right|\right|^2 = \sum_{\nu=N+1}^{\infty} \lambda_\nu^2 |(\varphi_\nu, f_n)|^2 \leqq \Lambda_N^2 \sum_{\nu=N+1}^{\infty} |(\varphi_\nu, f_n)|^2$$
$$\leqq \Lambda_N^2 ||f_n||^2 < C \, \Lambda_N^2.$$

Man wähle N so groß, daß die zweite Summe in (15.1) kleiner als $\varepsilon/2$ ist, dann bei festem N den Index n so groß, daß die erste Summe kleiner als $\varepsilon/2$ ist, was wegen $(\varphi_\nu, f_n) \to 0$ möglich ist.

A mit $A f = \int_0^1 K(x, y) f(y) \, dy$ ist im Hilbert-Raum der zwischen 0 und 1 quadratisch integrierbaren Funktion $f(x)$ für (stetiges) $K(x, y) = \overline{K(y, x)}$ ein vollstetiger Operator: Es sei $f_n \rightharpoonup 0$ und φ_ν ein v. n. O. Dann ist mit $A_{\nu\mu} = (\varphi_\nu, A \varphi_\mu)$:

$$||A f_n||^2 = \sum_\nu \left| \sum_\mu A_{\nu\mu} (\varphi_\mu, f_n) \right|^2.$$

Wegen $|a + b|^2 \leqq 2|a|^2 + 2|b|^2$ und nach der Schwarzschen Ungleichung ist dann

$$\left| \sum_{\mu=1}^{\infty} A_{\nu\mu} (\varphi_\mu, f_n) \right|^2 \leqq 2 \left| \sum_{\mu=1}^{N} A_{\nu\mu} (\varphi_\mu, f_n) \right|^2 + 2 \left| \sum_{\mu=N+1}^{\infty} A_{\nu\mu} (\varphi_\mu, f_n) \right|^2$$
$$\leqq 2 \sum_{\mu=1}^{N} |A_{\nu\mu}|^2 \sum_{\varrho=1}^{N} |(\varphi_\varrho, f_n)|^2$$
$$+ 2 \sum_{\mu=N+1}^{\infty} |A_{\nu\mu}|^2 \sum_{\varrho=N+1}^{\infty} |(\varphi_\varrho, f_n)|^2.$$

Da f_n beschränkt ist, $||f_n|| < C$, so folgt

$$||A f_n|^2 \leqq 2 \sum_{\nu=1}^{\infty} \sum_{\mu=1}^{N} |A_{\nu\mu}|^2 \sum_{\varrho=1}^{N} |(\varphi_\varrho, f_n)|^2 + 2 C \sum_{\nu=1}^{\infty} \sum_{\mu=N+1}^{\infty} |A_{\nu\mu}|^2.$$

Wenn $\sum_{\nu=1}^{\infty} \sum_{\mu=1}^{\infty} |A_{\nu\mu}|^2$ konvergent ist, so kann man N so groß wählen daß der zweite Summand $< \varepsilon/2$, dann n so groß, daß (wegen $(\varphi_\mu, f_n) \to 0$) der erste Summand $< \varepsilon/2$ wird. Es bleibt also nur zu zeigen, daß

$\sum\limits_{\nu\mu} |A_{\nu\mu}|^2 < \infty$ ist. Nun ist

$$\sum_{\nu\mu} |A_{\nu\mu}|^2 = \sum_{\nu\mu} \left| \int_0^1 \int_0^1 \overline{\varphi_\nu(x)}\, K(x,y)\, \varphi_\mu(y)\, dx\, dy \right|^2.$$

Die $\varphi_\nu(x)\, \varphi_\mu(y) = \Phi_{\nu\mu}(x,y)$ bilden aber im Raum der Funktionen $f(x,y)$ ein v. n. O., so daß

$$\sum_{\nu,\mu} |A_{\nu\mu}|^2 = \int_0^1 \int_0^1 |K(x,y)|^2\, dx\, dy$$

wird. A ist sicher dann vollstetig, wenn $K(x,y)$ im Raum der Funktionen von x und y eine quadratisch integrierbare Funktion ist. Die Lösungen der Eigenwertgleichung $\int_0^1 K(x,y)\, f_\nu(y)\, dy = \lambda_\nu f_\nu(x)$ geben also ein v. n. O. $f_\nu(x)$ und Eigenwerte λ_ν mit $\lambda_\nu \to 0$.

§ 16. Die Spur eines Operators.

In einem endlich dimensionalen Vektorraum kann man durch $\mathrm{Sp}(A) = \sum\limits_\nu (\varphi_\nu, A\varphi_\nu)$ mit einem v. n. O. φ_ν die Spur eines Operators definieren (siehe Anhang II, § 8). Im HILBERT-Raum braucht die unendliche Summe im allgemeinen nicht zu konvergieren. In der Quantentheorie wird aber nur ein Ausdruck $\mathrm{Sp}(AB)$ gebraucht, wo A, B zwei HERMITEsche Operatoren mit $A \geqq 0$, $B \geqq 0$ sind. Rechnen wir erst einmal so, als ob die Summen konvergierten. Dann wäre mit einem v. n. O. φ_ν:

$$\begin{aligned}
\mathrm{Sp}(AB) &= \sum_\nu (\varphi_\nu, AB\varphi_\nu) = \sum_\nu (\varphi_\nu, A^{1/2} A^{1/2} B\varphi_\nu) \\
&= \sum_{\nu,\mu} (\varphi_\nu, A^{1/2}\varphi_\mu)(\varphi_\mu, A^{1/2} B\varphi_\nu) \\
&= \sum_\mu (\varphi_\mu, A^{1/2} B A^{1/2}\varphi_\mu) = \sum_\mu \| B^{1/2} A^{1/2}\varphi_\mu \|^2.
\end{aligned}$$

Durch die letzte Summe, die entweder endlich oder $+\infty$ ist, wollen wir $\mathrm{Sp}(AB)$ definieren. Es ist dann $\mathrm{Sp}(AB) = \mathrm{Sp}(BA)$, denn

$$\begin{aligned}
\sum_\mu \| B^{1/2} A^{1/2}\varphi_\mu \|^2 &= \sum_{\nu\mu} |(\varphi_\nu, B^{1/2} A^{1/2}\varphi_\mu)|^2 = \sum_{\nu,\mu} |(\varphi_\mu, A^{1/2} B^{1/2}\varphi_\nu)|^2 \\
&= \sum_\nu \| A^{1/2} B^{1/2}\varphi_\nu \|^2.
\end{aligned}$$

Weiterhin ist $\mathrm{Sp}((A_1 + A_2)B) = \mathrm{Sp}(A_1 B) + \mathrm{Sp}(A_2 B)$, weil

$$\mathrm{Sp}(AB) = \sum_\nu (A^{1/2} B^{1/2}\varphi_\nu, A^{1/2} B^{1/2}\varphi_\nu) = \sum_\nu (B^{1/2}\varphi_\nu, AB^{1/2}\varphi_\nu)$$

ist, wobei wegen $A \geqq 0$ kein Summand negativ ist. Die Definition

$\mathrm{Sp}(A\,B)$ hängt nicht von dem speziellen v. n. O. φ_ν ab, denn mit einem anderen v. n. O. ψ_μ wird

$$
\begin{aligned}
\mathrm{Sp}(AB) &= \sum_\nu \|B^{1/2}A^{1/2}\varphi_\nu\|^2 = \sum_{\nu\mu}|(\psi_\mu, B^{1/2}A^{1/2}\varphi_\nu)|^2 \\
&= \sum_{\nu,\mu}|(\varphi_\nu, A^{1/2}B^{1/2}\psi_\mu)|^2 \\
&= \sum_\mu \|A^{1/2}B^{1/2}\psi_\mu\|^2 = \sum_\mu \|B^{1/2}A^{1/2}\psi_\mu\|^2 .
\end{aligned}
$$

Ist speziell B ein Projektionsoperator P mit einem zugehörigen Teilraum $\mathfrak{r}$ und ist χ_ν ein n. O., das $\mathfrak{r}$ aufspannt, so wird wegen $P\chi_\nu = \chi_\nu$ und $P^{1/2} = P$

$$
\mathrm{Sp}(AP) = \sum_\nu \|A^{1/2}\chi_\nu\|^2 = \sum_\nu (\chi_\nu, A\,\chi_\nu).
$$

Anhang II.

Darstellungstheorie.

§ 1. Der Begriff der Gruppe.

Ein System von Elementen a, b, c, ... heißt eine Gruppe, wenn eine Operation, die wir meist als Multiplikation schreiben werden, zwischen zwei Elementen definiert ist, die ein drittes Element der Gruppe erzeugt:

$\alpha)$ $ab = c$

und wenn für diese Operation folgende Regeln gelten:

$\beta)$ $(ab)c = a(bc)$

$\gamma)$ Es gibt mindestens ein e mit $ea = a$ für alle a.

$\delta)$ Es gibt zu jedem a mindestens ein a^{-1} mit $a^{-1}a = e$.

Im allgemeinen wird nicht $ab = ba$ verlangt. Ist dies der Fall, so heißt die Gruppe abelsch. Statt ab schreibt man dann oft $a + b$ als Zeichen für die Gruppenoperation. Für eine Gruppe aus endlich vielen Elementen heißt die Zahl der Elemente die Ordnung der Gruppe. Aus $(\gamma)\,(\delta)$ folgt für $x = a\,a^{-1}$:

$$
a^{-1}x = a^{-1}a\,a^{-1} = e\,a^{-1} = a^{-1}
$$

und damit $(a^{-1})^{-1}a^{-1}x = (a^{-1})^{-1}a^{-1} = e$ und wegen $(a^{-1})^{-1}a^{-1}x = ex = x$ also schließlich $x = e$, d. h. $a\,a^{-1} = e$. Das nach (δ) geforderte „Linksinverse" ist also auch „Rechtsinverses". Dann folgt weiter $a e = a\,a^{-1}a = ea = a$, d. h. daß e auch Rechtseinselement ist. Gäbe es ein weiteres Element b mit $ba = e$, so wäre $b = be = b\,a\,a^{-1} = a^{-1}$. Gäbe es ein weiteres Element e' mit $e'a = a$ für alle

a, so wäre $e' = e'e = e$. Inverses und Einselement sind also eindeutig bestimmt. Speziell folgt $(c^{-1})^{-1} = c$

Als Untergruppe $\mathfrak{g}$ einer Gruppe $\mathfrak{G}$ bezeichnet man eine Teilmenge von $\mathfrak{G}$, die den Postulaten (α) bis (δ) genügt. Dazu ist notwendig und hinreichend, daß mit a und b auch ab^{-1} in $\mathfrak{g}$ liegt. Beweis: Mit a in $\mathfrak{g}$ muß also $aa^{-1} = e$ in $\mathfrak{g}$ sein. Da e und a in $\mathfrak{g}$ sind, muß $ea^{-1} = a^{-1}$ in $\mathfrak{g}$ liegen. Da a und b^{-1} in $\mathfrak{g}$ liegen, so auch $a(b^{-1})^{-1} = ab$.

Alle Potenzen a^m (mit $a^0 = e$, $a^{-n} = (a^{-1})^n$) eines Elementes bilden eine Untergruppe. Eine Gruppe, deren Elemente Potenzen eines einzigen sind, heißt zyklisch; sie ist damit auch abelsch. Entweder sind alle $a^n \neq a^m$ für $n \neq m$, oder es gibt ein $k > 0$ mit $a^k = e$, denn aus $a^n = a^m$ folgt $a^{n-m} = a^{m-n} = e$. Ist v die kleinste Zahl > 0, so daß $a^v = e$ ist, so sind die v Elemente $a^0 = e, a^1, \ldots, a^{v-1}$ voneinander verschieden und bilden die ganze Gruppe, denn es gilt mit $0 \leq r < v$ $a^m = a^{qv+r} = a^r$. Ist $\mathfrak{g}$ eine Untergruppe dieser zyklischen Gruppe und $s > 0$ der kleinste Exponent mit a^s in $\mathfrak{g}$, so ist für ein a^m aus $\mathfrak{g}$: $a^m = a^{qs+r} = (a^s)^q a^r$, also a^r in $\mathfrak{g}$; wegen $0 \leq r < s$ ist $r = 0$. Also kommen in $\mathfrak{g}$ nur die Elemente $(a^s)^q$ vor. Da $a^n = e$ in $\mathfrak{g}$, ist $n = p \cdot s$, d. h. s ein Teiler von n. Für jeden Teiler s von n ist aber auch $(a^s)^q$ eine Untergruppe der Ordnung p.

§ 2. Nebenklassen und Normalteiler.

Ist $\mathfrak{h}$ eine Teilmenge aus $\mathfrak{G}$ (also nicht notwendig eine Untergruppe!), so bezeichne $a\mathfrak{h}$ die Teilmenge aus $\mathfrak{G}$, die man erhält, wenn man alle Elemente von $\mathfrak{h}$ mit a multipliziert. Ist $\mathfrak{g}$ eine Untergruppe, so heißt $a\mathfrak{g}$ (a aus $\mathfrak{G}$) eine linksseitige Nebenklasse und $\mathfrak{g}a$ eine rechtsseitige. Wenn a aus $\mathfrak{g}$, so ist $a\mathfrak{g} = \mathfrak{g}$ und umgekehrt, da $ae = a$ in $\mathfrak{g}$ sein muß. $a\mathfrak{g} = b\mathfrak{g}$ ist dann und nur dann der Fall, wenn $a^{-1}b$ in $\mathfrak{g}$ liegt; denn wenn $a^{-1}b$ in $\mathfrak{g}$, so ist $b\mathfrak{g} = aa^{-1}b\mathfrak{g} = a(a^{-1}b\mathfrak{g}) = a\mathfrak{g}$; und wenn $a\mathfrak{g} = b\mathfrak{g}$, so ist $a^{-1}b\mathfrak{g} = \mathfrak{g}$, also $a^{-1}b$ in $\mathfrak{g}$. Verschiedene Nebenklassen haben kein gemeinsames Element, denn wenn $a\mathfrak{g}$ und $b\mathfrak{g}$ ein Element, etwa $ac_1 = bc_2$, gemein hatten, so wäre $a^{-1}b = c_1c_2^{-1}$ in $\mathfrak{g}$ und damit die Nebenklassen identisch. Jedes a gehört einer Nebenklasse an, nämlich $a\mathfrak{g}$. Alle Nebenklassen sind gleichmächtig, denn $ac \longleftrightarrow bc$ (c aus $\mathfrak{g}$) ist eine eineindeutige Abbildung von $a\mathfrak{g}$ auf $b\mathfrak{g}$. Alle Nebenklassen zusammen erfüllen die ganze Gruppe $\mathfrak{G}$. Ist j die Anzahl der verschiedenen Nebenklassen, der „Index von $\mathfrak{g}$", N die Ordnung von $\mathfrak{G}$ und n die Ordnung von $\mathfrak{g}$, so ist also $N = j \cdot n$.

Wenn alle linksseitigen Nebenklassen auch gleichzeitig rechtsseitige sind, so muß $a\mathfrak{g} = \mathfrak{g}a$ sein, denn $\mathfrak{g}a$ ist diejenige rechtsseitige Nebenklasse, die mit $a\mathfrak{g}$ das Element a gemein hat. Es ist dann auch $a\mathfrak{g}a^{-1} = \mathfrak{g}$. In diesem Falle heißt $\mathfrak{g}$ *Normalteiler*.

§ 3. Isomorphe und homomorphe Abbildungen.

Sind $\mathfrak{G}$ und $\mathfrak{G}'$ zwei Gruppen, wobei die Elemente von $\mathfrak{G}$ eindeutig auf die von $\mathfrak{G}'$ abgebildet sind $a \to a'$, so daß $a\,b \to a'\,b'$ wird, so heißt $\mathfrak{G}$ homomorph auf $\mathfrak{G}'$ abgebildet, kurz $\mathfrak{G} \sim \mathfrak{G}'$. Aus $e\,a = a$ folgt $e'\,a' = a'$, also ist e' das Einselement in $\mathfrak{G}'$. Aus $a^{-1}\,a = e$ folgt $(a^{-1})'\,a' = e'$, also $(a^{-1})' = (a')^{-1}$.

Ist die Abbildung auch umkehrbar eindeutig, d. h. entsprechen verschiedenen a, b auch verschiedene a', b', so heißt $\mathfrak{G}$ zu $\mathfrak{G}'$ isomorph, kurz $\mathfrak{G} \cong \mathfrak{G}'$.

Ist $\mathfrak{G} \sim \mathfrak{G}'$ und $\mathfrak{n}$ die Teilmenge aus $\mathfrak{G}$, die auf e' abgebildet wird, so ist $\mathfrak{n}$ Normalteiler in $\mathfrak{G}$. Beweis: Mit a und b aus $\mathfrak{n}$ ist $a\,b^{-1} \to e'\,(e')^{-1} = e'\,e' = e'$ und damit $a\,b^{-1}$ in $\mathfrak{n}$, also $\mathfrak{n}$ Untergruppe. Ist d beliebig aus $\mathfrak{G}$, so wird $d\,a \to d'\,e' = d'$, d. h. $d\,\mathfrak{n} \to d'$. Ist umgekehrt $x \to d'$, so ist $d^{-1}x \to (d')^{-1}d' = e'$, also $d^{-1}x$ in $\mathfrak{n}$, also x aus $d\,\mathfrak{n}$. Die Nebenklassen $d\,\mathfrak{n}$ sind also genau die Elemente, die auf d' abgebildet werden. Ebenso hätte man zeigen können, daß $\mathfrak{n}\,d$ die auf d' abgebildeten Elemente sind. Also ist $d\,\mathfrak{n} = \mathfrak{n}\,d$.

Die Nebenklassen eines Normalteilers als Elemente mit der Operation $d_1\mathfrak{n}\,d_2\mathfrak{n}$ bilden eine Gruppe, denn $d_1\mathfrak{n}\,d_2\mathfrak{n} = d_1\,d_2\,\mathfrak{n}\,\mathfrak{n} = d_1\,d_2\,\mathfrak{n}$, $\mathfrak{n}\,(d\,\mathfrak{n}) = d\,\mathfrak{n}$ ($\mathfrak{n}$ also Einselement), $(d^{-1}\mathfrak{n})\,d\,\mathfrak{n} = \mathfrak{n}$. Diese Gruppe heißt die *Faktorgruppe* $\mathfrak{G}/\mathfrak{n}$. Aus $\mathfrak{G} \sim \mathfrak{G}'$ folgt also $\mathfrak{G}' \cong \mathfrak{G}/\mathfrak{n}$ mit $\mathfrak{n}$ als Teilmenge aus $\mathfrak{G}$, die auf e' abgebildet wird.

Andererseits ist $\mathfrak{G} \sim \mathfrak{G}/\mathfrak{n}$ auf Grund der Abbildung $a \to a\,\mathfrak{n}$.

§ 4. Isomorphiesatz.

Es sei $\mathfrak{G} \sim \overline{\mathfrak{G}}$, also $\overline{\mathfrak{G}} \cong \mathfrak{G}/\mathfrak{n}$, wobei $\mathfrak{n}$ die Elemente von $\mathfrak{G}$ umfaßt, die auf $\bar{e}$, das Einselement von $\overline{\mathfrak{G}}$, abgebildet werden. $\mathfrak{h}$ sei eine Untergruppe von $\mathfrak{G}$, die bei der homomorphen Abbildung (von $\mathfrak{G}$ auf $\overline{\mathfrak{G}}$) auf $\overline{\mathfrak{h}}$ abgebildet wird. $\overline{\mathfrak{h}}$ ist dann ebenfalls Untergruppe (von $\overline{\mathfrak{G}}$). Die Gesamtheit aller Elemente aus $\mathfrak{G}$, die auf $\overline{\mathfrak{h}}$ abgebildet werden, sei $\mathfrak{k}$; also umfaßt $\mathfrak{k}$ die Untergruppe $\mathfrak{h}$. Ist a in $\mathfrak{h}$, so ist also $\mathfrak{k}$ die Gesamtheit aller $a\,\mathfrak{n}$ mit a aus $\mathfrak{h}$, d. h. $\mathfrak{k} = \mathfrak{h}\cdot\mathfrak{n}$. Daraus folgt aber, daß $\mathfrak{k}$ Untergruppe von $\mathfrak{G}$ ist, denn sind $a\,n_1$ und $b\,n_2$ (a, b aus $\mathfrak{h}$ und n_1, n_2 aus $\mathfrak{n}$) zwei beliebige Elemente von $\mathfrak{k}$, so ist $a\,n_1\,(b\,n_2)^{-1} = a\,n_1\,n_2^{-1}\,b^{-1} = a\,n_3\,b^{-1}$ (mit $n_3 = n_1\,n_2^{-1} \in \mathfrak{n}$). Da $\mathfrak{n}\,b^{-1} = b^{-1}\,\mathfrak{n}$ ist, folgt $a\,n_3\,b^{-1} = a\,b^{-1}\,n_4$, und dies liegt in $\mathfrak{k}$, da $a\,b^{-1}$ in $\mathfrak{h}$ liegt, weil $\mathfrak{h}$ Untergruppe war. $\mathfrak{k}$ ist also ebenfalls homomorph auf $\overline{\mathfrak{h}}$ abgebildet. Die Elemente, die hierbei auf $\bar{e}$ abgebildet werden, sind $\mathfrak{n}$, denn $\mathfrak{n}$ ist Teil von $\mathfrak{k}$. Damit ist $\overline{\mathfrak{h}} \cong \mathfrak{k}/\mathfrak{n} = \mathfrak{h}\,\mathfrak{n}/\mathfrak{n}$. Aus der homomorphen Abbildung von $\mathfrak{h}$ auf $\overline{\mathfrak{h}}$ folgt genauso $\overline{\mathfrak{h}} \cong \mathfrak{h}/\mathfrak{h} \cap \mathfrak{n}$, wobei $\mathfrak{h} \cap \mathfrak{n}$ der Durchschnitt von $\mathfrak{h}$ und $\mathfrak{n}$ ist, denn $\mathfrak{h} \cap \mathfrak{n}$ sind alle Elemente von $\mathfrak{h}$, die auf $\bar{e}$ abgebildet werden.

Also ist

$$\mathfrak{h}/\mathfrak{n} \cong \mathfrak{h}/\mathfrak{h} \cap \mathfrak{n}. \tag{4.1}$$

Es sei $\mathfrak{G}$ auf $\overline{\mathfrak{G}}$ homomorph abgebildet und $\overline{\mathfrak{G}}$ auf $\overline{\mathfrak{G}}/\overline{\mathfrak{m}}$. Damit ist auch $\mathfrak{G}$ homomorph auf $\overline{\mathfrak{G}}/\overline{\mathfrak{m}}$ abgebildet. Also ist $\overline{\mathfrak{G}}/\overline{\mathfrak{m}} \cong \mathfrak{G}/\mathfrak{m}$, wobei $\mathfrak{m}$ alle Elemente umfaßt, die bei der Abbildung von $\mathfrak{G}$ auf $\overline{\mathfrak{G}}/\overline{\mathfrak{m}}$ auf das Einselement von $\overline{\mathfrak{G}}/\overline{\mathfrak{m}}$ abgebildet werden; das sind aber gerade alle die Elemente, die bei der ersten Abbildung von $\mathfrak{G}$ auf $\overline{\mathfrak{G}}$ auf $\overline{\mathfrak{m}}$ abgebildet werden. $\mathfrak{n}$ sei der Normalteiler, der bei der Abbildung von $\mathfrak{G}$ auf $\overline{\mathfrak{G}}$ auf das Einselement von $\overline{\mathfrak{G}}$ abgebildet wird, so daß $\overline{\mathfrak{G}} \cong \mathfrak{G}/\mathfrak{n}$. Bei dieser homomorphen Abbildung von $\mathfrak{G}$ auf $\overline{\mathfrak{G}}$ wird nun $\mathfrak{m}$ (das $\mathfrak{n}$ enthält) auf $\overline{\mathfrak{m}}$ abgebildet, so daß also $\overline{\mathfrak{m}} \cong \mathfrak{m}/\mathfrak{n}$ ist. Damit folgt aus $\overline{\mathfrak{G}}/\overline{\mathfrak{m}} \cong \mathfrak{G}/\mathfrak{m}$.

$$\mathfrak{G}/\mathfrak{m} \cong (\mathfrak{G}/\mathfrak{n})/(\mathfrak{m}/\mathfrak{n}). \tag{4.2}$$

§ 5. Normalreihen und Kompositionsreihen.

Eine Reihe

$$\mathfrak{G} = \mathfrak{G}_0 \supseteqq \mathfrak{G}_1 \supseteqq \mathfrak{G}_2 \supseteqq \cdots \supseteqq \mathfrak{G}_n = e, \tag{5.1}$$

wobei $\mathfrak{G}_\nu$ Normalteiler von $\mathfrak{G}_{\nu-1}$, $\mathfrak{G}$ eine Gruppe und e ihr Einselement ist, heißt *Normalreihe*, n die Länge der Normalreihe, $\mathfrak{G}_{\nu-1}/\mathfrak{G}_\nu$ die Faktoren der Normalreihe. n ist also auch gleich der Zahl der Faktoren.

Als Verfeinerung wird eine Normalreihe bezeichnet, die neben den Gliedern aus (5.1) noch weitere enthält. Eine Normalreihe mit nur verschiedenen Gliedern heiße Normalreihe ohne Wiederholung.

Als *Kompositionsreihe* wird eine Normalreihe ohne Wiederholung bezeichnet, die keine Verfeinerung gestattet.

Aufgabe Man zeige, daß für eine zyklische Gruppe $\mathfrak{G}$ der Ordnung $n = p\,q\,r$ (p, q, r Primzahlen) $\mathfrak{G} = (a) \supset (a^p) \supset e$ eine Normalreihe und $\mathfrak{G} = (a) \supset (a^p) \supset (a^{pq}) \supset e$ eine Kompositionsreihe ist. (b) bedeutet hierbei die durch die Potenzen von b erzeugte zyklische Gruppe

Zwei Normalreihen heißen isomorph, wenn die Faktoren in irgendeiner Reihenfolge isomorph zueinander sind.

Man zeige, daß für $\mathfrak{G} = (a)$ der Ordnung $n = p\,q\,r$: $\mathfrak{G} \supset (a^p) \supset (a^{pq}) \supset e$ und $\mathfrak{G} \supset (a^q) \supset (a^{qr}) \supset e$ isomorph sind.

Es gilt nun der wichtige Satz von SCHREIER: Zwei beliebige Normalreihen können zu zwei zueinander isomorphen Normalreihen verfeinert werden.

Der Beweis geschieht durch Induktion:

$$
\begin{aligned}
\mathfrak{G} \supseteqq \mathfrak{G}_1 \supseteqq \mathfrak{G}_2 \supseteqq \cdots \supseteqq \mathfrak{G}_r = e \\
\mathfrak{G} \supseteqq \mathfrak{G}'_1 \supseteqq \mathfrak{G}'_2 \supseteqq \cdots \supseteqq \mathfrak{G}'_s = e
\end{aligned}
\tag{5.2}
$$

und

seien die beiden Normalreihen. Für $s = 1$ ist der Satz trivial, da die erste Reihe von selbst eine Verfeinerung der zweiten darstellt.

Für $s = 2$ beweisen wir ihn durch Induktion nach r. Die zweite Normalreihe hat also die Gestalt $\mathfrak{G} \supseteq \mathfrak{G}' \supseteq e$. Für $r = 1$ ist der Satz richtig. Unter der Induktionsvoraussetzung, daß er auch für $r - 1$, $r - 2, \ldots$ richtig ist, haben also[1]

$$\mathfrak{G}_1 \supseteq \mathfrak{G}_2 \supseteq \cdots \supseteq \mathfrak{G}_r = e$$

und

$$\mathfrak{G}_1 \supseteq \mathfrak{G}_1 \cap \mathfrak{G}' \supseteq e \qquad (5.3)$$

isomorphe Verfeinerungen:

und

$$\mathfrak{G}_1 \supseteq \cdots \supseteq \mathfrak{G}_2 \supseteq \cdots \supseteq e \qquad (5.4)$$

$$\mathfrak{G}_1 \supseteq \cdots \supseteq \mathfrak{G}_1 \cap \mathfrak{G}' \supseteq \cdots \supseteq e. \qquad (5.5)$$

Da nach dem Isomorphiesatz $\mathfrak{G}_1 \mathfrak{G}'/\mathfrak{G}' \cong \mathfrak{G}_1/\mathfrak{G}_1 \cap \mathfrak{G}'$ und $\mathfrak{G}_1 \mathfrak{G}'/\mathfrak{G}_1 \cong$ $\cong \mathfrak{G}'/\mathfrak{G}_1 \cap \mathfrak{G}'$ ist, sind also

und

$$\mathfrak{G}_1 \mathfrak{G}' \supseteq \mathfrak{G}_1 \supseteq \mathfrak{G}_1 \cap \mathfrak{G}' \supseteq e \qquad (5.6)$$

$$\mathfrak{G}_1 \mathfrak{G}' \supseteq \mathfrak{G}' \supseteq \mathfrak{G}_1 \cap \mathfrak{G}' \supseteq e \qquad (5.7)$$

isomorphe Normalreihen von $\mathfrak{G}_1 \mathfrak{G}'$. Die erste (5.6) verfeinern wir nach der in (5.5) gegebenen Normalreihe von $\mathfrak{G}_1$ zu

$$\mathfrak{G}_1 \mathfrak{G}' \supseteq \mathfrak{G}_1 \supseteq \cdots \supseteq \mathfrak{G}_1 \cap \mathfrak{G}' \supseteq \cdots \supseteq e.$$

Dann muß sich auch die zweite Reihe (5.7) isomorph zur ersten verfeinern lassen[2].

Also gibt es zwei isomorphe Normalreihen:

und

$$\mathfrak{G}_1 \mathfrak{G}' \supseteq \mathfrak{G}_1 \supseteq \cdots \supseteq \mathfrak{G}_1 \cap \mathfrak{G}' \supseteq \cdots \supseteq e$$

$$\mathfrak{G}_1 \mathfrak{G}' \supseteq \cdots \supseteq \mathfrak{G}' \supseteq \mathfrak{G}_1 \cap \mathfrak{G}' \supseteq \cdots \supseteq e.$$

Dann sind aber auch die Reihen

$$\mathfrak{G} \supseteq \mathfrak{G}_1 \mathfrak{G}' \supseteq \mathfrak{G}_1 \supseteq \cdots \supseteq \mathfrak{G}_1 \cap \mathfrak{G}' \supseteq \cdots \supseteq e$$

$$\mathfrak{G} \supseteq \mathfrak{G}_1 \mathfrak{G}' \supseteq \cdots \cdots \supseteq \mathfrak{G}' \supseteq \mathfrak{G}_1 \cap \mathfrak{G}' \supseteq \cdots \supseteq e$$

---

[1] $\mathfrak{G}_1 \cap \mathfrak{G}'$ ist als Durchschnitt zweier Normalteiler sogar Normalteiler in $\mathfrak{G}$, und damit erst recht in $\mathfrak{G}_1$

[2] Einer Kette $\mathfrak{G} \supseteq \mathfrak{G}_1 \supseteq \cdots \supseteq \mathfrak{H}$ von $\mathfrak{G}$ nach $\mathfrak{H}$ ($\mathfrak{H}$ Normalteiler in $\mathfrak{G}$) entspricht eine Normalreihe $\mathfrak{G}/\mathfrak{H} \supseteq \mathfrak{G}_1/\mathfrak{H} \supseteq \cdots \supseteq \mathfrak{H}/\mathfrak{H} = e$ der Faktorgruppe $\mathfrak{G}/\mathfrak{H}$ und umgekehrt, wobei die Faktoren $(\mathfrak{G}_\nu/\mathfrak{H})/(\mathfrak{G}_{\nu+1}/\mathfrak{H})$ zu den Faktoren der ersten Kette $\mathfrak{G}_\nu/\mathfrak{H}_{\nu+1}$ nach (4.2) isomorph sind. Für zwei isomorphe Normalreihen $\mathfrak{G} \supseteq \mathfrak{G}_1 \supseteq \cdots \supseteq \mathfrak{G}_r = e$ und $\mathfrak{G} \supseteq \mathfrak{G}_1' \supseteq \cdots \supseteq \mathfrak{G}_r' = e$ kann man zu jeder Verfeinerung der ersten eine isomorphe der zweiten finden, da jeder Faktor $\mathfrak{G}_\nu/\mathfrak{G}_{\nu+1}$ zu einem bestimmten Faktor $\mathfrak{G}_\mu'/\mathfrak{G}_{\mu+1}'$ isomorph ist und so einer Verfeinerung zwischen $\mathfrak{G}_\nu$ und $\mathfrak{G}_{\nu+1}$ eine Normalreihe von $\mathfrak{G}_\nu/\mathfrak{G}_{\nu+1}$ entspricht, zu der man eine isomorphe Normalreihe von $\mathfrak{G}_\mu'/\mathfrak{G}_{\mu+1}'$ angeben kann, der wieder eine isomorphe Kette von $\mathfrak{G}_\mu'$ nach $\mathfrak{G}_{\mu+1}'$ entspricht.

isomorph. Die erste von beiden enthält einen Teil $\mathfrak{G}_1 \supseteq \cdots \supseteq e$, der nach (5.4) und (5.5) isomorph zu $\mathfrak{G}_1 \supseteq \cdots \supseteq \mathfrak{G}_2 \supseteq \cdots \supseteq e$ ist, so daß auch die Reihen

$$\mathfrak{G} \supseteq \mathfrak{G}_1 \, \mathfrak{G}' \supseteq \mathfrak{G}_1 \supseteq \cdots \supseteq \mathfrak{G}_2 \supseteq \cdots \supseteq e$$

und

$$\mathfrak{G} \supseteq \mathfrak{G}_1 \, \mathfrak{G}' \supseteq \cdots \supseteq \mathfrak{G}' \supseteq \mathfrak{G}_1 \cap \mathfrak{G}' \supseteq \cdots \supseteq e$$

isomorph sind. Damit haben wir aber die gesuchten Verfeinerungen der Reihen (5.2) gefunden.

Um nun den allgemeinen Fall, r und s beliebig, zu beweisen, nehmen wir r beliebig an und führen den Induktionsschluß nach s aus. Für $s = 1$ und 2 wurde der Satz als richtig eben bewiesen. Er sei richtig für $s - 1, s - 2, \ldots$ Dann folgt, daß

$$\mathfrak{G} \supseteq \mathfrak{G}_1 \supseteq \cdots \supseteq \mathfrak{G}_r = e \quad \text{und} \quad \mathfrak{G} \supseteq \mathfrak{G}_1' \supseteq e$$

isomorphe Verfeinerungen besitzen:

$$\mathfrak{G} \supseteq \cdots \supseteq \mathfrak{G}_1 \supseteq \cdots \supseteq \mathfrak{G}_2 \supseteq \cdots \supseteq e \tag{5.8}$$

und

$$\mathfrak{G} \supseteq \cdots \supseteq \mathfrak{G}_1' \supseteq \cdots \supseteq e. \tag{5.9}$$

Weiter besitzen nach Induktionsvoraussetzung der Teil

$$\mathfrak{G}_1' \supseteq \cdots \supseteq e$$

aus (5.9) und $\mathfrak{G}_1' \supseteq \mathfrak{G}_2' \supseteq \cdots \supseteq \mathfrak{G}_s' = e$ isomorphe Verfeinerungen, da die zweite Reihe nur die Länge $s - 1$ hat:

$$\mathfrak{G}_1' \supseteq \cdots \supseteq e \tag{5.10}$$

und

$$\mathfrak{G}_1' \supseteq \cdots \supseteq \mathfrak{G}_2' \supseteq \cdots \supseteq \mathfrak{G}_s' = e. \tag{5.11}$$

Ersetzt man den Teil $\mathfrak{G}_1' \supseteq \cdots \supseteq e$ aus (5.9) durch (5.10) und schließlich durch (5.11), so gibt es dazu eine isomorphe Verfeinerung von (5.8) auf Grund des in der obigen Anmerkung 2 angegebenen Satzes, womit die gesuchten Verfeinerungen von (5.1) gefunden sind. Zum Schluß kann man natürlich in beiden Reihen alle Wiederholungen streichen, weil dabei die Reihen isomorph bleiben.

Als unmittelbare Folge erhält man den Satz von JORDAN-HOLDER, daß je zwei Kompositionsreihen einer Gruppe $\mathfrak{G}$ isomorph sind, denn ihre isomorphen Verfeinerungen (ohne Wiederholung) müssen mit ihnen selbst identisch sein.

Ebenso folgt sofort, daß, falls $\mathfrak{G}$ wenigstens eine Kompositionsreihe besitzt, sich jede Normalreihe zu einer Kompositionsreihe verfeinern läßt. Man kann also damit Kompositionsreihen z. B. durch jeden Normalteiler von $\mathfrak{G}$ legen.

§ 6. Direktes Produkt.

Eine Gruppe $\mathfrak{G}$ heißt direktes Produkt der beiden Teilmengen $\mathfrak{N}_1$ und $\mathfrak{N}_2$

$$\mathfrak{G} = \mathfrak{N}_1 \times \mathfrak{N}_2,$$

wenn 1. $\mathfrak{G} = \mathfrak{N}_1 \mathfrak{N}_2$, 2. $\mathfrak{N}_1$ und $\mathfrak{N}_2$ Normalteiler in $\mathfrak{G}$ sind und 3. $\mathfrak{N}_1 \cap \mathfrak{N}_2 = e$ ist. Damit gleichbedeutend ist, daß (α) jedes Element von $\mathfrak{G}$: $g = n_1 n_2$ ist mit n_1 aus $\mathfrak{N}_1$ und n_2 aus $\mathfrak{N}_2$, (β) die Elemente aus $\mathfrak{N}_1$ mit denen von $\mathfrak{N}_2$ vertauschbar sind und (γ) n_1, n_2 eindeutig durch $g = n_1 n_2$ bestimmt sind. Aus (1) (2) (3) folgt (α) (β) (γ): (α) ist eine unmittelbare Folge von 1. Ferner ist $n_1 n_2 n_1^{-1}$ in $\mathfrak{N}_2$ enthalten, da $\mathfrak{N}_2$ Normalteiler ist, also ist $n_1 n_2 n_1^{-1} n_2^{-1}$ in $\mathfrak{N}_2$. $n_2 n_1^{-1} n_2^{-1}$ ist aber Element von $\mathfrak{N}_1$, also auch $n_1 n_2 n_1^{-1} n_2^{-1}$. Nach 3. muß also $n_1 n_2 n_1^{-1} n_2^{-1} = e$ sein, woraus (β) folgt. Ist $n_1 n_2 = n_1' n_2'$, so ist $(n_1')^{-1} n_1 = n_2' n_2^{-1}$ sowohl in $\mathfrak{N}_1$ wie $\mathfrak{N}_2$ also gleich e, womit (γ) bewiesen ist. Umgekehrt folgt aus (α) (β) (γ) auch (1) (2) (3). (1) folgt unmittelbar aus (α): Es ist $g \mathfrak{N}_1 g^{-1} = n_1 n_2 \mathfrak{N}_1 n_2^{-1} n_1^{-1} = n_1 \mathfrak{N}_1 n_1^{-1} = \mathfrak{N}_1$, da n_2 mit den Elementen von $\mathfrak{N}_1$ vertauschbar ist; also gilt (2). Liegt m sowohl in $\mathfrak{N}_1$ wie $\mathfrak{N}_2$, so läßt sich m auf zwei Weisen in der Form $n_1 n_2$ darstellen: $m = m e = e m$. Wegen der Eindeutigkeit (γ) muß also $m = e$ sein.

Die Verallgemeinerung auf mehr als einen Faktor

$$\mathfrak{G} = \mathfrak{N}_1 \times \mathfrak{N}_2 \times \cdots \times \mathfrak{N}_\nu$$

liegt auf der Hand: $g = n_1 n_1 \ldots n_\nu$, wobei die n_ν untereinander vertauschbar und eindeutig bestimmt sind.

Aus mehreren erst unabhängig voneinander gegebenen Gruppen $\mathfrak{G}_1, \mathfrak{G}_2, \ldots, \mathfrak{G}_\nu$ kann man leicht eine neue Gruppe definieren mit den Elementen $g = g_1 g_2 \ldots g_\nu$ (unabhängig von der Reihenfolge der g_σ) mit $g g' = g_1 g_1' g_2 g_2' \ldots g_\nu g_\nu'$. Man zeigt leicht

$$\mathfrak{G} = \mathfrak{G}_1 \times \mathfrak{G}_2 \times \cdots \times \mathfrak{G}_\nu.$$

Ist $\mathfrak{G} = \mathfrak{N}_1 \times \mathfrak{N}_2 \times \cdots \times \mathfrak{N}_\nu$ und $\mathfrak{A}_\varrho = \mathfrak{N}_1 \times \mathfrak{N}_2 \times \cdots \mathfrak{N}_{\varrho-1} \times \mathfrak{N}_{\varrho+1} \times \cdots \times \mathfrak{N}_\nu$, so ist $\mathfrak{G} = \mathfrak{N}_\varrho \times \mathfrak{A}_\varrho$ und $\mathfrak{N}_\varrho \cap \mathfrak{A}_\varrho = e$. Also ist nach dem Isomorphiesatz $\mathfrak{G}/\mathfrak{A}_\varrho \cong \mathfrak{A}_\varrho$ und $\mathfrak{G}/\mathfrak{A}_\varrho \cong \mathfrak{N}_\varrho$.

Aus $\mathfrak{G} = \mathfrak{N}_1 \times \mathfrak{N}_2 \times \cdots \times \mathfrak{N}_\nu$ kann man leicht eine Normalreihe

$$\mathfrak{G} \supseteq \mathfrak{G}_1 \supseteq \mathfrak{G}_2 \supseteq \cdots \supseteq \mathfrak{G}_\nu = e$$

gewinnen mit $\mathfrak{G}_\varrho = \mathfrak{N}_1 \times \mathfrak{N}_2 \times \cdots \mathfrak{N}_{\nu-\varrho}$. Die Faktoren dieser Normalreihe sind also

$$\mathfrak{G}_{\varrho-1}/\mathfrak{G}_\varrho \cong \mathfrak{N}_{\nu-\varrho+1}.$$

Eine Gruppe soll irreduzibel genannt werden, falls sie keinen Normalteiler außer dem Einselement und der Gruppe selbst besitzt, andernfalls *reduzibel*. $\mathfrak{G}$ heißt *vollständig reduzibel*, wenn sie direktes

Produkt irreduzibler Faktoren ist. Dann ist die obige Normalreihe Kompositionsreihe und damit die $\mathfrak{N}_\varrho$ bis auf Isomorphie eindeutig bestimmt.

Ist $\mathfrak{G}$ vollständig reduzibel: $\mathfrak{G} = \mathfrak{N}_1 \times \mathfrak{N}_2 \times \cdots \times \mathfrak{N}_\nu$ mit irreduziblen $\mathfrak{N}_\sigma$ und $\mathfrak{M}$ irgendein Normalteiler aus $\mathfrak{G}$, so ist

$$\mathfrak{G} = \mathfrak{M}\,\mathfrak{G} = \mathfrak{M}\,\mathfrak{N}_1\,\mathfrak{N}_2 \ldots \mathfrak{N}_\nu\,.$$

Da $\mathfrak{N}_1$ irreduzibel ist, ist $\mathfrak{M} \cap \mathfrak{N}_1$ entweder e oder $\mathfrak{N}_1$, denn der Durchschnitt zweier Normalteiler ist wieder Normalteiler. Im ersteren Falle ist $\mathfrak{M}\,\mathfrak{N}_1 = \mathfrak{M} \times \mathfrak{N}_1$, im zweiten Falle $\mathfrak{M}\,\mathfrak{N}_1 = \mathfrak{M}$.

Mit $\mathfrak{N}_2$ wiederholt man denselben Schluß und so fort. Daraus folgt:

$$\mathfrak{G} = \mathfrak{M} \times \mathfrak{N}_{i_1} \times \mathfrak{N}_{i_2} \times \cdots \times \mathfrak{N}_{i_\lambda} = \mathfrak{M} \times \mathfrak{A}$$

mit $\mathfrak{A} = \mathfrak{N}_{i_1} \times \mathfrak{N}_{i_2} \times \cdots \times \mathfrak{N}_{i_\lambda}$, wobei $i_1, i_2, \ldots, i_\lambda$ eine Auswahl der Zahlen $1, 2, \ldots \nu$ ist.

§ 7. Gruppen mit Operatoren.

Ist $\mathfrak{G}$ eine Gruppe, so verstehen wir unter einem Operator Ω eine homomorphe Abbildung von $\mathfrak{G}$ auf sich selbst oder einen Teil von sich selbst: $\Omega\,a = a'$; $\Omega(a\,b) = (\Omega\,a)\,(\Omega\,b)$.

Ist eine bestimmte Menge M von Operatoren Ω gegeben, so heißt $\mathfrak{G}$ eine Gruppe mit Operatorenbereich M, kurz $(M)\,\mathfrak{G}$. Unter einer Untergruppe und einem Normalteiler von $(M)\,\mathfrak{G}$ soll *nur* ein solches $\mathfrak{g}$ verstanden werden, das folgende Bedingungen erfüllt: 1. $\mathfrak{g}$ ist Untergruppe bzw. Normalteiler von $\mathfrak{G}$ und 2. $\Omega_i\,\mathfrak{g}$ ist in $\mathfrak{g}$ enthalten für alle zu M gehörigen Operatoren Ω_i, d. h. Anwendung eines Operators auf ein Element von $\mathfrak{g}$ ergibt wieder ein Element von $\mathfrak{g}$. Zur besonderen Hervorhebung werden wir $\mathfrak{g}$ auch öfter als gegenüber M invariante Untergruppe bzw. invarianten Normalteiler bezeichnen.

Unter einer homomorphen Abbildung von $\mathfrak{G}$ auf $\mathfrak{G}'$, kurz $(M)\,\mathfrak{G} \sim (M)\,\mathfrak{G}'$, versteht man nur eine solche, wo auch $\mathfrak{G}'$ denselben Operatorenbereich M besitzt wie $\mathfrak{G}$ und auch $\Omega_i\,a \to \Omega_i\,a'$ für alle Ω_i aus M gilt. Die Isomorphie ist entsprechend definiert.

Ist $\mathfrak{n}$ ein Normalteiler von $(M)\,\mathfrak{G}$ und $\bar{a}$ die Nebenklasse $a\,\mathfrak{n}$, so kann man $\Omega\,\bar{a} = \overline{\Omega\,a}$ definieren, d. h. Ω angewendet auf die Nebenklasse $a\,\mathfrak{n}$ soll die Nebenklasse $(\Omega\,a)\,\mathfrak{n}$ ergeben. Diese Definition der Ω ist eine homomorphe Abbildung von $\mathfrak{G}/\mathfrak{n}$ auf sich (oder einen Teil). Damit hat $\mathfrak{G}/\mathfrak{n}$ denselben Operatorenbereich wie $(M)\,\mathfrak{G}$, so daß wir $(M)\,\mathfrak{G}/\mathfrak{n}$ schreiben können.

Alle in § 1 bis § 6 bewiesenen Sätze und Überlegungen bleiben richtig für Gruppen mit Operatoren (wobei immer nur invariante Untergruppen usw. betrachtet werden dürfen), was man leicht nachweisen kann und deshalb dem Leser überlassen sei.

Als Beispiel betrachten wir eine abelsche Gruppe $\Re$, deren Gruppenoperation wir mit dem $+$-Zeichen schreiben wollen. An die Stelle des direkten Produktes tritt die direkte Summe $\Re = \mathfrak{r}_1 + \mathfrak{r}_2$. Das Einselement wird als Nullelement 0, das reziproke von u als $-u$ bezeichnet. Statt $v + (-u)$ schreiben wir $v - u$. Als Operatorenbereich betrachten wir vorerst den Körper K der komplexen Zahlen $\alpha, \beta, \ldots$, die wir auch rechts von den Elementen schreiben können. Es gilt also $(u_1 + u_2)\,\alpha = u_1\alpha + u_2\alpha$. Außerdem sei $u(\alpha + \beta) = u\alpha + u\beta$ und $u(\alpha\beta) = (u\alpha)\beta$. Daraus folgt, daß ein Produkt $u\alpha = 0$ ist, wenn ein Faktor es ist.

Weiterhin folgt $(-u)\alpha = -(u\alpha);\quad (u_1 - u_2)\alpha = u_1\alpha - u_2\alpha;$ $u(\alpha - \beta) = u\alpha - u\beta$.

$u\,1$ ist nicht notwendig gleich u. Betrachten wir alle Elemente v mit $v\,1 = 0$, so bilden diese eine (invariante) Untergruppe $\mathfrak{r}_0$ ($=$ Normalteiler, da $\Re$ abelsch!). Ist u ein beliebiges Element, so kann man $u = u\,1 + (u - u\,1)$ schreiben. Da $(u - u\,1)\,1 = u\,1 - u\,1 \cdot 1$ $= u\,1 - u\,1 = 0$ ist, ist $u - u\,1$ ein Element von $\mathfrak{r}_0$. Die Elemente $u\,1$ (wo u alle Elemente von $\Re$ durchläuft) bilden eine invariante Untergruppe $\mathfrak{r}_1$. Wegen $(u\,1)\,1 = u(1 \cdot 1) = u\,1$ ist $\mathfrak{r}_1 \cap \mathfrak{r}_0 = 0$. Daher ist $\Re = \mathfrak{r}_1 + \mathfrak{r}_0$. Auf die Elemente von $\mathfrak{r}_1$ wirkt 1 als „Einsoperator". Auf die Elemente von $\mathfrak{r}_0$ wirken alle α als „Nulloperatoren": $v\alpha = v\,1\alpha = 0\alpha = 0$.

Wir wollen jetzt weiter voraussetzen, daß 1 in $\Re$ als Einsoperator wirkt. Dann nennen wir $\Re$ einen linearen *Vektorraum* und die invarianten Untergruppen Teilräume[1]. Der HILBERT-Raum ist nach Axiom I (Anhang I) ein linearer Vektorraum.

Lassen sich alle Elemente (Vektoren) von $\Re$ durch endlich viele von ihnen linear ausdrücken:

$$u = \sum_{i=1}^{n} u_i\,\alpha_i,$$

so nennen wir $\Re$ einen *endlichen* Vektorraum. Die u_i heißen linear unabhängig, wenn $\sum_{i=1}^{n} u_i\,\lambda_i = 0$ nur für $\lambda_1 = \lambda_2 = \cdots = \lambda_n = 0$ möglich ist. Es ist nur notwendig, linear unabhängige $u_1, \ldots, u_n$ zu betrachten, da man sonst einen von ihnen durch die anderen linear ausdrücken kann. Sind die u_i linear unabhängig, so schreiben wir $\Re = (u_1, \ldots, u_n)$ und nennen $u_1, \ldots, u_n$ eine Basis und die u_i Basisvektoren. Der Teilraum, der aus den Vektoren $v\alpha$ (α beliebig) besteht, wird kurz mit (v) bezeichnet und ist irreduzibel; denn wäre $w \neq 0$ ein Element einer invarianten Untergruppe $\mathfrak{F}$ von (v), so wäre $w = v\alpha$ mit einem geeigneten $\alpha \neq 0$ und $w\alpha^{-1} = v\alpha\alpha^{-1} = v$ und damit auch das ganze (v) in $\mathfrak{F}$ enthalten. $\mathfrak{r} = (u_1, \ldots, u_\sigma)$ ist ein Teilraum von $\Re = (u_1, \ldots, u_n)$.

---

[1] Besser Linearmannigfaltigkeit! Anhang I, § 2.

Die Faktorgruppe $\Re/\mathfrak{r}$ hat die Elemente $\mathfrak{r} + w$ mit $w = \sum\limits_{i=\sigma+1}^{n} u_i \alpha_i$, wodurch die Elemente von $\Re/\mathfrak{r}$ eindeutig durch die w charakterisiert sind. Man sieht leicht, daß $\Re/\mathfrak{r} \cong (u_{\sigma+1}, \ldots, u_n)$ ist: $\Re = (u_1, \ldots, u_n)$ ist direkte Summe $\Re = (u_1) + (u_2) + \cdots + (u_n)$. Da die Summanden bis auf Isomorphie eindeutig sind, hat jede andere Basis $(v_1, \ldots, v_n)$ von $\Re$ dieselbe Länge n. n heißt die Dimension von $\Re$. Also ist $\Re/\mathfrak{r}$ ein $(n - \sigma)$ dimensionaler Vektorraum. Ist $\mathfrak{s}$ irgendein Teilraum, so ist $\Re = \mathfrak{s} + (u_{i_1}) + \cdots + (u_{i_\varrho}) = \mathfrak{s} + (u_{i_1}, \ldots, u_{i_\varrho})$. Also ist $\mathfrak{s} \cong \Re/(u_{i_1}, \ldots, u_{i_\varrho})$ und damit ein $(n - \varrho)$ dimensionaler Vektorraum.

Jeder Teilraum $\mathfrak{s}$ von $\Re$ ist also selber Vektorraum mit einer höchstens ebenso großen Dimension wie $\Re$. Wir sehen hierbei, wie die bekannten Sätze über endliche lineare Vektorräume eine Folge allgemeiner gruppentheoretischer Sätze sind.

§ 8. Darstellungsräume.

Ist $\Re$ ein Vektorraum und M ein Bereich von Operatoren Ω_i, die $\Re$ homomorph auf sich oder einen Teil von $\Re$ abbilden, so ist also, da Ω eine homomorphe Abbildung ist, $\Omega(v_1 \alpha_1 + v_2 \alpha_1) = (\Omega v_1) \alpha_1 + (\Omega v_2) \alpha_2$. Wir nennen die Ω auch lineare Operatoren. Relativ zu einer Basis $u_1, \ldots, u_n$ von $\Re$ läßt sich Ω durch eine *Matrix* darstellen:

$$\Omega u_i = \sum_{k=1}^{n} u_k \omega_{ki}; \qquad \Omega = \begin{pmatrix} \omega_{11} & \omega_{12} & \ldots & \omega_{1n} \\ \omega_{21} & \omega_{22} & \ldots & \omega_{2n} \\ \vdots & \vdots & & \vdots \\ \omega_{n1} & \omega_{n2} & \ldots & \omega_{nn} \end{pmatrix}.$$

Für einen beliebigen Vektor $v = \sum\limits_{i=1}^{n} u_i \alpha_i$ ist dann

$$\Omega v = \sum_{i=1}^{n} (\Omega u_i) \alpha_i = \sum_{k=1}^{n} u_k \left(\sum_{i=1}^{n} \omega_{ki} \alpha_i \right).$$

Bei Änderung der Basis ändert sich auch die Matrix.

Als Spur eines Operators Ω wird

$$\mathrm{Sp}(\Omega) = \sum_{\nu} \omega_{\nu\nu}$$

definiert. Der Wert der Spur ist unabhängig von der Basiswahl: Führt man durch $u_l' = \sum\limits_{k} u_k a_{kl}$ eine neue Basis ein, so erhält man die Matrix (ω_{ik}') irgendeines Operators Ω in bezug auf die u_l' durch $(a_{il})^{-1} (\omega_{lm}) (a_{mk})$. Daher ist die Determinante $|\Omega - \lambda\,\mathbf{1}|$ unabhängig von der Basiswahl; und $\mathrm{Sp}(\Omega)$ ist der Koeffizient von $(-\lambda)^{n-1}$ bei der Entwicklung von $|\Omega - \lambda\,\mathbf{1}|$ nach Potenzen von λ.

$(M)\Re$ wird auch als Darstellungsraum für den Operatorenbereich M bezeichnet. Ist $\Re$ irreduzibel, so nennen wir auch die Darstellung von M irreduzibel. Unter einem maximalen Teilraum $\mathfrak{r}$ von $(M)\Re$ verstehen wir eine gegenüber M und K (= Körper der komplexen Zahlen) invariante Untergruppe von $\Re$, die in keiner anderen invarianten Untergruppe von $(M)\Re$ enthalten ist als in $(M)\Re$ und $\mathfrak{r}$ selbst[1]. Suchen wir nun in $\Re$ einen maximalen Teilraum $\mathfrak{z}_1$, in $\mathfrak{z}_1$ einen maximalen $\mathfrak{z}_2$ usw., so bildet

$$\Re = \mathfrak{z}_0 \supseteqq \mathfrak{z}_1 \supseteqq \mathfrak{z}_2 \supseteqq \cdots \supseteqq \mathfrak{z}_l = 0 \tag{8.1}$$

eine Kompositionsreihe, da die $\mathfrak{z}_\nu/\mathfrak{z}_{\nu+1}$ irreduzibel sein müssen.

Diese Reihe ist bis auf Isomorphie eindeutig bestimmt. Sind zwei Vektorräume $(M)\Re$ und $(M)\Re'$ mit demselben Operatorenbereich M isomorph zueinander, so nennen wir die Darstellungen von M in den beiden Vektorräumen äquivalent. Der Kompositionsreihe (8.1) können wir eine Basis $u_1, u_2, \ldots, u_n$ von $\Re$ anpassen in dem Sinne, daß

$$(u_1, u_2, \ldots, u_n) = \Re; \quad (u_{\sigma_1}, \ldots, u_n) = \mathfrak{z}_1, \quad (u_{\sigma_2}, \ldots, u_n) = \mathfrak{z}_2, \ldots$$

wird mit $\sigma_1 < \sigma_2 < \cdots$. Die Matrix für einen Operator Ω aus M hat dann also die Form

$$\Omega = \begin{bmatrix} \Omega_{11} & & \\ \hline \Omega_{21} & \Omega_{22} & \quad 0 \\ \hline \cdot\cdot & \cdots & \cdots \end{bmatrix},$$

wo also rechts oben lauter Nullen stehen. Das Quadrat Ω_{11} hat $\sigma_1 - 1$ Zeilen und Spalten, das Quadrat Ω_{22} hat $\sigma_2 - \sigma_1$ Zeilen und Spalten usw.

Betrachtet man die Faktorgruppe $\mathfrak{z}_{i-1}/\mathfrak{z}_i$ mit der Basis $v_\nu = u_\nu + \mathfrak{z}_i$. mit $\sigma_{i-1} \leqq \nu < \sigma_i$ und mit der Definition von $\Omega v_\nu = \Omega u_\nu + \mathfrak{z}_i$, so sieht man, daß die Darstellung von Ω in $\mathfrak{z}_{i-1}/\mathfrak{z}_i$ durch das Quadrat Ω_{ii} gegeben ist. Die Ω_{ii} sind irreduzible Darstellungen von M und als Darstellungen in den Faktoren der Kompositionsreihe (8.1) bis auf Äquivalenz eindeutig durch $(M)\Re$ bestimmt.

Ist $\Re$ sogar direkte Summe irreduzibler Teilräume

$$\Re = \mathfrak{r}_1 + \mathfrak{r}_2 + \cdots + \mathfrak{r}_\varrho,$$

so nennt man die Darstellung M in $\Re$ vollständig reduzibel. Paßt man die Basis wieder dieser Zerlegung an, $\mathfrak{r}_1 = (u_1, \ldots, U_{\sigma_1-1})$, $\mathfrak{r}_2 = (U_{\sigma_1}, \ldots, u_{\sigma_2}), \ldots$, so hat die Matrix eines Operators Ω aus M

---

[1] Es gibt in jedem Vektorraum einen maximalen Teilraum, da jede Untergruppe $\mathfrak{r}_1$ die $\mathfrak{r}_2$ echt umfaßt, eine größere Dimension als $\mathfrak{r}_2$ haben muß, aber $\Re$ selbst nur eine endliche Dimension hat.

die Gestalt.

$$\Omega = \begin{bmatrix} \Omega_{11} & & \\ & \Omega_{22} & 0 \\ 0 & & \cdots \end{bmatrix},$$

wobei Ω_{ii} die Darstellung von Ω in $\mathfrak{r}_i$ angibt. Die irreduziblen $\mathfrak{r}_i$ sind bis auf die Reihenfolge und Isomorphie eindeutig bestimmt. Ist $\mathfrak{s}$ irgendein invarianter Teilraum von $\mathfrak{R}$, so ist also nach S. 409

$$\mathfrak{R} = \mathfrak{s} + \mathfrak{r}_{i_1} + \cdots + \mathfrak{r}_{i_\tau},$$

wobei $\mathfrak{r}_{i_1}, \ldots, \mathfrak{r}_{i_\tau}$ eine Auswahl aus den $\mathfrak{r}_1, \mathfrak{r}_2, \ldots, \mathfrak{r}_\varrho$ ist. Daraus folgt $\mathfrak{R}/\mathfrak{s} \cong \mathfrak{r}_{i_1} + \mathfrak{r}_{i_2} + \cdots + \mathfrak{r}_{i_\tau}$. Ist $\mathfrak{R}'$ ein Vektorraum, auf den $\mathfrak{R}$ homomorph abgebildet ist, so ist $\mathfrak{R}' \cong \mathfrak{R}/\mathfrak{s}$ mit einem passenden $\mathfrak{s}$. Also ist $\mathfrak{R}' \cong \mathfrak{r}_{i_1} + \mathfrak{r}_{i_2} + \cdots + \mathfrak{r}_{i_\tau}$.

Jedes homomorphe Bild eines vollständig reduziblen Vektorraumes mit Operatorenbereich ist also isomorph der direkten Summe einiger seiner irreduziblen Bestandteile.

Faßt man in der Zerlegung $\mathfrak{R} = \mathfrak{r}_1 + \mathfrak{r}_2 + \cdots + \mathfrak{r}_\varrho$ die zueinander isomorphen Teilräume zusammen:

$$\mathfrak{R} = \underbrace{\mathfrak{r}_1 + \mathfrak{r}_2 + \cdots \mathfrak{r}_{k_1}} + \underbrace{\mathfrak{r}_{k_1+1} + \cdots + \mathfrak{r}_{k_2}} + \cdots \tag{8.2}$$
$$\mathfrak{R} = \qquad\quad \mathfrak{s}_1 \qquad + \qquad \mathfrak{s}_2 \qquad + \cdots,$$

wobei die $\mathfrak{s}_i$ immer eine Gruppe von zueinander isomorphen $\mathfrak{r}_\nu$ enthalten, so sind die $\mathfrak{s}_i$ nicht nur bis auf Isomorphie, sondern überhaupt eindeutig festgelegt. Denn wäre

$$\mathfrak{R} = \mathfrak{s}_1' + \mathfrak{s}_2' + \cdots$$

eine zweite solche Zerlegung, wo wir einfachheitshalber schon gleich $\mathfrak{s}_1' \cong \mathfrak{s}_1$; $\mathfrak{s}_2' \cong \mathfrak{s}_2$; ... annehmen können, und v ein Vektor aus $\mathfrak{s}_1'$, so ist nach der ersten Zerlegung (8.2)

$$v = v_1 + v_2 + \cdots$$

mit v_i aus $\mathfrak{s}_i$. Die Abbildung $v \to v_2$ ist eine homomorphe Abbildung von $\mathfrak{s}_1'$ auf $\mathfrak{s}_2$, also muß $\mathfrak{s}_2$ einem Teil der irreduziblen Bestandteile von $\mathfrak{s}_1'$ isomorph sein. Da aber die irreduziblen Bestandteile von $\mathfrak{s}_1'$ und die von $\mathfrak{s}_2$ nicht isomorph sind, bleibt nur übrig, daß $v \to v_2$ die Null-abbildung (d. h. $v_2 = 0$) ist. Ebenso folgt $v_3 = v_4 = \cdots 0$. Also ist $v = v_1$, also $\mathfrak{s}_1' \subseteq \mathfrak{s}_1$. Ebensogut $\mathfrak{s}_1 \subseteq \mathfrak{s}_1'$, also $\mathfrak{s}_1' = \mathfrak{s}_1$.

Daß die $\mathfrak{r}_i$ selber nicht eindeutig bestimmt sind, sieht man sehr leicht: Es sei $\mathfrak{r}_1 = (v_1, \ldots, v_r)$, $\mathfrak{r}_2 = (w_1, \ldots, w_r)$, wobei die Basen isomorph gewählt seien, d. h. daß bei der isomorphen Abbildung von $\mathfrak{r}_1$ auf $\mathfrak{r}_2$ v_i auf w_i abgebildet wird. Dann ist aber

$$\mathfrak{r}_1 + \mathfrak{r}_2 = \mathfrak{r}_1' + \mathfrak{r}_2'$$

mit

$$\mathfrak{r}'_1 = (v_1 + w_1,\, v_2 + w_2,\, \ldots,\, v_r + w_r),\quad \mathfrak{r}'_2 = (v_1 - w_1,\, v_2 - w_2,\, \ldots,\, v_r - w_r).$$

Ist der Operatorenbereich M von $\mathfrak{R}$ eine Gruppe $\mathfrak{G}$ mit den Elementen $a,\, b,\, c,\, \ldots$ derart, daß neben den bisherigen Bedingungen für M noch $(a\,b)\,u = a\,(b\,u)$ gilt, so sprechen wir von einer Darstellung der Gruppe $\mathfrak{G}$ im Darstellungsraum $(\mathfrak{G})\,\mathfrak{R}$. Eine solche Darstellung heißt irreduzibel, wenn $(\mathfrak{G})\,\mathfrak{R}$ irreduzibel ist. Darstellungen einer Gruppe spielen in der Quantentheorie eine wichtige Rolle.

§ 9. Die mit einer Darstellung vertauschbaren Operatoren.

Haben wir zwei Vektorräume $(M)\,\mathfrak{R}$ und $(M)\,\mathfrak{S}$ mit demselben Operatorenbereich, so können wir nach den homomorphen Abbildungen von $(M)\,\mathfrak{R}$ auf $(M)\,\mathfrak{S}$ oder einen Teil von $(M)\,\mathfrak{S}$ fragen. Eine solche Abbildung ist eine Zuordnungsvorschrift, die jedem Vektor v aus $\mathfrak{R}$ einen Vektor w aus $\mathfrak{S}$ zuordnet. Wir schreiben $w = T v$. Da $T(v_1 \alpha_1 + v_2 \alpha_2) = (T v_1) \alpha_1 + (T v_1) \alpha_2$ sein muß, denn T ist eine homomorphe Abbildung, ist also T ein linearer Operator. Ist Ω ein Operator aus M, so muß auch Ωv auf Ωw abgebildet werden, d. h.

$$\Omega w = T \Omega v;\quad \Omega T v = T \Omega v.$$

Da v beliebig ist, schreiben wir kurz $\Omega T = T \Omega$. Das Aufsuchen der homomorphen Abbildungen von $(M)\,\mathfrak{R}$ auf $(M)\,\mathfrak{S}$ ist also identisch mit der Frage nach den mit allen Ω aus M vertauschbaren linearen Operatoren.

Man schreibe sich die Matrixform von Ω und T auf, indem man in $\mathfrak{R}$ und $\mathfrak{S}$ Basen einführt. Da die Dimensionen von $\mathfrak{R}$ und $\mathfrak{S}$ verschieden sein können, haben die Ω zugeordneten quadratischen Matrizen in $\mathfrak{R}$ und $\mathfrak{S}$ eine verschiedene Zahl von Zeilen ($=$ Zahl von Spalten). T ist eine rechteckige Matrix!

Um T zu finden, betrachten wir erst den Fall, daß $\mathfrak{R}$ irreduzibel ist. Da $\mathfrak{R}/\mathfrak{r} \cong \mathfrak{S}$ mit einem geeigneten $\mathfrak{r}$ sein muß und $\mathfrak{R}$ irreduzibel ist, ist also $\mathfrak{r} = 0$ oder $\mathfrak{r} = \mathfrak{R}$. Also ist T entweder eine isomorphe Abbildung (für $\mathfrak{r} = 0$) oder aber die Nullabbildung $T v = 0$ (für $\mathfrak{r} = \mathfrak{R}$).

Ist T nicht der Nulloperator, so ist also $\mathfrak{R} \cong$ Teilraum $\mathfrak{z}$ von $\mathfrak{S}$. Wir können der Einfachheit halber gleich annehmen, daß $\mathfrak{z} = \mathfrak{S}$, denn sonst zerlegen wir $\mathfrak{S} = \mathfrak{z} + \mathfrak{t}$. T bildet also $\mathfrak{R}$ isomorph auf $\mathfrak{S}$ ab. Gibt es mehrere solcher isomorphen Abbildungen von $\mathfrak{R}$ auf $\mathfrak{S}$, wenn es eine gibt? E sei eine dieser isomorphen Abbildungen. Wir betrachten dann die Abbildung $T - \tau E$, wobei wir τ so wählen, daß es einen Vektor v mit $(T - \tau E)\,v = 0$ gibt. Dazu braucht man in $\mathfrak{R}$ und $\mathfrak{S}$ nur Basen einzuführen und τ so zu bestimmen, daß die Determinante $|T - \tau E| = 0$ wird. Führt man in $\mathfrak{R}$ eine Basis $v_1,\, v_2,\, \ldots,\, v_n$ ein und in $\mathfrak{S}$ die Basis $w_1 = E v_1,\, w_2 = E v_2,\, \ldots,\, w_n = E v_n$, so wird E

speziell durch die Einheitsmatrix dargestellt. $T' = T - \tau E$ ist ebenfalls eine homomorphe Abbildung von $\Re$ auf $\mathfrak{S}$. Also ist entweder $T' = 0$ oder T' eine isomorphe und damit eineindeutige Abbildung. Das letzte ist unmöglich, da es neben 0 auch einen anderen Vektor $v \neq 0$ gibt, für den $T'v = 0$ ist. Daher muß $T = \tau E$ sein. Zusammenfassend ergibt sich der Satz: Alle homomorphen oder isomorphen Abbildungen eines irreduziblen Teilraumes $\Re$ auf einen zu $\Re$ isomorphen $\mathfrak{S}$ sind Vielfache einer dieser isomorphen Abbildungen.

Ist $\mathfrak{S} = \Re$, so können wir E als Einheitsoperator wählen. Damit folgt: Die mit einer irreduziblen Darstellung vertauschbaren linearen Operatoren sind die Vielfachen des Einheitsoperators.

Wir wollen jetzt annehmen, daß $\Re$ vollständig reduzibel ist:

$$\underset{}{\Re} = \underbrace{\mathfrak{r}_{11} + \mathfrak{r}_{12} + \cdots + \mathfrak{r}_{1\sigma}}_{\mathfrak{s}_1} + \underbrace{\mathfrak{r}_{21} + \cdots + \mathfrak{r}_{2\varrho}}_{\mathfrak{s}_2} + \cdots \tag{9.1}$$

wobei die $\mathfrak{r}_{1\nu}$ die untereinander isomorphen, irreduzibeln Teilräume sind, entsprechend die $\mathfrak{r}_{2\nu}$ usw. Wir wissen schon, daß die $\mathfrak{s}_\nu$ eindeutig bestimmt sind. Gesucht sind alle homomorphen Abbildungen T von $\Re$ auf sich (oder einen Teil von sich). Wir wählen in den $\mathfrak{r}_{\tau\mu}$ Basen, die in isomorphen $\mathfrak{r}_{\tau\mu}$ auch isomorph zueinander gewählt werden. Daher ist eine der möglichen isomorphen Abbildungen von $\mathfrak{r}_{\tau\mu}$ auf $\mathfrak{r}_{\tau\nu}$ durch eine Einheitsmatrix E gegeben.

Ist v_{11} ein Vektor aus $\mathfrak{r}_{11}$, so können wir eindeutig $w = T v_{11}$ nach den $\mathfrak{r}_{\tau\mu}$ zerlegen:

$$w = T v_{11} = w_{11} + w_{12} + \cdots + w_{1\sigma} + w_{21} + w_{22} + \cdots + w_{2\varrho} + \cdots$$

$$v_{11} \to w = T v_{11} \to w_{11} \quad \text{oder} \quad w_{12}, \ldots \quad \text{oder} \quad w_{1\sigma}, \quad \text{oder} \quad w_{21}, w_{22}, \ldots$$

sind homomorphe Abbildungen von $\mathfrak{r}_{11}$ auf $\mathfrak{r}_{11}$ bzw. $\mathfrak{r}_{12} \ldots$ bzw. $\mathfrak{r}_{1\sigma}$, bzw. $\mathfrak{r}_{21}$, $\mathfrak{r}_{22}, \ldots$. Nach dem oben Bewiesenen sind also alle $w_{21} = w_{22} = \cdots = 0$, da die $\mathfrak{r}_{21}$, $\mathfrak{r}_{22} \ldots$ nicht isomorph zu $\mathfrak{r}_{11}$ sind. Die Abbildungen $\mathfrak{r}_{11} \to \mathfrak{r}_{1\lambda}$ sind nach obigem durch $\tau^{(1)}_{\lambda 1} E$, d. h. ein Vielfaches der Einheitsmatrix gegeben. So sieht man, daß die ganze Abbildung T gegeben ist durch die Matrix

$$T = \left|
\begin{array}{ccc|ccc|c}
\tau^{(1)}_{11} E & \tau^{(1)}_{12} E \ldots \tau^{(1)}_{1\varrho} E & & & & & \\
\tau^{(1)}_{21} E & \tau^{(1)}_{22} E \ldots \tau^{(1)}_{2\sigma} E & & & & & \\
\vdots & \vdots & & & & & \\
\tau^{(1)}_{\sigma 1} E & \tau^{(1)}_{\sigma 2} E \ldots \tau^{(1)}_{\sigma\sigma} E & & & & & \\
\hline
& & & \tau^{(2)}_{11} E \ldots \tau^{(2)}_{1\varrho} E & & & \\
& & & \vdots \qquad\quad \vdots & & & \\
& & & \tau^{(2)}_{\varrho 1} E \ldots \tau^{(2)}_{\varrho\varrho} E & & & \\
& & & & & & \text{usw.}
\end{array}
\right| \tag{9.2}$$

T transformiert also die Teilräume $\mathfrak{z}_\nu$ in sich. Betrachten wir den Teilraum $\mathfrak{z}_1$. Die Basisvektoren seien in

$$
\begin{aligned}
\mathfrak{r}_{11} &= (v_{11}, v_{12}, \ldots, v_{1n})\\
\mathfrak{r}_{12} &= (v_{21}, v_{22}, \ldots, v_{2n})\\
&\ \ \vdots\\
\mathfrak{r}_{1\sigma} &= (v_{\sigma 1}, v_{\sigma 2}, \ldots, v_{\sigma n}).
\end{aligned}
\tag{9.3}
$$

Dann ist also:

$$
T v_{\mu\nu} = \sum_\varrho v_{\varrho\nu}\, \tau_{\varrho\mu}.
\tag{9.4}
$$

Die Teilräume

$$
\begin{aligned}
\mathfrak{t}_{11} &= (v_{11}, v_{21}, \ldots, v_{\sigma 1})\\
\mathfrak{t}_{12} &= (v_{12}, v_{22}, \ldots, v_{\sigma 2})\\
&\ \ \vdots\\
\mathfrak{t}_{1n} &= (v_{1n}, v_{2n}, \ldots, v_{\sigma n}),
\end{aligned}
\tag{9.5}
$$

die also von den Spalten des Schemas (9.3) der Basisvektoren aufgespannt werden, werden durch T in sich übergeführt. Betrachten wir als Operatorenbereich in $\mathfrak{R}$ alle Homomorphismen T, so sind die $\mathfrak{t}_{11}$, $\mathfrak{t}_{12}, \ldots, \mathfrak{t}_{1u}; \mathfrak{t}_{21}, \ldots$ usw. die zugehörigen irreduziblen Teilräume ($\mathfrak{t}_{\nu\mu}$ sind irreduzibel, da die $\tau_{\varrho\mu}$ beliebig sind). $\mathfrak{t}_{11}$ bis $\mathfrak{t}_{1n}$ sind isomorph zueinander: Die Transformation T ist in allen $\mathfrak{t}_{11}, \ldots, \mathfrak{t}_{1n}$ nach (9.2) durch die gleiche Matrix $\tau_{\varrho\mu}$ gegeben.

§ 10. Unitäre Vektorräume.

Ein linearer n-dimensionaler Vektorraum $\mathfrak{R}$ heißt ein unitärer Raum, wenn in ihm ein „inneres Produkt" zwischen je zwei Vektoren definiert ist, das dem Axiom II des HILBERT-Raumes genügt. Man könnte einen solchen Vektorraum auch als endlichdimensionalen HILBERT-Raum bezeichnen.

Ein linearer Operator A heißt Hermitesch, wenn $(u, A v) = (A u, v)$ ist.

Ein linearer Operator U heißt unitär, wenn $\|U v\| = \|v\|$ ist, wobei $\|w\| = \sqrt{(w, w)}$ sei. Daraus folgt $(U u, U v) = (u, v)$, weil $\big(U(u + v), U(u + v)\big) = (u + v, u + v)$ ist. Weiterhin ist dann wegen $(U u, U v) = (u, U^* U v) = (u, v)$ für alle u und v: $U^* U = 1$. U besitzt daher auch eine Reziproke mit $U U^{-1} = 1$. Aus $U^* U U^{-1} = U^{-1}$ folgt dann $U^{-1} = U^*$, d. h. $U U^* = 1$. Nach dem SCHMIDTschen Orthogonalisierungsverfahren (S. 379) kann man immer eine Basis so wählen, daß die Basisvektoren die Länge Eins haben und zueinander orthogonal sind (u heißt zu v orthogonal, wenn $(u, v) = 0$ ist). In bezug auf eine solche Basis genügen die Matrixelemente eines HERMITESchen Operators A der Relation $a_{\nu\mu} = \overline{a_{\mu\nu}}$ (Anhang I, § 3).

Die zu einem Teilraum $\mathfrak{r}$ von $\mathfrak{R}$ orthogonalen Vektoren bilden einen Teilraum $\mathfrak{r}'$. Es gilt $\mathfrak{R} = \mathfrak{r} + \mathfrak{r}'$ (wobei erst nur die komplexen Zahlen als Operatorenbereich benutzt sind), d. h. $\mathfrak{R}$ ist direkte Summe von $\mathfrak{r}$ und $\mathfrak{r}'$, denn $\mathfrak{r}$ und $\mathfrak{r}'$ haben nur den Nullvektor gemein, und jeder Vektor kann zerlegt werden: $u = v + v'$ mit v aus $\mathfrak{r}$ und v' aus $\mathfrak{r}'$. (Das letzte folgt z. B. so: Ist $v_1, \ldots, v_\sigma$ mit $(v_\nu, v_\mu) = \delta_{\nu\mu}$ eine Basis in $\mathfrak{r}$, so ist $v = \sum_{\nu=1}^{\sigma} v_\nu (v_\nu, u)$ und $v' = v - \sum_{\nu=1}^{\sigma} v_\nu (v_\nu, u)$). In dem Falle, wo die Teilräume orthogonal aufeinander sind, schreiben wir statt $+$ das Zeichen $\oplus$, also $\mathfrak{R} = \mathfrak{r} \oplus \mathfrak{r}'$ (siehe Anhang I, § 2). Ist nun $\mathfrak{r}$ ein zu einem unitären oder Hermiteschen Operator invarianter Teilraum, so ist es auch $\mathfrak{r}'$; denn aus $w \perp \mathfrak{r}$ folgt mit v aus $\mathfrak{r}$: 1. $(v, A w) = (A v, w) = 0$, da $A v$ in $\mathfrak{r}$ liegt, oder 2. $(U v, U w) = (v, w) = 0$. $U v$ aber durchlauft alle Vektoren von $\mathfrak{r}$, wenn v alle Vektoren von $\mathfrak{r}$ durchläuft; denn eine n. o. Basis von $\mathfrak{r}$ geht wieder in ein System n. o. Vektoren von $\mathfrak{r}$[1], d. h. in eine Basis über.

Ein unitärer Vektorraum $\mathfrak{R}$ mit einem System M von Operatoren, die teils unitär, teils Hermitesch sind, ist also *immer vollständig* reduzibel, da mit $\mathfrak{r}$ auch immer $\mathfrak{r}'$ invarianter Teilraum ist. Sind außerdem die Operatoren von M untereinander vertauschbar (z. B. $A (B v) = B (A v)$), so sind die irreduziblen Teilräume $\mathfrak{r}_\nu$ in $\mathfrak{R} = \mathfrak{r}_1 \oplus \mathfrak{r}_2 \oplus \cdots$ alle eindimensional: Wir brauchen nur zu zeigen, daß ein mehrdimensionaler invarianter Teilraum $\mathfrak{r}$ nicht irreduzibel sein kann. Wir greifen einen der Operatoren, z. B. A (Hermitesch oder unitär) heraus, der in $\mathfrak{r}$ nicht ein Vielfaches der Einheitsmatrix ist[2]. Wir suchen in $\mathfrak{r}$ einen Vektor w mit $A w = \alpha w$. Unter Benutzung einer Basis lauft dies auf die Lösung eines homogenen linearen Gleichungssystems hinaus, dessen Determinante $|A - \alpha \mathbf{1}| = 0$ sein muß, damit ein Vektor w gefunden werden kann. Der von w aufgespannte Teilraum von $\mathfrak{r}$ ist also invariant gegenüber A. Wir können also $\mathfrak{r} = \mathfrak{t}_1 \oplus \mathfrak{t}_2 \oplus \oplus \cdots \oplus \mathfrak{t}_n$ in irreduzible, zumindest gegenüber A invariante eindimensionale $\mathfrak{t}_\nu$ zerlegen. Die (nur in bezug auf A als einzigen Operator) untereinander isomorphen $\mathfrak{t}_\nu$ können zusammengefaßt werden zu Teilräumen $\mathfrak{z}_1, \mathfrak{z}_2, \ldots$: $\mathfrak{r} = \mathfrak{z}_1 \oplus \mathfrak{z}_2 \oplus \cdots$. Für alle Vektoren aus $\mathfrak{t}_\nu$ gilt $A w = \alpha_\nu w$. Wir nennen sie Eigenvektoren zum Eigenwert α_ν. Da isomorphe $\mathfrak{t}_\nu$ durch A isomorph transformiert werden, sind also alle Vektoren aus $\mathfrak{z}_\varrho$ Eigenvektoren zu *demselben* Eigenwert. Diese „Eigenraume" $\mathfrak{z}_\varrho$ sind also eindeutig bestimmt. Da die übrigen Operatoren aus M mit A vertauschbar sein sollen, lassen sie also nach dem vorigen Paragraphen die $\mathfrak{z}_\varrho$ invariant. $\mathfrak{r}$ ist also in bezug auf M nicht irreduzibel;

---

[1] Orthogonale Vektoren sind immer linear unabhangig!

[2] Sind alle Operatoren aus M in $\mathfrak{r}$ Vielfache der Einheitsmatrix, so ist der Satz trivial.

es sei denn, daß $\mathfrak{r} = \mathfrak{z}$, d. h. aus einem einzigen $\mathfrak{z}$ besteht; dann aber wäre A entgegen der Voraussetzung ein Vielfaches der Einheitsmatrix in $\mathfrak{r}$.

§ 11. Darstellungen endlicher Gruppen.

Ist der Operatorenbereich eines Vektorraumes $\mathfrak{R}$ eine Gruppe $\mathfrak{G}$ endlicher Ordnung, so ist $\mathfrak{R}$ vollständig reduzibel. Dies zeigen wir, indem wir in $\mathfrak{R}$ ein „inneres Produkt" definieren, so daß in bezug auf dieses die Operatoren aus $\mathfrak{G}$ unitär sind. Ist $u_1, \ldots, u_n$ eine Basis von $\mathfrak{R}$, so definieren wir eine Funktion $F(u, v)$ durch:

$$F(u, v) = \sum_{\nu=1}^{n} \overline{\alpha_\nu}\, \beta_\nu \quad \text{fur} \quad u = \sum_{\nu=1}^{n} u_\nu \alpha_\nu \quad \text{und} \quad v = \sum_{\nu=1}^{n} u_\nu \beta_\nu.$$

Die Elemente der Gruppe und damit der Operatoren von $\mathfrak{R}$ seien mit $a, b, c, \ldots$ bezeichnet. $\sum\limits_{a}$ oder $\sum\limits_{b}$ soll bedeuten, daß über alle endlich vielen Gruppenelemente zu summieren ist. Wir definieren nun als inneres Produkt:

$$(u, v) = \sum_{a} F(a\,u,\, a\,v). \tag{11.1}$$

Ist b ein anderes Element, so ist mit $c = a\,b$

$$(b\,u,\, b\,v) = \sum_{a} F(a\,b\,u,\, a\,b\,v) = \sum_{c} F(c\,u,\, c\,v) = (u, v),$$

denn mit a durchläuft auch $c = a\,b$ (bei festem b!) alle Elemente der Gruppe einmal, da die Gleichung $c = a\,b$ durch $a = c\,b^{-1}$ eindeutig umkehrbar ist. Damit sind also alle Gruppenelemente b unitär in bezug auf das definierte innere Produkt.

Um alle möglichen irreduziblen Darstellungen[1] (bis auf Isomorphie) zu finden, betrachten wir den Gruppenring $\mathfrak{R}_\mathfrak{g}$. Seine Elemente sind definiert durch alle (formalen) Summen $\sum\limits_{a} \beta_a\, a$, wobei die β_a beliebige komplexe Zahlen seien. Die Summe zweier Ringelemente soll durch $(\sum\limits_{a} \beta_a\, a) + (\sum\limits_{a} \gamma_a\, a) = \sum\limits_{a} (\beta_a + \gamma_a)\, a$, das Produkt durch $(\sum\limits_{a} \beta_a\, a)(\sum\limits_{b} \gamma_b\, b) = \sum\limits_{a,b} \beta_a \gamma_b\, a\, b$ gegeben sein. Man sieht leicht, daß die üblichen Rechenregeln für Addition und Multiplikation von Ringelementen gelten. Das Einselement e von $\mathfrak{G}$ ist auch Einselement des Ringes.

In bezug auf die Addition ist also $\mathfrak{R}_\mathfrak{g}$ ein h-dimensionaler Vektorraum ($h = $ Ordnung der Gruppe $\mathfrak{G}$) mit dem Operatorenbereich $\mathfrak{G}$, wenn man als Anwendung von a auf das Ringelement $t = \sum\limits_{b} \beta_b\, b$ das

---

[1] Vgl. den Schluß von § 8.

Produkt

$$a\,t = \sum_b \beta_b\,a\,b \tag{11.2}$$

ansieht. Diese Darstellung von $\mathfrak{G}$ in $\mathfrak{R}_\mathfrak{g}$ wird als die „reguläre" bezeichnet. Sie ist nach obigem also vollständig reduzibel.

Ein invarianter Teilraum ist ein Teilraum von $\mathfrak{R}_\mathfrak{g}$, der mit t alle $a\,t$ (a aus $\mathfrak{G}$) und damit auch alle $(\sum_a \beta_a\,a)\,t = s\,t$ mit $s = \sum_a \beta_a\,a$ enthält. Die invarianten Teilräume sind also solche Teilmengen $\mathfrak{l}$ von $\mathfrak{R}_\mathfrak{g}$, die mit je zwei Elementen auch die Differenz und mit t auch $s\,t$ bei beliebigen s aus $\mathfrak{R}_\mathfrak{g}$ enthalten. Solche Teilmengen eines Ringes heißen Linksideale; falls sie $t\,s$ enthalten, Rechtsideale; und falls sie sowohl $s\,t$ wie $t\,s$ enthalten, zweiseitige Ideale.

$\mathfrak{R}_\mathfrak{g}$ ist also entsprechend wie $\mathfrak{R}$ in (9.1) direkte Summe irreduzibler Linksideale:

$$\mathfrak{R}_\mathfrak{g} = \mathfrak{l}_{11} + \mathfrak{l}_{12} + \cdots + \mathfrak{l}_{1\sigma} \cdots + \mathfrak{l}_{q\varrho}. \tag{11.3}$$

Es gilt nun der wichtige Satz: Jede irreduzible Darstellung von $\mathfrak{G}$ ist äquivalent zu einer durch ein $\mathfrak{l}$ gegebenen Darstellung in $\mathfrak{R}_\mathfrak{g}$. Oder anders formuliert: Jeder irreduzible Vektorraum $(\mathfrak{G})\,\mathfrak{R}$ mit $\mathfrak{G}$ als Operatorenbereich ist isomorph zu einem der $\mathfrak{l}$.

Wir bemerken zunächst, daß man jede Darstellung von $\mathfrak{G}$ zu einer solchen von $\mathfrak{R}_\mathfrak{g}$ erweitern kann, indem man in $\mathfrak{R}$ $(\sum_a \beta_a\,a)\,u = \sum_a \beta_a\,(a\,u)$ definiert. Die Zerlegung eines Vektorraumes $\mathfrak{R}$ in irreduzible Bestandteile ändert sich durch diese Erweiterung des Operatorenbereiches nicht.

Es sei $(\mathfrak{R}_\mathfrak{g})\,\mathfrak{R}$ ein irreduzibler Darstellungsraum von $\mathfrak{R}_\mathfrak{g}$. v sei irgendein beliebig herausgegriffenes Element von $\mathfrak{R}$. Wir betrachten folgende Abbildung von $\mathfrak{R}_\mathfrak{g}$ auf $\mathfrak{R}$ oder einen Teil von $\mathfrak{R}$: $s \to s\,v$ (mit s aus $\mathfrak{R}_\mathfrak{g}$). Diese Abbildung ist homomorph ($\mathfrak{R}_\mathfrak{g}$ als Vektorraum mit dem Operatorenbereich $\mathfrak{R}_\mathfrak{g}$ betrachtet), denn es ist mit t aus $\mathfrak{R}_\mathfrak{g}$:

$$t\,s \to (t\,s)\,v = t\,(s\,v).$$

Daher muß $\mathfrak{R}$ isomorph einer direkten Summe einiger der $\mathfrak{l}$ sein. Da aber $\mathfrak{R}$ irreduzibel sein soll, ist $\mathfrak{R} \cong$ einem der $\mathfrak{l}$.

Fassen wir in der Zerlegung (11.3) die Klassen isomorpher $\mathfrak{l}$ zu $\mathfrak{t}_\sigma$ zusammen, so erhalten wir für $\mathfrak{R}_\mathfrak{g}$ ähnlich (9.1) die Zerlegung

$$\mathfrak{R}_\mathfrak{g} = \mathfrak{t}_1 + \mathfrak{t}_2 + \cdots + \mathfrak{t}_q \tag{11.4}$$

mit eindeutig bestimmten $\mathfrak{t}_\sigma$.

Wir betrachten nun die homomorphen Abbildungen von $\mathfrak{R}_\mathfrak{g}$ auf sich. Eine von ihnen sei T. Durch sie möge das Einselement e auf t abgebildet werden:

$$T\,e = t. \tag{11.5}$$

Da T als homomorphe Abbildung mit den Elementen s von $\mathfrak{R}_\mathfrak{g}$ als Operatoren vertauschbar ist, folgt also

$$T s = T s e = s T e = s t. \tag{11.6}$$

Jeder homomorphen Abbildung T ist also ein Ringelement t zugeordnet, mit $T s = s t$. Und auch umgekehrt ist die Abbildung $s \to s t$ bei beliebigen t eine homomorphe, wegen

$$r s \to (r s) t = r (s t).$$

Führt man zwei homomorphe Abbildungen T_1 und T_2 hintereinander aus, so folgt $T_1 T_2 s = s t_2 t_1$, d. h. $T_1 T_2$ ist $t_2 t_1$ zugeordnet. Der Abbildung $T_1 + T_2$ ist ebenso $t_1 + t_2$ zugeordnet.

Die homomorphen Abbildungen eines vollständig reduziblen Vektorraumes sind uns aber nach § 9 bekannt. Der Ring $\mathfrak{R}_\mathfrak{g}$ ist also „verkehrt" isomorph dem Ring der homomorphen Abbildungen von $\mathfrak{R}_\mathfrak{g}$ auf sich; „verkehrt" in dem Sinne, daß $T_1 T_2$ das Produkt $t_2 t_1$ zugeordnet ist.

Bezeichnen wir eine der isomorphen Abbildungen von $\mathfrak{l}_{1\alpha}$ auf $\mathfrak{l}_{1\beta}$ mit $E_{\alpha\beta}^{(1)}$, so entsprechen diesen Elemente $e_{\alpha\beta}^{(1)}$ aus $\mathfrak{R}_\mathfrak{g}$. Nun ist $T = \sum\limits_{\alpha,\beta,(\nu)} \tau_{\alpha\beta}^{(\nu)} E_{\alpha\beta}^{(\nu)}$ und damit jedes $t = \sum\limits_{\alpha,\beta,(\nu)} \tau_{\alpha\beta}^{(\nu)} e_{\alpha\beta}^{(\nu)}$. Da die $\tau_{\alpha\beta}^{(\nu)}$ beliebig sein können, ist also die Summe $\sum \tau_{\alpha\beta}^{(\nu)} e_{\alpha\beta}^{(\nu)}$ für beliebige $\tau_{\alpha\beta}^{(\nu)}$ immer ein Ringelement. Aus $E_{\alpha\beta}^{(1)} E_{\gamma\alpha}^{(1)} = E_{\gamma\beta}^{(1)}$ folgt $e_{\gamma\alpha}^{(1)} e_{\alpha\beta}^{(1)} = e_{\gamma\beta}^{(1)}$. Ähnlich sieht man allgemein:

$$e_{\alpha\beta}^{(\nu)} e_{\gamma\delta}^{(\mu)} = \delta_{\nu\mu} \delta_{\beta\gamma} e_{\alpha\delta}^{(\nu)}. \tag{11.7}$$

Durch die $e_{\alpha\beta}^{(\nu)}$ ist aber die Zerlegung von $\mathfrak{R}_\mathfrak{g}$ in irreduzible Linksideale gefunden: $e_{11}^{(1)}, e_{21}^{(1)}, e_{31}^{(1)}, \ldots, \ldots$ bilden die Basis (die $e_{\varrho\sigma}^{(\nu)}$ sind linear unabhängig, da es die $E_{\beta x}^{(\nu)}$ sind!) eines irreduziblen Linksideals $\mathfrak{l}_{11}$, denn

$$t e_{\varrho 1}^{(1)} = \sum\limits_{\alpha,\beta,(\nu)} \tau_{\alpha\beta}^{(\nu)} e_{\alpha\beta}^{(\nu)} e_{\varrho 1}^{(1)} = \sum\limits_{\alpha} \tau_{\alpha\varrho}^{(1)} e_{\alpha 1}^{(1)}. \tag{11.8}$$

t wird also in diesem Linksideal mit dieser Basis gerade durch die Matrix $\tau_{\alpha\varrho}^{(1)}$ dargestellt. Die Dimension n_1 von $\mathfrak{l}_{11}$ ist also gleich der Zahl der $\mathfrak{l}_{1\alpha}$, d. h. der zu $\mathfrak{l}_{11}$ isomorphen Linksideale. Isomorph zu $\mathfrak{l}_{11}$ sind aber die Linksideale $\mathfrak{l}_{1\varrho} = (e_{1\varrho}^{(1)}, e_{2\varrho}^{(1)}, \ldots)$. Es ist $\mathfrak{l}_{11} + \mathfrak{l}_{12} + \cdots = \mathfrak{t}_1$, das damit also die Basis $e_{\alpha\beta}^{(1)}$ hat. Die $\mathfrak{t}_\nu$ sind Ringe der Dimension n_ν^2. Es gilt speziell $e = \sum\limits_{\varrho,(\nu)} e_{\varrho\varrho}^{(\nu)}$.

Die Zahl der verschiedenen Darstellungen einer Gruppe ist also gleich der Zahl der $\mathfrak{t}_\nu$. Hat die durch den Ring $\mathfrak{t}_\nu$ gegebene Darstellung den Grad n_ν, so ist die Dimension von $\mathfrak{t}_\nu$ gleich n_ν^2 und damit die Dimension des Ringes $\mathfrak{R}_\mathfrak{g}$ gleich $\sum\limits_\nu n_\nu^2$. Da aber die Dimension von $\mathfrak{R}_\mathfrak{g}$ auch gleich der Ordnung h der Gruppe ist, so folgt der Satz von Burnside: $h = \sum\limits_\nu n_\nu^2$. Betrachten wir speziell für ein Gruppenelement a

die Zerlegung $a = \sum\limits_{(\nu),\varrho,\sigma} g_{\varrho\sigma}^{(\nu)}(a)\, e_{\varrho\sigma}^{(\nu)}$, so bilden die $g_{\varrho\sigma}^{(\nu)}$ als Funktion von a, d. h. als Funktionen auf der Gruppenmannigfaltigkeit, ein vollständiges linear unabhängiges System: nur ihre lineare Unabhängigkeit ist zu zeigen, da die Vollständigkeit dann daraus folgt, daß es gerade genau so viele Funktionen wie Gruppenelemente a sind. Wäre $\sum\limits_{\varrho,\sigma,(\nu)} \lambda_{\varrho\sigma}^{(\nu)}\, g_{\varrho\sigma}^{(\nu)}(a) = 0$ für alle a, so wäre wegen $t = \sum\limits_{a} \beta_a\, a = \sum \tau_{\varrho\sigma}^{(\nu)}\, e_{\varrho\sigma}^{(\nu)}$: $\tau_{\varrho\sigma}^{(\nu)} = \sum\limits_{a} \beta_a\, g_{\varrho\sigma}^{(\nu)}(a)$ und damit $\sum\limits_{(\nu),\varrho,\sigma} \lambda_{\varrho\sigma}^{(\nu)}\, \tau_{\varrho\sigma}^{(\nu)} = 0$ für alle möglichen Zahlenwerte $\tau_{\varrho\sigma}^{(\nu)}$. Dies ist nur möglich, wenn alle $\lambda_{\varrho\sigma}^{(\nu)} = 0$ sind.

Unter dem Zentrum $\mathfrak{Z}$ eines Ringes versteht man die Menge der Elemente, die bei der Multiplikation mit allen Elementen des Ringes vertauschbar sind. $\mathfrak{Z}$ selbst ist ein Ring. Dem Zentrum $\mathfrak{Z}$ von $\mathfrak{R}_q$ möge das Element $z = \sum\limits_{a} \beta_a\, a$ angehören. Dann ist für alle Elemente des Ringes $t \sum\limits_{a} \beta_a\, a = \sum \beta_a\, a\, t$. Dies ist erfüllt, falls es für die Elemente der Gruppe $\mathfrak{G}$ gilt: $b \sum\limits_{a} \beta_a\, a = \sum \beta_a\, a\, b$, d. h. $\sum\limits_{a} \beta_a\, b\, a\, b^{-1} = \sum\limits_{a} \beta_a\, a$. Damit dies gilt, muß also $\beta_a = \beta_{b\,a\,b^{-1}}$ sein für alle b. Ein Element c aus $\mathfrak{G}$ soll zu d konjugiert heißen, wenn es ein Element b gibt mit $c = b\, d\, b^{-1}$, womit auch $d = (b^{-1})\, c\, (b^{-1})^{-1}$ ist, so daß auch d zu c konjugiert ist. Ist c zu d und d zu f konjugiert, so auch c zu f. Die zueinander konjugierten Elemente von $\mathfrak{G}$ bilden also getrennte Klassen. Für ein Element z des Zentrums von $\mathfrak{R}_\mathfrak{g}$ müssen also die β_a für alle Elemente einer solchen Klasse übereinstimmen. Ist $k = \sum a$, wobei die Summe über alle a einer Klasse zu erstrecken ist, so kann man also $z = \sum\limits_{k} \gamma_k\, k$ schreiben, wobei über alle Klassen zu summieren ist. Und für beliebige γ_k ist diese Summe auch ein Zentrumselement. Die Dimension des Zentrums als Vektorraum ist also gleich der Zahl der Klassen in $\mathfrak{G}$.

Andererseits kann man z entwickeln: $z = \sum\limits_{\varrho,\sigma(\nu)} \xi_{\varrho\sigma}^{(\nu)}\, e_{\varrho\sigma}^{(\nu)}$. Damit dies mit allen Elementen vertauschbar ist, genügt es, daß es mit allen $e_{\alpha\beta}^{(\nu)}$ vertauschbar ist. Man sieht sofort, daß z die Form

$$z = \sum\limits_{\nu} \zeta^{(\nu)}\, e^{(\nu)} \quad \text{mit} \quad e^{(\nu)} = \sum\limits_{\varrho,\sigma} e_{\varrho\sigma}^{(\nu)} \tag{11.9}$$

haben muß. Also ist die Zahl der Darstellungen gleich der Zahl der Klassen konjugierter Elemente in $\mathfrak{G}$.

Hat man die reguläre Darstellung einer Gruppe ausreduziert, d. h. $e_{\varrho\sigma}^{(\nu)}$ explizit berechnet, so kann man im Prinzip auch jede andere Darstellung ausreduzieren. Ist $\mathfrak{R}$ ein Darstellungsraum und v ein beliebiger fester Vektor, so spannen die $u_\varrho = e_{\varrho\sigma}^{(\nu)} v$ (bei festem σ und v) einen invarianten Teilraum $\mathfrak{r}$ auf, denn es ist

$$t\, u_\varrho = t\, e_{\varrho\sigma}^{(\nu)} v = \sum\limits_{\mu} e_{\mu\sigma}^{(\nu)} v\, \tau_{\mu\varrho}^{(\nu)} = \sum\limits_{\mu} u_\mu\, \tau_{\mu\varrho}^{(\nu)}. \tag{11.10}$$

$\mathfrak{l}_{\nu\sigma}$ ist damit homomorph auf $\mathfrak{r}$ abgebildet. Also ist $\mathfrak{r}$ isomorph zu $\mathfrak{l}_{\nu\sigma}$, oder es ist $\mathfrak{r} = 0$, da $\mathfrak{l}_{\nu\sigma}$ irreduzibel ist.

Diese Tatsachen können wir nun benutzen, um $\mathfrak{R}$ auszureduzieren. Wegen $e = \sum\limits_{(\nu),\varrho} e_{\varrho\varrho}^{(\nu)}$ ist für jeden Vektor $v = \sum\limits_{(\nu)\varrho} e_{\varrho\varrho}^{(\nu)} v$. $v_1, v_2, \ldots, v_n$ sei eine Basis von $\mathfrak{R}$. Man betrachte die Teilräume $\mathfrak{r}_{s\sigma}^{(\nu)}$, die von den $e_{\varrho\sigma}^{(\nu)} v_s$ ($\varrho = 1, \ldots, n$) aufgespannt werden. Soweit sie nicht Null sind, sind sie also irreduzible Teilräume. Wegen $v_s = \sum\limits_{(\nu)\varrho} e_{\varrho\varrho}^{(\nu)} v_s$ ist sicher $\mathfrak{R} = \bigcup\limits_{(\nu),\,s,\,\sigma} \mathfrak{r}_{s\sigma}^{(\nu)}$.

Um hieraus eine direkte Summe zu machen, braucht man nur einige Summanden fortzulassen: erstens alle, die Null sind, und zweitens bei festem ν der Reihe nach diejenigen, deren Durchschnitt mit der vorhergehenden Partialsumme nicht Null ist, denn der Durchschnitt eines $\mathfrak{r}_{s\sigma}^{(\nu)}$ mit einem invarianten Teilraum ist das Nullelement oder gleich $\mathfrak{r}_{s\sigma}^{(\nu)}$, da $\mathfrak{r}_{s\sigma}^{(\nu)}$ irreduzibel ist.

Auch die im nächsten Paragraphen aufgestellten Relationen gestatten das Ausreduzieren einer Darstellung.

§ 12. Orthogonalitätsrelationen.

Im vorigen Paragraphen sahen wir, daß die $g_{\varrho\sigma}^{(\nu)}(a)$ ein vollständiges, linear unabhängiges System von Funktionen auf der Gruppe bilden. Sie erfüllen außerdem noch gewisse Orthogonalitätsrelationen. Als Abkürzung schreiben wir für $g_{\varrho\sigma}^{(\nu)}(a) = G^{(\nu)}(a)$. Sind nun $G^{(\nu)}(a)$ die Matrizen der irreduziblen ν-ten Darstellung in einem Vektorraum $\mathfrak{r}^{(\nu)}$ (z. B. in $\mathfrak{l}_{\nu 1}$ aus dem vorigen Kapitel) und $G^{(\mu)}(a)$ die Matrizen der μ-ten Darstellung in $\mathfrak{r}^{(\mu)}$, so gibt die Matrix

$$T = \sum\limits_a G^{(\nu)}(a)\, C\, G^{(\mu)}(a^{-1})$$

mit beliebiger Matrix C von $n^{(\mu)}$ Spalten und $n^{(\nu)}$ Zeilen eine homomorphe Abbildung von $\mathfrak{r}^{(\mu)}$ auf $\mathfrak{r}^{(\nu)}$ an, denn es gilt $bT = Tb$:

$$b\,T = G^{(\nu)}(b) \sum\limits_a G^{(\nu)}(a)\, C\, G^{(\mu)}(a^{-1}) = \sum\limits_a G^{(\nu)}(b\,a)\, C\, G^{(\mu)}(a^{-1})$$

$$= \sum\limits_c G^{(\nu)}(c)\, C\, G^{(\mu)}(c^{-1}\,b) = \sum\limits_c G^{(\nu)}(c)\, C\, G^{(\mu)}(c^{-1})\, G^{(\mu)}(b) = T\,b.$$

Daher muß T für $\nu \neq \mu$ der Nulloperator und für $\nu = \mu$ ein Vielfaches der Einheitsmatrix sein: $T = \delta_{\nu\mu} \beta^{(\nu)} E$; also explizit:

$$\sum\limits_{a,\lambda,\varrho} g_{\varkappa\lambda}^{(\nu)}(a)\, c_{\lambda\varrho}\, g_{\varrho\tau}^{(\mu)}(a^{-1}) = \delta_{\nu u} \beta^{(\nu)} \delta_{\varkappa\tau}. \tag{12.1}$$

Da die $c_{\lambda\varrho}$ ganz beliebig sind, folgt:

$$\sum\limits_a g_{\varkappa\lambda}^{(\nu)}(a)\, g_{\varrho\tau}^{(\mu)}(a^{-1}) = \delta_{\nu\mu}\, \delta_{\varkappa\tau}\, \beta_{\lambda\varrho}^{(\nu)}. \tag{12.2}$$

Für $\nu = \mu$ setzen wir $\varkappa = \tau$ und summieren über τ. Da

$$\sum g_{\tau\lambda}^{(\nu)}(a)\, g_{\varrho\tau}^{(\nu)}(a^{-1}) = \delta_{\varrho\lambda}$$

ist, folgt also:

$$\sum_a \delta_{\varrho\lambda} = \beta^{(\nu)}_{\lambda\varrho}\sum_\varkappa \delta_{\varkappa\varkappa}, \quad \text{d. h.} \quad h\,\delta_{\varrho\lambda} = \beta^{(\nu)}_{\lambda\varrho}\,n^{(\nu)}.$$

mit h als Ordnung der Gruppe $\mathfrak{G}$ und $n^{(\nu)}$ als Grad der Darstellung. Somit ist also endgültig:

$$\frac{1}{h}\sum_a g^{(\nu)}_{\varkappa\lambda}(a)\,g^{(\mu)}_{\varrho\tau}(a^{-1}) = \delta_{\nu\mu}\,\delta_{\varrho\lambda}\,\delta_{\varkappa\tau}\,\frac{1}{n^{(\nu)}}. \tag{12.3}$$

In diesem Sinne sind also die Funktionen $g^{(\nu)}_{\varrho\sigma}(a)$ orthogonal zueinander. Sind die Darstellungen unitär gewählt, so ist $g^{(\mu)}_{\varrho\tau}(a^{-1}) = \overline{g^{(\mu)}_{\tau\varrho}(a)}$ und damit:

$$\frac{1}{h}\sum_a \overline{g^{(\mu)}_{\tau\varrho}(a)}\,g^{(\nu)}_{\varkappa\lambda}(a) = \delta_{\nu\mu}\,\delta_{\tau\varkappa}\,\delta_{\varrho\lambda}\,\frac{1}{n^{(\nu)}}. \tag{12.4}$$

Ist $\mathfrak{R}$ irgendein Vektorraum, v ein Vektor aus $\mathfrak{R}$, so spannen die $u^{(\nu)}_\tau = \dfrac{n^{(\nu)}}{h}\sum_a g^{(\nu)}_{\lambda\tau}(a^{-1})\,a\,v$ bei festem λ und ν einen invarianten Teilraum $\mathfrak{r}$ von $\mathfrak{R}$ auf, denn

$$b\,u^{(\nu)}_\tau = \frac{n^{(\nu)}}{h}\sum_a g^{(\nu)}_{\lambda\tau}(a^{-1})\,b\,a\,v = \frac{n^{(\nu)}}{h}\sum_c g^{(\nu)}_{\lambda\tau}(c^{-1}b)\,c\,v$$

$$= \frac{n^{(\nu)}}{h}\sum_{c,\,\varrho} g^{(\nu)}_{\lambda\varrho}(c^{-1})\,c\,v\,g^{(\nu)}_{\varrho\tau}(b) = \sum_\varrho u^{(\nu)}_\varrho\,g^{(\nu)}_{\varrho\tau}(b).$$

$\mathfrak{r}$ ist also entweder Null, oder die Darstellung in $\mathfrak{r}$ ist äquivalent zu $G^{(\nu)}(a)$. Genau wie am Ende des vorhergehenden Paragraphen kann man mit Hilfe dieser Tatsache $\mathfrak{R}$ ausreduzieren.

Will man dagegen nur wissen, wie oft eine bestimmte irreduzible Darstellung in einer gegebenen enthalten ist, so sind die *Charaktere* der Darstellungen oft der bequemste Weg. Als Charakter einer Darstellung ist

$$\chi(a) = \mathrm{Sp}\big(G(a)\big) \tag{12.5}$$

als Funktion auf der Gruppe definiert, wobei $G(a)$ die darstellenden Matrizen sind. Da die Spur unabhängig von der Basiswahl ist, ist $\chi(a)$ für alle äquivalenten Darstellungen, d. h. für alle isomorphen Darstellungsräume, dieselbe Funktion.

Wegen $\chi(a) = \chi(b\,a\,b^{-1})$ ist $\chi(a)$ eine Funktion der Klassen konjugierter Elemente. $\chi^{(\nu)}(a)$ seien die Charaktere der irreduziblen Darstellungen. Sie bilden ein vollständiges System von Klassenfunktionen: Da es genau so viele sind, wie es Klassen gibt, ist also nur die lineare Unabhängigkeit zu beweisen. Nun war $\sum\limits_{(\nu),\,\varrho,\,\sigma} \lambda^{(\nu)}_{\varrho\sigma}\,g^{(\nu)}_{\varrho\sigma}(a) = 0$ nur für $\lambda^{(\nu)}_{\varrho\sigma} = 0$ möglich. Setzen wir $\lambda^{(\nu)}_{\varrho\sigma} = \lambda^{(\nu)}\delta_{\varrho\sigma}$, so kann auch $\sum\limits_{(\nu)\varrho\sigma} \lambda^{(\nu)}\delta_{\varrho\sigma}\,g^{(\nu)}_{\varrho\sigma}(a)$

$= \sum\limits_{(\nu)} \lambda^{(\nu)}\chi^{(\nu)}(a) = 0$ nur erfüllt sein, falls alle $\lambda^{(\nu)} = 0$ sind. Jeder

Charakter $\chi(a)$ irgendeiner Darstellung im Vektorraum $\Re$ läßt sich also *eindeutig* nach den $\chi^{(\nu)}$ entwickeln:

$$\chi(a) = \sum_\nu m_{(\nu)} \chi^{(\nu)}(a).\qquad(12.6)$$

Man sieht aber sofort, daß $\chi(a)$ ein $\chi^{(\nu)}(a)$ gerade so oft enthält, wie die (ν)-te irreduzible Darstellung in der betrachteten vorkommt, d. h. $m_{(\nu)}$-mal. Die $m_{(\nu)}$ sind also ganze Zahlen.

Setzt man nun in (12.4) $\varkappa = \lambda$ und $\varrho = \tau$ und summiert über $\varkappa$ und ϱ, so wird

$$\frac{1}{h} \sum_a \chi^{(\nu)}(a)\,\chi^{(\mu)}(a^{-1}) = \delta_{\nu\mu}$$

und, da für endliche Gruppen alle Darstellungen unitären äquivalent sind:

$$\frac{1}{h} \sum_a \chi^{(\nu)}(a)\,\overline{\chi^{(\mu)}(a)} = \delta_{\nu\mu}.\qquad(12.7)$$

Damit folgt aus (12.6) durch Multiplikation mit $\overline{\chi^{(\mu)}(a)}$ und Summation über a:

$$m_{(\nu)} = \frac{1}{h} \sum_a \overline{\chi^{(\nu)}(a)}\,\chi(a).$$

§ 13. Darstellungen der symmetrischen Gruppe $\mathfrak{S}_f$.

Die Gruppe der $f!$ Vertauschungen von f Dingen heißt die symmetrische Gruppe $\mathfrak{S}_f$. Ist $\mathfrak{l}_1$ ein Linksideal des Gruppenringes $\Re_\mathfrak{S}$, so kann man $\Re_\mathfrak{S} = \mathfrak{l}_1 + \mathfrak{l}_2$ zerlegen. Für das Einselement e gilt also $e = e_1 + e_2$. Multiplikation von links mit e_1 ergibt $e_1 = e_1^2 + e_1 e_2$ und damit $e_1^2 = e_1$, $e_1 e_2 = 0$. e_1 nennt man ein idempotentes Element. Die Elemente $\Re_\mathfrak{S} e_1$ sind mit $\mathfrak{l}_1$ identisch, denn als Linksideal muß $\Re_\mathfrak{S} e_1$ in $\mathfrak{l}_1$ enthalten sein; für alle Elemente a von $\mathfrak{l}_1$ folgt andererseits aus $e = e_1 + e_2$: $a = a e_1 + a e_2 = a e_1$. Um die irreduziblen Darstellungen von $\mathfrak{S}$ zu finden, werden wir also solche idempotente e_ν suchen, so daß das durch $\Re_\mathfrak{S} e_\nu$ definierte Linksideal irreduzibel ist.

Wir wollen die Permutationen P als Operatoren auffassen, die f Dinge $a_1 \ldots a_f$ in ihrer Reihenfolge vertauschen:

$$P\, a_1 a_2 \ldots a_f = a_{\alpha_1} a_{\alpha_2} \ldots a_{\alpha_f}.$$

Mit

$$Q\, a_1 a_2 \ldots a_f = a_{\beta_1} a_{\beta_2} \ldots a_{\beta_f}$$

ist dann

$$PQ\, a_1 a_2 \ldots a_f = a_{\beta_{\alpha_1}} a_{\beta_{\alpha_2}} \ldots a_{\beta_{\alpha_f}}.$$

Wir konstruieren ein Tableau, das aus k Zeilen mit je $n_1, n_2, \ldots, n_k$ Stellen ($n_1 \geq n_2 \geq n_3 \geq \cdots \geq n_k$, $\sum n_k = f$) besteht, wie es etwa für $f = 12$ und $k = 4$, $n_1 = 4$, $n_2 = 3$, $n_3 = 3$, $n_4 = 2$ in Abb. 48 gezeigt ist. Wir bezeichnen ein Tableau kurz mit T_n, wo n eine Abkürzung für $n_1, n_2, \ldots, n_k$ ist. Die Zahl der Stellen in der ersten Spalte sei m_1, in der zweiten $m_2, \ldots$. Dann ist $m_1 \geqq m_2 \geqq \cdots \geqq m_k$ und $\sum_k m_k = f$.

Verteilen wir die f Dinge a_i auf die Stellen eines Tableaus, so nennen wir das ein Schema. Eine Reihenfolge $a_1 \ldots a_f$ der a_i möge ausgezeichnet sein; sie werde als Ausgangsreihenfolge bezeichnet. Dasjenige Schema, das aus einem Tableau T_n entsteht, indem die a_i der Reihe nach in der Ausgangsreihenfolge auf die Zeilen verteilt werden, werde kurz mit S_n bezeichnet. Wird auf die a_i jetzt die Permutation p angewandt, so wird das dann entstehende Schema mit $p\,S_n$ bezeichnet. Zu einem Tableau T_n gibt es also $f!$ verschiedene Schemata $p\,S_n$.

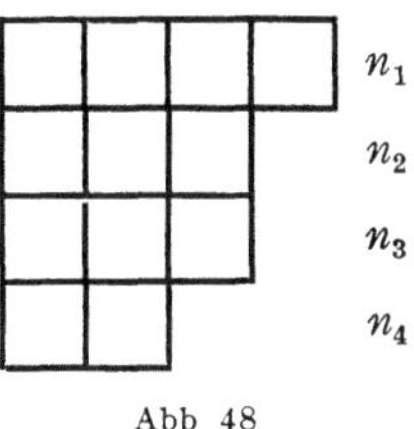

Abb 48

Mit jedem Tableau sind eindeutig die Permutationen r verknüpft, die nur die Elemente jeder Zeile unter sich vertauschen: ebenso diejenigen s, die nur die Elemente derselben Spalte unter sich vertauschen. Es gibt also $\prod_k (n_k)!$ Permutationen r und $\prod_k (m_k)!$ Permutationen s.

$(-1)^p$ sei gleich $+1$ für eine gerade und (-1) für eine ungerade Permutation P[1]. Für die Elemente

$$I_n = \sum_r r \quad \text{und} \quad K_n = \sum_s (-1)^s\, s \qquad (13.1)$$

des Gruppenringes gilt dann

$$r\,I_n = I_n\,r = I_n; \quad (-1)^s\,s\,K_n = K_n(-1)^s\,s = K_n. \qquad (13.2)$$

Daraus folgt $I_n^2 = \prod_k (n_k)!\,I_n$ und $K_n^2 = \prod_k (m_k)!\,K_n$. Die I_n und K_n sind also, noch mit einem geeigneten Zahlenfaktor multipliziert, idempotente Elemente. $\Re_{\mathfrak{S}}\,I_n$ und $\Re_{\mathfrak{S}}\,K_n$ sind also Linksideale in $\Re$. Sie sind im allgemeinen aber noch nicht irreduzibel. Wir wollen nun zeigen, daß mit einem passenden Zahlenfaktor γ_n die

$$e_n = \gamma_n\,I_n\,K_n \qquad (13.3)$$

idempotente Elemente und die Linksideale $\Re_{\mathfrak{S}}\,e_n$ irreduzibel und für verschiedene n (d. h. verschiedene Tableaus) inäquivalent sind.

Dazu beweisen wir einen kombinatorischen Hilfssatz: Sind $p\,S_n$ und $p'\,S_{n'}$ zwei Schemata mit $n \geqq n'$[2], so daß in $p\,S_n$ nirgends zwei der

---

[1] Eine Permutation P heißt gerade oder ungerade, je nachdem, ob sie als Vertauschung der u_ν auf $\prod_{\nu < \mu} (u_\nu - u_\mu)$ angewandt diesen Ausdruck in sich oder sein Negatives verwandelt

[2] $n \geqq n'$ heißt: $n_1 > n_1'$ oder $n_1 = n_1'$ und $n_2 > n_2'$ oder $n_1 = n_1'$, $n_2 = n_2'$ und $n_3 > n_3'$ oder . usw

a_ι in derselben Zeile vorkommen, die in $p' S_{n'}$ in derselben Spalte auftreten, so ist $n = n'$, und es gibt zwei der Permutationen r, s, so daß $p S_n = r s p' S_n$, d. h. $r s p' = p$ ist.

Beweis: Es ist $n_1 \geq n_1'$. Wenn die a_ι der ersten Zeile aus $p S_n$ in $p' S_{n'}$ alle in verschiedenen Spalten stehen sollen, muß $T_{n'}$ mindestens n_1 Spalten haben, also $n_1 = n_1'$. Es gibt eine Permutation s_1', so daß im Schema $s_1' p' S_{n'}$ alle a_ι der ersten Zeile von $p S_n$ auch in der ersten Zeile von $s_1' p' S_{n'}$ stehen. Wenn nun wieder alle Elemente a_ι der zweiten Zeile von $p S_n$ in verschiedenen Spalten von $s_1' p' S_{n'}$ stehen sollen, muß $n_2' \geq n_2$ sein, was mit $n \geq n'$ wieder zu $n_2 = n_2'$ führt. Durch eine Permutation s_2' kann man erreichen, daß alle die Elemente der zweiten Zeile von $p S_n$ auch in $s_2' s_1' p' S_{n'}$ in der zweiten Zeile stehen. So fortfahrend folgt, daß $n = n'$ und daß es eine Reihe von Permutationen s_ν' gibt, so daß in $s_{m_1}' s_{m_1-1}' \ldots s_2' s_1' p' S_n$ die Elemente a_ι in denselben Zeilen stehen wie in $p S_n$, also gibt es eine Permutation r, so daß $p S_n = r s p' S_n$ ist mit $s = s_{m_1}' \ldots s_1'$.

Ist p irgendeine Permutation, so gibt es für $n > n'$ in S_n ein Paar von Elementen a_ι aus derselben Zeile, das in $p^{-1} S_{n'}$ in derselben Spalte steht. Ist t die Permutation, die in S_n diese beiden a_ι vertauscht und t' die entsprechende in $p^{-1} S_{n'}$, so ist $t' = p^{-1} t p$. Es folgt mit (13.2) und wegen $t^2 = 1$:

$$I_n p K_{n'} = I_n p\, p^{-1} t p\, t'\, K_{n'} = I_n t p\, t'\, K_{n'} = - I_n p\, K_{n'},$$

also ist $I_n p K_{n'} = 0$.

Da dies für jedes p gilt, so auch für jedes Element von $\mathfrak{R}_\mathfrak{S}$, d. h.

$$I_n \mathfrak{R}_\mathfrak{S} K_{n'} = 0 \quad \text{für} \quad n > n'.$$

Für[1] $L_n = I_n K_n$ gilt $r L_n = L_n = L_n s (-1)^s$. Ist umgekehrt für ein Ringelement a:

$$r a = a = a s (-1)^s, \tag{13.4}$$

so folgt

$$a = \lambda L_n.$$

Zum Beweis schreiben wir $a = \sum_p p \alpha(p)$. Aus $r a s (-1)^s = a$ folgt $\sum_p r p s \alpha(p) (-1)^s = \sum_p p \alpha(p)$. Also wenn man in der linken Summe $p = e$ und rechts $p = r s$ setzt, speziell: $\alpha(r s) = (-1)^s \alpha(e)$, d. h. alle Koeffizienten $\alpha(p)$, wo p sich als Produkt von zwei Permutationen r und s schreiben läßt, sind gleich $(-1)^s \alpha(e)$. Können wir zeigen, daß alle übrigen $\alpha(p)$ verschwinden, so ist $a = \alpha(e) L_n$. Läßt sich aber p nicht in der Form $r s$ schreiben, so sind alle $r s S_n$ von $p S_n$ verschieden.

---

[1] Es ist $L_n \neq 0$, denn $\sum_{r s} (-1)^s r s$ enthält nur einen Summanden mit dem Einselement und dem Zahlenfaktor 1, nämlich für $r = s = e$.

Nach dem kombinatorischen Hilfssatz gibt es also in $p\,S_n$ zwei Elemente a_i in derselben Zeile, die in S_n in derselben Spalte auftreten. Ist t die Permutation, die in $p\,S_n$ diese beiden Elemente vertauscht, so tut $p^{-1}t\,p$ dasselbe in S_n. Damit ist t eine Permutation der Art r und $t' = p^{-1}t\,p$ eine der Art s, so daß aus

$$\sum_q r\,q\,s\,\alpha(q)\,(-1)^s = \sum_q q\,\alpha(q)$$

mit $r = t$ und $s = p^{-1}t\,p$

$$-\sum_q t\,q\,p^{-1}t\,p\,\alpha(q) = \sum_q q\,\alpha(q)$$

folgt. Daraus ergibt sich speziell (für $q = p$).

$$\alpha(p) = -\alpha(p), \quad \text{d. h.} \quad \alpha(p) = 0, \quad \text{q. e. d.}$$

Da nun das Element $a = I_n\,b\,K_n$ für ein beliebiges Ringelement b die Eigenschaft (13.4) hat, ist also

$$I_n\,b\,K_n = \lambda_b\,I_n\,K_n = \lambda_b\,L_n;$$

speziell

$$L_n^2 = I_n(K_n\,I_n)\,K_n = \beta_n\,L_n.$$

Für jedes b ist also $L_n\,b\,L_n = \mu_b\,L_n$. $\mathfrak{l}_n = \mathfrak{R}_\mathfrak{S}\,L_n$ ist ein irreduzibles Linksideal, denn gäbe es ein irreduzibles Linksideal $\mathfrak{l}' \subsetneq \mathfrak{l}_n$, so würde für ein Element b' aus $\mathfrak{l}'$ $L_n\,b' = \varrho\,L_n$ folgen. Da mit b' auch alle $\alpha\,b'$ in $\mathfrak{l}'$ liegen, ist also entweder $L_n\,\mathfrak{l}' = 0$ oder $L_n\,\mathfrak{l}' = (L_n)$, wobei (L_n) der eindimensionale von L_n aufgespannte Teilraum in $\mathfrak{R}_\mathfrak{S}$ sei. Aus $L_n\,\mathfrak{l}' = (L_n)$ folgt $\mathfrak{l}_n = \mathfrak{R}_\mathfrak{S}\,L_n = \mathfrak{R}_\mathfrak{S}\,L_n\,\mathfrak{l}' \subseteq \mathfrak{l}_n\,\mathfrak{l}' \subseteq \mathfrak{l}'$, d. h. $\mathfrak{l}' = \mathfrak{l}_n$. Aus $L_n\,\mathfrak{l}' = 0$ folgt $\mathfrak{l}'\,\mathfrak{l}' = 0$. Zerlegt man $e = e' + \varepsilon$ entsprechend einer Zerlegung $\mathfrak{R}_\mathfrak{S} = \mathfrak{l}' + \mathfrak{r}$, so folgt durch Multiplikation mit e' daß, $e'^2 = e'$ und $e'\varepsilon = 0$ ist und damit schließlich $\mathfrak{l}' = \mathfrak{R}_\mathfrak{S}\,e'$. Wegen $\mathfrak{l}'\,\mathfrak{l}' = 0$ ist aber $e'^2 = 0$, d. h. $e' = 0$ und damit $\mathfrak{l}' = 0$. Ebenso folgt, da $\mathfrak{l}_n \neq 0$ ist, daß $L_n\,\mathfrak{l}_n = (L_n)$, d. h. $L_n^2 \neq 0$ ist und damit $e_n = \dfrac{1}{\beta_n}\,L_n$, das idempotente Element $(e_n^2 = e_n)$ von $\mathfrak{l}_n$ ist.

Es bleibt noch zu zeigen, daß zwei Linksideale $\mathfrak{l}_n$ und $\mathfrak{l}_{n'}$ zu inäquivalenten Darstellungen führen. Sei z. B. $n > n'$, so ist

$$I_n\,\mathfrak{l}_{n'} = I_n\,\mathfrak{R}_\mathfrak{S}\,L_{n'} = I_n\,\mathfrak{R}_\mathfrak{S}\,I_{n'}\,K_{n'} \subseteq I_n\,\mathfrak{R}_\mathfrak{S}\,K_{n'} = 0.$$

I_n wird also in $\mathfrak{l}_{n'}$ durch 0 dargestellt. Wäre $\mathfrak{l}_n \cong \mathfrak{l}_{n'}$, so müßte I_n auch in $\mathfrak{l}_n$ durch 0 dargestellt werden. Es ist aber

$$I_n\,L_n = I_n\,I_n\,K_n = \prod_i (n_i)!\,I_n\,K_n = \prod_i (n_i)!\,L_n \neq 0.$$

Wir haben also so viele irreduzible inäquivalente Darstellungen durch die $\mathfrak{l}_n$ gefunden, wie es verschiedene Tableaus gibt, d. h. wie es verschiedene Zerlegungen von f in eine Summe ganzer Zahlen $f = \sum_i n_i$

gibt. Diese Zahl ist aber mit der Zahl der Klassen konjugierter Elemente in $\mathfrak{S}_f$ identisch. Um dies zu zeigen, schreibe man die Permutationen p in „Zykeldarstellung"

$$p = Z_{n_1} Z_{n_2} \ldots Z_{n_k}, \tag{13.5}$$

wobei z. B. ein Zyklus $Z_3 = (2\,4\,1)$ folgende Permutation bedeutet:

$$(2\,4\,1)\, a_1\, a_2\, a_3\, a_4\, a_5 = a_2\, a_4\, a_3\, a_1\, a_5.$$

Die Z_{n_i} in (13.5) enthalten nur verschiedene Zahlen. Daß sich jedes p eindeutig in der Form (13.5) darstellen läßt und daß die Zyklen Z_{n_i} in (13.5) untereinander vertauschbar sind, ist sofort zu sehen. Man zeigt dann, daß

$$q Z_{n_1} \ldots Z_{n_k} q^{-1} = Z'_{n_1} Z'_{n_2} \ldots Z'_{n_k}$$

ist, wo die Zyklen Z'_{n_i} dieselbe „Länge" n_i haben wie die Z_{n_i}, nur daß die Ziffern aller Zyklen der Permutation q unterworfen werden. Eine Klasse konjugierter Elemente besteht also aus allen Permutationen, deren Zyklen gleiche Längen n_i mit $\sum n_i = f$ haben, q. e. d.

§ 14. Kontinuierliche Gruppen.

Unter den Gruppen mit unendlich vielen Elementen sollen nur spezielle in Betracht gezogen werden, die endlich- (p-) dimensionalen kontinuierlichen Gruppen. Das soll heißen: Die Elemente von $\mathfrak{G}$ genügen außer den Gruppenpostulaten noch folgenden Axiomen: A. Umgebungsaxiome: „Es gibt „Umgebungen" $\mathfrak{U}$ ($\mathfrak{U}$ Teilmenge von $\mathfrak{G}$). Die Umgebungen lassen sich eineindeutig auf offene Punktmengen eines p-dimensionalen Raumes so abbilden, daß folgendes gilt: 1. Ist a ein Element aus einer Umgebung $\mathfrak{U}$, so gibt es innerhalb jedes Kreises um das Bild von a Bilder mindestens einer Umgebung $\mathfrak{U}'$. 2. Ist a ein Element von $\mathfrak{U}$ und $\mathfrak{U}'$ eine zweite Umgebung, der a angehört, so gibt es einen Kreis ϱ um das Bild von a innerhalb des Bildes von $\mathfrak{U}$, so daß innerhalb von ϱ nur Bilder von Elementen aus $\mathfrak{U}'$ liegen. 3. Zu zwei verschiedenen Elementen a und b gibt es zwei Umgebungen $\mathfrak{U}_a$ und $\mathfrak{U}_b$, denen a bzw. b angehören und deren Durchschnitt Null ist. Hierdurch sind die bekannten Begriffe wie Häufungspunkt, Limes, stetige Kurve als stetiges Bild eines Parameters τ mit $0 \geqq \tau \geqq 1$, usw. innerhalb von $\mathfrak{G}$ definiert. B. Stetigkeit der Gruppenoperationen: Wenn $a_n \to a$ und $b_m \to b$, so ist $a_n\, b_m \to a\,b$ und $a_n^{-1} \to a^{-1}$.

$\mathfrak{G}$ heißt zusammenhängend, wenn je zwei Elemente durch eine stetige Kurve (kurz: durch einen Weg) verbunden werden können; gemischt, wenn es aus endlich oder abzählbar vielen zusammenhängenden Stücken besteht. Nur solche Gruppen sollen im folgenden betrachtet werden. Da das stetige, eineindeutige Bild einer offenen Menge eine

offene ist, so kann man von den Umgebungen $\mathfrak{U}_0$ des Einselements ausgehend auch alle $a\,\mathfrak{U}_0$ mit als Umgebungen (von a) hinzunehmen, ohne
die Topologie zu ändern.

Es folgt nun aus dem Gruppencharakter von $\mathfrak{G}$, daß $\mathfrak{G}$ durch eine
abzählbare Zahl von Umgebungen $b\,\mathfrak{U}_0$ überdeckt werden kann, wobei
$\mathfrak{U}_0$ eine beliebig gewählte Umgebung des Einselements ist.

Beweis: Wir betrachten (erst für eine zusammenhangende Gruppe)
eine Umgebung $\mathfrak{U}_0$ um das Einselement und einen Weg ($0 \leqq \tau \leqq 1$),
der das Einelement (für $\tau = 0$) mit einem anderen (beliebig gewählten) a
(für $\tau = 1$) verbindet. Wir behaupten, daß a als Produkt endlich vieler
Elemente aus $\mathfrak{U}_0$ darstellbar ist.

Wir wollen aber noch mehr zeigen, was wir später gebrauchen
werden: Es gibt auf dem Wege von e nach a eine endliche Reihe von
Elementen $d_0 = e, d_1, \ldots, d_{n-1}, d_n = a$, so daß in $d_\nu\,\mathfrak{U}_0$ das ganze
Wegstück von $d_{\nu-1}$ bis $d_{\nu+1}$ enthalten ist. Eine solche Reihe d_ν soll
eine Kette heißen. Ist das möglich, so ist $d_{\nu-1}^{-1}\,d_\nu = s_\nu$ in $\mathfrak{U}_0$ und
$s_1 \cdot s_2 \cdots s_n = a$. Gäbe es keine endliche Kette von e nach a, so
gäbe es für die Parameterwerte τ, für die die entsprechenden Elemente
nicht durch eine endliche Kette von e aus erreichbar sind, eine untere
Grenze τ_0.

$b(\tau_0)$ kann nicht durch eine endliche Kette erreichbar sein, denn
sonst wäre $b(\tau_0)\,\mathfrak{U}_0$ eine Umgebung von $b(\tau_0)$, deren Durchschnitt
mit dem Wege von $b(\tau_0)$ nach a aus Elementen bestände, die durch
eine endliche Kette von e aus erreichbar wären, so daß τ_0 nicht untere
Grenze sein könnte. Wäre aber umgekehrt $b(\tau_0)$ nicht durch eine
endliche Kette erreichbar, so gäbe es aber für $\tau < \tau_0$ Elemente $b(\tau)$,
so daß in $b(\tau)\,\mathfrak{U}_0$ und $b(\tau_0)\,\mathfrak{U}_0$ das ganze Wegstück von $b(\tau)$ nach $b(\tau_0)$
enthalten ist. Da aber $b(\tau)$ durch eine endliche Kette erreichbar
ist, so auch $b(\tau_0)$, womit wir auf einen Widerspruch gestoßen sind.
Also läßt sich a durch eine endliche Kette erreichen.

Greifen wir aus der Umgebung $\mathfrak{U}_0$ r beliebige Elemente $a_1, a_2, \ldots, a_r$
heraus, dann gibt es ein $\sigma(r)$ derart, daß für Elemente $b_1, b_2, \ldots, b_r$
aus Kugeln um a_1 bzw. $a_2 \ldots$ bzw. a_r mit dem Radius $\sigma(r)$ das Produkt $b_1 b_2 \ldots b_r$ in $a_1 a_2 \ldots a_r\,\mathfrak{U}_0$ liegt. Daß $\sigma(r)$ unabhängig von den
$a_1, \ldots, a_r$ gewählt werden kann, folgt daraus, daß das Produkt
$b_1 b_2 \ldots b_r$ eine stetige und damit gleichmäßig stetige Funktion der
$b_1, b_2, \ldots, b_r$ ist, wenn diese in der abgeschlossenen Hülle von $\mathfrak{U}_0$
variieren. Jetzt wählen wir in $\mathfrak{U}_0$ N_r weitere Elemente $c_1, c_2, \ldots, c_{N_r}$,
so daß die Kugeln um c_ν mit dem Radius $\sigma(r)$ ganz $\mathfrak{U}_0$ überdecken.
Jedes Element a, das als Produkt von höchstens r Faktoren aus $\mathfrak{U}_0$
darstellbar ist, liegt also in einer Umgebung $c_{\nu_1}, c_{\nu_2} \ldots c_{\nu_r}\,\mathfrak{U}_0$, wo die
c_{ν_i} eine geeignete Auswahl aus den c_ν darstellen. Es gibt also endlich
viele $b\,\mathfrak{U}_0$, die alle a mit weniger als r Faktoren aus $\mathfrak{U}_0$ überdecken.

Läßt man so r von 1 bis ∞ laufen, so folgt, daß mit mindestens abzählbar vielen $b\,\mathfrak{U}_0$ alle a überdeckt werden können.

Ist die Gruppe $\mathfrak{G}$ gemischt, so kann man für einen der zusammenhängenden Teile eine Umgebung $d\,\mathfrak{U}_0$ um d herum herstellen und zeigt dann, von d statt von e ausgehend, genau so, daß dieser Teil durch abzählbar viele $b\,\mathfrak{U}_0$ überdeckt werden kann. Da $\mathfrak{G}$ abzählbar viele zusammenhängende Teile hat, gilt der Satz für ganz $\mathfrak{G}$.

$\mathfrak{G}$ heißt abgeschlossen, wenn jede unendliche Menge von Elementen aus $\mathfrak{G}$ einen Häufungspunkt hat. Eine abgeschlossene Gruppe $\mathfrak{G}$ kann sogar durch endlich viele $b\,\mathfrak{U}_0$ überdeckt werden. Denn sonst gäbe es eine Reihe von Elementen $a_\nu\,(\nu\to\infty)$, so daß a_ν erst von der ν-ten Umgebung überdeckt wird. Diese a_ν haben einen Häufungspunkt a. Es muß ein N geben, so daß a von der N-ten Umgebung überdeckt wird. Ebenso werden aber dann damit auch unendlich viele der a_ν von der N-ten Umgebung überdeckt, im Widerspruch zur Wahl der a_ν.

Die allgemeinen Sätze über Homomorphismen und Isomorphismen bleiben natürlich auch hier gültig. Es ist nützlich, zusätzlich den Begriff des lokalen Homo- bzw. Isomorphismus einzuführen. $\mathfrak{G}$ heißt lokal homomorph auf $\mathfrak{G}'$ abgebildet, wenn eine Umgebung $\mathfrak{U}_0$ des Einselements e von $\mathfrak{G}$ so auf eine Umgebung $\mathfrak{U}_0'$ des Einselementes von $\mathfrak{G}'$ abgebildet ist, daß mit a, b und c aus $\mathfrak{U}_0$ und $ab = c$: $a'b' = c'$ folgt. Ist die Abbildung von $\mathfrak{U}_0$ auf $\mathfrak{U}_0'$ auch noch eindeutig umkehrbar, so heißt $\mathfrak{G}$ lokal isomorph zu $\mathfrak{G}'$.

Es entsteht die Frage, kann man eine lokal homomorphe Abbildung zu einer homomorphen fortsetzen? Wir wollen erst einmal $\mathfrak{G}$ als *einfach* zusammenhängend annehmen, das soll heißen: jeder geschlossene Weg in dem zusammenhängenden Gebiet $\mathfrak{G}$ läßt sich stetig auf einen Punkt zusammenziehen. Wir verbinden ein beliebiges Element a mit e durch einen Weg $\mathfrak{C}$.

Wie wir oben sahen, gibt es auf $\mathfrak{C}$ eine Kette von Elementen $a_0 = e, a_1, a_2, \ldots, a_n = a$, die e mit a verbindet. Mit $s_\nu = a_{\nu-1}^{-1} a_\nu$ ist $a = s_1 s_2 \ldots s_n$. Damit die Abbildung homomorph wird, müssen wir a auf $a' = s_1' s_2' \ldots s_n'$ abbilden. Ist diese Vorschrift eindeutig?

Unter einer Verfeinerung einer Kette wollen wir eine solche Kette verstehen, die neben denselben Elementen a_ν der vorigen Kette noch weitere Zwischenelemente enthält. Man sieht leicht, daß eine Verfeinerung zu demselben Resultat führt; denn ist z. B. das Glied a_ν, $a_{\nu+1}$ zu a_ν, b_1, b_2, $a_{\nu+1}$ verfeinert, so liegen alle $a_\nu^{-1} b_1$, $b_1^{-1} b_2$, $a_\nu^{-1} b_2$, $a_\nu^{-1} a_{\nu+1}$ usw. in $\mathfrak{U}_0$, und folglich ist wegen der lokalhomomorphen Abbildung $a_\nu'^{-1} a_{\nu+1}' = (a_\nu'^{-1} b_1')\,(b_1'^{-1} b_2')\,(b_2'^{-1} a_{\nu+1}')$. Zwei beliebige Ketten (desselben Weges $\mathfrak{C}$) haben gleiche Verfeinerungen und müssen daher ebenfalls dasselbe Resultat liefern. Ändert man den Weg $\mathfrak{C}$ stetig ab, so kann dies immer Schritt für Schritt so geschehen, daß der Weg nur zwischen zwei Kettengliedern a_ν, $a_{\nu+1}$ geändert wird, so daß das Stück von a_ν nach $a_{\nu+1}$ noch weiterhin in $a_\nu \mathfrak{U}_0$ und $a_{\nu+1} \mathfrak{U}_0$ enthalten ist; denn nach jedem Einzelschritt können wieder die Kettenglieder geändert werden. Man sieht so, daß die Vorschrift unabhängig vom Wege $\mathfrak{C}$ wird, denn in einem *einfach*-zusammenhängenden $\mathfrak{G}$ kann jeder Weg von e nach a in jeden anderen stetig übergeführt werden.

Auch jedes Element von $\mathfrak{G}'$ muß als Bild mindestens eines Elementes aus $\mathfrak{G}$ erscheinen. Gäbe es nämlich in $\mathfrak{G}'$ ein Element c', das nicht Bild wäre, so verbindet man c' mit e' durch einen Weg und nehme die untere Grenze d' aller Punkte auf diesem Wege, die nicht Bilder sind. Ist d' Bild, so wären alle $d' \mathfrak{U}_0'$ auch Bilder (von $d \mathfrak{U}_0$), im Widerspruch zur unteren Grenze, und wäre d' nicht Bild, so gäbe es in der Nähe von d' ein Bild f', so daß d' in $f' \mathfrak{U}_0$ liegt was zum Widerspruch führt.

Die gewonnene Abbildung ist homomorph, denn das Bild von $a\,b$ kann man etwa mit Hilfe eines Weges von e über a nach $a\,b$ gewinnen, woraus man $(a\,b)' = a'\,b'$ erkennt.

Ist $\mathfrak{G}$ lokal isomorph zu $\mathfrak{G}'$, so folgt noch nicht, daß damit $\mathfrak{G}$ isomorph auf $\mathfrak{G}'$ abgebildet ist. Es können also mehrere Elemente von $\mathfrak{G}$ auf e' abgebildet sein, d. h., der Normalteiler $\mathfrak{n}$ (mit $\mathfrak{G}/\mathfrak{n} \cong \mathfrak{G}'$) kann mehr als ein Element enthalten. $\mathfrak{n}$ selbst muß aber eine diskontinuierliche Gruppe sein, womit gesagt sein soll, daß $\mathfrak{n}$ (in $\mathfrak{G}$) eine Menge ohne Häufungspunkt ist. Wäre dies nämlich nicht der Fall, so könnte man z. B. in der Nähe des Häufungspunktes h zwei Elemente n_i und n_k so finden, daß $n_i \mathfrak{U}_0 \; n_k$ umfassen würde, so daß $n_i^{-1} n_k$ in $\mathfrak{U}_0$ läge und auf e' abgebildet würde im Widerspruch zur Isomorphie von $\mathfrak{U}_0$ und $\mathfrak{U}_0'$. Ist also $\mathfrak{G}$ abgeschlossen, so kann $\mathfrak{n}$ damit nur endlich viele Elemente enthalten. Da für alle a aus $\mathfrak{G}$ $a\,\mathfrak{n} = \mathfrak{n}\,a$ ist, gibt es also zu einem a und jedem n_i ein n_k so, daß $a\,n_i = n_k\,a$ ist. Bei stetiger Änderung von a und festem n_i kann sich n_k nicht ändern. Führt man a stetig nach e über, so folgt $n_k = n_i$. Also sind alle Elemente n_i mit allen a vertauschbar. Die Menge aller Elemente in einer Gruppe, die mit allen Gruppenelementen vertauschbar sind, heißt das Zentrum der Gruppe. $\mathfrak{n}$ ist also eine diskontinuierliche Untergruppe des Zentrums von $\mathfrak{G}$.

Ist umgekehrt $\mathfrak{n}$ irgendeine diskontinuierliche Untergruppe des Zentrums von $\mathfrak{G}$, so ist $\mathfrak{G} \sim \mathfrak{G}/\mathfrak{n}$. $\mathfrak{G}/\mathfrak{n}$ ist ebenfalls kontinuierliche Gruppe und lokal isomorph zu $\mathfrak{G}$.

Bisher nahmen wir an, daß $\mathfrak{G}$ einfach zusammenhängend ist. Der Fall des mehrfachen Zusammenhanges von $\mathfrak{G}$ läßt sich aber auf den ersten durch die Konstruktion der *Überlagerungsgruppe* zurückführen. Die Elemente der Überlagerungsgruppe $\widetilde{\mathfrak{G}}$ definieren wir durch $(a, \mathfrak{C})$, wobei $\mathfrak{C}$ ein Weg von e nach a (mit Richtungssinn) ist. Zwei Elemente $(a, \mathfrak{C})$ und $(b, \mathfrak{D})$ heißen gleich, wenn $a = b$ und $\mathfrak{C}$ sich stetig in $\mathfrak{D}$ überführen läßt. Als Produkt wird $(a, \mathfrak{C})\,(b, \mathfrak{D}) = (a\,b, \mathfrak{C} + a\,\mathfrak{D})$

definiert, wobei $\mathfrak{C} + a\,\mathfrak{D}$ der Weg ist, der sich aus $\mathfrak{C}$ (von e bis a) und anschließend aus dem Bild $a\,\mathfrak{D}$ des Weges $\mathfrak{D}$, das von a bis $a\,b$ läuft, zusammensetzt. Man sieht leicht, daß hierdurch eine Gruppe definiert ist. Das Einselement ist $\tilde{e} = (e,\,0)$ (0 ist jeder Weg von e nach e, der sich auf einen Punkt zusammenziehen läßt). Das Reziproke ist $(a^{-1},\,-a^{-1}\mathfrak{C})$, wobei $-a^{-1}\mathfrak{C}$ das mit a^{-1} hergestellte Bild von $\mathfrak{C}$, aber in umgekehrter Richtung durchlaufen, ist. $\tilde{\mathfrak{G}}$ ist ebenfalls p-dimensional kontinuierlich wie $\mathfrak{G}$, denn zur Abbildung einer (genügend kleinen) Umgebung $\mathfrak{U}$ kann man dieselben Parameter wie bei $\mathfrak{G}$ benutzen. $\tilde{\mathfrak{G}}$ ist einfach zusammenhängend: Ein geschlossener Weg $\tilde{\mathfrak{L}}$ ind $\tilde{\mathfrak{G}}$ bedeutet eine stetige Änderung von $(a,\,\mathfrak{C})$ nach $(a,\,\mathfrak{C})$, wobei also sowohl a wie $\mathfrak{C}$ sich stetig andern. a durchläuft hierbei in $\mathfrak{G}$ einen Weg $\mathfrak{L}$: $a(0) = a,\,\dots,\,a(\tau)$, $\dots a(1) = a$. Wegen der stetigen Änderung von $\mathfrak{C}$ kann man $\tilde{\mathfrak{L}}$ beschreiben durch:

$$(a,\,\mathfrak{C})_\tau = (a(\tau),\,\mathfrak{C} + \mathfrak{L}_\tau),$$

wobei $\mathfrak{L}_\tau$ der Weg von a bis zur Stelle $a(\tau)$ ist. Da $(a,\,\mathfrak{C})_1 = (a,\,\mathfrak{C} + \mathfrak{L})$ $= (a,\,\mathfrak{C})$ sein soll, sonst wäre ja $\tilde{\mathfrak{L}}$ nicht geschlossen, muß also $\mathfrak{L}$ ein Weg sein, der sich auf einen Punkt zusammenziehen läßt. Damit sieht man aber sofort, daß sich auch $\tilde{\mathfrak{L}}$ auf einen Punkt in $\tilde{\mathfrak{G}}$ zusammenziehen läßt.

$\tilde{\mathfrak{G}}$ ist lokal isomorph zu $\mathfrak{G}$, denn eine Umgebung $\mathfrak{U}_0$ ist einfach zusammenhängend. Daher ist $\mathfrak{G} \cong \tilde{\mathfrak{G}}/\tilde{\mathfrak{n}}$ mit $\tilde{\mathfrak{n}}$: $(e,\,\mathfrak{C})$. $\tilde{\mathfrak{n}}$ muß also nach dem Vorhergehenden eine Untergruppe des Zentrums von $\tilde{\mathfrak{G}}$, also insbesondere selber abelsch sein. $\tilde{\mathfrak{n}}$ ist die in der Topologie bekannte Fundamentalgruppe des Gebietes $\mathfrak{G}$.

Zu $\mathfrak{G}$ lokal isomorphe Gruppen sind es also auch zu $\tilde{\mathfrak{G}}$, wodurch der Fall auf den vorigen des einfachen Zusammenhanges von $\tilde{\mathfrak{G}}$ zurückgeführt ist.

Beispiel: $\mathfrak{G} =$ Drehgruppe $\mathfrak{D}$ im dreidimensionalen Raum. Einer Drehung, die kontinuierlich aus der Identität hergestellt werden kann, ordnen wir in einem dreidimensionalen Parameterraum als Punkt denjenigen zu, der von einem festen „Nullpunkt" aus in Richtung der Drehachse eine Entfernung gleich dem Drehwinkel hat. Hierbei brauchen wir nur Drehwinkel $\leq \pi$ zu berücksichtigen, denn zwei Drehungen mit π um entgegengesetzt gerichtete Drehachsen sind identisch. Dementsprechend müssen wir auch diese diametral gegenüberliegenden Punkte identifizieren (Abb. 49). $\mathfrak{D}$ ist also abgeschlossen und zusammenhängend, aber nicht einfach zusammenhängend, denn der in Abb. 50 eingezeichnete Weg läßt sich nicht stetig auf einen Punkt zusammenziehen. Die Überlagerungsgruppe $\tilde{\mathfrak{D}}$ besteht aus den Elementen $(a,\,\mathfrak{C}_1)$ und $(a,\,\mathfrak{C}_2)$, wobei $\mathfrak{C}_1$ und $\mathfrak{C}_2$ die in Abb. 51 gezeigten

Wege sind. Alle weiteren Wege lassen sich entweder auf $\mathfrak{C}_1$ oder $\mathfrak{C}_2$ reduzieren. Benutzt man z. B. zwei Paare diametraler Punkte $P_1 = P_1'$ und $P_2 = P_2'$ nach Abb. 52, so kann man P_2 stetig nach P_1' führen, wobei P_2' nach P_1 geht. Der Weg $P_1' P_2$ fällt dann fort, und dann kann

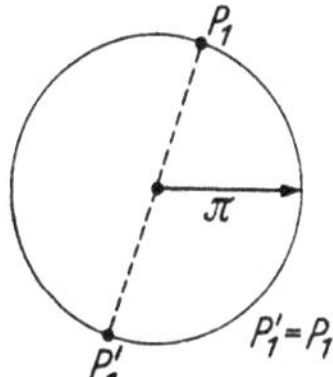

Abb. 49.
Zur Parameterdarstellung der Drehgruppe.

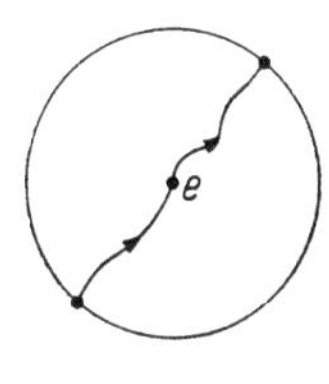

Abb. 50.
Die Drehgruppe ist zweifach zusammenhangend.

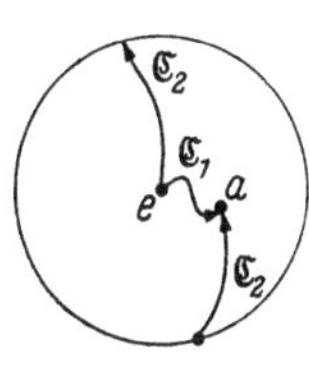

Abb. 51.
Zur Definition der Uberlagerungsgruppe.

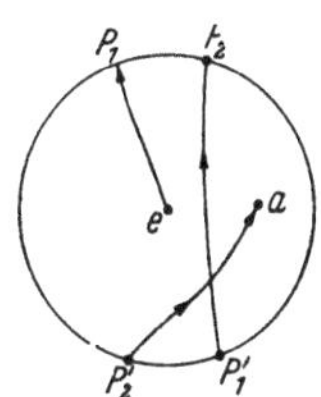

Abb 52.
Zur Überlagerungsgruppe.

der Restweg von $P_2' = P_1$ gelöst und in $\mathfrak{C}_1$ übergeführt werden. Es ist $\mathfrak{D} \cong \tilde{\mathfrak{D}}/\tilde{n}$, wobei $\tilde{n}$ aus den beiden Elementen $(e, 0)$ und $(e, \mathfrak{C})$ besteht mit $\mathfrak{C}$ nach Abb. 50. Es gilt $(e, \mathfrak{C})^2 = (e, 0)$, wie man sich anschaulich leicht klarmacht. Die Fundamentalgruppe ist also hier zyklisch von der Ordnung 2.

§ 15. Liesche Gruppen.

Eine Gruppe $\mathfrak{G}$ heißt eine Liesche Gruppe, wenn sich eine Umgebung $\mathfrak{U}_0$ des Einselementes so auf p-Parameter $\alpha_1 \ldots \alpha_p$ abbilden läßt, daß mit $a \longleftrightarrow \alpha_1 \ldots \alpha_p$ und $b \longleftrightarrow \beta_1 \ldots \beta_p$ und $a\,b = c \longleftrightarrow \gamma_1 \ldots \gamma_p$ die Funktionen $\gamma_\nu = f_\nu(\alpha_1, \ldots, \beta_p)$ zweimal differenzierbar nach den α_μ und β_μ sind. Wir können annehmen, daß e die Parameter $\alpha_1 = \alpha_2 = \cdots = \alpha_p = 0$ zugeordnet sind. Durch die Elemente a ist eine Transformation A der Gruppe $\mathfrak{G}$ in sich durch $A\,b = a\,b$ gegeben. Wir können jetzt die Differenz zweier Elemente $a' - a$ als Operatoren angewandt auf die Gruppenelemente *definieren* durch $(a' - a)\,b = d$, wobei d die Parameter $(\delta_1, \delta_2, \ldots, \delta_p)$ haben soll mit $\delta_\nu = g_\nu(\beta_1 \ldots \beta_p) = f_\nu(\alpha_1' \ldots \alpha_p', \beta_1 \ldots \beta_p) - f_\nu(\alpha_1 \ldots \alpha_p, \beta_1 \ldots \beta_p)$. Da die Gruppe p-dimensional ist, können wir annehmen, daß die Funktionaldeterminante $\left|\dfrac{\partial f_\nu}{\partial \alpha_\mu}\right|$ für $\alpha_1 = \alpha_2 = \cdots = \alpha_p = 0$ ungleich Null ist. Wir können jetzt durch

$$a - e = \delta a = \sum_{\nu=1}^{p} I^\nu\, \delta\alpha_\nu$$

die infinitesimalen Transformationen I^ν definieren, wobei also $I^\nu b = k^\nu$ mit den Parametern $\eta_\mu^\nu = \left(\dfrac{\partial f_\mu}{\partial \alpha_\nu}\right)_{\alpha_1 = \cdots = \alpha_p = 0}$ ist. Wegen $\left|\dfrac{\partial f_\nu}{\partial \alpha_\mu}\right| \neq 0$ sind die I^ν linear unabhängig.

$a^{-1}(a' - a) = a^{-1}a' - e$ ist ebenfalls eine e benachbarte Transformation, also gleich einer Linearkombination der I^ν:

$$a^{-1}\, \delta a = a^{-1}(a' - a) = \sum_{\nu=1}^{p} I^\nu\, \delta\omega_\nu,$$

wobei die $\delta\omega_\nu$ Differentialformen

$$\delta\omega_\nu = \sum_{\mu=1}^{p} q_{\nu\mu}(\alpha)\,\delta\alpha_\mu,$$

aber nicht notwendig totale Differentiale sind. Ist nun $a_0 = e, a_1, \ldots,$ $a_n = a$ eine Kette auf einem Wege $\mathfrak{C}$ von e nach a, so ist mit $s_j = a_{j-1}^{-1}a_j$: $a = \prod\limits_{j=1}^{n} s_j$. Setzt man $a_j - a_{j-1} = \delta a_j$, so wird im Limes immer feinerer Gliederung der Kette: $s_j = a_{j-1}^{-1}(a_{j-1} + \delta a_j) = e + \sum\limits_{\mu=1}^{p} I^\mu d_j\,\omega_\mu$ und $a = \lim\prod\limits_{j=1}^{n}(e + \sum\limits_{\mu=1}^{p} I^\mu d_j\,\omega_\mu)$. Wählt man die $d_j\,\omega_\mu$ speziell alle gleich einem Differential $\delta\varrho_\mu$ neuer Parameter ϱ_μ (was einer ganz bestimmten Wahl der Kurve $\mathfrak{C}$ im $\alpha_1 \ldots \alpha_p$-Raum entspricht), so erhält man (wenigstens für eine Umgebung des Einselements e) $a = \lim(e + \sum\limits_{\mu=1}^{p} I^\mu d\varrho_\mu)^n$ und mit $d\varrho_\mu = \dfrac{\varrho_\mu}{n}$:

$$a = \exp(e + \sum_{\mu=1}^{p} I^\mu \varrho_\mu), \tag{15.1}$$

wobei a jetzt nicht durch die Parameter α_ν, sondern durch die $\varrho_1 \ldots \varrho_p$ dargestellt ist. Die ϱ_μ heißen kanonische Parameter. Die Gruppe $\mathfrak{G}$ ist also schon durch ihre infinitesimalen Transformationen I^ν bestimmt.

Wenn $\mathfrak{G}$ gegeben ist, so sind auch die I^μ bestimmt. Gibt man nun aber Transformationen I^μ vor, kann man dann nach (15.1) eine Gruppe daraus herstellen? Zunächst ist leicht einzusehen, daß die I^μ nicht beliebig gewählt werden können. Da $a^{-1}ba$ für $b = e + \sum\limits_{\mu} I^\mu\delta\alpha_\mu$ ein Element nahe bei e ist, ist also

$$a^{-1}ba = e + \sum_{\mu} I^\mu\delta\sigma_\mu; \quad \text{d.h.} \quad \sum_{\mu} a^{-1}I^\mu a\,\delta\alpha_\mu = \sum_{\nu} I^\nu\delta\sigma_\nu.$$

Da die $\delta\alpha_\mu$ beliebig sind, folgt

$$a^{-1}I^\mu a = \sum_{\nu} I^\nu \sigma_\nu^\mu. \tag{15.2}$$

Wählt man jedoch speziell $a = e + \sum\limits_{\varrho} I^\varrho\delta\alpha_\varrho$, so wird mit[1] $a^{-1} = e - \sum\limits_{\varrho} I^\varrho\delta\alpha_\varrho$

$$a^{-1}I^\mu a = I^\mu + \sum_{\varrho}(I^\mu I^\varrho - I^\varrho I^\mu)\,\delta\alpha_\varrho.$$

Da die $\delta\alpha_\varrho$ beliebig sind, folgt also mit (15.2)

$$(I^\varrho I^\mu - I^\mu I^\varrho) = [I^\varrho, I^\mu] = \sum_{\nu} c_\nu^{\varrho\mu} I^\nu. \tag{15.3}$$

---

[1] Es gilt bis zu den ersten Potenzen in den $\delta\alpha_\varrho$ die Beziehung: $(e + \sum\limits_{\varrho} I^\varrho\delta\alpha_\varrho)(e - \sum\limits_{\varrho} I^\sigma\delta\alpha_\sigma) = e + \sum\limits_{\varrho} I^\varrho\delta\alpha_\varrho - \sum\limits_{\varrho} I^\varrho\delta\alpha_\varrho = e$

Die Vertauschungen der I^ϱ untereinander müssen sich also linear durch die I^ν ausdrücken lassen. Es folgt für die $c_\nu^{\varrho\mu}$ sofort $c_\nu^{\varrho\mu} = -c_\nu^{\mu\varrho}$. Aus der leicht zu beweisenden JAKOBIschen Identität:

$$[I^\varrho, [I^\mu, I^\sigma]] + [I_\mu, [I^\sigma, I^\varrho]] + [I^\sigma, [I^\varrho, I^\mu]] = 0$$

folgt für die $c_\nu^{\varrho\mu}$:

$$\sum_\nu (c_\nu^{\varrho\mu} c_\lambda^{\nu\eta} + c_\nu^{\mu\eta} c_\lambda^{\nu\varrho} + c_\nu^{\eta\varrho} c_\lambda^{\nu\mu}) = 0.$$

Ist es nun möglich, eine Gruppe zu konstruieren, wenn man entweder 1. die I^ν vorgibt, so daß Vertauschungsrelationen der Formel (15.3) erfüllt sind, oder 2. nur die $c_\nu^{\varrho\mu}$ vorgibt, so daß dann auch erst geeignete I_ν zu konstruieren wären?

Sind die I^ν speziell als Operatoren in einem Vektorraum $\Re$ gegeben, so kann man durch

$$A(\varrho_1 \ldots \varrho_p) = \exp(1 + \sum_{\nu=1}^{p} I^\nu \varrho_\nu) \tag{15.4}$$

sofort eine Gruppe $\mathfrak{G}'$ von Operatoren $A(\varrho_1 \ldots \varrho_p)$ konstruieren, denn $\exp(W) = \sum_{n=0}^{\infty} \frac{1}{n!} W^n$ ist für alle Operatoren in einem n-dimensionalen Vektorraum konvergent[1]. Erfüllen die I^ν in $\Re$ dieselben Vertauschungsrelationen (15.3) wie die I^ν einer gegebenen Gruppe $\mathfrak{G}$, so ist $\mathfrak{G}$ durch die Zuordnung von (15.1) zu (15.4) lokal homomorph zu $\mathfrak{G}'$ abgebildet, d. h. $\mathfrak{G}'$ ist eine Darstellung von $\mathfrak{G}$.

Für die Untersuchungen zur Beantwortung der zweiten Frage sei auf die unten angeführte Literatur verwiesen[2].

Wir haben bisher bei der Betrachtung der infinitesimalen Transformationen nur die durch die Gruppenelemente bewirkten Transformationen des Parameterraumes betrachtet. Ist nun aber $\mathfrak{G}$ selbst eine Transformationsgruppe, z. B. irgendwelcher Variablen $x_1 \ldots x_m$: $a(x_1 \ldots x_m) = (x'_1 \ldots x'_m)$, und sind diese Transformationen zweimal differenzierbar, so sind die I^ν auch als Transformationen der x_i definiert, wobei alle oben beschriebenen Relationen für die I^ν auch als Transformationen der x_i erhalten bleiben.

§ 16. Darstellungen.

Die Überlegungen bezüglich des Gruppenringes nach § 11 lassen sich auch auf kontinuierliche Gruppen übertragen, wie wir im nächsten Paragraphen zeigen wollen. Erst sollen hier nur die Sätze aus § 12 über

---

[1] Jeder Operator in einem endlich dimensionalen Vektorraum ist beschränkt $\|Wu\| \leq C\|u\|$, wenn man irgendein inneres Produkt definiert. (vgl. Anhang I, § 3) Also ist $\left\|\sum_{n=N}^{\infty} \frac{1}{n!} W^n u\right\| \leq \sum_{n=N}^{\infty} \frac{1}{n!} C\|u\| \underset{N\to\infty}{\to} 0$.

[2] PONTRJAGIN, L.: Topological Groups. Princeton 1946 — C. CHEVALLEY: Theory of Lie Groups. Princeton 1946.

die Orthogonalitätsrelationen der darstellenden Matrixelemente und die der Charaktere übertragen werden.

Dazu müssen wir die Summation durch eine Integration ersetzen. Dies gelingt im Falle der Lieschen abgeschlossenen Gruppen[1]. Es läßt sich nämlich im Falle der Lieschen Gruppen eine Volumenmessung[2] m auf $\mathfrak{G}$ einführen: Ist $\mathfrak{U}$ eine hinreichend kleine Umgebung von a, so fordern wir $m(\mathfrak{U}) = m(a^{-1}\mathfrak{U})$, wobei für ein kleines Parallelepiped $\mathfrak{U}_0$ mit den Kanten $d_\varrho^{(\nu)}$ als Umgebung $\mathfrak{U}_0$ des Einselementes $m(\mathfrak{U}_0) = N\,|d_\varrho^{(\nu)}|$ mit vorläufig noch beliebigem N gesetzt wird. Anschaulich heißt das, daß wir für die Umgebung von e die Volumenmessung vorgeben und dann das Volumen von $a\,\mathfrak{U}_0$ gleich dem von $\mathfrak{U}_0$ fordern. Es ist klar, daß durch diese Forderung für jede meßbare Teilmenge $\mathfrak{T}$ von $\mathfrak{G}$ gilt $m(\mathfrak{T}) = m(a\,\mathfrak{T})$. Um m genau anzugeben, betrachten wir die Funktionen

$$\gamma_\nu = f_\nu(\alpha_1 \ldots \alpha_p, \beta_1 \ldots \beta_p).$$

Ein Parallelepiped mit den Kanten $\delta_\varrho^{(\nu)}$ im Punkte a wird durch a^{-1} abgebildet auf ein Parallelepiped $d_\varrho^{(\nu)}$ mit

$$\delta_\varrho^{(\nu)} = \sum_\sigma \left(\frac{\partial f_\varrho}{\partial \beta_\sigma}\right)_{\beta = 0} d_\sigma^{(\nu)}.$$

Daher ist das Volumen dieses Parallelepipeds gleich $N\Delta^{-1}|\delta_\varrho^{(\nu)}|$ mit $\Delta = \left|\left(\dfrac{\partial f_\varrho}{\partial \beta_\sigma}\right)_{\beta = 0}\right|$. Somit ist

$$m(\mathfrak{T}) = N \int_\mathfrak{T} \frac{1}{\Delta}\, d\alpha_1 \ldots d\alpha_p = \int_\mathfrak{T} d\,m(a).$$

Ist die Gruppe $\mathfrak{G}$ abgeschlossen, so kann man mit einer endlichen Zahl von Umgebungen $a\,\mathfrak{U}_0$ ganz $\mathfrak{G}$ überdecken. Also ist $m(\mathfrak{G})$ endlich. Man kann den Faktor N so wählen, daß $m(\mathfrak{G}) = 1$ ist.

Wenn $\mathfrak{G}$ abgeschlossen ist, so ist auch $m(\mathfrak{T}) = m(\mathfrak{T}\,a)$: Um dies zu zeigen, betrachten wir eine hinreichend kleine Umgebung $\mathfrak{U}_0$ von e. $a\,\mathfrak{U}_0$ ist dann eine Umgebung von a mit demselben m. Hat nun $a\,\mathfrak{U}_0\,a^{-1}$ dasselbe Volumen wie $\mathfrak{U}_0$, so erhält man mit $\mathfrak{U} = a\,\mathfrak{U}_0$ $\ m(\mathfrak{U}) = m(\mathfrak{U}\,a^{-1})$. woraus sich $m(\mathfrak{T}) = m(\mathfrak{T}\,a)$ ergibt, ebenso wie sich oben $m(\mathfrak{T}) = m(a\,\mathfrak{T})$ aus $m(\mathfrak{U}) = m(a^{-1}\mathfrak{U})$ ergab. Die Abbildung $a\,\mathfrak{U}_0\,a^{-1}$ gibt aber nach (15.2) eine Darstellung der Gruppe $\mathfrak{G}$ im Vektorraum ihrer infinitesimalen Transformationen I^μ, denn es ist $a\,I^\mu a^{-1} = \sum_\nu I^\nu \alpha^{\nu\mu}$ und

$$(b\,a)\,I^\mu(b\,a)^{-1} = b(a\,I^\mu a^{-1})\,b^{-1} = \sum_\nu b\,I^\nu b^{-1} \alpha^{\nu\mu} = \sum_{\nu\varrho} I^\varrho \beta^{\varrho\nu} \alpha^{\nu\mu}.$$

---

[1] In anderen Fällen, siehe z. B. J. von Neumann, Trans. Amer. Soc. Bd. 36 (1934), 445—492.

[2] Für den allgemeinen Begriff der Volumenmessung siehe Anhang I, § 1, S 367

Sind die Determinanten aller Darstellungsmatrizen gleich 1, so ist also das Volumen von $a\,\mathfrak{U}_0\,a^{-1}$ gleich dem von $\mathfrak{U}_0$. Die unendliche Folge von Elementen a, a^2, a^3, ... muß ein Häufungselement b in $\mathfrak{G}$ haben. Es gibt also eine Teilfolge $a^{v_i} \to b$; daher müssen auch, mit A als Determinante der Darstellungsmatrix von a und B zu b, $A^{v_i} \to B$ konvergieren ($B \neq 0$, da B^{-1} existieren muß!). Also ist $A = 1$. Ebenso ist die Volumenmessung invariant gegen die Inversion $a \to a^{-1}$, d. h. $m(\mathfrak{T}) = m(\mathfrak{T}')$, wo $\mathfrak{U}'$ die Reziproken der Elemente von $\mathfrak{U}$ umfaßt: Die Elemente einer kleinen Umgebung $\mathfrak{U}$ von a sind $a\,(e + \sum\limits_{v} I^v\,d\omega_v)$, die Elemente von $\mathfrak{U}'$ also $(e - \sum\limits_{v} I^v\,d\omega_v)\,a^{-1}$. Wir können also folgende drei Schritte durchführen: $\mathfrak{U} \to a^{-1}\,\mathfrak{U} = \mathfrak{U}_0 \to \mathfrak{U}_0' \to \mathfrak{U}_0'\,a = \mathfrak{U}'$. Beim ersten und letzten Schritt bleibt, wie oben gezeigt, das Volumen erhalten. Der mittlere Schritt bedeutet: $d\omega_v \to -d\omega_v$. Die Determinante dieser Transformation ist $+1$ oder -1. Bis höchstens auf Vorzeichen wird also das Volumen nicht geändert.

Aus den obigen Sätzen folgt, daß für eine Funktion $f(a)$ auf der Gruppe $\mathfrak{G}$ gilt:

$$\int\limits_{\mathfrak{G}} f(a)\,dm(a) = \int\limits_{\mathfrak{G}} f(a\,b)\,dm(a) = \int\limits_{\mathfrak{G}} f(b\,a)\,dm(a).$$

Sieht man sich nun die Überlegungen von § 11 an, so erkennt man, daß sie alle gültig bleiben, wenn man $\dfrac{1}{h}\sum\limits_{a}$ durch $\int\limits_{\mathfrak{G}} dm(a)$ ersetzt. Insbesondere ist also jede Darstellung einer unitären äquivalent, also vollständig reduzibel. Für irreduzible unitäre Darstellungen gilt:

$$\int\limits_{\mathfrak{G}} \overline{g^{(\mu)}_{\tau\varrho}(a)}\,g^{(v)}_{\varkappa\lambda}(a)\,dm(a) = \delta_{\mu v}\,\delta_{\tau\varkappa}\,\delta_{\varrho\lambda}\,\frac{1}{n^{(v)}}$$

$$\int\limits_{\mathfrak{G}} \overline{\chi^{(\mu)}(a)}\,\chi^{(v)}(a)\,dm(a) = \delta_{\mu v}. \tag{16.1}$$

Die Elemente einer Klasse konjugierter Elemente bilden eine Teilmannigfaltigkeit von $\mathfrak{G}$. Die $\chi^{(v)}(a)$ sind konstant für alle Elemente einer Klasse. Sind nun so viele irreduzible Darstellungen bekannt, daß die $\chi^{(v)}(a)$ ein vollständiges System[1] für alle Klassenfunktionen bilden, so kann es keine weiteren irreduziblen Darstellungen geben. Daß es wirklich auch gerade so viele gibt, werden wir im nächsten Paragraphen sehen.

---

[1] Anhang I, § 2.

§ 17. Gruppenring für abgeschlossene Liesche Gruppen.

In dem Falle einer endlichen Gruppe war ein Element x des Gruppenringes gegeben durch eine Funktion $f(a)$ der Gruppenelemente

$$x = \sum_a a\, f(a).$$

Hier betrachten wir auf der abgeschlossenen Menge der Gruppenelemente a komplexwertige Funktionen $f(a)$, die hinsichtlich des im vorigen Paragraphen definierten Maßes m meßbar sind und für die $\int |f(a)|^2\, dm(a) < \infty$ ist. Diese bilden einen HILBERT-Raum.

Der Ring $\Re_\mathfrak{g}$ besteht aus diesen Funktionen $f(a)$, indem man ihre Summe durch $f(a) + g(a)$, die Multiplikation mit komplexen Zahlen α durch $f(a)\,\alpha$ und das Produkt zweier Ringelemente durch

$$(f \cdot g)(a) = \int f(a\, b^{-1})\, g(b)\, dm(b) \tag{17.1}$$

definiert. Diese Definition steht in Analogie zu der für endliche Gruppen, denn mit $y = \sum_b b\, g(b)$ und $x = \sum_{ab} a\, f(a)$ ist $x\, y = \sum_a a\, b\, f(a)$ $g(b) = \sum_{a'b}' a'\, f(a'\, b^{-1})\, g(b)$. Das Integral $\int f(a\, b^{-1})\, g(b)\, dm(b)$ existiert nach Anhang I, § 1 (Seite 372), denn $f(a\, b^{-1}) = \tilde{f}(b)$ ist quadratisch integrierbar:

$$\int |\tilde{f}(b)|^2\, dm(b) = \int |f(a\, b^{-1})|^2\, dm(b) = \int |f(c)|^2\, dm(c).$$

Aber auch $f \cdot g$ ist ein Element des HILBERT-Raumes, denn nach der SCHWARZschen Ungleichung ist mit $f(a\, b^{-1}) = h(b)$

$$|(f \cdot g)(a)|^2 = \left| \int f(a\, b^{-1}) g(b)\, dm(b) \right|^2 \leq \int |h(b)|^2\, dm(b) \cdot \int |g(b)|^2\, dm(b)$$

$$= \int |f(b)|^2\, dm(b) \cdot \int |g(b)|^2\, dm(b).$$

$f \cdot g$ ist also sogar eine beschränkte Funktion.

Wir betrachten nun alle irreduziblen unitären Darstellungen der Gruppe $\mathfrak{G}$, für die die Matrixelemente $g^{(\nu)}_{\varkappa\lambda}(a)$ quadratisch integrierbar, d. h. Elemente von $\Re_\mathfrak{g}$ sind. (Es gibt wegen $m(\mathfrak{G}) = 1$ solche Darstellungen, zumindest die identische Darstellung: $a_\nu \to 1$.) (16.1) bedeutet dann, daß die $g^{(\nu)}_{\varkappa\lambda}(a)$ ein Orthogonalsystem im HILBERT-Raum $\Re_\mathfrak{g}$ bilden. Da es nur abzählbar viele orthogonale Vektoren gibt, kann es also nur abzählbar viel inäquivalente irreduzible Darstellungen geben. Weiter folgt unter Benutzung von (17.1) und[1] mit $e^{(\nu)}_{\varkappa\lambda}(a) = n^{(\nu)}\, g^{(\nu)}_{\lambda\varkappa}(a^{-1})$:

$$(e^{(\nu)}_{\varkappa\lambda} \cdot e^{(\mu)}_{\tau\varrho})(a) = \int e^{(\nu)}_{\varkappa\lambda}(a\, b^{-1})\, e^{(\mu)}_{\tau\varrho}(b)\, dm(b)$$

$$= n^{(\nu)}\, n^{(\mu)} \int g^{(\nu)}_{\lambda\varkappa}(b\, a^{-1})\, g^{(\mu)}_{\varrho\tau}(b^{-1})\, dm(b)$$

$$= n^{(\nu)}\, n^{(\mu)} \int \sum_\sigma g^{(\nu)}_{\lambda\sigma}(b)\, g^{(\nu)}_{\sigma\varkappa}(a^{-1})\, \overline{g^{(\mu)}_{\tau\varrho}(b)}\, dm(b) = \delta_{\nu\mu}\, \delta_{\lambda\tau}\, e^{(\nu)}_{\varkappa\varrho}(a),$$

---

[1] In Analogie zu $e^{(\nu)}_{k\lambda} = \dfrac{n^{(\nu)}}{h} \sum_a g^{(\nu)}_{k\lambda}(a^{-1})\, a$ für endliche Gruppen nach § 11.

d. h.
$$e_{\varkappa\lambda}^{(\nu)} \cdot e_{\tau\varrho}^{(\mu)} = \delta_{\nu\mu}\,\delta_{\lambda\tau}\,e_{\varkappa\varrho}^{(\nu)}. \tag{17.2}$$

Diese $e_{\varkappa\lambda}^{(\nu)}$ erfüllen also dieselben Relationen wie die ebenso bezeichneten Größen in § 11. Die $e_{\varkappa\lambda}^{(\nu)}$ (ν und λ fest) spannen einen (endlich dimensionalen) Teilraum auf, der Linksideal von $\mathfrak{R}_g$ ist, denn

$$\begin{aligned}
(f \cdot e_{\varkappa\lambda}^{(\nu)})\,(a) &= \int f(a\,b^{-1})\,e_{\varkappa\lambda}^{(\nu)}(b)\,dm(b) = n^{(\nu)} \int f(a\,b^{-1})\,g_{\lambda\varkappa}^{(\nu)}(b^{-1})\,dm(b) \\
&= n^{(\nu)} \int f(c)\,g_{\lambda\varkappa}^{(\nu)}(a^{-1}\,c)\,dm(c) \\
&= n^{(\nu)} \int f(c) \sum_{\varrho} g_{\lambda\varrho}^{(\nu)}(a^{-1})\,g_{\varrho\varkappa}^{(\nu)}(c)\,dm(c) \\
&= \sum g_{\varrho}\,e_{\varrho\lambda}^{(\nu)}(a) \quad \text{mit} \quad g_{\varrho} = \int f(c)\,g_{\varrho\varkappa}^{(\nu)}(c)\,dm(c).
\end{aligned}$$

Ebenso sieht man, daß alle $e_{\varkappa\lambda}^{(\nu)}$ (nur ν fest) ein zweiseitiges Ideal in $\mathfrak{R}_g$ aufspannen.

Man kann nun auch die Anwendung der Elemente a der Gruppe als Operatoren auf die $f(b)$ definieren (wieder in Analogie zu einer endlichen Gruppe):

$$a\,f(b) = f(a^{-1}\,b). \tag{17.3}$$

a ist dann in $\mathfrak{R}_g$ ein unitärer Operator, da $\int \overline{a\,g(b)}\,a\,f(b)\,dm(b)$ $= \int \overline{g(b)}\,f(b)\,dm(b)$ ist. $\mathfrak{R}_g$ ist dann ein (unendlich dimensionaler) Darstellungsraum von $\mathfrak{G}$, denn $c\,(a\,f(b)) = c\,(f(a^{-1}\,b))$ und mit $f(a^{-1}\,b) = g(b)$:

$$c\,g(b) = g(c^{-1}\,b) = f(a^{-1}\,c^{-1}\,b) = f\big((c\,a)^{-1}\,b\big) = (c\,a)\,f(b).$$

In dem von den $e_{\varkappa\lambda}^{(\nu)}$ (ν und λ fest) aufgespannten Teilraum ist dann speziell:

$$a\,e_{\varkappa\lambda}^{(\nu)}(b) = e_{\varkappa\lambda}^{(\nu)}(a^{-1}\,b) = n^{(\nu)}\,g_{\lambda\varkappa}^{(\nu)}(b^{-1}\,a) = \sum_{\sigma} e_{\sigma\lambda}^{(\nu)}(b)\,g_{\sigma\varkappa}^{(\nu)}(a), \tag{17.4}$$

d. h. in $\mathfrak{l}_{\nu\lambda} = (e_{1\lambda}^{(\nu)}, e_{2\lambda}^{(\nu)}, \ldots)$ erfährt $\mathfrak{G}$ die Darstellung (ν).

Wenn wir jetzt noch zeigen, daß die $e_{\varkappa\lambda}^{(\nu)}$ ein vollständiges Orthogonalsystem in $\mathfrak{R}_g$ bilden müssen, zerfällt also der Ring $\mathfrak{R}_g$ genau wie für endliche Gruppen (11.4) in eine (abzählbare) Summe:

$$\mathfrak{R}_g = \mathfrak{t}_1 \oplus \mathfrak{t}_2 \oplus \mathfrak{t}_3 \oplus \cdots, \tag{17.5}$$

wo die $\mathfrak{t}_\nu$ die Darstellung (ν) ergeben und von den $e_{\varkappa\lambda}^{(\nu)}$ (ν fest) aufgespannt werden.

Die $e_{\varkappa\lambda}^{(\nu)}(a)$ bilden ein Orthogonalsystem:

$$\begin{aligned}
\int \overline{e_{\varkappa\lambda}^{(\nu)}(a)}\,e_{\varrho\sigma}^{(\mu)}(a)\,dm(a) &= n^{(\nu)}\,n^{(\mu)} \int \overline{g_{\lambda\varkappa}^{(\nu)}(a^{-1})}\,g_{\sigma\varrho}^{(\mu)}(a^{-1})\,dm(a) \\
&= n^{(\nu)}\,n^{(\mu)} \int g_{\varkappa\lambda}^{(\nu)}(a)\,\overline{g_{\varrho\sigma}^{(\mu)}(a)}\,dm(a) = \delta_{\nu\mu}\,\delta_{\varrho\varkappa}\,\delta_{\lambda\sigma}\,n^{(\nu)}
\end{aligned} \tag{17.6}$$

Ist irgendein Element $f(a)$ gegeben, so kann man zerlegen:

$$f(a) = \sum_{\nu \varkappa \lambda} e^{(\nu)}_{\varkappa \lambda}(a) \frac{1}{n^{(\nu)}} \int \overline{e^{(\nu)}_{\varkappa \lambda}(b)} f(b)\, dm(b) + r(a),$$

wo $r(a)$ ein zu allen $e^{(\nu)}_{\varkappa \lambda}(a)$ orthogonales Element ist. Es ist zu zeigen, daß $r(a) = 0$ sein muß.

Dazu betrachten wir die Integralgleichung mit dem Operator K:

$$K\chi(d) = \int K(d, b)\, \chi(b)\, dm(b) = \lambda \chi(d), \qquad (17.7)$$

wobei

$$K(d, b) = \int r(b^{-1} d c)\, \overline{r(c)}\, dm(c). \qquad (17.8)$$

Es ist also $K\chi(d) = (\chi \cdot r \cdot \tilde{r})\,(d)$ mit $\tilde{r}(a) = \overline{r(a^{-1})}$. K ist ein Her-mitescher vollstetiger Operator[1], denn es ist

$$K(b, d) = \int r(d^{-1} b c)\, \overline{r(c)}\, dm(c) = \int r(c')\, \overline{r(b^{-1} d c')}\, dm(c') = \overline{K(d, b)}$$

und für ein Orthogonalsystem $\eta_\nu(d)$ mit

$$a_{\nu \mu} = \int \overline{\eta_\nu(d)}\, K(d, b)\, \eta_\mu(b)\, dm(d) \cdot dm(b)$$

ist $$\sum_{\nu \mu} |a_{\nu \mu}|^2 = \int |K(d, b)|^2\, dm(d)\, dm(b),$$

und nach der Schwarzschen Ungleichung folgt aus (17.8) $|K(d, b)| \leq$ $\leq \int |r(c)|^2\, dm(c)$. Folglich hat der Operator K nur diskrete Eigenwerte, von denen jeder außer $\lambda = 0$ nur endlich-fach entartet sein kann. K ist nicht der Nulloperator (für $r \neq 0$), denn es ist für beliebiges $\varphi(b)$:

$$(\varphi, K\varphi) = \iiint \overline{\varphi(d)}\, r(b^{-1} d c)\, \overline{r(c)}\, \varphi(b)\, dm(d)\, dm(b)\, dm(c)$$

$$= \iiint \overline{\varphi(d)}\, r(b^{-1} c^{-1})\, r(\overline{d^{-1} c^{-1}})\, \varphi(b)\, dm(d)\, dm(b)\, dm(c)$$

$$= \int |\int r(b^{-1} c')\, \varphi(b)\, dm(b)|^2\, dm(c').$$

Weiterhin ist K vertauschbar mit den Gruppenelementen a als Operatoren, denn

$$a K\chi(d) = \int K(a^{-1} d, b)\, \chi(b)\, dm(b) = \int K(d, a b)\, \chi(b)\, dm(b)$$

$$= \int K(d, b')\, \chi(a^{-1} b')\, dm(b') = K a \chi(d).$$

Der Eigenraum von K zu einem Eigenwert $\lambda \neq 0$ muß also von a in sich übergeführt werden, denn aus $K\chi = \lambda \chi$ folgt $a K\chi = K a \chi$ $= \lambda a \chi$. Der Eigenraum ist also ein endlichdimensionaler Darstellungsraum von $\mathfrak{G}$, der sich ausreduzieren läßt. Es gibt also Eigenvektoren χ_λ

---

[1] Anhang I, § 15

von K, die eine Basis für eine irreduzible Darstellung [es sei dies die Darstellung (ν)] geben.

Die χ_λ müssen dann in dem Teilraum $\mathfrak{t}_\nu$ liegen: Für alle Elemente f aus $\mathfrak{t}_\nu$ gilt wegen (17.2) mit $e^{(\nu)} = \sum_\iota e_{\tau\tau}^{(\nu)}$: $e^{(\nu)} \cdot f = f \cdot e^{(\nu)} = f$, und andererseits liegt jedes Element $e^{(\nu)} \cdot g$ und $g \cdot e^{(\nu)}$ in $\mathfrak{t}_\nu$, da $\mathfrak{t}_\nu$ zweiseitiges Ideal ist. Wenn wir $e^{(\nu)} \cdot \chi_\lambda = \chi_\lambda$ zeigen, so liegt also χ_λ in $\mathfrak{t}_\nu$. Es ist

$$(e^{(\nu)} \cdot \chi_\lambda)(a) = \int e^{(\nu)}(b)\,\chi_\lambda(b^{-1}a)\,dm(b) = \int e^{(\nu)}(b)\,b\,\chi_\lambda(a)\,dm(b)$$

$$= \int \sum_\varrho e^{(\nu)}(b)\,\chi_\varrho(a)\,g_{\varrho\lambda}^{(\nu)}(b)\,dm(b)$$

$$= n^{(\nu)} \sum_\varrho \chi_\varrho(a) \int \sum_\tau g_{\tau\tau}^{(\nu)}(b)\,g_{\varrho\lambda}^{(\nu)}(b)\,dm(b) = \chi_\lambda(a).$$

Dann muß auch $\chi_\lambda = \chi_\lambda \cdot e^{(\nu)}$ sein. Andererseits ist aber wegen $\chi_\sigma \cdot r \cdot \tilde{r} = \lambda \chi_\sigma$:

$$\chi_\sigma \cdot e^{(\nu)} = \frac{1}{\lambda}\,\chi_\sigma \cdot r \cdot \tilde{r} \cdot e^{(\nu)}. \tag{17.9}$$

Da r orthogonal zu $\mathfrak{t}_\nu$ ist, folgt

$$(\tilde{r} \cdot e^{(\nu)})(a) = \int \tilde{r}(b^{-1})\,e^{(\nu)}(b\,a)\,dm(b) = \int \overline{r(b)}\,e^{(\nu)}(b\,a)\,dm(b) = 0,$$

denn $e^{(\nu)}(b\,a)$ ist bei festem a ein Element aus $\mathfrak{t}_\nu$. Aus (17.9) würde also $\chi_\sigma \cdot e^{(\nu)} = 0$ folgen, womit wir auf einen Widerspruch gestoßen sind. Also muß $r = 0$ sein.

§ 18. Darstellungen bis auf einen Faktor.

Werden in einem Vektorraum die Vektoren projektiv betrachtet, so daß u und αu denselben „Punkt" darstellen, so sind zwei Transformationen T und λT als gleichwertig anzusehen. Sucht man also eine Darstellung einer kontinuierlichen Gruppe $\mathfrak{G}$ mit den Elementen $a, b, \ldots$ durch solche „projektiven" Transformationen $G(a), G(b) \ldots$, so werden wir also nur verlangen

$$G(a)\,G(b) = \lambda(a, b)\,G(c) \quad \text{mit} \quad c = a\,b.$$

Wir nennen solche Darstellung eine Darstellung bis auf einen Faktor.

Ist es möglich, durch eine Abänderung $G(a) \to G'(a) = \mu(a)\,G(a)$ zu erreichen, daß $G'(a)\,G'(b) = G'(a\,b)$ wird? Die Determinante von $G(a)$ sei $|G(a)|$. Man setze $\varepsilon(a) = |G(a)|^{-1/n}$ (n = Grad der Darstellung). Dann ist $|\varepsilon(a)\,G(a)| = 1$. Es gibt n verschiedene Wurzeln: $\varepsilon_1(a), \varepsilon_2(a), \ldots, \varepsilon_n(a)$. Es muß ein $\varepsilon_\nu(e)$, etwa $\varepsilon_{\nu_0}(e)$, so beschaffen sein, daß $\varepsilon_{\nu_0}(e)\,G(e)$ gleich der Einheitsmatrix $\mathbf{1}$ ist, da aus $G(e)\,G(e) = \lambda(e, e)\,G(e)$ mit $G(e)^{-1}$ multipliziert folgt: $G(e) = \lambda(e, e)\,\mathbf{1}$, d.h. $G(e)$ ist ein Vielfaches der Einheitsmatrix und $|G(e)| = \lambda(e, e)^n$. Also gibt es ein $\varepsilon_{\nu_0}(e)$ mit $\varepsilon_{\nu_0}(e) = \lambda(e, e)^{-1}$.

Wir setzen nun $G'(a) = \varepsilon_\nu(a) G(a)$ (so daß $|G'(a)| = 1$ für alle a) mit $G'(e) = 1$, wo wir für jedes a eine der Wurzeln $\varepsilon_\nu(a)$ auswählen. Dann ist $G'(a) G'(b) = \lambda'(a, b) G'(a b)$. Setzen wir $b = e$, so wird $G'(a) = \lambda'(a, e) G'(a)$, also $\lambda'(a, e) = 1$. Für beliebiges b folgt als Determinantengleichung $|G'(a)| |G'(b)| = \lambda'(a, b)^n |G'(a b)|$ und damit, daß $\lambda'(a, b)$ eine n-te Einheitswurzel sein muß. In einer kleinen Umgebung $\mathfrak{U}_0$ von e bestimmen wir nun die $\varepsilon_\nu(a)$ so, daß sie sich stetig an $\varepsilon_{\nu_0}(e)$ anschließen, das $\varepsilon_{\nu_0}(e) G(e) = 1$ ergibt; dies ist eindeutig, da innerhalb $\mathfrak{U}_0$ die Determinanten $|G(a)|$ beliebig wenig von $|G(e)|$ abweichen. Dann ist aber in $\mathfrak{U}_0$ $\lambda'(a, b) = 1$, da $\lambda'(a, b)$ n-te Einheitswurzel ist und stetig mit $\lambda'(a, e) = 1$ zusammenhängen muß.

Alle $G'_\nu(a) = \varepsilon_\nu(a) G(a)$ mit $\nu = 1, \ldots, n$ bilden eine Gruppe $\mathfrak{G}'$, denn erstens ist $G'_\nu(a) G'_\mu(b) = \lambda'(a, b) G'_\varrho(a b)$, wobei λ' eine n-te Einheitswurzel ist, und zweitens kann man, da die $\varepsilon_\varrho(a b) = \varepsilon_1(a b) \eta_\varrho$ (mit den η_ϱ als den n-ten Einheitswurzeln) sind, ϱ so wählen, daß $\lambda' = 1$ wird. Das Einselement von $\mathfrak{G}'$ ist $G'(e) = \varepsilon_{\nu_0}(e) G(e) = 1$. Eine Umgebung des Einselementes besteht also aus den $G'(a) = \varepsilon_{\nu_0}(a) G(a)$, wo $\varepsilon_{\nu_0}(a)$ stetig aus $\varepsilon_{\nu_0}(e)$ entsteht. So erkennt man, daß $\mathfrak{G}$ lokal homomorph auf $\mathfrak{G}'$ abgebildet ist. Ist $\mathfrak{G}$ einfach zusammenhängend, so ist also $\mathfrak{G}$ isomorph zu dem mit $G'(e)$ zusammenhängenden Teil von $\mathfrak{G}'$ (denn im allgemeinen ist $\mathfrak{G}'$ eine gemischte Gruppe). Ist $\mathfrak{G}$ mehrfach zusammenhängend, so bilde man die Überlagerungsgruppe $\widetilde{\mathfrak{G}}$, die ebenfalls lokal homomorph zu $\mathfrak{G}'$ ist, da $\widetilde{\mathfrak{G}}$ lokal isomorph zu $\mathfrak{G}$ ist. Also ist $\widetilde{\mathfrak{G}}$ lokal homomorph auf den mit $G'(e)$ zusammenhängenden Teil von $\mathfrak{G}'$ abgebildet.

Wir können also durch geeignete Wahl der Faktoren $\varepsilon_\nu(a)$ erreichen, daß die Darstellung bis auf einen Faktor entweder eine normale Darstellung von $\mathfrak{G}$ oder zumindest von $\widetilde{\mathfrak{G}}$ wird. Umgekehrt gibt aber jede irreduzible normale Darstellung von $\widetilde{\mathfrak{G}}$ eine Darstellung bis auf einen Faktor von $\mathfrak{G}$: Bei der homomorphen Zuordnung von $\widetilde{\mathfrak{G}}$ auf $\mathfrak{G}$ ist $(a, \mathfrak{C}) \to a$ für alle $\mathfrak{C}$. Nun ist $(a, \mathfrak{C}) = (e, \mathfrak{C}_K) (a, \mathfrak{C}^*)$, wo $\mathfrak{C}^*$ ein für jedes a fest gewählter Weg ist und $(e, \mathfrak{C}_K)$ alle diskreten Elemente der Fundamentalgruppe $\tilde{\mathfrak{n}}$ durchläuft. Hat man nun eine *irreduzible* Darstellung von $\widetilde{\mathfrak{G}}$: $G(a, \mathfrak{C})$, so müssen die $G(e, \mathfrak{C}_K)$ Vielfache des Einheitsoperators sein, da sie als Darsteller von Zentrumselementen mit allen $G(a, \mathfrak{C})$ vertauschbar sein müssen, vergl. S. 414, 415:

$$G(e, \mathfrak{C}_K) = \lambda_K 1. \tag{18.1}$$

Also

$$G(a, \mathfrak{C}) = \lambda_K G(a, \mathfrak{C}^*).$$

Wählt man zur Darstellung von $\mathfrak{G}$ für jedes a die Zuordnung:

$$a \to G(a, \mathfrak{C}^*) = G^*(a). \tag{18.2}$$

so ist $a_1 a_2 \to G^*(a_1 a_2) = G(a_1 a_2, \mathfrak{C}_{12}^*)$ und $G(a_1, \mathfrak{C}_1^*) G(a_2, \mathfrak{C}_2^*)$ $= G(a_1 a_2, \mathfrak{C}_1^* + a_1 \mathfrak{C}_2^*)$, so daß nach (18.1) gilt

$$G^*(a_1) G^*(a_2) = \mu G^*(a_1 a_2).$$

Es wird natürlich geschickter sein, nicht nach (18.2) die Darstellung von $\mathfrak{G}$ zu betrachten, da (18.2) keine eindeutige Zuordnung gibt, sondern $\widetilde{\mathfrak{G}}$ zu betrachten und die Darstellung von $\widetilde{\mathfrak{G}}$ als mehrdeutige Darstellung von $\mathfrak{G}$ anzusehen. Um eine Übersicht über die Mehrdeutigkeit zu gewinnen, betrachte man die Zuordnung $(e, \mathfrak{C}_K)(a, \mathfrak{C}^*) \to a$ bei der homomorphen Abbildung von $\widetilde{\mathfrak{G}}$ auf $\mathfrak{G}$. Nach (18.1) unterscheiden sich die darstellenden Operatoren für die Elemente $(a, \mathfrak{C}) = (e, \mathfrak{C}_K)(a, \mathfrak{C}^*)$ um die Zahlenfaktoren λ_K. Es braucht also nur festgestellt zu werden, welche Darstellung der abelsche Normalteiler $\widetilde{\mathfrak{n}}$ erleidet. Ist die Darstellung von $\widetilde{\mathfrak{n}}$ isomorph zu $\widetilde{\mathfrak{n}}$, so ist die Vieldeutigkeit gleich der Ordnung von $\widetilde{\mathfrak{n}}$. Ist sie homomorph, so ist sie isomorph zu $\widetilde{\mathfrak{n}}/e$, wo e eine Untergruppe von $\widetilde{\mathfrak{n}}$ ist. Die Vieldeutigkeit ist dann gleich dem Index der Gruppe e in $\widetilde{\mathfrak{n}}$, also Teiler der Ordnung von $\widetilde{\mathfrak{n}}$.

Auch jede reduzible Darstellung bis auf einen Faktor von $\mathfrak{G}$ war nach oben eine normale Darstellung von $\widetilde{\mathfrak{G}}$. Jede reduzible Darstellung von $\widetilde{\mathfrak{G}}$ ist aber nicht notwendig eine mögliche Darstellung bis auf einen Faktor von $\mathfrak{G}$. Bei der Ausreduktion einer gegebenen Darstellung bis auf Faktor von $\mathfrak{G}$ können im allgemeinen nicht alle möglichen irreduziblen Darstellungen von $\widetilde{\mathfrak{G}}$ auftreten. Bei den Darstellungen von $\widetilde{\mathfrak{G}}$, die auch Darstellungen von $\mathfrak{G}$ bis auf einen Faktor sind, müssen den Elementen $(e, \mathfrak{C}_K)$ von $\widetilde{\mathfrak{n}}$ Vielfache der Einheitsmatrix zugeordnet sein, da dies für e aus $\mathfrak{G}$ in jeder Darstellung bis auf einen Faktor der Fall ist. Es können also nur solche irreduziblen Bestandteile vorkommen, für die die Darstellungen von $\widetilde{\mathfrak{n}}$ äquivalent sind. Und umgekehrt kann man solche irreduziblen Teile immer zu einer reduziblen Darstellung zusammensetzen: Sind z. B. $\mathfrak{r}_1$ und $\mathfrak{r}_2$ irreduzible Darstellungsräume von $\widetilde{\mathfrak{G}}$, wobei die Darstellungen von $\widetilde{\mathfrak{n}}$ in $\mathfrak{r}_1$ und $\mathfrak{r}_2$ äquivalent sind, so bilde man den Raum $\mathfrak{R} = \mathfrak{r}_1 + \mathfrak{r}_2$ und kann dann die Überlegungen von (18.1) bis (18.2) sofort übertragen.

§ 19. Darstellungen im Hilbert-Raum.

Ist eine endliche oder abgeschlossene Liesche Gruppe $\mathfrak{G}$ mit den Elementen $a, b, \ldots$ durch unitäre Transformationen $U(a)$ in einem Hilbert-Raum $\mathfrak{H}$ mit den Elementen $f, g, \ldots$ dargestellt, so ist sie vollständig reduzibel. Dazu betrachten wir die $e^{(\nu)} = \sum_{\tau} e_{\tau\tau}^{(\nu)}$ im Gruppenring. (Auch für endliche Gruppen ist $e^{(\nu)}$ durch eine Funktion $e^{(\nu)}(a)$ der Gruppenelemente a gegeben: $e^{(\nu)} = \sum_{a} a\, e^{(\nu)}(a)$.) Wir behaupten, daß die Operatoren

$$E^{(\nu)} = \sum_a e^{(\nu)}(a)\, U(a) \quad \text{bzw.} \quad E^{(\nu)} = \int e^{(\nu)}(a)\, U(a)\, dm(a)$$

Projektionsoperatoren sind mit $E^{(\nu)} E^{(\mu)} = \delta_{\nu\mu} E^{(\nu)}$ und $\sum_\nu E^{(\nu)} = 1$. Wir zeigen dies für den Fall der kontinuierlichen Gruppen, da es sich für endliche Gruppen ganz analog ergibt.

Es ist:

$$
\begin{aligned}
(f, E^{(\nu)} g) &= \int e^{(\nu)}(a)\, (f, U(a)\, g)\, dm(a) = \int e^{(\nu)}(a)\, (U(a^{-1})\, f, g)\, dm(a) \\
&= \int e^{(\nu)}(b^{-1})\, (U(b)\, f, g)\, dm(b) = \int \overline{e^{(\nu)}(b)}\, (U(b)\, f, g)\, dm(b) \\
&= (E^{(\nu)} f, g)
\end{aligned}
$$

$$
\begin{aligned}
E^{(\nu)} E^{(\mu)} f &= \iint e^{(\nu)}(a)\, e^{(\mu)}(b)\, U(a)\, U(b)\, f\, dm(a)\, dm(b) \\
&= \iint e^{(\nu)}(a)\, e^{(\mu)}(b)\, U(a\, b)\, f\, dm(a)\, dm(b) \\
&= \iint e^{(\nu)}(c\, b^{-1})\, e^{(\mu)}(b)\, U(c)\, f\, dm(c)\, dm(b).
\end{aligned}
$$

Mit (17.1) und wegen $e^{(\nu)} \cdot e^{(\mu)} = \delta_{\nu\mu}\, e^{(\nu)}$ (nach 17.2) folgt:

$$E^{(\nu)} E^{(\mu)} f = \delta_{\nu\mu} \int e^{(\nu)}(c)\, U(c)\, f\, dm = \delta_{\nu\mu} E^{(\nu)} f.$$

Da die $\mathfrak{t}_\nu$ ganz $\mathfrak{R}_\mathfrak{g}$ [vergl. (17.5)] aufspannen, ist für eine Funktion $h(b)$ auf der Gruppe:

$$h(b) = \sum_{\nu=1}^{\infty} (e^{(\nu)} \cdot h)\,(b) = \sum_{\nu=1}^{\infty} \int e^{(\nu)}(a)\, h(a^{-1} b)\, dm(a).$$

Mit $h(b) = (U(b) f, g)$ folgt

$$(U(b) f, g) = \sum_{\nu=1}^{\infty} \int e^{(\nu)}(a)\, (U(b) f, U(a) g)\, dm(a) = \sum_{\nu=1}^{\infty} (U(b) f, E^{(\nu)} g).$$

Da $U(b) f$ willkürlich ist, gilt also

$$g = \sum_{\nu=1}^{\infty} E^{(\nu)} g.$$

Der HILBERT-Raum $\mathfrak{H}$ zerlegt sich also in orthogonale Teilräume $\mathfrak{r}^{(\nu)}$, wobei $E^{(\nu)}$ der Projektionsoperator auf $\mathfrak{r}^{(\nu)}$ ist:

$$\mathfrak{H} = \sum_\nu \oplus\, \mathfrak{r}^{(\nu)}.$$

Innerhalb eines Teilraumes $\mathfrak{r}^{(\nu)}$ kann man ein v. n. O. φ_k wählen. Man betrachte dann die Vektoren:

$$\psi_{k\varrho\sigma} = \int e_{\varrho\sigma}^{(\nu)}(a)\, U(a)\, \varphi_k\, dm(a).$$

Es wird

$$U(b)\,\psi_{k\varrho\sigma} = \int e^{(\nu)}_{\varrho\sigma}(a)\,U(b\,a)\varphi_k\,dm(a) = \int e^{(\nu)}_{\varrho\sigma}(b^{-1}c)\,U(c)\,\varphi_k\,dm(c)$$

$$= \sum_\tau g^{(\nu)}_{\tau\varrho}(b)\int e^{(\nu)}_{\tau\sigma}(c)\,U(c)\,\varphi_k\,dm(c),$$

d. h.

$$U(b)\,\psi_{k\varrho\sigma} = \sum_\tau \psi_{k\tau\sigma}\,g^{(\nu)}_{\tau\varrho}(b).$$

Die $\psi_{k\varrho\sigma}$ $(k,\sigma$ fest) spannen also einen irreduziblen Darstellungsraum auf. Da die $\psi_{k\varrho\sigma}$ zusammen $\mathfrak{r}^{(\nu)}$ aufspannen, kann man also $\mathfrak{r}^{(\nu)}$ in isomorphe Darstellungsräume zerlegen:

$$\mathfrak{r}^{(\nu)} = \mathfrak{z}^{(\nu)}_1 \oplus \mathfrak{z}^{(\nu)}_2 \oplus \mathfrak{z}^{(\nu)}_3 \oplus \cdots .$$

Damit ist gezeigt, daß man die Darstellung von endlichen oder abgeschlossenen kontinuierlichen Gruppen im Hilbert-Raum ebenso ausreduzieren kann wie in endlich dimensionalen Räumen.

Für nichtabgeschlossene kontinuierliche Gruppen ist das im allgemeinen nicht der Fall: Ist z. B. E_ω eine Spektralschar mit teilweise kontinuierlichem Spektrum (Anhang II, § 9), so gilt für die Operatoren $U_t = \int\limits_{-\infty}^{+\infty} e^{i\omega t}\,dE_\omega \cdot$ $U_{t_1} U_{t_2} = U_{t_1+t_2}$. Sie bilden eine abelsche einparametrige Gruppe. Der Hilbert-Raum läßt sich aber nicht in irreduzible invariante Teilräume zerlegen, denn für eine abelsche Gruppe müßten diese eindimensional sein. Durch sie wäre aber damit ein vollständiges System von Eigenvektoren gegeben, im Widerspruch dazu, daß E_ω ein teilweise kontinuierliches Spektrum besitzt.

Es gilt aber auch umgekehrt: Jede abelsche Gruppe von Transformationen T_t (T im Sinne von III, § 10) mit $T_{t_1} T_{t_2} = T_{t_1+t_2}$ läßt sich als T_{U_t} mit $U_t = \int\limits_{-\infty}^{+\infty} e^{i\omega t}\,dE_\omega$ darstellen. Wir wollen zum Beweis annehmen, daß sich unitäre Operatoren V_t mit $T_{V_t} = T_t$ so finden[1] lassen, daß die V_t differenzierbar sind. Man kann den Beweis auch unter weniger strengen Voraussetzungen führen (siehe z. B. J. von Neumann, Ann. of Math. Bd. 33 (1932), 567–573). Aus $T_{t_1} \cdot T_{t_2} = T_{t_1+t_2}$ folgt $V_{t_1} V_{t_2} = \mu(t_1,\,t_2)\,V_{t_1+t_2}$. Ist es möglich, Transformationen U_t durch $V_t = \lambda(t)\,U(t)$ so zu definieren, daß $U_{t_1} U_{t_2} = U_{t_1+t_2}$ ist? Da

$$V_{t_1} V_{t_2} V_{t_3} = \mu(t_1,t_2)\,\mu(t_1+t_2,t_3)\,V_{t_1+t_2+t_3} = \mu(t_1,t_2+t_3)\,\mu(t_2,t_3)\,V_{t_1+t_2+t_3}$$

ist, ergibt sich

$$\mu(t_1,t_2)\,\mu(t_1+t_2,t_3) = \mu(t_1,t_2+t_3)\,\mu(t_2,t_3). \qquad (19.1)$$

---

[1] Wenn wir Stetigkeit der T_t verlangen, so muß T_t stetig aus T_0 hervorgehen, so daß die unstetige Transformation $\overline{T}$ (III, § 10) nicht auftreten kann.

Es muß $\mu(t_1, t_2) = e^{i\,f(t_1,t_2)}$ mit reellem f sein, weil die V_t unitär sind. Die f sind nur bis auf Vielfache von 2π bestimmt. Aus (19.1) ergibt sich für $f(t_1, t_2)$:

$$f(t_1, t_2) + f(t_1 + t_2, t_3) = f(t_1, t_2 + t_3) + f(t_2, t_3) + 2\pi n.$$

Nehmen wir an, daß die f differenzierbar sind, so folgt durch Ableitung nach t_3 für $t_3 = 0$ mit $\dot{f}(t_1, t_2) = \dfrac{\partial}{\partial t_2} f(t_1, t_2)$:

$$\dot{f}(t_1 + t_2, 0) - \dot{f}(t_2, 0) = \dot{f}(t_1, t_2),$$

so daß $\dot{f}(t_1, t_2) = g(t_1 + t_2) - g(t_2)$ ist. Also gilt:

$$f(t_1, t_2) = G(t_1 + t_2) - G(t_2) - F(t_1).$$

Setzen wir dies in (19.1) ein, so ergibt sich:

$$G(t_1 + t_2) - G(t_2) = F(t_1 + t_2) - F(t_2) + 2\pi n.$$

Hieraus folgt $F = G + $ const, so daß

$$\mu(t_1, t_2) = e^{i\,G(t_1+t_2)}\, e^{-i\,G(t_1)}\, e^{-i\,G(t_2)}\, e^{i\,\alpha}$$

ist. Wenn wir G um eine Konstante ändern, können wir $\alpha = 0$ erreichen. Setzen wir dann $U_t = e^{i\,G(t)} V_t$, so ergibt sich

$$U_{t_1}\, U_{t_2} = U_{t_1 + t_2}.$$

Existiert der Grenzwert

$$\lim_{\varepsilon \to 0} \frac{U_\varepsilon - 1}{\varepsilon} = i\,A, \tag{19.2}$$

so ist

$$\dot{U}_t = \lim_{\varepsilon \to 0} \frac{U_{t+\varepsilon} - U_t}{\varepsilon} = \lim \frac{U_{t+\varepsilon}\, U_t^* - 1}{\varepsilon}\, U_t = i\,A\,U_t.$$

Daraus folgt als Lösung

$$U_t = e^{i\,A\,t}.$$

A ist Hermitesch, denn aus (19.2) folgt:

$$-i\,A^* = \lim_{\varepsilon \to 0} \frac{U_\varepsilon^* - 1}{\varepsilon} = \lim_{\varepsilon \to 0} \frac{U_{-\varepsilon} - 1}{\varepsilon} = \lim_{\eta \to 0} \frac{U_\eta - 1}{-\eta} = -i\,A.$$

Mit

$$A = \int\limits_{-\infty}^{+\infty} \omega\, d E_\omega$$

ist dann

$$U_t = \int\limits_{-\infty}^{+\infty} e^{i\,\omega\,t}\, d E_\omega.$$

Für einen nach $B_t = U_t\, B_0\, U_t^*$ zeitabhängigen Operator folgt dann $\dot{B}_t = i\,(A\,B_t - B_t\,A)$, was eine infinitesimale unitäre Transformation von B_t in $B_{t+\delta t} = B_t + \delta t\, \dot{B}_t$ darstellt.

Anhang III.

Transformationen der Teilräume des Hilbert-Raumes.

Für die Transformationen $T\mathfrak{z} = \mathfrak{z}'$ der Teilräume des Hilbert-Raumes sollen alle Voraussetzungen von III, § 10 gelten, außer (10.2). Es soll bewiesen werden, daß trotzdem $T = T_u$ oder $T = \overline{T}\,T_u$ folgt.

Wie an der genannten Stelle bewiesen, genügt es, die Transformationen für eindimensionale Teilräume zu bestimmen. φ_ν sei ein vollständiges normiertes Orthogonalsystem und $T(\varphi_\nu) = (\psi_\nu)$. Die ψ_ν bilden dann ebenfalls ein vollständiges normiertes Orthogonalsystem. Man kann sie so wählen, daß mit $\chi = \sum_\nu \dfrac{1}{\nu}\,\varphi_\nu$, $T(\chi) = (\chi')$ mit $\chi' = \sum_\nu \beta_\nu\,\psi_\nu$ und reellen $\beta_\nu \geqq 0$ wird. Die β_ν können nicht gleich Null sein: denn wäre z. B. $\beta_2 = 0$, so würde (wie l. c. gezeigt) $T(\varphi_1 + \tfrac{1}{2}\varphi_2) = (\beta_1\,\psi_1 + \beta_2\,\psi_2) = (\psi_1)$, aber auch $T(\varphi_1) = (\psi_1)$ folgen im Widerspruch zur Eindeutigkeit von T. Wir können $\beta_1 = 1$ setzen.

Wir wollen jetzt die Transformation T in der $(\varphi_1,\ \varphi_2)$-Ebene näher untersuchen. (Wir hätten ebensogut die $(\varphi_i,\ \varphi_k)$-Ebene betrachten können.) Alle eindimensionalen Teilräume von $(\varphi_1,\ \varphi_2)$ werden von Vektoren $a_1\,\varphi_1 + a_2\,\varphi_2$ aufgespannt. Wir können (außer für φ_2 selbst) $a_1 = 1$ setzen, da es nur auf die Teilräume ankommt. Wir werden jetzt zeigen, daß man aus zwei Teilräumen (χ_1) und (χ_2) mit $\chi_1 = \varphi_1 + a\,\varphi_2$ und $\chi_2 = \varphi_1 + b\,\varphi_2$ allein mit Hilfe des Bildens von Durchschnitts- und Vereinigungsräumen den Teilraum $(\varphi_1 + (a + b)\,\varphi_2)$ bilden kann. Man nehme zu $(\varphi_1,\ \varphi_2)$ noch einen dritten linear unabhängigen Vektor, z. B. φ_3, hinzu. In $(\varphi_1,\ \varphi_2,\ \varphi_3)$ wähle man einen zweidimensionalen Teilraum $\mathfrak{u}$, der (φ_1) enthält und zwei weitere zweidimensionale Teilräume $\mathfrak{v}_1$ und $\mathfrak{v}_2$, die beide (φ_2) enthalten. $(\varphi_1,\ \varphi_2)$, $\mathfrak{u}$, $\mathfrak{v}_1$, $\mathfrak{v}_2$ seien verschieden voneinander. Dann ist

$$(\varphi_1 + (a + b)\,\varphi_2)$$
$$= (\varphi_1,\ \varphi_2) \cap [\{[(\chi_1) \cup (\mathfrak{u} \cap \mathfrak{v}_1)] \cap \mathfrak{v}_2\} \cup \{[(\chi_2) \cup (\mathfrak{u} \cap \mathfrak{v}_2)] \cap \mathfrak{v}_1\}]\ [1].$$

Mit $T(\chi_i) = (\chi_i')$ und $\chi_1' = \psi_1 + \alpha\,\psi_2$; $\chi_2' = \psi_1 + \beta\,\psi_2$ folgt hieraus durch die Transformation T:

$$T(\varphi_1 + (a + b)\,\varphi_2) = (\psi_1 + (\alpha + \beta)\,\psi_2).$$

Ebenso hätte man $T(\varphi_1 + (a - b)\,\varphi_2) = (\psi_1 + (\alpha - \beta)\,\psi)$ beweisen können.

Da orthogonale Räume in orthogonale übergehen müssen, folgt aus $\left(\varphi_1 + a\,\varphi_2,\ \varphi_1 - \dfrac{1}{a}\,\varphi_2\right) = 0$, daß $T\left(\varphi_1 - \dfrac{1}{a}\,\varphi_2\right) = \left(\psi_1 - \dfrac{1}{\alpha}\psi_2\right)$

---

[1] Das Ergebnis ist von der Wahl von φ_3, $\mathfrak{u}$, $\mathfrak{v}_1$, $\mathfrak{v}_2$ unabhängig.

sein muß. Ist $T(\varphi_1 + \varphi_2) = (\psi_1 + x\,\psi_2)$, so folgt für ganze n, m

$$T(\varphi_1 + n\,\varphi_2) = (\psi_1 + n\,x\,\psi_2); \quad T\left(\varphi_1 - \frac{1}{n}\,\varphi_2\right) = \left(\psi_1 - \frac{1}{n\,\bar{x}}\,\psi_2\right);$$

$$T\left(\varphi_1 + \frac{1}{n}\,\varphi_2\right) = \left(\psi_1 + \frac{1}{n\,\bar{x}}\,\psi_2\right)$$

und dann schließlich $T\left(\varphi_1 + \dfrac{m}{n}\,\varphi_2\right) = \left(\psi_1 + \dfrac{m}{n\,\bar{x}}\,\psi_2\right)$. Für $\dfrac{m}{n} = 1$

ergibt sich $T(\varphi_1 + \varphi_2) = \left(\psi_1 + \dfrac{1}{\bar{x}}\,\psi_2\right)$. Da nach oben aber $T(\varphi_1 + \varphi_2)$
$= (\psi_1 + x\,\psi_2)$ ist, muß $\bar{x} \cdot x = 1$ sein. Für $\dfrac{m}{n} = \dfrac{1}{2}$ folgt $T\left(\varphi_1 + \dfrac{1}{2}\,\varphi_2\right)$
$= \left(\psi_1 + \dfrac{1}{2}\,x\,\psi_2\right) = (\psi_1 + \beta_2\,\psi_2)$ mit reellem $\beta_2 > 0$, woraus wegen
$|x| = 1$ sofort $x = 1$ folgt, so daß $T\left(\varphi_1 + \dfrac{m}{n}\,\varphi_2\right) = \left(\psi_1 + \dfrac{m}{n}\,\psi_2\right)$
ist. Setzen wir Stetigkeit von T voraus, so folgt also für alle reellen
a_1, a_2:

$$T(a_1\,\varphi_1 + a_2\,\varphi_2) = (a_1\,\psi_1 + a_2\,\psi_2).$$

Mit $\chi = \varphi_1 + a\,\varphi_2$; $\eta = \varphi_1 + \varphi_2$, den oben eingeführten zweidimensionalen Teilräumen $\mathfrak{u}$, $\mathfrak{b}_1$ und einem ebenfalls in $(\varphi_1,\ \varphi_2,\ \varphi_3)$
gelegenen zweidimensionalen Teilraum $\mathfrak{w}$, der (η) enthält, ist dann

$$[\{[(\mathfrak{u} \cap \mathfrak{w}) \cup (\chi)] \cap \mathfrak{b}_1\} \cup \{[(\mathfrak{b}_1 \cap \mathfrak{w}) \cup (\chi)] \cap \mathfrak{u}\}] \cap (\varphi_1, \varphi_2) = (\varphi_1 + a^2\,\varphi_2).$$

Mit $T(\varphi_1 + i\,\varphi_2) = (\psi_1 + y\,\psi_2)$ folgt hieraus $T(\varphi_1 + i^2\,\varphi_2) = (\psi_1 + y^2\,\psi_2)$
und wegen $T(\varphi_1 - \varphi_2) = (\psi_1 - \psi_2)$: $y^2 = -1$. Es ist also entweder
$T(\varphi_1 + i\,\varphi_2) = (\psi_1 + i\,\psi_2)$ oder $(\psi_1 - i\,\psi_2)$. Hieraus folgt allgemein
bei Stetigkeit von T für *alle* a_1, a_2: entweder

$$T(a_1\,\varphi_1 + a_2\,\varphi_2) = (a_1\,\psi_1 + a_2\,\psi_2)$$

oder

$$T(a_1\,\varphi_1 + a_2\,\varphi_2) = (\bar{a_1}\,\psi_1 + \bar{a_2}\,\psi_2).$$

Ist nun $\sum\limits_{\nu} a_\nu\,\varphi_\nu$ ein beliebiger Vektor aus $\mathfrak{H}$, so ist eins der $a_\nu \neq 0$,
z. B. a_1. Dann können wir $a_1 = 1$ annehmen, ohne daß der von $\sum\limits_{\nu} a_\nu\,\varphi_\nu$
aufgespannte eindimensionale Teilraum geändert wird. Aus $T(\sum\limits_{\nu} a_\nu\,\varphi_\nu)$
$= (\sum\limits_{\nu} b_\nu\,\psi_\nu)$ folgt wie oben, daß $b_1 \neq 0$ und deshalb $+1$ gesetzt werden
kann und daß $T(\varphi_1 + a_2\,\varphi_2) = T(\psi_1 + b_2\,\psi_2)$ und damit $b_2 = a_2$ oder $\bar{a_2}$
ist. Benutzt man die $(\varphi_k\,\varphi_{k'})$-Ebene, so folgt aus $T\left(\varphi_k + \dfrac{a_{k'}}{a_k}\,\varphi_{k'}\right)$
$= \left(\psi_k + \dfrac{b_{k'}}{b_k}\,\psi_{k'}\right)$ und damit $\dfrac{b_{k'}}{b_k} = \dfrac{a_{k'}}{a_k}$ oder $\dfrac{\bar{a_{k'}}}{\bar{a_k}}$, daß entweder alle
$b_k = a_k$ oder alle $b_k = \bar{a_k}$ sind und dies für alle Vektoren in gleicher
Weise. Führt man also durch $U\,\varphi_\nu = \psi_\nu$ eine unitäre Transformation
ein und definiert $\overline{T}(\sum\limits_{\nu} a_\nu\,\psi_\nu) = (\sum\limits_{\nu} \bar{a_\nu}\,\psi_\nu)$, so ist also entweder $T = T_U$
oder $T = T\,\overline{T}_U$.

Anhang IV.

Hilfssatz zu Seite 156.

Es genügt zu zeigen, daß alle „makroskopischen" Observablen dieselben Eigenvektoren haben; denn dann sind sie alle Funktionen einer einzigen.

ε_ν seien jetzt nur die Eigenwerte von H aus dem Intervall ΔE und ε_0 ein willkürlich von diesen ausgewählter. In der H-Darstellung betrachten wir die Vektoren aus dem Teilraum, der von den Eigenvektoren von H zu den Eigenwerten ε_ν aufgespannt wird. Diese Vektoren sind durch Funktionen $(\varepsilon_\nu|\varphi)$ gegeben. Wir können mit einer geeigneten Funktion $y(\tau)$ schreiben:

$$(\varepsilon_\nu|\varphi) = \int\limits_{-\infty}^{+\infty} y(\tau)\, e^{-\frac{i}{\hbar}(\varepsilon_\nu - \varepsilon_0)\tau}\, d\tau. \tag{1}$$

Da die $(\varepsilon_\nu|\varphi)$ nur für die diskreten (aber sehr dicht liegenden) Werte ε_ν definiert sind, ist $y(\tau)$ nicht eindeutig bestimmt. Wir wollen nur solche Vektoren $(\varepsilon_\nu|\varphi)$ betrachten, für die $y(\tau)$ so gewählt werden kann, daß annähernd

$$y\left(\tau \pm \frac{\hbar}{\Delta E}\right) \sim y(\tau)$$

gilt, d. h. $y(\tau)$ nur langsam mit τ veränderlich ist. Aus (1) folgt durch Multiplikation mit $e^{\frac{i}{\hbar}(\varepsilon_\nu - \varepsilon_0)\tau'}$ und Summation:

$$\int\limits_{-\infty}^{+\infty} y(\tau)\, D(\tau' - \tau)\, d\tau = \sum_\nu e^{\frac{i}{\hbar}(\varepsilon_\nu - \varepsilon_0)\tau'}\, (\varepsilon_\nu|\varphi) \tag{2}$$

mit

$$D(\tau) = \sum_\nu e^{\frac{i}{\hbar}(\varepsilon_\nu - \varepsilon_0)\tau}. \tag{3}$$

Man kann nun zeigen, daß $D(\tau)$ den Charakter einer δ-Funktion hat, nämlich für $\tau > \dfrac{\hbar}{\Delta E}$ praktisch verschwindet; denn statt (3) können wir näherungsweise

$$D(\tau) = \sigma(E) \int\limits_{E}^{E+\Delta E} e^{\frac{i}{\hbar}(\varepsilon - \varepsilon_0)\tau}\, d\varepsilon = \sigma(E)\, \frac{\sin\dfrac{\Delta E\,\tau}{2\hbar}}{\dfrac{\tau}{2\hbar}}\, e^{\frac{i}{2\hbar}(2E + \Delta E - 2\varepsilon_0)\tau}$$

schreiben.

Daher ist

$$\int\limits_{-\infty}^{+\infty} D(\tau)\, d\tau = 2\pi\hbar\,\sigma(E).$$

Unter den uber $y(\tau)$ gemachten Voraussetzungen folgt damit aus (2)

$$y(\tau') = \frac{1}{2\pi\hbar\,\sigma(E)}\sum_\nu e^{\frac{i}{\hbar}(\varepsilon_\nu - r_0)\tau'}(\varepsilon_\nu|\varphi). \tag{4}$$

Aus der Eigenwertgleichung

$$\sum_\mu (\varepsilon_\nu|A|\varepsilon_\mu)(\varepsilon_\mu|\varphi) = \lambda(\varepsilon_\nu|\varphi)$$

fur eine makroskopische Observable A folgt durch Multiplikation mit $e^{\frac{i}{\hbar}(\varepsilon_\nu - \varepsilon_0)\tau}$ und Summation·

$$\frac{1}{2\pi\hbar\,\sigma(E)}\sum_{\nu,\mu} e^{\frac{i}{\hbar}(\varepsilon_\nu - \varepsilon_0)\tau}(\varepsilon_\nu|A|\varepsilon_\mu)\int\limits_{-\infty}^{+\infty} e^{-\frac{i}{\hbar}(\varepsilon_\mu - \varepsilon_0)\tau'}y(\tau')\,d\tau' = \lambda\,y(\tau). \tag{5}$$

Wir können nun schreiben, da $\varrho(E,\omega)$ und $F(E,\omega)$ innerhalb ΔE praktisch nicht von E abhängen:

$$\sum_{\nu,\mu} e^{\frac{i}{\hbar}(\varepsilon_\nu - \varepsilon_0)\tau}(\varepsilon_\nu|A|\varepsilon_\mu)\,e^{-\frac{i}{\hbar}(\varepsilon_\mu - \varepsilon_0)\tau'}$$

$$\approx \int\limits_{E}^{E+\Delta E}\int\limits_{-\infty}^{+\infty}\varrho(E,\omega)F(E,\omega)\,e^{\frac{i}{\hbar}(E-\varepsilon_0)(\tau-\tau')}\,e^{-i\frac{\omega}{2}(\tau+\tau')}\,dE\,d\omega$$

$$\approx \int\limits_{E}^{E+\Delta E} e^{\frac{i}{\hbar}(E-\varepsilon_0)(\tau-\tau')}\,dE\int\limits_{-\infty}^{+\infty}\varrho(E,\omega)F(E,\omega)\,e^{-i\frac{\omega}{2}(\tau+\tau')}\,d\omega$$

$$\approx D(\tau-\tau')\,\Phi\left(\frac{\tau+\tau'}{2}\right)$$

mit

$$\Phi(\tau) = \frac{1}{\sigma(E)}\int\limits_{-\infty}^{+\infty}\varrho(E,\omega)F(E,\omega)\,e^{-i\omega\tau}\,d\omega. \tag{6}$$

Damit geht (5) über in

$$\frac{1}{2\pi\hbar\,\sigma(E)}\int\limits_{-\infty}^{+\infty}\Phi\left(\frac{\tau+\tau'}{2}\right)D(\tau-\tau')\,y(\tau')\,d\tau' = \lambda\,y(\tau)$$

Da y wie Φ nur langsam mit τ' veranderlich sind, folgt:

$$\Phi(\tau)\,y(\tau) = \lambda\,y(\tau). \tag{7}$$

Die Eigenwerte von A sind also die $\Phi(\tau_1)$ und die zugehörigen Eigenvektoren durch $y(\tau) = \delta(\tau - \tau_1)$ gegeben, wobei $\delta(\tau - \tau_1)$ auch durch eine Funktion ersetzt werden kann, die breiter als $\frac{\hbar}{\Delta E}$ ist, so daß die obige Forderung an $y(\tau)$ nicht verletzt ist. Man zeigt leicht, daß $\Phi(\tau_1)$ der Erwartungswert von A im Zustand $(\varepsilon_\nu|\varphi) = \dfrac{1}{\varDelta E\,\sigma(E)}\,e^{\frac{i}{h}(\varepsilon_\nu - \varepsilon_0)\tau}$ ist. Die Eigenfunktionen sind also unabhängig von der makroskopischen Observablen, q. e. d.

Für größere Werte von $|\tau|$ wird $\Phi(\tau)$ gleich $F(E,0)$, d. h. das System befindet sich im thermodynamischen Gleichgewicht. Die $y(\tau) = \delta(\tau - \tau_1)$ geben auch die gesuchten makroskopisch streuungsfreien Gesamtheiten an. Für sie nehmen die Observablen die Werte

$$\Phi(\tau) = \frac{1}{\sigma(E)} \int \varrho(E,\omega)\,F_0(E,\omega)\,e^{i\omega(t-\tau)}\,d\omega \tag{8}$$

an, die sich für $t \to \infty$ dem Grenzwert $F_0(E,0)$ nähern.

Sachverzeichnis.

Zeichenzusammenstellung.

Im allgemeinen gelten folgende Bezeichnungsregeln:

Vektoren im Hilbert-Raum: Kleine lateinische oder griechische Buchstaben: φ, ψ, f, q, ;

Operatoren im Hilbert-Raum: Große lateinische Buchstaben. A, U, H, .;

Mengen (Gruppen, Räume, Darstellungen): Große oder kleine deutsche
Buchstaben: $\mathfrak{H}$, $\mathfrak{D}$, $\mathfrak{G}$, $\mathfrak{r}$, $\mathfrak{t}$, ...